U0248699

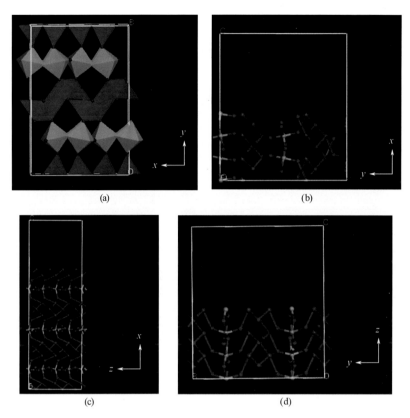

彩图1 Bi$_2$MoO$_6$的晶体结构示意图（a）及不同晶面切割后的表面结构（100）（b）、（010）（c）、（001）（d）

图中红色、紫色和蓝色球分别表示O、Bi和Mo

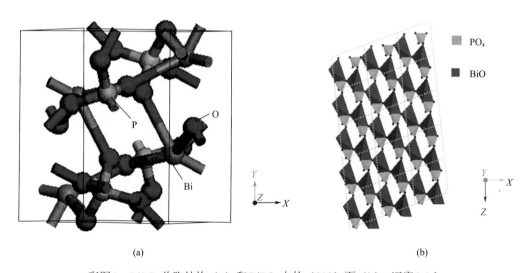

彩图2 BiPO$_4$单胞结构（a）和BiPO$_4$中的（010）面（b），深度0.5d_{010}

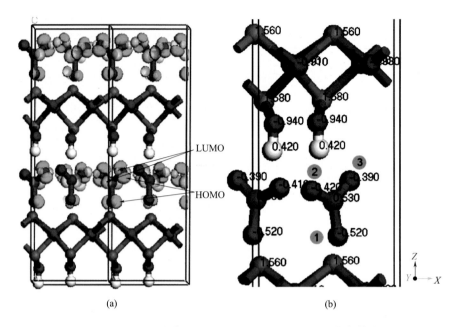

彩图3 Bi₂O₂(OH)NO₃的密度泛函图（a）及Bi₂O₂(OH)NO₃的电荷分布图（b）

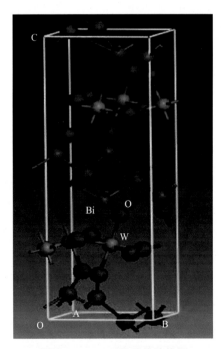

彩图4 Bi₂WO₆的晶体结构图

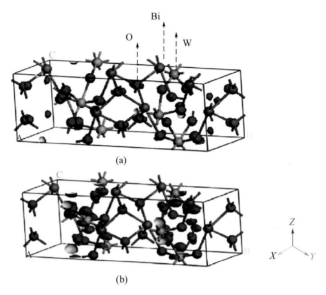

彩图5　Bi₂WO₆催化剂的最高占据态轨道（HOMO）和最低非占据态轨道（LUMO）

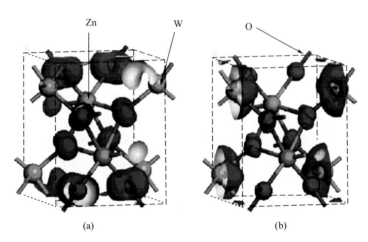

彩图6　ZnWO₄催化剂最高占据态轨道（a）和最低非占据态轨道（b）

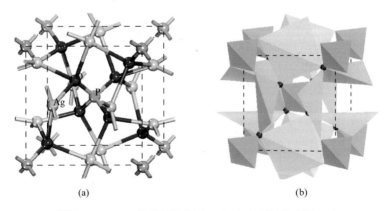

彩图7　Ag₃PO₄的晶体结构图（a）和多面体构型图（b）

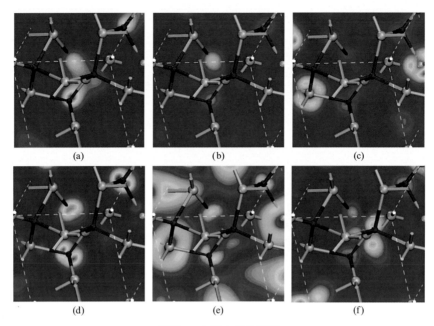

彩图8　电子密度构型图

其中（a）～（f）对应于图10-17中的六个态密度峰

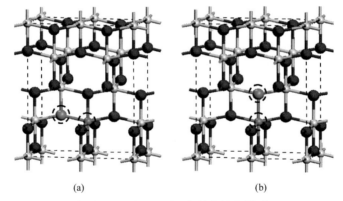

彩图9　两种不同最近邻的共掺杂模型

（a）横向掺杂；（b）纵向掺杂

◯为Ti，●为O

彩图10　N/V共掺杂2×2×1的TiO$_2$超胞结构

其中1～8是超胞结构中原子位置的标号

国家科学技术学术著作出版基金资助出版

光催化

环境净化与绿色能源应用探索

Photocatalysis:
Application on Environmental Purification and Green Energy

朱永法　姚文清　宗瑞隆　著

化学工业出版社

·北京·

本书基于作者们在光催化领域的多年积累，以光催化的发展历史、光催化基本原理作为基础，重点探讨了各种光催化材料的制备、性能及应用，其中包括经典的二氧化钛纳米材料的制备、改性、复合、杂化以及光电协同催化性能等，同时深入介绍了可见光催化剂，包括复合氧化物及其改性研究方面的新发展，还详细介绍了光催化材料物性表征的各种手段，以及光催化机理和光催化性能的表征技术和方法。

　　书中介绍的很多内容是作者研究组的研究成果，反映了该领域的前沿和研究关注的问题。本书内容丰富，素材翔实，层次分明，可作为高等院校化学和材料专业及相关专业学生的课外读物，对从事光催化材料制备和应用研究的科研工作者具有重要的参考价值。

图书在版编目（CIP）数据

　　光催化：环境净化与绿色能源应用探索/朱永法，
姚文清，宗瑞隆著. —北京：化学工业出版社，2014.9（2020.9 重印）
　　ISBN 978-7-122-21155-2

　　Ⅰ．①光…　Ⅱ．①朱…②姚…③宗…　Ⅲ．①光催化
Ⅳ．①0644.11

　　中国版本图书馆 CIP 数据核字（2014）第 143424 号

责任编辑：成荣霞　　　　　　　　　　　　　文字编辑：陈　雨
责任校对：宋　玮　　　　　　　　　　　　　装帧设计：王晓宇

出版发行：化学工业出版社（北京市东城区青年湖南街 13 号　邮政编码 100011）
印　　装：北京虎彩文化传播有限公司
787mm×1092mm　1/16　印张 33¾　彩插 2　字数 898 千字　　2020 年 9 月北京第 1 版第 5 次印刷

购书咨询：010-64518888　　　　　　　　　　售后服务：010-64518899
网　　址：http://www.cip.com.cn
凡购买本书，如有缺损质量问题，本社销售中心负责调换。

定　　价：188.00 元

前言

21 世纪人类社会发展迅猛，在科技和人文方面都获得了长足的进步，但是当代资源和生态环境问题也日益突出，向人类提出了严峻的挑战。可持续发展已经成为现代社会必须选择的道路，而其面临的两大挑战是能源问题和环境问题。太阳能作为一种可再生能源，具有资源丰富、廉价、清洁的特点，其既可免费使用，又无须运输，对环境无任何污染，是实现人类社会可持续发展的基础。因此，如何高效地利用、转化与储存太阳能是 21 世纪科学研究中的重要课题。

自 1972 年 Honda-Fujishima 效应即 TiO_2 半导体电极的光催化分解水现象发现以来，半导体光催化领域得到了广泛的关注和飞速的发展，这一技术为我们提供了一种理想的能源利用和治理环境污染的方法。为了揭示该过程的机理和提高 TiO_2 的光催化效率，40 多年来，物理、化学以及材料等领域的科学家们进行了大量的研究工作，但前期工作大多只是涉及新能源的开发（太阳能电池）和化学储能（光解水）。光催化在环境保护与治理上的应用研究始于 20 世纪 70 年代后期，Cary 和 Bard 利用 TiO_2 悬浮液，在紫外光照射下降解多氯联苯和氰化物获得成功，被认为是光催化在消除环境污染物方面的首创性研究工作。80 年代初，多相光催化在消除空气和水中的有机污染物方面取得重要进展，成为多相光催化一个重要的应用领域。环境友好光催化技术作为环保新技术，其实用化的研究开发受到广泛的重视。世界上许多国家投入了大量的资金和研究力量从事光催化功能材料及相应技术的研究及开发，涉及光催化消除环境污染物的研究报道日益增多。目前，光催化环境友好应用研究领域的发展十分迅速，如光催化矿化方面的研究已应用在水或空气中存在的主要有机污染物，例如致癌类卤化物、农药及其它有毒有机物的降解和去除中。

本书从光催化理论、光催化材料、光催化技术以及光催化应用等多个方面对光催化进行了深入的探讨。在简单介绍了光催化发展历史和基本原理的基础上，本书重点讲解了光催化材料及其性能，除了经典的 TiO_2 光催化剂，还介绍了新型复合氧化物光催化剂，同时探讨了光电协同作用、表面杂化作用等对于光催化性能提高的机理及实例，以及光催化材料性能的理论计算方法。除此之外，还详细介绍了在光催化研究中非常重要的表征技术，包括光催化材料的表征手段以及光催化性能的评价方法。最后，介绍了光催化材料在环境以及能源等领域的应用。

本书是作者所在课题组 20 年来在光催化领域研究的总结，重点关注于光催化材料研究及其在环境领域的应用，但由于目前光催化研究及其相关技术发展非常迅速，作者水平和知识面有限，本书如有不当之处还恳请广大读者批评指正。

朱永法
2014 年 6 月

目 录
CONTENTS

第1章
光催化基础

1.1 光催化的历史

　　光催化技术是通过催化剂利用光子能量，将许多需要在苛刻条件下发生的化学反应转化为在温和的环境下进行反应的先进技术。它作为一门新兴的学科，涉及半导体物理、光电化学、催化化学、材料科学、纳米技术等诸多领域，在能源、环境、健康等人类面临的重大问题方面均有应用前景，一直是前沿科学技术领域的研究热点之一。

1.1.1 光催化现象的发现

　　早在20世纪30年代，就有研究者发现在氧气存在以及在紫外光辐照的情况下，TiO_2对染料具有漂白作用以及对纤维具有降解作用的现象，并且证实反应前后TiO_2保持稳定[1]。但是由于当时半导体理论和分析技术的局限性，这种现象被简单地归因为是紫外光诱导促使氧气在TiO_2表面上产生了高活性的氧物种所致。而且由于当时社会对能源和环境问题的认识还远没有今天深入，因而这种现象的发现并没有引起人们足够的重视。

1.1.2 能源危机带来的发展机遇

　　20世纪70年代初期，正值高速发展的西方社会遭遇有史以来最严重的石油危机，严重制约了其经济发展。氢能作为一种可替代石油的未来清洁能源，开始受到世界各国政府和科学家的关注。1972年，Fujishima和Honda在Nature杂志上发表了在近紫外光照射下，TiO_2电极分解水产生氢气的论文[2]。其文中提出的利用太阳光催化分解H_2O制H_2被认为是最佳制氢途径之一（见图1-1）。这

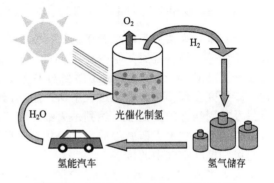

图 1-1 光催化制氢的循环利用途径 [3]

种将太阳能转化为化学能的方法迅速成为极具吸引力的研究方向，各发达国家和一批知名科学家均投入这一领域的研究。

在 20 世纪 80 年代到 90 年代中期，光催化体系的扩展和光催化机理的研究成为当时光催化领域的研究热点。在这一时期 ZnO、ZnS、CdS、Ta_2O_5、$SrTiO_3$ 等一系列半导体金属氧化物和硫化物以及复合金属氧化物的光催化活性均被系统的研究[4]。随着半导体能带理论的完善和有关半导体性质分析测量技术的进步，人们对光催化现象及光催化机理的认识逐渐加深。但是由于紫外光能量仅占太阳光的 5% 左右，同时已知的光催化剂量子效率不高，利用太阳光催化分解 H_2O 制 H_2 一直未能投入实际应用。而且氢能的安全利用始终存在许多关键技术问题，如氢存储、氢输运均成为氢能利用的瓶颈问题而有待解决，使得氢能作为一种新能源的应用研究始终停留在理论研究阶段。因而这一课题慢慢沉寂下来，但人们对 TiO_2 光催化剂的研究与应用拓展却不断发展，而且其在环境保护等方面的优势逐步显现了出来。尽管光催化的复杂反应机理目前尚未被完全认识清楚，但在应用方面的研究却已经成绩斐然。

1.1.3　环境危机带来的机遇

20 世纪 90 年代初期，环境污染的控制和治理成为人类社会面临和亟待解决的重大问题之一。在众多环境污染治理技术中，以半导体氧化物为催化剂的多相光催化反应具有室温条件反应、深度矿化净化、可直接利用太阳光作为光源来活化催化剂并驱动氧化还原反应等独特性能，而成为一种理想的环境污染治理技术。1993 年，Fujishima 和 Hashimoto 提出将 TiO_2 光催化剂应用于环境净化的建议，引起环保技术的全新革命[5]。这种技术在环境治理领域有着巨大的经济和社会效益，它在污水处理、空气净化和保洁除菌三个领域具有广泛的应用前景。在污水处理和空气净化方面，许多科学家发现 TiO_2 能将有机污染物光催化氧化降解为无毒、无害的 CO_2、H_2O 以及其它无机离子，如 NO_3^-，SO_4^{2-}，Cl^- 等[6]。在保洁除菌应用方面，研究人员同样发现光催化反应能高效、无选择性地杀灭细菌和病毒。另外，由于日本在 90 年代实施了净化空气恶臭的管理法，从而掀起了大气净化、除臭、防污、抗菌、防霉、抗雾和开发无机抗菌剂的热潮。在这样的背景下，光催化环境净化技术作为高科技环保技术，其实用化的研究开发受到广泛的重视。90 年代以来，光催化技术已成功地应用于烷烃、醇、染料、芳香族化合物、杀虫剂等有机污染物的降解净化和无机重金属离子（如 $Cr_2O_7^{2-}$）的还原净化等环境处理方面。同时，Fujishima 等研究发现在玻璃或陶瓷板上形成的 TiO_2 透明膜，经紫外光照射后，表面具有灭菌、除臭、防污自洁的作用，从而开辟了光催化薄膜功能材料这一新的研究领域[7]。

1.1.4　超级细菌和流行病毒的新对策

近年来，人类受到越来越多的流行病毒和超级细菌的危害，如非典型性肺炎、禽流感、超级细菌等，使得健康问题受到人们前所未有的关注。1985 年，日本的 Matsunaga 等[8]首先发现了 TiO_2 在金卤灯照射下对乳杆嗜酸菌、酵母菌、大肠杆菌等细菌均具有杀灭作用。进一步研究发现，在光催化过程中所产生的高氧化性羟基自由基，可以通过破坏细菌的细胞壁以及凝固病毒的蛋白质，达到杀灭细菌和病毒的作用，其杀灭效果几乎是无选择性的。这种基于光催化技术灭菌原理的空气净化装置已被开发出来，并被证实可有效的抑制流行病毒和超级细菌在空气中的传播。

人类进入 21 世纪后，先进的制备技术和研究手段不断被应用到光催化的研究中来，推动着这一学科的迅猛发展。其中纳米技术的高速发展，计算化学的进步特别是密度泛函理论的广泛应用，为设计新型光催化剂提供理论基础；瞬态光谱和顺磁共振自由基捕获技术的应用，为深入研究光催化机理提供了有效的研究手段。可见光催化概念的提出更是为光催化技术的应用指明了方向。光催化机理的探讨变得越来越深入，同时光催化技术在相关领域的应用也越来越广泛，业已成为科学研究和实际应用方面最活跃的领域之一。

1.2 光催化基本概念

1.2.1 光催化剂和光催化反应

光催化剂是指在光的辐照下，自身不发生变化，却可以促进化学反应的物质。促进化合物的合成或使化合物降解的过程称为光催化反应。光催化反应利用光能转换成为化学反应所需的能量，来产生催化作用（见图1-2）。它在自然界中最具代表性的例子为植物的"光合作用"。

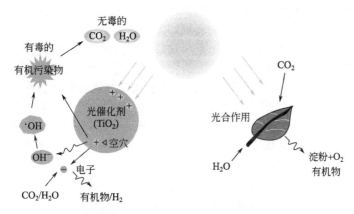

图 1-2 光催化反应和光合作用示意图

光催化剂中目前研究和应用最广泛的是半导体光催化剂，其代表是 TiO_2。半导体在光激发下，电子从价带跃迁到导带位置，在导带形成光生电子，在价带形成光生空穴。利用光生电子-空穴对的还原和氧化性能，可以光解水制备 H_2 和 O_2，还原二氧化碳形成有机物，还可以使氧气或水分子激发成超氧自由基及羟基自由基等具有强氧化力的自由基，降解环境中的有机污染物，不会造成资源浪费与形成二次污染。

1.2.2 固体能带结构[9]

原子组合成周期性的晶体结构时，组成固体的原子最外层的价电子受原子核的束缚最弱。价电子不仅受原来所属原子的作用，还受到其他原子的作用，称为共有化。因而在固体中存在大量的电子运动是相关联的，所以严格的描述多个电子的运动是不可能的，只能把每个电子近似地认为是在独立的等效势场中运动。由于晶体中这种等效的势场具有周期性，这使电子的能量状态（能级）发生微小变化，演化成由密集能级组成的能带。被价电子所占据的能带称为价带。未被电子占满的能带称为导带。相邻两能带间的空隙代表电子所不能占有的能量状态，称为禁带。

1.2.3 光生电子、光生空穴和复合中心

半导体光催化剂在光照下，如果光子的能量大于半导体禁带宽度，其价带上的电子（e^-）就会被激发到导带上，同时在价带上产生空穴（h^+）。光生空穴有很强的氧化能力，

光生电子具有很强的还原能力，它们可以迁移到半导体表面的不同位置，与表面吸附的污染物发生氧化还原反应。与此同时，光生电子和空穴还可以在半导体中的杂质或缺陷处成对消失，这类杂质或缺陷即称为复合中心。其主要作用是促进载流子复合，从而降低载流子寿命。

1.3　光催化的应用领域

1.3.1　环境净化应用

近十几年来，伴随着可持续发展这一主题，全球性环境问题受到越来越多的关注。20世纪末和21世纪初，分别在里约热内卢和约翰内斯堡召开的两次环境与发展大会上，各国代表针对臭氧层破坏、全球气候变化、荒漠化等重要环境议题，先后制定了《蒙特利尔议定书》、《联合国气候变化框架公约》及《京都议定书》、《荒漠化防治公约》等国际条约，号召世界各国共同保护地球环境。在众多解决环境污染的控制方法中，使用光催化剂降解污染物这一方法，为最终解决这一问题提供了一条新途径。该方法由于利用一次能源太阳光而且净化过程不会产生二次污染，且价格低廉，容易大规模生产，所以被认为是理想的解决问题的方法之一。自1977年Frank等提出用光催化剂分解联苯及氧化联苯设想以来[10]，越来越多的光催化剂已经被发现可应用到环境保护中。光催化技术应用于环境控制领域具有如下优势：光催化可在常温下进行，节省能源（仅需低功率UV光源，不需要加温）；光催化技术可将有毒有机物进行彻底矿化而不会造成二次污染（如二噁英等）；光催化技术效率高，寿命长，维护简单，运行费用低；光催化剂如TiO_2无污染，无毒，卫生安全。随着研究的深入，光催化剂必将在环境净化方面扮演一个重要的角色。此外，光催化技术杀菌能力的普适性强，在医疗卫生等方面都将给人类带来极大的益处。

环境污染可分为水体污染、固体废弃物污染、大气污染和噪声污染等。其中水体污染、固体废弃物污染和大气污染的日益严重，已经严重制约了生活质量的提高，故备受关注。研究表明，纳米TiO_2能处理多种有毒化合物，可以将水中的烃类、卤代烃、酸、表面活性剂、染料废水、含氮有机物、有机杀虫剂、木材防腐剂和燃料油等（见表1-1）很快地完全氧化为CO_2、H_2O等无害物质[11]。无机物污染物也可在TiO_2表面产生光化学活性，获得净化。例如，废水中的Cr^{6+}具有较强的致癌作用，在酸性条件下，TiO_2对Cr^{6+}具有明显的光催化还原作用，其还原效率高达85%[12]。迄今为止，已经发现有2000多种难降解的有机化合物可以通过光催化反应而迅速降解。

目前，发达国家已尝试应用光催化技术来解决日益严重的水、空气和土壤等环境污染问题[13~15]。西班牙的PSA中心建造了欧洲第一台工业规模的废水处理反应装置，处理含有苯酚、乙二醇、苯乙烯等多种有机污染物的树脂厂废水，年处理能力为$1000m^3$；在美国已将这些技术应用于光催化空气净化器以及核污染土壤的净化处理等方面。在废气净化方面，利用光催化氧化反应，可将汽车尾气中的NO_x、CO转化成无害的N_2和CO_2；还可以净化室内空气、冰箱异味等。在日本已将光催化剂镀在高速公路上的隧道照明灯上，用于分解通过的汽车所排放的废气，效果很好。这种玻璃还不易结雾，能保持透明度。除此以外，光催化剂技术从日用品到建材，以及通信、交通等领域均在广泛应用。光催化产品有光催化净水器、空气净化器、具有自清洁的建筑玻璃、瓷砖卫生洁具、车厢挡风玻璃、眼镜片等产品。因而光催化技术在环境保护上的应用开发在我国有广阔的应用前景。虽然我国在光催化技术应用开发方面还处于起步阶段，但在基础研究方面，则已经处于世界领先的地位，为光催化技术环境净化应用提供了技术支撑。

表 1-1 不同有机物在半导体光催化剂上的降解实例[11]

有机物种类	实 例
烷烃	甲烷、异丁烷、戊烷、庚烷、环己烷、石蜡
卤代烷烃	1,2,3,4-氯代烷、三溴乙烷、CBr_3CCl_3
脂肪族醇	甲醇、乙醇、异丙醇、葡萄糖、蔗糖
脂肪族醛、羧酸	甲醛、甲酸、乙酸、二甲基乙酸、丙酸、草酸
烯烃	丙烯、环己烯
卤代烯烃	全氯乙烯、1,2-二氯乙烯、1,1,2-三氯乙烯
芳香族	苯、萘
卤代芳烃	一氯代苯、1,2-二氯代苯、溴代苯
硝基卤代芳烃	3,4-二氯硝基苯、二氯硝基苯
酚类	苯酚、对苯二酚、邻苯二酚、4-甲基邻苯二酚、间苯二酚、邻对甲基苯酚、间对甲基苯酚
卤代酚	邻对氯苯酚、间对氯苯酚、五氯代苯酚、4-氟苯酚、3,4-二氟苯酚
芳香族羧酸	苯甲酸、4-氨基苯甲酸、邻苯二甲酸、间苯二甲酸、对苯二甲酸、水杨酸、间羟基苯甲酸、对羟基苯甲酸、氯代羟基苯甲酸等
聚合物	聚乙烯、聚氯乙烯（PVC）

1.3.2 微生物杀菌净化

空气中的细菌时刻危害着我们的健康，因而光催化技术对细菌杀灭作用同样受到人们的关注。光催化剂与细菌的作用过程显示光催化过程中产生的活性超氧自由基和羟基自由基能穿透细菌的细胞壁，破坏细胞膜质进入菌体，阻止成膜物质的传输，阻断其呼吸系统和电子传输系统，从而有效地杀灭细菌并抑制了细菌分解生物质产生臭味物质（如 H_2S、NH_3、硫醇等），因此能净化空气。例如含有 TiO_2 光催化剂的墙砖和地砖具有杀菌和消毒的功能，对大肠杆菌、金色葡萄球菌、绿脓杆菌、沙门氏菌等有抑制和杀灭作用，将被广泛应用于环境中的细菌净化（中央空调系统、医院、制药车间等）[16]。研究还发现光催化杀菌作用可以在光照结束后一段时间里持续有效。因此，将光催化剂用于制造家用卫生洁具，可净化家庭环境，保持卫生洁具表面较长时间清洁状态。目前国外新型无机抗菌剂的开发与抗菌加工技术进展较快，已经形成系列化产品，其中日本在 TiO_2 光催化抗菌材料研究与应用方面起步较早，日本东陶等多家公司开发的光催化 TiO_2 抗菌瓷砖和卫生洁具已经大量投放市场[17]，目前国内也有多家公司实现了光催化应用的产业化。

1.3.3 表面自清洁净化

经紫外光照射后的光催化剂表面具有的超亲水性又为其开辟了新的应用领域。将光催化剂做成薄膜镀在基底上，可以得到具有自清洁和光催化性能的新型功能材料，如具有杀菌效果的陶瓷卫生洁具、能分解厨房油烟的瓷砖、可长期保持表面洁净的建筑玻璃等。逐渐发展起来的光催化膜功能材料研究已成为光催化环境净化研究的新方向。英国皮尔金顿公司生产出了自洁净玻璃，这种玻璃表面镀有一层具有光催化作用的纳米二氧化钛薄膜，经紫外线照射后可有效降解附着在玻璃表面的有机污染物，同时具有亲水性，使玻璃长期保持自洁净效果[18]。

1.3.4 能源催化应用

1.3.4.1 光解水制氢

氢能是除太阳能以外另一种被人们寄予厚望的新型能源。它的特点如下：① 热值高，氢气的燃烧值为 142.4kJ/kg，是汽油的 3 倍；② 储量大，目前地球上的氢主要以化合态存在于水中，而水是地球上最丰富的物质，海洋占地球总面积的 75%；③ 无污染，氢气本身无毒，并且燃烧后生成水也对环境没有污染；④ 可再生，氢气燃烧后生成水，水通过还原产生氢气，使其可循环利用。但是目前氢能的实际利用还存在如下两个问题：一是氢能的来源；二是氢能的储存。第二个问题是由于储氢材料在低温下产生"氢脆效应"而引起的，一直受到材料学家关注。而第一个问题是氢能能否实际利用的关键，主要的阻碍在于传统的制氢方法价格昂贵，有环境污染和反应效率较低。目前氢的来源有以下几种：电解水，太阳能分解水，生物制氢，以及化工、冶金等流程制氢。在以上几种制氢方法中太阳能分解水作为一种价格低、无污染、可持续利用的方法，被认为是一种理想的制氢方法。并且光催化剂在最初之所以受到广泛关注的原因，正是因为它可以光解水制氢。虽然在氢能的实际利用方面还有许多工作要做，但研究工作已取得很大的进展，相信距离使用氢能的一天不会太远。

1.3.4.2 太阳能光伏电池

太阳能光伏电池和二氧化碳能源均是光催化应用的新兴领域，其应用研究还停留在实验室阶段。1991 年由著名光催化专家 Grätzel 教授[19]在 Nature 上首先报道用染料敏化 TiO_2 制成的太阳能电池，其单色光转化效率高达 7%，其后续的工作则将这一数值进一步提高到约 11%，将太阳能的光电化学转化向人工模拟光合作用的高度推进了一步。然而其后的大量工作虽然在 TiO_2 形态、电解质、染料、对电极材料方面有所改善，但在效率提高方面还没有关键性的突破，其转换效率和稳定性与硅太阳能电池相比还有差距。然而在价格方面，染料敏化 TiO_2 太阳能电池具有很大的优势，因此一旦光转化效率高达 20%左右，便有望取代硅太阳能电池，广泛应用于太阳能转化领域。

1.3.4.3 二氧化碳能源化

在 CO_2 的光还原方面，由 CO_2 排放引起的温室效应正在改变着全球气候和降水量分布，严重威胁人类生存空间。因而模拟植物光合作用，用半导体催化剂光化学还原 CO_2，成为一个比较活跃的研究领域。目前还原 CO_2 可得到 CO、HCOOH、HCHO、CH_3OH 等产物，只是光转换效率和产物产率都较低，距工业化尚远。但是，有希望通过寻找选择性高、转化率高的催化剂，通过反应器的设计，获得更高的效率。用光催化方法还原，不仅能得到有用的有机化合物，开辟有机物合成的新的原料路线，还能消除对大气的污染，并能将太阳光的能源储存起来，发展新的能源，因而是一项具有非常诱人前景的工作[20]。

1.4 光催化的发展趋势

光催化技术是近年来国际上最活跃的研究领域之一，但是目前主要以 TiO_2 半导体为基础的光催化技术还存在着如量子产率低、太阳能利用率低及回收困难等几个关键的科学技术难题，使其在工业上广泛应用受到极大制约。以上问题的根本解决有赖于基础研究的深入，如提高光催化反应的活性，提高光量子产率，拓展光吸收波长等。尽管目前看来，光催化技术离大规模生产和应用还有一段距离，但是其所显示的巨大潜在优异性能是不容忽视的。因此，在不久的将来，伴随着这些关键问题的突破，纳米光催化材料的实际应用必将得到实现，并改善我们的生存环境，给我们的日常生活带来更多的便利。

1.4.1　新型光催化材料探索

TiO₂ 由于稳定、廉价、无毒等特点是目前应用最为广泛的光催化剂。但这种催化剂还不够理想，存在诸如可见光利用率低、不易回收、制备条件苛刻、成本高等缺点。因此，目前国内外开展了大量新型光催化剂的探索工作。开发了一系列非 TiO_2 系列的光催化剂，这些催化剂的最大特点是带隙比 TiO_2 窄得多。如层状结构的 Bi_2MO_6（M＝W、Mo）[21,22] 和钙钛矿型复合氧化物 $LaFeO_3$、$LaFe_{1-x}Cu_xO_3$ 等[22,23]。在理论研究方面，光催化研究未来的发展方向将是：设计合成可有效利用太阳能的光催化剂，开发新型高效的非 Ti 系催化剂，开发光催化剂载体的新材料；对光催化剂进行原位研究；在原子水平上表征光催化活性位；建立与实验证据相符合的理论模型。

1.4.2　光催化过程活性和能效的提高

活性和能效是评价光催化剂的主要指标，现阶段主要从三个方面进行改进，进而达到提高的效果：

① 对现有催化剂的结构和组成进行改性，主要包括：减小晶粒尺寸、过渡金属离子掺杂、贵金属表面沉积、非金属离子掺杂、表面光敏化、半导体复合、制备中孔结构光催化剂等；

② 开发新型的光催化剂，特别是如上节所述的非 TiO_2 系列的光催化剂；

③ 将光催化过程与外场进行耦合，主要包括微波、超声波、热场、电场。

1.4.3　光催化实际应用拓展

半导体光催化的应用形式并非仅限于光催化剂呈分散态的悬浮体系。从实际应用角度来看，将催化剂固定在载体和光催化剂的薄膜化方面的实验探索越来越普遍。而其应用范围也不再限于环境保护这一最为重要的课题，已拓展到医疗卫生、化学合成、食品保鲜等许多方面。一些诱人设想同样对人有所启发，如 Tennakone[24] 探讨了利用月球上紫外光辐射强的特点，以稳定的宽带隙半导体为光催化技术净化月球基地生活用水的可能性。根据光催化的原理不断拓展其应用范围是研究者的共同心愿。

1.4.4　光催化技术的前景

光催化从概念的提出到实际产品的应用开发至今已过了近 40 年的时间。在这段时间里，经过各国学者的努力探索，不管是对其机理的研究，还是对其产品化研究方面，该领域的研究均取得了很大的进展。然而其材料功能性方面还远低于预期，无论是在环境污染物净化尤其是在污水处理方面，还是在直接光解水制氢方面，或是在染料敏化太阳能电池方面，它们的效率还很低，远未达到实际应用的要求。因而国内外的科学家们期待从以下的几个方面形成突破，进而促进该领域的发展。①进一步阐明光催化的反应历程，尤其是光生载流子分离、传输及界面转移的过程，从理论上明确提高活性具备的条件；②开发新的光催化反应体系，如光电、光声、光-等离子体等协同催化反应，进一步提升光催化反应的效率；③从其它如纳米材料学、半导体物理学等学科汲取经验和思路，制备高能效和高活性的新型光催化剂；④设计合理的反应装置，以应对不同应用领域的需要。半导体光催化技术既是前沿的基础研究课题，又具有诱人的实际应用前景。因而科学家们对其抱有巨大的期待，相信通过不懈的努力研究，终究会有决定性的突破。

参考文献

[1] Hashimoto K, Irie H, Fujishima A. Jpn. J. Appl. Phys., 2005, 12: 8269.

[2] Fujishima A, Honda K. Nature. 1972, 238: 37.

[3] Chen X, Shen S, Guo L, Mao S S. Chem. Rev., 2010, 110: 6503.

[4] Kudo A, Miseki Y, Chem. Soc. Rev., 2009, 38: 253.

[5] Watanabe T, Hashimoto K, Fujishima A. in Proceedings of Photocatalytic Purification and Treatment of Water and Air, Amsterdam: Elsevier, Ollis D F and Al-Ekabi H, 1993.

[6] Fox M A, Dulay M T. Chem. Rev., 1993, 93: 341.

[7] Wang R, Hashimoto K, Fujishima A, et al. Nature, 1997, 388: 431.

[8] Matsunaga T, Tomoda R, Nakajima T, Wake H. FEMS Microbio. Lett., 1985, 29: 211.

[9] 黄昆. 固体物理. 北京: 高等教育出版社, 1988.

[10] Frank S N, Bard A J. J. Am. Chem. Soc., 1997, 99: 303.

[11] Hoffman M R, Martin S T, Choi W, Bahnemann D W. Chem. Rev., 1995, 95: 69.

[12] 张青红, 高濂, 郭景坤. 高等学校化学学报, 2000, 21: 1547.

[13] Fujishima A, Hashimoto K, Watanabe T. BKC, Inc., 1999, 125: 128.

[14] Jones A P. Atmos Environ., 1999, 33: 4535.

[15] 陈威, 刘艳萍, 江小林, 邵林广. 市政技术, 2005, 6: 364.

[16] 祖庸, 雷闫盈, 李晓娥等. 现代化工, 1999, 8: 46.

[17] 姚恩亲, 江棂, 马家举. 化学与生物工程, 2003, 6: 50.

[18] 张钟宪. 环境与绿色化学. 北京: 清华大学出版社, 2005.

[19] O'Regan B, Grätzel M. Nature, 1991, 353: 737.

[20] 韩兆慧, 赵化侨. 化学进展, 1999, 11: 1.

[21] Fu H, Pan C, Yao W, Zhu Y. J. Phys. Chem. B., 2005, 109: 22432.

[22] 白树林, 付希贤等. 应用化学, 2000, 17: 343.

[23] 付希贤, 桑丽霞, 白树林等. 化学物理学报, 2000, 13: 503.

[24] Tennakone K, Photochem J, hotobiol P. A: Chem., 1993, 71: 199.

第**2**章
光催化原理

2.1 光催化反应的基元过程

光催化反应是一个复杂的物理化学过程，主要包括光生电子和空穴对的产生、分离、再复合与表面捕获等几个步骤。具体来说，以常用的 TiO_2 光催化剂为例，Hoffman 等总结了其中的基元化反应过程，可用反应式（2-1）～式（2-8）[1]表示：

（1）光生电子-空穴对的产生

$$TiO_2 + h\nu \longrightarrow h_{vb}^+ + e_{cb}^- \text{（fs）} \tag{2-1}$$

（2）载流子迁移到颗粒表面并被捕获

$$h_{vb}^+ + >Ti^{IV}OH \rightleftharpoons [>Ti^{IV}OH\cdot]^+ \qquad\qquad 快（10ns） \tag{2-2}$$

$$e_{cb}^- + >Ti^{IV}OH \rightleftharpoons [>Ti^{III}OH] \qquad\qquad 浅层捕获（100ps） \tag{2-3}$$

$$e_{cb}^- + >Ti^{IV} \longrightarrow >Ti^{III} \qquad\qquad 深层捕获（10ns） \tag{2-4}$$

（3）自由载流子与被捕获的载流子的重新结合

$$e_{cb}^- + [>Ti^{IV}OH\cdot]^+ \longrightarrow >Ti^{IV}OH \qquad\qquad 慢（100ns） \tag{2-5}$$

$$h_{vb}^+ + [>Ti^{III}OH] \longrightarrow >Ti^{IV}OH \qquad\qquad 快（10ns） \tag{2-6}$$

（4）界面间电荷转移，发生氧化还原反应

$$[>Ti^{IV}OH\cdot]^+ + Red \longrightarrow >Ti^{IV}OH + Red\cdot^+ \quad 慢（100ns） \tag{2-7}$$

$$e_{tr}^- + Ox \longrightarrow >Ti^{IV}OH + Ox\cdot^- \qquad\qquad 很慢（ms） \tag{2-8}$$

式中，$>Ti^{IV}OH$ 表示 TiO_2 的表面羟基官能团；e_{cb}^- 表示导带电子；e_{tr}^- 为被捕获的导带电子；h_{vb}^+ 为价带空穴；Red 为电子给体（还原剂）；Ox 为电子受体（氧化剂）；$[>Ti^{IV}OH\cdot]^+$ 是在颗粒表面捕获的价带空穴；$[>Ti^{III}OH]$ 是颗粒表面捕获的导带电子；反应式后的时间是通过激光脉冲光解实验测定的每一步骤的特征时间。

2.1.1 光催化反应过程

下面具体说明基元反应的各个步骤和影响因素。

2.1.1.1　半导体光催化剂吸收光子——吸收效率

光通过固体时，与固体中存在的电子、激子、晶格振动及杂质和缺陷等相互作用而产生光的吸收。其中，导带上的电子吸收一个光子跃迁到价带上的过程被称为本征吸收。半导体光催化剂产生本征吸收是发生光催化反应的先决条件。其吸收的效率与材料本身的性质有关，如材料的消光系数和折射率等。材料的反射率（R）与消光系数（κ）和折射率（n）有如下关系[2]：

$$R = [(n-1)^2 + \kappa^2]/[(n+1)^2 + \kappa^2] \tag{2-9}$$

消光系数反映的是光的强度被削弱的大小，是材料的本征性质。在描述固体对光的吸收效率时，吸收系数 $\alpha = 4\pi\kappa/\lambda_0$ 也是一个常用的特征物理参数，反映的是物质对光吸收的大小，其数值由物质的性质与入射光的波长而定。在固体内深度为 x 处的光强度 $I(x)$ 与入射光强度 $I(0)$ 和吸收系数 α 关系如下[2]：

$$I(x) = I(0)\exp(-\alpha x) \tag{2-10}$$

吸收的效率还与光催化剂对光的散射程度和受光面积有关。它们受到材料的尺寸、结构形状和材料的表面粗糙度等因素影响。

2.1.1.2　光子对半导体能级的激发，产生电子和空穴过程——激发概率

当入射光子能量 $h\nu$ 大于或等于半导体的禁带宽度 E_g 时，才有可能发生本征吸收现象。因此本征吸收存在一个波长极限，即 $\lambda \leqslant ch/E_g$。波长大于此值，不能产生光生载流子。波长小于此值，光子的能量大于能带间隙，从而使一个电子从价带激发到导带时，在导带上产生带负电的高活性电子（e^-），在价带上留下带正电荷的空穴（h^+），这样就形成电子-空穴对，这种状态称为非平衡状态。处于非平衡状态的载流子不再是原始的载流子浓度 n_0、p_0，而是比它们多出一部分，多出的这部分载流子称为非平衡载流子（也称为过剩载流子）。由于价带基本上是满的，导带基本上是空的，因此非平衡载流子的产生率（激发概率）G 不受 n_0 和 p_0 的影响。非平衡状态下，空穴和电子浓度（n 和 p），仅是温度的函数并与半导体的电子结构等有关[3]：

$$n = N_c \exp\left(-\frac{E_c - E_F^n}{k_0 T}\right) = n_0 \exp\left(-\frac{E_F^n - E_F}{k_0 T}\right) = n_i \exp\left(-\frac{E_i - E_F^n}{k_0 T}\right) \tag{2-11}$$

$$p = N_v \exp\left(-\frac{E_F^p - E_v}{k_0 T}\right) = p_0 \exp\left(-\frac{E_F - E_F^p}{k_0 T}\right) = n_i \exp\left(\frac{E_i - E_F^p}{k_0 T}\right) \tag{2-12}$$

其中，N_c 和 N_v 分别表示导带和价带的有效态密度；n_i 表示本征载流子浓度（n_i 只是温度的函数）；E_F^n 和 E_F^p 分别表示电子和空穴的准费米能级，代表了非平衡状态下空穴和电子浓度，与外加作用的强度有关（如光的强度、外加电压等）；E_i 代表了本征费米能级。

2.1.1.3　半导体中电子-空穴的分离过程——分离效率

半导体吸收一个光子之后，电子由价带跃迁至导带，但是电子由于库仑作用仍然和价带中的空穴联系在一起，这种由库仑作用互相束缚着的电子-空穴对，被称为激子。激子中的光生电子和空穴通过扩散作用或在外场作用下，克服彼此之间的静电引力达到空间上的分离，被称为电子-空穴的分离过程。由半导体中空间电荷层内产生的内建电场是影响光生载流子分离的主要因素，而电荷层的厚度取决于载流子的密度，同时催化剂中载流子的累积会进一步影响其分离，使得光催化过程的光生电子和空穴的分离效率降低。半导体中空间电荷层内产生的电场分布受材料结构与形状的影响。例如层状光催化材料由于层间的电场作用，有利于电子和空穴的分离，通常展现出良好的光催化活性[4]。与此同时，被激活的电子和空穴可能在颗粒内部或内表面附近重新相遇而发生湮灭，将其能量通过辐射方式散发掉，这种概率称为再复合概率。分离的电子和空穴的再复合可以发生在半导体体内，称为内部复合；也可发生在表面，称为表面复合。当存在合适的俘获剂、表面缺陷态或其它作用（如电场作

用）时，可抑制电子与空穴重新相遇而发生湮灭的过程，更容易实现分离。

分离效率可以用半导体的载流子的寿命来直观表示。当外界作用消失后，非平衡载流子在导带和价带中有一定的生存时间，其平均生存时间称为非平衡载流子的寿命（τ），理论推导为非平衡载流子浓度衰减到原来数值 $1/e$ 所经历的时间。在稳态下复合率等于产生率，产生率（激发概率）G 与光电子寿命和非平衡载流子浓度（Δn）关系如下[5]：

$$G = I\alpha\beta = \Delta n / \tau \tag{2-13}$$

其中，I 为单位时间内通过单位面积的光子数，α 为吸收系数，β 为每个光子产生的电子-空穴对量子产额，因此电子-空穴对激发概率为 $I\alpha\beta$，复合速率为 $\tau/\Delta n$。

2.1.1.4 电子-空穴在半导体内的迁移过程——迁移效率

与分离过程紧密联系的是电子-空穴在半导体内的迁移过程。根据电子和空穴在半导体内的浓度不同，其迁移的主要形式是扩散运动和漂移运动。其中扩散电流是少子的主要电流形式，漂移电流是多子的主要电流形式。无外加电场时，扩散是非平衡载流子在半导体内迁移的一种重要运动形式，尽管作为少数载流子的非平衡载流子的数量很小，但是它可以形成很大的浓度梯度，从而能够产生出很大的扩散电流。定义扩散电流密度为单位时间内通过垂直于单位面积的载流子数，用 S_p 表示。则在半导体内深度为 x 处的电流密度 S_p 为[6]：

$$S_p(x) = -D_p \frac{\mathrm{d}\Delta p(x)}{\mathrm{d}x} \tag{2-14}$$

式中，D_p 为扩散系数，其大小与材料本身特性，如杂质多少、载流子的有效质量和载流子迁移率有关。在半导体中扩散系数与载流子迁移率之间符合爱因斯坦关系式[7]：

$$\frac{D}{\mu} = \frac{k_0 T}{q} \tag{2-15}$$

扩散运动的能力同样也可以用扩散长度来表示。扩散长度就是指非平衡载流子从注入浓度 $(\Delta p)_0$，边扩散边复合降低到 $(\Delta p)_0/e$ 所经过的距离，其大小为[3]：

$$L_p = \sqrt{D_p \tau_p} \tag{2-16}$$

对于光催化过程来说，光激发载流子（电子和空穴）扩散至半导体的表面并与电子给体/受体发生作用才是有效的，而对同一材料来说扩散长度是一定的，因此减小颗粒尺寸使其小于非平衡载流子的扩散长度，可有效地减少复合，提高迁移效率，从而增大扩散至表面的非平衡载流子浓度，提高光催化活性和效率。

2.1.1.5 空穴-电子被底物的俘获过程——界面迁移概率

光激发产生的电子和空穴通过扩散迁移到表面捕获位置，可能发生下面几类反应：①自身同其它吸附物发生化学反应或从半导体表面扩散到溶液参与溶液中的化学反应；②发生电子与空穴的复合或通过无辐射跃迁途径消耗掉激发态能量。这几类反应之间存在相互竞争，即界面迁移（化学反应复合：光催化或光分解）和表面复合两个相互竞争的过程。当催化剂表面预先吸附有给电子体或受电子体时，迁移到表面的光生电子或空穴被供体或受体捕获发生光催化反应，减少电子-空穴对的表面复合。

在多相光催化体系中，半导体粒子表面吸附的 OH^- 基团、水分子及有机物本身都可以充当空穴俘获剂。脉冲辐射实验证明[8]，在 TiO_2 表面上 $OH\cdot$ 的生成速率为 6×10^{11} L·$mol^{-1}\cdot s^{-1}$，不受 O_2 的影响。氘同位素实验和顺磁共振（ESR）研究结果证明[9,10]，$OH\cdot$ 是一个活性物种，无论是在吸附相还是在溶液相都能引起物质的化学氧化反应，是光催化氧化中主要的氧化剂，可以氧化包括生物难以转化的各种有机物并使之矿化，对作用物几乎无选择性，对光催化氧化反应起决定作用。光生电子的俘获剂主要是吸附于半导体表面上的氧。它既可抑制电子与空穴的复合，同时也是氧化剂，可以氧化已经羟基化的反应产物[11]。$O_2^-\cdot$ 经过质子化作用之后能够成为表面 $OH\cdot$ 的另一个来源：

$$e_{cb}^- + O_{2(ads)} \longrightarrow O_2^- \cdot \qquad (2\text{-}17)$$

$$O_2^- \cdot + H^+ \longrightarrow HO_2 \cdot \qquad (2\text{-}18)$$

$$2HO_2 \cdot \longrightarrow O_2 + H_2O_2 \qquad (2\text{-}19)$$

$$H_2O_2 + O_2^- \longrightarrow OH \cdot + OH^- + O_2 \qquad (2\text{-}20)$$

半导体表面氧的吸附量影响光催化反应速率，例如：无氧条件下，TiO_2 光催化降解受到抑制。

因为载流子的复合比电荷转移快得多，这大大降低了光激发后的有效作用。对于一个理想的系统，半导体的光催化作用可以用量子效率来评价。量子效率 ϕ 指每吸收一个光子体系发生的变化数，实际常用每吸收 1mol 光子反应物转化的量或产物生成的量来衡量。它决定于载流子的复合和界面电荷转移这对相互竞争的过程，与载流子输运速率 k_{CT}、复合速率 k_R 有如下关系[12]：

$$\phi = \frac{k_{CT}}{k_{CT} + k_R} \qquad (2\text{-}21)$$

2.1.2 反应过程的影响因素

实际上从半导体的光催化特性被发现起，人们就开始了探索半导体光催化剂反应过程的影响因素，通过对基元反应过程的研究，采用各种方法来提高电子-空穴分离，抑制载流子复合以提高量子效率，扩大光吸收波长范围，改变产物的选择性或产率等光催化基元过程的各个环节，以期提高光催化过程的总体效率。

2.1.2.1 如何提高半导体对光的吸收效率

从固体光吸收的过程来看，提高半导体对光的吸收方法，就要提高光散射，增大受光面积，或者采用多次吸收等途径。目前的研究对这些途径均有所涉及。采用纳米结构和多孔结构，在减小光生载流子扩散距离的同时，也增大了受光面积。例如，对于传统的薄膜型催化剂，由于其相对于粉末催化剂比表面积大大降低，传质效率也不高，一般来说，其催化效率比粉体要低一个量级。因此制备多孔薄膜是改善其催化性能的有效途径之一。1998 年，Nature 杂志报道了 Yang 等人[13]用一种三嵌段共聚物 $HO(CH_2CH_2O)_{20}$-$(CH_2CH(CH_3)O)_{70}$-$(CH_2CH_2O)_{20}H$ 为模板剂制备氧化物的规则中孔结构，氧化物种类有：TiO_2、ZrO_2、Nb_2O_5、Ta_2O_5、WO_3、SiO_2、SnO_2、HfO_2 及一些复合氧化物，孔径在 3.5nm 至 14nm 不等，大幅增加比表面积。此后其他科研工作者也陆续发表了很多关于 TiO_2 中孔结构材料的文章，有效地提高了光催化活性[14,15]。对非 TiO_2 系的光催化材料的多孔结构也表现出了良好的催化效果。Nakajima 等人[16]进行了中孔 Ta_2O_5 光解水的研究，发现中孔 Ta_2O_5 孔壁尽管是非晶，但是其光催化活性要高于普通的晶态 Ta_2O_5，如果有表面的 NiO 的还原-氧化预处理，活性会更高。Domen K 等人[17]研究了中孔 Ta_2O_5 以及中孔 Ta-Mg 复合氧化物，也得到了类似的结论。可以预见，如果能够得到这类化合物的中孔结构且形成一定晶相结构，其催化活性会更高。如果材料的孔径尺寸大于 100nm，增至 $200\sim800$nm 与太阳光波长相近似，并且具有周期性的孔结构，此时就形成了光子晶体结构。这种结构会对与孔径尺寸相近似波长的光产生额外的共振散射吸收，也增大了光的吸收效率[18]。采用这种提高散射吸收的思路，朱永法等采用聚苯乙烯小球为模板合成了 Bi_2WO_6 二维光子晶体薄膜，这种薄膜的光催化活性是传统薄膜催化剂活性的 2 倍以上[19]。除以上方法外，片层自组装形成的微纳结构或枝节状结构，可以对入射光进行多次反射，从而增大光吸收。王文中等[20]采用沉淀法在 TiO_2 纤维上沉积了 NiO、ZnO、SnO_2 短棒，图 2-1 为 NiO/TiO_2 枝节状结构与光作用示意图，可以看出，形成的枝节状结构通过对光的多次反射，增大光吸收，对 NH_4^+ 表现出良好的降解效果。

除了材料本身的特性外，设计合理的光催化装置，对光源加装聚光器件均有利于光吸收。

图 2-1 NiO/TiO₂ 枝节状结构与光作用示意图[20]

2.1.2.2 如何调控半导体的能带间隙

现在主要应用的半导体光催化剂是 TiO_2，但从利用太阳光的效率来看，还存在光吸收波长范围狭窄，主要在紫外区，利用太阳光的比例低的缺点。因而需要调控半导体的能带间隙使之能吸收更广范围的光。目前调控半导体的能带间隙主要有三种方法：开发新型光催化剂，采用阴、阳离子掺杂，进行表面复合修饰。

新型光催化剂与 TiO_2 相比其能带结构具有较大的区别。在合成方面，从 20 世纪 80 年代开始，人们陆续开发了多种新型的光催化剂来光解水制氢，如 $SiTiO_3$[21]、$K_4Nb_6O_{17}$[22]、$Na_2Ti_6O_{13}$[23]、$BaTi_4O_9$[24]、ZrO_2[25]、Ta_2O_5[26]等。虽然这些材料具有较高的价带位置，有利于 H_2 的产生，但是这些光催化剂的带宽仍然较宽，不能利用可见光进行催化反应。从 1997 年开始，Kudo A 等人又陆续发现了一系列不需要辅助催化剂的钽酸盐和钒酸盐化合物用于光解水反应[27,28]，开辟了光解水的光催化剂材料的一个新的领域，其中 $BiVO_4$ 结构稳定，具有较窄的带隙，可利用可见光进行光催化反应，是目前主要研究的光催化剂之一。2000 年以来，邹志刚等人研究了 Bi_2InNbO_7[29] 以及 Bi_2MNbO_7（$M = Al^{3+}$、Ga^{3+}、In^{3+}）[30,31]等新型复合氧化物光催化剂。几乎与此同时，又开发出了 $InNbO_4$ 以及 $InTaO_4$ 光催化剂[32]，并研究了 $InVO_4$ 光催化剂[33]。其中在其研究工作中，将 Ni 掺入 $InTaO_4$ 晶格，可使化合物 $In_{1-x}Ni_xTaO_4$ 的光吸收延展至可见光区，使得该化合物成为稳定的可利用可见光分解水的新型光催化剂[34]。近两年邹志刚等人的研究工作成为了光催化降解水领域内的一个活跃的亮点。除了 V、Nb、Ta 酸盐系列外，在过渡金属中陆续发现很多钨酸盐也具有光催化活性，如 $ZnWO_4$[35]、Bi_2WO_6[36]等，并且钨酸盐体系中很多催化剂都是具有相对较窄的带隙，能部分吸收可见光，这对于太阳能的化学转化，探索可用于太阳能的新型光催化材料开辟了新的领域。

在离子掺杂研究方面，金属阳离子掺杂一方面在半导体晶格中引入了缺陷位置或改变结晶度，捕获导带中的电子；另一方面还因对电子的争夺，减少了 TiO_2 表面光生电子与光生空穴的复合，从而使 TiO_2 产生更多的 ·OH 和 ·O_2^-，提高催化剂的活性[37]。它不仅能加强半导体的光催化作用，还可使半导体的吸收波长范围扩展至可见光区域。金属离子掺杂的作用应取决于它是作为界面电荷迁移的介质，还是成为电子-空穴对的复合中心。有效的金属离子掺杂应满足以下条件：①掺杂物应能同时捕获电子和空穴，使它们能够局部分离；②被捕获的电子和空穴应能被释放并迁移到反应界面。现在普遍认为 Fe^{3+} 是很有效的掺杂离子，Litter 等[38]对 Fe^{3+} 掺杂的 TiO_2 光催化性质作了较为详细的介绍。掺杂剂浓度对反应活性也有很大的影响，存在一个最佳浓度值，通常低浓度是有益的，而高浓度则不利于反应的进行，但浓度太低时（低于最佳浓度），半导体中由于缺少足够的陷阱，也不能最大限度提高催化活性。可以从俘获电子-空穴越过势垒而复合来解释掺杂物浓度的影响，其速率（k）决定于分离电子-空穴的距离 R，即[39]，

$$k_{复合} \propto \exp(-2R/a_0) \tag{2-22}$$

式中，a_0 为俘获载流子的类氢波动方程半径；R 为分离电子-空穴对的距离。如果掺杂浓度比最佳浓度小时，催化剂中陷阱浓度不足以俘获足够数目的载流子；而当掺杂浓度大于最佳浓度时，陷阱之间相互靠近，即分离电子-空穴对的距离 R 降低，所以 $k_{复合}$ 增大。

从能带理论观点来看，金属阳离子掺杂可以改变半导体的导带位置，但是一般不能改变

价带的位置，而如果要调控价带的位置，则需要采用阴离子掺杂。在这一方面 Asahi 等人的先驱性工作，研究了 N 掺杂 TiO_2 在可见光区具有较高的降解亚甲基蓝的活性，但是在紫外区产生了活性降低[40]。按照 Asahi 的推论，对于非金属元素掺杂，只有形成的掺杂态符合以下三个条件，才能真正的产生可见光催化活性：①掺杂能够在 TiO_2 带隙间产生一个能吸收可见光的状态；②导带能级减小；③带隙的状态应该和 TiO_2 充分重叠以保证光生载流子在它们的寿命周期内能经 TiO_2 介质的传递到表面进行反应。这一完备的工作无论从实验上还是理论上都为非金属元素的掺杂工作铺平了道路。此后，大量的研究致力于非金属的掺杂改性，寻求提高光催化剂催化活性的方法，探究催化活性提高的机理。后继的研究工作表明 $C^{[41,42]}$、$B^{[43]}$、$S^{[44]}$、卤素[45] 掺杂的 TiO_2 具有同样的可见光活性变化。Li 等[46] 的研究表明，F/N 共掺杂的 TiO_2 可见光活性的提高，除了光吸收性质的增加，更重要的是表面氧空位的增加。

表面复合修饰同样是有效改善半导体带宽的方法之一。采用两种不同禁带宽度的半导体复合，能增强电荷分离，抑制电子-空穴的复合，扩展光生激发波长范围，比单一半导体具有更好的稳定性和催化活性。如 3%（摩尔分数）的 WO_3/TiO_2 复合物，该体系的电荷分离加强，因而在光吸收和光催化性质方面得到了改善[47]。除了半导体之间的复合外，也常使用一些稳定的染料复合在宽带隙半导体的表面，使其在可见光下产生活性，称为光敏化。常用于敏化的染料有酞菁[48]、玫瑰红[49]或联吡啶钌 $[Ru(bpy)_3^{2+}]^{[50]}$ 等。

2.1.2.3 如何提高迁移效率

提高载流子迁移效率是提高光催化效率的一个关键问题。如果没有合适的电子或空穴捕获剂，分离的电子和空穴可在半导体粒子内部或表面复合并放出热能。选用合适的捕获剂捕获空穴或电子可使复合过程受到抑制。从动力学角度看，在 TiO_2 表面上光生电子和空穴的复合是在小于 $10^{-9}s$ 的时间完成的，所以如果使吸附的光子有效的转换为化学能，界面载流子的捕获必须迅速。因此提高载流子的迁移效率，则需着重考虑以下两点：提高光生电子、空穴的分离效率及提高光生活性物种的消耗速率。

具体来说，迁移效率的提升可以通过减少复合中心的方式实现。这就要求材料有较好的结晶度，同时具有较小的尺寸。当材料的尺寸小于其电子或空穴的扩散长度时，复合中心数目减小，载流子数目增加，从而增加了其迁移效率。例如实验证明 TiO_2 中空穴的扩散长度在 10nm 左右，而电子的扩散长度在 $10\mu m^{[51,52]}$。如果 TiO_2 的尺寸在 10nm 以下，则光生电子和空穴均可轻易达到半导体表面，参加光催化反应。

迁移效率的提升还可以通过添加外场的方式进行，如在光催化反应中加入电场，就可以很好的抑制光生载流子的复合。光电催化反应系统具有两大优点：一是从空间位置上分开了导带电子的还原过程与价带空穴的氧化过程；二是导带电子被转移到对电极还原水中的 H^+，因此不再需要向系统内注入氧气作为电子俘获剂，因而光电催化技术的研究工作在各个领域都得到了迅速发展。朱永法等[53]合成了 $ZnWO_4$ 纳米薄膜用于光电催化反应，获得良好的效果。

2.1.2.4 如何提高光催化活性

从基元反应过程可见，光催化剂的活性受诸多因素的影响，如上节提到的能带间隙、迁移效率等。提高其中之一，便可提高总的光催化效率。同时影响光催化过程中的几个步骤，如对光催化剂的纳米化，会使活性有较大提高。首先，由于纳米半导体粒子具有量子尺寸效应，从而使其导带和价带能级变成分立的能级，能隙变宽，导带电位更负，而价带电位更正。这意味着纳米半导体粒子有更强的氧化还原能力，其催化活性高。其次，对于纳米半导体粒子来说，其粒径通常小于空间电荷层的厚度，从而其空间电荷层的影响可以忽略（如图 2-2 所示），光生载流子可以通过简单的扩散从粒子的体相迁移到粒子表面发生氧化还原反应，从而减小电子和空穴的复合概率。再者，对于纳米半导体粒子的悬浮体系，分散在溶液中的粒子的粒径很小，单位质量的粒子数目很多，光吸收不易饱和，光吸收效率高。最后，半导体粒子的粒径小，比表面积高，对反应底物的吸附能力强。在光催化反应中，反应物吸附在催化剂的表面是光催化反应的一个初始步骤。催化反应的速率与反应物在催化剂表面的吸附量有关。纳米半导体粒子的强吸附性甚至允许光生载流子优先与吸附的物质进行反应而不管溶液中其它物质的氧化还原电位的顺序。因此，合成纳米尺寸的半导体光催化剂，是提高半导体光催化活性的一个有效的手段。

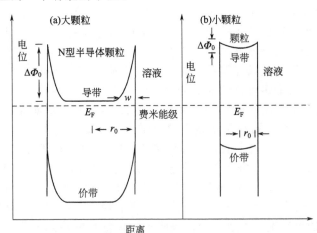

图 2-2 溶液中的氧化还原体系处于平衡状态的大颗粒（a）和小颗粒（b）半导体的空间电荷层。小颗粒的费米能级（E_F）位于导带与价带的中间，能带弯曲小到几乎可以忽略不计

2.1.3　从基元过程到探索高能效和高活性光催化剂的新思路

半导体的光催化技术有良好的应用前景，然而目前实际应用的 TiO_2 光催化剂的可见光利用率低，光生载流子的复合率很高，导致量子效率低的缺陷制约了该技术的广泛应用。如何提高光催化剂的催化性能以使该技术在经济上能为人们所接受是目前国际光催化领域的研究焦点之一。下面仅从基元过程探讨合成高效光催化剂的新思路。

2.1.3.1　研究和合成新型半导体材料

人们希望开发出能高效利用太阳光能的催化剂运用于太阳能电池、光解水制氢和环境催化中。现在的研究主要集中于两个方面。一是对原有的光催化剂特别是 TiO_2 进行纳米化，如纳米结构（纳米晶、纳米线、纳米管、纳米薄膜、介孔结构等）以及改性研究。纳米化虽然可以提高部分光催化活性，但并不能获得光催化能效的提高。改性不仅可以提高光催化活性，也可以扩展光催化响应的范围，提高光催化的能效。但目前一般改性后 TiO_2 在可见光条件下活性不高，并且 TiO_2 晶形结构相对简单，掺杂容易导致晶体结构的破坏，引入大量缺陷和复合中心，导致整体光催化活性的降低。二是开发新型的光催化剂，从简单氧化物到复杂氧化物，如钽酸盐、铌酸盐、钒酸盐、钨酸盐、钼酸盐等，如 Bi_2WO_6[36] 和 $NaTaO_3$[54]等。这些主要是 d 区过渡金属的化合物。最近的研究表明，p 区化合物也具有良好的光催化性，如铋酸盐 $CaBi_2O_4$[55]、非金属含氧酸盐 $BiPO_4$[56]等。这类化合物由于结构复杂，组分可调性大，极有可能按照需要开发出较为理想的新型光催化剂。一些钨酸盐具有很好的光催化活性，因此研究钨酸盐的光催化活性对探索新型、高效的光催化剂具有一定的意义。

2.1.3.2　掺杂和界面复合结构对电荷分离、迁移和能带结构影响-调控作用

半导体的能带结构强烈地影响其光催化性能，直接影响其禁带宽度、载流子的分离效率等，因而对其进行有效调控就显得十分重要。目前调控能带的主要方法是对半导体进行阴阳

离子掺杂和界面复合。经实验证实不仅可以减小能带宽度提高能效，适当的掺杂浓度还能减小复合概率。对掺杂结构的研究，紫外可见漫反射谱（UV-DRS）、X 射线光电子能谱（XPS），紫外线光电子能谱（UPS）是研究掺杂量对能带结构影响的有效手段；X 射线吸收近边结构谱（XANEFS）、X 射线衍射（XRD）、拉曼光谱（LRS）是研究掺杂量对晶体结构的分析方法，光电压谱、交流阻抗谱、瞬态光谱（如荧光寿命）均是研究其电荷分离、迁移与掺杂结构的关系的方法，顺磁共振（ESR）与活性评价则是研究其光催化机理与掺杂结构的关系。这些不同的分析方法为研究掺杂的影响提供了完备的手段。

对于半导体，掺杂不同的金属离子引起的变化是不一样的，它不仅可能加强半导体的光催化作用，还可能使半导体的吸收波长范围扩展至可见光区域。目前对于能带有调控作用的阳离子主要是稀土离子、过渡金属离子。1990 年，Ileperuma 等[57]最先发现在半导体中掺杂不同价态的金属离子后，改善了半导体的光催化性质。经紫外可见漫反射谱（UV-DRS）证实可红移到可见光区（最多可移至 600nm 附近）。然而只有一些特定的金属离子才有利于提高光量子效率，其它金属离子的掺杂反而是有害的。Choi[58]以氯仿氧化和四氯化碳还原为模型反应，研究了 21 种金属离子对量子尺寸的 TiO_2 粒子的掺杂效果，研究结果表明，掺杂 Fe^{3+}、Mo^{5+}、Ru^{3+}、Os^{3+}、Re^{5+}、V^{4+} 和 Rh^{3+} 的 TiO_2 在激光闪光荧光寿命测试中，特征衰减时间由 $200\mu s$ 延长至 50ms 能促进光催化反应，而 Co^{3+} 的掺杂则减少为 $5\mu s$，有碍反应的进行；同时还表明，具有闭壳层电子构型的金属如 Li^+、Mg^{2+}、Al^{3+}、Zn^{2+}、Ga^{3+}、Zr^{4+}、Nb^{5+}、Sn^{4+}、Sb^{5+}、Ta^{5+} 等的掺杂影响很小。Pal 等[59]用 X 射线光电子能谱（XPS）对 Fe/TiO_2 的掺杂剂浓度进行分析表明，掺杂量是影响光催化活性的重要因素，对苯酚降解活性最佳掺杂量为 $w(RE) \approx 0.5\%$。

半导体中掺杂非金属同样影响半导体的光催化活性，掺杂非金属离子同样引起能带的变化，主要是导带的变化不一样。Kasahara 等人[60]研究了钙钛矿结构的氮氧化物 $LaTiO_2N$ 的光化学活性，发现它的带隙宽度为 2.1eV，能够响应 600nm 以下的可见光。Colon 等人[61]用 TiS_2 煅烧制备掺 S 的 TiO_2，在 TiO_2 晶格中，S 原子取代 O 原子形成 Ti-S 键可以使得 TiO_2 的吸收波段红移，响应可见光。Khan 等人[62]巧妙地使用化学方法修饰 n 型半导体 TiO_2，将 Ti 金属在天然气中燃烧使得 C 取代部分 O 进入 TiO_2 晶格，这一改性使 TiO_2 的带隙宽度变为 2.32eV，可以响应 535nm 以下的可见光，性能研究发现它降解水的转化效率可达 11%。赵进才等人[43]研究了在 TiO_2 中掺入 B 元素，在降解有机污染物方面也显示了很好的活性。同时有关卤素掺杂 TiO_2 的研究也不断有报道，并且在可见光区有良好的光催化活性，如 Br 和 Cl 共掺杂的 TiO_2[63]、Cl 掺杂的 TiO_2 等[64]。

除了掺杂的方法外，界面复合同样是调整半导体能带结构的常用手段，经过合理的组合，可以使激发光波长红移。从 1991 年 Sclafani 等[65]提出可以用浸渍法和混合溶胶法等制备复合物以来，近 20 年开发研究的二元复合型半导体光催化剂主要有 TiO_2-SnO_2、TiO_2-WO_3、CdS-ZnO、CdS-AgI、CdS-HgS、ZnO-ZnS 等。根据电子转移机理和热力学要求，复合半导体必须具有合适的能级才能使电荷与空穴有效分离，形成更有效的光催化剂。除了半导体-半导体复合以外，半导体和绝缘体也可以复合，如 Al_2O_3、SiO_2[66]、ZrO_2 等。这些绝缘体大都起着载体的作用。TiO_2 负载于适当的载体后，可获得较高的比表面积和适合的孔结构，并具有一定的机械强度，以便在各种反应床上应用。另外，载体与活性组分间相互作用也可能产生一些特殊的性质，如由于不同金属离子的配位及电负性不同而产生过剩电荷，增加半导体吸引质子或电子的能力等，从而提高了催化活性。

2.1.3.3 晶体结构与缺陷作用

光催化的基元反应的实质是光生电子和空穴在晶体内部和界面的迁移过程，因而晶型与缺陷对于催化剂的性能有着重要的影响。对于前者而言以 TiO_2 为例，TiO_2 有金红石、锐钛矿和板钛矿三种晶型。板钛矿是自然存在相，合成它非常困难，而金红石和锐钛矿则容易合成。一般而言，用作光催化的 TiO_2 主要有两种晶型：锐钛矿型和金红石型，其中锐钛矿型的光催化活性较高。

两种晶型结构均可由相互连接的 TiO_2 八面体表示，两者的差别在于八面体的畸变程度和八面体间相互连接的方式不同。图 2-3 所示为两种晶型的单元结构，每个 Ti^{4+} 被 6 个 O^{2-} 构成的八面体所包围。金红石型的八面体不规则，微显斜方晶；锐钛矿型的八面体呈明显的斜方晶畸变，其对称性低于前者。锐钛矿型的 Ti-Ti 键距（3.79 Å，3.04 Å）比金红石型（3.57 Å，2.96 Å）的大，Ti-O 键距（1.934 Å，1.980 Å）小于金红石型（1.949 Å，1.980 Å）。金红石型中的每个八面体与周围 10 个八面体相连（其中两个共边，八个共顶角），而锐钛矿型中的每个八面体与周围 8 个八面体相连（四个共边，四个共顶角）。这些结构上的差异导致了两种晶型有不同质量密度及电子能带结构。锐钛矿型的质量密度（3.894g·cm^{-3}）略小于金红石型（4.250g·cm^{-3}），带隙（3.3eV）略大于金红石型（3.1eV）。金红石型 TiO_2 对 O_2 的吸附能力较差，比表面积较小，因而光生电子和空穴容易复合，催化活性受到一定影响。至于其它的半导体材料，人们同样发现一些特定的晶体结构对于其催化活性起着重要的作用，而不局限于特定的元素。Sayama 等人[68]发现的（100）层状钙钛矿结构材料例如 $K_4Nb_6O_{17}$ 以及 $A_4Ta_xNb_{6-x}O_{17}$（A＝K、Rb）约有 5% 的量子效率。这一量子效率的提高主要是由于层状结构层间空隙提供了反应场所致。此后，Inoue 等人[69]又报道了有着隧道结构（tunnel structure）的 RuO_2-$BaTi_4O_9$ 在光解水方面的突出性能。

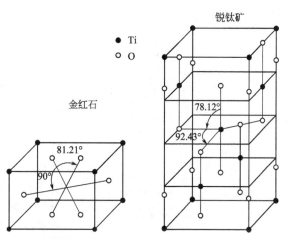

图 2-3 金红石和锐钛矿 TiO_2 的结构[67]

除了晶体结构外，缺陷对电荷-空穴的产生、分离、迁移以及光吸收性能也均有影响。这些影响同样也可以用 XRD、LRS、UV-DRS、光电压谱、快速光谱、ESR、活性评价等方法来研究。结果表明 TiO_2 表面有三种氧缺陷，晶格空位、单桥空位、双桥空位。表面缺陷越多的 TiO_2 越容易吸附气体分子。由于不同晶体表面产生空位的难易程度不同，造成了活性的晶面选择性问题。经研究发现 TiO_2 晶面上的光催化反应活性（100）＞（110）＞（111）。控制合成具有高活性晶面半导体光催化剂成为当今研究的热点问题之一。Salvador 等人[70]发现有缺陷的金红石型 TiO_2(001) 晶面上水的光解过程的反应速率常数要高于无缺陷的 4 倍。他们认为表面上增加的氧空位有利于吸附羟基的反应活性提高和 H_2O_2 的生成。然而，在晶体内部晶格缺陷也可能形成载流子复合中心而导致光催化活性的下降，如岳林海等[71]通过晶格畸变应力对晶相结构及光催化反应速率的影响研究认为晶格畸变力大使晶格缺陷增多，电子-空穴在晶格缺陷处较易复合，光催化活性下降。

2.1.3.4 表面修饰与杂化作用

从光催化的机理出发，我们可以看到，要提高光催化效率，一个重要的方面就是要减少光生电荷的复合，提高光生载流子的分离效率。从贵金属改性的光催化剂可知，利用贵金属材料与光催化剂之间在界面上形成的肖特基能垒可以有效地促进光生载流子的分离，来提高光催化效率；半导体复合可以在半导体界面上形成能级的匹配来抑制光生载流子的复合；还有研究发现将 P 型半导体与 N 型半导体复合，这样可以在界面形成 PN 结，可以有效地促进光生电荷的分离。从以上的几个例子可以看到，如果可以在光催化剂的表面形成合适的电子相互作用，便有可能改进光催化剂表面的光生电荷的分离，进而提高光催化效率。共轭大π键体系材料近年来由于其特殊的导电性受到广泛的关注，石墨、聚苯胺、富勒烯、石墨烯，g-C₃N₄均是最典型的具有共轭大π键体系的材料，并且石墨材料对于光催化氧化过程是稳定的。因此，如果可以将石墨材料与光催化剂进行复合，并在界面形成电子相互作用，可以促进光生电荷-空穴的分离。实验证实了石墨/TiO₂[72]、聚苯胺/TiO₂[73]、富勒烯/TiO₂[74]均有利于光生电子空穴的分离，提高光催化活性。以石墨/TiO₂为例，如图 2-4 所示，当表面修饰有类石墨分子层后，光生电子可以迁移到石墨分子层上，并被表面所吸附的氧气分子所捕获，形成超氧自由基，然后可以直接在表面上将污染物分子降解掉。在这个过程中，石墨分子层起到了一个储

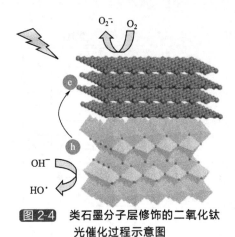

图 2-4 类石墨分子层修饰的二氧化钛光催化过程示意图

存并转移电子的作用，可以有效提高光生电荷的迁移及分离，从而抑制了光生电荷的复合，光催化效率也就随之提高。

2.2 半导体能带理论

2.2.1 能带理论[2]

通过把量子力学原理用于固态多电子体系统并求解薛定谔方程推算出来，在晶格绝热近似和单电子近似条件下，可以求得相当准确的电子能态分布，即电子能带结构。晶体能带的基本特征是，由填满电子的低能价带（valence band，VB）和空的高能导带（conduction band，CB）构成，价带和导带之间存在禁带。由量子化学计算可知，在分子或离子分散的能级中每两个电子形成一个电子对，在高于某一能量值的能级上是空的。充满电子的最高能级叫最高占据（highest occupied，HO）能级，空的能量最低的能级叫做最低未占（lowest unoccupied，LU）能级。分子被氧化时从 HO 能级释放电子，被还原时在 LU 能级接受电子。半导体分子的 HO 能级和 LU 能级分别构成能带结构的价带顶和导带底，价带和导带之间的能量差值就是禁带宽度（也称带隙，E_g）。导带底和价带顶有单一的能量值，被电子占据的概率为 1/2 的能级称为费米能级。费米能级位置可以通过适当掺杂加以调节，费米能级距导带底较近的，则电子为多数载流子，材料为 N 型。费米能级距价带顶较近的，空穴为多数载流子，材料为 P 型。

2.2.2 带边位置

半导体导带上的电子具有还原性，而价带上的空穴具有氧化性，因而表现出相应的氧化还原电势。不同的半导体能带上的电子和空穴的氧化还原电势不同，但通过光电测试方法，可以确定其相对大小，常用相对于标准氢电极电位以及真空能级的位置表示，这个位置即被称为带边位置。它反映的是半导体内部形成的能带上电子和空穴的还原和氧化能力的大小。根据能斯特方程，这个位置受溶液 pH 的影响，如图 2-5 所示，常用的宽带隙半导体的吸收波长阈值大都在紫外区域。

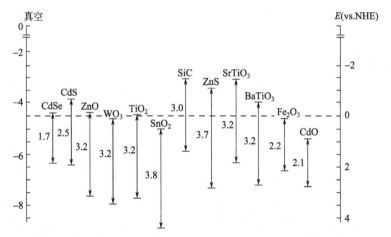

图 2-5　各种半导体在 pH=1 的电解质水溶液中的导带和价带的位置

2.2.3 量子尺寸效应

1962 年，Kubo 在研究金属颗粒时，曾提出著名的公式[75]：

$$\delta = \frac{4E_f}{3N} \tag{2-23}$$

式中，δ 为能级间距；E_f 为费米能级；N 为总原子数。宏观金属包含无限个原子（$N \to \infty$），由上式可知此时 $\delta \to 0$，即对大粒子而言，能级间距几乎为零。对于纳米金属粒子而言，所包含的原子数有限，即 N 值很小，这就导致 δ 有一定的值，即费米能级附近的能带由准连续变为离散的，这种现象称为量子尺寸效应。后来的研究人员发现除了金属粒子以外，当半导体颗粒的尺寸为 $1 \sim 10$nm 时，其光、热、电以及超导性同样与宏观体相物体显著不同，即发生量子尺寸效应。

量子尺寸效应会导致禁带变宽，并使吸收能带蓝移，其荧光光谱也随颗粒半径减小而蓝移。量子尺寸效应可用 Brus 公式更为清晰地表示[76]：

$$E(R) = E_g(R=\infty) + A + B + C \tag{2-24}$$

其中：

$$A = \frac{h^2 \pi^2}{2 \mu R^2} \left[其中 \mu = \left(\frac{1}{m_{e^-}} + \frac{1}{m_h^+} \right)^{-1} \right]$$

$$B = -\frac{1.786e^2}{\varepsilon R} \tag{2-25}$$

$$C = -0.248 E*_{Ry} \left(其中 E*_{Ry} = \frac{\mu e^4}{2e^2 h^2} \right)$$

式中，$E(R)$ 为半导体纳米粒子的吸收带隙；$E_g(R=\infty)$ 为体相半导体带隙能；R 为粒子半径；h 为普朗克常数；μ 为激子的折合质量，其中 m_{e^-} 和 m_h^+ 分别为电子和空穴的有效质量；e 为基元电荷；ε 为半导体的介电常数；$E*_{Ry}$ 为有效里德伯能量。A 项为激子束缚能，正比于 $1/R^2$，B 项为电子-空穴对的库仑作用能，C 项反映了空间修正效应。由于导致能量升高的束缚能远大于使能量降低的库仑项，所以粒子尺寸越小，激发态能移越大，于是发生吸收带边位移的程度也越大，即吸收光谱发生蓝移。由量子效应引起的禁带变化是十分显著的，当 CdS 颗粒直径为 2.6nm 时，其禁带宽度由 2.6eV 增至 3.6eV。量子尺寸效应还会导致纳米半导体拥有一些新的光学性质。如当经表面修饰的纳米颗粒的粒径小到一定值时，会导致其表面能带结构发生变化，使原来的禁阻跃迁变成允许，可以发生新的光致发光现象。

2.2.4　电荷的传输与陷阱

当催化剂存在合适的表面受体或表面缺陷时，产生的空穴电子对向半导体表面迁移，光生电子和空穴有效分离，将吸收的光能转换为化学能。还原和氧化吸附在表面上的物质，电荷的迁移速率和概率，取决于各个导带和价带以及吸附物种的氧化还原电位。在电子与空穴迁移过程中存在被缺陷俘获的可能性。缺陷能级一般位于导带下方或价带的上方，随着其位于禁带中的深度的不同可分为浅层陷阱和深层陷阱。在 N 型半导体中，被浅层陷阱俘获的电子，会很快从陷阱中释放，这种短暂的俘获会增大电子和空穴的分离效率；而被深层陷阱俘获的电子，很难被释放，并且还因为带有负电荷，很容易再俘获空穴，储备的光能以热的形式释放，或释放出光子，发射荧光而消耗掉，形成复合中心，其结果是增大了电子空穴的复合率。例如在 TiO_2 光催化反应中[1]，电子被 Ti^{4+} 俘获形成 Ti^{3+} 是深层陷阱，而被表面 O_2 俘获形成生成超氧自由基被认为是浅层陷阱。

2.2.5　空间电荷层和能带弯曲

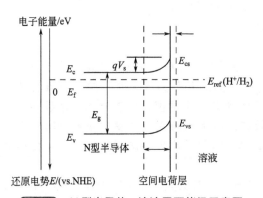

图 2-6　N 型半导体、溶液界面能级示意图

半导体溶液界面由空间电荷区域、Helmholtz 紧密双层、Gouy-Chapman 液相分散层三部分组成。TiO_2 电极/溶液界面的能级结构见图 2-6，在 N 型半导体与含有氧化还原对（O/R）的溶液所形成的界面下，通过相间的电荷转移，使半导体很容易维持静电平衡（相应的费米能级 E_f 相等）。当半导体的 E_f 高于溶液的 E_f 时，电子将从半导体流向溶液，半导体中的过剩电荷分布在空间电荷区。体相半导体和溶液之间的电势降几乎都在空间电荷区，界面上能带的位置不变，随着距离向半导体内延伸，空间区域的正电荷引起能带能量变得更负，在无电场的体相中为平坦，不发生能带弯曲。当半导体所带电荷相对于溶液为正时，能带向上弯曲，形成耗尽层。在空间电荷区的过剩电子将向体相半导体运动，过剩空穴将向界面运动，与存在的电场方向一致。为了使光生载流子迅速分离，将一定的电位差加到半导体/溶液两相界面间，电极上出现过电位，半导体溶液一侧紧密层的电位没有变化，氧化态和还原态物质的能级也没有变化，但过电位改变了半导体内部空间电荷区的电位降（即能带弯曲量），从而改变了半导体空间电荷层宽度，减少光生电子-空穴的复合，使半导体表面上的载流子浓度增大，促进在半导体/溶液界面进行有效的光催化反应。

2.2.6　电荷界面转移过程

单一半导体的光催化电荷界面转移的基本过程可分为光催化还原和光催化氧化过程，分别对应光生电子还原电子受体 A^+ 和光生空穴氧化电子给体 D^- 的电子转移反应。根据热力学限制，光催化还原反应要求导带电位比受体的电位偏负，光催化氧化反应要求价带电位比给体的电位偏正；换句话说，导带底能级要比受体的能级高，价带顶能级要比给体的能级低。在实际反应过程中，由于半导体能带弯曲及表面过电位等因素的影响，对禁带宽度的要求往往要比理论值大[77]。

对经过表面修饰的半导体来说，其过程稍有不同。当半导体表面和金属接触时，载流子重新分布。电子从费米能级较高的 N 型半导体转移到费米能级较低的金属，直到它们的费米能级相同，从而形成肖特基势垒（Schottky barrier）。正因为肖特基势垒成为俘获光生电子的有效陷阱，光生载流子被有效分离，从而抑制了电子和空穴的复合，提高了光催化活性。当半导体表面和半导体接触时，光生电子和空穴界面转移驱动力主要取决于催化剂与修饰的半导体导带和价带的能级差。

2.2.7 光化学腐蚀反应

由于材料与周围介质（特别是与电解质溶液）相互作用而使材料自行破坏的现象（溶解、氧化）称为腐蚀。光腐蚀就是均匀光照半导体表面时光对半导体的腐蚀作用。绝大多数半导体电极都会发生光腐蚀行为，图 2-7 给出了几种常见半导体的光腐蚀能级图。其中，$_nE_{dec}$ 代表阴极的光分解反应能级，半导体材料与光生电子反应而被腐蚀；$_pE_{dec}$ 则代表阳极的光分解反应能级，半导体材料与光生空穴发生反应而被腐蚀。因此，当 $_nE_{dec}$ 比 E_c（导带能级）位置要正时，半导体材料就发生

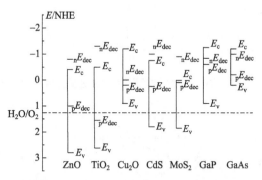

图 2-7　几种半导体电极的光腐蚀能级图[78]

阴极光腐蚀；反之，则是阴极稳定的。当 $_pE_{dec}$ 比 E_v（价带能级）要负时，则会发生阳极光腐蚀反应；反之，则是阳极稳定的。由此可见，在图 2-6 所列的半导体中，所有半导体的 $_pE_{dec}$ 比 E_v（价带能级）要负，所以几乎所有的半导体都会发生阳极光腐蚀。但是，TiO_2 电极对光电解水是十分稳定的光阳极，因为，此时光电解水逸出氧的反应能级比 TiO_2 电极 $_pE_{dec}$ 更负，因此，光生空穴首先发生的是光解水的反应。TiO_2 电极 $_nE_{dec}$ 在禁带之外，因此，它对阴极光腐蚀是稳定的。对于 ZnO 电极，它的 $_pE_{dec}$ 也位于禁带之内，且比光解水逸出氧的反应略负，因此，ZnO 电极会发生阳极光腐蚀。除 TiO_2 及 ZnO 外，CdS 和 MoS_2 也都是阴极光腐蚀稳定的，但是都会发生阳极光腐蚀。另外，Cu_2O、GaP、GaAs 等半导体阳极及阴极光腐蚀都是极不稳定的。由以上分析可见，在半导体中氧化物半导体相对于硫化物半导体更加稳定，而具有较高化合价的金属离子氧化物，如二氧化钛，三氧化钨等半导体更稳定。

2.3　半导体的光学性质

2.3.1　光的吸收波长

半导体中的本征吸收是一种重要的光吸收过程，它是指价带中的电子受光子激发跃迁到导带，在价带中产生一个空穴，同时光子湮没的过程。要发生本征吸收，光子的能量必须等于或大于半导体材料的禁带宽度 E_g，因而对每一种半导体材料，均有一个本征吸收的长波限：

$$\lambda_0 = \frac{1240}{E_g} \qquad (2\text{-}26)$$

式中，E_g 取 eV 为单位。在这个跃迁过程中，能量和动量必须守恒。

2.3.2 光吸收的强度

从理论上讲，能量大于光催化剂的禁带宽度的光子均能激发光催化活性。因此，光源选择比较灵活。如高压汞灯、黑光灯、紫外杀菌灯和氙灯等，波长一般在 $250\sim800nm$ 可调，应用十分方便。光强越大，提供的光子越多，光催化氧化分解污染物的能力越强。但是，当光强增大到一定的程度之后，光催化氧化分解的效率反而会降低，这可能是因为尽管随着光强的增大有更多的光生电子和光生空穴对产生，但是不利于光生电子-空穴对的迁移，从而复合的可能性增大。由于存在中间氧化物在催化剂表面的竞争性复合，光强过强的光催化效果并不一定就好。研究表明[79]，光强（I）、反应速率（v）和光量子产率（φ）三者的关系为：低光强时，v 随 I 而变，φ 为常数；中光强时，v 随 $\sqrt{I}$ 而变，φ 随 $\sqrt{I}$ 而变；高光强时，v 为常数，φ 随 $1/I$ 而变。

2.3.3 光与光催化剂的相互作用——光物理过程与化学过程

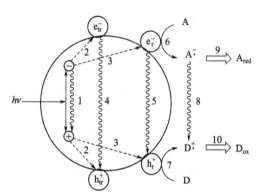

图 2-8 光催化氧化过程中被激发的 TiO_2 粒子体相与表面的光物理和光化学过程[80]

当能量大于或等于半导体带隙能（E_g）的光照射半导体时，价带上的电子（e^-）就会被激发跃迁至导带，同时在价带上产生相应的空穴（h^+），并通过扩散作用分离、迁移到粒子的表面，这个过程为光物理过程。光生空穴有很强的得电子能力，具有强氧化性（其标准氢电极电位在 $1.0\sim3.5V$，取决于半导体的种类和 pH 条件），可夺取半导体颗粒表面被吸附物质或溶剂中的电子，使原本不吸收光的物质被活化氧化；而光生电子具有很好的还原性（其标准氢电极电位在 $+0.5\sim1.5V$），电子受体通过接受光生电子而被还原，称为光化学过程（见图 2-8）。

2.4 光子激发与电荷迁移过程

2.4.1 光子激发过程

当用能量等于或大于禁带宽度（也称带隙，E_g）的光照射半导体时，价带上的电子（e^-）就会被激发跃迁至导带，同时在价带上产生相应的空穴（h^+）。由于半导体能带结构不同，所以表现出有两种不同形式的本征吸收——直接跃迁和间接跃迁（见图 2-9）。对应于这两种跃迁的半导体材料，分别称为直接带隙半导体和间接带隙半导体。

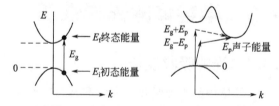

图 2-9 电子吸收光子能量从价带到导带的直接跃迁（左）和间接跃迁（右）

2.4.2 光生空穴和电子的分离、迁移、复合过程

半导体光催化剂的催化能力来自光生载流子，即光诱导产生的电子-空穴对。这种载流

子在产生后，经分离、迁移至半导体表面，再转移至表面吸收的俘获剂，在这些过程中均会发生载流子的复合。与激发过程相对应的是，复合过程大致可分为：直接复合，导带电子跃迁到价带与价带空穴直接复合；间接复合，电子和空穴通过禁带中的能级（复合中心）进行复合。载流子复合时，一定要释放出多余的能量，释放的方法有：发射光子，伴随着复合特有的发光现象，称为辐射复合；发射声子，载流子将多余的能量传给晶格，加强晶格的振动；将能量给予其它载流子，增加其动能，称这种形式的复合过程为俄歇（Auger）复合。还有可能先形成激子后，再通过激子复合。

迁移到表面的光生电子和空穴发生界面电子转移的反应，将吸收的光能转换为化学能，参与还原和氧化吸附在表面上的物质。驱动力是半导体导带或价带电位与受体或给体的氧化还原电极电位之间的能级差。除了电位满足光催化氧化或还原反应要求之外，半导体光催化反应至少还需要满足三个条件：即电子或空穴与受体或给体的反应速率要大于电子与空穴的复合速率；催化剂的电子结构与被吸收的光子能级匹配，即诱导反应发生的光的能量要等于或大于半导体的带隙；半导体表面对反应物有良好的吸附性能。

2.5 表面吸附和反应

光催化降解速率快慢的另一个影响因素是底物在催化剂表面的吸附。吸附是发生光催化反应的前提，在光催化剂表面同时发生物理吸附和化学吸附。以 O_2 在 TiO_2 表面的吸附为例，Bourasseau 等[81,82]在低真空条件下（1.33×10^{-4} Pa）将 TiO_2 暴露于 O_2（$p = 267$ Pa）气氛中，通过测量 TiO_2 表面功函数的变化，反映了表面吸附物种的变化，如图 2-10 所示。在最初 O_2 是通过分子间作用力吸收于 TiO_2 表面，这时功函数基本不变。随着时间的延长，功函数缓慢增加，这是由于 O_2 发生解离吸附引起的，主要生成 O_{ads}^-。光照后功函数立刻下降，O_{ads}^- 与光生空穴反应生成 O_{2ads}^-，随着时间的延长，O_{2ads}^- 在表面的累积，O_{2ads}^- 与 O_{ads}^- 之间的平衡反应向生成 O_{ads}^- 一边进行，提升了功函数。在这一过程中，最初 TiO_2 表面 O_2 吸附是物理吸附，是发生解离吸附的前提。然后吸附的 O_2 分子在 TiO_2 表面解离成为不同的单离子化的氧物种，是化学吸附。

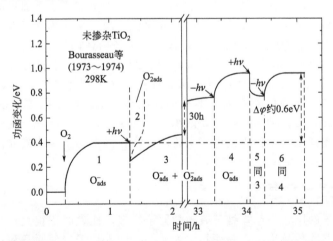

图 2-10 O_2 吸附在 TiO_2 表面的功函数随反应时间的变化图

在液相反应中，等电点同样是影响吸附反应的一个重要参数，是指当粒子表面对 OH^-、H^+ 吸附达到等量时的 pH 值。颗粒物在水中存在下列吸附平衡式：

$$H^+(ads) + OH^-(aq) \rightleftharpoons H_2O(ads) \tag{2-27}$$

颗粒物表面对质子和羟基的吸附不均等。溶液 pH 值大于等电点时，表面吸附更多 OH⁻ 基团，pH 值小于等电点时，表面吸附 OH⁻ 的量减少，它将对·OH 自由基的生成量有直接影响[39]。

2.6 光催化与纳米材料

2.6.1 纳米尺度与光吸收

当粒子尺寸进入纳米数量级时，其粒子的磁、光、声、热、电以及超导性与宏观物体显著不同。如前所述，当半导体颗粒与第一激子的德布罗意半径 $[r_B = h^2\varepsilon\varepsilon_0/(e^2\pi m_{eff})]$ 大小相当，即当半导体颗粒的大小为 1～10nm 时，就可能出现量子尺寸效应。量子尺寸效应会导致禁带变宽，并使吸收能带蓝移，其荧光光谱也随颗粒半径减小而蓝移。禁带变宽使得电子/空穴具有更强的氧化还原电位，有可能使半导体的光效率增加，从而提高催化活性。粒径几纳米左右的粒子，禁带宽增大到 3.4eV 左右，吸收阈值波长缩短到 360nm 左右，虽然对紫外光的利用增加，但对日光的利用率大为下降。所以对于光催化剂而言，并非粒径越小越好，而是存在一个最佳尺寸。

量子效应同样会使金属纳米粒子发生等离子体共振吸收。金属纳米粒子或不连续的金属纳米结构中的电荷密度振荡产生局域表面等离子体。当贵金属纳米粒子被入射光激发时，因内部自由电子的协同振荡而产生局域表面等离子体共振，该金属纳米结构表面的局域电磁场被极大增强，展现出强烈的表面等离子体共振吸收。金、银、铂等贵金属纳米粒子均具有很强的局域表面等离子体共振效应，其在紫外可见光波段展现出很强的光谱吸收，该吸收光谱峰值处的吸收波长取决于该材料的微观结构特性。例如 Au/TiO₂、纳米 Ag/AgCl 因具有 Au、Ag 的等离子体共振吸收，其可见光催化活性是 P25 的 5 倍以上[83,84]。

2.6.2 纳米尺度与分离效率

尺寸的量子化也使半导体获得更大的电荷迁移速率。当半导体粒径小于其空间电荷层厚度时，在此情况下，空间电荷层的任何影响都可忽略。光生载流子可通过简单的扩散从粒子内部迁移到表面而与电子给体或受体发生还原或氧化反应，从而提高了电子、空穴的扩散速度。有关数据表明[85]，粒径为 1μm 的 TiO₂ 粒子中电子由体内扩散到表面需用 100ns，而对 10nm 的 TiO₂ 仅需 10ps。此外，当半导体粒子尺寸小于光生载流子的自由程时，其表面电子-空穴对的反向复合速率也会大大降低，从而提高了光电转化效率；半导体粒径的减小也使表面原子迅速增加，光吸收效率高，不易达到饱和状态。较小的粒径也减小了光的漫反射，提高了对光的吸收量；纳米粒子比表面积大，反应面积大，有利于反应物的吸附。尺寸量子化半导体提高光催化效率已得到许多实验的证实，是提高半导体光催化活性的一个有效手段。

2.6.3 纳米尺度与表面活性

纳米半导体粒子的尺寸很小，处于表面的原子很多，比表面积很大，这大大增强纳米材料的表面效应。随着粒径减小，比表面积大大增加。纳米粒子表面原子和总原子数之比随着纳米粒子尺寸的减小而大幅度增加。Cu 纳米粒子粒径从 100nm 到 10nm 再到 1nm，其比表面积和表面能增加了 2 个数量级。由于表面原子数增多，表面台阶和粗糙度增加，原子配位不足及高的表面能，使这些表面原子具有高的活性，很容易与其他原子结合而稳定下来。同时庞大的比表面积提供了许多活性中心，这就是导致纳米体系的催化性能高的原因。

2.7 光催化氧化反应机理

2.7.1 光催化氧化模型

经过同位素示踪和 ESR 等实验，现在已经对光催化过程中的活性氧物种，如 H_2O_2、$\cdot OH$、O_2^- 等有了一定的了解，然而还有许多细致的工作有待进行。光催化初级过程中，光生电子和空穴会分别与 O_2 和表面 OH^- 转化为具有氧化性的超氧自由基和羟基自由基，从而参与光催化氧化反应。$\cdot O_2^-$ 经过质子化作用之后能够成为表面 $\cdot OH$ 的另一个来源，如图 2-11 所示。

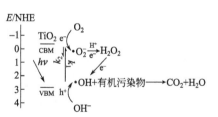

图 2-11 光催化氧化反应模型

2.7.2 超氧自由基降解机理

在空穴被表面羟基俘获的同时，光生电子的俘获剂主要是吸附于半导体表面上的氧，以维持半导体表面的电中性。俘获电子产生超氧负离子自由基 $\cdot O_2^-$，它既可抑制电子与空穴的复合，同时也是氧化剂，可以氧化已经羟基化的反应产物。$O_2^- \cdot$ 经过质子化作用之后，再经过反应 (2-29)、(2-30) 生成 H_2O_2。根据系统中 $\cdot OH$ 含量，H_2O_2 既可作为 $\cdot OH$ 来源 [反应 (2-31)]，加速反应进行；也会成为 $\cdot OH$ 的清除剂 [反应 (2-32)、(2-33)]，降低反应速率。

$$e^- + O_2 \longrightarrow \cdot O_2^- \tag{2-28}$$
$$\cdot O_2^- + H^+ \longrightarrow HO_2 \cdot \tag{2-29}$$
$$2HO_2 \cdot \longrightarrow O_2 + H_2O_2 \tag{2-30}$$
$$H_2O_2 + \cdot O_2^- \longrightarrow \cdot OH + OH^- + O_2 \tag{2-31}$$
$$H_2O_2 + \cdot OH \longrightarrow H_2O + HO_2 \cdot \tag{2-32}$$
$$HO_2 \cdot + \cdot OH \longrightarrow H_2O + O_2 \tag{2-33}$$

如偶氮染料 Reactive Black 5 在 TiO_2 表面的降解便以超氧基机理为主[86]，见图 2-12。Reactive Black 5 的光催化历程与一般羟基自由基降解机理不同，存在着染料的光敏化效应，即偶氮化合物吸收可见光，激发态的—N≡N—基团电子发生转移，注入半导体的导带，而自身失电子被超氧自由基进攻而氧化，产生中间体，中间体进一步被氧化分解为无机小分子。

2.7.3 羟基自由基降解机理

通常情况下，光催化对有机物的氧化的过程都被认为是通过羟基自由基（$\cdot OH$）完成的。数据表明与水接触的 TiO_2 等半导体表面被羟基化程度高达 $10 nm^{-2}$，又由于羟基氧化电位比空穴的高，因此空穴在扩散过程中首先被表面羟基俘获，从而产生羟基自由基。1979年，Bard 等人[10]用自由基捕获技术在 $TiO_2\text{-}H_2O$ 悬浮体系中检测到由羟基自由基与 DMPO 反应产生的强度比为 1∶2∶2∶1 的 ESR 信号，证实了光催化反应中普遍存在有 $\cdot OH$。生成的 $\cdot OH$ 自由基能氧化包括难以生物降解的物质在内的大多数有机污染物及部分无机污染物，能将其最终降解为 CO_2 和 H_2O、无害盐类及无机酸等小分子。而且 $\cdot OH$ 自由基对反应物选择性几乎为零，因而被认为是光催化反应中起决定性作用的物种。例如文献中报道较多的 4-氯酚（4-CP）在 TiO_2 上的光降解反应，便是 $\cdot OH$ 自由基降解机理。Mills

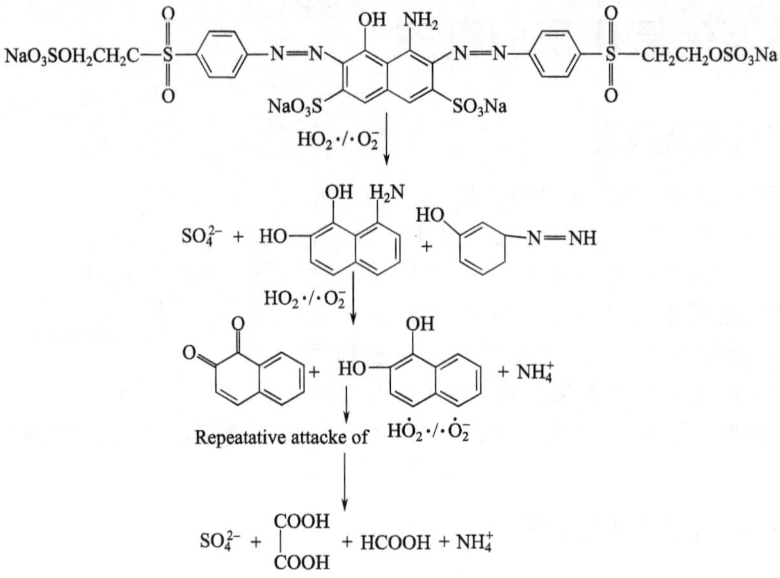

图 2-12 偶氮染料在 TiO_2 表面的降解过程

等[87]认为最初是由·OH 自由基进攻 4-氯酚的 Cl 原子位，导致苯环共轭结构的破坏，生成羟基取代的自由基中间体（4-CD）。4-CD 可以通过途径 1 失去 Cl^-，生成稳定的对苯二酚；也可通过途径 2 或 3 开环，经历继续被氧化的过程，最终转化为 CO_2、H_2O 和 Cl^-（见图 2-13）。

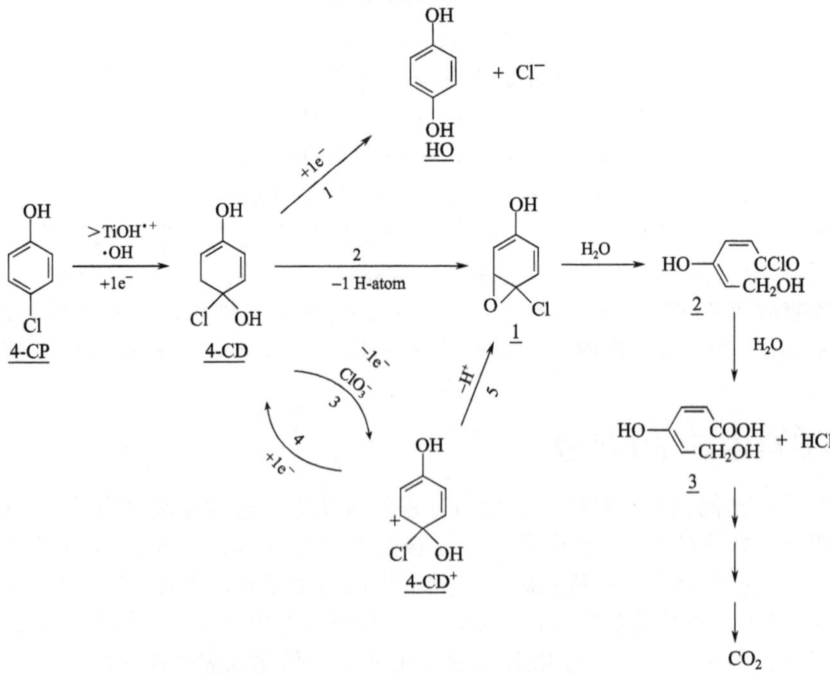

图 2-13 4-氯酚在 TiO_2 表面的降解过程[1]

2.7.4 空穴直接氧化降解机理

羟基自由基主要是通过对碳氢键中的氢原子位的抽取、加成达到分解有机物的目的。研究发现在一些不含碳氢键的化合物（如三氯乙酸）的水溶液中光催化反应仍然会发生，而在此反应中没有可供羟基自由基进攻的位置，所以人们推测除了羟基自由基机理，还存在空穴直接转移至底物而导致降解的过程[88]。例如 Carraway 等[89] 在研究了 TiO_2 光催化剂上乙醛酸降解的过程，具体说明了空穴的降解机理，见式（2-34）～式（2-37）：

$$HCOCO_2 \cdot + H_2O \longrightarrow HC(OH)_2CO_2^- \qquad (2-34)$$

$$HC(OH)_2CO_2^- + h_{vb} \longrightarrow HC(OH)_2CO_2 \cdot \qquad (2-35)$$

$$HC(OH)_2CO_2 \cdot \longrightarrow HC(OH)_2 \cdot + CO_2 \qquad (2-36)$$

$$HC(OH)_2 \cdot + h_{vb} \longrightarrow HCO_2^- + 2H^+ \qquad (2-37)$$

研究工作还发现在可见光照射下 Bi_2WO_6 光催化剂上降解罗丹明 B 的过程同样符合空穴直接转移的机理，说明对非 TiO_2 催化剂，空穴直接转移至底物而导致降解的过程同样可能存在[90]。

2.7.5 气相体系的光催化反应原理

挥发性有机污染物是大气环境的主要问题之一，有关用光催化技术处理气相有机污染物的研究近来越来越受到重视。并早在 1985 年，Schiavello 等就曾对气相烃类的光催化氧化进行了系统研究[91]。相比于液相光催化氧化反应，气相光催化反应的应用范围要广得多，例如室内空气净化、食品保鲜等。实验研究表明，大多数的有机物在气相条件下也能被光催化氧化成无机物，但不同于液相光催化反应的是，气相反应的体系简单，副反应少，矿化较容易，光利用效率高。而且气相光催化反应也不存在像液相反应中那样光线不易穿过反应溶液的问题，这就使反应器的设计要相对简单许多。

对 TiO_2 的研究表明，气体混合物中水蒸气的含量直接影响气相光催化反应的速率。如果无水蒸气或水蒸气含量很少，那么催化剂表面羟基就会逐渐消耗而得不到补充，导致活性物种的缺失，催化剂活性很快消失；如果水蒸气含量过多，就会与底物形成吸附竞争，同样会导致催化剂的活性降低。因而一般认为，气相光催化反应要在混合气中保持一个合适的水蒸气浓度。然而由于有些有机物能矿化产生水，所以也可以不引入水蒸气。例如在甲苯的光催化反应中，以前的研究认为对甲苯在 TiO_2 上的光催化反应来说，水蒸气是必需的原料。然而付贤智等[92] 发现改用其它宽带隙半导体如 Ga_2O_3 后，由于价带上空穴具有更强的氧化能力，水蒸气不再是必需的原料。反而由于甲苯的疏水性，水蒸气会成为在催化剂上吸附的阻碍，降低催化效率。

2.7.6 液相体系的光催化反应原理

液相光催化反应的历史更加古老，对它的研究与最初的光解水制氢一脉相承。与气相反应不同的是，水溶液中溶解氧及 H_2O 均会与电子及空穴发生作用，最终产生具有高度活性的羟基自由基和超氧自由基。一般情况下液相光催化反应中·OH 羟基催化氧化过程占主要地位。然而随着反应底物的变化，溶解氧、超氧自由基、光生空穴均可能对光催化过程有所影响。而且对一些新型光催化剂而言，由于价带位置的提高，空穴直接氧化底物的情况可能变为主导机理。同时反应由于有溶剂的存在，使降解过程更加复杂。例如，TiO_2 对水中三氯甲烷的液相光催化反应，其机理就是·OH 氧化起主要作用，而溶解氧、超氧自由基起辅助作用的机理[93]。

$$TiO_2 + h\nu \longrightarrow h^+ + e^- \qquad (2-38)$$

$$OH^- + h^+ \longrightarrow \cdot OH \qquad\qquad (2\text{-}39)$$

$$e^- + O_2 \longrightarrow O_2^- \cdot \qquad\qquad (2\text{-}40)$$

$$\cdot OH + HCCl_3 \longrightarrow H_2O + \cdot CCl_3 \qquad\qquad (2\text{-}41)$$

$$\cdot CCl_3 + O_2 \longrightarrow \cdot O_2CCl_3 \qquad\qquad (2\text{-}42)$$

$$2 \cdot O_2CCl_3 \longrightarrow 2 \cdot OCCl_3 + O_2 \qquad\qquad (2\text{-}43)$$

$$O_2^- \cdot + \cdot OCCl_3 \longrightarrow OCCl_3^- + O_2 \qquad\qquad (2\text{-}44)$$

$$OCCl_3^- \longrightarrow OCCl_2 + Cl^- \qquad\qquad (2\text{-}45)$$

$$OCCl_2 + H_2O \longrightarrow CO_2 + 2H^+ + 2Cl^- \qquad\qquad (2\text{-}46)$$

2.8 光催化杀菌原理

传统的用杀虫剂的方法将细菌杀灭后，容易产生如内毒素等致命物质，而光催化杀菌由于它的彻底性和普适性，迅速成为该领域的研究热点。它是利用光催化氧化原理的另一个重要方面，这一方面目前应用较广的仍是 TiO_2。但由于 TiO_2 对太阳光的利用率太低，近年来开始有一些可见光下杀菌的研究。粗略来讲，细菌可以看成是由有机复合物构成，因此，可以用光催化作用加以杀除。具体来说，TiO_2 光催化过程中产生的具有强氧化性的羟基和超氧自由基不仅能攻击细菌壁，使其溶解，还能穿透细胞膜，破坏细菌的膜结构，从而消减细菌的生命力[94]。

1985 年 Matsunaga 等[95]第一次报道了在紫外光照射下，锐钛矿型 TiO_2 悬浮液中的大肠杆菌仅用 4h 就可以全部杀灭。其结果比不加入光催化剂而仅用紫外光的杀伤效果高 4 倍。当采用太阳光辐照时，仅需 30min 就基本上将细菌消灭完全。其后更证实了除大肠杆菌以外的其它菌种如嗜酸乳杆菌和酵母菌等细菌均可在 Pt/TiO_2 催化剂上被光照杀死，从而证明了光催化杀菌的广谱性。进一步实验证实了 TiO_2 的灭菌本质是光照激活后产生的自由基 $\cdot OH$ 直接攻击细胞，使细菌蛋白质发生变异或脂类分解而杀死细菌并使之分解。相比于 TiO_2 对可见光的利用率的问题，Zhang 等[96]用氙灯为光源，研究了 $AgBr/Ag/Bi_2WO_6$ 光催化剂对大肠杆菌 K-12 的光催化效果。其结果显示仅 15min 后大肠杆菌便可被完全杀灭，其光催化灭菌效果是 $AgBr/Ag/TiO_2$ 的 10 倍以上。通过对溶液中 K^+ 浓度的测定，说明反应一开始就会有细菌细胞中的 K^+ 泄漏到溶液中，表明了对细菌的杀灭过程是从细胞膜的破坏开始的，然后才是细胞壁的损坏。TEM 图 2-14 显示了细菌细胞的破坏过程，同样证实了这一观点。

光催化剂的杀菌能力也可用于空气净化，其气相灭菌产品已经先行问世了，如灭菌瓷砖、灭菌玻璃、灭菌餐具等。它所依据的原理与液相杀菌的原理相同，所以必须在有一定湿度的环境下进行。如在厕所内嵌瓷砖表面镀层 TiO_2 薄膜，可有效地阻止微生物的产生并分解臭气，达到除臭的效果。

2.9 光催化自清洁原理

1997 年东京大学 Fujishima 等人[97]的研究发现，TiO_2 薄膜不仅具有极强的光催化活性，而且在紫外光照前其表面水的接触角是 $72° \pm 1°$，经紫外光照后，接触角小于 $5°$，即具有超亲水性。这一性质迅速为人们所认可，并达到广泛的应用，然而对其自清洁的原理现在还存在争议。目前主要有三种模型来解释这一现象，但都存在一些不足之处有待改善：① 光诱导缺陷位模型；② 光诱导水的解离吸附模型；③ 光诱导污染物降解模型。

光诱导缺陷位模型最早被提出用来解释光催化自清洁现象，是由 Fujishima 等在发现这

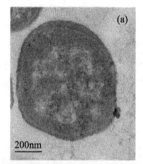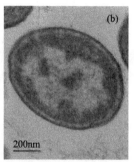
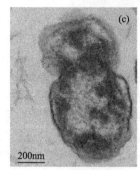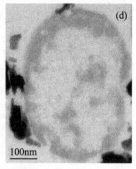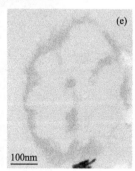

图 2-14　大肠杆菌 K-12 细胞的破坏过程的 TEM 图:
（a）0h,（b）15min,（c）30min,（d）4h,（e）8h

一现象的同时提出来的。TiO_2 表面被紫外光照后,会引起表面出现氧空位,即 Ti^{3+} 位,这些缺陷会使表面附近的水分子发生吸附解离,产生-OH 物种,而-OH 物种具有超亲水的性质。然而随后的 Mezhenny 等人[98]用 STM 的技术研究超高真空下的普通 TiO_2 表面时发现,在紫外光（光子通量 $5 \times 10^{24}\,cm^{-2}$,能量大于 3eV）辐照前后,通过统计学的计数方法对氧空位数进行对比,结果显示其数目没有明显的变化;如果对其进行热处理,使 TiO_2 表面 Ti^{3+} 浓度更高,结果显示这时缺陷位在辐照前后的数目仅有 $10 \sim 23.5 \cdot$

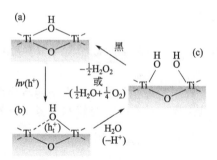

图 2-15　光诱导水的解离吸附模型

cm^{-2} 的变化。即使按这种在特殊表面的最大变化计算,要达到宏观自清洁效果也需要许多天辐照。在此基础之上,Henderson 等人[99]将通常的 TiO_2 表面和 Ti^{3+} 浓度更高 TiO_2 表面上水的接触角作对比时发现,超亲水性与 Ti^{3+} 浓度无关。因而光诱导缺陷位产生这一推断虽然是第一个对自清洁现象的合理解释,但在缺陷位产生和缺陷位与接触角的关系方面均没有得到实验上很好的证实。

因为光诱导缺陷位模型并没有很好的得到实验的证实,Fujishima 等[100]对其进行了改善,提出了光诱导水的解离吸附模型。这一模型同样认为自清洁现象是由于 TiO_2 表面-OH 物种数目变化引起的。不同的是这种数目变化是由于未光照下在 TiO_2 表面桥联配位-OH 与光照下 H_2O 分子发生解离吸附产生的-OH 发生竞争吸附,致使-OH 的桥联配位模式变为单一的配位,其表面配位的-OH 的数目大大增加,如图 2-15 所示。而且这种数目的变化通过 FT-IR 和 XPS 结果得到了一定的证实,因此这种模型得到了广泛的认可。然而在超高真空的条件下,与在自然环境下不同的是通过 FTIR 研究 TiO_2 表面光照前后的-OH 数目却基本没有变化。因此这一模型目前来看还有不完善之处。

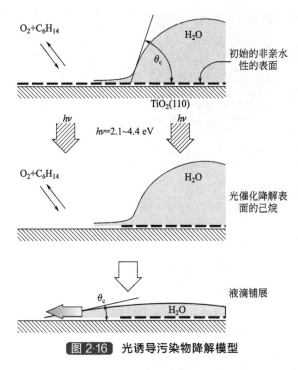

图 2-16 光诱导污染物降解模型

不同于以上两种模型，Wang 等人[101]提出了第三种模型，即光诱导污染物降解模型（见图 2-16），超亲水性能与其光催化氧化活性密切相关。光照去除本来吸附于 TiO_2 表面的碳氢有机物，从而使自清洁现象得以发生。而 TiO_2 表面的碳氢有机物含量极其微小，被认为是由空气污染所致。Zubkov 等[102]采用诸如超高真空等严格的实验条件，原位地研究了在己烷的存在下光照前后 TiO_2 表面接触角的变化，其实验结果对这一观点提供了有力支持。然而，最近 Fujishima 等[103]在用亚甲基蓝作为目标污染物研究 $NaNbO_3$ 薄膜光催化活性时的结果却显示了相反的结论。对亚甲基蓝光催化活性很低的 $NaNbO_3$ 薄膜表现出令人意外的高超亲水性。这一现象显示光诱导污染物降解模型同样有待商榷。光催化自清洁的机理研究需要清洁的表面，这需要严格的实验条件，否则很容易得出似是而非的结论。目前的三种模型均有这样或那样的缺陷，需要研究人员对其进行深入的探索。

2.10　光催化太阳能转换原理

利用光催化的原理将太阳能转化成化学能储存起来，是解决能源问题的一个新的途径，目前主要三种途径：光解水制氢、染料敏化太阳能电池和 CO_2 的光还原。

2.10.1　光解水制氢原理

不同于光催化氧化的原理，光解水制氢主要利用的是光生电子的还原性。同时需要指出的是在光解水制氢的研究中，TiO_2 并不像它在光催化氧化反应中那样占据主导地位，新型非 TiO_2 系的光催化剂广泛应用于这一反应。光解水时光生电子由 H^+ 俘获产生 H_2，h^+ 由牺牲性溶剂俘获或由 OH^- 俘获产生 O_2（见图 2-17）。由于释放一个分子的 H_2 要两个电子，而四个空穴才能放出一分子的氧气，所以光解纯水时，在催化剂表面会有大量的空穴累积，造成半导体微粒上产生的电子-空穴对极易复合。这样不但降低了转换效率，而且也影响光解水同时放氢速率。现阶段解决的办法是，加入助催化剂如 Rh、Pt、NiO 等[104]，金属助催化剂的作用机制主要功能是聚集和传递电子，同时也降低 H_2 过电位，促进光还原水放氢反应；而半导体助催化剂，如 NiO 的作用主要是在吸收可见光后，将电子注入到 TiO_2 的导带中，这样使电子、空穴分别转移到助催化剂和催化剂的表面，提升了电子和空穴的分离效率，促进 H_2 生成。与此同时，溶液中也通过在水中添加供电子物质（牺牲性溶剂），消耗掉迁移到 TiO_2 表面的部分光生空穴，同样可以减小光生电荷复合的概率。常用的牺牲性溶剂有 EDTA、甲醇等有机物和 IO_3^-（电子接收体）/ I^-（电子供体）等离子氧化还原电对[105]。

2.10.2　染料敏化太阳能电池

将适当的染料吸附到半导体表面上，借助于染料对可见光的强吸收，可将太阳能转化为

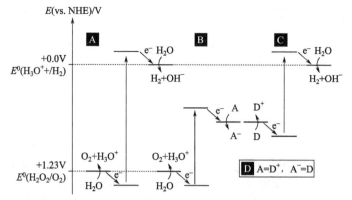

图 2-17 单一半导体（A）、有电子受体的半导体（B）、
有电子给体的半导体（C）上光催化制氢、制氧过程示意图[106]

电能。根据这一设想，1991 年 Grätzel 的研究小组[107]采用高比表面积的纳米多孔 TiO_2 膜作为半导体电极，联钌吡啶有机化合物作为染料，并选用适当的氧化还原电解质研制出染料敏化太阳能电池，其光电能量转换率可达 7.1%。1993 年，后续工作[108]再次报道了光电能量转换率达 11%，几乎是到目前为止此种电池的最高效率。

染料敏化太阳能电池主要可以分为三部分：工作电极、电解质和对电极。首先在导电基底上（一般为 ITO 或 FTO）制备一层或几层由 TiO_2 纳米晶组成的薄膜，然后再将染料分子吸附在这层膜中，形成工作电极。电解质可分为液态（如离子液体）、准固态如小分子有机物凝胶电解质或固态的如 I_2/LiI 等。其中准固态电解质既避免了液态电解质不易封装的缺点，又不像固态电解质那样与电极接触不充分，是目前太阳能电池的研究热点之一。对电极一般是 Pt 电极。图 2-18 为染料敏化二氧化钛纳米晶电池中电流产生机理示意图[109]。染料分子受光激发将电子注入到半导体的导带，经过在纳米晶薄膜中传递后再通过外电路导入对电极。与此同时产生染料的 HOMO 轨道上产生的空穴由电解质中的还原电对消耗，如 $3I^- + 2h^+ \longrightarrow I_3^-$，产生的氧化性物种经由扩散作用到对电极上与电子反应得以再生，如 $I_3^- + 2e^- \longrightarrow 3I^-$。其开路电压主要由半导体的费米能级与电解质中的氧化还原电对之差决定。短路电流主要取决于染料将光生电子和空穴分开的能力和电子在半导体膜中的传输速度，而在后者中的机理还不是十分清楚。吸收光效率取决于对染料的吸附量多少，与染料的种类也有关。这些均决定了染料敏化太阳能电池的效率，有报道说其理论效率可以高达 33%，然而目前实际工作还有很大差距，许多基础研究的问题需要解决。

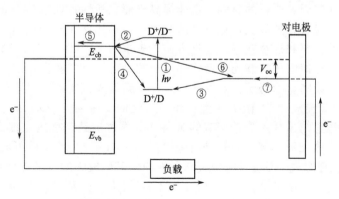

图 2-18 染料敏化 TiO_2 电池机理示意图

2.10.3　CO₂ 的光还原原理

与光解水制氢的原理相同，CO₂ 的光还原过程也是利用光生电子的还原性的反应，与其不同的是制氢产生的 H₂ 以气体的形式释放掉，而 CO₂ 产生的产物多为气、液相产物的混合物，如 CH₃OH、CH₄ 等。这些物种容易吸附于光催化剂表面，同时还会与光生空穴反应，再次生成 CO₂，造成产率下降。1979 年 Honda 等[110]首先研究证实了 CO₂ 在 TiO₂ 上发生光还原反应生成 CH₃OH、HCHO、CH₄ 等混合物，引起广泛关注。只是 CO₂ 光还原产物产率很低，距工业化尚远。最近 Varghese 等[111]在反应速率上取得了突破性的进展，研究发现在太阳光照下 TiO₂ 纳米管上的光还原生成 CH₄ 是 P25 的 10 倍以上，光催化过程见图 2-19。还总结了在 CO₂ 光还原反应中的基本原理，其基元反应如下：

$$H_2O + h^+ \longrightarrow \cdot OH + H^+ \tag{2-47}$$

$$H^+ + e^- \longrightarrow H \cdot \tag{2-48}$$

$$H \cdot + H \cdot \longrightarrow H_2 \tag{2-49}$$

$$2CO_2 + 4e^- \longrightarrow 2CO + O_2 \tag{2-50}$$

$$CO + 6e^- + 6H^+ \longrightarrow CH_4 + H_2O \tag{2-51}$$

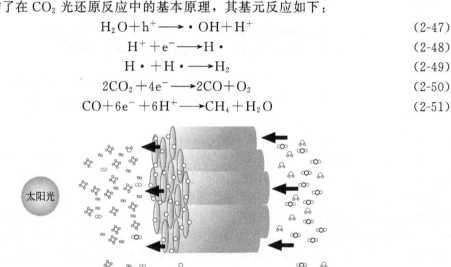

图 2-19　CO₂ 在 TiO₂ 纳米管阵列表面光催化产 CH₄ 过程示意图[111]

2.11　光催化反应活性的影响因素

根据基元反应原理，光催化剂的活性受光催化剂本征特性，如光的吸收波长、光的吸收效率、激子的激发效率、光生载流子的分离和迁移效率以及污染物的吸附特性等影响。通过不同的方法达到对这些因素改进的目的，便能提高光催化活性。如减小半导体光催化剂的禁带宽度，便可以增大吸收光的波长，提升光的利用率。再比如在光催化剂表面增加电场，便能提升光生载流子的分离和迁移效率。在这方面，朱永法等[53]将 ZnWO₄ 薄膜催化剂固定在导电基体上，同时外加偏电压抑制光生空穴和电子的复合，空穴在催化剂表面累积，并发生进一步反应以去除污染物，取得了良好的效果。开发新型光催化剂会对这些影响因素均有改善，在这一方面 Kudo 等[27,28,104]做了大量工作，适宜的能带对开发可见光光催化剂非常有必要，并结合其工作总结出 3 条能带调节的策略。①通过掺杂产生施主能级。②价带控制：通常稳定氧化物半导体光催化剂的导带是由金属阳离子的 d⁰ 和 d¹⁰ 轨道组成，包含它们的空轨道；价带由 O₂p 轨道组成。通过 O₂p 与其它元素的轨道形成新的价带能级或电子施主能级，可以使禁带宽度或能级宽度变窄。Bi³⁺ 和 Sn²⁺ 的 ns² 轨道，以及 Ag⁺ 的 d¹⁰ 轨道可以有效地与半导体氧化物的 O₂p 轨道形成新的价带能级，使禁带宽度变窄。相应的新型光催化剂 SnNb₂O₆、AgNbO₃、Ag₃VO₄、BiVO₄、Bi₂WO₆ 都具有较好的可见光催化活性。另外 N₂p

和 S_{3p} 轨道也适合形成价带用于制备可见光光催化剂。③固溶体光催化剂：合成了 $(CuIn)_x Zn_{2(1-x)} S_2$、$(AgIn)_x Zn_{2(1-x)} S_2$、$ZnS\text{-}CuInS_2\text{-}AgInS_2$ 固溶体，通过调整固溶体中不同组分的含量，可以实现对固溶体禁带宽度的调节，而且均具有很高的可见光光催化活性。

由此可见提高光催化反应活性的思路有很多，并已经在 2.1 和 2.6 节予以说明，下面仅从光催化剂本身的性质和光催化反应的影响因素进行讨论。

2.11.1 光催化剂的晶型和晶面

晶型对光催化剂的影响是被许多人公认的。比如，TiO_2 有三种不同的晶型：锐钛矿型、金红石型和板钛矿型，具有光催化作用的主要是锐钛矿型（$E_g = 3.2eV$）。不同的晶体结构不仅能影响光催化剂的禁带宽度，还能影响光催化剂的光生载流子的分离和迁移效率等其它因素。邹志刚等[112-114]对一系列具有不同晶体结构的新型固体光催化剂进行了研究，第一个系列是烧绿石晶型 $Bi_2 MNbO_7$（M＝Al、Ga、In、Y、稀土、Fe），属于立方晶系和 Fm3m 空间群；第二个系列是钽铁酸锑晶型 $BiMO_4$（M＝Nb、Ta），M＝Ta 时为三斜晶系和 PI 空间组群，M＝Nb 时为正交晶系和 Pnna 空间组群；第三个系列是铁锰重石晶型 $InMO_4$（M＝Nb、Ta），属于单斜晶系和 P2/a 空间群。虽然这些光催化剂的晶体结构明显不同，但是都含有相同的 TaO_6 八面体和（或）NbO_6 八面体。这些光催化剂的能带结构由 Ta/Nb 的导带 d 级位及氧的价带 2p 级位决定，带隙宽为 2.7～2.4eV，能够被可见光激发，其光催化水制氢的活性有所不同，主要受八面体的形变的影响，这种形变会改变晶体中 TaO_6 八面体内的偶极矩，进而影响光生载流子的分离效率。

对同一种晶型而言，不同晶面的吸附特性是不同的，光生载流子的复合率也不同。对于热催化反应，Zhou 等[115]研究发现比表面积相近的 CeO_2 纳米颗粒和纳米棒对 CO 催化氧化反应的活性相差很大。在 CeO_2 中（111）晶面最稳定，活性最低，而（001）晶面活性最高，（110）晶面次之。正是由于纳米棒具有较多的活性面，因此催化活性较高。对于光催化反应来讲，不同的晶面也对应着不同的反应能力。例如对锐钛型的 TiO_2 而言，理论计算表明（101）晶面热力学上稳定但是活性较低，而（001）反应活性最高，但是不太稳定。Qiao 等人[116]通过利用氢氟酸作为保护剂在水热条件下制备了具有高活性 {001} 晶面的 TiO_2，其中该晶面占全部表面的比例为 47％。进一步的实验证实了（001）暴露晶面的光催化剂的催化活性约为商品 TiO_2（P25）催化活性的 5 倍[117]。通过化学的方法使高活性晶面暴露于外部是目前光催化研究中的热点之一。

2.11.2 光催化剂的结晶性

从半导体理论可知，任何半导体均存在本征缺陷。而缺陷对半导体载流子传输的作用是相对的，具体是有利还是有害，还要根据缺陷的浓度和类型来判断。但总的来说结晶性的增大对光催化反应是有利的。一般认为只有结晶性高的材料才具有共有化的电子，有利于载流子的输运。在排除了光敏化、比表面积等因素的影响下，Amano 等[118]通过瞬态红外方法证实了结晶的 $Bi_2 WO_6$ 比无定形的光生载流子寿命长，因而其光催化活性高。

在晶体整体结晶完善的基础上，对局部进行微量元素掺杂，虽然会对结晶性有一定损害，但是由于掺杂元素的作用不同，还是有可能得到光催化活性的提高，具体可参见 2.1.3。其中按掺杂元素的位置的不同，可分为空位机理和间隙机理。前者指掺杂元素进入晶格空位，后者指掺杂元素进入晶格的间隙位，这会使晶格发生相当大的畸变。文献报道的制备 F 掺杂的 $ZnWO_4$ 中[119]，XRD 结果显示衍射峰向低角度方向偏移，然而 F^- 的离子半径（0.133nm）小于 O^{2-} 的离子半径（0.14nm），晶格没有收缩反而膨胀，表明掺杂的氟不是取代晶格氧，而是存在于晶格的间隙中。当少量氟（＜0.4％）存在于间隙位时，会产生静电场导致光生载流子分离效率的提高。但当大量氟（>0.4%）存在于间隙位时，便会造成结晶性的破坏，颗粒表面形成捕获中心，电子与空穴的复合概率增加，光催化性能反而降低。

2.11.3 比表面积及其吸附作用

普通 TiO_2 的光催化能力很弱，而纳米级 TiO_2 的光催化能力很强。这主要是由于其纳米结构和高的比表面积。对于一般的热催化反应，在表面活性位点一致的情况下，比表面积越高则反应活性越高。然而对于光催化反应，这个结论则稍有不同。首先是由于光催化反应由光驱动而引发，比表面积高并不意味着这些表面均暴露在光照下，这些未暴露的比表面积便不是有效的比表面积。其次，一般光催化反应的机理是由于生成具有较高活性的·OH，这些活性基团可以离开表面一定距离，而氧化催化剂周围的底物，所以活性中心不是固定在反应表面上。最后由基元步骤可知，主要决定光催化反应速率的是光生电子和空穴的界面转移速率，而不是底物的吸脱附速率，所以当比表面积足够高以致可以很快吸附底物后，界面转移速率仍会成为反应速率的制约因素。因此，比表面积仅是决定活性的重要因素之一，并不是决定性的因素。当然高的比表面积总的来说是对光催化有利的。例如 Kudo 等[27]最初用高温相法合成的 Bi_2WO_6 的光催化效果并不是十分明显，但是文献报道[36]改用水热法合成纳米级、高比表面积的 Bi_2WO_6 的光催化活性则有明显的提高。并且高的比表面积需要减小颗粒的粒径，当粒子的大小在 1～10nm 时，就会出现量子效应，导致禁带变宽，从而使电子-空穴对具有更强的氧化还原能力，提高催化活性。

2.11.4 pH 值的影响

溶液的 pH 值对光催化过程有较大影响。首先 pH 值可以影响半导体表面的电荷情况，进而影响其对底物的吸附性。例如 TiO_2 在水中的等电点大约是 pH=6.8。当 pH 值低于等电点时，TiO_2 表面带正电，有利于阴离子染料如甲基橙的吸附降解，而当 pH 值高于等电点时，TiO_2 表面带负电，则有利于阳离子染料如亚甲基蓝的吸附降解。其次 pH 值还可以影响半导体的能带位置，根据能斯特方程，pH 值越高其价带和导带能级位置上移，使空穴的氧化能力下降，不利于光催化氧化反应的进行。再次，光催化氧化反应中·OH 是主要活性物种，所以碱性条件下 OH^- 较多，有利于·OH 生成，相对来说光催化还原反应如制氢反应中 H^+ 含量至关重要，所以在酸性条件下活性较高。最后，pH 值还影响光催化剂的稳定性，如 Bi_2WO_6 在酸性条件下会转化为 H_2WO_4 而失活。

2.11.5 反应温度的影响

温度对液相光催化降解有机污染物的影响并不大，它主要影响的是底物的吸附和脱附，它们并不是光催化反应速率的决速步。例如研究发现对苯酚、六氯苯、草酸的光催化降解，其表观活化能均很小，分别为 10、29、13（$kJ \cdot mol^{-1}$），故反应速率对温度的变化不敏感[1]。而对气相光催化反应而言，反应温度还是有一定影响的。从速率方程可知提高温度有利于反应速率增加，然而同时也会增大底物的脱附速率，降低反应速率。因而存在一个最佳反应温度，使系统的反应速率达到最大。Zorn 等[120]在研究丙酮在 TiO_2 上的降解时发现这种最优化的反应温度仅是一个十分窄的范围，实验结果显示仅在 30～77℃，反应速率随温度升高而上升。当反应温度为 77～113℃时，反应的速率基本不变。因为反应温度对光催化速率还是有一定的影响，所以为准确测定反应的速率应该避免光源的热辐射效应，使得反应在尽量恒温下进行，这是在设计光催化反应器的过程中应该注意的问题。

2.12　光催化反应动力学过程

大量的实验研究结果表明，光催化反应过程可以用 Langmuir-Hinshelwood 动力学方程来表征[121]。用 Langmuir-Hinshelwood 方程式处理多相界面反应过程中，反应物的光解速率可表达为：

$$R = \frac{dc}{dt} = \frac{kKc}{1+Kc} \tag{2-52}$$

式中，R 为反应底物初始降解速率（$mol \cdot L^{-1} \cdot min^{-1}$）；$c$ 为反应底物的初始浓度（$mol \cdot L^{-1}$）；k 为反应体系物理常数，即溶质分子吸附在 TiO_2 表面速率常数（$mol \cdot min^{-1}$）；K 为反应底物的光解速率常数（mol^{-1}）。

① 低浓度时，$Kc \ll 1$，则

$$R = kKc = K'c \tag{2-53}$$

即反应速率与溶质浓度成正比。

② 求解两个常数 k 和 K

$$\frac{1}{R} = \frac{1}{k} + \frac{1}{kK}\frac{1}{c} \tag{2-54}$$

式（2-54）中 c 和 R 可以通过化学方法测定，作 $1/R$ 和 $1/c$ 的直线关系图，求解两个常数。

在实际反应体系中，还存在着其它的物质，如溶剂、反应中间产物、反应产物及其它溶质等，这些物质也会在 TiO_2 表面发生吸附，但是其他物质的吸附较弱，因而可以忽略它们的影响，而只考虑反应物，其反应速率仍可用式（2-52）描述。

参考文献

[1] Hoffman M R，Martin S T，Choi W，Bahnemann D W. Chem. Rev.，1995，95：69.

[2] 黄昆. 固体物理. 北京：高等教育出版社，1988.

[3] 刘恩科，朱秉升，罗晋生等. 半导体物理学. 北京：电子工业出版社，2003.

[4] Zhang K L，Liu C M，Huang F Q，et al. Appl. Catal. B，2006，68：125.

[5] 周春兰，王文静. 中国测试技术，2007，33：25.

[6] 王志刚. 现代电子线路. 北京：北方交通大学出版社，2003.

[7] 李金平. 模拟集成电路基础. 北京：北方交通大学出版社，2003.

[8] Lawless D，Serpone N，Meisel D. J. Phys. Chem.，1991，95：5166.

[9] Cunningham J，Srijaranai S J. Photochem. Photobiol. A：Chem.，1988，43：329.

[10] Jaeger C D，Bard A J. J. Phys. Chem.，1979，83：3146.

[11] Richard C，Boule P，Aubry J M. J. Photochem. Photobiol. A：Chem.，1991，60：235.

[12] 高濂，郑珊，张青红. 纳米氧化钛材料及其应用. 北京：化学工业出版社，2002.

[13] Yang P，Zhao D，Margolese D. Nature，1998，396：152.

[14] Ju X S，Huang P，Xu N P，Shi J. J. Membrane. Sci.，2002，202：63.

[15] Zheng J Y，Pang J B，Qiu K Y，Wei Y. J. Mater. Chem.，2001，11：3367.

[16] Nakajima K，Lu D，Hara M. Stud. in Surf. Sci. Catal.，2005，158：1477.

[17] Uchida M，Kondo J N，Lu D，Domen K. Chem. Lett.，2002，31：498.

[18] 卡多纳·M. 固体中的光散射. 北京：科学出版社，1986.

[19] Zhang L，Wang Y，Cheng H，et al. Adv. Mater.，2009，21：1286.

[20] Shang M，Wang W，Yin W，et al. Chem. Europ. J.，2010，16：11412.

[21] Wagner F T，Somorjai G A. Nature，1980，285：559.

[22] Kudo A，Sakata T. J. Phys. Chem.，1996，100：17323.

[23] Inoue Y，Kubokawa T，Sato K. J. Chem. Soc. Chem. Comm.，1990，19：1298.

[24] Inoue Y，Niiyama T，Asai Y，Sato K. J. Chem. Soc. Chem. Comm.，1992，7：579.

[25] Karunakaran C，Senthilvelan S. J. Mol. Catal. A-Chem.，2005，233：1.

[26] Murase T，Irie H，Hashimoto K. J. Phys. Chem. B，2004，108：15803.

[27] Kudo A，Hiji A. Chem. Lett.，1999，28：1103.

[28] Kudo A，Kato H，Nakagawa S. J. Phys. Chem. B，2000，104：571.

[29] Zou Z G，Ye J H，Abe R. Catal. Lett.，2000，68：235.

[30] Zou Z G，Ye J H，Arakawa H. Mater. Sci. Eng. B，2001，79：83.

[31] Zou Z G，Ye J H，Arakawa H. Chem. Mater.，2001，13：1765.

[32] Zou Z G，Ye J H，Arakawa H. Chem. Phys. Lett.，2000，332：271.

[33] Ye J H，Zou Z G，Oshikiri M，et al. Chem. Phys. Lett.，2002，356：221.

[34] Zou Z G，Ye J H，Sayama K，Arakawa H. Nature，2000，414：625.

[35] Huang G L，Zhu Y. J. Phys. Chem. C，2007，111：11952.

[36] Zhang C，Zhu Y. Chem. Mater.，2005，17：3537.

[37] Ashokkumar M，Maruthamuthu P. J. Mater. Sci.，1989，24：2135.

[38] Litter M I，Navio J A. J. Photochem. Photobio. A，1996，98：171.

[39] 邓南圣，吴峰. 环境光化学. 北京：化学工业出版社，2003.

[40] Asahi R，Morikawa T，Ohawaki T，et al. Science，2001，293：269

[41] Khan S U M，Al-Shahry M，Ingler W B，Jr. Science，2002，297：2243.

[42] Sakthivel S，Kisch H，Angew. Chem. Int. Ed.，2003，42：4908.

[43] Zhao W，Ma W，Chen C，et al. J. Am. Chem. Soc，2004，126：4782.

[44] Umebayashi T，Yamaki T，Itoh H，Asai K. Appl. Phys. Lett，2002，81：454.

[45] Yu J，Yu J，Ho W，et al. Chem. Mater.，2002，14：3808.

[46] Li D，Haneda H，Hishita H，et al. J. Fluorine Chem.，2005，126：69.

[47] Do Y R，LeeW，Dwight K，Wold A. J. Solid State Chem.，1994，108：198.

[48] Rophael M W，Khalil L B，Moawad M. Vacuum，1990，41：143.

[49] Ross H，Bendig J，Hecht S. Sol. Energy Mater. Sol. Cell.，1994，33：475.

[50] Hirose T，Maeno Y，Himeda Y. J. Mol. Catal. A，2003，193：27.

[51] Salvador P. J. Appl. Phys.，1984，55：2979.

[52] Dloczik L，Ileperuma O，Lauermann I. et al. J. Phys. Chem. B，1997，101：10281.

[53] Zhao X，Zhu Y. Environ. Sci. Technol.，2006，40：3367.

[54] Kato H，Kudo A. Catal. Lett.，1999，58：153.

[55] Tang J W，Zou Z G，Ye J H. Angew. Chem. Int. Ed.，2004，43：4463.

[56] Pan C，Zhu Y. Environ. Sci. Technol.，2010，44：5570.

[57] Ileperuma O A，Tennakone K，Dissanayake W D D P. Appl. Catal.，1990，62 (1)：L1—L5.

[58] Choi W，Termin A，Hoffmann M R. J. Phys. Chem.，1994，98：13669.

[59] Pal B，Hata T，Goto K. J. Mol. Catal. A，2001，169，147.

[60] Kasahara A, Nukumizu K, Takata T. J. Phys. Chem. B., 2003, 107: 791.

[61] Colon G, Hidalgo M, Munuera G. Appl. Catal. B., 2006, 63: 45.

[62] Khan S, Al-Shahry M, Ingler W. Science, 2002, 297: 2243.

[63] Luo H M, Takata T S, Lee Y, et al. Chem. Mater., 2004, 16: 846.

[64] Xu H, Zheng Z, Zhang L Z, et al. J. Solid. State. Chem., 2008, 181: 2516.

[65] Sclafani A, Mozzanega M N, Pichat P. J. Photochem. Photobiol. A: Chem., 1991, 59: 181.

[66] Ennaoui A, Sankapal B, Skryshevsky V. Sol. Energy Mater. Sol. Cell., 2006, 90: 1533.

[67] Burdett J K. Inorg. Chem., 1985, 24: 2244.

[68] Sayama K, Yase K, Arakawa H, et al. J. Photochem. Photobiol. A, 1998, 114: 125.

[69] Inoue Y, Niiyama T, Asai Y, Sato K. J. Chem. Soc. Chem. Comm., 1992, 7: 579.

[70] Salvador P, García González M L. J. Phys. Chem., 1992, 96: 10349.

[71] 岳林海，水淼，徐铸德. 化学学报，1999, 57: 1219.

[72] Zhang L W, Fu H B, Zhu Y F. Adv. Funct. Mater., 2008, 18: 2180.

[73] Zhang H, Zomg R, Zhao J, Zhu Y. Environ. Sci. Technol., 2008, 42: 3803.

[74] Lin J, Zong R, Zhou M, Zhu Y. Appl. Catal. B, 2009, 89: 425.

[75] Kubo R J. Phys. Soc. Jpn., 1962, 17: 975.

[76] Brus L E. J. Chem. Phys., 1983, 79: 5566.

[77] Maeda K, Domen K. J. Phys. Chem. C, 2007, 111: 7851.

[78] Zhang L, Cheng H, Zong R, Zhu Y. J. Phys. Chem. C, 2009, 113, 2368.

[79] 王怡中，符雁，汤鸿霄. 环境科学，1998, 19: 1.

[80] Kisch H, Weiß H. Adv. Func. Mater., 2002, 12: 483.

[81] Bourasseau S. J. Chim. Phys., 1973, 70: 1467.

[82] Bourasseau S. J. Chim. Phys., 1974, 71: 1025.

[83] Subramanian V, Wolf E E, Kamat P V. J. Am. Chem. Soc., 2004, 126: 4943.

[84] Wang P, Huang B, Qin X, et al. Angew. Chem. Int. Ed., 2008, 47: 7931.

[85] Hagfeldt A, Grätzel M. Chem. Rev., 1995, 95: 49.

[86] Chatterjee D, Patnam V R, Sikdar A, et al. J. Hazard. Mater., 2008, 156: 435.

[87] Mills A, Davies R H, Worsley D. Chem. Soc. Rev., 1993, 22: 417.

[88] Mao Y, Schoneich C, Asmus K D. J. Phys. Chem., 1991, 95: 80.

[89] Carraway E R, Hoffman A J, Hoffmann M R. Environ. Sci. Technol., 1994, 28: 786.

[90] Fu H, Pan C, Yao W, Zhu Y. J. Phys. Chem. B, 2005, 109: 22432.

[91] Schiavello M. Heterogeneous Photocatalysis. Photoelectrochemistry, Photocatalysis and Photoreactors, Springer, 1985.

[92] Hou Y, Wu L, Wang X, et al. J. Catal., 2007, 250: 12.

[93] Kormann C, Bahnemann D W, Hoffmann M R. Environ. Sci. Technol., 1991, 25: 494.

[94] 祖庸，雷闫盈，李晓娥，王训，吴金龙. 现代化工，1999, 8: 46.

[95] Matsunaga T, Tomoda T, Nakajima T, Wake H. Fems Microbiol. Lett, 1985, 29: 211.

[96] Zhang L，Wong K，Yip H，et al. Environ. Sci. Technol.，2010，44：1392.

[97] Wang R，Hashimoto K，Fujishima A，et al. Nature，1997，388：431.

[98] Mezhenny S，Maksymovych P，Thompson T L，et al. Jr.，Chem. Phys. Lett.，2003，369：152.

[99] White J M，Szanyi J，Henderson M A. J. Phys. Chem. B，2003，107：9029.

[100] Sakai N，Fujishima A，Watanabe T，Hashimoto K. J. Phys. Chem. B，2003，107：1028.

[101] Wang C Y，Groenzin H，Shultz M J. Langmuir，2003，19：7330.

[102] Zubkov T，Stahl D，Thompson T L，et al. Jr.，J. Phys. Chem. B，2005，109：15454.

[103] Katsumata K，Cordonier C E J，Shichi T，Fujishima A. J. Am. Chem. Soc.，2009，131：3856.

[104] Kudo A，Miseki Y. Chem. Soc. Rev.，2009，38：253.

[105] Abe R，Sayama K，Domen K，et al. Chem. Phys. Lett.，2001，344：339.

[106] Osterloh F E. Chem. Mater.，2008，20：35.

[107] O'Regan B，Grätzel M. Nature，1991，353：737.

[108] Nazeeruddin M K，Kay A，Grätzel M，et al. J. Am. Chem. Soc.，1993，115：6382.

[109] 胡艳丽，王华，张海军. 材料导报，2005，3：33.

[110] Inoue T，Fujishima A，Konishi S，Honda K. Nature，1979，277：637.

[111] Varghese O K，Paulose M，LaTempa T J，Grimes C A. Nano. Lett.，2009，9：731.

[112] Zou Z G，Ye J H，Arakawa H. J. Phys. Chem. B，2002，106：13098.

[113] Zou Z G，Ye J H，Arakawa H. J. Phys. Chem. B，2002，106：517.

[114] Zou Z G，Ye J H，Arakawa H. J. Phys. Chem. B，2003，107：61.

[115] Zhou K B，Wang X，Sun X M，et al. J. Catal.，229，2005：206.

[116] Yang H G，Sun C H，Qiao S Z，et al. Nature，2008，453：638.

[117] Yang H G，Liu G，Qiao S Z，et al. J. Am. Chem. Soc.，2009，131：4978.

[118] Amano F，Yamakata A，Nogami K，et al. J. Am. Chem. Soc.，2008，130：17650.

[119] Huang G L，Zhang S C，Zhu Y F. Environ. Sci. Technol.，2008，42：8516.

[120] Zorn M E，Tompkins D T，Zeltner W A，Anderson M A. Appl. Catal. B，1999，23：1.

[121] Terzian R，Serpone N，Minero C，Pelizzetti E. J. Catal.，1991，128：352.

第3章
TiO₂ 光催化材料可控合成

3.1 TiO₂ 光催化材料的晶体结构和性能

3.1.1 TiO₂ 的晶体结构

TiO₂ 有金红石、锐钛矿和板钛矿三种晶型。板钛矿是自然存在相，合成它非常困难，而金红石和锐钛矿则容易合成。一般而言，用作光催化的 TiO₂ 主要有两种晶型——锐钛矿型和金红石型，其中锐钛矿型的光催化活性较高。

两种晶型结构均可由相互连接的 TiO₂ 八面体表示，两者的差别在于八面体的畸变程度和八面体间相互连接的方式不同。图 3-1 所示为两种晶型的单元结构，每个 Ti^{4+} 被 6 个 O^{2-} 构成的八面体所包围。金红石型的八面体不规则，微显斜方晶；锐钛矿型的八面体呈明显的斜方晶畸变，其对称性低于前者。锐钛矿型的 Ti-Ti 键距 （3.79 Å，3.04 Å） 比金红石型 （3.57 Å，2.96 Å） 的大，Ti-O 键距 （1.934 Å，1.980 Å） 小于金红石型 （1.949 Å，1.980

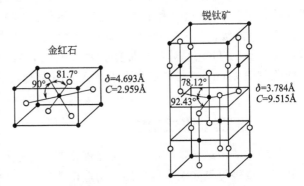

图 3-1 金红石和锐钛矿 TiO₂ 的结构

Å）。金红石型中的每个八面体与周围10个八面体相连（其中两个共边，八个共顶角），而锐钛矿型中的每个八面体与周围 8 个八面体相连（四个共边，四个共顶角）。这些结构上的差异导致了两种晶型有不同的质量密度及电子能带结构。锐钛矿型的质量密度 （3.894g·cm⁻¹） 略小于金红石型 （4.250g·cm⁻¹），带隙 （3.2eV） 略大于金红石型 （3.0eV）。金红石型 TiO₂ 对 O₂ 的吸附能力较差，比表面积较小，因而光生电子和空穴容易复合，催化活性受到一定影响。

3.1.2 TiO₂ 的电子结构

通常制备的 TiO₂ 材料，由于化学比偏离，产生 O 空位，材料呈 N 型导电，其禁带宽度较宽，其中锐钛矿型为 3.2eV，金红石型为 3.0eV，当它吸收了波长小于或者等于 387.5nm 的光子后，价带中的电子就会被激发到导带，形成带有负电的高活性电子，同时在价带上产生带正电的空穴 h^+，载流子的产生使得纳米 TiO₂ 材料在很多方面的应用成为可能。

3.1.3 TiO₂ 的光学特性

TiO₂ 纳米材料对紫外光有较强的吸收作用，TiO₂ 对紫外光的吸收主要是因为 TiO₂ 的半导体性质，即在紫外光照射下，电子被激发，由价带向导带跃迁而引起的。与体相材料相比，TiO₂ 纳米粒子的吸收边有蓝移现象，即吸收带向短波方向移动。例如，锐钛矿相 TiO₂ 的体相材料在紫外光区的吸收边为 393nm，而粒径约为 30nm 的锐钛矿相 TiO₂ 的纳米粒子，在紫外光区的吸收边为 385nm，随着粒子粒径的减小，吸收边蓝移了 8nm。

3.1.4 TiO₂ 的理论设计

在半导体光催化研究中，由于 TiO₂ 具有众多的优越性，如稳定、高效、价廉、无毒等，备受研究者的青睐。然而由于锐钛矿 TiO₂ 光催化活性仅限于紫外光范围，而自然光中的主要成分是可见光，所以通过对 TiO₂ 纳米材料沉积贵金属或其它金属氧化物、硫化物、掺杂无机离子、光敏化以及表面还原处理等方法引入杂质或缺陷，有助于改善 TiO₂ 的光吸收，提高稳态光降解量子效率及光催化能效。

3.1.5 能带结构的理论计算

TiO₂ 是一种宽禁带半导体。理论计算结果表明，TiO₂ 的能带结构是沿布里渊区的高对称结构，3d 轨道分裂成为 e_g 和 t_{2g} 两个亚层，但它们全是空的轨道，电子占据 s 和 p 轨道，费米能级处于 s、p 能带和 t_{2g} 能带之间，最低的两个价带相应于 O_{2s} 能级。接下来 6 个价带相应于 O_{2p} 能级，最低的导带是由 O_{3s} 产生的，更高的导带能级是由 O_{3p} 产生的。利用能带结构模型计算的 TiO₂ 晶体的禁带宽度为 3.0eV（金红石相）和 3.2eV（锐钛矿相）。半导体的光吸收阈值 λ_g(nm) 与禁带宽度 E_g(eV) 有着密切的关系，其关系式为：

$$\lambda_g = 1240 / E_g \tag{3-1}$$

3.1.6 能带结构的调控

从调控能带结构角度设计可见光催化剂，通过抬升价带或降低导带位置都可实现减小带隙宽度，增强可见光响应的作用。构造位置比 O_{2p} 能级更负的连续稳定价带能很好地缩短带隙宽度，一种途径是引入电负性较氧低的硫、氮等非金属元素，因为其 p 轨道能级均高于 O 的 2p 轨道，与 O_{2p} 轨道混合或独自形成位置更负的价带，可使带隙宽度降低至可见光响应范围。另一种途径是引入 d^{10} 电子构型的 Ag、Zn 或 ns^2 构型的 p 区元素。

3.2 TiO₂ 光催化材料的可控合成

据文献报道，TiO₂ 纳米粉体的制备方法有数十种之多。一般把超微粒子制备方法分为两大类：物理方法和化学方法。物理方法[1]主要包括真空蒸发、气相沉积、反应溅射等方法。如以金属和金属有机物为源制备纳米 TiO_2，先通过真空、激光、等离子体等加热减压方法使原料气化，然后利用惰性的载气使其与氧反应生成 TiO_2，沉积在基体表面，但粉体粒度控制较难，目前物理方法很少用于纳米 TiO_2 的生产，一般多采用化学方法。化学方法[2~4]中有气相法、液相法和固相法，其中以化学液相法（湿化学法）为主，其次为化学气相法，化学固相法较为少见。

3.2.1 气相法制备 TiO_2

气相法[5~7]是直接利用气体，或者通过各种手段将物质变成气体，在气体状态下发生物理变化或化学反应，最后在冷却过程中凝聚长大形成超微粉的方法。气相法在超微粉的制备技术中占有重要的地位，利用此法可以制取纯度高、颗粒分散性好、粒径分布窄、粒径小的超微粉。

3.2.1.1 气相氢氧焰水解法

气相氢氧焰水解法又称高温气相水解法，是世界上生产纳米粉体材料的主要方法之一。自 1941 年德国德固萨（Degussa）公司开发了气相四氯化硅氢氧焰水解制备白炭黑（纳米二氧化硅）技术以来，人们对气体燃烧合成过程进行了大量的研究。Formenti 等研制开发了扩散火焰反应器，利用氢氧焰燃烧合成了 Al_2O_3、TiO_2、ZrO_2、GeO_2 等纳米材料。20 世纪 80 年代中后期，气相氢氧焰水解法制备纳米 TiO_2 被应用于工业生产中[8]。

气相氢氧焰水解法的生产过程是将精制的氢气、空气和氯化物（$TiCl_4$）蒸气以一定的配比进入水解炉高温水解（温度控制在 1800℃以上），氢氧燃烧生成的水与 $TiCl_4$ 在高温下反应生成 TiO_2 一次颗粒，这些颗粒再相互碰撞，经凝结或烧结后变成 TiO_2 纳米粒子，其化学反应式为：

$$TiCl_4(g) + 2H_2(g) + O_2(g) \longrightarrow TiO_2(s) + 4HCl(g) \tag{3-2}$$

气相氢氧焰水解法制备纳米 TiO_2 过程中，存在 $TiCl_4$ 的水解和氧化反应：

$$2H_2 + O_2 \longrightarrow 2H_2O \tag{3-3}$$

$$TiCl_4 + 2H_2O \longrightarrow TiO_2 + 4HCl \tag{3-4}$$

$$TiCl_4 + O_2 \longrightarrow TiO_2 + 2Cl_2 \tag{3-5}$$

其中，氧化反应的速率方程为：

$$\frac{dc_{TiCl_4}}{dt} = (k + k[c_{O_2}^{1/2}])gc_{TiCl_4} \tag{3-6}$$

从式中看出，随一次氧气体积分数的增加，火焰的温度增加，氧化反应的速率加快。Akhtar 对 $TiCl_4$ 水解和氧化的研究表明，在高温下（$T > 1600K$）氧化占主导地位，在低温下（$T < 1600K$）水解占主导地位。因此，一次氧气体积分数的增加会影响 $TiCl_4$ 氧化与水解反应的竞争。水解和氧化得到的颗粒形貌不一样：水解得到的颗粒多为球形，而氧化得到的颗粒为不规则的多面体。因此，调整一次氧气的体积分数，可以使过程分别处于水解或氧化控制，获得不同形貌特征的 TiO_2。

水解和氧化的产物在形貌上区别较大的原因目前尚不完全清楚，Wu 等提出了粒子烧结速度和界面生成速度对粒子形貌的影响；Spurr 等认为在水解过程中，温度相对较低，大量存在的水分子同 TiO_2 发生的表面反应，一定程度上阻止了颗粒沿晶格方向上的生长。通过控制进料气体中一次氧气体积分数，把反应限制为水解反应，从而有效地改善颗粒的形貌。一次氧气的含量对 TiO_2 纳米颗粒晶型的影响显著，一次氧气含量较低时，金红石相的含量很高，锐钛矿相的含量较低；一次氧气含量较高时则相反。随着一次氧气含量增加，TiO_2 颗粒中金红石相的含量减小，金红石相含量减小的速度由慢到快，再由快到慢。

TiO_2 颗粒中晶格的缺陷浓度直接影响锐钛矿相向金红石相转变的速率。晶格缺陷浓度越大，相转变的速率就越快。一次氧气的体积分数直接影响火焰的温度，从而间接影响晶格缺陷的浓度。锐钛矿型向金红石型的转变，由锐钛矿颗粒表面金红石核的形成速率和金红石向锐钛矿颗粒内部径向线性生长速率共同确定。当反应温度处于 TiO_2 晶型转变点与颗粒熔点之间时，温度愈高，相转变速率愈大；当体系温度接近锐钛矿相颗粒熔点时，随温度升高缺陷浓度急剧减小，使晶型转化速率大大降低，这时温度升高，颗粒中金红石含量反而减小。一次氧气的体积分数在 0.04～0.06，金红石的含量快速减小，可能是因为在这个区间火焰的温度从低于 TiO_2 粒子的熔点变化到接近或高于该体系粒子的熔点。

除一次氧气对粒子的形态和结构有较大影响外，$TiCl_4$、氢气与空气的混合气中，氢气的体积浓度对产品的结构也有着不同的影响，研究表明：当 $TiCl_4$、氢气与空气的混合气中，氢气的体积分数为 15%～17% 时，可以得到金红石型 TiO_2；当氢气的体积分数低于 15% 或在 17%～30% 时，得到的是混晶型纳米 TiO_2。

3.2.1.2 气相氧化法

气相氧化法与氯化法制备普通金红石型钛白粉的原理相类似，只是工艺控制条件更加复杂和精确，其基本化学反应式为：

$$TiCl_4(g) + O_2(g) \longrightarrow TiO_2(s) + 2Cl_2(g) \tag{3-7}$$

其工艺过程是：氮气经纯化器纯化后分成三路，一路进入 $TiCl_4$ 气化器携带 $TiCl_4$ 蒸气，经电预热器预热到 435℃ 后进入反应器；一路进入 N_2 气化器携带 N_2 蒸气，然后与 $TiCl_4$/N_2 混合，经套管喷嘴内管进入反应器；还有一路氮气作为冷却气体进入反应器尾部，该气体紧贴器壁面运动，形成气膜，以降低壁温，减少粒子凝聚，并防止粒子在反应器表面沉积；氧气经电预热器预热后，由套管喷嘴的外管进入反应器，反应器出口物料经粒子捕集系统，实现气固分离。

气相反应器中粒子形成主要经历反应、成核、晶核生长、晶型转化等基本过程：

① 化学反应 一定反应温度下，反应气体之间发生均相化学反应，生成 TiO_2 单体（前驱体），并达到后续成核所需的过饱和度。影响这一过程的因素主要是化学反应场所的温度和浓度，由于反应快速瞬间进行，过程常受传递因素控制。

② 成核 前驱体浓度超过一定过饱和度后，生成晶核。成核过程既是温度敏感也是浓度敏感过程，因成核受过饱和度影响较大。

③ 晶核生长 生成物单体在晶核表面持续吸附淀积、晶核之间碰撞凝聚或烧结都将导致粒子长大。

④ 晶型转化 TiO_2 粒子形成过程中还存在晶型转化。温度高于 750℃，锐钛矿型 TiO_2 开始转化成金红石型。提高温度可同时增大晶核生长速率和晶型转化速率，晶核生长过程对温度变化更为敏感。

以上各步骤中影响粒子形态的温度、浓度等诸因素的效应各不相同，各步骤之间并非简单的串联或并联，而是一个复杂的串并联过程。为得到纳米粒子，实现形态的有效控制，施利毅等[9～10]对反应过程进行了研究，结果表明：①反应物料预热温度升高，均相成核速率加快，有利于生成粒径小、分布窄的粒子；②反应器尾部实施冷凝措施有利于抑制粒子凝聚；③停留时间越短，粒子粒径越小，分布越窄，但由于反应过程涉及晶型转化，停留时间必须既控制粒子尺寸，又保证粒子金红石化；④反应温度对粒子形态有较大影响，温度过高会导致凝聚概率增大，反应温度对晶型转化的影响较复杂，当 $T=1100～1300℃$ 时，金红石相含量较高；⑤加入晶型转化剂 $AlCl_3$ 能增加 TiO_2 表面的氧空位，促进锐钛矿型相向金红石型相转变，金红石相含量较未掺铝时大幅度提高，当反应温度、进料中 $AlCl_3$ 和 $TiCl_4$ 物质的量比、停留时间控制在一定条件下，可得到纯金红石型纳米 TiO_2。

3.2.1.3 气体燃料燃烧法

气体燃料燃烧法是 20 世纪 90 年代末期发展起来的纳米粉体材料合成技术。Mquel、Vemury、Varma 等人利用气相燃料燃烧法合成了包括纳米 TiO_2 在内的多种纳米氧化物粉体材料。姜海波等通过研究，开发了一氧化碳燃烧合成纳米 TiO_2 的技术，并研究了工艺条件和晶型转化剂对二氧化钛晶体结构的影响。

其工艺过程为：经过计量的 CO 和 O_2 在燃烧器内充分燃烧，产生高温富氧气流与高温 $TiCl_4$ 蒸气快速混合，反应产生 TiO_2，反应气体经过夹套冷却后，由袋滤器收集产物颗粒。

采用 CO 气体燃烧合成纳米 TiO_2 技术，利用 $TiCl_4$ 气相氧化合成粒度小于 100nm 纯金红石或锐钛矿型和金红石型混合相的 TiO_2。混合温度升高、进料量减小、停留时间缩短时，TiO_2 颗粒粒度减小；随混合温度升高、$TiCl_4$ 进料增大以及停留时间延长，TiO_2 颗粒中金红石含量增大；在反应物中加入 $AlCl_3$ 作为晶型转化剂时，金红石含量增大。

3.2.1.4 气体中蒸发法

气体中蒸发法是在惰性气体（如氮、氩和氙等）或活性气体（如 O_2、CH_4、NH_3 等）中将金属、合金或化合物进行真空加热蒸发气化，然后在气体介质中冷凝而形成超微粉。通过蒸发温度、气体种类和压力控制颗粒的大小。一般制得颗粒的粒径为 10nm 左右。其中蒸发源可用电阻加热、高频感应加热，对高熔点物质则可采用等离子体、激光和电子束加热等。如激光加热法采用 YAC 激光热解蒸发法。在大气中直接加热金属钛，通过原料气化生成氧化物颗粒。

3.2.1.4.1 钛醇盐气相分解法

该工艺以钛醇盐为原料，将其加热气化，用氮气、氩气或氧气作为载气把钛醇盐蒸气经预热后导入热分解炉，进行热分解反应。以钛酸丁酯为例：

$$nTi(OC_4H_9)_4（气）\longrightarrow nTiO_2（固）+2nH_2O（气）+4nC_4H_8（气） \qquad (3-8)$$

日本出光兴产公司利用钛醇盐气相分解法生产球形非晶型的纳米 TiO_2，这种纳米 TiO_2 可以用作吸附剂、光催化剂、催化剂载体和化妆品等。据称，为提高分解反应速率，载气中最好含有水蒸气，分解温度以 250～350℃ 为合适，钛醇盐蒸气在热分解炉的停留时间为 0.1～10s，其流速为 10～1000mm/s，体积分数为 0.1%～10%；为增加所生成纳米 TiO_2 的耐候性，可向热分解炉同时导入易挥发的金属化合物（如铝、锆的醇盐）蒸气，使纳米 TiO_2 粉体制备和无机表面处理同时进行。

3.2.1.4.2 钛醇盐气相水解法

该工艺最早是由美国麻省理工学院开发成功的，可以用来生产单分散的球形纳米 TiO_2，其化学反应式是[11,12]：

$$nTi(OR)_4（气）+4nH_2O（气）\longrightarrow nTi(OH)_4（固）+4nROH（气） \qquad (3-9)$$

$$nTi(OR)_4（气）\longrightarrow nTiO_2 \cdot H_2O（固）+nH_2O（气） \qquad (3-10)$$

$$nTiO_2 \cdot H_2O（固）\longrightarrow nTiO_2（固）+nH_2O（气） \qquad (3-11)$$

日本曹达公司和出光兴产公司利用氮气、氩气或空气作为载气，把钛醇盐蒸气和水蒸气分别导入反应器的反应区，进行瞬间混合和快速水解反应。通过改变反应区内各种蒸气的停留时间、摩尔比、流速、浓度以及反应温度来调节纳米 TiO_2 的粒径和粒子形状。这种制备工艺可以获得平均原始粒径为 10～150nm，比表面积为 50～300$m^2 \cdot g^{-1}$ 的非晶型纳米 TiO_2。这种工艺的特点是操作温度较低、能耗小，对材质要求不是很高，并且可以连续化生产。

3.2.1.5 常压微波等离子体气相法

等离子体化学反应过程主要有以下特点：可以获得比化学燃烧高 5 倍以上的温度（3000 K 以上），高温高热和高活性气氛使化学反应进行非常迅速，导致化学液相法难以合成的高温相化合物快速生成。

实验装置主要由微波发生器、等离子体发生器——反应器、TiCl₄蒸发器、布袋收集器和氯气吸收器 5 个部分组成。反应器为管式的不锈钢夹套水冷。当 TiCl₄ 蒸发器加热温度低于 TiCl₄ 沸点 136℃时，TiCl₄ 由通过蒸发器的载气带入反应器；当温度高于沸点时，则靠本身压力进入反应器。

TiCl₄ 与 O₂ 等离子体的气相反应为：

$$TiCl_4 + O_2 \longrightarrow TiO_2 + 2Cl_2 \tag{3-12}$$

反应过程由化学反应、物相均匀成核与晶粒生长 3 个步骤组成，整个过程在数十毫秒的时间内完成。常压微波等离子体加热与通常直流电弧等离子体或射频感应等离子体相比具有较低的温度，前者约为 800～1200℃，而后者在 5000℃以上。微波等离子体之所以具有较低的等离子体温度是因为它是一种非平衡等离子体，在一个振荡电场中带电粒子能量传输正比于 $E/(mf^2)$（式中 E 为电场强度，m 为带电粒子质量，f 为振荡频率）。由此关系式可知在微波电场中传递到离子的能量相对于传递到电子的能量是很小的，因而自由电子的"温度"要远比离子的"温度"高得多，这就使微波等离子体总的气体"温度"不像电弧等离子体或感应等离子体那样高，但它有高得多的电子"温度"，这些电子、离子、自由基的存在，与非带电反应物粒子的相互作用促进了化学反应的动力学过程，使反应在低于通常温度下进行，这就降低了气相反应制取纳米材料过程中形成硬团聚的可能性，有利于气相反应制取分散性好、无硬团聚的纳米 TiO₂，在不加任意晶型转化剂情况下，可以制得平均粒径为 45nm、以锐钛矿型为主、金红石型为辅的混合晶型结构。

3.2.1.6 高频等离子体化学气相淀积法

利用 TiCl₄+O₂ 体系，在高频等离子体化学气相淀积（RFCVD）反应器中合成纯度高、粒度细的 TiO₂ 粒子。高频等离子体化学气相淀积制备粒子的主要反应为：

$$TiCl_4 + O_2 \longrightarrow TiO_2 + 2Cl_2 \tag{3-13}$$

其工艺过程为：纯氩气经纯化器纯化后分三路，一路进入液态源气化器携带 TiCl₄ 蒸气，经反应器侧面进料口进入反应器；另两路氩气分别进入等离子体火炬作为点燃等离子体的工作气体，分别称为主气和边气；氧气经纯化器纯化后从反应器侧面进料口进入反应器。为防止 TiCl₄ 蒸气在管道中冷凝，对 TiCl₄ 进料管采用电热丝加热保温。反应器出料口用袋式过滤器收集，尾气经碱液吸收后排放。

研究结果表明，每种气体作为产生高频等离子体的工作气体时，都有一最小维持功率，只有当高频电源的输出功率大于最小维持功率时，等离子体才能稳定存在；最小维持功率与气体种类、气体压强、高频电源频率有关。除此以外，反应器进料口位置的影响、O₂ 与 TiCl₄ 预混合的影响、O₂/TiCl₄ 配比等都对产品的粒径、粒径分布、产品质量、产品收率等有一定的影响。

3.2.2 液相法制备 TiO₂

液相法是目前实验室和工业上广泛采用的制备超微粉的常用方法。其基本原理是：选择一种或多种合适的可溶性金属盐类，按所制备的材料的成分计量配制成溶液，金属元素呈离子或分子态，再选择一种合适的沉淀剂或用蒸发、升华、水解等操作，将金属离子均匀沉淀或结晶出来，最后将沉淀或结晶物脱水或加热分解而制得超微粉。与其他方法相比，液相法具有设备简单、原料容易获得、纯度高、均匀性好、化学组成控制准确等优点。湿化学法中又以溶胶-凝胶法、水热法和微乳液法为主要应用方法。

3.2.2.1 胶溶-相转移法

目前常用的胶溶-相转移法，以下简称胶溶法，属于液相法范畴之一，最先由日本伊藤征司郎等于 1984 年提出，一般由钛的无机盐 TiOSO₄ 或 Ti(SO₄)₂ 在碱性条件下水解沉淀，再加盐酸胶溶，低温干燥后可获得锐钛矿相纳米 TiO_2 粉末[13]。

在制备过程中，可以通过加入水解抑制剂（无机酸、有机酸、氨水或醇胺等）控制前驱体的水解速度和胶溶时的温度，获得不同粒径和不同含量的锐钛矿相纳米 TiO_2 微粒。然而，采用无机盐为原料，产物 TiO_2 将不可避免地含有相应的阴离子，如 SO_4^{2-}、Cl^- 等，从而影响 TiO_2 的性能。因此，如果以钛酸酯［通式为 $Ti(OR)_4$］为原料则可避免引入阴离子污染。文献［14］在 70～900℃对钛酸乙酯的水解产物进行煅烧处理，研究了氧化钛的晶型和粒径随温度的变化规律，在此基础上，文献［15］在较低反应温度（50℃和70℃）成功地合成了含大量锐钛矿和少量板钛矿的纳米 TiO_2 粒子，并对所得到的纳米粒子进行高温处理，发现只有在 375～550℃范围内才能得到只有锐钛矿的单晶相纳米 TiO_2 粒子。然而，Daoud 等[9]通过改变酸催化剂成分，在近室温条件（38℃）就获得了纯锐钛矿型的纳米 TiO_2 微粒。他们认为改变胶溶温度只会影响到晶体的粒径，而不会影响形成的晶体类型。经过学者们的不懈努力，低温制备锐钛矿型纳米 TiO_2 微粒的方法——胶溶法已渐渐走向成熟并在国内外广泛应用[10～12,16～18]。

Xie 等[19]将水解得到的无定形氧化钛微粒分离后直接加硝酸胶溶，得到了含有锐钛矿型纳米 TiO_2 微粒的水溶胶。与粉体或薄膜相比，TiO_2 溶胶的制备与应用避免了烧结、研磨和再分散行为，同时有效地增大了粒子的比表面积和羟基化程度，从而显著提高了催化剂的光催化活性。

在此之前，Serpone 等[20]已经在低温合成胶体氧化钛的研究中发现，固液分离过程将会损失约 20%的钛。因而，刘志洪课题组[21]采用水和弱酸代替碱作为水解剂，反应完全后直接将水解产物适当加热浓缩，再加酸胶溶，简单快速地在 70℃下制备出了弱酸性的锐钛矿型纳米 TiO_2 水溶胶。通过控制钛醇盐和乙醇的比例调节水解速度，固定适当的酸度和温度以得到分散均匀且粒径为 5～8nm 的透明 TiO_2 水溶胶。

与常用的水解方法相比，这种合成方法的优势还在于能有效防止离心或过滤导致的颗粒聚积和表面羟基化程度的降低。通过在可见光（$\lambda \geqslant 420nm$）下降解甲基蓝染料的研究发现，与相同 Ti 浓度的商品 P25 粉末相比，这种低温下制得的溶胶的光催化活性明显优于 P25 粉末。原因主要在于晶体粒径的减小，缩短了自由基及电子传递的通道，而比表面积的增大，则使得染料分子更容易吸附在 TiO_2 微粒的表面，从而加快了光催化反应的速率。

3.2.2.2 溶胶-凝胶法

溶胶-凝胶（sol-gel）过程合成各种材料有两种方法：聚合凝胶法和粒子凝胶法。聚合凝胶法是通过严格控制金属醇盐的水解速度和水解程度，使醇盐部分水解，在金属上引入—OH，带有—OH 的金属醇化物相互缩合，形成有机-无机聚合分子溶胶，这种溶胶向凝胶的转变是通过聚合物分子间的继续缩合，最后以化学键形成氧化物网络织构来实现的。而粒子凝胶法是利用金属盐或金属醇盐在过量的水中快速水解，形成胶状氢氧化物或水合氧化物沉淀，然后加酸或碱解胶，形成稳定的粒子溶胶，这种溶胶转化成凝胶是通过胶粒聚集在一起形成网络而实现的，胶粒间的相互作用力是静电力、氢键和范德华力。sol-gel 过程中，反应速率、聚合途径、网络结构均取决于实验条件，包括金属醇盐种类、溶剂、水解度、pH 值、反应温度等。

溶胶-凝胶工艺中金属醇盐制备 TiO_2 溶胶分三步，即：水解，胶溶和陈化。所制得的 TiO_2 溶胶性质随酸度的不同而不同，同时溶胶的紫外-可见吸收

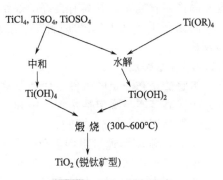

图 3-2　TiO_2 制备程序

光谱吸收边发生"蓝移"，具有明显的量子尺寸效应。如以 $TiOSO_4$ 等物质为原料，通过水解、中和等方法获得钛酸中间体，其中通过中和钛酸的酸溶液可得正钛酸，通过水解可得偏钛酸，最后通过煅烧可得 TiO_2（锐钛矿型）粉末。其流程见图 3-2。

在 TiO_2 制备中形成两种钛酸中间体，中和钛盐的酸溶液可得正钛酸 $Ti(OH)_4$，而通过水解则可得锐钛矿型 TiO_2。

3.2.2.3　水热法

"水热"一词大约出现在 140 年前，原本用于地质学中描述地壳中的水在温度和压力联合作用下的自然过程，以后越来越多的化学过程也广泛使用这一词汇。尽管拜耳法生产氧化铝和水热氢还原法生产镍粉已被使用了几十年，但一般将它们看作特殊的水热过程。直到 20 世纪 70 年代，水热法才被认识到是一种制备陶瓷粉末的先进方法。简单来说，水热法是一种在密闭容器内完成的湿化学方法，与溶胶-凝胶法、共沉淀法等其它湿化学方法的主要区别在于温度和压力。水热法研究的温度范围在水的沸点和临界点（374℃）之间，但通常使用的是 130～250℃，相应的水蒸气压是 0.3～4MPa。与溶胶-凝胶法和共沉淀法相比，其最大优点是一般不需高温烧结即可直接得到结晶粉末，从而省去了研磨及由此带来的杂质。据不完全统计，水热法可以制备包括金属、氧化物和复合氧化物在内的 60 多种粉末。所得粉末的粒度范围通常为 $0.1\mu m$ 至几微米，有些可以达到几纳米，且一般具有结晶好、团聚少、纯度高、粒度分布窄以及多数情况下形貌可控等特点。在超细（纳米）粉末的各种制备方法中，水热法被认为是环境污染少、成本较低、易于商业化的一种具有较强竞争力的方法。

水热法制备超细（纳米）粉末自 20 世纪 70 年代兴起后，很快受到世界上许多国家，特别是工业发达国家的高度重视，纷纷成立了专门的研究所和实验室。如美国 Battelle 实验室和宾州大学水热实验室；日本高知大学水热研究所和东京工业大学水热合成实验室；法国 Thomson-CSF 研究中心等。国际上水热技术的学术活动也相当活跃，自 1982 年起，每隔三年召开一次"水热反应"的国际会议，并经常出版有关专著，如"材料科学与工程中的水热反应"。利用水热法制备超细（纳米）粉末，目前处在研究阶段的品种不下几十种，除了铜、钴、镍、金、银、钯等几种金属粉末外，主要集中在陶瓷粉末上。

水热法的必备装置是高压反应器——高压釜。高压釜按压力来源可分内加压式和外加压式。内加压式是靠釜内一定填充度的溶剂在高温时膨胀产生压力，而外加压式则靠高速泵将气体或液体打入高压釜产生压力；高压釜按操作方式可分间歇式和连续式，间歇式是在冷却减压后得到产物，而连续式可不必完全冷却减压，反应过程是连续循环的。

水热过程制备纳米粉体有许多不同的途径，它们主要有：水热沉淀、水热结晶、水热合成、水热分解和水热机械-化学反应。水热法制粉工艺具有能耗低，污染小，产量较高，投资较少等特点。而且制备出的粉体具有高纯、超细、自由流动、粒径分布窄、颗粒团聚程度轻、晶体发育完全，并具有良好的烧结活性等许多优异性能。

高温高压下以 $TiCl_4$ 为原料在水溶液中合成，纯度高，粒径分布窄，晶形好，但晶化时间较长。

3.2.2.4　水解法

水解法是在一定的条件下使前驱物分子在水溶液体系中进行充分水解，以制备纳米粒子的方法，其基本步骤包括水解、中和、洗涤、烘干和焙烧。纳米二氧化钛水解法常使用的前驱物一般是四氯化钛或钛醇盐。

陈洪龄等人[22] 通过将四氯化钛与三乙醇胺共溶，在较高的钛浓度下控制水解，不需焙烧直接制备出锐钛矿型纳米二氧化钛，颗粒的大小可通过调节 pH 值或加入晶种来控制。

刘威等人[23] 利用均相水解法，以钛醇盐为钛源制备纳米微粒。均相水解法是利用脂肪酸和醇反应所生成的均匀分布在反应体系中的水与钛盐进行水解反应，保证水解反应的均匀性，改善了直接水解法因沉淀剂局部浓度过高引起的不均匀现象。通过调节酯化反应和水解反应条件使得粒子的成核速率大于生长速率，反应体系处于过饱和状态，使生成物的粒径控制在纳米尺度，从而获得粒径分布均匀和纯度高的纳米粒子。

除四氯化钛与钛醇盐外，也可采用其它的钛源来制备。吴建懿等人[24]以硫酸钛为钛源，采用低温控制中和水解法通过控制体系中的温度、控制生成的前驱体为锐钛矿晶型的偏钛酸，焙烧后得到锐钛矿型二氧化钛粉体，晶粒在 20～60nm。

3.2.2.5 沉淀法

沉淀法合成纳米二氧化钛，一般以四氯化钛、硫酸氧钛或硫酸钛等无机钛盐为原料，原料便宜易得。也可采用工业钛白粉生产的中间产物偏钛酸作为原料[25]，国外的很多公司都采用该种工艺[26]生产纳米二氧化钛。沉淀法制备纳米二氧化钛的技术路线大致分为加碱中和工艺、均匀沉淀工艺、胶溶工艺和升温强迫水解工艺等[27]，也有人将升温强迫水解工艺划归到水解法[28]。为了得到粒径小、分散度好、纯度高的纳米微粒，多采用均匀沉淀法进行制备。均匀沉淀法是利用某一化学反应使溶液中的构晶离子由溶液中缓慢、均匀的释放出来。最常用的沉淀剂为尿素[29]。

雷闯盈等人[29]以硫酸法钛白生产的中间产品硫酸氧钛为原料，以尿素为沉淀剂，采用均匀沉淀法制备纳米二氧化钛，反应时间 2h，反应温度为 120℃。所得纳米微粒的粒径为 30～80nm。并讨论了反应温度、反应时间、反应物配比、反应物浓度对产品收率的影响。

在沉淀干燥前应对其进行处理。由于沉淀呈凝胶状，其中含有大量的水分，如不经过任何处理，在随后的干燥过程中，随着水分的挥发，粒子会在毛细作用力下被聚集在一起，经煅烧后形成硬团聚体。为了消除或减小水的表面张力对粒子团聚的影响，一般采用溶剂置换、冷冻干燥或超临界干燥等方法[30]。

与普通的干燥加热相比，微波加热具有加热速度快、受热体系温度均匀等特点。曹爱红等人[31]将微波加热应用于沉淀法制备纳米二氧化钛的干燥工艺中，以四氯化钛为钛源，氨水为沉淀剂，在制得白色沉淀后，分别在 80℃烘干和微波干燥，经热处理后得到纳米粉体。经对比发现，经微波干燥处理而得到的粉体粒径为 35nm、颗粒分布均匀、团聚度低，并且可以大大减少干燥所用的时间，提高效率。

3.2.2.6 微乳液法

微乳法制备纳米级超细粉体也是近年来较流行的方法之一。用来制备纳米粒子的微乳液往往是 W/O 型体系，通常是由表面活性剂、助表面活性剂（通常为醇类）、有机溶剂（通常为碳氢化合物）和水（或电解质溶液）四个组分组成的透明的各向同性的热力学体系。W/O 微乳液中的水核是微型反应器，或叫纳米反应器。水微乳液法制备超细微粒的特点在于：反应拥有很大的界面，在其中可增溶各种不同的化合物，粒子表面包裹一层表面活性剂分子，可使粒子之间不易聚集，可是选用微乳法在工业上生产纳米级超微 TiO$_2$ 还要经历相当长的时间。可选择不同的表面活性剂分子在粒子表面进行修饰，并控制微粒的大小。微乳法的优点：首先是粒子表面包裹一层表面活性剂分子，不易形成团聚；其次，还可通过选择不同的表面活性剂分子对表面进行修饰，得到各具特殊物理、化学性能的纳米粒子（粒子设计）；再次，微乳法通过选择不同的表面活性剂和助表面活性剂，可以控制分散液滴的相对大小，从而使粉体粒径大小可以控制。虽然微乳法的优点明显，有望制得单分散的纳米 TiO$_2$ 微粉，但该法的缺点同样难以克服，微乳法要使用大量的有机溶剂，这些有机溶剂大多价格昂贵，而且毒性较大，对环境造成污染。因此降低成本和减轻团聚还是微乳法需要解决的两大难题，估计利用微乳法在工业上生产纳米级超微 TiO$_2$ 还要经历相当长的时间。

3.2.3 醇解法制备 TiO$_2$ 纳米粉体光催化剂

室温下将 1.5mL 的 TiCl$_4$（北京市朝阳区中联化工试剂厂，分析纯）溶液缓慢滴加到

10mL 无水 C_2H_5OH（北京北化精细化学品有限公司，分析纯）中，经 15min 超声振荡，得到均匀透明的淡黄色溶液。将该溶液在密闭环境中静置一定时间进行成胶化，就可获得具有一定黏度的透明溶胶。该溶胶经 80℃ 加热处理，除去溶剂就可形成淡黄色的干凝胶。前驱体干凝胶经不同温度（300～500℃）热处理（恒温 1h）就可形成 TiO_2 纳米粉体。为了抑制结炭的生成，刚开始的升温速度必须很缓慢，控制在 5℃/min，以促进有机物的完全分解。

3.2.3.1 红外光谱原位研究 $TiCl_4$ 的成胶过程

图 3-3 是 $TiCl_4$ 的乙醇溶液在不同成胶化阶段的红外光谱图。从图可见，当 $TiCl_4$ 与乙醇

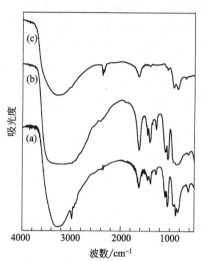

图 3-3 $TiCl_4$ 乙醇溶液成胶化过程中的红外光谱图
（a）0h,（b）42h,（c）144h

刚刚开始混合后，在红外光谱图中就可以发现在 $3240cm^{-1}$ 有较强的—OH 吸收峰。该吸收峰是由 $TiCl_4$ 与乙醇中的微量水反应所形成的 Ti-OH 基团所致。同样 $1623cm^{-1}$ 的弱峰也表明了缔合—OH 峰的存在。此外，在 $2978cm^{-1}$、$2930cm^{-1}$、$2890cm^{-1}$ 及 $1456cm^{-1}$、$1390cm^{-1}$ 等处可以发现有甲基和亚甲基的吸收峰，这些吸收峰是由与 Ti 原子结合的—OCH_2CH_3 基团中的—CH_2—、—CH_3 所产生。该结果说明 $TiCl_4$ 分子已和乙醇分子发生反应形成了钛酸乙酯。对比钛酸正丁酯的标准红外光谱图可见，$621cm^{-1}$ 处的小峰对应于新形成的 Ti-O-C 键。该结果也表明 $TiCl_4$ 和乙醇反应形成了钛酸乙酯。随着成胶化时间的增加，对应于 Ti-OH 键的峰明显加高加宽，说明形成溶胶的水解度和聚合度有明显增加。而且，随着成胶化时间的增加，有机物的红外峰明显降低，也说明溶胶体系逐渐脱除醇基演变为无机溶胶。对应于 Ti-O-C 键的 $621cm^{-1}$ 吸收峰也随成胶时间的增加，逐步减弱。该结果也表明形成的钛酸酯逐步被水解形成 Ti-OH 键。在经过 144h 成胶化处理后，再继续增加成胶化时间，红外光谱的变化不明显，表明成胶化反应已趋于平衡。此时形成的溶胶和干凝胶基本为白色。从上面的结果可以得出 $TiCl_4$ 的成胶化机理是：首先，$TiCl_4$ 与乙醇分子发生醇解反应形成钛酸乙酯，脱除大部分 Cl 基。同时乙醇中的微量水与 $TiCl_4$ 反应脱除部分 Cl 基，形成少量的 Ti-OH 键。这是一个快速反应过程，在溶液混合的过程中就可以完成。在长时间的成胶化过程中，主要是吸收气氛中的水气，脱除乙醇基和 Cl 基，逐步形成无机聚合溶胶。由于在溶胶中有 HCl 的存在，该过程较能忍耐环境中的水汽，使得成胶工艺容易控制。

3.2.3.2 热分析研究前驱体的热分解过程

热重和差热分析可以提供前驱体样品的化学组成和热分解过程。图 3-4 是经 24h 成胶化处理后凝胶样品的热分析和差热分析结果。从热重曲线可见，TiO_2 前驱体在加热过程中有三个失重区。从 25℃ 到 127℃ 的失重区来自于前驱体中溶剂的脱除过程；从 127℃ 到 277℃ 的失重来自于前驱体的脱羟基和有机物的分解过程；而从 277℃ 到 498℃ 的失重则来自于前驱体的脱氯过程。各失重区的失重百分数表明了该物种在前驱体中的残留量。由此可见，经 24h 成胶化处理后，前驱体中有机物和氯的残留量分别为 20% 和 7%。从差热曲线也可见，从 25℃ 到 127℃ 的吸热过程来自于前驱体的脱水过程。从 127℃ 到 252℃ 的放热过程来自于前驱体的脱羟基形成 TiO_2 的过程。从 283℃ 的尖锐放热峰来自于前驱体的有机物的氧化过程。而 406℃ 的放热峰则来自于前驱体的氯的脱除过程。从图 3-5 可见，经 120h 成胶化处理

后，其前驱体的热重和差热分析谱均产生了很大的变化。有机物分解和脱氯过程的失重峰变得不明显，在差热曲线上有机物分解和脱氯过程对应的放热峰也消失了。这个结果表明经过120h成胶化作用后，$TiCl_4$和乙醇及水发生了成胶反应，逐步脱去了氯和乙醇，最后形成了无机钛氧键构成的无机聚合物前驱体溶胶。该结果与红外光谱研究的结果是吻合的。

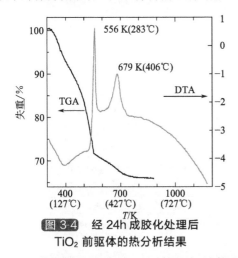

图 3-4 经24h成胶化处理后 TiO_2 前驱体的热分析结果

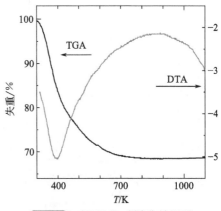

图 3-5 经120h成胶化处理后 TiO_2 前驱体的热分析结果

3.2.3.3 成胶时间对 TiO_2 粉体晶相结构和颗粒大小的影响

成胶过程直接影响前驱体的组成和结构，并对形成的 TiO_2 颗粒的结构有直接的影响。图 3-6 是经成胶化处理不同时间的前驱体凝胶经 400℃ 热处理 1h 后形成的 TiO_2 粉体的 XRD 图。由图可见，经 24h 成胶化处理的样品，其晶相特征峰不明显，仍以无定形态的包峰为主。说明在成胶化时间较短时，形成的凝胶的聚合度较低，不易形成晶相 TiO_2。当成胶化时间增加到 48h 后，在 XRD 谱上开始出现锐钛矿型的 TiO_2 的特征峰，但峰较宽，并包含有包峰存在。该结果说明仍有大量的 TiO_2 以无定形态存在。随着成胶化时间的增加，包峰的强度减弱，而锐钛矿型 TiO_2 的晶相特征峰变强变锐。这结果说明成胶化时间的增加，可以增加前驱体的聚合度，有利于锐钛矿型 TiO_2 晶相的形成。此外，从透射电镜和电子衍射的结果也可知，成胶化时间短的样品，形成的 TiO_2 样品以非晶态的片状存在，其颜色为深褐色。该结果说

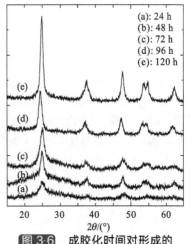

图 3-6 成胶化时间对形成的 TiO_2 晶相结构的影响

明成胶化时间短的样品中包含有大量有机物，在煅烧过程中形成结炭，阻碍了 TiO_2 的结晶。随着成胶化时间的增加，煅烧后形成的样品的颜色逐步过渡到白色。形成的片状结构也逐步演变为分离的颗粒结构。经 120h 成胶化的样品经 400℃ 煅烧 1h 后，形成的颗粒非常均匀，其平均粒径为 10nm。电子衍射表明已形成了很好的晶相结构。由此可见，增加成胶化时间可以促进锐钛矿型 TiO_2 晶相结构的形成。

3.2.3.4 热处理过程对 TiO_2 粉体晶相结构和颗粒大小的影响

前驱体的煅烧过程对纳米 TiO_2 粉体的形成也有很大的影响。图 3-7 是经成胶化处理 120h 后前驱体样品经不同温度煅烧 1h 后形成 TiO_2 的 XRD 谱。由图可见，经 300℃ 煅烧后的样品，已基本形成了锐钛矿型的晶相结构。在经过 400℃ 煅烧后的样品，已形成较好的晶相结构。但主峰的半高宽增加很小，说明晶粒长大作用很小。图 3-8 是经 500℃ 煅烧 1h 样品

的 TEM 图。从 TEM 图可见，形成的 TiO₂ 纳米颗粒大小的分布很均匀，平均颗粒大小为 10nm。电子衍射证实这些颗粒具有锐钛矿型晶相结构。

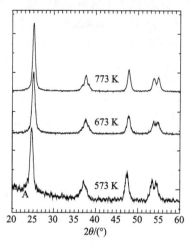

图 3-7 煅烧温度对 TiO₂ 晶体结构的影响

图 3-8 经 773 K 煅烧 1h 后 TiO₂ 粉体的电镜照片

3.2.3.5 前驱体水解度在 TiCl₄ 醇解法中影响研究

（1）水解度对成胶过程的影响

在 TiCl₄ 与乙醇反应形成前驱体的过程中会发生水解反应，前驱体的水解程度对纳米粉体性质有一定影响。为了提高前驱体水解度，在配制前驱体时使 TiCl₄ 与掺水乙醇反应，然后密封静置，其后将湿溶胶制备成干凝胶的方法与前面相同。

图 3-9（a）和图 3-9（b）为由不同掺水量溶胶所获得的干胶样品的热重-差热图。从图 3-9（a）的 TGA 曲线上可以看到两个明显的失重峰，其中 80℃附近的失重峰来自于前驱体的脱—OH 过程，370℃附近失重峰则来自前驱体的脱氯过程。随着掺水量的增加，脱氯峰逐渐减弱，说明体系中的—Cl 多数被—OH 取代。

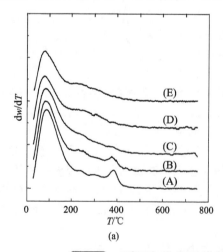

(a)

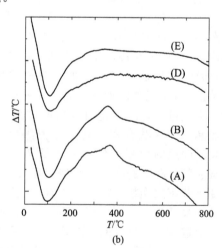

(b)

图 3-9 Ti(OH)₄ 的 TGA 曲线（a）和 Ti(OH)₄ 的 DTA 曲线（b）
（A）0%H₂O，（B）5%H₂O，（C）10%H₂O，（D）15%H₂O，（E）饱和吸水

另外，残余物百分量在一定程度上体现了无机化程度。从表 3-1 可以看到，随掺水量增加，无机残余物所占百分量也逐渐增加，其中掺水 15%左右（体积比）的样品与饱和吸水

的样品结果相近（从 TGA 曲线上也可看到二者形状十分相似），说明掺水 15％左右即可达到饱和吸水的效果。从图 3-9（b）的 DTA 曲线可以看到，100℃附近的吸热峰对应于前驱体脱羟基形成 TiO₂ 的过程，260℃的放热峰来自于前驱体中残余有机物的氧化过程，结合 XPS 结果，认为 380℃附近的放热峰对应—Cl 的脱除。随掺水量增加，有机物分解和脱氯过程的放热峰逐渐消失，体现了前驱体无机化程度的提高。

表 3-1 Ti(OH)₄残余百分量

样品	1	2	3	4	5
掺水量/％	0	5	10	15	饱和吸水
残余百分量/％	61.77	64.63	67.75	73.90	74.16

（2）水解度对 TiO₂ 颗粒大小的影响

在电镜下观察 TiO₂ 粉末（见图 3-10），可以看到，低掺水量溶胶制得的 TiO₂ 聚集为片状。随掺水量增加，分散状况逐渐好转，当掺水量超过 10％后分散有明显改善，同时粒度也略有增大。这说明低掺水量溶胶所制得的产品由于前驱体无机化程度低，TiO₂ 粉末中残留的有机基团的作用使粒子无法充分分散，因此团聚成片状；掺水量增大后，一方面无机化程度提高，另一方面也使得晶粒长大，因此分散状况改善，且粒度增大。计算结果表明，当掺水量达到 10％时，理论上可以使钛前驱体水解为 Ti(OH)₄，但由于形成（—TiO—）$_n$ 聚合物以及平衡作用的影响，其综合结果是当掺水量超过 10％时分散状况才明显改善。

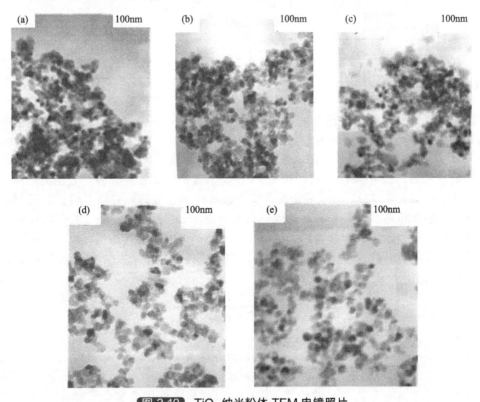

图 3-10 TiO₂ 纳米粉体 TEM 电镜照片
（a）0％ H₂O，（b）5％ H₂O，（c）10％ H₂O，（d）15％ H₂O，（e）饱和吸水

为研究 TiO₂ 粉体晶相结构，对不同温度及时间下煅烧的样品进行了 XRD 分析。结果表明（见图 3-11，以掺水 15％样品为例），直到 500℃时样品为锐钛矿晶型，600℃时有金红

石相出现；400℃下延长煅烧时间不会改变晶相结构，而只使得晶相更加完美，同时晶粒略有长大。根据 Scherer 公式计算出不同掺水量溶胶所制样品的晶粒度，列于表 3-2。可以看到，随掺水量增大，晶粒度略有增加，但变化不大，与 TEM 结果基本一致。

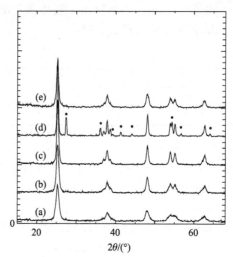

图 3-11 掺水 15%样品 XRD 结果
（a）300℃、1h，（b）400℃、1h，（c）500℃、1h，
（d）600℃、1h，（e）400℃、2h（标记峰对应金红石晶相）

表 3-2 掺水量对晶粒度的影响

样品	1	2	3	4	5
掺水量/%	0	5	10	15	饱和吸水
晶粒度（$2\theta=25°$）/nm	10.33	11.19	10.74	12.21	11.68

在实验过程中我们发现，若进一步提高前驱体水解度，便会在相对较低的温度下获得金红石与锐钛矿相的混晶。经过计算，在实验条件下，使 $TiCl_4$ 完全醇解所需的最低含醇量应为 35%，因此我们以掺水 65% 的前驱体样品进行煅烧温度系列研究，以确定其对粉体晶型结构的影响。从图 3-12 中可以看到，在 450℃下即有金红石相出现，随着温度的升高，金红石比例有增加趋势。在 700℃以上完全转化为金红石结构。有研究表明，锐钛矿型与金红石型的混合物（非简单的混合）具有高光催化活性。据 Bickley 等的研究，混合物具有高活性的原因是在锐钛矿型晶体的表面生长了薄的金红石型结晶层，能有效地促进锐钛矿型晶体中光生电子、空穴电荷分离（称为混晶效应）。同时，在这类混合物中，由于锐钛矿型晶体受高温热处理，已有一部分转变成了金红石型，其中所含锐钛矿型晶体因已经受到充分热处理而缺陷少，活性高。因此，本研究对制备具有高活性的 TiO_2 纳米粉体催化剂有重要意义。

3.2.3.6 醇分子性质在 $TiCl_4$ 醇解法中的影响研究

3.2.3.6.1 醇分子性质对成胶过程的影响

图 3-13 所示为 TiO_2 前驱体干胶样品的 IR 分析结果。在 $400\sim800cm^{-1}$ 处显示出强大的吸收带，对照 TiO_2 的标准谱可知，此吸收峰为—$(Ti-O)$—$_n$ 聚合物的特征峰，从（c）到（a）该吸收峰有明显的变宽变强的趋势，说明干胶的聚合度随着醇分子体积的减小逐渐增大；另外 $1000cm^{-1}$ 以上有若干小峰，对应干胶样品中的有机基团（如—CH_3 等），从图中可见，有机峰也由（c）到（a）逐渐减少，说明随着醇分子的变小，TiO_2 前驱体聚合物的无机化程度逐渐增加。

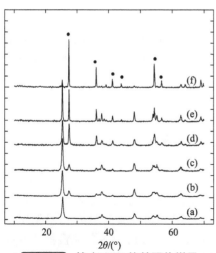

图 3-12 掺水 65%的前驱体样品
在不同温度下煅烧 1h 后 XRD 结果
（a）400℃，（b）450℃，（c）500℃，
（d）550℃，（e）600℃，（f）700℃

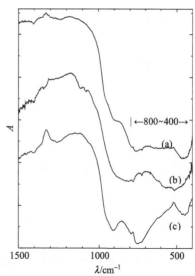

图 3-13 TiCl$_4$与不同醇制备的 Ti(OH)$_4$红外谱图
（a）CH$_3$OH，（b）C$_2$H$_5$OH，
（c）i-C$_3$H$_7$OH

由以上结果可知，甲醇分子由于体积较小，羟基活性高，而更容易与 TiCl$_4$反应（反应现象也说明了这一点），并且更快地发生脱醇缩聚，形成具有较高聚合度、较少有机残留基团的聚合物。而异丙醇由于体积较大，—OH 活性较低，导致反应速率明显减慢，也不易被水脱去醇分子，部分有机基团残留在聚合物中，因而所得 TiO$_2$ 前驱体的聚合度和无机化程度均较低。乙醇则介于二者之间。所以醇分子体积的大小对反应进程有较明显的影响。

3.2.3.6.2 醇分子性质对纳米粉体颗粒大小及晶相结构的影响

对 TiO$_2$ 纳米粉体样品进行 IR 研究发现，三者差别不大，均只剩下—(Ti-O)$_n$—的特征峰和羟基的伸缩及变形振动峰（由纳米粒子吸水引起），说明在煅烧过程中，有机基团能被氧化清除。从 TEM 分析结果（图 3-14）可以看到，在相同的制备工艺条件下，甲醇、乙醇和异丙醇与 TiCl$_4$反应制得的 TiO$_2$ 纳米粉体的分散情况依次变差。这是因为随着醇分子变大，前驱体无机化程度降低，粒子内残留的有机基团间在热分解时易发生相互作用而无法充分分散。XRD 研究表明，经 400℃煅烧 1h 后，三者均为典型的锐钛矿型 TiO$_2$ 结构，另外峰的宽度也基本相同，说明三者的晶粒度相差不大。

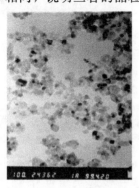
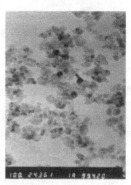

（a）   （b）   （c）

图 3-14 以不同醇制备的 TiO$_2$ 纳米粉体 TEM 照片
（a）甲醇；（b）乙醇；（c）异丙醇

3.3 TiO₂ 纳米管结构的控制合成

TiO₂是一种重要的无机功能材料[32]，由于具有湿敏、气敏、介电效应、光电转换、光致变色及优越的光催化等性能，在太阳能的储存与利用、光电转换、光致变色以及光催化降解大气和水中的污染物等方面具有广阔的应用前景，并成为重点研究的课题之一[33,34]。与其它形态的 TiO₂ 相比，TiO₂ 纳米管具有更高的比表面积和更强的吸附能力，可以提高 TiO₂ 的光催化性能及光电转换效率[35]。如果对其进行掺杂或对其表面进行金属沉积组装成复合纳米材料，将会大大改善 TiO₂ 的光电、电磁及催化性能[32]。

3.3.1 模板法

模板合成法是把纳米结构基元组装到模板孔洞中而形成纳米管或纳米丝的方法。常用的模板主要有两种：一种是有序孔洞阵列氧化铝模板（PAA），另一种是含有孔洞无序分布的高分子模板。其它材料的模板还有纳米孔洞玻璃、介孔沸石、蛋白、多孔硅模板、表面活性剂及金属模板[36]。Hoyer 等[37]采用柱状阳极氧化铝为模板（PPA），经过化学处理制得 TiO₂ 纳米管。李晓红等以该方法成功制备了锐钛矿相多晶纳米管，他们制得的纳米管管径较大（100nm），管壁较厚（10nm），其长度、孔径和管壁厚度还可根据模板调节，如图 3-15 所示。实验表明，通过控制 PAA 模板在胶体溶液中的沉浸时间可以很好地控制 TiO₂ 纳米管的长度和管壁厚度，且纳米管的直径取决于 PAA 模版的孔径。Jong 等[38]以有机凝胶法制备了螺旋带状 TiO₂ 和双层的 TiO₂ 纳米管，其层间距约为 8～9nm。麻明友[39]以单分散的聚甲基丙烯酸甲酯（PMMA）微球为胶体模板，用钛酸丁酯、水、乙醇、盐酸等配成的混合溶胶填充微球间间隙，经水解形成凝胶，然后通过程序升温焙烧去掉 PMMA 微球，制得有序 TiO₂ 大孔材料。模板法得到的纳米管的内径一般较大，管壁厚，比表面积小，属于锐钛矿型[32]，生成的纳米管受模板形貌的限制[40]，而且制备过程及工艺复杂[41]。

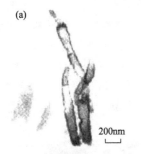
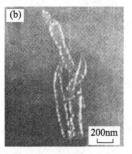

图 3-15 PAA 膜在溶胶中沉浸 2min 制备的 TiO₂ 纳米管的 TEM 明场（a），
暗场（b）和相应电子衍射图（c）

3.3.2 水热法

水热合成法是指将 TiO₂ 纳米粒子在高温下与碱液进行一系列化学反应，然后经过离子交换、焙烧，从而制备纳米管的方法。Kasuga 等[42]采用水热法在 110℃条件下处理 TiO₂ 纳米粉体和 NaOH 水溶液，然后进行水洗和酸洗最终得到规整有序的纳米管（见图 3-16），并研究了其生物活性。在 TiO₂ 纳米管的形成过程中洗涤这一步起决定性作用。但是，Du 等[43]在 130℃条件下采用同样的水热过程，没有经过水洗和酸洗同样也得到了纳米管，他们认为，纳米管的组成不是 TiO₂ 而是 H₂Ti₃O₇。Wang 等[44]采用化学方法处理 TiO₂ 纳米粉体与 NaOH 水溶液得到 TiO₂ 纳米管，并且证明纳米管是在碱处理过程中形成的，随后的酸处理对纳米管结构的形成及形状没有影响。王芹等[45]采用水热法制备出外径约为 8nm、壁厚约为 1nm 的纳米管，其结果认为纳米管是在 NaOH 水热处理过程中形成的，而不是在清洗过程中形成的，且其形貌与清洗时水溶液的 pH 无关。张青红等[40]在温和的水热条件下，用碱溶液处理不同粒径的锐钛矿相和金红石相 TiO₂ 纳米粉体，得到了不同形貌的纳米管。徐惠等[46]将金红石相 TiO₂ 纳米粉体置于装有 $10\text{mol} \cdot \text{L}^{-1}$ NaOH 的聚四氟乙烯高压釜中，在烘箱中（383K）保温 30h 后取出冷却，制得管径 10nm 左右，内径 4~6nm，并且管形均匀整齐的 TiO₂ 纳米管。

一般情况下，化学处理法合成的 TiO₂ 纳米管的管径小，管壁薄，比表面积高，属于无定形[32]，但是反应时间较长。

 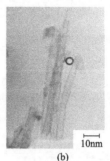

图 3-16 在 10 M NaOH 溶液中加热（110℃）20h 制备的纳米管形貌图

（a）SEM；（b）TEM

3.3.3 阳极氧化法

阳极氧化法是以钛板为基体，在电解质溶液中腐蚀而获得 TiO₂ 纳米管。这种方法可以制得排列整齐的纳米管，通过改变阳极电位、电解液浓度、温度可得到不同尺寸的 TiO₂ 纳米管。宾夕法尼亚的研究小组提出了阳极氧化法制备 TiO₂ 纳米管形成的基本机理[44]。

① 金属表面的氧化物生长是由于金属与 O_2^- 或 OH^- 的作用。形成了最初的氧化层后，这些阴离子通过氧化层到达了金属-氧化物分界面。

② 在金属-氧化物分界面 Ti^{4+} 从金属中迁移，在电场的作用下 Ti^{4+} 迁移到氧化物-电解液分界面。

③ 在氧化物-电解液界面，电场支持了氧化物的溶解。由于电场的存在，Ti—O 键经历了极化作用而变弱，Ti^{4+} 在电解液中溶解，自由 O_2^- 迁移到金属-氧化物分界面与金属相互作用。

④ 阳极氧化过程中，在电解液的作用下，金属或者氧化物也发生化学溶解。TiO₂ 在 HF 电解液中的化学溶解在纳米管的形成过程中起到了重要作用，并且溶解决定了纳米管层的厚度。

由于阳极氧化法制备的 TiO₂ 直接在钛基底进行生长，因此具有很好的机械强度和电子传输能力。并且纳米管阵列的形貌和厚度容易控制，因此可作为 TiO₂ 纳米管阵列的制备方法之一。

朱永法等使用阳极氧化方法制备 TiO₂ 纳米管阵列。钛板（厚度约 250μm）在硝酸/氢氟酸混合溶液中化学抛光后，放入 0.5%（质量分数）氢氟酸和 1.0mol/L 磷酸混合液的电解池中，室温下两电极体系 20V 恒电压阳极氧化 30min。制得样品用去离子水清洗后，在 450℃煅烧 24h。所得的 TiO₂ 纳米管内径在 50~70nm 范围内 [图 3-17（a）]，在较大范围

内比较规整均一 [图 3-17 (b)]。从薄膜截面 FE-SEM 图 [图 3-17 (c)] 中可知，其管长约 390nm。由图 3-17 (d) 知 TiO₂ 纳米管具有较高的规整性，其管壁具有清晰的条纹像，晶面间距为 0.373nm，符合锐钛矿型 TiO₂ (101) 晶面间距 (JCPDS 卡号码：71-1168)，说明纳米管沿着 (101) 晶面方向生长。

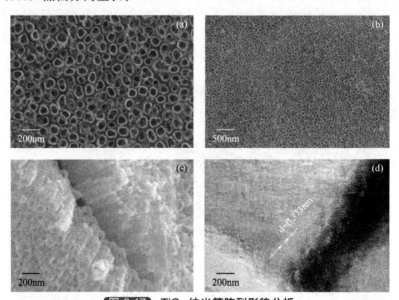

图 3-17 TiO₂ 纳米管阵列形貌分析

（a）TiO₂ 纳米管正面场发射扫描图像；（b）TiO₂ 纳米管正面大面积场发射宽区域扫描图像；
（c）TiO₂ 纳米管侧面场发射扫描图像；（d）从薄膜剥离下的 TiO₂ 纳米管的高分辨透射电镜图像

3.4 TiO₂ 纤维的制备方法

TiO₂ 纤维是一种具有多晶结构的氧化钛纤维，其光催化能力通常随着晶粒粒径的减小而增加，当粒径在 10~100nm 时可产生表面效应和量子效应，粒径在 5~50nm 时光催化能力最强[47]。与其它氧化物纤维类似，TiO₂ 纤维也可分为短纤维和连续纤维。短纤维或晶须的制备方法相对成熟，如溶胶-凝胶法、熔融法、压片法、浸渍法等。国际上通常定义长度 1m 以上的氧化物纤维为连续无机纤维，尽管 TiO₂ 连续纤维的制备尚处在研究阶段，但其强度高、韧度好，可实现三维编织，且耐水流、气流冲击负荷高，在光催化污染控制领域具有不可比拟的综合应用优势。目前其制备方法仅见于溶胶-凝胶法。

3.4.1 钛酸酯晶须脱碱法

TiO₂ 纤维的制备工艺始于钛酸酯晶须脱碱法（KDC 法，kneading-drying-calcination）并沿用至今，是制备水合 TiO₂ 晶须状短纤维的常用方法[48,49]。该法分为两步，即首先通过将 TiO₂ 粉体和无水 K₂CO₃ 混合研磨，加水捏制成球粒，干燥后高温煅烧，获得钛酸钾 (K₂O·nTiO₂) 纤维，然后经水合作用和酸洗处理后将 K⁺ 溶脱出来，得到水合 TiO₂ 纤维。20 世纪 80 年代，日本率先并相继报道了数项有关 KDC 法制备 TiO₂ 纤维的专利[50~53]，均通过将碱金属盐与 TiO₂ 粉体按照一定的物质的量比混合，经 800~1300℃高温得到共熔体，再经缓慢降温或其它过程促使晶体生长从而得到钛酸钾纤维，经水合和酸洗处理得到的纤维状物质经 500℃脱水后，进一步经过 500~1100℃的高温处理后得到锐钛矿型的水合 TiO₂ 纤维。

我国 TiO₂ 纤维的研究相对滞后，20 世纪 90 年代才见有相关报道。刘玉明等[54]用半干式过程的 KDC 法合成了钛酸钾纤维，得出 KDC 法合成钛酸钾纤维的适宜条件为：钾与钛的摩尔比为 1/3~1/4，烧结温度在 1100℃左右。王福平等[55]研究了 KDC 法合成钛酸钾纤维的反应机制，发现焙烧过程中有中间产物 Y 相形成，晶体类型接近于三钛酸钠，认为包围在液相介质中的钛酸钾晶核与非晶质场是形成纤维的基础，固相与液相蒸发同步进行是纤维生长的基本条件。王福平等[56]还进一步研究了 KDC 法制备水合二氧化钛纤维中的相变过程，发现制备过程中会历经一系列的相变：$H_2Ti_4O_9 \cdot 1.2H_2O \rightarrow H_2Ti_4O_9 \rightarrow TiO_2$（B）→中间相→锐钛矿相→金红石相。杨祝红等[57]将钛酸钾纤维加入到 10 倍质量的水中，以稀盐酸调节溶液的 pH 值，60℃干燥 24h，500℃煅烧 2h 得到品质均一的 TiO₂ 纤维（见图 3-18）。最后得到的水合 TiO₂ 短纤维，平均长度 50μm，平均直径 1~3μm。

图 3-18 四钛酸钾（a）和 TiO₂ 纤维（b）的 SEM 图

KDC 法制备的 TiO₂ 纤维直径较小，仅在微米级，该方法制备的 TiO₂ 纤维通常具有层状结构和较高的光催化活性。同时 KDC 法具有原料廉价易得、工艺相对简单且适于工业化生产等特点，因此成为目前世界上用于制备 TiO₂ 纤维的最普遍方法。但由于 KDC 法只能制备出平均长度在 50μm 左右的水合 TiO₂ 纤维，纤维强度和韧性均不理想，耐水、气流冲击负荷低，难以在实际光催化使用过程中实现光催化剂的有效分离回收和再利用。此外，在钛酸钾纤维制备过程中，通常煅烧温度高达 1000℃以上，能耗较大并且对设备的要求较高。再者，钛酸钾的水合产物并不仅是水合二氧化钛，共有 7 个不同的相，因此水合过程是一个极其复杂的多相体系交换与分离过程，在析出二氧化钛晶须的整个过程中，酸性介质、pH值、水溶液与烧结物比例、水合时间、水合温度及前期煅烧物的质量等均对最终水合 TiO₂ 纤维产生不同程度的影响，这使 KDC 法制备 TiO₂ 纤维的过程复杂且难以准确控制，从而给大规模产业化制备造成了障碍。

3.4.2 溶胶-凝胶法

目前 TiO₂ 纤维尤其是连续纤维的制备方法主要是溶胶-凝胶法（sol-gel），是一种将烷氧金属或金属盐等前体加水分解后再缩聚成溶胶（sol），然后经加热或将溶剂除去使溶胶转化为网状结构的氧化物凝胶（gel）的工艺[58]。溶胶-凝胶法通过液相反应过程实现其它工艺途径不易达到的多元组分材料和复合材料，便于从材料微观结构入手，通过嫁接、嵌接和精细复合等方式，实现材料特性的选择性"剪裁"[59]。其显著的特点是工艺较简单且可在低温条件下操作，便于精确控制材料组分并达到设计的化学配比，从而实现材料组分的均化。溶胶-凝胶法得到的前体中钛含量高，纺丝性能好，不必加入其它助剂，因此烧结过程中产生的缺陷较少，经烧结致密化，便可获得高强度的连续纤维。该法便于实现工业化放大与生产，因而有望发展成为最有工业化前景的 TiO₂ 连续纤维的制备方法。

3.4.2.1 溶胶-凝胶法制备 TiO$_2$ 纤维发展历程

1986 年，日本三重大学的 Kamiya[60] 等首先报道了采用 Ti(O-i-C$_3$H$_7$)$_4$ 作为前体制备 TiO$_2$ 纤维的方法：Ti(O-i-C$_3$H$_7$)$_4$ 经水解和缩聚反应后，常温浓缩至黏度适合拉丝，手拉丝后对前体纤维进行热处理得到透明的 TiO$_2$ 纤维，主要考察了 Ti(O-i-C$_3$H$_7$)$_4$-H$_2$O-EtOH-HCl 系统可控制备 TiO$_2$ 纤维的成分范围。1991 年，华东化工学院的陈奇等[61,62] 采用溶胶-凝胶法制备了 TiO$_2$ 纤维，研究了 Ti(OC$_4$H$_9$)$_4$ 水解和缩聚过程中纤维的可拉丝性，发现可拉丝性与水钛物质的量比密切相关，同时还对纤维的热处理过程进行了探索。上述两者的研究，纤维成丝方法仅限于手动拉丝，效率低下且纤维粗细不均，纤维直径分布不均匀，在 10～180μm，热处理后纤维的收缩率在 20% 左右，纤维长度可达 2m 以上。

1998 年后的日本和美国专利[63~65] 均报道，通过钛的醇盐的水解和缩聚反应，以生成聚合物沉淀，蒸去溶剂并经油浴干燥获得聚合物粉末，后者溶于四氢呋喃等极性有机溶剂中，通过蒸发浓缩获得纺丝液，经干法或湿法纺丝后煅烧，获得直径在 10～50μm，长度 2m 以上的 TiO$_2$ 连续纤维。这种传统的溶胶-凝胶法前体中的钛含量高，有机物分解而残存的缺陷相对较少，但溶胶体系不稳定，非常容易自发转化为凝胶而失去可纺性。

2004 年，山东大学晶体材料国家重点实验室和环境科学与工程学院组成的课题组[66] 发明了一种 TiO$_2$ 纤维制备的新体系和新方法，该法基于溶胶-凝胶法，首先合成聚乙酰丙酮合钛纺丝液，通过干法纺丝得到前体短纤维或连续纤维，继之经特定的热处理后可选择性获得 TiO$_2$ 短纤维和连续纤维产物。课题组还尝试采用掺入少量 K$^+$ 的方法初步解决了 TiO$_2$ 纤维光催化活性和强度不能兼得的难题。掺入 K$^+$ 后，前体纤维经程序升温热处理烧结固化后，可获得直径范围在 3～20μm、最大拉伸强度达 1.2GPa 的 TiO$_2$ 纤维。但这种方法以四氯化钛为钛源，制备过程中产生的副产物特别是盐酸三乙胺等很难除去，造成产物杂质含量偏高。

3.4.2.2 制备过程影响因素分析

溶胶-凝胶法制备 TiO$_2$ 纤维的过程中，原材料种类、各材料的化学配比、溶液的流变学特性、反应温度、溶胶中的水量、溶液的黏度、纺丝过程以及最后的热处理过程等都会影响纤维的理化结构和光催化特性。

最近，包南课题组依托原有工作，在认真筛选制备过程主要影响因素及其水平的基础上，从改进原料和工艺两个方面同时入手，采用溶胶-凝胶分步水解法成功制备新型的掺硅 TiO$_2$ 连续纤维（见图 3-19）。以钛酸四丁酯（TBOT）为前体，掺入适量硅（TEOS）以同时提高其热稳定性、机械稳定性及光催化活性，所得的纺丝液性质稳定，可密闭储存一个月。纺丝液经高速离心纺丝、水汽活化热处理后可得强度及光催化活性俱佳的 TiO$_2$ 连续纤维[67]。

考虑到 Ti(OBu)$_4$ 含有活泼的丁氧基反应基团，遇水会发生强烈的水解反应，极易生成氢氧化物或氧化物沉淀，从而失去参加缩聚反应的活性，实验中加入含酰氧基的螯合剂可以有效地抑制 Ti(OBu)$_4$ 的强烈水解，生成稳定的钛螯合物溶胶。这是因为 Ti(OBu)$_4$ 中的 Ti 虽然是四价离子，但却有 6 个配位数，很容易与带负电的螯合剂发生亲核反应，生成一类前体钛醇盐 Ti(OBu)$_n$(ACA)$_{6-n}$，然后发生可控的水解缩聚反应。

当水与 TBOT 的物质的量比≤2 的情况下，溶胶中形成线型聚合物，可纺性好；当两者物质的量比＞2 时形成空间三维网状结构[68]，可纺性变差；若物质的量比继续增加，则会有白色沉淀产生，从而严重影响溶胶的可纺性，这些现象均为实验结果所证实。作为过程控制指标，溶胶纺丝液的黏度至关重要，在水解聚合反应中，溶液的黏度先是缓慢增加，一旦凝胶化则黏度急剧上升，实验表明，适于纺丝的黏度范围在 5 Pa·s 左右。凝胶化纺丝液经浓缩及干法纺丝后，得到连续的前体纤维，置于加装温控器的管式炉中，进行水蒸气活化热

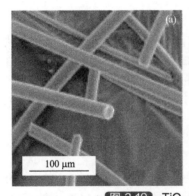

图 3-19 TiO$_2$ 纤维的 SEM 图

（a）整体形貌（×300）；（b）纤维表面（×15000）

处理，控制烧结温度、升温速率及停留时间，自然冷却至室温即得锐钛矿型掺硅 TiO$_2$ 连续纤维。

3.4.3 水热法及溶剂热法

20 世纪 90 年代起，水热法及溶剂热法作为制备优质纳米陶瓷粉体的技术，得到了较多的研究和较大的发展，很快发展成为 TiO$_2$ 晶须的主要制备技术之一。该法采用一些高沸点弱极性溶剂，在不同温度和一定压强下，经水热及溶剂热处理钛酸来制备 TiO$_2$ 纤维。刘泽等[48]利用水热法得到了金红石型的 TiO$_2$ 晶须，发现水热反应制备 TiO$_2$ 晶须的最佳条件为：反应溶液浓度为 0.2～2mol·L^{-1}，反应溶液中 pH 值大于 13.5，反应温度为 160～200℃，反应时间为 4～8h。Yin S 等[69]在不同介质中采用溶剂热法处理 H$_2$Ti$_4$O$_9$·0.25H$_2$O 前体，经过滤并用水冲洗 3 遍，然后在 60℃真空干燥后即得到不同溶剂热处理的 TiO$_2$ 纤维。水热法及溶剂热法中，溶剂或水处在高于其临界点的温度和压力下，从而使常规条件下不能发生的反应成为可能，具有能耗低、团聚少、颗粒形状可控等优点。但是该方法产率较低，产品的纯度不够，并且在晶须的尺寸和形貌的均一程度上不尽如人意；另外利用该方法制备 TiO$_2$ 晶须的机制尚不清楚，这极大地妨碍了此方法的进一步发展。

3.4.4 其它制备方法

氧化物纤维可以直接由氧化物原料通过传统的熔融法[70]制备，首先将原料加热至熔点，使其熔化，形成具有合适黏度的熔体，再用拉丝、喷吹或甩丝等成纤方式制成纤维。该方法制备纤维的原料熔化温度均超过 1500℃。压片法[71]制备纤维工艺简单，但对设备要求较高，难以制成所需尺寸的 TiO$_2$ 连续纤维。日本专利 02-019959 等，采用浸渍法来制备 TiO$_2$ 纤维，即通过将有机丝浸入钛的醇盐溶液中，吸足后取出干燥，煅烧，灼去有机物，获得 TiO$_2$ 纤维。由于前体纤维中的有机物含量太高，烧结过程中体积收缩大，有机物分解导致晶粒间空隙较多，因而得到的纤维强度较低。

3.5 核壳结构 TiO$_2$ 的控制合成

根据不同的标准，核壳型纳米材料可分为不同的类别。按核壳微粒之间是否可以发生化学反应，可将其分为物理包覆和化学包覆两种方法。由核壳成分组成的不同，又可大致分成无机/无机、无机/有机、有机/有机等类型的核壳体系。对含核壳结构的 TiO$_2$ 材料而言，可大体分为 3 类：①TiO$_2$ 作为核层的核壳体系；②TiO$_2$ 作为壳层的核壳体系；③TiO$_2$ 作为核壳结构载体的体系。

核壳型材料的制备方法多种多样，主要有沉积法、聚合法、原位反应法及自组装技术等。多数情况下，可以在核的表面通过水解或氧化还原反应等直接沉积壳层的物质得到核壳结构。但是这种方法需要考虑核和壳物质之间的相关性质，比如说晶格匹配等问题。在不能直接包裹时，可通过偶联剂的作用把核与壳连接起来；或采用 LBL 自组装技术，把不同电荷的材料交替包裹于核上。

3.5.1 TiO$_2$ 作为核的核壳体系

TiO$_2$ 作为核时，外壳包裹材料可大致分成单质、无机化合物和有机高分子 3 种。当壳层材料为单质时，如贵金属等，通常通过化学还原或物理溅射等方法沉积于 TiO$_2$ 表面。Zhou Y 等[72]通过紫外光照还原 CH$_3$COOAg 和 TiO$_2$ 胶体混合液制得粒径为 15nm 左右，外包裹 Ag 层厚度为 1～2nm 的核壳结构 TiO$_2$。而 Shanmugam Sangaraju 等[73]用更简单的方法合成了 TiO$_2$/C 核壳结构，他们用一水合氧乙酰丙酮钛作为单组分前驱体，放入特制密封套管内在程序升温炉中升至不同温度，通过一步反应即制得外包裹 C 的 TiO$_2$，且与商品级 TiO$_2$（Degussa-P25）相比，对降解亚甲基蓝具有更高的光催化活性。

对于壳层材料为无机化合物时，大多可以把 TiO$_2$ 核浸入壳层材料的胶体或溶液中进行包裹，然后经过高温煅烧使壳层材料转化为无机物；也可以直接在核上进行高温气相沉积形成包裹层；对表面积和粒径等条件要求较高时，可使用模板剂或表面活性剂等。

Diamant Yishay 等[74]研究了不同材料内包裹的 TiO$_2$ 电极组成的燃料激活太阳能电池性能，壳层材料包括 Nb$_2$O$_5$、ZnO、SrTiO$_3$、ZrO$_2$、Al$_2$O$_3$ 和 SnO$_2$ 等，发现壳层影响电极的机理依赖于包裹的材料。除 Nb$_2$O$_5$ 的包覆层具有比 TiO$_2$ 更负的导带电压，形成表面能量势垒降低了复合率外，其它壳层材料都形成表面偶极层使 TiO$_2$ 核的导带电压发生迁移，而迁移的方向和幅度取决于核壳界面两种材料的性能不同所导致的偶极参量。核壳型 TiO$_2$ 复合材料具有良好的介电性能和光电转换特性，可有效地提高染料敏化太阳能电池电极的能量转换效率，使电池性能得到大幅度改善，这为更有效的利用和开发太阳能资源提供了一个有力的工具。

TiO$_2$ 经外包裹改性后，其粒径、比表面积、光吸收能力和表面吸附能力都会发生变化，其光催化性能也随之改变。如 Suk J H 等[75]利用吸湿 Mg(OH)$_2$ 凝胶在 TiO$_2$ 微粒表面拓扑分解，形成高度多孔的 MgO 包裹 TiO$_2$ 纳米颗粒。高度吸湿和纳米多孔的 MgO 壳层从环境中吸附更多的水分子和羟基群，与未包裹的 TiO$_2$ 相比，核壳型颗粒表现出更高的光催化活性。

当在 TiO$_2$ 核外包裹高分子壳层时，由于 TiO$_2$ 与高分子间存在着极性等差异，两者性质相差较大，很难进行直接包裹，需要对 TiO$_2$ 表面进行改性。但通常情况下，TiO$_2$ 粒子表面带有羟基，这就为核壳式无机/高分子纳米复合粒子的形成提供了有效媒介。一方面，在一定的条件下，这些羟基可以与高分子链上所带官能团（如—COOH、—OH 等）发生化学作用，从而使无机纳米粒子与有机高分子在同一粒子中复合，得到稳定的复合乳液[76]；另一方面，TiO$_2$ 等无机纳米粒子可与硅烷偶联剂、钛酸酯偶联剂以及磷酸酯偶联剂等发生化学反应，且具备较强的表面化学结合程度，增强了两者间的相容性。这样，高分子单体就可吸附到偶联剂层或直接同偶联剂的活性基团反应，有效增强了包覆效果[77,78]。Maliakal 等[78]在分别合成了聚苯乙烯膦酸酯和油酸稳定的 TiO$_2$（TiO$_2$-OLEIC）后，通过反应去除 TiO$_2$ 结合的油酸，并使其与聚苯乙烯膦酸酯反应制得了核壳结构的 TiO$_2$/聚苯乙烯（PS）纳米复合物。此材料能轻易地加工成透明连续的薄膜，其介电常数比普通聚苯乙烯高出 3

倍，可应用于电容器和薄膜晶体管（TFT），对提高有机电子设备的柔韧性很有价值。

陈化时间和热处理温度的不同也会影响 TiO_2/有机复合物的形状和核壳结构的形成。Sung Y M 等[79]发现陈化时间不同，制得的复合物具有两种不同的形态：一种为球状，另一种为盘状。这种结构上的变化与螯合剂 2,4-戊二酮（AcAc）和聚合体聚乙烯氧化物（PEO）之间形成的氢键密切相关。另外，在 800℃ 热处理时制得纳米晶锐钛矿/金红石核壳结构的微球颗粒。核壳结构的形成是由于从锐钛矿到金红石的相变过程中的晶格收缩，两种晶型具有不同的热膨胀系数，以及核上残留的有机组分进一步分解所造成。

3.5.2 TiO_2 作为壳层的核壳体系

纳米 Ag、Au 等贵金属（粒径＜10nm）存在独特的催化、导电和光学性能，在 TiO_2 纳米结构上沉积贵金属颗粒能在紫外光激发下保持费米能级平衡并提高电荷转移过程的效率[80,81]（见图 3-20）。在大多数研究中，金属颗粒都分散在氧化物的表面，即所谓的贵金属沉积。这种结构虽然有效，但使金属暴露于反应物和环境介质中，反应过程中的腐蚀和分解限制了 Ag、Au 等贵金属的使用。因此通过外包裹氧化物壳层，如 TiO_2、SiO_2 等，可在化学腐蚀环境中保护和稳定 Ag、Au 纳米颗粒。另外，在贵金属表面包裹无机壳层后，只有渗透通过壳层并到达金属核上的物质才能有效进行金属催化反应，这也大大提高了催化反应的可控性和可选择性。Tsutomu H

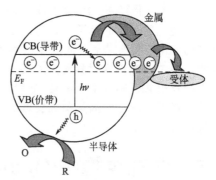

图 3-20 在半导体-金属复合材料体系中，费米能级平衡机理图

等[82]合成了 Ag/TiO_2 复合物，在二甲基甲酰胺（DMF）溶液中把 Ag^+ 还原成 Ag，三乙醇胺异丙醇钛（TTEAIP）在金属核表面缓慢水解形成 TiO_2 壳层。TiO_2 壳层的光激发会导致可逆充放电效应：TiO_2 壳层的光激活使电子在 Ag 核发生积聚并引发表面等离子能带从 460nm 迁移至 420nm。当电子受主如 O_2 或富勒烯（C_{60}）引入到体系内时，存储的电子放电，表面能态又得以回复。

由于 TiO_2 稳定性高，耐酸碱腐蚀，且具有良好的催化活性，常作为壳层包裹于其它半导体材料表面，制备出多功能的复合材料。其中一个典型的例子就是制备磁性光催化剂，通过对磁性核包裹 TiO_2，使 TiO_2 保持光催化活性的同时具备一定的磁性，从而解决 TiO_2 光催化降解污染物时催化剂回收困难的问题。但有时磁性核会对 TiO_2 的催化性能有减弱的作用，这时可以在核上增加一层 SiO_2 膜层以降低磁性核对 TiO_2 光催化活性的影响[83]。制备有机/TiO_2 核壳结构时，通常使用聚合法制得有机高分子核，再外包裹 TiO_2 溶胶后煅烧制得。煅烧温度不宜太高，过高的温度会除去有机核或使核壳结构发生坍塌。当条件控制良好时，用煅烧法除去有机/TiO_2 核壳结构的有机核，是制备空心核壳材料的一种行之有效的方法。通过加入溶剂把有机核溶解除去也可制备空心的核壳材料[84]。使用多种不同材料进行多层包裹可制备具有多层核壳结构的复合物。如中间层为有机夹层时，通过类似的溶解法或煅烧法除去有机夹层，从而制得具有可活动内核的中空核壳材料。Song C X 等[85]用原位化学还原法在聚苯乙烯甲基丙烯酸（PSA）乳胶上沉积 Ag，制得核壳型胶体颗粒后，再在其表面包裹一层无定形 TiO_2，在 Ar 气氛下煅烧制得了内壁为 Ag 的 TiO_2 空心球体。空壳纳米材料可作为药物载体、纳米反应器或填料等，应用于生物医药、催化、光电材料等领域，前景相当广阔。

3.5.3 TiO₂ 作为核壳结构载体的体系

在异相光催化反应时，氧化和还原过程在光催化剂表面的邻位同时发生，因为反应产物是在同一时间内获得的，这很大程度上降低了反应的效率。在 TiO₂ 表面装载纳米贵金属或合金，通常可以提高电荷分离效率和基底的吸附能力从而增强其活性。此外，二元金属催化剂存在"整体效应"和"配体效应"等协同作用[86~88]，可通过科学的在 TiO₂ 表面负载二元金属，调整表面原子的布局和（或）电子能态，在光催化上获得高活性和高选择性。Tada H 等[89]发现 2-巯基嘧啶（RSH）可在负载 Ag/Pt 核壳结构的 TiO₂ 材料上发生连续的循环暗吸附和光致解吸作用，并产生 H₂。他们还制备出 TiO₂ 上负载 Au/Pt 核壳结构的复合物，并考察了对含硫化合物（SCC）和二硫化物（RSSR）的吸附特性，并用密度泛函理论研究了 TiO₂ 上的 Au/Pt 金属簇与 SCC 的成键情况[90]。壳层金属与核内金属及载体间的交互作用使壳层金属的电子态发生改变，因而负载 Au/Pt 金属簇的 TiO₂ 材料表现出与负载单金属的 TiO₂ 系统完全不同的吸附特性。其它核壳材料负载在 TiO₂ 上后也表现出了优异的性能。用 3-巯基丙酸对核壳型 CdSe/ZnS 进行改性后，把纳米 TiO₂ 薄膜放入改性后的溶液中进行自组装，制得了负载核壳结构 CdSe/ZnS 的光敏纳米 TiO₂ 薄膜[91]。这种薄膜具有优异的光活性，有良好的杀菌和破坏 DNA 能力，也可很好地应用于光电化学太阳能电池和非线性光学材料上。

3.6 介孔结构 TiO₂ 的合成

3.6.1 模板剂方法

聚乙二醇（PEG）是一种非离子型表面活性剂。PEG 单体（—CH₂—CH₂—O—）与水分子作用易形成多齿状链式结构。因此，在 TBT-H₂O-C₂H₅OH-PEG 体系中，水可能以结合水、束缚水和自由水 3 种形式存在：在 PEG 链上，以氢键形式吸附的水为结合水，使得 PEG 链式结构变得疏松，从而可以提供足够的空间来容纳水分子，这部分水为束缚水。结合水和束缚水形成后，剩余的水称为自由水。PEG 具有包裹颗粒和连接颗粒的作用，在溶胶-凝胶过程的初始阶段，TBT 与自由水作用发生的水解缩聚所形成的溶胶粒子还不能充分被 PEG 多齿状结构所包覆；进一步老化时，束缚水和结合水逐步与 TBT 发生水解缩聚反应。在温和的条件下，形成更多的溶胶粒子，而且疏松的 PEG 结构在释放出结合水和束缚水之后也逐渐变得紧密起来，因而对溶胶粒子的包覆作用更加强烈，通过溶剂化层表面的羟基作用，形成"粒子团-PEG"聚集体，再经过自组织过程逐步形成有序的环状网络结构。PEG 在溶胶中的作用符合如图 3-21 所示的模型。

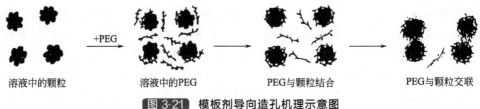

溶液中的颗粒　　　　溶液中的PEG　　　　PEG与颗粒结合　　　　PEG与颗粒交联

图 3-21 模板剂导向造孔机理示意图

将 0.2 g PEG 2000 加入 20mL 乙醇之中，得到浑浊白色液体，滴加 1.6mL TiCl₄并剧烈搅拌，液体澄清，放热，得浅黄色溶胶，其中仍有少量 PEG 2000 未溶，静置 30min 后倒入培养皿，放入烘箱，在 60℃下烘干 48h，得白色粉末，研磨后得超细粉末，做小角度 XRD

分析（1.5°～10°）。从图 3-22（a）可以看到，以 5°为中心有一峰包，其中心角度对应孔径为 1.7nm 左右，估计在前驱体粉末中有微孔结构存在，且孔径分布较宽，规整性也较差。

以 3～4℃/min 的速率升温至 400℃，并恒温 1h，得白色粉末，做小角度 XRD 分析，在图 3-22（b）中未发现有峰信号，估计在升温过程中，骨架结构塌陷，使得孔结构消失。

为防止骨架塌陷，尝试采用先在 N_2 中煅烧然后在 O_2 中煅烧的处理过程。将前驱体粉末于 N_2 气氛下由室温加热至 150℃，升温速率 2℃/min，恒温 2h，粉末变黑，估计发生了结炭反应，通 O_2 后粉末逐渐变灰，加热至 400℃，仍保持 2℃/min 的速率，最后得灰白色粉末，做小角度 XRD 分析（见图 3-23），仍无峰存在，说明在烧结过程中中孔结构受损。

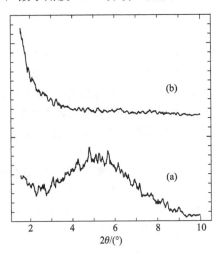

图 3-22 $TiCl_4$-PEG 法制备中孔粉体 XRD 结果
（a）煅烧前，（b）400℃下煅烧 1h

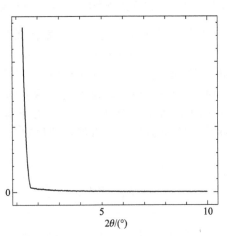

图 3-23 经 N_2、O_2 热处理后的 TiO_2 小角度 XRD 结果

3.6.2 钛酸酯-十八胺法制备中孔纳米 TiO_2 粉体

将 8.5mL 钛酸酯加入 70mL 乙醇中，再加入 2.0mL 二乙醇胺作为稳定剂，称取 3.5g 十八胺（占 TiO_2 摩尔分数的 50%）并加入体系，然后在剧烈搅拌下逐滴加入 15mL 水，得乳白色悬浊液，分成两份，一份在常温、常压下密闭沉化；另一份放入不锈钢釜中于 60℃下加压沉化。3 天后取出，不锈钢釜内沉化样品出现沉降，而室温下样品略有凝固，晃动后又分散，无沉降现象。这说明加温加压会导致沉化加速，晶粒长大。将不锈钢釜中样品进行微滤，用乙醇清洗沉淀，得干凝胶饼；将烧杯中常温常压沉化样品离心，用乙醇洗涤 1 次，得较湿粉饼，估计仍有一定水分。将二者放入 100℃烘箱中，约 3h 后取出，二者均已干燥，但不锈钢釜中样品部分发红，可能有炭化。研磨后进行小角度 XRD 分析，从图 3-24 中可以看到，二者在小角度区域均有峰信号，其中常温

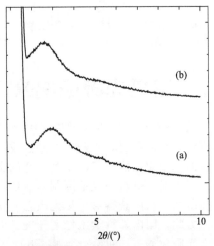

图 3-24 钛酸酯-十八胺法制备中孔粉体前驱体 XRD 结果
（a）常温常压下沉化，（b）加温加压下沉化

常压下沉化样品峰形较钝，中心为 2.88°，对应孔径为 3.07nm；而加温加压下沉化样品峰形较尖锐，中心为 2.62°，对应孔径为 3.37nm。但总的来说，二者均不够尖锐，估计受沉

化时间、洗涤程序及掺杂模板剂比例的影响，相比之下，常温常压下样品的信号较强。

将两样品由室温升至400℃，并恒温1h，为防止升温过快引起烧结，采用1℃/min的速率，但所得粉体为黑色，说明十八胺含量过高，如果十八胺含量过低又起不到模板剂的作用，故存在一个最佳比例。

对两样品（前驱体）还进行了TEM分析，由于尚未煅烧，样品中的颗粒均聚集为片状，其中隐约可见排列整齐的蜂窝状孔结构，排列周期约为3nm。由于放大倍数超过10万时景深严重变小，使得照片模糊不清，无法辨认出孔结构。但可以确认，在前驱体中的确有规整的孔结构存在。

3.6.3 P123制备纳米TiO₂介孔材料

孙竹青[92]等采用软模板法制备纳米TiO₂介孔材料。将1g P123（PEO-PPO-PEO三嵌段共聚物）高分子表面活性剂溶于10g乙醇溶液中，搅拌，约10min后向其中加入2.5g TTIP（异丙醇钛），加入0.5mol·L⁻¹的浓盐酸作为催化剂调节溶液的pH值，密闭状态下60℃搅拌反应一定时间，得到均匀透明的TiO₂介孔前驱体凝胶。之后，将得到的TiO₂介孔前驱体凝胶置于培养皿中，在80℃下陈化一定时间，得到稳定的褐色干凝胶，随后置于马弗炉中在不同温度下进行煅烧即得到TiO₂介孔材料。

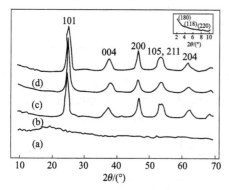

图 3-25 不同煅烧温度下介孔 TiO₂ 的 XRD 结果
（a）煅烧前，（b）350℃，（c）400℃，（d）450℃

图3-25为煅烧前和不同煅烧温度下得到介孔TiO₂的XRD谱图（10°～70°），由图3-25（a）可以看到，样品在煅烧前无明显的衍射峰，表明其仅为非结晶型氧化物；从图3-25［（b）～（d）］中可以看出，在大角范围（15°～65°）内样品出现了明显的衍射峰，表明样品在350～450℃煅烧后已转化为结晶型氧化物。由衍射角可得出晶粒尺寸$D=8.39nm$。图3-25中插图的小角衍射峰的强度不高，可能是样品中介孔处于局部有序状态而造成。

3.7 可见光响应纳米 TiO₂ 光催化材料的合成

当前，纳米TiO₂基光催化剂作为一种价廉、无毒、节能、高效的光催化降解空气和水中有机污染物的材料，受到人们广泛重视，成为当前国际热门研究领域。尽管纳米TiO₂具有优良的光催化性能，但由于其较宽的带隙而只能被紫外线激发，而太阳光谱中仅含有3%左右的紫外线，这就极大地限制其在环境净化实际中的应用。因此，通过对纳米TiO₂的掺杂改性研究，从而获得对可见光敏感的光催化剂成为极具挑战性的课题，也是当前国际研究前沿。为此，国内外科学工作者开展了大量研究工作，结果表明，金属掺杂、非金属掺杂以及表面光敏化等方法可有效地将TiO₂光谱响应范围从紫外区拓展至可见光区，使其在可见光照射下，具有光催化降解有机污染物和杀灭病毒、细菌的活性。

3.7.1 金属离子掺杂

高远等[93]以稀盐酸和钛酸丁酯为原料，采用sol-gel法制备了掺杂稀土的光催化剂RE/TiO₂（RE=La、Ce、Er、Pr、Gd、Nd、Sm），并以NO₂⁻为目标降解物，考察了其光催化氧化活性。结果表明，适量 RE 的掺入，可有效扩展 TiO_2 的光谱响应范围，有利于 NO_2^- 的吸附，使 TiO_2 活性均有不同程度的提高，其中掺杂 Gd 样品的红移最大，光催化活性最高，其最佳掺杂量为 0.5%（质量分数）。谢一兵等[94,95]用溶胶-凝胶和共沉淀-胶溶法分别制备了掺 Ce^{4+} 的纳米 TiO_2，也证实了掺 Ce^{4+} 的 TiO_2 在可见光下能够有效降解 X_3B 染料。他们认为在 TiO_2 禁带中靠近导带的位置形成了 $Ce_xTi_{1-x}O_2$ 新能级，被可见光激发的价带电子虽然不能跃迁到 TiO_2 导带上，但能被新能级捕获，所以 Ce^{4+}/TiO_2 纳米晶具有可见光活性。他们虽然比较了 Ce^{4+}/TiO_2 和 TiO_2 溶胶的吸收光谱，两者在紫外光区的吸收相同，而在可见光区都没有吸收，但没有进一步比较 Ce^{4+}/TiO_2 和 TiO_2 纳米晶的吸收光谱，所以关于 Ce^{4+}/TiO_2 可见光活性的解释还缺乏实验依据。

张峰等[96]用共溶液掺杂法掺入 Rh、V、Ni、Cd、Cu、Fe 等金属元素后，发现在 400～600nm 范围内光响应普遍增强，其中 V 最为显著，当 V 掺杂量为 1% 时，TiO_2 可见光下降解 H_2S 溶液的活性提高了近 3 倍。他们实验证实了 V 以离子形式存在，并以间隙离子的形式存在于 TiO_2 晶格中。在 H_2 气氛中的粉末电导研究表明 V/TiO_2 表现出杂质半导体的导电行为，并且得出杂质跃迁所需的电导活化能低于本征激发活化能的结论，从而解释了 V/TiO_2 对可见光具有较佳光谱响应的原因。孙晓君等[97]用溶胶-凝胶法制备了掺 V 的 TiO_2，结果也得出了同样的结论：V 的掺入可以使 TiO_2 的吸收光谱向可见光方向移动，当 V 掺杂量为 1% 时，在模拟太阳光下降解苯酚溶液的光催化性能最好。他们把 V/TiO_2 的光谱红移归因于生成新相 $Ti_{1-x}V_xO_2$ 以及 V 对 O 较强的极化效应。

徐悦华[98]等采用将 TiO_2 加入 $Fe(OH)_3$ 胶体中的方法制备了掺杂 Fe^{3+} 的 TiO_2，以光催化降解甲胺磷研究了其光催化活性。结果表明在 360～650nm 范围内 Fe_2O_3/TiO_2 吸收光的性能比 TiO_2 好，且掺杂量对光催化性能影响较大，当摩尔比 $n(Fe):n(Ti) < 0.3\%$ 时，Fe_2O_3/TiO_2 的光催化活性大于 TiO_2，最佳的掺杂量为 0.2%；当掺杂量大于 0.5% 时，Fe_2O_3/TiO_2 的光催化活性低于 TiO_2。认为当 $n(Fe):n(Ti) < 0.3\%$ 时，不同能级半导体 $Fe_2O_3(E_g = 2.2eV)$ 和 TiO_2（$E_g = 3.2eV$）之间发生复合，使其激发波长红移。而且由于形成 Ti-O-Fe，即相当于在复合的同时亦进行了掺杂，使复合微粒存在杂质能级，有利于低能光生载流子的转移，且使光生电子-空穴得到有效分离，故 Fe_2O_3/TiO_2 的光催化活性大于 TiO_2；但当复合量大于 0.5% 时，Fe_2O_3 完全覆盖了 TiO_2，导致 Fe_2O_3/TiO_2 的光催化活性低于 TiO_2。

李芳柏等[99]研究认为，在 380～460nm 范围内，与纯 TiO_2 相比，掺入 Sb 的 TiO_2 对可见光的吸收得到了加强，且掺杂量为 2%（原子分数）时光降解亚甲基蓝溶液的活性最好。XPS 实验表明，Sb 的掺入引起 TiO_2 表面 Ti^{3+} 增加，即 TiO_2 晶格中氧空位增加，这有利于提高催化剂对氧的吸附能力，从而提高了 TiO_2 的光催化活性；但 Sb 掺杂量超过 2%（原子分数）时，虽然吸收光谱增强，但 PL 发射光谱实验表明电子-空穴对的分离效率下降，导致其光催化活性下降。

Iwasaki 等[100]报道了对 TiO_2 掺入 Co^{2+} 后在 $\lambda > 400nm$ 的可见光响应得到增强，当 Co^{2+} 掺杂量在 1%～27%（原子分数）范围内时紫外光（$\lambda > 300nm$）和可见光下（$\lambda > 400nm$）降解甲醛的速率都得到提高，而掺杂量为 3%（原子分数）时两种光源下的光催化活性都最好。同时还得出结论：掺 Co 的 TiO_2 在可见光下的光催化活性还取决于 Co 的价态，因为 Co^{3+} 掺杂的 TiO_2 在可见光下几乎不能降解甲醛，但没有解释 Co^{2+} 掺杂 TiO_2 的可见光响应机理。Sakata 等[101]研究了微量 Pb^{3+}（$< 0.1\%$ 质量分数）的加入提高了 TiO_2 可见光下（$\lambda > 420nm$）降解甲醛的速率。Radecka 等[102]采用磁控溅射法制备了掺 Cr 的 TiO_2 薄膜，研究发现随着 Cr 含量（$< 16\%$ 原子分数）的增加，薄膜的吸收光谱向可见光移动，

且吸收光谱出现了两个吸收带，分别位于 3.1～3.4eV 和 2.5eV 处，认为 2.5eV 处新出现的吸收边是由于 Cr 替代 TiO_2 的 Ti 后，在 TiO_2 禁带中形成了新能级。Karvinen 等[103]用沉淀法制备了掺 Cr^{3+} 量分别为 29.2%～55.4%（毫摩尔分数）的 TiO_2 粉末，结果表明掺 Cr^{3+}/TiO_2 的反射光谱向可见光方向有较大移动，在 $\lambda > 420nm$ 的可见光下，所有 Cr^{3+}/TiO_2 样品降解乙醛的性能都高于 TiO_2。认为 Cr 中的 d 电子向 TiO_2 导带的光学跃迁导致 Cr^{3+}/TiO_2 的反射光谱扩展到可见光区域。

Zhao 等[104]用溶胶-凝胶法制备了掺杂贵金属 Au 和 Ag 的 TiO_2 薄膜电极，其摩尔比 $n(Au、Ag):n(Ti)=0～0.06$。研究表明，随 Au 或 Ag 含量的增加，掺杂 TiO_2 薄膜对可见光的吸收增加，其中 Au/TiO_2 尤其显著，这是由纳米金属颗粒的表面等离子共振引起的。未掺杂的 TiO_2 只在紫外区出现阳极光电流，而在可见光区没有出现阳极光电流，但 Au/TiO_2 和 Ag/TiO_2 在可见光波段（420～700nm）都出现了阳极光电流，这是由于 Au/TiO_2 和 Ag/TiO_2 样品被可见光照射后，表面等离子共振使金属粒子周围的振荡电场增强，导致从表面态向 TiO_2 导带的电子易于激发。Au/TiO_2 和 Ag/TiO_2 电极在 560nm 处都出现光电流最大峰，表明表面态位于 TiO_2 导带边下面 2.2eV 处，但表面态的来源还不清楚。Zakrzewska 等[105]用磁控溅射法制备了 Ag/TiO_2 和 Au/TiO_2 薄膜。研究表明，经 400℃退火的 Au/TiO_2 薄膜和 Ag/TiO_2 薄膜分别在 580～630nm 和 430～450nm 处出现新吸收边，这是由纳米金属颗粒的表面等离子共振引起的，且新出现的吸收边的位置与贵金属纳米颗粒的含量、大小和分布有关。Yoon 等[106]用磁控溅射法制备了 Pt/TiO_2（摩尔比 Pt/Ti=0.18）纳米复合薄膜，Pt 的掺入使 TiO_2 的吸收边由原来的 350nm 红移到 450nm，Pt/TiO_2 在紫外和可见光下（400nm<λ<600nm）都有光电流响应，而 TiO_2 只在紫外光下才有光电流响应。他们把可见光区域的光电流归因于均匀分布的 Pt 颗粒与 TiO_2 基体之间形成的界面态。

3.7.2　非金属元素掺杂

非金属元素的掺杂一直以来都是光催化改性研究中的热点。近年来，通过研究 TiO_2 的非金属元素掺杂，发现掺杂如 S、N、C、B、I、F 等元素可以成功地把纳米 TiO_2 的光响应范围扩展至可见光区域，使得这些非金属掺杂的 TiO_2 光催化材料在可见光照射下具有光催化活性。一般认为，外界离子掺入 TiO_2 后改变其能级结构，形成了新的掺杂能级。不同的掺杂离子在 TiO_2 禁带中形成能级位置也不同。一般金属离子掺杂形成的掺杂能级比较靠近 TiO_2 导带，而非金属离子掺杂形成的掺杂能级则靠近 TiO_2 的价带。由于掺杂能级可以接受 TiO_2 价带上的受激发的电子或者吸收光子使电子跃迁到 TiO_2 的导带上，使得长波光子也能被吸收，因而扩展了 TiO_2 吸收光谱的范围。以 S、N 为例，掺杂后 N 或者 S 取代了 TiO_2 的晶格氧进入晶格，通过其 p 轨道和 O_{2p} 轨道杂化混合形成新的能带，进而降低带隙，使得改性后的 TiO_2 光响应范围扩展至可见光区。非金属元素掺杂可以大致分为 2 类：①非金属元素的单掺杂；②2 种或多种非金属元素的共掺杂。

3.7.3　非金属元素的单质掺杂

C 掺杂致使纳米 TiO_2 具有可见光催化性能是非金属掺杂改性的一个重要研究课题，Khan 等[107]在 Science 上首次报道了以天然气火焰热解钛金属而得到 C 掺杂改性的 TiO_2 光催化剂。他们以 0.25mm 厚的钛金属片在天然气火焰中热解，温度维持在 850℃，热解一定时间后得到了灰黑色的 C 掺杂 TiO_2 光催化剂膜，这一研究开创了 C 掺杂改性 TiO_2 的先例。Valentin 等[108]采用密度函数理论对 C 掺杂致使纳米 TiO_2 具有可见光催化性能的本质进行了理论研究，认为在含碳量较低，氧气不足的环境，更容易形成 C 代替氧及氧缺陷结构，相反，在氧充足条件下，则易于形成间隙原子和 C 代替钛原子的结构，C 的杂质引起带隙的变化，进而引起吸收波长向可见光方向移动。Lettmann 等[109]通过溶胶-凝胶法，用不同的醇盐作为前驱物，制备了 TiO₂ 基光催化剂，通过控制前驱物和退火温度，制备出的 C 掺杂 TiO₂ 光催化剂具有较大的比表面积，而且在可见光区能催化降解对氯苯酚。Xu[110]用湿法过程，以四氯化钛、四丁基氢氧化铵和葡萄糖以及氢氧化钠为原料，制备了 C 修饰 TiO₂ 纳米颗粒，发现 C 掺杂的 TiO₂ 光谱响应延伸至近红外区 800nm，具有较好的可见光催化降解对氯苯酚的活性，用葡萄糖作为 C 源制备的催化剂催化效率为纯 n 型 TiO₂ 的 13 倍，而用四丁基氢氧化铵作为 C 源制备的催化剂也提高了 8 倍。Irie 等[111]通过 TiC 氧化退火的方法，实现了 Ti-C 的掺杂，并显著改变了 $TiO_{2-x}C_x$ 对可见光的光谱响应特性。研究结果表明：非金属碳元素掺杂改性制备得到的锐钛矿相 $TiO_{2-x}C_x$ 的带隙能降低，而且在可见光激发下，具有光催化降解异丙醇的活性，同时发现 C 对 O 的置换量为 0.32% 时催化活性最佳。李远志[112]采用程序升温碳化制备了具有较高比表面积的 C 掺杂纳米 TiO₂，该催化剂在模拟阳光的激发下具有比未掺杂纳米 TiO₂ 优越的光催化性能。研究结果表明，在李远志所采用的实验条件下，C 的掺杂并不是因为 C 取代 TiO₂ 的晶格氧而降低带隙，而是因为 C 的掺杂在 TiO₂ 中导致 Ti^{3+} 的产生，而这些能稳定存在的 Ti^{3+} 导致其附近氧空位的出现；这些氧空位的能态位于 TiO₂ 的价带和导带之间，从而降低了带隙，使 C 掺杂纳米 TiO₂ 具有可见光光催化性能。

　　S 元素的掺杂也是发展可见光活性 TiO₂ 的一种重要方法，Ohono 等[113]采用异丙醇钛和硫脲为原料制备了 S 掺杂的 TiO₂，认为 S 在 TiO₂ 中以 S^{6+} 的氧化态形式存在，制备的催化剂能够吸收可见光，并且能在 440nm 以上的可见光区域降解亚甲基蓝和金刚烷。Yu 等[114]研究了 S 掺杂含量和催化剂产物杀菌活性之间的关系，结果表明催化剂具有在可见光照射下的抗菌活性。Demeestere 等[115]制备了 S 掺杂 TiO₂ 催化剂，该催化剂的吸收波长向可见光区延伸至 620nm，在可见光照射下可催化降解挥发性有机物；他们还系统研究了在近紫外区和可见光区对气态三氯乙烯（TCE）和二甲基硫（DMS）的降解情况，结果表明，虽然在紫外光区域制备的催化剂与 P25 型 TiO₂ 活性相当，但是在可见光区域实验制备的 S 掺杂 TiO₂ 对 TCE 和 DMS 的降解明显高于 P25 型 TiO₂。Umebayashi 等[116]以 TiS₂ 粉末为前驱体，在空气中加热煅烧制备了非金属硫掺杂改性 TiO₂，发现与纯 TiO₂ 相比，其吸收带边发生了明显的红移，对可见光的光谱响应波长扩展到了 550nm，该光催化剂不仅在紫外光激发下具有与纯的 TiO₂ 相同的活性，而且在可见光激发下也有很高的光催化活性。Ho 等[117]以 TiS₂ 和 HCl 为原料，用水热法低温制备了 S 掺杂 TiO₂ 光催化剂，实验证明在水热条件下更容易形成 TiO₂ 晶体，而且 S 能有效地掺入锐钛矿 TiO₂ 晶格，在可见光照射下，该催化剂对对氯苯酚的降解效率比高温制备的 S 掺杂 TiO₂ 要高。

　　2001 年，Asahi 等[118]在 Science 上首次报道了 N 掺杂改性 TiO₂ 可使其具有可见光催化活性，随后国内外学者对 N 掺杂改性 TiO₂ 进行了广泛深入的研究。Diwald 等[119]在 870K 下，NH₃ 处理锐钛矿 TiO₂ 单晶，得到 N 掺杂的 TiO₂，发现 N 掺杂使 TiO₂ 在 2.4～3.0eV 范围内的吸收明显增强，在可见光照射下，N 掺杂使 TiO₂ 对 Ag^+ 的光催化还原活性明显增强。Burda 等[120]采用在室温下直接胺化 TiO₂ 纳米粒子的方法制备了 N 掺杂的 TiO₂ 催化剂，这种在纳米尺度上的 TiO₂ 的掺杂，能够使 N 掺杂含量提高至 8%。Yuan 等[121]以 TiCl₄ 为前驱体，通过与硫脲的混合热处理制备了具有高比表面积的 N 掺杂 TiO₂ 样品，研究发现硫脲添加量的增加可以使所制得光催化剂的吸收边红移至 600nm，XPS 的分析表明产物中的 N 有 2 种状态：吸附分子 N 状态及替代原子状态，他们认为这 2 种状态都有利于光催化剂在可见光区的光响应。Ghicov[122]采用离子注入法制备了 N 掺杂 TiO₂ 纳米管，与纯 TiO₂ 相比，这种 N 掺杂 TiO₂ 纳米管在可见光或者紫外光照射下光电流显著增强。

Sakthivel[123]利用异丙醇钛或 TiCl₄ 以及硫脲作为原料制备了 N 掺杂的 TiO₂ 光催化剂，该催化剂具有较好的可见光光催化降解对氯苯酚的光催化活性。

非金属元素 I 的掺杂也是改性 TiO₂ 的有效途径。Cai 等[124]在 HIO₃ 溶液中水解钛酸丁酯，然后把得到的沉淀陈化，干燥后在不同的温度下煅烧得到了黄色的 I 掺杂 TiO₂ 粉末，发现碘掺杂可以有效地将 TiO₂ 的光响应区域从紫外区扩展至可见光区，该催化剂无论是在紫外光还是可见光照射下都有较好的光催化活性。

3.7.4 非金属元素的共掺杂

近年来，多种非金属元素的共掺杂 TiO₂ 引起人们的研究兴趣。Zhao 等[125]开展 B 和 Ni 复合掺杂改性 TiO₂ 光催化剂研究，获得了具有良好可见光敏感的光催化剂，发现在波长大于 420nm 的可见光照射下，B 和 Ni 复合掺杂 TiO₂ 光催化剂对对氯苯酚的光催化降解效率明显高于单掺杂 B 或 Ni 的 TiO₂，认为可能是 $TiO_{2-x}B_x/Ni_2O_3$ 的复合体中的 Ni_2O_3 充当了电子的俘获阱，有利于载流子的分离，从而提高了光催化效率。Nukumizu[126]等开展了 F-N 共掺杂 TiO₂ 的研究，认为 F-N 掺杂是提高 TiO₂ 可见光活性的一种有效方法。Reddy 等[127]发现 S、C、N 共掺杂可使 TiO₂ 的吸收扩展到可见光区域，认为这种吸收的扩展是因为其禁带宽度的变窄。Sun 等[128]水解钛酸四丁酯、硫脲和尿素的混合溶液，将得到的沉淀在不同温度下煅烧制备了 C-S 共掺杂 TiO₂ 催化剂，分别在可见光与紫外光照射下测定对氯苯酚降解的光催化活性，结果表明，在紫外光照射下，C-S 共掺杂的 TiO₂ 活性比 TiO₂(P25) 略低，但是在可见光下的活性却远高于 TiO₂(P25)，其中煅烧温度为 550℃ 的 TiO₂ 的活性最高。Noguchi 等[129]以玻璃为衬底，金属 Ti 为靶电极，用磁控溅射法，在 Ar/N₂/CO₂ 气氛中制得 C-N 共掺杂的 TiO₂ 薄膜，在紫外光和可见光照射下分别降解亚甲基蓝溶液，结果发现这种 C-N 共掺杂的 TiO₂ 薄膜在紫外光和可见光下均有活性，认为 N、C 取代了晶格氧，N_{2p} 轨道或者 C_{2p} 轨道在 O_{2p} 轨道的价带上形成了一个独立的受主能级，使禁带宽度减小，从而使 TiO₂ 吸收从紫外区域拓展至可见光区域。本书研究组[130]以 NH₄F 及 TiCl₄ 为原材料，制备 F-N 共掺杂 TiO₂ 光催化剂，研究结果表明 F-N 共掺杂提高了 TiO₂ 锐钛矿相的结晶度，增大了光催化剂的比表面积，使得产物催化剂的光吸收向长波方向移动，与未掺杂 TiO₂ 光催化剂相比，在可见光区照射下，其降解染料的光催化活性明显提高。本书研究组[131]还以硫脲和 TiCl₄ 为原材料，制备 S-N 共掺杂 TiO₂ 粉末光催化剂，研究了不同反应温度及不同硫脲添加量对制备产物结构及可见光催化活性的影响，实验结果显示 N-S 共掺杂均使得 TiO₂ 的光吸收边向长波方向移动，该 N-S 共掺杂 TiO₂ 具有较好的可见光催化活性。

尽管上述非金属元素掺杂纳米 TiO₂ 的改性方法能将 TiO₂ 的光响应区域从紫外光区扩展至可见光区域，但由于这些掺杂纳米 TiO₂ 光催化剂在可见光区域的吸收系数小，总吸收率较低，对太阳光中可见光的利用仍十分有限。对于非金属元素共掺杂纳米 TiO₂ 是否存在协同效应，如存在，其协同作用机制如何等问题还有待进一步研究。

3.7.5 离子注入

Masakazu Anpo 研究小组采用金属离子注入法来改变 TiO₂ 光催化剂的电子性能，并进行了广泛的研究。该法是通过高能金属离子轰击 TiO₂ 来实现的，离子注入的 TiO₂ 在 450℃ 氧气或大气中退火 5h。研究发现，通过高压加速注入的过渡金属离子如 V、Cr、Mn、Fe 和 Ni 可以使 TiO₂ 的吸收带不同程度地向可见光区域移动，而 Ar、Mg、Na 或 Ti 离子注入的 TiO₂ 的吸收光谱没有移动[132~143]。这排除了高能注入过程本身引起红移的可能，证明红移

是过渡金属离子和 TiO_2 催化剂作用的结果。红移的程度依赖于注入的金属离子的种类和数量，对不同的金属离子，红移的顺序是 V＞Cr＞Fe＞Mn＞Ni；而对同种金属离子，红移量随注入离子含量的增加而增加。这种红移允许 TiO_2 能够有效利用太阳能，其利用效率可达 20％～30％。二次离子质谱（SIMS）实验表明，金属离子注入到离 TiO_2 表面大约 200nm 的位置，并均匀分散于 TiO_2 中。扩展 X 射线吸收精细结构（EXAFS）实验表明，注入的金属离子取代 TiO_2 晶格中八面体位置的 Ti^{4+}，可以有效改变 TiO_2 的电子结构，使 TiO_2 的吸收边向可见光方向移动[144,145]。他们还在理论上计算证明了离子注入导致的 TiO_2 可见光吸收性能的机理[146]。通过采用与 TiO_2 八面体相似的二核团簇模型，运用密度泛函方法计算了分子轨道，计算结果表明，由注入离子 M（d）轨道形成的导带和 TiO_2 的导带交叠，使 TiO_2 的禁带变窄，从而 TiO_2 能够吸收可见光。另外他们还比较了不同制备方法得到的同种离子掺杂的 TiO_2 的吸收光谱[147]。浓度的增加，吸收带平稳地向可见光区域移动，但最大和最小吸收值都始终为一常数。他们同时使用浸渍或 sol-gel 掺杂法制备了掺 Cr 的 TiO_2，其吸收光谱中没有出现吸收边的移动，而是在 420nm 处出现了一新吸收肩峰。这是由于在禁带里形成了杂质能级，其强度也随掺杂的 Cr 离子数量的增加而增强。光催化实验结果也表明，金属离子注入的 TiO_2 在可见光（λ＞450nm）照射下能够发生许多光催化反应，但纯 TiO_2 或化学掺杂 Cr 的 TiO_2 则不发生光催化反应。例如金属离子 Cr 注入的 TiO_2 在 λ＞450nm 的可见光照射下能够把 NO 光催化降解为 N_2、O_2 和 N_2O，但在相同条件下，纯 TiO_2 或化学掺杂 Cr 的 TiO_2 则不发生光催化反应；在紫外光（λ＜380nm）照射下，金属离子注入的 TiO_2 表现出与纯 TiO_2 相同的光催化活性，但化学掺杂的 TiO_2 的光催化效率却大大下降。这是由于掺杂的金属离子在 TiO_2 禁带中形成的杂质能级导致光生电子和空穴的快速复合，但使用物理方法注入的金属离子不仅能够改善催化剂的性能，而且不充当电子空穴的复合中心。当然，与其它离子掺杂方法一样，离子注入的 TiO_2 也有一最佳掺杂量。

3.7.6 表面光敏化

光敏化是拓展 TiO_2 吸收波长的有效途径，光敏化技术主要包括：有机染料的敏化，有色无机物的敏化以及窄带半导体敏化。

3.7.6.1 有机染料的敏化

目前在光敏化方面研究最为广泛的修饰手段是有机染料光敏化技术[148]，这是因为有机染料在可见光区域具有很高的吸收系数，对可见光的吸收很强，当其以物理或者化学的方法吸附于纳米 TiO_2 表面后，可以有效地敏化纳米 TiO_2。一般用于光敏化的染料分子的激发态的氧化还原电位必须比被修饰 TiO_2 的导带底的电位更负，这样染料分子受可见光激发后产生的激发态电子才可能转移到半导体的导带，从而扩大了 TiO_2 的激发波长范围。这种染料敏化纳米 TiO_2 的原理已被 TiO_2 光电池所广泛采用，极大地提高了光电转化效率。但是这些染料敏化纳米 TiO_2 光电池只能在无氧的密封条件下运行，这是因为在空气中因染料敏化产生的光生电子与氧分子形成的氧自由基可降解染料分子，使其逐步失去敏化功能。事实上，上述染料敏化纳米 TiO_2 的过程也被用于提高该染料自身的可见光光催化降解效率，赵进才等对此进行了系统深入的研究。那么能否利用染料敏化纳米 TiO_2 提高自身被可见光降解的原理来提高其对其它染料甚至是在可见光区域没有吸收的有机污染物被可见光降解的光催化效率呢？要实现这一目标，首先必须确保这种敏化染料自身在可见光照射下保持稳定。但是绝大多数染料在可见光照射下不稳定，会降解，且在 TiO_2 存在条件下，这种降解会加速进行。这就是利用染料敏化纳米 TiO_2 过程提高其对有机污染物被可见光降解的光催化效率所面临的主要困难。最近，人们发现仍然有少数具有特殊结构的染料，如 Ru 的联吡啶配合物及酞菁染料在可见光照射下比较稳定，因此，可应用于染料敏化纳米 TiO_2 从而提高降解其它有机污染物的光催化效率[149,150]。但是人们在实际研究中发现这类难降解染料对 TiO_2 的结构及晶型很敏感，只有在无定形 TiO_2 存在条件下才比较稳定，而在锐钛矿 TiO_2 存在下仍然会发生光催化降解。最近，本书作者[151]采用表面溶胶-凝胶方法制备了具有核/壳结构的三维有序的含染料聚合物（YG）/TiO_2 复合光催化剂，通过纳米结构设计，解决了敏化染料自身在光照条件下不稳定的难题，获得了稳定的可见光敏感 TiO_2 复合光催化剂。

3.7.6.2 有色无机物的敏化以及窄带半导体的敏化

由于有机染料作为敏化剂常存在不稳定的问题，采用有色无机物和窄带无机半导体敏化 TiO_2 受到人们的关注。有色无机物和窄带半导体在可见光区具有较强的吸收，当其与纳米 TiO_2 耦合后，可以有效地敏化纳米 TiO_2，使其具有可见光光催化功能，即有色物质和窄带半导体受可见光的激发后产生的光生电子从其价带转移至 TiO_2 的导带，从而使光生电子和空穴有效分离，在 TiO_2 的导带光生电子可与吸附在催化剂表面的 O_2 分子结合形成 O^{2-} 等活性物质，这些氧活性物质具有很强的氧化能力，能有效降解有机污染物。Usseglio 等[152]以钛的异丙醇盐和单质 I_2 为原料，制备了具有纳米结构的 I_2 敏化纳米 TiO_2 光催化剂，发现该催化剂在可见光照射下有较高的光催化降解亚甲基蓝的活性，其降解效率是 TiO_2(P25)的 10 倍。

研究发现要实现窄带半导体对 TiO_2 有效敏化，窄带半导体的导带能级必须低于 TiO_2 的导带能级，以确保在窄带半导体上产生的光生电子能转移到 TiO_2 的导带。然而对于一些导带能级高于 TiO_2 的导带能级的半导体来说（如 WS_2 和 MoS_2 等），也可以利用量子尺寸效应来调控。虽然体相半导体的能带主要取决于其本征结构，但通过制备 WS_2 和 MoS_2 量子点，增加其带隙，从而使其导带能级低于 TiO_2 的导带能级，可达到 WS_2 和 MoS_2 敏化 TiO_2 的目的，研究结果显示 WS_2-TiO_2 和 MoS_2-TiO_2 具有较好的可见光催化活性[153]。Kamat 等[154]发现，在 CdS-TiO_2 体系颗粒间的荷电转移中，量子尺寸效应起着重要作用，光生电子从 CdS 到 TiO_2 的转移与 TiO_2 的尺寸密切相关，只有当 TiO_2 的尺寸大于 1.2nm 时，TiO_2 的导带能级低于 CdS 的导带能级，此时这种电子转移才能发生。Hoyer 等[155]报道纳米 PbS 可敏化纳米 TiO_2，发现光生电子可直接从 PbS 导带注入到 TiO_2 的导带。Vogel 等[156]也研究了 CdS、PbS、Ag_2S、Sb_2S_3、Bi_2S_3 等敏化纳米多孔 TiO_2，发现这些硫化物半导体和 TiO_2 的相对能级位置可以通过制备量子点，利用量子尺寸效应得到调控并最佳化，从而使电荷有效分离，进一步提高光催化活性。虽然近年来人们在无机窄带半导体敏化研究方面取得了有意义的研究结果，但是窄带半导体的光蚀问题有待克服。

众所周知，卤化银常被用作相机底片的感光材料，在照相过程中主要发生如下变化：吸收 1 个光子产生 1 个光生电子和 1 个空穴，光生电子与晶格间隙中的银离子结合产生 1 个银原子，这一过程不断发生，最终形成银原子簇。如果感光过程被有效抑制，光生电子和空穴将可用于光催化过程，这一点已得到证实。如：将卤化银负载于二氧化硅、沸石等，可以抑制其感光过程，使其具有可见光光催化活性；Kakuta 等[157]报道了以 Al-MCM-41 为载体的 AgBr 具有可见光光催化活性和光稳定性；最近，Hu 等[158,159]利用卤化银敏化 TiO_2，制备了 AgBr/P25（TiO_2）和 AgI/P25（TiO_2）复合光催化剂，发现这些光催化材料在可见光照射下，能有效催化降解有机染料和杀灭细菌。最近，本书作者[160]采用液相沉淀方法制备了具有核/壳结构的 AgI/TiO_2 复合光催化剂，研究结果表明，与负载型 AgI/TiO_2 光催化剂相比，该纳米核/壳结构的形成使得 AgI 的吸收边带发生显著的红移，同时 AgI 的吸收强度也明显提高，从而使其具有优良的可见光催化活性。

3.7.7 表面杂化

共轭聚合物大多具有半导体特性，在这些共轭聚合物中进行掺杂可使其电导率增加若干数量级，接近于金属电导率。通过共轭分子表面杂化的方法对现有光催化剂进行改性，可以获得具有高催化效率、可见光响应及高稳定性的光催化材料。目前研究中最前沿且具有应用潜力的三种共轭分子为：氮化碳（C_3N_4），石墨烯（graphene），聚苯胺（PANI）。TiO_2 光催化材料的表面杂化主要为类石墨烯表面杂化 TiO_2 和 PANI 表面杂化 TiO_2。

3.7.7.1 类石墨烯表面杂化 TiO_2

近年来，因碳与 TiO_2 复合的独特优势，碳/TiO_2 复合物在光催化领域引起了人们的广泛研究[161~165]。碳的复合对于紫外光照射下 TiO_2 光催化性能的影响主要有以下几个方面。①碳的存在提高了催化剂对目标污染物的吸附性。目前普遍认为，目标污染物只有吸附在光催化剂的表面才能被有效降解，吸附性的提高有助于提高光催化反应效率。②碳除了能够吸附目标污染物外，还可以捕获光催化反应生成的中间产物，有利于中间产物扩散到碳/TiO_2 界面发生降解，从而提高光催化剂的矿化能力。③TiO_2 在高温热处理的过程中容易发生晶型转变，由高活性的锐钛矿变成低活性的金红石相。而碳在 TiO_2 表面的包覆可以提高 TiO_2 的热稳定性，抑制 TiO_2 晶粒的长大，大大提高 TiO_2 的相转变温度。常用的碳材料主要包括活性炭、炭黑、球形炭、碳纳米管、石墨炭等。它们与 TiO_2 的复合方式有：碳掺杂 TiO_2、TiO_2 负载在碳上、碳包覆 TiO_2、碳分散在 TiO_2 颗粒等。

其中，石墨烯（graphene）是由碳六元环组成的二维周期蜂窝状点阵结构，它可以翘曲成零维的富勒烯，一维的碳纳米管或者堆垛成三维的石墨，是构成其他石墨材料的基本单元，兼有石墨和碳纳米管的一些优良性质，其导热性超过现有一切已知物质[166]。石墨烯是一种共轭大 π 键材料，由于其独特的电子和力学性能，受到了人们的广泛关注。石墨烯的共轭大 π 键结构与 TiO_2 复合能有效抑制 TiO_2 电子和空穴的复合，提高量子产率。王雅君等人[167]利用原位合成的方法成功制备了石墨烯杂化的 TiO_2 杂化催化剂（命名为 GT 杂化催化剂），研究表明：类石墨烯与 TiO_2 存在化学键的相互作用，这种相互作用使 TiO_2 的光催化活性提高 1.5 倍；类石墨烯在 TiO_2 表面形成单层时，光催化活性最佳。GT 杂化光催化剂活性的提高机理是：TiO_2 与石墨烯的共轭 π 键发生表面相互作用，在紫外光激发下，TiO_2 导带上的光生电子传递到石墨烯表面，从而促进了光生空穴和电子的有效分离。

3.7.7.2 PANI 表面杂化 TiO_2 电极

聚苯胺（PANI）是一种 P 型半导体，其分子主链上含有大量的共轭 π 电子，尤其是用质子酸掺杂后形成了空穴载流子，当受强光照射时，聚苯胺价带中的电子将受激发至导带，出现电子-空穴对，即本征光电导，同时激发带中的杂质能级上的电子或空穴改变其电导率，具有显著的光电转换效应。近年来，PANI 与 TiO_2 纳米材料复合也引起了人们的关注，先后有一些报道将 PANI 与 TiO_2 复合用于提高电子传输效率和太阳光利用率[168~171]。

Mo 等人[169]通过苯胺原位聚合的方法制备了 PANI-TiO_2 纳米复合物，PANI-TiO_2 表现出了更高的介电常数。Li 等人[170]通过化学氧化聚合的方法制备了 PANI-TiO_2 纳米颗粒，发现在可见光照射下 PANI-TiO_2 表现出了比 TiO_2

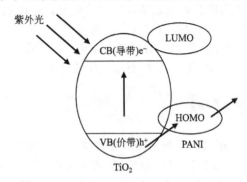

图 3-26 PANI/TiO_2 光电催化活性提高的机理图

更高的光催化活性。王雅君等人[171]通过化学吸附的方法制备了 PANI/TiO₂ 纳米颗粒，并测试其光催化活性，发现 PANI 修饰 TiO₂ 能够有效促进 TiO₂ 光生电子-空穴对的分离。利用 PANI 共轭大 π 键与 TiO₂ 的能带相互作用，使 TiO₂ 的光催化及光电催化活性得以提高。当 TiO₂ 表面的 PANI 层厚度为 1nm，外加偏压为 1.5V 时，PANI/TiO₂ 获得最佳光电催化活性，比 TiO₂ 提高了 57.5%。同时还得到 PANI/TiO₂ 光电催化活性的提高机理，如图 3-26 所示：当紫外光照射到 PANI/TiO₂ 复合膜上时，因为 TiO₂ 的价带位置低于 PANI 的 HOMO 能级，TiO₂ 价带上的光生空穴可以传递到 PANI 的 HOMO 能级上。而导带上的电子在外电路的作用下传递到对电极，从而实现了电子-空穴对的快速分离，提高了 TiO₂ 的光催化及光电催化效率。

3.8 TiO₂ 光催化材料的应用

3.8.1 在空气净化上的应用

Zhang 等在大面积的流动体系中研究了 TiO₂ 光催化降解 NO 的过程，并且给出了光降解反应的最适宜条件。Sang 等使用纳米 TiO₂ 光催化剂降解了可挥发性溶剂三氯乙烯、甲醇、甲苯。Kang 等在光强度为 24 W/m² 的 254nm 的紫外光下使用 500mL/min 的 O₂ 吹泡进行 $CHCl_3$ 的降解实验。研究表明使用溶剂热处理法制备出的 TiO₂ 要比溶胶-凝胶法制备出的 TiO₂ 具有更好的光催化活性，前者在 2h 内就可以降解 95% 的 $CHCl_3$。

3.8.2 在污水处理上的应用

目前半导体光催化剂已经广泛地用于净化含有重金属离子的污水，如在柠檬酸根离子存在的情况下，Hg^{2+} 在含氧溶液中能被还原为 Hg 而沉淀在 TiO₂ 表面，从而去除污水中含有的 Hg 离子。纳米 TiO₂ 还可以降解污水中的大多数有机物，最终生成 CO_2 和 H_2O，污染物中含有的卤原子、硫原子、磷原子和氮原子也可以分别转化为 X^-、SO_4^{2-}、PO_3^{3-}、NO_3^-，减轻甚至完全消除其原先具有的危害性。Rao 等使用悬浮着的 TiO₂ 光催化剂降解了含有表面活性剂和一些商业化的肥皂或清洁剂的水溶液。Tetsuto 等将 TiO₂ 光催化剂固定于聚四氟乙烯网状薄膜上，成功降解了 3 种影响分泌的化合物。利用纳米 TiO₂ 光催化反应处理污水作为一种新兴的污水处理方式，具有着广阔的发展前景。

3.8.3 在化妆品上的应用

TiO₂ 为无机物，无毒、无味，并且自身为白色，可以简单地加以着色，以其对 UVA、UVB 的强吸收性而逐渐成为世界防晒化妆品的重要一员。纳米 TiO₂ 被广泛应用于防晒霜、粉底霜、口红和防晒摩丝上，突破了膏、霜、蜜水等传统防晒品的形式，广泛用于洗发、洗浴等基础化妆品中。据预测，在化妆品方面，日本每年作为防晒剂用于化妆品的原料就需要纳米 TiO₂ 1000 t，金红石型优于锐钛矿型，粒径以 30～50nm 为佳。

参考文献

[1] 崔文权，冯良荣，徐成华. 合成化学，2004，12（5）：452.

[2] Qi X H, Wang Z H, Zhuang Y Y, et al. J. Hazard. Mater., 2005, 118 (3)：219.

[3] Gu G R, He Z, Tao Y C, et al. Vacuum, 2003, 70 (1)：17.

[4] Meyer K, Zimmermann I. Powder Technol., 2004, 139 (1)：40.

[5] 廖振华，陈建军，姚可夫. 无机材料学报，2004，19（1）：17.

[6] Oberson L B, Poggi M A, Kowalik J Z, et al. Coordin. Chem. Rev.，2004，248 (14)：1491.

[7] 任成军，钟本和，周大利等. 稀有金属，2004，28（5）：903.

[8] 魏绍东，王杏. 中国涂料. 2005，20（10）：29.

[9] 施利毅，李春忠，房鼎业. 材料导报，1998，12，23.

[10] 施利毅，李春忠，古宏晨，陈爱平，朱以华，房鼎业. 环境材料学报，2000，20 (2)：134.

[11] Ozawa T, Iwasaki M, Tada H, et al. J. Colloid. Interface Sci.，2005，281：510.

[12] 彤建娜，赵修建，刘保顺等. 无机化学学报，2006，22（3）：546.

[13] 李大成，周大利，刘恒等. 四川有色金属，2003，(2)：1.

[14] Bokhimi X, Morales A, Novaro O, et al. J. Mater. Res.，1995，10（11）：2788.

[15] Zhang H Z, Finnegan M, Banfield J F. Nano. Lett.，2001，1（2）：81.

[16] Kim K J, Benkstein K D, van de Lagemaat J, et al. Chem. Mater.，2002，14 (3)：1042.

[17] Jung H S, Shin H, Kim J R, et al. Langmuir，2004，20：11732.

[18] Ostomel T A, Stucky G D. Chem. Commun.，2004：1016.

[19] Xie Y B, Yuan C W. J. Mol. Catal. A：Chem.，2003，206：419.

[20] Lawless D, Serpone N, Meisel D. J. Phys. Chem.，1991，95：5166.

[21] Wang J Y, Yu J X, Liu Z H, et al. Semicond. Sci. Technol.，2005，20：L36.

[22] 陈洪龄，王延儒，时钧. 物理化学学报，2001，17（8）：713.

[23] 刘威，陈爱平，林嘉平等. 化学学报，2004，62（12）：1148.

[24] 吴建懿，曹俊，周继承. 精细化工中间体，2004，34（1）：46.

[25] 胡晓力，尹虹，胡晓洪. 中国陶瓷，1997，33（4）：5.

[26] 祖庸，雷闫盈，樊安. 钛工业进展，1998，(1)：28.

[27] 方晓明，瞿金清，陈焕钦. 中国陶瓷，2001，37（5）：39.

[28] 林玉龙，魏雨，贾振斌. 纳米材料与结构，2003，(3)：14.

[29] 雷闫盈，俞行. 无机盐工业，2001，33（2）：3.

[30] 宁桂玲，吕秉玲. 化工进展，1996，(5)：22.

[31] 曹爱红，洪掌珠，蓝心仁. 河南化工，2002，(6)：9.

[32] 王保玉，张景会，刘湛望. 精细化工，2003，20（6）：333.

[33] 李晓红，张校刚，力虎林. 高等学校化学学报，2001，22（1）：130.

[34] Hoffman M R, Martin S T, Choi W, Bahnemann D W. Chem. ReV.，1995，95：69.

[35] 邵颖，薛宽宏，何春建等. 化学世界，2003，44：174.

[36] 付敏，原鲜霞，马紫峰. 化工进展，2005，24（1）：42.

[37] Hoyer P. Langmuir，1996，12（6）：1411.

[38] Jong H J, Hideki K, Kjeld J C, et al. Chem. Mater.，2002，14（4）：1445.

[39] 麻明友. 化学学报，2006，64（13）：1389.

[40] 张青红，高濂，郑珊等. 化学学报，2002，60（8）：1439.

[41] 李伟，王晓冬，杨建军等. 化学研究，2002，13（3）：12.

[42] Kasuga T, Hoson A, Sekino T, et al. Langmuir，1998，14：3160.

[43] Du G H, Chen Q, Che R C, et al. Appl. Phys. Lett.，2001，79（22）：3702.

[44] Wang W Z, Varghese O K, Paulose M, et al. J. Mater. Res. , 2004, 19 (2): 417.

[45] 王芹, 陶杰, 翁履谦等. 材料开发与应用, 2004, 19 (5): 9.

[46] 徐惠, 王毅, 瞿钧等. 环境污染与防治, 2006, 28 (2): 81.

[47] Van Grieken R, Aguado J, Lopez-Munoz M J, et al. J. Photoch. Photobio. A: Chem. , 2002, 148: 315.

[48] 刘泽, 李永祥, 吴冲若等. 硅酸盐学报, 1998, 26 (3): 392.

[49] 王福平, 宋英, 姜兆华等. 高技术通讯, 1998, 11: 36.

[50] Fujiki Y, Oota Y. Production of titania hydrate fiber, titania glass fiber and titania fiber [P]. JP, 55-003371, 1980-01-11.

[51] Fujiki Y, Oota Y. Manufacture of titania fiber [P]. JP, 55-136126, 1980-10-23.

[52] Noda K, Morita Y, Aramaki Y. Production of titania fibers [P]. JP, 01-246139, 1989-10-02.

[53] Hori N, Matsunami Y, Kagohashi W. Potassium titanate filament and production of titania fiber using the same filament [P]. JP, 02-164722, 1990-06-25.

[54] 刘玉明. 无机材料学报, 1994, 9 (1): 83.

[55] 王福平, 宋英, 姜兆华等. 硅酸盐学报, 1999, 27 (4): 471.

[56] 王福平, 宋英, 姜兆华等. 材料科学与工艺, 1999, 7 (1): 64.

[57] 杨祝红, 暴宁钟, 刘畅等. 高等学校化学学报, 2002, 23 (7): 1371.

[58] 游咏, 匡加才. 高科技纤维与应用, 2002, 27 (2): 12.

[59] 王德刚, 刘润涛, 顾利霞. 山东陶瓷, 2001, 24 (4): 13.

[60] Kamiya K, Tanimoto, Yoko T. J. Mater. Sci. Lett. , 1986, 5: 402.

[61] 陈奇, 崔景巍, 宋鹏等. 无机材料学报, 1991, 6 (2): 249.

[62] 陈奇, 宋鹏, 崔景巍等. 上海建材学院学报, 1995, 8 (1): 1.

[63] Koike H, Oki Y, Takeuchi Y. Titania fiber and its production [P]. JP, 10-325021, 1998-08-12.

[64] Oki Y, Koike H, Takeuchi Y. Method for producing a catalyst component-carrying titania fiber [P]. US, 6162759, 2000-12-19.

[65] Koike H, Oki Y, Takeuchi Y. Titania fiber, method for producing the fiber and methd for using the fiber [P]. US, 6086844, 2000-07-11.

[66] 刘和义, 许东, 包南等. 二氧化钛纤维的制备方法 [P]. 中国专利, 200410024265.1, 2006-01-04.

[67] 包南, 张锋, 张成禄等. 二氧化钛纤维光催化功能材料的制备方法 [P]. 中国专利, 200510104390.8, 2006-05-17.

[68] 窦雁巍, 徐明霞, 徐廷献. 硅酸盐学报, 2002, 30: 87.

[69] Yin S, Fujishiro Y, Wu J H, et al. J. Mater. Process. Tech. , 2003, 137: 45.

[70] 张天骄, 邹黎光, 张丽娜. 合成技术及应用, 2005, 20 (4): 5.

[71] 米万良, 林跃生, 张宝泉等. 现代化工, 2005, 25 (3): 37.

[72] Zhou Y, Wang C Y, Liu H J, et al. Mater. Sci. & En. B, 1999, 67: 95.

[73] Shanmugam S, Gabashvili A, Jacob D S, et al. Chem. Mater. , 2006, 18: 2275.

[74] Diamant Y, Chappel S, Chen S G, et al. Coord. Chem. Rev. , 2004, 248: 1271.

[75] Suk J H, Lee J K, Nastasi M, et al. Appl. Phys. Lett. , 2006, 88: 1.

[76] Fan X W, Lin L J, Messersmith P B. Comp. Sci. & Tech. , 2006, 66: 1195.

[77] Rong Y, Chen H Z, Wu G, et al. Mater. Chem. & Phys. , 2005, 91: 370.

［78］Ashok M，Katz H，Cotts P M，et al. J. Am. Chem. Soc.，2005，127：14655.

［79］Sung Y M，Lee J K，Cryst. Growth & Des.，2004，4：737.

［80］Jakob M，Levanon H，Kamat P V. Nano. Lett.，2003，3：353.

［81］Subramanian V，Wolf E E，Kamat P V. J. Am. Chem. Soc.，2004，126：4943.

［82］Tsutomu H，Kamat P V. J. Am. Chem. Soc.，2005，127：3928.

［83］Chen F，Zhao J C. Catal. Lett.，1999，58：245.

［84］Wang L Z，Sasaki T，EbinaY，et al. Chem. Mater.，2002，14：4827.

［85］Song C X，Wang D B，Gu G H，et al. J. Colloid& Interface Sci，2004，272：340.

［86］Sinfelt J H，Via G H，Lytle F W. J. Chem. Phys.，1980，72：4832.

［87］Nuńez G M，Rouco A. J. Catal.，1988，111：41.

［88］Asakura K，IwasawaY，Yamada M. J. Chem. Soc. Faraday Trans.，1988，84：2457.

［89］Tada H，Teranishi K，Ito S，et al. Langmuir，2000，15：6077.

［90］Tada H，i Suzuki F，Ito S，et al. J. Phys. Chem. B，2002，106：8714.

［91］Lu Z X，Zhang Z L，Zhang M X，et al. J. Phys. Chem. B，2005，109：22663.

［92］孙竹青，牛奎，周豪慎等. 功能材料，2007，10（38）：1627.

［93］高远，徐安武，祝静艳等. 催化学报，2001，22（1）：53.

［94］Xie Y B，Li P，Yuan C W. J. Rare Earth，2002，20（6）：619.

［95］Xie Y B，Yuan C W. Appl. Catal. B，2003，46：251.

［96］张峰，李庆霖，杨建军等. 催化学报，1999，20（3）：329.

［97］孙晓君，井立强，蔡伟民等. 硅酸盐学报，2002，30（10）：26.

［98］徐悦华，古国榜，陈小泉等. 华南理工大学学报（自然科学版），2001，29（11）：76.

［99］李芳柏，古国榜，李新军等. 无机化学学报，2001，17（1）：37.

［100］Iwasaki M，Hara M，Kawada K，et al. J. Colloid and Interface Sci.，2000，224：202.

［101］Sakata Y，Yamamoto T，Gunji H，et al. Chem. Lett.，1998，131.

［102］Radecka M，Zakrzewska K，Wierzbicka M，et al. Solid State Ionics，2003，157：379.

［103］Karvinen S，Lamminmaki R. Solid State Sciences，2003，5：1159.

［104］Zhao G，Kozuka H，Yoko T. Thin Solid Films，1996，277（1/2）：147.

［105］Zakrzewska K，Radecka M，Kruk A，et al. Solid State Ionics，2003，157：349.

［106］Yoon J W，Sasaki T，Koshizaki N，et al. Scripta Mater.，2001，44：1865.

［107］Khan S U M，Al-Shahry M，Ingler W B. Science，2002，297：2243.

［108］Valentin C D，Pacchioni G，Selloni A. Chem. Mater，2005，17：6656.

［109］Lettmann C，Hildenbrand K，Kisch H，et al. Appl. Catal. B：Environ.，2001，32：215.

［110］Xu C，Killmeyer R，Khan S U M，et al. Appl. Catal. B：Environ.，2006，64：312.

［111］Irie H，Watanabe Y，Hashimoto K. Chem. Lett.，2003，32（8）：772.

［112］Li Y Z，Hwang D S，Lee N H，et al. Chem. Phys. Lett. 2005，404：25.

［113］Ohono T，Akiyoshi M，Umebayashi T，et al. Appl. Catal. A：General，2004，265：115.

[114] Yu J C, Ho W, Yu J G, et al. Environ. Sci. Technol, 2005, 39: 1175.

[115] Demeestere K, Dewulf J, Ohno T, et al. Appl. Catal. B: Environ. , 2005, 61: 140.

[116] Umebayashi Y T, Yamaki T, Tanaka S, et al. Chem. Lett. , 2003, 32 (4): 330.

[117] Ho W, Yu J C, Lee S. J. Solid State Chem. , 2006, 179: 1171.

[118] Asahi R, Morikawa T, Ohwaki T, et al. Science, 2001, 293: 269.

[119] Diwald O, Thompson T L, Zubkov T, et al. J. Phys. Chem. B. , 2004, 108 (19): 6004.

[120] Burda C, Lou Y, Chen X, et al. Nano. Lett. , 2003, 3 (8): 1049.

[121] Yuan J, Chen M X, Shi J W, et al. Int. J. Hydrogen Energy, 2006, 31: 1326.

[122] Ghicov A, Macak J M, Tsuchiya H, et al. Nano. Lett. , 2006, 6 (5): 1080.

[123] Sakthivel S, Janczarek M, Kisch H. J. Phys. Chem. B, 2004, 108: 19384.

[124] Cai W M, Hong X T, Wang Z P, et al. Chem. Mater. , 2005, 17: 1548.

[125] Zhao W, Ma W, Chen C, et al. J. Am. Chem. Soc. , 2004, 126 (15): 4782.

[126] Nukumizu K, Nunoshige J, Takata T, et al. Chem. Lett. , 2003, 32: 196.

[127] Reddy K M, Baruwati B, Jayalakshmi M, et al. J. Solid. State Chem. , 2005, 178: 3352.

[128] Sun H Q, Bai Y, Cheng Y P, et al. Ind. Eng. Chem. Res. , 2006, 45: 4971.

[129] Noguchi D, Kawamata Y, Nagatomo T. J. Electrochem. Soc. , 2005, 152 (9): 124.

[130] Xie Y, Li Y Z, Zhao X J. J. Mol. Catal. A, 2007, 277: 119.

[131] Xie Y, Zhao Q N, Zhao X J, et al. Catal. Lett. , 2007, 118: 231.

[132] Anpo M, Yamashita H, Ichihashi Y. Optronics, 1997, 186: 161

[133] Anpo M, Ichihashi Y, Takeuchi M, Yamashita H. Res. Chem. Intermed. , 1998, 24 (2): 143.

[134] Anpo M. Che M, Adv. Catal. , 1999, 44: 119.

[135] Anpo M, Ichihashi Y, Takeuchi M, Yamashita H. Stud. Surf. Sci. Catal. , 1999, 121: 305.

[136] Anpo M, Yamashita H, Kanai S, et al. US 6077 492, 2000.

[137] Takeuchi M, Yamashita H, Matsuoka M, et al. Catal. Lett. , 2000, 66: 185.

[138] Takeuchi M, Yamashita H, Matsuoka M, et al. Catal. Lett. , 2000, 67: 135.

[139] Anpo M. Stud. Surf. Sci. Catal. , 2000, 130: 157.

[140] Anpo M, Kishiguchi S, Ichihashi Y, et al. Res. Chem. Intermed. , 2001, 27 (4/5): 459.

[141] Anpo M, Takeuchi M. Int. J. Photoenergy, 2001, 3: 1.

[142] Takeuchi M, Anpo M, Hirao T, et al. Surf. Sci. Jpn. , 2001, 22 (9): 561.

[143] Anpo M, Takeuchi M. Catal. , 2003, 216: 506.

[144] Yamashita H, Harada M, Misaka J, et al. Catalysis Today, 2003, 84: 191.

[145] Yamashita H, Harada M, Misaka J, et al. J. Photochem. Photobiol. A Chem. , 2002, 148: 257.

[146] Yamashita H, Harada M, Misaka J, et al. J. Synchrotron Rad. , 2001, 8: 569.

[147] Anpo M, Takeuchi M. J. Catal. , 2003, 216: 506.

[148] Wang P, Zakeeruddin S M, Moser J E, et al. Nature Mater., 2003, 2 (6): 402.

[149] Bae E, Choi W, Park J, et al. J. Phys. Chem. B., 2004, 108: 14093.

[150] Chen F, Zhang J L, Li X P, et al. Chem. Phys. Lett., 2005, 415: 85.

[151] Li Y Z, Zhang H, Zhao X J, et al. J. Phys. Chem. C., 2008, 112: 14973.

[152] Usseglio S, Damin A, Scarano D, et al. J. Am. Chem. Soc., 2007, 129 (10): 2822.

[153] Ho W, Yu J C, Lin J, et al. Langmuir, 2004, 20: 5865.

[154] Kamat P V, Sant P A. Phys. Chem. Chem. Phys., 2002, 4 (2): 198.

[155] Hoyer P, Konenkamp R. Appl. Phys Lett., 1995, 66 (3): 349.

[156] Vogel R, Hoyer P, Weller H. J. Phys. Chem., 1994, 98 (12): 3183.

[157] Kakuta N, Goto N, Ohkita H, et al. J. Phys. Chem. B, 1999, 103: 5917.

[158] Hu C, Lan Y Q, Qu J H, et al. J. Phys. Chem. B., 2006, 110: 4066.

[159] Hu C, Hu X X, Wang L S, et al. Environ. Sci. Technol., 2006, 40: 7903.

[160] Li Y Z, Zhang H, Zhao X J, et al. Langmuir, 2008, 24: 8351.

[161] He D, Meng X, Tao Y, et al. Chinese J. Catal., 2009, 30 (2): 83.

[162] He Z, Yang S, Ju Y, et al. J. Environ. Sci., 2009, 21 (2): 268.

[163] Kang S H, Kim J-Y, Sung Y-E. Electrochimica Acta, 2007. 52 (16): 5242.

[164] Lettmann C, Hildenbrand K, Kisch H, et al. Appl. Catal. B: Environ., 2001, 32 (4): 215.

[165] Li J, Gao J, Jia Z, et al. Catal. Lett., 2009, 129 (1): 247.

[166] Ginder J M, Epstein A J, MacDiarmid A G. Synthetic Metals, 1989, 29 (1): 395.

[167] Wang Y J, Shi R, Lin J, Zhu Y F. Appl. Catal. B: Environ. 2010, 100, 179.

[168] Zhang H, Zong R, Zhao J, et al. Environ. Sci. & Technol., 2008, 42 (10): 3803.

[169] Mo T C, Wang H W, Chen S Y, et al. Ceramics International, 2008, 34 (7): 1767.

[170] Li X, Wang D, Cheng G, et al. Appl. Catal. B: Environ., 2008, 81 (3-4): 267.

[171] Wang Y J, Xu J, Zong W Z, Zhu Y F. J. Solid State Chem., 2011, 184 (6): 1433.

第4章
TiO₂薄膜光催化材料

　　TiO₂ 具有良好的半导体光催化氧化和还原特性，已广泛应用于环境催化、太阳能转化等领域。用 TiO₂ 制成的太阳能电池，其光转化效率高达 33%[4,5]。由于 TiO₂ 高效[6]、稳定[7]、无毒、低成本，因此被称为是最优秀的绿色环保型光催化材料，并成为当今研究的热点[8]，它还与其它纳米材料一起被誉为"21 世纪最有前途的材料"[9]。

　　但是半导体光催化技术涉及到环境、化学、化工、材料、物理和太阳能利用等多个学科，具有一定的综合性和复杂性。目前基本上还停留在理论研究阶段，实际应用很少，作为一项很有前途的技术，它还有大量的研究工作要做。在基础研究方面，如固液界面的光催化机理，半导体表面的能级结构与表面态密度的影响，担载金属或金属氧化物的作用机理，光生载流子的迁移和复合规律，衬底与催化剂间的相互作用及对催化性能的影响，光催化反应的催化效率和量子产率问题等[10,11]。在应用研究方面，与一般催化研究一样，光催化研究的核心是寻找性能优良的光催化材料，所以高效光催化材料的筛选及制备是光催化研究的核心课题。同时，从环境保护角度来看，将催化材料固定在载体上的实验探索正越来越普遍，随着基础研究整体的不断向前推进，应用研究不仅涉及到高效催化材料的制备和新型反应器的设计，应用范围也不再仅限于环境保护，而已经拓展到贵金属回收[12,13]、卫生保健[14,15]、化学合成[16,17]等许多方面。

　　TiO₂ 薄膜具有优良的介电、压电、气敏和光催化等功能，在微电子、光学、传感器和光催化等方面有着重要的应用。特别是 20 世纪 80 年代末 90 年代初以来，随着科技的发展，人们认识事物的能力和方式得到了极大的提高和改善，作为一种薄膜材料，TiO₂ 薄膜的制备方法及性能在国内外得到了广泛的研究，也促进了 TiO₂ 研究的重要发展，纳米 TiO₂ 薄膜光催化材料得到了广泛的应用。1997 年 Wang 等[1]在 Nature 上撰文报道了二氧化钛薄膜的双亲性，在应用研究方面也有了重大突破。这一发现引发了人们对二氧化钛薄膜光催化材料研究的又一热潮[2,3]。

4.1 薄膜光催化材料的特点

4.1.1 比表面积小

在光催化反应过程中，首先很重要的一个环节就是有机物的吸附，表面积越大则物质吸附越多；其次是光生空穴和电子迁移到表面的概率，表面积越大，能迁移到催化剂表面的光生空穴和电子就越多，因此比表面积越大，光催化效果越好。一般来说，相对于粉体材料，薄膜光催化材料具有光滑的表面和低的表面粗糙度，因此比表面积小。如何提高薄膜材料的比表面积，是薄膜光催化材料研究重点之一。例如 Wang 等人[1]制备的多孔二氧化钛薄膜，孔径为 8～10nm，有着较好的光降解作用。程中颖等通过炭黑掺杂制备了改性的 TiO_2 薄膜光催化剂，其活性大幅度提高。结果表明，改性催化剂的比表面积显著增大，吸附性能的改善使反应中的传质速率增大，成为提高催化剂活性的主要因素。此外改性催化剂的晶粒度减小，使相变温度降低，这对提高催化剂活性也起到一定的作用。

4.1.2 吸附能力弱

一般认为，薄膜光催化材料吸附能力与薄膜厚度有关，膜层过厚将减小有效吸附面积使催化活性降低；膜层过薄，空间电荷层较薄，薄膜电阻较大，影响电子-空穴对的分离。另外，膜厚不同，薄膜生长情况会有所差异，结晶的完整性会受到薄膜厚度的影响，同时厚度的不同会导致薄膜中污染物的传输距离和紫外光的传播距离存在差异，从而影响其光催化性能。Sheng 等认为，薄膜厚度会显著影响薄膜的光催化效率，在一定厚度以下薄膜光催化效率很低，到达一定阈值（150～200nm）后光催化效率突然增强。侯亚奇等人认为，该阈值厚度对应着 TiO_2 薄膜表面的肖特基势垒和耗尽层厚度，并利用测试 I-V 曲线的方法计算出了理论的耗尽层，与试验结果差别不大。Negishi 等和 Wal L 等也认为，薄膜厚度极大地影响薄膜的光催化能力，厚度越大光催化性能越好。张金升等发现膜层厚度的增加，不会导致从膜层相向体相的转变，影响纳米 TiO_2 薄膜光催化性质的主要因素是纳米粒子的表面密度和晶粒尺寸。

4.1.3 反应活性低

对于薄膜光催化材料，其反应活性除了受晶粒大小影响外，还与薄膜的厚度有关。图 4-1 为不同层数的 TiO_2 薄膜光催化材料的甲醛降解曲线。不锈钢基底无光催化活性，沉积有 TiO_2 薄膜时，其对甲醛气体的降解性能经光照一段时间后达到稳定值（稳定时间超过 4h）。随层数的增加，对甲醛的降解量也增加，催化剂活性提高。当薄膜层数达到 3 层后，反应活性变化不明显。这是由于对于光催化反应，紫外光的照射有一定深度，反应中真正起催化作用的薄膜也有一定深度，当膜层为 3 层、膜厚约 210nm 时已基本达到光催化剂的有效深度。此时，继续增加提拉次数虽可增大膜厚，增加载体上光催化剂负载量，但

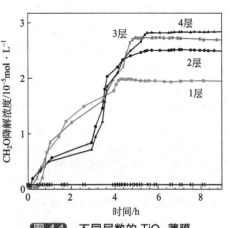

图 4-1 不同层数的 TiO_2 薄膜光催化剂的甲醛降解曲线

其光催化活性的提高已不明显。此外，继续增加薄膜厚度会导致晶粒长大，对光催化反应不利。提拉次数为 3 时，TiO_2 的锐钛矿晶型已较为完善，形成了 TiO_2 薄膜光催化材料。

4.2　TiO_2 薄膜光催化材料的制备

薄膜性能的优劣在很大程度上取决于薄膜的制备技术，现在国际上对新的成膜技术研究投入了很大力量。一般来说，薄膜的制备方法可以分为物理方法和化学方法。一些化学方法可以通过旋转镀膜法或提拉的方法在大面积和任意形状的衬底上制成薄膜，薄膜的组成均一，整个制备过程中使用的设备简单，不需任何真空条件，容易控制。化学方法制备薄膜虽然有很多优点，但是也有一些缺点，特别是合成高质量的薄膜时化学方法无法避免因环境因素所带来的不利影响。两种方法制备薄膜的优缺点见表 4-1。

表 4-1　物理方法和化学方法制备薄膜材料比较

类型	物理方法	化学方法
常用方法	分子束外延，直接溅射，磁控溅射，脉冲激光沉积，电子束真空沉积，激光聚焦原子沉淀等	溶胶-凝胶法，化学气相沉积，配合物前驱体热分解法，燃烧法
优点	膜层致密，薄膜缺陷少，可外延生成薄膜，容易器件化，特别适合组装多层膜	可在大面积上涂膜，薄膜组成均匀，处理温度低，操作方便，易于加入添加剂
缺点	需要的设备昂贵，操作复杂，不易实现掺杂，膜的组成可能偏离靶材成分	膜不够致密，缺陷较多，很难实现外延生长和多层膜的组装

4.2.1　物理镀膜法

TiO_2 薄膜的物理制备方法包括反应磁控溅射、电子束蒸发、离子束团束技术及脉冲激光沉积等。相比于制备薄膜的化学气相沉积方法，物理制备方法所需基体温度较低，不易引起基底的变形与开裂以及镀层性能的下降。但物理方法需要真空系统，且所需设备价格昂贵。

4.2.1.1　磁控溅射法

物理气相沉积（PVD）是指通过蒸发或溅射等物理方法提供部分或全部的气相物质，经过传输过程在基体上沉积成膜的制备方法。其基本过程有气相物质的提供、传输及其在基体上的沉积，按照气相物质产生的方式可大致分为：蒸发镀（真空蒸发和电子束蒸发）、溅射镀（直流溅射、射频溅射与离子束溅射）与离子镀。

章壮健率先在普通玻璃基板上用直流反应磁控溅射方法沉积 TiO_2 薄膜，研究了沉积速率同溅射功率和氧分压的关系，并用扫描隧道显微镜（STM）、原子力显微镜（AFM）和 X 射线衍射谱（XRD）研究了表面形貌和晶体结构。发现镀有 TiO_2 薄膜的玻璃具有良好的透明性和自清洁作用，通过直流反应磁控溅射在玻璃表面沉积 TiO_2 薄膜，有望作为一种制备自清洁玻璃的有效方法而得到广泛应用，并引起广大研究者的广泛关注。Takeda 等也用金属 Ti 靶通过直流磁控溅射技术在有 SiO_2 阻挡层的玻璃基板上制备光催化活性的 TiO_2 薄膜。薄膜可在大面积内保持厚度均匀，在可见光区透射率约为 80%。在紫外光照射下，TiO_2 薄膜对乙醛的分解能力与溶胶-凝胶方法制备的薄膜基本一致，但溅射的 TiO_2 薄膜具有更好的机械强度。Zheng 等也用直流反应磁控溅射法制备了具有光催化性能的 TiO_2 薄膜。经 500℃处理后，薄膜对罗丹明 B（Rhodamlne B）有较好的光催化分解能力。用 Ti 和 TiN 作为原材料，通过直流等离子体氧化技术制备 TiO_2 涂层，XRD 实验测试证明，薄膜中 TiO_2 是以金红石结构形式存在，同时对薄膜的微硬度、纳米硬度、擦伤附着力等进行了测试，结果表明，等离子体氧化后纯 Ti 和 TiN 的微硬度分别增加了 70% 和 30%，并认为硬度的增加是由于 TiO_2 相形成的结果；TiO_2 膜的纳米硬度为 11GPa，TiO_2 膜的抗摩擦能力为 25N。所以用该方法制备的 TiO_2 膜具有良好的力学性能。沈杰通过射频溅射的方法制备了锐钛矿结构的 TiO_2/SiO_2 复合薄膜，通过薄膜对亚甲基蓝的光催化降解和光致亲水性实验结果表明，与用同种方法制备的纯 TiO_2 薄膜相比，SiO_2 的加入提高了薄膜的亲水性和维持时间，但却降低了薄膜的光催化能力。

4.2.1.2 电子束蒸发沉积

电子束蒸发是制备高纯氧化物薄膜很有潜力的技术，该技术可在较高的沉积速率下制备薄膜，并通过调节基体温度和氧气压力等控制薄膜组成。

最近，Sun 等[18]用离子束辅助电子束蒸发法制得了 TiO_2 薄膜，并用椭圆光度法研究了薄膜的光学多相性，成功地估计出了 TiO_2 薄膜结构的变化：基体附近紧密的无定形层、中间柱形晶体层和顶部很薄的粗糙层。并指出此结构变化与电子束蒸发过程中反应室内温度升高有关。Yang[19]等以金红石 TiO_2 为原材料通过电子束蒸发制备了 TiO_2 薄膜。XRD 和拉曼光谱分析显示在不同的氧气压力下形成的薄膜由锐钛矿或无定形相构成。这是因为电子束加热时，TiO_2 原材料可分解为 Ti、O、O_2 和 TiO，而这些粒子又在基体上重新结合。随氧气压力的变化，生成的薄膜含有无定形 TiO_{2-x}、锐钛矿 TiO_2 和无定形 TiO_2 结构。当氧气压力为 0.7×10^{-2}Pa，沉积的薄膜为良好的锐钛矿晶型，并有最好的亲水性。

4.2.1.3 其它物理方法

脉冲激光沉积法（PLD）制备薄膜，其生长条件可通过调节激光波长、能量、气体压力和靶材料的化学性质等得到控制。Choi Y 等[20]以碳化钛（TiC）为钛靶用脉冲激光沉积法（PLD）在玻璃上制备了 TiO_2 薄膜，阐述了基体温度对薄膜的晶体结构、表面形态和化学性质的影响，指出原位热处理可能会引起薄膜化学性质和晶体结构的变化，通过分析发现基体温度为 20℃时形成 TiC 膜，而基体温度为 500℃时形成锐钛矿型 TiO_2 薄膜。

团簇离子束技术（ICB）是制备 TiO_2 薄膜的新方法，此方法的优点是可避免杂质污染，不需要高温热处理，薄膜厚度等参数也易控制，可在热稳定性较差的基体上镀膜。Takeuchi M[21]等用该技术在多孔维克玻璃上制得了厚度均匀的透明光催化 TiO_2 薄膜，并考察了薄膜厚度对光催化性能的影响。

4.2.2 化学方法

4.2.2.1 溶胶-凝胶法

溶胶-凝胶（sol-gel）工艺是指把金属有机或无机化合物通过溶胶-凝胶的转化和热处理的过程制备氧化物或其它固体化合物的一种工艺方法。现代 sol-gel 技术源于 19 世纪中叶，至今已经有上百年的历史，从 20 世纪 70 年代起，sol-gel 法在多组分化合物薄膜制备方面的应用又使它获得了新生。这种方法的基本过程为源物质—溶胶—凝胶—热处理—材料，其特点为纯度高，均匀度好，化学计量可精确控制，可达到分子水平，低温易操作等，是目前制备无机薄膜普遍采用的一种方法。该方法的优点是：煅烧温度低；容易掺杂；前驱体溶液有一定黏度，适合于提拉法或旋涂法制备复合氧化物薄膜。这一方法目前已广泛应用于发光材料、铁电材料、磁性材料、导电材料、催化材料等复合氧化物纳米颗粒的制备。

溶胶-凝胶技术制备 TiO_2 薄膜常用的含钛前驱体主要是钛醇酯，如钛酸四丁酯，以及 $TiCl_4$、$TiCl_3$ 和 $Ti(SO_4)_2$ 等，催化剂常用的无机酸是硝酸、盐酸。先将钛酸四丁酯与有机溶剂如异丙醇或乙醇等混合均匀，在不断搅拌下将混合溶液滴加到含适量酸的水中，形成透明的 TiO_2 胶体。

醇溶液中的钛醇盐首先被加入的水水解，然后水解醇盐通过羟基缩合，再进一步发生交联、枝化从而形成聚合物。聚合物的大小和枝化度以及交联度对凝胶和最终二氧化钛薄膜的孔隙、比表面积、孔体积、孔径分布和凝胶在焙烧时的热稳定性都有很大的影响。一般地，如果凝胶聚合物链的枝化和交联程度显著，那么结构就很牢固。如果凝胶聚合物链的枝化和交联程度不显著，结构就脆弱，在焙烧时很容易破碎，比表面积也较小。聚合物的枝化程度以及凝胶中胶体的团聚情况则是由水解和缩合的相对反应速率决定的。如果水解比缩合稍慢，则会形成长而高度枝化的聚合物链；如果水解和缩合的速率相当，那么聚合物的链较短，且枝化和交联度不大；如果缩合速率小于水解速率，则钛离子紧紧地结合在一起，结果形成氢氧化物沉淀。

在钛醇酯的溶胶-凝胶化过程中，溶液 pH 值是影响水解和缩合速率的重要参数。研究表明，对于一定组分，有一个合适的 pH 值，或者各组分之间应保持适当比例。除调节 pH 值来控制溶胶-凝胶过程外，还可以利用螯合剂取代醇盐中的配位体，稳定钛离子并降低其反应活性，从而达到控制水解和缩合反应相对速率的目的。Paz Y 采用乙酰丙酮作为螯合剂，Kato K 等用聚乙二醇和乙二胺来作为螯合剂，以稳定钛离子并降低其反应活性，从而达到控制水解和缩合反应相对速率的目的。当将基板浸入溶胶溶液时，由于毛细管力的作用，溶胶颗粒沉积在基板上。当基板从溶胶中移走后，水/醇的蒸发使溶胶浓缩，与此同时，颗粒间出现胶凝。在干燥阶段，凝胶孔隙中的溶剂被除去，孔内形成液-气接口，伴随的表面张力使得凝胶孔结构坍塌；与此同时，胶凝过程继续进行，由于凝胶层的收缩也会使孔坍塌。直至凝胶网络坍塌而形成膜，最后在焙烧后形成氧化物薄膜。

何俣采用溶胶-凝胶（sol-gel）法与聚乙二醇 400（PEG400）造孔剂相结合的方法，在粒径 4~5mm 的玻璃珠上制备了 TiO_2 中孔纳米薄膜光催化剂。室温下将 20mL 化学纯的钛酸正丁酯 $Ti(OBu)_4$ 溶液滴加到 160mL 无水乙醇中，搅拌下滴加 3mL 的 $NH(OC_2H_5)_2$ 作为稳定剂及一定含量的 PEG400 作为造孔剂，得到均匀透明的淡黄色溶液，密闭静置 5 天，得到具有一定黏度的浅黄色透明溶胶。利用浸渍-甩膜的方法将溶胶涂覆于经氢氟酸处理的玻璃珠颗粒上，前驱体薄膜在经过自然干燥后，再在空气氛中经 400℃ 热处理就可形成 TiO_2 薄膜。通过提拉和灼烧的次数来控制薄膜的厚度，同时为了保证薄膜的均匀性，甩膜时要高速，而且升温速率控制在 4℃·min^{-1} 左右。

4.2.2.2 微乳液法

微乳液法将氨水和 $TiCl_4$ 或 $TiOCl_2$ 的溶液分别配制成两种微乳，利用这两种微乳间的反应可以获得无定形的氧化钛，经煅烧后晶化，得到锐钛矿型二氧化钛纳米晶[22]。

张伟进等[23]通过在配制的钛溶胶中掺入阳离子型微乳液，并控制掺入量和 pH 值，使混合溶胶稳定，涂膜后经过适当热处理得到了 TiO_2 纳米多孔薄膜。借助 XRD、FTIR、DTA、AFM、BET 等测试手段，分析讨论了微乳液对多孔二氧化钛薄膜的结晶行为、表面形貌和孔结构的影响。光催化活性测试结果表明，随着微乳液的加入，初期使薄膜表面更粗糙，孔数量增加，孔连通性提高，从而比表面积增加，光催化活性提高；而当微乳液和钛溶胶比例超过 0.3 后，孔连通性进一步提高，造成比表面积减小，最终导致薄膜光催化活性下降。

4.2.2.3 水解-沉淀法

利用水解-沉淀法制备 TiO_2 膜所用原料比较廉价，制得的膜层结构均匀，附着力好，并具有优良的光催化性能，但制备过程中的反应条件直接影响粒子大小分布、分布均匀性、膜层致密性以及附着力等，因此必须对其进行严格控制。

Bavykin D V[24]等通过不同浓度 $TiOSO_4$ 的水解研究了 TiO_2 薄膜的生长动力学。指出 TiO_2 薄膜的生长历程包括生成胶质钛酸的自催化阶段、溶液中 $TiOSO_4$ 和水解的钛氧化物的平衡阶段及沉积阶段。国伟林等[25]用水解沉淀法在硅胶载体上包覆了纳米二氧化钛，分析表明 TiO₂ 在基体表面分散均匀，且为锐钛矿结构，并通过降解甲基橙考察了其光催化性能，研究了载体表面负载 TiO₂ 的结构、表面形态及其光催化性能。

4.2.2.4　二次粒子成膜法

二次粒子成膜法是一种新型的纳米粉体成膜法，该方法通过液相一步合成晶态纳米 TiO₂ 粉体，并利用该粉体分散于溶液中制成溶胶，可在低温下制备出纳米尺寸的 TiO₂ 薄膜。方吉祥等[26]利用回流胶溶在液相中一步合成了金红石型纳米 TiO₂ 粉体，并将该粉体加入到戊烷和乙醇中形成混合溶液，体系 pH 值调至 9～10，分散并搅拌后形成稳定的纳米 TiO₂ 溶胶，在低温下通过液相成膜法制备了 TiO₂ 薄膜。该方法中形成稳定的纳米 TiO₂ 溶胶至关重要，必须选择适当的溶剂、溶液的 pH 值及纳米 TiO₂ 粉体的体积分数。

4.2.2.5　液相沉积法

液相沉积法（LPD）是近年来发展起来的一种制备 TiO₂ 薄膜的新方法。其反应液为金属氟化物的水溶液，通过溶液中金属氟化络离子与氟离子消耗剂之间的配位体置换，驱动金属氟化物的水解平衡移动，使金属氧化物沉淀在基片上。

冯海涛等[27]采用液相沉积法在普通载玻片上制备出了掺铁二氧化钛亲水性薄膜，通过扫描电镜（SEM）观察及水滴接触角的测试，分析了薄膜的表面形貌及铁离子对亲水性能的影响。实验结果表明，利用液相沉积法制备出的薄膜均匀，结晶形貌良好，平均粒径为 15nm，铁离子掺杂量在 0.05% 时，薄膜的亲水性能最佳。

液相沉积法只需要在适当反应液中浸入基片，就会沉积出氧化物或氢氧化物的均一致密薄膜，成膜过程不需要昂贵的设备，且操作简单；还可以通过控制反应液中各物质的浓度、反应时间、反应温度来获得预期厚度和结构的 TiO₂ 薄膜[28]。

4.2.2.6　自组装法

采用自组装方法制备 TiO₂ 薄膜，可在低温下进行，且能控制薄膜的形态和膜界面粒子生长的大小。LB 膜技术、平版印刷（lithography）技术、自组装（SA）技术、静电组装（ESA）技术和模板（TA）组装技术是构造纳米薄膜的有效方法。其中 LB 膜技术可以制备多层膜，并方便地控制膜的厚度，但 LB 膜技术的设备复杂昂贵，且要求基底平整，在一定程度上限制了该方法的应用。相比于 LB 膜技术，虽然模板组装技术对热、时间、压力和化学环境的稳定性要求较高，但其成膜技术简单且可以获得微观结构可控的薄膜，因此利用模板技术制备高活性的纳米阵列的复合薄膜，将是未来的一个重要研究方向。

4.2.2.7　化学气相沉积法

化学气相沉积法（CVD）是指把含有构成薄膜元素的一种或几种化合物、单质气体供给基片，借助气相的吸附作用或在基片上发生化学反应生成所需要的膜，它具有设备简单、绕射性好、膜组成控制性好等特点，比较适合于制备陶瓷薄膜。这类方法利用各种反应，选择适当的温度、气相组成、浓度及压强等参数，可得到不同组分及性质的薄膜，理论上可任意控制薄膜的组成，能够实现以前没有的、全新的结构与组成。

Cao 等用等离子体增强化学气相沉积法沉积二元 TiO₂/SnO₂ 薄膜。通过对苯酚水溶液的光催化降解实验证实，TiO₂/SnO₂ 薄膜比纯 TiO₂ 薄膜具有更高的光催化效率。在大气压下，用金属有机物化学气相沉积制备掺杂 Fe 的 TiO₂ 薄膜。异丙醇钛和二茂（络）铁作为金属有机物的前驱体，在 Si、SiO₂ 和 Al₂O₃ 基底上进行沉积，薄膜厚度在 40～150nm，Fe 的掺杂浓度为 1%～4%。由于 TiO₂ 的稠化作用，使得薄膜的 X 射线衍射谱（XRD）中的锐铁矿和金红石的半峰宽减小；掺杂 4% 的 Fe 后，薄膜的导电性增强，其电阻由未掺杂时的 $10^{15}\,\Omega$ 减小到 $10^{7}\,\Omega$。也有人以异丙醇钴和正硅酸乙酯作为前驱体在低温下用 PECVD 法沉积 SiO₂ 和 TiO₂ 抗反射薄膜。BabeLom 等用金属有机物化学气相沉积（MOCVD）在（100）Si 和（1102）Al₂O₃ 蓝宝石基底上沉积厚度约 100nm 的 TiO₂ 薄膜。Halary 等则用光致化学气相沉积在玻璃基板上沉积高清晰的 TiO_2 薄膜图案。在氧气氛中未加热的玻璃基板上，用波长为 308nm 的长脉冲 XeCl 受激分子激光垂直照射，使四异丙氧钛转变成 TiO_2 薄膜。随着照度的增强，沉积速率增加。用该方法制备的薄膜呈无定形态，无需额外热处理即可形成附着力很好的薄膜。

魏培海等以 $120℃$ 的 $Ti(OC_4H_9)_4$ 为源物质，将一定流量的 N_2 通入其中进行鼓泡，并作为载气将 $Ti(OC_4H_9)_4$ 带入反应器，同时将一定流量的 O_2 通入反应器，应用金属气相沉积方法沉积 TiO_2 薄膜。TiO_2 分子沉积在基底表面，形成金红石型的 TiO_2 薄膜，薄膜的厚度可通过调节反应时间来控制，此薄膜具有较强的光响应性能及稳定性，平带电位与溶液的 pH 值有关，是较理想的光电化学修饰材料。低压化学气相沉积法（LPCVD）制备固定化 TiO_2 薄膜，随着锐钛矿型含量增大，TiO_2 薄膜光催化活性增强，$240℃$ 为非晶型和锐钛矿型 TiO_2 的转化温度，该沉积温度下所制膜的催化活性最低。薄膜厚度介于 $95\sim475nm$ 时，随着厚度的增加，催化活性降低。采用玻片、Si、SnO_2、Al 为基板制备 TiO_2 薄膜，其中光催化活性以 Al 最大，玻片最小，Si 与 SnO_2 相近，介于前两者之间。

郭清萍等以四异丙醇钛为钛源物质，采用常压化学气相沉积法制备了 TiO_2 薄膜，并对其光学性质进行了研究。结果表明，沉积条件是影响 TiO_2 薄膜的沉积率和光学性质的重要因素。在可见光和近红外区，TiO_2 薄膜的透射率在 $68\%\sim85\%$，折射率 $n=1.75\sim2.2$，消光系数 $k=2\times10^{-3}\sim9\times10^{-3}$，带隙能 $E_g=0.5\sim1.87eV$。制得的 TiO_2 薄膜均匀细密，厚度为 $200\sim450nm$。用 X 射线衍射仪测得经 $400\sim700℃$ 处理后，TiO_2 薄膜为锐钛矿结构，而 $400℃$ 以下处理时则为无定形结构。化学气相沉积方法得到的薄膜品质优良，并可以在任何的耐温基底上镀膜，但化学气相沉积的镀膜设备相对复杂，并需要严格控制基底的温度，因为 TiO_2 薄膜的形态随基底温度的改变而改变。

4.2.2.8 喷雾热分解沉积技术

喷雾热分解沉积技术（SPD）与高温溶胶技术基本一样，即将溶液喷射到预热后的基体上沉积成膜。换言之，当溶液喷成雾状，小液滴在基体上溅泼、蒸发，留下的沉积物发生热分解成膜。SPD 法制备薄膜只需一个简单的设备，无需真空装置。喷雾热分解法还有其它优点如薄膜厚度和表面形态可控等。Rogers K D 等[29]研究了喷雾溶液的组成和喷雾速率对薄膜的影响，指出该法制备薄膜的生长过程均匀，通过改变喷雾溶液的浓度可以控制薄膜的取向性。Okuya M 等[30]利用商业用 TiO_2 溶胶在空气中通过喷雾热分解沉积技术成功地制备了多孔 TiO_2 薄膜。由于水性 TiO_2 溶胶喷射到预热后的基体上，形成的薄膜呈粉粒状，很容易从基体上脱落下来，但制备过程中向喷雾溶液中加入了 TPT 解决了此问题。马铭等[31]通过研究发现雾化液滴到达基底表面的分散度对薄膜微观结构有直接影响，先驱液体分散度较小，薄膜表面粗糙且不均匀，而分散度好的薄膜表面则十分平整。通过对于喷雾热分解法的成膜机理研究，认为喷雾热分解反应中，反应先驱体经雾化、沉积、铺展、凝胶、成核以及生长一系列过程后形成薄膜。

4.2.2.9 电化学方法

制备 TiO_2 薄膜常用的电化学方法有阳极（或阴极）电沉积、阳极氧化、微弧氧化等。相对气相沉积法来说，电化学方法操作方便，设备较简单，可通过控制电极电压、溶液温度、沉积时间等工艺参数获得相应的薄膜厚度和粒子形貌，但该类方法要在导电的基底上沉积薄膜，且要进行热处理才能晶化。

（1）电沉积法

电沉积法通常以 TiO_2 导电氧化物为工作电极，铂片为辅助电极，饱和甘汞电极作为参比电极，用二次蒸馏水配制的 CH_3COONa 和电镀金属盐的混合溶液为电解液，进行沉积，获得薄膜。乔俊强等[32]采用直流复合电沉积法，在纳米镍镀液中加入平均粒径为 15nm 的

TiO₂ 纳米颗粒，采用机械搅拌，成功地制备出 TiO_2/Ni 纳米复合涂层。随着复合涂层中 TiO_2 质量分数的增加，TiO_2/Ni 纳米复合涂层的抗高温氧化性能明显增强；当 TiO_2 质量分数在 9%～13.5% 范围内变化时，摩擦因数增大，耐磨性增强。此法工艺简单、价格低廉，可在室温条件下操作，并可通过改变沉积电位等因素控制膜厚度及结构，是制备金属纳米膜的常用方法。

（2）阳极氧化法

阳极氧化法是在 Al、Mg、Ti 等有色金属表面制备氧化物薄膜的常用方法。应用该方法，可在钛及钛合金表面制备致密均匀的 TiO_2 薄膜[33]。武朋飞等[34]研究了阳极氧化工艺制备条件对 TiO_2 薄膜的光电化学耐腐蚀性能的影响。他们指出氧化电压决定薄膜的厚度、晶体类型，电解质溶液的浓度对氧化膜的破坏电压有影响，浓度增大，破坏电压降低，因此难以制备耐腐蚀能力较好的 TiO_2 薄膜。

（3）微弧氧化法

微弧氧化法又称等离子体氧化法，是近十几年来在阳极氧化技术基础上发展起来的，并备受重视的新技术。

唐光昕等[35]为了阻止金属离子向体液中游离和改善纯钛植入体的生物相容性，采用复合氧化法即预阳极氧化与微弧氧化相结合的方法，对纯钛试样进行表面改性。结果表明，复合氧化法可以制备出表面多孔、内层致密的二氧化钛梯度薄膜；致密的锐钛矿型二氧化钛薄膜的厚度约为 $0.7\mu m$，多孔的锐钛矿和金红石混合型薄膜的厚度约为 $1.7\mu m$，薄膜的表面维氏显微硬度（HV0.2）为 3700MPa，与基体的结合强度为 52.7N；用复合氧化法制备的多孔二氧化钛梯度薄膜可有效地阻止金属离子的溶出，促进细胞的黏附和生长，临床应用前景广阔。与传统阳极氧化技术相比，该技术具有效率高、工艺简单易实现、对基体表面要求不苛刻、得到的薄膜性能优良等优点。因而近年来在轻金属表面处理研究领域受到了极大的关注。

4.3 薄膜与基底的相互作用

TiO_2 多相光催化已经被广泛的研究与开发，将 TiO_2 附载于多孔硅胶、多孔氧化铝、光学纤维、纤维玻璃、玻璃球、分子筛等固定化剂。通常这些固定化的催化剂比平行方法制备的催化剂的活性高。负载 TiO_2 薄膜所用的基底[36]一般可分为金属类、玻璃类和有机聚合物等。TiO_2 负载于适当的基底后，可获得较大的表面结构和适合的孔结构，并具有一定的机械强度，以便在各种反应床上应用。另外，基底与活性组分间相互作用也可能产生一些特殊的性质，如由于不同金属离子的配位及电负性不同而产生过剩电荷，增加半导体吸引质子或电子的能力等，从而提高了催化活性。

4.3.1 薄膜与金属基底的相互作用

4.3.1.1 薄膜与金属丝网基底

朱永法等人[37,38]在室温下将 20mL 分析纯的钛酸正丁酯 $Ti(OBu)_4$ 溶液滴加到 160mL 无水乙醇中，搅拌下滴加 3mL 的 $NH(OC_2H_5)_2$ 和一定含量及分子量的 PEG，得到均匀透明的淡黄色溶液，往溶液中加入 2～3mL 的去离子水，超声振荡然后密闭静置，得到具有一定黏度的透明溶胶。60 目的不锈钢丝网经去污粉洗涤后用稀盐酸清洗，最后用乙醇清洗后自然晾干。再利用提拉法将溶胶涂覆于经上述处理过的不锈钢丝网上。前驱体薄膜经自然干燥后，再于空气气氛中进行不同温度（300～600℃）的热处理（恒温 10min）即可形成薄膜 TiO_2。通过提拉和灼烧的次数来控制薄膜的厚度，同时为了保证薄膜的均匀性，升温速率控制在 5℃ • min⁻¹ 左右。

　　在金属丝网上通过提拉灼烧后镀有 1～4 层薄膜 TiO_2 的 SEM 照片如图 4-2 所示。薄膜都是在 400℃下灼烧形成。图（a）中，在同样对比度和亮度的条件下，比其它照片显得明亮，纹理明显，是不锈钢基底。而其它图与之比较，显得亮度不够，从而可以知道薄膜 TiO_2 已经负载在金属丝网表面形成薄膜。从图（b）～（e）则看出来，当薄膜层数为 1～3 层时，形成的薄膜表面都较均匀，而且没有明显的裂纹；而当薄膜层数增加到 4 层时，如图（e），则在薄膜的表面出现了大量明显的微裂纹。微裂纹的产生对薄膜与基底 Fe 的结合强度会产生影响，所以在选择提拉灼烧时，选择 3 次提拉灼烧方式，既能够保证将一定量的薄膜 TiO_2 镀于不锈钢金属丝网上，同时还能保证其薄膜 TiO_2 能均匀镀于不锈钢金属丝网上。

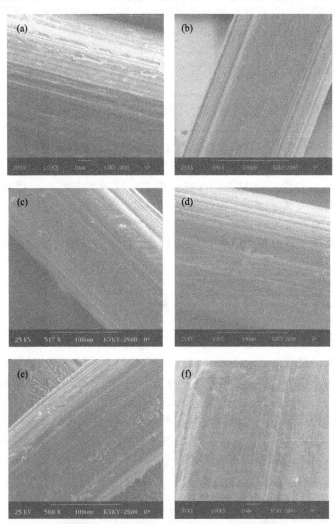

图 4-2　金属丝网上薄膜 TiO_2 的 SEM 图
（a）不锈钢 Fe 基底；（b）～（e）1～4 层薄膜 TiO_2；（f）三层薄膜 TiO_2（加入 10% PEG400）

　　在金属丝网上镀有不同层数的薄膜 TiO_2 光催化剂的活性和时间变化如图 4-3 所示。图中 0♯～4♯分别表示 0～4 层没有加入 PEG 溶胶所制得薄膜 TiO_2 光催化剂的活性图。实验时甲醛的初始浓度为 $1000\mu g \cdot g^{-1}$，流速为 $156mL \cdot min^{-1}$。从图中可见，在紫外光下，仅仅用金属丝网的 0♯样品，对甲醛无任何的光催化活性，而 1～4 层的薄膜 TiO_2 样品都有一定的光催化活性。但是 1 层薄膜的活性与 2、3、4 层薄膜的活性相差均较大。薄膜 TiO_2 对甲醛气体的降解活性通过一段时间达到稳定值（稳定时间超过 4h），而且，当薄膜层数超过2 层后，活性变化不明显。这是由于对于光催化反应，紫外光的照射有一定的深度，反应中真正起到催化作用的薄膜也具有一定的深度，当膜层为 3 层，膜厚约 210nm 时，已基本达到了光催化剂的有效深度。此时，继续增加提拉次数虽然可以增大膜厚，增加载体上光催化剂的附着量，但其光催化活性的提高已并不明显。而且，当膜层继续增加时，从图 4-2 可以看出，已经在膜层的表面出现大量的裂纹，不利于薄膜与金属丝网的结合。因此，综合考虑薄膜的厚度、均匀性、与基底的结合强度以及其光催化活性，因此选择 3 次提拉和灼烧形成的薄膜 TiO_2 光催化剂作为合成工艺。

选择 PEG400 含量为 10％的溶胶进行提拉，然后分别在 300、350、400、450、500、600、700（℃）下三次灼烧样品，每次的灼烧时间为 30min，形成薄膜 TiO_2 光催化剂。其活性比较如图 4-4 所示。

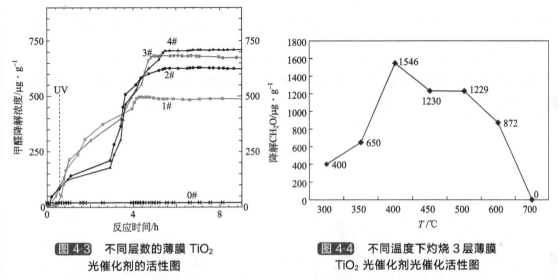

图 4-3　不同层数的薄膜 TiO_2
光催化剂的活性图

图 4-4　不同温度下灼烧 3 层薄膜
TiO_2 光催化剂光催化活性图

在活性评价中的甲醛的初始浓度为 $1800\mu g \cdot g^{-1}$，从图 4-4 可见，选用 10％的 PEG400的溶胶在 400℃下灼烧制得的薄膜 TiO_2 光催化剂的活性最佳。因为在 400℃下灼烧制得的锐钛矿型 TiO_2 薄膜光催化剂结晶较好。如果灼烧温度过低，则不能有效地形成锐钛矿晶型结构，因此薄膜 TiO_2 光催化剂的活性很低；而如果灼烧温度过高，一来可能会形成金红石相的 TiO_2，二来也可能会使粒度增大，都会使得光催化剂活性下降。因此选择灼烧温度为400℃，灼烧时间为 30min，则能够保证金属丝网上的薄膜 TiO_2 光催化剂既形成晶型好的锐钛矿型 TiO_2，又不会转变成金红石相的 TiO_2，可以使合成的薄膜 TiO_2 光催化剂的催化活性达到最佳。

4.3.1.2　薄膜与不锈钢基底

朱永法等人[39]在室温下将 0.5mL 化学纯的钛酸正丁酯 $Ti(OBu)_4$ 溶液滴加到 15mL 无水乙醇中，经 15min 超声振荡，得到均匀透明的淡黄色溶液，密闭静置 5 天进行成胶化，得到具有一定黏度的透明溶胶。利用旋转镀膜法，将溶胶涂覆于经稀盐酸清洗的不锈钢基片上，得到湿凝胶薄膜。通过调节溶胶的黏度来控制薄膜层的厚度。前驱体薄膜在经过自然干燥后，再在空气氛中经不同温度（350～550℃）热处理（恒温 1h），就可形成 TiO_2 薄膜。为了保证薄膜的均匀性，升温速率控制在 $5℃ \cdot min^{-1}$。

对于 TiO_2 光催化剂，吸光性能直接决定了光催化剂的活性和效率，是光催化剂的一个重要指标。图 4-5 是经不同温度热处理后 TiO_2 薄膜光催化剂的紫外反射光谱图。从图（b）

可见，不锈钢在热处理后，其表面形成的氧化层薄膜的光吸收很弱，在325nm和430nm处有两个吸收峰，图（b）是在放大5倍后的吸光曲线。经350℃热处理的样品，其吸光曲线与不锈钢基底样品有很大的差别，在285nm和480nm处产生两个吸收峰。经与TiO_2薄膜的紫外光谱对照，可以认为285nm的峰和480nm的峰是由掺杂后的TiO_2薄膜所产生的。随着热处理温度的升高，不仅这两个峰的吸收强度增强，并且峰的位置也发生了向长波方向的红移。当热处理温度达到550℃时，285nm的峰红移到318nm处，而480nm的峰则红移到680nm处。从TiO_2薄膜和不锈钢表面氧化层的吸收光谱可见，在不锈钢基底上，形成的TiO_2薄膜光催化剂的吸收光谱，并不是TiO_2与不锈钢表面氧化物的吸收光谱的加和，而是由掺杂TiO_2薄膜所产生的。可能是扩散进TiO_2薄膜的Fe元素与TiO_2薄膜发生了相互作用，进入了TiO_2薄膜的晶格，改变了薄膜的晶格参数及晶体场结构。而TiO_2的紫外吸收峰，主要来自晶体场中Ti 3d电子的跃迁所产生。掺杂以后TiO_2薄膜晶格参数的变化，必然使得TiO_2薄膜中电子的跃迁发生了变化，导致吸收光谱的变化。热处理温度越高，Fe的扩散越强，与TiO_2薄膜的相互作用也越强，TiO_2薄膜晶格参数的变化也越大，因此，其吸收光谱的变化也越大。

同样也研究了热处理时间对薄膜光催化剂的吸收光谱的影响，图4-6是400℃时经不同时间热处理TiO_2薄膜的紫外吸收光谱图。从图可见，随着热处理时间的增加，两个吸收峰同样产生了吸收增强和峰位的红移。当400℃时热处理时间从1h增加到4h后，290nm和530nm的吸收峰分别红移到310nm和580nm处。

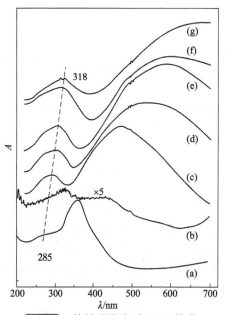

图 4-5　热处理温度对 TiO_2 薄膜
光催化剂吸光性能的影响

(a)TiO_2膜，(b)氧化，(c)TiO_2、350℃，(d)TiO_2、400℃，
(e)TiO_2、450℃，(f)TiO_2、500℃，(g)TiO_2、550℃

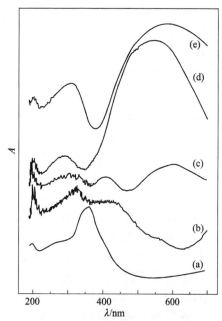

图 4-6　热处理时间对 TiO_2 薄膜
光催化剂吸光性能的影响

(a) TiO_2 膜，(b)氧化，(c)TiO_2、400℃、1h、镀 2 次，
(d)TiO_2、400℃、1h、镀 1 次，(e)TiO_2、400℃、4h、镀 1 次

4.3.1.3　薄膜与铝合金基底

朱永法等人采用4.3.1.2中方法制备TiO_2薄膜，除衬底换为经乙醇清洗过的铝合金薄片外，其它条件不变。

TiO_2光催化剂的光催化活性与其对紫外光的吸收有很大关系。在不同温度下对煅烧不同时间的TiO_2薄膜光催化剂进行了紫外反射光谱分析，以确定煅烧过程对其光学性质的影响。

以具有明显界面扩散及反应的 TiO$_2$ 薄膜/Si 样品作为参照，其主吸收峰在 352nm。从图 4-7 可以看到，550℃下煅烧 1h 后的铝合金基底只在 316nm 处有一个弱峰，可见光波段则有高背景吸收，同样条件下的 TiO$_2$/铝合金样品的主吸收峰位置仍在 352nm，但峰的强度很低。这很可能是由于 TiO$_2$ 中金属 Al 的存在而造成的。合金态 Al 可以反射紫外光，从而降低了 TiO$_2$ 薄膜对紫外光的吸收。350℃下煅烧 1h 的 TiO$_2$/铝合金样品与基底的紫外光谱有明显不同，在前者的谱图中可以看到 285nm 和 352nm 处有两个吸收峰。对照 TiO$_2$ 薄膜/Si 及铝合金基底的紫外光谱，可以认为 TiO$_2$ 薄膜/铝合金样品的紫外吸收来自 TiO$_2$ 薄膜和 Al$_2$O$_3$ 的共同贡献。光催化剂薄膜的紫外谱图线形与 TiO$_2$ 薄膜的相类似。可见光波段的高背景吸收来自基底。此结果说明 Al 扩散进入 TiO$_2$ 层并未影响 TiO$_2$ 薄膜光催化剂的吸光性能，只是降低了其吸光强度。随着温度的提高，UV 曲线的形状保持不变，表明 Al 既没有与 TiO$_2$ 薄膜发生作用，也没有进入 TiO$_2$ 薄膜的晶格而改变其晶格参数。表面层只是 Al 和 TiO$_2$ 的物理混合，在 Al 扩散进入 TiO$_2$ 薄膜过程中没有发生化学反应。此结果与 TiO$_2$ 薄膜/不锈钢样品的结果明显不同[39]。TiO$_2$ 薄膜/铝合金样品的吸光强度随煅烧温度的提高而下降，说明 Al 的界面扩散会改变 TiO$_2$ 层的化学结构。

煅烧时间对 UV 光谱的影响如图 4-8 所示。图 4-8 为 400℃下煅烧 1~10h 的 TiO$_2$ 薄膜/铝合金样品的紫外光谱。随着煅烧时间的延长，紫外吸收曲线的形状保持不变，说明延长煅烧时间不能加强 Al 和 TiO$_2$ 的相互作用。尽管扩散进入 TiO$_2$ 薄膜中的 Al 随着煅烧时间的延长而增多，但是 Al 与 TiO$_2$ 层既没有化学作用也未进入 TiO$_2$ 的晶格。Al 的扩散改变的只是吸光强度，而不是吸光性质。

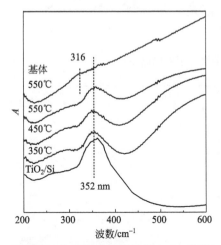 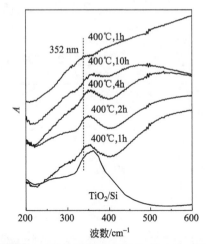

图 4-7　不同温度下煅烧的 TiO$_2$ 薄膜/铝合金样品的紫外反射光谱

图 4-8　400℃下煅烧 1~10h 的 TiO$_2$ 薄膜/铝合金样品的紫外光谱

4.3.2　薄膜与玻璃基底的相互作用

4.3.2.1　薄膜与玻璃珠基底

朱永法等人分别以钛酸正丁酯和四氯化钛为前驱体，配比如下：钛酸正丁酯：二乙醇胺：乙醇：水：PEG400＝17.02mL：2.04mL：77.3mL：0.45mL：2.73mL 和四氯化钛：乙醇：PEG400＝9mL：85mL：5.2mL。为了研究不同 PEG400 浓度对成膜的影响，我们在配制过程中加入了不同量的 PEG400，分别得到 PEG 含量为 0%、2%、4%、8%、15%、20%、30% 的前驱体溶液（该百分比为 PEG 与钛的摩尔百分比）。配制所得的溶液均为淡黄色，且随着陈化时间的增加颜色变浅，成为具有一定黏度的透明溶胶。将经氢氟酸处理的玻璃珠颗粒载体浸渍于前驱体溶液中，而后滤去溶液，甩干，得到湿凝胶薄膜。湿凝胶薄膜在 70℃下烘干，进行第二次镀膜。一般过渡层镀 3 遍，中孔层镀 5 遍。镀完膜之后在 400℃（或 450℃）煅烧 2h（或时间系列），升温速率为 $2\sim3℃\cdot min^{-1}$。

从透射电镜图 4-9 中可以看出，无论是钛酯体系还是四氯化钛体系，添加 PEG400 后，制备所得的薄膜都有一定的中孔结构，而且中孔排列较为规整，呈一定的六方形，孔径在 $4\sim5nm$。对于图 4-9（c），可以看出，在薄膜的表面，似乎又有一些附着粉体存在，这也证明了提拉薄膜过程中，残留在玻璃珠表面的溶液的存在。这些残余液在煅烧后变成性质类似粉体的碎屑，在透射电镜制样过程中对样品进行超声振荡后，使得粉体在薄膜上有一定的分散，形成了附着一些粉体的中孔薄膜。这一现象说明在薄膜的制备过程中，我们还需要进一步提高工艺，以制备更为均一、规整、优质的中孔薄膜。

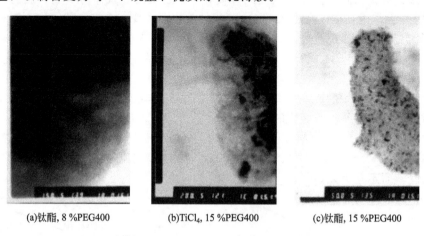

(a)钛酯，8 %PEG400　　(b)TiCl₄，15 %PEG400　　(c)钛酯，15 %PEG400

图 4-9 不同方法制备 TiO₂ 薄膜的透射电镜图

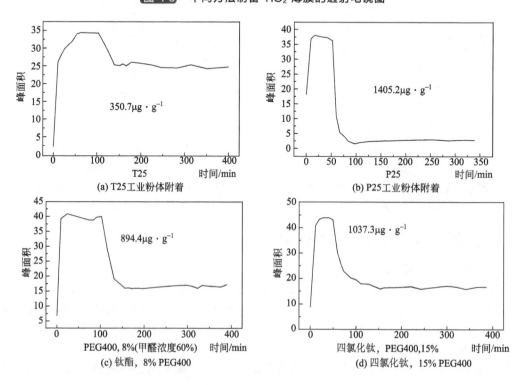

(a) T25工业粉体附着　　　　　　(b) P25工业粉体附着

(c) 钛酯，8% PEG400　　　　　　(d) 四氯化钛，15% PEG400

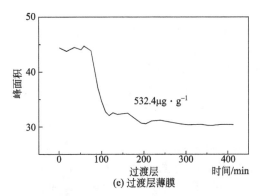

(e) 过渡层薄膜

图 4-10 五类 TiO₂ 薄膜的催化活性

图 4-10 为典型的五类催化剂的性能比较图。图中标出的浓度值即为该催化剂能够降解的甲醛的浓度差值。从图 4-10 中可以看出，这五种催化剂中，国产的 T25 工业粉体制得的粉体附着型光催化剂活性相对最差，只能降解 $350.7\mu g \cdot g^{-1}$ 的甲醛浓度；德国产的 P25 工业粉体制备的粉体附着型光催化剂活性最好，可以降解 $1405.2\mu g \cdot g^{-1}$ 的甲醛浓度。镀上过渡层薄膜的玻璃珠也能够降解 $532.4\mu g \cdot g^{-1}$ 的甲醛浓度，证明没有中孔结构的 TiO₂ 薄膜也有较好的催化活性。至于用钛酯体系和四氯化钛体系添加 PEG 制得的中孔薄膜，则催化性能远远高于过渡层，能够降解 $1000\mu g \cdot g^{-1}$ 左右的甲醛浓度，活性仅次于 P25 粉体附着型催化剂。而 P25 是一种成熟的工业粉体，晶型十分完善而且价格昂贵。

表 4-2 四氯化钛体系，PEG 不同添加量对催化活性的影响

PEG 浓度/%	0	8	15	30
反应降解甲醛浓度/$\mu g \cdot g^{-1}$	660	780	1037	626

从表 4-2 数据可以看出，当 PEG400 的添加量为 15% 时，制得的催化剂薄膜的催化性能最好。其原因可能是因为当 PEG 添加量太少时，薄膜的孔结构形成较差，因而活性较低，而当 PEG 的添加量太大时，前驱体溶液的黏度增加，致使成膜较厚，煅烧时结炭比较严重，影响了 TiO₂ 晶型的生长，使活性下降。当 PEG 添加量为 15% 时，相对孔结构比较完善（TEM 照片也证明了这一点），前驱体黏度适中，因而薄膜催化性能相对最好。

表 4-3 四氯化钛，15% PEG400，煅烧时间对薄膜催化活性的影响

煅烧时间/h	1	2	4	8
反应降解甲醛浓度/$\mu g \cdot g^{-1}$	672	1037.3	537.5	868.5

从表 4-3 可以看出，选择煅烧时间在 2h 获得的薄膜催化性能最好。因为对于催化剂薄膜来说，煅烧时间越长，晶型结构就越为完善，薄膜活性就越高，但是煅烧时间延长也可能会使薄膜的晶粒度增加，这会影响薄膜的催化活性。这两个因素共同作用，互相影响，使得在煅烧 2h 时，薄膜的催化活性最高。

4.3.2.2 薄膜与 ITO 导电玻璃、普通玻璃基底

康眷莉等人[40]取 500mL、0℃ 高纯水倒入锥形瓶中，在剧烈搅拌下，用滴液漏斗向锥形瓶中滴加 2mL 四氯化钛。10min 后可得 TiO₂ 水溶胶，继续搅拌 30min。将 TiO₂ 水溶胶装入透析袋中，用二次水透析至 pH 值为 2.5～3.0。将透析后的 TiO₂ 水溶胶放入 60℃ 水浴中，在搅拌条件下蒸发浓缩至 80mL，置于烧杯中静置数日，可得稳定的透明 TiO₂ 溶胶。将洁净衬底材

料 ITO 玻璃片或普通玻璃片在乙醇中用超声波清洗器振荡浸润 10min。待衬底材料干燥后，将其浸入到溶胶液中，浸润后缓慢向上提拉，提拉速度为 $10mm \cdot s^{-1}$。湿膜用红外灯热处理 10min 后可重复提拉。自然冷却后得到的 TiO_2 结晶相薄膜，带有干涉条纹和金属光泽。将制备的 TiO_2 薄膜置于箱式电阻炉内焙烧，控制升温速度为 $4\sim6℃ \cdot min^{-1}$，在 500℃ 恒温 1h 后，自然冷却至室温，即得到纳米尺寸的 TiO_2 薄膜光催化剂。

选择乙酸作为目标污染物，研究乙酸光催化降解的可行性。采用镀膜 4 次的 TiO_2/ITO 薄膜和 TiO_2/玻璃薄膜以及等负载量的 TiO_2 粉末对 $25mg \cdot L^{-1}$ 的乙酸溶液进行光催化反应。实验结果见图 4-11，由图可知，经 180min 紫外光照后，采用 TiO_2/ITO 薄膜作为光催化剂时，乙酸的降解率为 59%；采用 TiO_2/玻璃薄膜作为光催化剂时，乙酸的降解率为 35%；而用等负载量的 TiO_2 粉末作为光催化剂时，乙酸的降解率仅为 20%。结果表明：三种催化剂的催化活性顺序为 TiO_2/ITO 薄膜 > TiO_2/玻璃薄膜 > TiO_2 粉末。与 TO_2 粉末和 TiO_2/玻璃薄膜相比，TiO_2/ITO 薄膜

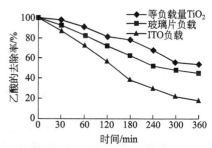

图 4-11 TiO_2/ITO 薄膜、TiO_2/玻璃薄膜与 TiO_2 粉末光催化活性比较

具有较高的光催化活性。其原因主要是由衬底材料 ITO 的性质决定的。

任学昌等人[41]将钛酸丁酯加入到 2/3 体积的正丁醇中，形成 A 液；将蒸馏水加入到剩余 1/3 体积正丁醇中，再加入冰醋酸，形成 B 液；搅拌 A 液 120min，然后缓慢将 B 液滴入并搅拌 30min，得到稳定、均匀、透明的溶胶。钛酸丁酯、冰醋酸、正丁醇、水的摩尔比为 1∶8∶10∶3。超声清洗载体并烘干，用浸渍提拉法涂膜，提拉速度为 $5cm \cdot min^{-1}$。提拉后，将釉面陶瓷和玻璃表面载体在空气中晾干后置于马弗炉内，升温至 500℃ 并保温 1h 后随炉冷却。重复 8 次，即得到所需的 TiO_2 薄膜。

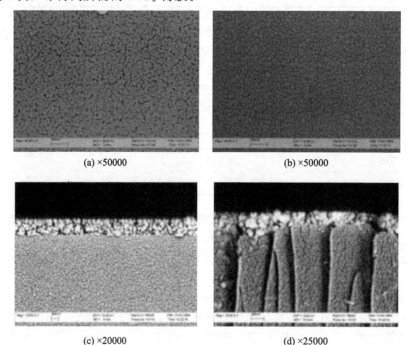

(a) ×50000

(b) ×50000

(c) ×20000

(d) ×25000

图 4-12 TiO_2 薄膜在 2 种载体的表面及横断面 SEM 图

（a）TiO_2/釉面陶瓷表面；（b）TiO_2/玻璃表面；（c）TiO_2/釉面陶瓷横断面；（d）TiO_2/玻璃横断面

图 4-12 为 TiO_2 薄膜在两种载体的表面及横断面 SEM 图。由图（a）、（b）可见，TiO_2 薄膜在两种载体表面分布均匀，在釉面陶瓷表面呈连续状分布，而在玻璃表面则出现了明显的破裂现象，呈均匀的小块状不连续分布。由图（c）、（d）可见，TiO_2 薄膜层在两种载体上均非常分明，厚度约为 300nm，TiO_2 颗粒在纳米级范围。在釉面陶瓷上的薄膜分布均匀、致密，没有出现明显的团聚现象，而在玻璃上则出现了一定的团聚现象。

为了得到两种载体 TiO_2 薄膜对水体中亚甲基蓝的光催化降解反应的级数，以 $\ln c$ 对降解时间 t 作图（图 4-13）。由图可见，两种载体 TiO_2 薄膜的 $\ln c$ 与 t 都有较好的线性关系，说明两种载体的 TiO_2 薄膜光催化降解亚甲基蓝的反应均为一级反应，其反应速率方程可表示为：

$$\ln(c_t/c_0) = -kt \tag{4-1}$$

式中，c_0 为亚甲基蓝的起始浓度，$mg \cdot L^{-1}$；c_t 为反应时间 t（min）时亚甲基蓝的浓度，$mg \cdot L^{-1}$；k 为一级反应速率常数，min^{-1}。

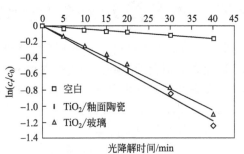

图 4-12 不同载体 TiO_2 薄膜反应时间与 $\ln(c_t/c_0)$ 的关系

表 4-4 为两种载体 TiO_2 薄膜对光催化反应动力学的影响。从表 4-4 可知，与空白相比较，两种不同载体 TiO_2 薄膜的光催化降解速率常数均明显提高，约为空白时的 6～7 倍，相应的降解半衰期也降低，说明所制得的 TiO_2 薄膜具有明显的光催化降解作用；TiO_2/釉面陶瓷降解速率常数大于 TiO_2/玻璃。由图 4-12 可见，TiO_2 薄膜在釉面陶瓷上分布均匀、致密，无团聚现象，而在玻璃上则出现了一定的团聚，团聚将导致粒径的长大及薄膜比表面积的降低，从而降低表面吸附点，导致催化活性降低。

表 4-4 不同载体 TiO_2 薄膜对光降解动力学常数的影响

载体膜	相关系数	反应速率常数/min^{-1}	半衰期/min
空白	0.9829	0.4×10^{-2}	173.25
TiO_2/釉面陶瓷	0.9955	2.94×10^{-2}	23.57
TiO_2/玻璃	0.9956	2.62×10^{-2}	26.45

4.3.3 薄膜与柔性基底的相互作用

柔性基底材料负载纳米晶二氧化钛薄膜光催化剂，可以通过柔性材料骨架结构，解决光利用效率低、应用范围窄等问题，提高了光、流体和催化剂的有效作用面积。并且由于在催化剂的制备过程中采用了溶剂热结晶法，在低温下就可形成活性的 TiO_2 锐钛矿结构，因此可以采用无纺布、织造布以及无尘纸类等不耐高温的柔性材料作为基底，成本更低，实用性更强，更具应用前景。

朱永法等人以钛酸正丁酯为前驱体，按体积比钛酸正丁酯：乙醇：二乙醇胺：水＝1：8～12：0.1～0.15：0.05～0.06 配成溶液，加入顺序为：首先将水加入乙醇溶液中，再加入二乙醇胺作为稳定剂，然后将钛酸正丁酯溶液加入到上述混合溶液中，得到淡黄色均匀透明的溶液，最后再在该溶液中加入有机添加剂作为造孔剂。优选的造孔剂为聚乙二醇或十八胺。造孔剂的加入量与前驱体溶液中乙醇的质量比为造孔剂：乙醇＝1%～30%，优选 8%～15%。将所得溶液密闭静置至少 3 天，优选 3～7 天进行成胶化，得到透明溶胶。

也可以四氯化钛为前驱体，前驱体溶液中各成分的体积比为四氯化钛：乙醇：水＝1：8～

12：0.08～0.15。加入顺序为：首先将水加入乙醇溶液中，再加入四氯化钛形成浅黄色透明溶液，最后在该溶液中加入有机添加剂作为造孔剂。优选的造孔剂为聚乙二醇、十八胺或其混合物。造孔剂的加入量与前驱体溶液中乙醇的质量比为造孔剂：乙醇≈1%～30%，优选8%～15%。将所得溶液密闭静置至少3天，优选3～7天进行成胶化，得到具有一定黏度的透明溶胶。

利用提拉镀膜的方法将制备的溶胶直接涂覆于经清洗的柔性基底材料（无纺布）上，通过旋转法甩去多余的溶胶，可通过调节溶胶的黏度以及提拉次数来控制薄膜层的厚度。干燥得到的湿凝胶薄膜，将其放入水热釜中，用乙醇-水混合溶剂，乙醇/水的比例（体积比）为0～100%，在100～180℃下使其溶剂热结晶优选至少2h。为了保证 TiO_2 薄膜的均匀性和活性，可以提拉1～4次，优选2～3次。光催化性能评价表明，该光催化剂具有很高的催化活性。

4.4　多孔及介孔薄膜光催化材料的合成方法

粉体 TiO_2 催化材料在使用上有着这样那样的缺陷，而固定化的薄模型催化剂相对于粉体来讲比表面积大大降低，传质效率也不高，一般来说，其催化效率比粉体要低一个量级。因此开发高性能光催化剂薄膜成为当前人们研究的热点之一。研究表明，在薄膜中引入适当的孔结构可以增大催化剂的比表面积，并有利于载流子的扩散，这是提高其催化性能的有效途径。对于孔径分布，一般有如下的分类：孔径大于50nm的称为大孔；孔径小于2nm的称为微孔；而孔径在2～50nm的称为中孔。经研究，当我们能够控制条件，制备出排列规整的中孔薄膜时，催化剂的活性会显著提高。因此，制备排列规整，形貌可控的中孔 TiO_2 薄膜也成为现今人们努力的一个方向。余家国等人向钛酸酯溶胶前驱体中加入聚乙二醇（PEG），随着聚乙二醇的热分解，在薄膜中产生气孔。实验发现，随PEG含量增大，气孔的数量及孔径也随之增大，同时 TiO_2 薄膜表面的羟基含量增加。而 Christophe 等人则是向 TiO_2 糊状物［水热条件下用 Ti(OBr-i) 水解制备］中加入 PEG，改变 PEG 添加量及烧结温度和时间可以控制孔径分布，并使孔粗化，所得薄膜的比表面积在 $86～126m^2 \cdot g^{-1}$。

4.4.1　软模板法

近十年来一种被称为"模板合成"的技术愈来愈引起人们的关注。其合成的原理非常简单，即控制材料在一个纳米尺寸的"区域"内成核和生长。那么，在反应充分进行后，"区域"的大小和形状就决定了产物纳米颗粒的尺寸和形状，这些"区域"就是模板合成技术中的"模板"。显然，这种合成技术可以解决颗粒尺寸均一和形状控制以及分散稳定性等在常规制备方法中常会遇到的难题。

模板的类型大致可以分为"软模板"和"硬模板"两大类。二者的共性是都能提供一个有限大小的反应空间，区别在于前者提供的是处于动态平衡的空腔，物质可以透过腔壁扩散进出。而后者提供的则是具有刚性结构的孔道，物质只能从开口处进入孔道内部。

微乳液和胶束等体系是典型的"软模板"，在纳米材料合成中已经得到广泛的应用。例如，用琥珀酸二异辛酯磺酸钠（AOT）与水和异辛烷制成的反相胶束作为模板，制成了单分散、尺寸为10nm左右的 ZnS 颗粒；用非离子表面活性剂与有机溶剂制成的微乳液作为模板，通过 TiC 与氨水溶液反应，合成了 TiO_2 纳米颗粒。纳米粒子的大小和形状取决于软模板的状态。使用这种结构多样化的体系，可得到多种形状的纳米粒子，以构筑高新技术所需的特种纳米复合材料。

聚乙二醇（PEG）是一种非离子型表面活性剂。PEG 单体（—CH_2—CH_2—O—）与水分子作用易形成多齿状链式结构。因此，在 TBT-H$_2$O-C$_2$H$_5$OH-PEG 体系中，水可能以结合水、束缚水和自由水 3 种形式存在。在 PEG 链上，以氢键形式吸附的水为结合水，使得 PEG 链式结构变得疏松，从而可以提供足够的空间来容纳水分子，这部分水为束缚水。结合水和束缚水形成后，剩余的水称为自由水。PEG 具有包裹颗粒和连接颗粒的作用，在溶胶-凝胶过程的初始阶段，TBT 与自由水作用发生的水解缩聚所形成的溶胶粒子还不能充分被 PEG 多齿状结构所包覆；进一步老化时，束缚水和结合水逐步与 TBT 发生水解缩聚反应。在温和的条件下，形成更多的溶胶粒子，而且疏松的 PEG 结构在释放出结合水和束缚水之后也逐渐变得紧密起来，因而对溶胶粒子的包覆作用更加强烈，通过溶剂化层表面的羟基作用，形成 "粒子团-PEG" 聚集体，再经过自组织过程逐步形成有序的环状网络结构。PEG 在溶胶中的作用符合图 3-21 所示的模型。

何俣采用玻璃珠为基底材料，钛酸正丁酯为前驱物，PEG400 为造孔剂制备了 TiO$_2$ 中孔纳米薄膜。室温下将 20mL 化学纯的钛酸正丁酯 Ti(OBu)$_4$ 溶液滴加到 160mL 无水乙醇中，搅拌下滴加 3mL 的 NH(OC$_2$H$_5$)$_2$ 作为稳定剂及一定含量的 PEG400 作为造孔剂，得到均匀透明的淡黄色溶液，密闭静置 5 天，得到具有一定黏度的浅黄色透明溶胶。利用浸渍-甩膜的方法将溶胶涂覆于经氢氟酸处理的玻璃珠颗粒上，前驱体薄膜在经过自然干燥后，再在空气氛中经 400℃ 热处理就可形成 TiO$_2$ 薄膜。通过提拉和灼烧的次数来控制薄膜的厚度，同时为了保证薄膜的均匀性，甩膜时要高速，而且升温速率控制在 4℃·min^{-1} 左右。

图 4-14 为 PEG400 添加量不同的样品的 TEM 照片。由图可见，添加 PEG400 之后，TiO$_2$ 薄膜中都呈现了中孔结构，孔径均在 4～5nm 左右。当 PEG 添加量较少时，薄膜的孔结构较为稀少；随着添加量的增加，孔结构变得更加致密而规整；而当 PEG 添加量过多时，由于前驱体黏度增加，致使成膜质量下降，在煅烧过程中，容易出现结炭现象。结炭的形成不仅影响了 TiO$_2$ 晶相的形成，也会覆盖部分中孔结构，使比表面积下降。因此，控制 PEG 添加量是形成规整中孔结构的关键因素。研究结果表明，当 PEG400 添加量为 15％ 时获得的中孔结构最好。

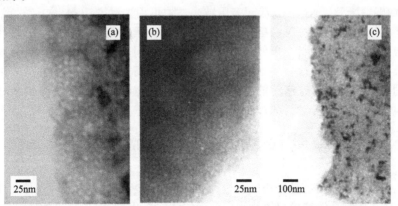

图 4-14 PEG 添加量对玻璃珠负载 TiO$_2$ 薄膜光催化剂孔结构的影响
（a）PEG400, 4%；（b）PEG400, 15%；（c）PEG400, 30%

在 4.3.1.1 中，利用钛酸正丁酯 Ti(OBu)$_4$ 溶液为前驱体，通过提拉法在不锈钢丝网负载 TiO$_2$ 薄膜。图 4-15 为不同浓度的 PEG400 溶胶制备的 TiO$_2$ 薄膜光催化剂的活性比较。由图中可见，当溶胶中 PEG400 的浓度增加时，所制得的 TiO$_2$ 薄膜光催化剂的活性增强，但是当 PEG400 含量达到一定值后，其活性又随浓度的增加而下降。当溶胶中 PEG400 的含量为 10％～15％ 时，所制得的 TiO$_2$ 薄膜光催化剂活性最佳。结合 TEM 照片可见，在溶胶中加入 PEG 后，膜光催化剂中有了一定孔径中孔结构，薄膜孔结构的产生，有利于光催化剂活性的提高。薄膜的孔径随 PEG400 的浓度变化，当含有 10%～15% 的 PEG400 的溶胶制得 TiO₂ 薄膜光催化剂形成了孔径为 8～10nm 的中孔，如此孔径的中孔形成使得光催化活性增强最大。

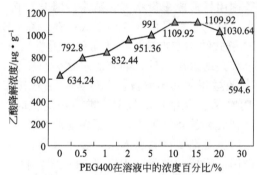

图 4-15 不同浓度的 PEG400 溶胶制备的 TiO₂ 薄膜光催化剂活性图

4.4.2　硬模板法

硬模板合成法，就是利用基质材料（多孔玻璃、分子筛、大孔离子交换树脂）中的空隙作为模板进行合成的一种方法。目前被广泛用于硬模板合成的纳米多孔模板主要有：有机聚合物膜、多孔 Al₂O₃ 膜和介孔沸石等，其它一些可被使用的模板有多孔玻璃、多孔 Si 模板、MCM-41、金属等。这种方法可以根据纳米颗粒的大小和形状来设计模板，也可以根据模板的空间限域作用和模板剂的调控作用对合成纳米颗粒的形貌、结构、大小等方面进行控制。

在制备纳米材料的方法中，硬模板法因具有许多优点而发展得比较快。其中分子筛模板法的优点有：①纳米晶粒成型后具有良好的稳定性；②反应工艺比较简单，不需特殊的反应条件，因此可大大降低成本，也可以实现大面积生长；③纳米晶粒的成长过程很容易调控，取向性较好；④模板的孔径很小，孔与孔之间相互平行并且严格垂直于表面、孔的分布均匀、空隙密度大，并且容易实现纳米阵列与基体的分离；⑤在利用模板法组装纳米材料时，由于组装模板与纳米材料之间的识别作用，而使得模板对组装的过程具有指导作用，组装过程更加完善。Martin 等用一些多孔膜作为模板，结合气相、液相反应和电沉积等方法，成功地制得了金属、导电聚合物、半导体、碳纳米管、金刚石和一些难以用其它方法制得的纳米线、纳米管或量子点所组成的有序阵列。例如，直径小于 3nm 导电聚合物纳米线、直径为 4nm 的单壁碳纳米管、Ni₈₀Fe₂₀/Cu 多层纳米丝均可用这种方法制得。

综上所述，硬模板合成法对制备条件要求不苛刻，操作简单，较易实施，特别是用该法通过调整模板的各种参数和制备条件，可设计组装出不同尺寸和结构的单组分或复合纳米结构体系；在尺度上可以突破刻蚀技术中刻蚀区域较小的局限，从某种程度上来说真正实现了对纳米结构的有效控制，具有广泛的适用性和前沿性。由于它能同步进行纳米材料和纳米结构的合成与组装，这对纳米材料的批量化生产和应用有重要意义。

4.5　TiO₂ 纳米管阵列光催化薄膜

纳米二氧化钛由于其具有粒径小、比表面积高、吸收紫外线能力强、光催化性能好，且热导性好、易分散、所制悬浮液稳定等优点而备受关注。与 TiO₂ 纳米颗粒相比，TiO₂ 纳米管具有更高的比表面积、更高的光催化活性和更强的吸附能力，在光催化剂、太阳能电池、气敏传感材料、催化剂载体和超级电容器方面有着广泛的应用。制备和开发 TiO₂ 纳米管已成为国内外的一个研究热点。但是，TiO₂ 纳米管在使用中存在难回收的问题，所以，制备有序排列的 TiO₂ 纳米管阵列是 TiO₂ 纳米管制备研究领域的一个重要发展方向。TiO₂ 纳米管阵列具有易回收、能重复使用等优点，是目前 TiO₂ 纳米管制备和使用研究中新的热点。

4.5.1　模板法制备 TiO₂ 纳米管阵列

目前，多孔氧化铝模板[42] 是使用最多的有序模板，另外还有高分子[43] 及表面活性剂模板。通过电化学沉积、溶胶-凝胶、溶胶-凝胶-聚合等方法可以在模板内获得有序排列的二氧化钛纳米管，然后可以根据模板的性质采用煅烧、酸或碱溶解等方法去除模板。李晓红[42]等用自制的多孔阳极氧化铝模板（PAA）浸入 TiO_2 溶胶中数分钟后取出，空气中干燥 30min 后在马弗炉中煅烧。发现 TiO_2 纳米管的管长和厚度可以通过改变沉浸时间来调节。沉浸时间增加，则管长和厚度均增加。田玉明[44]将 PAA 模板做阴极、铂钛网做阳极，浸入自制的 TiO_2 溶胶中，施加 2V 电压，3min 后将 PAA 板带电取出，自然干燥后 500℃煅烧 30min，然后在 H_3PO_4（6%）和 H_2CrO_4（1.8%）混合液中浸泡 30min，溶去模板，制成 TiO_2 纳米线阵列。每根线都有周期性凹凸，形状与糖葫芦相似，称之为糖葫芦状纳米线阵列。模板法简单，不需要特殊的设备，但是缺点是纳米管管径依赖于模板孔径，一般管径较大，管壁较厚。

4.5.2　在基底物质表面制备 TiO_2 纳米管阵列

通过阴极溅射技术将钛或二氧化钛在基底物质表面制成薄膜，然后通过阳极氧化、水热法或其它纳米管的制备方法制备有序排列的 TiO_2 纳米管[45,46]。要求用作基底的物质，不易和电解液及酸碱发生化学反应，具有化学稳定性和热稳定性。该方法的缺点是需要阴极溅射设备，有些单位没有财力购置，限制了它的使用。Masahire M 等在氩气中通过阴极溅射技术在刚玉表面镀上 200nm 厚的钛薄膜，接着将此镀了钛薄膜的刚玉放入 NaOH 溶液中，用水热法在刚玉表面制得一层高亲水性、透明的、排列整齐的 TiO_2 纳米管，通过煅烧变成锐钛矿型 TiO_2 纳米管。

4.5.3　阳极氧化法制备 TiO_2 纳米管阵列

阳极氧化法是以钛板为基体，在电解质溶液中腐蚀而获得 TiO_2 纳米管。这种方法可以制得排列整齐的纳米管，通过改变阳极电位、电解液浓度、温度可得到不同尺寸的 TiO_2 纳米管。宾夕法尼亚的研究小组提出了阳极氧化法制备 TiO_2 纳米管形成的基本机理。①金属表面的氧化物生长是由于金属与 O^{2-} 或 OH^- 的作用。形成了最初的氧化层后，这些阴离子通过氧化层到达了金属-氧化物界面。②在金属-氧化物分界面 Ti^{4+} 从金属中迁移，在电场的作用下 Ti^{4+} 迁移到氧化物-电解液界面。③在氧化物-电解液界面，电场支持了氧化物的溶解。由于电场的存在，Ti—O 键经历了极化作用而变弱，Ti^{4+} 在电解液中溶解，自由 O^{2-} 阴离子迁移到金属-氧化物分界面与金属相互作用。④阳极氧化过程中，在电解液的作用下，金属或者氧化物也发生化学溶解。TiO_2 在 HF 电解液中的化学溶解在纳米管的形成过程中起到了重要作用，并且溶解决定了纳米管层的厚度。林洁使用阳极氧化方法制备 TiO_2 纳米管阵列[47]。钛板（厚度约 $250\mu m$）在硝酸-氢氟酸混合溶液中化学抛光后，放入 0.5%（质量分数）氢氟酸和 $1.0mol \cdot L^{-1}$ 磷酸混合液的电解池中，室温下两电极体系 20V 恒电压阳极氧化 30min。制得样品用去离子水清洗后，在 450℃煅烧 24h。

4.5.4　钛合金氧化制备复合金属氧化物纳米管阵列

近年来，在合金表面制备纳米管引起了越来越多的兴趣，一些二元及多元合金相继制成了混合氧化物纳米管，比如 Ti/Al[48]、Ti/Mn[49]、Ti/Zr[50]、Ti/Nb/Zr[51]。这种混合氧化物介于两种元素的氧化物之间，与其中任何一种氧化物的性质均不相同；纳米管的化学组成与合金元素的含量有关，而有时两种元素又似乎有协同作用，同样条件下均比单一元素形成的纳米管长[49]。

相对于单一尺寸的纳米管阵列，有些合金的电化学氧化可以同时获得两种管径不同的纳米管。两种纳米管的管径和厚度都可以通过控制电解条件来调节。这种双峰纳米管由不同种元素构成，可以表现出两种尺寸效应，从而表现双重功能或新的特性。Tsuchiya H[52]等将 Ti-29Nb-13Ta-4.6Zr 合金在 $(NH_4)_2SO_4$-NH_4F 溶液中电解，生成大小两种管径的纳米管，在表面上管径大的较突出，小的凹陷一些，其管径和厚度仍由电压和时间决定。甚至有些二元合金也形成了双峰纳米管。例如，Feng X J[53]等将 $Ti_{45}Nb$ 合金在 $(NH_4)_2SO_4$-NH_4F 溶液中电解制得两种管径不同的纳米管，两种管径大小均与电压成线性关系。合金表面制备纳米管阵列的关键在于合金元素中不稳定元素的溶解以及不同相间反应速率的不同。

这种方法或许可以发掘出纳米管的一些潜在用途。比如，金属氧化物的掺杂，而合金表面的纳米管结构也可以看作是对合金的一种包覆。但对钛合金制备纳米管的研究目前还限于国外，国内对该领域的研究未见报道。

4.5.5　自组装制备特殊功能 TiO_2 纳米管阵列

纳米结构的自组装体系是指通过弱的和较小方向性的非共价键，如氢键、范德华键和弱的离子键协同作用把原子、离子或分子连接在一起，构筑成一个纳米结构或纳米结构的花样。自组装过程的关键不是大量原子、离子、分子之间弱作用力的简单叠加，而是一种整体的、复杂的协同作用。目前，二氧化钛纳米管和高分子材料的组装引起了越来越多的关注。Miyauchi M[54]等将二氧化钛纳米管、聚乙烯亚胺（PEI）、聚二烯丙基二甲基氯化铵（PDDA）分别制成凝胶状态，用耐热玻璃或硅片做基底，将基底先浸入 PEI 溶胶 10min，然后分别浸入 TiO_2 纳米管溶胶和 PDDA 溶胶 10min，重复 8 次，然后在 200W Hg-Xe 灯下照射 20h，则层间的多聚阳离子通过光照氧化为 NH_4^+，于是形成附着在基底上的钛酸铵盐纳米管薄膜。该薄膜纳米管具有低反射、透明、高亲水的特性。因为重复 8 次沉浸的缘故，SEM 显示该薄膜为一层层的纳米管结构，共 8 层，虽然是锐钛矿结构，薄膜表面仍呈现纤维状结构。Huang J G 等[55]在多孔氧化铝模板的孔中一层层装入聚乙烯亚胺（PEI）、聚丙烯酸（PAA）、钛酸正丁酯 $[Ti(O_nBu)_4]$/聚乙烯醇（PVA），然后重复 $Ti(O_nBu)_4$/PVA 循环 N 次，则形成 PEI/PAA/$(TiO_2/PVA)_n$ 复合物纳米管，最后将模板浸入 KOH 溶液中去除。他们还用这种方法成功地将金纳米颗粒植入到 TiO_2 纳米管中。这种自组装纳米管可以根据不同的需要进行设计，制备具有奇特功能的复合纳米材料，有着广阔的应用前景。

近年来，人们发现 TiO_2 光催化材料还具有净化空气、杀菌、除臭、超亲水性等功能，并已经广泛应用于抗菌陶瓷、空气净化器、不用擦拭的汽车后视镜等领域。尤其是超亲水性的研究引起了很多学者的兴趣，因为在现代社会随着玻璃幕墙、玻璃屋顶、玻璃结构在高层建筑中的大规模应用，玻璃的清洁问题越来越突出。采用高空人工擦洗或采用擦窗机清洁玻璃既不经济又不方便，寻求一种具有自我清洁功能的玻璃已成为世界各国研究的热点和难点。传统的润湿自洁和机械自洁难以满足现实清洁的要求。自清洁玻璃是在玻璃表面镀上具有光催化降解性能的纳米半导体氧化物（目前主要是 TiO_2）薄膜，从而使玻璃具有降解污渍、杀毒消菌的作用；再利用雨水等自然条件和 TiO_2 的超亲水性达到自清洁的目的。但超亲水性只有在紫外光下才能表现出来，这就在一定程度上限制了 TiO_2 玻璃薄膜的发展和应用[2~4]。

4.6　可见光响应型 TiO_2 薄膜

由于 TiO_2 作为光催化材料具有很大的优越性，因此以 TiO_2 为基础物质的复合半导体材料对可见光响应的研究是可见光光催化剂研究的主要内容。目前采用新的制备技术制备高性能离子掺杂和薄膜光催化剂是 TiO_2 光催化发展的新趋势，此研究可能在太阳能利用方面取得突破性进展[56]。采用金属离子植入、射频磁电管溅射沉积新技术对 TiO₂ 进行电子性能修饰，可以提高 TiO₂ 的可见光吸附和可见光光催化性能[57,58]，不同金属红移效率的顺序为：V＞Cr＞Mn＞Fe＞Ni，这样的红移可以使金属离子植入的 TiO₂ 更有效的利用太阳光，效率达到 20%～30%。该工艺不仅可以应用于 TiO₂ 粉体，也可应用于薄膜和高度分散负载于沸石上的 TiO₂ 光催化剂。

通常认为，Pt 负载 TiO₂ 光催化剂是在紫外光下光解水最具应用前景的催化剂之一，但它在可见光下没有催化活性。用磁电管溅射沉积法，以石英或金属钛为载体制备的 Pt 掺杂 TiO₂ 薄膜，在低的沉积温度（200℃）下为紫外光型 TiO₂，高温（600℃）下为可见光型 TiO₂。光催化结果表明：可见光型 TiO₂ 能在 450nm 的可见光光照下分解水，而且其紫外光催化活性也比普通的 TiO₂ 强[59]。采用溶胶-凝胶法在玻璃表面旋转涂镀制备的 CdS-TiO₂ 复合薄膜，对可见光具有好的催化活性，其可见光的利用率为 51%，远比纯 TiO₂ 薄膜对可见光的利用率（5%）高[60]。

半导体纳米 TiO₂ 因其化学性质稳定、无毒和能有效去除大气和水中的污染物，而成为解决能源和环境问题的理想材料，并引起了各国研究者广泛的兴趣。TiO₂ 用途很广，能够把多种有机污染物光催化降解为无毒的小分子化合物，如水、CO₂、无机酸等；去除溶液中的重金属离子，将其还原为无毒的金属；光解水为 H₂ 和 O₂ 来获取氢能；应用于太阳能电池把太阳能有效转换为化学能。但是 TiO₂ 是宽禁带（$E = 3.2eV$）半导体化合物，只有波长较短的太阳光能（＜387nm）才能被吸收，而这部分紫外线（300～400nm）只占到达地面上的太阳光能的 4%～6%，太阳能利用率很低。而可见光却占了太阳光能总能量的 45%，因此缩短催化剂的禁带宽度使吸收光谱向可见光扩展是提高太阳能利用率的技术关键。掺杂入 TiO₂ 的离子一般包括过渡金属离子、稀土金属离子、贵金属离子以及其它离子。研究表明，适当的离子掺杂一般可以加强 TiO₂ 在可见光范围的扩展程度和吸收强度，但掺杂的 TiO₂ 的光催化活性与掺杂离子的种类、浓度、制备方法以及后处理等多种因素都有关系。

4.6.1　金属离子掺杂

高远等[61]以稀盐酸和钛酸丁酯为原料，采用 sol-gel 法制备了掺杂稀土的光催化剂 RE/TiO（RE＝La、Ce、Er、Pr、Gd、Nd、Sm），并以 NO₂ 为目标降解物，考察了其光催化氧化活性。结果表明，适量 RE 的掺入可有效扩展 TiO₂ 的光谱响应范围，有利于 NO₂ 的吸附，使 TiO₂ 活性均有不同程度的提高。其中掺杂 Gd 样品的红移最大，光催化活性最高，其最佳掺杂量为 0.5%（质量分数）。

张峰等[62]用共溶液掺杂法掺入 Rh、V、Ni、Cd、Cu、Fe 等金属元素后，发现在 400～600nm 范围内光响应普遍增强，其中 V 最为显著。当 V 掺杂量为 1% 时，TiO₂ 可见光下降解 H₂S 溶液的活性提高了近 3 倍。试验证实了 V 以离子形式存在，并以间隙离子的形式存在于 TiO₂ 晶格中。在 H₂ 气氛中的粉末电导研究表明 V/TiO₂ 表现出杂质半导体的导电行为，并且得出杂质跃迁所需的电导活化能低于本征激发活化能的结论，从而解释了 V/TiO₂ 对可见光具有较佳光谱响应的原因。

4.6.2　非金属离子掺杂

4.6.2.1　氮掺杂 TiO₂ 薄膜

Asahi 等对氮掺杂 TiO₂ 可见光响应型光催化剂进行了研究。采用 RF 磁控溅射法制备了掺氮的二氧化钛（$TiO_{2-x}N_x$）薄膜，将在 N₂（40%）/Ar 的混合气体中溅射的 TiO₂ 膜在 550℃ 氮气中加热 4h，使之晶化而得到黄色的透明膜。根据 X 射线衍射分析，膜具有锐钛矿和金红石的混合结晶相。比较样品是在 O_2（20%）/Ar 气氛中溅射的 TiO_2 膜，并在 550℃氧气中加热 4h 得到的。两种膜的吸收谱表明 $TiO_{2-x}Nx$ 薄膜可吸收 400nm≤λ≤ 520nm 波段的可见光，而 TiO_2 膜却不能吸收这部分波长的能量，这是由于 N 掺杂形成了新能级。两者在不同波长下的光催化降解亚甲基蓝试验表明，在紫外光照射下，$TiO_{2-x}Nx$ 薄膜与 TiO_2 薄膜具有同等的活性，但在 400nm≤λ≤520nm 的可见光区域，$TiO_{2-x}Nx$ 也显示高的光催化活性。通过把锐钛矿 TiO_2 粉（ST01）放在 NH_3（67%）/Ar 气氛中 600℃热处理 3h 制备了 $TiO_{2-x}Nx$ 粉末，研究了其在紫外光（λ_{max} = 351nm）和可见光（λ_{max} = 436nm）条件下光解乙醛的活性。结果表明 $TiO_{2-x}Nx$ 粉末在紫外光照射下与 TiO_2 粉末具有同等的活性，但在可见光区域 $TiO_{2-x}Nx$ 显示了较高的光催化活性。理论上计算了掺 N 的 TiO_2 的带结构，认为 TiO_2 中的 O 位置被 N 原子取代，掺氮 TiO_2 的可见光响应归因于 N 的 2p 通过与 O 的 2p 态的混合而导致禁带宽度的变窄。

4.6.2.2　碳掺杂 TiO_2 薄膜

Choi 等采用大气中氧化退火 TiC 的方法制备了 TiO_2 光催化剂。结果表明 TiC 在 623K 和 1023K 温度下退火后，分别得到锐钛矿相和金红石相，而在 673～873K 温度区间退火，则得到锐钛矿和金红石的混合相。紫外光下分解水制氢试验表明，氧化 TiC 方法得到的掺碳 TiO_2 的光催化性能高于纯 TiO_2，但样品的光吸收性能和可见光下光催化性能尚未见报道。

4.7　氮掺杂可见光响应型二氧化钛的制备方法

4.7.1　溅射法制备掺氮 TiO_2

溅射是在真空下电离惰性气体形成等离子体，离子在靶偏压的吸引下，轰击靶材，溅射出靶材离子沉积到基片上。磁控溅射利用交叉电磁场对二次电子的约束作用，使二次电子与工作气体的碰撞电离概率大大增加，提高了等离子体的密度。按磁控溅射中使用的离子源的不同，分为直流反应磁控溅射、交流反应磁控溅射、脉冲磁控溅射、射频磁控溅射、微波-ECR（电子回旋共振）磁控溅射、等离子增强磁控溅射等。从理论上讲，以上方法都可以制备掺氮 TiO_2 薄膜，但目前有报道的方法只有直流反应磁控溅射[63,64]、射频磁控溅射[65]。Asahi[66] 等人在 N_2/Ar 比为 2：3 气氛中溅射 TiO_2 靶，制备掺氮的 TiO_2 薄膜，再在 550℃下 N_2 气氛中煅烧 4h，制得掺氮 TiO_2 薄膜。Lindgren[63] 用直流磁控溅射的方法，以金属 Ti 作为靶，在 O_2、N_2、Ar 气氛中制备了掺氮 TiO_2 薄膜；在模拟日光的照射下，掺氮 TiO_2 的光电响应优于未掺杂 TiO_2。Irie 用射频磁控溅射的方法，用金属 Ti 作为靶，在 N_2O 与 Ar 的混合气氛中沉积掺氮 TiO_2，接着在 550℃下 O_2、N_2、NH_3 的气氛中煅烧得到含氮量不同的 TiO_2。在亲水性实验中发现可见光下接触角随着 N 含量的增加而减小，最小约 6°，而一般情况下 TiO_2 只有在紫外光下才有超亲水性。

4.7.2　脉冲激光沉积

脉冲激光沉积（PLD）的基本原理是将脉冲激光器所产生的高功率脉冲激光束聚焦于靶材表面，使靶材表面产生高温高压等离子体，这种等离子体在基片表面沉积而成薄膜。特点是能量在空间和时间上高度集中，可以解决难熔材料的沉积问题，易于在室温下沉积取向一致的高质量薄膜。Yoshiaki 等人在一定比例氮气和氧气的混合气氛中，用波长为 532nm，频率为 10Hz 的脉冲激光照射 TiN 和 TiO_2 靶，产生高温高压等离子体，在 Si 和 SiO_2 上沉积了掺氮 TiO_2 薄膜。

4.7.3　加热法

加热法就是将二氧化钛或二氧化钛前体放在空气或含氮的气氛中煅烧，通常是 NH₃、N₂ 或是 NH₃ 与 Ar 的混合气体，通过不同的温度和不同的气氛制备含氮量不同的 TiO₂。Asahi 将 ST-01 粉末（Ishihara 公司生产）在 NH₃（67%）/Ar 气氛煅烧，Irie[65] 在 NH₃ 的气氛中煅烧 ST-01 粉末，都得到掺氮 TiO₂ 粉末。Miyauchi 用 SiO₂ 覆盖的耐热玻璃作为衬底，用提拉法将二氧化钛胶体涂抹在衬底上，提拉过程保持在干燥的氮气中，之后在 500℃ 下煅烧 30min，重复多次，最后在氨气气氛中煅烧，得到掺氮薄膜[67]。

4.7.4　离子注入法

Okada[68] 等人以导电玻璃为衬底，用直流磁控溅射法，以金属 Ti 为靶电极，在 O₂（13%）/Ar 的气氛中沉积了纯 TiO₂ 薄膜，最后用离子轰击表面。他们发现如果仅仅用 N⁺ 处理，光催化活性反而下降，Diwald[69] 等人也发现类似的情况，他们用 N⁺ 和 H⁺ 同时轰击 TiO₂ 薄膜，得到掺氮 TiO₂。在降解亚甲基蓝的实验中，发现当作用离子的能量为 0.2 keV 时，可见光活性最好。由此可见，注入离子种类和注入离子能量与可见光活性密切相关。

4.8　薄膜光催化剂的应用

4.8.1　在抗菌上的应用

抗菌是指 TiO₂ 在光照下对环境中的微生物有抑制或杀灭作用。家居环境中的一些潮湿的场合如厨房、卫生间等，微生物容易繁殖，导致空气中菌浓度和物品表面菌浓度增加，对人体的健康产生威胁。实验证明 TiO₂ 具有分解病原菌、毒素的作用。在玻璃上涂一薄层 TiO₂，光照 3h 就能达到杀灭大肠菌的效果，光照 4h 毒素的含量可控制在 5% 以下。目前已经开发出了抗菌荧光灯、抗菌纤维、抗菌建材、抗菌涂料和抗菌陶瓷等。TiO₂ 光催化剂不仅能降低细菌的生命力，而且能攻击细菌的外层细胞，穿透细胞膜结构，彻底地分解细菌，去除内毒素，排除二次污染。所以，抗菌纳米 TiO₂ 比其它一些无机杀菌剂和有机杀菌剂更具有抗菌长效性和杀菌彻底性，在抗菌涂料这一领域可以得到广泛的应用。将 TiO₂ 固定于玻璃纤维网上形成催化膜，深度净化饮用水，降低自来水中总有机物量和细菌总数，全面改善水质，达到了直接饮用的安全标准。

4.8.2　TiO₂ 薄膜自清洁作用

自清洁玻璃是在玻璃表面镀上具有光催化降解性能的纳米半导体氧化物（目前主要是 TiO₂）薄膜，从而使玻璃具有降解污渍、杀毒消菌的作用。同时，由于纳米 TiO₂ 薄膜的亲水性，使各种有机及无机物污渍很容易在水的作用下从玻璃表面被冲洗下来。自洁玻璃通过以下两个步骤发挥功效，以达到清除玻璃表面污渍的效果：

（1）催化降解污渍　通过光催化过程，金属化合物薄膜与阳光中的紫外线发生反应，将玻璃表面的污渍降解，使有机污渍松散分裂。

（2）冲洗掉污渍　当雨水落到玻璃表面上时，由于自洁玻璃具有很强的亲水性，雨水不会聚集在一处而是扩散到整个玻璃表面，然后冲洗掉玻璃表面的灰尘污渍。比起普通的玻璃，雨水能够快干且不易留下难看的痕迹。

自洁玻璃上所镀的薄膜应具有相当的硬度，在使用时不会被刮掉或剥落，从而可以持续发挥作用，这样就减少了大量的清洗工作。而且由于减少了清洗次数及清洁剂的用量，从而保护了环境。不仅如此，自洁玻璃还有杀菌、消毒、消除异味的功能，它可以催化分解环境中的某些有害气体，使之分解成无害物质，它甚至还可以杀死空气中的细菌和病毒。由于自洁玻璃可以与紫外线反应，因而减少了进入房间内的紫外线的量。自洁玻璃可谓是一种典型的环境材料。它几乎可以用于所有户外应用场所，例如窗户、温室、汽车玻璃、大厦幕墙和玻璃屋顶等，尤其适用于人工难以接近的天窗、幕墙等，因而给人们的生活省去了很多的麻烦。

4.8.3 TiO₂薄膜可作为亲水防雾涂层

当水蒸气凝结到镜子或者玻璃表面时会形成雾，有无数小水滴附着于表面对光产生散射。在一个超亲水的表面上，水能够在其上自由铺展，不会聚集而形成小液滴，而是在表面形成一个均匀一致的水膜，这层水膜对光线不会产生散射，而且，由于铺展后的水膜较薄，更容易快速挥发。TiO₂表面具有两性，其憎水性同样在应用中具有积极意义，可以用于防水表面处理，水只能以水珠的形状滚落而不会沾湿表面。

参考文献

[1] Wang R，Hashimoto K，Fujishima A. Nature，1997，388：431.

[2] Fujishima A. Recent progress intitanium dioxide photocatalysis［C］，全国光催化学术会议论文集，2002.

[3] Fujishima A. Recentprogress intitanium dioxide photocatalysis［C］，National Conference on Photocatalysis Conference Corpus，2002.

[4] Bach U，Lupo D，Comte P，et al. Nature，1998，395（8）：583.

[5] O'Regan B，Gratzel M. Nature，1991，353：737.

[6] Kormann C，Bahnemann D W，Hoffmann M R. Environ. Sci. Technol.，1991，25（3）：494.

[7] 扬永来，宁桂玲，吕秉玲. 材料导报，1998，12（2）：11.

[8] Haas V，Birringer R，Gleiter H. Mater. Sci. Eng. A，1998，246（1-2）：86.

[9] Nishikawa T，Nakajima T，Shinohara Y. J. Mole. Structure：Theochem.，2001，545（1）：67.

[10] Serpone N，Salinaro A，Emeline A，et al. J. Photochem. Photobiol. A：Chem.，2000，130（2）：83.

[11] Sclafani A，Palmisano L，Schiavello M. J. Phys. Chem.，1990，94（2）：829.

[12] Gerscher H，Heller A. J. Phys. Chem.，1991，95（13）：5261.

[13] Sun T，Ying J. Nature，389（16）：704.

[14] Zhang Y，Crittenden J C，Hand D W. Chem. & Ind.，1994，19（9）：714.

[15] Goswami D Y，Trivedi D M，Block S S. J. Sol. Energ-t Asme，1997，119（1）：92.

[16] Becker W G，Truong M M，Ai C C，et al. J. Phys. Chem.，1989，93（12）：4882.

[17] 孙奉玉，吴鸣，李文钊. 催化学报，1998，19（2）：121.

[18] Sun L C，Hou P. Thin Solid Films，2004，455：525.

[19] Yang T S，Shiu C B，Wong M S. Surf. Sci.，2004，548：75.

[20] Choi Y, Yamamoto S, Umebayashi T, et al. Solid State Ionics, 2004, 172: 105.

[21] Takeuchi M, Yamashita H, Matsuoka M, et al. Catal. Lett. , 2000, 66: 185.

[22] 张健, 吴全兴. 稀有金属快报, 2005, 24 (3): 1.

[23] 张伟进, 贺蕴秋, 漆强. 功能材料, 2006, 36 (10): 1590.

[24] Bavykin D V, Savinov E N, Smirniotis P G. React. Kinet. Catal. Lett. , 2003, 79 (1): 77.

[25] 国伟林, 姬广磊, 王西奎. 中国粉体技术. 2004, 5: 15.

[26] 方吉祥, 赵康, 谷臣清. 功能材料. 2002, 33 (6): 664.

[27] 冯海涛, 王芬, 同小刚. 陶瓷, 2006, 2: 16.

[28] 国伟林, 王西奎. 化工技术与开发, 2004, 33 (5): 1.

[29] Rogers K D, Lane D W, Painter J D, et al. Thin Solid Films, 2004, 466: 97.

[30] Okuya M, Nakade K, Osa D, et al. J. Photochem. and Photobiol. A. Chem. , 2004, 164: 167.

[31] 马铭, 翁文剑, 杜丕一. 硅酸盐学报, 2005, 33 (1): 120.

[32] 乔俊强, 孙晓军, 孙英杰. 电镀与涂饰, 2005, 24 (11): 8.

[33] 张欣宇, 陈铁群, 王春艳. 电镀与精饰, 2005, 27 (5): 21.

[34] 武朋飞, 李谋成, 沈嘉年. 中国腐蚀与防护学报, 2005, 1 (25): 53.

[35] 唐光昕, 张人佶, 颜永年. 稀有金属, 2004, 28 (4): 790.

[36] 卢晓平, 戴文新, 王绪绪. 应用化学, 2004, 21 (11): 1086.

[37] 朱永法, 李巍, 何俣, 尚静. 高等学校化学学报, 2003, 24 (3): 465.

[38] Zhang L, Zhu Y F, He Y, et al. Appl. Catal. B. Environ. , 2003, 40 (4): 287.

[39] 朱永法, 张利, 王莉等. 化学学报, 2000, 58 (4): 467.

[40] 康眷莉, 隋海清, 全玉莲等. 环境保护科学, 2008, 34 (5).

[41] 任学昌, 史载锋, 孔令仁. 中国环境科学, 2005, 25 (5): 535.

[42] 李晓红, 张校刚, 力虎林. 高等学校化学学报, 2001, 22 (1): 130.

[43] Huang C M, Liu X Q, Liu Y P. Chem. Phys. Lett. , 2006, 432: 468.

[44] 田玉明, 徐明霞, 刘祥志等. 催化学报, 2006, 27 (8): 703.

[45] Miyauchi M, Tokudome H. Mater. Chem. , 2007, 17: 2095.

[46] Premchand Y D Thierry D, Florence V. Electrochem. Commun. , 2006 (8): 1840.

[47] Lin J, Zong R L, Zhou M, Zhu Y F. Appl. Catal. B: Environmental, 2009, 89: 425.

[48] Bayoumi F M, Ateya B G. Electrochem. Commun. , 2006 (8): 38.

[49] Mohapatra S K, Krishnan S R, Mano M, et al. Electrochim. Acta, 2007, 53: 590.

[50] Oliveira N T C, Biaggio S R, Nascente P A P, et al. Electrochim. Acta, 2006, 51: 3506.

[51] Oliveira N T C, Biaggio S R, Piazza S, et al. Electrochim. Acta, 2004, 49: 4563.

[52] Tsuchiya H, Macak J M, Ghicov A, et al. Electrochim. Acta, 2006, 52: 94.

[53] Feng X J, Macak J M, Schmuki P. Electrochem. Commun. , 2007 (9): 2403.

[54] Miyauchi M, Tokudome H. Thin Solid Films, 2006, 515: 2091.

[55] Huang J G, Kunitake T. Mater. Chem. , 2006, 16: 4257.

[56] Anpo M. New Trends in the science and technology of TiO$_2$ photocatalysts: design

and development of new types of highly functiona ltitanium oxide-based photocatalysts [A]. In: Li C. The 3rd Asia-Pacific Congress on Catalysis [C]. Dalian: Dalian Institute of Chemical Physics Press, 2003, 2: 4.

[57] Anpo M, Takeuchi M. J . Catal. , 2003, 216 (1-2): 1.

[58] Yamashita H, Harada M, Misaka J, et al. Catal. Today, 2003, 84 (3-4): 191.

[59] Kitano M, Kikuchi H, Hosoda T, et al. Photocatalytic decomposition of water into H_2 and O_2 using the visible-light-responsive TiO_2 thin film photocatalysts [A]. In: Li C. The 3rd Asia-Pacific Congress on Catalysis [C]. Dalian: Dalian Institute of Chemical Physics Press, 2003, 3: 574.

[60] Wang C Y, Shang H M, Tao Y, et al. Sep. Purif. Technol. , 2003, 32 (1-3): 357.

[61] 高远, 徐安武, 祝静艳等. Re/TiO_2 用于 NO_2 光催化的研究. 催化学报, 2001, 22 (1): 53-56.

[62] 张峰, 李庆霖, 杨建军, 张治军. TiO_2 光催化剂的可见光敏华研究. 1999, 20 (3): 329-332.

[63] Lindgren T, Mwabora J M, Avendano E, et al. J. Phys. Chem. B. , 2003, 107 (24): 5709.

[64] Kazemeini M H, Berezin A A, Fukuhara N. Thin Solid Films, 2000, 372 (1-2): 70.

[65] Irie H, Washizuka S, Yoshino N, et al. Chem. Commun. , 2003: 1298.

[66] Asahi R. Morikawa T. Ohwaki T, et al. Visible-light photocatalysis in nitrogen-doped titanium oxides. Science. 2001, 293: 269-271.

[67] 杉原慎一. 工业材料, 2002, 50 (7): 33.

[68] Okada M, Yamada Y, Jin P, et al. Thin Solid Films, 2003, 442: 217.

[69] Diwald O, Thompson T L, Goralski E G, et al. J. Phys. Chem. B, 2004, 108: 52.

第5章
TiO₂ 光催化材料的活性提高

    自 1972 年日本的 Fujishima 和 Honda[1]发现 TiO₂ 单晶电极可分解水，由此开始了对光催化反应的研究。1976 年，Frank 提出半导体材料可用于光催化降解有机污染物。经过 30 多年广泛而深入的研究，TiO₂ 在光催化基础理论探索和光催化环境净化应用中的研究得到了迅速的发展。TiO₂ 受研究者们青睐基于以下几个原因：①TiO₂ 是一种常见的化工产品，钛元素在地壳中的含量较高是铜含量的 61 倍，而且 TiO₂ 作为白色颜料已有广泛应用，它是一种廉价易得的半导体物质；②TiO₂ 的化学性质稳定，光化学稳定性也非常高，具有高熔点（1855℃）和很好的抗腐蚀性，在光催化反应过程中没有光腐蚀现象发生；③TiO₂ 无毒，对环境友好，但是纳米 TiO₂ 对细胞具有一定的杀伤能力，因此纳米粉体的安全性有待进一步深入研究；④在紫外光照射下，光催化氧化能力强，几乎能够破坏所有有机污染物。另外，TiO₂ 作为光电转换材料，在太阳能利用、环境保护、卫生医疗等许多领域引起了研究人员的关注，在许多基础试验和应用方面得到了大量的研究[2~4]。

5.1 影响光催化材料活性的主要因素

    半导体的光催化特性已经被许多研究所证实，但从利用太阳光的效率来看，还存在以下主要弊端：一是半导体的光吸收波长范围狭窄，只有在紫外区才有吸收，太阳光利用率低；另一是光生载流子的复合率很高，导致量子效率较低。例如，最常用的 TiO₂ 半导体光催化剂的光吸收阈值为 387.5nm，吸收光在近紫外区，量子效率较低（<1%）。这些都制约了半导体作为光催化剂技术的广泛应用。如何提高光催化剂的量子效率以使该技术在经济上能为人们所接受是目前国际光催化领域的研究焦点之一。

    实际上，从半导体的光催化特性被发现起，人们就开始了对半导体光催化剂改性的研究。改性的目的和作用包括提高激发电荷分离；抑制载流子复合以提高量子效率；扩大起作用光的波长范围；改变产物的选择性或产率；提高光催化材料的稳定性等，这些其实也是量度半导体光催化剂好坏的指标。

    为了提高半导体催化剂的光催化活性，目前的主要方法是对现有催化剂的结构和组成进行改性，例如：对催化剂的晶相结构与缺陷的控制、调节能带位置、降低晶粒尺寸、过渡金属离子掺杂、非金属离子掺杂、贵金属表面沉积、表面光敏化、半导体复合和制备中孔结构光催化剂等；或者是将光催化过程与外场进行耦合，主要包括：微波、超声波、热场、电场。

5.2 TiO₂ 晶相结构与缺陷的控制

自然界中 TiO₂ 有三种晶体结构：金红石（rutile）、锐钛矿（anatase）和板钛矿（brookite）。目前，在光催化应用中，主要是金红石和锐钛矿两种，锐钛矿显示出比较高的光催化活性[5]。这三种晶体结构的共同点是：组成结构的基本单元都是 TiO₆ 八面体。它们的区别是：各自具有不同的八面体组装模式和八面体扭曲。锐钛矿结构是由 TiO₆ 八面体共边组成，而金红石和板钛矿结构则是由 TiO₆ 八面体共顶点且共边组成。锐钛矿的八面体有着严重的扭曲以至于它的对称性要比正交晶系低（实际上它可以看成是一种四面体结构），而金红石和板钛矿的八面体则显示轻微的正交晶系的扭曲[6]。图 5-1 是锐钛矿和金红石型 TiO₂ 的晶体结构示意图。锐钛矿型 TiO₂ 属于四方晶系，4 个 TiO₂ 分子组成一个晶胞，晶格常数 $a=3.784$ Å、$c=9.515$ Å。金红石型 TiO₂ 也属于四方晶系，晶胞的中心有一个 Ti 原子，被周围六个氧原子形成的八面体包围着，两个 TiO₂ 分子形成一个晶胞，晶格常数 $a=4.593$ Å、$c=2.959$ Å。板钛矿型 TiO₂ 属于斜方晶系，晶格常数 $a=5.456$ Å、$b=9.182$ Å、$c=5.143$ Å。必须指出，在锐钛矿和金红石型 TiO₂ 的晶体中，Ti-Ti 和 Ti-O 键的键长也不同：锐钛矿 Ti-Ti 间距比金红石的大（锐钛矿是 3.79 Å 和 3.04 Å，金红石是 3.57 Å 和 2.96 Å），而 Ti-O 间距比金红石的小（锐钛矿是 1.934 Å 和 1.980 Å，金红石是 1.949 Å 和 1.980 Å），因而金红石晶格能比锐钛矿高。同时，这种结构上的差异使得锐钛矿和金红石型 TiO₂ 晶体具有不同的质量密度和电子能带结构，从而直接影响表面的结构、吸附特性和光化学行为。

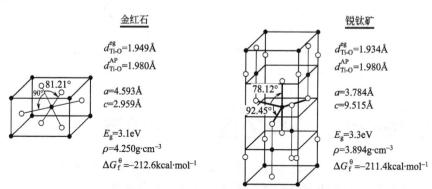

图 5-1 锐钛矿和金红石型 TiO₂ 的晶体结构

对于不同晶相的 TiO₂ 晶体表面的缺陷类型、活性位置、不同结构分子在 TiO₂ 表面的吸附方式以及环境因素已有很多报道，尤其是对金红石单晶的（110）面进行了详尽的研究。图 5-2 是金红石型 TiO₂ 晶体（110）面的表面缺陷位置。TiO₂ 是 N 型半导体，氧（O²⁻）空位是点缺陷部位，在晶体表面上，存在三种典型的氧原子缺陷：晶格氧、单桥氧和双桥氧缺陷。氧空位上的施主 Ti（Ⅲ）提供电子的活性中心[7]。在晶体表面也存在大量配位不饱和的 Ti 和 O 的离子，这些离子有吸附额外分子或基团达到配位饱和的趋势，使 TiO₂ 表面不同区域表现出不同的酸碱性。研究表明，醇类在金红石型 TiO₂ 表面主要发生离解型吸附，即 O—H 键断裂，而在锐钛矿型 TiO₂ 表面则通过配位方式吸附。分子或离子在不同晶相 TiO₂ 晶体表面吸附方式的不同导致 TiO₂ 光催化性能的差异。

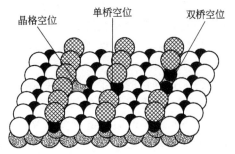

晶格空位　　　单桥空位　　　双桥空位

图 5-2　金红石型 TiO_2 晶体（110）面的氧原子缺陷位置

锐钛矿和金红石相的混晶（例如商品 Degussa P25 TiO_2）具有比单一晶体更高的光催化活性，通常认为相界面电子迁移是高效光催化的原因。然而有两种电子迁移途径的解释：一种是由于金红石导带位置更低，电子从锐钛矿转移到金红石相表面发生光催化还原作用，例如 Ag 的光还原一般出现在金红石相的表面；另一种解释是，电子从金红石结构转移到锐钛矿的导带上，因为锐钛矿的导带比金红石的导带低 0.8eV，这种转移在能量上是可行的[8]。在光催化研究中，除了三种自然界的晶型锐钛矿、金红石和板钛矿，还有介稳的 $TiO_2(B)$ 相。$TiO_2(B)$ 是单斜晶系，故又称为单斜 TiO_2。由实验证实，$TiO_2(B)$ 通过 Mott-Schottky 测得的 Fermi 能级比较负，值为 $-1.11V$（vs. NHE），而锐钛矿 TiO_2 的准 Fermi 能级约为 $-0.6V$（vs. NHE），因此，对于 $TiO_2(B)$ 和锐钛矿 TiO_2 的混晶结构，电子将由 $TiO_2(B)$ 转移到锐钛矿，而空穴在 $TiO_2(B)$ 发挥氧化作用[9,10]。

根据热力学第三定律，除了在绝对零度，所有的物理系统都存在不同程度的不规则分布，实际的晶体只是近似的空间点阵结构，总有一种或几种结构缺陷。完美 TiO_2 晶体的晶格表面由 5 个 Ti^{4+} 包围配对的 O^{2-}，但实际的晶体表面即使在室温下也会有不可忽略的氧空位，这些氧空位导致 Ti^{2+}、Ti^{3+} 等低价钛缺陷的存在，低价的钛缺陷在表面吸附过程中常常扮演重要的角色[11]。通常认为 TiO_2 晶格缺陷能够成为催化剂的活性中心，对光催化反应有利，但对于晶格缺陷对光催化的影响却有不同的说法[12]。如 Salvador 等[13]研究金红石 TiO_2 上水的光解过程发现，氧空位形成的 $Ti^{3+}-V_O-Ti^{3+}$ 缺陷是反应的活性中心，其原因是 $Ti^{3+}-Ti^{3+}$ 键间距（2.159 Å）比无缺陷的 $Ti^{4+}-Ti^{4+}$ 键间距（4.159 Å）小得多，因而使得吸附的活性羟基反应加快，反应速率常数比无缺陷金红石大 5 倍。而 Heller 等人[14]认为，晶格缺陷能够提高 TiO_2 的 Fermi 能级，增加表面能量壁垒，使得光生电子-空穴在表面的复合概率降低。实际上，晶格缺陷也可能形成载流子复合中心而导致光催化活性的下降，如岳林海等[15]在晶格畸变应力对晶相结构及光催化反应速率的影响研究认为，晶格畸变使 TiO_2 微晶晶格不完整，晶格缺陷增多，光生电子-空穴在晶格缺陷处较易复合，光催化活性下降，而对锐钛矿晶相 TiO_2 来说，晶体结构完整、晶格缺陷少、晶格畸变力小，所以活性高。此外，晶格中的氧原子也能够参与光催化反应[16,17]，如 Lee 等[17]发现蚁酸在气-固多相光催化反应中可以夺取晶格中的氧原子维持反应的进行，在反应过程中随着表面晶格氧的消耗，内层晶格氧能够扩散到表面。

5.3　能带位置对光催化性能的影响

光催化剂的种类不同催化特点也相应变化。半导体的能带位置及吸附物种的氧化还原电位决定了半导体光催化反应的能力。从热力学上讲，光催化氧化还原反应要求受主物种的相关位能低于（更正）半导体导带的位能，而可向空穴提供电子的供主物种的位能则要高于

（更负）半导体价带的位置。导带和价带的氧化还原电位对光催化活性也有决定性的影响。一般情况下，半导体的价带顶端越正，空穴的氧化能力越强；而导带底部越负，电子的还原能力越强。并且导带或价带的离域性越好，光生电子或空穴的迁移能力也就越强，这样对光催化氧化还原反应越有利。

半导体光催化原理是基于固体能带理论的。半导体能带结构不连续，从充满电子的价带顶端到空的导带底端的区域称为带隙。典型半导体的带隙宽度在 $1 \sim 4eV$，半导体能带边的位置受溶液 pH 的影响，常用半导体光催化剂的禁带宽度以及与标准氢电极电位、真空能级的相对位置表示，如图 5-3 所示。当光子能量高于半导体吸收阈值的光照射半导体时，半导体的价带电子发生带间跃迁，即从价带跃迁到导带，从而产生光生电子和空穴。半导体的带隙宽度决定了催化剂的光学吸收性能。半导体的光吸收阈值 λ_g 与带隙 E_g 具有 $E_g = 1240/\lambda_g$ 的关系。目前常被用作光催化剂的半导体（大多为金属的氧化物和硫化物）一般具有较大的禁带宽度，这使得电子-空穴具有较强的氧化还原能力，它们吸收波长阈值大都在紫外区域。如应用最多的锐钛矿型 TiO_2，在 pH 值为 1 时的带隙为 $3.2eV$，光催化所需入射光最大波长为 387.5nm。

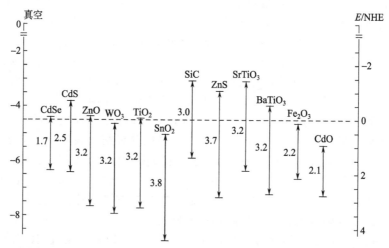

图 5-3 在 pH=1 的条件下各种半导体的带隙宽度及导带和价带的位置

以光解水为例来说明半导体能带与光催化性能的关系，对于光解水同时释放出 H_2 和 O_2 的反应，热力学与动力学允许的半导体材料要求其导带位置比从水中分解出 H_2 的电位（0V）更负；价带位置比水中释放出 O_2 的电位（1.23V）更正。对于 ZnO、TiO_2、ZnS、$SrTiO_3$ 等能带结构符合的半导体，其带隙较宽，对应的吸收波段在近紫外区（波长小于400nm）。从利用太阳光能角度来考虑，此波段吸收利用太阳光能量的效率很低（太阳光能量主要集中于可见光波段，紫外光占太阳光的比例不足 5%）。然而对于 CdSe、CdS 等半导体，虽然满足可见光吸收和合适的能带位置，但是它们的催化活性很低并且在反应中易于腐蚀，应用受到很大的限制。

另外，由于许多光解水的催化剂对于有机污染物的降解不适用。在光催化降解有机污染物体系中，主要存在的活性物种为：空穴（h^+）、羟基自由基（·OH）和超氧自由基（·O_2^-）。它们在有机物的光催化降解过程中所起的作用随着反应条件的不同而不同。当能带位置符合氧化还原电势条件时，三种活性物种均发挥作用。其中·OH（由 h^+ 和 H_2O 反应生成）和·O_2^- 具有强的氧化能力，可以直接氧化降解水中的有机污染物，以·OH 的降解为主。但是当价带位置较高时，光催化降解反应则是主要通过 h^+ 和·O_2^- 共同作用来降解有机污染物。因此开发能带结构合适且稳定高效的新型光催化剂是光催化领域的一个主要发展方向。除此之外一些半导体光催化剂的掺杂、改性等部分工作的目的也是通过调整半导体的能带结构（使带隙变窄或构筑较正的价带），以获得更好的光催化活性及更合适的光吸收波段。

5.4 晶粒大小的控制

5.4.1 光生载流子的输运

对纳米粒子而言，通常其粒径小于空间电荷层厚度，在此情况下，空间电荷层的任何影响都可以忽略，光致载流子可通过简单的扩散从粒子的内部迁移到粒子表面而电子给体或受体发生还原或氧化反应。粒径的尺寸越小，电子从体相扩散到表面的时间越短，电子与空穴的复合概率越小，电荷分离效率越高，从而导致高的催化活性。由扩散方程 $\tau = r_0^2/(D\pi^2)$（τ 为扩散平均时间，r_0 为粒子半径，D 为电子、空穴在半导体中的扩散系数）计算表明，粒径为 $1\mu m$ 的 TiO_2 粒子中电子由体内扩散到表面需用 100ns，而对 10nm 的 TiO_2 仅需 10ps。

5.4.2 吸附能力的改变

在表 5-1 中给出了纳米粒子的大小与表面原子数的关系。光催化剂粒子的粒径越小，暴露在表面的原子数就越多，其比表面积也就越大，因而催化剂表面的吸附效率大大增加，而且由于表面效应使粒子表面存在大量的氧空穴，以至于反应活性点明显增加，从而提高了光催化降解污染物的能力。对于光催化反应来说，有机物的氧化还原反应是在催化剂表面进行的，因而当催化剂表面的晶格缺陷等其它影响因素相同时，催化剂的比表面积越大，吸附量也越大，光催化活性也就越强，因而此时比表面积是决定反应基质吸附量的重要因素。而比表面积又和粒子大小有直接的关系，纳米粒子的平均尺寸越小，比表面积就越大，光生电子和空穴从催化剂内部迁移到表面的距离也就越短，因而其复合概率就越小。从扩散方程 $\tau = r_0^2/(D\pi^2)$ 可以看出，电子或空穴到达表面的时间 τ 与粒子半径 r_0 的平方成正比，粒子越小，载流子到达表面的时间越短，体内复合概率越小，到达表面和吸附物质发生反应的概率就越大。因此，合成纳米尺寸的半导体光催化剂，是提高半导体光催化活性的一个有效的方法。

表 5-1 粒径与表面原子数的关系

粒径/nm	原子总数 N	表面原子百分比/%
1	30	100
5	4000	40
10	30000	20
100	3000000	2

5.4.3 晶粒尺寸对能隙的影响

当粒子尺寸达到纳米数量级时，它的磁、光、声、热、电以及超导性等性质都表现出与宏观物体显著不同。文献报道，当半导体颗粒与第一激子的德布罗意半径大小相当时，即半导体颗粒的大小为 10～100 Å 时，就可能出现量子尺寸效应。量子尺寸效应主要表现在导带和价带变成分立能级，能隙变宽，价带电位变得更正，导带电位变得更负，并使吸收能带蓝移，这使得光生电子-空穴具有更强的氧化还原能力，提高了半导体光催化剂的催化活性，并且其荧光光谱也随颗粒半径减小而发生蓝移。一些学者推导了颗粒量子尺寸效应引起的能带变化，增加量 ΔE 可由下式计算：

$$\Delta E = \frac{h^2 \pi^2}{2R^2} \left(\frac{1}{m*_e} + \frac{1}{m*_h} \right) - \frac{1.786e^2}{\varepsilon R} - 0.248 E_{RY} \tag{5-1}$$

式中，R 为粒子半径；$m*_e$ 和 $m*_h$ 为电子和空穴的有效质量；ε 为半导体介电常数；h 为普朗克常数（6.626×10^{-34} J·s）；E_{RY} 为有效里德堡能量。由量子效应引起的禁带变化是十分显著的，例如当 CdS 颗粒直径为 26Å 时，其禁带宽度由 2.6eV 增至 3.6eV。禁带变宽使得 CdS 有显著的量子尺寸效应发生[18,19]，即电子-空穴具有更强的氧化还原电位，有可能使半导体的光效率增加，从而提高催化活性。这种量子化和带隙的增加也可以在 CdS 吸收和发射光谱实验中观察到蓝移现象。不过禁带宽度的增加导致尺寸的量子化也使半导体获得更大的电荷迁移速率。

5.5 阳离子掺杂

1990 年 Ileperuma 等[20]最先发现在半导体中掺杂不同价态的金属离子后，半导体的催化性质被改变。从化学观点看，金属离子掺杂可能在半导体晶格中引入了缺陷位置或改变其结晶度，从而影响电子-空穴对的复合。金属离子掺杂的相对效应取决于它是作为界面电荷迁移的介质，还是成为电子-空穴对的复合中心。在金属离子掺杂的 TiO_2 光催化反应中，空穴和电子的捕获，以及它们向光反应界面的迁移决定着光催化效率。影响金属离子掺杂效果的因素有许多，如掺杂离子的种类、电荷和半径、电位、浓度等[21]。一般情况下，当掺杂离子的离子半径与 Ti^{4+} 相近时，有利于光催化活性的提高；而掺杂离子的半径过大会使离子很难进入 TiO_2 晶格，从而在 TiO_2 表面形成团簇或是引起晶格膨胀，抑制 TiO_2 光催化活性[22]。根据掺杂阳离子种类的不同，可以分为稀土离子掺杂和过渡金属离子掺杂两大类。

5.5.1 稀土离子掺杂

稀土金属因为其特殊的电子层结构，具有一般元素无法比拟的光谱特性。稀土元素具有 4f 电子，易产生多电子组态，其氧化物晶型多、吸附选择性强、电子型导电性和热稳定性好。稀土元素较多的电子能级可以成为光生电子和空穴的浅势捕获陷阱，通过掺杂能延长 TiO_2 光生电子与空穴对的复合时间，提高其光催化活性，同时稀土元素可以吸收紫外光区、可见光区、红外光区的各种波长的电磁辐射，从而更有效地利用太阳能。但是，掺杂过量的稀土元素时，稀土元素就会以氧化物的形式沉淀在 TiO_2 晶粒表面，造成有效比表面积的降低，从而引起光催化活性降低。选择合适的稀土元素、控制掺杂浓度等因素可以有效地提高 TiO_2 光催化剂的催化效率。

5.5.1.1 掺杂离子种类的选择

Zhang 等研究了镧系掺杂对二氧化钛的微结构和光催化活性的影响，研究发现镧系掺杂阻碍了相变（anatase-rutile），且相变随原子半径增大阻碍越明显；提高了热稳定性和光催化活性，认为光催化活性的提高是由于镧系元素特殊的 4f 电子结构。

李芳柏等研究了掺杂稀土金属离子镧、钕、铈在紫外光与可见光下催化降解 2-巯基苯并噻唑（MBT）的活性。结果表明：两种光源下的光催化活性显著提高。稀土离子的最佳掺杂量为 1.2%（摩尔比）。紫外光下分别掺杂 1.2% 的镧、钕、铈离子，反应速率分别提高到纯二氧化钛的 6.89、7.48、6.97 倍。可见光下分别掺杂 1.2% 的钕、铈离子分别为 15.1、8.65 倍。

Xu 等[23]采用溶胶-凝胶法对 TiO_2 进行 La^{3+}、Ce^{3+}、Er^{3+}、Pr^{3+}、Gd^{3+}、Nd^{3+} 和 Sm^{3+} 等掺杂，通过表征和对亚硝酸盐降解得出，合适掺杂量能有效延长光吸收波长，稀土金属掺杂具有良好光催化效果，稀土金属离子有利于亚硝酸盐吸附在催化剂表面，抑制电子-空穴对复合，从而增强界面电子传递速率。从掺杂物对亚硝酸盐降解性能测试得出，Gd^{3+}掺杂催化效果最好，其最佳掺杂质量分数为0.5%。与工业P25催化效果比较发现，Gd^{3+}掺杂物在较长时间光辐射下几乎完全降解亚硝酸盐，而工业P25降解20min后达到恒定值。Xie等[24]采用共沉淀-胶溶法在70℃低温、常压和pH=1.5的条件下，制备Nd^{3+} TiO_2掺杂物，完全摆脱传统高温焙烧改变晶型方式，Nd^{3+} TiO_2催化剂由于Nd^{3+}对电子俘获的影响，与工业P25相比，具有更好吸附性能和光催化性能。

Jimmy等对TiO_2掺杂La_2O_3、Y_2O_3、CeO_2在空气中光催化氧化丙酮进行了研究，并与纯TiO_2(P25)进行比较。实验结果表明，与纯TiO_2(P25)相比，650℃焙烧的La_2O_3/TiO_2和700℃焙烧的Y_2O_3/TiO_2（掺杂量均为0.5%质量分数）对丙酮的氧化均表现出较高的光催化活性，而CeO_2/TiO_2（掺杂量也为0.5%质量分数）却表现出较低的光催化活性。

Ranjit等采用溶胶-凝胶法制备了TiO_2掺杂Eu_2O_3、Pr_2O_3、Yb_2O_3光催化剂，并用于降解对氯苯氧基乙酸（$ClC_6H_4OCH_2CO_2H$），结果表明，与未掺杂的TiO_2相比，掺杂稀土氧化物后催化剂中锐钛矿相含量增加，比表面积增大（TiO_2/Yb_2O_3除外），它们对含有羧基的有机物的光催化降解可实现完全矿化。

5.5.1.2 掺杂浓度的影响

掺杂离子的最佳掺杂量可以从电荷层厚度和光生电荷寿命两个方面来分析。当表面电荷层厚度等于光入射深度时，光生电子和空穴的分离最有效，催化剂光利用效率最高，此时的金属离子掺杂量为最佳掺杂量。当表面电荷层厚度大于光入射深度时，在光入射深度内电荷层电势差减小，电子和空穴迁移动力减小，电荷容易复合，光利用效率反而降低；而当表面电荷层厚度小于光入射深度时，对电荷层以外的光生电子空穴没有分离作用，电荷容易复合，光利用效率降低。Zhang等将表面电荷层厚度与金属离子掺杂量的比例关系归纳为：

$$W = [2\varepsilon\varepsilon_0 v_s/(eN_d)]^{\frac{1}{2}} \tag{5-2}$$

式中，W为电荷层的厚度；ε为半导体静态介电常数；ε_0为真空静态介电常数；v_s为表面电势；e为电子电荷；N_d为掺杂离子的数量。掺杂离子的最佳掺杂量还可以通过光生电荷寿命来度量。掺杂离子的最佳掺杂量时TiO_2内光生电荷寿命最长，此时催化剂光催化性能最好。Xu等在研究稀土离子掺杂的TiO_2试验中，调节Gd^{3+}掺杂量以使晶体中电荷寿命最长，由此造成用于表面反应的空穴过剩，光生电荷不再是降解反应的速控步骤，光催化效果最好。Wilke等在研究Cr^{3+}、Mo^{5+}掺杂时也发现，在不考虑表面吸附对光催化反应的影响时，光生电荷寿命与光催化性能成正比关系。电荷寿命可以用荧光光谱测试仪（PL）来表征，PL值的减小表明自由基复合减缓，电荷寿命延长。Li等人研究发现，荧光光谱对W掺杂十分敏感，在小于10%的浓度范围内，WO_3在3%时催化剂的PL值最小，光催化降解亚甲基蓝效果最好。In、Ce、Pb掺杂试验中也观察到类似现象。电荷寿命还可以利用激光闪光光解试验中的电荷特征衰减时间来表征，Choi[25]等认为特征衰减时间可以用来研究CCl_4的光催化降解反应，特征衰减时间延长相当于电荷寿命延长，光催化降解反应加快；反之则减慢。其试验显示，Fe^{3+}、V^{4+}、Ru^{3+}掺杂后电荷特征衰减时间由$200\mu s$延长至50ms，同样条件下Co^{2+}和Al^{3+}掺杂后电荷特征衰减时间为$5\mu s$，CCl_4的催化降解速率变化与上述规律十分吻合。Burns等对不同条件下Nd^{3+}掺杂对TiO_2晶格的影响进行分析，明确指出，影响相变晶型和催化活性最大掺杂摩尔分数为0.1%。

梁春华研究了不同浓度的稀土离子（Er^{3+}、Pr^{3+}、Sm^{3+}、Nd^{3+}、Gd^{3+}、Eu^{3+}、Ce^{3+}）掺杂TiO_2在紫外光以及可见光下的光催化活性。图5-4（a）～（g）分别为稀土离子（Er^{3+}、Pr^{3+}、Sm^{3+}、Nd^{3+}、Gd^{3+}、Eu^{3+}、Ce^{3+}）掺杂TiO_2在紫外光下的光催化活性。

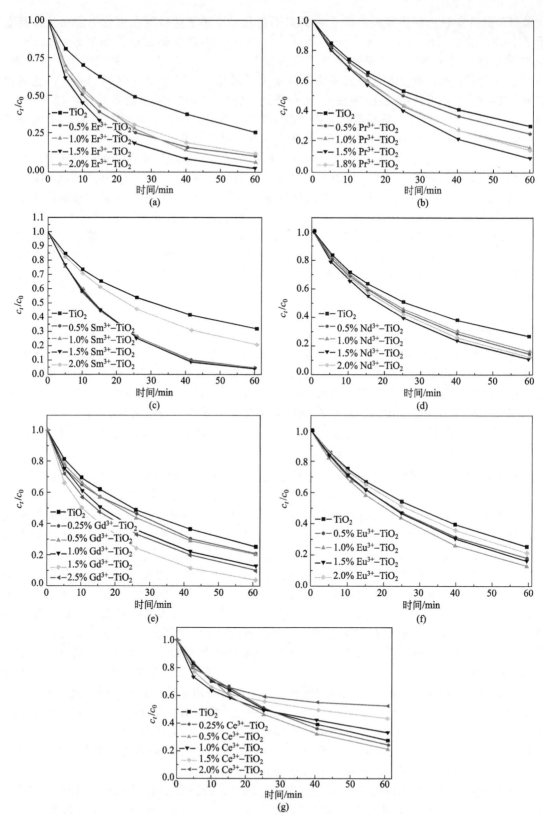

图 5-4　在紫外光照射下，（a）～（g）分别为稀土离子（Er³⁺、Pr³⁺、Sm³⁺、Nd³⁺、Gd³⁺、Eu³⁺、Ce³⁺）掺杂 TiO₂ 降解橙黄 I 的降解率图

从图 5-4 中可以发现，除 Ce^{3+} 掺杂 TiO_2 的光催化活性有些例外，其它六种稀土离子掺杂 TiO_2 的光催化活性规律大致相同，都是随着离子掺杂量的增加，光催化活性增强；当掺杂量达到一定量时，光催化剂的光催化活性最高，随着离子掺杂量的继续增加，光催化活性又呈下降趋势。除 Pr^{3+} 掺杂的最佳掺杂量为 1.0%，其它离子的最佳掺杂量均为 1.5%。Ce^{3+} 掺杂 TiO_2 在掺杂量为 $0\sim0.5\%$，光催化活性升高，当掺杂量等于或大于 1.0% 后，催化活性急剧下降，明显低于纯 TiO_2。稀土掺杂 TiO_2 降解反应除当 Ce^{3+} 掺杂量大于或等于 1.0% 后，其光催化降解不遵守假一级动力学方程，其它均属于假一级动力学反应。

5.5.1.3 掺杂离子状态

岳林海通过 6 种稀土元素离子 Gd^{3+}、Y^{3+}、La^{3+}、Ce^{4+}、Tb^{3+} 和 Eu^{3+} 掺杂的 TiO_2 样品光催化降解 X-3B 活性艳红实验，讨论了不同稀土元素离子掺杂对光催化活性的影响。由于稀土元素的 4f 轨道处于全空，半充满或全充满时最为稳定，Tb^{3+} 易失去一个电子而成为 Tb^{4+}，而 Ce^{4+} 和 Eu^{3+} 则容易得到一个电子而变成 Ce^{3+} 和 Eu^{2+}。所以，在二氧化钛的晶格表面，有可能优先发生如下氧化还原反应：

$$2M^{n+} + O^{2-} \longrightarrow 2Mn^{(n-1)+} + \frac{1}{2}O_2 + V_a \tag{5-3}$$

$$M^{n+} + Ti^{4+} \longrightarrow Ti^{3+} + M^{(n+1)+} \tag{5-4}$$

反应式（5-3）产生一个氧空缺 V_a，从而有利于相变和金红石相的晶粒生长，而反应式（5-4）则起到相反的作用。反应后产生的 $M^{(n-1)+}$ 和 $M^{(n+1)+}$ 若能够及时的扩散入晶格内部，则能使反应式（5-3）和式（5-4）持续进行下去。因此，TiO_2 相变量取决于发生哪一个反应，即相应的 M^n/M^{n-1} 的氧化还原电位和被氧化或还原后离子向 TiO_2 晶格的扩散能力。Ce^{4+} 和 Eu^{3+} 都是被还原，而 Tb^{3+} 被氧化。所以前者促进 TiO_2 的相变，而后者抑制相变发生。如表 5-2 所示，由于 Ce^{4+}（0.93 Å）的离子半径比 Eu^{3+}（1.12 Å）更为接近 0.94 Å，因此扩散入晶格的能力为 Ce^{4+} 远大于 Eu^{3+}。因而，Ce^{4+} 更能促进 TiO_2 相变的发生。金红石相的晶粒度掺杂 Ce^{4+}（302nm）、Eu^{3+}（208nm）同时也说明了这个问题。从掺 Ce^{4+}、Eu^{3+} 的 TiO_2 样品的晶格膨胀程度来看，它们的变化趋势与体系的光催化活性相一致。另外，由于掺杂离子有可能成为空穴捕获的不可逆陷阱。因此，掺 Tb^{3+} 的 TiO_2 样品虽然有较高的锐钛矿相含量但仍显示出较差的光催化活性。

表 5-2 可变价态的稀土离子的实验参数

项目		Ce^{4+}	Tb^{3+}	Eu^{3+}
掺杂离子半径/Å		Ⅲ 1.03	Ⅲ 0.92	Ⅱ 1.12
		Ⅳ 0.93	Ⅳ 0.84	Ⅲ 0.95
锐钛矿微晶尺寸/nm		187	114	156
金红石微晶尺寸/nm		302	117	208
锐钛矿晶格参数 (a, c) /Å		$a=3.7805$	$a=3.7827$	$a=3.7829$
		$c=9.5125$	$c=9.5217$	$c=9.5247$
锐钛矿含量 (X_A) /%		26.2	83.3	78.7
光催化活性/%		9.7	14.7	16.3

5.5.1.4 掺杂对活性的影响规律

稀土离子掺杂 TiO_2 不仅有利于紫外光下光催化活性的提高，而且实现了可见光下的光催化活性的提高。大量的文献研究表明，TiO_2 的光催化活性很大程度上取决于三个方面：①电子-空穴对的产生能力；②光生电子和空穴的有效分离；③污染物在 TiO_2 表面的吸附行为。稀土元素具有储氧能力，当反应体系中氧浓度低时，它可向体系释放氧，反之则可储存氧。由于 TiO_2 表面吸附的氧能够有效地抑制光生电子和空穴的复合，使参与表面反应的电荷增加，进而提高了催化剂的活性。另外，由于稀土元素具有特殊的电子能级结构，而且它的基态和激发态能量较接近，使 4f 电子从基态跃迁到激发态，扩展了 TiO_2 的光吸收波长，从而实现了可见光下光催化活性的提高。需进一步指出的是，由于稀土离子（Er^{3+}、Pr^{3+}、Sm^{3+}、Nd^{3+}、Gd^{3+}、Eu^{3+}、Ce^{3+}）的半径分别为 0.89Å、1.01 Å、0.96 Å、0.99 Å、0.94 Å、1.09 Å、1.03 Å，均远大于 Ti^{4+}（0.68 Å）的半径，这些离子很难进入 TiO_2 的晶格，因此在煅烧过程中主要形成相应的稀土氧化物（RE_2O_3）。由于两种氧化物的带隙能不同，在两个氧化物的表面可作为光生电子和空穴的快速分离场，从而使 TiO_2 光催化活性提高。同时在界面处 Ti^{4+} 可以替代稀土氧化物中的稀土离子（RE^{3+}），这种替代引起电荷的不平衡，为弥补这种不平衡，TiO_2 表面将吸附较多的 OH^-，表面 OH^- 可与光生空穴反应生成活性羟基。这样一方面可以使光生电子-空穴有效分离，另一方面也生成了较多的活性羟基参与光催化氧化反应，从而有效提高光催化性能。

5.5.2　过渡金属离子掺杂

过渡金属离子掺杂可以在 TiO_2 晶格中引入了缺陷位置或改变结晶度，抑制电子-空穴对的复合，延长载流子的寿命。过渡金属的变价以及 3d 轨道对 TiO_2 半导体的光电化学性质有很大的影响，同时某些金属离子的掺杂还可以扩展光吸收范围，所以过渡金属离子的掺杂改性是提高光催化活性的一个有趣方向。大量的研究表明：掺入过渡金属离子可改善 TiO_2 的光催化性能。Choi 等[25] 系统地报道了 21 种金属离子对 TiO_2 的光催化性质的影响。如 V^{3+}、V^{4+}、V^{5+}、Mn^{3+}、Fe^{3+}、Mo^{5+}、Ru^{3+} 等多价态离子，研究发现 Fe^{3+}、Mo^{5+}、Ru^{3+}、Os^{3+}、Re^{5+}、V^{4+}、Rh^{3+} 的掺杂量在 0.1%～0.5%时光反应活性明显提高，Co^{3+}、Al^{3+} 反而降低，Li^+、Mg^{2+}、Zn^{2+}、Ga^{3+}、Zr^{4+}、Nb^{5+}、Sn^{4+}、Sb^{5+}、Ta^{5+} 的掺杂几乎没影响。在掺杂 Fe^{3+}、V^{4+}、Rh^{3+}、Mn^{3+} 时还发现能带红移，这是由于电子与导带或价带之间的跃迁。已有文献报道金属离子进入 TiO_2 的晶格，在 TiO_2 的禁带中产生杂质能级，吸收可见光并被激发。

5.5.2.1　掺杂离子的选择

Wilke 等[26] 研究了掺杂 Cr^{3+} 或 Mo^{5+} 的 TiO_2 光催化降解罗丹明 B 的性能，发现随着 Cr^{3+} 掺杂浓度的增加，罗丹明 B 在催化剂上的吸附性能变化不大；随着 Mo^{5+} 掺杂浓度的增加，罗丹明 B 在催化剂上的吸附显著增强，因而使光生载流子容易与吸附物进行反应，增强光催化效果。

Yoshihisa 等人将 $Ti(SO_4)_2$ 和 $Pb(NO_3)_2$ 的混合液共沉淀得到的水合氧化物混合物进行煅烧，制备出掺杂 Pb^{2+} 的 TiO_2 光催化剂，并分散于 50%（体积比）乙醇水溶液中进行光解水反应。实验结果表明，掺杂 Pb^{2+} 后释氢活性比相同条件下制备的纯 TiO_2 高一个数量级，反应体系在 420nm 以上光波照射下对 H_2 的产生仍有较高活性。

张峰等[27] 采用共溶液法制备出 Rh^{3+}、V^{5+}、Ni^{2+}、Cd^{2+}、Cu^{2+}、Fe^{3+} 等掺杂的 TiO_2，并用光还原法在其表面沉积一定量的 Pt，所得催化剂中 Rh^{3+} 和 V^{5+} 对吸光性能的影响最为显著，在 400～600nm 范围内有较强吸收，在 4W 日光荧光灯照射下的光催化反应实验表明，材料光催化活性对钒的掺杂量有明显的依赖关系，采用最佳值 1%（摩尔分数）时，H_2S 气体的小时转化率高达 96.9%。

Yamashita 等人[28] 采用离子注入法对 TiO_2 进行了离子掺杂，实验结果表明 V^{5+}、Cr^{3+}、Mn^{3+}、Fe^{3+}、Co^{2+}、Ni^{2+}、Cu^{2+} 的注入能够使 TiO_2 的光吸收带边向可见光区域扩展，并在 450nm 以上波长光的辐照下催化降解水中的 2-丙醇。光吸收范围的扩展程度与离子浓度相关，如 V^{5+} 注入量达到 $(13.2\sim22.0)\times10^{-7}\,mol\cdot g^{-1}$ 催化剂时，可对 $600\sim$ 650nm 光产生吸收；而 Al^{3+}、Na^+ 等离子的注入则不能使 TiO_2 具备可见光响应性能。结合 XAFS 结果，研究者认为注入的 V^{5+}、Cr^{3+}、Mn^{3+}、Fe^{3+} 等离子对 TiO_2 晶格中的 Ti^{4+} 发生取代，是使 TiO_2 吸收可见光的重要前提。

5.5.2.2 掺杂浓度的影响

掺杂剂浓度对反应活性也有很大的影响，存在一个最佳浓度值，通常低浓度是有益的，而高浓度则不利于反应的进行，但浓度太低时（低于最佳浓度），半导体中由于缺少足够的陷阱，也不能最大限度提高催化活性。

不同金属离子的最佳掺杂浓度不尽相同。金属离子的最佳掺杂浓度和金属离子的半径及配位数等多种因素相关。另外，即使是同一种离子，在不同的实验条件下的最佳掺杂浓度也不相同。金属离子的掺杂方式、TiO_2 纳米粒子的大小、晶相结构、实验时光照强度以及目标化合物的吸附和反应性能等因素都有可能影响实验结果。

金属离子掺杂的常用手段有溶胶-凝胶法、浸渍法以及水热法等。不同的掺杂方式造成了金属离子在 TiO_2 粒子上的存在及分布方式的不同，从而影响了金属离子对 TiO_2 光催化过程的作用。溶胶-凝胶法制备时，在 TiO_2 的前驱体水解前就掺入杂质金属离子，获得分子水平上的均匀分散的混合前驱体，水解过程中金属离子能够较好地分布到 TiO_2 粒子中。因此，溶胶-凝胶体系中组分的扩散往往是在纳米范围内，用此方法能够很容易均匀定量地掺入一些微量元素，实现分子水平上的均匀掺杂，形成金属粒子取代的 TiO_2 晶格或包含金属杂质离子和氧化钛的固溶体。而浸渍法是在形成 TiO_2 粒子后，再在金属盐溶液中浸渍处理后，利用煅烧过程将金属离子掺杂到 TiO_2 粒子中。由于 TiO_2 预先已经形成好的结晶结构，因而金属离子在 TiO_2 由外至内的扩散存在一个动力学上的限制，较大量金属盐沉积在氧化钛的表面。除了取代 Ti 原子进入 TiO_2 晶格或固溶到 TiO_2 晶格之外，金属离子经过高温处理之后很容易在氧化钛的表面形成金属氧化物、金属钛酸盐或其它掺杂金属氧化物等其它结构，而这些结构又往往对 TiO_2 的光催化活性产生损害。例如 Fe^{3+}，使用溶胶-凝胶法掺杂时，最佳掺杂浓度根据条件的不同一般在 $0.1\%\sim0.5\%$，而使用浸渍法时，最佳掺杂浓度则在 $2\%\sim5\%$。

另外，纳米粒子的尺寸也是影响金属最佳掺杂浓度的一个重要因素。对同样的金属离子掺杂浓度，纳米 TiO_2 粒子的尺寸越小，光生载流子从粒子内部扩散到表面所需经过的路程和时间越短，光生载流子扩散到表面之前被金属杂质能级俘获的概率就越小。因此，要达到与较大尺寸的纳米 TiO_2 相同载流子的俘获及有效的分离目的，较小尺寸的 TiO_2 粒子需要较高的掺杂浓度。Zhang 等[29] 采用溶胶-凝胶法然后水热晶化或煅烧结晶制备了 6nm、11nm、21nm 的纯 TiO_2 和 Fe-TiO_2，发现 Fe^{3+} 的最佳掺杂量随粒径的不同而不同，6nm 和 11nm 的 TiO_2 的最佳掺杂量分别为 0.2%（原子分数）和 0.05%（原子分数），而对于 21nm 的 TiO_2 体相复合为主要的不利因素，因而最佳掺杂量很小，不易控制。

影响金属离子最佳掺杂浓度的另一因素是测试条件下光照强度[25]。光照强度是直接决定 TiO_2 光催化剂粒子内部光生载流子生成速度和即时浓度的一个重要指标。光照强度大时，TiO_2 光催化剂粒子内部有比较高浓度的光生载流子，光生载流子和杂质离子的作用概率大大增加，被杂质离子俘获后的载流子容易和其它载流子复合失活，杂质金属离子扮演了一个复合中心的角色，最佳掺杂浓度相对较低；而在低光照强度下，TiO_2 光催化剂粒子内部的光生载流子被杂质俘获后和其它载流子复合的概率降低，因此，杂质离子具有一个相对较高的最佳掺杂浓度。

5.5.2.3 掺杂离子状态

以 $TiCl_4$ 和乙醇为原料，采用溶胶-凝胶法制备掺杂 Pd 和 Pt 的超微粒子薄膜。利用 XPS

研究了掺杂薄膜中，掺杂剂 Pd 和 Pt 的化学形态及对 TiO₂ 薄膜表面性能的影响。

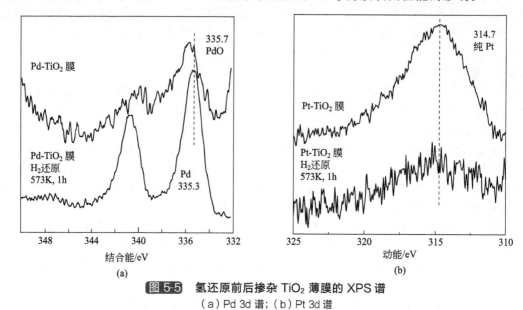

图 5-5 氢还原前后掺杂 TiO₂ 薄膜的 XPS 谱

（a）Pd 3d 谱；（b）Pt 3d 谱

由图 5-5（a）可见，在未还原前，掺杂剂 Pd 在 TiO₂ 薄膜中的主要存在形态是 PdO 物种。而在经 400℃氢还原 2h 后，Pd $3d_{5/2}$ 谱峰变窄变锐，其结合能从 335.7eV 下降到 335.3eV。结果表明分散在 TiO₂ 薄膜中的 PdO 已被还原为金属态的 Pd。此外，从 XPS 的定量分析结果也可知，在还原以后，其 Pd $3d_{5/2}$ 谱峰信号大幅度增强，表明形成的金属态 Pd 是以高分散状态存在。同时从图 5-5（b）中 Pt $4f_{7/2}$ 和 Pt $4d_{5/2}$ 峰的结合能可见，Pt 掺杂元素在还原前后的结合能保持不变，分别为 70.7eV 和 314.7eV，对应于金属态的 Pt。此外，从还原前后峰强度的变化还可知，掺 Pt 的 TiO₂ 薄膜在氢还原后，金属 Pt 发生了聚集，形成较大的金属颗粒，使得 XPS 的强度大幅度降低。这结果与掺 Pd 薄膜的结果相反。

另外，研究结果表明 TiO₂ 薄膜吸收空气中水分使表面发生部分羟基化，而掺杂剂 Pd 或 Pt 则会促进羟基化，在掺杂剂还原后，表面羟基化现象大大减弱。

5.5.2.4　掺杂对活性的影响规律

有效的金属离子掺杂应满足以下条件：① 掺杂物应能同时捕获电子和空穴，使它们能够局部分离；② 被捕获的电子和空穴应能被释放并迁移到反应界面。Choi[25] 以氯仿氧化和四氯化碳还原为模型反应，研究了 21 种金属离子对量子尺寸的 TiO₂ 粒子的掺杂效果，研究结果表明，0.1%～0.5% 的 Fe^{3+}、Mo^{5+}、Ru^{3+}、Os^{3+}、Re^{5+}、V^{4+} 和 Rh^{3+} 的掺杂能促进光催化反应，而 Co^{3+} 及 Al^{3+} 的掺杂有碍反应的进行；同时还表明，具有闭壳层电子构型的金属如 Li^+、Mg^{2+}、Al^{3+}、Zn^{2+}、Ga^{3+}、Zr^{4+}、Nb^{5+}、Sn^{4+}、Sb^{5+}、Ta^{5+} 等的掺杂影响很小。

5.6　阴离子掺杂

为了提高传统半导体光催化剂的活性，更重要的是使其带隙宽度变窄以吸收可见光，人们进行了多种的尝试，研究最多的就是上面提到的过渡金属离子的掺杂。此外还有些研究者制备还原态的 TiOₓ 光催化剂，但是这些催化剂在热稳定以及能带位置等方面都有一定的缺陷[30]，使催化剂的使用受到限制。最近，在传统半导体中掺杂非金属阴离子获得了广泛关注，有好多出色的工作较好地解决了以上一些问题。

5.6.1 氮的掺杂

Asahi R 等[31]报道了用物理溅射方法在 TiO_2 中掺杂 N 元素的研究，制备生成 $TiO_{2-x}N_x$，吸收波长到达 500nm，并且在可见光下降解亚甲基蓝、乙醛以及亲水性三方面均表现出了优越的性能。Kasahara 等[32,33]研究了钙钛矿型氮氧化物 $LaTiO_2N$ 的光化学活性，发现它的带隙宽度为 2.1eV，能够响应 600nm 以下的可见光。

Irie 等[34]也采用将 TiO_2 在 NH_3 流中热处理的方法制备了掺 N 的 TiO_2 粉末，锐钛矿 TiO_2 在 NH_3 流中经过 550℃、575℃、600℃处理 3h 后，分别得到 $x=0.1005$、0.1011、0.1019 的 $TiO_{2-x}N_x$ 粉末。光谱实验表明，$TiO_{2-x}N_x$ 的吸收边向可见光方向移动；可见光（400～530nm）和紫外光（300～400nm）下降解气态丙醇的实验得出结论，随着 N 含量的增加，两种光源下完全降解丙醇所需的时间延长，这是由于随 N 含量的增加氧空位增多，造成电子和空穴的复合速率增大。他们提出不同的掺杂机理，认为 N 取代了 TiO_2 晶格中的部分 O 原子，从而在价带上方形成了独立的窄 N_{2p} 带；掺 N 的 TiO_2 的可见光活性是由这些窄 N_{2p} 带引起的，这与 Asahi 等[31]所认为的由 N_{2p} 和 O_{2p} 态的混合而导致的禁带宽度变窄是有区别的。

Ihara 等[35]通过煅烧 $Ti(SO_4)_2$ 和氨水溶液水解所得产品的方法制备了可见光响应型光催化剂，同时也采用 Asahi 等相同的条件制备了掺 N 的 TiO_2，并对两种方法制备的催化剂性能进行了比较。用蓝光发射二极管作为可见光光源，研究了催化剂降解丙酮的活性。结果表明，氨水水解法制备的掺氮 TiO_2 在可见光下光催化性能优于在氨气中采用与 Asahi 等相同的条件制备的掺氮 TiO_2，经 36h 的光照，得到了化学计量比的 CO_2，说明丙酮完全降解。他们认为 TiO_2 晶界处形成的氧空位是导致可见光响应的主要因素，而 N 的作用是进入部分氧空位位置，阻止样品的重新氧化，进而阻止氧空位数目的减少。

Sakatani 等[36]通过 $TiCl_3$ 和氨水溶液的水解反应制备了掺 N 的 TiO_2 粉末，在可见光照射下能够降解乙醛。他们认为可见光响应是由于 N 原子（或离子）进入 TiO_2 晶格间隙位置造成的。Yoshihiro Nakato 等人最近提出观点认为氮氧化物氧化水的过程是表面空穴亲核进攻水分子（Lewis acid-base 机理），而不是通常认为的空穴氧化表面的羟基（电子传输机理）。

由此可见，N 掺杂确实是使 TiO_2 产生可见光活性的有效方法，但掺杂的机理还没有统一，争议还颇多，各种掺杂方法所得到的催化剂的可见光光催化效率还不是很理想，有些掺杂工艺还会降低催化剂的某些性能，如 TiO_2 在氨气中的后续热处理必然会导致晶粒的长大和比表面积的提高，同时还会提高生产成本。

5.6.2 硫的掺杂

Umebayashi T 等[37]用 TiS_2 煅烧制备掺 S 的 TiO_2，在 TiO_2 晶格中，S 原子取代 O 原子形成 Ti-S 键，S 掺杂使得 TiO_2 的吸收边向可见光方向移动。应用第一性原理，理论计算分析了能带结构，得出 S_{3p} 态与价带（O_{2p} 态）混合导致 TiO_2 禁带宽度变窄的结论，但没有用实验证实其可见光活性。

Gómez 等[38]采用硫化溶胶-凝胶 TiO_2 的方法制备了硫化的 TiO_2 催化剂，具体做法是先用溶胶-凝胶法制备了纯 TiO_2，然后用 5mL 的 $1mol \cdot L^{-1}$ 硫化氨溶液浸渍，搅拌 3h 后干燥，600℃下在动态空气中煅烧 3h 便得到硫化的 TiO_2。测得硫含量为 0.159%（质量分数）。实验表明，硫离子使 TiO_2 的禁带宽度变小，且能抑制锐钛矿向金红石相的转变，硫化 TiO_2 催化剂在紫外光下催化降解 2,4-二硝基苯胺的活性高于纯 TiO_2。

Zhou 等[39]通过机械化学方法由 $TiCl_4$ 水解合成了阳离子 S 掺杂的 TiO_2，并显示出很高的光催化活性。

5.6.3　卤素的掺杂

Yu 等[40]在 NH_3-H_2O 混合液中水解四异醇钛，制备高催化活性的纳米晶催化剂。实验表明，F 掺杂提高锐钛矿结晶度，且随 F 掺杂量增大有效抑制板钛矿生成和阻止锐钛矿向金红石相转变。空气中降解丙酮发现，该催化剂催化活性超过 P25，且带隙宽度明显降低，在紫外-可见光范围内表现强烈吸收性。分析催化活性增强的可能原因如下：①催化剂比表面积增大，结晶度变小；②F 掺杂使 Ti^{4+} 通过电荷补偿转变为 Ti^{3+}，而 Ti^{3+} 表面态捕获光生电子转移至 O_2 吸附在 TiO_2 表面，减少电子-空穴复合，提高光催化活性。众多卤素掺杂实验发现[40~43]，卤素掺杂均能不同程度提高光催化活性。

Luo 等[41]采用水热的方法合成了 Br 和 Cl 共掺杂的 TiO_2，研究表明，Br 和 Cl 的共掺杂能够使带隙变窄，而且利于形成混晶抑制电子和空穴的复合。Xu 等合成了氯掺杂的 TiO_2 纳米棒，Cl 的掺杂使 TiO_2 的光吸收边红移，并且增强了 TiO_2 的表面酸性，从而增加了光催化活性。

5.6.4　碳的掺杂

Khan 等[44]巧妙地使用化学方法修饰 N 型半导体 TiO_2，将 Ti 金属在天然气中燃烧使得 C 取代部分 O 进入 TiO_2 晶格，这一改性使 TiO_2 的带隙宽度变为 2.32eV，可以响应 535nm 以下的可见光，性能研究发现它降解水的转化效率可达 11%。

Choi 等[45]采用大气中氧化退火 TiC 的方法制备了 TiO_2 光催化剂。结果表明 TiC 在 623K 和 1023K 温度下退火后，分别得到锐钛矿相和金红石相，而在 673~873K 温度区间退火，则得到锐钛矿和金红石的混合相。紫外光下分解水制氢实验表明，氧化 TiC 方法得到的掺碳 TiO_2 的光催化性能高于纯 TiO_2，但样品的光吸收性能和可见光下光催化性能尚未见报道。Irie 等[46]在可见光下降解 2-丙醇，结果表明，C-TiO_2 量子效率为 0.2%，低于所研究过 $Ti_{2-x}N_x$。分析原因可能为：①C 掺杂可能使带隙变窄，价带高能级向上移动，从而使氧化能力降低，而 N 掺杂则不发生这种情况；②在 C-TiO_2 中 C 掺杂量 0.32% 不适合，不能产生较高光催化活性。

非金属掺杂是在不降低紫外光活性的同时实现 TiO_2 可见光响应的较好方法。但是掺杂非金属元素提高 TiO_2 的可见光响应是以降低带隙宽度为代价的，其后果是直接导致 TiO_2 纳米晶相的氧化能力降低，使吸附物质不能完全氧化降解，而且这样制得的 TiO_2 晶相结构不稳定。因此，非金属掺杂的研究与开发仍将是光催化研究领域的热点和难点问题。

5.7　表面贵金属改性

5.7.1　贵金属纳米颗粒的表面沉积

表面贵金属沉积是通过浸渍还原、表面溅射等办法使贵金属形成原子簇沉积附着在 TiO_2 的表面。通过贵金属修饰 TiO_2，改变体系中的电子分布，影响 TiO_2 的表面性质，进而可以改善其光催化活性。一般来说，沉积贵金属的功函数高于 TiO_2 的功函数，当两种材料混在一起时，电子就会不断地从 TiO_2 向沉积金属迁移，一直到二者的费米能级相等为止。因此可以使光照后生成的电子和空穴分别定域在贵金属和 TiO_2 上，发生分离，然后电子和空穴各自在不同的位置上发生氧化-还原反应。由于贵金属沉积后的电荷分离抑制了光生电子和空穴的复合，从而大大提高了光催化剂的光催化活性和选择性。此外，TiO_2 中掺入的贵金属颗粒在 500℃ 的高温下具有强的迁移性，并倾向于向表面富集，这相当于在 TiO_2 的表面构成一个以 TiO_2 和贵金属为电极的短路微电池，TiO_2 电极所产生的空穴将液相中的有机物氧化，而电子则流向贵金属电极，将液相中的氧化态还原，降低空穴和电子的复合率，提高催化剂的反应活性。当半导体与金属接触时，由于金属和半导体的费米能级差，载流子将重新分布：电子从半导体转移到金属表面使其获得过量的负电荷，并在半导体与金属之间形成能捕获光生电子的肖特基（Schottky）势垒，从而抑制电子-空穴复合。

半导体表面贵金属沉积已被证明是一种改善催化剂表面特性的有效手段，它能使光生电子在电场作用下，迁移至费米能级相对较低的金属表面，达到较好的分离效果。同时在近表面浅层形成的电子捕获阱可以延长激发电子的寿命，使之与 O_2 更为有效的结合，从而降低载流子的复合率，达到提高光催化活性的目的。已见报道的修饰 TiO_2 的贵金属主要包括 Pt、Ag、Au、Ru、Pd、Ni、Sn 等，其中有关 Pt 的报道最多，其次是 Pd、Au，Pt 的改性效果最好，但是成本较高。Ag 改性相对毒性较小，成本较低。

Sasaki 等[47]用激光脉冲法把 Pt 沉积在 TiO_2 上，Pt/TiO_2 体系带隙能降为 2.3eV，使激发波长延伸至可见光区。Sung-Suh 等[48]比较了在可见光或紫外光激发下 Ag/TiO_2 对罗丹明 B 降解的催化性能，在可见光激发下 Ag/TiO_2 的催化效率比纯 TiO_2 提高近 30%，而在紫外光激发下其催化效率只提高约 10%。对此，他们认为由于在可见光激发下，Ag 的沉积在有效捕获电子的同时又增加了罗丹明 B 的吸附能力，而在紫外光下，Ag 的沉积只有前一个作用。

5.7.2 表面等离子体共振吸收

由贵金属纳米颗粒和 TiO_2 基体构成的二维弥散系统或者三维弥散系统在可见光光谱范围存在选择性强的光吸收峰。这种光吸收是由于金属颗粒表面等离子共振引起的，吸收峰的强度、峰位、峰形与金属颗粒尺寸、形状、空间分布以及 TiO_2 介质介电性质有密切关系。

根据 Maxwell-Garnett 关系式，我们有：

$$\varepsilon_e = \varepsilon_2 + 3q\varepsilon_2 \times \frac{\varepsilon_1 - \varepsilon_2}{\varepsilon_1 + 2\varepsilon_2} \tag{5-5}$$

式中，$\varepsilon_e = \varepsilon'_e + i\varepsilon''_e$ 为贵金属纳米颗粒和 TiO_2 基体构成的复合体系的有效介电常数；$\varepsilon_1 = \varepsilon'_1 + i\varepsilon''_1$ 为贵金属颗粒的复介电常数；$\varepsilon_2 = \varepsilon'_2 + i\varepsilon''_2$ 为介质基体的复介电常数；q 是贵金属颗粒的体积分数。在光频范围内，当 $\varepsilon''_1 + 2\varepsilon_2 = 0$ 时，ε''_e 达到最大，由此得到复合体系的共振吸收频率 ω_r 为：

$$\omega_r = \omega_p \left[\frac{\varepsilon'_1(\omega)}{\varepsilon'_1(\omega) + 2\varepsilon_2} \right]^{\frac{1}{2}} \tag{5-6}$$

式中 ω_p 为贵金属等离子体振荡频率

$$\omega_p = \left(\frac{ne^2}{m\varepsilon_0} \right)^{\frac{1}{2}} \tag{5-7}$$

n 是电子浓度，e 是电荷，m 是电子质量，ε_0 是真空介电常数。

复合体系的共振吸收系数 $\alpha(\omega)$ 为：

$$\alpha(\omega) = \frac{18\pi q\varepsilon^{\frac{2}{3}}}{\lambda} \times \frac{\varepsilon''_1(\omega)}{[\varepsilon'_1(\omega) + 2\varepsilon_2]^2 + [\varepsilon''_1(\omega)]^2} \tag{5-8}$$

浙江大学的赵高凌、韩高荣[49]用溶胶-凝胶法制备了含纳米级银粒子的 TiO_2 薄膜。对薄膜进行了 X 射线衍射、透射电子显微镜和 X 射线光电子能谱等测试，研究发现：空气中 $600 \sim 800℃$ 热处理形成了含 $4 \sim 45nm$ 的 Ag 金属粒子的锐钛矿和金红石多晶薄膜，Ag 微粒子随热处理温度升高而增长；这些薄膜在可见光区有一个较宽的等离子体共振吸收峰。

中国科学院感光化学研究所的王传义、刘春艳、沈涛[50]用波长（λ）＞330nm 的光照射含胶态 TiO_2 的 $HAuCl_4$ 溶液制得了纳米 Au/TiO_2 复合颗粒，通过高分辨透射电子显微镜和电子衍射法分析了复合颗粒的组成，发现 Au 粒径大小约为 25nm，并确证 Au 簇以微晶的形式沉积在 TiO_2 表面。采用紫外-可见光谱法研究了材料的吸收光谱特性，结果表明，金属胶粒表面等离子共振峰的形状和位置受粒子的大小及其表面环境的影响很大：金胶粒形成初期，吸收峰比较宽。这与此时形成的颗粒很小且分布不均有关；在 540nm 观察到金的表面等离子体共振峰，该峰位和水相中纯的金溶胶相比，红移了约 20nm。这是因为光还原产生的金属 Au 沉积在 TiO_2 表面，Au 颗粒表面等离子体共振峰势必受到 TiO_2 的影响。

韩国 Sung Kyun Kwan 大学的 Lee 等[51]通过溶胶-凝胶法制备了 Au- TiO_2 纳米复合薄膜，用 X 射线衍射、透射电子显微镜和紫外-可见-近红外光谱法研究了薄膜的微结构及光学特性。研究发现：当热处理温度从 500℃升至 900℃时，薄膜中 Au 颗粒直径由 16nm 增至 29nm；在 642nm 左右观察到了 Au 颗粒表面等离子体共振吸收峰，它比理论计算出的峰形显得宽化，这是由于金属颗粒表面与周围介质的强相互作用引起的。

日本国家材料与化学研究所的 Yoon 等采用磁控共溅射法和溶胶-凝胶法制备了 M/TiO_2（M＝Ag、Au、Pt）纳米复合薄膜，用 X 射线衍射、X 射线光电子能谱、紫外-可见光吸收谱和光电流谱研究了薄膜的微结构及其光电化学特性。研究发现：溶胶-凝胶法制备的复合薄膜中，TiO_2 趋于形成锐钛矿型，而用磁控共溅射法制备的复合薄膜中，TiO_2 易形成金红石型；在紫外及可见光范围内均可观察到阳极光电流，可见光区内强光电流的产生主要是由于薄膜中含有高组分的金属颗粒，同时也可能与金属颗粒和 TiO_2 基体之间的界面状态有关。

5.7.3　电荷迁移的增强效应

Gerischer 和 Heller 对受光照半导体中载流子输运的理论分析表明，在氧气为电子受体的情况下，激发电子输运到 O_2 是半导体颗粒光催化氧化过程的速率限制步骤。因此如何提高电子向 O_2 的输运，或者通过改性在半导体的近表面浅层形成电子捕获阱以延长激发电子的寿命，从而减少载流子的复合成为众多学者努力的一个目标。半导体表面贵金属沉积被认为是一种可以捕获激发电子的有效改性方法，可以有效地使 O_2 还原。贵金属在半导体表面的沉积可以采用浸渍还原法及光还原法。贵金属在半导体表面的沉积一般并不形成一层覆盖物，而是形成原子簇，聚集尺寸一般为纳米级，半导体的表面覆盖率往往是很小的。例如负载 10%（质量分数）的 Pt，只有 6%的半导体表面被覆盖。最常用的贵金属是第Ⅷ族的 Pt，其次是 Pd、Ag、Au、Rh 等。这些贵金属的沉积普遍提高了半导体的光催化活性，包括水的分解、有机物的氧化等。

金属和 TiO_2 半导体具有不同的费米能级，当两者接触时，电子发生转移，从费米能级高的 TiO_2 转移到费米能级低的金属，直至两者匹配，从而形成肖特基势垒（Schottky barrier），即在半导体表面沉积的贵金属形成了电子捕获阱，这能有效地阻止电子和空穴的重新复合。因此，半导体 TiO_2 的表面可用贵金属修饰以改善其光催化活性。

在光催化剂的表面沉积适量的贵金属有两个作用：除了有利于光生电子和空穴的有效分离外，还能降低还原反应（质子还原、溶解氧的还原）的超电压。Fu 等人[52]研究表明，表面沉积铂后，TiO_2 的光催化活性大大提高，对苯的转化率和矿化率均有极大的提高，使气相光催化过程的量子效率和总能量的利用率得到显著的改善；并且铂沉积方法的控制和沉积量的多少对 TiO_2 的光催化活性有较大的影响，一般来说，铂的含量在 0.1%～1%（质量分数）范围对提高 TiO_2 的光催化活性有利。

侯亚奇等人[53]采用 Ti 和 Ag 金属靶制备了 Ag/TiO_2 复合薄膜并研究了其光催化降解性能。结果表明 Ag/TiO_2 复合薄膜在可见光区段透射率比纯 TiO_2 薄膜有明显下降。同时，当 Ag 膜厚度较薄时（约 5nm），Ag/TiO$_2$ 复合薄膜的光催化效率比纯 TiO$_2$ 薄膜提高 2 倍。Sung-Suh 等比较了在可见光或紫外线激发下 Ag/TiO$_2$ 对罗丹明 B 降解的催化性能，在可见光激发下 Ag/TiO$_2$ 的催化效率比纯 TiO$_2$ 提高近 30％，而在紫外线激发下其催化效率只提高约 10％。对此，他们认为由于在可见光激发下，Ag 的沉积在有效捕获电子的同时又增加了罗丹明 B 的吸附能力，而在紫外线下，Ag 的沉积只有前者的作用。

Zhang X 等人[54]利用微乳液模板法制备了 Pt 修饰 TiO$_2$ 薄膜，光催化降解甲基橙的研究表明其在可见光范围内具有比单纯 TiO$_2$ 薄膜更高的光催化活性。

5.7.4 负载贵金属后的光催化活性和选择性

贵金属沉积改性的 TiO$_2$ 对有机物光催化降解具有选择性。在 TiO$_2$ 表面沉积贵金属能明显提高一些有机物的降解速率，但有时沉积同样金属的光催化剂却对另外一些有机物的降解有抑制作用。如在 TiO$_2$ 表面上沉积 0.5％ Au$^+$ 或 0.5％ Pt，可以明显提高 TiO$_2$ 降解水杨酸的速率，但在同样的条件下，Au-Pt/TiO$_2$ 降解乙醇的速率却明显低于 TiO$_2$。因此，对于特定的污染物光催化处理体系，确定适宜的沉积贵金属种类对于切实提高 TiO$_2$ 光催化活性至关重要。

5.7.5 不同负载方法对光催化活性和选择性的影响

盛重义分别利用浸渍法、光还原法、中和沉淀法制备了负载不同氧化状态的 Pt-TiO$_2$，考察了不同负载方法制备的 Pt-TiO$_2$ 对光催化氧化 NO$_x$ 的性能影响，结果如下：①沉淀法制备的氧化物 PtO$_x$ 改性 TiO$_2$ 具有良好的光催化氧化 NO 活性。随着 PtO$_x$ 掺杂浓度的增加，光催化剂的活性逐渐提高，当掺杂量为 0.12％ 时，光催化剂活性最高，此时 NO 转化率是 P25 的 1.52 倍。随着 PtO$_x$ 掺杂浓度的继续提高，NO 的转化率随之下降。②浸渍法制备的 PtCl$_x$/TiO$_2$ 和光还原法制备的 Pt^0/TiO$_2$ 对光催化氧化 NO 性能几乎没有提高。③在沉淀法制备的 PtO$_x$/TiO$_2$ 表面，PtO$_x$ 与 TiO$_2$ 形成复合半导体，当紫外光照射在 TiO$_2$ 上时，导带上生成的光生电子转移到 PtO$_x$ 上，从而延长了电子-空穴对的寿命，增加了光催化氧化活性。

事实上，光催化氧化过程中，光生电子-空穴的复合过程直接取决于电子-空穴的分离情况。电子-空穴复合的抑制可以增强光催化氧化效率。降低电子-空穴复合速率的方法主要是在 TiO$_2$ 表面负载电子受体或者构造复合半导体。但是，有效的改性方法由污染物和掺杂物的性质决定。在半导体 TiO$_2$ 表面负载贵金属单质 Pt^0 是一种抑制电子-空穴对复合的传统方法，并广泛适用于多种污染物的处理。在液相光催化氧化 4-氯酚时，Zang 等报道了 PtCl$_6^{6-}$ 是一种有效的促进电子-空穴分离的掺杂物质。对 TiO$_2$ 分别采用三种 R 掺杂物（浸渍法，PtCl$_x$；沉淀法，PtO$_x$；光还原法，Pt^0）进行掺杂，光催化剂活性顺序为：PtO$_x$/TiO$_2$ > P25 > PtCl$_x$/TiO$_2$ > Pt^0/TiO$_2$。显然，在气相光催化氧化 NO 时，金属单质 Pt^0 和 PtCl$_x$ 对电子-空穴的分离基本没有贡献。只有氧化铂 PtO$_x$ 改性的 TiO$_2$ 才能有效地分离电子和空穴，从而可以改善光催化氧化 NO 的效率。PtO$_x$ 是一种 P 型半导体，且能带比 TiO$_2$ 窄。用 PtO$_x$ 改性 TiO$_2$ 时，就形成了复合半导体。当紫外光照射到 TiO$_2$ 上，TiO$_2$ 导带上生成的光生电子由于两种半导体上的导带电势差转移到 PtO$_x$ 上。PtO$_x$/TiO$_2$ 的 PL 光谱显示了 PtO$_x$ 的改性延长了电子-空穴对的寿命。此外，样品的价带 XPS 光谱表明了 Pt^0 对 TiO$_2$ 的吸收光谱也由于 PtO$_x$ 的掺杂得到了加强。由于这两方面的作用，NO 的光催化氧化速率和反应活性都增强了。较高的掺杂浓度对光催化氧化的活性不利，这是由于 TiO$_2$ 表面太多的 PtO$_x$ 颗粒成为了新的电子-空穴复合中心。PtCl$_x$ 和单质 Pt^0 因为不是半导体，故无法与 TiO$_2$ 生成复合半导体，从而无法提高 NO 的催化氧化速率。

5.8　半导体的表面光敏化技术

5.8.1　染料敏化

半导体光敏化作用是将光活性化合物,如联钌吡啶化合物[55]等染色物质,以物理吸附或化学吸附吸附于 TiO_2 等表面,起到扩大激发波长范围、增加催化效率的作用。已报道的敏化剂主要有钌吡啶类络合物、赤藓红 B、玫瑰红、叶酸绿等,其中钌吡啶类络合物的敏化效率较高且稳定性较好。这些染料物质一般在可见光下即可被激发,产生光电子。只要活性物质激发态的电势比半导体导带电势更负,就有可能使激发电子注入到半导体 TiO_2 材料的导带,而后被 O_2 捕获,光生电子与 O_2 形成 O_2^-,成为还原活性中心,使有机物部分还原。由此可见,光敏化改性主要是增加了氧化还原反应的还原活性中心,氧化活性并未增强。因此,该技术只能用于还原降解部分有机物,如 CCl_4 及含 N 有机物等。

5.8.2　酞菁敏化

敏化光催化体系中生成的各种活性氧自由基,对化学性质稳定的敏化剂作用很小,对作为目标物的体系中的其它有机物有较好的降解能力。Ilev 将酞菁负载到 TiO_2 表面后,发现可见光的敏化迅速导致苯酚向苯醌、丙烯二酸、甲酸及碳酸的转化。在敏化光催化过程中酞菁结构没有遭到破坏。Ilev[56] 指出,尽管激发态酞菁向 TiO_2 注入电子后生成正离子自由基,但所生成的自由基很快和溶液中的苯酚等物种反应还原回到酞菁分子。朱永法[57] 将酞菁敏化 TiO_2 用于聚苯乙烯的降解,也取得了很好的效果;在同样的条件下,聚苯乙烯在酞菁敏化 TiO_2 体系中的光催化降解质量损失速率要比单纯的 TiO_2 体系快 70% 左右。而 Palmisano[58] 则利用了铜酞菁用于 4-硝基苯酚的降解,结果显示由于染料的敏化作用,TiO_2 对 4-硝基苯酚的光催化效率有明显增加。Sun 等人[59] 进行了磺化金属酞菁在半导体 TiO_2 的存在下被紫外光或可见光照射降解研究。结果发现当 TiO_2 被金属酞菁修饰而成的复合催化剂直接暴露在太阳光下,将会导致复合催化剂逐渐褪色,从而影响催化剂的色度和光催化反应活性。因而可以通过选择金属酞菁类感光剂来改善电子在半导体表面的转移和提高复合催化剂的光稳定性。

5.9　半导体的异质结复合技术

由于复合半导体具有两种或多种不同能级的价带和导带,在光激发下电子和空穴分别迁移至 TiO_2 的导带和复合材料的价带,从而使光生载流子有效分离或产生新的催化性能。

复合半导体可分为半导体-绝缘体复合及半导体-半导体复合。绝缘体如 Al_2O_3、SiO_2、ZrO_2 等大多起载体作用。TiO_2 负载于适当的载体后,可获得较大的表面结构和适合的孔结构,并具有一定的机械强度,以便在各种反应床上应用。二元复合半导体光活性的提高可归因于不同能级半导体之间光生载流子的输运与分离[60]。复合半导体的互补性质能增强电荷分离,抑制电子-空穴的复合和扩展光致激发波长范围,从而显示了比单一半导体具有更好的稳定性和催化活性。如 TiO_2-CdS、TiO_2-CdSe、TiO_2-SnO_2$、$TiO_2$-PbS、$TiO_2$-WO_3$、CdS-ZnO、CdS-AgI、CdS-HgS、ZnO-ZnS、Cr_2O_3-Fe_2O_3$ 等复合半导体均表现出高于单个半导体的光催化性质。

5.9.1　半导体的表面异质结

多元组分的复合型半导体光催化剂是根据不同能级的半导体之间可实现光生电子与空穴

的有效分离，经过合理的组合，可以使激发光波长红移。如以浸渍法或混合溶胶法等制备 TiO_2 的二元或多元复合半导体，最大的优点是利用它们之间的能级差别，使电荷有效分离，如 TiO_2 和 CdS 复合后，当入射光能量能使 CdS 发生跃迁，而不能使 TiO_2 发生跃迁，CdS 中产生的激发电子能被传输至 TiO_2 的导带，而空穴留在 CdS 价带，电子-空穴得到有效的分离，因此，复合后的 TiO_2 激发波长范围扩大，可达到可见光区。

5.9.2　异质结促进活性提高的原理

Hurum 等研究认为，锐钛矿型和金红石型 TiO_2 的混杂，可使 TiO_2 可见光光催化性能提高，并将之归结为以下三个原因：①金红石较小的带隙能（3.0eV），使光吸收范围延伸到了可见光区；②激发电子从金红石迁移到锐钛矿，有效地抑制了电子-空穴对的复合；③小粒径的金红石的存在有利于其表面电子迁移到两种晶型 TiO_2 的相界面上产生具有催化作用的"活性点"。

5.9.3　SnO_2/TiO_2 异质结体系

朱永法等[61]采用溶胶-凝胶法在载玻片上制备了界面复合 $TiO_2/SnO_2/glass$、$SnO_2/TiO_2/glass$ 纳米薄膜光催化剂。复合样品的活性高于单一样品，并且复合的顺序很重要，只有以 SnO_2 在底而 TiO_2 在上的方式复合，在界面处才能发生电子由 TiO_2 向 SnO_2 的迁移，电荷分离效率提高，从而使光催化活性增强。TiO_2 和 SnO_2 均为 N 型半导体，能强烈地吸收紫外光。当受到能量大于其带隙能的光激发时，产生电子-空穴对。TiO_2 和 SnO_2 的导带（CB）分别位于 $-0.34V$ 和 $+0.07V$ 处（相对于 pH=7 时的标准氢电极电势）。SnO_2 的价带（VB）位于 $+3.67V$ 处，比 TiO_2 的价带（$+2.127V$）低[62]，所以电子可以从 TiO_2 的导带迁移到 SnO_2 的导带上，而空穴可以从 SnO_2 的价带迁移到 TiO_2 的价带上，于是空穴积累到 TiO_2 的表面进行氧化还原反应。在界面处电子由 TiO_2 向 SnO_2 的迁移是复合样品光催化活性提高的原因。另外，复合样品中受光照的 TiO_2 层厚度有一最佳值，当薄膜厚度增加到一定值时，光生电子和空穴不能到达界面处发生有效的分离，界面不再起作用，所以这时复合薄膜体现出了与单一薄膜相同的光催化活性。

5.9.4　界面复合（$TiO_2/SnO_2/glass$、$SnO_2/TiO_2/glass$）

朱永法等[61]利用纳米薄膜的制备技术，结合材料的纳米复合、纳米结构控制等技术，研制了单一及界面复合（$SnO_2/glass$、$TiO_2/glass$、$TiO_2/SnO_2/glass$、$SnO_2/TiO_2/glass$）纳米薄膜光催化剂，利用 SnO_2/TiO_2 复合半导体之间光生载流子的输运与分离，来提高光催化效率。以甲醛的气相光催化氧化反应为模拟反应，比较了复合薄膜和单一薄膜的光催化活性，并考察了复合薄膜的晶相结构、薄膜厚度、叠加顺序等对其光催化性能的影响。

5.9.4.1　复合半导体纳米薄膜光催化剂的制备

溶胶-凝胶（sol-gel）法是制备纳米粉体及薄膜最常用的方法之一。作者首先用 sol-gel 法分别制得 SnO_2 和 TiO_2 溶胶，再采用提拉法在载玻片上分别制备具有不同厚度和复合顺序的单一及界面复合薄膜（$SnO_2/glass$、$TiO_2/glass$、$TiO_2/SnO_2/glass$、$SnO_2/TiO_2/glass$）。

5.9.4.2　复合半导体纳米薄膜的光催化活性评价

以甲醛的气相光催化氧化反应为试验反应，对复合及单一 TiO_2、SnO_2 薄膜进行光催化活性测试。研究了薄膜厚度、复合顺序对复合半导体纳米薄膜光催化活性的影响。具有一定复合顺序和厚度的复合薄膜体现出了较单一薄膜高的光催化活性，进一步验证了复合薄膜的界面电荷转移机制。

5.9.5　复合顺序对光催化活性的影响

图 5-6 比较了具有两种不同叠加顺序的复合薄膜和两种单一薄膜的光催化活性，其中无论对于单一还是复合薄膜，TiO_2 层的厚度均为 30nm，SnO_2 层的厚度为 120nm。由图可见

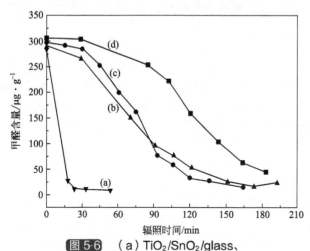

图 5-6　（a）$TiO_2/SnO_2/glass$、
（b）$SnO_2/TiO_2/glass$、（c）$TiO_2/glass$ 和
（d）$SnO_2/glass$ 在薄膜催化下
甲醛浓度随光照时间的关系

光催化活性的顺序为 $TiO_2/SnO_2/glass$ > $SnO_2/TiO_2/glass$ > $TiO_2/glass$ > $SnO_2/glass$。以 SnO_2 在底而 TiO_2 在上的方式复合所得的样品显示出了最佳的光催化活性，而以相反方式复合的样品其光催化活性与单一 TiO_2 薄膜的差不多，SnO_2 薄膜的光催化活性最差，这可能是由于在 SnO_2 薄膜中光生电子和空穴的复合概率大，故活性较低。Raman 光谱显示 $TiO_2/SnO_2/glass$ 薄膜与 $TiO_2/glass$ 薄膜具有相似的晶相结构，并且底层 SnO_2 的存在对复合薄膜的表面积没有影响。考虑到复合薄膜的厚度可能对其光催化活性的有利影响，针对此，实验比较了具有与复合薄膜

相同厚度的单一 TiO_2 薄膜的光催化活性。150nm 厚的 TiO_2 薄膜在 15min 时对甲醛的转化率（80%）的确比 30nm 厚的 TiO_2 薄膜的（10.5%）有所提高，但仍比具有相同厚度的 $TiO_2/SnO_2/glass$ 复合薄膜（91%）的低。所以，我们排除了晶相、比表面积、厚度的因素对光催化活性的影响。有研究表明[63～65]，复合薄膜光催化活性的提高可归因于电子由 TiO_2 向 SnO_2 的转移。

5.9.6　复合样品内外层厚度对光催化活性的影响

5.9.6.1　SnO_2 层的厚度对 $TiO_2/SnO_2/glass$ 样品光催化活性的影响

$TiO_2/SnO_2/glass$ 中 SnO_2 层起到了一个电子传递体的作用，它接受 TiO_2 导带上的电子，再将其转移给表面吸附的氧，所以 SnO_2 层对于电荷的迁移起着很重要的作用。但是既然在 SnO_2 层中，电子已经远离了空穴，所以可以预见它的厚度对于电荷迁移的影响不大，这可由图 5-7 得到证实。由图 5-7 可见，$TiO_2/SnO_2/glass$ 薄膜的光催化活性不受底层 SnO_2 层厚度的影响，并且光催化活性始终高于 $SnO_2/glass$ 薄膜。

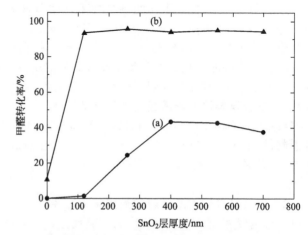

图 5-7　SnO_2 层厚度对甲醛转化率的影响
（a）$SnO_2/glass$ 薄膜，（b）$TiO_2/SnO_2/glass$ 薄膜
（其中 TiO_2 层的厚度为 30nm）

5.9.6.2 TiO₂层的厚度对TiO₂/SnO₂/glass样品光催化活性的影响

图5-8比较了具有相同 TiO₂ 层厚度的 TiO₂/glass 及 TiO₂/SnO₂/glass 薄膜的光催化活性。可见在 TiO₂ 层厚度小于 200nm 时，复合薄膜的光催化活性高于单一 TiO₂/glass 薄膜，但是这种优势随着 TiO₂ 层厚度的增加而逐渐减小；当 TiO₂ 层厚度达到 200nm 时，复合薄膜与单一薄膜的催化活性相差不多；继续增加薄膜的厚度，复合薄膜体现出了与单一薄膜相同的光催化活性。这一特征也可由图5-9体现出来。

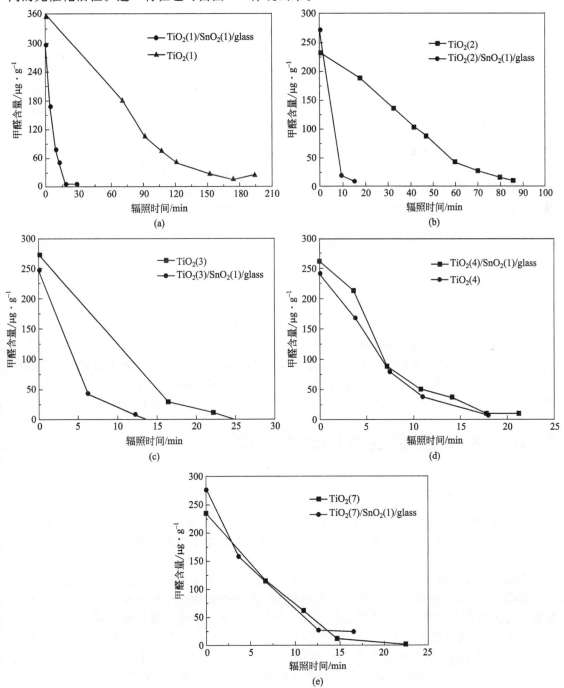

图 5-8 具有相同 TiO₂ 层厚度的 TiO₂/glass 及 TiO₂/SnO₂/glass 薄膜的光催化活性比较。

TiO₂ 层的厚度分别为（a）30nm；（b）90nm；（c）150nm；（d）200nm；（e）380nm

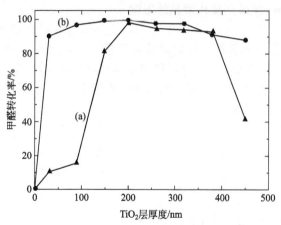

图 5-9 TiO₂ 层厚度对甲醛转化率的光影响

（a）TiO₂/glass 薄膜；

（b）TiO₂/SnO₂/glass 薄膜（其中 SnO₂ 层的厚度为 120nm）

图 5-9 为 TiO₂/glass 和 TiO₂/SnO₂/glass 薄膜中 TiO₂ 层厚度对甲醛转化率的影响。可见，当 TiO₂ 薄膜小于 200nm 时，TiO₂/glass 和 TiO₂/SnO₂/glass 薄膜的活性均随 TiO₂ 薄膜厚度的增加而增加，并且 TiO₂/SnO₂/glass 薄膜的活性均高于单一的 TiO₂/glass 薄膜。但是随着 TiO₂ 薄膜厚度的增加，复合薄膜高活性的优势也逐渐减小，当 TiO₂ 薄膜厚度在 200~400nm，两者活性几乎相同，并且两种薄膜的活性随厚度的增加均体现出减小的趋势。

对于 TiO₂/SnO₂/glass 复合薄膜，当 TiO₂ 层厚度较小时，光激发产生的电子和空穴可到达 SnO₂/TiO₂ 界面处，进而发生有效的电子和空穴的分离，其结果是电子转移到 SnO₂ 上，空穴留在 TiO₂ 上，体现在光催化活性上是复合薄膜的活性有所提高。随着 TiO₂ 薄膜厚度的增加，在 TiO₂ 层内光激发产生的电子和空穴离 TiO₂/SnO₂ 界面较远，光生电子在到达界面前需要一定的时间，所以并不是所有的光生电子都能到达界面处发生有效的转移。TiO₂ 层的厚度越厚，它迁移到界面所需要的时间就越长，电子和空穴复合的概率也就越大，所以复合薄膜与单一 TiO₂ 薄膜的活性差异也越小，当薄膜厚度增加到一定值时，光生电子和空穴不能到达界面处发生有效的分离，所以这时复合薄膜体现出了与单一薄膜相同的光催化活性。当进一步增加 TiO₂ 薄膜的厚度时，其粒径会不可避免的增加，所以复合薄膜的光催化活性有所下降。

以上结果说明，在 TiO₂/SnO₂/glass 复合薄膜中，为了保证在界面处发生有效的电子和空穴分离，TiO₂ 层的厚度是一个至关重要的参数。当 TiO₂ 层的厚度为 200nm 时，复合样品体现出了最佳的光催化活性；超过这个厚度时，底层 SnO₂ 捕获电子的有利作用将消失。

5.10 影响反应活性的环境因素

5.10.1 光源与光强

TiO₂ 的能带宽度 $E_g=3.2eV$，只能接受波长小于 387nm 光的激发。不管怎样对 TiO₂ 进行改性，总归会有一个光线吸收范围，因此光反应时的光源以及光源的强度就会对光催化的结果产生巨大的影响。

光催化研究的目的是为了充分利用太阳能，把自然光作为光降解反应的光源是比较合理的，但是由于自然光的强度受时间和气候的影响，并不能作为一个稳定的光源。目前光催化研究中都采用人工光源，包括中压汞灯、高压汞灯、黑光灯、紫外线杀菌灯等，波长一般在 250~400nm。这类灯光源功率稳定并且可以进行调节，可是其发光光谱分布与自然光差别很大，比如黑光灯的发光光谱几乎都在紫外光区，可见光区没有能量输出。在光降解实验中，往往有针对 TiO₂ 改性的研究，以提高其对可见光的利用能力，在黑光灯下做光催化实验，不能够体现出 TiO₂ 改性后的光催化性能。

光源的辐照强度与光降解速度有比较复杂的关系。有研究表明，光强度较低时，光降解速度与光强度成正比;而光强度很高时,光降解速度与光强度的平方根成正比。但是当光强度大到一定程度时,甚至可能没有降解效果,这是因为,光源强度很大时,光量子效率很低。一方面,尽管随着光强的增大有更多的光致电子和光致空穴对产生,但是不利于光致电子-空穴对的迁移,从而复合的可能性增大。由于存在中间氧化物在催化剂表面的竞争性复合,光强过强的光催化效果并不一定就好。另一方面,羟基自由基产量增加,羟基自由基浓度越高,自发反应生成的 H_2O_2 就越多,H_2O_2 的氧化能力远小于羟基自由基,这也导致了光催化效果的降低。

5.10.2 有机物浓度

国内外的研究者对降解有机物的动力学做了很多的研究工作。如果在反应中只有一种反应物且不产生中间产物的情况下,光催化反应的速率可以用 Langmuir-Hinshelwood 动力学方程来描述:

$$R = kKc/(1 + Kc) \qquad (5\text{-}9)$$

式中,R 为反应速率;k 为速率常数;K 为吸附常数(与光源、催化剂活性和反应介质有关);c 为反应物浓度。

由该方程可见当反应物的浓度很低时 Kc 远小于 1,$R = kKc$,即反应速率与反应物浓度成正比;当反应物浓度很高时 Kc 远大于 1,$R = k$,反应速率成为一个定值,这可能是因为,浓度很高的情况下,反应速率取决于光催化剂对反应物的吸附及解吸附的速率。但是在一般情况下,反应物浓度越大,降解速率越快,两者呈单调递增的关系。

5.10.3 pH 值

pH 值对 TiO_2 颗粒表面电荷的分布和 TiO_2 的能带分布都会产生影响,从而间接影响 TiO_2 的光催化活性。

pH 值对 TiO_2 的表面电荷影响很大,在水溶液中 TiO_2 的等电点大约在 pH = 6.25 附近,即在 pH < 6.25 时,TiO_2 带正电;反之则带负电。表面带电荷的状况影响到 TiO_2 表面对有机物的吸附,这样就会影响到光降解效果。一般认为 pH 值的变化会对有机物的结构造成影响。比如甲基橙在酸性较强的环境中为醌式结构,在酸性较弱的环境中为偶氮结构,由于其基团的变化,表现出对光线吸收的变化,因此 pH 值的改变会影响到甲基橙的颜色。TiO_2 对不同结构的有机物的吸附能力是不同的,这样就会对其降解效率造成影响。

一般来说,酸性体系有利于有机物的降解,但是不同的有机物最佳降解效果下的 pH 值是不同的,这取决于具体的情况。光催化降解有机磷农药的研究表明,酸性和碱性条件均有利于有机磷农药的降解,这是由于有机磷农药会在酸性和碱性条件下水解造成的。也有有机物对 pH 值不敏感的,张志军进行了对氯代二苯并对二噁英(CDD)降解研究发现,pH 值的变化对 CDD 的降解效果几乎没有影响。

5.10.4 温度

一般情况下,有机物的光催化过程中反应速率与温度的关系符合阿累尼乌斯关系,这是由于一般有机物的表观活化能很小,温度对反应速率的影响很小。

5.10.5 其它影响因素

催化剂的孔结构对催化剂的性能起着一定的作用。适当的孔结构可以增大催化剂的比表面,并有利于扩散。孔结构按孔径大小可分为三类:孔径大于 50nm 的为大孔,孔径在 2~50nm 的为中孔,孔径在 2nm 以下的为微孔。为提高 TiO_2 催化剂的催化效率,人们制备了

多孔 TiO_2 催化剂。特别对于薄膜型催化剂，由于其相对于粉末催化剂比表面大大降低，传质效率也不高，一般来说，其催化效率比粉体要低一个数量级。因此制备多孔薄膜是改善其催化性能的有效途径之一。

1998 年，Nature 杂志报道了 Yang 等人[67]用一种三嵌段共聚物 $HO(CH_2CH_2O)_{20}(CH_2CH(CH_3)O)_{70}(CH_2CH_2O)_{20}H$ 为模板剂制备氧化物的规则中孔结构，氧化物种类有：TiO_2、ZrO_2、Nb_2O_5、Ta_2O_5、WO_3、SiO_2、SnO_2、HfO_2 及一些复合氧化物，孔径在 3.5nm 至 14nm 不等。这是中孔结构材料制备的经典文献。此后陆续发表了很多关于中孔结构材料的文章，以制备中孔 TiO_2 研究其高光催化活性居多[68~71]。

Nakajima 等人[72]进行了中孔 Ta_2O_5 光解水的研究，发现中孔 Ta_2O_5 孔壁尽管是非晶，但是其光催化活性要高于普通的晶态 Ta_2O_5，如果有表面的 NiO 的还原氧化预处理，活性更高。Uchida 等人[73]研究了中孔 Ta_2O_5 以及中孔 Ta-Mg 复合氧化物，也得到了类似的结论。

5.11 辅助能量场对 TiO_2 光催化反应的影响[74]

5.11.1 热场

众所周知，温度对于化学反应的进行起到了十分重要的作用。在光催化反应体系中引入热场，会提高反应体系的温度。而温度的提高对于光催化反应通常会起到以下三个方面的作用。①加快反应速率。光催化反应是一种化学反应，在整个反应到达平衡状态以前，升高反应温度会显著提高反应速率，特别是慢反应步骤的速率。②增加催化剂的载流子浓度。因为载流子的浓度随温度升高而增加，所以，在半导体内引入热场也可以增加载流子的浓度。光催化剂在紫外光和热场的协同作用下，光激发和热激发同时作用于导带电子，使电子-空穴对的浓度大大增加。另外，温度的增加也有利于提高光致电子和光致空穴的迁移速率进而有效增加表面电子和空穴的浓度。③增加催化剂的光吸收。常用的 TiO_2 半导体的本征光吸收是间接跃迁过程，需要吸收或发射声子使跃迁的动量守恒。热场的引入使 TiO_2 微晶内的晶格振动加剧，亦即体系的声子数目增加，此时导带电子在光照作用下吸收和发射声子的概率增加，使得带间间接跃迁的概率增大，光吸收效率明显提高。如果光催化剂自身或其中的某些组分具有很好的热催化性能，那么在温度较高条件下，光催化反应进行的同时往往伴随着平行的热催化反应。Fu[72]在以 Pt/TiO_2 为催化剂降解苯的研究中发现了光催化与热催化的耦合现象：35℃下单纯光催化反应的转化率为 16.2%，120℃下单纯热催化反应的转化率为 3.3%，而在紫外光和 120℃的反应条件下，苯的转化率为 52.3%，是前二者之和（19.5%）的 2.7 倍。此外，耦合效应也使苯的矿化率大大提高，CO_2 的产率接近完全氧化。

5.11.2 电场

自从 1972 年 Fujishima 利用单晶金红石型 TiO_2 光阳极光电解水获得成功以来，利用电场与光催化过程相结合的光电催化技术一直备受人们的关注[75~77]。在光电催化反应体系中，半导体/电解质界面空间电荷层的存在有利于光生载流子的分离。而光生电子和空穴注入溶液的速度不同，电荷分离的效果也不同。为了及时将光生电子从半导体颗粒表面驱走，可以通过向工作电极施加阳极偏压来实现，从而提高界面的氧化效率。通常将 TiO_2 以粒子膜的形式固载到钛片、OTE（optically transparent electrode）等材料上制成二维光电极，这不仅可以提高光催化反应的效率，而且可以解决液相光催化体系中催化剂与反应液难以分离的问题。Vinodgopal 等[78]报道了外加电场能促进光生载流子的分离，提高催化氧化降解氯苯酚的降解速率。Kim 等[79]采用多孔 TiO₂ 薄膜电极分别进行了光催化降解和光电催化降解甲酸的实验，结果发现在光电催化降解中，即使阳极的电压较低也能够得到较高的降解效率，而且其降解效率受氧气、无机电解质等因素的影响很小，表明该系统在较宽松的条件下可以获得较高的降解效率。近年来，人们越来越系统地做了电场协同光催化降解有机污染物的研究[79,80]，指出了电场的方向、施加在电极间的电压以及电极材料都会影响光催化降解效率。Hidaka 等[81]还发现电极类型会影响偏电压对光催化的影响，对溶胶-凝胶法和脉冲激光法制备的电极，施加阳极偏电压后光催化效率提高，而对涂覆 TiO₂ 粉末法制备的电极，效率反而下降。

5.11.3 微波场

将微波与光催化过程相结合是提高光催化反应效率的有效方法。研究结果[80]表明，微波辐射不仅扰动了反应物的扩散，而且微波可产生·OH 自由基。微波辐照有利于光催化降解废水物质[83]是由于微波和 TiO₂ 表面存在热和非热两种相互作用，而后者通过形成额外的氧化物种（比如·OH 自由基和/或与此相当的活性氧物种）导致光催化效率的提高。付贤智等[84]发现，施加微波能提高 TiO₂ 催化剂对 C₂H₄ 的光催化氧化活性，活性从单纯光催化条件下的 27% 提高到相应微波光催化时的 32%。李旦振等[85~87]认为，将微波引入光催化系统可能产生加速光催化反应的四个方面效应。①增加催化剂的光吸收。常用的光催化剂 TiO₂ 的本征光吸收除存在直接跃迁外还有相当概率的间接跃迁过程。在这种间接跃迁过程中，价带电子不仅要吸收光子以满足跃迁的能量守恒，还要同时吸收或发射声子使动量守恒以满足带-带跃迁的选律。由于微波场对催化剂的极化作用，在表面产生更多的悬空键和不饱和键，从而在能隙中形成更多的附加能级（缺陷能级），非辐射性的级联过程产生的多声子使光生电子-空穴对的生成更容易，同时使光的吸收红移，提高光的吸收利用率。②抑制载流子的复合。微波电磁场的作用使催化剂具有更多的缺陷，由于陷阱效应，这些缺陷将成为电子或空穴的捕获中心，从而降低电子-空穴的复合效率。③促进水的脱附。在气-固光催化反应过程中，催化剂表面的超亲水性使环境空气中的水及光催化反应中的反应产物水在催化剂表面产生强吸附作用，这明显抑制了光催化反应的进行。在微波场作用下，水分子间的氢键结合被打断，抑制了水在催化剂表面的吸附，使更多的表面活性中心能参与反应，促进了光催化反应过程的进行。④促进表面羟基生成游离基。微波辐射使振动能级处于激发态的表面羟基的数目增多，使表面羟基活化，有利于羟基游离基的生成。

5.11.4 超声场

超声波有超声空化作用，通过使液体中微小气泡快速形成和破裂在气泡附近很小的区域产生瞬间高温（可达 10^4 K）、高压（可达几千个大气压的激流）和高速冲流。这些极端的状态导致溶液中氧气分子和水分子中化学键的断裂，形成·O、·H 和·OH，这些自由基相互反应或者与水分子反应将形成 O_2^-、HO_2 和·H_2O_2。因此，超声波与光催化结合有助于·OH 浓度的增大，从而提高水中有机污染物的降解效率。此外，超声波可加速降解产物从催化剂表面的脱附，使光催化剂颗粒变小，比表面积增大，产生更多的活性中心。Mason[88]研究了超声波对多相光催化反应的影响，并提出了光催化反应中产物的变化及/或产量的提高是由于超声波的机械效应引起的，比如超声波起到了清洁催化剂表面，减小颗粒尺寸和增大传质速率的作用。Smirniotis[89]在研究超声光催化降解水杨酸时，得出的结果表明：超声波的介入大大提高了光催化降解水杨酸的速率和效率。他们认为可能的原因是聚合物的断裂以及光催化过程利用了由于超声波而产生的物种，此外，他们的研究还表明只有尺寸较小的催化剂才存在超声波和光催化的协同效应。

参考文献

[1] Fujishima A, Honda K. Nature, 1972, 238 (5358)：37.

[2] Schrauzer G N, Guth T D. J. Am. Chem. Soc., 1977, 99：7189.

[3] Zhang J L, Minagawa M, Matsuoka M, et al. Catal. Lett., 2000, 66：241.

[4] Zhu Y F, Zhang L, Wang L, et al. J. Mater. Chem., 2001, 11：1864.

[5] Augustynski J. Ele ctrochim. Acta., 1993, 38：43.

[6] 张金龙等. 光催化. 上海：华东理工大学出版社, 2004.

[7] 刘守新, 孙秉林. 物理化学学报, 2004.

[8] Li G H, Gray K A. Chem. Phys., 2007, 339 (1-3)：173.

[9] Wang G, Wang Q, Lu W, et al. J. Phys. Chem. B, 2006, 110 (43)：22029.

[10] Li W, Liu C, Zhou Y X, Bai Y, et al. J. Phys. Chem. C, 2008, 112 (51)：20539.

[11] Bilmes S A, Mandelbaum P, Alvarez F, et al, J. Phys. Che m. B, 2000, 104：9851.

[12] 唐玉朝, 李薇, 胡春, 王怡中, 化学进展, 2003, 15：379.

[13] Salvador P, et al, J. Phys. Chem., 1992, 96：10349.

[14] Heller A, et al, J. Phys. Chem., 1987, 91：5987.

[15] 岳林海, 水淼, 徐铸德, 化学学报, 1999, 57：1219.

[16] Muggli D S, Falconer J L, J. Catal., 2000, 191：318.

[17] Lee G D, Falconer J L, C atal. L ett., 2000, 70：145.

[18] Brus L E. J. Chem. Phys., 1983, 79：5566.

[19] Hagfeldt A, Graetzel M. Chem. Rev., 1995, 95 (1)：49.

[20] Ileperuma O A, Tennakone K, Dissanayae W D D P. Appl. Catal., 1990, 62 (1)：L1.

[21] 张文保, 崔玉民, 王洪涛. 稀土, 2008, 10 (29)：80.

[22] Dana D, Vlasta B, Milan M, et al. Appl. Catal. B：Environ, 2002, (37)：91.

[23] Xu W A, Gao Y, Liu H Q. J. Catal., 2002, 207：151.

[24] Xie Y B, Yuan C W, Li X Z. Colloiids Surf. A：Physicochem. Eng. Aspects, 2005, 252 (1)：87.

[25] Choi W, Termin A, Hoffman M R. J. Phys. Chem., 1994, 98 (51)：13669.

[26] Wilke K, Breuer H D. Photochem. Photobiol. A, 1998, 121 (1)：49.

[27] 张峰, 李庆霖, 杨建军等. 催化学报, 1999, 20 (3)：329.

[28] Yamashita H, Harada M, Misaka J, et al. Catalysis Today, 2003, 84 (3-4)：191.

[29] Zhang Z B, Wang C C, Zakaria R, et al. J. Phys. Chem. B., 1998, 102：1087.

[30] 康华, 崔洪亮, 李桂春. 中国非金属矿工业导刊, 2008 (5)：30.

[31] Asahi R, Morikawa T, Ohwaki T, et al. Science, 2001, 293 (13)：269.

[32] Kasahara A, Nukumizu K, Takata T, et al. J. Phys. Chem. B., 2003, 107：791.

[33] Kasahara A, Nukumizu K, Hitoki G, et al. J. Phys. Chem. B., 2002, 106：6750.

[34] Irie H, Watanabe Y, Hashimoto K. J. Phys. Chem. B, 2003, 107 (23)：5483.

[35] Ihara T, Miyoshi M, Iriyama Y, et al. Appl. Catal. B, Environ., 2003, 42：403.

［36］Sakatani Y，Koike H. JP，2001，72：419.

［37］Umebayashi T，Yamaki T，Itoh H，et al. Appl. Phys. Lett.，2002，81：454-456.

［38］Gómez R，López T，Ortiz2Islas E，et al. J. Mol. Catal. A：Chem.，2003，193：217.

［39］Zhou Z Q，Zhang X Y，Wu Z，et al. Chinese Science Bulletin，2005，50：2691.

［40］Yu J C，Yu J G，Ho W K，et al. Chem. Mater.，2002，14：3808-3816.

［41］Luo H M，Takat T，Lee Y G，et al. Chem. Mater.，2004，16（5）：846.

［42］Minero C，Mariella G，Maurino V，et al. Langmuir，2000，16：2632.

［43］Yamaki T，Sumita T，Yamamoto S. J. Mater. Sci. Lett.，2002，21：33.

［44］Khan S U M，Al2Shahry M. Sci.，2002，297（5590）：2243.

［45］Choi Y，Umebayashi T，Yamamoto S，et al. J. Mater. Sci. Lett.，2003，22：1209.

［46］Irie H，Watanabe Y，Hashimoto K. Chem. Lett.，2003，32（8）：772.

［47］Sasaki T，Koshizaki N，Yoon J W，et al. J. Photochem. Photobiol. A：Chem.，2001，145（1-2）：11.

［48］Sung-Suh H M，Choi J R，Hah H J，et al. J. P hotochem. P hotobiol. A：Chem.，2004，163（1-2）：7.

［49］赵高凌，韩高荣. 材料科学与工程，2001，19（1）：21.

［50］Wang C Y，Liu C Y，Shen T，et al. J. Colloid Interf. Sci. 1997，191：464.

［51］Lee M Y，Lee Chae. Nano-Structured Materials，1999，11（2）：195.

［52］Chen Y L，Li D Z，Wang X C，Wu L，Wang X X，Fu X Z. New J. Chem.，2005，29，1514.

［53］侯亚奇，庄大明，张弓等. 清华大学学报，2004，44（5）：589.

［54］Zhang X，Zhang F，Chan K Y. Mater. Chem. Phys.，2006，97（2-3）：384.

［55］Christian G G，Cornelis J K，Carlo A B，et al. J. Photochem. Photobiol. A：Chem.，2000，132（1-2）：91.

［56］Ilev V. J. Photochem. Photobiol. A.，2002，151：195.

［57］Shang J，Chai M，Zhu Y F. Environ. Sci. Technol，2003，37：4494.

［58］Mele G，Sole R D，Vasapollo G，García-López E，Palmisano L，Schiavello M. J. Cata.，2003，217，334.

［59］Sun A H，Zhang G C，Xu Y M. Mater. Lett.，2005，59（29-30）：4016.

［60］Gopid K R，Bohorquez M，Kamat P V. J. Phys. Chem.，1990，94（Ι）：338.

［61］Shang J，Yao W Q，Zhu Y F，et al. Appl. Catal. A：Gen.，2004，257：25.

［62］Hattori A，Tokihisa Y，Tada H，et al. J. Electrochem. Soc.，2000，147：2279.

［63］Tada H，Hottri A，Tokihisa Y，et al. J. Phys. Chem.，2000，104：4585.

［64］Levy B，Liu W，Gilbert S. J. Phys. Chem. B，1997，101：1810.

［65］Cao Y A，Zhang X T，Yang W S，et al. Chem. Mater.，2000，12：3445.

［66］Terzian R，Serpone N，Minero C，Pelizzetti E. J. Catal.，1991，128（2）：352.

［67］Yang P，Zhao D，Margolese D. Nature，1998，396：152.

［68］Ju X S，Huang P，Xu N P，Shi J. J. Mem brane Sci.，2002，202：63.

［69］Zheng J Y，Pang J B，Qiu K Y，Wei Y. J. Mater. Chem，2001，11：3367.

［70］Stathatos E，Petrova T，Lianos P. Langmuir，2003，17：5025-5030.

[71] Vettraino M，Trudeau M，Lo A Y H，et al. J. Am. Chem. Soc.，2005，124：9567.

[72] Nakajima K，Lu D，Hara M. Surf. Sci. Catal.，2005，158：1477.

[73] Uchida M，Kondo J N，Lu D，Domen K. Chem. Lett.，2002，31：498.

[74] Fu X Z，Zcltner W A，Anderson M A，et al. Amsterdam：Elsevier Science B. V.，A，1995，6：209.

[75] Vinodgopal K，Hotchandani S，Kamat P V. J. Phys. Chem.，1993，97：9040.

[76] Kesselman J M，Lewis N S，Hoffman M R. Environ. Sci. Technol.，1997，31：2298.

[77] Kim D H，Anderson M A. Environ. Sci. Technol.，1994，28：479.

[78] Vinodgopal K，Stafford U，Gray K A，et al. J. Phys. Chem.，1994，98：6797.

[79] Kim D H，Anderson M A. Environ. Sci. Technol. 1994. 28：479.

[80] He C，Xiong Y，Zhu X H. Thin Solid Films，2002，422：235.

[81] Hidaka H，Ajisaka K，Horikosi S. J. Photochem. Photobiol. A：Chem.，2001，138：185.

[82] Cirkva V，Hajek M. J. Photochem. Photobiol. A，1999，123：21.

[83] Horikoshi S，Hidaka H，Serpone N. Environ. Sci. Technol.，2002，36：1357.

[84] Fu X Z，Zeltner W A，Anderson M A，et al. Amsterdam：Elsevier Science B. V.，1996，103：44.

[85] 李旦振，郑宜，付贤智. 物理化学学报，2002，18：332.

[86] 郑宜，李旦振，付贤智. 催化学报，2001，22：165.

[87] 李旦振，郑宜，付贤智. 物理化学学报，2001，17：270.

[88] Mason T J. The Royal Society of Chemistry，Cambridge，London，1992.

[89] Davydov L，Reddy E P，France P，Smirniotis P G. Appl. Catal. B：Environ. 2001，32：95

第**6**章
TiO₂ 光催化材料的能效提高

半导体 TiO₂ 的光催化性能自从 1972 年被发现以来，人们在光能化学转换、光催化降解有机物、光化学合成、界面的光诱导亲水、自清洁材料合成等方面开展了大量的研究工作。该项技术能够降解水体和空气中的大部分有机污染物，例如：工业染料、表面活性剂、农药以及其它难降解的各种有毒的有机污染物等。最重要的是降解产物为水、二氧化碳和无机盐类，没有二次污染，产物清洁，是一种极具前途的有机污染物深度净化矿化技术[1~3]。然而，半导体的光催化技术在实际应用中也有其缺陷：①光生电子和空穴的重新复合影响半导体光催化剂的效率；②太阳光能的利用率较低。本章主要考虑如何提高太阳光能的利用率，也就是使半导体 TiO₂ 光催化剂的光谱响应波长向可见光方向移动。因为无论从经济实用还是环境保护的角度出发，利用现成的丰富太阳能资源取代昂贵的人工紫外光源系统，对TiO₂ 光催化技术真正走向实用具有重要意义。但是由于地球大气层的屏蔽作用，实际能够到达地面的太阳光的能谱主要分布在可见光和近红外区域，只有很少量的光子分布在紫外光区域（约 5%），能够激发二氧化钛的光子占总的地表太阳光谱的比例仅在 3% 左右。为了得到具有较高活性的二氧化钛光催化剂，在实际应用中往往倾向于使用小粒径大表面的二氧化钛材料。由于纳米粒子的量子尺寸效应，与大体积的二氧化钛晶体相比，二氧化钛纳米粒子的能带间隙被进一步扩大了，从而使可以利用的光的波长发生蓝移，反而减弱了二氧化钛光催化剂对太阳光的有效吸收利用[4]。为了更好的利用太阳光，需要拓展 TiO₂ 光催化剂的光吸收范围，使其尽可能向可见光及近红外区域移动。激发波长的限制成为事实上影响二氧化钛光催化剂的一个瓶颈。

通过对二氧化钛纳米粒子的修饰和改性处理，可以将二氧化钛半导体光催化剂的有效激发由紫外光区移动到可见光区，实现直接利用太阳能中的可见光，用于二氧化钛光电催化体系。目前，可以提高二氧化钛光催化能效的方法主要有以下几种：离子掺杂技术（金属、非金属），染料的光敏化技术，与窄带隙的半导体的复合技术，贵金属沉积及表面还原处理。

6.1　离子掺杂技术[5]

离子掺杂是利用物理或化学方法，将离子引入到二氧化钛晶格结构内部，从而在其晶格中引入新电荷、形成缺陷或改变晶格类型，影响了光生电子和空穴的复合或改变了半导体的能带结构，也就是半导体的激发波长，最终导致二氧化钛的光催化活性发生改变。离子掺杂是提高半导体能效的一种有效方法，不仅能够显著提高半导体的导电性，有效减少光生空穴-电子对的复合，最重要的是还能够使吸收光谱蓝移或红移，从而改善半导体的光催化性能。

金属离子或非金属元素掺杂后会在二氧化钛半导体中形成一定的掺杂能级，从而影响二氧化钛光吸收性能。引起二氧化钛晶体本征吸收边移动的可能有两种：一是离子（M）掺杂后，使得 M 和 Ti_{3d} 发生相互作用，形成了新的导带，而由 O_{2p} 构成的价带不变，新导带和价带间的带隙变窄，吸收带得以扩展；二是离子掺杂后，进入晶体的间隙位置，与基质 TiO_2 晶体形成新的物质，而新物质的带隙较窄，其吸收光谱与纯晶体的吸收光谱叠加，使其吸收带边发生移动。

另外，从化学的角度分析，导致吸收带边红移的五个原因为：①电子限域在小体积中运动；②随粒径的减小，内应力 P（$P=2\delta/r$，r 为粒子半径，δ 为表面能）增加，导致电子波函数重叠；③能级中存在附加能级，例如，缺陷能级，使电子跃迁时的能级间距减小；④外加压力使能隙减小；⑤空位、杂质的存在使平均原子间距 R 增大，从而使晶增强度 Dq（$\propto I/R^5$）减弱，结果能级间距变小。导致吸收带边蓝移的原因有以下几个。①由量子尺寸效应引起：已被电子占据分子轨道能级与未被电子占据的分子轨道之间的禁带宽度（能隙），由于粒子的粒径减小而增大，而使吸收边向短波方向移动；另外，导带和价带变成分立的能级，能隙变宽，对紫外光的吸收边蓝移，价带电位变得更正，导带电位变得更负，这样就增加了光生电子和光生空穴的氧化还原能力。②表面效应导致：由于纳米粒子颗粒小，比表面积增大，表面张力增大，从而晶格畸变，晶格常数变小。③掺杂离子后，TiO_2 粉末的粒径减小，这样会使光生载流子从体内扩散到表面所需的时间减少，从而减少空穴电子复合概率。

总之，对于离子掺杂后的半导体，光吸收带的峰位移则是由红移和蓝移因素共同作用的结果，当红移因素大于蓝移时会导致光吸收的红移，反之发生蓝移。

6.1.1 TiO_2 的本征吸收

理想半导体在绝对零度时，价带是完全被电子占满的，因此价带内的电子不可能被激发到更高的能级。唯一可能的吸收是足够能量的光子使电子激发，越过禁带跃入空的导带，而在价带中留一个空穴，形成电子-空穴对。这种由于电子在带与带之间的跃迁所形成的吸收过程称为本征吸收。当然，只有当光子能量大于或等于禁带宽度时，才能发生本征吸收，即 $h\nu \geqslant h\nu_0 = E_g$。$h\nu_0$ 是能够引起本征吸收的最低限度的光子能量，此时，ν_0 为能引起本征吸收的最低频率界限（对应的最长波长界限为 0）。当频率低于 ν_0 或波长大于 λ_0 时，不可能产生本征吸收，这个界限的特征频率 ν_0 或特征波长 λ_0，称为半导体的本征吸收限。由 $h\nu_0 = E_g$，根据不同半导体材料的禁带宽度，算出相应的本征吸收波长限 $\lambda_0 = 1240/E_g$。体相锐钛矿 TiO_2 的能隙为 3.23eV，对应的吸收带边为 383.9nm。金红石型 TiO_2 能隙为 3.00eV，对应的吸收带边为 413.3nm。而采用溶胶-凝胶法制备的纳米二氧化钛粉末（粒径为 25.47nm），其吸收带边为 396nm。与锐钛矿相比，纳米二氧化钛吸收带边没有蓝移，反而是红移。没有出现量子尺寸效应，造成这一问题的原因可能是由于采用溶胶-凝胶法制备的纳米二氧化钛粉末不是单一相，而是锐钛矿和金红石型的混合相，从而造成吸收带边的红移。

6.1.1.1 离子掺杂对 TiO_2 本征吸收的影响

掺杂离子为半导体材料提供了新的受主或给体能级，或能够与半导体原有能级发生杂化。离子掺杂后会在二氧化钛半导体中形成一定的掺杂能级，从而影响二氧化钛的光吸收性能。如 Choi 等[6]研究了 21 种溶解金属对量子尺寸的二氧化钛粒子的掺杂效果，光催化活性

分别用氧化 $CHCl_3$ 和还原 CCl_4 的活性进行评价。结果表明：只有一些特定的金属离子有利于提高光量子效率，其它金属离子的掺杂反而是不利的。当掺杂 0.5% 的 Fe^{3+} 时二氧化钛对 $CHCl_3$ 和 CCl_4 的降解反应速率分别提高了 18 倍和 15 倍，然而掺杂 Co^{3+} 和 Al^{3+} 则降低了光催化活性。依据实验的结果，Choi 等认为，在 TiO_2 晶体中引入杂质金属离子 M^{n+}，当 M^{n+}-$M^{(n-1)+}$ 能级位于禁带的导带附近时，会形成浅势俘获阱，容易捕获激发到 TiO_2 导带上的光电子；而当 $M^{(n+1)+}$-M^{n+} 能级位于 TiO_2 价带附近时，则形成易于捕获价带空穴的深势俘获阱。Asahi R 等[7]利用非金属元素 C、N、F、P、S 等取代二氧化钛中的晶格氧位，从而使二氧化钛的禁带窄化，扩大了辐射的光的响应范围。其研究结果表明，N 和 S 的掺杂都可以使二氧化钛的禁带宽度变窄，但是 S 的粒子半径较大，使其不能与二氧化钛晶体中的晶格氧产生取代，而 N 元素则可以很好地发生取代，N_{2p} 轨道能够与 O_{2p} 轨道相杂化形成混合能级，使得材料禁带宽度变窄。以上变化均能使材料体系在可见光辐照时发生电子跃迁，表现出可见光催化活性。此外，掺杂能级对光生电子或空穴的捕获，能够有效抑制二者的复合，提高光催化活性。但当掺杂离子的浓度高于一定值时，捕获位间距减小，同时俘获两种载流子致使其复合的概率增大，反而会使光催化活性显著降低，且此时掺杂物易发生集聚，如表面富集甚至形成新相，使半导体材料的有效表面积减小，造成活性降低。一些可变价掺杂离子本身的空电子轨道（如 W^{6+} 的 5d）能够获取基体离子的电子，增大空穴浓度，从而削弱了材料的 N 型光响应能力，同样会在高掺杂浓度条件下抑制光催化反应的进行。因此必须注意掺杂离子的用量及其在半导体材料中的分散度。金属离子的掺杂效果与其电位、掺杂离子的电子轨道构型、离子的半径及化合价等因素有关。采用不同制备方法时，离子的集聚行为有较大差别，所对应的最佳掺杂量也不尽相同。

不同的掺杂离子对 TiO_2 本征吸收的影响也有所不同。图 6-1 为纯 TiO_2 与掺杂 13 种离子在最佳浓度下 TiO_2 粉末的紫外-可见吸收光谱。通过不同离子掺杂后带边的移动来分析它们对本征吸收的影响。具体求法是先对其光谱图求导，找出一阶导数最低点（曲线的拐点），通过这个点作切线，切线与吸光度为零时所对应的波长轴的交点为吸收带边移动后所对应的波长。通过计算可知掺杂不同离子带边所对应的波长分别为：Ag^+，427nm；Al^{3+}，428nm；Co^{2+}，426nm；Cr^{3+}，432nm；Cu^{2+}，435nm；Fe^{3+}，435nm；Mn^{2+}，430nm；Ni^{2+}，422nm；V^{5+}，432.5nm；W^{6+}，425nm；Zn^{2+}，436nm；Pb^{2+}，437nm；La^{3+}，426nm。从计算的结果我们可以看出，掺杂金属离子后，TiO_2 本征吸收的带边均发生了红移。离子不同，带边移动程度也不同。

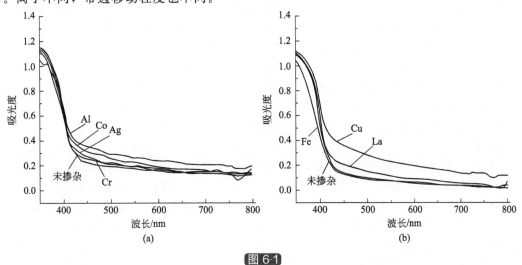

图 6-1

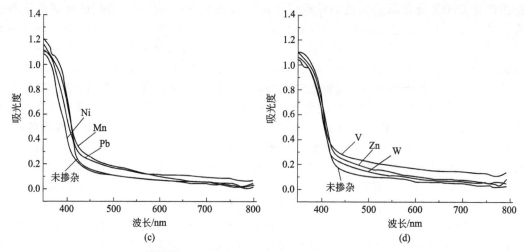

图 6-1 掺杂离子与未掺杂的紫外吸收光谱图

6.1.1.2 离子掺杂浓度对 TiO_2 本征吸收的影响

半导体光催化剂中杂质离子的掺入浓度也是影响掺杂效果的重要因素。一般情况下，在半导体光催化剂中引入低浓度杂质离子对光催化有利，而高浓度的杂质离子则往往抑制光催化剂的光催化活性。当掺入浓度较低时，增加杂质离子的浓度，载流子的俘获会随之增多，使得载流子的寿命延长，提高光生载流子的分离效果，为载流子传递创造了条件，因而活性提高；当杂质离子掺杂超过一定浓度后，光生载流子在杂质位点上多次俘获后较易失活，掺杂离子反而成为电子和空穴的复合中心，不利于载流子向界面传递。而且，过高的掺杂浓度有可能使掺杂离子在 TiO_2 中达到饱和而产生新相，减小 TiO_2 的有效表面积，并有可能减少 TiO_2 对光的吸收，从而降低光催化效率。因此，离子的掺杂浓度一般存在一个最佳值，掺杂剂的量会影响二氧化钛表面的空间电荷层厚度，其最佳厚度为 2nm 左右，空间电荷层厚度随着掺杂量增加而减小，当空间电荷层厚度近似等于入射光透入固体的深度时，所有吸收的光子产生的电子-空穴对会发生有效分离。

Zhang[8]等认为在纳米 TiO_2 光催化剂中最佳掺杂浓度与催化剂的粒径有关，且随着粒径的增大而减小。这是由于随着催化剂粒径的增大，如果掺杂浓度保持不变，则光生电子-空穴对从体相到表面的过程中将经历更多的捕获过程，从而增加了电子与空穴复合的概率。实验结果表明，对于掺杂 Fe^{3+} 的 TiO_2，TiO_2 粒径为 6nm 时，最佳掺杂浓度为 $x(Fe^{3+})\% =0.2\%$。TiO_2 粒径为 11nm 时，最佳掺杂浓度为 $x(Fe^{3+})\% =0.05\%$。

另一方面，不同金属离子的最佳掺杂浓度也是不尽相同的。金属离子的最佳掺杂浓度和金属离子的离子半径及配位数等多种因素密切相关。另外，即使是同一种离子，在不同的实验条件下的最佳浓度也不相同。金属离子的掺杂方式、二氧化钛纳米粒子的大小、晶相结构、实验时光照强度以及目标化合物的吸附和反应性能等因素都有可能影响实验结果。研究了 13 种离子（Ag^+、Al^{3+}、Co^{2+}、Cr^{3+}、Cu^{2+}、Fe^{3+}、La^{3+}、Mn^{2+}、Ni^{2+}、Pb^{2+}、V^{5+}、W^{6+}、Zn^{2+}）在不同浓度（分别为 $6.04 \times 10^{19} cm^{-3}$，$6.04 \times 10^{17} cm^{-3}$ 和 $6.04 \times 10^{15} cm^{-3}$）下掺杂二氧化钛粉末的详细的紫外-可见吸收光谱，结果表明掺杂金属离子后二氧化钛本征吸收的带边发生了红移，且掺杂离子不同，带边的红移程度也不同。通过分析掺杂离子浓度对二氧化钛本征吸收的影响，发现同一种离子在不同的掺杂浓度下，对二氧化钛的本征吸收值也不同。不同掺杂浓度对二氧化钛光催化降解甲基橙的影响结果分析发现，除了掺杂 Pb^{2+}、W^{6+} 和 Zn^{2+} 在不同的浓度下二氧化钛的本征吸收红移量对光催化降解甲基橙的活性影响不大以外，其它九种离子掺杂的二氧化钛其本征吸收红移量均与二氧化钛的光催化活性有很好的一致性，即红移程度越大，光催化降解甲基橙的活性越低。

6.1.2　离子掺杂类型对二氧化钛光催化活性的影响

离子的掺杂类型一般分为金属阳离子的掺杂和无机非金属阴离子的掺杂。对于阳离子掺杂的二氧化钛，主要包括：过渡金属离子的掺杂、稀土离子的掺杂以及贵金属离子的掺杂。对于无机非金属阴离子的掺杂一般为 N、C、P、S 及非金属复合物等。

6.1.2.1　金属阳离子的掺杂

对于过渡金属离子的掺杂，Choi 等[6]对 21 种离子的掺杂行为以及可能的机理进行了详细研究。试验中分别用电子给体 $CHCl_3$ 价带空穴的氧化性和电子受体 CCl_4 导带电子的还原性来对二氧化钛的光催化活性进行评价。结果表明：只有掺杂一些特定的金属离子有利于明显提高二氧化钛的光催化活性，其它金属离子的掺杂反而是降低的。依据离子掺杂在二氧化钛中所形成的能级，Choi 等认为只有离子处于合适的位置时才具有捕获电子和空穴的能力，并且如果陷阱只捕获一个电子或空穴，陷阱是无效的。他们还指出具有 d^5 和 d^6 电子构型大金属离子显示了较好的掺杂效果，例如在 Fe^{3+}、V^{4+}、Mo^{5+}、Ru^{3+} 掺杂二氧化钛的瞬态吸收光谱显示，光生电子的寿命从纯二氧化钛纳米粒子中的 $200\mu s$ 增加到 $50ms$。而对于 s 区和 p 区的所有闭合壳层电子构造的离子如 Li^+、Mg^{2+}、Al^{3+}、Zn^{2+}、Ga^{3+}、Zr^{4+} 等掺杂反而降低了二氧化钛的光催化活性。

对于稀土离子的掺杂，钱斯文等[9]研究了 La^{3+} 掺杂对二氧化钛光催化活性的影响。实验结果表明：La^{3+} 掺杂的二氧化钛的光催化活性均优于未掺杂的二氧化钛，而且光催化活性开始时随着掺杂离子浓度的升高而增强。当掺杂离子的浓度达到 100∶3 时，催化剂的降解能力最强，随后，光催化活性随着掺杂浓度的升高反而下降。李家其[10]以四氯化钛乙醇溶液为前驱体，采用溶胶-凝胶法在普通的玻璃管上制备了掺铈二氧化钛纳米膜，并用此膜做了焦化废水的光催化降解实验。实验结果表明，掺入铈元素后，复合膜的光催化活性明显提高，这是因为铈是一种光敏剂，易吸收光子转变成 Ce^{4+}，而 Ce^{4+} 在紫外光激发下产生空穴-电子对，分散在二氧化钛颗粒表面的 Ce^{4+} 对其产生光生电子-空穴对有协同作用。掺杂的复合膜对光电子具有较强的吸引力，并促使光电子向颗粒表面迁移，抑制了光生电子-空穴对的简单复合。再者，掺入铈元素后，降低了二氧化钛颗粒的亲水性，增强了亲油性，从而提高了焦化废水的降解率。纳米二氧化钛薄膜在紫外光照射下能降解焦化废水，制备二氧化钛薄膜时掺入稀土元素能改善二氧化钛光生电子的能效，提高其光催化反应的活性。

对于贵金属离子的掺杂，如何超等人[11]研究的 Ag^+ 的掺杂，他们采用溶胶-凝胶法制备了掺杂 Ag^+ 的二氧化钛粉末，通过一些表征如 XRD、SEM、EDX、DSC-TG 和 SET 等研究了 Ag^+ 的掺杂对二氧化钛光催化活性的影响。结果发现，掺杂 Ag^+ 降低了锐钛矿二氧化钛向金红石相二氧化钛的转变温度，促进了相变，适量掺杂时，能抑制锐钛矿粒子的生长，减小锐钛矿粒子的粒径，增加二氧化钛粉末的比表面积，从而提高了二氧化钛的光催化活性。刘守新等人[12]还比较了 TiO_2 和 Ag/TiO_2 光催化还原 Cr（Ⅵ）的活性，结果表明，相同条件下，Ag/TiO_2 比 TiO_2 具有更高的光催化活性，这可能是因为对于 Ag/TiO_2，紫外光照射后，Ag 表面有活性物种 O_2^- 生成，在 TiO_2 上有活性中心 Ti^{3+} 生成。光生电子通过 Ti^{3+} 向 Cr^{6+} 传递电子是 Cr^{6+} 光催化还原的速率控制步骤，较多的 Ti^{3+} 参与还原反应是 Ag/TiO_2 表现出较高光催化活性的主要原因，Ag^+ 上聚集光生电子的较强流动性对反应也起到一定的促进作用。另外，Choi 课题组首次研究了 Pt 掺杂二氧化钛，并比较了各种 Pt 修饰改性二氧化钛的光催化性能。Pt 掺杂二氧化钛标记为 $Pt_{ion}\text{-}TiO_2$，通过溶胶-凝胶法制备[13]。同时制备了 Pt^0 金属沉积的二氧化钛（Pt^0/TiO_2）和氯化铂表面修饰的二氧化钛（$PtCl_x/TiO_2$）。

采用紫外-可见漫反射光谱比较三种 Pt 修饰改性二氧化钛的光学吸收性质，Pt 掺杂的二氧化钛带隙宽度在 2.7～2.8eV 左右，金属沉积的 Pt^0/TiO_2 在可见光范围表现出显著的吸收，这主要是零价 Pt 的背景吸收引起的。而 $PtCl_x/TiO_2$ 的可见光吸收远弱于 $Pt_{ion}\text{-}TiO_2$。将各种 Pt 改性的二氧化钛用于降解目标污染物二氯乙酸（DCA），通过产生的 Cl^- 评价其降解程度。紫外光照射下所有 Pt 改性的二氧化钛的活性均高于未改性的二氧化钛，与商品 P25 相当。在可见光照射下，仅 $Pt_{ion}\text{-}TiO_2$ 和 $PtCl_x/TiO_2$ 具有可见光活性，而且前者高于后者，这是因为 Pt 掺杂后进入晶格改变了二氧化钛的电子结构，电子在可见光激发下可以从 Pt^{4+} 形成的能级发生跃迁形成空穴，然后与二氯乙酸反应。

6.1.2.2 无机非金属阴离子的掺杂

非金属氮、碳、卤素或氮碳共改性掺杂二氧化钛，可以产生可见光活性，但是产生可见光活性的本质原因一直备受争议。Asahi[14] 等通过基于第一性原理的理论计算以及实验研究认为 N 掺杂后，价带由 N_{2p} 和 O_{2p} 的混合轨道组成并且负移，缩短了带隙宽度，因此表现出可见光活性。Valentin[15] 等比较了 N 掺杂的锐钛矿和金红石 TiO_2 的电子结构，并且阐释了实验观察到的氮掺杂锐钛矿和金红石。然而随后的光电化学实验表明带隙中间形成了杂质能级，价带空穴氧化能力降低。理论计算也给出了新的结果，认为带隙间的 N_{2p} 能态是可见光响应的本质[16]。也有研究者认为掺杂后形成的表面态或者氧空位是非金属掺杂产生可见光活性的原因[17,18]。Serpone 通过对吸收光谱的分析得出新的观点，认为氧空位缺陷引起的色心是产生可见光吸收的原因[19]。另外关于非金属共掺杂也引起了研究者的兴趣。例如，C、S 等可以作为阴离子掺杂进入二氧化钛晶胞，被认为是取代了二氧化钛晶体结构中的 O 原子，掺杂后的 TiO_2 在可见光范围的吸收明显提高，且表现出较强的可见光活性。另外，也有人报道 S、C 等非金属可以作为阳离子掺入二氧化钛晶胞结构中，并认为阳离子掺杂的 TiO_2 在可见光范围的吸收和光催化性能比阴离子掺杂的 TiO_2 更高，但是这种现象的本质原因还有待进一步研究。

基于第一性原理的密度泛函理论计算来解决这些问题。计算得到的二氧化钛禁带宽度为 2.24eV，略小于实验值 3.2eV。但由于 GGA 法计算得到的禁带宽度总小于实际值，因此计算数据用来比较是可行的[20]。计算得到氮、碘和铂掺杂二氧化钛的禁带宽度分别为 2.21eV、2.67eV 和 2.14eV。在氮掺杂二氧化钛中，带隙稍微变窄，三条 N_{2p} 轨道在 TiO_2 的价带和导带之间，并且与 TiO_2 价带顶接近。该掺杂后形成的能带能够解释掺杂二氧化钛产生可见光的活性，也与最近的研究结果相吻合。N_{2p} 轨道提供新的浅受主能级有助于光激发载流子的迁移，这也是 N 掺杂 TiO_2 的光催化剂活性比过渡金属掺杂 TiO_2 活性高的原因，因为后者一般在禁带中形成深的中间能带，不利于电子的跃迁。对于碘掺杂二氧化钛在 TiO_2 的价带和导带之间，同样有三条 I_{5p} 轨道，并且它们的中心分别距离价带顶 0.5eV、2.28eV 和 2.58eV。虽然 O_{2p} 轨道的最高点和 Ti_{3d} 轨道之间的禁带宽度比未掺杂 TiO_2 的大，但是价带上的电子可以先被激发到新产生的中间能带上，然后再通过吸收光子进一步激发到导带，所以这些新能带对拓展宽吸收光波长的范围是有利的，使 TiO_2 的可见光活性成为可能。铂掺杂 TiO_2 的带隙缩短为 2.14eV，因此，在这三种非金属的 TiO_2 掺杂中光吸收范围最大，而且 Pt_{5d} 轨道在靠近价带处形成新的五条能带，这也将进一步拓宽响应波长，且新态与价带充分交叠，有利于光生空穴的迁移，具有较高的光催化活性。另外还可以从全态密度和偏态密度来分析非金属掺杂 TiO_2 后，产生可见光活性的原因。非金属 N 置换 TiO_2 中晶格 O 可以产生可见光活性，并且这种可见光活性是不以损失紫外光激发效率而独立存在的。按照 Asahi 的理论计算[14]，S 和 N 掺杂的 TiO_2 应该有同样的效果，能够有效传递载流子。Asahi 指出 S 掺杂其实不可能产生可见光活性，原因是 S 离子的尺寸太大，不可能进入 TiO_2 间隙或置换 O 产生掺杂态。但是最近的尝试对 Asahi 的理论计算和推论提出了挑战，认为 S 虽然不可能产生置换 O 的可能性，但是可能产生置换晶格金属离子 Ti^{4+} 形成阳离子 S^{6+} 的掺杂[21]。事实上，在 Umebayashi[22,23] 等对 S 掺杂 TiO_2 的计算结果中也可以观察到：阳离子掺杂会使 TiO_2 的态密度对应能量位置较阴离子掺杂下移，也就是变得更负。这也就使得一些非金属以阳离子掺杂形式具有比阴离子掺杂形式更高的光催化活性。

6.1.3 离子掺杂的方法

多种离子的掺杂，可以使具有宽禁带的半导体材料具备可见光响应性能。离子掺杂光催化剂制备工艺多样，成本相对低廉，材料组成易于控制，且有大量用于热反应的离子掺杂催化剂理论和应用成果可供参考和借鉴，因此是获得可见光响应性能的重要方法。Choi 等人[6] 较早时候即对包括 Fe^{3+}、Mo^{5+}、Ru^{3+}、Os^{3+}、Re^{5+}、Sb^{5+}、Sn^{4+}、Ga^{3+}、Zr^{4+}、Nb^{5+}、Ta^{5+}、V^{5+} 和 Rh^{3+} 等在内的 21 种金属离子对胶体 TiO_2 的掺杂效果进行了系统的研究。虽未涉及可见光响应方面的内容，但讨论了掺杂离子种类、浓度、分散度、掺杂离子 d 电子构型和在材料中的电位以及光照强度等多种因素对胶体 TiO_2 的光催化活性的影响。刘畅等人[24] 对过渡金属离子掺杂 TiO_2 有过较深入的综述。近年来围绕着可见光响应的问题，离子掺杂光催化剂得到了进一步研究，而氮、碳等阴离子掺杂 TiO_2 的研究尤为引人注目。

6.1.3.1 金属阳离子掺杂

已有的阳离子掺杂研究主要涉及的是过渡金属离子，目前以 W^{6+}、Mo^{5+}、Ru^{3+}、Fe^{3+}、Cu^{2+}、Cd^{2+}、V^{5+}、Pb^{2+}、Rh^{3+}、La^{3+}、Ce^{4+}、Cr^{6+} 等离子拓展材料光响应范围的研究都见于报道，制备方法以溶胶-凝胶法为多，采用此方法时掺杂组分与本体物质能够在原子级别上进行混合，掺杂量易于控制，在掺杂阳离子与本体中的 Ti^{4+} 价态、半径相近的情况下，较容易得到掺杂均匀的光催化剂。溶胶-凝胶法的缺点是制备过程中一般需要以有机钛为原料，成本较高。掺杂离子一般以其有机化合物或硝酸盐的形式引入溶胶液，而 W^{6+}、V^{5+} 还可以钨酸铵、（偏）钒酸铵的形式等引入。

Li 等人[25] 以正钛酸四丁酯和 $HAuCl_4 \cdot 4H_2O$ 为前驱体，用溶胶-凝胶法制备了 Au^+ 掺杂 TiO_2，即 Au^+-TiO_2，并用光还原法在 TiO_2 表面沉积 Au，制成 Au-TiO_2。由紫外-可见光谱的实验结果表明，Au 和 Au^+ 对 TiO_2 的改性均能使其在 $380 \sim 460nm$ 波段具备吸收性能，在 110 W 高压钠灯（$400 \sim 800nm$）辐照下，其对亚甲基蓝的光催化降解效率明显高于纯 TiO_2 粉末，实验结果表明最优的 Au 掺杂沉积量为 0.5%。Li 等人[26] 还以钛酸丁酯和钨酸铵为起始物，由溶胶-凝胶法制备了 1.5%～10%（以 WO_3 计，摩尔分数）的 W^{6+} 掺杂 TiO_2，在 110 W 高压钠灯（$400 \sim 800nm$）辐照下，同样能够有效降解亚甲基蓝。李芳柏等[27] 同样以钛酸丁酯和钨酸铵为起始物，用溶胶-凝胶法制备了 1%～8%（以 WO_3 计，质量分数）的 W^{6+} 掺杂 TiO_2 纳米粉末，与纯 TiO_2 相比，掺杂 TiO_2 对 $380 \sim 460nm$ 光的吸收明显增强。XPS 研究证实 W 元素存在 +6、+5、+4 三种价态，而 Ti 存在 +3、+4 两种价态，Ti^{3+} 和 W^{5+} 是空穴捕获剂，Ti^{4+} 和 W^{6+} 是电子捕获剂，可有效促进电子-空穴对分离。陈慧等[28] 利用溶胶-凝胶法制备了 Fe^{3+} 和 Cr^{3+} 掺杂的 TiO_2 纳米粒子，研究了其对吖啶橙光催化氧化降解的影响。结果表明，微量 Fe^{3+} 和 Cr^{3+} 能够明显提高催化活性，而且在自然光照射下即可高效地催化吖啶橙降解（无光催化剂时该染料在自然光照射下光解缓慢）。Jeon MS[29] 等人以 $TiCl_4$ 和 $MoCl_5$ 为起始物在低于 1℃ 条件下制备了 Mo^{5+} 掺杂 TiO_2 纳米粉，Mo^{5+} 含量范围为 0～2.5%（摩尔分数）。XPS 实验结果证实，体系中 Mo 以 +5 价存在。由紫外-可见光谱表明 Mo^{5+} 的引入使材料的吸收带边明显红移，采用 2.5%（摩尔分数）的 Mo^{5+} 掺杂量时紫外-可见光谱吸收的起始位置对应能量比纯 TiO_2 小了 0.22eV。对二氯乙酸盐进行光降解时（600 W 高压 Xe 灯辐照下，滤除 320nm 以下光辐照），0.5%（摩尔分数）的 Mo^{5+} 掺杂量可达到最高光子效率 0.28。

除溶胶-凝胶法外，共沉淀、高温固相反应、离子注入、浸渍法和水热法等方法也应用于金属离子的引入。

张峰等[30]采用共溶液法制备出 Rh^{3+}、V^{5+}、Ni^{2+}、Cd^{2+}、Cu^{2+}、Fe^{3+} 等掺杂的 TiO_2，并用光还原法在其表面沉积一定量的 Pt，所得催化剂中 Rh^{3+} 和 V^{5+} 对吸光性能的影响最为显著，在 $400\sim600nm$ 范围内有较强吸收，在 4W 日光灯照射下的光催化实验表明，材料光催化活性对钒的掺杂量有明显的依赖关系，采用最佳值 1%（摩尔分数）时，H_2S 气体的小时转化率高达 96.9%。

Yamashita 等人[31]采用离子注入法对 TiO_2 进行了离子掺杂，实验结果表明，V^{5+}、Cr^{3+}、Mn^{3+}、Fe^{3+}、Co^{2+}、Ni^{2+}、Cu^{2+} 的注入能够使 TiO_2 的光吸收带边向可见光区域扩展，并在 450nm 以上波长光的辐照下催化降解水中的 2-丙醇。光吸收范围的扩展程度与离子浓度相关，如 V^{5+} 注入量达到 $(13.2\sim22.0)\times10^{-7}$ mol·g^{-1} 催化剂时，可对 $600\sim650nm$ 光产生吸收；而 Al^{3+}、Na^+ 等离子的注入则不能使 TiO_2 具备可见光响应性能。结合 XAFS 结果，研究者认为注入的 V^{5+}、Cr^{3+}、Mn^{3+}、Fe^{3+} 等离子对 TiO_2 晶格中的 Ti^{4+} 发生取代，是使 TiO_2 吸收可见光的重要前提。

浸渍法：是将 TiO_2 浸渍在金属离子的盐溶液中，通过加入碱液使掺杂金属离子转变为金属氢氧化物，经过烧结转变为金属氧化物。金属离子可以附着在 TiO_2 表面或进入晶格。这种方法工艺简单、成本低廉，但粒子尺寸较大，且金属离子不易在粒子中分布均匀。Navio 等人[32]制备掺杂 Fe^{3+} 的 TiO_2 光催化剂时发现，采用浸渍法制备时，Fe^{3+} 掺杂浓度大于 2% 时出现 α-Fe_2O_3 相；而用溶胶-凝胶法制备时，Fe^{3+} 掺杂浓度大于 5% 时，仍没有 α-Fe_2O_3 相，EDX 分析表明，此时 Fe^{3+} 在 TiO_2 内部分布均匀。与浸渍法相比，溶胶-凝胶法制备的样品具有更大的比表面积和更多的表面羟基。

水热法掺杂，是通过将溶胶-凝胶过程和水热过程结合，在使用溶胶-凝胶制备得到无定形的 TiO_2 后，在水热晶化的同时进行过渡金属掺杂，可以控制过渡金属离子在 TiO_2 粒子上的非均匀分布。与浸渍法不同，吸附到 TiO_2 粒子表面的 Fe^{3+} 能够在无定形 TiO_2 水热晶格重组的过程中扩散进入 TiO_2 晶格的内部。张金龙等[33]通过对活性偶氮染料的光催化降解测定了水热法制备的 Fe-TiO_2 样品的光催化活性。结果显示，无论在紫外光还是在可见光下，大部分 Fe-TiO_2 样品有着比纯 TiO_2 高的光催化活性。对于紫外光下，最佳 Fe^{3+} 掺杂浓度是 0.3%；而在可见光下，最佳 Fe^{3+} 掺杂浓度为 0.15%[32]。掺杂样品在紫外光进而可见光照射条件下有着不一样的最佳掺杂量，说明在不同激发环境下 Fe^{3+} 对光催化的促进机理是有所不同的。傅宏刚[34]在利用 Fe-TiO_2 对罗丹明 B 进行光催化降解后发现，水热制备的 Fe-TiO_2 样品比溶胶-凝胶法制备的 Fe-TiO_2 有着更高的光催化活性。而且，水热法掺杂时得到的 Fe^{3+} 的最佳掺杂量要略高于溶胶-凝胶法得到的 Fe^{3+} 的最佳掺杂量。

6.1.3.2 非金属阴离子掺杂

相对于以过渡金属离子为主的阳离子掺杂，阴离子掺杂光催化剂的研究较少。此外由于其特殊性，N^{3-}、C^{4-}、P^{3-} 等阴离子掺杂光催化剂难以用共沉淀、溶胶-凝胶等简单的湿化学方法获得。

F^- 较容易以 NH_4F 的形式引入催化剂前驱体。Hattori 等人[35]在此方面报道较早，采用 $Ti(OiPr)_4$/乙酰丙酮/NH_4F/乙醇构成前驱液，以浸渍提拉法在石英上制备 TiO_2 薄膜。前驱液中 NH_4F 对 $Ti(OiPr)_4$ 摩尔比为 1.35×10^{-2} 时，对四甲基环四硅氧烷的紫外光催化氧化效果最好，为纯 TiO_2 膜的 8.2 倍，但当时并没有涉及可见光响应方面的研究。

（1）氮的掺杂

在非金属改性研究的最初，Asahi[14]认为氮掺杂 TiO_2 是最合适的一种可见光响应的掺杂形式，因此氮改性 TiO_2 受到研究者们广泛的关注。目前，可见光响应的氮改性 TiO_2 的合成方法主要有干法和湿法两大类。

干法　一般是指：①采用 N_2 或 N_2O 等含氮混合气流，通过直接磁控溅射、射频磁控溅射、脉冲激光沉积法、等离子体辅助分子束外延生长法以及离子注入技术，以 TiO_2 或 Ti 金属为目标，制备单晶或多晶的氮掺杂改性 TiO_2 薄膜；②在含氮元素气氛中高温焙烧 TiO_2（773～873K），可以直接使用氨气或尿素热分解形成的含氮气氛。

湿法　①溶胶-凝胶或水解沉淀法：在醇或水溶液中水解钛的前驱物（如 $TiCl_3$、$TiCl_4$、钛酸四丁酯、钛酸四异丙酯等），同时向其中添加氨水、有机胺等作为氮源，然后在空气或惰性气氛中焙烧。②高能球磨法：将 P25 和有机胺（如胱氨酸）高能球磨后焙烧，即可得浅黄色氮改性的金红石相 TiO_2。③水热或溶剂热法：$TiCl_3$ 的醇水混合溶液中加入一定量的六亚甲基四胺，在 363K 加热 1h 形成无定形沉淀，再进行溶剂热反应可得氮改性 TiO_2。④微乳液水热法：以 Triton X-100、己烷、环己烷为油相，钛酸四丁酯的硝酸溶液为水相。将水相缓慢加入油相，并搅拌溶液至透明，然后加入三乙胺、尿素、硫脲或水合肼等氮源，转入水热反应釜 120℃反应 13h，就可以得到黄色氮改性的 TiO_2。⑤以尿素为氮源时，通过简单混合焙烧得到可见光响应的氮改性 TiO_2。

Asahi 等人[36]报道了在 N_2（40%）/Ar 混合气体中用物理溅射 TiO_2，然后在 N_2 中 550℃热处理的方法制备生成了 $TiO_{2-x}N_x$ 薄膜。在可见光照射下（吸收波长小于 500nm），氮掺杂的 TiO_2 对亚甲基蓝、乙醛的光吸附和光催化降解活性显著提高，另外在亲水性方面也表现出了优越的性能。

Kasahara 等人[37,38]以 $La_2Ti_2O_7$ 为前驱体，在 1123K 的 NH_3 气流中氮化合成了钙钛矿型氮氧化物 $LaTiO_2N$ 光催化剂。在碱性溶液中，发现 $LaTiO_2N$ 的带隙宽度为 2.1eV，能够响应 600nm 以下的可见光，有效氧化水生成 O_2，而在酸性溶液中则不能作为光催化剂，但是 H_2 的生成与 pH 没有直接的关系。$LaTiO_2N$ 的钙钛矿结构是产生光催化活性的关键。

Diwald 等[39]用含有 N_2（80%）/Ar 混合气体，在室温 3kV 加速电压下溅射 TiO_2 的单晶，然后在超真空下将所得晶体 900K 退火 3～5h，制备得到掺氮的 TiO_2。与未掺杂的 TiO_2 相比，掺氮的 TiO_2 中 O_2 光脱附作用曲线发生了蓝移。用能带充满机制解释，原因是导带被电子部分充满，导致间接的光诱导过程向高于带隙的能级方向移动。另外，Diwald 等[40]在 870K 下、NH_3 处理锐钛矿 TiO_2（110）单晶，得到氮掺杂的 TiO_2。吸收光谱显示，氮的掺杂使 TiO_2 的光学吸收在 2.4～3.0eV 范围明显增强。在水溶液中光化学还原 Ag^+，考察光催化活性，结果表明，在可见光范围内氮掺杂的 TiO_2 使 Ag^+ 的还原性显著增高。提高在可见光范围的光催化活性的原因是：NH_3 在 TiO_2 表面发生热分解产生分子氢，N 以间隙氮的形式存在于晶体的间隙位，这样氮和分子氢之间可能产生化学键合，是氮和氢的共掺杂造成掺杂后 TiO_2 的光催化活性提高，使其产生可见光下的响应。

Sano 等[41]采用一种新的合成方法，即将 Ti^{4+} 与一种含氮配体的络合物作为前驱体，通过煅烧的方法制备含氮及含碳原子的锐钛矿型 TiO_2 光催化剂。用光催化氧化 NO 来评价其光催化活性。实验结果表明，在可见光激发下，该掺杂的催化剂能有效氧化 NO，生成 NO_2 和 NO_3^-。

Yin 等[42]采用高能球磨法制备了氮掺杂的 TiO_2 粉末。将市售的 P25 与 10% 的胱氨酸混合，700r/min 高能球磨 120min 之后在空气中 400℃煅烧，得到浅黄色 N 掺杂的金红石相 TiO_2。实验结果表明，高能机械球磨加速了锐钛矿的相转移。这是因为 P25 中含有 70% 的锐钛矿相 TiO_2，XRD 光谱显示高能球磨后样品主要含有金红石相，而通常只有在高温下如 700℃，锐钛矿 TiO_2 才能在空气中发生相转移生成金红石。氮掺杂的 TiO_2 在 400～408nm 和 530～550nm 处有两个吸收边，第一个吸收边为原来的 TiO_2 结构产生，第二个吸收边为由于 N 的掺杂在 O_{2p} 价带上方形成了新的 N_{2p} 带而产生，也就是氮的掺杂使得带隙变窄，从而使可见光下对 NO 的光催化氧化能力增强。当光的波长大于 510nm 时，仍有 37% 的 NO 能被光催化分解。

Gole 等[43]采用一种简单的方法，用烷基铵盐直接氮化锐钛矿型 TiO_2，在室温下合成纳米尺度的、具有可见光活性的氮掺杂 TiO_2 光催化剂。通过控制 TiO_2 纳米粒子的团聚程度，使具有锐钛矿结构的氮掺杂 TiO_2 粒子的初始带隙吸收边进入可见光区域波长约 550nm。如果在制备过程中加入 $PdCl_2$ 或 Pd（NO_3）$_2$，引入少量的 Pd 有利于氮的进一步负载，产生空间相转移，显现出抗衡离子效应，生成在近红外区产生吸收的材料。

Burda 等[44]在室温下直接胺化 6～10nm 的 TiO_2 粒子制备了氮掺杂 TiO_2，先是在水溶液中水解钛酸异丙酯，通过控制溶液的 pH 值合成粒径在 3～10nm 的 TiO_2 纳米粒子。然后在胶态的纳米粒子溶液中加入三乙胺，最终生成黄色的 N-TiO_2 纳米晶粒。紫外-可见吸收光谱显示，氮掺杂的 TiO_2 纳米粒子的初始带隙吸收从 380nm 红移至 600nm，光催化降解亚甲基蓝的活性明显提高。

Ihara 等[45]在氨水存在下，水解 Ti(SO_4)$_2$ 溶液，然后焙烧研磨，得到具有可见光活性的 TiO_2 光催化剂。该催化剂为浅黄色，在 400～550nm 内对光有吸收，其结构为具有化学计量氧缺陷的锐钛矿结构。用蓝光发射二极管作为光源降解丙酮考察其光催化活性，结果表明，36h 能完全降解，生成化学计量比的 CO_2。由 TiO_2 的结晶尺寸看出，可见光活性可以在多晶粒子中产生，因为氧空穴易于在晶粒间界中产生，形成晶粒间界，在晶粒间界产生的氧缺陷位对于产生可见光催化活性有着重要作用，而且 N 在氧缺陷处的掺杂作为再次氧化的抑制对光催化的热稳定性也有很重要的作用。

（2）硫的掺杂

最近，非金属硫在 TiO_2 中掺杂的研究也引起了人们的兴趣。S 虽然不可能像 Asahi 所言产生置换氧的可能性，但是可能产生置换晶格金属离子 Ti^{4+} 形成阳离子 S^{6+} 的掺杂。Umebayashi T 等人[46]采用氧化加热 TiS_2 的方法煅烧制备掺 S 的 TiO_2 粉末。300℃加热时，得到的是锐钛矿 TiO_2 和 TiS_2 的混合结构 600℃加热时，得到的是锐钛矿相多晶 TiO_2 粉末。XRD 显示，600℃加热条件下，TiS_2 转变为锐钛矿相的 TiO_2，剩余的 S 原子占据了 TiO_2 中 O 原子的位置，在 TiO_2 晶格中，S 原子取代 O 原子形成 Ti-S 键可以使得 TiO_2 的吸收波段红移，产生可见光响应。通过理论计算表明，S 掺杂 TiO_2 的带隙能量比 TiO_2 的带隙能量要小 0.9eV，证实了 S 的掺杂确实使 TiO_2 的带隙变窄。Ohono 等[47]采用异丙醇钛和硫脲为原料，室温下在乙醇溶液中水解，然后再减压蒸发除去其中的乙醇，接着在不同温度下煅烧得到黄色的 S 掺杂的 TiO_2 粉末。该方法与 Umebayashi 等所用方法的不同之处在于，S 原子是作为阳离子掺杂，取代 TiO_2 中的 Ti^{4+}。由 XPS 光谱显示，S 在 TiO_2 中以 S^{6+} 的氧化钛形式存在。S 掺杂 TiO_2 的光催化活性通过在水溶液中降解亚甲基蓝来考察，在紫外光激发下，S 掺杂的 TiO_2 的活性略低于 P25。而在可见光激发下，波长大于 440nm 时，只有 S 掺杂的 TiO_2 才具有光催化活性，P25 则没有活性。国内学者也开展了 S 掺杂改性 TiO_2 的研究，周武艺等[48]采用硫脲和钛酸丁酯，并利用溶胶-凝胶法合成了硫掺杂纳米 TiO_2 光催化剂。发现当硫脲和钛酸丁酯摩尔比为 3.5，且催化剂经过 500℃ 热处理后，具有较好的可见光催化降解效果。并且认为硫的掺杂有效地抑制了 TiO_2 的相变，并且随着高温热处理，S^{2-} 氧化形成 S^{4-} 进入 TiO_2 晶格，导致晶格畸变，形成氧空位，使其光吸收产生红移，从而提高了可见光催化活性。

（3）卤素的掺杂

Luo 等[49]采用水热的方法，以 $TiCl_4$ 作为钛源，在 48% HBr 和乙醇混合溶液中合成了 Br 和 Cl 共掺杂的 TiO_2。从紫外-可见吸收光谱研究表明，Br 和 Cl 的共同掺杂能够使带隙变窄，吸收边向较低能量方向移动，而且利于形成混晶抑制电子和空穴的复合，从而提高了 Br 和 Cl 共掺杂的 TiO_2 混晶将水分解为 H_2 和 O_2 的光催化能力。

陈恒等[50]以钛酸四丁酯为钛源，盐酸为氯源，通过溶胶-凝胶法制备了氯掺杂 TiO_2。经 XRD 分析认为，引入氯元素使得 TiO_2 由无定形相向锐钛矿相的转变温度大大降低，同时也降低了锐钛矿相向金红石相的转变温度，从而易于制备混晶（锐钛矿相和金红石相的混晶）TiO_2。由于锐钛矿相和金红石相混晶 TiO_2 有利于光生载流子的迁移，表现出比单一锐钛矿相 TiO_2 更高的活性。紫外-可见漫反射分析结果表明，氯掺杂 TiO_2 纳米粒子在可见光区有较强的吸收。氯元素的存在使 TiO_2 的价带和导带之间产生中间能级。光生电子和空穴可以经过这些中间能级发生跃迁，因此可将所需的激发能降低至可见光范围。

Hong 等[51]采用四异丙醇钛在碘酸水溶液中水解后，经干燥、焙烧的方法（溶胶-凝胶法）制备了具有较高光催化活性的碘掺杂锐钛矿相 TiO_2 纳米催化剂。经 XPS 分析证明，其中含有碘，但不属于碘酸和碘化钛中的碘，推测因为 I^{5+} 和 Ti^{4+} 直径相近，发生了 I^{5+} 替代 Ti^{4+} 而进入了 TiO_2 晶格中。经过紫外-可见漫反射分析得出，碘掺杂后，光吸收边发生了明显的红移（达到 441nm）。文晨等[52]通过溶胶-凝胶法制得了碘掺杂纳米 TiO_2 光催化剂。碘能增强纳米 TiO_2 的热稳定性，抑制粒径生长和相结构转变，获得完整的锐钛矿相 TiO_2。碘也能改变纳米 TiO_2 的表面态，形成若干缺陷或氧空位，阻碍电子-空穴对复合，导致其吸光性能或荧光光谱增强，这在一定程度上提高了催化剂表面·OH 和 O^{2-} 的生成与转移效率。碘掺杂纳米 TiO_2 在紫外光区容易产生具有氧化还原能力的载流子，而且光响应范围和吸光性能均得到了一定程度的拓展（光响应范围拓展至 $220\sim550nm$）与提高。Liu 等[53]采用两步水热法制备了多孔混晶碘掺杂 TiO_2，发现碘酸浓度和溶液酸度增加均能促进金红石相的生成。碘掺杂后，在 $400\sim550nm$ 范围内都有明显的光吸收。Su 等[54]利用水热法，以硫酸钛为钛源、碘酸钾为碘源，制备了两种价态碘（I^{7+}/I^-）共同掺杂的 TiO_2。经 XRD 和 BET 分析表明：碘掺杂可以使锐钛矿相 TiO_2 的晶粒细化（由 23.7nm 变为 7.6nm），比表面积扩大（由 $98.7m^2 \cdot g^{-1}$ 变为 $176m^2 \cdot g^{-1}$）。他们认为碘的掺杂方式不是碘原子替代 Ti^{4+} 或 O^{2-}，而是以 I^{7+}/I^- 形式分散于锐钛矿相 TiO_2 的晶体表面。Usseglio S 等[55]从另一角度利用碘改性 TiO_2，他们把碘粉加入到四异丙醇钛中，在强力搅拌条件下，吸收空气中的水而缓慢水解，然后再焙烧而制备了 TiO_2 包裹碘单质形式的催化剂。该催化剂光吸收范围进一步扩大到 667nm。其在日光下的光催化能力是 P25 的 10 倍多。Long 等[56]通过密度泛函理论计算发现，碘掺杂 TiO_2 后，在价带和导带间产生了三个新的能级。价带和导带之间产生了新的中间能级，光生电子和空穴就可以通过这些中间能级发生跃迁。因此所需的激发能降低至可见光范围。该理论计算为 TiO_2 改性后具有可见光活性的现象提供了理论支持。碘掺杂后，I_{5p} 轨道与 O_{2p} 和 Ti_{3d} 轨道杂化从而使价带和导带的位置发生了改变，解释了掺杂后具有更强氧化能力的原因。此外，经过晶体结构最优化处理发现，碘掺杂比氮掺杂 TiO_2 的晶格扭曲明显。晶格扭曲有利于瞬时偶极矩的产生和光生电子与空穴的分离，从而有利于光催化效率的提高。

黄冬根等[57]以 NH_4F 为掺杂剂，采用改性的沉淀-溶胶-水热晶化法制备了一种锐钛矿晶相的氟掺杂 TiO_2 溶胶。氟的掺入不但促进了 TiO_2 从无定形向锐钛矿晶相的转变，而且提高了 TiO_2 从锐钛矿向金红石的相转化温度。经紫外-可见漫反射光谱分析，发现其在可见光范围内有明显的吸收。TiO_2 中掺入氟原子后，在光的照射下，形成一个由 Ti^{3+} 组成的浅势，使 TiO_2 的禁带宽度变小从而在可见光范围内有明显的吸收。Wang 等[58]采用机械化学反应法合成 $SrTiO_{3-x}F_x$ 粉体，并对其光催化活性及反应机理进行了详细研究。首先在 1100℃下通过 $SrCO_3$ 和 TiO_2 的固相反应合成 $SrTiO_3$，然后加入 SrF_2 进行机械化学反应制得高含氟量光催化剂（$x=0.091$）。在可见光激发下，该催化剂表现了很高的活性，对 NO

的降解率可达 60％以上。掺杂后比掺杂前催化活性提高三倍。他们认为氟掺杂引起较高的可见光光催化活性的原因有：氟掺杂引起 $SrTiO_3$ 禁带宽度变小，扩宽了吸光范围；Ti^{3+} 和由氟掺杂产生的阴离子空位（F 和 F^- 中心）能抑制光生电子和空穴的复合；$SrTiO_{3-x}F_x$ 催化剂具有高比表面积。

（4）碳的掺杂

Asahi[59]根据电子密度函数理论，曾预言掺碳 TiO_2 不可能具有可见光活性，原因是掺碳形成新的能带结构不匹配。然而，最近的研究却对此预言提出了疑问。Khan[60]等通过控制 CH_4 和 O_2 流量，在 850℃火焰中灼烧金属钛片，获得了 C^{4+} 掺杂 TiO_2 膜，XPS 结果表明制备的掺杂 TiO_2 化学组成为 $TiO_{1.85}C_{0.15}$，其禁带宽度缩减至 2.32eV，吸收边红移至535nm，光分解水实验表明碳掺杂 TiO_2 光化学转化效率相比未掺杂样品提高近 8 倍。Sakthivel 等[61]以 $TiCl_4$ 和氢氧化四丁基铵为原料，通过水解、陈化和焙烧工艺获得了碳掺杂 TiO_2，水杨酸和 4-氯苯酚降解实验表明具有较好的可见光催化活性。Choi 等[62]将 TiC 粉末在高温下进行氧化烧结，制备了 C 掺杂 TiO_2 光催化剂。C 取代 O 进入 TiO_2 晶格，C 掺杂 TiO_2 在可见光下对亚甲基蓝具有较好降解效果。Khan S U M 等人[60]巧妙地使用化学方法修饰 N 型半导体 TiO_2，将 Ti 金属在天然气中燃烧使得 C 取代部分 O 进入 TiO_2 晶格，这一改性使 TiO_2 的带隙宽度变为 2.32eV，可以响应 535nm 以下的可见光，性能研究发现它降解水的转化效率可达 11％。这些研究工作具体的机理虽然还并不十分明确，但其应用受到了人们很大的重视，也成为最近光催化研究中的一个新的亮点。

（5）非金属共掺杂

氮硫共掺杂纳米 TiO_2[63]，以钛酸四丁酯、三乙醇胺和硫脲为前驱物，采用溶胶-凝胶法合成了氮硫共掺杂纳米 TiO_2 光催化剂。并以日光色镝灯为光源，研究了催化剂对光降解甲基橙的活性。结果表明，除了 700℃煅烧样品是锐钛矿和金红石晶型共存外，其它掺杂催化剂主要是锐钛矿晶型。不同温度煅烧的催化剂在波长低于 550nm 的可见光区域内都有高的吸光度。可见光光催化结果表明，500℃煅烧制得的掺杂氧化钛光催化剂表现出最佳的光催化活性，180min 内对甲基橙溶液的降解率达到 76.7％。Liu 等[64]采用水热处理后，再在 NH_3 中掺 N 首次合成了硫氮共掺杂 TiO_2。光吸收表明硫氮共掺杂引起其吸收带向长波移动，可见光降解亚甲基蓝实验表明共掺杂样比单独掺杂样具有更高光催化活性。Ohno 等[65]将硫脲和 TiO_2 粉末混合研磨，然后在 400℃和 500℃下进行矿化得到 C、S 共掺 TiO_2 催化剂，XPS 测试表明两者均以－4 价形式进入 TiO_2 晶格。碳氮共改性 TiO_2[66]，将 TiO_2 与尿素的混合物在 400℃焙烧获得黄色的碳氮改性 TiO_2，在波长大于 455nm 可见光照射下，3h 甲酸矿化率达到 80％，元素分析其 N/C 为 1.66。实验结果表明，对于碳氮改性 TiO_2，可见光催化活性的起因是三聚氰胺缩聚产物引起的可见光敏化作用。

6.2 染料光敏化

光敏化技术是提高 TiO_2 光催化剂能效（延伸 TiO_2 激发波长范围）的一种有效方法[67]。它主要是利用 TiO_2 的激发波长范围的粒子对光活性物质的强吸附作用，通过添加适当光活性敏化剂，使其以物理或化学状态吸附于 TiO_2 表面。这些物质在可见光下具有较大的激发因子，吸附态的光活性分子吸收光子后，被激发产生自由电子，然后将电子注入到 TiO_2 的导带上，拓展了 TiO_2 敏化光催化剂的波长范围，使之能利用可见光来降解有机物。目前，文献报道的几种常见敏化剂有无机敏化剂、有机染料、金属有机配合物和复合敏化剂。染料敏化 TiO_2 应用最广，染料敏化 TiO_2 体系将可见光在 TiO_2 体系的吸收利用率大幅度提高，拓宽了能够应用 TiO_2 光电、光催化技术的场合和领域。由于中国是染料生产的大国和纺织印染大国，这一方面的研究更具有特殊的意义。

6.2.1 TiO₂ 光敏化的机理

图 6-2 表示染料的激发、电荷的转移和敏化剂的再生以及放氢过程[68]。①光照时染料分子的基态 dye 被激发到单线或三重态激发态 dye* ；②激发态 dye⁺荧光衰减；③电子注入到 TiO₂ 的 CB 或者负载的金属上；④电子的回流；⑤电子在 TiO₂ 晶格内的迁移；⑥电子转移到电子给体放氢；⑦敏化剂通过电子给体再生。

光敏化过程：
$$dye + h\nu \longrightarrow dye* \tag{6-1}$$
$$dye* \longrightarrow dye^+ + e^-(CB) \tag{6-2}$$
$$2H^+ + 2e^-(CB) \longrightarrow H_2 \tag{6-3}$$
$$dye^+ + A \longrightarrow dye + A^- \tag{6-4}$$

敏化剂必须具备几个基本条件[69]：①具有宽的光谱响应范围，即应能在尽可能宽的范围内吸收可见太阳光谱；②应能够与半导体 TiO₂ 表面牢固的结合，并以高的量子效率将电子注入到其导带中；③光热稳定性好，使用寿命长；④染料分子激发态的能级比 TiO₂ 导带的能级更负，实现电子的转移；⑤具有足够高的氧化还原电势，使其能迅速结合电解质溶液或空穴中的电子给体而再生。

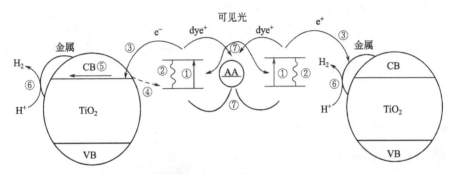

图 6-2 染料敏化 TiO₂ 机理

目前在光敏化方面研究最为广泛的修饰手段还是染料光敏化技术。它是指选取特定有机染料、腐殖酸、多不饱和脂肪酸等能够吸收可见光的活性化合物，与宽禁带半导体材料形成复合物，只要光活性物质激发态的电势比半导体导带电势更负，就能够使可见光激发产生的电子由敏化剂输运至半导体的导带，从而使材料体系的激发波长范围拓展至可见光范围。常用的光敏剂包括钌吡啶类络合物、赤藓红 B、荧光素衍生物、硫堇（劳式紫）、曙红、玫瑰红、叶绿酸、蒽-9-羧酸和紫菜碱等，相比而言，钌吡啶类络合物等金属基光敏化剂的敏化效率高、稳定性好，研究得较多。一般要求增敏剂在可见光区有较大的激发因子，只要活性位置激发态比半导体导带更负，就有可能使光生电子输运到半导体材料的导带上，从而扩大了半导体激发波长范围，使更多的太阳光得到利用，并可实现光生电荷的有效分离，提高光催化量子效率。可见光能激发对可见光吸收的光敏化材料，被激发的光敏化材料向半导体导带中注入一个电子，导带中的电子可以和溶解在水中的 O₂ 反应，生成·O₂⁻自由基，·O₂⁻可以进一步转化为·OH 或 HO₂·自由基，这些自由基具有较强的氧化能力，使一些有机污染物实现深度降解。

6.2.2 无机化合物敏化剂

目前，采用无机材料光敏化成为本领域的重要研究方向且已取得一定的效果。其原理可分为：①以改变催化剂的表面性质为主；②通过改变催化剂的内部结构引入缺陷机制来影响它的吸收性能。

半导体材料 CdS、CdSe（禁带宽度分别是 2.42eV、1.7eV）等是传统的无机光敏化材料。CdS、CdSe 和 TiO_2 复合后能提高光生电子和空穴的分离效果，扩展光谱响应范围，从而有效地利用太阳能资源，并提高光催化效率。但是由于此类材料对环境不友好，人们常选用 FeS_2、RuS_2（禁带宽度分别为 0.95eV、$1.8 \sim 1.3eV$）等做敏化剂，这些材料安全无毒、稳定，在自然界储量丰富，光吸收系数高。但到目前为止，用 CdS、CdSe 做敏化剂的效果远低于有机敏化剂。一般要求所选的无机敏化剂的 E_g 要小于 TiO_2 的 E_g，且导带能级位置要比 TiO_2 的高。这样两种半导体复合在一起，具有窄带能隙的一种半导体就会有宽的光谱响应，首先窄带隙的半导体被激发，由于其导带电位高，因此产生的电荷就会注入宽带能隙半导体的导带上，实现光生电子和空穴的有效分离，从而提高光催化活性。

Zang[70] 报道了 Pt（Ⅳ）卤化物敏化的 TiO_2 光催化剂。研究者以异丙醇钛和 $Na_2PtCl_6 \cdot 6H_2O$ 等构成前驱体，采用溶胶-凝胶法制备了 $PtCl_6$ 等改性的 TiO_2，紫外-可见吸收光谱结果表明 $PtCl_6^{2-}$ 等改性的 TiO_2 光催化剂在整个可见光波段都有一定的吸收能力，例如：在 335、366、400、436、546（nm）光照射下，对 4-氯酚的表观去除量子效率分别是 8.6×10^{-3}、1.6×10^{-3} 和 1.3×10^{-3}。研究者认为 Pt（Ⅳ）卤化物作为发色团，能够被可见光激发生成卤素原子和 Pt（Ⅲ），进而发生光催化反应。

向钢等[71] 在 TiO_2 薄膜中注入 Sn^{2+}，使得光吸收发生了红移。这是由于离子注入产生了缺陷态，缺陷态能级位于半导体禁带中间造成的。卢铁城等[72] 的研究表明，在敏化过程中，Cr（或 Mn）的氧化物与基质 TiO_2 晶体形成了固溶体。此固溶体的带隙为 1.65eV 或 2.07eV，其本征吸收带边 750nm（或 600nm），敏化金红石样品 TiO_2/Cr（或 TiO_2/Mn）呈现出的 750nm（或 600nm）的吸收带边，正是固溶体的吸收带边，结果看起来纯金红石晶体敏化后的吸收带边比没有敏化的红移了。

6.2.3 有机染料敏化剂

与无机化合物敏化剂改性相比，有机染料光敏化 TiO_2 的优势是：①有机敏化剂大都具有大环 π 共轭离域体系，具有宽的可见光波长响应范围和强的供给电子能力；②有机敏化剂分子结构易修饰可实现其吸收带和供给电子能力的有效调控；③有机敏化剂可通过化学键与 TiO_2 相连，避免了相分离和析晶趋势，从而保证了光学稳定性；④大部分敏化剂通过敏化复合 TiO_2 催化剂可实现自敏化降解；⑤可实现无机敏化改性与有机敏化改性或两种有机敏化剂的共敏化，从而大大拓展了敏化 TiO_2 在可见光波段吸收范围和提高光生电子-空穴对的分离效率。纯有机染料不含金属，目前已见报道的有机光敏化剂有罗丹明（rhodamine）、卟啉（porphyrine）、叶绿素（chlorophyll）、氧杂蒽（xanthene）、赤藓红 B（erythrosin B）、曙红（eosine）、腐殖酸（humic acid）、喹啉（quinoline）、花青素（anthocyanin）、荧光素（fluoresein）、玫瑰红（rose bengal）等。张莉等[73] 合成了五甲川菁制备了五甲川菁敏化的纳米晶 TiO_2 电极和未敏化的纳米晶 TiO_2 电极，并以 200W 氙灯为光源，考察了五甲川菁在 TiO_2 纳米多孔膜上的光谱行为和敏化电极的光电转换性能，从能量匹配的角度讨论了五甲川菁敏化 TiO_2 的机理。结果表明，五甲川菁能有效地吸附在电极表面，使敏化的 TiO_2 电极在 $550 \sim 700nm$ 可见光范围有较强的吸收与良好的光响应性能，敏化电极的饱和电流值比未敏化电极的光电流大一个数量级。

Alfredo O 等[74] 从黑莓中提取花青素，用花青素敏化 TiO_2，制备了敏化太阳能电池。考察了在模拟太阳光照射下，黑莓中花青素的浓度大小、TiO_2 电极在花青素中浸泡时间长短对敏化电池光电性能的影响。结果表明，与未敏化的 TiO_2 电极相比，花青素敏化的 TiO_2

电极的光敏性有明显提高，花青素的浓度越大，电池对可见光的吸收强度越大，TiO_2 电极在花青素中浸泡时间越长，敏化效果越好。

纯有机染料的种类繁多，成本较低，吸光系数高，便于进行结构设计。但由纯有机染料敏化的染料敏化太阳能电池（DSCS）的单色光转换效率（IPCE）和总的光电转换效率都较低，且染料的长期稳定性也是个值得关注的问题，目前还很难与羧酸多吡啶钌类染料敏化剂相媲美。黄春辉等[75~77]以半花菁染料 2-[4-（二甲氨基）苯乙烯基]苯并噻唑丙磺酸盐（BTS）和 2-[4-（二甲氨基）苯乙烯基]-3,3-二甲基吲哚丙磺酸盐（IDS）作为敏化剂的 TiO_2 电极经盐酸处理之后，BTS 和 IDS 总的光电转换效率分别由 3.1% 和 1.3% 上升到 5.11% 和 4.8%。Yanagida 等[78]应用苯基共轭的寡烯染料（phenyl-conjugated oligoene dye）作为敏化剂，在太阳光照射下，获得了 6.6% 的光电转换效率。Arakawa 等[79~81]分别合成了一系列的香豆素染料，并应用香豆素 NKX22677 染料作为敏化剂，获得了与 N719 染料接近的光电转换效率（7.7%），这些代表了有机染料敏化的 DSCS 的新成果。

最近的研究显示了染料光敏光催化可以在更广泛的领域得到应用。赵进才等[82]在光敏光催化体系中加入了对可见光完全无吸收的小分子如 2,4-二氯苯酚（2,4-DCP）时发现，当 2,4-DCP 与染料共存时，不但染料本身能被光敏化光催化过程降解，2,4-DCP 的浓度也迅速降低。而以往的研究表明，在无染料敏化剂存在时，2,4-DCP 在可见光激发下根本不发生任何降解反应。这一工作直接意味着一个新的研究领域，如在敏化光催化体系中采用具有很高光热和化学稳定性的染料作为敏化剂，可以将敏化光催化体系用于其它种类繁多的无色化合物的光催化降解处理。这样的染料有酞菁、联吡啶金属络合物等。与自敏化降解不同，敏化光催化体系中生成的各种活性氧自由基，对这些化学稳定的敏化剂作用很小，而作为目标物的体系中的其它有机物具有良好的降解能力。Ilev[83]将酞菁负载到 TiO_2 表面后，发现可见光的敏化可以快速降解苯酚，并且酞菁结构在敏化光催化过程中没有遭到破坏。尽管激发态酞菁向 TiO_2 注入电子后生成正离子自由基，但是所生成的自由基很快和溶液中的苯酚等物种反应还原回到酞菁分子。朱永法[84]将酞菁敏化 TiO_2 用于聚苯乙烯的降解，也取得了很好的效果。如图 6-3 所示，聚苯乙烯在酞菁敏化 TiO_2 体系中的光催化降解质量损失在同样的条件下要比在单纯的 TiO_2 体系提高 70% 左右。

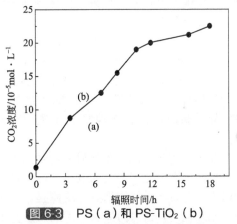

图 6-3　PS（a）和 PS-TiO_2（b）光照体系中 CO_2 浓度随时间的变化关系

总的来说，纯有机染料种类繁多，吸光系数高，成本低，一般都在 TiO_2 表面发生化学吸附生成配合物，使用纯有机染料还能节约金属资源。但与金属有机化合物敏化剂相比，纯有机染料敏化太阳能电池的光电转换效率和能量转换效率均低得多。

6.2.4　金属有机配合物敏化剂

主要有羧酸多吡啶钌染料[85,86]、膦酸多吡啶钌染料、多核联吡啶钌染料和金属酞菁[87]。

羧酸多吡啶钌染料作为敏化剂具有长期使用稳定性好、激发态反应活性高、寿命长、光致发光性好等优点。羧酸多吡啶钌染料虽然具有许多优点，但其在 pH>5 的水溶液中容易从纳米半导体的表面脱附。而膦酸多吡啶钌的最大特性是在较高的 pH 值下不易脱附。Gratzel 等[88]的研究表明，膦酸作为吸附基团的染料即使暴露于 pH ＝0~9 的水溶液中也不会脱附。所以，单就与纳米半导体表面的结合来说，膦酸多吡啶钌是比羧酸多吡啶钌优越的染料敏化剂。但膦酸多吡啶钌的缺点也是显而易见的，由于膦酸基团的中心原子磷采用 sp³ 杂化，为非平面结构，不能和多吡啶平面很好的共轭，电子激发态寿命较短，不利于电子的注入。多核联吡啶钌染料是通过桥键把不同种类联吡啶钌的金属中心连接起来的含有多个金属原子的配合物。它的优点是可以通过选择不同的配体，逐渐改变染料的基态和激发态的性质，从而与太阳光谱更好的匹配，增加对太阳光的吸收效率。根据理论研究，这种多核配合物的一些配体可以把能量传递给其他配体，具有"能量天线"的作用。但是此类染料由于体积较大，比单核染料更难进入纳米 TiO_2 的空穴中，从而限制了吸光效率。另外，与单核染料相比，此类染料的合成要复杂很多，从而限制了其应用范围。作为敏化剂的金属有机化合物均含有与 TiO_2 表面结合的—$COOH$、—SO_3H、—PO_3H_2、—OH 等基团，此类敏化剂在 TiO_2 表面有良好的吸附性，不易脱落，因此具有良好的光敏化效果。

6.2.5 复合光敏化剂

单一染料的吸收光谱与太阳光谱不能很好的匹配，因此不能充分利用可见光。寻找新的染料敏化体系，使其覆盖整个可见光区，尽可能充分的利用太阳能是人们一直追求的目标。其中多元有机染料分子的组合是一种最有希望的途径，如多核多吡啶钌的超分子、荧光素酯与蒽甲酸酯的二元化合物 FL-n-An、四磺化酞菁化合物、吲哚方酸菁染料、酞菁-卟啉共吸附[89]。

赵为等[90,91]设计合成了系列方酸菁染料，它们的吸收光谱与钌配合物有非常好的互补性，在 600～700nm 呈现一个非常强的吸收带，消光系数较 N₃ 高一个数量级，最大吸收峰比 N₃ 红移了 100nm。此外，陆祖宏等[92,93]研究了四羧基酞菁锌和 CdS 协同敏化的 TiO_2 电极，发现协同敏化与单一染料敏化相比，不仅拓宽了光谱响应范围，使吸收光谱红移，而且提高了光电转换的量子效率。郝彦忠[94]研究了染料 $RuL_2(SCN)_2$：2TBA（L=2,2 联吡啶-4,4′-二甲酸）与聚 3-甲基噻吩（P_3MT）复合敏化电极的光电化学性质。$RuL_2(SCN)_2$：2TBA/P_3MT 复合敏化 TiO_2 纳米晶多孔膜电极比染料 $RuL_2(SCN)_2$：2TBA 敏化 TiO_2 纳米结构电极的光电转换效率大幅度提高。复合敏化不仅起到了双重敏化的作用，而且由于 P-N 异质结的存在有效地抑制了电子的反向复合，减小了电子的损失，提高了光电转换效率。

光敏化工艺方面，多数研究者强调了光敏化剂在半导体表面上发生吸附的重要性，认为这是可见光激发敏化剂产生的电子被注入半导体导带，并继而发生光催化反应的前提。最简单的吸附方式是将半导体纳米晶（或薄膜）直接浸入敏化剂的溶液中。对于一些难吸附于半导体表面的光敏化剂，还可向体系中添加一定量的表面活性剂。Willnes 等[95]将四溴荧光素以共价键形式结合于 TiO_2 微粒上，荧光素被可见光区激发产生光电子，并可将光生电子输送到 TiO_2 导带中，再经电子跃迁转移，可选择性地将 CO_2 还原成甲酸。与众多光催化体系一样，为了减少光生载流子的复合，在反应体系中往往还要加入牺牲剂，如光解水制氢时一般加入三乙醇胺（TEOA）、乙二胺四乙酸（EDTA）、I^- 等电子给体（空穴俘获剂）。同时必须选择合适的溶剂体系，Abe 等人[96]在研究部花青（Merocyanine）敏化 Pt/TiO_2 时，发现同样以 I^- 为空穴俘获剂，采用乙腈/水（体积比 95/5）溶剂时，在可见光（波长大于 440nm）照射下 H_2 产量为水溶剂时的 20 倍。研究者认为乙腈作为 I^- 和部花青的良好溶剂，能够促进 I^- 对部花青上空穴的捕获，或抑制释氢反应位（Pt）上发生 I_2 捕获电子向 I^- 转化的反应。

人们在光催化剂表面光敏化方面做了大量的工作，但仍然面临着光电转换效率低的问题，这主要归因于由染料激发态注入半导体导带的电子容易发生反向复合。除此以外，染料光敏化方法还存在以下的局限性。①大部分光敏化催化剂体系中敏化剂是吸光物质，反应活性位仍由半导体来提供，而敏化剂本身占据了半导体材料的大量表面吸附位，必然影响光催化效能的提升，特别是应用于有机污染物处理时，需要考虑有机污染物分子与敏化剂的竞争吸附问题。②由于光敏化剂在半导体材料表面存在吸附-脱附平衡，或能够发生不可逆反应，光敏化剂易从催化剂表面流失，如 Abe 等人[96]发现以水为溶剂时，部花青敏化的 Pt/TiO₂ 在反应过程中有少量染料脱附，类似现象必然造成光敏化能力下降，用于水中污染物去除时还会造成二次污染。

6.3 表面杂化

从光催化的机理出发，可以看到，要提高光催化效率，一个重要的方面就是要减少光生电荷的复合，提高光生载流子的分离。如果可以在光催化剂的表面形成合适的电子相互作用，便有可能改进光催化剂表面的光生电荷的分离，进而提高光催化效率。共轭大 π 键体系材料近年来由于其特殊的导电性受到广泛的关注，石墨就是最典型的具有共轭大 π 键体系的材料。

这里主要讨论 TiO₂ 表面杂化处理后产生可见光活性的 TiO₂/C₆₀、TiO₂/C、TiO₂/PANI 几个例子。

6.3.1 TiO₂/C₆₀

C₆₀高度对称的共轭大 π 键体系和 C 原子的锥形排列方式，使得 C₆₀在电子传输过程中能够有效地发生快速的光致电荷分离和相对较慢的电荷复合。因此，通过 C₆₀对 TiO₂光催化剂进行表面修饰，提高了 TiO₂的光催化效率，并实现催化活性向可见光区域的扩展。

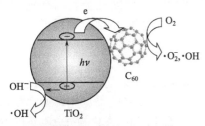

图 6-4　C₆₀修饰 TiO₂后的电子转移过程示意图

C₆₀修饰 TiO₂作为光催化剂光催化反应的过程如图 6-4 所示：紫外光照射 TiO₂粒子后，产生电子-空穴对，它们分离并迁移到 TiO₂和 C₆₀的界面。由于 TiO₂的导带位置（-0.5eV vs. NHE）低于 C₆₀的单电子还原电位（-0.2eV vs. NHE），因此光生电子在热力学上很容易通过 TiO₂和 C₆₀的界面从 TiO₂的导带迁移到 C₆₀分子上。单分子层的 C₆₀在储存和转移来自于 TiO₂的光生电子方面扮演了决定性的角色，极大地提高了电子-空穴对的分离效率，抑制了电子-空穴的复合。在空气饱和的溶液中，从 TiO₂导带转移到 C₆₀分子上的电子很容易被溶解在溶液中的分子氧捕获而形成活性超氧自由基。由于从 C₆₀到氧的电子转移非常迅速，从 TiO₂到 C₆₀的电子转移能够持续不断的进行。电子-空穴的分离是光催化反应的关键步骤，对于 TiO₂/C₆₀体系，更高的电子-空穴分离效率决定了更高的光催化反应活性。

6.3.2 TiO₂/C

通过类石墨分子对 TiO₂光催化剂进行表面修饰，将会使得共轭大 π 键上的电荷与半导体导带发生相互作用，产生独特的电子传输特性，导致与 TiO₂光催化剂的协同作用，提高了 TiO₂的光催化效率，并实现催化活性向可见光区域的扩展。类石墨分子层修饰的二氧化钛光催化过程如图 6-5 所示，当表面修饰有类石墨分子层后，光生电子可以迁移到类石墨分子层上，并被表面所吸附的氧气分子所捕获，形成超氧自由基，然后可以直接在表面上将甲醛分子降解掉。可见，在这个过程中，类石墨分

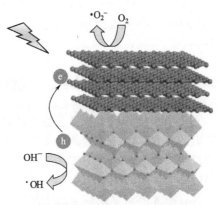

图 6-5　类石墨分子层修饰的二氧化钛光催化过程示意图

子层起到了一个储存并转移电子的作用，可以有效提高光生电荷的迁移及分离，从而抑制了光生电荷的复合，光催化效率也就随之提高。

6.3.3　TiO₂/PANI

导电聚合物是典型的大 π 键共轭体系，其分子主链中的反键分子轨道高度离域化，在被掺杂后，其 π 或 π* 键轨道可以通过形成电荷迁移复合物而产生电荷迁移特性。在所有的导电高聚物中，聚苯胺（PANI）具有原料价格低廉、合成工艺简单、化学和环境稳定性好、应用广泛等优点，被认为是最有实际应用前景的一种高聚物。通过 PANI 对 TiO₂ 光催化剂进行表面修饰，提高了 TiO₂ 的光催化效率。

当杂化光催化剂受紫外光激发后（图 6-6），在 TiO₂ 导带和价带中分别产生光生电子和空穴，PANI 的 HOMO 轨道与 TiO₂ 的价带相匹配，PANI 的 HOMO 轨道比 TiO₂ 的价带高，是光生空穴的受体，TiO₂ 的价带上的光生空穴可以传输到 PANI 的 HOMO 轨道。由于 PANI 是良好的空穴传输材料，有利于光生空穴传输到杂化光催化剂的表

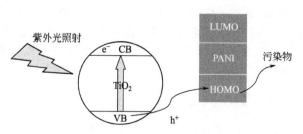

图 6-6　PANI-TiO₂ 体系紫外光光催化机理示意图

面，实现电子和空穴的有效分离。传输到杂化光催化剂表面的空穴可以直接氧化有机污染物，使污染物降解，最终提高杂化光催化剂的紫外光光催化活性。以上的实验结果说明，紫外光下，PANI-TiO₂ 杂化光催化剂体系中，主要通过光生空穴直接氧化起作用，而非自由基氧化和空穴氧化共同起作用。

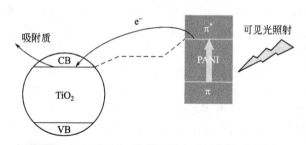

图 6-7　PANI-TiO₂ 体系可见光光催化机理示意图

当杂化光催化剂受可见光激发后（图 6-7），PANI 吸收可见光，并产生激发态。由于 PANI 的共轭 π 键可以和 TiO₂ 的 d 轨道产生 d-π 相互作用，因此，PANI 的共轭 π 键上的激发态电子就可以注入到 TiO₂ 的导带中，并与表面吸附的氧和 H₂O 结合，经一系列变化，产生超氧自由基和羟基自由基，产生氧化作用，导致活性提高，可以降解

有机污染物。PANI 结构中苯式和醌式共存，具有多种氧化还原态。电子的移出可能使得 PANI 的结构中苯式向醌式转换，氧化态比例增大，但整体结构并未被破坏，可以稳定存在。

6.4　半导体的异质结复合

复合型半导体纳米粒子是指由两种或两种以上物质在纳米尺度上以某种方式结合在一起而构成的复合粒子，复合的结果不仅能有效地调节单一材料的性能，而且往往会产生出许多新的特性。复合两种不同的半导体主要考虑不同半导体的禁带宽度、价带、导带能级位置以及晶型的匹配等因素。

复合半导体的意义如下。①复合具有不同能带结构的半导体颗粒，为窄带隙的半导体敏化宽带隙的半导体纳米颗粒提供可能性，这对于宽带隙半导体作为催化剂的光化学反应具有

重要意义。这种敏化作用具有比染料敏化作用更多的优点，如电子转移的驱动力可以通过限域效应进行优化；可以通过窄带隙半导体的选择与设计获得 1.5eV 的理想带隙宽度的敏化剂；也可以通过合适的表面修饰制备高稳定的电极。但是理想的敏化剂的必要条件是：敏化半导体的导带底位置必须比宽带隙的半导体更低，这样电子才能有效地迁移到宽带隙的半导体上；同时空穴可以发生氧化还原反应被转移消耗，从而抑制载流子间的复合并抑制半导体自身的光腐蚀。②促进光生载流子的分离，发生双光子过程并显著提高光催化活性。在促进载流子分离抑制复合的研究中，固有异质界面结构被认为是最关键的。研究证实在金红石表面形成锐钛矿异质界面结构能够显著提高光催化分解水产氢效率[97]。具有高光催化活性的商品化的 Degussa P25-TiO$_2$ 的活性较高的原因也部分归结为其结构是由锐钛矿和金红石两相组成的异质结构[98]。因此，由两种半导体光催化剂组成的异质结复合物引起了大量关注，当能带位置合适时，光生电荷将穿过界面分别转移到两种异质组分上，分别发生氧化还原反应。理想复合物的体系应该拥有以下性质[99]：① 耦合的半导体应该具有能带电位匹配的电子能带结构，两种半导体间的能带偏移是分离光生电子和空穴的驱动力；② 界面接触应为欧姆接触，电荷在空间上可以顺畅迁移；③ 颗粒之间的电荷发生分离迁移后，空穴受体的半导体晶格应该具有很好的空穴传输性能，电子受体的一侧半导体应具有相当好的电子迁移能力。

提高半导体光催化功能材料的太阳能利用率和量子效率是半导体光催化氧化技术步入工业应用之前需要解决的难题。二元或三元复合材料不仅可以改善材料的化学吸附性能，同时还可以扩展其光谱响应范围，提高半导体材料的可见光光催化性能[100~103]。复合半导体可分为半导体-绝缘体复合及半导体-半导体复合。其中研究最多的是氧化物敏化 TiO$_2$ 体系和硫化物敏化 TiO$_2$ 体系。绝缘体如 Al$_2$O$_3$、SiO$_2$、ZrO$_2$ 等大多起载体作用。TiO$_2$ 负载于适当的载体后，可获得较大的表面结构和适合的孔结构，并具有一定的机械强度，以便在各种反应床上应用。二元复合半导体光活性的提高可归因于不同能级半导体之间光生载流子的输运与分离。复合半导体的互补性质能增强电荷分离，抑制电子-空穴的复合和扩展光致激发波长范围，从而显示了比单一半导体具有更好的稳定性和催化活性。如 TiO$_2$-SnO$_2$、TiO$_2$-CdS、TiO$_2$-WO$_3$、TiO$_2$-RuO$_2$、TiO$_2$-Fe$_2$O$_3$、TiO$_2$-YFeO$_3$、TiO$_2$-AgBr、CdS-ZnO、CdS-AgI、CdS-HgS、ZnO-ZnS 等复合半导体均表现出高于单个半导体的光催化性质[104~114]。

6.4.1 复合半导体的模型结构

大量的研究证明，半导体粒子之间以不同形式复合后，其光催化剂性能会有所不同，复合后的半导体纳米微粒之间的微观形态主要有三种模型结构[115]。

6.4.1.1 耦合型半导体

复合微粒是由宽能带隙、低能导带的半导体颗粒和窄能带隙、高能导带的半导体纳米颗粒复合而成。光生载流子从一种半导体注入到另一种半导体微粒，有效地抑制了光生电子和空穴的复合，从而有了有效的和较长时间的电荷分离，并且实现了促使宽带隙半导体的光谱吸收向可见光方向移动的目的[116]。

6.4.1.2 核壳型半导体

通常条件下制备的纳米微粒，其表面一般都存在着很多的表面缺陷，这些表面缺陷在能量禁阻的带隙中引入许多表面态，它们可以捕获电子或空穴，严重影响纳米微粒的光学性质。除去这些表面态的过程称为表面钝化，即通过化学手段将表面原子键合到化学稳定的材料上，如半导体、有机分子、聚合物、多孔材料等。通过无机或有机的表面钝化，可以消除表面缺陷，进而改变纳米粒子的光电性能。Tsukasa 等[117]采用硅烷偶联剂 3-巯丙基三甲氧基硅对 CdS 纳米微粒表面进行化学改性，然后让硅氧键充分水解为硅的氢氧化物，在 CdS

粒子表面形成了致密的包覆层,形成了真正意义上的核壳结构的复合粒子。

6.4.1.3　掺杂型半导体

由于量子尺寸效应的存在,半导体纳米微粒的能带结构由连续的能带转变为分立的能级结构,同时能带变宽。主体纳米晶产生强的限域效应,使杂质能级与半导体分立的能级发生杂化,能级的杂化使主体晶与杂质能级之间存在着快速的能量转移。由于能量的转移导致了强的杂质诱导荧光,从而使微粒表面态的非辐射复合显著减弱,也就是通过掺杂的微粒为主体电子和空穴的复合提供了有效的辐射复合通道,从而得到荧光。

近年来,由窄带隙半导体和宽带隙半导体耦合形成的异质结复合半导体材料引起科研者的关注。复合半导体各组分的比例对其光催化性质有很大的影响,一般均存在一个最佳的比例。可用浸渍法和混合溶胶法制备二元或多元复合半导体。Xiao 等[118]通过浸渍法制备了 Co_3O_4/Bi_2WO_6 异质结材料,负载了 Co_3O_4 的复合体系的光催化活性得到了明显的提高。Yu[119] 等通过气相沉积法制备了 TiO_2/BDD(掺硼金刚石)异质结材料。表面光电压分析结果表明,TiO_2/BDD 具有较高的光电压响应;与 TiO_2 直接气相沉积在 Ti 箔表面相比,TiO_2/BDD 表现出较高的电荷分离能力。光催化降解实验也表现出更高的活性,异质结的存在被认为是活性提高的原因。以上研究分别考察了不同性质半导体材料及其不同组合方式对有机物的降解活性。但是,由于能带结构、表面形貌以及 P 型和 N 型材料的光电化学性质导致 P-N 结光催化剂复杂化。$YFeO_3$ 作为一种稳定的窄禁带半导体($E_g = 2.6eV$),光谱吸收范围较宽,是很有潜力的光催化材料[120]。$YFeO_3$ 的宽光谱吸收与 TiO_2 的氧化性耦合以及 P-N 结对光生电荷的分离,将有利于提高光响应范围和光催化分解有机物的速率。而对二者复合结构及其性能的研究鲜见报道。本研究制备出复合半导体材料 $P\text{-}YFeO_3/N\text{-}TiO_2$,考察了 $YFeO_3$ 与 TiO_2 复合作用对材料组成、结构以及吸光性能的影响。

6.4.2　CdS 半导体的光电性能与光腐蚀过程

CdS 是一种典型的 Ⅱ-Ⅵ 族半导体化合物,室温下其禁带宽度为 2.42eV。它具有优异的光电转换特性和发光性能,当 CdS 粒子的粒径小于其激子的玻尔半径(6nm)时,它能够呈现出明显的量子尺寸效应,同时会出现吸收边和荧光峰的蓝移。由于这些优良的性能而使之成为一个研究的热点,在发光二极管、太阳能电池、非线性光学器件和其它一些光电器件上都有着广泛的应用。它的制备及性能研究引起了国内外学者的广泛兴趣。目前,实现半导体纳米粒子的粒径大小、形貌可控是改变半导体纳米粒子光电性能的关键。因而目前关于 CdS 纳米粒子及纳米线制备及机理的研究具有重大的意义及应用前景。对于 CdS 纳米粒子发光方面,由于纳米粒子有相对大的表面体积比,在微粒的表面/界面会出现大量的缺陷、空位、悬空键等构成的表面态。这些表面态属于束缚能级,位于半导体的带隙内。它们对电子/空穴有较强的捕获作用。当处于激发态的电子被表面态捕获后,再以辐射跃迁形式回到基态,这样会导致光发射的红移和光发射强度的降低。由于表面缺陷的存在,一般很难观察到 CdS 纳米粒子的带隙发光。

近年来,关于一维 CdS 纳米线和纳米棒的制备越来越引起人们的关注。Routkevitch[121]利用多孔阳极氧化铝(AAO)来稳定 CdS 纳米粒子,利用电化学沉积法获得了长度为 $1\mu m$,直径为 9nm 的均一 CdS 纳米线。目前,CdS 纳米线的制备方法主要采用电化学法,该方法先要用阳极氧化法制得多孔氧化铝膜模板,然后在纳米孔内电化学沉积 CdS,最后用湿化学腐蚀法去掉氧化铝载体,相对而言这种方法过程比较烦琐,反应周期长。另外,钱逸泰等[122]首次利用溶剂热法制备了 CdS 纳米线。

CdS 由于具有可见光光催化活性,特别是可以吸收太阳光进行光解水制氢,因而被认为是很有应用前景的可见光光催化剂。可见光照射下,CdS 光催化剂被激发,产生光生电子和空穴。当光生电子-空穴对迁移到 CdS 粒子表面后，存在两个可能的光催化反应过程：空穴直接氧化光催化剂表面吸附着的反应底物；光生电子则被 OH⁻ 或 H₂O 捕获，反应生成·OH自由基，羟基自由基进一步与底物反应。不幸的是，可见光下 CdS 在含氧水溶液中极易发生光腐蚀，CdS 的光腐蚀分为由空穴引起的直接光腐蚀和活性氧引起的间接光腐蚀。这严重地限制了 CdS 的应用。为了克服光腐蚀已经开展各种尝试对 CdS 进行调制，通过对它进行复合、负载、化学镀膜等过程形成一系列的复合型纳米粒子和复合薄膜，从而改变它表面的微环境，改善 CdS 光催化剂的活性和稳定性。

6.4.3 CdS-TiO₂ 复合半导体的电子传输机理

目前，将 CdS 半导体与稳定性非常好的纳米 TiO₂ 复合形成的 CdS-TiO₂ 复合半导体是研究最深入的复合体系。CdS 的禁带宽度（2.5eV）比 TiO₂ 的带隙（3.2eV）窄，能够吸收可见光的能量而受到激发，而且 CdS 的导带位置比 TiO₂ 的约高 0.5eV，这使得光生导带电子能够注入到 TiO₂ 的导带上，产生有效的电荷分离，提高了光催化剂的量子效率[123,124]。CdS-TiO₂ 复合半导体光催化活性提高的原因在于不同能级半导体之间光生载流子的输运及分离。如图 6-8（a）所示，当用足够能量的光激发时（UV），CdS 与 TiO₂ 同时发生电子带间跃迁。由于导带和价带能级的差异，光生电子将聚集在导带上，而空穴则聚集在价带上，光生载流子得到分离，从而提高了量子效率；另一方面，如图 6-8（b）所示，当照射光的能量较小时（Vis），只有 CdS 发生带间跃迁，CdS 产生的激发电子输运到 TiO₂ 导带而使得光生载流子得到分离，从而使催化活性提高。对 TiO₂ 来说，由于与 CdS 的复合，激发波长延伸至较大范围，发生吸收带边的红移。同时，在复合半导体中分离的载流子有更长的寿命，这使得复合半导体有更高的量子效率。

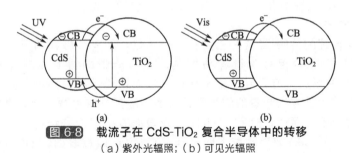

图 6-8 载流子在 CdS-TiO₂ 复合半导体中的转移
（a）紫外光辐照；（b）可见光辐照

最新报道认为，通过改变半导体的多相结构，可以控制复合材料中载流子的分离形式。与 TiO₂ 形成复合半导体，理想的模式为核壳结构，TiO₂ 在外层包覆着内部的 CdS 晶核。但是实际上，CdS 的晶体有闪锌矿立方相和纤锌矿六方相两种，TiO₂ 又有锐钛矿、金红石和板钛矿三种，都由八面体结构的晶胞组成，而且 TiO₂ 的晶体一般比 CdS 要大，同时晶面间也不吻合，所以只能形成两者互相包覆或者部分包覆的结构。也就是当此两种半导体形成壳-核结构时，累积在核内的俘获电子不能被利用，势必会影响量子效率。

6.4.4 CdS-TiO₂ 复合半导体的合成方法

6.4.4.1 化学沉积法（CVD）

通过 CVD 的方法在二氧化钛电极的表面沉积一层均匀的 CdS 薄膜，仍然是基于太阳能转化的目的，窄带的半导体的薄膜同样能起到敏化宽带半导体的作用。Flood R 等[125]采用此法制备了一系列 TiO₂、CdS、TiO₂-CdS 和 CdS-TiO₂ 透明膜电极，它们在不同的 pH 条件下，TiO₂ 和 CdS 的 V_{cb} 也会随之变化，从而能够控制光生电子从 CdS 到 TiO₂ 的注入过程。这一点能够很好地应用在光电化学电池的再生上。Fang J H 等[126]人同样采用化学沉积法制备了四磺酸酞菁染料修饰的 Q-CdS/TiO₂ 电极，由于酞菁和 CdS 都具有吸收可见光的能力。因此对 TiO₂ 起到了很好的敏化作用，制备的 Q-CdS/TiO₂ 电极吸收明显大幅向可见光红移。通过大量的实验发现，化学沉积法应用在 CdS 成膜的实验中，pH、络合剂（一般为二乙醇胺等有机胺）、水浴温度和沉积时间，都能影响成膜的速度和膜的厚度以及最终形成的 CdS 薄膜的光泽度和均匀度。

此外，化学沉积法在制备复合粒子方面也有应用。Yin H B 等[127]在 Cd²⁺ 的二甲酰胺（DMF）溶液中加入 TiO₂ 粒子，使它们充分化学结合，而后通入 H₂S 气体。如此生成的 CdS 粒子大部分都沉积在 TiO₂ 颗粒的表面。制备的催化剂被用于对1,2,3,4-四氯苯之类严重污染物的脱氯反应上。

6.4.4.2 溶胶-凝胶法

一般是通过溶胶-凝胶法制备 TiO₂ 和 CdS 的胶体水溶液混合，两种粒子之间通过化学偶联剂相互偶联，而形成复合型纳米粒子。如 Lawless 等人[128]将强制水解法制备的 TiO₂ 溶胶注入到采用胶体化学法制备的 CdS-MPA 的稳定胶体溶液中，形成了复合体系。对发光现象的研究表明与 TiO₂ 的复合引发了选择性的电子迁移，CdS 蓝带边的发射淬灭表明浅陷阱的电子转移给了 TiO₂，而红带边发射的增强说明深陷阱的电子没有发生电子转移的过程。同时发现增加化学偶联剂的碳链长度会对电子传输有阻碍作用，从而减少 CdS 荧光的淬灭。Fujii H 等人[129]选用了平均直径为 1μm 的 CdS 商品粒子，让钛源在其表面水解，这样生成的 TiO₂ 溶胶内嵌入了 CdS 粒子，预期会形成比较好的包覆结构。但是随着在空气中处理温度的升高，XRD 图谱检测到 CdS 衍射峰却越发变弱了，而且发现随着处理温度的升高，复合半导体的降解 EDTA 体系的光催化活性也随之大幅降低。400℃处理条件下的样品，产生氢气的体积趋近于 0，这说明并没有形成理想的完全包覆结构。

6.4.4.3 原位合成法

原位合成法与传统的溶胶-凝胶法相比有三个优点：①复合颗粒的形成过程可以准确控制与跟踪；②两种微粒的相对含量容易控制，这为清晰的得到微观结构提供了可能；③TiO₂ 对 CdS 微粒的形成具有很好的稳定作用，从而避免了混合两种分别制备的微粒时产生的聚集。通过胶体化学方法制备的纳米颗粒表面一般都具有过剩电荷，微粒之间通过电荷间互相排斥作用避免聚集而稳定分散。TiO₂ 溶胶表面有很多羟基结构，在酸性条件下表面带正电荷。原位合成的 CdS 纳米颗粒不能完全占有 TiO₂ 微粒表面，TiO₂ 表面裸露部分的正电荷之间的静电场排斥作用使复合纳米微粒在较长时间内保持稳定；另一方面，由于 CdS 的屏蔽作用，降低了 TiO₂ 微粒的正电荷排斥作用，使复合微粒的稳定性相对于纯 TiO₂ 溶胶有所降低。Hirai T 等人[130]采用胶体化学的方法制备了 CdS 的胶体溶液，在制备过程中将 CdS 粒子与甲基丙烯酸（MAA）充分化学结合，而后将其直接原位修饰在 TiO₂ 晶体的表面。制备的复合粒子在光照下发生了粒子增大的现象，而且发现复合的 TiO₂ 的晶相对整个复合体系的光催化活性有很大影响。只有复合锐钛矿晶相的 TiO₂ 在可见光下才有较高的光催化活性，而复合无定形、金红石型的 TiO₂ 都较不复合的 CdS-MAA 活性低。Fujii H 等人[131]将胶体化学法制备的 CdS 粒子同时原位修饰巯基乙醇，而后采用溶胶-凝胶法，让钛酸四乙酯在 CdS 粒子的表面水解。希望采用十八胺形成包含 CdS 颗粒的胶束，钛源在胶束内水解，但实验结果并没有形成理想中的包覆结构。可能原因是十八胺并不能形成理想的胶束，反而将 CdS 与 TiO₂ 粒子之间的接触隔离了。

6.4.4.4 反胶束法

反胶束法在合成半导体、金属纳米晶方面有广泛的应用。Colvin V L 等人[132]将反胶束法合成的 CdS 纳米粒子组装在 Al 和 Au 等金属的表面形成了单层的 CdS 纳米粒子。王斌等人[133]采用反胶束法在非离子表面活性剂 Brij35/正己醇/环己烷/水中得到 CdS 粒子的反胶束后，将钛源和溶剂的混合溶液滴加到反胶束中，钛源将穿过胶束界面膜进入水相发生水解过程，形成的 TiO_2 粒子能够和已经存在其中的 CdS 粒子形成一定的包覆结构。采用反胶束原位合成了 P25-MPTMS-CdS 纳米粒子（MPTMS 是 γ-巯丙基三甲氧基硅），复合粒子在光照下具有好的稳定性。它们的光催化活性随着 CdS 复合量的增加在紫外光照射下有所降低，而在可见光下活性增强。

参考文献

[1] Fujishima A，Rao T N，Tryk D A. J. Photochem，Photobiol. C. 2000，1：1.

[2] Frank S N，Bard A J. J. Phys. Chem.，1977. 81 (15)：1484.

[3] Wang C Y，Zhao J C，Wang X M，et al. Appl. Catal. B，2002，39：269.

[4] 张金龙，陈锋，何斌. 光催化，2004.

[5] 陈建华，龚竹青. 二氧化钛半导体光催化材料离子掺杂. 北京：科学出版社，2006.

[6] Choi W，Termin A，Hoffman M R. J. Phys. Chem.，1994，98 (51)：13669.

[7] Asahi R，Morikawa T，Ohwaki T，et al. Science，2001，293 (5528)：269.

[8] Zhang Z B，Wang C C，Zakaria R，et al. J. Phys. Chem. B，1998，102 (52)：10871.

[9] 钱斯文，王智宇. 材料科学与工程学报，2003，21 (1)：48 - 52.

[10] 李家其. 化工科技市场，2005，3：47.

[11] 何超，于云，周彩华等. 无机材料学报，2003，18 (2)：457.

[12] 刘守新，曲振平，韩秀文等. 兰州理工大学学报，2004，30 (2)：70..

[13] Kim S，Hwang S J，Choi W. J. Phys. Chem. B，2005，109 (51)：24260.

[14] Asahi R，Morikawa T，Ohwaki T，et al. Science，2001，293 (5528)：269.

[15] Valentin C D，Pacchioni G，Selloni A. Phy，Rev. B，2004，70：085116.

[16] Lee J Y，Park J，Cho J H. Appl. Phys. Lett.，2005，87 (1)：011904.

[17] Sakthivel S，Kisch H. Angew. Chen. Int. ED.，2003，42 (40)：4908.

[18] Ihara T，Miyoshi M，Iriyama Y，et al. Appl. Catal. B：Environ. 2003，42 (4)：403.

[19] Serpone N. J. Phys. Chem. B.，2006，110 (48)：24287.

[20] Yang K S，Dai Y，Huang B B，et al. J. Phys. Chem. B，2006，110 (47)：24011.

[21] Ohno T，Mitsui T，Matsumura M. Chem. Lett.，2003，32：330.

[22] Ohno T，Akiyoshi M，Umebayashi T，et al. Appl. Catal. A：Gen.，2004，265 (1)：115.

[23] Umebayashi T，Yanmaki T，Itoh H，et al. Appl. Phys. Lett.，2002，81 (3)：454.

[24] 刘畅，暴宁钟，杨祝红，陆小华. 催化学报，2001，22 (2)：215.

[25] Li X Z，Li F B. Environ. Sci. Technol.，2001，35 (11)：2381.

[26] Li X Z，Li F B，Yang C L，et al. Journal of Photochemistry and Photobiology A：Chemistry，2001，141：209-217.

[27] 李芳柏，古国榜，李新军等. 物理化学学报，2000，16 (11)：997.

[28] 陈慧，金星龙，朱琨等. 中国环境科学，2000，20 (6)：561.

[29] Jeon M S，Yoon W S，et al. Appl. Sur. Sci.，2000，165：209.

[30] 张峰，李庆霖，杨建军等. 催化学报，1995，20（3）：329.

[31] Yamashita H，Harada M，Misaka J，et al. J. Photochem. Photobiol. A：Chem.，2002，148：257.

[32] Navio J A，Colon G，Macics M，et al. Appl. Catal. A，1999，177（1）：111.

[33] 闫鹏飞，周德瑞，王建强，杨立斌，张迪，傅宏刚. 高等学校化学学报，2002，23：2317.

[34] 闫鹏飞，周德瑞，王建强等. 高等学校化学学报，2002，23：2317.

[35] Hattori A，Yamamoto M，Tada H，et al. Chem. Lett.，1998：707.

[36] Asahi R，Ohwwaki T，Aoki K，et al. Sci.，2001，293：269.

[37] Kasahara A，Nukumizu K，Takata T，et al. J. Phys. Chem. B.，2003，107：791.

[38] Kasahara A，Nukumizu K，Hitoki G，et al. J. Phys. Chem. B.，2002，106：6750.

[39] Diwald O，Thompson T L，Goralski E G，et al. J. Phys. Chem. B.，2004，108（1）：52.

[40] Diwald O，Thompson T L，Zubkov T，et al. J. Phys. Chem. B.，2004，108（19）：6004.

[41] Sano T，Negishi N，Koike K，et al. J. Mater. Chem.，2004，14：380.

[42] Yin S，Yamaki H，Komatsu M，et al. J. Mater. Chem.，2003，13：2996.

[43] Gole J L，Stout J D，Burda C，et al. J. Phys. Chem. B.，2004，108（4）：1230.

[44] Burda C，Lou Y，Chen X，et al. Nano. Lett.，2003，3（8）：1049.

[45] Ihara T，Miyoshi M，Iriyama Y，et al. Appl. Catal. B：Environ.，2003，42：403.

[46] Umebayashi T，Yamaki T，Ttoh H，et al. Appl. Phys. Lett.，2002，81（3）：454.

[47] Ohono T，Mitsui T，Matsumura M. Chem. Lett.，2003，32（4）：364.

[48] 周武艺，曹庆云，唐绍裘等. 中国有色金属学报，2006，16（7）：1233.

[49] Luo H M，Takata T，Lee Y，et al. Chem. Mater. 2004，16（5）：846.

[50] 陈恒，龙明策，徐俊等. 催化学报，2006，27（10）：890.

[51] Hong X T，Wang Z P，Cai W M，et al. Chem. Mater. 2005，17（6）：1548.

[52] 文晨，孙柳，张纪梅等. 高等学校化学学报，2006，27（12）：2408.

[53] Liu G，Chen Z G，Dong C L，et al. J. Phys. Chem. B，2006，110（42）：20823.

[54] Su W Y，Zhang YF，Li Z H，et al. Langmuir，2008，24（7）：3422.

[55] Usseglio S，Damin A，Scarano D，et al. JACS.，2007，129（10）：2822.

[56] Long M C，Cai W M，Wang Z P，et al. Chem. Phys. Lett.，2006，420（1/3）：71.

[57] 黄冬根，廖世军，党志. 化学学报，2006，64（17）：1805.

[58] Wang J S，Yin S，Zhang O W，et al. J. Mater.Chem.，2003，13（9）：2348.

[59] Asahi R，Morikawa T，Ohwaki T，et al. Science，2001，293（13）：269.

[60] Khan S U M. Science，2002，297（5590）：2243.

[61] Sakthivel S，Kisch H. Angew Chem. Int. Edit，2003，42（40）：4908.

[62] Choi Y，Umebayashi T，Yoshikawa M. J. Mater. Science，2004，39（5）：1837.

[63] 黄绵峰，郑治祥，徐光青，吴玉程. 材料热处理学报，2009，30：3.

[64] Liu H Y，Gao L. J. Am. Ceram. Soc. 2004，87（8）：1582.

[65] Ohno T，Tsubota T，Toyofuku M，et al. Catal. Lett. 2004，98（4）：255.

[66] Mitoraj D，Kisch H. Angew. Chem. Int. Ed. 2008，47（51）：9975.

[67] Crittenden J C, Sawang N, David W H, et al. US. 1993, 182 (5): 030.

[68] Amy L L B, Lu G Q. Chem. Rev. 1995, 95: 735.

[69] 吕笑梅, 方靖推, 陆祖宏. 功能材料, 1998, 29 (6): 574.

[70] Zang L, Lange C, Abraham I, Storck S, et al. J. Phys. Chem. B, 1998, 102: 10765.

[71] 向钢, 王聪, 郑树凯等. 功能材料与器件学报, 2002, 8 (1): 23.

[72] 卢铁城, 林理彬, 刘彦章等. 材料研究学报, 2001, 15 (3): 291.

[73] 张莉, 杨迈之, 高恩勤等. 高等化学学报, 2000, 21 (10): 1543.

[74] Alfredo O, Ceorgina P. Sol. Energy Mater. Sol. Cells, 1999, 59: 137.

[75] Z S Wang, F Y Li, C H Huang, et al. J. Phys. Chem. B, 2000, 104: 9676-9682

[76] Z S Wang, F Y Li, C H Huang, et al. J. Chem. commun. , 2000, 20: 2063-2064

[77] Z S Wang, F Y Li, C H Huang, et al. J. Phys. Chem. B, 2001, 106: 9210-9217

[78] Kitamura T, Ikeda M, Shigaki K, Inoue T, Anderson N A, Ai X, Lian T Q, Yanagida S. Chem. Mater. , 2004, 16: 1806.

[79] Hara K, Kurashige M, Danoh Y, kasada C, Shinpo A, Suga S, Sayama K, Arakawa H. New J. Chem. , 2003, 27: 783.

[80] Hara K, Sayama K, Ohga Y, Shinpo A, Suga S, Arakawa H. Chem. Soc. Chem. Commum. , 2001: 569.

[81] Hara K, Tachibana Y, Ohga Y, Shinpo A, Suga S, Sayama K, Sugihara H, Arakawa H. Sol. Energy Mater. Sol. Cells, 2003, 77: 89.

[82] Li X Z, Zhao W, Zhao J C. Science in China, Ser. B. , 2002, 45: 421.

[83] Ilev V. J. Photochem. Photobiol. A. , 2002, 151: 195.

[84] Shang J, Chai M, Zhu Y F. Environ. Sci. Technol, 2003, 37: 4494.

[85] Tryk D A, Fushima A, Honda K. Electrochem Acta, 2000, 45: 2363.

[86] Kazuhiro H, Eiji S, Akio I, et al. Photochem. Photobiol. A, 2000, 136: 157.

[87] Hong A P, Bahnemann D W, Hoffmann M R. Phys. Chem. 1987, 91: 6245.

[88] Zakeeruddin S M, Nazeeruddin M K, Pechy P, Rotzinger F P, Humphry-Baker R, Kalyanasundaram K, Gazel M. Chem. , 1997, 36: 5937.

[89] 万靖推, 张向阳, 吴敬文等. 太阳能学报, 1997, 18 (2): 15.

[90] 赵为, 张宝文, 曹怡. 功能材料, 1999, 30 (3): 304.

[91] Zhao W, Hou Y J, Wang X S, et al. Sol. Energy Mater. Sol. Cells, 1999, 58: 173.

[92] Shen Y C, Dong H H, Fang J H, et al. Coll. Sur. A, 2000, 175: 135.

[93] 吕笑梅, 方靖推, 陆祖宏. 功能材料, 1998, 29 (6): 574.

[94] 郝彦忠, 武文俊, 戴松元. 化学学报, 2006, 64 (7): 667.

[95] Heleg S V, Willnes I. J. Chem. Commun. 1994, 2113.

[96] Abe R, Sayama K, Arakawa H. Chem. Phys. Lett. , 2002, 362: 441.

[97] Zhang J, Xu Q, Feng Z C, et al. Angew. Chem. Int. Ed. 2008, 47 (9): 1766.

[98] Li G, Gray K A. Chem. Phys. 2007, 339 (1-3): 173.

[99] Long M C, Cai W M. New York: Nova Publisher, 2009.

[100] Hiroaki T, Tomohiro M, Tomokazu K, et al. Nat. Mater. , 2006, 5: 782.

[101] Long M C, Cai W M, Cai J, et al. J . Phys. Chem. B, 2006, 110 (41): 20211.

[102] Brahi M R, Bessekhouad Y, Bouguelia A, et al. J. Photoch. Photobio. A, 2007, 186 (2-3): 242.

［103］Chen Y S，Crittenden J C，Hackney S，et al. Environ. Sci. Technol. ，2005，39 (5)：1201.

［104］Shang J，Yao W Q，Zhu Y F：Appl. Catal. A：General，2004，257：25.

［105］Fujii H，Ohtaki M，Eguchi K，et al. Mater. Sci. Lett. 1997，16：1086.

［106］林熙，李旦振，吴清萍等. 高等学校化学学报，2005，26：727.

［107］姚秉华，王理明，余晓皎等. 光谱学与光谱分析 2005，25 (6)：934.

［108］Zhu L，Bakhhtiar R，Kostic N M，et al. ，J. Biol. Inorg. Chem. ，1998，3：383.

［109］Rana T M，Meares C F. Proc. Natl. Acad. Sci. USA，1991，88：10578.

［110］Fu X，Clark L A，Yang Q，et al. Environ. Sci. Technol. ，1996，30：647.

［111］Bedja I，Kamat P V. J. Phys. Chem. ，1995，99：9182.

［112］Do Y R，Lee W，Dwight K，et al. J. Solid. State. Chem. ，1994，108：198.

［113］李芳柏，古国榜，黎永津. 环境科学，1999，20：75.

［114］Kwon Y T，Song K Y，Lee W I，et al. J. Catal. ，2000，191.

［115］张俊虎，杨伯. 中国科学基金，2001，6：339.

［116］王传义，刘春艳，沈涛. 高等学校化学学报，1998，19 (12)：2013.

［117］Tsukasa T，Jocelyn P R，Kentar L，et al. J. Am. Chem. Soc. 2003，125：316.

［118］Xiao Q，Zhang J，Xiao C，Tan X K. Catal. Commun. ，2008，9 (6)：1247.

［119］Yu H B，Chen S，Quan X，et al. Environ. Sci. Technol. ，2008，42 (10)：3791.

［120］Butler M A，Ginley D S，Eibschutz M. J. Appl. Phys. ，1977，48 (7)：3070.

［121］Routkevitch D，Bigioni T，Moskovits M，Xu J M. J. Phys. Chem. ，1996，100，14037.

［122］Xu D，Liu Z P，Liang J B，Qian Y T. J. Phys. Chem. B. ，2005，109：14344.

［123］Hao H E，Sun H P，Zhou Z，et al. Chem. Mater. ，1999，11：3096.

［124］Evans J E，Springer K W，Zhang J Z. J. Chem. Phys. ，1994，101 (7)：6222.

［125］Flood R，Eright B，Allen M. Sol. Energy Mater. Sol. Cells，1995，39：82.

［126］Fang J H，Wu J W，et al. J. Mater. Chem. ，1997，7 (5)：737.

［127］Yin H B，Wada Y J，Kitamura T，Sakata T，et al. Chem. Lett. ，2001：334.

［128］Lawless D，Kapoor S，Meisel D. J. Phys. Chem. 1995，9：10329.

［129］Fujii H，Ohtaki M，Eguchi K，et al. J. Mater. Sci. Lett. ，1997，16：1086.

［130］Hirai T，Suzuki K，Hironori O，et al. J. Colloid Interface. Sci. ，2001，244.

［131］Fujii H，Inata K，Ohtaki M，et al. Syn. J. Mater. Sci. ，2001，36：527.

［132］Clovin V L，Goldstein A N，Alivisatons A P. J. Am. Chem. Soc. ，1992，114：5221.

［133］王斌，高飞，何斌. 物理化学学报，2003，19 (1)：21.

第**7**章
新型光催化材料的探索

7.1 新型光催化材料探索的重要性

7.1.1 TiO₂ 光催化材料的局限性

经过几十年的研究，其催化机理已经研究得比较深入透彻，并且由催化机理推导出的一些结论也经受了实践的验证。特别是通过对于影响催化剂催化活性相关因素的深入研究，目前可以采用很多方法来实现高催化活性光催化剂的制备。TiO_2 由于其稳定性好、活性高，可以通过减小粒径、改善结晶以及与其它氧化物的复合进一步提高其催化活性，并已经广泛地应用于工业和环境污染的治理中。

半导体光催化虽然取得了巨大的成就，但远远没有达到理想中的状况，对于光催化材料的应用仍然缺乏关键性、决定性的突破。主要的问题在于研究最为深入、应用最为广泛的 TiO_2 光催化剂存在以下局限性：

① 其能带间隙为 3.2eV，只能响应 387nm 以下的紫外光，对可见光的利用效率低，这大大限制了对太阳光能量的有效利用，因为在太阳辐射的总能量中紫外光的能量只占总能量的 3%～5%；

② 锐钛矿、金红石 TiO_2 晶体结构容忍度小，在进行掺杂等改性工作中易破坏晶体结构而导致活性降低；

③ TiO_2 的导带位置在零电位附近，因此其光还原能力相对较弱，在光解水制氢中有着较大的局限性。

7.1.2 复合氧化物的优势以及研究现状

非 TiO_2 系的光催化剂有着 TiO_2 不可比拟的优点：更大的结构容忍度，成盐金属原子众多的选择性，以及氧原子位阴离子取代的可行性，这使其在光催化领域有着巨大的发展潜力。

从 20 世纪 80 年代开始，一些研究者就开展了探索新型光催化剂的研究工作，如

$SiTiO_3$[1~3]、$K_4Nb_6O_{17}$[4~6]、$NaTi_6O_{13}$[7]、$BaTi_4O_9$[8]、ZrO_2[9]、Ta_2O_5[10]、$K_2La_2Ti_3O_{10}$[11] 等。自 1997 年开始，Kudo 等人[12~14]又陆续发现了一系列不需要辅助催化剂的钽酸盐化合物用于光解水，开辟了光解水光催化剂材料的一个新领域。该研究小组一直致力于新型光催化剂的开发，认为合适的能带对开发可见光光催化剂非常有必要[15]，并结合其工作总结出三条能带调节的策略。①通过掺杂产生施主能级；②价带控制：通常，稳定氧化物半导体光催化剂的导带是由金属阳离子的 d^0 和 d^{10} 轨道组成，包含其空轨道；价带由 O_{2p} 轨道组成。通过 O_{2p} 与其它元素的轨道形成新的价带能级或电子施主能级，可以使禁带宽度或能级宽度变窄。Bi^{3+} 和 Sn^{2+} 的 ns^2 轨道，以及 Ag^+ 的 d^{10} 轨道可以有效地与半导体氧化物的 O_{2p} 轨道形成新的价带能级，使禁带宽度变窄。相应的新型光催化剂 $SnNb_2O_6$、$AgNbO_3$、Ag_3VO_4、$BiVO_4$、Bi_2WO_6 都具有较好的可见光催化活性。相应的新型光催化剂 $SnNb_2O_6$、$AgNbO_3$、Ag_3VO_4、$BiVO_4$、Bi_2WO_6 都具有较好的可见光催化活性。另外 N_{2p} 和 S_{3p} 轨道也适合形成价带用于制备可见光光催化剂；③固溶体光催化剂：合成了 $(CuIn)_xZn_{2(1-x)}S_2$、$(AgIn)_xZn_{2(1-x)}S_2$、ZnS-$CuInS_2$-$AgInS_2$ 固溶体，通过调整固溶体中不同组分的含量，可以实现对固溶体禁带宽度的调节，而且均具有很高的可见光光催化活性。2000 年以来，邹志刚等人研究了 Bi_2InNbO_7[16~18]，以及 Bi_2MNbO_7（$M = Al$，Ga，In）[19]、Bi_2MNbO_7（$M = Al^{3+}$，Ga^{3+} 和 In^{3+}）[20]等新型复合氧化物光催化剂。几乎与此同时，开发出了 $InNbO_4$ 以及 $InTaO_4$ 光催化剂[21]，并研究了 $InVO_4$ 光催化剂[22]。最近，中科院上海硅酸盐所的黄富强课题组在卤氧化合物光催化剂的开发上做了大量的工作[23~25]，其研究表明 $BiOCl$、$xBiOBr$-$(1-x)BiOI$、$xBiOI$-$(1-x)BiOCl$ 等化合物都有很好的可见光响应。

纵观这些研究，对新型光催化剂的研究主要集中在以下几类：钙钛矿型复合氧化物、铋系光催化剂、杂多酸光催化剂、分子筛光催化剂、卤氧化物光催化剂、钒副族复合氧化物和钨酸盐光催化剂。其中，钨酸盐类半导体材料，因其特有的结构和物理化学性质，日益受到人们的重视，研究十分活跃。结合近几年在新型光催化剂方面的探索工作，下面就以上几种材料分别进行介绍。

7.2 钽铌钙钛矿结构光催化材料

近年来，Kudo A 等人[26~31]发现的新型钽酸盐光催化剂以及邹志刚等人[32~35]研究的 $InTaO_4$ 可见光催化剂体系成为光催化研究领域内新的热点。这些新型的钽铌化合物光催化剂与传统的 TiO_2 光催化剂相比，一般具有 ABO_3 的钙钛矿结构，无论是阳离子还是阴离子均具有更大的结构容忍度，可以有效地进行部分离子的交换，光催化剂结构和性能调变的范围较大。表 7-1 是碱金属及碱土金属钽酸盐光催化剂光解水产氢效率的数据总结。从表中可见，新型钽酸盐光催化剂具有较好的光催化性能，具有广阔的应用前景。

表 7-1 碱金属及碱土金属钽酸盐光催化剂光解水产氢效率

催化剂	带宽/eV	催化活性 /μmol·h^{-1}	
		H_2	O_2
$LiTaO_3$	4.7	430	220
$NiO/LiTaO_3$	4.7	98	52
$NaTaO_3$	4.0	160	86
$NiO/NaTaO_3$	4.0	2180	1100
$KTaO_3$	3.6	29	13
$NiO/KTaO_3$	3.6	7.4	2.9
$SrTa_2O_6$（正交）	4.4	140	96

催化剂	带宽/eV	催化活性 /μmol·h⁻¹	
		H₂	O₂
NiO/SrTa₂O₆（正交）	4.4	960	490
BaTa₂O₆（正交）	4.1	33	15
NiO/BaTa₂O₆（正交）	4.1	629	303
BaTa₂O₆（四方）	3.8	14	6
NiO/BaTa₂O₆（四方）	3.8	53	28
BaTa₂O₆（六方）	4.0	7	2
NiO/BaTa₂O₆（六方）	4.0	21	10

7.2.1 碱金属钽酸盐复合氧化物

7.2.1.1 钽酸钠 NaTaO₃

迄今为止所研究的光催化剂中，La 掺杂的 NaTaO₃ 显示了最好的光解水性能，在紫外光的照射下，其量子效率可以达到 56%。下面重点介绍 NaTaO₃ 光催化剂的结构特点及物理化学性质。

钽酸钠属于 ABO₃ 型钙钛矿结构，高温时与钽酸钾有非常相似的成分和晶格结构。可以采用光学、热力学分析和粉末衍射技术等方法研究其相变。钽酸钠在 720K 以下具有 Pbnm 正交空间群结构，在 720～835K 属于另外一种正交空间群 Cmcm，而在 835K 时相变为一种四方空间群 P4/mbm，在 893K 以上时变为立方相 Pm3m。

单斜晶型的钽酸钠具有良好的光催化活性，其晶体结构如图 7-1 所示。它的晶体是由 TaO₆ 八面体以共顶点的方式连接而成，其中 Ta-O-Ta 键角为 163°。钽酸钠晶体晶胞参数分别为：$a = 3.893$，$b = 3.890$，$c = 3.893$，$\alpha = \gamma = 90°$，$\beta = 90.267°$。其晶体结构属于简单单斜点阵，晶胞由 15 个原子组成，等效看来，1 个惯用晶胞只独占了 6 个原子，原子坐标为：Na (0, 0, 0)，Ta (0.5, 0.5, 0.5)，O (0.5, 0, 0.5) (0, 0.5, 0.5) (0.5, 0.5, 0)。

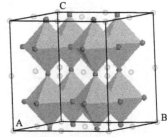

图 7-1 NaTaO₃ 晶体结构图

到目前为止，钽系光催化剂常用的合成方法是传统的固相合成法。以 Na₂CO₃ 和 Ta₂O₅ 为原料，将两者按一定比例混合均匀，进行高温煅烧。一般情况下，为了防止 Na 的高温煅烧挥发，常采用添加过量的钠以进行补充。将混匀的混合物在空气中经 1420K 的温度煅烧 10h 就可以得到具有钙钛矿结构的钽酸钠。

固相反应总是发生在两种组分界面上的非均相反应。对于粒状物料，反应首先是通过颗粒间的接触点或面进行，随后是反应物通过产物层进行扩散迁移，使反应得以继续。在低温时，固体物质的化学性质一般是不活泼的，因而，固相反应通常需要在高温下进行。固相反应合成的这些特点，高温长时间的反应最终导致了制备出的催化剂具有很小的比表面积，颗粒一般是微米级的，如图 7-2 所示。但固相合成也有它自身的优势，由于反应温度较高，而且时间较长，因此，产品一般具有很好的晶

图 7-2 固相反应合成的 NaTaO₃ 光催化剂的 SEM 照片

相结构，晶体内部的缺陷也比较少。

图 7-3 水热法合成的 NaTaO₃ 粉体的 TEM 照片

另外一种常用的合成方法是水热法，可以合成具有纳米结构的光催化材料[36]。采用过量的 NaOH 和 Ta_2O_5 为原料，通过 120℃、12h 的水热反应，获得的产物为纯相的 NaTaO₃ 晶体，与高温固相反应得到的产物同样都为单斜晶型。当水热温度为 120℃ 以及 140℃ 时，产物均呈现较为规则的立方体形貌，立方体的边长约为 150～250nm，如图 7-3 所示。采用水热法可以在很低的温度下获得结晶完善的 NaTaO₃ 粉体，且颗粒大小仅为高温固相燃烧所得产物的 1/5 左右。气相和液相的光催化性能评价显示，水热制备的 NaTaO₃ 在气相和液相下均具有一定的光催化活性。对比高温固相反应所得产物，在气相降解甲醛的反应中其活性较高，而在液相降解罗丹明 B 的反应中，其反应活性则相对较低。

为了进一步合成更小颗粒的 NaTaO₃ 晶体，以 $Ta(OC_4H_9)_5$ 为原料，无水乙醇为溶剂，在 120℃ 水热条件下可得到颗粒尺寸小于 10nm 的 NaTaO₃ 晶体，图 7-4 分别为溶剂热反应制备的 NaTaO₃ 产物 TEM 照片和选区电子衍射谱图。由图可见，通过溶剂热反应可以制备获得粒度在 10nm 左右的 NaTaO₃ 纳米颗粒，电子衍射谱图呈现多晶环形状，证明产物结晶良好。

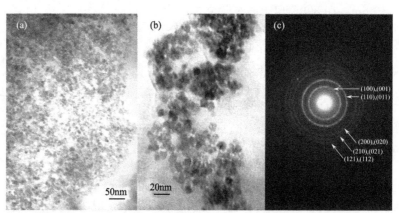

图 7-4 溶剂热反应制备所得的 NaTaO₃（a）、（b）的 TEM 照片，及电子衍射图（c），各主要晶面的 Miller 指数如图标注

研究发现，钽源的选择对最终产物的形貌有较大影响，当选择 Ta_2O_5 粉体为原料进行水热或者溶剂热反应制备时，产物颗粒的大小最小为 60nm，一般都在 200nm 左右，难以获得更小的纳米颗粒。这是由于 Ta_2O_5 在一般的溶剂中溶解度很小，即使在水热高温高压的条件下，Ta_2O_5 在溶剂中也几乎不溶，或者说溶解的量极少。而以 Ta_2O_5 为原料的水热反应一般遵循溶解-再生长的过程，因此由于 Ta_2O_5 的低溶解度必然导致钽酸盐产物成核的速度变低，成核速度降低又导致了产物晶粒数目的减少。对于体系中一定量的 Ta 源来说，产物晶粒的数目少必然导致每一个晶粒的生长更为充分，晶粒也就会长得更大。这就是为什么以 Ta_2O_5 为原料的工作中，产物颗粒较大的原因。但是如果采用 $Ta(OC_4H_9)_5$ 作为原料，它可以溶解在乙醇溶剂中，与 MOH 接触充分。在溶剂热的条件下，产物的异相成核速度大大加快，在溶液中可以很快地形成大量的产物晶核，数目众多的晶核必然也导致最终产物的尺寸很小。

图 7-5 所示为 NaTaO₃ 光催化材料的紫外-可见漫反射谱图。由图可知，该产物的光吸收阈值 λ_g 为 313nm。因为半导体的光吸收阈值 λ_g 与带隙 E_g 具有以下的关系式：

$$\lambda_g = \frac{1240}{E_g} \tag{7-1}$$

因此，可以计算得知 NaTaO₃ 带隙宽度约为 4.0eV。

图 7-6 显示了立方钽酸钠的电子能带结构及态密度分布图。从 −6eV 到 0eV，由能带与态密度分布图的特征进行比较可知，这些能带主要来自 O_{2p} 电子和 Ta_{4d} 电子。2eV 以上的导带主要来自 Ta_{4d} 电子，这些能带互相重叠并且具有高度弥散性。价带和导带的交叠性说明 Ta_{4d} 和 O_{2p} 之间有强烈的轨道杂化，并且 Ta 原子和 O 原子为共价作用。从该态密度分布图中也可以得到同样结论。图 7-6 还显示从最上端价带的 G 点和最下端导带的 G 点间有带隙，直接计算出的带隙为 1.71eV。一般情况下，计算所得的能带间隙要小于实验值。

单纯的 NaTaO₃ 作为光催化剂时，由于量子产率较低，其光催化活性有限，而且生成物的选择性也无法控制。受光激发后生成的电子和空穴除了由于复合损失外，还由于半导体的强氧化能力使部分生成的 H₂ 再被氧化成水。将微量的 NiO 或贵金属作为助催化剂负载于 NaTaO₃ 上，可以使光照后生成的电子和空穴分别定域在 NiO 和 NaTaO₃ 上，发生电荷分离，然后电子和空穴各在不同位置上发生氧化还原反应。由于 NiO 负载后的电荷分离抑制了电子和空穴的复合，从而大大提高了 NaTaO₃ 的光催化活性和选择性。

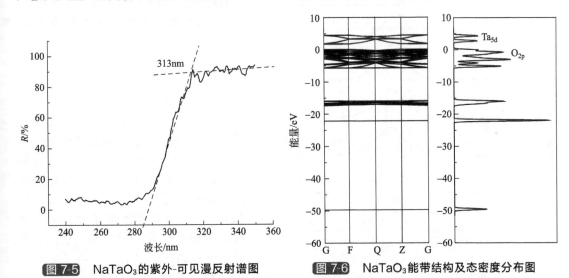

图 7-5　NaTaO₃ 的紫外-可见漫反射谱图　　图 7-6　NaTaO₃ 能带结构及态密度分布图

2003 年 Kudo 等人[37]报道的 NiO/NaTaO₃：La 光催化剂在 260nm 紫外光的照射下，其量子产率高达 56%，这一报道让人们看到了光解水制氢真正应用的希望，消除了科研工作者们多年来所担心的诸如 TiO₂ 等粉体光催化剂能否应用于光解水制氢的疑虑。同时，还对 NiO 的负载及 La 掺杂提高光催化活性的机理进行了深入的探索。

表 7-2　NaTaO₃ 及 2%La 掺杂的 NaTaO₃ 催化剂在紫外光照射下光解水生成 H₂ 及 O₂ 速率数据

次数	催化剂	助催化剂	牺牲剂	活性/(mmol/h)	
				H₂	O₂
1	NaTaO₃	none	CH₃OH	10.3	
2		none	AgNO₃		0.78
3		NiO（0.05%，质量分数）	CH₃OH	16.8	
4		NiO（0.05%，质量分数）	AgNO₃		0.86

次数	催化剂	助催化剂	牺牲剂	活性/(mmol/h)	
				H₂	O₂
5	NaTaO₃ : La（2%）	none	CH₃OH	13.2	
6		none	AgNO₃		1.7
7		NiO（0.2%，质量分数）	CH₃OH	38.4	
8		NiO（0.2%，质量分数）	AgNO₃		1.7
9		Pt（1%，质量分数）	CH₃OH	36.7	

在有牺牲试剂存在的 $NaTaO_3$ 液相悬浊液体系中，NiO 负载后的光催化剂，产生氢气的速率要明显高于无负载 $NaTaO_3$ 催化剂的产氢速率，但是同时也发现产生 O_2 的速率并没有明显提高，见表 7-2。由此可见，NiO 的负载增强了还原产物的选择性，并没有增加氧化产物的活性，NiO 是有效的产氢活性位点。经 La 掺杂后的 $NaTaO_3$ 光催化剂，光解水制氢的速率提高了 30%，而产氧速率却提高了两倍之多。可见，掺杂 La 的存在已经成为了 O_2 生成的活性位点。

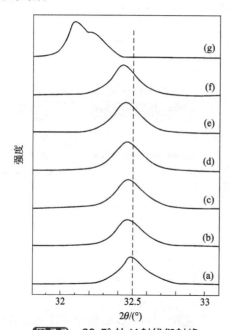

图 7-7　32.5°处 X 射线衍射峰
（a）NaTaO₃，（b）La 掺杂 1%，（c）La 掺杂 2%，
（d）La 掺杂 3%，（e）La 掺杂 5%，（f）La 掺杂 10%，
（g）La₀.₃₃TaO₃

在 La 掺杂的 $NaTaO_3$ 中，部分表面及体相的 Na^+ 被 La^{3+} 所取代，这从 XRD 图中得到了证明，如图 7-7 所示。La 的掺杂引起了衍射峰位置的偏移，这至少说明了 La 均匀的掺杂进入了 $NaTaO_3$ 的晶格之中。La 的掺杂之所以会引起光催化活性的提高，是由于以下两方面的作用所引起的：①La^{3+} 对 Na^+ 的取代增强了 $NaTaO_3$ 的 N 型半导体的性质，这会增加 $NaTaO_3$ 的电导能力；②绝大部分 La^{3+} 存在于颗粒表面上，阻止了 $NaTaO_3$ 晶体的长大，因此获得的 $NaTaO_3$ 具有较小的粒径，而且在表面形成了独特的纳米级的阶梯状结构，如图 7-8 所示。这样的一种结构十分有利于电子和空穴的分离，对提高光催化活性有很大贡献。

在 La 掺杂的 $NiO/NaTaO_3$ 体系中，光解水过程如下：在负载的超细 NiO 还原位点上，H_2O 可以被有效地还原为 H_2，而另一方面，独特的纳米阶梯结构所形成的凹槽为 O_2 的生成提供了高效的活性位点。O_2 的生成需要 4 个光生空穴的参与，凹槽的结构十分有利于多个光生空穴同时从凹槽的壁向内凹处注入，因此 O_2 的生成得到了有效的提高，其机理如图 7-9 所示。

以甲醛及罗丹明 B 为目标降解物，对 $NaTaO_3$ 光催化降解有机物进行了系统研究。图 7-10 所示为 $NaTaO_3$ 光催化降解甲醛的降解曲线。由（a）可知，在没有光催化剂的情况下，甲醛在紫外线辐照下基本不发生降解。而水热制备的 $NaTaO_3$（c）光催化活性要明显高于高温固相反应的产物（b），两者的反应速率常数分别为 $43.27min^{-1}$ 和 $22.79min^{-1}$，反应为零级反应。

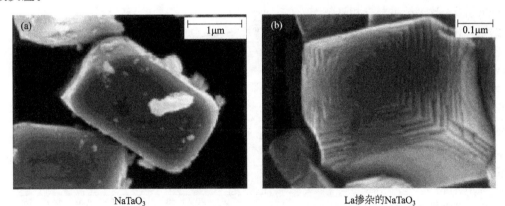

NaTaO₃ 　　　　　　　　　　La掺杂的NaTaO₃

图 7-8 NaTaO₃扫描电镜图

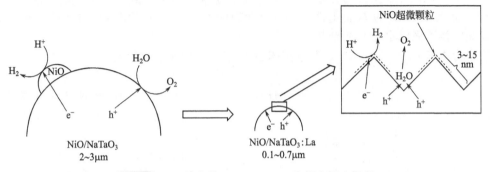

图 7-9 La 掺杂的 NiO/NaTaO₃ 体系光解水机理

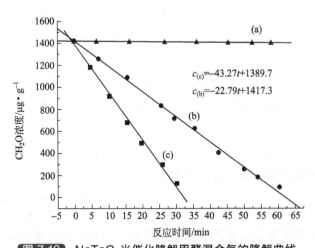

$c_{(c)}=-43.27t+1389.7$
$c_{(b)}=-22.79t+1417.3$

图 7-10 NaTaO₃光催化降解甲醛混合气的降解曲线

（a）为催化剂空白下的降解曲线，（b）为高温固相反应制备所得的 NaTaO₃，
（c）为 120℃，12h 水热制备所得的 NaTaO₃

图 7-11 所示为实验制备的纳米 NaTaO₃（b）和高温固相反应制备的 NaTaO₃（c）在紫外线作用下对罗丹明 B 的降解曲线。由图可见，降解曲线中反应时间与罗丹明 B 浓度的对数值接近正比，为一级反应，反应速率方程如图所示。该结果表明，对于液相光催化降解罗丹明 B 的反应，高温固相反应制备的 NaTaO₃ 活性要高于水热法制备的产物，两者的反应速

率常数分别为 $0.01450min^{-1}$ 和 $0.00295min^{-1}$。这一结果与气相降解甲醛的结果相反。造成这个结果的原因还不太清楚，很可能是高温固相反应制备的产物结晶更为完善，而水热产物缺陷相对较多，在液相溶液中，催化剂表面的羟基基团受缺陷影响更大，导致催化活性的降低。当然，进一步的研究最好再结合 $NaTaO_3$ 的光解水性能来展开，这部分工作有待进一步开展。

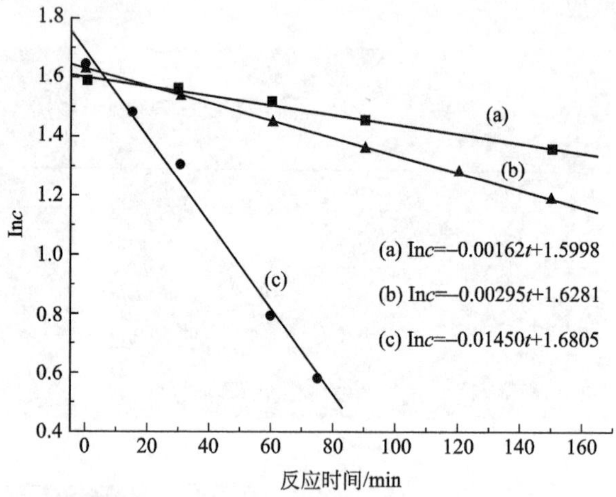

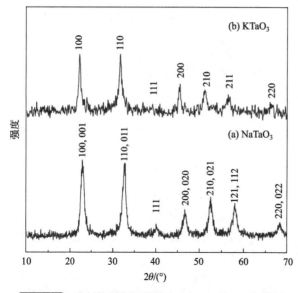

(a) $lnc = -0.00162t + 1.5998$
(b) $lnc = -0.00295t + 1.6281$
(c) $lnc = -0.01450t + 1.6805$

图 7-11 $NaTaO_3$ 光催化降解罗丹明 B 的降解曲线
（a）为催化剂空白下的降解曲线，（b）为 120℃、12h 水热制备所得的 $NaTaO_3$，（c）为高温固相反应制备所得的 $NaTaO_3$

7.2.1.2 钽酸钾 $KTaO_3$

碱金属钠和钾属于同一主族，实验证明 $NaTaO_3$ 具有优良的光催化性能，那么 $KTaO_3$ 的光催化性能如何呢？接下来以水热和溶剂热的方法来合成 $KTaO_3$ 晶体[38,39]，并系统阐述了 $KTaO_3$ 的光催化性能。

图 7-12 溶剂热制备所得纳米 $KTaO_3$ 的 XRD 谱图

如图 7-12 所示，在以 KOH 为原料，160℃、24h 溶剂热后所得的产物为纯相的钙钛矿 $KTaO_3$，晶相为立方相 [space group：221]，所有的衍射峰都同 JCPDS 卡片（77-0918）吻合。该结构对应的晶胞参数为：$a = b = c = 3.988$，$\alpha = \beta = \gamma = 90°$。

进一步观察图 7-12，根据 Scherrer 公式：$Dc = K\lambda/(\beta\cos\theta)$，其中 β 是半峰宽，θ 是衍射角，Dc 为平均晶粒度。对 $KTaO_3$ 在 22.3°处的衍射峰进行计算可知，实验制备所得的 $KTaO_3$ 的平均晶粒度约为 14.8nm。

图 7-13（a）所示为产物 $KTaO_3$ 的 TEM 照片，由图可知，$KTaO_3$ 同样呈立方体的外形，边长约为 $16nm \pm 2nm$。产物的立方体边缘锐利，可以预见产物粉体为单晶颗粒，图 7-13（b）的电子衍射图证明了这一点。$KTaO_3$ 的电子衍射同样呈多晶环特征，但是很明显多晶环是由很多的小晶点构成，这也从另一个侧面证明了 $KTaO_3$ 产物粉体为纳米晶颗粒。

如图 7-14 所示为实验制备的超细 $KTaO_3$（c）在紫外线作用下降解罗丹明 B 的降解曲线。由图可见，降解曲线中反应时间与罗丹明 B 浓度的对数值接近正比，为一级反应，反应速率方程如图所示。该结果表明，反应速率常数为：超细 $KTaO_3 >$ 空白。其中，$KTaO_3$ 的反应速率常数为 $0.00330min^{-1}$，这个数值不是很高，这很可能是由于产物颗粒细小，晶粒中还存在较多的晶格缺陷，导致了最后的光催化反应活性降低。

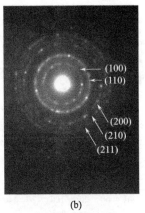

（a）   （b）

图 7-13 溶剂热反应制备所得的 KTaO₃ 的 TEM 照片（a），
（b）为 KTaO₃ 的电子衍射图，各主要晶面的 Miller 指数如图标注

在水热条件下合成 $KTaO_3$，原料 KOH 的浓度是一个关键的因素。如图 7-15 所示为不同 KOH 用量，160℃、24h 水热反应所得产物的 XRD 谱图。由图 7-15（c）可知，当 KOH 的用量为 7.5mmol（0.42 g）时，水热得到的产物基本与原料 Ta_2O_5 的衍射峰一致，反应几乎没有发生，所有的衍射峰都与 Ta_2O_5 的 JCPDS 标准卡片吻合（79-1375，S.G.：25）；当 KOH 的浓度提高到 15mmol（0.84 g）时，如图 7-15（b）所示，产物基本已经变为 $KTaO_4$，这是一种烧绿石型的钽酸钾结构，衍射峰与 JCPDS 标准卡片吻合（35-1464，S.G.：227），但是，在产物中可以看到少量的 Ta_2O_5 原料未反应完全；继续提高 KOH 用量至 30mmol，在同样的温度和时间水热条件下，基本上可以得到纯的 $KTaO_4$［图7-15（a）］，反应进行充分。由此可见，原料 KOH 的浓度在该反应中起着重要的作用，只有 KOH 达到一定浓度的条件下，反应才能顺利进行并且充分反应。控制 KOH 的用量在 30mmol，浓度大约为 $1mol \cdot L^{-1}$。

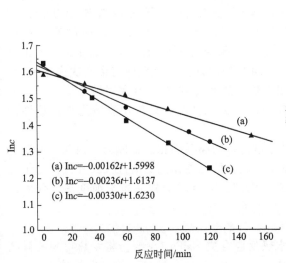

图 7-14 溶剂热制备的 KTaO₃（c）以及
催化剂空白（a）紫外线下
降解罗丹明 B 的降解曲线

图 7-15 水热合成 KTaO₃ 产物的 XRD 谱图，其中
KOH 的用量分别为（a）30mmol，（b）15mmol，
（c）7.5mmol。＊代表 Ta₂O₅ 的衍射峰

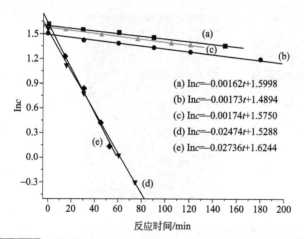

(a) $\ln c = -0.00162t + 1.5998$
(b) $\ln c = -0.00173t + 1.4894$
(c) $\ln c = -0.00174t + 1.5750$
(d) $\ln c = -0.02474t + 1.5288$
(e) $\ln c = -0.02736t + 1.6244$

图 7-16 所示为实验制备的钙钛矿 $KTaO_3$（b）、（c）；烧绿石 $KTaO_3$（d）、（e）以及催化剂空白（a）在紫外光下降解罗丹明 B 的降解曲线。由图可见，降解曲线中反应时间与罗丹明 B 浓度的对数值接近正比，为一级反应，反应速率方程如图所示。该结果表明，钙钛矿型 $KTaO_3$ 的光催化活性很低，反应速率常数基本上同催化剂空白时相似，而烧绿石型 $KTaO_3$ 有较高的光催化活性，在降解罗丹明 B 的反应中，其反应常数约为钙钛矿结构的 15

图 7-16 催化剂空白（a），钙钛矿 $KTaO_3$（b）、（c），以及烧绿石 $KTaO_3$（d）、（e）紫外光下降解罗丹明 B 的降解曲线。其中，（b）为正己烷-水混合溶剂，水体积为 0.05mL；（c）为纯乙醇溶剂；（d）为正己烷-水混合溶剂，水体积为 15mL；（e）为纯水溶剂

倍。有报道称钙钛矿结构的 $KTaO_3$ 有一定的光催化活性，在负载 Ni 后能有效地光解水制氢，而烧绿石结构 $KTaO_3$ 的光催化性能至今还未有报道。在实验中发现，烧绿石结构的 $KTaO_3$ 拥有着比钙钛矿更为优异的催化降解性能。可以预见，烧绿石型的 $KTaO_3$ 在光催化，包括光催化制氢方面应该有着更大的应用前景。

7.2.2 碱土金属钽酸盐复合氧化物

Kudo A 在做碱土金属钽酸盐光催化性能研究中发现，无负载 NiO 正交碱土金属钽酸盐 ATa_2O_6（A＝Ca，Sr，Ba）的光催化顺序为 $SrTa_2O_6 > BaTa_2O_6 > CaTa_2O_6$，与带宽和光致电子-空穴对转移能量对应。这几种碱土金属钽酸盐的带宽顺序为 $SrTa_2O_6 > BaTa_2O_6 > CaTa_2O_6$，已知它们的价带都是由 O_{2p} 构成，说明 $SrTa_2O_6$ 的导带位置比 $BaTa_2O_6$ 和 $CaTa_2O_6$ 更负，$SrTa_2O_6$ 中光激发电子的电势比在 $BaTa_2O_6$ 和 $CaTa_2O_6$ 中的高，所以 $SrTa_2O_6$ 光解水更容易。$BaTa_2O_6$ 有三种晶体结构：低温条件下形成类似于 $CaTa_2O_6$ 的正交相结构。这三种结构的光催化活性次序是正交≫四方＞六方。这个次序与带宽次序不一致，从带宽上判断，六方相的导带位置比其它两相更负，然而光致电子-空穴对转移能量（激发能）的顺序是正交≫四方＞六方，因此认为在 $BaTa_2O_6$ 三种晶相结构中影响光催化活性的主要因素是转移激发能。

已报道的碱土金属钽酸盐光催化剂主要是通过传统的高温固相法合成的，因此不可避免存在烧结现象，将导致颗粒增大，比表面积减小。这会使光催化剂的活性大大降低。为了提高活性，采用水热方法合成碱土金属钽酸盐光催化剂。所合成的样品粒子纯度高，分散性好，结晶好且大小可控。

7.2.2.1 水热合成 $BaTa_2O_6$ 及其光催化特性

以 Ta_2O_5 为钽源，$Ba(OH)_2$ 为钡源进行水热反应合成 $BaTa_2O_6$[40]。将水热得到的样品进行 XRD 物相分析（图 7-17），结果与标准卡片（JCPDS 74-1321）的衍射峰完全一致。$BaTa_2O_6$ 有三种晶体结构：低温条件下形成类似于 $CaTa_2O_6$ 的正交相结构；中等温度形成类似于钨青铜矿的四方相结构；高温则形成六方相结构。在水热条件下只得到了六方晶型的 $BaTa_2O_6$，可以发现利用水热反应不仅能大大降低反应温度，而且对于控制产物的晶型也很有效。观察水热制备的 $BaTa_2O_6$ 的衍射峰可以发现（600）为最强衍射峰，而标准图谱中

衍射峰则是（430）；另外几个强衍射峰的强度也发生变化，在水热得到的 $BaTa_2O_6$ 中，（600）和（430）衍射峰的强度比为 1.5，标准图谱中的两衍射峰强度比只有 0.75，衍射峰强度比的变化说明 $BaTa_2O_6$ 可能沿（600）方向有优势生长。与固相反应制备的 $BaTa_2O_6$ 相比，水热反应的 $BaTa_2O_6$ 衍射峰都较宽，表明晶粒尺寸较小。

图 7-18 给出了 $BaTa_2O_6$ 的形貌和晶格结构。从图（a）中可以看出水热合成的 $BaTa_2O_6$

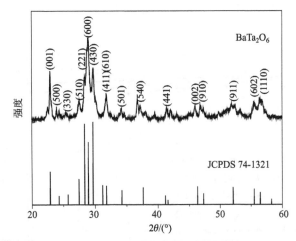

图 7-17 水热法合成 $BaTa_2O_6$ 的 X 射线衍射（XRD）图谱

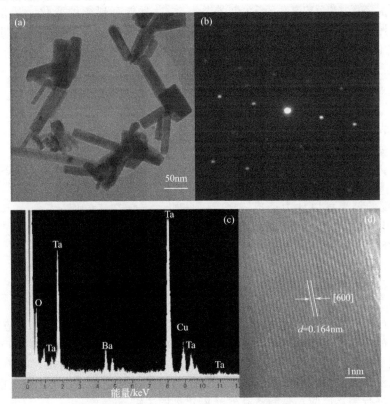

图 7-18 水热法制备 $BaTa_2O_6$ 的形貌表征

为棒状结构，这些圆柱形的棒直径大概为 5～30nm，长度为 50～200nm，长径比符合纳米棒的定义。选区电子衍射（SAED）［图（b）］表明纳米棒为单晶结构；EDS［图（c）］给出了单根纳米棒的元素组成成分，可以看出由 Ba、Ta、O 三种元素组成，Cu 元素来自于基底中的铜网，三种元素的原子个数比例为 Ba：Ta：O＝1：2：5.8，与理论值接近。通过高分辨透射电镜［图（d）］可以了解纳米棒的形成，可以清楚地看到纳米棒的晶格条纹像，从外到内晶格条纹连续没有发现局域边界，进一步说明了 $BaTa_2O_6$ 的单晶特征，晶格条纹间距为 0.164nm 和（600）晶面间距对应，表明 BaTa$_2$O$_6$ 纳米棒在生长过程中沿（600）方向生长。

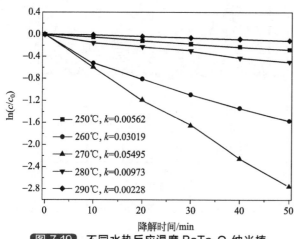

图 7-19 不同水热反应温度 BaTa$_2$O$_6$纳米棒降解罗丹明 B 的催化活性比较

以罗丹明 B 为探针研究了 BaTa$_2$O$_6$ 纳米棒在紫外条件下的光催化活性。如图 7-19 所示：随制备反应温度升高，所得产物的光催化活性也增加，270℃时产物的活性最高（$k = 0.05494min^{-1}$），而水热反应温度继续增加至 280℃、290℃时，催化剂的活性反而下降。

图 7-20 为不同水热时间得到的纳米棒 BaTa$_2$O$_6$ 的光催化降解 RhB 曲线。由图可以看出，随水热反应时间的增加，所得产物 BaTa$_2$O$_6$ 的光催化性能有规律的变化，从拟合得到的反应表观速率常数可以看出，在 48h 以前，产物的光催化降解速率一直在增加（$k_{24h} = 0.00426min^{-1}$，$k_{36h} = 0.02022min^{-1}$），水热反应 48h 的光催化速率最快（$k_{48h} = 0.05359min^{-1}$）；反应时间进一步增加时，又表现出催化活性下降的趋势：72h 产物的催化能力与 48h 的相近（$k_{72h} = 0.04502min^{-1}$），96h 所得样品的催化速率又进一步下降（$k_{96h} = 0.03718min^{-1}$）。结合前面 XRD 的结果可以认为造成降解速率随时间变化的原因是：在反应时间较短时（小于 48h），BaTa$_2$O$_6$ 晶体形成得还不完全，结晶度较低，此时存在较多的缺陷导致催化活性较低，反应时间控制到 48h 时晶体已形成得比较完整，结晶度

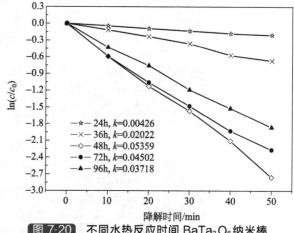

图 7-20 不同水热反应时间 BaTa$_2$O$_6$纳米棒降解罗丹明 B 的催化活性比较

高，缺陷少，所以活性最好，这个阶段是结晶度控制催化剂的催化能力；反应时间再增加，按照前面提出的溶解再生长机理，会有部分短的纳米棒溶解重新长成较长的纳米棒，会使样品的比表面积下降，所以活性下降的程度不太大。总之，对于光催化剂，具有良好的晶相，即具有少的内部缺陷，同时由于具有特殊的纳米结构使得光生空穴和光生电子能够充分的扩散到晶体表面进行催化反应，是制备高效光催化剂的关键。

电子在光催化剂中的迁移是决定光催化效率的关键因素，通过测量光电流大小就可以了解光催化过程中电子的转移情况。图 7-21 给出了不同水热反应温度条件下制备的 BaTa$_2$O$_6$ 纳米棒在紫外条件下溶液中光催化剂产生的光电流大小比较。可以发现 270℃时制备的 BaTa$_2$O$_6$ 纳米棒在溶液中产生的光电流最大，而 290℃的 BaTa$_2$O$_6$ 纳米棒光电流值最小，只有 270℃样品的 1/3。还发现光生电流的大小顺序和光催化活性的大小顺序一致，这就说明这两种性能的正相关关系，因此在相同实验条件下测得的光电流大小能够直接反映催化剂的活性高低。光致电子和空穴的产生是光催化反应的决速步骤，在溶液中的速率决定了光催化活性。由上面的分析可知，水热反应温度为 270℃时，具有较高光生载流子的分离效率；而

经过 270℃ 制备的，具有较为丰富的表面态和较低的表面缺陷、氧空位含量。这有利于光生电子分离，并传递给吸附在催化剂表面的 O_2，生成 $O^{2-} \cdot$，从而加速有机物的分解。这与前面表征分析所得到的结果相符合。

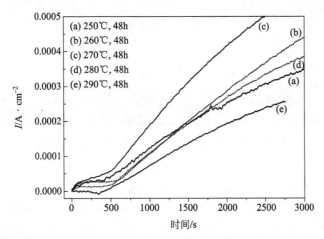

图 7-21 不同水热反应温度 $BaTa_2O_6$ 纳米棒紫外光条件下的光电流

7.2.2.2 水热合成 $Ba_5Ta_4O_{15}$ 及其光催化特性

水热合成 $Ba_5Ta_4O_{15}$ 与 $BaTa_2O_6$ 的方法类似，只是两种金属源的比例不同。在合成 $Ba_5Ta_4O_{15}$ 时要增大 $Ba(OH)_2$ 的比例[41]。对以 Ta_2O_5 为初始反应物水热反应 24h 的产物进行表征，XRD 分析结果见图 7-22，经检索可知在上述水热条件下所得产物为六方相的 $Ba_5Ta_4O_{15}$（卡片号为 72-0631），产物的衍射峰和标准图谱衍射峰一致。值得注意的是，水热法合成的 $Ba_5Ta_4O_{15}$ 化合物有晶格膨胀现象，d（013）、d（110）分别从 18.605nm、8.3025nm 分别增加为 d（013）= 20.8225nm、d（110）=10.0631nm。这种晶格膨胀现象可能与 $Ba_5Ta_4O_{15}$ 极易水化

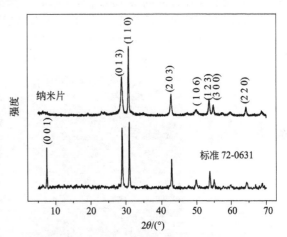

图 7-22 水热反应产物的 X 射线晶体衍射图

生长有关。另外从图中可以看出，水热合成粉体的 XRD 衍射峰峰宽明显大于固相法合成的样品，据此峰宽数据计算的水热合成样品的平均粒径为 80nm。从标准 X 射线衍射卡片和水热反应样品 XRD 谱图可以看出，块体材料在（001）即 c 轴方向有很强的衍射峰，而纳米片的衍射图中已经完全消失，而且在所有的衍射峰中（110）最强，说明形成的纳米片存在优势生长即沿 a 和 b 轴所在平面方向。

催化剂的颗粒尺寸及其分布、催化剂颗粒表面特征是影响其性能的重要因素，将直接影响催化剂的光催化活性。为进一步探明样品的颗粒大小和形貌，对合成的样品进行了扫描电镜（SEM）分析。图 7-23 给出的是反应得到的 $Ba_5Ta_4O_{15}$ 的扫描电镜图，低倍扫描电镜看到的是聚合在一起的固体颗粒，但是固体表面不光滑呈毛绒状。选取一小块区域进行高倍观察，由大量的片状晶体及这些片状的层叠而成，这些说明水热合成的 $Ba_5Ta_4O_{15}$ 为层片状结构，其片厚度为 1nm，由于 $Ba_5Ta_4O_{15}$ 晶体的层间距约为 1nm，说明在水热反应中生成了片

状的 $Ba_5Ta_4O_{15}$，在干燥过程中容易聚合在一起成为颗粒。

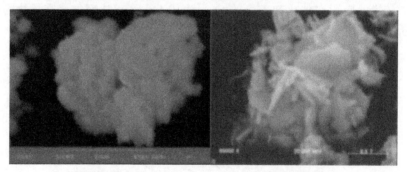

图 7-23 典型 $Ba_5Ta_4O_{15}$纳米片的扫描电镜图

图 7-24 给出了 $Ba_5Ta_4O_{15}$ 纳米片的透射电镜形貌图。可以看出，样品都是很薄并且对比度很低的晶粒，这符合纳米片的特征。可以分辨出单一的纳米片，有的地方两片纳米片重叠在一起，对比度大约是单个纳米片部分的两倍，这些特征都说明了晶体是非常薄而均一的片。这些纳米片的尺寸范围为 50～150nm。从 $Ba_5Ta_4O_{15}$ 的结构示意图可以看出 $Ba_5Ta_4O_{15}$ 的晶体类型为六方结构（空间群为 P3m1），由五个密堆积的钡氧原子层组成，除一个密堆积层没有 Ta^{5+} 外，其余过渡金属离子位于这些层的 4/5 的八面体位。Ta-O 八面体层的伸展方向与 c 轴垂直并且层间被 BaO_{12} 多面体隔开，每个分子在 c 轴上的长度为四个共角接触的 Ta-O 八面体的厚度，每个 $Ba_5Ta_4O_{15}$ 晶胞单层的厚度为 1.3nm，在 $Ba_5Ta_4O_{15}$ 中，层中 Ta^{5+}-O-Ta^{5+} 的键角接近于理想的 180°。图（c）还给出了一个独立分散的纳米片选区电子衍射图（SAED），电子束入射的方向为（001）。电子衍射模式为六方形式的衍射模式，证

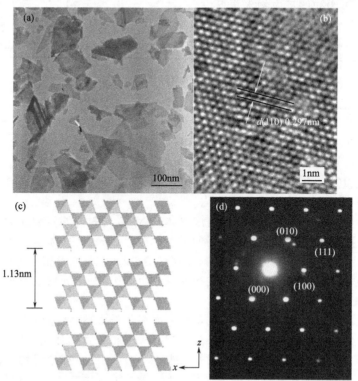

图 7-24 水热所得 $Ba_5Ta_4O_{15}$产物的透射电镜（a）、高分辨透射电镜（b）、结构示意图（c）及选区电子衍射表征（d）

明了 $Ba_5Ta_4O_{15}$ 的六方结构，与 XRD 得到的结果一致。其余部分纳米片的衍射模式也都一样，说明得到的 $Ba_5Ta_4O_{15}$ 的晶体为单晶结构。高分辨透射电镜表征的结果进一步给出了纳米片的六方结构。图（a）HRTEM 像表明晶体生长轴方向的晶面间距为 0.297nm，这个值对应于六方 $Ba_5Ta_4O_{15}$ 的（110）面，说明（110）方向是纳米片结晶的优势生长方向。

利用原子力显微镜（AFM）测量了纳米片的厚度，图 7-25 给出的是在云母片基底上纳米片的形貌图，可以看出在基底上附着的是无规则形状的二维小片，厚度测量表明纳米片的厚度大概在 $1.03\sim1.13$nm 范围内，纳米片的平均厚度与 c 轴的晶格参数非常接近。纳米片厚度的分布图中有一个明显尖锐的峰在 1.0nm，这与单个 $Ba_5Ta_4O_{15}$ 晶胞的厚度一致，说明在云母片表面附着的 $Ba_5Ta_4O_{15}$ 为单分子层纳米片。将云母基底换成硅片时，很少能观察到单层覆盖的纳米片，纳米片很容易重叠在一起，厚度大概在 $4\sim6$nm 对应于 $3\sim5$ 个 $Ba_5Ta_4O_{15}$ 分子单层。上述现象是因为纳米片和基底的作用力不同引起的，当用单晶硅片作为基底时，纳米片之间的静电作用力大于纳米片和硅片之间的作用力，因此纳米片之间易于重叠在一起形成多层的纳米片；云母片做基底的情况相反，纳米片和云母片间的静电作用力较强，大于纳米片之间的静电作用，因而容易在云母片上覆盖得到单分子层的纳米片。

 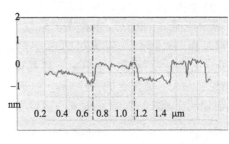

图 7-25 云母片上 $Ba_5Ta_4O_{15}$ 纳米片的原子力显微像,右图为纳米片厚度测量结果

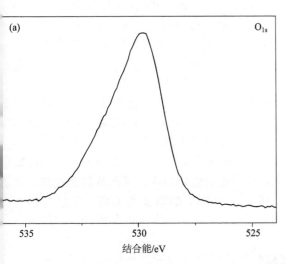 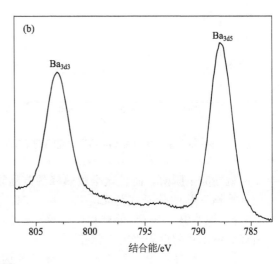

图 7-26

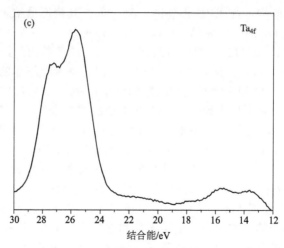

图 7-26 Ba₅Ta₄O₁₅纳米片中 O_{1s}、Ba_{3d} 和 Ta_{4f} 元素的 X 射线光电子能谱

　　还对 $Ba_5Ta_4O_{15}$ 纳米片进行了 X 射线光电子能谱分析。图 7-26 给出了 $Ba_5Ta_4O_{15}$ 纳米片的 Ba_{3d}、O_{1s} 和 Ta_{4f} 元素窄扫描的 X 射线光电子能谱，出现在 787.5eV 和 802.5eV 的 Ba_{3d} 峰对应于 Ba^{2+}；25.8eV 和 27.8eV 处出现了 $Ta_{4f7/2}$ 和 $Ta_{4f5/2}$ 峰，表明存在 Ta^{5+}；在 530.1eV 观察到了 O_{1s} 峰，说明 $Ba_5Ta_4O_{15}$ 中存在晶格氧。根据 Ba_{3d}、O_{1s} 和 $Ta_{4f7/2}$ 的结合能可以推断 Ba^{2+} 和 Ta^{5+} 都是和 O^{2-} 键合。从 X 射线光电子能谱的面积可半定量估算化合物的组分，其中 O 元素的组分比理论值稍低，这是由于在晶体中存在氧缺陷造成的，这一点可以从 O_{1s} 结合能中得出结论：将 O_{1s} 峰拟合为两个峰，位于 532.4eV 的峰可以证明样品的表面存在吸附的 OH^-，也能说明形成 $Ba_5Ta_4O_{15}$ 时是 Ta_2O_5 首先发生了水合作用。

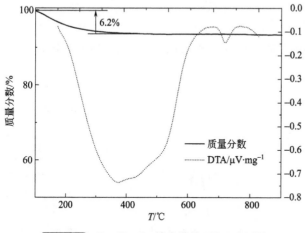

图 7-27 Ba₅Ta₄O₁₅纳米片的 TG-DTA 图

　　层状钽酸盐、铌酸盐很容易发生水化作用，在层间吸附水。在 XRD 物相分析时发现与晶体标准卡片相比，水热制备的 $Ba_5Ta_4O_{15}$ 有晶格膨胀的现象。为了确定 $Ba_5Ta_4O_{15}$ 中水的存在状态和热性能，对样品进行热重差热分析（图 7-27）。热重曲线显示在 100～900℃ 的温度范围内总失重率约为 6.5%；差热分析曲线中有两个明显的吸热峰。图示 $Ba_5Ta_4O_{15}$ 在 100～500℃ 范围有 6.2% 的失重率，325℃ 的吸热峰最大，这个吸热峰对应于 $Ba_5Ta_4O_{15}$ 晶体中的晶格间水分子，表面吸附的水分子在 100℃ 以前就能完全脱附，而且这个吸热峰的范围较宽，可能是晶格间的水分子逐步脱去过程，据此计算钽酸盐的分子式为 $Ba_5Ta_4O_{15} \cdot 6H_2O$；在 500～900℃ 的温度范围内，失重率约为 0.3%，说明 $Ba_5Ta_4O_{15}$ 的热稳定性好。此外，钽酸盐纳米片的形貌也非常稳定，即使高温煅烧后纳米片的形貌仍得以保持。

　　按照半导体理论，$Ba_5Ta_4O_{15}$ 纳米片作为光催化剂在受到光照后产生电荷分离，光生空穴具有很强的氧化能力，能够引发绝大部分有机物的降解。实验中利用生产生活中容易引起废水污染的常用染料罗丹明 B 和气相甲醛作为目标降解分子，评价 $Ba_5Ta_4O_{15}$ 纳米片的光催化降解性能。从图 7-28（a）看出，$Ba_5Ta_4O_{15}$ 纳米片在紫外光条件下降解罗丹明 B 时表现出很好的光催化性能，50min 可以将 75％以上的染料分解，与催化活性很高的 TiO_2（P25）相比稍低一点，这可能是由于 P25 的比表面积较高（$50g \cdot m^{-2}$）同时在水中的分散性非常高造成的；作为对比，用高温固相反应制备了 $Ba_5Ta_4O_{15}$，相对于 $Ba_5Ta_4O_{15}$ 纳米片来讲固相反应产物的催化活性非常低，在相同条件下反应催化活性很低，只有纳米片的 1/8，这可能是由于 $Ba_5Ta_4O_{15}$ 纳米片的尺寸效应造成的。同时，还评价了上述三种光催化剂降解甲醛的能力［图 7-28（b）］，三种催化剂都能对甲醛有较好的催化分解能力，三种光催化剂的催化活性顺序和液相反应的规律一致，$Ba_5Ta_4O_{15}$ 纳米片在 50min 内能将 95％以上初始浓度为 $400\mu g \cdot g^{-1}$ 的甲醛分解，还可以发现三种光催化剂间的催化能力差别缩小。

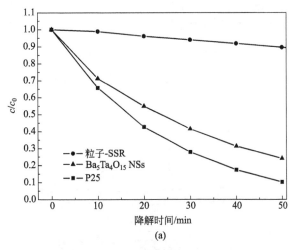

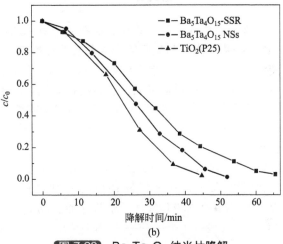

图 7-28 $Ba_5Ta_4O_{15}$纳米片降解
（a）罗丹明 B；（b）甲醛

图 7-29 给出了 Na_2SO_4 介质中 $Ba_5Ta_4O_{15}$ 纳米片薄膜电极在不同偏压下的瞬态光电流谱。由图可知在所选择的电极偏压范围内，光照条件下均产生了明显的阳极光生电流，其大小随着施加偏压的升高而增大，当偏压升至 0.5V 时，光电流趋于饱和，这与在恒定强度的光源条件下光生载流子的产率和表面态处光生空穴的还原速率对光电流的抑制作用有关，从图中还可以看出，当偏压大于等于 0.5V 时光照瞬间电极中即可产生稳定的阳极光电流，当偏压在 $-0.5 \sim 0V$ 范围内时，光照瞬间产生的阳极电流逐渐减小，并在 20s 后趋于稳定，随着偏压降至 $-0.5V$，光照瞬间电极中首先产生瞬态阴极电流尖峰，随后转为稳定的阳极光电流。该阴极电流尖峰随偏压的降低而增大，在遮挡光的瞬间，在实验所选的偏压范围内电流均能迅速恢复到暗态电流大小。

上述现象表明，偏压的高低不仅能够改变光生载流子的传输速率，同时还能显著影响表面态对光生电子的捕获，在较高的偏压下，光生载流子的传输速率较大，表面态很难捕获到导带中的光生电子，因此光电流比较稳定，随着偏压的降低，光生载流子的传输速率相对下降，部分光生电子-空穴对开始通过晶格氧表面态复合，使得阳极光电流随时间逐渐减小。当偏压降至 $-0.5V$ 时，光照瞬间靠近 $Ba_5Ta_4O_{15}$/电解液界面的部分光生电子被氧吸附形成的浅能级表面态迅速捕获而产生瞬态阴极电流。随着光生空穴向电解液的注入和大部分光生电子向 ITO 基底的扩散，电极中重新产生稳定阳极光电流。由于靠近 $Ba_5Ta_4O_{15}$/电解液界面处的光生电子绝大部分被氧吸附形成的浅能级表面态捕获，并通过化学还原消耗掉吸附氧，从而抑制了晶格氧离子对光生电子的捕获作用，因而在偏压低于-0.5V时，观察不到阳极光电流的衰减现象。

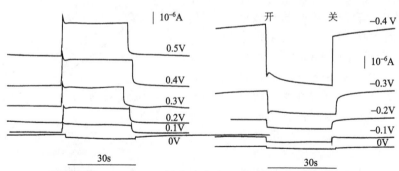

图 7-29 $Ba_5Ta_4O_{15}$纳米片薄膜在不同偏压下的瞬态电流

氧吸附形成的浅能级表面态捕获光生电子的起始电压较低（约-0.5V），其原因可能是$Ba_5Ta_4O_{15}$费米能级和氧吸附形成的浅能级表面态的费米能级的相对位置随偏压的降低而发生变化。当电极低于-0.5V时，$Ba_5Ta_4O_{15}$的费米能级在氧吸附形成的浅能级表面态费米能级的上面，使得吸附氧表面态容易捕获光生电子；当高于这个负偏压时，氧吸附形成的浅能级表面态的费米能级在$Ba_5Ta_4O_{15}$的费米能级的上面而难以捕获光生电子。此外稳态阳极光电流随偏压的降低而减小可归因于载流子传输速率减小和表面态对光生电子的捕获产生分流作用。

7.2.2.3　水热合成 $Ca_2Ta_2O_7$ 及其光催化特性

我们以 $Ca(OH)_2$ 来代替 $Ba(OH)_2$ 作为钙源，在水热条件下可以成功合成$Ca_2Ta_2O_6$晶体[42]。但需要在 200℃ 条件下水热才能生成 $Ca_2Ta_2O_7$。

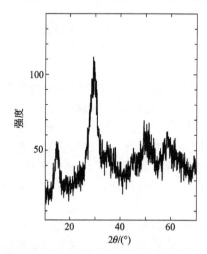

图 7-30　水热法制备 $Ca_2Ta_2O_7$ 的 XRD 图

XRD 图（图 7-30）显示了用此法合成的 $Ca_2Ta_2O_7$ 的晶粒度很小，由半峰宽计算其晶粒度为 10nm 左右。透射电镜照片也显示了其粒径很小。图 7-31 是 $Ca_2Ta_2O_7$ 在放大 10 万倍时的透射电镜照片。根据文献报告，$Ca_2Ta_2O_7$ 是具有层状结构的晶体，所以从电镜照片上看不是颗粒状，而是呈现薄片状。图中 $Ca_2Ta_2O_7$ 粒径很小，约 10nm，并且团聚现象比较严重。这样小的晶粒度有助于大幅度提高其光催化活性。

图 7-32 为 $Ca_2Ta_2O_7$ 在紫外条件下光催化降解甲醛曲线。由图中的催化曲线可以看出 $Ca_2Ta_2O_7$ 光催化剂对甲醛的吸附相当大，脱附出的甲醛相当于原容器中的两倍。光催化剂催化降解甲醛的反应近似可以看作零级反应，则催化降解曲线中其斜率就相当于反应速率。根据此曲线斜率、反应器体积、光催化剂质量可以算出 $Ca_2Ta_2O_7$ 催化反应降解甲醛的反应速率常数为 $103.98\mu mol \cdot g^{-1} \cdot h^{-1}$。

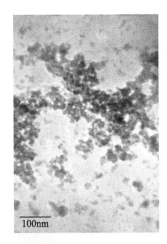

图 7-31 Ca₂Ta₂O₇电镜图

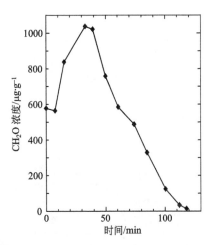

图 7-32 Ca₂Ta₂O₇在催化降解甲醛的活性评价结果

7.2.3 金属铌酸盐复合氧化物

金属铌与钽同处第 V 副族元素，元素性质非常相近，但与同类型的钽酸盐相比光催化活性较低。这可能与构成半导体的导带性质有关。下面分别介绍两种常见的金属铌酸盐光催化剂。

7.2.3.1 水热合成 Ca₂Nb₂O₇ 及其光催化特性

在水热 160℃、反应 20h 的条件下，成功地合成了 Ca₂Nb₂O₇ 晶体[42]，图 7-33 为其 XRD 谱图。由图可知用此法合成的 Ca₂Nb₂O₇ 的晶粒度很小，半峰宽计算其晶粒度为 10nm 左右。较小的晶粒度将导致其较高的催化活性。

透射电镜照片也显示了其粒径很小。图 7-34 是 Ca₂Nb₂O₇ 在放大 10 万倍时的透射电镜照片。根据文献报道，Ca₂Nb₂O₇ 是具有层状结构的晶体，所以从电镜照片上看不是颗粒状，而是呈现薄片状。图中 Ca₂Nb₂O₇ 粒径很小，约为 10nm，并且团聚现象比较严重。

图 7-35 是 Ca₂Nb₂O₇ 在紫外光照射下光催化降解甲醛的活性评价结果：Ca₂Nb₂O₇ 光催化剂催化降解甲醛的反应近似可以看作零级反应，则催化降解曲线中其斜率就相当于

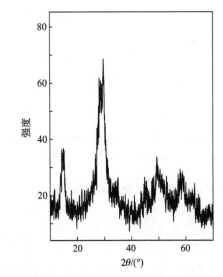

图 7-33 水热法制备 Ca₂Nb₂O₇的 XRD 图

反应速率。根据这个斜率、反应器体积、光催化剂质量可以算出 Ca₂Nb₂O₇ 催化反应降解甲醛的反应速率常数为：$29.96\mu mol \cdot g^{-1} \cdot h^{-1}$。

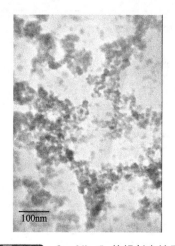

图 7-34　Ca₂Nb₂O₇的投射电镜图

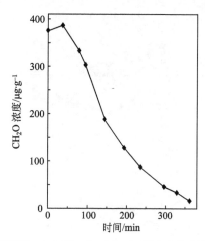

图 7-35　0.038g Ca₂Nb₂O₇催化降解甲醛图

7.2.3.2　非晶态络合法合成 InNbO₄ 及其光催化特性

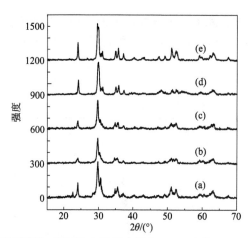

图 7-36　前驱体不同温度煅烧 2h 后产物 XRD 图
(a)600℃,(b)650℃,(c)700℃,(d)800℃,(e)900℃

In 和 Nb 的柠檬酸非晶态络合物前驱体为白色，研磨后在不同的温度条件下煅烧 2h 后所得产物经 XRD 分析结果如图 7-36 所示。

由图可见，在 600℃煅烧 2h 有 In_2O_3 杂相存在。当温度升高到 650℃时，仍有少量 In_2O_3 杂相存在，$InNbO_4$ 晶相结晶不是很好，主要衍射峰明显，但一些弱的衍射峰不是很明确。当温度继续升高时，从 XRD 图中可以明显看到 $InNbO_4$ 晶相不断完善。

$InNbO_4$ 的电镜照片如图 7-37 所示，由 XRD 显示前驱体要生成 $InNbO_4$ 至少要在 650℃条件下煅烧 2h，并且此时的晶相还不是很纯。在图 7-37 中，当温度低时可以看到晶粒比较小，650℃煅烧的样品（a）大约 30～40nm，且团聚现象严重。当温度升高时，晶粒长大，并且结晶变好，温度升高到 800℃时（c），晶粒大约 50nm，当升高到 900℃时（d），可以看到生成了轮廓较清晰的小晶粒。

$InNbO_4$ 虽然价带宽度为 2.5eV，具有可见光响应，但其光谱主要吸收带还是在紫外区，其紫外光活性较高，图 7-38 是在 900℃煅烧 2h 后 $InNbO_4$ 在紫外光照射条件下光催化降解甲醛时的活性评价曲线。由曲线可知，$InNbO_4$ 在催化过程中基本看不到脱附过程，整个催化反应的速率较快，大约 2.5h 能将 $600\mu g \cdot g^{-1}$ 的甲醛完全降解，显示了 $InNbO_4$ 较高的光催化活性。反应中间阶段线性较好，末尾时反应速率减小，偏离线性，说明整个反应过程只能是一近似零级反应。通过对中间阶段降解曲线直线拟合可以算出催化反应速率常数为 $39.22\mu mol \cdot g^{-1} \cdot h^{-1}$。

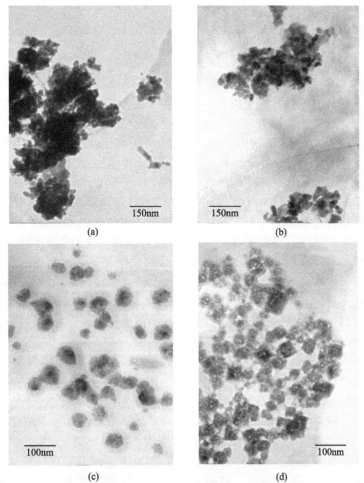

图 7-37 不同温度下煅烧 InNbO₄透射电镜图

（a）650℃；（b）700℃；（c）800℃；（d）900℃

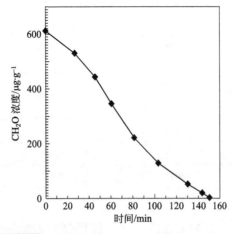

图 7-38 InNbO₄在紫外光下的催化活性评价

7.3 钨钼钒系光催化材料

7.3.1 钨酸盐系光催化材料

钨酸盐半导体材料因其特有的结构和物理化学性质,日益受到人们的重视,目前这一领域的研究十分活跃。近年来,研究者发现了一系列具有光催化活性的钨酸盐体系的光催化剂。1997 年 Kudo 等[43]报道了 $Na_2W_4O_{13}$ 这种层状结构的化合物在甲醇-硝酸银溶液中能光解水制氢气和氧气。2006 年 Finlayson 等[44]报道了 Bi_6WO_{12} 在波长大于 440nm 的可见光下具有较好的活性。进一步的研究表明,Bi_2WO_6、$Bi_2W_2O_9$、Ag_2WO_4、$AgInW_2O_8$、$KInW_2O_8$、Ca_2NiWO_6[45~52]都具有较好的可见光活性。这类钨酸盐都具有一个共同点:具有层状的钙钛矿结构。已有研究报道,这种具有层状结构的多元氧化物往往具有较高光催化活性,该材料的光量子效率甚至高于 TiO_2[51,52]。研究认为,具有此类结构的光催化材料的层间具有催化反应的活化点,夹层作为受体可以接纳光生电子,从而抑制光生电子-空穴对的复合,使其光量子效率大大提高。并且,其光催化活性也会因层间的分子或离子的不同而改变,是一类新型高效的非均相光催化剂。结合光催化的研究现状,目前主要工作集中在 $ZnWO_4$ 和 Bi_2WO_6 粉体和薄膜的控制制备,从而揭示其光催化活性提高的机理。

7.3.1.1 水热法制备 $ZnWO_4$ 及其光催化性能

$ZnWO_4$ 晶体水热制备是采用 $Na_2WO_4 \cdot 2H_2O$ 和 $Zn(NO_3)_2$ 分别作为钨源和锌源[53]。用 KOH 或 HNO_3 调节溶液 pH 值至 11,然后在不同的水热条件下合成。

图 7-39 所示为在不同温度下反应 24h 的 $ZnWO_4$ 的 XRD 谱图。温度对于 $ZnWO_4$ 晶体形成的影响极大。在水热温度为 120℃时,$ZnWO_4$ 的特征峰全部出现。当温度在 120~180℃,随着温度的增加,衍射峰强度变强。然而,当温度进一步增加到 220℃,衍射峰反而变弱。因此,产品制备最合适的温度为 180℃。为了观察 $ZnWO_4$ 纳米晶形成过程,测定了在 180℃下,不同水热时间样品的 XRD 谱图,如图 7-40 所示。反应时间对 $ZnWO_4$ 纳米晶的影响与水热温度相似。前驱体是无定形的,水热处理 3h 后,$ZnWO_4$ 特征峰全部出现,最合适的处理时间是 24h,时间过短或过长,样品结晶品质都会下降。

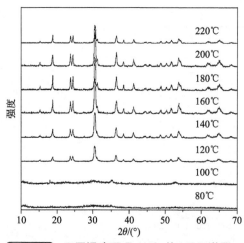

图 7-39　不同温度下 $ZnWO_4$ 的 XRD 谱图,水热时间为 24h

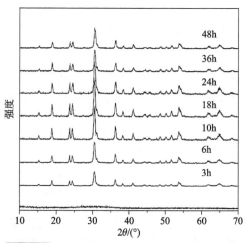

图 7-40　不同时间下 $ZnWO_4$ 的 XRD 谱图,水热温度为 180℃

图 7-41 所示为不同温度系列 $ZnWO_4$ 样品的 TEM 图。样品在 80℃基本是无定形的;在

100℃，样品依然是无定形的，但有颗粒状物质存在；当水热温度增加到120℃，混合的球状和棒状的晶体开始出现，晶体尺寸在几个到几十个纳米之间；当温度升高到140℃，晶体全部转变为棒状；随着温度的进一步升高，晶体开始变大，当温度为180℃，纳米棒已经超过100nm；当用更高的温度处理前驱体，晶体开始变得不均一，并有破碎的迹象。180℃下，纳米棒的生长过程也通过TEM进行了观察（图7-42）。从TEM照片中可以看到前驱体为无定形的。水热3h后，棒状晶体开始出现；随着时间的延长，晶体开始变大；当反应时间延长到48h，晶体变得不规则，这可能是由于水热时间过长，导致晶体的破碎。TEM结果与XRD分析是一致的。

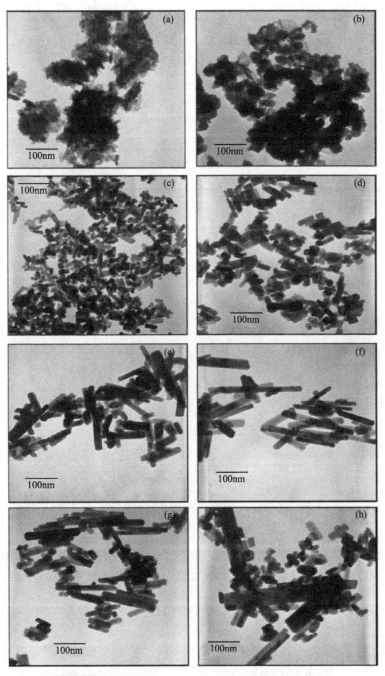

图 7-41 温度系列 ZnWO₄ 的 TEM 观察，时间为 24h

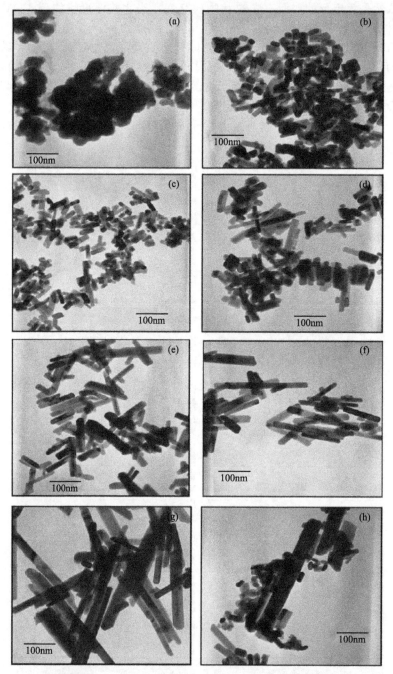

图 7-42 时间系列 ZnWO₄的 TEM 观察，温度为 180℃

ZnWO₄纳米催化剂的光吸收特性用漫反射吸收光谱（DRS）分析。所有样品 DRS 光谱形状是类似的，在 370nm 处样品有相同的吸收边，仅仅在 200～300nm 有轻微的不同。一个典型样品（180℃、24h）的 DRS 谱图如图 7-43 所示。经计算 ZnWO₄纳米颗粒的禁带宽度约为 3.31eV。因而，催化剂仅仅具有紫外吸收。样品的颜色是白色的，这与其吸收光谱是吻合的。

半导体能带位置和带隙与其光催化性能密切相关。建立在晶体结构和晶格参数基础上，利用密度泛函数理论（DFT）对 ZnWO₄能带进行了理论计算。计算结果如图 7-44 所示。

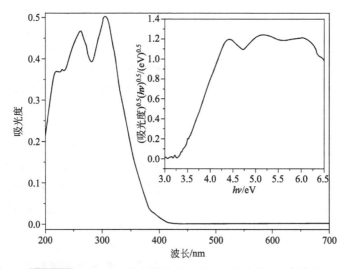

图 7-43 ZnWO₄纳米颗粒（180℃、24h）的 DRS 谱图

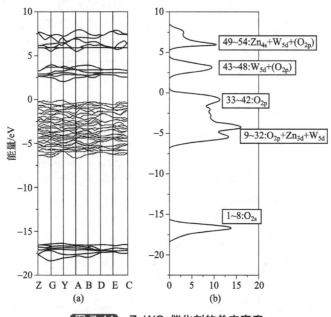

图 7-44 ZnWO₄催化剂的总态密度

　　ZnWO₄占据态轨道可以分成 3 个轨道，最低能带主要是由 O_{2s}（1~8）轨道单独构成。占据态轨道中间部分是由 Zn_{3d}、O_{2p}、W_{5d} 杂化轨道（9~32）构成的。最高占据态轨道，即价带是由 O_{2p} 轨道构成的（33~42）。半导体的导带底是由 W_{5d} 轨道构成的，并包含少量的 O_{2p} 轨道。ZnWO₄的部分态轨道如图 7-45 所示。HOMO 是 O 原子的 p 轨道，表明半导体的价带是由 O_{2p} 轨道单独构成的；LUMO 主要是由 W_{5d} 轨道组成的。理论计算结果 ZnWO₄带隙约为 2.6eV，明显小于实际测量值，这是 DFT 理论计算的特性，与先前报道相吻合。ZnWO₄带结构理论计算表明：光激发后的电子是从 O_{2p} 轨道向 W_{5d} 轨道迁移的。

　　以 RhB 作为探针分子，研究了催化剂的液相光催化性能。实验结果如图 7-46 所示。水热温度对催化剂的活性影响很大。在 80℃和 100℃制备的样品几乎没有活性。在 120~180℃温度范围，随着水热温度的增加，样品的活性增强。而且，当水热温度高于 140℃时，

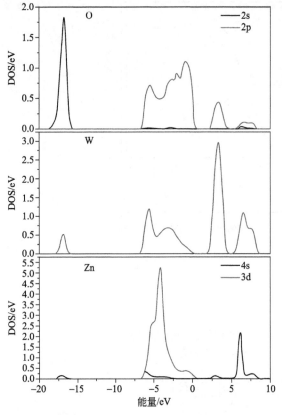

图 7-45 ZnWO₄催化剂的部分态密度

样品的活性高于锐钛矿型 TiO₂。在 180℃ 制备的样品活性最高；45min 后，RhB 几乎完全降解。然而，此条件下制备的样品的活性依然低于 P25。在较高温度下，比如 200℃ 或 220℃ 下制备的样品，催化活性反而降低。

ZnWO₄ 是颗粒状催化剂，很容易通过过滤的方式分离出来。经过 3 次循环实验，发现催化剂的活性没有明显的损失。XRD 分析表明光照前后催化剂的晶体结构也没有发生变化，这说明催化剂基本是稳定的。

以气态乙醛为探针，进一步评价 ZnWO₄ 纳米棒的光催化活性，结果如图 7-47 所示。与液相光催化实验比较，样品给出了相同的趋势。180℃ 制备的样品活性最高。在气相条件下，在 180℃ 合成的样品甚至比 P25 的活性还高。当水热温度高于 140℃ 时，样品的活性高于锐钛矿型 TiO₂。催化剂在气相中的活性高于在液相中的活性，这可能是由于在液相中样品的分散性不好，从而极大地抑制了其光催化活性。

活泼的光催化剂吸收光量子后能够产生光电流。180℃ 制备的样品在紫外光辐射下能够产生光电流，在黑暗中光电流消失。然而，在相同的条件下，ZnWO₄ 产生的光电流强度小于 P25 产生的光电流，实验结果见图 7-48。

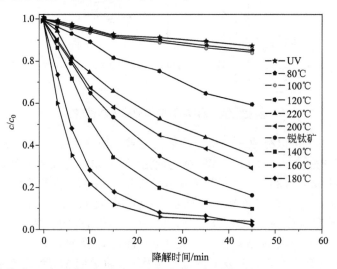

图 7-46 ZnWO₄催化剂液相光催化降解 RhB

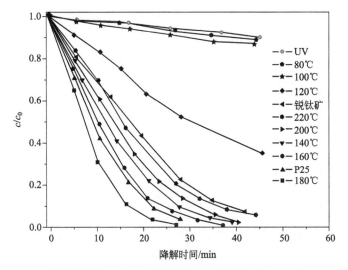

图 7-47 ZnWO₄催化剂气相光催化降解 FAD

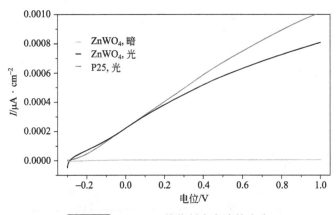

图 7-48 ZnWO₄催化剂光电流的产生

同时也考察了 $ZnWO_4$ 纳米棒光解水产氢能力，实验结果见图 7-49。当 RuO_2 负载的 $ZnWO_4$ 在紫外光照射下［图（a）］，随着辐射时间的延长，H_2 的产量线性增加。当关闭光源，不能检测到 H_2。这个结果证实，H_2 的产生是一个光催化过程。反应 15h 后，催化剂没有明显的失活现象，表明样品在紫外光辐射下具有较好的光稳定性。H_2 的平均产率是 $10.1\mu mol \cdot h^{-1}$。没有检测到 O_2 的存在，这可能是由于其产量较低，并且吸附在催化剂表面上，所以难以检测到。以甲醇和水的混合溶液作为介质，研究了 Pt 负载 $ZnWO_4$ 光解水制氢过程［图（b）］。在甲醇存在的条件下，H_2 的产率获得了极大的提高。H_2 的平均产率为 $310\mu mol \cdot h^{-1}$，这远远高于以纯水为介质的情况。然而，在重复实验中，H_2 产率降低，这说明在此条件下，$ZnWO_4$ 催化剂不稳定。

7.3.1.2　溶胶-凝胶法合成 ZnWO₄纳米颗粒及其光催化性能

通过溶胶-凝胶法也可以成功的合成 $ZnWO_4$ 晶体[54]。图 7-50 是在 400℃、450℃、500℃、550℃、600℃、650℃、700℃和 800℃下煅烧 $ZnWO_4$ 前驱体 10h 后得到的粉体的 XRD 图。可以看到在 400℃时并没有晶相出现，450℃时 $ZnWO_4$ 晶体开始形成。图中除了 $ZnWO_4$ 晶体的峰没有其它峰出现，根据衍射峰的出峰位置与黑钨矿晶型（空间群 P2/c，$a=4.689$Å，$b=5.724$ Å，$c=4.932$ Å）的标准数据（JCSPD No. 15-0774）完全对应。可以看到，随着煅烧温度的增加，XRD 衍射峰越来越强，说明晶体的结晶度提高。

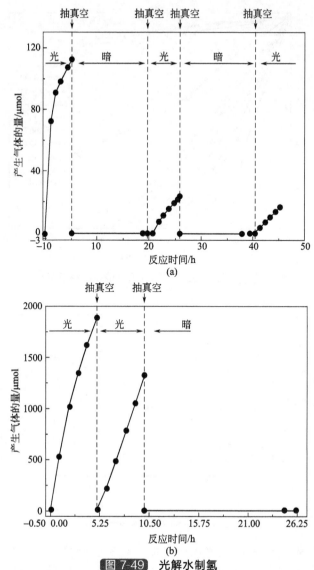

图 7-49 光解水制氢

（a）RuO$_2$/ZnWO$_4$，介质为纯水；（b）Pt/ZnWO$_4$，介质为水-甲醇混合溶液

图 7-51 是 550℃ 下煅烧 ZnWO$_4$ 前驱体 1、2、4、6、10 和 20（h）后得到的粉体的 XRD 图。可以看到在 550℃ 仅煅烧 1h，ZnWO$_4$ 晶体就已经形成。随着煅烧时间的增加，衍射峰的数量没有变化，但是强度稍有增加，说明随着煅烧时间的增加，ZnWO$_4$ 结晶度增加。

根据 Scherrer 公式通过 XRD 图可以得到不同制备条件下 ZnWO$_4$ 的晶粒大小（表 7-3，表 7-4）。

表7-3 不同温度下煅烧 10h 的 ZnWO$_4$ 晶体的颗粒大小

T/℃	450	500	550	600	650	700	800
晶粒度平均（Dc）/nm^{-1}	20.53	26.32	29.17	31.84	35.19	41.21	48.54

表7-4 550℃ 下煅烧不同时间的 ZnWO$_4$ 晶体的颗粒大小

煅烧时间/h	1	2	4	6	10	20
晶粒度平均（Dc）/nm^{-1}	24.59	29.39	26.87	28.95	29.17	30.07

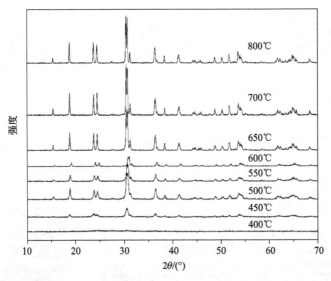

图 7-50 不同温度下煅烧 10h 的 ZnWO₄粉体的 XRD 图

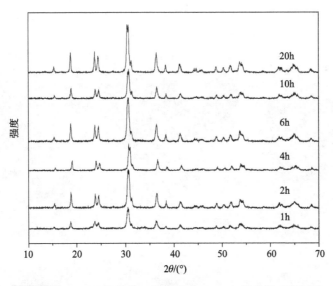

图 7-51 550℃下煅烧不同时间的 ZnWO₄粉体的 XRD 图

图 7-52 和图 7-53 是不同制备条件下得到的 ZnWO₄粉体的 TEM 电镜图。从图中可以看到用溶胶-凝胶法制备的粉体颗粒基本上均匀，但还是有一些小颗粒和大片状物质存在。颗粒有团聚现象出现。从电镜图中看到的颗粒大小列在表 7-5、表 7-6 中。从图中还可以看到，随着煅烧温度和煅烧时间的增加，粉体颗粒不断长大，颗粒的生长速度增加，而且 ZnWO₄粉体颗粒的大小远远大于其晶体颗粒的大小，这说明在剧烈的制备条件下，颗粒倾向于相互连接合并成大的颗粒。

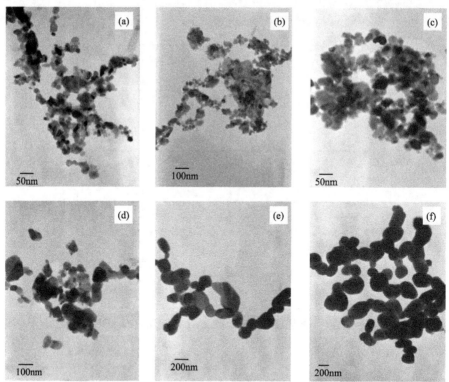

图 7-52 不同温度下煅烧 10h 的 ZnWO₄ 粉体的 TEM 电镜图

（a）450℃；（b）500℃；（c）550℃；（d）600℃；（e）650℃；（f）700℃

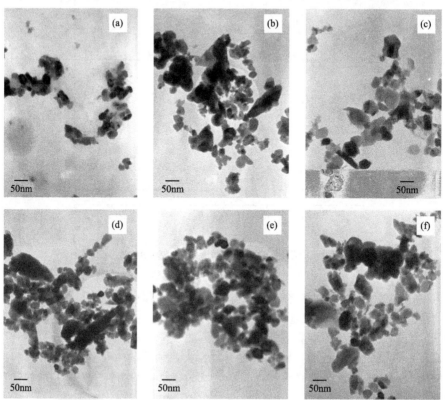

图 7-53 550℃下煅烧不同时间的 ZnWO₄ 粉体的 TEM 电镜图

（a）1h；（b）2h；（c）4h；（d）6h；（e）10h；（f）20h

<table>
<tr><td colspan="8">表 7-5 不同温度下煅烧 10h 的 ZnWO₄ 粉体的颗粒大小</td></tr>
<tr><th>T/℃</th><th>450</th><th>500</th><th>550</th><th>600</th><th>650</th><th>700</th><th>800</th></tr>
<tr><td>平均晶粒度 (Dc)/nm⁻¹</td><td>10～30</td><td>20～50</td><td>30～40</td><td>40～50</td><td>100～300</td><td>300～500</td><td>500～1000</td></tr>
</table>

表 7-6 550℃下煅烧不同时间的 ZnWO₄ 粉体的颗粒大小						
煅烧时间/h	1	2	4	6	10	20
平均晶粒度 (Dc)/nm⁻¹	20～30	30～40	40～50	30～40	30～40	30～50

ZnWO₄ 晶体作为光催化剂在受到光照后产生电荷分离，光生空穴具有很强的氧化能力，能够引发绝大部分有机物的降解。利用生产生活中容易引起废水污染的常用染料 RhB 作为目标降解分子，评价 ZnWO₄ 纳米颗粒的光催化降解性能。

图 7-54 说明 ZnWO₄ 降解 RhB 的速率与其制备的温度有很大的关系。降解速率从初始温度值开始增加，在 550℃时达到最大值，然后开始降低。800℃时制备的 ZnWO₄ 活性最差。Ye 等人发现，光催化剂存在一个饱和的比表面积值，当光催化剂的比表面积大于这个值，结晶度将是决定此时光催化剂活性的主要因素。结晶度越高，晶体内部的缺陷就越少，电子和空穴复合的机会减少，光催化活性将越高。当光催化剂的比表面积小于这个饱和值时，光催化剂的活性由比表面积决定。通常比表面积大的晶体颗粒，其颗粒的体积较小，所以此时

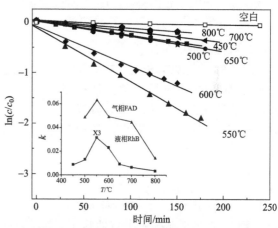

图 7-54 不同温度下煅烧 10h 的 ZnWO₄粉体的光催化活性，k 为反应速率常数

电子和空穴在晶体内部迁移的路程缩短，使得电荷载体更容易到达颗粒表面。所以颗粒的比表面积越大，光催化活性越高。另外，当颗粒较大时，其体积增加、质量增大、分散性减小都将造成活性反应位点的减少。所以，大的体积造成的长的迁移距离和少的活性反应位点都将抑制温度较大时结晶度增大带来的活性增加。

通过 BET 的结果可以得到 ZnWO₄ 比表面积的数据：11.8691m² · g⁻¹ （500℃）＞9.3309m² · g⁻¹ （550℃）＞4.9173m² · g⁻¹ （600℃），所以随着煅烧温度的增加，从 TEM 图中可以看到，颗粒随着温度的增加而增大，而大的颗粒体积往往比表面积较小，所以随着温度的增加，光催化剂颗粒的比表面积将不断下降。

光催化活性的最高点为 550℃，所以 ZnWO₄ 活性转变点的比表面积应该在 4.9173m² · g⁻¹ 到 11.8691m² · g⁻¹ 之间。当煅烧温度低于 550℃时，结晶度决定颗粒的光催化活性。随着煅烧温度的增加，ZnWO₄ 的结晶度增加，光催化活性不断增加。在 450℃和 500℃时，由 XRD 图中可以看到晶体并不完整，光催化活性并不高。当颗粒的煅烧温度大于 550℃时，比表面积决定了颗粒的光催化活性，由于上面已经讨论过，随着颗粒制备温度的增加颗粒的比表面积下降，所以光催化活性随着制备的温度增加而降低。

从图 7-55 中可以看到，ZnWO₄ 粉体的光催化活性与煅烧时间的关系。在 550℃的制备条件下，光催化活性随着时间降低的顺序是：10h＞20h＞6h＞4h＞2h＞1h。前驱体在 550℃下煅烧 10h 可以得到最高的光催化活性。从 XRD 图中可以得到，ZnWO₄ 颗粒的结

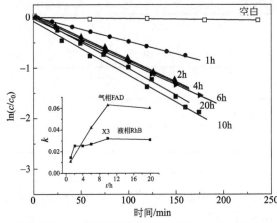

图 7-55 550℃下煅烧不同时间的 ZnWO₄颗粒的光催化活性，k 为反应速率常数

晶度随着煅烧时间的增加而增加，所以当煅烧时间较短时，颗粒的活性随着煅烧时间的增加而增加。

利用紫外光下降解气相 FAD 来评价 ZnWO₄颗粒的光催化活性。可以看到 ZnWO₄在 1h 里可几乎完全降解反应器中的 FAD，说明在紫外光下催化剂降解 FAD 的活性很高。图 7-54 和图 7-55 的插图对比了降解液相 RhB 和气相 FAD 的反应速率常数。气相反应中得到的速率常数随温度和时间的变化趋势，与在液相反应中得到的速率常数随温度和时间的变化趋势相同，所以高的结晶度和大的比表面积也是在气相反应中颗粒具有高

的光催化活性的重要条件。

从图 7-56 中可以看出在 550℃下煅烧 10h 的 ZnWO₄颗粒与一种公认的活性较好的紫外光催化剂 P25 在紫外光下降解 FAD 的活性相当。然而，在液相降解 RhB 的反应中，两者的活性却相差很多。可能是由于在液相反应中，ZnWO₄颗粒并不能有效的分散，从而妨碍了其光催化活性。在气相反应中，ZnWO₄颗粒和 P25 都被置于玻璃板上，可以接受足够的紫外光和甲醛气体，所以两者的活性相当。值得一提的是，ZnWO₄颗粒的比表面积大约只有 P25 比表面积（50m² · g⁻¹）的 20%。所以如果可以提高 ZnWO₄颗粒的比表面积，也将提高其光催化活性。

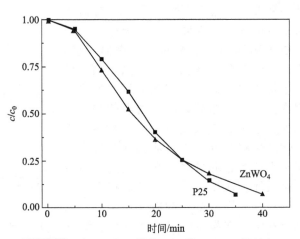

图 7-56 在 550℃下煅烧 10h 的 ZnWO₄颗粒与 P25 在紫外光下降解 FAD 的活性对比

7.3.1.3 ZnWO₄薄膜、光电化学性能及光电催化罗丹明 B（RhB）的研究

以非晶态配合物作为前驱体溶液，其前驱体是将定量的 Zn（NO₃）₂ 和（NH₄）₂O₁₂WO₃ 粉体溶解到二乙三胺五乙酸（H₅DTPA）和浓氨水的混合溶液中。然后蒸发制得透明玻璃状前驱体。磨成粉末之后配成一定浓度的提拉膜前驱体溶液。采用提拉法在 ITO 导电玻璃基底上提拉前驱体薄膜，经过煅烧可以得到 ZnWO₄薄膜[55]。

薄膜的形貌见图 7-57，ITO 导电玻璃表面有明显的 ITO 颗粒，粒度约 10nm，颗粒排列紧密，经过提拉镀膜，在不同温度下煅烧后，薄膜表面均看不到类似 ITO 表面的颗粒形貌，说明提拉镀膜能将基底表面完全覆盖，与煅烧温度无关。从图 7-57 可以看出，前驱体薄膜均匀一致，其形貌随着煅烧温度升高而变化。450℃煅烧得到的薄膜主要是由大约 120nm 的长圆颗粒构成的网状结构，这些主要是前驱体的络合物。经过 500℃处理后，ZnWO₄薄膜已经形成。薄膜均匀，由大约 70nm 的规则的颗粒构成，颗粒之间堆积产生孔。经过 550℃处理后，ZnWO₄颗粒和孔尺寸增加，孔结构变得相对清晰。进一步经过 500℃和 550℃处理过的 ZnWO₄薄膜被刮下后，进行 TEM 分析，ZnWO₄薄膜的颗粒直径分别为 70nm 和 150nm，

结果如图 7-58 所示。

外加 PEG 浓度对 ZnWO₄ 薄膜表面组织的影响如图 7-59 所示。可以看出，未加 PEG 时，颗粒很大。添加 4%PEG 后，薄膜变得均匀，颗粒变小，孔变得一致均匀。在薄膜煅烧过程中，PEG 抑制了颗粒团聚，引导孔结构的形成。但是当 PEG 浓度提高到 8% 和 10%，颗粒尺寸和孔变大。随着 PEG 浓度增加，煅烧过程中产生的气体的量增加，导致孔径和颗粒尺寸增大。此外，可以看出薄膜并没有裂纹产生，这确保薄膜具有较高的机械稳定性。

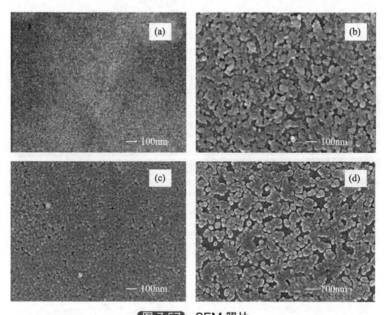

图 7-57　SEM 照片
（a）前驱体膜；（b）煅烧 450℃；（c）煅烧 500℃；（d）煅烧 550℃

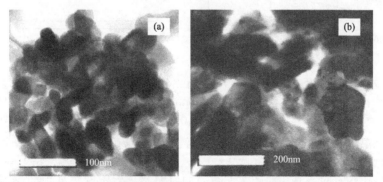

图 7-58　从薄膜上刮下的 TEM 照片
（a）薄膜在 500℃煅烧；（b）薄膜在 550℃煅烧

图 7-60（a）为经过不同温度煅烧 4h 前驱体薄膜的拉曼光谱分析结果。可以看出，450℃煅烧的薄膜为无定形态。500℃和 550℃煅烧的薄膜均形成结晶较好的 ZnWO₄ 相。而且从沉积三次得到的 ZnWO₄ 薄膜可以更明显地看出其 ZnWO₄ 构相。从图（b）可以看出，沉积三次的 ZnWO₄ 薄膜在 15°、19°、31°、41°和 45°处有很清晰的 X 射线衍射峰，这证明其为单斜晶系的黑钨矿。

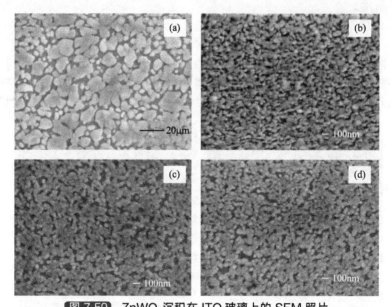

图 7-59 ZnWO₄沉积在 ITO 玻璃上的 SEM 照片

（a）在 500℃煅烧 4h 未加 PEG；（b）4% PEG；（c）8% PEG；（d）10% PEG

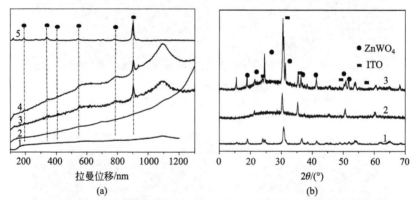

图 7-60 （a）ZnWO₄沉积在 ITO 玻璃上的 Raman 光谱，1—ITO 基底，2—ZnWO₄、25nm、450℃，3—ZnWO₄、25nm、500℃，4—ZnWO₄、25nm、550℃，5—ZnWO₄、75nm、500℃；（b）ZnWO₄粉末的 XRD 图谱，1—ITO 基底，2—ZnWO₄沉积在 ITO 基底，3—500℃煅烧（75nm）

在固定煅烧温度 500℃时，研究煅烧时间对 ZnWO₄薄膜形成的影响。从图 7-61 可以看出，经过 1h 的煅烧处理，ZnWO₄薄膜已经形成。煅烧时间延长至 2h，衍射峰强度增加。但是，进一步延长煅烧时间对晶相影响不明显。同时对经过三次沉积处理的 ZnWO₄薄膜进行 AES 分析。如图 7-62 所示，薄膜厚度大约在 75nm。同时也可以看出 ZnWO₄薄膜和 ITO 基底没有明显的化学反应发生。

为了研究 ZnWO₄薄膜的形成过程，对前驱体粉末样品进行了 TG 和 DTA 分析。从图 7-63 的 TG 曲线可以看出，在 550℃之前失重一直发生。之后，重量基本保持恒定。这表明前驱体中的有机物在 550℃已经分解完全，ZnWO₄已经完成晶化。从 DTA 曲线可以看出有两个明显的放热峰。157℃位置处的放热峰主要由前驱体的热分解引起。486℃位置处的放热峰主要由 ZnWO₄成核引起。低于 486℃处理的样品为黑褐色，为无定形。高于 486℃，晶核基本形成，初步的结晶过程已经完成，大部分有机成分已经燃烧完全。

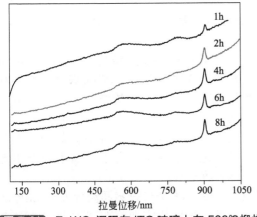

图 7-61 ZnWO₄沉积在 ITO 玻璃上在 500℃煅烧
不同时间的拉曼光谱

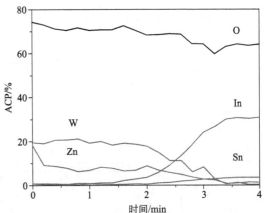

图 7-62 沉积三次 ZnWO₄薄膜的俄歇深度剖析图

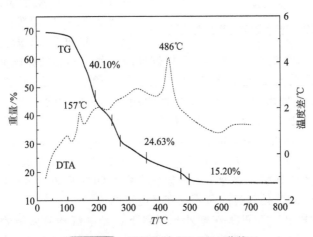

图 7-63 前驱体的 TG-DTA 曲线

经过不同温度处理的前驱体样品的 FT-IR 分析结果如图 7-64 所示。对于前驱体薄膜，在 3450cm⁻¹ （结晶水中的 O—H 振动峰）、2959cm⁻¹ （C—H 振动峰）、1735cm⁻¹、1378cm⁻¹ （羧基振动峰）和 1640cm⁻¹ （乙醇 O—H 振动峰）、1277cm⁻¹ （C＝O 振动峰）以及 877cm⁻¹附近弱的吸收峰 （W—O—Zn 振动峰）表明前驱体为 （Zn—W)-柠檬酸多聚物的复合体。经过 450℃ 处理的薄膜样品，1735cm⁻¹ 位置处的峰强度降低，而在 1277cm⁻¹ 和 2959cm⁻¹ 峰消失。经过 500℃ 处理的样品，羰基和羧基峰消失，而在 400cm⁻¹ 和 900cm⁻¹ 位置处出现新的峰。Zn—O （473cm⁻¹、532cm⁻¹）、W—O （633cm⁻¹、710cm⁻¹）和 Zn—O—W(834cm⁻¹、877cm⁻¹)

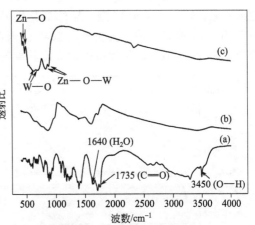

图 7-64 ZnWO₄的红外光谱
（a)为前驱体，（b)为在 450℃煅烧 4h，
（c)为在 500℃煅烧 4h

的弯曲和振动峰是由 ZnWO₄ 引起的，这与拉曼和 TG-DTA 分析得到的结果一致。可以看出，ZnWO₄ 薄膜形成过程包括三个阶段：前驱体中有机物分解，无定形 ZnWO₄ 形成，ZnWO₄ 晶相生成。

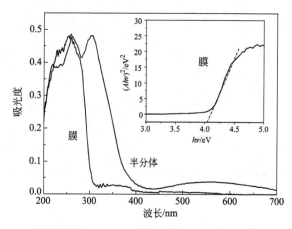

图 7-65 ZnWO₄薄膜和粉体的漫反射光谱

图 7-65 给出了经过 500℃煅烧 4h 沉积在石英玻璃上的 ZnWO₄ 薄膜和粉体样品的紫外漫反射分析结果。可以估算出其禁带宽度为 4.01eV。一般来说 ZnWO₄ 的禁带宽度为 3.7eV 左右，低于实验结果。这可能主要是由于结晶不完全引起其吸收蓝移。

图 7-66 为经过不同温度处理 ZnWO₄ 薄膜的线性伏安曲线与光照及未光照条件下的电流曲线。对于经过 450℃ 处理的薄膜样品，产生的微弱的光电流可能是由于基底 ITO 薄膜或者小的介电效应引起的。经过 500℃煅烧处理的薄膜样品有

明显的光电流产生；与之相比，经过 550℃煅烧处理的薄膜样品的光电流响应有所下降。作为比较，锐钛矿 TiO₂ 的电压-光电流响应曲线也在图中给出。TiO₂ 薄膜是采用溶胶-凝胶方法经过 500℃煅烧 4h 处理得到的。与 TiO₂ 薄膜相比，在相同偏压下，ZnWO₄ 薄膜具有类似甚至更高的光电流响应。ZnWO₄ 薄膜具有孔状结构，这些结构提供了较多的吸附水分子和基团的活性点位，这样可以更好地捕获光致空穴，促进空穴与电子分离，提高光电响应，进而导致其较高的光电流产生。从图中可以看出，经过 500℃ 处理的 ZnWO₄ 薄膜颗粒小于经过 550℃煅烧处理过的薄膜。这种小的颗粒度和颗粒间良好的接触可能是导致经过 500℃ 处理过的薄膜具有较 550℃ 处理过的薄膜较高光电流的原因。

由以上分析可以看出，ZnWO₄ 在紫外光照射下，光电流随着阳极偏压增加而增大，这表明 ZnWO₄ 为 N 型半导体。如图 7-66（b）所示，经过 500℃煅烧处理的薄膜，暗电流和光电流在 -0.36V 位置处交叉。一般认为，ITO 导电玻璃与半导体氧化物薄膜之间的接触为欧姆接触。这样，大多 N 型半导体氧化物的导带底能级比费米能级负大约 0.10~0.30eV。对于 ZnWO₄ 薄膜，估算其为 -0.20eV。因此其价带顶的位置在 -0.56eV。ZnWO₄ 薄膜的禁带宽度为 4.01eV，因此可以估算出其导带底位置为 4.01eV。

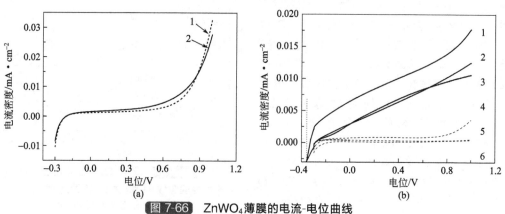

图 7-66 ZnWO₄薄膜的电流-电位曲线

在（a）中：1—暗场、450℃，2—光照、450℃；在（b）中：1—光照、500℃，2—光照、550℃，3—光照、TiO₂，4—暗场、500℃，5—暗场、550℃，6—暗场、TiO₂

如图 7-67 所示，在紫外光照射下对 RhB 进行了直接光解；当有 ZnWO₄ 薄膜存在时，RhB 的降解速率明显加快，这证明了 ZnWO₄ 薄膜的光催化作用。同时发现，当反应进行到 4h 的时候，71% 左右的 RhB 被 ZnWO₄ 薄膜降解掉，而只有 62% 的 RhB 被 TiO₂ 薄膜降解掉。TiO₂ 薄膜厚度为 55nm，采用溶胶-凝胶和浸渍提拉方法制备得到。通常来说，低浓度的有机污染物光催化降解过程遵循准一级动力学过程。不同反应条件下，RhB 降解的准一级动力学常数如表 7-7 所示，表 7-7 中结果进一步证实了 ZnWO₄ 薄膜较高的光催化活性。

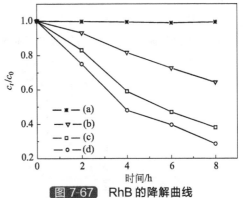

图 7-67 RhB 的降解曲线

（a）暗场搅拌，（b）直接光解，
（c）TiO₂ 薄膜光催化降解，（d）ZnWO₄ 薄膜光催化降解

表 7-7 RhB 的降解速率常数

方法		k'_{obs}/h^{-1}	R^2
直接光降解		0.057	0.922
光催化降解	the ZnWO₄ film	0.157	0.991
	the TiO₂ film	0.125	0.992
电化学降解	1.0（V）	0.022	0.975
	1.5（V）	0.026	0.837
	2.0（V）	0.138	0.988

与 TiO₂ 薄膜相比较，ZnWO₄ 薄膜具有较大的禁带宽度，因此其氧化和还原能力较强。同时 ZnWO₄ 薄膜具有孔状结构，这些孔为吸附水分子和反应基团提供了大量的活性位点。这样可以导致相对多的活性基团产生。同时电解质溶液可以渗入孔中，这样价带空穴可以更容易与水分子或者 RhB 进行反应。所有这些因素导致 ZnWO₄ 薄膜具有较高的光催化活性。

图 7-68 给出了分别外加 0.5、1.0、1.5、2.0、2.3、2.5 和 3.5（V）偏压条件下 RhB 的浓度随时间的变化曲线。在 1.0V 时，RhB 降解发生；在 2.0V 偏压范围内，RhB 降解速率随着偏压增加而提高。并且发现 RhB 降解遵循准一级动力学方程，在 1.0V、1.5V 和 2.0V 偏压下的降解速率常数分别为 0.022h⁻¹、0.026h⁻¹ 和 0.138h⁻¹（表 7-7）。但是，RhB 的降解速率随着偏压的进一步升高而减小。并且，在 3.5V 偏压条件下，反应 1h 以后，RhB 的降解过程几乎停止。

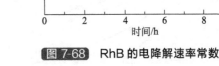

图 7-68 RhB 的电降解速率常数

图 7-69 给出了在没有 RhB 和在不同浓度 RhB 存在条件下 ZnWO₄ 薄膜的循环伏安曲线。可以看出，在 1.0V 左右，电流密度随着 RhB 浓度的增加而提高，在 RhB 浓度为 15mg·L⁻¹ 时达到最大。当浓度进一步提高到 18mg·L⁻¹，电流密度反而降低。这可能是由于 RhB 浓度过高，导致电极表面钝化，而引起电流密度降低。此时主要进行 RhB 的直接电氧化过程。当偏压超过 1.4V 时，阳极电流密度随着偏压的升高急剧增加，这主要是由于 RhB 的电氧化和阳极析氧导致的。伴随着析氧过程，活性基团如羟基（·OH）、H₂O₂ 和 O₃ 会产生，这些基团会导致 RhB 的间接电氧

化。进一步从图 7-69 中可以看出，RhB 的电化学降解在反应的最初 2h 是最快的，随着反应时间的延长，降解速率开始降低。而且，当电位超过 2.0V，反应 2h 以后，RhB 只有轻微的降解甚至没有降解。具体的原因在后面给出具体的解释。

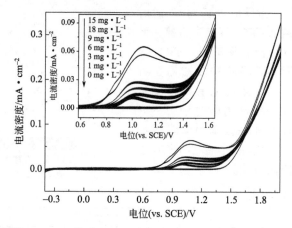

图 7-69　ZnWO₄薄膜在不同浓度的 RhB 溶液中的循环伏安曲线

我们分别在 0、0.3、0.5、0.8、1.0、1.3、1.5、2.0、2.3、2.5 和 3.5（V）电位下进行了 RhB 的光电协同催化降解。RhB 浓度（c_t/c_0）随时间的改变在图 7-70 中给出。一般来说，当反应物的浓度较低时，反应物的光电催化降解遵循准一级动力学方程。不同偏压下，RhB 准一级降解动力学常数随偏压的变化如图 7-71 所示。

从图 7-71 中可以看出，外加 0、0.3 和 0.5（V）偏压明显地促进了 RhB 的光催化降解。随着偏压增加，RhB 降解速率常数随着偏压的增加而提高，在偏压为 2.0V 时达到最大。随后降解速率开始随着偏压增加而降低。进一步研究发现，在外加 1.0V 和 2.0V 偏压条件下，RhB 光电催化降解速率常数大于单独电氧化和光催化速率常数之和。从 TOC 分析的结果也得到了类似的结论。在外加 2V 偏压条件下，反应 4h 以后，单独电氧化和光催化过程 TOC 的去除率分别为 28％和 35％，而光电催化过程的去除率为 81％。可以看出，光电催化过程不仅提高了降解速率，而且提高了 RhB 的矿化度。

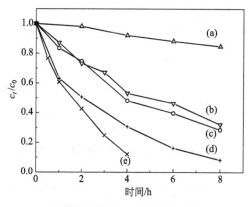

图 7-70　RhB 的降解速率常数

（a）电降解、偏压＝1.0V；（b）电降解、偏压＝2.0V；
（c）光降解；（d）光电协同降解、偏压＝1.0V；
（e）光电协同降解、偏压＝2.0V

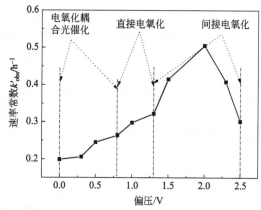

图 7-71　RhB 的光电协同降解的速率常数

图 7-72 中给出 ZnWO₄薄膜在不同条件下的交流阻抗谱分析结果。从图（a）可以看出，

光照使得图中的圆弧半径明显减小。进一步外加 0.5V 和 1.0V 偏压使圆弧半径继续减小。对于光电催化反应来说，圆弧半径的大小反映了光电催化反应速率的高低，圆弧半径越小，光电催化反应速率越大。这些结果进一步证实了偏压对降解的促进作用。而且，图中的圆弧只有一个半径，这说明电氧化、光催化和光电催化过程是简单的电极反应过程。

但是，如图 (c) 所示，当偏压为 1.5V、2.0V 或者为 1.5V 和 2.0V 以及光照同时作用时，圆弧半径显著减小。当偏压为 2.0V 时在光照条件下达到最小。这说明此时光致电子和空穴得到有效分离，并且迅速进行界面电荷转移。因此使 RhB 得到有效降解。同时，曲线的形状发生了变化，这说明可能有不同的光电催化机理在起作用。

如图 7-72 所示，RhB 的氧化还原电位大约在 1.0V。当外加偏压低于 1.0V 时，外加偏压主要通过促进电荷分离来提高其光催化效率；当外加偏压为 1.0V 时，RhB 进行直接电化学氧化降解，这时候，主要通过直接电氧化和光催化来耦合催化降解 RhB。当外加偏压超过 1.4V，水分子在电极表面发生电解引发·OH 和 O_2 产生。在这种条件下，RhB 进行间接电氧化。而且，产生的 O_2 作为电子的受体，促进了 RhB 的光催化降解。而且，随着体系中溶解氧含量的增加，会促进在阴极上产生 H_2O_2［方程式 (7-2)］。在紫外光的照射下，H_2O_2 可以产生·OH［方程式 (7-3)］。H_2O_2 也可以与光致电子反应生成·OH［方程 (7-4)］。这样可以使 RhB 得到有效降解。

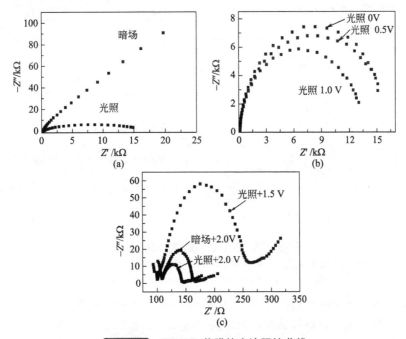

图 7-72　ZnWO₄薄膜的交流阻抗曲线

$$O_2 + 2H^+ + 2e^- \longrightarrow H_2O_2 \tag{7-2}$$

$$H_2O_2 + h\nu \longrightarrow 2 \cdot OH \tag{7-3}$$

$$H_2O_2 + e^- \longrightarrow \cdot OH + OH^- \tag{7-4}$$

进一步对经过外加 2.0V 和 3.5V 电氧化和外加 2.0V 光电催化反应 24h 后薄膜样品进行了 XPS 分析。如图 7-73 所示，与未经过反应的薄膜样品相比较，光电催化反应后的电极表面 Zn、W 和 O 的强度几乎没有变化，峰的位置也没有变化。但是，经过电化学氧化反应后的电极，峰强度明显下降。而且 O 的结合能位置发生了明显的移动，并且观察到 N 的峰。这可能是由于在电化学降解 RhB 的过程中，RhB 与电极表面发生了电化学聚合过程，生成一些聚合物，导致 O 和 N 峰的出现。这些产生在电极表面的聚合物使得电极表面发生钝化，使其催化活性降低。例如，在电氧化降解酚和氯酚类物质时发现，会在电极表面产生聚合物，聚合物的溶解性很低，很容易吸附在电极表面，使电极发生钝化。人们采用各种方法来防止电极钝化，例如清除电极表面的聚合物，对电极表面进行修饰，优化电化学氧化条件。在反应体系里，在光电催化过程中，在紫外光的照射下，$ZnWO_4$ 电极表面会产生·OH 等中间物质，这些活性基团不仅会使光催化降解 RhB，而且可以活化电极，促进 RhB 的电化学氧化降解。进一步，在 $-1.0V$ 和 $1.5V$ 电位范围内，在有 RhB 存在条件下，得出逐级的循环伏安曲线。如图 7-74 所示，第一次扫描在 $1.0V$ 位置出现了很明显的峰，这主要是 RhB 直接电氧化引起的。随着扫描次数的增加，电流密度峰值迅速降低。但是经过 20min 的紫外光照射后，在同一位置处的电流密度又上升了。这些结果进一步证实了上面的结论。

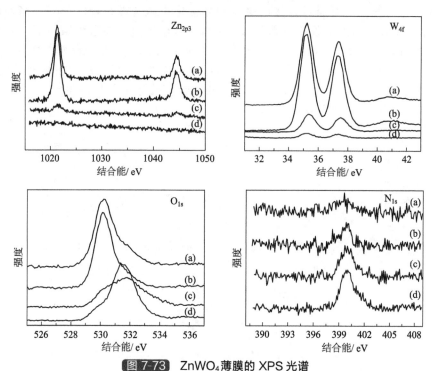

图 7-73 $ZnWO_4$ 薄膜的 XPS 光谱

（a）光电协同降解之前、偏压= 2.0V；（b）光电协同降解之后、偏压= 2.0V；
（c）电降解之后、偏压= 2.0V；（d）电降解之后、偏压= 3.5V

前面结果说明当外加偏压超过 2.0V，RhB 协同催化降解速率降低。这与 RhB 电氧化降解的现象类似。为了进一步解释这种现象，对经过 3.5V 电氧化 24h 的电极表面进行了 XPS 分析。如图 7-73 所示，与经过 2.0V 电氧化的电极相比较，其 W 和 Zn 的结合能强度进一步降低，氮进一步升高，而氧的结合能位移更大。在电氧化降解 RhB 过程中，在电极表面沉积一层薄膜。当外加的电位较高时，电氧化进行迅速，这样在电极表面会迅速形成一层薄膜，使电极钝化，减慢 RhB 降解速率。此外，对外加 2.0V 和 3.5V 偏压电氧化反应 24h 的电极进行了拉曼光谱分析。结果如图 7-75 所示，与未进行反应的电极相比较，并没有变化，这排除了电极被破坏而导致其活性降低的可能性。

赵进才等人对 RhB 的光催化降解过程进行了详细的研究。众多的结果证明，在 551nm 处峰值的降低，主要是由于 RhB 结构中共轭结构的破坏导致的；而峰位置的蓝移主要是逐次脱掉乙基的过程。在光电反应体系中，如图 7-76 所示，在 551nm 处没有明显的蓝移。实验中所用到的 RhB 纯度为 95%，含有 5%左右的 N,N-二乙基-N'-乙基罗丹明（DER）。如

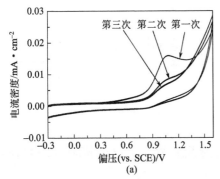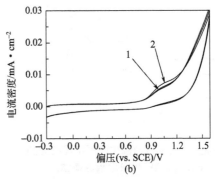

图 7-74 ZnWO₄薄膜的循环伏安曲线（a）及 ZnWO₄薄膜扫描三次的循环伏安曲线（b）

1—第三次；2—紫外光下辐照 20min

图 7-77 所示，随着 RhB 的快速降解，DER 的浓度刚开始有所上升，随后浓度开始降低。这说明，在 RhB 的光电催化降解过程中，脱乙基过程确实发生了，但主要过程为共轭结构的破坏。并且脱乙基产物也得到有效降解。在 RhB 的电氧化和光催化降解过程中，其 UV-Vis 吸收光谱随时间的变化与光电过程类似。因此，可以推断，光催化和电化学氧化过程主要是通过共轭结构被破坏的途径来进行降解的。

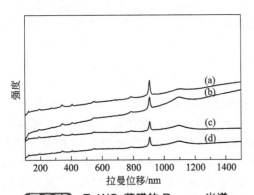

图 7-75 ZnWO₄薄膜的 Raman 光谱

（a）电降解之前（偏压= 2.0V），（b）电降解之后（偏压= 2.0V），（c）光电协同降解之后（偏压= 2.0V），（d）电降解之后（偏压= 3.5V）

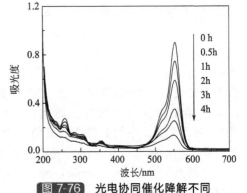

图 7-76 光电协同催化降解不同时间的 RhB 溶液紫外-可见吸收光谱

为了考查 ZnWO₄薄膜的稳定性，我们对经过 24h、外加 2V 偏压、光电催化降解 RhB 的薄膜样品进行了 XPS 和 Raman 分析，与未反应的薄膜样品进行比较可以看出几乎没有什么变化。进一步，采用同一电极，在外加 2.0V 偏压条件下，进行了 5 次的光电催化降解 RhB 实验，结果如图 7-78 所示。可以看出 5 次的降解效率非常接近，这说明 ZnWO₄薄膜在光电反应过程中很稳定。尽管 ZnWO₄薄膜的禁带宽度较宽，不利于利用太阳能。但是其较宽的禁带宽度会使其光致空穴和电子具有较强的氧化和还原能力，这有利于有机污染物降解。而且，ZnWO₄具有相对复杂的结构，这样利于引入外来阴阳离子，使其具有可见光响应。

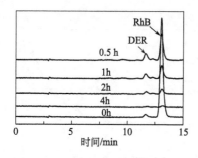

图 7-77 光电协同催化降解不同时间的 RhB 溶液的高效液相色谱图

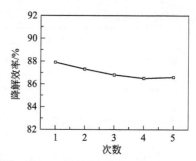

图 7-78 循环 5 次光电协同催化降解 RhB 的效率

7.3.1.4 水热法合成 F 掺杂的 ZnWO₄ 及其光催化性能

氟离子是一种比较特殊的阴离子，非常稳定，氧化还原电位达 3.6V，光生空穴难将其氧化。众多研究表明，氟表面改性或氟掺杂均可以提高半导体光催化剂的活性。Minero 等发现，表面氟化可以提高 TiO_2 光催化剂的光催化活性。主要是因为氟在表面形成强有力的吸附，与催化剂表面的羟基自由基有非常强的亲和力，从而会影响催化剂的表面电荷状态，有机物在催化剂表面的吸附行为和降解动力学过程[56~58]。最近，研究者发现氟晶格掺杂 TiO_2 在降解气相丙酮的时候，表现出很高的光催化性能[59]，活性增加的原因主要是氟离子掺杂之后将 Ti^{4+} 转变成 Ti^{3+}，从而降低了电子-空穴对的复合速率。不仅如此，一些非 TiO_2 的光催化剂掺杂氟之后，活性同样是增加的，如 $SrTiO_3$、$BaTiO_3$ 等。根据上面的研究结果，有理由相信氟掺杂将会对半导体光催化剂的光催化性能产生积极的影响。

采用 NH_4F 为掺杂源，不需要调节先驱体溶液的 pH，在 180℃ 水热 24h 合成了不同氟掺杂浓度的 $ZnWO_4$ 催化剂[60]，其 XRD 衍射谱如图 7-79 所示。从图中可以看到，氟掺杂之后不会改变衍射峰的取向，也没有新的衍射峰生成。不管有没有氟的存在，样品都与 $ZnWO_4$ 的晶相符合得很好。然而，仔细比较 $2\theta = 18° \sim 20°$ 位置的（100）衍射晶面［图(b)］可以看到，不同氟掺杂浓度的 $ZnWO_4$ 的 XRD 衍射峰的位置稍微向 2θ 值减小的方向偏移。其它的衍射峰也有同样的变化。根据布拉格方程，因为 F^- 的离子半径（0.133nm）小于 O^{2-} 的离子半径（0.14nm），所以晶格参数 d 值的减小导致 2θ 的增加。因此，衍射峰向低角度方向的偏移表明掺杂的氟不是替位取代氧，而是存在于晶格的间隙中。当氟存在于间隙位时，由于氟的电负性强于氧，会引起晶格参数 d 值的增加，所以会带来观察到的 2θ 值

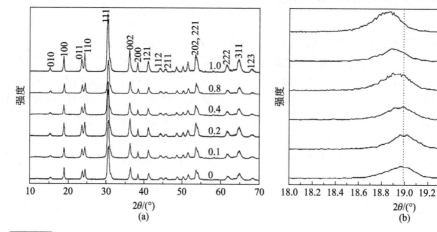

图 7-79 不同 R_F 值的样品的 XRD（a）及（100）晶面在 $2\theta = 18° \sim 20°$ 范围内的衍射峰的变化（b）

向低角度的偏移。

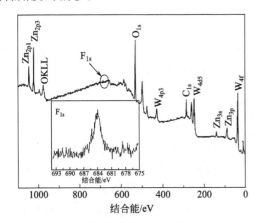

图 7-80 氟掺杂的 ZnWO₄（R_F = 3.0）的 XPS，插图是 F$_{1s}$ 的窄分布图

R_F = 3.0 的氟掺杂的 ZnWO₄ 的 XPS 结果见图 7-80。由图可见，F-ZnWO₄ 主要是由 Zn、W、O 和 F 元素组成，还含有痕量的 C。定量分析表明 Zn：W：O：F 的原子比为 1：1.2：5.5：0.4，这个比例与合成时的投料比是不一致的，这说明投料中只有少量的氟发生了掺杂。插图中是 F$_{1s}$ 的峰，由图可见，F$_{1s}$ 的结合能在 684.1eV。通常，吸附在 TiO₂ 表面的氟的结合能在 684eV，TiO₂ 晶格中的氟的结合能在 688eV。根据 Cs₂WO₂F₄ 标准谱和 XRD 的结果，可以推测结合能在 684.1eV 的 F$_{1s}$ 表明氟存在于间隙位。其它掺杂量样品的 XPS 的谱图是类似的。因此，F$_{1s}$ 峰是由 ZnWO₄ 晶格间隙位的氟组成的。

图 7-81 是不同氟掺杂浓度样品的 FT-IR。图（a）中，3600～3300cm⁻¹ 和 1630cm⁻¹ 分别对应着 ZnWO₄ 样品中本征的 OH 的伸缩振动和弯曲振动。1384cm⁻¹ 对应着样品表面吸附的 OH 缺陷。随着氟掺杂浓度的增加，这几个振动峰的峰位置和峰的强度都没有发生变化。在 900～400cm⁻¹ 范围的特征振动属于 ZnWO₄。其中，885、812、722、606 和 532（cm⁻¹）的对称振动峰对应着 WO₆ 八面体中 W—O 的振动。463cm⁻¹ 和 432cm⁻¹ 是 Zn—O 键的对称和反对称振动。这些振动峰的出现说明合成了 ZnWO₄ 晶体。

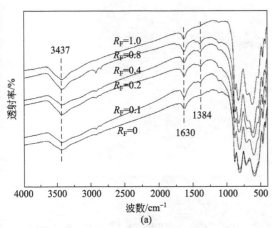
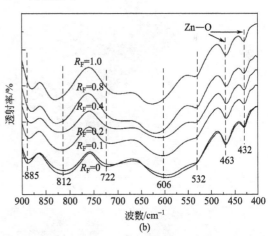

图 7-81 不同氟掺杂浓度的 ZnWO₄ 的红外光谱图（a）及 900～400cm⁻¹ 范围内的详细变化图(b)

仔细比较 ZnWO₄ 的特征振动峰［见图 7-81（b）］，随着氟离子掺杂浓度的增加，在 463cm⁻¹ 和 432cm⁻¹ 的 Zn—O 振动峰的峰位置和峰形状没有发生变化，但是 W—O 振动峰却发生了改变。在 606cm⁻¹ 和 812cm⁻¹ 的振动带向高波数移动，在 722cm⁻¹ 和 885cm⁻¹ 的振动带向低波数移动，再加上对应 W—O 振动的 532cm⁻¹ 处的振动峰的强度随着氟掺杂浓度的增加而增加，因此，可以猜想 606cm⁻¹ 和 812cm⁻¹ 处的吸收峰位置波数的减小，722cm⁻¹ 和 885cm⁻¹ 处的吸收峰位置波数的增大，均与 W 原子的配位有关。ZnWO₄ 晶体中，W⁶⁺ 除与其周围四个 O²⁻ 连接外，还与其周围的另两个较远的 O²⁻ 连接，形成 WO₆ 八面体，它们与 ZnO₆ 八面体一起构成链体，并位于 ZnO₆ 八面体所形成的链体之间，以其四个顶角与

ZnO$_6$八面体相连接,因而整个晶体结构是一个平行于 c 轴的链状或平行于 {100} 的近似层状结构。根据上面的结果,间隙位掺杂的氟影响了 W 原子的配位,从而会使 ZnWO$_4$ 结构中存在 WO$_6$ 八面体的畸变。

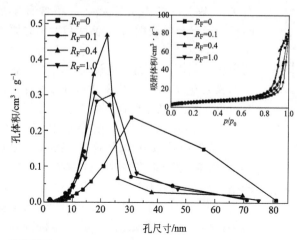

图 7-82 给出了所制备样品的孔分布曲线图。从图中可以看到,制备样品的孔分布曲线是单峰,说明孔的形成源自于所制备样品颗粒的聚集。掺杂氟之后,峰开始向左边偏移,说明孔的尺寸减小。同时也说明 ZnWO$_4$ 的结晶度改善了。大体上来说,ZnWO$_4$ 掺杂氟之后孔尺寸减小,当 $R_F = 0.4$ 时,孔尺寸增加。但是,R_F 在 $0.1 \sim 1.0$ 范围内,掺杂样品的孔尺寸变化很小。

图 7-82 不同氟掺杂浓度的 F-ZnWO$_4$ 的孔分布曲线,
插图是氟掺杂 ZnWO$_4$ 的 N$_2$ 吸附-脱附等温线

不同氟掺杂浓度的 ZnWO$_4$ 样品的 TEM 如图 7-83 所示。由图可见,所制备样品都是颗粒状,形貌没有发生变化。同时,还可以看到,图 7-83(b)~(d)中氟掺杂的 ZnWO$_4$ 的颗粒尺寸大小与没有掺杂的 ZnWO$_4$ [图 7-83(a)]一样,约为 $40 \sim 50$nm。随着氟掺杂浓度的增加,颗粒表面更加规整,说明氟掺杂提高了 ZnWO$_4$ 的结晶度,抑制了颗粒的长大。这与孔分布的测试结果也是相吻合的。

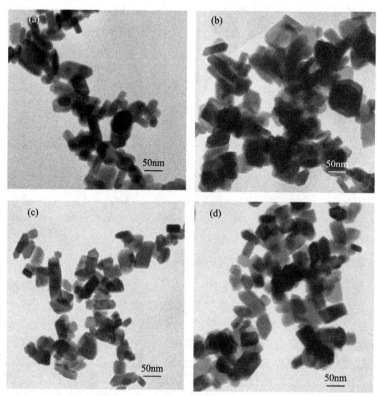

图 7-83 不同氟掺杂浓度的 ZnWO$_4$ 的 TEM
(a)$R_F = 0$;(b)$R_F = 0.1$;(c)$R_F = 0.4$;(d)$R_F = 0.8$

通过样品的 XRD 衍射图（图 7-79）中的（002）晶面的数据计算的不同氟掺杂浓度的 ZnWO₄ 的晶粒平均尺寸大小见表 7-8。从表中可以看到，所制备的样品均是纳米颗粒，随着氟掺杂浓度的增加，晶粒平均尺寸大小并没发生明显的变化，与 TEM 的结果一致。同时，氟掺杂之后比表面积增加。随着氟掺杂浓度的增加，ZnWO₄ 纳米颗粒的比表面积值变化很小。

表 7-8　不同氟掺杂浓度的 ZnWO₄ 的晶粒平均尺寸和比表面积

R_F [①]	晶粒平均尺寸 [②]/nm	比表面积/m²·g⁻¹
0	25.3	20.0
0.1	27.8	24.7
0.4	27.2	24.8
1.0	27.1	23.6

① F/Zn 的摩尔投料比。
② 通过 Scherrer 方程计算所得的制备样品的晶粒平均尺寸　[使用的是（002）晶面的参数]。

根据先前的研究，ZnWO₄ 掺杂氟之后，不会改变 ZnWO₄ 的晶相结构组成，掺杂后的氟存在于 ZnWO₄ 的晶格间隙里。通过退火处理考察了晶格间隙里的氟的稳定性，其 XRD 的结果如图 7-84 所示。

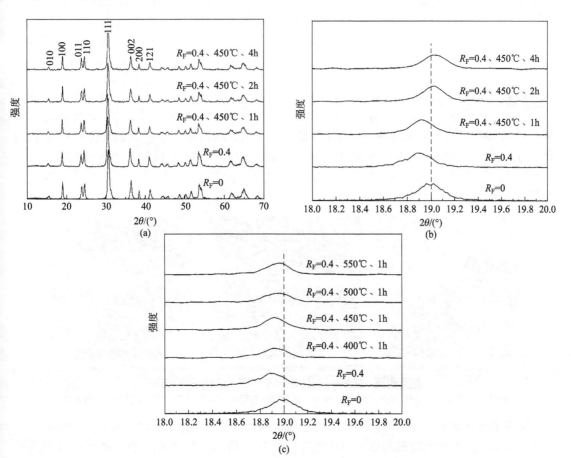

图 7-84　不同合成条件的样品的 XRD（a）；450℃不同退火时间的样品在 2θ = 18°～20° 的衍射峰（b）；不同温度退火 1h 的样品在 2θ = 18°～20° 的衍射峰（c）

从图7-84（a）中可以看出，所有样品的XRD图都相似，都是由ZnWO₄的晶相所组成。仔细比较（100）晶面的结果见图7-84（b），随着退火时间的延长，衍射曲线越来越平滑，说明晶体的结晶度增加。同时，以不退火的F/Zn为0.4的ZnWO₄的（100）晶面的衍射峰位置为参照，随着退火时间的延长，样品的（100）晶面的衍射峰向2θ值增加的方向移动。当退火时间为4h时，其（100）晶面的衍射峰位置几乎与没有掺杂的钨酸锌样品的衍射峰位置相同。可以认为，随着退火时间的延长，存在于晶格间隙的氟不稳定，慢慢减少，在退火4h的时候，存在于晶格间隙中的氟已经非常少。退火温度的影响见图7-84（c），温度对氟稳定性的影响与时间的影响类似。随着退火温度的升高，其（100）晶面的衍射峰开始向2θ值增加的方向移动，这说明，随着温度的升高，存在于晶格间隙中的氟在逐渐减少，当温度升高到550℃时，氟存在的量很少，几乎可以忽略不计。并且，从衍射曲线的光滑程度可以看出，退火温度的增加、时间的延长都有利于晶体结晶度的提高。

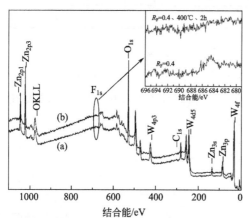

图 7-85 氟掺杂的 ZnWO₄退火不同时间的 XPS 全图，（a）为 R_F = 0.4，（b）为 R_F = 0.4，在 450℃退火 2h。 插图是 F₁ₛ的窄分布图

对退火前后的样品进行了XPS的表征，其结果见图7-85。从图中可以看出，两个样品中都存在Zn、W、O元素，其中没有退火的样品的XPS图中明显存在有F元素的峰，退火2h后，F元素的峰强度非常弱。在图7-85的插图中，给出了F₁ₛ的窄扫描图，结果显示，在退火2h之后，氟元素几乎不存在。这样的实验结果与XRD的结果是一致的，说明掺杂的氟在一定的退火温度和时间下，在晶格间隙位的存在是不稳定。

不同退火条件下合成的样品的典型透射电镜照片见图7-86，从图中可以看出，不同条件下合成的样品的形貌都相似，均为颗粒，颗粒的大小也均在20～30nm。换句话说，退火对颗粒尺寸和形貌的大小并没有影响。F/Zn比为0.4的钨酸锌掺杂样品，以及其在450℃退火1h、2h、4h后，其比表面积的变化也不大，分别为24.8m²·g⁻¹、24.5m²·g⁻¹、23.4m²·g⁻¹和21.1m²·g⁻¹。

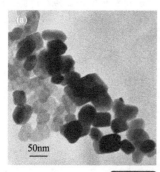
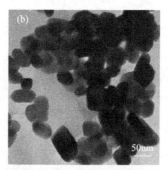
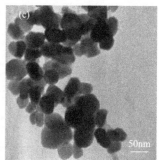

图 7-86 氟掺杂的 ZnWO₄不同退火条件下的 TEM
（a）R_F = 0.4，在 450℃退火 1h；（b）R_F = 0.4 在 450℃退火 4h；（c）R_F = 0.4，在 550℃退火 1h

N型半导体的光生电子的转移被认为是通过扩散而发生的。Mott-Schottky（MS）测试通常可以用来测量合成样品的电子转移性质。图7-87给出了掺杂R_F = 0.4的钨酸锌和没有掺杂的钨酸锌的MS曲线。整个图形呈S形说明该半导体是N型。经典的Mott-Schottky理论认为，在一定外加偏压的情况下，当膜与溶液接触时，半导体膜与溶液分别带相反的电

荷，半导体膜的过剩电荷分布在空间电荷层内，在空间电荷层显示耗尽时，空间电荷电容（C）与电位（V）可以用 Mott-Schottky 方程来分析：对于 N 型半导体膜，空间电荷电容（C）与电位（V）的关系如下：

$$\frac{1}{C^2} = \left(\frac{2}{eN_d\varepsilon_0\varepsilon}\right)\left|V - V_{\text{fb}} - \frac{kT}{e}\right| \tag{7-5}$$

式中，e 为电子的电量（1.6×10^{-19} C）；ε_0 为真空中的介电常数（8.86×10^{-12} F·m^{-1}）；ε 为半导体的介电常数（ZnWO$_4$ 为 16.6）；N_d 为载流子的浓度；k 为玻尔兹曼常数（1.38×10^{-23} J·K^{-1}）；T 为常温下的热力学温度；V 为应用的电位；V_{fb} 是平带电位。室温下 kT/e 约为 26mV，可以忽略不计，上式可以简化为：

$$\frac{1}{C^2} = \left(\frac{2}{eN_d\varepsilon_0\varepsilon}\right)\left|V - V_{\text{fb}}\right| \tag{7-6}$$

因此，可以通过测定双电层电容 C 和电极电位 V 的值，由 C^{-2} 对 V 作图，即 Mott-Schottky 图。当表面电位等于平带电位的时候，即 C^{-2} 为零，也就是 Mott-Schottky 图的截距。N_d 可以通过以下的表达式得到：

$$N_d = \left(\frac{2}{e\varepsilon_0\varepsilon}\right)\left[\frac{d(1/C^2)}{dV}\right]^{-1} \tag{7-7}$$

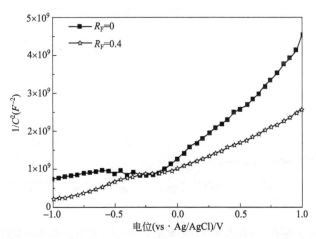

图 7-87 不同催化剂膜电极的 Mott-Schottky 曲线，频率 1kHz，电解液 0.1mol·L^{-1}的 Na$_2$SO$_4$

定量分析 Mott-Schottky 曲线可以知道平带电位和载流子浓度，根据图 7-87 中的数据，可以计算出 ZnWO$_4$ 和氟掺杂的 ZnWO$_4$ 的平带电位分别为 -0.40V 和 -0.67V（对 Ag/AgCl 标准电极）。与没有掺杂的钨酸锌相比，氟掺杂的钨酸锌的平带电位有一定的负移。产生这样的现象原因是多方面的，这可能是由于氟掺杂的钨酸锌的表面存在很多的氧空位，所以导致能带位置的改变。

另外，根据 MS 线性曲线的斜率，利用式（7-7）可以知道，没有掺杂的 ZnWO$_4$ 和氟掺杂的 ZnWO$_4$（$R_F=0.4$）的载流子浓度分别为 2.84×10^{19} cm^{-3} 和 5.59×10^{19} cm^{-3}，氟掺杂后载流子的浓度增加。

催化剂产生的光生载流子的迁移能力可以通过光电流来检测，其速率与材料的光催化活性是相关的。图 7-88 是所制备样品在悬浮液中产生的光电流。由图可见，$R_F=0.4$ 的样品的光电流是未掺杂样品的 1.2 倍。因此，可以说氟掺杂后加快了电子迁移到催化剂表面的速率。根据光催化降解原理，载流子的浓度高，电子的迁移速率快，电子和空穴的分离效率高，光催化活性好。

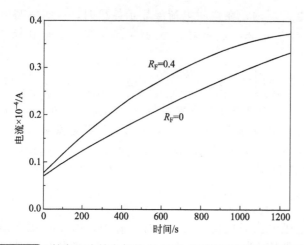

掺杂和未掺杂氟的 ZnWO₄ 在紫外光照下的光电流

不同氟掺杂浓度的 ZnWO₄ 光催化剂的紫外漫反射谱如图 7-89 所示。由图 7-89（a）可见，除了样品 $R_F = 0.4$ 和 $R_F = 0.8$ 的吸收边有少量的红移外，其余的样品都有相同的吸收边。计算得到 $R_F = 0 \sim 1.0$ 样品的禁带宽度分别为：3.69、3.70、3.72、3.60、3.63 和 3.68（eV）。且可以看到氟掺杂后的样品在紫外光区显示了更强的吸收。ZnWO₄ 在紫外光区的吸收是由电子从占据的 O_{2p} 轨道跃迁到空的 W_{5d} 轨道所引起的。再加上，间隙位的氟离子能够影响 WO₆ 八面体中 W 的配位。所以，有理由相信紫外光区的光跃迁是由 W 的 5d 轨道、O 和 F 的 2p 轨道引起的。

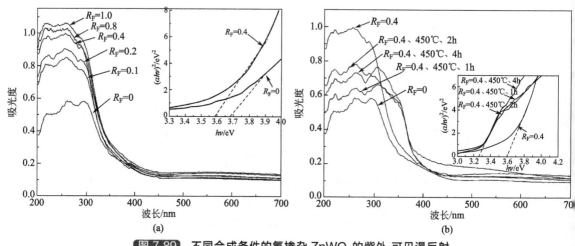

不同合成条件的氟掺杂 ZnWO₄ 的紫外-可见漫反射
（a）不同 R_F；（b）$R_F = 0.4$ 在 450℃ 退火不同时间

将氟掺杂量为 $R_F = 0.4$ 的 ZnWO₄ 样品在不同温度和时间下退火，得到的样品的紫外-可见漫反射图的形状相似，吸收边也相同。图 7-89（b）给出的是不同退火时间的样品的紫外-可见漫反射图，从图中可以看到，样品的禁带宽度由没有退火前的 3.60eV（$R_F = 0.4$）红移到 3.26eV（$R_F = 0.4$、450℃、退火 2h），结晶度的完善是吸收边红移的主要原因。随着退火时间的延长，氟掺杂的 ZnWO₄ 的紫外漫反射光谱图与 ZnWO₄ 的紫外漫反射光谱图形状和吸收边相同，说明氟的影响已经不存在了。在紫外光区的吸收强度降低，可能与退火后间隙位的氟减少有关。这也说明图 7-89（a）中紫外光区吸收的增加源自于氟的掺杂。

不同氟掺杂浓度的样品在紫外光辐照下液相降解罗丹明 B（RhB）的实验结果见图 7-90。在图 7-90（a）中，反应前的 20min，RhB 的浓度降低是由超声吸附引起的。随着时间的延长，可以看到，没有氟掺杂的 ZnWO₄ 与 $R_F = 0.4$ 的 ZnWO₄ 光催化剂对 RhB 的吸附能力是相同的。

从图 7-90（b）中可以看到，氟掺杂的 ZnWO₄ 光催化降解 RhB 的性能均优于未掺杂的样品。空白试验表明，RhB 在只有光照的条件下几乎是不降解的，因此，在光催化降解过程中 RhB 自身的降解是可以忽略不计的。$R_F=0$ 的 ZnWO₄ 纳米颗粒催化降解 RhB 的表观反应速率常数为 $1.77\times10^{-2}\,min^{-1}$。随着氟掺杂浓度的增加，样品的光催化性能提高。当 $R_F=0.4$ 时，60min 可以降解 90% 的 RhB，表观反应速率常数达到 $4.56\times10^{-2}\,min^{-1}$，是没掺杂时的 2.6 倍。然而，随着氟掺杂浓度的进一步增加，光催化降解的活性反而降低。当 $R_F=1.0$ 时，光催化降解 RhB 的表观反应速率常数只有 $2.02\times10^{-2}\,min^{-1}$。

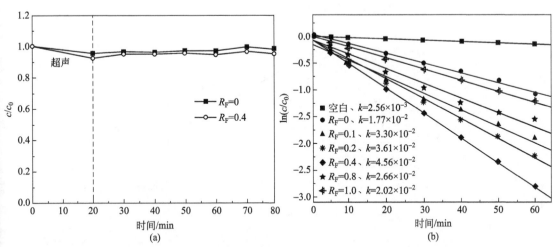

图 7-90　在无光照条件下，未掺杂氟和氟掺杂的 ZnWO₄（$R_F=0.4$）对 RhB 的吸附性能（a）
及不同氟掺杂浓度的样品光催化降解 RhB（b）

图 7-91 是 $R_F=0$ 和 $R_F=0.4$ 的 ZnWO₄ 光催化降解罗丹明 B 时，罗丹明 B 的吸收光谱随时间的变化图，插图是罗丹明 B 的高相液相色谱图。由图可见，在 553nm 的罗丹明 B 的吸收峰强度的降低说明氧杂蒽共轭环发生了分解。最大吸收峰的逐渐蓝移说明罗丹明 B 在光催化降解过程中发生脱乙基作用。

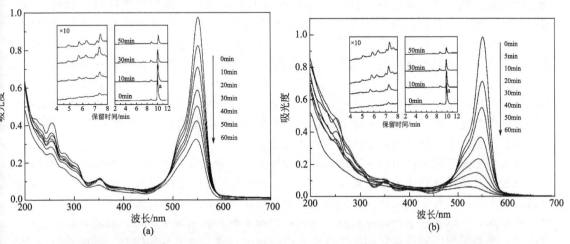

图 7-91　光催化降解 RhB 溶液的浓度随时间变化的光谱图，插图为高相液相色谱图
（a）$R_F=0$；（b）$R_F=0.4$

比较图 7-91（a）和（b）两图中罗丹明 B 的浓度随时间变化的光谱图，我们发现两者的光谱变化类似。由图 7-91（b）可见，在 $R_F=0.4$ 的 ZnWO₄ 的光催化降解过程中，RhB 在 553nm 处的特征吸收峰强度迅速降低，减小的幅度要大于未掺杂的样品。并且，553nm

的吸收峰发生明显的蓝移，这都说明罗丹明 B 发生了降解反应。插图为 RhB 溶液的高效液相色谱图，由图可知，保留时间为 10min 时出现的是初始的罗丹明 B 的峰（峰 a），其它的峰为反应中间产物的峰。随着辐照时间的延长，峰 a 的峰面积逐渐减小，产物峰的峰面积逐渐增加，这同样说明罗丹明 B 发生了光降解。未掺杂的 ZnWO$_4$ 催化降解罗丹明 B 的过程与 $R_F = 0.4$ 的 ZnWO$_4$ 的实验结果类似。仔细比较两个样品降解罗丹明 B 的过程可以看到，在保留时间 4～8min 范围内，降解产物峰的个数和峰的位置相同，说明氟掺杂不会影响催化剂光催化降解罗丹明 B 的降解路径和降解产物。

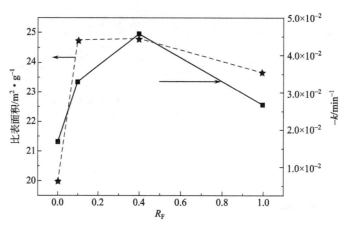

图 7-92　不同氟掺杂量的 ZnWO$_4$ 降解 RhB 的表观反应速率
常数和比表面积

根据光催化降解原理，比表面积大、颗粒尺寸小、结晶性好的催化剂的光催化性能好。从 XRD 和 TEM 的结果中可以知道，所制备的样品的结晶度和颗粒尺寸都相似，均在 50nm 以内，没有量子尺寸效应对光催化剂活性的影响。对于同晶型的同种物质来说，晶体结构也不会对催化活性带来影响。因此，我们再来考察比表面积的影响，比表面积大，对目标降解物的吸附能力强，催化性能好。但是，由图 7-90（a）可知，氟掺杂对罗丹明 B 的吸附性能没有影响。同时，我们再来仔细研究不同氟掺杂浓度的 ZnWO$_4$ 降解罗丹明 B 的表观反应速率常数与比表面积的对应关系。由图 7-92 可见，ZnWO$_4$ 的光催化性能随着比表面积的增加而增加，$R_F = 0.4$ 具有最大的比表面积（24.8m$^2 \cdot$ g^{-1}），它表现出最好的光催化活性。然而，同样注意到，$R_F = 0.1$（24.7m$^2 \cdot$ g^{-1}）和 $R_F = 0.4$（24.8m$^2 \cdot$ g^{-1}）的两个样品的比表面积值相同，可是两者的光催化活性却相差甚远。这说明，比表面积并不是活性增加的主要因素。既然比表面积、颗粒尺寸和结晶性不是氟掺杂的 ZnWO$_4$ 催化性能提高的主要原因，那么需要从另一个角度来寻求活性增加的主要原因。

从光催化降解的基本原理入手来研究活性增加的机理。研究表明，半导体纳米材料的光催化性能是受电子迁移的速率与电子-空穴对的复合速率的比来控制的。如果电子的迁移速率快，那么这将有利于光催化反应的发生。根据电化学测试的结果，氟掺杂之后，电子的迁移速率增加，所以光生电子很容易从催化剂的内部扩散到表面发生反应；再者，载流子的浓度增加，参与反应的光致空穴和光生电子的数目增多，催化降解性能提高。因此，氟掺杂的 ZnWO$_4$ 表现出良好的光催化性能。但是，当掺杂浓度 $R_F > 0.4$ 时，由于大量的掺杂离子的存在，颗粒表面捕获位间的距离缩短，电子与空穴的复合概率增加，光催化性能反而降低；并且，过多的掺入量会使半导体粒子表面的空间电荷层厚度增加，从而影响入射光子量。因此，非金属离子的掺杂存在一个最佳浓度。在 $R_F = 0.4$ 条件下，ZnWO$_4$ 光催化降解罗丹明 B 的性能最好，继续增加氟的掺杂浓度，催化活性反而降低。

7.3.1.5 水热法制备 Bi₂WO₆ 及其光催化性能

从近年来有关 Bi_2WO_6 的研究报道来看，Bi_2WO_6 是少有的几个在可见光照射下既可以光解水，又可以用来降解有机污染物的光催化剂。Kudo 等人[45]最先发现它可以在可见光照射下光解水，随后 Tang 等人[46]报道了高温固相合成的 Bi_2WO_6 可降解 CH_3CHO 和 $CHCl_3$。在此基础上，通过水热法实现了对 Bi_2WO_6 纳米结构的控制，并对其光催化降解有机污染物进行了系统深入的研究[51,52]。

Bi_2WO_6 同样是层状的钙钛矿结构（图 7-93），WO_6 八面体通过共顶点的方式互相连接，其晶体结构属于正交晶相，隶属于 Pca21 空间群。晶胞参数为 $a=0.5437nm$，$b=1.643nm$，$c=0.5458nm$，单个晶胞的体积为 $0.487nm^3$。

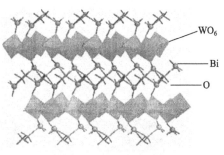

图 7-93 Bi_2WO_6 的晶体结构

这样的层状结构不仅有利于电子在导带中迁移，同时使得结构控制变得简单可行。研究发现，Bi_2WO_6 在水热条件下，由于生长化学势的原因，更趋向于沿（200）和（020）方向优势生长，形成一种片状的结构。这种片状结构不仅具有较大的比表面积，而且有希望自组装成膜进而可以应用在太阳能电池等领域。

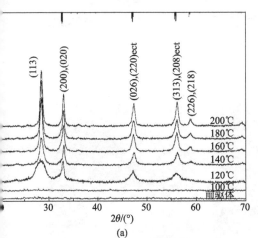

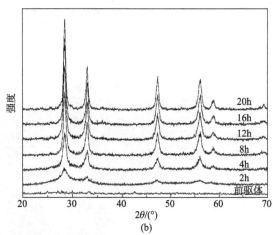

图 7-94 水热法合成的 Bi_2WO_6 粉体样品等 XRD 图
（a）不同温度下水热 12h；（b）160℃ 水热时间系列

以 $Bi(NO_3)_3$ 和 Na_2WO_4 分别作为铋源和钨源，在不同的水热环境下合成 Bi_2WO_6 纳米晶体。通过 XRD 数据表明（见图 7-94），水热合成可以得到纯相的 Bi_2WO_6 光催化剂，催化剂形貌为纳米薄片，并且随着水热时间和温度的升高，其晶相结构变得更加完善，在（200）和（020）方向上衍射峰的强度很高，说明晶体在这个方向上存在优势生长。

在不同温度下水热反应 12h，得到的 Bi_2WO_6 的形貌通过透射电镜（图 7-95）观察如下，可以看到 Bi_2WO_6 基本是方形的薄片状，并且随着温度的提高，薄片结构更加明显，薄片的尺寸也有所增长，与前驱体的无规则形貌相去甚远。

当水热条件固定在 160℃ 时，通过不同水热时间合成产物的观察（图 7-96），可以看到整个纳米薄片生长的过程，此生长机理符合过饱和溶液体系重结晶优势生长过程。并且可以看到结晶体由无规则形状转变为规则的纳米薄片的过程。

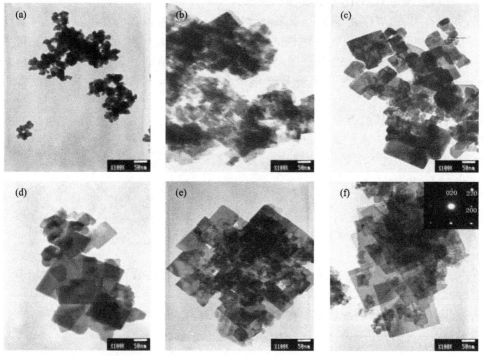

图 7-95 不同水热温度下合成的 Bi₂WO₆ 的透射电镜图

（a）前驱体；（b）120℃；（c）140℃；（d）160℃；（e）180℃；（f）200℃

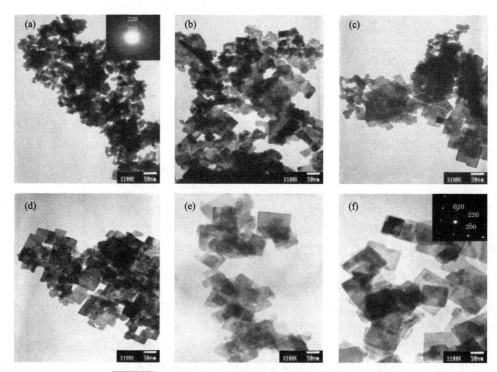

图 7-96 不同水热时间合成的 Bi₂WO₆ 的透射电镜图

（a）2h；（b）4h；（c）8h；（d）12h；（e）16h；（f）20h

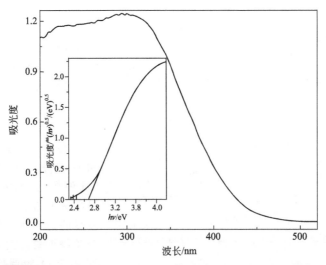

图 7-97 水热合成的 Bi_2WO_6 光催化剂的紫外-可见漫反射图谱

图 7-97 为水热合成的 Bi_2WO_6 光催化剂的紫外-可见漫反射图谱，Bi_2WO_6 从 470nm 处开始有光吸收，禁带宽度为 2.7eV。

对 Bi_2WO_6 进行理论计算研究可获得其电子结构，通过电子结构可对其吸收可见光等光学性质作出解释。理论计算结果见图 7-98，Bi_2WO_6 的价带主要由两部分组成，价带的低能端是 Bi_{6p}、O_{2p} 和 W_{5d} 杂化的结果，而高能端由 O_{2p} 和少量的 $Bi_{6s\,6p}$ 轨道构成；导带由 W5d 和少量的 O_{2p} 及 Bi_{6p} 杂化而成。O_{2p} 与 Bi_{6p} 之间的杂化说明了 Bi 与 O 之间的成键有较强的共价键性质。从能带计算结果可见，价带的最高点及导带的最低点都在 x 对称点上，说明 Bi_2WO_6 是直接半导体，470nm 处的吸收对应从 Bi_{6s} 轨道向 W_{5d} 的跃迁。

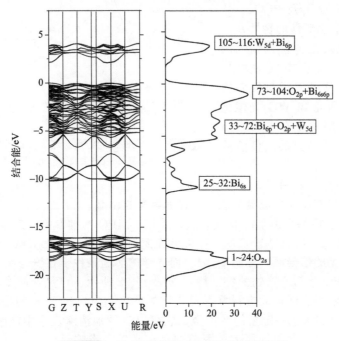

图 7-98 Bi_2WO_6 能带结构及态密度分布图

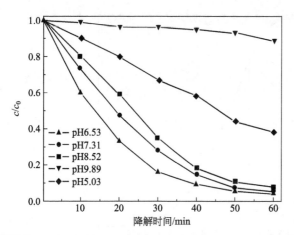

图 7-99　不同 pH 值下 Bi_2WO_6 可见光降解罗丹明 B 活性曲线

研究工作发现，Bi_2WO_6 在可见光照射下降解有机污染物（罗丹明 B）溶液体系中，pH 是影响 Bi_2WO_6 光催化活性的一个重要因素。图 7-99 为不同 pH 值条件下 Bi_2WO_6 对罗丹明 B 的降解曲线。由此可见，在 pH 值从 5.03 到 9.89 变化范围内，Bi_2WO_6 对罗丹明 B 的降解速率有较大变化，在 pH 值接近中性时，Bi_2WO_6 显示了最高的光催化活性。pH 值是影响罗丹明 B 在 Bi_2WO_6 表面吸附的一个关键因素，间接导致不同 pH 值下 Bi_2WO_6 对罗丹明 B 光催化转化效率的差异。因此，想了解 pH 值的作用必须先研究 pH 值与罗丹明 B 在 Bi_2WO_6 表面吸附之间的关系。图 7-100 给出了 pH 值从 5.03 到 9.89 条件下，罗丹明 B 吸附量-pH 值曲线。随着 pH 值的升高，罗丹明 B 在 Bi_2WO_6 表面的吸附量逐渐降低，直接导致了罗丹明 B 转化率的降低。

在 pH 值为 5.03 时，虽然罗丹明 B 在 Bi_2WO_6 表面的吸附量相对较高，但光催化速率却很低。通过 XRD 研究光催化反应后的 Bi_2WO_6 催化剂的结构，发现在酸性条件下 Bi_2WO_6 并不稳定，容易分解为 H_2WO_4 及 Bi_2O_3，从而导致 Bi_2WO_6 光催化活性的丧失。

有机物光催化氧化包含光催化剂对光的吸收，光生电子-空穴对的生成，载流子的迁移及载流子与反应物结合四个过程。为研究 Bi_2WO_6 光催化氧化机理，深入了解发生在液固表面上进行的化学过程是必要的。目前从对光催化剂的研究来看，光生空穴可以直接氧化吸附的分子，另外，光生空穴也可以与表面羟基反应生成氧化能力很强的羟基自由基。

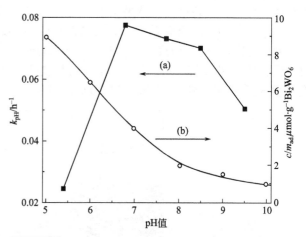

图 7-100　pH 值对吸附量和光催化速率常数的影响。
（a）为速率常数- pH 值曲线；（b）为吸附量- pH 值曲线

ESR 是检测活性羟基自由基的有效方法，采用 DMPO 为捕获剂，对罗丹明 B/Bi_2WO_6 体系进行了 ESR 研究，研究结果发现，在可见光照射的罗丹明 B/Bi_2WO_6 体系中，ESR 谱中并没有羟基自由基的信号峰，见图 7-101，而同样的实验条件下在罗丹明 B/TiO_2 体系中，明显观察到了 DMPO-·OH 产物的特征峰，如图 7-102 所示。可见，两个体系的光催化氧化机理并不相同，液固表面可能进行着不同的化学过程。为确认 ESR 的检测结果，在罗丹明 B/Bi_2WO_6 体系中加入了一定量的 2-丙醇，它可以有效地清除反应中产生的羟基自由基，如果反应过程中有·OH 参与，那么 2-丙醇的存在必然会影响反应的进行。但是在罗丹明 B/Bi_2WO_6 体系中观察到了相反的结果，如图 7-103 所示，2-丙醇的加入并没有影响 Bi_2WO_6 对罗丹明 B 的降解活性。

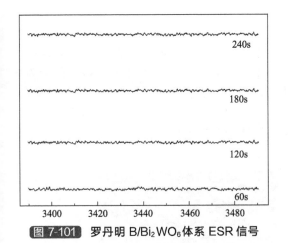

图 7-101 罗丹明 B/Bi₂WO₆体系 ESR 信号

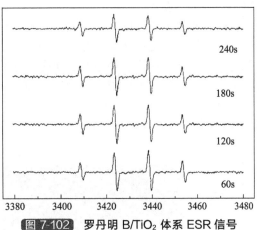

图 7-102 罗丹明 B/TiO₂ 体系 ESR 信号

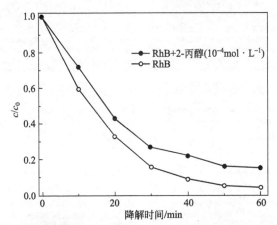

图 7-103 不同溶液中 Bi_2WO_6 光催化活性

由以上分析可知，在罗丹明 B/Bi_2WO_6 体系中，·OH 并没有产生，罗丹明 B 的降解并不是通过光生空穴与表面羟基反应生成·OH 来实现氧化的，而是光生空穴对罗丹明 B 的直接氧化结果。其光催化氧化机理可表示为图 7-104。

Bi_2WO_6 对罗丹明 B 的降解包含两个竞争过程：光催化和光敏化过程。在光敏化过程中，罗丹明 B 被可见光激发，激发态的罗丹明 B 向 Bi_2WO_6 导带中注入电子，该电子可进一步与 O_2 结合生成·O_2^-，由·O_2^- 起到氧化作用。同时，Bi_2WO_6 也可以吸收可见光，光生电子与表面吸附氧反应同样生成·O_2^-，两个过程竞争进行，使罗丹明 B 得以有效光解。随着罗丹明 B 的脱色，光敏化过程会终止，光催化过程将继续进行，直到罗丹明 B 完全矿化。

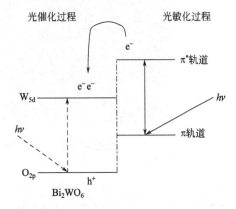

图 7-104 罗丹明 B/Bi_2WO_6体系光催化机理

7.3.1.6 Bi_2WO_6 薄膜光催化剂制备及光电性能研究

Bi_2WO_6 薄膜的制备与 $ZnWO_4$ 薄膜类似，采用非晶态配合物法制备前驱体溶液，再经提拉镀膜、煅烧得到[61]。

制得薄膜的形貌见图 7-105，ITO 导电玻璃表面有明显的 ITO 颗粒，粒度约 10nm，颗粒排列紧密；经过提拉镀膜，在不同温度下煅烧后，薄膜表面均看不到类似 ITO 表面的颗粒形貌，说明提拉镀膜能将基底表面完全覆盖，与煅烧温度无关。400℃煅烧得到的薄膜表面均匀，无明显的颗粒出现；450℃以上温度煅烧的薄膜均出现明显的颗粒，随温度的升高，颗粒平均粒度线性增大，粒度偏差增大。不同煅烧温度下颗粒的粒度分别为：450℃，40nm；500℃，60nm；550℃，75nm。由于颗粒粒度的增大，颗粒之间的孔隙增大，颗粒呈孤岛状分布。

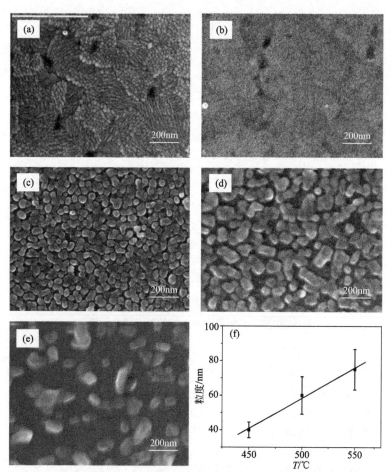

图 7-105 不同煅烧温度下薄膜的 FE-SEM 结果

（a）ITO；（b）400℃；（c）450℃；（d）500℃；（e）550℃；（f）Bi_2WO_6 颗粒粒度随煅烧温度的变化

薄膜的结构采用 XRD 和 Raman 进行了表征，图 7-106 为薄膜的 XRD 图谱，图 7-107 为薄膜的 Raman 光谱。从 XRD 结果来看，400℃煅烧的薄膜没有形成 Bi_2WO_6 晶相，450℃以上温度煅烧的薄膜均形成结晶较好的 Bi_2WO_6 相。但 XRD 衍射峰的强度并不是随煅烧温度的升高而增强，而是 450℃时的衍射峰最强。而从 Raman 结果来看，450℃以上煅烧的薄膜均出现 Bi_2WO_6 相应的 Raman 散射谱带，与 Bi_2WO_6 粉体的 Raman 光谱符合较好，进一步证实 450℃以上可以形成 Bi_2WO_6 相薄膜。同时，发现 Raman 光谱中 Raman 散射强度随煅烧温度升高而增强，与 XRD 结果存在差别，主要原因是 Raman 光谱的检测深度较小，在 Raman 光谱图中，不同煅烧温度下的薄膜均未检测出基底 ITO 的 Raman 散射，用 Raman

光谱更能反映 Bi_2WO_6 薄膜的真实结构变化，随温度升高，Raman 散射增强，说明随温度的升高，薄膜中的 Bi_2WO_6 相结晶更完善。XRD 检测深度相对 Raman 光谱较大，在所有样品中都检测到基底 ITO 的 XRD 衍射峰。从 SEM 结果来看，随着煅烧温度的升高，Bi_2WO_6 颗粒增大，颗粒间隙同时增大，Bi_2WO_6 颗粒所对应的覆盖面积减小，XRD 衍射峰减弱；另一方面，随着煅烧温度的升高，Bi_2WO_6 颗粒结晶更完善，XRD 衍射峰会增强，但考虑两方面的原因，可能 Bi_2WO_6 颗粒的覆盖面积起到的作用更大一些。450℃时，Bi_2WO_6 颗粒的覆盖面积最大，相应的 XRD 衍射峰最强。从 XRD 结果还可以看出，Bi_2WO_6（131）和（262）晶面所对应的衍射峰明显增强，其它衍射峰均削弱，说明 Bi_2WO_6 薄膜沿（131）晶面定向生长。

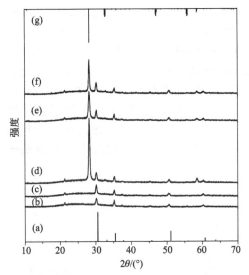

图 7-106 不同煅烧温度薄膜的 XRD 结果
(a)为 InO_3 标准卡片，JCPDF 44-1087,(b)为前驱体薄膜，
(c)为 400℃，(d)为 450℃，(e)为 500℃,(f)为 550℃，
(g)为 Bi_2WO_6 的标准卡片，JCPDF 79-238

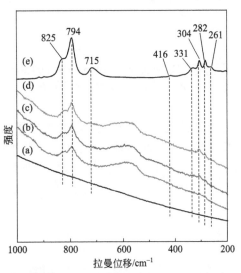

图 7-107 不同煅烧温度的 Raman 光谱
（a）为 400℃，（b）为 450℃，（c）为 500℃，
（d）为 550℃，（e）为 Bi_2WO_6 粉末、500℃ 煅烧

图 7-108 为不同温度煅烧的 Bi_2WO_6 薄膜在可见光照射下（$\lambda >$ 400nm，200mW·cm^{-2}）的光电流响应曲线。400℃煅烧得到的薄膜，由于没有形成 Bi_2WO_6 晶相结构，没有光电流产生，因此没有给出光电流响应曲线。450℃、500℃、550℃煅烧得到的薄膜，均具有很好的 Bi_2WO_6 晶相结构，在可见光照射下能产生较强的光电流。光电流的大小与煅烧温度呈非线性关系，500℃煅烧的薄膜其光电流最强，这与不同温度下煅烧生成的 Bi_2WO_6 薄膜的结构有关。

光电流的产生与光的强度密切相关，图 7-109 为 Bi_2WO_6 薄膜光电流与光强的关系。在光强为 $10\sim200$mW·cm^{-2} 范围内，光电流与光强具有很好的线性关系，随

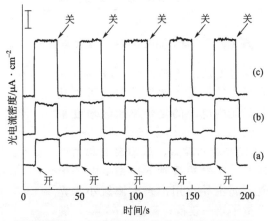

图 7-108 不同煅烧温度薄膜在可见光照射下
（$\lambda > 400$nm,200mW·cm^{-2}）的光电流响应曲线
（a）为 550℃，（b）为 450℃；（c）为 500℃

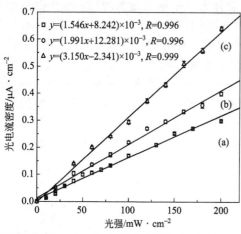

图 7-109 Bi₂WO₆薄膜光电流与光强的关系
（a）为550℃，（b）为450℃，（c）为500℃

着光强的增大，光电流线性增大，说明 ITO/Bi₂WO₆薄膜光电极的光电流在该光强范围内还没有达到饱和。

图 7-110 为不同温度煅烧薄膜在可见光照射下（$\lambda > 400nm$，$200mW \cdot cm^{-2}$）的光电流和单色光转换效率（IPCE）响应曲线。光电流大小的变化趋势与吸收光谱相一致。而光电转换量子产率也与照射光的波长有关，随波长的减小，量子效率增大，但总体来看，量子效率较小（均小于0.12）。造成光电转换量子效率低的原因主要有两个。① 光吸收率低：Bi₂WO₆薄膜的厚度非常薄，光的吸收率较低，而且随着光波长的增大，光的穿透力增强，透过率增加，吸光率降低（薄膜的 UV-Vis 透过光谱见图 7-111），造成随着照射光波长的增大，光电转换量子效率降低。②光生电子的复合率高：Bi₂WO₆薄膜光电极的光电子复合途径大体包括以下几种可能，Bi₂WO₆薄膜中的晶体缺陷复合、Bi₂WO₆薄膜/电解液界面光电子复合、ITO 电极/电解液界面光电子复合。

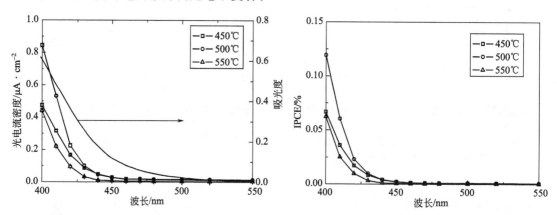

图 7-110 不同煅烧温度薄膜在可见光照射下（$\lambda > 400nm$）光电流（a）和 IPCE（b）作用曲线

不同温度煅烧得到的薄膜样品的光电流和光电转换量子效率的差别可以从光吸收和光生电子的复合途径的角度来分析。低温（450℃）煅烧得到的薄膜，Bi₂WO₆结晶相对较差，晶体表面和内部缺陷较多，在光的照射下，光生电子的缺陷复合起主导作用，光电流较小，光电转换量子效率较低；高温（550℃）煅烧得到的薄膜，由于颗粒长大，同时颗粒之间的间隙增大，ITO 电极/电解液界面光电子复合概率增大，同时颗粒间隙的光透过率增大，使薄膜整体吸光率减

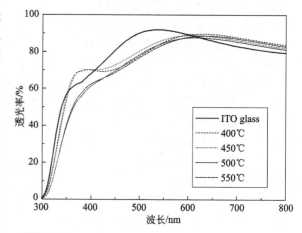

图 7-111 不同煅烧温度薄膜的紫外-可见透过光谱

小（图 7-111），从而造成光电流减弱，光电转换量子效率减小。对于 500℃ 煅烧得到的薄膜，既能使 Bi_2WO_6 结晶颗粒的缺陷减少，又可以避免由于颗粒生长过快造成颗粒间隙增大，因此，此温度下得到的薄膜光电极光电流最强，光电转换效率最高。

7.3.2　钼酸盐系光催化材料

由于钨和钼两元素在周期表中是同一族，具有一定的相似性，因此 Bi_2MoO_6 与 Bi_2WO_6 有着几乎相同的性质，它们都是层状的钙钛矿结构，MoO_6/WO_6 八面体通过共顶点的方式互相连接，晶体结构属于正交晶相，隶属于 Pca21 空间群。钼酸铋在可见光波长区有光吸收，而且吸收波长范围广，因此很可能成为很好的光电转换的光催化材料，从而应用到太阳能电池上。

采用与合成 Bi_2WO_6 相同的方法可以合成出 Bi_2MoO_6，控制合成条件可以对 Bi_2MoO_6 实现微观结构控制，以获取更高的光催化活性[62]。

图 7-112 给出的是在不同 pH 条件下 180℃ 水热反应 24h 后所得样品的 XRD 结果。所有样品的衍射峰都可以归属为 γ 相 Bi_2MoO_6，与标准卡片 JCPDS 76-2388 相对应，晶胞参数分别为 $a=5.502$ Å，$b=16.210$ Å 和 $c=5.483$ Å。从 XRD 图中可以看出，在相对较低的温度下就能得到高度结晶的晶体。随着反应体系 pH 值的增加，衍射峰强度增加，衍射峰变得尖锐，粉末样品的结晶性提高。根据 Scheller 公式可知，衍射峰半高宽与平均晶粒尺寸成反比，随着结晶度的提高，衍射峰半高宽逐渐变小，晶粒尺寸变大，而结构均为单斜晶系，没有随着 pH 的变化而变化。值得注意的是，虽然产物衍射峰位与 Bi_2MoO_6 的标准卡一致，但在不同制备条件下所得产物的 (020)、(131)、(200)、(002) 和 (060) 晶面衍射峰的相对强度却明显不同。在标准卡片中，(131) 和 (200) 两个衍射峰强度比值约为 5，而对于在酸性条件下（pH=1、pH=3、pH=5）水热制备的样品，I (131)/I (200) 基本上小于 2。这说明样品在 (200)、(020) 方向存在更多的重复结构，在这两个晶面上存在优势生长。当体系为碱性环境时（pH=9、pH=11、pH=13），所得样品在 (020) 和 (060) 方向的衍射峰强度迅速增强，与 (131) 晶面的衍射峰强度接近，而 (131) 衍射峰的强度几乎不发生变化。这说明在碱性条件下 Bi_2MoO_6 晶体在某一方向 (010) 上存在明显的优势生长，这一点后面的形貌表征也可以证明。

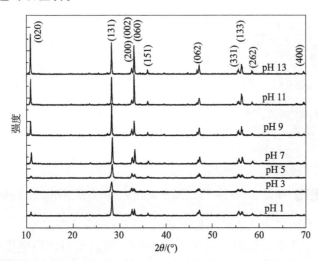

图 7-112　不同 pH 条件下 180℃ 水热反应 24h 后所得样品的 XRD 图

为进一步证明 XRD 的分析结果，图 7-113 给出了不同 pH 条件下所得样品的形貌变化过程。当 pH 值为 1、3、5 时,生成的产物均为几纳米厚的薄片,纳米片尺寸的大小不完全一致,结果表明在酸性条件下随着 pH 值的增加纳米片的尺寸在减小,从几百纳米减小到几十纳米,虽然所有纳米片的大小并不均匀,但可以看到部分纳米片为正方形或接近于正方形,这是由晶体的结构决定的。当反应的体系为中性时,得到的产物形貌接近于片状但是厚度明显增加,这可以从纳米片的对比度上看出,酸性条件下的纳米片薄而接近于透明,中性条件下生成的纳米片则明显发黑而不透明。进一步观察可以发现碱性条件下产物的形貌和前面明显不同:尺寸明显增大约为 $1\mu m$,方形或接近于方形的样品转变为狭长但不是长方形的不规则形貌。上述结果说明 Bi_2MoO_6 纳米片或者微米棒的形貌是由反应体系的初始 pH 决定的,因此通过调控反应的 pH 是获得产物形貌控制的一个手段。

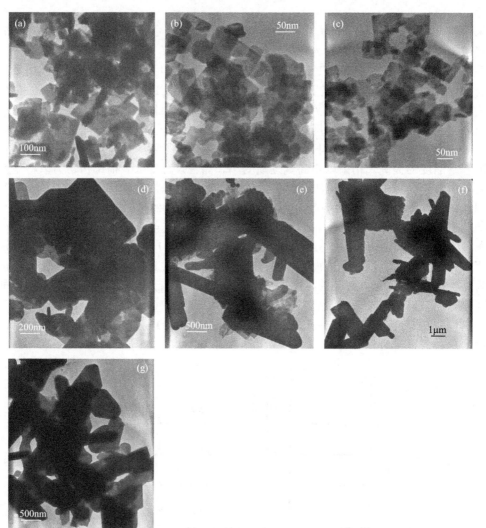

图 7-113 不同 pH 条件下 180℃水热反应 24h 后所得样品的 TEM 图

在高分辨观察时看到纳米片边缘不是很规则,而是形成了很多的突起,在纳米片上也有很多的隆起和凹陷,这是由于高能电子束对 Bi_2MoO_6 的轰击和加热作用导致的,因为当高速电子束照射到纳米片的最初几秒钟看到的纳米片表面是平整没有颗粒和突起的,但随着电子束照射,边缘开始不稳定,部分开始沿着边缘继续生长,而片上也开始隆起,凹凸不平,总的来说主要还是 Bi_2MoO_6 晶体在高能电子照射下本身不稳定造成的。

图 7-114（a）、（b）、（c）给出的分别是 pH=3、pH=7 和 pH=11 条件下制备的 Bi_2MoO_6 晶体的高分辨透射电镜（HRTEM）结果。可以看出，所有样品均表现出清晰的晶格条纹，说明水热反应后得到的 Bi_2MoO_6 为单晶结构，进一步分析可见这三种样品的晶格条纹间距并不相同，pH=3 晶格条纹的间距为 0.305nm，对应于晶体中的（131）晶面间距；pH=7 样品中观察到两种方向的晶格条纹 0.305nm 和 0.410nm，这两组条纹分别与（131）、（040）的晶面间距对应；而 pH=11 样品的晶格间距正好对应的是（200）和（020）晶面的晶面间距 d 值，分别为 0.274nm 和 0.275nm，表明碱性条件下制备的 Bi_2MoO_6 晶体沿 [010] 方向优势生长。以上结果说明在不同的生长环境中晶体的优势生长方向是不同的。

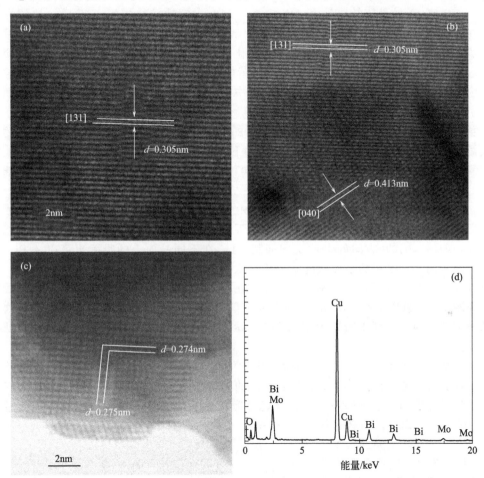

图 7-114 不同 pH 条件下 180℃水热反应 24h 后所得样品的 HRTEM 图及 pH 3 的 EDS 图

在纳米片上的微区能量散射谱元素分析（EDX）谱图，见图 7-114（d），主要是 Mo、Bi、Cu 的峰，其中 Cu 来自于铜网，说明纳米片的主要元素组成为 Mo、Bi、O，进一步的计算显示 Bi 和 W 的比例为 1.9：1，比较符合 Bi_2MoO_6 的理论值，考虑到误差范围，结合 XRD 结果基本可以确定纳米片的组成就是 Bi_2MoO_6 晶体。

一般来讲，晶体生长的过程可分为两个步骤：成核阶段和晶体生长阶段。在成核的初始阶段，核的生长对于晶体以后的进一步生长是至关重要的。在后来的步骤里，晶体生长阶段是一个动力学和热力学共同控制的过程。在该过程中，通过改变反应参数如温度、反应时间、浓度和 pH 可以形成不同形状的样品。从前面的结果可以看出，在 Bi_2MoO_6 体系里，溶液的 pH 对结构以及形貌具有非常重要的影响。

决定纳米晶或者微米晶形貌的关键因素是初始晶种的晶相，一旦确定，晶种的特征晶胞结构将影响后续晶体的生长。钼酸钠溶于去离子水而硝酸铋溶于硝酸，两者混合后能够形成沉淀，铋的存在形式有 Bi^{3+} 和 $(BiO)^+$ 两种形式，铋氧离子是微溶于水，因此铋会以铋氧盐的形式参与形成沉淀。$Bi^{3+}+H_2O \Longrightarrow BiO^+ +2H^+$，溶液中 Mo（Ⅵ）的行为决定于 Mo（Ⅵ）的聚合度，根据溶液中钼的浓度、溶液的 pH 以及溶液的温度和老化程度等，能够形成一系列的 $(MoO_4)^{2-}$、$(Mo_2O_7)^{2-}$、$(Mo_3O_{10})^{2-}$ 等重钼酸根离子。$2MoO_4^{2-}+2H^+ \Longrightarrow Mo_2O_7^{2-}+H_2O$，$3MoO_4^{2-}+4H^+ = Mo_3O_{10}^{2-}+2H_2O$，当钼的浓度较低时（$n_{Bi}/n_{Mo}=2/1$），在整个 pH 范围内只有正常的钼阴离子 $(MoO_4)^{2-}$ 存在，因此形成的钼酸铋为 $(BiO)_2(MoO_4)$。Bi_2MoO_6 的晶体结构是由 $(Bi_2O_2)_n^{2+}$ 层和类钙钛矿结构的 $(MoO_4)_n^{2-}$ 层交替组成的，在各种钼酸盐的各向异性生长过程中以 Mo 原子为中心原子的八面体起到了重要作用。在实验中，晶体生长过程伴随着形貌的变化但没有发生晶相的转变，结果表明反应体系的 pH 是影响形貌变化的重要因素，调节 pH 就能够通过控制反应的表面自由能来调控晶体成核和生长的动力学，不同晶面优先吸附体系中的分子或离子后就会通过控制不同晶面的生长速度引导晶粒长成不同的形貌。

从彩图 1 给出了 Bi_2MoO_6 不同晶面切割后的表面结构图。可以看出（010）晶面的表面富含大量的未成键的氧原子，因此在酸性条件下（pH＝1、3、5），体系中大量的 H^+ 会吸附在（010）晶面上，而少量在（001）和（100）晶面上，这样将导致晶面（010）的活化能明显降低，生长速率下降，所以可能沿 [010] 方向形成薄层。由于正交相的 Bi_2MoO_6 晶体结构在 a、c 轴方向是等价的，所以纳米片堆积的方向就是垂直于 a、c 轴所在平面的 b 轴方向，根据实验结果可以推测在较低 pH 值条件下，（100）和（001）晶面与其它晶面相比表面能更高，而沿（010）方向的生长受到抑制，H^+ 在不同晶面上的吸附也可以从 Bi_2MoO_6 晶体在不同方向上切割后的表面状况来分析，从图中可以看出（100）、（010）、（001）晶面分别以 Mo、O 和 Bi 原子截止，Mo-O 八面体在（100）晶面方向上的之字形排列导致该晶面不易吸附 H^+，氧原子在（010）晶面方向上的布居数明显比其它晶面要高，因此这个晶面上的高密度氧原子有利于吸附大量的 H^+，导致晶体沿 [010] 方向的生长速率降低而形成纳米片。

当氨水加入到体系中后，H^+ 将被部分中和使纳米晶表面局部的 H^+ 浓度发生变化，导致晶面的表面自由能变化，具有高表面自由能的晶面晶体生长的速度也会快一些，为突破晶体的自然生长习性而产生一些新的各向异性，有文献表明 Bi_2MoO_6 的微米棒也能通过调节体系的 pH 得到。碱性反应体系中（pH＝9、11、13），主要的吸附离子 OH^- 也会不同程度地吸附在不同的晶面上而降低反应的表面能，抑制在 a、b 方向上的进一步增长，而驱动沿着 [010] 方向成核生长，这与 XRD 的结果比较吻合，对应样品的 XRD 图中（020）衍射峰和标准卡片明显不同，（060）峰强度的异常高就表明在 [010] 方向上有很大程度的优势生长。

图 7-115 为不同 pH 条件下产物的紫外-可见漫反射谱，可以用

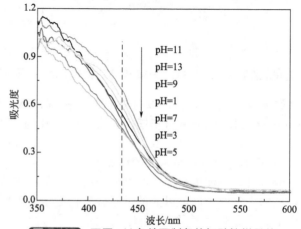

图 7-115 不同 pH 条件下制备的钼酸铋样品的紫外-可见漫反射谱

来了解材料的光学性能。所有样品的光学吸收都基本相似，吸收带边的位置都在 480nm 附近，对应的带宽为 2.58eV，与从漫反射光谱上预期的一致，所得样品均呈现黄色，说明钼酸铋适合于在可见光条件下作为光催化材料降解污染物。可见光区域的吸收峰呈现急速上升，表明材料的可见光吸收来自于带隙迁移而不是杂质能级。理论计算表明，钼酸铋的价带是由大部分的 Mo_{4d} 轨道和少量的 Bi_{6p} 轨道杂化而成，价带由 O_{2p} 轨道构成，可见光的吸收就是从价带跃迁到导带产生的。半导体纳米材料的带宽随着晶粒尺寸的减小而增加，实验结果表明，从样品 pH＝1 到 pH＝13 吸收边带发生了微小的红移（带宽从 2.53eV 减小到 2.51eV）。

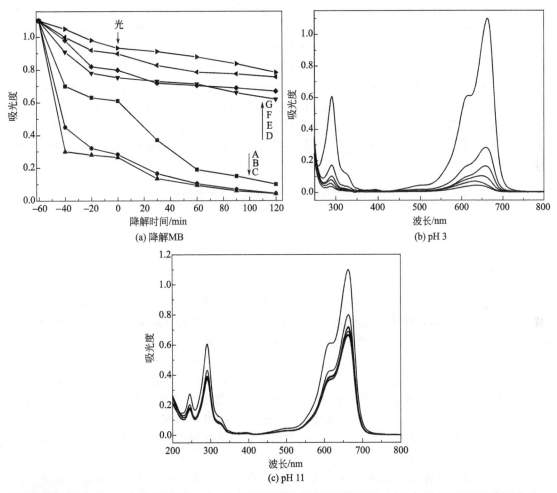

图 7-116　不同 pH 条件下制备的 Bi_2MoO_6 降解 MB 以及两种典型（pH 3、pH 11）材料的降解曲线
A～G pH 值为：1, 3, 5, 7, 9, 11, 13

Bi_2MoO_6 纳米材料的光催化活性通过降解液相亚甲基蓝（MB）染料来评价。暗吸附和光催化剂对污染物的脱色和分解情况通过监测染料光吸收峰的变化得到。图 7-116 是不同 pH 条件下制备的钼酸铋可见光条件下降解 MB 的效果评价，不添加催化剂的空白试验表明 MB 在可见光条件下很稳定，2h 内只有不到 5％发生降解。试验结果发现，在 pH 系列条件下制备的光催化材料在开灯光照前有明显的吸附现象，吸附大约在 20min 达到饱和，因此在评价光催化性能时，先控制污染物在光催化剂表面达到吸附脱附平衡后（60min）再开灯进行试验，而且各材料的吸附情况不同，酸性条件下制备的样品吸附能力更强。对样品 pH

3、pH 5 能够在 20min 内吸附 70% 的 MB，酸性反应体系中 pH 值增加，对 MB 的吸附能力也增加，这可能与材料的比表面积增加有关，而碱性条件下制备的样品（pH 9、pH 11、pH 13）光催化降解污染物的能力明显比酸性条件下制备的样品（pH 1、pH 3、pH 5）的光催化活性低（2h 只有大约 10% 的 MB 被降解），并且对 MB 的吸附能力大幅度降低（20%）。开灯后，MB 的降解遵循准一级反应动力学。光催化降解速率的差异表明 pH 系列条件下制备的光催化材料性能与材料形貌、结构和尺寸明显相关。

　　研究表明，在较低的 pH 值条件下制备的钼酸铋的催化活性高。表 7-9 给出了不同温度系列 Bi_2MoO_6 的粒径大小、比表面积以及初始吸附率。可以看出，对于尺寸较小的纳米片（pH 3、pH 5），由于比表面积较大而能吸附更多的 MB。由于光催化过程与半导体中电荷分离、电荷转移过程密切相关，在形成良好晶相后电荷转移往往起着决定性作用，光生空穴和光生电子都有着极为活泼的化学性质，极易和晶体中的物质以及缺陷相互作用从而产生猝灭。所以光生空穴和光生电子在晶体中具有相对短的平均自由程。当晶体各个方向的尺度大于光生空穴和光生电子的平均自由程时，大部分光生空穴和光生电子都在晶体中被淬灭，难以到达表面发生反应。而对于片状的纳米结构，由于其在 b 轴方向上的超短结构，使得光生空穴和光生电子容易到达晶体表面，从而有利于催化反应的发生，这可能是纳米片状结构的 Bi_2MoO_6 具有高催化活性的本质原因。另外晶粒尺寸的长大和比表面积的减小都会使催化剂的光催化活性降低。

表 7-9 不同温度系列 Bi_2MoO_6 的粒径大小、比表面积以及初始吸附率

样品	pH 1	pH 3	pH 5	pH 7	pH 9	pH 11	pH 13
粒径/μm	约 0.1	约 0.07	约 0.05	约 0.4	约 1	约 3	约 2
比表面积/$m^2 \cdot g^{-1}$	6.48	17.32	18.75	6.03	5.78	4.41	0.79
初始吸附率/%	45	74	76	32	27	18	9

　　催化剂光降解 MB 的曲线在光催化反应的过程中伴随着最大吸收峰的蓝移。图 7-116 (b)、(c) 分别是钼酸铋纳米片和微米棒的降解曲线图，空白试验表明，在没有光催化剂的条件下，MB 的最大吸收峰的强度和位置都几乎没有发生改变，开灯反应 2h 后纳米片光催化体系的 MB 的吸收峰从 664nm 蓝移到 629nm 发生了脱甲基的步骤，而微米棒催化体系中的 MB 吸收峰只从 664nm 蓝移到 661nm，所以降解曲线的结果表明，纳米片比微米棒具有更高的光催化性能，纳米片的高活性来自于纳米片具有较高的比表面积以及 Bi_2MoO_6 的 (010) 晶面的原子密度很高有利于光催化反应的进行。纳米片的厚度只有几个纳米，由此产生了很大的表面应力使得晶胞发生一定结构扭曲，导致晶体内产生的光致电子和空穴能较容易地迁移到表面与 MB 反应。

　　Bi_2MoO_6 的光催化性能也与晶体结构中 M-O 多面体的扭曲和变形有关系。当材料中配位多面体的键合状态发生变化就会引起拉曼振动光谱的变化，因此拉曼光谱是了解晶体局部结构变化的有效手段。图 7-117 是不同 pH 条件下水热制备 Bi_2MoO_6 的拉曼光谱图，Bi_2MoO_6 所有的典型拉曼振动峰都能观察到：$845cm^{-1}$（s），$815cm^{-1}$（w，sh），$797cm^{-1}$（vs），$715cm^{-1}$（m），$402cm^{-1}$（m），$354cm^{-1}$（s），$328cm^{-1}$（w），$292cm^{-1}$（m，sh），$282cm^{-1}$（s），$262cm^{-1}$（w，sh），$233cm^{-1}$（w），$200cm^{-1}$（m），$139cm^{-1}$（m）[图 (a)]。所有样品在 $100\sim450cm^{-1}$ 范围内的拉曼光谱图基本上相同，没有明显的拉曼位移，然而在此范围内的拉曼振动峰的强度却随着 pH 的变化有明显变化。如图 (b) 中，所有样品在 $354cm^{-1}$ 处的拉曼振动峰的强度都基本上相同，而 $282cm^{-1}$ 处的拉曼振动峰的强度在逐渐增加，$282cm^{-1}$ 和 $354cm^{-1}$ 两个振动峰的相对强度比从 0.6 增加到 1.4，反映了不同样品中 MoO_6 八面体的变形程度不同。$180\sim500cm^{-1}$ 范围内的峰都是由 MoO_6 八面体的弯曲振动与

Bi-O 多面体的弯曲或伸缩振动耦合在一起产生的。$326cm^{-1}$、$345cm^{-1}$ 和 $402cm^{-1}$ 的振动对应于 Eu 对称弯曲振动模式，$292cm^{-1}$、$282cm^{-1}$ 的强振动峰对应于 E_g 弯曲振动模式，拉曼实验结果显示 $282cm^{-1}$ 和 $354cm^{-1}$ 对应的 MoO_6 八面体不对称和对称两种变形振动的相对强度与反应体系的条件相关，说明在不同的反应条件下形成了不同空间对称性的 MoO_6 八面体，同时也会导致晶体结构的微小变形和重构。$139cm^{-1}$ 处的振动峰对应于 MoO_6 八面体垂直方向上的 Bi^{3+} 的晶格振动模式。

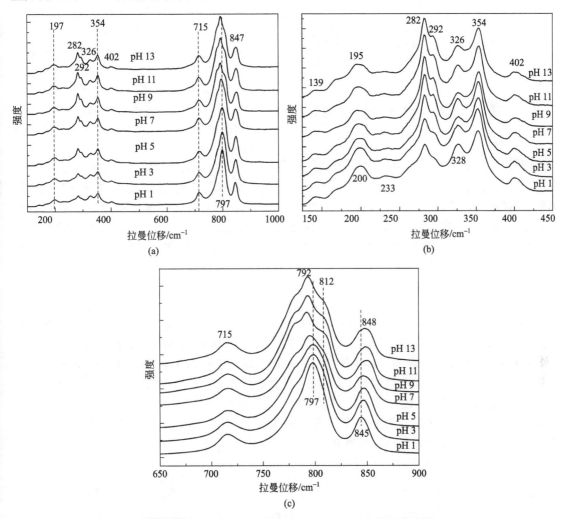

图 7-117 不同 pH 条件下制备 Bi_2MoO_6 样品的拉曼光谱

通常将主峰位于 $797cm^{-1}$ 并带有两个肩峰（$782cm^{-1}$、$812cm^{-1}$）的拉曼振动（A1g 振动模式）和 $845cm^{-1}$ 的拉曼振动（A2u 振动模式）归属为包含垂直与交替层方向的顶端氧原子在内的 MoO_6 八面体的对称和不对称伸缩振动[63]，此处伸缩振动的变化对研究晶体结构变形提供了很好的信息，这两个峰的峰宽和强度不同就表明 Mo-O 键的伸缩振动不同。结果表明当反应体系的 pH 值增加，所得 Bi_2MoO_6 样品的拉曼振动最强峰从 $797cm^{-1}$ 位移到 $792cm^{-1}$，尤其是碱性条件下所得样品的拉曼峰位移更明显，并且伴随着峰变宽。当 pH 值从 9 变化到 13 时位于 $782cm^{-1}$ 和 $812cm^{-1}$ 处的两个肩峰也变得更明显，中等强度的峰也随着条件的变化出现了峰变宽和峰位移的情况（从 $845cm^{-1}$ 位移到 $848cm^{-1}$），pH 1～7 条件下制备的样品没有明显的拉曼光谱变化，说明 Bi_2MoO_6 的结构没有发生大的破坏或扭曲。

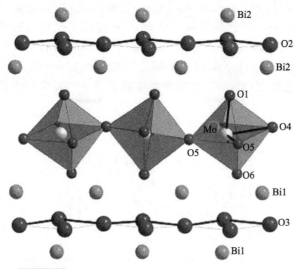

图 7-118　Bi_2MoO_6晶体沿[101]方向的结构视图

然而797cm^{-1}处的主要 Mo-O 振动峰三重特征峰的出现、拉曼位移变化和峰展宽都表明在 Bi_2MoO_6 的晶体结构中存在微弱的重构过程[64]。MoO_6 振动模式的明显变化说明反应体系条件的变化能够引起和顶端氧原子（见图 7-118 中的 O1 和 O6）相关的 MoO_6 八面体的结构变化。然而层内 MoO_6 八面体的不对称伸缩振动（Eu 振动模式）对应的拉曼振动峰（715cm^{-1}）没有发生明显的拉曼位移和峰展宽，则能进一步说明 MoO_6 结构的变形涉及到顶端氧原子，与轨道氧原子（图 7-118 中 O4 和 O5）没有关系。

Haracastle 研究了钼酸铋系列化合物中拉曼伸缩振动频率和键长的关系[65]，有如下公式：$R_{Mo-O} = 0.48239 \ln (32895/\nu)$，其中 ν 是以波数为单位的拉曼振动频率，R 是金属-氧键的键长（单位 Å）。根据公式可以推断键长越长对应的拉曼振动频率就越低，基于上述公式计算了顶端 O-Mo 键（797cm^{-1}）的键长变化：pH＝1 样品的键长为 1.793 Å，而 pH＝样品的键长为 1.798 Å。这种顶端 O-Mo 键长的增加能够说明在碱性条件下制备的 Bi_2MoO_6 样品结构比较松散。

利用 XPS 对样品进行了元素组成和价态分析，进一步证明了反应体系条件的变化对晶体局部结构的影响。图 7-119 所示的是 pH＝1、pH＝5、pH＝9、pH＝13 样品的全谱及 Bi_{4f}、Mo_{3d} 和 O_{1s} 的 XPS 谱，159.1eV 对应的 $Bi_{4f7/2}$ 峰表明材料中 Bi 的价态为＋3 价，232.4eV 对应的 $Mo_{3d5/2}$ 表明 Mo 的价态为＋6 价[66]，可以把 O 的 XPS 峰拟合为两种化学状态的氧：529.8eV 对应的晶格氧和 530.9eV 对应的吸附氧[67]。分析这几种典型材料的 Bi、Mo、O 元素窄带 XPS 发现，随着反应体系的 pH 值增加，这几种元素的结合能均向低结合能方向移动，表明虽然这几种晶体晶型几乎完全一样，但是晶体中的化学环境可能存在差异，也就是说晶体结构会有细微的差异。

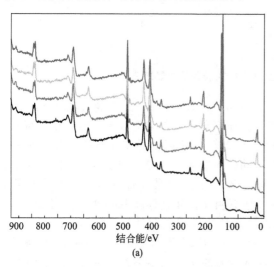

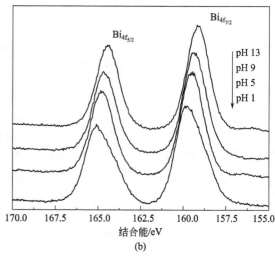

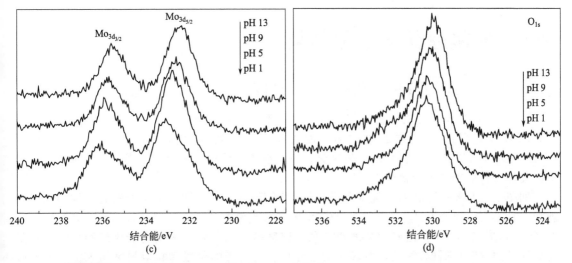

图 7-119 几种典型 Bi_2MoO_6 样品的 XPS 谱图（pH= 1，pH= 5，pH= 9，pH= 13）

图 7-120 为不同 pH 条件下制备样品的红外光谱图，400～900cm^{-1} 范围的吸收峰主要对应于 Bi-O、Mo-O 键伸缩振动和 Mo-O-Mo 桥键伸缩振动，843cm^{-1} 和 797cm^{-1} 的吸收对应于含顶端氧原子在内的 MoO_6 的不对称和对称伸缩振动，734cm^{-1} 的吸收峰归因于含轨道氧原子在内的 MoO_6 的不对称伸缩振动，603cm^{-1}、570cm^{-1} 的吸收峰是由 MoO_6 的弯曲振动引起的。从图中可以看出所有样品在 797cm^{-1}、603cm^{-1} 的 MoO_6 振动峰都很相似，也没有明显的化学位移，843cm^{-1} 吸收峰向低波数方向移动和 570cm^{-1} 吸收峰向高波数方向移

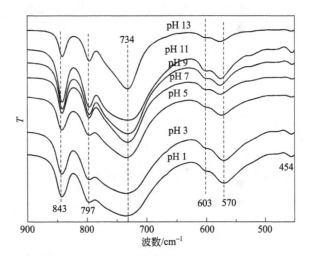

图 7-120 不同 pH 条件下制备 Bi_2MoO_6 样品的 FT-IR 图

动表明，随着反应体系 pH 值的增加，MoO_6 八面体的结构发生了变形或扭曲，此外与 BiO_6 八面体伸缩振动和弯曲振动对应的 454cm^{-1} 有些小变化，也进一步证明反应体系改变会导致晶体结构发生微小变化。

在正交结构的钼酸铋中，Mo 离子位于变形的 MoO_6 八面体中，同时以不同的键长与 MoO_6 八面体发生配位作用，Bi-O 键键长的不同能够引起正交晶体结构中的孤对畸变。从以上讨论可以看出，在碱性条件下制备的 Bi_2MoO_6 中 Bi 离子的孤对畸变程度要比酸性条件下产物中 Bi 离子的孤对畸变程度低，因此碱性条件下产物的光致电子-空穴对的离域程度也就越高。晶体结构中局部 MoO_6 八面体的变形必然会引起材料电子结构上的差异，局部结构的变形程度越高，Bi_{6s} 轨道和 O_{2p} 轨道的重叠程度就越高，就越有利于促进空穴的迁移。由于在碱性条件下制备的晶体中结构变形的程度低，因此表现出来的光催化活性也低，光催化活性强弱的顺序和拉曼光谱结果给出的孤对畸变程度一致。Bi_2MoO_6 pH＝3 和 pH＝5 样品中结构的变形程度基本相近，所以光催化的活性也基本相同，而 pH 1 比 pH 3 的催化活性低是因为它的比表面积相对较低造成的。

7.4 含氧酸盐光催化材料

7.4.1 水热法制备 BiPO₄ 及其光催化性能

BiPO₄ 广泛用于烷烃的选择性催化氧化，并能用于放射性元素如铀、镎、镅的分离，还可以用来提高磷酸盐玻璃的电性质。而关于 BiPO₄ 光催化活性的研究还较少。利用 Bi (NO₃)₃ 和 Na₃PO₄ 分别为铋源和磷源，采用水热方法成功地合成了 BiPO₄ 纳米棒，并且证明其具有良好的光催化活性[68]。

如图 7-121 所示样品的相纯度和晶体结构用 XRD 表征。图中显示的所有峰均归属于单斜相 BiPO₄（空间群 P21/n，JCPDF 80-0209）。晶格常数为 $a = 6.752$ Å，$b = 6.912$ Å，$c = 6.470$ Å，$\beta = 103.64°$。谱峰较窄说明样品的纯度高，结晶好。为确定催化剂的稳定性，催化后样品的 XRD 图同样列出，如图可见催化反应前后峰的位置和相对强度均未发生明显改变，说明结构稳定。

BiPO₄ 微观尺寸和形貌用 TEM 来表征，如图 7-122 所示，所得的 BiPO₄ 为一维纳米棒结构。纳米棒长为 500nm±100nm，宽为 80nm±20nm。形貌均一，分散较好。

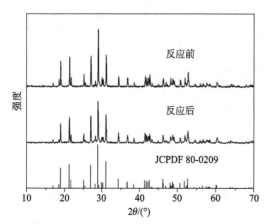

图 7-121 BiPO₄的 XRD 图，催化反应前和反应后

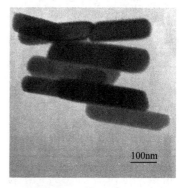

图 7-122 BiPO₄的 TEM 图

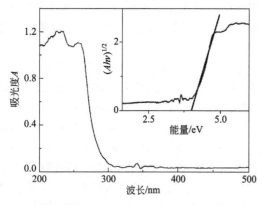

图 7-123 样品的紫外-可见漫反射谱图

BiPO₄ 的 UV-DRS 谱如图 7-123 所示。BiPO₄ 吸收边在 320nm，带宽约为 3.85eV，比锐钛矿结构的 TiO₂（3.23eV）的带宽大。并且体相 Bi₂O₃ 直接跃迁宽度为 2.6eV，比 BiPO₄ 窄。为区分其跃迁特征（直接跃迁或间接跃迁），分析了 UV-DRS 谱中 $Ah\nu$ 与能量 E 的关系。能量 E 与 $Ah\nu$ 平方根成直线关系为间接跃迁半导体，与其平方成直线关系为直接跃迁半导体。样品的 $Ah\nu$ 的平方根与能量成直线关系，这说明 BiPO₄ 是间接跃迁半导体。

利用交流阻抗谱研究了 BiPO₄ 光催化剂电子-空穴对的分离效率和载流子传输过程的性质。交流阻抗谱中 Nyquist 曲线的高频部分的圆弧半径大小反映了电极表面反应速率的大小以及电极电阻的大小。BiPO₄ 的 Nyquist 曲线显示在图 7-125 图中（图 7-125 插图为放大图），并与 P25 的结果相比较。如图所示，BiPO₄ 的 Nyquist 圆弧光照前后的直径明显减小，说明其阻抗和容抗均减小，在 BiPO₄ 中的电子-空穴对的分离率和电荷传输均有大幅提高。与 P25 相比，其光照后的圆弧半径也有明显减小，说明其电子-空穴对的分离率和电荷传输要高于 P25，

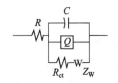

图 7-124　模拟电路示意图

这种提高可能与材料本身的性质有关，如 Bi³⁺ 中孤对电子的空间效应、能带结构与晶体结构等有关，下面的部分会详细讨论。同时，这种提高也预示 BiPO₄ 的光催化活性可能超过 P25。

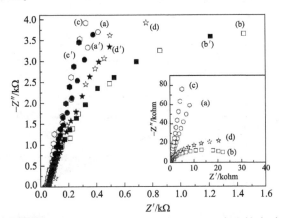

图 7-125　BiPO₄ 和 P25 的 EIS 谱，BiPO₄ 光照前（a）、
光照后（b）和 P25 光照前（c）、光照后（d）；
空心为实测数据，实心为模拟数据，用（ā）、
（b̄）、（c̄）、（d̄）表示。插图为放大图

为获得更加准确的信息，对交流阻抗谱进行模拟。对于电极/溶液界面可以发生法拉第过程和非法拉第过程，前者又分为电荷传输和质量传输过程，后者主要与电极表面的形状变化有关。BiPO₄ 纳米棒的模拟电路如图 7-124 所示，这种模拟电路已经被证明可以有效地模拟同样结构的 TiO_2 光催化剂。其中 R 为电解质电阻，C 为空间电容（space charge capacitance），Q 为电化学双电层的电容（the electrochemical double-layer capaci-tance），在此电路中可用相常数 CPE（constant phase element）代替，Z_w 是 Warburg 阻抗，反映法拉第过程中质量传输过程，R_{ct} 是法拉第过程中电荷传输电阻。其中，相常数 CPE 可用以下公式计算：

$$Q = \frac{1}{Y(j\omega)^n} \tag{7-8}$$

式中，Y 是 CPE 的初始值；n 可由相角计算 $\varphi = n(\pi/2)$。在纯电容电路中 $n=1$。模拟结果如图 7-125 实心曲线和表 7-10 所示。拟合的结果与实测曲线基本重合，说明同样的模型也可以用于研究 BiPO₄ 纳米棒。结果显示，光照前后 BiPO₄ 纳米棒的 R_{ct} 从 204.8 kΩ 减小为 28.82 kΩ，共减小约 7 倍，而 P25 仅见减小 5 倍左右。与 P25 相比，BiPO₄ 光照后的阻抗大幅减小的现象证实了其电子-空穴对的分离率高的结论，并显示其也有更好的电荷传输性。

表 7-10　BiPO₄ 与 P25 的电化学常数

项目	R/Ω	$C/\mu F$	$Q/S \cdot s^n$	n	$R_{ct}/k\Omega$	$Z/S \cdot s^{0.5}$
BiPO₄（Dark）	48.09	32.68	2.715×10^{-5}	0.8574	204.8	8.706×10^{-5}
BiPO₄（UV）	47.99	36.93	2.331×10^{-5}	0.8563	28.82	9.067×10^{-4}
P25（Dark）	48.09	43.35	2.311×10^{-5}	0.8790	243.2	8.152×10^{-5}
P25（UV）	47.99	58.12	2.097×10^{-5}	0.8573	48.82	8.065×10^{-4}

以 BiPO₄ 降解 MB 的速率来评价其光催化活性，并与 P25 相比较，如图 7-126 所示。研究表明，MB 在催化剂加入时，UV 光照射下基本不发生光降解。而实验中加入 BiPO₄ 后，

MB 在 20min 即完全降解，而同样条件下以 P25 为催化剂时剩余 15％MB，说明 BiPO₄ 的光催化活性高于 P25。由于 MB 在光催化剂的表面降解符合准一级动力学方程，对降解曲线拟合，结果显示 $k(\text{BiPO}_4)=0.1998\text{min}^{-1}$ 和 $k(\text{P25})=0.1011\text{min}^{-1}$，BiPO₄ 的速率常数约为 P25 的 2 倍，同样说明 BiPO₄ 的光催化活性明显高于 P25。

为更好的理解 BiPO₄ 光催化反应行为，进行抑制实验和暗反应，如图 7-127 所示。在没有光照的条件下，MB 在 BiPO₄ 上的吸附量约为 5％，并且在极短的时间内（＜10min）达到吸附平衡，这一吸附量在 24h 后仍无明显变化，结合 XRD 数据可见 MB 在 BiPO₄ 上发生光催化反应而没有其它催化反应。EDTA-2Na 和 t-BuOH 分别是两种常用的空穴和·OH 捕获剂。抑制实验表明，加入 t-BuOH 后，在 UV 照射下光降解 MB 速率大幅度降低，而在加入 EDTA-2Na 后，与前者相比，降解 MB 速率降低不明显。这说明与 TiO₂ 相同，·OH 也是活性物种，BiPO₄ 对 MB 降解机理可能与 P25 类似。

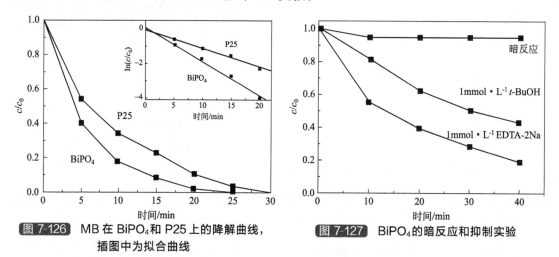

图 7-126　MB 在 BiPO₄ 和 P25 上的降解曲线，插图中为拟合曲线

图 7-127　BiPO₄ 的暗反应和抑制实验

BiPO₄ 单胞如彩图 2（a）所示，其晶体结构与独居石（CePO₄）相似。每个 Bi 原子与五个氧原子相连，这五个氧原子属于不同的四个 PO₄。三个氧原子属于三个不同的四面体，键长分别为 2.49 Å、2.52 Å 和 2.46 Å；其余的两个氧原子属于另一个四面体，键长为 2.33 Å 和 2.48 Å。这种 Bi-O 多面体为孤对电子的存在提供了空间，并可作为活性电子的给体，有利于电荷的传输并消除光生电子-空穴对的再复合，同时这种结构也常见于其它具有光催化活性的 Bi 盐体系中 BiVO₄、Bi₁₂TiO₂₀ 等[69,70]。从（010）方向来看，如彩图 2（b）所示 BiPO₄ 中 Bi-O 多面体与 P-O 四面体沿 c 轴交替排列形成长链。每条长链之间交叉排列，一条长链与周围的四条长链之间用 Bi-O 作用相连接。这种构型使 P-O 四面体分散于 Bi-O 多面体之间，有利于 P-O 四面体与 Bi-O 多面体间轨道的重叠，进而有利于能带在空间的分散和激子的传输。同时与单斜结构的 BiVO₄ 类似[71]，交替的 Bi-O 多面体与 P-O 四面体长链结构，使孤对电子的定域偶极作用增大，进而有利于电子-空穴的分离。

当光子从价带激发一个电子至导带后，在 BiPO₄ 中产生电子-空穴对。交替堆积的 Bi-O 多面体与 P-O 四面体长链，可为 BiPO₄ 增加结构的离域性和诱导偶极，有利于电子-空穴对的分离。同时，1-D 纳米结构又使电子区间沿 BiPO₄ 纳米棒的轴向分布，可以减小电子-空穴对复合的可能性，提高光催化活性。而且 BiPO₄ 有间接跃迁性质，便于激发电子从 k 空间激发至导带，并减小复合概率。综上所述，BiPO₄ 晶体中 Bi³⁺ 中孤对电子的存在，1-D 纳米结构和其间接跃迁性质均有利于电子-空穴的分离和电荷的传导，这些特征均有利于光催化活性。

7.4.2 水热法制备 $Bi_2O_2(OH)NO_3$ 及其光催化性能

基于非金属含氧酸盐的研究，成功地开发了一种具有新型晶场结构的层状 $Bi_2O_2(OH)NO_3$ 光催化剂。这种新型的晶场结构来源于非对称层状结构和层间阴离子基团对 $Bi_2O_2(OH)NO_3$ 电子结构的作用。采用简单的水热方法进行合成，前驱体为 $Bi(NO_3)_3$ 悬浊液，控制反应条件可以得到目标晶体。

不同 pH 系列前驱体合成样品的晶相和纯度由 X 射线粉末衍射仪表征，典型衍射谱图如图 7-128 (a) 所示。当前驱体 pH 值为 1.22、5.00 和 7.00 时，合成样品为斜方晶系的 $Bi_2O_2(OH)NO_3$（PDF 号 53-1038），晶胞常数为 $a = 5.3878$ Å，$b = 5.3984$ Å，$c = 17.136$ Å，空间群 $Cmc2_1$。$Bi_2O_2(OH)NO_3$ 的晶体结构如图 7-128 (a) 中的插图所示，是由阳离子 $Bi_2O_2^{2+}$ 层和插入其间的阴离子基团 OH^-、NO_3^- 构成。阴离子基团 OH^- 和 NO_3^- 之间存在氢键作用而相互链接，而 $Bi_2O_2^{2+}$ 层由这些层间阴离子基团链接，形成 $Bi_2O_2(OH)NO_3$ 的层状结构。此外，样品的衍射峰随前驱体 pH 值增加而加强，说明高 pH 值条件下样品有更高的晶化度。当调节前驱体 pH 值到 8.93，合成样品是未知晶相的硝酸氧铋。考虑到与 NO_3^- 阴离子基团相比，OH^- 阴离子基团链接到 $Bi_2O_2^{2+}$ 层的能力更强，可以合理推断出 OH^- 基团易于取代 $Bi_2O_2(OH)NO_3$ 中的 NO_3^- 基团。为了进一步证明这个假设，将前驱体 pH 值为 1.22 的合成样品分散到 NaOH 溶液中，搅拌 120min，有黄色沉淀析出，经 XRD 表征为 Bi_2O_3，与上述假设一致。当前驱体 pH 值为 1.22 和 5.00，（002）和（102）晶面的衍射峰强之比分别是 3.9 和 3.5，而前驱体 pH 值为 7.00 时，衍射峰强之比变为 8.7。此外，比较衍射角 $2\theta = 10° \sim 10.8°$ 范围内晶面（002）的衍射峰 ［图 7-128 (b)］发现随前驱体 pH 值的增加，（002）的峰位向低角度方向移动。其它的衍射峰也观察到了相同的结果。根据布拉格定律，衍射角 2θ 向低角度方向移动说明样品的晶胞常数增大。这可以被解释为考虑到 $Bi_2O_2^{2+}$ 层间距为 8.56 Å，层间 NO_3^- 阴离子基团半径（2.00Å）大于 OH^- 阴离子基团半径（0.98 Å），易于在 $Bi_2O_2^{2+}$ 层间起到桥架作用。OH^- 基团取代 NO_3^- 基团使桥架作用减弱，从而使 $Bi_2O_2^{2+}$ 层的层间距增大。

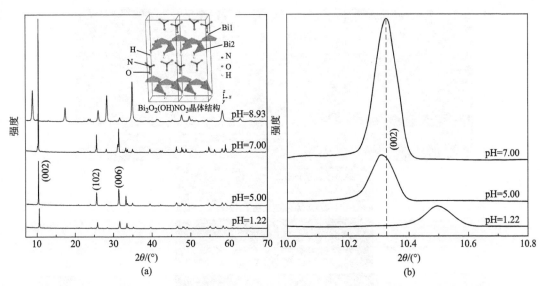

图 7-128　在不同 pH 条件下合成的 $Bi_2O_2(OH)NO_3$ XRD 谱图(a)及(002)峰的窄扫描图（b）

为了明确合成样品中 NO_3^- 基团的含量，对不同前驱体 pH 条件下的合成样品进行了热

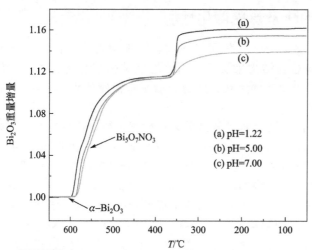

图 7-129 在不同 pH 条件下合成的 Bi₂O₂(OH)NO₃ 的差热-热重曲线

重和差热分析。图 7-129 是不同前驱体 pH 条件下合成样品的热重分析图谱。当退火温度超过 600℃时，不同前驱体 pH 条件下的合成样品都完全转变成了 α-Bi₂O₃，以 α-Bi₂O₃ 为重量基准，考察了室温到 600℃范围内，相对于 α-Bi₂O₃ 的重量增量。从图中可以看出，当退火温度超过 340℃时，合成样品相对于 α-Bi₂O₃ 的重量增量几乎相等。当退火温度小于 340℃时，合成样品的增量随前驱体 pH 增加而减小，表明前驱体高 pH 下，合成样品的层间 NO_3^- 阴离子基团含量减小。

前驱体 pH 系列合成样品的形貌由扫描电镜考察，如图 7-130 所示。图 7-130（a）是前驱体 pH 值为 1.22 时合成样品的 SEM 照片，从图中看出合成样品的形貌为表面褶皱状颗粒，粒径尺寸为 40～90μm。褶皱状颗粒表面分布着数量众多的薄片。当增加前驱体 pH 值到 5.00，合成样品的形貌为方形片层颗粒，粒径尺寸为 25～40μm，厚度为 10μm。这些片层颗粒是由不规则的薄片相互叠加形成的 [图 7-130（b）]。对于前驱体 pH 值为 7.00 的情况，合成样品的形貌为片花，尺寸为 25～30μm，厚度为 3.75μm。样品仅由单个的整片构成。显然，合成样品的形貌和尺寸取决于前驱体 pH，它的形成机理可能取决于层间 OH^-、NO_3^- 阴离子基团对 $Bi_2O_2^{2+}$ 层连接的权重影响。在水热过程中，OH^- 基团易于粘连进铋氧聚阳离子簇，而 NO_3^- 基团游离在其周围。根据在高前驱体 pH 条件下，晶格常数变大的实验结果，认为合成样品的形貌随前驱体 pH 的变化是 OH 基团取代 NO_3^- 基团导致 $Bi_2O_2^{2+}$ 层间结合力减弱的结果。

图 7-130 在不同 pH 条件下合成的 Bi₂O₂(OH)NO₃ 的扫描电镜图

合成样品的紫外-可见漫反射吸收谱，如图 7-131 所示。不同 pH 条件下的前驱体合成样品有几乎相同的吸收边，只有片花样品的吸收边有些许的红移。表面褶皱状颗粒、方形片层颗粒和片花样品的带隙被分别估算为 3.24eV、3.26eV 和 2.98eV。因此，合成样品仅对紫外光有吸收，样品的颜色为白色，与吸收谱的结果一致。同时，观察到前驱体 pH 值为 7.00时，带隙宽度减小，表明 OH$^-$ 基团取代 NO$_3^-$ 基团减小了 Bi$_2$O$_2$(OH)NO$_3$ 的带隙。这是由于层间 OH$^-$ 阴离子基团取代 NO$_3^-$ 基团，在带隙中产生由 Bi$_{6p}$ 组成的中间能级，Bi$_{6p}$ 上的电子能吸收较低能量的光子而发生跃迁。

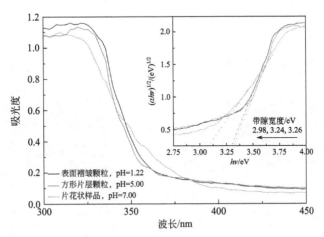

图 7-131 在不同 pH 条件下合成的 Bi$_2$O$_2$(OH)NO$_3$ 紫外-可见漫反射谱图

计算其能带结构和相应的态密度谱图。因为 Bi$_2$O$_2$(OH)NO$_3$ 层间 OH$^-$ 阴离子基团易于取代 NO$_3^-$ 基团，OH$^-$ 阴离子基团取代 NO$_3^-$ 对 Bi$_2$O$_2$(OH)NO$_3$ 能带结构的影响也进行了考察。值得一提的是，当用 OH$^-$ 基团分别取代 Bi$_2$O$_2$(OH)NO$_3$ 晶胞中的四个 NO$_3^-$ 基团时，得到了相同的能带结构和态密度谱图，说明 OH$^-$ 取代 NO$_3^-$ 的 Bi$_2$O$_2$(OH)NO$_3$ 的能带结构和态密度谱图不受 NO$_3^-$ 取代位置的影响。所得能级分布和态密度谱如图 7-132 和图 7-133 所示。费米能级被设置到能级纵坐标的零点。从图 7-132 (a) 可以看出，因为价带顶能级和导带底能级的 k 点不同，Bi$_2$O$_2$(OH)NO$_3$ 为间接跃迁。DFT 计算的带隙为 2.83eV (DFT 计算的带隙常略小于实验所测得的带隙)。从图 7-132 (b) 看出，层间 OH$^-$ 阴离子取代 NO$_3^-$ 基团在带隙中间产生了一条中间能级。相应导带底的态密度主要归结为层间 NO$_3^-$ 阴离子基团上的 O$_{2p}$(NO$_3$) 和 N$_{2p}$(NO$_3$) 轨道的贡献 [图 7-133 (a)]。在更高的导带能级，Bi$_{6p}$(Bi$_2$O$_2$) 轨道对未占据导带态密度起主要作用。价带顶的态密度主要归结为相同 NO$_3^-$ 基团上的 O$_{2p}$(NO$_3$) 轨道的贡献。所以，层间 NO$_3^-$ 阴离子基团对导带底和价带顶的态密度起主要贡献。从图 7-133 (b) 看出，层间 OH$^-$ 阴离子取代 NO$_3^-$ 基团的 Bi$_2$O$_2$(OH)NO$_3$ 的导带底和价带顶态密度的组成与未取代的 Bi$_2$O$_2$(OH)NO$_3$ 的导带底和导带顶态密度的组成相同，而中间能级的态密度归结为 Bi$_{6p}$ 轨道的贡献。这条中间能级的存在降低了半导体对吸收光子能量的要求，这与图 7-131 中前驱体 pH=7.00 的合成样品的紫外-可见吸收边发生红移的结果一致。

彩图 3 是 Bi$_2$O$_2$(OH)NO$_3$ 的导带底和价带顶轨道的等密度轮廓图和电荷分布分析结果。从彩图 3 (a) 可以看到，最高占据分子轨道 (HOMO) 和最低未占据分子轨道 (LUMO)位于层间 NO$_3^-$ 阴离子基团上。这与 NO$_3^-$ 基团对未占据导带底和价带顶的态密度起主要作用的 DFT 计算结果一致。Bi$_2$O$_2$(OH)NO$_3$ 的 HOMO 轨道是层间 NO$_3^-$ 阴离子基团的三个 O上的 O$_{2p}$ 轨道，其中两个 O 原子与层间 OH$^-$ 阴离子基团有氢键作用。这两个 O 也包含了

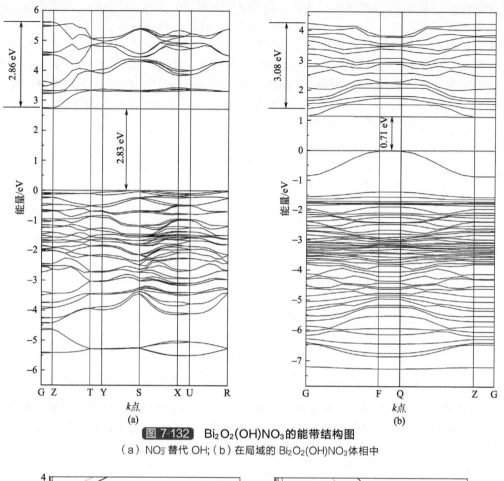

图 7-132 Bi₂O₂(OH)NO₃的能带结构图

（a）NO₃⁻替代 OH；（b）在局域的 Bi₂O₂(OH)NO₃体相中

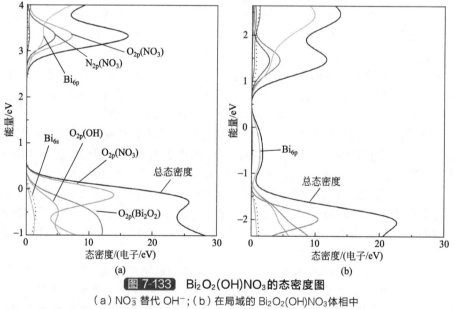

图 7-133 Bi₂O₂(OH)NO₃的态密度图

（a）NO₃⁻替代 OH⁻；（b）在局域的 Bi₂O₂(OH)NO₃体相中

$Bi_2O_2(OH)NO_3$ 的部分 LUMO 轨道，由 O_{2p} 轨道组成。在这两个 O 上，O_{2p}（LUMO）轨道的轴线与 O_{2p}（HOMO）轨道的轴线垂直。此外，NO_3^- 基团的 N_{2p} 对 LUMO 也有贡献。因

此，能够合理假设非对称 $Bi_2O_2(OH)^+$ 层有利于 NO_3^- 基团上最低导带和最高价带上光生电子空穴的分离。彩图 3（b）是 $Bi_2O_2(OH)NO_3$ 晶胞结构中各原子所带电荷的布居分析。从图中可以看出，1 号 O 原子的电荷是 -0.520，比 2 号 O 和 3 号 O 的电荷低 0.1 和 0.13。而 2 号 O 上的电荷仅仅比 3 号 O 原子上的电荷低 0.03。这说明非对称 $Bi_2O_2(OH)^+$ 层对 NO_3^- 基团上各原子的电子电荷有不同的束缚作用，对 NO_3^- 基团上的 HOMO 和 LUMO 轨道上的电子电荷也有不同的束缚，促进光生电子空穴对的分离。

合成样品光催化降解亚甲基蓝（MB）的反应速率常数如图 7-134 所示。最大的降解速率常数在方形片层颗粒样品上被观察到为 $0.05min^{-1}$，是片花样品和表面褶皱颗粒样品降解速率的 2.5 倍和 6.7 倍。表面褶皱颗粒样品表现出最低的光催化活性可能是因为它较差的晶化度。光生电子-空穴对通过催化剂表面和体相能级的复合被认为是影响催化剂光催化性能的关键因素之一，而复合速率取决于光生载流子的浓度。为了研究光生载流子的产生，考察了由合成样品制成的工作电极的扫描电势间断光电流谱，如图 7-135 所示。从图中可以看出，在间断 UV 照射下，方形片层颗粒样品工作电极在几乎整个扫描电势范围内都被观察到产生阴极光电流，这是光生空穴电流的典型行为。值得注意的是，在方形片层颗粒样品上，没有显著的表征光生电子电流的阳极光电流被检测到。而 UV 光照下，一般认为靠近平带电位的开路电压为 0.59V，也表明方形片层颗粒样品的光生载流子多是光生空穴。这种光生载流子产生的非平衡性使复合速率更慢，这是因为复合速率常常是少子浓度的准一级反应函数。这也是方形片层颗粒样品具有最高的光催化活性的原因。与方形片层颗粒样品相比，片花样品所制备的工作电极既在低于开路电压的扫描电势范围表现出了阴极光电流，也在高于开路电压的扫描电势范围表现出了阳极光电流。阳极光电流通常认为是光生电子电流的行为。这表明有相当数量的光生电子和空穴产生，从而加快了载流子的复合速率，导致片花样品的光催化性能降低。片花样品较强的光生电子的产生可归结为层间 OH^- 阴离子基团取代 NO_3^- 基团所引起的 Bi_{6p} 的中间带隙能级。中间带隙能级的存在使 Fermi 能级向导带底方向移动，从而增加了载流子电子的浓度。另外，从图中还可以看到，褶皱颗粒样品所制备的工作电极也表现出了量级相当的阳极光电流和阴极光电流，说明光生电子、空穴载流子的浓度相当，复合速率高，光催化活性低。根据褶皱颗粒样品的晶化度低，而 NO_3^- 含量高（图 7-129 热重分析）的实验结果，产生相当数量级的光生电子、空穴载流子可能是由于 $Bi_2O_2^{2+}$ 层中的层间阴离子的无序排列引起的。

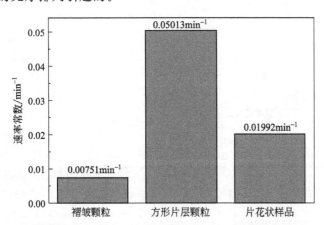

图 7-134 不同形貌 $Bi_2O_2(OH)NO_3$ 降解 MB 的速率常数

为了进一步理解合成样品中光生载流子的复合，开路电压下，考察了合成样品所制备的工作电极的瞬态光电流，结果如图 7-136 所示。从图中可以看到，褶皱颗粒样品和方形片层

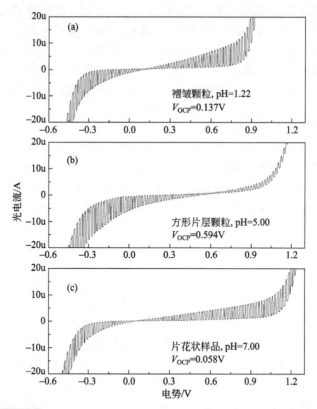

图 7-135 在不同 pH 条件下合成的 $Bi_2O_2(OH)NO_3$ 光电流曲线

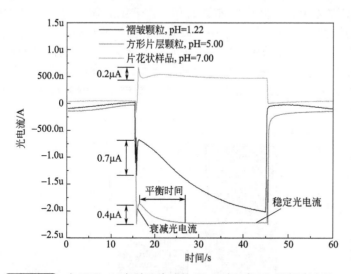

图 7-136 在不同 pH 条件下合成的 $Bi_2O_2(OH)NO_3$ 瞬间光电流

颗粒样品所制备的工作电极表现出了阴极光电流，而片花样品所制备的工作电极表现出了阳极光电流，证明 OH^- 基团取代 NO_3^- 产生的 Bi_{6p} 上的中间能级引起了更多的电子载流子。当打开 UV 光照时，光电流以一个速率平衡到稳态状态，而这个速率是光生电子-空穴复合过程速率与光生电子-空穴与氧化还原物种传递电荷过程速率之和。在图 7-136 中，方形片层颗粒样品所制备的工作电极具有最高的稳态光电流，对应于最高的光催化活性。值得注意的是，虽然片花样品所制备的工作电极的绝对稳态光电流小于褶皱颗粒样品的，但是被认为与复合过程正相关的衰减光电流为 $0.2\mu A$，小于褶皱颗粒样品的 $0.7\mu A$，说明片层颗粒样品的光生电子空穴的复合速率小于褶皱颗粒样品的。同时，褶皱颗粒样品所制备的工作电极的瞬态光电流表现出了一个更长的平衡时间（recovering time），也暗示它或者存在某些其它的电荷传递过程，或者它具有更差的晶化度。

为了评价合成样品的光催化稳定性，进行了光催化降解亚甲基蓝的循环试验，结果如图 7-137 所示。在紫外光照射下，方形片层颗粒样品循环使用五次光催化降解亚甲基蓝没有明显影响它的光催化活性。$Bi_2O_2(OH)NO_3$ 催化剂是一种具有环境净化应用潜力的光催化剂。

从以上讨论中，可以看到新型氧酸盐层状 $Bi_2O_2(OH)NO_3$ 光催化剂具有非对称的 $Bi_2O_2(OH)^+$ 层，能极化层间 NO_3^- 阴离子基团上的 LUMO 和 HOMO 轨道上

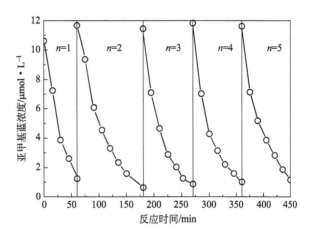

图 7-137　$Bi_2O_2(OH)NO_3$ 的循环降解曲线

的电子而分离电子-空穴对，从而得到显著的光催化性能。光生载流子的非平衡状态能减小光生电子-空穴的复合速率。方形片层颗粒样品由于具有几乎完全的非平衡载流子状态，而显示了最高的光催化降解亚甲基蓝活性。

7.5　石墨结构 C_3N_4（g-C_3N_4）聚合物光催化材料

自从 1989 年，Liu 和 Cohen[72,73] 在理论上预测 β 相氮化碳（β-C_3N_4）为硬度可以与金刚石相媲美，而在自然界中尚未发现的新化合物以来，氮化碳（C_3N_4）便引起了人们的广泛关注，成为碳基材料的一个重要补充。1996 年，Teter 和 Hemley[73] 重新计算了 C_3N_4 的结构，推测 C_3N_4 有 α 相、β 相、类石墨相、立方相和准立方相五种结构。除了类石墨相外，其它四种结构都具有超硬材料的性质，体弹性模量接近或超过金刚石。类石墨相、α 相、β 相、立方相和准立方相 C_3N_4 的单晶胞体积依次减小，能量依次增大。五种结构中，类石墨相（g-C_3N_4）密度最低，能量也最低；而立方相密度最高，其能量比类石墨相高 0.13eV。g-C_3N_4 和 β-C_3N_4 的稳定性关系犹如石墨和金刚石之间的关系。在室温条件下，g-C_3N_4 最稳定，在硬质相结构中，α 相最稳定。C_3N_4 材料因其优异的力学性能，还具有较宽的光学带隙，较高的折射率和热导率，在超硬涂层材料、激光器的优良电子材料和新型半导体光电器件方面有很大的应用潜力。

g-C_3N_4 具有类似石墨的层状结构，包含了石墨状片层沿着 c 轴方向的堆垛，每一个片层都是由二维 C_3N_4 环或 C_6N_7 环构成，环之间通过末端的 N 原子相连而形成一层无限扩展的平面，如图 7-138 所示。因氮孔大小不同，g-C_3N_4 有构造单元为三嗪和 3-S-三嗪两种不同的同素异构体结构。因为氮孔大小的不同，使氮原子所处的电子环境不同，两种结构的稳定性不同。3-S-三嗪结构的 g-C_3N_4 具有更好的稳定性，是目前研究最多的一种 g-C_3N_4 结构[74]。g-C_3N_4 被理论预言之后，人们开始采用各种手段试图在实验室合成出这种化合物，例如，物理化学气相沉积法[75,76]、溶剂热法[77,78]、电化学沉积等方法。缩聚有机物前驱体是近年来研究得比较多的一种方法，利用有机物前驱体在加热过程中自身发生缩聚，形成 g-C_3N_4，该方法简单易得，应用比较广。研究发现单氰胺、二聚氰胺、三聚氰胺或三聚氯氰在缩聚过程中，都会形成一种叫蜜勒胺的中间体，蜜勒胺通过进一步缩聚可以形成层状结构的 g-C_3N_4[79]。Thomas[74] 等研究了缩聚前驱体分子的反应过程（如图 7-139 所示），发现缩聚前驱体先聚合形成三聚氰胺，接着是一个去氨的缩聚过程。350℃ 时生成三聚氰胺；390℃ 时三聚氰胺通过重排形成了 3-S-三嗪环，475℃ 以后形成层状中间体蜜勒胺，约 520℃ 时，这种结构单元缩聚成层状聚合的 g-C_3N_4，温度高于 600℃ 生成的物质不稳定，加热到 700℃ 时，

g-C$_3$N$_4$结构被破坏，分解生成 N$_2$ 和氰基碎片。对 500℃ 的产物作进一步的热处理，可以得到缩聚更好的 g-C$_3$N$_4$ 产物。

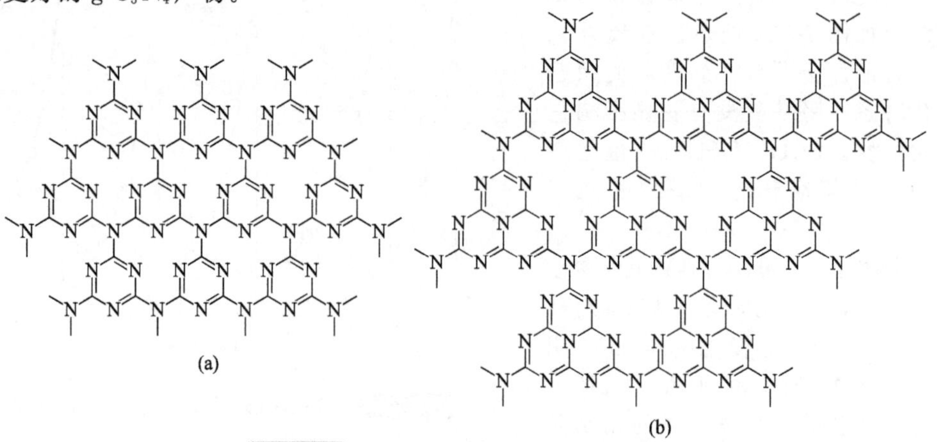

图 7-138　g-C$_3$N$_4$同素异形体的连接形式
（a）C$_3$N$_3$环；（b）C$_6$N$_7$环

　　g-C$_3$N$_4$作为一种半导体材料，自 2009 年在 Nature Materials 被报道可以用来光解水制氢之后[80]，迅速引起研究者们的关注，成为近期光催化研究的新热点。该报道中，Wang 等人[80]首次采用 g-C$_3$N$_4$ 在可见光条件下（λ＞420nm）光分解水产生氢气。反应可发生的最大波长为 590nm，与 g-C$_3$N$_4$ 的最大吸收边一致。g-C$_3$N$_4$ 作为一种新型的可见光型无金属的光催化剂，g-C$_3$N$_4$ 的带宽约为 2.7eV，导带下端的电势低于 H$^+$/H$_2$ 电对的电势，而价带上端的电势高于 O$_2$/H$_2$O 电对的电势，理论上可以将水分解，且 g-C$_3$N$_4$ 在可见光区有吸收，有可能成为一种新型的光催化剂，随后人们对 g-C$_3$N$_4$ 进行了一系列的研究，包括：有机反应[74,81,82]、光解水制氢[80,83~88]，降解有机染料[89]。作为一种可见光催化剂，g-C$_3$N$_4$ 具有良好的应用前景，但是 g-C$_3$N$_4$ 的光催化活性还不能令人满意。因此，人们尝试了各种努力来提高 g-C$_3$N$_4$ 的光催化活性，例如：染料敏化、过渡金属掺杂，半导体复合，将 g-C$_3$N$_4$ 制成多孔结构等。Wang 等人[85]制备了多孔的 mpg-C$_3$N$_4$，其光催化效率明显优于无孔的 g-C$_3$N$_4$。Yan 等人[89]通过球磨法将 g-C$_3$N$_4$ 与 TaON 复合制成有机-无机复合光催化剂，在可见光下降解罗丹明 B，光催化活性有明显提高。Wang 等[90]人合成了铁修饰的 Fe-g-C$_3$N$_4$ 催化剂，发现它可直接将苯氧化为苯酚。Zou[91] 等人通过加热三聚氰胺和硼氧化物，制备了硼掺杂的 g-C$_3$N$_4$ 光催化剂，并将其用来降解罗丹明 B 和甲基橙，硼掺杂提高了 g-C$_3$N$_4$ 的吸附性能和光催化活性。

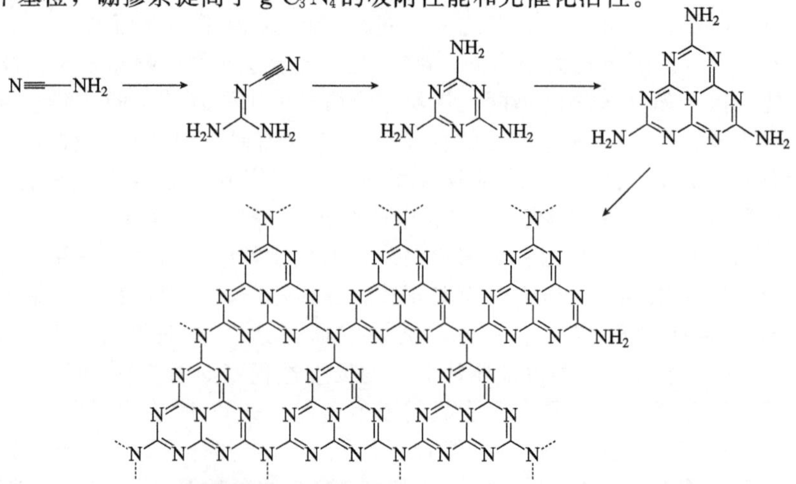

图 7-139　由氰胺制备 g-C$_3$N$_4$ 的反应路径

参考文献

[1] Wagner F T, Somorjai G A. Nature, 1980, 285 (5766): 559.

[2] Wagner F T, Somorjai, G A. J. Am. Chem. Soc. , 1980, 102 (7): 5494.

[3] Avudaithai M, Kutty T R N. Mater. Res. Bull. , 1987, 22 (5): 641.

[4] Kudo A, Sakata T. J. Phys. Chem. , 1996, 100 (43): 17323.

[5] Kudo A, Kaneko E. Micropor. Mesopor. Mat. , 1998, 21 (4-6): 615.

[6] Iwase A, Kato H, Kudo A. Catal. Lett. , 2006, 108 (1-2): 6.

[7] Inoue Y, Kubokawa T, Sato K. J. Chem. Soc. Chem. Comm. , 1990, 19: 1298.

[8] Inoue Y, Niiyama T, Asai Y, Sato K. J. Chem. Soc. Chem. Comm. , 1992, 7: 579.

[9] Karunakaran C, Senthilvelan S. J. Mol. Catal. A: Chem. , 2005, 233 (1-2): 1.

[10] Murase T, Irie H, Hashimoto K. J. Phys. Chem. B, 2004, 108 (40): 15803.

[11] Ikeda S, Hara M, Kondo JN, et al. Chem. Mater. , 1998, 10 (1): 72.

[12] Kudo A, Hiji A. Chem. Lett. , 1999, 28 (10): 1103.

[13] Kudo A, Kato H, Nakagawa S. J. Phys. Chem. B, 2000, 104 (3): 571.

[14] Kato H, Kudo A. Catal. Today, 2003, 78 (1-4): 561.

[15] Kudo A, Miseki Y. Chem. Soc. Rev. , 2009, 38 (1): 253.

[16] Zou Z G, Ye J H, Abe R, Arakawa H. Catal. Lett. , 2000, 68 (3-4): 235.

[17] Zou Z G, Ye J H, Arakawa H. J. Mater. Res. , 2000, 15 (10): 2073.

[18] Zou Z G, Ye J H, Arakawa H. Solid State Comm. , 2000, 116 (5): 259.

[19] Zou Z G, Ye J H, Arakawa H. Mater. Sci. Eng. B, 2001, 79 (1): 83.

[20] Zou Z G, Ye J H, Arakawa H. Chem. Mater. 2001, 13 (5): 1765.

[21] Zou Z G, Ye J H, Arakawa H. Chem. Phys. Lett. , 2000, 332 (3-4): 271.

[22] Ye J H, Zou Z G, Oshikiri M, et al. Chem. Phys. Lett. , 2002, 356 (3-4): 221.

[23] Zhang K L, Liu C M, Huang F Q. Appl. Catal B: Environ, 2006, 68 (3-4): 125.

[24] Wang W D, Huang F Q, Liu X P. Scr. Mater, 2007, 56 (8): 669.

[25] Wang W D, Huang F Q, Li K Q. Catal. Commun. , 2008, 9 (1): 8.

[26] Kudo A, Kato H. Chem Phys Lett. , 2000, 331: 373.

[27] Kato H, Kudo A. Chem Lett, 1999: 1207.

[28] Kudo A, Kato H, Nakagawa S. J Phys Chem B. 2000, 104: 571.

[29] Iwase A, Kato H, Kudo A. Chem Lett, 2005, 34: 946.

[30] Niishiro R, Kato H, Kudo A. Phys Chem Chem Phys, 2005, 7: 2241.

[31] Kudo A. Catal. Surveys fromAsia, 2003, 7: 31.

[32] Zou Z G, Ye J H, Arakawa H. Chem. Phys. Lett. , 2000, 332: 271.

[33] Zou Z G, Ye J H. J. Photochem. Photobiol. A, 2002, 148: 65.

[34] Zou Z G, Ye J H, Arakawa H. Catal. Lett. , 2001, 75: 210.

[35] Zou Z G, Ye J H, Arakawa H. J. Phys. Chem. B, 2002, 106: 13098.

[36] He Y, Zhu Y F, Wu N Z. J. Solid State Chem. , 2004, 177: 3868.

[37] Kato H, Asakura K, Kudo A. J. Am. Chem. Soc. , 2003, 125: 3082.

[38] He Y, Zhu Y F, Wu N Z. J. Solid State Chem. , 2004, 177: 2985.

[39] He Y, Zhu Y F. Chem. Lett. , 2004, 33: 900.

[40] Xu T G, Xu Z, Zhu Y F. J. Phys. Chem. B. , 2006, 110: 25825.

[41] Xu T G, Zhang C, Shao X, et al. Adv. Funct. Mater. , 2006, 16: 1599.

[42] Zhang L W, Fu H B, Zhang C, et al. J. Phys. Chem. C, 2008, 112 (8): 3126.

[43] Kudo A, Kato H. Chem. Lett. , 1997, 26: 421.

[44] Finlayson A P, Tsaneva V N, Lyons L. Appl. Mater. Sci. , 2006, 203 (2): 327.

[45] Kudo A, Hiji A. Chem. Lett. , 1999, 28 (10): 1103.

[46] Tang J W, Zou Z G, Ye J H. Catal. Lett. , 2004, 92 (1-2): 53.

[47] Tang J W, Ye J H. J. Mater. Chem. , 2005, 15 (39): 4246.

[48] Yu S H, Liu B, Mo M S, et al. Adv. Funct. Mater, 2003, 13 (8): 639.

[49] Tang J W, Zou Z G, Ye J H. Res. Chem. Intermed. , 2005, 31 (4-6): 505.

[50] Li D F, Zheng J, Zou Z G. J. Phys. Chem. Solid, 2006, 67 (4): 801.

[51] Zhang C, Zhu Y F. Chem. Mater. , 2005, 17 (13): 3537.

[52] Fu H B, Pan C S, Yao W Q. J. Phys. Chem. B, 2005, 109 (47): 22432.

[53] Fu H B, Lin J, Zhang L W, Zhu Y F. Appl. Cata. A. , 2006, 306: 58.

[54] Wu Y, Zhang S C, Zhang L W, Zhu Y F. Chem. Res. Chinese U. 2007, 23: 465.

[55] Zhao X, Zhu Y F. Environ. Sci. Technol. , 2006, 40: 3367.

[56] Minero C, Mariella G, Maurino V, Pelizzetti E. Langmuir, 2000, 16 (6): 2632.

[57] Minero C, Mariella G, Maurino V, et al. Langmuir, 2000, 16 (23): 8964.

[58] Park H, Choi W. J. Phys. Chem. B, 2004, 108 (13): 4086.

[59] Yu J C, Yu J G, Ho W, Jiang Z, Zhang L. Chem. Mater. 2002, 14 (9): 3808.

[60] Huang G L, Zhu Y F. J. Phys. Chem. C. , 2007, 111: 11952.

[61] Zhang S C, Yao W Q, Zhu Y F, Shi L Y. Acta. Phys. Chim. Sin. , 2007, 23: 111.

[62] Zhang L W, Xu T G, Zhao X, Zhu Y F. Appl. Cata. B. , 2010, 98: 138.

[63] Maczka M, Paraguassu W, Souza Fillho A G, et al. J. Phys. Rev. B. , 2008, 77: 094.

[64] Murugan R. Physica. B. , 2004, 352: 227.

[65] Hardcastle F D, Wachs I E. J. Phys. Chem. , 1991, 95: 10763.

[66] Ayame A, Uchida K, Iwataya M, Miyamoto M. Appl. Cata. A. , 2002, 227: 7.

[67] Jing L Q, Sun X J, Xin B F, et al. J. Solic. State Chem. , 2004, 177: 3375.

[68] Pan C S, Zhu Y F. Environ. Sci. Technol. , 2010, 44: 5570.

[69] Walsh A, Yan Y F, Huda M N, et al. Chem. Mater. , 2009, 21: 547.

[70] Wei W, Dai Y, Huang B B. J. Phys. Chem. C. , 2009, 113: 5658.

[71] Tokunaga S, Kato H, Kudo A. S, Chem. Mater. , 2001. 13: 4624.

[72] Liu A Y, Cohen M L. Phys. Rev. B, 1985. 32 (12): 7988.

[73] Teter D M, Hemley R J. Science, 1996, 271 (5245): 53.

[74] Thomas A, Fischer A, Goettmann F, et al. J. Mater. Chem. , 2008, 18 (41): 4893.

[75] Han H X, Feldman B J. Solid State Commun. , 1988, 65 (9): 921.

[76] Guo L P, Chen Y, Wang E G, et al. Chem. Phys. Lett. , 1997, 268 (1-2): 26.

[77] Li C, Yang X, Yang B, et al. Mater. Chem. Phys. , 2007, 103 (2-3): 427.

[78] Montigaud H, Tanguy B, Demazeau G, et al. Diamond and Related Materials,

1999，8 (8-9)：1707.

[79] Jürgens B，Irran E，Senker J，et al. J. Am. Chem. Soc.，2003，125 (34)：10288.

[80] Wang X，Maeda K，Thomas A，et al. Nat Mater，2009，8 (1)：76.

[81] Goettmann F，Fischer A，Antonietti M，et al. Chem. Commun.，2006，43：4530.

[82] Goettmann F，Thomas A，Antonietti M. Angewandte Chemie International Edition，2007，46 (15)：2717.

[83] Takanabe K，Kamata K，Wang X，et al. Phys. Chem. Chem. Phys.，2010，12 (40)：13020.

[84] Maeda K，Wang X，Nishihara Y，et al. J. Phys. Chem. C，2009，113 (12)：4940.

[85] Wang X，Maeda K，Chen X，et al. J. Am. Chem. Soc.，2009，131 (5)：1680.

[86] Ding Z，Chen X，Antonietti M，et al. Chem. Sus. Chem.，2011，4 (2)：2741.

[87] Di Y，Wang X，Thomas A，et al. Chem. Cat Chem.，2010，2 (7)：834.

[88] Zhang J，Sun J，Maeda K，et al. Energy Environ. Sci. e，2011，4 (3)：675.

[89] Yan S C，Lv S B，Li Z S，Zou Z G. Dalton Transactions，2010. 39 (6)：1488.

[90] Chen X，Zhang J，Fu X，et al. J. Am. Chem. Soc.，2009，131 (33)：11658.

[91] Yan S C，Li Z S，Zou Z G. Langmuir，2010，26 (6)：3894.

第8章

光电协同作用提高光催化材料的降解性能

8.1 光电协同催化基础

近年来，光催化技术处理水中污染物的研究已经成为环境科学领域的热点。但目前的研究大多采用半导体粉末悬浮体系。以目前研究最多的 TiO_2 体系为例，其粉末悬浮体系存在易失活、易凝聚的缺点，且悬浮液处理后要经过过滤、离心、共聚和沉降等方法进行分离，处理步骤复杂，费用较高，需动力搅拌维持悬浮，不利于实现工业化和实用化。克服这一障碍的有效途径是制备负载型 TiO_2，研究者提出了许多能够固定催化剂的基体，如玻璃、海砂、硅胶、陶瓷、不锈钢[1~5]等。但是当光催化剂的存在形式由悬浮型变为负载型时，有效反应和传质面积减小，光的利用效率降低，催化活性受到一定的影响，并且光催化反应中光生电子-空穴复合概率高的问题仍然没有得到解决。

为了解决上述问题，研究人员将催化剂固定在导电基体上，同时外加偏压抑制光生电子和空穴的复合，从而发展出一种新型的技术——电化学辅助光催化技术，即光电催化技术。这是一种有效促进光生电子和空穴分离，并利用光电协同作用的增强型光催化氧化技术。以光催化剂作为光阳极，对其施加一定的偏压，光生电子就会迁移至外电路，从而抑制光生电子和空穴的复合，空穴在催化剂表面累积，并进一步发生反应以去除污染物。光电催化起源于 1972 年 Fujishima 和 Honda 等[6]利用外加偏压的单晶 Pt/TiO_2 半导体光电极分解水的研究。而 1993 年 Vinodgogal[7]首次利用电助光催化法在导电玻璃上涂敷商用 TiO_2 粉末来处理对氯苯酚（4-CP）。在工作电极上施加电场促进光生载流子的分离，降低光致空穴与光致电子的复合概率，提高了量子效率，从而加快了对氯苯酚的降解速率，从此开始了电助光催化降解有机物的研究。大量实验证明，电助光催化法可显著提高光催化过程的量子效率，同时具有增加半导体表面·OH 的生成效率和无需向系统内注入电子俘获剂 O_2 两大优点[8~10]。

8.2 光电协同催化原理

半导体光电催化反应是在具有不同类型（电子和离子）电导的两个导电体的界面上进行的一种催化过程，同时具有光催化和电催化的特点。光电催化法是近年来日益受到重视的废水处理技术，在光照和很小的外加电场作用下，电子-空穴对得到有效分离，从而起到提高降解效率的作用。

当光激活的半导体电极浸泡在含有氧化还原电对的电解质溶液中后，在半导体/溶液界面上会形成半导体一侧的空间电荷层、界面上的紧密双电层和液相中的分散层。同时形成的Schottky势垒电场，能使光生电子和空穴以电迁移的方式向相反方向移动，实现电荷的分离。其中一部分可在复合之前到达半导体表面进行化学反应。在半导体电极外加电场的作用下，电子经半导体导电载体转移至对电极，而光致空穴则转移到催化剂表面，与吸附在催化剂表面的有机物发生氧化反应，将有机污染物降解（见图 8-1）。

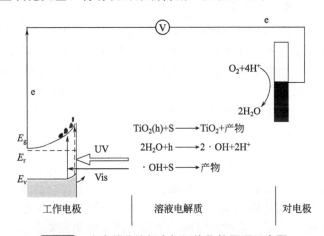

图 8-1 光电催化降解有机污染物的原理示意图

以 TiO_2 体系为例，在光电催化反应体系里，氧化反应（物质的降解）发生在二氧化钛半导体电极（光阳极），而还原反应发生在对电极。一般来说，光电反应过程主要包括以下几步[11]：

① 传递：反应物传递到二氧化钛膜电极表面上。

② 吸附：反应物在电极表面上的吸附。

③ 电极反应：在光照下，光催化剂产生电子和空穴对，与底物发生氧化还原反应。

光阳极：

$$TiO_2 + h\nu \rightleftharpoons (TiO_2 - h) + (TiO_2 - e) \tag{8-1}$$

$$red_{interface} \underset{k_{-1}}{\overset{k_1}{\rightleftharpoons}} (TiO_2 - red)_{surface} \tag{8-2}$$

$$OH^- + (TiO_2 - h) \underset{k_{-2}}{\overset{k_2}{\rightleftharpoons}} (TiO_2 - \cdot OH) \tag{8-3}$$

$$(TiO_2 - \cdot OH) + (TiO_2 - red)_{surface} \underset{k_{-3}}{\overset{k_3}{\rightleftharpoons}} (TiO_2 - ox)_{surface} + e \tag{8-4}$$

$$(TiO_2 - h) + (TiO_2 - red)_{surface} \underset{k'_{-3}}{\overset{k'_3}{\rightleftharpoons}} (TiO_2 - ox)_{surface} + e \tag{8-5}$$

对电极（常用铂电极）：

$$O_2 + e^- \rightleftharpoons \cdot O_2^- \tag{8-6}$$

$$\cdot O_2^- + H^+ \rightleftharpoons HO_2 \cdot \tag{8-7}$$

$$2\,HO_2 \cdot \rightleftharpoons O_2 + H_2O_2 \tag{8-8}$$

④ 脱附：最后，氧化产物从电极表面脱附出来，进入溶液中，开始下一轮的循环反应。

⑤ 传质：电极表面产物的传递。

许多报道认为吸附是光催化降解有机物的先决条件[12,13]，是影响光催化活性的重要因素，因而在光电催化过程中化学反应和吸附是最为重要的步骤。光电催化反应系统具有两大优点：一是从空间上将导带电子的还原反应与价带空穴的氧化反应分开，有效降低了电子与空穴的复合率；二是导带电子被转移到对电极上，与水中的 H^+ 发生还原反应，因此不再需要向系统内注入氧气来捕获电子。光电催化技术这两大优点使其在各个领域都得到了迅速发展[14~21]。

8.2.1　电场辅助光催化过程

当外加偏压低于污染物的氧化电位时，此时不会发生污染物的直接电解过程，污染物光催化降解速率的增加是由于外加电场抑制了光致空穴和电子的复合。在光电极上施加阳极偏压可以在电极内部形成一个电势梯度，促使光生电子和空穴向相反的方向移动，加速了它们的分离。通过对薄膜电极施加偏电压可以降低光生电子和空穴的复合速率，从而提高光催化效率，这种电子空穴复合速率的降低效应还直接体现在光电流的增强上。

8.2.2　光电协同催化氧化过程

当外加偏压高于污染物的氧化电位时，污染物将会发生直接电化学降解反应，此时电氧化和光催化降解反应将协同发生，即为光电催化降解过程。光电催化既可以通过降低光生电子与空穴的复合速率来增大有机污染物的降解效率，还可以通过电化学氧化直接降解污染物，产生光电协同效应，加速污染物的降解。但光电协同催化可能会改变污染物的降解过程和机理。

电场辅助光催化及光电协同催化的区别，将在外加偏压影响反应速率的章节详细讨论。

8.3　光电协同催化实验

8.3.1　光电协同催化电极

光电催化降解一般采用三电极体系，包括光阳极、对电极和参比电极。对电极一般是金属电极（如 Pt），参比电极可以是饱和甘汞电极或氯化银电极，光阳极则是光电催化反应器的核心部件。光电极的研究目前主要集中在光催化剂的改性、电极材料的筛选以及探索如何将其组装成高效实用的光电极和光电催化反应器上。

在光电催化反应的研究中，绝大部分光阳极是平板电极，平板电极与反应液的接触面积较小，反应效率不高，因而有人开始研究三维电极光催化反应器。三维电极扩展了电极面积，提高了电解效率并产生更多的活性组分，极大加速了有机物的降解反应。吴鸣等[22,23]用三维 TiO_2 立体电极代替平板电极，提高了增强型电场协助光催化降解有机污染物的时空效率。An 等[24]研究了三维电极光催化反应器光电催化降解亚甲基蓝的可行性，发现 30min 后，亚甲基蓝的去除率约为 96%，COD 去除率为 87%，TOC 去除率为 81%。总之，反应器的结构会对有机污染物的降解速率产生一定的影响。

8.3.1.1 粉末负载电极

粉末负载工艺是将半导体纳米粉末（如 P25，或自制的半导体粉末）用黏结剂制成具有一定黏度的浆状物，负载于适当的导电载体上，在一定的温度下进行热处理，即可获得粉末样品与基底有较好黏结强度的薄膜电极。

例如在石墨修饰 TiO$_2$ 的研究中[25]，可以将半导体粉末铺展在 ITO 玻璃上，制成光阳极，具体方法简述如下：将 3mg 催化剂粉末超声分散于 3mL 乙醇中，制成浆状，然后用浸渍涂层法将其铺展在 2cm×4cm 的 ITO 玻璃上。待乙醇挥发后，将此薄膜电极在紫外灯下照射 12h 以除去表面的有机物，并在 N$_2$（60mL·min^{-1}）气氛下 200℃ 煅烧 30min，制成 TiO$_2$/C 薄膜电极。

采用静电自组装方法制备 Bi$_2$WO$_6$ 薄膜电极[26]的具体方法如下：将一定质量的十二苯磺酸钠（PSS）和聚乙二胺（PEI）分别溶解在去离子水中，得到浓度为 2mg·L^{-1} 的溶液。将 Bi$_2$WO$_6$ 纳米片分散在去离子水中，得到浓度为 2mg·L^{-1} 的悬浮液，用稀 NaOH 溶液调节其 pH 值到 10。将清洗过的导电玻璃（ITO，4cm×4cm）在上述 PSS 溶液中浸渍 20min，然后用去离子水冲洗几次，在室温下风干后，在 PEI 溶液中浸渍 20min，用去离子水冲洗几次，在室温下风干。重复上述操作一次后，将其在 Bi$_2$WO$_6$ 的悬浮液中浸渍 20min，冲洗，风干后，得到 Bi$_2$WO$_6$ 的纳米片薄膜，最后再经过 450℃ 热处理 6h，即可获得 Bi$_2$WO$_6$ 纳米片的薄膜电极。

8.3.1.2 薄膜负载电极

薄膜负载工艺主要有溶胶-凝胶法、气相沉积法、阴极沉积法等。在实验室中常采用以溶胶-凝胶法为基础的涂层方法制备光电极，基本步骤为：先制备溶胶，然后用浸渍涂层、旋转涂层或喷涂法将溶胶施于基材（如导电玻璃上）上，最后将基材干燥焙烧，基材表面形成一层光催化剂薄膜，即得光阳极。光阳极作为工作电极（阳极）、铂电极作为对电极、甘汞电极作为参比电极构成一个三电极体系。在近紫外光或可见光照射光电极的情况下，通过恒电位仪施加很低的直流偏压，将光激发产生的电子通过外电路驱赶至对电极，可以阻止电子和空穴的复合，从而提高光催化效率。

应用于光电催化反应的电极基底主要有：由导电玻璃制作的透明电极（OTE）[27~33]，钛电极[34~44]，铂电极[45~47]，镍电极[48,49]。目前研究最多的是 TiO$_2$ 半导体光阳极，把 TiO$_2$ 半导体固定在电极上来评价其光电化学行为及对有机物质的催化作用。将导电玻璃作为基体沉积二氧化钛的研究很多，但 TiO$_2$ 负载在导电玻璃上后，与溶液的接触面积大大减小，而且 TiO$_2$ 与导电玻璃之间的电荷传递效率较低，因此其对光的利用效率和降解速率都低于 TiO$_2$ 悬浮体系。另外，半导体膜易破裂脱落，不利于光电催化的实际应用。许多研究认为，金属钛比较适合做电极基体，因为钛的抗腐蚀能力强，导电性能好。此外，金属钛作为电极基体时，除了可以采用常用的溶胶-凝胶法[50]制备二氧化钛膜电极外，还可以通过直接热氧化金属钛的方法，制备不同晶型的二氧化钛膜电极[51]。另外，阳极氧化法[52]、气相沉积法[53]、等离子体沉积法等也是制备 TiO$_2$ 薄膜电极的常用方法。铂和镍作为基体制备工作电极也是一种新的尝试，据报道，泡沫镍导电性能良好，且具有高的比表面积，适合作为电极基体材料。

朱永法等人[54]采用溶胶-凝胶法制备了 TiO$_2$ 薄膜电极，将 Pt 掺杂到薄膜电极后，会引起 TiO$_2$ 薄膜光吸收性质的改变。另外，在胶体中添加 PEG 可以得到含有介孔结构的 TiO$_2$ 薄膜[55]。图 8-2 显示了添加 PEG 400 的 TiO$_2$ 薄膜的扫描电子显微镜（SEM）结果。从图中可以清楚地看到排列整齐的孔结构，其直径在十几个纳米左右。这是首次利用添加 PEG 的方法成功获得中孔 TiO$_2$ 薄膜的研究，说明以 PEG，特别是以中低分子量 PEG 为模板剂[56]，可以制备出结构规整的中孔 TiO$_2$ 薄膜。以此为基础，又进行了一系列探索性的实

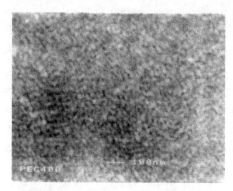

图 8-2 中孔 TiO$_2$ 薄膜的 SEM 照片

验，发现随添加剂分子量的提高，所得 TiO$_2$ 孔径逐渐增大。例如添加 PEG 2000 时，孔径达到 200nm 以上。另外，在一定范围内，随着 PEG 添加量的增加，所得 TiO$_2$ 孔数量增多且规整性提高，孔径分布也更集中。孙继红等人[57]关于中孔 SiO$_2$-PEG 凝胶的研究，得到了相似结论。如图 8-3 所示，当 PEG 添加量增大时，孔分布先变窄后变宽；当 PEG 分子量增大时，孔分布也是先变窄后变宽。可见，通过控制 PEG 的添加量及分子量有望制备出具有良好孔分布及理想孔径的中孔 TiO$_2$ 薄膜。

为研究 PEG 对 TiO$_2$ 薄膜紫外吸收的影响，将添加 PEG 后的 TiO$_2$ 薄膜与未添加 PEG 的 TiO$_2$ 薄

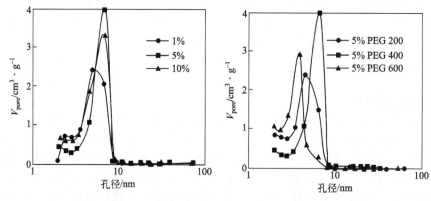

图 8-3 PEG 添加量及分子量对孔径分布的影响

膜的紫外光谱进行了比较（图 8-4）。从图中可以看出，与未添加 PEG 的 TiO$_2$ 薄膜相比，添加 PEG 后的薄膜光吸收性质出现了明显变化，在紫外与可见波段交界处出现了两个新的吸收峰，原有吸收峰的强度增强并出现了红移。新吸收峰的出现及原有吸收峰的变化是由薄膜的中孔结构造成的。热处理过程中孔洞中氧气不足，导致氧空位增多，低价的 Ti^{3+} 增多，进而引起 TiO$_2$ 电子云的畸变。TiO$_2$ 的能级出现分裂，带隙变窄，因此在紫外吸收谱中出现新的吸收峰和红移现象。根据朱永法等[55]的研究发现，添加 PEG 的 TiO$_2$ 薄膜的紫外吸收与 PEG 的添加浓度及基底性质有很大关系。随着添加量增大，紫外吸收先增强后减弱，先红移后蓝移，出现此规律的原因可能与孔分布密切相关。孔分布对氧空位的多少会产生直接影响，进而影响 TiO$_2$ 薄膜的紫外吸收。

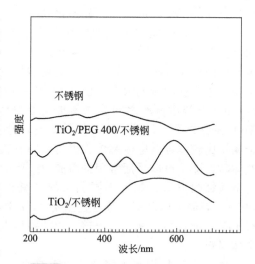

图 8-4 中孔 TiO$_2$ 薄膜紫外反射光谱

另外，TiO$_2$ 薄膜紫外吸收还受基底的影响。以不锈钢为基底的 TiO$_2$ 薄膜的吸收强度要强于以铝合金为基底的吸收强度（图 8-5），这很可能与不锈钢基底中的 Fe 以氧化物形式扩散进入 TiO$_2$ 晶格有关。总的来说，添加 PEG 使得 TiO$_2$ 薄膜的光吸收性质得到改善，进

而提高其光催化性能。

8.3.1.3　TiO₂ 纳米管阵列电极

　　TiO₂ 纳米管作为一维半导体纳米材料，具有特殊的管状结构以及优异的光学和电化学特性，引起了研究者的广泛关注，成为当今的研究热点之一。TiO₂ 纳米管阵列不但具有较高的比表面积，而且其实现了光催化剂在导电基底上的固载化，这使其在光电催化中的应用比 TiO₂ 薄膜具有更大的优势。其可以通过阳极氧化法制备获得，制备工艺非常简单。以钛板为基体，在电解质溶液中进行阳极腐蚀，即可以获得 TiO₂ 纳米管阵列电极。通过阳极氧化法制备高度有序的 TiO₂ 纳米管一般在含氟的电解液中进行，而在非含氟的酸性或中性电解液中，一般只能制备 TiO₂ 多孔膜。通过改变阳极电位、电解液种类和浓度、温度可得到不同尺寸的 TiO₂ 纳米管。

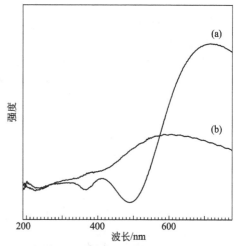

图 8-5　不锈钢与铝合金衬底 TiO₂
薄膜紫外反射光谱
（a）为不锈钢衬底，（b）为铝合金衬底

美国宾夕法尼亚大学的研究小组提出了阳极氧化法制备 TiO₂ 纳米管的形成机理[58]：

　　① 金属表面的氧化物生长是由于金属与 O^{2-} 或 OH^- 的作用。形成最初的氧化层后，这些阴离子通过氧化层到达金属-氧化物界面，在界面处与金属发生作用。

　　② Ti^{4+} 从金属-氧化物界面迁移出去，在电场的作用下迁移到氧化物-电解液界面。

　　③ 在氧化物-电解液界面，电场促进了氧化物的溶解。由于电场的存在，Ti-O 键经历了极化作用而变弱，促进了 Ti^{4+} 在电解液中溶解，O^{2-} 迁移到金属-氧化物界面与金属相互作用；TiO₂ 在含氟电解液中的化学溶解对纳米管的形成起了重要作用，并且溶解将决定纳米管层的厚度。

　　④ 阳极氧化过程中，在电解液的作用下，金属或者氧化物也发生化学溶解。与此同时，初始氧化膜形成后出现内应力，且氧化膜中还存在电致伸缩应力、静电斥力等，促使少量 TiO₂ 由非晶态转化为晶态。由于膜层的成分、膜层中的应力与结晶等因素的影响，使得膜层的表面能量分布不均，引起溶液中的 F^- 在高能部位聚集并强烈溶解该处氧化物，氧化膜表面变得凹凸不平。凹处氧化膜薄，电场强度高，氧化膜溶解快，形成孔核，孔核又因持续进行的场致和化学溶解过程而扩展为微孔，从而形成多孔氧化膜结构。

　　⑤ 多孔氧化膜的稳定生长。在微孔的生长初期，微孔底部氧化层因薄于孔间氧化层而承受更高强度的电场。强电场使 O^{2-} 快速移向基体进行氧化反应，同时会加速氧化物的溶解，因此小孔底部氧化层与孔间氧化层会以不同的速率向基体推进，导致原来较为平整的氧化膜-金属界面变得凹凸不平。随着微孔的生长，孔间未被氧化的金属向上凸起，形成峰状，使电场线集中，电场增强，加速其顶部氧化膜的溶解，从而产生小空腔。空腔逐渐加深，将连续的小孔分离，形成有序独立的纳米管结构[59]。由于阳极氧化法制备的 TiO₂ 直接在钛基底进行生长，因此具有很好的机械强度和电子传输能力[60]，并且纳米管阵列的形貌和厚度容易控制。

8.3.2　光电协同反应设备

　　根据研究目的的差异，可以将光电催化反应器分为以下两种：单槽反应器和双槽反应器。在单槽反应器中，阳极、阴极与参比电极（常用饱和甘汞电极）放在同一个反应槽内，反应槽材质一般是石英，可以透过紫外光，UV 灯放置在反应槽或反应器槽中。通过恒电位仪对电极体系施加电压。在双槽反应器中，阴阳极分别放置在不同的反应槽内，两反应槽间用玻璃膜隔开以保证电流畅通。阳极上的氧化反应和阴极上的还原反应在不同的反应槽中进行，这样有利于研究目标物质的降解机理。

图 8-6 为光电化学性能检测系统，可见光光源采用北京畅拓科技有限公司的 CHF500 型氙灯光源，功率 500W。光密度采用北京师范大学光学仪器厂的 FZ-A 型辐照计检测，单色仪采用北京卓立汉光仪器有限公司的 SAP301 型光栅单色仪。三电极系统光电性能检测采用电化学工作站 CHI660B（上海辰华仪器公司），在自制的带石英窗的三电极电解池中完成。其中对电极为 Pt 丝，参比电极为饱和甘汞电极，工作电极为 TiO_2 纳米管阵列，电解液为 $0.1mol \cdot L^{-1}$ Na_2SO_4 溶液。

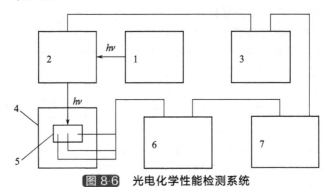

图 8-6 光电化学性能检测系统
1—氙灯；2—单色仪；3—单色仪控制器；4—样品室；5—光电化学样品池；6—电化学工作站；7—计算机

8.3.3 光电协同催化反应的影响因素

Pelegrini 等[61]利用 $Ti/Ru_{0.3}Ti_{0.7}O_2$ 电极研究了活性蓝-19 的电助光催化降解，反应 60min 后活性蓝-19 的脱色率达到了 95%，而单独用电氧化法和光催化法时其脱色率分别仅为 34% 和 15%，光电催化氧化降解有机物的速率明显高于光催化氧化与电催化氧化反应的单独作用速率之和，因而光催化和电氧化过程具有显著的协同作用。众多文献表明，影响光电催化反应的因素很多，比如：外加偏压，溶液的 pH 值，降解物的初始浓度，光照强度，溶液温度，溶液中的电解质，溶液中的传质，通入空气量，TiO_2 膜厚度与阻抗，这些都是光电催化系统中的重要影响因素。但一般认为外加偏压与溶液的 pH 值是最为重要的影响因素。

8.3.3.1 外加偏压对光电催化反应的影响

外加偏压是影响电助光催化反应的重要因素。正如 8.2.1 中所述，在光电极上施加阳极偏压可以促使光生电子和空穴的分离，降低其复合速率，这种降低效应直接体现在光电流的增强上。O'Regan 等[62]用时间分辨吸收光谱、库仑计法和激光光解考察了偏压对光电流的影响，发现电位的微小变化可使 TiO_2 的表面电荷产生较大的变化。在不同的实验环境下，外加偏压对光电化学反应有着不同的影响。Rodgers[63]等报道物质的降解速率随着外加电压的增加而增加，但是，Li[64]等认为降解 Rose Bengal（RB）所用的外加电压有一个最佳值。电压过高时，水的电解与之竞争，成为电极上的主要反应。当电极上同时进行水的氧化和 RB 的氧化时，阳极的污染情况较严重。相反，保持阳极电位在一个较低的正值时，电极的污染和由此引起的失活会达到最小程度[65]。偏压不仅可以加速有机污染物的降解速率，还能改变有机污染物的降解路径。Walker 等[66]在开路下对气凝胶电极进行光照，经过 2h 的反应后酚的降解率为 55%，溶液变成深粉红色。用 HPLC 对中间产物进行检测发现大约有 44% 的酚被降解成儿茶酚和醌醇。而在气溶胶电极上施加 1.0V 偏电压并光照反应 2h 后酚的降解率提高至 70%，且只有儿茶酚一种中间产物，并随后就被矿化。出现上述差异的原因是施加偏压大大降低了光生电子和空穴的复合速率，以致产生了更多的光生空穴，使得大部分中间产物还未从电极表面扩散到溶液中就已被完全氧化。

朱永法等人[67]在 ZnWO₄ 薄膜电极光电降解罗丹明 B 的研究中，系统研究了外加偏压对光电催化过程的影响。图 8-7 给出了在不同浓度罗丹明 B（RhB）存在的条件下，ZnWO₄ 薄膜的循环伏安曲线。可以看出，在 1.0V 左右，电流密度随着 RhB 浓度的增加而提高，在 RhB 浓度为 15mg·L⁻¹ 时达到最大。当浓度进一步提高到 18mg·L⁻¹ 时，电流密度反而降低。这可能是由于 RhB 浓度过高，导致电极表面钝化，使电流密度降低。此时主要进行 RhB 的直接电氧化过程。当偏压超过 1.4V 时，阳极电流密度随着偏压的升高显著增加，这主要是由于 RhB 的电氧化和阳极析氧导致的。伴随着析氧过程，活性基团如·OH、H₂O₂ 和 O₃ 会产生[68]，这些基团会导致 RhB 的间接电氧化。

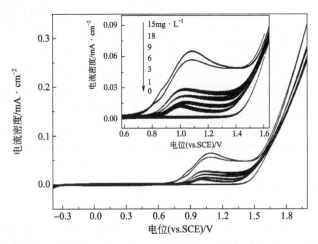

图 8-7　不同罗丹明 B 浓度下，ZnWO₄薄膜电极的循环伏安谱（电解液= 0.5mol·L⁻¹ Na₂SO₄，pH= 6）

从图 8-7 中可以看出，RhB 的氧化还原电位大约在 1.0V。图 8-8 给出了在紫外光下，不同外加偏压对 ZnWO₄ 薄膜电极光电催化降解 RhB 反应速率常数的影响。如图所示，当外加偏压低于 1.0V 时，外加偏压主要通过促进电荷分离来提高其光催化效率；外加偏压为

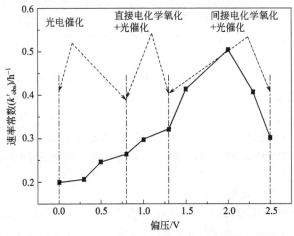

图 8-8　不同外加偏压下，ZnWO₄薄膜电极紫外光电降解罗丹明 B 的反应速率常数
（光强 14μW·cm⁻²，RhB 浓度= 5mg·L⁻¹）

1.0V 时，RhB 进行直接电化学氧化降解，此时，主要通过直接电氧化和光催化耦合降解 RhB。当外加偏压超过 1.4V，水分子在电极表面发生电解引发·OH[69]和 O$_2$ 的生成。在这种条件下，RhB 进行间接电氧化。而且，产生的 O$_2$ 可作为电子的受体，生成超氧自由基，进一步促进 RhB 的光催化降解。

8.3.3.2 pH 值对光电催化反应的影响

溶液 pH 值是影响有机物光电催化降解的另一个重要因素。一个原因是 pH 值会影响催化剂的界面性质，从而影响光催化反应速率及机理。例如，二氧化钛的等电点约为 6，其在较强酸性的环境中表面带正电荷，而在 pH 值高于 6 时表面带负电荷，表面电荷的不同将对光电催化反应产生一定的影响。另一个原因 pH 值的大小决定了有机物的存在状态，因而对有机物在催化剂表面上的吸附与解吸影响很大。

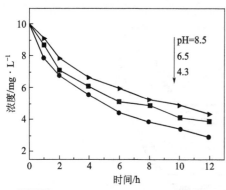

图 8-9　pH 对 4-CP 降解速率的影响
（4-CP 初始浓度=10mg·L^{-1}）

Kim 等[70]研究了 pH 对甲酸光电催化降解的影响。pH = 3.4 时，甲酸的降解速率达到最大值，pH 值高于或低于 3.4 时其降解速率降低很快。Candal 等[71]用含 Ti 电极的光电催化反应器在 1.0V 正偏压下降解甲酸，研究表明，pH = 3 时，甲酸的降解速率最高，pH 值大于 5 时，其反应速率开始下降。Kesselman 等[72]发现在不同 pH 条件下，TiO$_2$ 电极有不同的伏安特性。紫外光照射下，TiO$_2$ 阳极饱和电流是溶液 pH 值的函数，pH = 5 时饱和光电流最大，pH = 8 时略小，pH = 3 时最小。然而在不同 pH 条件下光电催化反应的速率常数的大小顺序为：pH 8>pH 5>pH 3。Vinodgopal 等报道[73]：当光电催化体系的 pH 值升高时，有机物的去除率增大。但安泰成[74]等认为溶液 pH 值过高时（pH>12），溶液电导率则成为影响有机物降解速率的主导因素，因而高 pH 值下目标物的 COD 去除率与脱色率均略有下降。在外加 2.0V 的恒定偏压下，4-CP 的光电催化降解速率受 pH 影响较大。由图 8-9 可以看出，4-CP 在酸性溶液中的降解速率要大于在碱性溶液中的降解速率[26]。李湘中等人[75]在光电催化降解腐殖酸的研究中得到了相似的结论。但 Hepel 等人[76]在光电催化降解萘酚蓝黑（NBB）的研究中却得到了相反的结果。Hepel 等人指出，溶液的 pH 会通过不同途径影响有机物的降解：①半导体平带电位的变化；②电活性基团的吸附；③水分子的光电氧化以及 OH$^-$ 与反应物之间的竞争反应等。因此，pH 对光电催化降解有机物的影响程度不能一概而论，其取决于有机物自身的性质及降解反应的机理。在 4-CP 体系中，4-CP 的存在状态受 pH 影响很大。碱性条件有利于 4-CP 的离子化，使之更易溶于水；而在酸性条件下，4-CP 主要以分子形式存在，容易吸附在电极表面，有利于进行光电催化降解反应，因此碱性条件下其降解速率较快。相比之下，NBB 的降解受溶液中的活性物种种类影响更大，酸性条件有利于溶液中的氯离子形成氧化性很强的氯自由基，其能将 NBB 迅速降解；而在碱性条件下活性物种以羟基自由基为主，其对 NBB 的降解能力较氯自由基弱，因此碱性条件下 NBB 的降解速率比酸性条件下慢。

8.3.3.3 电解质对光电催化反应的影响

电解质对有机物光电催化过程的影响体现在两个方面[77]：一是电解质浓度增加，意味着导电能力的增加，槽电压降低，电压效率提高；二是电解过程会产生复杂的电化学反应，不同的电解质会发生不同的作用，如溶液中的盐可能会降低玻璃电极基体上 TiO$_2$ 的光催化活性。Calvo[78]等指出 NaCl 电解质会降低二氧化钛的光催化活性，主要原因是氯离子会与光生空穴与羟基自由基发生反应，这一反应与有机物的降解过程相互竞争，阻碍光电催化降解有机物的进行，从而降低二氧化钛的光催化活性。此外，氯离子吸附到 TiO_2 表面上，会占据羟基的吸附位，阻碍羟基自由基的产生；吸附到 TiO_2 表面上的氯离子束缚空穴的能力相对较弱，因而吸附的氯离子会增大光生电子与空穴的复合概率，降低光催化活性。

  光电催化反应中使用的电解质，如 H_2SO_4、$NaClO_4$、Na_2SO_4 和 $NaOH$，已多有报道[79~82]。Luo 等[83,84]研究了 $NaCl$、$NaClO_4$、KNO_3 和 Na_2SO_4 电解质对萘酚蓝黑（NBB）染料降解的影响。发现 $NaCl$ 电解质中 NBB 的降解速率最快，需要的电能最小。Kim 等在相同的反应系统中，研究了多种电解液对甲酸降解速率的影响，结果显示，当 KCl 中的浓度为 $1mol \cdot L^{-1}$ 时，甲酸降解率最大。这可能与 KCl 部分生成次氯酸根充当氧化剂有关。

8.3.3.4　反应温度的影响

  一般认为，光催化氧化反应的活化能较低，一般在 $5~16kJ \cdot mol^{-1}$ 范围内[85]，因此温度的变化对光催化反应的影响不是很大。但是，增加温度一方面可能会加快有机物与光催化剂的碰撞速率，从而增大有机物的氧化速率。另一方面也会引起有机物在光催化剂上吸附性能的变化，因此反应温度也会对光催化反应产生一定影响。由于不同的反应物性质不同，降解途径也不同，所以温度的变化对不同有机物的光电催化降解速率影响不同。有些物质如酚[21]的降解速率随温度的升高略有增加，而另一些物质如三氯甲烷的降解速率随着反应温度的增加反而降低[86]。

8.4　Bi_2WO_6薄膜的光电协同催化

  Bi_2WO_6 是最简单的 Aurivillius 型氧化物，它具有介电、发光、离子导体、催化等性能，在闪烁材料、光导纤维、光致发光、微波应用、湿度传感器、磁性器件、催化剂和缓蚀剂等方面具有广阔的应用前景。1999 年 Kudo 等[87]首次报道了 Bi_2WO_6 的可见光（$\lambda > 420nm$）催化活性，从而 Bi_2WO_6 作为一种新型的光催化材料引起了越来越多的关注，成为目前研究最多的光催化剂之一。Bi_2WO_6 具有较窄的禁带宽度（约 2.7eV），能被可见光激发，并具有较高的可见光催化活性。Ye 等人[88]发现 Bi_2WO_6 在可见光照射下，能够有效地降解氯仿和乙醛等有害物质，并能有效降解染料废水。因此，Bi_2WO_6 作为一种具有可见光响应的新型光催化材料，将为光催化去除有机污染物开辟一条新途径，在环境净化和新能源开发方面具有非常良好的应用前景。合成 Bi_2WO_6 的传统方法是固相烧结法，将含 W 元素和 Bi 元素的氧化物或其盐机械混合后直接在 1000℃ 左右的高温下烧结，即可得到 Bi_2WO_6。这种方法得到的催化剂颗粒粒径较大、比表面积小、吸附污染物的能力较弱，因而光催化活性不高。为了提高光催化性能，人们把目光集中到了 Bi_2WO_6 光催化剂的软化学法合成上，通过改进合成方法和条件来调控 Bi_2WO_6 的形貌，进而提高其光催化效率。Wu 等[89]以 PVP 为表面活性剂，利用纳米片自组装法，制备获得了鸟巢状 Bi_2WO_6 材料，合成的 Bi_2WO_6 在可见光下能高效降解罗丹明 B。朱永法等人[90]利用水热法制备了片状的 Bi_2WO_6，研究了片状结构的形成机理，并将其应用于罗丹明 B 的降解，发现其具有良好的可见光活性。如 8.3 所述，其还采用静电自组装的方法合成了 Bi_2WO_6 薄膜光电极，将其应用于光电催化上，实现了 4-CP 的高效降解[26]。由此可以看出，Bi_2WO_6 薄膜光电极在光电催化的应用上具有重要的意义。因此，以下将从 Bi_2WO_6 薄膜的表征、光电催化性能及稳定性方面做详细阐述。

8.4.1　Bi_2WO_6薄膜的表征

  采用静电自组装法可以获得形貌规整的 Bi_2WO_6 薄膜[26]。由 SEM（图 8-10）可以看出，以

ITO 玻璃为基底的 Bi_2WO_6 由规整的纳米片构成。纳米片的大小在 50～100nm，厚度大约为 10nm。

图 8-10 以 ITO 玻璃为基底的 Bi_2WO_6 的扫描电镜照片

图 8-11（a）是 Bi_2WO_6 薄膜的拉曼图，从中可以看出 Bi_2WO_6 薄膜结晶良好，为斜方晶系。图 8-11（b）给出了以石英玻璃为基底的 Bi_2WO_6 薄膜的紫外可见漫反射光谱。陡峭的形状显示其可见光吸收是由于其带隙跃迁产生的，其禁带宽度约为 2.80eV。

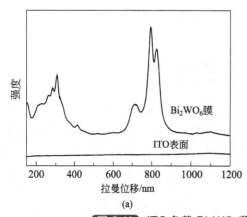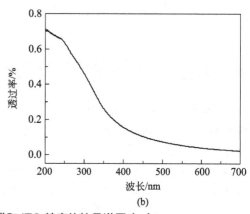

(a)   (b)

图 8-11 ITO 负载 Bi_2WO_6 薄膜和 ITO 基底的拉曼谱图（a），
以石英玻璃为基底的 Bi_2WO_6 薄膜的紫外可见漫反射光谱（b）

8.4.2 Bi_2WO_6 薄膜对 4-CP 的光电协同催化降解

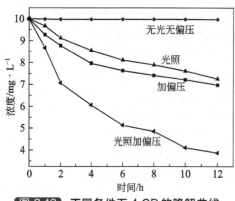

图 8-12 不同条件下 4-CP 的降解曲线
（初始浓度= 10mg·L^{-1}，偏压= 2V，
光强= 150mA·cm^{-2}）

为了探讨光电协同催化效应，分别对 Bi_2WO_6 薄膜的光催化、电氧化和光电催化降解 4-CP 进行了研究。其中电氧化和光电催化所加偏压均为 2.0V。4-CP 的浓度（c_t/c_0）随时间的变化如图 8-12 所示。从图中可以看出，在可见光照射下，4-CP 发生了光催化降解，但是降解缓慢。无光照只加偏压时 4-CP 会发生电氧化降解，降解速率也很缓慢。当光电同时作用时，4-CP 发生了快速的降解。据文献报道[92]，低浓度有机污染物光电催化降解遵循准一级动力学方程。在 4-CP 的光电催化降解体系，通过进行线性转换 ln（4-CP$_0$/4-CP$_t$）＝Kt（K 为动力学常数），证实了其电氧化、光催化和光电催化降

解遵循准一级动力学方程，动力学常数如表 8-1 所示。可以看出，光电催化过程的动力学常数大于光催化和电氧化单独作用时的动力学常数之和。对上述三个过程反应结束后得到的反应液进行 TOC 分析，发现光催化和电氧化过程中，TOC 去除率分别为 20% 和 25%。在光电催化过程中，TOC 的去除率为 65%。因此，光电催化过程不仅仅有效提高了降解速率，而且还提高了 4-CP 的矿化度。

表 8-1 降解 4-CP 的准一级动力学常数

方法	k'_{obs}/h^{-1}	R^2
光催化	0.0259	0.967
电氧化	0.0282	0.910
光电催化	0.0765	0.947

图 8-13 给出了 Bi_2WO_6 薄膜在不同条件下的交流阻抗谱分析结果。从图（a）可以看出，光照使 Bi_2WO_6 薄膜的圆弧半径明显减小。当外加偏压为 0.5V 和 1.0V 时，圆弧半径继续减小。对于光电催化反应来说，圆弧半径的大小反映了电子和空穴分离速率的大小，也即光电催化反应速率的高低，圆弧半径越小，光电催化反应速率越高[93,94]。因此，交流阻抗谱的结果进一步证实了偏压对 4-CP 降解的促进作用。此外，当所加偏压较低时，交流阻抗谱是一个较规则的圆弧，说明此时的电氧化、光催化和光电催化过程是简单的电极反应过程，电子和空穴的分离是反应中的决速步骤[93]。当偏压为 1.5V 和 2.0V，以及偏压与光照同时作用时，圆弧半径进一步显著减小，说明所加偏压越高，光致电子和空穴的分离越快，并且迅速进行界面电荷转移[94]，从而使 4-CP 得到有效降解。但是，当偏压等于或高于 1.5V 时，交流阻抗谱的形状发生了变化，说明在外加偏压较高时，电子和空穴分离速率很快，其不再是光电催化反应速率的唯一决定性因素，而反应物到电极界面的扩散成为光电催化反应速率的另一决定性因素。

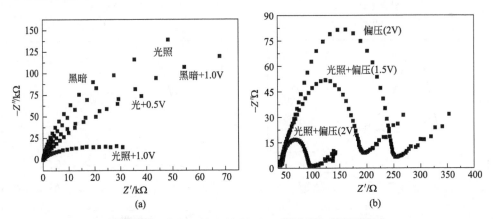

图 8-13 光照和偏压对 Bi_2WO_6 薄膜 EIS 谱图的影响

图 8-14 给出了在不同浓度 4-CP 存在条件下 Bi_2WO_6 薄膜的循环伏安曲线。由图可见，在 1.5V 左右，电流密度随着 4-CP 浓度的增加而提高。这说明 4-CP 在 1.5V 左右进行了电化学氧化。同时，也可以看出在阳极发生了析氧反应。伴随着析氧反应，会产生一些活性基团，这些活性基团可以降解 4-CP。产生的氧分子也可作为电子捕获剂，促进光催化降解。

在 2.0V 偏压电氧化和外加 2.0V 偏压下及将经过光照光电催化反应 24h 后的薄膜样品进行 XPS 分析。与未经过反应的薄膜样品相比，光电催化反应后电极表面的 Bi 和 W 的 XPS 峰位置和强度都没有发生明显变化，但是，经过电化学氧化反应后的 Bi_2WO_6 薄膜的

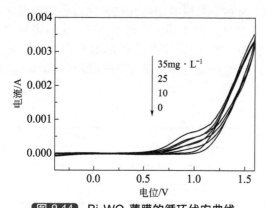

图 8-14 Bi₂WO₆薄膜的循环伏安曲线
（0.5mol·L⁻¹ Na₂SO₄电解液中加入不同含量的 4-CP）

XPS 峰强度明显下降，而且 O 的结合能发生了明显变化，且在 XPS 中观察到了 Cl 的峰。据报道，电氧化降解酚和氯酚类物质时，电极表面会产生聚合物，聚合物的溶解性很低，很容易吸附在电极表面，使电极发生钝化[95]，使电化学氧化过程减慢。而光电过程中，光催化过程中产生的活性基团可以活化电极，促进 4-CP 的电化学降解，从而光催化与电氧化产生协同效应，促进 4-CP 的降解，产生协同效果。

正如 8.3 中所述，外加偏压对光电催化降解有机物的速率会产生较大的影响。

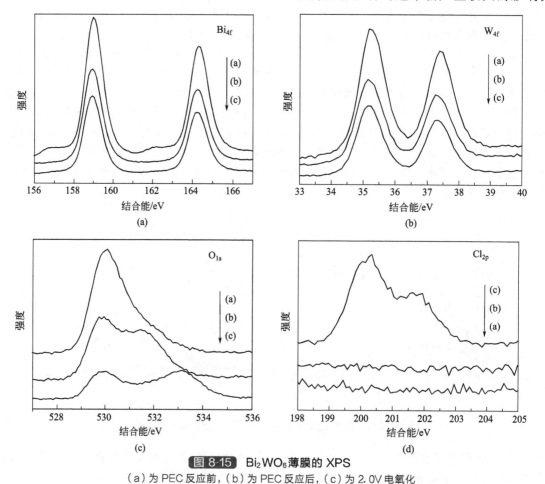

图 8-15 Bi₂WO₆薄膜的 XPS
（a）为 PEC 反应前，（b）为 PEC 反应后，（c）为 2.0V 电氧化

在 Bi₂WO₆对 4-CP 的光电催化反应中，外加偏压对其降解速率影响见图 8-16。从图中可以看出，随着外加偏压的提高，4-CP 降解速率逐渐提高。在低电位时，外加偏压对 4-CP 光电催化降解的影响主要是电场辅助光催化过程。当施加的外加偏压大于 Bi₂WO₆的平带电位时，外加偏压会降低光致电子和空穴的复合速率，提高电极表面光生空穴和羟基自由基的浓度，进而提高 4-CP 的降解速率。当施加的偏压超过 4-CP 的氧化电位后，4-CP 的电氧化和

光催化降解反应同时进行，去除速率增大，在偏压为 2.0V 左右达到最大。继续升高偏压，4-CP 的降解速率有所下降。此时 pH 对 4-CP 的光电催化降解速率也会产生较大影响，这一分析在 8.3.3.2 中已经有了详细介绍，这里不再赘述。

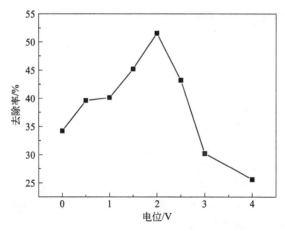

图 8-16 外加偏压对 4-CP 去除率的影响（初始浓度＝ 10mg·L^{-1}，反应时间＝ 8h）

8.4.3　Bi$_2$WO$_6$薄膜的稳定性分析

为了考查 Bi$_2$WO$_6$薄膜的稳定性，将光电催化（外加偏压 2V，400nm 以上可见光）降解 4-CP 12h 后的薄膜样品进行 SEM 分析，发现反应前后薄膜样品的形貌未发生明显变化。拉曼光谱分析的结果证明其晶体结构未发生变化。将同一 Bi$_2$WO$_6$薄膜电极在外加 2.0V 偏压条件下，进行五次光电催化降解 4-CP 的实验后，发现 4-CP 五次的降解率非常接近，大约都在 59％。说明 Bi$_2$WO$_6$薄膜在光电催化反应中很稳定。

Bi$_2$WO$_6$薄膜具有光催化和电氧化降解 4-CP 的能力，光催化与电氧化共同作用时，具有明显的协同催化降解目标物的能力。在不同电位下，协同催化机理是不同的，在 2.0V 协同催化作用达到最大。另外，Bi$_2$WO$_6$薄膜稳定性较好，可以循环使用，奠定了其在污水处理等实际应用上的基础。

8.5　TiO$_2$ 纳米管阵列的光电协同催化

TiO$_2$ 具有稳定、无毒、高熔点、低密度、高模量等许多优点，在构建电子器件、光学器件、太阳能电池、传感器等方面具有其它材料不可替代的地位[96,97]。由于尺寸和结构很大程度上决定了 TiO$_2$ 的性质，因此通过合成方法和条件的调控，越来越多的具有不同形貌及性质的 TiO$_2$ 材料被报道出来。当 TiO$_2$ 的尺寸达到纳米级时，由于小尺寸效应、表面效应、量子尺寸效应和量子隧道效应产生很多新的物理和化学性质，比如更为显著的光致发光[98]和光电转换效率[99,100]，更高的介电效应[101]和光学非线性[102]，更高的光催化活性[103]，因此形貌及结构的调控会使其在不同领域的应用上得到改善。

对于光电协同催化而言，一维纳米材料显示了独特的优势。一方面，对于光催化剂来讲，如果单位面积上活性中心的数目相同，则表面积越大，活性越高，一维纳米材料具有较大的比表面积。另一方面，对于光催化剂在电化学上的应用，光催化剂应能满足制备光电极的要求，通过电化学法能较容易得到一维纳米管阵列，其在电极上的排列均匀且牢固，有利于其在光电催化上的应用。

TiO₂ 的一维及准一维结构包括纳米丝[104]、纳米管[105,106]、纳米棒[107]以及微米级的晶须和微管[108,109]等，其中 TiO₂ 纳米管作为一维半导体纳米材料，由于具有较大的比表面积，容易实现固载化，被广泛应用于光电催化技术中。

8.5.1　TiO₂ 纳米管阵列的制备

TiO₂ 纳米管阵列的制备方法主要有阳极氧化法、模板合成法和碱液水热合成法三种方法，其中阳极氧化法在 8.3.1.3 已经论述过，因此以下只详细介绍模版合成法和碱液水热合成法。

8.5.1.1　模板合成法

模板合成法是把纳米结构基元组装到模板孔洞中而形成纳米管或纳米线的方法。常用的模板主要有两种，一种是有序孔洞阵列氧化铝模板（AAO），另一种是含有孔洞无序分布的高分子模板。1996 年，Martin[110]对包括氧化铝等的许多模板做了综述，给出了各种模板的制备方法，首次对多孔膜可以作为模板材料进行了描述，并指出了其对于合成纳米材料的前景。许多学者基于此理论，采用模板法合成 TiO₂ 纳米管。目前，在模板合成法制备 TiO₂ 纳米管过程中，常采用纳米阵列孔洞作为模板，然后通过电化学沉积法、溶胶-凝胶法、直接沉积法等技术来获得 TiO₂ 纳米管。

8.5.1.2　水热合成法

碱液水热合成法是指将 TiO₂ 纳米粒子在高温下与碱液进行一系列化学反应，然后经过离子交换、焙烧，从而制备纳米管的方法。Kasuga[111]首先报道该方法，其优点是操作简单、成本低廉，各种晶型的 TiO₂ 纳米颗粒都可以生成纳米管，转化率接近 100％，有利于工业化生产。但是其生产的纳米管以粉体形式存在，不能直接应用于光电催化体系中。

8.5.2　TiO₂ 纳米管阵列光电性能研究

TiO₂ 纳米管阵列可采用阳极氧化法制备获得[112]。具体步骤为：钛板（厚度约 $250\mu m$）在硝酸/氢氟酸混合溶液中化学抛光后，放入含有 0.5％（质量分数）氢氟酸和 $1mol \cdot L^{-1}$ 磷酸混合液的电解池中，在室温下用 20V 恒电压阳极氧化 30min。制得样品用去离子水清洗后，在 450℃煅烧 24h。所得的 TiO₂ 纳米管内径在 50～70nm 范围内（图 8-17），在较大

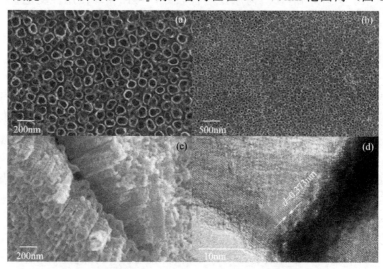

图 8-17　TiO₂ 纳米管阵列形貌分析
（a）正面场发射扫描图像；（b）正面大面积场发射宽区域扫描图像；
（c）侧面场发射扫描图像；（d）从薄膜剥离下的 TiO₂ 纳米管的高分辨透射电镜图像

范围内比较规整均一［图 8-17（b）］。从薄膜截面的 FE-SEM 图［图8-17（c）］中可知，其管长约 390nm。制备的 TiO_2 纳米管具有较高的规整性，其管壁具有清晰的条纹像［图 8-17（d）］，晶面间距为 0.373nm，符合锐钛矿型 TiO_2(101) 晶面间距。

同时 XRD（图 8-18）说明，制备得到的 TiO_2 为锐钛矿相（JCPDS 号：71-1168），没有观察到其它杂相。由于 TiO_2 纳米管形成的薄膜很薄，因此，在 XRD 中，有较强的金属钛的衍射峰。对比峰强度，在标准卡片数据中，$I_{(101)}/I_{(200)}=4.5$，而在 TiO_2 纳米管中 $I_{(101)}/I_{(200)}=9.3$。虽然 TiO_2 的（004）衍射峰靠近钛基底的衍射峰，但是仍可以看出其强度高于峰（200），而在标准卡片数据中，$I_{(004)}/I_{(200)}=0.8$，由此可见，TiO_2 纳米管沿着［001］方向生长。

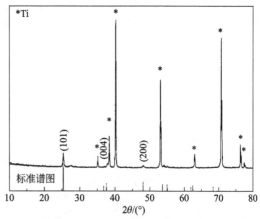

图 8-18　TiO_2 纳米管的 XRD 谱，其中 ＊表明钛基底的衍射峰

阳极氧化法制备的 TiO_2 纳米管具有显著的光电催化降解有机物的能力。以 MB 作为目标降解物，TiO_2 纳米管薄膜处光强为 1.64mW·cm^{-2}。通过改变偏压的大小，来研究偏压对其光电催化活性的影响。MB 的降解符合准一级动力学方程，拟合曲线及准一级反应表观速率常数 k 与偏压的关系见图 8-19。随着施加偏压的增加，TiO_2 纳米管的光电催化活性增大，当施加偏压增加到 1.5V 之后，TiO_2 纳米管对 MB 的降解活性达到一个平台，当偏压增加到 4.0V 之上，k 值才继续增加，直到偏压为 5.0V 时，反应速率达到最大值，此时 k 为 $1.476\times10^{-2}min^{-1}$，之后随着偏压继续增大，$k$ 值逐渐减小。综上所述[113]，当施加的偏压在 1.5～4.0V 时，偏压的作用主要为间接影响，促进光生电子和空穴的分离。而当施加的偏压大于 4.0V，偏压的影响是直接作用，光催化与电催化同时存在，产生具有强氧化性的·OH，使光电催化活性得到明显的提高。继续提高偏压，电催化降解将占主导地位。由于电催化的发生，光阳极表面迅速被 MB 的聚合物覆盖，使得阳极光吸收和导电能力下降，从而降低了光催化和电催化的速率，因此光电催化活性下降。

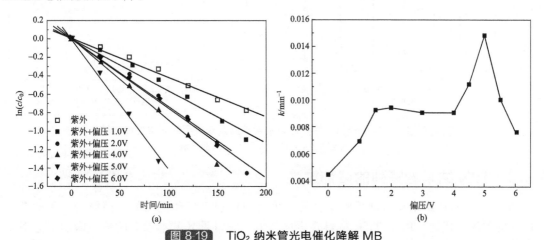

图 8-19　TiO_2 纳米管光电催化降解 MB

（a）不同偏压下光电降解活性，其中 c 为 MB 在 t 时刻的浓度、c_0 为 MB 初始浓度；

（b）准一级表观速率常数 k 与偏压的关系

图 8-20 反映了 TiO$_2$ 纳米管的光电催化稳定性。经过 3h 光电催化反应（偏压 1.5V）后，由于 TiO$_2$ 纳米管表面沉积了较多的 MB，其二次反应活性大幅度降低，表观速率常数从最初的 $9.24 \times 10^{-3} \, min^{-1}$ 下降至 $5.08 \times 10^{-3} \, min^{-1}$。将表面沉积 MB 聚合物的样品在紫外灯下照射，随着照射时间的延长，有机物逐渐被清除，TiO$_2$ 纳米管的活性逐渐恢复。实验证明，经过 9 天紫外灯照射，TiO$_2$ 纳米管基本恢复其光电催化 MB 的活性，其光电响应（图 8-21）也基本恢复到初始状态，因此，TiO$_2$ 纳米管具有很好的重复利用性。

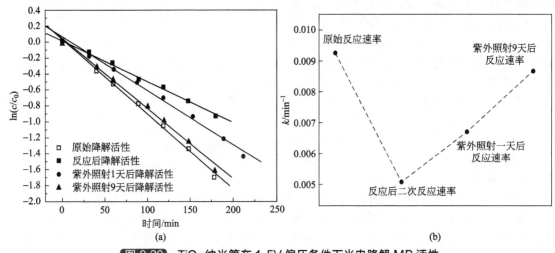

图 8-20 TiO$_2$ 纳米管在 1.5V 偏压条件下光电降解 MB 活性

（a）重复利用样品光电降解活性；（b）重复利用样品的活性 k 值变化图

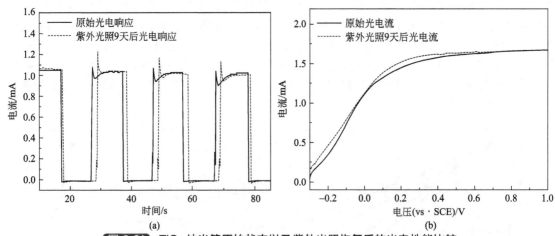

图 8-21 TiO$_2$ 纳米管原始状态以及紫外光照恢复后的光电性能比较

（a）光电响应（未施加偏压）；（b）光电流

8.5.3　TiO$_2$ 纳米管阵列的修饰改性

TiO$_2$ 纳米管比纳米粉体和平整薄膜具有更大的比表面积和更高的吸附能力，因此获得了广泛的关注。然而，由于 TiO$_2$ 的禁带宽度较大，对可见光基本没有响应，限制了它对太阳光的充分利用；另一个方面，TiO$_2$ 的光生电子和空穴复合率高，也影响了它的光催化效率。鉴于此，很多研究致力于 TiO$_2$ 的改性，以期获得良好的可见光活性和较快的光生电子-空穴分离效率。π-共轭大分子（如 PANI 和 C$_{60}$）由于具有广泛的光吸收和优异的电子传导能力等优势，已经广泛应用于太阳能电池的改性。在这些工作中，多是将 TiO_2 与 π-共轭大分子复合，用以提高电池的光电、机械、热性能和太阳光的利用效率。但是，大部分使用的是 π-共轭大分子的敏化作用，解决的是太阳能电池在能源应用上存在的问题，而在光催化降解污染物方面的研究还比较少。水中难降解有机物的处理一直是污水处理领域中的难点。半导体光电催化氧化法可有效、彻底处理水中难降解有机物，该技术可大大地提高半导体光催化的量子效率及太阳光的利用率，并具有广阔的市场前景。

8.5.3.1 C_{60} 修饰 TiO_2 纳米管

朱永法等[114]利用恒电位沉积的方法制备了 C_{60}/TiO_2 纳米管复合材料，具体步骤如下：在乙腈/甲苯混合液（3∶1 体积比）中配制饱和 C_{60} 悬浮液作为电泳沉积液。在三电极体系中，以 TiO_2 纳米管阵列作为工作电极，饱和甘汞电极作为参比电极，铂丝作为对电极进行恒电位沉积。C_{60} 沉积量用电泳沉积过程中通过的电荷数（扣除乙腈/甲苯混合液空白电量）表示。

C_{60} 修饰 TiO_2 纳米管阵列的形貌 [图 8-22（a）] 与原始 TiO_2 纳米管 [图 8-17（a）] 相比没有明显的变化，仍然是整齐排布的纳米管阵列，纳米管内径没有明显增加，表面没有颗粒聚集，说明 C_{60} 在 TiO_2 纳米管阵列表面没有发生大面积聚集生长。C_{60} 修饰 TiO_2 纳米管的高分辨透射电镜 [图 8-22（b）] 显示，在 TiO_2 纳米管管壁上出现了深色的斑点，其直径约为 2nm，推测为 C_{60} 聚集体。

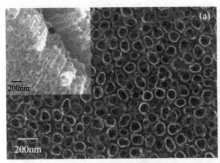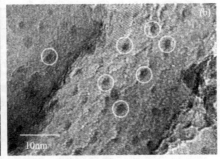

图 8-22　C_{60} 修饰 TiO_2 纳米管阵列电镜图

图（a）为 C_{60} 修饰 TiO_2 纳米管阵列的扫描电镜图；图（b）为 C_{60} 修饰 TiO_2 纳米管阵列高分辨透射电镜图。团聚的 C_{60} 用圆圈标记 C_{60} 修饰前后 TiO_2 纳米管的 XRD，如图 8-23 所示。电泳沉积 C_{60} 后，样品保持了锐钛矿相 TiO_2 的结构，并且没有 C_{60} 对应的衍射峰出现。这说明在修饰过程中，C_{60} 没有在 TiO_2 纳米管表面聚集生长成为晶体，可能以微晶或无定形状态存在。

拉曼光谱是确定晶相与碳存在形式的一种有效手段，因此为了证明 C_{60} 的存在形态，对样品进行了拉曼光谱分析。如图 8-24 所示，TiO_2 纳米管阵列修饰前后的拉曼光谱图中，均有 $144cm^{-1}$、$397cm^{-1}$、$517cm^{-1}$、$633cm^{-1}$

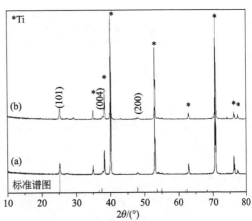

图 8-23　C_{60} 修饰 TiO_2 纳米管前（a）后（b）的 XRD 图

处的四个拉曼峰，其中 $144cm^{-1}$ 处的最强拉曼峰对应于对称型 O-Ti-O 变角振动，$144cm^{-1}$ 和

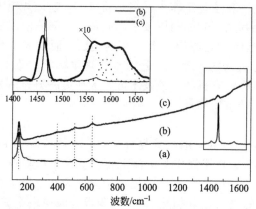

图 8-24　TiO₂、C₆₀ 及 TiO₂/ C₆₀ 的拉曼图谱比较
（插图是（b）、（c）基线校准后
在 1400～1680cm⁻¹ 范围内的拉曼图）

633cm⁻¹ 处是锐钛矿相 TiO₂ 的 E_g 拉曼活性振动，397cm⁻¹ 处是锐钛矿相 TiO₂ 的 B_{1g} 拉曼活性振动，517cm⁻¹ 处是锐钛矿相 TiO₂ 的 A_{1g} 与 B_{1g} 重合的拉曼活性振动模，因此 TiO₂ 纳米管阵列在 C₆₀ 修饰过程中保持了锐钛矿晶相，与 XRD 数据相符。在纯 C₆₀ 的拉曼光谱中，1468cm⁻¹ 和 1571cm⁻¹ 的两个峰分别对应于单晶 C₆₀ 的 A_g（2）和 H_g（8）振动[115]。利用高斯拟合对 C₆₀ 修饰 TiO₂ 纳米管拉曼光谱 1600cm⁻¹ 附近区域进行分析，得到 1561cm⁻¹、1580cm⁻¹、1623cm⁻¹ 三个拉曼峰，对其进行指认，分别对应于 C₆₀ 的 H_g（8）振动、类石墨结构的 G 带和无序 D′带振动模式[116]。对比纯 C₆₀ 的数据，C₆₀ 修饰 TiO₂ 纳米管样品的 A_g（2）和 H_g（8）振动峰位分别红移到 1460cm⁻¹ 和 1561cm⁻¹，且其线宽明显增加。据文献报道[117]，Ag 五边形振动模式的红移和线宽增加说明存在从 TiO₂ 纳米管向 C₆₀ 的电子转移。由此可见，认为 C₆₀ 与 TiO₂ 间存在相互作用。另一方面，C₆₀ 修饰 TiO₂ 纳米管样品的拉曼光谱出现 G 带与 D′带振动，说明 C₆₀ 在 TiO₂ 纳米管表面排列比较有序。有序的 C₆₀ 排列增加了电荷传递效率，其共轭效应具有荧光增强的效果，这也与 C₆₀ 修饰 TiO₂ 纳米管样品拉曼光谱中明显的荧光背底相对应。

通过改变电泳沉积电荷量，可以改变 C₆₀ 的修饰量，进而可以研究 C₆₀ 修饰量对 TiO₂ 纳米管光电性能的影响。在 0.0V、1.0V 下，C₆₀ 修饰 TiO₂ 纳米阵列光电流密度与空白 TiO₂ 纳米阵列的光电流密度的比值（j/j_0）见图 8-25（a）。随着 C₆₀ 沉积量的增加，0.0V 和 1.0V 处的光电流同步增加，当沉积电量达到 0.123mC 时，j/j_0 达到最大值，这说明此时 C₆₀ 的沉积量最佳，可以最大限度地提高 TiO₂ 纳米阵列的光响应值。当继续增加 C₆₀ 的沉积量时，j/j_0 逐渐减小直到达到稳定值。最优条件下，光电流可以提高 45%［图 8-25（b）］，光电响应提高 33%［图 8-25（c）］。

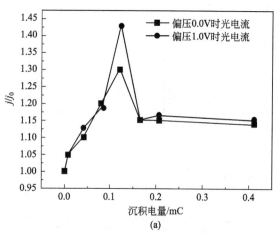

(a)

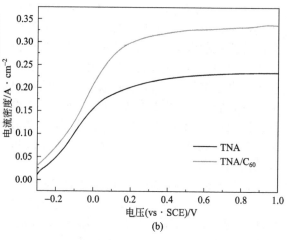

(b)

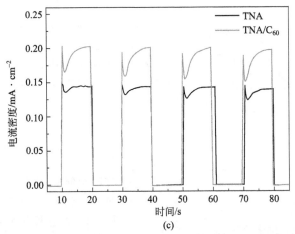

图 8-25 C_{60} 修饰量对 C_{60} 修饰 TiO_2 纳米管光电流（0V，1V）的影响（a）；
最优 C_{60} 修饰量样品与原始 TiO_2 样品的光电流比较（b）;光电响应比较（c）

　　在紫外光照射下，在三电极体系中以饱和甘汞电极（SCE）为参比电极，分别以原始 TiO_2 纳米管和 C_{60} 修饰 TiO_2 纳米管（沉积电量 0.123mC）的样品为工作电极，铂丝为对电极，测量了不同偏压条件下光电降解 MB 的活性。实验证明，C_{60} 修饰 TiO_2 纳米管经过 2h 只吸附了 1% 的 MB，因此吸附不是光电降解的主要影响因素。根据准一级反应拟合曲线，得到了反应速率 k 值随偏压变化的曲线，见图 8-26（a）。由于电降解过程不遵循准一级反应动力学，因此将反应 1.5h 的 MB 脱色率放在图 8-26（b）中。可以看出，只有紫外光照射条件下，1.5h 后仅有 18.4% 的 MB 被降解，而无光照，只施加 6.0V 偏压，电氧化只能降解 12% 的 MB，因此直接紫外光照和电氧化都不是降解 MB 的有效途径。而在光电催化过程中，C_{60} 修饰前后，样品的光电催化活性均大幅度提高，且随偏压增大光电催化活性均呈现先增大后减小的趋势。当在阳极直接施加较低偏压时，光生电子会在电场的作用下，向对电极移动，从而实现光生电子与空穴的快速分离，提高光电协同催化效率[118,119]。

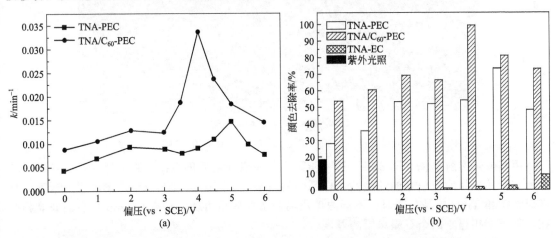

图 8-26 偏压对 C_{60} 修饰前后的 TiO_2 纳米管阵列（TNA）的光电催化活性的影响（a），
C_{60} 修饰前后的 TNA 在不同条件下反应 1.5h 的 MB 脱色率（b）

　　由 C_{60} 修饰 TiO_2 纳米管在 MB 溶液中的循环伏安曲线（图 8-27）可知，当偏压高于 3.2V 时，MB 在样品表面发生直接电氧化。当偏压超过 3.7V 时，在电极表面发生析氧反应。当偏压在 2～3V 范围内时，偏压对光生电子与空穴的分离作用达到平衡，因此光电协

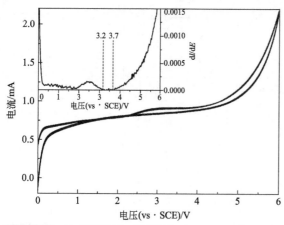

图 8-27 C_{60} 修饰 TiO_2 纳米管在 $10\mu g \cdot g^{-1}$ MB 的 $0.1 mol \cdot L^{-1}$ 硫酸钠溶液中的循环伏安曲线

同催化活性依赖于光生电子-空穴对的数量。对于同一材料，光强一定时，该数量恒定，因此光电协同催化活性也不变。当偏压达到 3.2V，光生空穴氧化和电氧化同时发生，在样品表面 MB 的光降解和电氧化聚合进行竞争。当偏压超过 3.7V 时，更多活性物种，如羟基自由基、H_2O_2、O_3 等产生[120]，MB 的间接氧化发生。空穴氧化、电氧化、活性物种间接氧化的竞争使得样品在偏压 4.0V 时，达到最大降解速率。进一步升高电压，电氧化聚合过程超过空穴氧化和活性物种间接氧化，样品表面聚合物的积累阻止了电流传导，降低了降解速率。

8.5.3.2 石墨修饰 TiO_2 纳米管

朱永法等[121]将 TiO_2 纳米管阵列浸渍在不同浓度的蔗糖溶液中，超声 10min 后，提拉烘干。在氮气保护下，400℃煅烧 3h，得到石墨修饰的 TiO_2 纳米管阵列（TNA-G）。TNA-G 的形貌（图 8-28）与原始 TiO_2 纳米管 [图 8-17 (a)] 相比，仍然是整齐排列的纳米管阵列，纳米管的内径也没有明显变化。但是，在 TNA-G 表面出现了明显的絮状物。当蔗糖浓度为 $0.01 g \cdot mL^{-1}$ 时 [图 8-28 (a)]，只有少量絮状物存在于纳米管口附近，而当蔗糖浓度提高到 $0.1 g \cdot mL^{-1}$ 时 [图 8-28 (b)]，有部分管口已经被絮状物覆盖。因此，随着合成过程中蔗糖浓度的增加，纳米管表面的覆盖物明显增加，并且覆盖物在紫外光和光电催化条件下很稳定，推测这种絮状物可能是由石墨组成的。

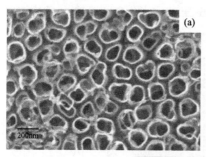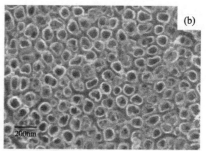

图 8-28 高分辨扫描电镜

（a）TNA-G $0.01g \cdot mL^{-1}$；（b）TNA-G $0.1g \cdot mL^{-1}$

用高分辨透射电镜（图 8-29）进一步研究石墨修饰前后的 TiO_2 纳米管，可以发现石墨修饰前后的样品均有较好的结晶性，样品的晶格条纹像清晰。电子衍射图案说明纳米管壁是准锐钛矿相 TiO_2 单晶。同时，不同浓度蔗糖制备的样品边缘，均有 0.6nm 左右的非晶相存在，其厚度相当于两个石墨单层的厚度。

从 XRD 谱图（图 8-30）可以发现，蔗糖在较低温度下即可石墨化，因此 TiO_2 纳米管保持了锐钛矿晶相（JCPDS 号：71-1168）。在石墨修饰 TiO_2 纳米管的过程中，当蔗糖浓度比较低时，由于石墨化过程中进行了二次煅烧，TiO_2 结晶性提高，氧化层厚度增大，基底形成的金属钛衍射峰明显降低。而当蔗糖浓度比较高，石墨层覆盖度比较大的情况下，钛基底的峰依然很明显，这是由于石墨的覆盖可以阻止 TiO_2 阵列的进一步氧化。而且 TNA-G

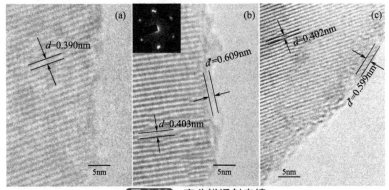

图 8-29 高分辨透射电镜

（a）TNA；（b）TNA-G 0.01g·mL⁻¹（插图是其电子衍射花样）；（c）TNA-G0.1g·mL⁻¹

0.1g·mL⁻¹样品的 XRD 谱在 27.5°处出现了新的衍射峰，可能是石墨的衍射峰（JCPDS 号：75-2078）。

以上实验结果表明，蔗糖石墨化修饰 TiO₂ 纳米管的过程中，TiO₂ 纳米管仍保持了锐钛矿晶相，而修饰的石墨在 TiO₂ 纳米管管壁形成约两个石墨单层的厚度。随着蔗糖浓度的增加，石墨层在纳米管壁的覆盖厚度并没有增加，多余的石墨以絮状物的形式覆盖在 TiO₂ 纳米管表面。这可能是由于石墨的疏水性造成的，其在修饰的过程中由于疏水性不能持续在 TiO₂ 纳米管内壁富集，因而不能形成较厚的石墨层。

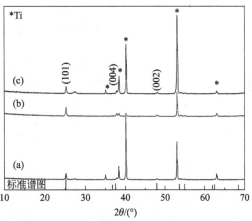

图 8-30 石墨修饰 TiO₂ 纳米管前后的 XRD 图

（a）为 TiO₂ 纳米管，（b）为 TNA-G 0.01g·mL⁻¹，
（c）为 TNA-G 0.1g·mL⁻¹样品

从拉曼光谱（图 8-31）可以看出，随着石墨修饰覆盖量的增加，TiO₂ 在 144cm⁻¹、397cm⁻¹、517cm⁻¹、633cm⁻¹处的拉曼峰峰强逐渐降低，但峰位没有变化，说明 TiO₂ 在石墨修饰过程中，保持了锐钛矿晶相，与 XRD 数据一致。而在 1200～1800cm⁻¹ 的范围内，当

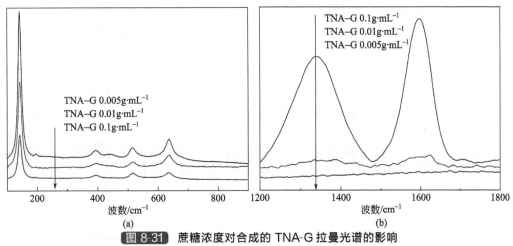

图 8-31 蔗糖浓度对合成的 TNA-G 拉曼光谱的影响

（a）100～900cm⁻¹范围内的拉曼峰；（b）1200～1800cm⁻¹范围内的拉曼峰

蔗糖浓度为 0.005g·mL^{-1} 时，此区域没有拉曼峰出现；当蔗糖浓度达到 0.01g·mL^{-1} 时，在 1360cm^{-1}、1588cm^{-1}、1624cm^{-1} 附近出现了微弱的 G 带和 D' 带拉曼振动峰，并且 G 带和 D' 带有一定的蓝移，说明形成的石墨晶粒较小。当蔗糖浓度达到 0.1g·mL^{-1} 时，D 带与 G 带拉曼峰分别移动到 1340.5cm^{-1} 和 1597.3cm^{-1}，这种峰位移动也是尺寸效应造成的[122]，纳米石墨材料拉曼峰的物理意义见表 8-2。

表 8-2 纳米石墨材料拉曼峰的物理意义

峰	位置/cm^{-1}	含义
G	1580	石墨晶格中原子平面层的 E$_{2g}$ 振动
G'	1560	结晶石墨
D	1360	微晶边界的 A$_{1g}$ 振动
D'	1620	畸变碳材料

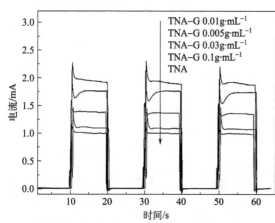

图 8-32 紫外光照条件下 TiO$_2$ 纳米管和不同蔗糖浓度制备的 TNA-G 的光电响应

虽然在紫外光区，石墨修饰的 TiO$_2$ 纳米管的吸光性能并没有明显的变化，但是其光电响应（图 8-32）明显增强，并且当蔗糖浓度为 0.01g·mL^{-1} 的时候，修饰得到的 TiO$_2$ 纳米管的光电响应达到最大值，相对于原始 TiO$_2$ 纳米管，活性提高了一倍。因此，蔗糖浓度为 0.01g·mL^{-1} 浸渍煅烧修饰一次的 TiO$_2$ 纳米管具有最优的光电响应。

石墨修饰的 TiO$_2$ 纳米管不仅对紫外光有响应，而且对于可见光也有光电响应。如图 8-33（a）所示，在不加偏压的条件下，石墨修饰后的样品对于可见光的响应明显提高，并且在开关灯时有明显的充放电现象，这说明石墨修饰的 TiO$_2$ 样品的接界层有明显的电容性质。为了更明显地研究样品的光电响应，在体系中施加 1.0V 的偏压，对样品的可见光光电响应 [图 8-33（b）] 进

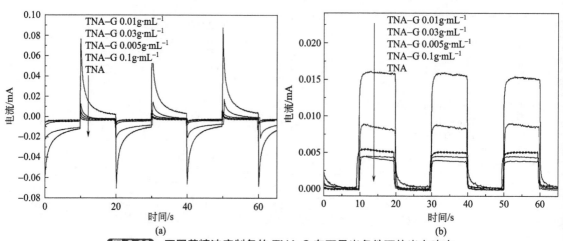

图 8-33 不同蔗糖浓度制备的 TNA-G 在可见光条件下的光电响应

（a）可见（λ > 450nm）；（b）可见（λ > 450nm），并施加 1.0V 偏压

行比较，发现其光电响应顺序与紫外光类似。

由于纳米管的构造，使得其在可见光区也有一定的吸收。另外，由于可见光源使用的是聚焦点光源滤光，可能会有通量过大漏光的可能，因此即使滤光之后，TiO_2 仍然有一定的光电响应。但是对比紫外光活性数据，石墨修饰的样品的可见光光电响应相对于 TiO_2 基底最高提高了两倍，而紫外光照射条件下最高提高了一倍，因此，可见光区域光电性能的提高并不是由于光源漏光引起的，石墨修饰是其主要原因。

石墨修饰 TiO_2 纳米管的光电催化性能在三电极体系中进行，以饱和甘汞电极（SCE）为参比电极，分别以原始 TiO_2 纳米管和石墨修饰 TiO_2 纳米管（TNA-G $0.01g \cdot mL^{-1}$）的样品为工作电极，铂丝为对电极，测量了在紫外光照射及外加不同偏压条件下光电降解 MB 的活性。实验证明，TNA-G $0.01g \cdot mL^{-1}$ 经过 2h 只吸附了 1% 的 MB，因此吸附不是光电降解的主要影响因素。根据准一级反应动力学拟合，得到了反应速率 k 随偏压的变化曲线（图 8-34）。从图中可以看出，石墨修饰后的 TiO_2 纳米管无论在紫外光还是可见光电催化过程中，其催化速率随偏压的变化趋势都和未经修饰的 TiO_2 纳米管相似。由于石墨修饰可以提高 TiO_2 纳米管的导电性，因此，将 TNA-G $0.1g \cdot mL^{-1}$ 的样品同样进行了光电性能测试，发现被较厚石墨层覆盖的 TiO_2 纳米管的光电催化活性随着偏压的增高变化不大，与直接电氧化的活性趋势差不多。由此可见，过多的石墨修饰对提高 TiO_2 纳米管光电催化活性没有贡献。而在可见光（$\lambda > 450nm$）照射条件下，光电催化活性随着施加偏压的增加而增加。从 TiO_2 纳米管和石墨修饰 TiO_2 纳米管对比中可以发现，两者趋势相同，这说明在可见光照射条件下，电催化起着主要的作用。

由以上分析可知，石墨修饰 TiO_2 纳米管前后光电催化活性随外加偏压变化的趋势一致，但修饰后得到的 TNA-G 的光电催化活性整体提高，这主要是由于表面石墨层的修饰降低了 TiO_2 纳米管的接触电阻和空间电阻，使电能利用率提高，从而提高了 TiO_2 纳米管的光电催化性能。

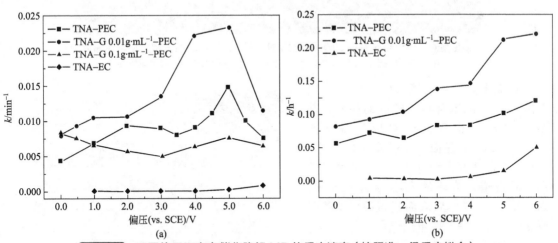

图 8-34 不同偏压下光电催化降解 MB 的反应速率（按照准一级反应拟合）

（a）紫外光照射条件下的活性；（b）可见光（$\lambda > 450nm$）照射下的活性

8.5.3.3 PANI 修饰 TiO_2 纳米管

林洁等[123] 使用电聚合的方法成功合成了 PANI 修饰的 TiO_2 纳米管。具体合成步骤如下：配制 $0.3mol \cdot L^{-1}$ 苯胺单体的盐酸溶液，盐酸浓度 $1.0mol \cdot L^{-1}$，在三电极体系中，以 TiO_2 纳米管阵列作为工作电极，饱和甘汞电极作为参比电极，铂丝作为对电极，进行恒电位聚合，聚合偏压为 1.5V，通过改变聚合时间来调控表面聚苯胺含量。

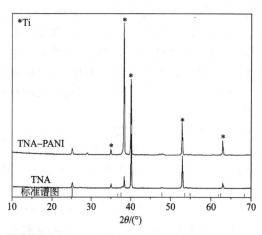

图 8-35　PANI 修饰 TiO₂ 纳米管前后的 XRD 谱

使用电聚合的方法进行 TiO₂ 纳米管的 PANI 修饰，在聚合过程中 TiO₂ 纳米管不会发生晶相转变，XRD 数据（图 8-35）验证了这一点。为了保证聚合度，采用的聚合时间较长，因此，通过高分辨扫描电镜分析（图 8-36）可以看出，刚聚合得到的 PANI 修饰 TiO₂ 纳米管表面 PANI 厚度较厚，部分纳米管管口被 PANI 覆盖，纳米管管径明显减小，管壁增厚。根据纯 TiO₂ 纳米管的管径［图 8-17（a）］，可计算出 PANI 覆盖层厚度约为 7.5nm。在光电性能测量过程中，较厚的 PANI 层对 TiO₂ 纳米管产生敏化作用，将制备好的薄膜样品放在紫外灯下照射，利用紫外线可以清除表面多余的 PANI，阻止敏化

作用的发生。经过三天紫外线照射后的 PANI 修饰 TiO₂ 纳米管样品如图 8-36（b）所示，紫外光将大部分多层覆盖的聚苯胺分解掉，使其在 TiO₂ 纳米管上的覆盖程度明显降低，TiO₂ 纳米管基本恢复了原始形貌。

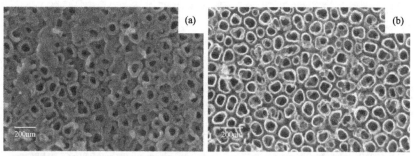

图 8-36　通过电聚合得到的聚苯胺修饰 TiO₂ 纳米管的高分辨扫描电镜图像
（a）直接电聚合后样品的电镜图像；（b）紫外灯照射 3 天后样品的电镜图像

从高分辨透射电镜（图 8-37）可以看出，TiO₂ 纳米管具有较好的晶相，其中 0.39nm 的晶面间距对应于锐钛矿 TiO₂ 的（101）晶面。经过紫外光照射 3 天后，样品表面大约有 0.58nm 的聚苯胺层。据报道，苯环的大小约为 0.5nm，因此在 TiO₂ 纳米管表面覆盖的聚苯胺层厚度约为 1 个聚苯胺单层[124]。

对 PANI 修饰 TiO₂ 样品进行红外分析（图 8-38），可以看出，与 PANI 聚合物相比，在 1103cm⁻¹ 和 453cm⁻¹ 处的红外振动吸收峰对应于 TiO₂ 的特征吸收，

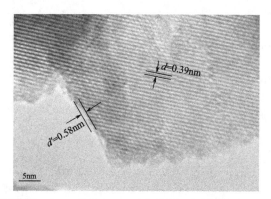

图 8-37　PANI 修饰 TiO₂ 纳米管的高分辨透射电镜图像

1546cm⁻¹ 和 1495cm⁻¹ 对应于醌式和苯式单元 C＝C 伸缩振动，说明存在 PANI 的氧化形式。1299cm⁻¹ 和 1234cm⁻¹ 对应于苯式单元的 C—N 伸缩振动，1108cm⁻¹ 对应于掺杂 PANI 醌式单元，811cm⁻¹ 对应于苯式单元 C—N[125]。相比于纯 PANI，PANI 修饰 TiO₂ 样品的红

外光谱中还在 1641cm⁻¹ 处出现了新吸收峰，对应于表面羟基振动，而位于 1399cm⁻¹ 的红外振动对应于 OH⁻ 的振动，并且在 4000～2500cm⁻¹ 范围内，PANI 修饰的样品的羟基吸收峰明显增强［图 8-38（b）］，这说明样品的表面是羟基化的。3457cm⁻¹ 是 N—H 的振动吸收峰，其移动到低波数，对应于氢键的振动吸收（3230cm⁻¹）增强，说明 PANI 与 TiO₂ 存在强相互作用[126]。相对于 PANI，醌式 C＝C 振动从 1556cm⁻¹ 红移到 1546cm⁻¹，醌式的 1118cm⁻¹ 红移到 1108cm⁻¹，苯式 C＝C 振动从 1473cm⁻¹ 蓝移到 1495cm⁻¹，苯式 C—N 和 C—H 振动从 797cm⁻¹ 蓝移到 818cm⁻¹。醌式结构红外峰的红移和苯式结构红外峰的蓝移同时存在，说明 PANI 分子上各个碳原子上的电荷分布趋于平均，即电子在整个 PANI 分子上的流动性增强。结果说明，TiO₂ 纳米管表层的 PANI 具有很好的电子传导特性。

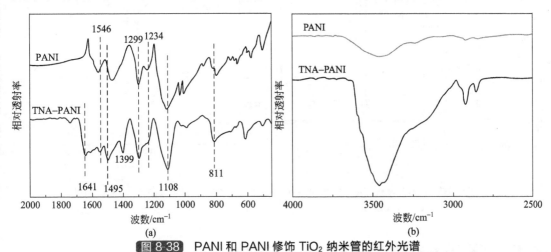

图 8-38　PANI 和 PANI 修饰 TiO₂ 纳米管的红外光谱

（a）2000～450cm⁻¹ 低波数区红外光谱对比;（b）4000～2500cm⁻¹ 高波数区红外光谱对比

从紫外光电性能测试可以看出（图 8-39），PANI 修饰对 TiO₂ 纳米管的光电流及阻抗没有明显的影响，光电响应只有小幅度提高，交流阻抗谱依然是半圆形，说明在反应过程中，表面电荷传输是反应的决速步骤。并且样品的交流阻抗谱在修饰前后具有相近的半圆半径，这说明 PANI 修饰前后样品光生电子-空穴分离速率没有明显改变。紫外光活性的小幅度提高可能是由于表面 PANI 电子传导性能提高引起的。

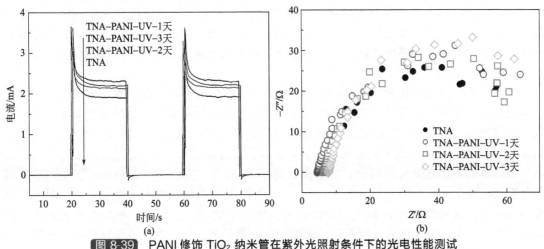

图 8-39　PANI 修饰 TiO₂ 纳米管在紫外光照射条件下的光电性能测试

（a）PANI 修饰 TiO₂ 纳米管前后的光电响应;（b）PANI 修饰 TiO₂ 纳米管前后的交流阻抗谱

PANI 修饰对 TiO₂ 纳米管的可见光电响应有明显的影响（图 8-40），PANI 的修饰提高了 TiO₂ 纳米管的可见光区吸收，因此可见光电响应明显提高，交流阻抗半圆半径明显减小，说明 PANI 的修饰有明显的敏化作用。紫外线照射三天后，样品的光电响应和交流阻抗谱基本与紫外照射两天的样品一致，说明 PANI 在 TiO₂ 纳米管表面的修饰达到平衡，与 TiO₂ 的相互作用使得其表面的 PANI 不再被紫外光分解。由于吸光性的增强，光生电子与空穴的数量增加，交流阻抗谱的半径减小，光电响应提高一倍。

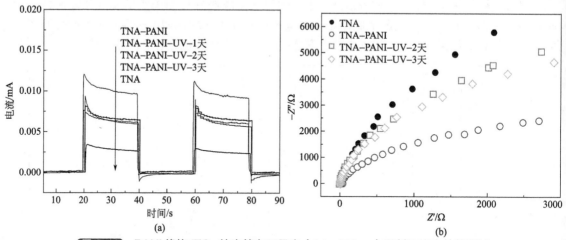

(a)　　　　　　　　　　　(b)

图 8-40　PANI 修饰 TiO₂ 纳米管在可见光（λ > 450nm）照射下光电性能测试
（a）PANI 修饰 TiO₂ 纳米管前后的光电响应；（b）PANI 修饰 TiO₂ 纳米管前后的交流阻抗谱

8.6　光电协同催化的环境净化

8.6.1　光电协同催化污水净化应用

半导体光电催化反应同时具有光、电催化的特点。它是在具有不同类型（电子和离子）电导的两个导电体的界面上进行的一种催化过程。光电催化解决了半导体光催化剂悬浮于水体中难以回收的不足。同时外加电场能有效阻止光生电子和空穴的复合从而提高量子效率。光电催化法是近年来日益受到重视的废水处理技术，其不同于传统的废水处理方法，如吸附、混凝、沉淀等。传统的废水处理方法是将有害物质从一相转移到另一相，未彻底消除有害源，存在许多后续处理的难题。而光电催化法能将水中的有害物质全部分解为无毒无害的小分子物质，不存在二次污染的问题。

传统的半导体光催化剂 TiO₂ 的光电催化作为一种高级氧化技术，能大大提高有机物的降解速率，且没有二次污染，已经被广泛地应用于催化降解染料、酸、醇和酚类等有机污染物。姚清照等[127]以纳米结构 TiO₂ 膜为工作电极，研究了光电催化方法对水溶液中一品红、铬蓝 K、铬黑 T 的降解效果，并同光降解和电光催化降解进行了对比。经过 3h 的降解，光电催化降解效率是光降解的两倍，比光催化降解高 32%。Kim 和 Anderson [128]用 TiO₂ 薄膜电极光电催化降解甲酸。结果表明，当 pH =3 时甲酸降解率最大，而 pH > 6 时降解反应不再发生，这主要取决于 TiO₂ 的表面电荷性质及甲酸的离解常数。甲酸的初始浓度对降解速率影响较小，但其传质过程对反应影响较大。新型光催化剂在光电催化降解有机物上也显示了优异的性能。如利用 ZnWO₆ 薄膜光电催化降解水中的染料罗丹明 B（图 8-41）[65]。在外加 2V 偏压条件下，反应 4h 以后，单独电氧化和光催化过程 TOC 的去除率分别为 28%

和 35％，而光电催化过程的去除率为 81％。由此可见，光电催化过程不仅提高了降解速率，而且提高了 RhB 的矿化度，光催化和电氧化过程可以产生协同作用。除了染料、酸、醇和酚类等化合物外，光电催化还能有效降解其它许多污染物[29,129,130]。

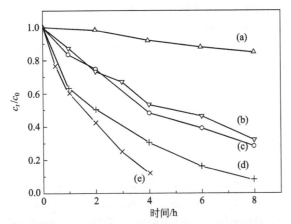

图 8-41 电氧化、光催化及光电催化降解 RhB

（a）为外加偏压 1V 的电氧化，（b）为外加偏压 2V 的电氧化，（c）为光催化，（d）为外加偏压 1V 的光电催化，

（e）为外加偏压 2V 的光电催化（光强= 14μW·cm^{-2}，RhB 初始浓度= 5mg·L^{-1}）

8.6.2 光电协同催化存在的问题

近年来，光电催化技术作为一种新型的环境污染物治理技术，越来越受到研究者的重视。国内外许多研究机构都取得了不少研究成果，国外也有利用 TiO$_2$ 光电催化反应器进行水处理的成功案例[131]。但是真正应用光电催化技术处理实际废水成功的案例并不多。这一项技术至今仍处于开拓阶段，主要是由于存在以下几个问题：

① 将半导体光催化剂固定在载体上，必然面临着固液接触面积大大减小，降解效率降低的问题。而且负载的半导体光催化剂还容易从载体上脱落，导致光电催化活性下降。寻找更好的电极基体材料，提高光阳极的催化效率都是光电催化技术迈向实际应用有待解决的问题。

② 光电催化反应器的研究大都停留在实验室阶段。反应器效率较低与实际废水处理应用仍有较大的距离。如何将实验室研究成果与工程应用相结合，设计高效、合理、低成本的反应器是光电催化技术实现实际应用必须解决的问题。

③ 对有机物降解的动力学还缺乏系统的研究，目前的研究多针对某个或某类特殊污染物，建立的反应动力学模型还比较少[132]。

光电催化是电化学辅助光催化的手段，它结合了电氧化和光催化的特点，为光催化技术开拓了更广阔的应用前景。虽然光电催化技术目前还停留在实验室小型反应阶段，要实现大规模实用化还需要解决许多关键问题，但是，光电催化技术突出的优点和巨大的潜力，可以预见它有极大的研究价值和广阔的应用前景。光电催化技术有别于传统的污水处理技术，它可以将水中的污染物彻底分解矿化，成为无毒的 CO$_2$ 和 H$_2$O，因此，实现光电催化技术的工业化将对我国的水环境保护具有深远的意义。

参考文献

[1] Matthews R W. J. Catal., 1988, 111 (2): 264.

[2] Matthews R W. Water Res., 1991, 25 (10): 1169.

[3] Matthews R W, Mcevoy S R. Sol. Energy 1992, 49 (6): 507.

[4] Tunesi S, Anderson M. J. Phys. Chem., 1991, 95 (8): 3399.

[5] Fernandez A, Lassaletta G, Jimenez V M, et al. Appl. Catal. B-Environ., 1995, 7 (1-2): 49.

[6] Fujishima A, Honda K. Nature, 1972, 238 (5358): 37.

[7] Vinodgopal K, Hotechandani S, Kamat P V. J. Phys. Chem., 1993, 97 (35): 9040.

[8] Li X Z, Liu H L, Yue P T. Environ. Sci. Technol., 2000, 34 (20): 4401.

[9] Vinodgopal K, et al. Environ. Sci. Technol., 1995, 29 (3): 841.

[10] Harper J C, Christensen P A, Egerton T A. J. Appl. Electrochem., 2001, 31 (3): 267.

[11] Liu H, Li X Z, Leng Y J, et al. J. Phys. Chem. B, 2003, 107 (34): 8988.

[12] Sauer T, Neto G C, Jose H J, Moreira R F. Photochem. Photobiol. A, 2002, 149 (1-3): 147.

[13] Sirimanne R, Manjusri P, Satoshi S, Noriyuki S. Sol. Energ. Mat. Sol. C, 2000, 62 (3): 247.

[14] Karmann E, Schlettwein D, Jaeger N I. J. Electroanal. Chem. 1996, 405 (1-2): 149.

[15] Hidaka H, shimura T. J. Photochem. Photobiol. A-Chem., 1997, 109 (1): 165.

[16] Byrne J A, Eggins B R, Byers W, Brown N M D. Appl. Catal. B-Envirn., 1999, 20 (2): L85.

[17] Sun C C, Chou T C. J. Mol. Catal. A-Chem., 2000, 151 (1-2): 133.

[18] Rodriguez J, Lindquist S E. Thin Solid Films, 2000, 360 (1-2): 250.

[19] 冷文华, 张昭, 成少安等. 环境科学学报, 2001, 21 (6): 710.

[20] Sartoretti C, Ulmann M, Alexander B D, et al. Chem. Phys. Lett., 2003, 376 (1-2): 194.

[21] Torres G R, Lindgren T, Lu J, et al. J. Phys. Chem. B, 2004, 108 (19): 5995.

[22] 吴合进, 吴鸣, 谢茂松等. 分子催化, 2000, 5: 479.

[23] 吴合进, 吴鸣, 谢茂松等. 分子催化, 2000, 8: 241.

[24] An T, Zhu X H, Xiong Y. Chemosphere, 2002, 46 (6): 897.

[25] Zhang L W, Fu H B, Zhu Y F. Adv. Funct. Mater., 2008, 18: 2180.

[26] Zhao X, Xu T G, YaoW Q, et al. Appl. Catal. B: Environ, 72 (2007) 92.

[27] Hisao H, Tomotaka S, Kazuhiko A. J. Photochem. Photobiol. A: Chem., 1997, 109: 165.

[28] Horikoshi S, Satou Y, Hidaka H. J. Photochem. Photobiol. A: Chem., 2001, 146: 109.

[29] Hidaka H, Ajisaka K, Horikoshi S. J. Photochem. Photobiol. A: Chem., 2001, 138: 185.

[30] Hidaka H, Nagaoka K, Shimura T. J. Photochem. Photobiol. A：Chem. , 1996, 98：73.

[31] Vinodgopal K, Satfford U, Gray U K. J. Phys. Chem. , 1994, 98：6797.

[32] Vinodgopal K, Hotchandani S, Kamat P V. J. Phys. Chem. , 1993, 97：9040.

[33] Taghizadeh A, Lawrence M F, Miller L. J. Photochem. Photobiol. A：Chem. , 2000, 130：145.

[34] Chih-Cheng S, Chou S. J. Mol. Catal. A：Chem. , 2000, 151：133.

[35] Chih-Cheng S, Chou S. Ind. Eng. Chem. Res. , 1998, 37：4207.

[36] Pandey R N, Misra M, Srivastava O N. Int. J. Hydrogen Energy, 1998, 23：861.

[37] Oliva F Y, Avalle L B, Santos E. J. Photochem. Photobiol. A：Chem. , 2002, 146：175.

[38] Palombari R, Michele R, Rol C. Sol. Energy mater. Sol. cells, 2002, 71：359.

[39] Rodriguez J, Gomez M, Lindquist S E. Thin solid film, 2000, 360：250.

[40] Li X Z, Li F B. J. Appl. Electrochem. , 2002, 32：203.

[41] Li X Z, Liu H L, Yue P T. Environ. Sci. Technol. , 2000, 34：4401.

[42] 李芳柏，王良焱，李新军等. 中国有色金属学报, 2001, 11：977.

[43] 冷文华，张昭，成少安. 环境科学学报, 2001, 21：710.

[44] 刘惠玲，周定，李湘中等. 环境科学, 2002, 23：47.

[45] Takeshi S, Naoto K. J. Photochem. Photobiol. A：Chem. , 2001, 145：11.

[46] Yoon J W, Takeshi S, Naoto K. Appl. Surf. Sci. , 2002, 197-198：684.

[47] Juodkazis S, Hidekazu I, Matsuo S. Jpn. J. Electroanal. chem. , 1999, 473：235-239.

[48] 赵转清，姚素薇，张卫国等. 物理化学学报, 2002, 18：473.

[49] 刘鸿，成少安，张鉴清. 中国环境科学, 1998, 18：548.

[50] Asahi R, Morikawa T, Ohwaki T. Science, 2001, 93：269.

[51] 童少平，冷文华. 化学物理学报, 2002, 15：65.

[52] Li X Z, Liu H L, Yue P T. Environ. Sci. Technol. , 2000, 34 (20)：4401.

[53] Ding Z, Hu X J, Yue P L, et al. Catal. Today, 2001, 68：173.

[54] Zhu Y F, Zhang L, Yao W Q, Cao L L. The chemical states and properties of doped TiO_2 film photocatalyst prepared using the Sol-Gel method with $TiCl_4$ as a precursor, Applied Surface Science, 2000, 158 (1-2)：32-37.

[55] Zhang L, Zhu Y F, He Y, Li W, Sun H B. Appl. Catal. B-Environ. , 2003, 40 (4)：287-292

[56] 张利. 纳米二氧化钛光催化剂制备与性能研究. 北京：清华大学, 2001.

[57] 孙继红，范文浩，徐耀等. 硅酸盐通报, 1999, 18 (5)：3.

[58] Gopal K Mor, Oomman K Varghese, Maggie Paulose, Karthik Shankar, Craig A Grimes. Sol. Energy Mater. Sol. Cells, 2006, 90：2011−2075.

[59] 李欢欢，陈润锋，马琼，张胜兰，安众福，黄维. 物理化学学报, 2011, 27 (5)：1017-1025.

[60] Xie Y B. Electrochim. Acta. , 2006, 51 (17)：3399.

[61] Pelegrini R, Peralta-Zamora P, de Andrade A R, et al. Appl. Catal. B-Environ. , 1999, 22 (2)：83.

[62] O'Regan B, Moser J, Anderson M. J, Phys. Chem. , 1990, 94 (24)：8720.

［63］Rodgers J D, Bunce N J. Environ. Sci. Technol. , 2001, 35 (2): 406.

［64］Li X Z, Liu H L, Yue P T, et al. Environ. Sci. Technol. 2000, 34 (20): 4401.

［65］Rodgers J D, Bunce N J. Environ. Sci. Technol. 2001, 35 (2): 406.

［66］Walker S A, Christensen P A, Shaw K E, et al. J. Electroanal. Chem. , 1995, 393 (1-2): 137.

［67］Zhao X, Zhu Y F. Environ. Sci. & technol. , 2006, 40 (10): 3367.

［68］Michaud P A, Panizza M, Quattara L, et al. J. Appl. Electrochem. , 2003, 33, 151.

［69］Pelegrini R, Reyes J, Duran N, et al. J. Appl. Electrochem. , 2000, 30, 953.

［70］Kim D H, Anderson M A. Environ. Sci. Technol. , 1994, 28 (3): 479.

［71］Roberto J, Candal T. Environ. Sci. Technol. , 2000, 34: 3443.

［72］Kesselman J M, Lewis N S, Hoffmann M R. Environ. Sci. Technol. , 1997, 31 (8): 2298.

［73］Vinodgopal K, Bedja I, Kamat P V. Chem. Mater, 1996, 8 (8): 2180.

［74］An T C, Zhu X H, Xiong Y. J. Environ. Sci. Heal. A, 2001, 36: 2069.

［75］Li X Z, Li F B, Fan C M, Sun Y P. Water Res. , 2002, 36: 2215.

［76］Hepel M, Luo J. Electrochim. Acta, 2001, 47: 729.

［77］Rodgers J D, Bunce N J. Environ. Sci. Technol. , 2001, 35: 406.

［78］Calvo M E, Candal R J, Bilmes S A. Environ. Sci. Technol. , 2001, 35: 4132.

［79］Kavan L, Gratzel M, Gilbert S E. J, Am. Chem. Soc. , 1996, 118: 6716.

［80］Hori Y, Bandoh A, Nakatsu A. J. Electrochem. Soc. , 1990, 137: 1155.

［81］Staadler C, Augustnyski J J. Electrochem. Soc. , 1979, 126: 2007.

［82］Hidaka H, Nagaoka H, Nohara K. J. Photochem. Photobiol. A: Chem. , 1996, 98: 73.

［83］Luo J, Hepel M. Electrochim. Acta, 2001, 46 (19): 2913.

［84］Byrne J, Brian R, Eggins, William B. Appl. Catal. B, 1999, 20: 85.

［85］Bahnemann D, Bochelmann D, Goslich R. Sol. Energy Mater, 1991, 4: 564.

［86］Fox A, Dulay M T. Chem. Rev. , 1993, 93 (1): 341.

［87］Kudo A, Hijii S. Chem. Lett. , 1999. 28 (10): 1103.

［88］Tang J, Zou Z, Ye J. Catal. Lett. , 2004. 92 (1): 53.

［89］Wu J, Duan F, Zheng Y, et al. J. Phys. Chem. C, 2007, 111 (34): 12866.

［90］Zhang C, Zhu Y F. Chem. Mater, 2005, 17: 3537.

［91］Matsumoto Y, Unal U, Kimura Y, et al. J. Phys. Chem. B, 2005, 109: 12748.

［92］Li X Z, Liu H L, Yue P T, Sun Y P. Environ. Sci. Technol. , 2000, 34: 4401.

［93］Liu H, Cheng S A, Wu M. J. Phys. Chem. A, 2000, 104: 7016.

［94］Leng W H, Zhang Z, Zhang J Q, Cao C N. J. Phys. Chem. B, 2005, 109: 15008.

［95］Vinodgopal K, Stafford U, Gray K A, et al. J. Phys. Chem. , 1994, 98: 6797.

［96］Yin S, Sato T. Ind. Eng. Chem. Res. , 2000, 39 (12): 4526.

［97］Kobayashi S, Hanabusa K, Hamasaki N, et al. Chem. Mater, 2000, 12 (6): 1523.

［98］Bai N, Li S G, Chen H Y, Pang W Q. J. Mater Chem. , 2001, 11 (12): 3099.

［99］Zhao G, Utsumi S, Kozuka H, Yoko T. J. Mater Sci. , 1998, 33 (14): 3655.

[100] O'Regan B, Gratzel M. Nature, 1991, 353 (6346): 737.

[101] Fuushima K, Yamada I. J. Appl. Phys., 1989, 65 (2): 619.

[102] Tang S H. Phys. Lett. A, 2003, 306 (5-6): 348.

[103] Wang W Z, Varghese O K, Paulose M, et al. J. Mater Res., 2004, 19 (2): 417.

[104] Lakshmi B B, Patrissi C J, Martin C R. Chem. Mater, 1997, 9 (11): 2544.

[105] Kasuga T, Hiramatsu M, Hoson A, et al. Adv. Mater, 1999, 11 (15): 1307.

[106] Imai H, Takei Y, Shimizu K, et al. J. Mater Chem., 1999, 9 (12): 2971.

[107] Stengl V, Bakardjieva S, Subrt J, et al. Appl. Catal. B, 2006, 63 (1-2): 20.

[108] Yeh Y C, Tseng T T, Chang D A. J. Am. Ceram. Soc., 1990, 73 (7): 1992.

[109] Hagfeldt A, Gratzel M. Chem. Rev., 1995, 95 (1): 49.

[110] Hulteen J C, Martin C R. Template Synthesis of Nanoparticles in Nanoporous Membranes. // Nanoparticles in Solids and Solutions, J. Fendler, Ed., Wiley, 1998, Chapter 10: 235.

[111] Kasuga T, Hiramatsu M, Hoson A, et al. Langmuir, 1998, 14 (12): 3160.

[112] Senadeera G K R, Perera V P S. Chin. J. Phys., 2005, 43 (2): 384.

[113] Wang L X, Jing X B, Wang F S. Synth. Met., 1989, 29: 363.

[114] Lin J, Zong R L, Zhou M, Zhu Y F. Appl. Catal. B, Enivron., 2009, 89 (3-4): 425.

[115] Bowmar P, Hayes W, Kurmoo M, et al. J. Phys.: Condens. Matter, 1994, 6 (17): 3161.

[116] Cançado L G, Jorio A, Pimenta M A. Phys. Rev. B, 2007, 76 (6): 064304.

[117] Zhang Y, Du Y, Shapley J R, Weaver M. J. Chem. Phys. Lett., 1993, 205 (6): 508.

[118] Vinodgopal K, Stafford U, Gray K A, et al. J. Phys. Chem., 1994, 98 (27): 6797.

[119] Vinodgopal K, Kamat P V. Environ. Sci. Technol., 1995, 29 (3): 841.

[120] Zhao X, Zhu Y F. Environ. Sci. Technol., 2006, 40 (10): 3367.

[121] Wang Y J, Lin J, Zong R L, He J, Zhu Y F. J. Mol. Catal. A: Chem., 2011, 349 (1-2): 13-19.

[122] 文潮, 李迅, 孙德玉等. 光谱学与光谱分析, 2005, 25 (1): 54.

[123] 林洁. 二氧化钛纳米管修饰及钨酸锌纳米材料光电性能研究. 北京: 清华大学, 2009.

[124] Zhang H, Zong R L, Zhu Y F. J. Phys. Chem. B, 2009, 113 (11): 4605.

[125] Dutta K. Phys. Lett. A, 2007, 361 (1-2): 141.

[126] Niu Z W, Yang Z Z, Hu Z B, et al. Adv. Funct. Mater., 2003, 13 (12): 949.

[127] 姚清照, 刘正宝. 工业水处理, 1999, 19 (6): 15216.

[128] Kim D H, Anderson M A. J. Photoch. Photobio. A, 1996, 94: 221.

[129] An T C, Zhang W B, Xiao X M, et al. J. Photoch. Photobio. A, 2004, 161: 233.

[130] Byrne J A, Eggins B R. J. Electroanal. Chem., 1998, 457: 61.

[131] Fernandez-Ibannez P, et al. Catal. Today, 1999, 54: 329.

[132] 于书平, 古国榜, 王润玲等. 水力发电, 2004, 30 (2): 14.

第**9**章
表面杂化及其光催化性能的提高

9.1 共轭π材料的结构和电子性能

有机共轭聚合物可以认为具有准一维的分子结构，分子的构成存在两类化学键。一类是局域的 σ 键，它构成聚合物分子的骨架；另一类是非局域的 π 键，它在聚合物骨架平面上下形成 π 电子云，形成一个大共轭 π 键结构。正是因为导电高分子聚合物都有一个长程 π 电子共轭主链，因此又称其为共轭聚合物。作为主体的高分子聚合物大多为共轭体系，链中的 π 电子较为活泼，特别是与掺杂剂形成电荷转移络合物后，容易从轨道上逃逸出来形成自由电子。高分子链内与链间 π 电子轨道重叠所形成的导电能带为载流子的转移和跃迁提供了有效的通道。在外加能量和分子链振动的推动下，便可传导电流。

9.2 表面杂化作用机理

从光催化的机理出发，可以看到，要提高光催化效率，一个重要的方面就是要减少光生电荷的复合，提高光生载流子的分离。从贵金属改性的光催化剂可知，利用贵金属材料与光催化剂之间在界面形成的肖特基能垒可以有效地促进光生载流子的分离，来提高光催化效率[1~3]；半导体复合可以在半导体界面上形成能级的匹配来抑制光生载流子的复合[4,5]；还有研究发现将 P 型半导体与 N 型半导体复合[6]，可以在界面形成 P-N 结，可以有效地促进光生电荷的分离。从以上的几个例子可以看到，如果可以在光催化剂的表面形成合适的电子相互作用，便有可能改进光催化剂表面的光生电荷的分离，进而提高光催化效率。共轭大 π 键体系材料近年来由于其特殊的导电性受到广泛的关注[7]，因此，设想如果可以将共轭大 π 键化合物与光催化剂进行复合，并在界面形成电子相互作用，是否可以促进光生载流子的传输及分离，并进一步提高光催化效率呢？基于以上的设想，设计合成了几类共轭大 π 键分子

（如 C_{60}、石墨、PANI、C_3N_4 等）表面修饰的光催化剂，都使光催化效率有了大幅度提高，并将光催化剂（如 TiO_2、ZnO）的响应拓展到了可见光区，下面将分类详细讨论。

表面杂化的原理是利用含有共轭 π 键的分子与光催化剂发生相互作用，形成化学键。一般光催化材料均为金属氧化物或硫化物半导体材料，其 d 轨道电子均在半充满以上。而含有共轭 π 键的分子，不仅有共轭的 π 轨道存在，还存在空态的 π* 反键轨道。当发生表面杂化作用时，光催化剂上的 d 电子可以迁移到 π* 反键轨道中，形成 d-π* 反馈键。这种杂化作用，可以降低含有共轭 π 键分子的化学键，使得其振动光谱红移。同时，d-π* 反馈键的形成使得杂化分子与光催化剂形成一体化，保证了光催化过程中杂化分子的稳定性。

在光催化过程中，光催化剂吸收光子，生成光生空穴和电子，并分别迁移到光催化剂的价带和导带。导带上的电子可以迁移到表面与氧结合形成超氧自由基，并开展链式降解过程。迁移到价带的空穴可以通过杂化分子的 HOMO 轨道迁移到表面，进行空穴直接氧化过程或形成羟基自由基降解过程。杂化分子的 HOMO 轨道的存在可以促进光生空穴从价带向外的迁移，从而加速了光生电荷的迁移效率，提高了光催化降解活性和光电流强度。同时，由于杂化作用促进了光生空穴从价带迁移到表面的速度，在价带上不会形成空穴的累积，这样也抑制了光催化剂的空穴光腐蚀反应的发生。杂化分子均含有共轭大 π 键，具有 HOMO 和 LUMO 轨道，可以吸收可见光，产生光激发态。激发过程可以把电子从 HOMO 轨道激发到 LUMO 轨道，当 LUMO 轨道的能级与光催化剂的导带结构匹配时，激发态电子就可以从 LUMO 轨道注入到半导体光催化剂的导带，再从导带迁移到表面与氧结合形成超氧自由基的降解过程，产生可见光降解活性和光电流。因此，表面杂化作用不仅可以提高光催化性能，还可以抑制光腐蚀的发生，同时还可以产生可见光活性。表面杂化作用仅仅发生在具有化学键作用的单分子层上，该单分子层是光催化稳定的，不会被光催化过程所降解。多层含共轭 π 键的分子与光催化剂没有化学键作用，不能起到杂化作用，会被光催化过程所降解。

9.3 C_{60} 的表面杂化

9.3.1 C_{60} 的性质和结构特点

C_{60} 是富勒烯家族中最具代表性的一员（图 9-1），是迄今发现的对称性最好的分子之一。C_{60} 的 60 个碳原子位于 32 个面的顶点，属于 I_h 点群。有 30 个碳碳双键和 60 个碳碳单键，每个五边形在顶点位置向外辐射 5 个双键，并与 5 个六边形相连，每个六边形中有 3 个双键（连 3 个六边形）和 3 个单键（连 3 个五边形）。C_{60} 可以看成是一个由单键和双键交替连接 1,3,5-环己乙烯和五径向烯而组成的球形结构，其能量最低的 Kekule 结构中，2 个六元环共用的 C-C 键（6-6 键）为双键，六元环和五元环共用的 C-C 键（5-6 键）为单键，6-6 键较 5-6 键短。两种键长的区别直接与 C_{60} 结构的对称性及分子的 π 轨道占据情况密切相关。由于偏离平面结构，共轭碳原子采取 σ 轨道和 π 轨道 sp^2 杂化。π 轨道轴向矢量分析结果表明：与笼内相比，C_{60} 的 π 轨道更多地向笼外伸展，C 原子杂化使得 π* 轨道能量降低，且具有 0.085 的 s 轨道特征，因而 C_{60} 是一个电负性较强的分子，表现出缺电子化合物的特征。C_{60} 的闭壳层电子组态中有 60 个 π 电子，五重简并的 HOMO 轨道被 10 个电子全充满，全空的 LUMO 轨道为三重简并，HOMO-LUMO 能量差为 1.67eV。LUMO 轨道能量较低，无论是固态还是在溶液中都能可逆地接受 1~6 个电子，因此 C_{60} 可以作为吸收或放出电子的电子库，具有丰富的化学反应活性。C_{60} 高度对称的共轭大 π 键体系和 C 原子的锥形排列方式[8]，使得 C_{60} 在电子传输过程中能够有效地发生快速的光致电荷分离和相对较慢的电荷复合。因

图 9-1　C_{60}的分子结构

此，作为一种潜在的光敏化材料，C_{60}在人造光合作用体系[9]、太阳能电池[10]和生命科学[11]等领域都受到广泛的重视。基于具有电子传输性能，与半导体材料复合可以提高半导体材料的光电性能。Kamat P V 发现在紫外光辐照下C_{60}可以在TiO_2胶体溶液中产生单电子还原[12]以及C_{60}在TiO_2纳米颗粒表面产生可见光光致氧化现象[13]。此外，C_{60}在染料敏化的TiO_2薄膜太阳能电池中能起到电子传输器的作用，极大地提高光电转化效率[14]。

9.3.2　简单氧化物光催化剂的C_{60}表面杂化

9.3.2.1　杂化催化剂的制备

将一定量的C_{60}加入到 30mL 甲苯中，经 30min 超声处理使C_{60}完全分散，得到深紫色C_{60}的甲苯溶液。然后加入一定量的TiO_2、Bi_2WO_6或 ZnO 纳米催化剂，超声处理 10min，然后在密闭条件下避光搅拌 24h。加热蒸发除去甲苯，蒸干后的固体样品在烘箱中于 80℃继续烘 12h。最后在玛瑙研钵中研磨，得到灰色的C_{60}/TiO_2、C_{60}/Bi_2WO_6或C_{60}/ZnO粉末催化剂样品。

9.3.2.2　杂化催化剂结构和光学性质

用高分辨电子显微镜观察了C_{60}修饰前后的光催化剂颗粒的微结构，如图 9-2 所示。从吸附前后的两张对比图中可以看出，吸附前，TiO_2的晶格结构清晰均一且有明显的边界[图 9-2（a）]，C_{60}杂化后，TiO_2的晶格没有明显的改变，但在TiO_2颗粒的表面出现了与TiO_2晶格结构不同的非晶结构覆盖层。该覆盖层的厚度约为 1nm，与C_{60}的分子直径（0.71nm）接近，因此认为C_{60}在TiO_2表面以单分子层的形态存在[图 9-2（b）]。

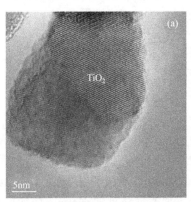
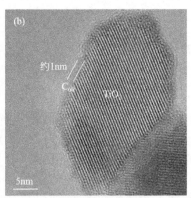

图 9-2　TiO_2（P25）和C_{60}/TiO_2的 HRTEM 图

C_{60}/TiO_2、C_{60}和 P25 TiO_2的拉曼光谱见图 9-3。对C_{60}/TiO_2样品，所有强烈的拉曼峰均为 P25 TiO_2的峰，在 1468cm^{-1}处有一个较弱的峰，该峰归属于C_{60}的 Ag（2）模式。由前面的实验结果可知，C_{60}在TiO_2表面仅以单分子层的状态存在，C_{60}的量很少，因此在拉曼图上只能观察到C_{60}最强的 Ag（2）模式的峰，而观察不到C_{60}的其它拉曼峰。图 9-4 是拉曼谱在 1430~1510cm^{-1}范围内的放大图，从该图可以看出，C_{60}单质颗粒在 1464cm^{-1}处有个强烈的 Ag（2）模式的峰。2.5%的C_{60}修饰TiO_2表面后，此峰移到 1468cm^{-1}处。C_{60}拉曼峰的偏移说明C_{60}和TiO_2表面发生了化学键的作用。据此可以说，C_{60}分子和TiO_2间存在强烈的相互作用，有利于电子在它们之间进行传递。当C_{60}修饰量增大到 7.5%，在 1467cm^{-1}左右有一个宽峰，此宽峰可能由两个峰组成：一个是和TiO_2表面成键的化学吸附

的 C_{60}（1468cm^{-1}），另一个是聚集的 C_{60} 簇（1464cm^{-1}）。此结果与紫外可见漫反射的结果一致。

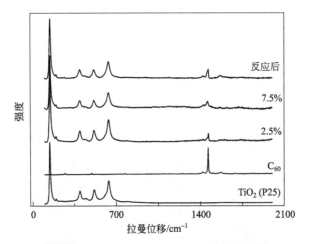

图 9-3　C_{60}/TiO_2、C_{60} 和 TiO_2 的拉曼光谱

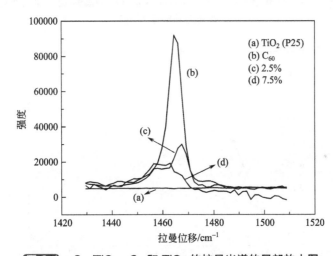

图 9-4　C_{60}/TiO_2、C_{60} 和 TiO_2 的拉曼光谱的局部放大图

　　不同 C_{60} 杂化量的 C_{60}/TiO_2 的紫外可见漫反射谱如图 9-5 所示。对 P25 来说，只在 400nm 以下出现了吸收峰，这与 TiO_2 的带隙宽度（3.2eV）是一致的。对 C_{60} 杂化后的 TiO_2 样品，则从 200nm 到 750nm 均有吸收。从图中可以看出，C_{60} 吸附在 TiO_2 表面后，催化剂在 400~750nm 范围内出现了宽的吸收带，并且在 620nm 左右出现一个吸收峰（图 9-5 插图），这个特征的吸收峰表明，C_{60} 以单分子层的形态存在于 TiO_2 表面[14]。随着 C_{60} 负载量的增加，400~750nm 范围内的吸收逐渐增强，在 C_{60} 负载量为 5％时为最大，7.5％时吸收值有所下降，如图 9-6 所示。负载量从 0 到 5％，吸光度的线性增加表明 C_{60} 在 TiO_2 表面可能形成了单分子层化学吸附；当负载量超过 5％，单层吸附达到饱和，C_{60} 趋向于在 TiO_2 表面聚集成簇，此时的吸光度有所下降。C_{60} 的分子直径是 0.71nm，P25 的比表面积是 50m^2·g^{-1}。理论估算表明，当 C_{60} 的负载量约为 11％时，在 TiO_2 粒子表面形成致密的单分子层，考虑到 C_{60} 仅能占据 TiO_2 表面的活性位点以及 C_{60} 分子间斥力，认为形成致密单分子层所需 C_{60} 的量要远小于 11％。综合紫外-可见漫反射结果，当负载量为 5％时，C_{60} 在 TiO_2 颗粒表面形成了相对致密的单分子层，负载量为 7.5％时，可能由于 C_{60} 分子间发生聚

集导致吸光度下降。C_{60}的修饰并没有影响到 TiO_2 在紫外区的吸收，因此，C_{60}/TiO_2 的紫外区吸收由 TiO_2 产生，可见光区的吸收由 C_{60} 导致。在可见光区域有吸收，使该催化剂利用可见光成为可能。

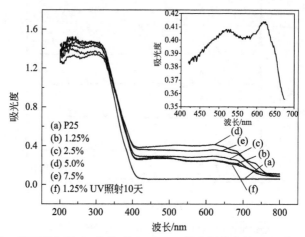

图 9-5 经不同含量 C_{60} 修饰后 C_{60}/TiO_2 催化剂的紫外-可见漫反射光谱
（插图为局部放大图）

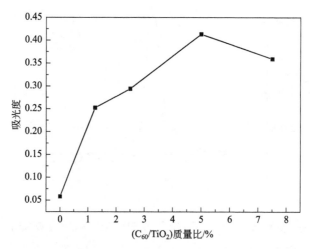

图 9-6 600nm 处的吸光度随 C_{60} 吸附量的变化趋势图

9.3.2.3 紫外光催化活性的提高

以液相降解水杨酸和气相降解甲醛为降解对象评价了 C_{60} 修饰前后的 TiO_2 的光催化活性。光催化降解水杨酸是在空气饱和水溶液中进行。图 9-7 为不同负载量的 C_{60}/TiO_2 在紫外灯照射下降解水杨酸的情况。在没有光照的情况下，无论是加入 P25 还是 C_{60} 修饰的 TiO_2 都不能使水杨酸发生降解，并且水杨酸在光催化剂表面的吸附也可忽略，在不加催化剂的情况下，水杨酸在紫外灯下的光解程度也很低。然而，在紫外光照射下，一定量 C_{60} 修饰的 TiO_2 光催化活性明显好于纯的 P25 TiO_2。其中 2.5% 的 C_{60} 负载量时光催化活性提高最多。C_{60} 的负载量对 TiO_2 的光催化活性有很大的影响，图 9-8 显示了根据一级反应动力学规律对 $\ln(c/c_0)\text{-}kt$ 曲线进行线性拟合所算得的表观反应速率常数与 C_{60} 负载量的关系图。从图中可以看出，C_{60} 负载量为 2.5% 时 TiO_2 具有最佳的光催化活性，表观速率常数为 $k=0.0410\text{min}^{-1}$，是纯 TiO_2 表观速率常数（$k=0.0097\text{min}^{-1}$）的 4 倍。当 C_{60} 负载量增加到

5%和7.5%以后，其表观速率常数逐渐减小，分别为 $k=0.0144 min^{-1}$ 和 $k=0.0085 min^{-1}$。从紫外-可见漫反射光谱和拉曼光谱可知，C_{60} 负载量为 5% 时基本形成较致密的单分子层，然而，此时的光催化活性比负载量为 2.5% 时的要低，这说明对于该体系，光催化活性不仅仅取决于 C_{60} 的负载量，还与反应底物和光催化剂表面的接触面积有关。当 C_{60} 在 TiO_2 表面覆盖过多的时候，又使水杨酸和 TiO_2 的接触面积变小，C_{60} 和 TiO_2 发生作用对光催化活性的提高不及水杨酸和 TiO_2 接触面积减小引起的活性减低，所以使光催化活性下降。为了说明 C_{60} 分子与 TiO_2 催化剂相互作用对光催化活性的影响，按同样比例（2.5%）制备了 C_{60} 和 TiO_2 均匀机械混合样品并研究了其光催化活性。结果表明，C_{60} 和 TiO_2 机械混合的催化剂其光催化活性与纯 TiO_2 催化剂基本相同（$k=0.0108 min^{-1}$），这说明，单纯的物理吸附或机械混合的 C_{60} 不能有效地提高 TiO_2 的光催化活性。这是因为对于 C_{60} 修饰的 TiO_2，C_{60} 分子和 TiO_2 表面发生了界面作用，光照后电子能在 TiO_2 和 C_{60} 分子间发生有效的转移，从而提高电子-空穴对的分离效率，提高光催化活性。而对于机械混合的 TiO_2 和 C_{60}，它们之间并没有强烈的相互作用，紫外光照射 TiO_2 后产生的光生电子不能有效地转移到 C_{60} 分子中去，因此光催化活性和混合前相比没有明显变化。

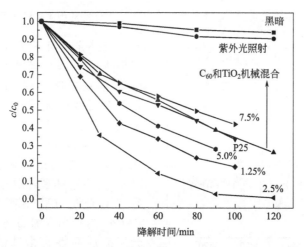

图 9-7　经不同含量 C_{60} 修饰后的 C_{60}/TiO_2 催化剂对水杨酸的降解活性曲线

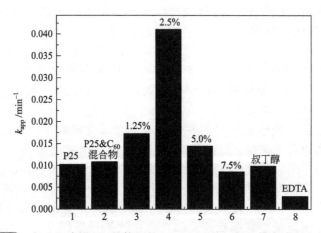

图 9-8　经不同含量 C_{60} 修饰后的 C_{60}/TiO_2 催化剂的反应速率常数图

C_{60} 修饰的 TiO_2 不但在水溶液中表现出比 TiO_2 更高的光催化活性，在降解气相污染物甲醛的反应中也具有更佳的光催化活性。如图 9-9 所示,与降解水杨酸的结果类似,当 C_{60} 的负载量为 2.5％时,光催化剂具有最佳的光催化活性。

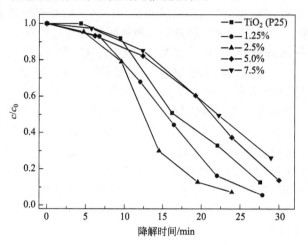

图 9-9 经不同含量 C_{60} 修饰后的 C_{60}/TiO_2 催化剂对甲醛的降解活性曲线

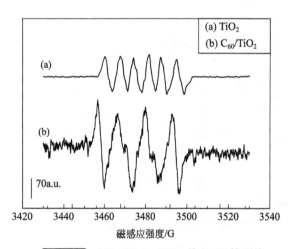

图 9-10 TiO_2 和 C_{60}/TiO_2 的 ESR 检测的 $\cdot OOH/O_2^-$ 信号图

紫外光照射下 TiO_2 光催化剂降解有机污染物的机理已经被系统的研究。当光生电子-空穴对迁移到 TiO_2 粒子表面后,存在两个可能的光催化反应过程:空穴直接氧化光催化剂表面吸附着的反应底物;光生电子则被 OH^- 或 H_2O 捕获,反应生成 $\cdot OH$,羟基自由基进一步与底物反应。对 C_{60}/TiO_2 体系,通过电子自旋捕获技术研究了光照过程中产生的自由基。采用 DMPO 为自由基捕获剂,能够直接检测到光照前后活性自由基的种类和相对数量。实验结果如图 9-10 所示。在紫外光照射下 TiO_2 和 C_{60}/TiO_2 均检测到了特征的 $\cdot OOH/O_2^-\cdot$ 峰,而在没有光照的情况下,没有相应的峰产生,说明 $O_2^-\cdot$ 来自于紫外光照射。在空气饱和溶液中,分子氧能够有效地捕获来自半导体导带的光生电子而生成超氧自由基 $O_2^-\cdot$。C_{60} 修饰后体系中检测到的 $\cdot OOH/O_2^-\cdot$ 峰强度明显大于纯 TiO_2 体系,说明有更多的 $O_2^-\cdot$ 生成。

在光催化反应中醇类能够区分起主要作用的是直接空穴氧化,通过自由基起反应[15]。在实验中,叔丁醇作为自由基捕获剂被引入反应体系中,用来考察 C_{60}/TiO_2 样品在光催化反应过程中自由基的作用。实验结果如图 9-11 所示,加入叔丁醇后,C_{60}/TiO_2 样品在紫外光下降解水杨酸的反应速率有明显的减低,说明反应体系中有一定量的自由基生成。另一方面,加入叔丁醇后水杨酸仍有一定程度的降解,说明参与水杨酸降解反应的不完全是自由基,体系中还存在一定量的空穴起反应。EDTA 往往被用来作为光生空穴的捕获剂,因此往 C_{60}/TiO_2/水杨酸体系中引入了 EDTA。如图 9-11 所示,EDTA 加入后能极大地抑制光催化剂对水杨酸的降解。以上的实验结果说明,在本书讨论的光催化体系中,自由基氧化和空穴氧化共同起作用。

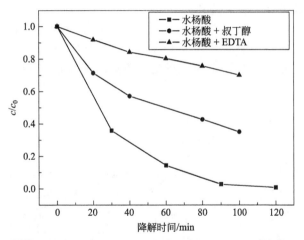

图 9-11　添加捕获剂对 C_{60}/TiO_2 降解水杨酸活性的影响

综合以上的实验结果，光催化反应的过程如图
9-12所示：紫外光照射 TiO_2 粒子后，产生电子-空穴
对，它们分离并迁移到 TiO_2 和 C_{60} 的界面。由于
TiO_2 的导带位置 ［$-0.5eV$（ vs. NHE）］低于 C_{60} 的
单电子还原电位 ［$-0.2eV$（vs. NHE）］[12]，因此光
生电子热力学上很容易通过 TiO_2 和 C_{60} 的界面从
TiO_2 的导带迁移到 C_{60} 分子上。单分子层的 C_{60} 在储
存和转移来自于 TiO_2 的光生电子方面扮演了决定性

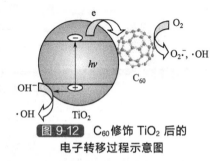

图 9-12　C_{60} 修饰 TiO_2 后的
电子转移过程示意图

的角色，极大地提高了电子-空穴对的分离效率，抑
制了电子-空穴的复合。在空气饱和的溶液中，从 TiO_2 导带转移到 C_{60} 分子上的电子很
容易被溶解在溶液中的分子氧捕获而形成活性超氧自由基。由于从 C_{60} 到氧的电子转移
非常迅速，从 TiO_2 到 C_{60} 的电子转移能够持续不断的进行。电子-空穴的分离是光催化
反应的关键步骤，对于 C_{60}/TiO_2 体系，更高的电子-空穴分离效率决定了更高的光催化
反应活性。这是一个 C_{60} 和 TiO_2 的协同作用的过程，这种修饰方法应该能应用于其它
光催化剂。

9.3.2.4　可见光催化活性的产生

在可见光辐照下降解亚甲基蓝溶液评价光催化活性，如图 9-13 所示。空白试验证实亚
甲基蓝在暗处不能降解，在没有光催化剂存在的情况下，亚甲基蓝在可见光下只发生很轻微
的降解，这说明在光催化反应过程中亚甲基蓝的光解和光催化剂对它的吸附均可忽略。
Bi_2WO_6 在可见光下照射 2h 仅能降解 25％的亚甲基蓝，而经 C_{60} 修饰过的 Bi_2WO_6 均表现出
了比纯 Bi_2WO_6 更高的光催化活性。C_{60}/Bi_2WO_6 质量比为 1.25％时具有最佳的光催化活性，
在同样的反应条件下 71％的亚甲基蓝被降解。C_{60} 的负载量对 Bi_2WO_6 的光催化活性有很大
影响，通过 $\ln (c/c_0)$ 对反应时间 t 作图，可得出一级反应表观速率常数 k 的值。C_{60} 的负
载量为 0、0.65％、1.25％、2.0％ 和 3.0％ 时，对应的 k 值分别为 0.0020、0.0037、
0.0099、0.0069 和 0.0033（min^{-1}）。可以看出，当负载量低于 1.25％ 时，光催化活性随负
载量的增加而提高，当负载量高于 1.25％ 时，光催化活性随负载量增加而降低。因此
1.25％ 的 C_{60} 负载量具有最佳的光催化活性，其活性是纯 Bi_2WO_6 的 5 倍左右。由漫反射结
果可知，当负载量超过 1.25％ 时，C_{60} 倾向于在 Bi_2WO_6 表面聚集，不利于光致电子的有效
转移。作为对比，我们将 1.25％ 的 C_{60} 和 Bi_2WO_6 进行机械混合，并在同样条件下测了混合

样品的光催化活性，结果显示其活性和纯 Bi_2WO_6 的活性差别不大，远小于 1.25％复合样品的活性。此结果表明，对 C_{60}/Bi_2WO_6 体系，C_{60} 和 Bi_2WO_6 之间发生相互作用才是其光催化活性提高的本质因素。1.25％的 C_{60}/Bi_2WO_6 体系和 Bi_2WO_6 在可见光照射下降解罗丹明 B 的结果如图 9-14 所示。C_{60} 修饰后 Bi_2WO_6 的活性要远高于纯 Bi_2WO_6 的活性，表观反应速率常数分别为 $0.0454min^{-1}$ 和 $0.0296min^{-1}$。

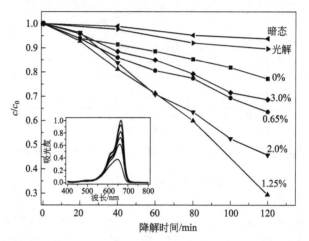

图 9-13　经不同含量 C_{60} 修饰后的 C_{60}/Bi_2WO_6 样品在可见光照射下对亚甲基蓝的降解曲线
（插图为亚甲基蓝吸收光谱相对于降解时间的变化曲线）

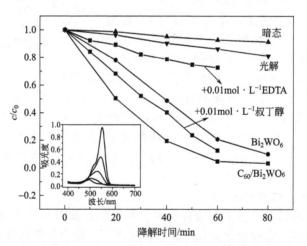

图 9-14　1.25% C_{60} 修饰后的 C_{60}/Bi_2WO_6 样品在可见光照射下对罗丹明 B 的降解曲线
（插图为罗丹明 B 吸收光谱相对于降解时间的变化曲线）

　　光催化反应过程中染料的吸收光谱随反应时间增加而变化的曲线如图 9-13 和图 9-14 的插图所示。对罗丹明 B 来说，其吸收峰的位置随降解时间的增加而逐渐蓝移，这是由于罗丹明 B 分子中共轭基团的分裂引起的[16]。而对亚甲基蓝，其吸收峰的位置基本没有变化，这是由于光催化反应过程中亚甲基蓝分子的共轭结构被直接破坏[17]。我们通过高效液相色谱研究了罗丹明 B 降解过程中中间产物的变化情况，结果如图 9-15 所示。在可见光辐照下反应 70min 后，C_{60}/Bi_2WO_6 体系中罗丹明 B 及其中间产物的浓度远远低于 Bi_2WO_6 中的浓度。并且相对于纯 Bi_2WO_6，C_{60} 修饰后降解罗丹明 B 过程中并没有检测到新的中间产物，说明 C_{60} 修饰后 Bi_2WO_6 的光催化降解过程和纯 Bi_2WO_6 的降解过程类似。

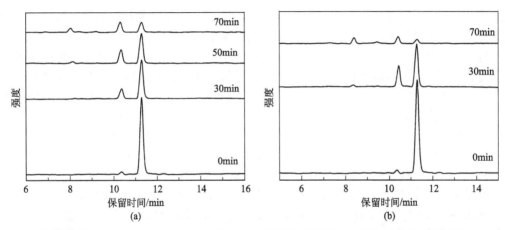

图 9-15 纯 Bi_2WO_6（a）和 C_{60}/Bi_2WO_6(b)样品对罗丹明 B 降解过程的 HPLC 图

通过氙灯直接照射进行太阳光模拟评价 C_{60} 修饰前后 Bi_2WO_6 的光催化活性。实验结果如图 9-16 所示，对 C_{60}/Bi_2WO_6 和 Bi_2WO_6 降解亚甲基蓝的表观反应速率常数分别为 $0.0175min^{-1}$ 和 $0.0038min^{-1}$；降解罗丹明 B 的表观反应速率常数分别为 $0.0504min^{-1}$ 和 $0.0244min^{-1}$。结果表明，C_{60} 修饰后，Bi_2WO_6 在模拟的太阳光照射下能更有效的降解染料，这与可见光下的结果一致。

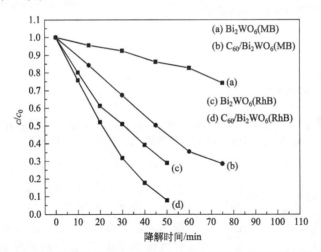

图 9-16 C_{60} 修饰前后的 Bi_2WO_6 样品在模拟太阳光照射下对染料的降解曲线

光催化剂的催化活性取决于很多因素，如表面积、相结构、界面电荷转移以及光致电子和空穴的分离效率等。从以上的实验结果可以看出，C_{60} 修饰前后 Bi_2WO_6 的表面积和相结构均未发生明显变化。因此对 C_{60}/Bi_2WO_6 体系，表面积和相结构均不是光催化活性提高的主要因素，活性的提高主要是由于光致电子和空穴的分离效率得到了提高。

C_{60} 修饰前后 Bi_2WO_6 对亚甲基蓝和罗丹明 B 的催化活性的提高程度是不同的，这可能是由于对两种染料的光催化机理不同。对罗丹明 B 的降解来说，光敏化作用主导了整个光催化过程[16]。罗丹明 B 吸收可见光而被激发，激发态的光电子在极短的时间内注入 Bi_2WO_6 的导带，进而发生一系列反应生成活性自由基。最终，吸附在 Bi_2WO_6 表面的罗丹明 B 和表面的活性自由基反应而被降解。当 C_{60} 修饰在 Bi_2WO_6 表面后，这种电荷的转移可能被隔断，光敏化过程得到抑制。但另一方面，可见光激发 Bi_2WO_6 产生的电子却由于 C_{60} 单分子层的存在而迅速转移到 C_{60} 上，电子和空穴分离的效率得到提高，光催化过程得到提高。两者竞争的结

果导致 C_{60} 修饰后光催化活性仅提高了 1.5 倍。而对于亚甲基蓝，光敏化很难发生，直接光催化在整个反应中占据了主要作用，因此 C_{60} 修饰后能使 Bi_2WO_6 的光催化活性提高 4.3 倍。

我们通过向催化剂/染料体系中加入自由基捕获剂和空穴捕获剂来进一步研究光催化过程。空穴捕获剂 EDTA-Na（$0.01mol \cdot L^{-1}$）的添加使催化剂的活性得到明显的抑制，而羟基自由基捕获剂叔丁醇（$0.01mol \cdot L^{-1}$）的加入虽然也能使光催化活性降低，但程度远不及 EDTA-Na 的作用。我们利用电子顺磁共振（ESR）技术来检测光照过程中体系的自由基产生情况（图 9-17），光源为 Nd-YAG 脉冲激光系统（$\lambda = 532nm$，10 Hz）。当激光照射 Bi_2WO_6(RhB) 和 C_{60}/Bi_2WO_6(RhB) 体系时，均没有检测到 $DMPO^- \cdot OH$ 信号，但是在 C_{60}/Bi_2WO_6(RhB) 体系中却观察到了 $\cdot OOH/O_2^- \cdot$ 信号，这是体系中存在大量超氧自由基的直接证据。自由基和空穴捕获剂添加实验和电子顺磁共振实验的结果表明，在 C_{60}/Bi_2WO_6 光催化过程中，$\cdot OH$ 不是主要的活性物种，直接的空穴和 $O_2^- \cdot$ 氧化才是主导光催化反应的活性物质。

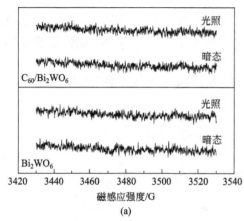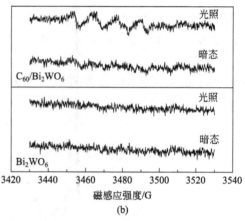

图 9-17 激光（$\lambda = 532nm$, 10 Hz）照射下 Bi_2WO_6(RhB)和 C_{60}/Bi_2WO_6（RhB）体系在水溶液（a）和乙醇溶液（b）中的 ESR 信号图

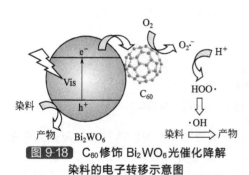

图 9-18 C_{60} 修饰 Bi_2WO_6 光催化降解染料的电子转移示意图

C_{60} 修饰的 Bi_2WO_6 在可见光和太阳光的辐照下均显示了比纯 Bi_2WO_6 高的光催化活性。光催化活性提高的原因是 C_{60} 和 Bi_2WO_6 之间发生的界面相互作用提高了 Bi_2WO_6 光生电子的迁移效率，有效减少了电子-空穴对的复合。C_{60} 分子以分子吸附的形式均匀覆盖在 Bi_2WO_6 表面，作为电子传导器有效地转移了光照后 Bi_2WO_6 导带上生成的电子。非定域大 π 键结构使 C_{60} 能很容易地转移光生电子，因此，C_{60} 修饰后 Bi_2WO_6 受光照激发的电子能快速有效地从 Bi_2WO_6 的体相转移到表面参与表面的一系列反应。C_{60} 修饰后光催化反应的过程如图 9-18 所示。

综上所述，C_{60} 以单分子层形态在 Bi_2WO_6 表面发生分子吸附，C_{60} 和 Bi_2WO_6 之间发生的界面相互作用提高了 Bi_2WO_6 光生电子的迁移效率，C_{60} 分子以分子吸附的形式均匀覆盖在 Bi_2WO_6 表面，作为电子传导器有效地转移了光照后 Bi_2WO_6 导带上生成的电子，有效减少了电子-空穴对的复合。在 C_{60}/Bi_2WO_6 光催化过程中，$\cdot OH$ 不是主要的活性物种，直接的空穴和 $O_2^- \cdot$ 氧化才是主导光催化反应的活性物质。非定域大 π 键结构使 C_{60} 能很容易地转移光生电子，因此，C_{60} 修饰后 Bi_2WO_6 受光照激发的电子能快速有效地从 Bi_2WO_6 的体相转移到表面参与表面的一系列反应。

9.3.2.5 光腐蚀的抑制

C_{60}对 ZnO 的表面修饰不仅可以大幅度提高 ZnO 的光催化活性,还可以抑制 ZnO 光腐蚀的发生。通过在紫外灯照射下降解亚甲基蓝为模型反应对 ZnO 和 C_{60}/ZnO 的光催化活性进行了评价。光照之前,所有含光催化剂的样品均置于黑暗中搅拌半小时以使之达到吸附解吸平衡。通过在暗态状况下催化剂对亚甲基蓝溶液的吸附研究发现,C_{60} 修饰前后的 ZnO 催化剂对亚甲基蓝的吸附能力变化很小。从图 9-19(a)可见,ZnO 催化剂经 100min 光催化反应可以使 85% 左右的亚甲基蓝被降解。但随着反应时间的延长,降解趋势逐渐变缓,这说明在 ZnO 光催化反应过程中产生了光腐蚀,导致活性的降低。而经过 C_{60} 修饰后,C_{60}/ZnO 催化剂的光催化活性有明显提高,经 75min 反应就能使 95% 以上的亚甲基蓝降解。根据反应体系中亚甲基蓝浓度的对数与反应时间的线性关系,可以确定亚甲基蓝在 C_{60}/ZnO 催化剂上的降解反应遵循一级反应动力学。

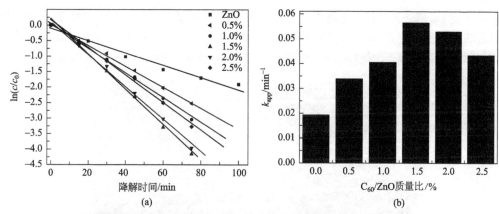

图 9-19 经不同含量 C_{60} 修饰后的 C_{60}/ZnO 催化剂对亚甲基蓝的
降解活性曲线(a)和反应速率常数(b)

C_{60} 负载量对 C_{60}/ZnO 催化剂对亚甲基蓝降解的反应速率常数的影响见图 9-19(b)。当 C_{60} 的负载量从 0.5% 增加到 1.5% 时,C_{60}/ZnO 催化剂的光催化活性逐渐提高。并在负载量为 1.5% 时,达到其最高活性,其反应速率常数是 ZnO 催化剂的三倍。当 C_{60} 的负载量超过 1.5% 后,其光催化活性随负载量的增加有所下降。这一趋势与紫外-可见漫反射光谱的结果是吻合的。活性结果也说明当 C_{60} 的负载量为 1.5% 时,基本上达到了单层吸附饱和状态,过量的 C_{60} 可能会发生团聚,不利于光生电子的导出,从而使光催化活性又有所下降。为了说明 C_{60} 分子与 ZnO 催化剂相互作用对光催化活性的影响,按同样比例(1.5%)制备了 C_{60} 和 ZnO 均匀机械混合样品并研究了其光催化活性。结果表明,C_{60} 和 ZnO 机械混合的催化剂,其光催化活性与 ZnO 催化剂相同。以上结果说明对于 C_{60}/ZnO 催化剂体系,C_{60} 和 ZnO 之间发生的相互作用才是其光催化活性提高的本质原因。

通过考察在紫外线辐照下光催化剂对亚甲基蓝的降解活性的稳定性,研究了 C_{60} 修饰对其光腐蚀性能的影响规律。由图 9-20(a)可见,ZnO 催化剂的光催化活性随着光催化反应重复进行的次数逐步降低。在运行三次后,其光催化活性有明显的降低。通过对 ZnO 催化剂在紫外线照射下反应 50h 后,其光催化活性基本上丧失,说明 ZnO 催化剂已经发生了严重的光腐蚀。而对于 C_{60}/ZnO 催化剂,在重复三次光催化反应后,其光催化活性基本保持不变。即使再在紫外线辐照下反应 50h,其光催化活性也仅有稍许降低 [图 9-20(b)]。这说明经 C_{60} 修饰后 ZnO 的光腐蚀效应基本可以被抑制。

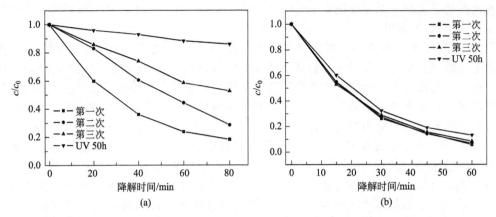

图 9-20　ZnO（a）和 C₆₀/ZnO（b）催化剂的光催化降解亚甲基蓝活性的稳定性

为了研究 C₆₀ 修饰对 ZnO 光催化剂对光腐蚀抑制的机理，通过 TEM 研究了光催化剂在反应前后的形貌变化。图 9-21 是 ZnO 和 C₆₀/ZnO 催化剂分别在重复进行三次光催化反应前后的形貌照片。从图 9-21（a）、（c）可见，ZnO 催化剂在光催化反应重复降解亚甲基蓝三

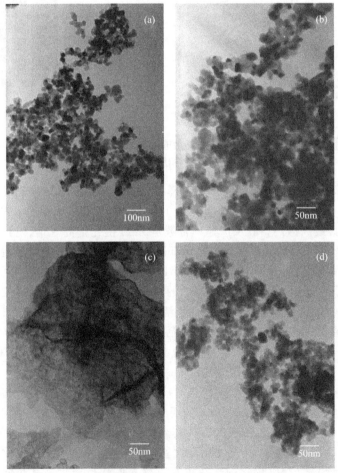

图 9-21　ZnO [（a）、（c）] 和 C₆₀/ZnO [（b）、（d）] 在紫外线辐照下重复降解亚甲基蓝三次后催化剂样品的 TEM 照片

次后，已经从原来的颗粒形貌变成了絮状物。说明在光催化反应过程中 ZnO 发生了严重的光腐蚀现象，使得晶相颗粒结构变成了无定形结构。从图 9-21 （b）、（d）可见，经 C_{60} 修饰的 C_{60}/ZnO 催化剂在光催化反应重复降解亚甲基蓝三次后仍能保持与反应之前一样的颗粒状形貌和晶相结构，说明经 C_{60} 修饰基本抑制了 ZnO 的光腐蚀特性。

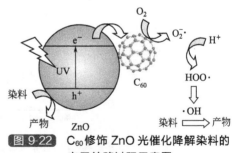

ZnO 的光腐蚀主要是由于纳米级 ZnO 颗粒表面具有大量配位不饱和的表面原子，存在大量的悬空键及不饱和键，紫外线辐照下激发产生的大量空穴都束缚在粒子的表面，极易与配位不饱和的 O 发生反应从而导致 ZnO 表面的逐步离子化。光腐蚀过程可表示为：$ZnO + 2h^+ \longrightarrow Zn^{2+} + 0.5O_2$。表面的光腐蚀使 ZnO 纳米颗粒的表面不饱和性更加严重，光腐蚀会更加剧烈，直接导致光催化活性的迅速降低。ZnO 纳米颗粒也由原来的晶体颗粒，变为絮状形态，组成及结构均发生改变，直至最终失活。同时，在光催化反应过程中，光腐蚀必然消耗一定量的光生空穴，使 ZnO 的活性有所下降。当用 C_{60} 修饰 ZnO 光催化剂表面后，以化学吸附形式存在的 C_{60} 可以与表面配位不饱和的 O 成键，降低了表面 O 的活性，使其不易与光生空穴进行反应，对 ZnO 表面起到了保护作用，阻止了表面氧的逸出，从而抑制了光腐蚀（见图 9-22）。

图 9-22 C_{60} 修饰 ZnO 光催化降解染料的电子转移过程示意图

吸附在 ZnO 表面的单分子层 C_{60} 在传输和储存来自 ZnO 的光生电子方面扮演了关键的角色，提高了光生电子-空穴对的分离效率，加快了载流子的移动速度，同时降低了 ZnO 表面 O 原子的活性，阻止了 ZnO 晶格氧的逸出。因此，一方面提高了光催化活性，另一方面抑制了光腐蚀。

9.3.2.6 杂化催化剂的光电协同催化

ITO/TiO_2 膜和 ITO/TiO_2/C_{60} 膜的光电流响应如图 9-23 所示，外加偏压通过稳压器设为 0。从图中可以看出，光照和无光照条件下能够引起快速而均一的光电流响应，其中 ITO/TiO_2/C_{60} 膜的光电流比 ITO/TiO_2 膜光电流提高了约两倍。光电流的显著提高说明在 C_{60} 分子和 TiO_2 间发生了电子的相互作用，使光致电子和空穴的分离效率得到了很大的提高。还测量了 ITO/TiO_2 膜和 ITO/TiO_2/C_{60} 膜在不同波长光的激发下的光电转化效率（IPCE），如图 9-24 所示。在紫外线激发下，ITO/TiO_2/C_{60} 膜的光电转化效率明显比 ITO/TiO_2 膜的光电转化效率高。光电化学实验的结果证明，通过 C_{60} 对 TiO_2 表面进行修饰，能极大地提高 TiO_2 催化剂在紫外线下的电荷分离效率。

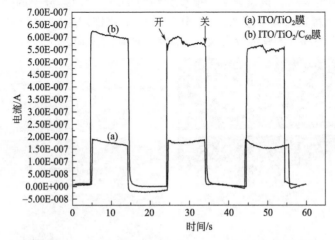

图 9-23 ITO/TiO_2 膜和 ITO/TiO_2/C_{60} 膜的光电流响应图

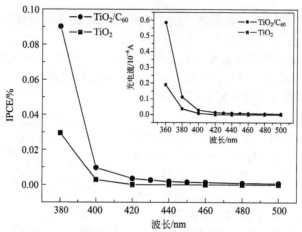

图 9-24 ITO/TiO$_2$ 膜和 ITO/TiO$_2$/C$_{60}$膜的 IPCE 谱
（插图为不同波长下的光电流响应）

9.3.3 新型复合氧化物光催化剂的 C$_{60}$表面杂化

9.3.3.1 催化剂的制备

采用低温水热法制备 Bi$_2$WO$_6$ 纳米催化剂。将 5mmol Bi（NO$_3$）$_3$·2H$_2$O 以及 2.5mmol Na$_2$WO$_4$·2H$_2$O 放入烧杯中，加入去离子水 50mL，此时会立即出现白色沉淀，然后将烧杯放入超声器中进行超声 20min，沉淀反应完全，然后将沉淀离心分离，清洗数次，最后得到淡黄色 Bi 和 W 的沉淀前驱体。

C$_{60}$/Bi$_2$WO$_6$的制备：将一定量的 C$_{60}$加入到 30mL 甲苯中，经 30min 超声处理使 C$_{60}$完全分散，得到深紫色 C$_{60}$的甲苯溶液。然后加入一定量的 Bi$_2$WO$_6$纳米催化剂，超声处理 10min，然后在密闭条件下避光搅拌 24h。加热蒸发除去甲苯，蒸干后的固体样品在烘箱中于 80℃继续烘 12h。最后在玛瑙研钵中研磨，得到灰色的 C$_{60}$/Bi$_2$WO$_6$粉末催化剂样品。

9.3.3.2 催化剂的结构和光学性质

图 9-25 是 C$_{60}$修饰 Bi$_2$WO$_6$前后的高分辨电镜图，从图中可以看到样品的形貌和晶格结构。Bi$_2$WO$_6$颗粒的晶格结构从中心到边缘都很清晰。修饰了 C$_{60}$后，Bi$_2$WO$_6$的晶格结构没有发生变化，然而样品外层边界处与纯 Bi$_2$WO$_6$相比有明显不同，有一层非晶结构的覆盖层包覆在 Bi$_2$WO$_6$颗粒的表面。该覆盖层的厚度大约为 1nm，与 C$_{60}$分子的直径（0.71nm）很接近，因此认为这个覆盖层是吸附的 C$_{60}$单分子层。C$_{60}$修饰前后的 Bi$_2$WO$_6$样品的 X 射线衍射图没有变化，也说明 C$_{60}$的修饰没有改变 Bi$_2$WO$_6$的晶格结构。

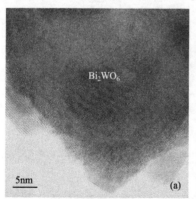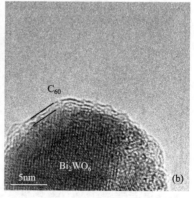

图 9-25 Bi$_2$WO$_6$和 C$_{60}$/Bi$_2$WO$_6$的 HRTEM 图

样品的孔径分布通过 BJH 脱附等温线方法进行计算。实验结果显示 C_{60} 修饰后 Bi_2WO_6 颗粒的孔径分布与未修饰以前基本一样，孔体积和孔径有细微的减小（图 9-26）。这些减小可能是由于 C_{60} 分子占据了吸附位点，部分吸附位点处于孔内部[18]。N_2 吸附等温线是滞后回线，表明颗粒中有介孔结构，而这些介孔结构主要是粒子堆积形成的二次孔。Bi_2WO_6 和 C_{60}/Bi_2WO_6 的 BET 表面积分别为 $8.68m^2 \cdot g^{-1}$ 和 $8.36m^2 \cdot g^{-1}$，变化不大。以上结果说明，C_{60} 修饰后对 Bi_2WO_6 的孔结构影响很小。

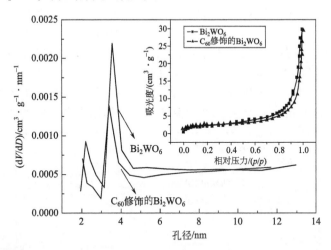

图 9-26　Bi_2WO_6 和 C_{60}/Bi_2WO_6 样品的孔分布图（插图为吸附等温线）

不同 C_{60} 修饰量的 Bi_2WO_6 样品的紫外-可见漫反射光谱（DRS）如图 9-27 所示。纯 Bi_2WO_6 样品的吸收边带在 470nm 处，因此可以利用可见光进行光催化反应。与纯 Bi_2WO_6 样品相比，修饰了 C_{60} 后的样品对光的吸收延伸到更高的波长，除了 Bi_2WO_6 自身的吸收以外，从 470nm 到 750nm 出现了一个新的吸收带。从图中可以看出，随着 C_{60}/Bi_2WO_6 质量比的变化，新的吸收带的吸光度也有所变化。C_{60}/Bi_2WO_6 的比例从 0.65% 增加到 1.25%，样品的吸光度迅速增加，但从 1.25% 到 3.0%，吸光度的增加趋势变缓（图 9-27 插图）。C_{60} 分子的直径为 0.71nm，Bi_2WO_6 颗粒的比表面积

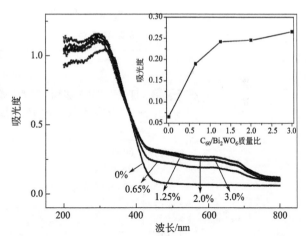

图 9-27　经不同含量 C_{60} 修饰后 C_{60}/Bi_2WO_6 催化剂的紫外-可见漫反射光谱
（插图为 600nm 处的吸光度随 C_{60} 吸附量的变化趋势图）

为 $8.68m^2 \cdot g^{-1}$，通过理论估算认为 C_{60} 在 Bi_2WO_6 颗粒表面形成致密的单层覆盖所需的 C_{60} 相对质量约为 2.0%。考虑到 C_{60} 吸附时只能吸附在活性位点上，因此形成单分子层吸附所需的 C_{60} 的实际量应该小于 2%。根据漫反射的结果，C_{60}/Bi_2WO_6 的比例上升到 1.25% 以后，可见光区的吸光度基本不变，因此认为 C_{60} 的修饰量为 1.25% 时，基本上能在 Bi_2WO_6 表面形成相对饱和的单分子层吸附。

综上所述，C_{60} 分子吸附在 Bi_2WO_6 颗粒的表面形成单分子层，并且 C_{60} 和 Bi_2WO_6 之间形成了紧密的接触。

9.3.3.3 杂化催化剂的光电协同催化

利用交流阻抗谱（EIS）研究了 ITO/Bi_2WO_6 和 $ITO/Bi_2WO_6/C_{60}$ 膜在光照过程中电荷的分离过程，如图 9-28 所示。交流阻抗谱中 Nynquist 曲线的半径大小反映了电极表面反应速率的大小以及电极电阻的大小。在可见光照射下，$ITO/Bi_2WO_6/C_{60}$ 膜的 Nynquist 曲线半径明显小于 ITO/Bi_2WO_6 膜的 Nynquist 曲线半径，这意味着在 $ITO/Bi_2WO_6/C_{60}$ 膜中发生了更有效的电荷分离。在模拟太阳光的照射下出现了同样的结果。图 9-29 显示了 ITO/Bi_2WO_6 和 $ITO/Bi_2WO_6/C_{60}$ 膜在可见光辐照下光电流随外加偏压的改变而变化的曲线。没有光照的情况下，对电极给一定外加偏压，只有极弱的电流产生，外加偏压为 $V = 0.9$ V时，光电流几乎为零。但在可见光照射下当外加一个阳极偏压时有明显的阳极光电流产生。同样的外加偏压下，ITO/Bi_2WO_6 膜的光电流为 1.41×10^{-4} A，而 $ITO/Bi_2WO_6/C_{60}$ 膜的光电流为 2.56×10^{-4} A，比 ITO/Bi_2WO_6 膜的光电流提高了约一倍。电化学测量的实验结果也说明 C_{60} 的修饰提高了光致电子-空穴对分离的效率，抑制了电荷的复合。

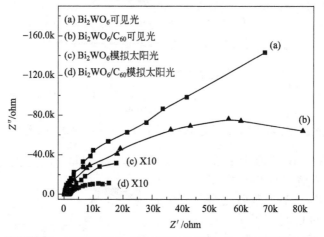

图 9-28 ITO/Bi_2WO_6 膜和 $ITO/Bi_2WO_6/C_{60}$ 膜在可见光和太阳光照射下的交流阻抗谱

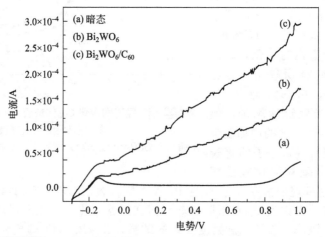

图 9-29 ITO/Bi_2WO_6 膜和 $ITO/Bi_2WO_6/C_{60}$ 膜在可见光照射下光电流随外加偏压变化的曲线

9.4　类石墨碳的表面杂化

9.4.1　类石墨碳的性质和结构特点

石墨作为碳的形态之一，具有典型的层状结构，它是由碳原子组成六角环网状结构的多层叠合体，如图9-30所示。在六角环平面内，每个碳原子以sp^2杂化轨道与三个相邻的碳原子形成三个等距离的σ键，C—C键长为0.142nm，平均键能为627kJ·mol^{-1}；各个碳原子垂直于该平面的p_z轨道，彼此相互重叠形成离域π键；相邻层面间仅以较弱的范德华力结合，层间距为0.335nm，结合能仅为5.4kJ·mol^{-1}。

石墨的结构特点决定了其物性的各向异性。电子在C面内呈金属性的传导行为，而垂直于C面呈高电阻。因此，石墨可被看成二维导体，其输运性质介于金属与半导体之间，属传统的半金属（semimetal）类型材料，这类材料不涉及电子自旋极化问题[19]。石墨的二维特性是碳纳米管得以研制成功的关键，石墨薄片能卷成管，进而石墨的碳原子层卷曲成圆柱状，就形成了径向尺寸很小的碳纳米管[20]，所以石墨的二维输运特性是理论与实验研究的热点[21]。

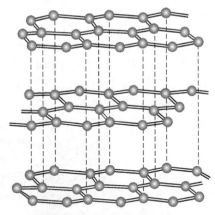

图 9-30　石墨结构示意图

Makarova等人认为石墨和C_{60}都能够通过碱金属离子注入成为超导体材料[22]，Palacio提出从碳这种目前备受关注的材料中制备具有磁性的体材料以取代传统的磁性材[23]。可见，探索和研究石墨这一类半金属材料是当前国际上碳基电子学、半金属电子输运理论研究的热点之一。

9.4.2　简单氧化物光催化剂的类石墨碳表面杂化

9.4.2.1　杂化催化剂的制备

将一定量的葡萄糖加入到35mL去离子水中，经搅拌使葡萄糖完全溶解。然后加入一定量的TiO_2纳米催化剂，超声处理20min，然后将其充分分散的体系转入40mL水热釜中保持160℃，时间4h。产品为棕色或黑色，离心分离，经水和乙醇分别三次"离心-洗涤-再分散"过程进行洗涤，所得固体样品在烘箱中于80℃继续烘12h。最后在玛瑙研钵中研磨，得到表面碳层未进行石墨化的TiO_2/无定形碳核壳层结构。将以上所得粉体置于瓷舟中，放入管式炉，通入N_2，流速在60mL·min^{-1}。管式炉以3℃·min^{-1}进行升温，升至150℃恒温1h，除去体系中的水汽，继续以3℃·min^{-1}的速度进行升温至800℃，停留3h。冷却后，经研磨所得样品为TiO_2/C粉体，制备过程如图9-31所示。

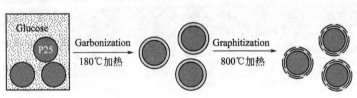

图 9-31　TiO_2/C 粉体催化剂的制备

所合成样品命名原则：以在水热过程合成 TiO_2/C 核壳结构所用葡萄糖量为标准命名，GT 代表表面修饰有类石墨碳的 TiO_2 样品。例如 GT01 代表在合成过程中所加入的葡萄糖质量为 0.1g。

9.4.2.2 杂化催化剂结构和光学性质

GT 样品 TEM 形貌分析照片见图 9-32。原商品 P25 TiO_2 样品的颗粒大小为 25nm 左右。图 9-32（a）给出了样品 GT05 的形貌特征，由图可见，样品中的颗粒大小为 25nm 左右，与初始 TiO_2 纳米颗粒大小基本相同。在此分辨率下，还观察不到表面的碳层，但是在高分辨 TEM 照片中可以清楚地看到 TiO_2 纳米颗粒表面的碳层，碳层厚度约为 1nm。图 9-32（b）是样品 GT10 的 TEM 结果，从图中可以明显看到 $TiO_2/Carbon$ 核壳层的结构，其中碳壳层的厚度约为 5nm。也可以看到，碳层的厚度较为均匀，每个 TiO_2 颗粒基本上都被均匀致密的碳层所包覆。当碳的含量继续增加，也就是图 9-32（c）所示的样品 GT20，可以看到，碳层厚度随加入葡萄糖的量明显变厚，样品 GT20 中碳层的厚度约为 7nm。由此可

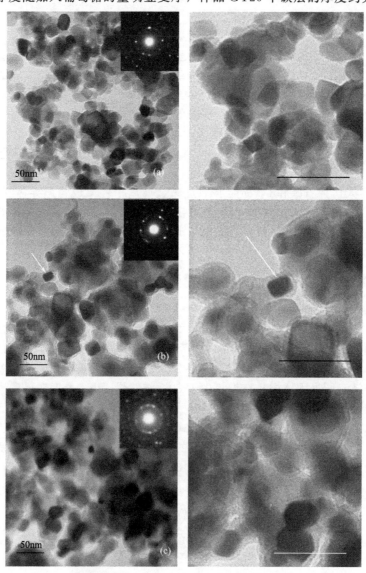

图 9-32 不同碳含量 GT 样品 TEM 图片

（a）GT05；（b）GT10；（c）GT20；右边为各图中部分区域放大图

见，可以通过简单控制制备过程中加入葡萄糖的量来调节表面碳层的厚度。在表 9-1 中，也给出了其它 GT 样品中碳层的厚度。另外，作为对比直接对初始 TiO₂ 纳米颗粒进行 800℃ 煅烧处理，所得 TiO₂ 纳米晶明显长大，由原来的 25nm 变大到 200～300nm，而在相同的合成条件下，表面修饰有碳层的 GT05 样品，TiO₂ 纳米晶则保留了原来的纳米形貌。综上所述，TiO₂ 表面修饰碳层可以抑制高温煅烧过程中晶体的进一步生长，提高 TiO₂ 纳米颗粒的热稳定性。表面碳层的存在成为纳米颗粒间的阻碍层，有效抑制高温煅烧过程、TiO₂ 纳米颗粒的团聚、再生长。

表 9-1 P25 TiO₂ 及不同碳含量 GT 样品的物理结构性质

样品	葡萄糖与 TiO₂ 质量比/%	碳层厚度/nm	石墨化程度 (I_{Dband}/I_{Gband})	S_{BET} /m² · g⁻¹	晶相组成
P25 TiO₂	0	0	—	45.2	A 80% R 20%
P25-800	0	0	—	—	R
GT01-800	20	0～1	0.87	36.1	R
GT03-800	43	0～1	0.84	46.4	A 70% R 30%
GT05-800	55	1～2	0.94	51.2	A 80% R 20%
GT07-800	64	3	—	52.2	A 80% R 20%
GT08-800	66	3～4	1.01	67.6	A 80% R 20%
GT10-800	72	5	1.18	75.8	A 80% R 20%

注：表中 "A" 代表锐钛矿相，"R" 代表金红石相。

通过 XRD 对类石墨分子修饰的 TiO₂ 晶体结构进行表征。图 9-33 和图 9-34 分别给出了不同温度煅烧及不同葡萄糖用量制备的样品的 XRD 图谱。由图可见，TiO₂ 表面不包覆碳的情况下，在 800℃ 高温煅烧后，几乎全部的锐钛矿结构将转变为金红石相，对应的 XRD 图谱为 P25-800。当葡萄糖的用量较少时，如样品 GT02-800，在此样品中，碳含量为 3%，在高温煅烧后，同样，几乎所有的锐钛矿结构将转变为金红石相。当葡萄糖用量提高到 0.4g 时，即样品 GT04-800 时，基本所有的锐钛矿结构都保留下来，P25 TiO₂ 的晶体结构基本不发生变化，碳含量更高时，也是同样的结果。表 9-1 给出了各样品中的晶相组成情况。晶相组成情况可以通过各晶相所产生的衍射峰的强度来确定。某一晶相在样品中的含量，锐钛矿与金红石型的相对含量可以采用下式计算：

$$X_A = \frac{1}{1 + \dfrac{I_R}{I_A K}} \tag{9-1}$$

式中，X_A 为锐钛矿相的含量；I_R、I_A 分别为 XRD 图中金红石相、锐钛矿相的峰高；K 为常数，取 0.79。

从图 9-33 可知，即使在 800℃ 的高温煅烧下，TiO₂ 也没有发生相转变。由众多文献研究可知，在 600℃ 煅烧下，TiO₂ 就会发生从锐钛矿到金红石的相转变，碳的存在有效地抑制了 TiO₂ 的相转变。在高温煅烧过程中，热量主要被表面的碳所吸收，而里面的 TiO₂ 晶核得到有效保护。TiO₂ 作为光催化剂来说，锐钛矿相具有较高的光催化活性，因此，在高温煅烧过程中维持原本的锐钛矿晶相是十分重要的。当前所用的方法，既可以在 TiO₂ 表面原位获得石墨化的碳层，又可以保护 TiO$_2$ 的锐钛矿晶相不受高温的影响，这样，就可以获得表面石墨碳修饰的 TiO$_2$ 光催化剂。

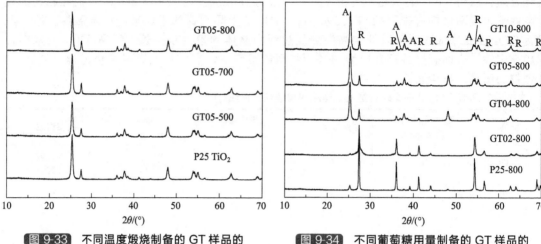

图 9-33 不同温度煅烧制备的 GT 样品的 XRD 图谱

图 9-34 不同葡萄糖用量制备的 GT 样品的 XRD 图谱

A—锐钛矿相；R—金红石相

通过 (101) 处的衍射峰之半峰宽，利用 Debye-Scherrer 公式，来计算各样品中 ZnO 的晶粒尺寸。

$$Dc = K\lambda /(\beta\cos\theta) \tag{9-2}$$

式中，Dc 为平均晶粒度，K 为 Scherrer 常数 0.89；λ 为 X 射线的波长，在实验过程中由于采用的是 Cu Kα 光源，因此为 0.1542nm；β 为由于晶粒大小不同而引起的衍射线条变宽时衍射峰的半峰宽 (FWHM)。

可以发现，对于那些与 P25 几乎相同的晶相结构及组成的样品，同样也有十分接近的晶粒尺寸，这与前面的 TEM 结果是吻合的，可以得出相同的结论，TiO$_2$ 表面修饰的碳层可以抑制高温煅烧过程中晶体的进一步生长，提高 TiO$_2$ 纳米颗粒的热稳定性。可见，碳的表面修饰不仅可以抑制高温煅烧过程中的晶相从锐钛矿相向金红石相的转变，同样也可以抑制高温下 TiO$_2$ 纳米晶粒的生长。

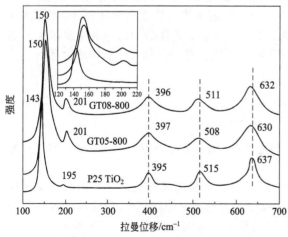

图 9-35 P25 TiO$_2$ 及 GT 样品的拉曼光谱
插图是 100～250cm^{-1} 范围的放大

石墨对 P25 TiO$_2$ 光催化剂进行表面包覆的激光拉曼光谱如图 9-35 所示。0.4gTiO$_2$ 与不同量的葡萄糖反应后，在 N$_2$ 保护下，于 800℃ 煅烧 3h 即可得到不同厚度碳层包覆的 TiO$_2$。根据对称性分析，锐钛矿型的 TiO$_2$ 共有 15 个光学活性振动模式，其简正振动模式表示分别为 $1A_{1g} + 1A_{2u} + 2B_{1g} + 1B_{2u} + 3E_g + 2E_u$。其中具有拉曼活性的振动模式为：$A_{1g}$（519cm^{-1}）、$B_{1g}$（399cm^{-1} 和 519cm^{-1}）和 E_g（144cm^{-1}，197cm^{-1} 和 639cm^{-1}）。对于具有金红石型结构的 TiO$_2$ 来说，A_{1g}（612cm^{-1}）、B_{1g}（143cm^{-1}）、B_{2g}（826cm^{-1}）和 E_g（447cm^{-1}）四个对称性

的振动模式具有拉曼活性。表面修饰有石墨化碳层 TiO₂ 的拉曼光谱与体相的锐钛矿结构非常类似。相对于 TiO₂ 只是 143cm⁻¹ 和 195cm⁻¹ 处的拉曼峰加强了，这表明石墨化的 TiO₂ 的结晶度增强了。在 800℃ 时，石墨化碳修饰的 TiO₂ 的拉曼光谱中仍没有出现金红石相的特征峰。一般条件下，只要温度高于 600℃，TiO₂ 就会发生物相转变，从锐钛矿转化为金红石相。上述拉曼分析得出，石墨化抑制了 P25 TiO₂ 的物相转变，抑制了金红石相的形成，这与 XRD 的研究结果是一致的。锐钛矿 TiO₂ 纳米颗粒的低频率处的拉曼峰 144cm⁻¹ 与量子尺寸限制效应密切相关。E_g 振动模式的蓝移意味着增大了锐钛矿型 TiO₂ 的颗粒尺寸。石墨包覆的 TiO₂ 相对于 P25 的拉曼光谱中的 E_g 振动峰明显发生了红移。可见，石墨包覆的 TiO₂ 相对于 P25 的拉曼光谱中的 E_g 振动峰的移动并不是由于高温石墨化过程中颗粒尺寸的变化所引起的，而是因为表面碳原子与 TiO₂ 之间的电子相互作用所引起的移动。同样对于石墨包覆的 TiO₂，195cm⁻¹ 处的拉曼峰也向波数高的方向移动了，但 395cm⁻¹、515cm⁻¹、637cm⁻¹ 处的拉曼峰却向低波数处移动了。这些拉曼峰的位移表明石墨 C 原子与 TiO₂ 之间可能存在强的相互作用。

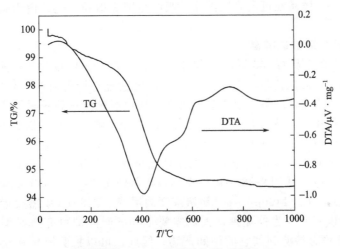

图 9-36 GT05 样品的热重-差热分析

为确定 GT05 样品中的碳含量，对样品进行了热重-差热分析，结果见图 9-36。由图可见，样品的主要失重从 400℃ 开始，然后在 600℃ 左右基本结束，这一温度范围的失重可以归结为二氧化钛表面类石墨碳层的燃烧。因此由这一温度范围中样品的失重情况得到 GT05 样品中的碳含量。经过计算可知，样品中的碳含量为 5.4%（质量）。比理论石墨单层厚度时的碳含量 3.8%（质量）厚，可见，此时样品中具有多层结构的石墨分子层，这与 HRTEM 的结果是基本一致的。另外，结合 TEM 还可以推测此时二氧化钛样品表面应该被碳层完全覆盖。这样便可以更好地起到高温煅烧过程中保护二氧化钛的作用。

由图 9-37 可以看出，对于纯的不含

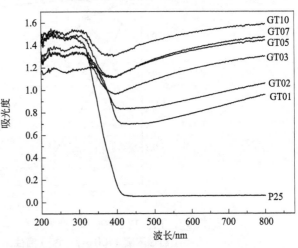

图 9-37 不同碳含量 GZ 样品的 UV-Vis 漫反射光谱

碳的 P25 TiO₂ 样品，光学吸收大概从 400nm 处才开始，所以 P25 TiO₂ 样品的吸收拐点在 400nm 左右。随着碳含量的增加，催化剂在可见光部分反射减弱，吸收增强。由漫反射光谱的拐点，可以研究碳的表面修饰对 TiO₂ 光吸收阈值的影响。除 GT01、GT02 两个样品外，其它样品的光吸收阈值与 P25 TiO₂ 的光吸收阈值基本相同，从图 9-37 上均可以看到很类似锐钛矿相 TiO₂ 的光吸收特征。而在一些有关碳掺杂的研究中发现，TiO₂ 中如果掺杂有碳原子后，禁带宽度由于价带组成的变化将会发生红移。在 GT 样品表面，碳主要是以自由的、类石墨结构存在的，并不是以取代 TiO₂ 中晶格原子的方式存在于 TiO₂ 中，因此碳的表面修饰对 TiO₂ 的吸收边几乎没有影响，但是碳的存在引起了 TiO₂ 样品在可见光波长范围内很宽的背景吸收。那么，为什么样品 GT01、GT02 的吸收边会发生变化呢？这要归因于它们的晶相组成的不同，在前面的 XRD 研究中发现，当样品中碳含量较低时，将不足以抑制 TiO₂ 在高温石墨化过程中的晶相转变，所以在样品 GT01、GT02 中，TiO₂ 是以金红石相存在的，而金红石相的 TiO₂ 的禁带宽度为 3.0eV，小于锐钛矿晶相 TiO₂ 的禁带宽度（3.2eV）。因此，样品 GT01、GT02 的吸收边相对于其它样品有 20nm 红移。另外，随着碳含量的增加，GT 样品在可见光区的光学吸收也随之增强，这是由于碳在可见光区的光吸收所造成的。

9.4.2.3 紫外光催化活性的提高

图 9-38 给出了 P25 及 GT05 样品在紫外光（$\lambda = 254nm$）照射下光催化降解甲醛（初始浓度 $1400\mu g \cdot g^{-1}$）活性比较。图中给出了 c/c_0 随紫外灯照射时间变化的曲线，其中，c 是在时间 t 时甲醛的浓度，c_0 是光照之前甲醛在光催化剂表面达到吸附平衡时体系中甲醛的浓度。空白试验表明甲醛在无光照和不加催化剂的条件下浓度变化可以忽略，说明单纯的光降解和催化剂对甲醛分子的吸附作用可以忽略。光催化实验中，为排除光催化剂对气体吸附作用的影响，所有的光催化反应体系在开始紫外光照射之前均放置半小时，达到吸附平衡后才开灯进行光催化反应。从图 9-38 中可以看到，在紫外光照射下，GT05 降解甲醛的速度比 P25 TiO₂ 明显要快，对于 $1400\mu g \cdot g^{-1}$ 初始浓度的甲醛，P25 TiO₂ 需要近半小时时间可以基本降解完全，而以 GT05 为催化剂，大约需要 15min 时间即可完全降解。在光催化过程中，除 CO₂ 外，并没有检测到其它的中间产物。因此，可以推测甲醛在光催化过程中主要发生如下降解反应：

$$HCHO + O_2 \longrightarrow CO_2 + H_2O \tag{9-3}$$

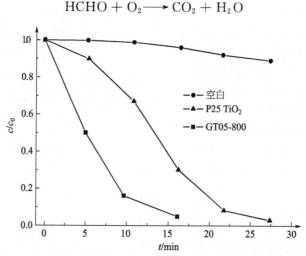

图 9-38 P25 及 GT05 样品紫外光（$\lambda = 254nm$）照射下光催化降解甲醛（初始浓度 $1400\mu g \cdot g^{-1}$）活性比较（光催化剂用量 0.1g）

根据式（9-4）可算得各样品光催化降解甲醛的平均反应速率，可用来对比不同样品催化活性差异。

$$k = \frac{c_0 - c}{t} \tag{9-4}$$

为了更直观的对比各样品在紫外灯照射下光催化降解甲醛的活性，将计算出来的平均速率以柱状图的形式绘制于图 9-39 中。从图可以看到，样品 GT05 具有最高的光催化降解甲醛活性（$k = 90.364\mu g \cdot g^{-1} \cdot min^{-1}$），相较于初始的未经碳修饰的 P25 TiO₂ 原材料（$k = 50.116\mu g \cdot g^{-1} \cdot min^{-1}$），光催化活性提高到了 1.8 倍。随着碳含量的增加，GT 样品的光催化活性呈现出先增大后减小的趋势。所有 GT 样品中，只有 GT01、GT02、GT08 样品光催化活性低于 P25 TiO₂ 原材料。可见，碳含

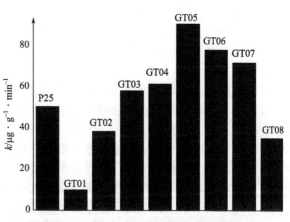

图 9-39　各样品光催化降解亚甲基蓝速率常数

量太低或是太高都不利于提高 P25 TiO₂ 的光催化活性。当碳含量太低时，例如样品 GT01 及 GT02，从 XRD 结果中可以看到，这些样品中绝大多数锐钛矿晶相的 TiO₂ 在高温石墨化过程中已发生相变，且颗粒尺寸也明显长大。由于金红石相 TiO₂ 光催化活性要远低于锐钛矿相 TiO₂ 的光催化活性，因此，GT01 及 GT02 的光催化活性也相对较弱。随着碳含量增加，XRD 晶相组成研究发现，P25 TiO₂ 中的锐钛矿晶相保留下来的也越多，那么光催化活性也随之增强。GT 样品中，碳的存在可以有效抑制高温煅烧过程中 TiO₂ 纳米晶的生长及晶相转变。当碳含量过低时，由于 TiO₂ 纳米晶表面不能完全被碳所包覆，那么在高温煅烧过程中，纳米晶之间的接触将不可避免地带来晶体的长大并且发生晶相的转变；而当碳含量高于可以保证 TiO₂ 纳米晶表面完全被碳所包覆时，高温煅烧所带来的晶体生长及相变就可以被有效的抑制。在当前工作中，当碳含量超过 GT05 样品中的碳含量，即 5.4%，TiO₂ 纳米晶的长大及相变被有效抑制。而对于样品 GT05 及更低碳含量的 GT 样品，由于高温石墨化过程中纳米晶的长大及相变得不到有效抑制，样品的光催化活性则较低，甚至低于原始的 TiO₂ 纳米晶。

对于碳含量超过 GT05，即碳含量高于 5.4% 的 GT 样品，例如样品 GT06、GT07 和 GT08，虽然这三个样品对甲醛具有较强的吸附能力，而且样品中的锐钛矿晶相也得到较好保留，但是光催化活性却随着碳含量的增加而减弱。这要归因于光催化剂表面多余碳的存在，会吸收并且散射光线，因此过多的碳会影响光线到达 TiO₂ 的表面，因而影响到光线的利用效率，光催化活性也随之降低。对于样品 GT08 可以看到，此时，由于样品中碳含量较高，导致 TiO₂ 表面碳层较厚，所以，该样品光催化活性要明显低于 P25 TiO₂。可见，为了获得较高的光催化活性，必须要多方面综合考虑表面碳层的作用，以求各种效应达到最佳的平衡。在本工作中，样品 GT05，表面碳层既可以保证锐钛矿相的 TiO₂ 不发生相变，并且碳层的厚度又不会阻碍光线到达 TiO₂ 颗粒的表面，因此，该样品具有最高的光催化活性。

类石墨分子层的表面修饰，确实可以与二氧化钛表面形成电子相互作用，类石墨分子层的存在改变了二氧化钛的平带电位，影响了光生电子的迁移及分离，从而影响光催化效率。事实上，以石墨来看的话，石墨的功函为 4.7eV（W_m），而二氧化钛的功函为 3.87eV

(W_s)，可见，两者费米能级的位置并不相同。二氧化钛的功函要低于石墨，当两者接触时，电子会在界面上从二氧化钛向石墨扩散，形成一个势垒，并达到平衡。势垒的大小可从下式中得到：

$$W_0 = W_m - W_s \tag{9-5}$$

由式（9-5）可算得二氧化钛与石墨之间形成的势垒为 0.83eV。这样，在光照之前两者的费米能级会达到平衡。当光照时，这个势垒的存在会促进光生电子向石墨的迁移，因此可以达到有效分离光生载流子的目的。图 9-40 为类石墨分子层修饰的二氧化钛在光照时的能级示意图。

以二氧化钛为例，半导体光催化过程包含三个主要的过程[24]。① 光照下价带中的一个电子被激发到导带中，这样在价带中形成一个具有氧化能力的空穴，在导带中形成一个可以自由移动的电子。这个过程是十分迅速的，大概需要 10^{-15} s。② 光生电子与空穴的复合。其实，在光照下的半导体中，绝大多数的光生电子与空穴会直接复合然后以热量放出去，很少一部分参与到光催化反应中。光生电子与空穴复合的过程需要 10^{-9} s。③ 有一些光生电子及空穴可以迁移到粒子表面并被表面的反应物所捕获，从而发生表面的光催化反应，在二氧化钛中，光生电子被表面氧气所捕获需要 10^{-8} s，而空穴与表面吸附物的反应则需要 10^{-3} s。可见，光生电荷界面转移的速度要慢于光生电荷的复合，因此，目前光催化的效率都比较低。其中一个最重要的原因就是光生电荷的复合较快。在纯的二氧化钛体系中，光生电荷的复合过程决定了光催化反应的效率[24]。如图 9-41 所示，当表面修饰有类石墨分子层后，光生电子可以迁移到类石墨分子层上，并被表面吸附的氧气分子所捕获，形成超氧自由基，然后可以直接在表面上将甲醛分子降解掉。可见，在这个过程中，类石墨分子层起到了一个储存并转移电子的作用，可以有效提高光生电荷的迁移及分离，从而抑制了光生电荷的复合，光催化效率也就随之提高。

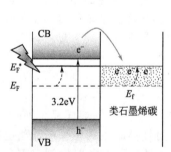

图 9-40 类石墨分子层修饰的二氧化钛在光照时的能级示意图

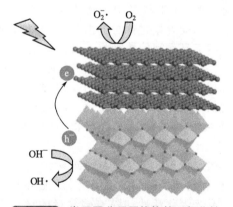

图 9-41 类石墨分子层修饰的二氧化钛光催化过程示意图

9.4.2.4 可见光催化活性的产生

同样以甲醛气体为目标污染物，研究了 GT05 样品在可见光（$\lambda > 420nm$）照射下光催化降解甲醛的活性。光源采用 300W 氙灯，在光催化反应器上方放置 420nm 滤光片来获得 $\lambda > 420nm$ 范围的光。图 9-42 给出了光催化反应过程中 $\ln(c/c_0)$ 的时间曲线。其中，c 是在时间 t 时甲醛的浓度，c_0 是光照之前甲醛在光催化剂表面达到吸附平衡时体系中甲醛的浓度。对反应体系中甲醛浓度对时间进行拟合，发现浓度的对数与时间呈线性关系，所以可以确定对于可见光照射下甲醛在 GT05 上的光催化降解遵循一级反应动力学：

$$\ln(c/c_0) = -kt \tag{9-6}$$

式中，k 为反应速率常数；c 为反应物浓度。

可以看到，在可见光照射下，甲醛仍可以被 GT05 样品充分光催化降解。通过拟合，可以得到可见光下 GT05 光催化降解甲醛的反应速率常数 k 为 0.0049min^{-1}，而在相同条件下，甲醛在 P25 TiO_2 上几乎不发生降解。同样地，无光照条件下的对比实验表明甲醛的浓度也几乎不发生变化，可见，GT05 对于甲醛的降解是一种光催化降解的过程，并不是吸附所造成的。

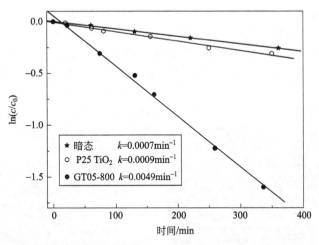

图 9-42　GT05 样品及 P25 在可见光（$\lambda > 420\text{nm}$）照射下光催化降解甲醛的活性

在最近的几十年内，有关二氧化钛的可见光改性一直是研究的热点，也是难点，主要被用于二氧化钛改性的方法是掺杂，常见的是在二氧化钛晶格中掺入 N、S、B 等电负性较低的非金属元素，在价带上方引入新的能级，从而达到可见光吸收的目的，由于非金属元素的掺杂在晶体中引入了缺陷，这些缺陷可以成为光生电子空穴的复合中心，但是目前的研究结果表明，非金属元素掺杂得到的光催化剂活性仍然较差。因此，非金属元素的掺杂往往会影响二氧化钛在可见光区的光催化活性。另外一种改性方法就是复合，即与其它可以产生可见光吸收的材料进行复合来获得可见光催化活性。在实验中通过二氧化钛表面的类石墨分子层改性获得了具有可见光活性的光催化剂，同时，紫外光照射下的催化活性也得到了提高。

9.4.2.5　光腐蚀的抑制

氧化锌、GZ06 和 GZ07 降解亚甲基蓝的光催化活性随着使用时间的变化见图 9-43。对于纯氧化锌纳米颗粒，可以看到，初次使用的氧化锌颗粒具有很高的光催化降解活性，在 80min 时间内 85% 的亚甲基蓝可以被光催化降解。但是经过 12h 的使用后，对氧化锌颗粒的光催化活性重新检测发现，光催化活性发生很明显的降低，表观速率常数从初始的 0.0172min^{-1} 降至 0.0076min^{-1}，活性不足初始的一半，也就是说，在同样 80min 时间内，只有 40% 的亚甲基蓝得到降解。而经过 96h 的使用

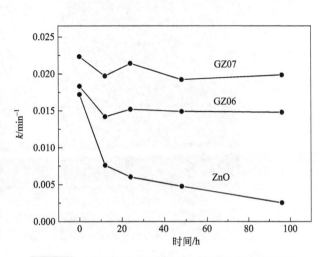

图 9-43　氧化锌及 GZ 样品光催化稳定性测试结果

后，氧化锌颗粒对亚甲基蓝光催化降解已十分不明显，表观速率常数只有 $0.0022min^{-1}$，仅仅是氧化锌初次使用时的 $1/8$（$k=0.0172min^{-1}$）。可见，氧化锌纳米颗粒在实际光催化降解应用中是十分不稳定的，氧化锌失活的一个主要原因就是光腐蚀。从图 9-43 中还可以看到氧化锌表面修饰碳层以后的样品 GZ06 及 GZ07 在长时间使用时的光催化活性的变化情况。可以观察到，经过 96h 的光催化反应，GZ06 和 GZ07 都维持了较高的光催化反应活性，相比于初次使用的样品，光催化活性经过 96h 后仍然保持了 85%，也就是说活性仅仅有 15% 的降低，这相对于纯的氧化锌颗粒来说有了很大的改进。可见，氧化锌经表面碳修饰后稳定性有了很大提高，后面将深入讨论氧化锌稳定性提高的内在原因。

为了研究碳修饰对 ZnO 光催化剂光腐蚀抑制的机理，通过 TEM 研究了光催化剂在反应前后的形貌变化。图 9-44 是 ZnO 和 GZ07 催化剂分别进行 96h 光催化反应前后的形貌照片。从图 9-44（a）及图 9-44（b）可见，ZnO 催化剂在光催化反应降解亚甲基蓝 96h 后，已经从原来的颗粒形貌变成了絮状物。说明在光催化反应过程中 ZnO 发生了严重的

(a) ZnO

(b) ZnO 96h光催化反应后

(c) GZ07

(d) GZ07 96h光催化反应后

图 9-44　氧化锌、GZ07 光催化反应前后 TEM 图像

光腐蚀现象，使得晶相颗粒结构变成了无定形结构。从图 9-44（c）及图 9-44（d）可见，经碳修饰的 GZ07 催化剂在光催化反应降解亚甲基蓝 96h 后仍能保持与反应之前一样的颗粒状形貌和晶相结构。说明经碳修饰基本抑制了 ZnO 的光腐蚀特性。可见，氧化锌纳米颗粒在光催化反应过程中本身并不是十分稳定的，氧化锌反应过程中自身的光腐蚀造成其形貌发生了巨大变化，表面的光腐蚀导致样品逐步光溶解，随着光催化反应的进行，光溶解进一步加剧，纳米晶粒变得更小，表面更加不稳定，又进一步加剧了光腐蚀的过程，并最终形成网络般的大块絮状结构。由于氧化锌晶相的破坏，氧化锌的光催化活性也必然降低。而对于表面修饰有碳层的 GZ 样品，由于表面有一层稳定的碳层存在，从 TEM 结果可以看出，这层碳可以有效地阻止氧化锌在光催化反应过程中的形变，成为氧化锌由纳米晶粒向絮状物转化的有利屏障。那么，氧化锌光催化反应后所形成的絮状物是什么物质呢？为什么会形成絮状物呢？

于是对重复反应前后催化剂样品进行了 XRD 研究，结果见图 9-45。ZnO 催化剂样品在反应前，在衍射角 $2\theta = 31.84°$、$34.46°$、$36.26°$、$47.58°$、$56.66°$、$62.68°$、$66.56°$、$67.92°$、$69.08°$ 处有明显的衍射峰，主要以六方纤锌矿晶相结构存在。在重复光催化反应 96h 后，其 XRD 图上 $2\theta = 13.02°$、$28.12°$、$32.82°$、$59.90°$ 处产生了新的衍射峰，可以归属为 $Zn_5(OH)_6(CO_3)_2$ 物相（标准数据引用）。XRD 结果说明 ZnO 催化剂在光腐蚀过程中，ZnO 和溶液中的水反应生成了大量的 Zn 水合物，可能以 $Zn(OH)_2$ 以及 Zn^{2+} 形式存在。该物种可以吸收空气中的 CO_2 或者光催化降解中产生的 CO_2，最终形成 $Zn_5(OH)_6(CO_3)_2$ 物种，

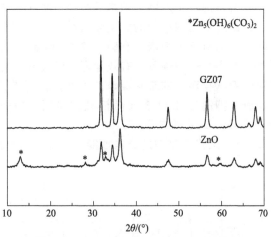

图 9-45 ZnO 和 GZ07 在紫外线辐照下经 96h 降解亚甲基蓝后催化剂样品的 XRD 图

形成严重的光腐蚀。而经碳修饰后的 GZ07 催化剂样品，即使经过 96h 的光催化反应，XRD 图上并没有出现 $Zn_5(OH)_6(CO_3)_2$ 峰，说明碳的表面修饰可以有效地抑制光催化反应过程中光腐蚀的发生。结果表明，氧化锌在光催化反应过程中，不仅仅是发生了形貌的变化，同时组成也在发生变化。氧化锌光催化活性的降低首先要归因于光催化过程中组成及晶相的变化，而组成及晶相的变化要归因于氧化锌的光腐蚀。那么，为什么表面修饰有碳层后光腐蚀会得到有效抑制呢？

在过去的研究中，已经有非常多的工作证明氧化锌会发生光腐蚀，光腐蚀严重影响了氧化锌的光催化性能[25]。氧化锌的光腐蚀过程可表示为：

$$ZnO + 2h^+ + nH_2O \longrightarrow Zn(OH)_n^{(2-n)+} + 1/2O_2 + nH^+ \tag{9-7}$$

式中，n 取决于溶液的 pH 值。根据 Gerischer 的研究报道，氧化锌的光分解包含四个过程，有两个较慢的过程及两个较快的过程。两个较慢过程是两个空穴在表面上的捕获，然后两个较快过程分别是氧分子的形成及 Zn^{2+} 从表面上的脱离，这四个过程可分别表示如下：

$$O_{surface}^{2-} + h^+ \longrightarrow O_{surface}^- \tag{9-8}$$

$$O_{surface}^- + 3O^{2-} + 3h^+ \longrightarrow 2(O-O^{2-}) \tag{9-9}$$

$$O-O^{2-} + 2h^+ \longrightarrow O_2 \tag{9-10}$$

$$2Zn^{2+} \longrightarrow 2Zn^{2+}(aq) \tag{9-11}$$

总的反应方程式为：

$$ZnO + 2h^+ \longrightarrow Zn^{2+} + 1/2O_2 \tag{9-12}$$

由式（9-7）和式（9-12）可知，在光催化反应过程中，空穴既可以氧化有机污染物，同时也会导致氧化锌的光分解，而这两个过程是两个相互竞争的过程。在纯的 ZnO 光催化氧化亚甲基蓝过程中，由于主要参与光催化氧化的是羟基自由基，而空穴没有被亚甲基蓝的分解所消耗，绝大部分空穴将参与反应（9-8）～反应（9-10），也就是说大部分的空穴被用于 ZnO 的光腐蚀过程。但是在 GZ 样品中，当 ZnO 表面被碳层所覆盖后，由于表面对亚甲基蓝强的吸附作用，此时，大部分的光生空穴将直接参与到反应（9-10）中，发生亚甲基蓝分子的分解，这将直接导致参与 ZnO 自分解反应［式（9-12）］的空穴减少，因此，ZnO 光腐蚀可以得到抑制。对于 ZnO 纳米颗粒，由于纳米粒子的表面效应及小尺寸效应，氧化锌晶体的光腐蚀将更容易发生，因此，在研究中可以发现，氧化锌在反应过程中自身的光腐蚀造成了其形貌发生了巨大变化，表面的光腐蚀导致样品逐步光溶解，随着光催化反应的进行，光溶解进一步加剧，纳米晶粒变得更小，表面更加不稳定，又进一步加剧了光腐蚀的过程，并最终形成网络般的大块絮状结构。由于氧化锌晶相的破坏，氧化锌的光催化活性也必然降低。而对于表面修饰有碳层的 GZ 样品，由于表面有一层稳定的碳层存在，从 TEM 结果可以看出，这层碳可以有效地阻止氧化锌在光催化反应过程中的形变，成为氧化锌由纳米晶粒向絮状物转化的有利屏障。可见，表面碳层的修饰一方面可以诱使光生空穴与染料分子的反应，抑制与 ZnO 表面晶格氧的作用，另一方面，又对 ZnO 表面形成了很好的保护作用，使 ZnO 表面更加稳定。

9.4.2.6　杂化催化剂的光电性能

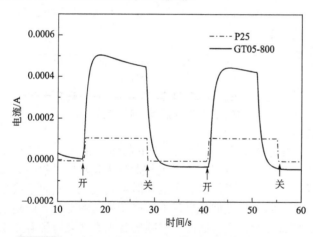

图 9-46　P25 TiO₂ 电极及 GT05 电极光电流响应曲线

为了研究杂化光催化剂的光电性能，测试了 GT05-800 和 P25 TiO₂ 在紫外光下的光电流响应，其光电流响应曲线见图 9-46。由图可见，随着光源开关两个电极都表现出很快的光电流响应，而且每次的响应值较为均匀。光电流测试结果表明，两个电极均可以产生稳定的光电流，值得注意的是，GT05-800 电极的光电流大小大约是 P25 TiO₂ 电极的 4 倍。由此可见，类石墨碳分子修饰后，可以有效提高光生电子-空穴的分离效率。类石墨碳分子与 TiO₂ 存在电子相互作用也得到印证。

图 9-47 是 P25 TiO₂ 及 GT05 电极在紫外光照射前后的交流阻抗谱。从图中可以看出 P25 TiO₂ 及 GT05 电极的交流阻抗谱均表现为半圆形式，因此表面电荷传输是反应的决速步。在光照的状态下，P25 TiO₂ 及 GT05 电极的交流阻抗谱的半圆明显减小，因为在光照的状态下，电极的开路电位与初始状态不同。同时也表明在光照下电极表面发生了显著的变化，界面反应电阻减小，光催化反应速率加快。在紫外光照情况下，由于光生电子-空穴的产生，载流子浓度增加数倍，样品空间电荷层电阻整体比暗场条件下明显减小。从图 9-47 还可以看到，经过类石墨分子层修饰的 TiO₂ 的空间电荷层电阻也小于未修饰样品，这进一步证明了，类石墨层的存在可以改变样品内部的空间电荷分布。类石墨分子层的电子传导特性增加了 Helmholtz 层的电荷分离过程，改变了耗尽层的电荷分布，从而影响 TiO₂ 电极的阻抗，降低了电化学体系中的界面电荷传输电阻，有效促进了 TiO₂ 电极中光生载流子的传

输及分离。

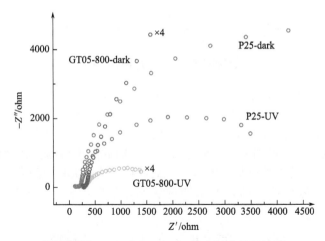

图 9-47　P25 TiO$_2$ 及 GT05 电极交流阻抗谱

图 9-48 给出了 P25 TiO$_2$ 及 GT05 电极光电流作用谱。从图可见，P25 TiO$_2$ 电极的光电流响应是在紫外光区，450～410nm 范围内基本上没有光电流产生，这与 P25 TiO$_2$ 的紫外漫反射光谱是相吻合的，在这个范围内光的能量不足以激发 P25 TiO$_2$ 中的电子和空穴，因此，在可见光照射下不会产生光电流。P25 TiO$_2$ 电极的最大光电流响应在用波长为 330nm 的光照射下获得。对于 GT05-800 电极，发现在 450～320nm 范围内有较宽的响应，而且在紫外光区的光电流要远强于 P25 TiO$_2$ 电极。可见，表面类石墨分子的修饰不仅

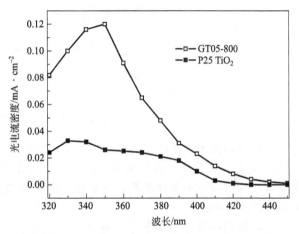

图 9-48　P25 TiO$_2$ 及 GT05 电极光电流作用谱

可以大大提高 TiO$_2$ 电极的光电转换效率，还可以将 TiO$_2$ 扩展到可见光区。

9.5　聚苯胺的表面杂化

9.5.1　聚苯胺的性质和结构特点

导电聚合物是典型的大 π 键共轭体系，其分子主链中的反键分子轨道高度离域化，在被掺杂后，其 π 或 π* 键轨道可以通过形成电荷迁移复合物而产生电荷迁移特性。在所有的导电高聚物中，聚苯胺（PANI）具有原料价格低廉、合成工艺简单、化学和环境稳定性好、应用广泛等优点，被认为是最有实际应用前景的一种高聚物，围绕聚苯胺的制备及性能等方面的研究已经成为导电聚合物领域的研究热点和学科前沿[26~29]。

1987 年，Macdiarmid[26] 提出被广泛接受的苯式/醌式结构单元共存的模型，聚苯胺由还原单元和氧化单元构成，随着两种结构单元的含量不同，聚苯胺具有不同程度的氧化状态，这些氧化状态可以相互转化。不同氧化状态的聚苯胺可通过适当的掺杂方式获得导电聚

苯胺。聚苯胺的结构如图 9-49 所示。

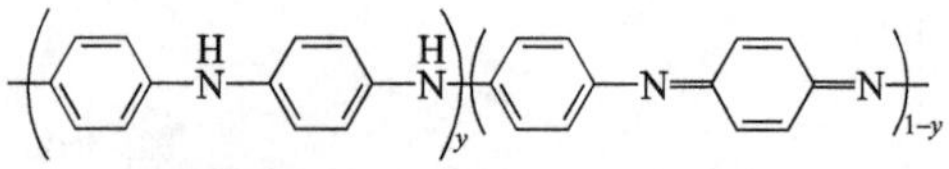

图 9-49　聚苯胺的分子结构

聚苯胺具有结构多样化，不同的氧化还原态对应不同的结构。y 代表 PANI 的氧化程度，当 $y=1$ 时，为完全还原的全苯式结构（leucoemeraldine base，LEB），当 $y=0$ 时，为完全氧化的全醌式结构（pemigraniline base，PNB），当 $y=0.5$ 时，为中间态（emeraldine base，EB）。实验发现，不同的氧化还原态对应于不同的分子结构，其颜色和电导率也相应发生变化。见图 9-50，前三种都是绝缘体，其颜色和电导率也相应的发生变化。但都可以通过质子酸掺杂从绝缘体变成导体，即第四种状态，且仅当 $y=0.5$ 时，其掺杂态电导率最大[29]。

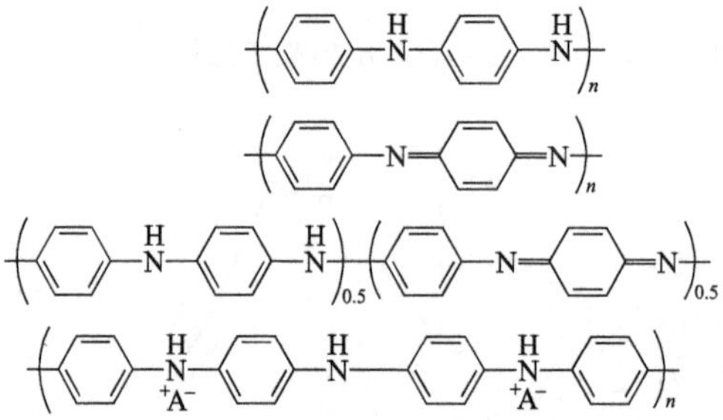

图 9-50　聚苯胺的四种结构

本征态的聚苯胺是绝缘体，经过质子酸掺杂或电化学氧化可以使聚苯胺电导率提高近 10 个数量级。电化学合成的聚苯胺用电极电位来控制氧化程度，合成的聚苯胺的电导率与电极电位和溶液 pH 值有关系，聚苯胺的电导率与温度也有依赖关系，在一定的温度范围内服从 VRH[30] 关系。

聚苯胺是一种 P 型半导体，其分子链上含有大量的共轭 π 电子，尤其是用质子酸掺杂后形成了空穴载流子，当受强光照射时，即 $h\nu > E_g$ 时，聚苯胺价带中的电子将受激发至导带，出现附加的电子-空穴对，即本征光电导，同时激发带中的杂质能级上的电子或空穴改变其电导率，具有显著的光电转换效应。Genies[31] 发现，聚苯胺在不同的光源照射下响应非常复杂，与光强和聚苯胺的氧化态有密切关系，同时对光的响应非常迅速。在激光作用下，聚苯胺表现出非线性光学特性，皮秒级光转换研究表明：聚苯胺具有较高的三阶非线性系数[32]，因此可以将其用于信息存储、调频、光开关和光计算机等技术上。

聚苯胺膜在不同氧化态之间能进行可逆的氧化还原反应，在酸性条件下，聚苯胺的循环伏安曲线上可出现三对清晰的氧化还原峰。氧化还原峰的峰值电流与峰值电位随膜厚度不同而异，阴极和阳极峰值电流与均方根成线性关系。随溶液 pH 值升高，聚苯胺膜的电活性降低，当 pH > 3 时，其电活性逐步消失[30]。并且伴随着氧化还原过程，导电聚合物的颜色也发生相应的变化。当聚苯胺经历由全还原态、中间氧化态、全氧化态的可逆变化时，聚苯胺的颜色也伴随着淡黄色、蓝色、紫色的可逆变化[33]。

9.5.2　简单氧化物光催化剂的 PANI 表面杂化

9.5.2.1　杂化催化剂的制备

预先配制 $0.45g \cdot L^{-1}$ PANI 的 THF 溶液，将一定量的 TiO_2 加入到 100mL 上述溶液

中，经 30min 超声处理使 TiO$_2$ 完全分散，然后在密闭条件下避光搅拌 24h。生成沉淀，过滤，用去离子水洗涤三次后，将所得固体样品在烘箱中于 60℃继续干燥 24h。最后在玛瑙研钵中研磨，得到淡蓝色的 PANI-TiO$_2$ 粉末催化剂样品。按照上述方法，获得 1.0%、2.0%、3.0%、5.0% 和 7.5%（质量比）的 PANI-TiO$_2$ 杂化光催化剂。

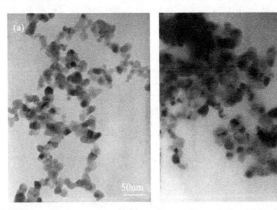

图 9-51　TiO$_2$（a）和 PANI-TiO$_2$（3.0%）（b）的透射电子显微像

9.5.2.2　杂化催化剂结构和光学性质

通过透射电子显微像和高分辨透射电子显微像可以对 PANI-TiO$_2$ 杂化光催化剂的形貌进行表征。图 9-51 中是 TiO$_2$ 和 PANI-TiO$_2$（3.0%）的透射电子显微像，可以发现，纳米 TiO$_2$ 粒子分散性较好，颗粒规整，平均大小约 30nm，PANI 杂化 TiO$_2$ 后，杂化光催化剂的颗粒大小无明显变化。用高分辨电子显微镜观察了 PANI 杂化后的光催化剂颗粒的微结构，如图 9-52 所示。PANI 杂化后，TiO$_2$ 的晶格没有明显的改变，但在 TiO$_2$ 颗粒的表面出现了与 TiO$_2$ 晶格结构不同的非晶结构覆盖层。图 9-52（a）中，对 PANI-TiO$_2$（5.0%），PANI 在 TiO$_2$ 表面形成不均匀的覆盖层，该覆盖层厚度约为 2~4nm 不等。对 PANI-TiO$_2$（3.0%）[图 9-52（b）]，该覆盖层的厚度约为 0.7nm，与 PANI 分子层厚度（0.5nm）接近，因此认为 PANI 杂化后，在 TiO$_2$ 表面以单分子层的形态存在，这和紫外-可见漫反射的结果是对应的。

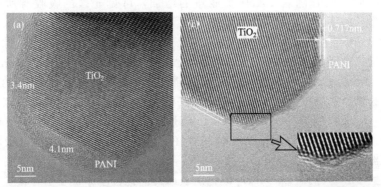

图 9-52　PANI-TiO$_2$（5.0%）（a）和 PANI-TiO$_2$（3.0%）（b）的高分辨透射电子显微像

图 9-53 是不同 PANI 负载量的 PANI-TiO$_2$ 杂化光催化剂的 FT-IR 光谱。由图可见，1380cm^{-1} 处的峰可归属为羟基变形振动峰；1560cm^{-1} 的峰是由 PANI 的 C═C 、C═N 所产生的伸缩振动峰；1296cm^{-1} 和 1240cm^{-1} 的峰是 C—N 伸缩振动峰[34]。当 PANI 通过在 TiO$_2$ 上吸附产生杂化作用后，其 1560cm^{-1} 的伸缩振动峰强度减弱并红移，说明 C═C 、

C=N 键强度在杂化后减弱了；而 1240cm⁻¹ 的峰（PANI 苯环上的 C—N 伸缩振动峰）红移更明显，分别红移到 1224cm⁻¹、1218cm⁻¹ 和 1218cm⁻¹。这些特征峰的红移，说明了聚苯胺原有的共轭大 π 键体系和 TiO₂ 发生了相互作用，在 PANI 和 TiO₂ 间形成了较强的化学键作用。当 PANI 负载量大于 3.0% 时，聚苯胺的负载量大于其单层分散阈值，过量的 PANI 与 TiO₂ 间以物理吸附的形式结合，PANI 上的 π 电子体系和 TiO₂ 没有化学键的作用，其特征吸收峰不再红移。说明过量的 PANI 并不能参与杂化作用，对性能的改善不会起作用。

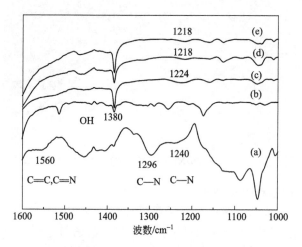

图 9-53 杂化光催化剂的 FT-IR 光谱

（a）为 PANI，（b）为 TiO₂，（c）为 PANI-TiO₂（1.0%），（d）为 PANI-TiO₂（3.0%），（e）为 PANI-TiO₂（5.0%）。其中 1240cm⁻¹ 处的特征振动峰随着 PANI 负载量的变化分别移动到 1224cm⁻¹、1218cm⁻¹、1218cm⁻¹

不同 PANI 负载量的 PANI-TiO₂ 杂化光催化剂的紫外漫反射光谱见图 9-54，对 TiO₂ 来说，只在 390nm 以下出现了吸收峰，这与 TiO₂ 的带隙宽度（3.2eV）是一致的。对 PANI 杂化后的 TiO₂ 样品，则从 200nm 至 800nm 均有吸收。插入部分为典型的吸收波长（254nm 和 450nm）吸收强度随 PANI 负载量变化的曲线，可以看到修饰了 PANI 的复合物在可见光区有吸收。而且随着 PANI 负载量的增加，可见光区的吸收有所增加，这是由 PANI 在可见光区的吸收引起的。从图中可以看出，随着 PANI 负载量从 0.5% 增大到 3.0% 时，PANI-TiO₂ 在可见光区的吸收强度迅速增大；从 3.0% 到 7.5% 时，杂化光催化剂可见光区的吸收强度缓慢增加。PANI 分子骨架主体为苯环，直径约 0.5nm，P25 TiO₂ 的比表面积是 50m² · g⁻¹，理论估算表明当 PANI 的负载量约为 3.2% 时，在 TiO₂ 粒子表面能形成致密的单分子层覆盖，考虑到 PANI 仅能占据 TiO₂ 表面的活性位点以及 PANI 分子间斥力，认为形成致密单分子层所需的 PANI 的量要小于 3.2%。当 PANI 的负载量在 3.0% 以下时，由于 TiO₂ 表面吸附活性位的存在，通过 PANI 分子和活性吸附位的相互作用，PANI 以化学吸附的形式与 TiO₂ 的表面结合，在 TiO₂ 催化剂表面形成单层分散。当 PANI 负载量达到 3.0% 的时候，TiO₂ 催化剂表面的活性位基本被 PANI 覆盖，单分子层的化学吸附达到饱和状态。当 PANI 的负载量达到 3.0% 时，继续提高 PANI 的负载量，由于化学吸附活性位的覆盖已经饱和，PANI 分子与 TiO₂ 表面的相互作用降低，使得继续增加的 PANI 分子聚集成颗粒或多层物理吸附，不能在 TiO₂ 表面形成均匀铺展，反映到吸收光谱上即吸收强度增高趋势变缓。

综上，在 PANI-TiO₂ 杂化材料中存在化学键的相互作用，进一步证明，采用吸附和加热自发单层分散的方法可以获得 PANI 在 TiO₂ 表面的亚单层分散的杂化材料。

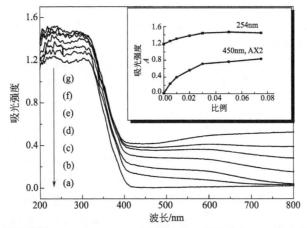

图 9-54 PANI-TiO₂ 系列杂化光催化剂的紫外漫反射光谱

（a）为 TiO₂，（b）为 PANI-TiO₂（0.5%），（c）为 PANI-TiO₂（1.0%），（d）为 PANI-TiO₂（2.0%），
（e）为 PANI-TiO₂（3.0%），（f）为 PANI-TiO₂（5.0%），（g）为 PANI-TiO₂（7.5%），
插入部分为典型的吸收波长（254nm 和 450nm)处吸光度随 PANI 负载量变化的曲线

9.5.2.3　紫外光催化活性的提高

紫外光辐照下，光催化降解 MB 的曲线如图 9-55 所示。由空白试验可以看出在没有催化剂的条件下 MB 在紫外光下照射 60min 只有轻微的降解，说明目标污染物的光解可以忽略不计。以纯 TiO₂ 和机械混合的 PANI-TiO₂ 为参考光催化剂。随着 PANI 负载量的增加，杂化光催化剂的紫外光催化活性逐渐增加。当 PANI 负载量达到 3.0% 时，杂化光催化剂具有最佳的紫外光催化活性，60min 内可以使 $10\mu g \cdot g^{-1}$ 的 MB 降解 99.6%，降解动力学符合准一级反应，速率为 $0.091min^{-1}$，其紫外光催化活性比 P25 TiO₂（速率为 $0.046min^{-1}$）提高了一倍。但随着 PANI 负载量的继续增加，杂化材料的紫外光催化活性开始降低，但仍高于 P25 TiO₂。为了说明 PANI 分子与 TiO₂ 催化剂相互作用对光催化活性的影响，按同样比例（3.0%）制备了 PANI 和 TiO₂ 均匀机械混合样品并研究了其光催化活性。结果表明 PANI 和 TiO₂ 机械混合的催化剂其光催化活性（$k=0.047min^{-1}$）与纯 TiO₂ 催化剂基本相同（$k=0.046min^{-1}$），这说明单纯的物理吸附或机械混合的 PANI 不能有效地提高 TiO₂ 的光催化活性。这是因为对于 PANI 杂化的 TiO₂，PANI 分子和 TiO₂ 表面发生了界面作用，光照后光生载流子可以在 TiO₂ 和 PANI 分子间发生有效的转移，从而提高电子-空穴对的分

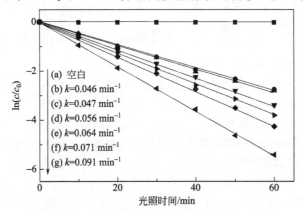

图 9-55 紫外光辐照下，光催化降解 MB 的曲线

（a）为空白试验，（b）为 TiO₂，（c）为 PANI 和 TiO₂ 机械混合（质量比为 3:100），（d）为 PANI-TiO₂（1.0%），
（e）为 PANI-TiO₂（5.0%），（f）为 PANI-TiO₂（2.0%），（g）为 PANI-TiO₂（3.0%）

离效率，提高光催化活性。而对于机械混合的 TiO_2 和 PANI，它们之间并没有强烈的相互作用，紫外光照射 TiO_2 后产生的光生载流子不能经由 PANI 实现有效的分离，因此光催化活性和混合前相比没有明显变化。随着 PANI 层数的增加，光生电子与空穴在聚苯胺体相内发生复合的概率增加，迁移到复合物表面的光生载流子数目越来越少，光催化活性有所降低。杂化光催化剂紫外光催化活性提高的原因在于 PANI 与 TiO_2 之间的杂化相互作用。

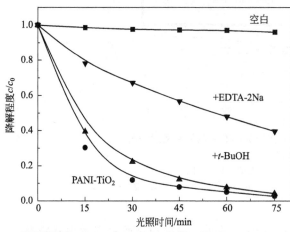

图 9-56　紫外光辐照下，活性物种捕捉对光催化剂 PANI-TiO_2（3.0%）光催化降解 MB 速率的影响

紫外光照射下，TiO_2 光催化剂降解有机污染物的机理已经被系统的研究。当光生电子-空穴对迁移到 TiO_2 粒子表面后，存在两个可能的光催化反应过程：空穴直接氧化光催化剂表面吸附着的反应底物；光生电子则被 OH^- 或 H_2O 捕获，反应生成羟基自由基，羟基自由基进一步与底物反应。在光催化反应中，判断光催化反应是通过直接空穴氧化还是通过自由基起反应可以采用活性氧化物种的捕捉实验来检测[35,36]。叔丁醇（t-BuOH）常常作为自由基捕获剂被引入反应体系中，而 EDTA-2Na 通常作为光生空穴的捕获剂而参与检测。这里采用 t BuOH（5mmol·L^{-1}）和 EDTA-2Na（5mmol·L^{-1}）来考察 PANI-TiO_2 杂化光催化剂样品在光催化反应过程中的活性氧化物种。对 PANI-TiO_2 体系（见图 9-56），紫外光辐照下，在反应体系中加入 t BuOH 后未见明显抑制杂化光催化剂光降解 MB，而加入 EDTA-2Na 后则明显抑制杂化光催化剂光降解 MB，说明在该体系中，自由基不是主要的活性氧化物种，光生空穴才是主要的活性氧化物种。

紫外光催化活性的提高主要来自 PANI 与 TiO_2 的杂化作用，其可能的机理为（见图 9-57）：当杂化光催化剂受紫外光激发后，在 TiO_2 导带和价带中分别产生光生电子和空穴，PANI 的 HOMO 轨道与 TiO_2 的价带相匹配，PANI 的 HOMO 轨道比 TiO_2 的价带高，是光生空穴的受体，TiO_2 价带上的光生空穴可以传输到 PANI 的 HOMO 轨道。由于

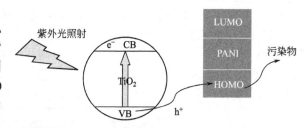

图 9-57　PANI-TiO_2 体系紫外光光催化机理示意图

PANI 是良好的空穴传输材料，有利于光生空穴传输到杂化光催化剂的表面，实现电子和空穴的有效分离。传输到杂化光催化剂表面的空穴可以直接氧化有机污染物[37,38]，使污染物降解，最终提高杂化光催化剂的紫外光光催化活性。以上的实验结果说明，紫外光下 PANI-TiO_2 杂化光催化剂体系中，主要通过光生空穴直接氧化起作用，而非自由基氧化和空穴氧化共同起作用。

9.5.2.4　可见光催化活性的产生

不同 PANI 负载量的 PANI-TiO_2 杂化光催化剂在可见光下（$\lambda > 450nm$）降解亚甲基蓝（MB）的速率曲线见图 9-58。从图上可以看到在没有催化剂、没有光照的条件下，MB 在 5h 里基本上没有发生降解，说明催化剂的光解和吸附可以忽略不计。TiO_2 本身不能被可见光激发，所以在 $\lambda > 450nm$ 的可见光下也基本上没有降解 MB，而 PANI-TiO_2 杂化光催化剂则具有很好的可见光活性。由图可见，随着 PANI 负载量的增加，杂化材料的可见光催化活性也逐渐增

强。当 PANI 负载量达到 3.0％ 时，具有最佳的光催化活性，5h 内可以使 $10\mu g \cdot g^{-1}$ 的 MB 降解 88％，降解动力学符合准一级反应，速率常数为 $0.0071min^{-1}$。随着 PANI 负载量的继续增加，杂化光催化剂的可见光催化活性开始降低。为了探讨杂化作用和机械混合的差异，还研究了 PANI 与 TiO₂ 的简单机械混合样品的光催化活性。当 PANI 与 TiO₂ 按比例为 3∶100 机械混合后，其可见光催化结果与 TiO₂ 相近，并不具有可见光催化活性。这表明 PANI 与 TiO₂ 的简单物理混合不能产生可见光活性。只有 PANI-TiO₂ 之间发生化学键的相互作用，才能提高光催化活性并产生可见光活性。当 PANI 负载量达到 3.0％ 时，PANI 在 TiO₂ 表面形成单层分散，两者之间形成的是化学吸附，产生了化学键力的相互杂化作用，使得光催化活性最高；而当 PANI 负载量继续增加后，过量的 PANI 在复合物表面形成多层物理吸附，过量的 PANI 并不能与 TiO₂ 产生杂化作用，因此活性不再增强。

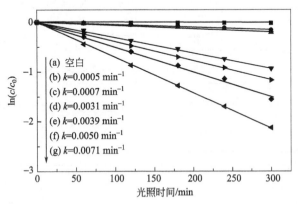

图 9-58 可见光辐照下（λ＞450nm），光催化降解 MB 的曲线
（a）为空白试验，（b）为 TiO₂，（c）为 PANI 和 TiO₂ 机械混合（质量比为 3∶100），（d）为 PANI-TiO₂（1.0％），（e）为 PANI-TiO₂（5.0％），（f）为 PANI-TiO₂（2.0％），（g）为 PANI-TiO₂（3.0％）

可见光（λ＞450nm）辐照下，通过向催化剂/染料体系中加入自由基捕获剂和空穴捕获剂来研究光催化过程（图 9-59）。羟基自由基捕获剂 t-BuOH（$5mmol \cdot L^{-1}$）的添加使光催化降解 MB 得到明显的抑制，而空穴捕获剂 EDTA-2Na（$5mmol \cdot L^{-1}$）的加入虽然也能使光催化活性降低，但程度远不及 EDTA-2Na 的作用。说明在该体系中，羟基自由基是主要的活性物种，它可以与表面吸附的有机污染物发生反应，使其降解。

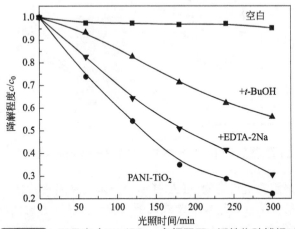

图 9-59 可见光（λ＞450nm）辐照下，活性物种捕捉对光催化剂 PANI-TiO₂（3.0％）光催化降解 MB 速率的影响

为了进一步证实该推论，采用电子顺磁共振捕捉技术 ESR/DMPO 检测光照过程中体系的自由基产生情况（图 9-60）。ESR/DMPO 捕获实验采用 Quanta-Ray Nd：YAG 脉冲激光器作为激发源，激发波长为 532nm，微波功率为 10 Hz。羟基自由基的捕捉实验可以在水溶液中检测，由于过氧羟基自由基阴离子极易与水分子反应而淬灭，所以过氧羟基自由基的检测通常在非水溶剂中进行本实验中，采用无水甲醇作为溶剂，对可见光下产生的过氧羟基自由基阴离子进行捕捉检测。图 9-60（a）中，在水溶剂里，光照前未检测到

羟基自由基的特征峰。光照后，可以明显地发现四个强度比为 1∶2∶2∶1 的羟基自由基的特征峰[39,40]，并且随着光照时间的延长，羟基自由基的特征峰强度逐渐增强。这是体系中存在大量羟基自由基的直接证据。图 9-60（b）中，在乙醇溶剂里，光照前，未检测到超氧自由基。光照后，可以检测到超氧自由基的特征峰[41]。自由基和空穴捕获剂添加实验与 ESR/DMPO 实验的结果表明，在 PANI-TiO$_2$ 杂化光催化过程中，自由基是主导光催化反应的活性物质，而非光生空穴的直接氧化降解作用。在可见光下，PANI-TiO$_2$（3.0%）杂化光催化剂受激发后可以产生光生电子，光生电子可以与 PANI-TiO$_2$（3.0%）杂化光催化剂表面吸附的活性氧和水分子发生一系列反应，生成羟基自由基和过氧羟基自由基阴离子。

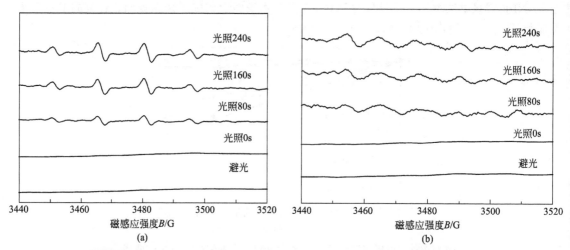

图 9-60 可见光（λ> 450nm）辐照下，PANI-TiO$_2$（3.0%）光催化剂体系的 ESR/DMPO 自旋捕捉实验谱图
（a）水溶液；（b）无水甲醇溶液

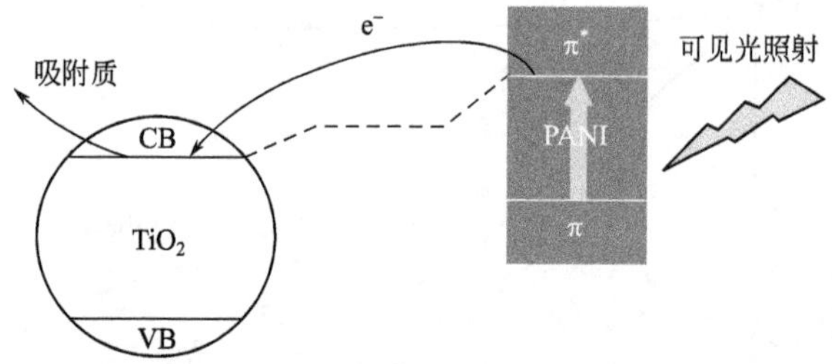

图 9-61 PANI-TiO$_2$ 体系可见光光催化机理示意图

可见光催化活性产生的可能机理如下（图 9-61）：首先是 PANI 吸收可见光，并产生激发态。由于 PANI 的共轭 π 键可以与 TiO$_2$ 的 d 轨道产生 d-π 相互作用，因此，PANI 的共轭 π 键上的激发态电子就可以注入到 TiO$_2$ 的导带中，并与表面吸附的氧和 H$_2$O 结合，经一系列变化，产生超氧自由基和羟基自由基，产生氧化作用，导致活性提高，可以降解有机污染物。PANI 结构中苯式和醌式共存，具有多种氧化还原态。电子的移出可能使得 PANI 的结构中苯式向醌式转换，氧化态比例增加，但整体结构并未被破坏，可以稳定存在。

9.5.2.5 光腐蚀的抑制

通过考察在紫外线辐照下光催化剂对亚甲基蓝的降解活性的稳定性，研究了 PANI 修饰对其光腐蚀性能的影响规律。由图 9-62 可见，ZnO 光催化剂的光催化活性随着光催化反应重复进行的次数逐步降低。在运行三次后，其光催化活性有明显的降低，说明 ZnO 光催化剂已经发生了严重的光腐蚀。而对于 PANI-ZnO 杂化光催化剂，在重复三次光催化反应后，其光催化活性基本保持不变，这说明经 PANI 杂化后 ZnO 的光腐蚀效应基本可以被抑制。

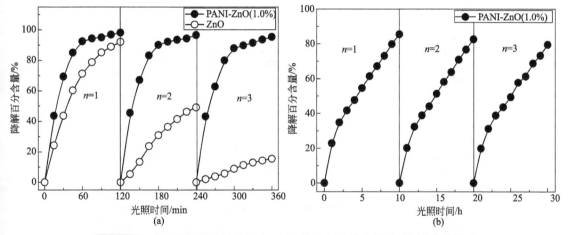

图 9-62 循环降解亚甲基蓝反应，MB 的降解百分含量随时间变化的曲线

（a）紫外光光催化循环反应；（b）可见光(λ＞450nm)光催化循环反应

为了研究 PANI 杂化对 ZnO 光催化剂光腐蚀效应的影响，通过 TEM 研究了光催化剂在反应前后的形貌变化。图 9-63 是 ZnO 和 PANI-ZnO 杂化光催化剂分别在重复进行三次光催化反应前后的形貌照片。从图 9-63（a）可见，ZnO 光催化剂在光催化反应重复降解 MB 三次后，已经从原来的颗粒形貌变成了絮状物。说明在光催化反应过程中 ZnO 发生了严重的光腐蚀现象，使得晶相颗粒结构变成了无定形结构。从图 9-63（b）可见 PANI-ZnO 杂化光催化剂在光催化反应重复降解 MB 三次后仍能保持与反应之前一样的颗粒状形貌和晶相结构。说明经 PANI 的杂化基本抑制了 ZnO 的光腐蚀效应。

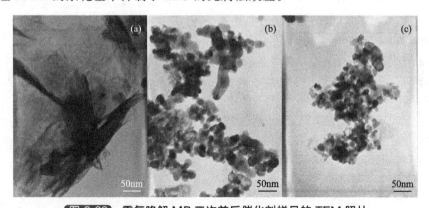

图 9-63 重复降解 MB 三次前后催化剂样品的 TEM 照片

（a）紫外光光催化循环反应后的 ZnO；（b）紫外光光催化循环反应后的 PANI-ZnO（1.0%）；
（c）可见光（λ＞450nm）光催化循环反应后的 PANI-ZnO（1.0%）

进一步对重复反应前后催化剂样品的 XRD 研究结果见图 9-64。ZnO 光催化剂样品在反应前，在衍射角 2θ＝31.84°、34.46°、36.31°、47.58°、56.68°、62.90°、67.98°、69.16°处有明显的衍射峰，说明 ZnO 主要以六方纤锌矿晶相结构存在。在重复光催化反应三次后，其上述 XRD 衍射峰减弱甚至消失，XRD 结果说明经过光催化循环反应，ZnO 催化剂发生严重的光腐蚀现象。经过光催化循环反应后，ZnO 的晶相被严重破坏，对应的 XRD 特征衍射峰大大减弱或消失。而经 PANI 杂化后的 ZnO 催化剂样品，不论在紫外光照射下还是可见光（λ＞450nm）照射下，进行光催化循环反应前后，XRD 衍射峰基本不变，说明 PANI-ZnO 杂化光催化剂的晶相结构在光催化循环反应中可以保持不变。综上所述，PANI 的杂化作用可以有效地抑制光催化反应过程中 ZnO 光腐蚀效应的发生。

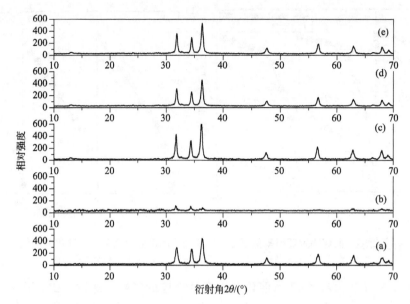

图 9-64 ZnO 和 PANI-ZnO（1.0%）分别在紫外光照射下和可见光照射下（λ > 450nm）
重复降解 MB 三次前后催化剂样品的 XRD 图

（a）为 ZnO，（b）为紫外光光催化循环反应后的 ZnO，（c）为 PANI-ZnO（1.0%），（d）为紫外光光催化
循环反应后的 PANI-ZnO（1.0%），（e）为可见光（λ > 450nm）光催化循环反应后的 PANI-ZnO（1.0%）

9.5.2.6 杂化催化剂的光电协同催化

为了进一步研究 PANI 的杂化对 TiO_2 光照后产生的电子-空穴对分离的影响，做了 ITO/TiO_2 和 ITO/PANI-TiO_2（3.0%）的光电性能评价实验。利用交流阻抗谱（EIS）研究了 ITO/TiO_2 和 ITO/PANI-TiO_2（3.0%）膜在光照过程中电荷的分离过程，如图 9-65 所示。EIS 中 Nynquist 曲线的半径大小反映了电极表面反应速率的大小以及电极电阻的大小。半径越大说明电极表面反应速率越小，电极电阻越大；反之，半径越小说明电极表面反应速率越大，电极电阻越小。在紫外光照射下，ITO/PANI-TiO_2 膜的 Nynquist 曲线半径明显小于 ITO/TiO_2 膜的 Nynquist 曲线半径，这意味着在 ITO/PANI-TiO_2 膜中发生了更有效的电荷分离。在可见光照射下出现了与紫外光下同样的结果。电化学测量的实验结果说明 PANI 的杂化提高了光生电子-空穴对的分离效率，抑制了电荷的复合，这与光催化反应的结果一致。

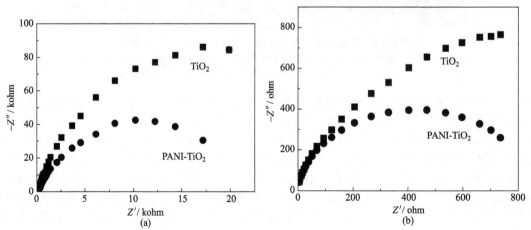

图 9-65 ITO/PANI-TiO_2 电极和 ITO/TiO_2 电极的电化学交流阻抗 Nynquist 图，所加偏压为 1.0 V

（a）可见光（λ > 450nm）辐射下，光强为 167mW·cm^{-2}；（b）紫外光辐照下，光强为 1.9mW·cm^{-2}

图 9-66 是不同 PANI 负载量的
ITO/PANI-TiO₂ 电极和 ITO/TiO₂
电极在可见光照射下（λ＞400nm）的
光电效率（IPCE）作用曲线，光电转
换效率与照射光的波长有关，随波长
的减小，量子效率增大，可见光区的
光电转换效率相对比较低。通过紫外
漫反射图看出在 λ＞400nm 下，ITO/
TiO₂ 电极对可见光的吸收非常少，所
以其光电转换效率非常低。不同
PANI 负载量的 ITO/PANI-TiO₂ 电
极光电转换效率的差别可以从光吸收

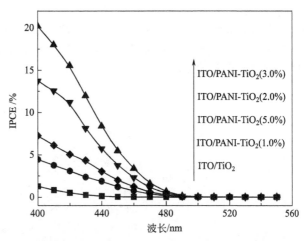

图 9-66 ITO/PANI-TiO₂ 电极和 ITO/TiO₂ 电极的 IPCE 曲线

和光生电子的复合途径角度来分析。当 PANI 的负载量从 0.5％ 到 3.0％
时，PANI 在 TiO₂ 的表面不断占据活性位，杂化作用不断增强，同时在可见光区的吸收不断增强，薄膜在光的照射下，光生电子的分离不断增强，光电转换效率逐渐增强；当 PANI 的负载量达到 3.0％ 时，PANI 在 TiO₂ 的表面形成致密的化学吸附层，杂化作用达到最大，薄膜在光的照射下，光生电子的分离达到最大，光电转换效率最高；当 PANI 的负载量大于 3.0％ 后，PANI 在 TiO₂ 的表面形成多层吸附，物理层的吸附不会产生杂化作用，虽然 PANI 负载量继续增加，光吸收增强，但是多层吸附不利于载流子的传输，光电转换效率反而降低。

分别在 0、0.5、1.0、1.5、2.0（V）电位下进行了 MB 的光电结合催化降解。MB 降解程度（c/c_0）随光照时间的变化在图 9-67 中给出。一般来说，当反应物的浓度较低时，反应物的光电催化降解遵循准一级动力学方程。从图中可以看出，外加 0、0.5 和 1.5（V）偏压明显地促进了 MB 的光催化降解。随着偏压增加，MB 降解速率随着偏压的增加而提高，在偏压为 1.0V 时达到最大。随后降解速率开始随着偏压增加反而降低。

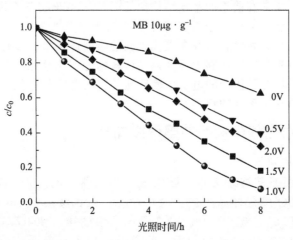

图 9-67 外加偏压对 ITO/PANI-TiO₂（3.0％）膜降解 MB 速率的影响

采用 1.0V 外加偏压来研究 ITO/TiO₂ 电极和不同 PANI 负载量的 ITO/TiO₂ 电极光电协同降解 MB 的性质，如图 9-68 所示。在可见光（λ＞450nm）照射下，ITO/TiO₂ 电极基本没有光吸收，光催化降解 MB 的速率和不加光催化剂的空白试验相近。当有 PANI-TiO₂

薄膜电极存在时，MB 的降解速率明显加快，且随着 PANI 负载量的增加先增加后减小，且在 PANI 负载量为 3.0% 时达到最大，可以在 8h 内降解 $10\mu g \cdot g^{-1}$ 的 MB 达 91%。这与杂化光催化剂纳米颗粒光催化降解 MB 的情况一致。上述试验结果证实了 ITO/PANI-TiO$_2$ 薄膜具有较高的光电催化活性。

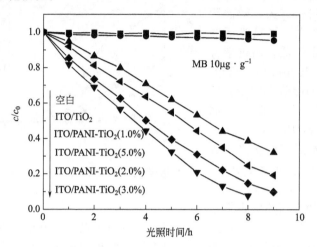

图 9-68 ITO/TiO$_2$ 电极和不同 PANI 负载量的 ITO/PANI-TiO$_2$ 电极的可见光光电协同降解 MB 的曲线，采用外加偏压 1 V

9.6 石墨烯的表面杂化

9.6.1 石墨烯的性质及结构特点

石墨烯是由单层碳原子紧密堆积成二维蜂窝状晶格结构的一种碳质新材料，其结构类似于未卷曲的碳纳米管。由于其独特的结构特征和非同寻常的性能近年来引起了研究者的广泛关注，是构成新材料的非常有前景的基本结构单元[42,43]。由于制备石墨烯的材料成本很低，有非常大的应用前景，已有不少关于石墨烯导电膜的研究[44~47]。但是对于这个二维纳米材料的其它方面性能，尤其是光电化学及在催化方面的研究还很少。实验研究表明当光催化剂与具有共轭结构的材料复合后，能够大幅度提高材料的光催化性能，并能抑制一些光催化剂的光腐蚀。由于石墨烯具有更优异的电子传输性能，将石墨烯与光催化剂进行了复合，研究其对光催化性能的影响具有深远的意义。

9.6.2 简单氧化物光催化剂的石墨烯表面杂化

9.6.2.1 杂化催化剂的制备

将不同质量的三聚氰胺溶于无水甲醇溶液，然后将 TiO$_2$ 与三聚氰胺按照一定比例混合。以类石墨烯/TiO$_2$-3% 样品为例：取 0.05g 三聚氰胺溶于 100mL 甲醇溶液中，加入 1.5g 纳米 TiO$_2$（P25），超声 10min，在通风橱中搅拌，使甲醇自然挥发。将得到的样品在 N$_2$ 保护下，500℃烧 3h。冷却后，经研磨得到类石墨烯/TiO$_2$ 样品，命名为 GT 样品。

9.6.2.2 杂化催化剂结构和光学性质

GT 样品 HRTEM 形貌分析照片见图 9-69。由图（a）、（b）可见，样品中的颗粒大小为 25nm 左右，与初始 TiO$_2$ 纳米颗粒大小基本相同。在此分辨率下，还观察不到表面的石墨层，由图（c）的高分辨 TEM 照片中可以清楚地看到 TiO₂ 纳米颗粒表面的碳层，碳层厚度约为 0.468nm，约为一个石墨分子层的厚度。因此可以推断，GT 样品外面包覆的碳层是以石墨烯形式存在的。图（d）为 GT-10％ 的 TEM 形貌分析照片，由图中可见，碳层厚度随加入的三聚氰胺的量明显变厚，碳层厚度约为 2~3nm，为 10 层以下的石墨烯修饰。可见，表面碳层的厚度可以通过简单控制制备过程中加入的三聚氰胺的量调节。

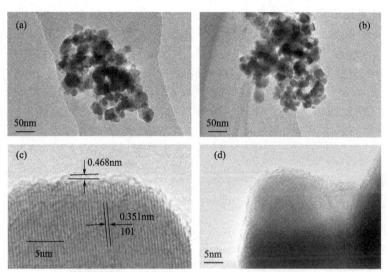

图 9-69 不同碳含量 GT 样品 HRTEM 图片
（a）TiO₂；（b）、（c）GT-3％；（d）GT-10％

有文献报道三聚氰胺在高温下将聚合形成 C_3N_4 结构，为了确定 GT 样品中是不是只含碳的石墨结构，对 GT 样品进行了 XPS 表征，如图 9-70 所示。284.6eV 的峰对应于纯碳环境中的 C—C 键。三聚氰胺作为石墨化的碳源，在 N₂ 气氛下，三聚氰胺在 TiO₂ 表面长时间煅烧，N 易被除去而形成类石墨烯结构。因此在 XPS 谱中检测不到 398.2eV 处 N 的 1s 峰及 288.3eV 处 C—N 键的峰。而且在 281eV 处也检测不到 Ti—C 键的峰，这说明碳是以自由的、类石墨烯的形态存在于 GT 样品中，而不是掺杂到 TiO₂ 的晶格里。这与紫外漫反射谱是一致的。

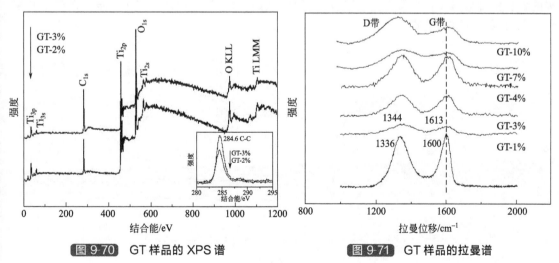

图 9-70 GT 样品的 XPS 谱

图 9-71 GT 样品的拉曼谱

图 9-71 给出了 GT 样品表面碳层的拉曼谱。从图中可以看出，所有的 GT 样品在

1344cm^{-1}和1613cm^{-1}附近有两个很强的拉曼振动峰,这两个峰均是碳的特征振动峰。其中1613cm^{-1}附近的G带对应于样品中石墨结构碳的E$_{2g}$振动模式,在所有的GT样品中均观察到了G带,说明GT样品的碳层中普遍存在着石墨结构的sp^{2}杂化的碳结构。1344cm^{-1}附近的D带对应于样品中的无序碳的拉曼振动峰,表明了碳层中的无定形碳的存在。与纯的类石墨(1600cm^{-1})相比,样品中的G峰明显红移了,这说明TiO$_2$与石墨杂化作用使得石墨的骨架结构发生变化,共轭大π键强度被削弱,同时也表明样品中的碳层中的C原子有序度较差。G峰的红移说明TiO$_2$与石墨存在强烈的价键相互作用。

G峰与D峰强度相当,表明样品具有一定程度的原子尺寸的有序结构。GT样品中的D峰移到更低的1329cm^{-1},主要是由于低有序的碳结构。此外,通过计算G/D的强度比来衡量不同样品中碳层的石墨化程度,列于表9-2中。由此可以看出,样品的石墨化程度随着样品中碳含量的增加而降低,表面碳层较薄的样品,石墨程度较高,碳层有序度较高。

表 9-2 GT样品的石墨化程度

样品	石墨化程度 $I_{D-带}/I_{G-带}$
GT-1%	1.06
GT-3%	1.02
GT-4%	1.08
GT-7%	1.27
GT-10%	1.66

图9-72为不同碳含量的TiO$_2$及GT光催化剂的UV-Vis漫反射光谱。由图可见,对于纯的TiO$_2$(P25)样品,TiO$_2$样品的吸收拐点在400nm左右,随着碳含量的增加,催化剂在可见光部分反射减弱,吸收增强。且GT催化剂的光吸收阈值与TiO$_2$的光吸收阈值基本相同,禁带宽度基本没有变化。而在一些有关碳掺杂的研究中发现[48],TiO$_2$中如果掺杂有碳原子后,禁带宽度由于价带组成的变化将会发生红移,可见,在GT样品表面,碳主要是以自由的、类石墨结构存在,并不是以取代TiO$_2$中晶格原子的方式存在于TiO$_2$中,因此碳的表面修饰对TiO$_2$的吸收边几乎没有影响,但是碳的存在引起了TiO$_2$样品在可见光波长范围内很宽的背景吸收。

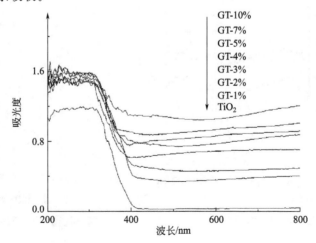

图 9-72 TiO$_2$及GT样品的紫外漫反射光谱

9.6.2.3 紫外光催化活性的提高

光催化降解符合准一级反应动力学，图 9-73 为不同石墨含量的 GT 杂化光催化剂在紫外光辐照下的 MB 降解速率图。从图中可见，随着石墨烯含量的增加，杂化材料的紫外光催化活性逐渐增加。当原料三聚氰胺所占比例达到 3% 时，此时石墨在 TiO_2 表面形成单层分散，杂化材料具有最佳的光催化活性，10min 内可以使 $10\mu g \cdot g^{-1}$ 的 MB 降解 88.3%，速率常数为 $0.1731min^{-1}$，杂化材料活性是 P25 TiO_2 的 2.5 倍。但随着石墨烯含量的继续增加，杂化材料的光催化活性开始降低，但仍优于 P25 TiO_2。石墨的表面杂化作用可以使杂化材料的紫外光催化活性成倍逐渐增加，而当石墨在 TiO_2 表面形成单层分散（GT-3%），杂化材料具有最佳的光催化活性。

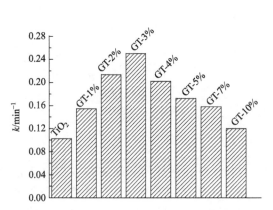

图 9-73 TiO_2 及 GT 样品的光催化反应速率常数

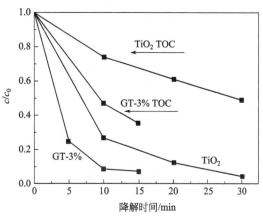

图 9-74 TiO_2 及 GT 样光催化反应体系中 MB 浓度及 TOC 的变化

为了进一步了解催化剂的矿化能力，对 TiO_2（P25）及 GT-3% 样品进行了 TOC 测试，如图 9-74 所示。TiO_2（P25）在 30min 内可降解 96% 的 MB，此时矿化度为 51%。而 GT-3% 样品在 15min 内可降解 94% 的 MB，TOC 降解率为 65%。为了更真实的评价 GT 光催化剂的催化能力，在光催化体系中检测了矿化的最终产物 SO_4^{2-}、NO_3^- 和 NH_4^+，见图9-75。如图所示在相同时间内，GT 体系中所形成的 SO_4^{2-}、NO_3^- 和 NH_4^+ 都比 TiO_2（P25）多，进一步说明了经过石墨烯修饰后 TiO_2（P25）的矿化能力有了显著提高。从图中还可以发

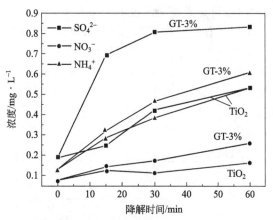

图 9-75 MB 降解过程中 SO_4^{2-}、NO_3^- 及 NH_4^+ 的形成

现，在 GT 体系中，光催化反应进行 30min 后，SO_4^{2-} 的浓度为 $0.81mg \cdot L^{-1}$，进一步延长反应时间，SO_4^{2-} 的浓度并没有显著改变，这说明反应开始 30min 后，S 已经被矿化完全。N 的完全降解产物主要是 NO_3^- 和 NH_4^+，从图中可以看出，在这个体系中 N 的降解产物主要是 NH_4^+。

紫外光辐照下，在 GT-3% 样品反应体系中加入自由基捕获剂叔丁醇后未能明显抑制催化剂光降解 MB，而加入空穴捕获剂 EDTA 后则明显抑制催化剂光降解亚甲基蓝，说明在该

体系中，自由基不是主要的活性物种，光生空穴才是主要的活性物种（图 9-76）。且 GT 样品的活性物种与 TiO₂ P25 的活性物种一样，说明石墨烯的表面修饰并没有改变 TiO₂ 催化的活性物种。

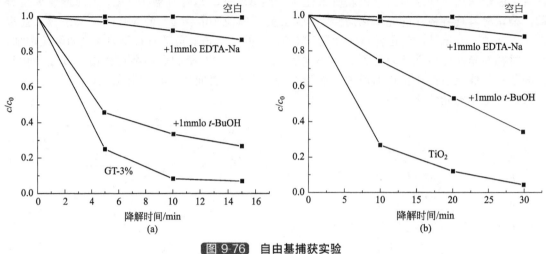

图 9-76　自由基捕获实验

（a）GT-3%；（b）TiO₂

　　GT 杂化催化剂紫外活性提高的可能机理为：TiO₂ 与石墨烯的共轭 π 键发生表面相互作用，在紫外光激发下，TiO₂ 价带上的光生空穴被加速传递到石墨表面，从而促进了光生空穴和电子的有效分离。同时，被传递到石墨表面的光生空穴可以与催化剂表面吸附的有机污染物直接发生氧化反应，将污染物降解。光生空穴和电子的有效分离提高了光催化降解效率。

9.6.2.4　可见光催化活性的产生

　　我们对石墨修饰 TiO₂ 纳米管降解 MB 的过程进行了研究，发现在紫外光降解的过程中，水相产物仍然只有 MB 的两种形式存在 ［图 9-77（a）］，与 C₆₀ 修饰 TiO₂ 纳米管的过程一致。对于水相中的有机产物进行浓缩提取 ［图 9-77（b）］，可以看出，经过 6h 的紫外光电反应，有机相中的中间产物基本消失，在反应进程中，依旧有二甲氨基氧化产物的富集过程。

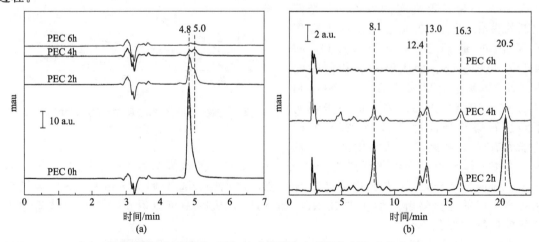

图 9-77　石墨修饰 TiO₂ 纳米管紫外光电催化 MB 产物分析：

(a) 水相产物；(b) 经乙醚萃取的有机相产物（浓缩 140 倍）。内附标尺说明对应峰强将水相在液相色谱的峰进行分峰，计算峰面积 S，得到亚甲基蓝两种形式 MB（Ⅰ）和 MB（Ⅱ）在光电催化过程中的降解情况，如图 9-78 所示。可以看出 MB（Ⅱ）的降解速率明显高于 MB（Ⅰ），并且相对降解量也远超过后者。这说明在紫外光电降解过程中，MB（Ⅱ）作为起始反应物进行反应。再根据有机萃取产物的分析，可以确定，MB 在石墨修饰 TiO_2 纳米管的紫外光电降解过程中，起始步依然是 MB（Ⅱ）的二甲氨基氧化过程。

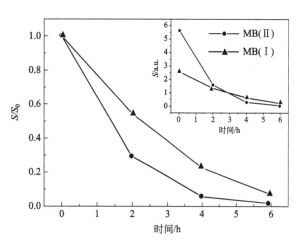

图 9-78 MB 两种形式在紫外光电降解过程中的峰面积比值 S/S_0，插图为原始峰面积计算值

而对可见光光电反应产物的液相色谱测量中，可以发现 MB 在水溶液中的两种形式均在降低，而且其有机物在整个光电降解过程中，从初始反应 5h 到 30h 结束，体系内各种有机物浓度很低，而且在整个反应过程中没有明显的变化。

对图 9-79（a）进行同样的分峰处理（图 9-80），发现石墨修饰 TiO_2 纳米管在可见光（$\lambda > 450nm$）照射条件下，MB（Ⅰ）和 MB（Ⅱ）被同时降解，而且除了第一个取样点之外，降解速率相似。这说明在可见光照射条件下，MB 在 TiO_2 上的吸附不仅在 N 原子上发生，也会在 S 原子上发生，TiO_2 表面光电反应的选择性下降。这可能是由于可见光（$\lambda > 450nm$）照射下，光生电子-空穴数量减少，使得电催化的作用逐渐上升，因此两种氧化方式在石墨修饰 TiO_2 纳米管表面共同作用。

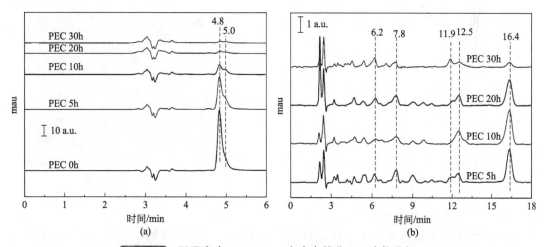

图 9-79 可见光（$\lambda > 450nm$）光电催化 MB 产物分析：
(a) 水相产物；(b) 经乙醚萃取的有机相产物（浓缩 140 倍）。内附标尺说明对应峰强

石墨修饰后的 TiO_2 样品不仅提高了紫外光活性，而且使 TiO_2 的吸光范围扩展到可见区域。石墨修饰后的 TiO_2 样品紫外光光电响应提高 1 倍，可见光光电响应提高 2 倍。石墨修饰 TiO_2 纳米管在紫外光照条件下的光电催化也是由二甲氨基的氧化开始，MB（Ⅱ）为初始反应物；而在可见光光照下，亚甲基蓝在石墨修饰 TiO_2 纳米管的氧化选择性降低，亚甲基蓝分子在 S 原子和 N 原子上同时氧化，MB（Ⅰ）和 MB（Ⅱ）同时参与

光催化反应。

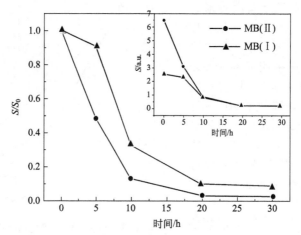

图 9-80　MB 两种形式在可见光（λ ＞ 450nm）光电降解过程中的峰面积比值 S/S_0，
内图为原始峰面积计算值

9.6.2.5　光腐蚀的抑制

为了评价 GT 样品的稳定性，用 GT 样品做了循环的 MB 降解实验，结果如图 9-81 所示。经过 20h 持续的光催化降解反应，GT-3% 样品的光催化活性并没有显著的变化，这说明 GT 样品具有良好的稳定性。此外将反应 20h 后的 GT 样品照了高分辨透射电镜，如图 9-82 所示。从图中可以看出反应前后，石墨烯层并没有发生明显的变化，这也说明了 GT 样品具有良好的稳定性，与稳定性实验一致。

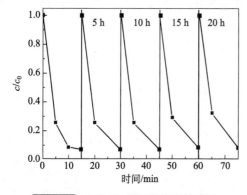

图 9-81　GT-3% 样品的稳定性实验

图 9-82　GT-3% 样品在经过 20h 光催化
反应后的 HRTEM 图

9.6.2.6　杂化催化剂的光电协同催化

将 GT 样品粉末超声分散于乙醇溶液中制成浆状，然后将其铺展在 2cm×4cm 的 ITO 玻璃上，待乙醇挥发后，将此薄膜电极在紫外灯下照射 12h 以除去乙醇，并在 200℃、N_2（60mL·min^{-1}）气氛下煅烧 30min，制成 GT 薄膜工作电极。TiO_2 薄膜工作电极采用同样方法制得。用三电极体系对其电化学性质进行检测。光电流测试结果如图 9-83 所示，从图中可以看出两个电极均可以产生稳定的光电流，GT 的光电流约为 TiO_2 P25 的五倍。这说明，石墨烯分子的修饰可有效提高光生电子空穴的分离效率，从而大幅提高光电流响应。

图 9-84 是 TiO₂ P25 及 GT-3‰电极在紫外光照射前后的交流阻抗谱。EIS 谱中半圆的直径反映了电极表面反应电阻的大小[49,50]。从图中可以看出，在光照和非光照的情况下，GT-3‰的半圆大小均小于 P25 TiO₂。这说明 GT-3‰的表面反应电阻小于 TiO₂ P25，石墨层的存在有效促进了 TiO₂ 电极中光生载流子的传输及分离。

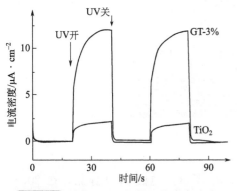

图 9-83　TiO₂ 及 GT 样品的光电响应（[Na₂SO₄] = 0.5 mol·L⁻¹）

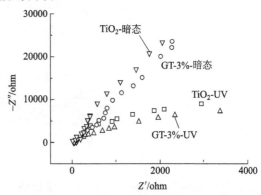

图 9-84　TiO₂ 及 GT-3% 样品在紫外光照射前后的交流阻抗谱

9.7　C₃N₄的表面杂化

9.7.1　C₃N₄的性质及结构特点

类石墨相 C₃N₄ 是 C₃N₄ 最稳定的同素异形体[51]。C₃N₄ 具有非常好的热稳定性和化学稳定性，因为其特殊的力学性能、电学性能、光学性质和热稳定性引起科学工作者的广泛兴趣[52]。目前已经有学者开展 C₃N₄ 光解水制氢和降解有机污染物的研究[73~75]。C₃N₄ 具有的共轭大 π 键结构与光催化剂复合可能是提高电子空穴分离效率的理想体系，其结构见图 9-85。

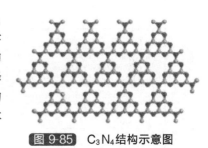

图 9-85　C₃N₄结构示意图

9.7.2　简单氧化物光催化剂的 C₃N₄ 表面杂化

9.7.2.1　杂化催化剂的制备

用三聚氰胺在 N₂ 保护下，550℃烧 2h，得到橙黄色粉末，研磨备用。取一定量的 C₃N₄加入 100mL 甲醇，超声 30min，然后加入 1g ZnO 超声 30min。在通风橱搅拌过夜，待甲醇自然挥发干。将得到的粉末在 N₂ 保护下，100℃加热 4h，让 C₃N₄ 在 ZnO 表面自发分散，研磨备用。

9.7.2.2　杂化催化剂结构和光学性质

图 9-86 给出了杂化催化剂 C₃N₄/ZnO-3‰的高分辨透射电镜图。从图中可以看出，ZnO的晶格条纹相非常清晰，晶格间距 0.136nm 对应于（201）晶面。而在 ZnO 颗粒的外面可以清楚地看到与 ZnO 晶格相不一样的非晶 C₃N₄ 层。C₃N₄ 层厚度约为 0.325nm，对应于一个 C₃N₄ 分子层的厚度。因此可以推测 C₃N₄ 是以单分子层的形式分散在 ZnO 表面。

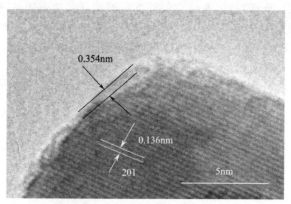

图 9-86 C_3N_4/ZnO-3%的高分辨
透射电镜图

杂化样品中 C_3N_4 的量可以用热重确定，如图 9-87 所示。纯的 ZnO 样品，在 200℃到 500℃之间有一个失重，这主要归结于溶剂的脱附和分解。对于纯的 C_3N_4，存在两个明显的失重峰，第一个同样归结于溶剂的脱附，第二个失重峰在 500℃到 720℃之间，主要是由于 C_3N_4 的燃烧。在杂化 C_3N_4/ZnO 样品中，都可以观察到这两个失重峰。C_3N_4 的量可以由第二个失重峰计算出来，得到的 C_3N_4 的量标于图 9-87 的插图中。除了 C_3N_4/ZnO-8％样品，其余样品中 C_3N_4 的量都非常接近于投料量。

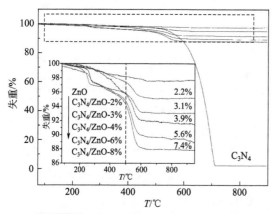

图 9-87 空气气氛下，ZnO、C_3N_4 及
C_3N_4/ZnO 样品的热重曲线

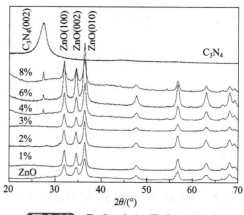

图 9-88 ZnO、C_3N_4 及 C_3N_4/ZnO
样品的 XRD 图

对 ZnO、C_3N_4 及 C_3N_4/ZnO 样品进行 XRD 表征结果如图 9-88 所示。图中可见，实验所用的 ZnO 为六方铅锌矿结构，C_3N_4 的修饰没有改变 ZnO 的晶相结构。当 C_3N_4 负载量较低时，在杂化样品中看不到 C_3N_4 的峰，只有当 C_3N_4 的负载量超过 3％时才显示出 C_3N_4 的峰，而峰的强度随着 C_3N_4 投料量的增加而增大。这说明在低的负载量下，C_3N_4 均一地分散在 ZnO 的表面，只有当投料量超过 ZnO 的分散阈值（3％）时，C_3N_4 的峰才会显示出来[56]。

图 9-89 显示了 ZnO 及不同 C_3N_4/ZnO 样品的红外光谱。$1637cm^{-1}$ 和 $1243cm^{-1}$ 对应于 C═N 及 C—N 键的伸缩振动模式[57,58]。$808cm^{-1}$ 对应于三嗪环的振动[57]。从图中可以看到，C_3N_4 及 ZnO 的红外特征峰都出现在 C_3N_4/ZnO 杂化催化剂的红外谱中，且特征峰都移向低波数。特征峰的红移说明 C_3N_4 的 C—N、C═N 键被削弱，ZnO 与 C_3N_4 杂化作用使得

C_3N_4 的骨架结构发生变化，C_3N_4 与 ZnO 发生了化学键的相互作用，形成了更为广泛的共轭体系。这种强烈的价键相互作用可能是光催化活性提高的关键。

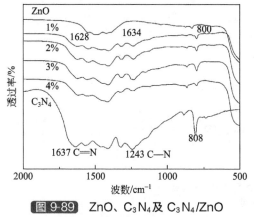

图 9-89　ZnO、C_3N_4 及 C_3N_4/ZnO 样品的 FT-IR 谱

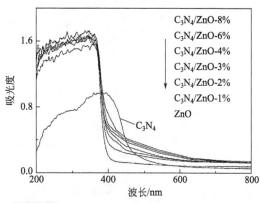

图 9-90　ZnO、C_3N_4 及 C_3N_4/ZnO 催化剂的紫外漫反射谱

催化剂的紫外漫反射谱如图 9-90 所示。纯 ZnO 的吸收边在 410nm 左右，C_3N_4/ZnO 显示了相同的吸收边，ZnO/C_3N_4 的禁带宽度并没有变化。且 C_3N_4 的存在使 ZnO 在可见光区有吸收，随着 C_3N_4 含量的增加而增加。

9.7.2.3　紫外光催化活性的提高

以 MB 为目标污染物，检测了杂化催化剂在紫外光和可见光下对其的降解能力，如图 9-91 所示，并将投料量 3% 的样品做了一个机械混合的样品作为对比。光催化降解过程符合拟一级反应过程，其反应速率常数列于图 9-91 的插图中。从图 9-91（a）中可以看出，在紫外光照射下，机械混合的样品其降解能力与纯 ZnO 基本相同，而所有的 C_3N_4/ZnO 杂化催化剂其光催化活性都比纯 ZnO 好。杂化催化剂的光催化活性随着 C_3N_4 投加量的增加而增加，当 C_3N_4 的投加比例为 3% 时，杂化催化剂的活性最好，其表观反应速率常数为 0.0379min^{-1}，是纯 ZnO 的 3.5 倍。进一步增加 C_3N_4 的投加量，C_3N_4/ZnO 杂化催化剂的光催化活性反而下降，但始终高于纯 ZnO。可见 C_3N_4 的量对杂化催化剂的光催化活性有着重大的影响，其最优的投加量为 3%。为了进一步了解光催化剂的矿化能力，对 C_3N_4/ZnO 及 ZnO 做了 TOC 检测，如图 9-92 所示。经过 2h 的光催化反应，C_3N_4/ZnO-3% 及 ZnO 的 TOC 去除率分别为 64% 和 32%。C_3N_4 的修饰能显著提高 ZnO 的矿化能力。从紫外漫反射谱中可以看出，C_3N_4 的存在使 ZnO 的吸收拓展到了可见光区域，检测了 ZnO 及 C_3N_4/ZnO-3% 在可见光下的降解能力，如图 9-91（b）所示。ZnO 在可见光下基本没有降解活性，而经过 C_3N_4 修饰后，ZnO 产生了可见光降解活性，而且远大于同等质量下的 C_3N_4，5h 可降解 72.3% 的 MB。此外，值得注意的是，机械混合的 ZnO 样品活性基本没有提高，这说明 C_3N_4 与 ZnO 只有产生了化学键的相互作用才能有效提高光催化活性。

杂化催化剂活性提高主要是由于 C_3N_4 修饰后引起了电子空穴分离效率的提高，提高机理如图 9-93 所示。ZnO 受紫外光激发产生电子和空穴，因为 ZnO 的价带位置低于 C_3N_4 的 HOMO 能级[59]，所以 ZnO 上的空穴可以传导到 C_3N_4 上，从而实现 ZnO 上电子和空穴的有效分离，进而提高光催化活性。

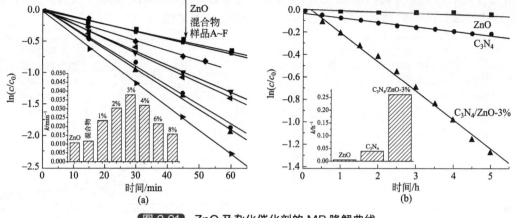

图 9-91 ZnO 及杂化催化剂的 MB 降解曲线
（a）紫外光；（b）可见光

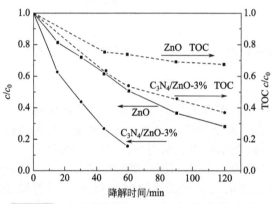

图 9-92 紫外光照射下，ZnO 及 C_3N_4/ZnO-3%
杂化催化剂的 MB 及 TOC 降解曲线

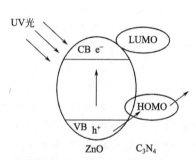

图 9-93 C_3N_4/ZnO 紫外光活性
提高机制示意图

除了光催化活性的提高，C_3N_4 的修饰还可以有效提高 ZnO 的光稳定性。ZnO 的光腐蚀是由于光引发的溶解，如下式所示：

$$ZnO + 2h^+ + nH_2O \longrightarrow Zn(OH)_n^{(2-n)+} + \frac{1}{2}O_2 + nH^+ \qquad (9-13)$$

式中，n 取决于溶液的 pH 值。从式中可以看出，光生空穴是引发光腐蚀的主要原因。当 ZnO 体系中引入 C_3N_4 后，光生空穴将会传导到 C_3N_4 上，这样既提高了电子空穴的分离效率，也有效地抑制了光腐蚀。

9.7.2.4 可见光催化活性的产生

在可见光照射下对 ZnO 与 C_3N_4/ZnO 进行了 EIS 检测，如图 9-94 所示。与紫外光情况类似，无论在光照或者非光照的情况下，C_3N_4/ZnO 电极的圆弧都小于 ZnO 电极的圆弧。这说明 C_3N_4 的修饰可以有效提高 ZnO 的电子空穴分离效率。

众所周知，ZnO 本身不会被可见光激发，所以只做了 C_3N_4/ZnO-3％体系的自由基捕获实验。从图 9-95 可以看出，加入羟基自由基捕获剂（叔丁醇）后，C_3N_4/ZnO-3％的光催化活性被大大抑制了，说明 C_3N_4/ZnO-3％的活性物种是自由基。

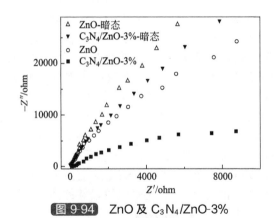

图 9-94 ZnO 及 C₃N₄/ZnO-3% 的 EIS 谱

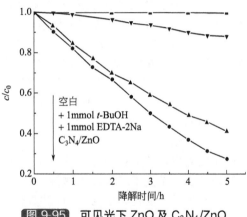

图 9-95 可见光下 ZnO 及 C₃N₄/ZnO 自由基捕获实验

综上所述，C₃N₄/ZnO 杂化催化剂的可见光活性机理如图 9-96 所示。ZnO 本身不会被可见光激发，但 C₃N₄ 具有可见光活性，可以被可见光激发产生电子和空穴。由于 C₃N₄ 的共轭 π 键可以与 ZnO 产生强烈的价键相互作用，而 C₃N₄ 的 LUMO 能级比 ZnO 的导带更负[60]，C₃N₄ 产生的电子可以注入到 ZnO 的导带。这些电子将迁移到光催化剂的表面与水和氧气反应产生羟基和超氧自由基，自由基具有强的氧化能力，可以氧化水中的大部分污染物，从而使 ZnO 产生可见光活性。

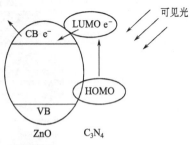

图 9-96 C₃N₄/ZnO 可见光活性机制示意图

9.7.2.5 光腐蚀的抑制

为了评价杂化催化剂的稳定性，对 ZnO 及 C₃N₄/ZnO-2% 样品做了 96h 持续的光催化反应，其反应速率常数 k 列于图 9-97。在紫外光的照射下，ZnO 第一次使用时能降解 72% 的 MB。反应 24h 后，ZnO 的降解速率急剧下降，反应速率常数 k 从 0.0107min^{-1} 下降到 0.0052min^{-1}。反应 96h 后，ZnO 的光腐蚀已经非常严重，反应速率常数下降到 0.0015min^{-1}，为初始活性的 1/7。而 C₃N₄ 修饰后的 ZnO 具有良好的光稳定性，经过 96h 的光催化降解反应，反应速率常数从 0.0305min^{-1} 下降到 0.0277min^{-1}，仍然保持了初始活性的 91%。可见 C₃N₄ 的表面杂化可以有效地抑制 ZnO 的光腐蚀及提高 ZnO 的光稳定性。

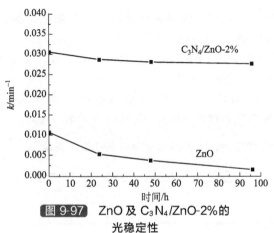

图 9-97 ZnO 及 C₃N₄/ZnO-2% 的光稳定性

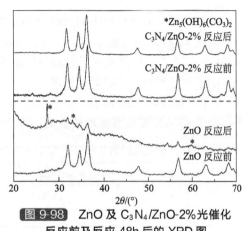

图 9-98 ZnO 及 C₃N₄/ZnO-2% 光催化反应前及反应 48h 后的 XRD 图

为了进一步考察杂化催化剂光腐蚀的抑制能力，对光催化反应前后的纯 ZnO 及杂化催化剂做了 XRD、TEM 及 ICP-OES 检测。图 9-98 是 ZnO 及 C_3N_4/ZnO-2％光催化反应前及反应 48h 后的 XRD 图。从图中可见，纯 ZnO 在反应 48h 后，ZnO 六方铅锌矿的晶相基本都被破坏了，而且在 27.7°、32.8°、60.1°处出现了新的衍射峰，这几个峰对应于 $Zn_5(OH)_6$ $(CO_3)_2$ 晶相（标准数据引用），这说明 ZnO 物相已经改变，发生了严重的光腐蚀。而对于 C_3N_4/ZnO-2％催化剂，光催化反应前后，ZnO 的晶相基本没有变化，这说明 C_3N_4 的修饰有效地抑制 ZnO 的光腐蚀。图 9-99 显示了光催化反应前后 ZnO 及 C_3N_4/ZnO-2％的电镜形貌。在光催化反应前，ZnO 和 C_3N_4/ZnO-2％都是直径约为 20nm 的纳米颗粒。在经过 48h 光催化反应后，纯 ZnO 失去了原来的颗粒形貌，变成了一堆絮状物，这说明 ZnO 的结构已经被破坏了，发生了严重的光腐蚀。对于 C_3N_4/ZnO-2％催化剂，光催化反应前后，催化剂的形貌基本没有变化，这与 XRD 的数据是一致的，说明 ZnO 的光腐蚀被很好的抑制住了。

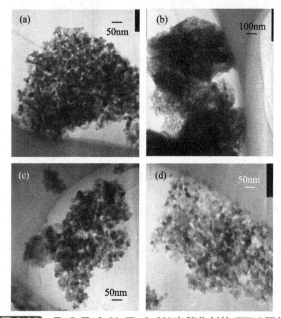

图 9-99　ZnO 及 C_3N_4/ZnO-2%光催化剂的 TEM 照片
（a）ZnO 光催化反应前；（b）ZnO 经过 48h 光催化反应；
（c）C_3N_4/ZnO-2%光催化反应前；（d）C_3N_4/ZnO-2%经过 48h 光催化反应
（254nm 紫外光，平均光强= 0.8mW·cm⁻²）

光催化反应前及反应不同时间内 ZnO 和 C_3N_4/ZnO-2％体系溶液中的 Zn^{2+} 浓度如表 9-3 所示。反应 4h 后，ZnO 和 C_3N_4/ZnO-2％体系溶液中 Zn 离子的浓度分别为 $9.485\mu g \cdot mL^{-1}$ 和 $7.264\mu g \cdot mL^{-1}$。反应 24h 后，ZnO 体系溶液中 Zn 离子的浓度为 $389.500\mu g \cdot mL^{-1}$，这说明 ZnO 的结构已经被严重破坏，很多 ZnO 纳米颗粒溶解在水中。而 C_3N_4/ZnO-2％体系，在经过 24h 光催化反应后，Zn 离子的浓度为 $8.078\mu g \cdot mL^{-1}$，与反应 4h 后体系内 Zn 离子浓度差不多，说明 C_3N_4 的修饰有效地抑制了 ZnO 的光腐蚀，这与 XRD、TEM 的数据是一致的。

表 9-3　光催化反应前及反应不同时间内 ZnO 和 C_3N_4/ZnO-2%体系溶液中的 Zn^{2+} 浓度

光催化剂	反应前/$\mu g \cdot mL^{-1}$	4h 反应后/$\mu g \cdot mL^{-1}$	24h 反应后/$\mu g \cdot mL^{-1}$
ZnO	1.940	9.485	389.500
ZnO/C_3N_4-2％	1.247	7.264	8.078

9.7.2.6 杂化催化剂的光电协同催化

将 C_3N_4/ZnO-3% 和 ZnO 铺展在 ITO 玻璃上制成薄膜电极，采用三电极体系对其电化学性质进行检测。光电流测试结果如图 9-100 所示，从图中可以看出两个电极均能产生稳定的光电流。在紫外光的照射下，C_3N_4/ZnO-3% 的光电流约为 ZnO 的五倍。在可见光的照射下，ZnO 的光电流响应很低，在经过 C_3N_4 修饰后，ZnO 产生了强烈的光电响应。这说明，石墨烯分子的修饰可有效提高光生电子空穴的分离效率，从而大幅提高光电流响应。

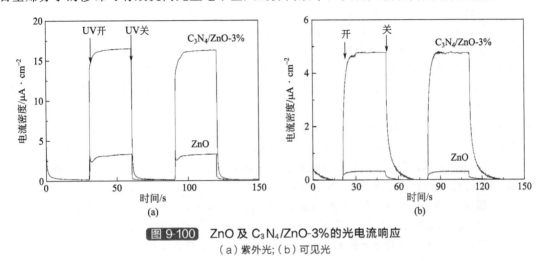

图 9-100 ZnO 及 C_3N_4/ZnO-3% 的光电流响应
（a）紫外光;（b）可见光

参考文献

[1] bramanian V，Wolf E E，Kamat P V. J. Am. Chem. Soc.，2004，126：4943.

[2] Burgeth G，Kisch H. Coord. Chem. Rev.，2002，230：41.

[3] Jakob M，Levanon H，Kamat P V. Nano Letter，2003，3：353.

[4] Elder S H，Cot F M，Su Y，et al. J. Am. Chem. Soc.，2000，122：5138.

[5] Poznyak S K，Talapin D，Kulak A. J. Phys. Chem. B，2001，105：4816.

[6] Hagiwara H，Ono N，Inoue T，et al. Angew. Chem. Int. Ed.，2006，45：1420.

[7] MaW，Yang C，Gong X，et al. Adv. Funct. Mater，2005，15：1617.

[8] Williams R M，Koeberg M，Lawson J M，et al. J. Org. Chem.，1996，61 (15)：5055.

[9] Imahori H，Sakata Y. Adv. Mater，1997，9 (7)：537.

[10] Brabec C J，Cravino A，Meissner D. Adv. Funct. Mater，2001，11 (5)：374.

[11] Da R T，Prato M. Chem. Commun.，1999，8：663.

[12] Kamat P V，Bedja I. J. Phys. Chem.，1994，98 (37)：9137.

[13] Kamat P V，Gevaert M. J. Phys. Chem. B，1997，101 (22)：4422.

[14] Kamat P V，Haria M，Hotchandani S. J. Phys. Chem. B，2004，108 (17)：5166.

[15] Lee H，ChoiW. Environ. Sci. Technol.，2002，36：3872.

[16] Fu H B，Pan C S，YaoW Q，Zhu Y F. J. Phys. Chem. B，2005，109：22432.

[17] Chen C C，Li X，MaW H，et al. J. Phys. Chem. B，2002，106：318.

[18] Shanmugam S，Gabashvili A，Jacob D S，et al. Chem. Mater，2006，18：2275.

[19] 都有为，王志明，倪刚等. 物理学报，2004，53 (4)：1191.

[20] McEuen P L. Nature，1998，393 (6680)：15.

[21] (a) Zhang G Y，Jiang X，Wang E. Science，2003，300 (5618)：472；(b) Csanyi G，Littlewood P B，Nevidomskyy A H，et al. Nat. Phys.，2005，1 (1)：42.

[22] Makarova T L，Sundqvist B，Hohnes R，et al. Nature，2001，413 (6857)：716.

[23] Palacio F. Nature，2001，413 (6857)：690.

[24] Hoffmann M R，Martin S T，ChoiW Y，et al. Chem. Rev.，1995，95：69.

[25] Rudd A L，Breslin C B. Electrochim. Ac，2000，45：1571.

[26] Macdiarmid A G，Chiang J C，Richter A F. Synth. Met.，1987，18：285.

[27] Wang L X，Jing X B，Wang F S. Synth. Met，1989，29：363.

[28] 王利祥，王佛松. 应用化学 1990，7：1.

[29] (a)Wudl F，Angus R O，Lujr F L，et al.J.Am.Chem.Soc.，1987，109 (12)：3677；(b) 王利祥，王伟松.高分子学报，1989，3：264；(c) Gregory R V，Tzou K.Synth. Met，1993，53(3)：365.

[30] Yong C，Paul S，Alan H.Synth.Met，1993，57(1)：3514.

[31] Genies E M，Lapkowske M.Synth.Met，1988，24(1-2)：61.

[32] Ginder J M，Epstein A J，MacDiarmid A G.Synth.Met，1989，29(1)：395.

[33] Lee H S，Hong J.Synth.Met，2000，113(5)：115.

[34] Li XW，Wang G C，Li X X，Lu D M.Appl.Surf.Sci.，2004，229：395.

[35] Minero C，Mariella G，Maurino V，et al.Langmuir，2000，16(23)：8964.

[36] Xu T，Cai Y，O'Shea K E.Environ.Sci.Technol.，2007，41：5471.

[37] Wang F，Min S X.Chin.Chem.Lett.，2007，18：1273.

[38] Zhang L X，Liu P，Su Z X.Polym.Degrad.Stabil.，2006，91：2213.

[39] Huang Y，Li J，MaW，et al.J.Phys.Chem.B，2004，108：7263.

[40] Fu H B，Zhang LW，Zhang S C，Zhu Y F.J.Phys.Chem.B，2006，110：3061.

[41] Chen C，ZhaoW，Lei P，et al.Chem.Eur.J，2004，10：1956.

[42] Geim A K，Novoselov K S.Nat.Mater，2007，6：183.

[43] Li D，Kaner R B.Science，2008，320：1170.

[44] Dikin D A，Stankovich S，Zimney E J，et al.Nature，2007，448：457

[45] Wang X，Zhi L J，Mullen K.Nano Lett.，2008，8：323.

[46] Watcharotone S.Nano Lett.，2007，7：1888.

[47] Kim K，Park H J，Woo B C，et al.Nano.Lett.，2008，8：3092.

[48] Wang X X，Meng S，Zhang X L，et al.Chem.Phys.Lett.，2007，444：292.

[49] LengW H，Zhang Z，Zhang J Q，Cao C N.J.Phys.Chem.B，2005，109：15008.

[50] Liu H，Cheng S A，Wu M，et al.J.Phys.Chem.A，2000，104：7016.

[51] Thomas A，Fischer A，Goettmann F，et al.J.Mater.Chem.，2008，18：4893.

[52] Hu J m.Appl.Phys.Lett.，2006，89：261117.

[53] Wang X，Maeda K，Thomas A，et al.Nat.Mater.，2009，8：76.

[54] Yan S C，Li Z S，Zou Z G.Langmuir，26：3894.

[55] Yan S C，Lv S B，Li Z S，Zou Z G.Dalton Trans.，2010，39：1488.

[56] Lin L，LinW，Zhu Y X，et al.Langmuir，2005，21：5040.

[57] Zhao Y，Yu D，Zhou H，et al.J.Mater.Sci.，2005，40：2645.

[58] Li X，Zhang J，Shen L，et al.Appl.Phys.A，2009，94：387.

[59] Hagfeldt A，Graetzel M.Chem.Rev.，1995，95：49.

[60] Fu H，Xu T，Zhu S，Zhu Y.Environ.Sci.Technol.，2008，42：8064.

第10章
光催化材料的理论计算研究方法

目前光催化剂的种类很多，其中半导体光催化剂最为大家所关注。寻找这些高性能的半导体光催化剂是当前光催化领域研究的首要任务，探索这些半导体的光催化机理是光催化领域的前沿课题。由于实验条件的不可控性和实验手段的限制，直接分析这些半导体的光催化反应机理变得比较困难。随着计算机计算能力的提高和软件技术的发展，利用计算机对材料进行分子模拟和材料性能的预测成为可能。本章将结合半导体光催化原理与相关的能带理论，以 TiO_2 等材料为例子，通过理论计算，总结出分析半导体光催化性能的方法。

10.1 半导体的能带理论

10.1.1 半导体与带隙

半导体材料能带具有不连续性，在费米能级附近的能带由价带和导带所构成，其中价带由一系列填满电子的轨道所构成，导带由未填充电子的轨道所构成，价带中最高能级与导带中最低能级之间的能量差为禁带宽度（E_g）。当半导体近表面区在受到能量大于其禁带宽度能量的光（$h\nu$）辐射时，价带中的电子会受到激发跃迁到导带，价带上形成空穴（h^+），而导带则带有电子（e^-），在半导体中产生电子-空穴对。以 TiO_2 为例，此过程可用下式加以描述。

$$TiO_2 \xrightarrow{h\nu} h^+ + e^- \tag{10-1}$$

产生的电子-空穴对在空间电荷层电场的作用下分离并快速地迁移到粒子表面。空穴具有很强的得电子能力，可被 H_2O、OH^- 捕获生成 $\cdot OH$，也可直接夺取半导体表面有机物或其它物质的电子进行氧化作用；由于电子居于较高的能量状态，也可被吸附氧（O_2）捕获，生成 $\cdot O_2^-$ 自由基。

半导体的禁带宽度直接决定了半导体材料的光谱吸收范围。禁带宽度与半导体的光吸收阈值之间的关系可以表示为

$$\lambda = \frac{1240}{E_g} \qquad (10\text{-}2)$$

用作光催化剂的半导体大多为金属的氧化物和硫化物，一般具有较大的禁带宽度，吸收波长阈值大都在紫外区域。如应用最多的锐钛矿型 TiO_2，在 pH 值为 1 时的带隙为 3.2eV，光催化所需入射光最大波长为 387.5nm。紫外光占太阳能的 4%，而可见光占太阳能的 43%。因此，为了充分利用太阳能中的可见光，要求半导体的带隙约在 2eV。此外，半导体材料的晶型不同，其带隙的宽度也有所不同，例如，金红石型 TiO_2 的带隙为 3.0eV，而锐钛矿型 TiO_2 的带隙为 3.2eV。这也反映了这两种晶型价带的电位也将有所不同，从而反映了它们的氧化能力上也将有所差异。

10.1.2 导带和价带电位估算

根据光子同催化剂和吸附物质作用方式的不同，催化反应可以分为敏化光反应和催化光反应，其实质是电荷的转移方向不同。敏化光反应中生成的 e^-/h^+ 从催化剂流向吸附分子，而催化光反应电荷流动方向正好相反。对于 e^-/h^+ 来说，其迁移速率和概率取决于最低能级导带和最高能级价带的位置以及吸附物质的氧化还原电位。在热力学上，光催化反应能够进行的条件是：受体电位低于半导体导带电位，供体电位高于半导体价带电位。也就是说半导体的光催化活性主要取决于导带与价带的氧化还原电位。价带的氧化还原电位越正，导带的氧化还原电位越负，则光生空穴和光生电子的氧化及还原能力就越强，从而使光催化降解污染物的效率大大提高[1]。常用半导体光催化剂的禁带宽度以及与标准氢电极电位、真空能级的相对位置，如图 10-1 所示[2]。图 10-1 显示了部分常见半导体材料的导带底和价带顶电位，仅仅有 TiO_2、ZnO、CdS、SiC 满足光催化条件。此外，许多有机物的电位比半导体的价带电位更负些，因此，有机物直接被 h^+ 氧化也是可行的；而表面具有很强还原能力的高活性 e^-，则可还原去除水中的金属离子，从而实现了光能与化学能的转换。

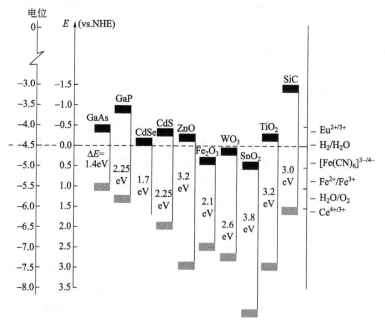

图 10-1 常见半导体导带与价带相对水溶液的带边位置（pH=1）[2]

通过电化学的实验方法无法直接获得导带底和价带顶的电位。目前常用元素电负性理论计算导带底和价带顶的电位，大量的研究已经证实该理论计算电位的可靠性。以三元素化合物 $A_aB_bC_c$ 为例，半导体导带底 E_c 和价带顶 E_v 的电位可以用下式表示[3]：

$$E_C = -[\chi(A)^a \cdot \chi(B)^b \cdot \chi(C)^c]^{1/(a+b+c)} + \frac{1}{2}E_g + E_0 \qquad (10\text{-}3)$$

$$E_v = E_c + E_g \qquad (10\text{-}4)$$

式中，χ（A）、χ（B）、χ（C）分别为元素 A、B、C 的电负性；E_g 为禁带宽度；E_0 为水的还原电位（4.5eV），这里是相对真空绝对电位之差。利用该式计算出的 Ag_3PO_4 的导带底 E_c 和价带顶 E_v 的电位分别为 $-0.2eV$ 和 $2.67eV$。而 TiO_2 导带底 E_c 和价带顶 E_v 的电位分别为 $-0.5eV$ 和 $2.7eV$。

10.1.3 载流子的有效质量

半导体光催化材料中，起作用的常常是接近于导带底部或者价带顶部的电子和空穴，这些载流子的迁移率与半导体材料的光催化活性有密切关系[4,5]。一般认为，载流子的迁移率越高，其光催化的量子效率越高。根据半导体理论，电子的迁移率 μ_n 可以表示为 $\mu_n = \dfrac{q\,\overline{t_n}}{m_e^*}$，其中 $\overline{t_n} = \langle t - t_0 \rangle$ 为碰撞自由程时间，m_e^* 为电子的有效质量。而空穴的迁移率 μ_p 可以表示为 $\mu_p = \dfrac{q\,\overline{t_p}}{m_n^*}$。由此可以看出，有效质量越小，迁移率越高。如何获得载流子的有效质量成为研究量子效率的关键。通过能带计算，研究导带底部或者价带顶部附近的 $E(k)$ 和 k 的关系可以获得载流子有效质量的相关信息。将 $E(k)$ 和 k 的关系用泰勒级数展开，设能带底处 $k=0$，有

$$E(k) - E(0) = \frac{1}{2}\left(\frac{d^2E}{dk^2}\right)_{k=0} k^2 \qquad (10\text{-}5)$$

其中 E（0）为能带底能量。对于给定的半导体材料，$\left(\dfrac{d^2E}{dk^2}\right)_{k=0}$ 是一个定值，令

$$\frac{1}{h^2}\left(\frac{d^2E}{dk^2}\right)_{k=0} = \frac{1}{m^*} \qquad (10\text{-}6)$$

将式（10-6）代入式（10-5），得到能带底部附近有

$$E(k) - E(0) = \frac{h^2k^2}{2m^*} \qquad (10\text{-}7)$$

这里 m^* 为能带底电子的有效质量。由于 $E(k) > E(0)$，所以能带底电子的有效质量为正值。同样在能带顶部也存在关系式（10-7），由于 $E(k) < E(0)$，所以能带顶的电子的有效质量为负值。由此知道，$m^* = \dfrac{h^2}{\dfrac{d^2E}{dk^2}}$。再令 $\dfrac{d^2E}{dk^2} = a$，即有

$$m^* = \frac{h^2}{a} \qquad (10\text{-}8)$$

从这里可以看出，$E(k)$ 和 k 的二次函数方程中二次项的常系数为 a。通过第一性原理计算，获得导带底部或者价带顶部的电子和空穴 $E(k)$ 和 k 的关系后，在极值点附近用二次函数方程去拟合，即可以得到二次项的常系数 a。

10.1.4 缺陷浓度与缺陷形成能

在制备金红石型和锐钛矿型 TiO_2 过程中，在不同的溅射和退火温度以及氧分压下会产

生不同的本征点缺陷，这些缺陷的产生很大程度上影响材料的物理与化学性能[6]。一方面，这些缺陷成为吸附和电离水分子的活化中心，另一方面，它们产生的缺陷态与量子产率有密切联系。为此，许多研究人员对金红石相和锐钛矿相的本征缺陷浓度和类型进行了研究。为了计算缺陷浓度和判断缺陷类型，在第一性原理计算中引入了缺陷形成能 E_f。

实际半导体材料研究中，缺陷形成能 E_f 是一个非常重要的概念。它的数值可以直接反映特定晶体缺陷形成的难易程度，材料合成环境对于缺陷形成的影响，以及复合缺陷体系的稳定性等。因此，如何准确地计算缺陷形成能 E_f，对于半导体材料研究而言是非常核心的任务之一。利用第一性原理计算缺陷的浓度和缺陷能级已经有相关文献报道。在此仅结合有关的理论，考虑计算体系缺陷的浓度和化学势相关概念，使用超原胞的计算手段，简单介绍了采用第一性原理方法计算缺陷形成能 E_f 的方法。

在热力学平衡条件下，缺陷浓度与形成能之间关系表示为

$$c = N_{site} \exp[-\Delta G_f / (kT)] \tag{10-9}$$

式中，ΔG_f 为缺陷形成能；k 为玻尔兹曼常数；T 为温度；N_{site} 为单位体积原子位置数。其中 ΔG_f 可以表示为

$$\Delta G_f = \Delta E_T - T\Delta S_f + p\Delta V_f \tag{10-10}$$

式中，ΔS_f 代表熵变；p 为压强；ΔV_f 代表体积变化。

一般而言，缺陷体系相较于完美体系，也即参考体系，经常会有粒子数目上的变化（这里粒子是指构成材料的原子以及电子），因此可以将其视为巨正则系综。按照最为直接的定义，其缺陷形成能 E_f 可表示为

$$E_f = \Delta G_f - \sum_{i=1} N_i \Delta\mu_i - n_e \Delta\mu_e \tag{10-11}$$

其中，ΔG_f 是缺陷体系的 Gibbs 自由能变化。求和遍历该体系中包含的所有元素种类。N_i 和 $\Delta\mu_i$ 分别为第 i 种元素的原子个数以及当前体系下该类原子的相对化学势。式（10-11）将电子单列出来，n_e 和 $\Delta\mu_e$ 分别为变化的电子数（相对于中性参考体系而言）以及电子的相对化学势。

这个定义虽然普适，但是在实际应用中，特别是以第一性原理为基础的研究中并不常见，目前的文献都利用参考体系对上式进行了改写。首先是用体系总能 E 代替了体系的 Gibbs 自由能 G。这是因为式（10-10）中在较小的温度变化范围内，ΔS_f 对能量的影响很小。而在常压下，ΔV_f 对总能量的影响一般也只有几个毫电子伏特能量的影响。因此这里熵和体积变化的贡献被忽略了，这在低温下是可以接受的。其次，变化的电子数应为该缺陷体系所处价态 q 的负数。很显然用价态表示 E_f 更为直接和易懂。最后，各类元素的化学势按体系的化学式求和，应等于该种物质最小构成单元的总能。

以 TiO_2 材料为例，O 和 Ti 的化学势满足 $\mu_{Ti} + 2\mu_O = E_{[TiO_2]}$。参考体系通常是由若干最小构成单元组成的单胞，而缺陷体系可视为参考体系增减若干原子所得。综上所述，可以将式（10-11）E_f 重新写为

$$E_f(q) = E(defect, q) - E(prefect) - \sum_{i=1} n_i \mu_i + q\mu_e \tag{10-12}$$

其中，n_i 是缺陷体系第 i 种原子减去参考体系中同类原子所得。定义式（10-12）有两个难点需要进一步讨论：其一是各类原子的化学势如何界定，将在后面涉及；其二是电子的化学势 μ_e 如何决定。需要假定：电子的得失由体系价带顶能级 E_{VBM} 和能量为 E'_F 的费米面交换电子完成。因此可以定义[7]

$$\mu_e = E'_F = E_F + E_{VBM} \tag{10-13}$$

其中，E_F 是费米能级，其参考点是 E_{VBM}，为了保证与体系总能的能量零点一致，E_{VBM}

也必须计入 $E_f(q)$ 的表达式。因此

$$E_f(q) = E(\text{defect}, q) - E(\text{prefect}) - \sum_{i=1} n_i \mu_i + q(E_F + E_{VBM}) \qquad (10\text{-}14)$$

该式为带电缺陷的形成能表达式，非常清楚地表明 $E_f(q)$ 取决于缺陷的价态 q、载流子类型及密度（E_F 的位置）以及材料合成环境（μ_i）这三个条件。据此可以画出 $E_f(q)$ 随各条件变化的关系曲线图，进而可以展开非常细致和详尽的讨论。

10.2 光催化理论计算的信息

10.2.1 能带结构及态密度分布

10.2.1.1 能带结构

能带结构分析是第一性原理计算中的重要内容。能带结构是目前采用第一性原理（从头算 ab-initio）计算所得到的常用信息，可很方便解释金属、半导体和绝缘体的区别。能带可分为价带、禁带和导带。导带和价带之间的空隙称为能隙，基本概念如图 10-2 所示。关于能带理论，在此作简要的介绍。固体物理学中通常把能带、禁带宽度以及电子填充能带的情况统称为能带结构。晶体中若有 N 个原子，由于各原子间的相互作用，对应于原来孤立原子的每一个能级，在晶体中变成了 N 条靠得很近的能级，称为能带。分裂的每个能带都称为允带，允带之间因没有能级称为禁带，禁带的宽度对晶体的导电性有重要的作用。若上下能带重叠，其间禁带就不存在。对允带而言，完全被电子填满的能带为满带，所有能级均未被电子填充的能带为空带。能量最高的满带称为价带，能量最低的空带称为导带。将在布里渊区中能量最高的价带称为价带顶，能量最低的导带称为导带底，分别用 E_v 和 E_c 表示。禁带宽度 E_g 就是价带顶和导带底的能量间隔，即为 $E_g = E_c - E_v$。

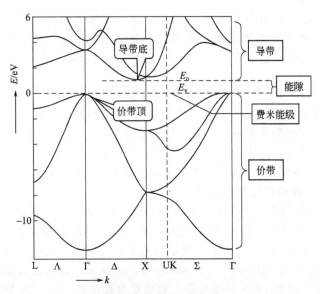

图 10-2 能带中的基本概念

基于量子力学的固体能带理论，一般研究结论如下所述：

如果能隙很小或为 0，则固体为金属材料。在室温下，电子很容易获得能量而跳跃至导带而导电；而绝缘材料则因为能隙很大（通常大于 9eV），电子很难跳跃至导带，所以无法

导电。一般半导体材料的能隙约为 $1\sim3\text{eV}$，介于导体和绝缘体之间。因此只要给予适当条件的能量激发，或是改变其能隙之间距，材料就能导电。

能带用来定性地阐明了晶体中电子运动的普遍特点。价带（valence band），或称为价电带，通常指绝对零度时，固体材料里电子的最高能量。在导带（conduction band）中，电子的能量的范围高于价带，所有在导带中的电子均可由外电场而形成电流。对于半导体以及绝缘体而言，价带的上方有一个能隙（band-gap），能隙上方的能带则是导带，电子进入导带后才能在固体材料内自由移动，形成电流。对金属而言，则没有能隙介于价带与导带之间，因此价带是特指半导体与绝缘体的状况。

费米能级（Fermi level）是绝对零度下电子的最高能级。根据泡利不相容原理，一个量子态不能容纳两个或两个以上的费米子（电子），所以在绝对零度下，电子将从低到高依次填充各能级，除最高能级外均被填满，形成电子能态的"费米海"。"费米海"中每个电子的平均能量为（绝对零度下）为费米能级的 3/5。海平面即是费米能级。一般来说，费米能级对应态密度为 0 的地方，但对于绝缘体而言，费米能级就位于价带顶。成为优良电子导体的先决条件是费米能级与一个或更多的能带相交。

能量色散（dispersion of energy）。同一个能带内之所以会有不同能量的量子态，原因是能带的电子具有不同波向量（Wave Vector），或是 k-向量。在量子力学中，k-向量即为粒子的动量，不同的材料会有不同的能量-动量关系。能量色散决定了半导体材料的能隙是直接能隙还是间接能隙。如导带最低点与价带最高点的 K 值相同，则为直接能隙，否则为间接能隙。

能带的宽度。能带的宽度或散度，即能带最高和最低能级之间的能量差，是一个非常重要的特征，它是由相互作用的轨道之间的重叠来决定的，因而反映出轨道之间的重叠情况，相邻的轨道之间重叠越大，带宽就越大。

10.2.1.2　态密度分布

对于几乎所有的能带计算软件而言，用态密度表示电子结构是最常用的方式。众所周知，态密度是一个与电子分布相关的物理参数。电子态密度（DOS）描述了电子的能量分布，设在 $\varepsilon\sim\varepsilon+\Delta\varepsilon$ 之间的能态数目为 ΔZ，则电子态密度就表示为：

$$N(\varepsilon)=\lim_{\Delta\varepsilon\to0}\frac{\Delta Z}{\Delta\varepsilon} \tag{10-15}$$

电子态密度表示在能量空间中电子态的分布，可以给出局域分波轨道间相互作用（轨道杂化）以及电子态能级移动和能级弥散信息，可以直接用于分析掺杂效应等。

在整个能量区间之内分布较为平均、没有局域尖峰的 DOS 对应的是类 sp 带，表明电子的非局域化性质很强。相反，一般的过渡金属 d 轨道的 DOS 一般是一个很大的尖峰，说明 d 电子相对比较局域，相应的能带也比较窄。

从 DOS 图也可分析能隙特性：若费米能级处于 DOS 值为零的区间中，则该体系是半导体或绝缘体；若有分波 DOS 跨过费米能级，则该体系是金属。此外，可以画出分波（PDOS）和局域（LDOS）两种态密度，更加细致地研究在各点处的分波成键情况。

从 DOS 图中还可引入"赝能隙"（Pseudogap）的概念。也即在费米能级两侧分别有两个尖峰。而两个尖峰之间的 DOS 并不为零。赝能隙直接反映了该体系成键的共价性的强弱：越宽，说明共价性越强。如果分析的是局域态密度（LDOS），那么赝能隙反映的则是相邻两个原子成键的强弱：赝能隙越宽，说明两个原子成键越强。上述分析的理论基础可从紧束缚理论出发得到解释：实际上，可以认为赝能隙的宽度直接和 Hamiltonian 矩阵的非对角元相关，彼此间成单调递增的函数关系。

考虑 LDOS，如果相邻原子的 LDOS 在同一个能量上同时出现了尖峰，则我们将其称之为杂化峰（hybridized peak），这个概念直观地向我们展示了相邻原子之间的作用强弱。

10.2.2 光学性质

由于计算电子结构中无论是带间还是带内跃迁频率都远超过声子频率，而且使用的方法是单电子近似方法，故仅考虑电子激发。从量子力学的观点看，带间跃迁光吸收过程是电子在辐射电磁场微扰的作用下从低能占据态到高能未占据态之间的跃迁过程。根据费米黄金定律，介电函数虚部的计算利用电偶极子近似进行，可以从直接跃迁概率的定义推导出介电函数的虚部 ε_2 为

$$\varepsilon_2(\omega) = \frac{2e^2\pi}{\Omega\varepsilon_0} \times \sum_{k,v,c} |<\Psi_K^c | u \cdot r | \Psi_K^v >|^2 \delta(E_K^c - E_K^v - E) \tag{10-16}$$

式中，u 是入射电场的极化方向量；c、v 分别表示导带和价带；K 为倒格矢；$<\Psi_K^c | u \cdot r | \Psi_K^v >$ 为动量跃迁矩阵；E_K^c、E_K^v 分别为导带和价带上的本征能级。利用 Kramers-Kronig 变换，可利用介电函数的虚部得到其实部。利用吸收系数 η 与复折射率的虚部 k 之间的关系可以得到吸收光谱：$\eta = 2k\omega/c$，其中 c 为真空中的光速。

杂质能级的出现和带隙的改变对 TiO_2 的光吸收有重要影响。为了进一步分析共掺杂对 TiO_2 可见光吸收的影响，计算了 N 和 V 单掺杂和共掺杂以及 C/Cr 单掺杂和共掺杂 TiO_2 后的光学性质。计算采用了多晶模型，获得图 10-3 的吸收光谱。由于仅仅考虑掺杂对吸收带边相对移动的影响，没有对带隙进行修正。从图 10-3（a）中可以看出，几种掺杂模型的吸收带边大约在 400nm，这对应于价带顶到导带底（带隙）间电子的跃迁。对于 N 单掺杂 TiO_2 模型，在吸收带边 400nm 之后并没有立即减小到 0，而是有一个很长的缓冲区，这主要对应于电子从 O_{2p} 能级跃迁至 N_{2p} 杂质能级所需的光子能量波长，这个大的吸收范围成为 N 掺杂 TiO_2 吸收光谱的主要特征；由此可见 N 单质掺杂对可见光的吸收有重要影响。V 掺杂对光谱的影响远不如 N 掺杂情况。图 10-3（a）还显示共掺杂 TiO_2 体系的光吸收强度和范围好于 V 单掺杂，但是明显弱于 N 的单掺杂体系。换句话说，N/V 共掺杂 TiO_2 体系中，对光的吸收主要来自 N 杂质的影响。对比分析可知，要提高 TiO_2 对可见光的吸收范围和吸收强度，可以通过提高 N 的掺杂浓度来实现。由此可以知道，V 掺杂有利于 N 掺入 TiO_2，即有利于 N 杂质浓度的提高。

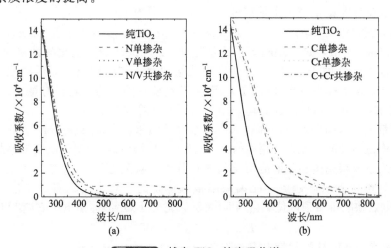

图 10-3 掺杂 TiO_2 的光吸收谱

（a）N 和 V 单掺杂和共掺杂体系；（b）C 和 Cr 单掺杂和共掺杂体系

从图 10-3（b）中可以看出，C 和 Cr 单掺杂和共掺杂 TiO_2 的吸收边向红外方向扩展了

$100 \sim 200nm$。这主要是由于多条杂质能级的出现,使电子跃迁所需要的能量减少。尽管 C 和 Cr 单掺杂与共掺杂 TiO_2 的光吸收范围差别不大,但是共掺杂对 TiO_2 的光催化性能有两点好处。一是共掺杂的电荷补偿作用可以降低电子和空穴的复合率;二是共掺杂作用使它们其单掺杂引入过深的杂质能级变浅,减少了电子和空穴在杂质能级上的复合。因此从光催化性能来说,C 和 Cr 共掺杂 TiO_2 要好于它们单掺杂 TiO_2 的情形。

10.2.3 缺陷形成能与化学势

完美化学计量比的 TiO_2 形成能为 0。而在半导体考虑低浓度的杂质缺陷,采用第一性原理计算需要建立较大的晶胞。而本书的计算仅仅限于在一个有限大小的晶格中孤立的缺陷的问题,因此会产生一定的误差。后面对这个误差进行了修正和讨论。所谓的孤立缺陷是指通过周期性边界条件复制的体系中,缺陷之间没有相互作用。

化学势取决于对于正常的化学计量比的偏离,TiO_2 可以生长在富 O 或者富 Ti 的环境中,也就是所谓的氧化性气氛和还原性气氛之中。在 TiO_2 形成的本征缺陷的类型和浓度取决于金属 Ti 和氧气分子的比例。这里晶体生长的气氛是通过原子的化学势来表征的。在Ti 极富条件下,有 $\mu_{Ti} = \mu_{Ti[bulk]}$,对应于上限;在 O 极富条件下,有 $\mu_O = \mu_{O[O_2]}$,对应于上限。其中 μ_{Ti} 和 μ_O 都不是独立数值,而是由下式决定

$$\mu_{Ti} + 2\mu_O = M_{TiO_2} \tag{10-17}$$

也就是说 μ_{Ti} 的上限对应于 μ_O 的下限,为 $\mu_O^{min} = E_{tot}[TiO_2] - \mu_{Ti[bulk]}$;$\mu_O$ 的上限对应于 μ_{Ti} 的下限,为 $\mu_{Ti}^{min} = E_{tot}[TiO_2] - \mu_{O[O_2]}$。因此,$TiO_2$ 的形成焓 $\Delta H_f[TiO_2]$ 可以表示为

$$\Delta H_f[TiO_2] = (\mu_{Ti} - \mu_{Ti[bulk]}) + 2(\mu_O - \mu_{O[O_2]}) \tag{10-18}$$

由式(10-17)和式(10-18)可以知道 μ_O 范围可表示为:$\frac{1}{2}\Delta H_f[TiO_2] + \mu_{O[O_2]} \leqslant \mu_O \leqslant \mu_{O[O_2]}$。这里的 $\mu_O = \frac{1}{2}\Delta H_f^{TiO_2} + \mu_O^0$ 和 $\mu_O = \mu_O^0$ 分别是强氧化性气氛和还原性气氛环境下缺陷形成的 O 化学势。

缺陷形成能的修正方法如下。

缺陷形成能是表征缺陷能否形成的一个重要参数,根据表达式(10-18),含有本征点缺陷的 TiO_2 体系在带电量 q 情况下形成能可以进一步写为

$$E_f = E_T(defect, q) - \{E_T(perfect) + n_{Ti}\mu_{Ti} + n_O\mu_O\} + q(E_F + E_{VBM}^q) \tag{10-19}$$

式中,$E_T(defect, q)$ 是带缺陷体系的总能量;$E_T(perfect)$ 是化学计量比的体系总能;μ_{Ti}、μ_O 分别为 Ti、O 原子化学势;n 为移去或增加原子产生空位和间隙缺陷的数目。例如 $n_{Ti} = -1$,$n_O = 0$ 表示移去一个 Ti 原子,产生 Ti 空位缺陷。为了获得有意义的结果,对 $E_T(defect, q)$ 和 $E_T(perfect)$ 的计算均采用了相同的计算参数。

为了获得带电荷缺陷的形成能而引入由体系计算结果决定的 E_{VBM}。E_{VBM} 的位置在缺陷超胞跟完美超胞中是不同的,原因是超胞的大小有限,以及外部电荷对带电荷缺陷超胞的抵消作用。为了对缺陷超胞跟完美超胞的能带结构进行补差,缺陷超胞 E_{VBM} 通过完美超胞的 E_{VBM},完美超胞的平均电位和缺陷超胞内距离缺陷很远体系的平均电位两者的差值来计算。即式(10-20)中带电点缺陷价带顶电位 E_{VBM}^q 可以表示为完美 TiO_2 晶体顶电位 $E_{VBM}^{perfect}$ 与 ΔV 之和

$$E_{VBM}^q = E_{VBM}^{perfect} + \Delta V \tag{10-20}$$

其中,ΔV 为完美 TiO_2 晶体和带电点缺陷 TiO_2 晶体平均电位之差

$$\Delta V = V_{av}^{defect} - V_{av}^{perfect} \tag{10-21}$$

而 $E_{VBM}^{perfect}$ 可以表示为

$$E_{VBM}^{perfect} = E_T(perfect, 0) - E_T(perfect, +1) \tag{10-22}$$

其中，E_T（perfect,0）即为完美状态超胞的总能量，其值与等式（10-19）中 E_T（perfect）相等，E_T（perfect,+1）为带 +1 价电荷的完美超胞总能量，即从中性超胞中移出一个电子后的体系能量。

费米能级 ε_F 取值从价带顶 VBM 向导带底 CBM 变化，变化范围即为禁带宽度 E_g。由于计算出的禁带宽度比实验值小 ΔE_g，当费米能级 ε_F 从价带顶 VBM 向导带底 CBM 变化时会影响形成能大小。由于带隙偏小对形成能的影响可以表示为

$$\Delta E_{BG} = n_e \Delta E_{CBM} + n_h \Delta E_{VBM} \tag{10-23}$$

式中，n_e 为导带内和施主能级上占据的电子数目；n_h 为价带内和受主能级上空穴的数目；ΔE_{CBM} 和 ΔE_{VBM} 分别表示计算出导带顶和价带顶位置与实验的差值。这里并没有考虑电子弛豫对能量的影响。

为了能方便计算出带隙偏小带来的影响，以价带顶 VBM 为参考位置，则有 $\Delta E_{VBM} = 0$，$\Delta E_{CBM} = E_g^{exp} - E_g^{cal} = \Delta E_g$。例如当一个点缺陷导致在导带下方附近出现类似导带的阳离子轨道杂质能级时，因为导带底 CBM 电位被低估而使形成能被低估。O 空位和 Ti 间隙缺陷均可能出现这种情况。在这种情况下，对 TiO_2 的导带 CBM 上移 ΔE_g，则形成能将增加 $m \times \Delta E_g$，m 为带隙中杂质能级上电子的数目。

10.3 理论计算方法

10.3.1 基于密度泛函理论的第一性原理概述

目前以计算机为工具逐渐发展出一些新的学科和研究方向，如计算物理、计算化学以及两者相结合的计算材料学等。光催化领域的核心是光催化材料，借助飞速发展的计算机技术和成熟的计算理论，直接预测光催化材料的物理和化学性质已经成为可能。计算材料学主要研究材料计算理论和计算方法两大问题。根据不同尺度、不同层次、不同范畴内所用的计算材料学理论方法不同。这些计算理论包括从基于量子力学和密度泛函原理的第一性原理计算到分子动力学和蒙特卡罗模拟，然后是缺陷动力学、相变动力学，再向连续介质力学方法过渡。针对材料成分和组分、多层次结构、材料性质预测等进行多尺度研究，产生相应的计算方法。在进行材料计算与设计时，必须根据所要研究的多层次对象、计算先决条件等，搭建计算框架，构建数学模型，并选择适当的算法，来进行高效和精确的材料计算与设计。

电子结构的纳观尺度计算与设计主要是基于量子力学原理，包括从头计算（ab-initio）方法和基于密度泛函理论（density functional theory，DFT）的第一性原理计算方法两大类，前者主要为化学家感兴趣的研究视野，后者则多为物理学家关注范畴。在半导体光催化领域的能带计算中，这两种方法在使用上并没有严格的界限。密度泛函理论具有完备性和相当的可靠性，在光催化理论计算领域占有统治地位。

为了与其它的量子化学从头计算方法区分，通常把基于密度泛函理论的计算称为第一性原理（first principles）计算。本质上它不需要任何经验调节参数，而是从描写微观粒子运动的薛定谔方程出发，对交换关联能做合理近似后可以较准确地决定原子核与多体电子系统的基态能量和电子结构，通过这些信息便可以获得研究体系的几何结构、电学、光学和磁学等性质。第一性原理方法由于直接基于基本物理原理而不依赖于经验参数，因而具有很强的预测性，在未来合成材料之前先预测其可能的物性，因而对材料计算与设计具有很强的指导意义，其应用得到迅速发展。近年来，物理学和化学采用第一性原理在表面催化领域相互借鉴，构建了融合 Hartree-Fock 和 Kohn-Sham 方程的杂化（hybrid）电子结构计算方法。

DFT 跳出了以往传统量子力学理论中以电子波函数作为变量的框架，另辟蹊径地以电

子密度作为基本变量，显著地降低了计算的复杂度。相对于 Hartree-Fock（HF）方法，DFT 突出的优点是它提供了第一性原理或从头计算的计算框架，并在这个框架下可以发展出各式各样的能带计算方法。在 DFT 获得巨大成功的背后，也存在着因材料体系差异导致计算结果不可靠性和计算时间过长等困难。为了解决这些问题，已经针对 Kohn-Sham（KS）方程的有效哈密顿量的各个部分和波函数构造而发展出许多不同方法。根据基函数选取的方法不同，发展了以下几类方法：原子轨道线性组合法（LCAO）、正交平面波法（OPW）、平面波赝势法（PW-PP）、缀加平面波法（APW）、格林函数法（KKR）、线性缀加平面波法（LAPW）、Muffin-tin 轨道线性组合法（LMTO）等。这些方法构成了当前第一性原理计算的理论基础。

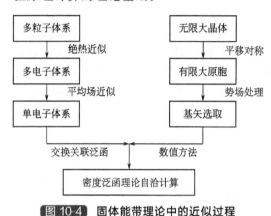

图 10-4 固体能带理论中的近似过程

确定固体电子能带，其出发点便是求解组成固体的多粒子系统的定态薛定谔方程。但是对固体这样有 $10^{23} cm^{-3}$ 数量级的原子核和电子的复杂的多粒子系统而言，其薛定谔方程是无法精确求解的，必须作近似简化求解，近似处理过程如图 10-4 所示。首先通过绝热近似将核运动和电子运动分开；其次通过 HF 自洽场方法或更严格、更精确的密度泛函理论将多电子问题简化为单电子问题。上述的这些近似最终把求解薛定谔方程的全部复杂性都归入了所谓的交换关联泛函求解。另一方面，通过将固体抽象为平移对称性的理想晶体，将多体问题归结为单电子在周期性势场中的运动，进一步对价电子、离子实相互作用作一定简化，并选取相应的波函数展开基矢；通过采用数值处理方法，从而给出严格的、可精确计算的理论框架。见图 10-4。

10.3.2 第一性原理计算流程

完整的材料计算模拟过程，包括结构建模、模拟计算、结果分析等。进行材料计算模拟，首先需要对研究体系的原子层次结构进行建模，确定其晶体结构和原子位置。目前凝聚态领域比较流行的平面波赝势方法对研究体系采用周期性结构。对于晶体，通常需要给出空间群、晶格参数和对称性上不等价的原子位置坐标。由空间群的对称操作可以产生原胞基矢和原胞内相应的原子位置。例如 Wien2K 软件包的 Space Group 模块等类似程序可以很好地完成这项工作。对于分子体系，同样也可以通过几何关系、点群对称性产生所有原子位置。一些建模软件（如 Materials Studio 的建模程序）可以建立常见分子或晶体结构。原则上原胞大小是无穷大，但考虑到有限的计算资源，通常采用比较大的超胞，即取多倍原胞进行平移扩展，以保证物理上相邻原胞中的分子没有相互作用。对于特殊体系如掺杂、缺陷、表面等，通常也是采取超胞方法，此时需要考虑超胞大小的选取。

模拟计算是第一性原理计算的核心，需要选取合适的近似方法，以最少的计算机时间获得相对可靠的结果。不同能带计算方法的区别在于两个方面：一是采用不同的函数基组来展开晶体波函数；二是根据研究对象的物理性质对晶体势作合理的近似处理。为了有效地求解单粒子 Kohn-Sham 方程，将单粒子波函数 Ψ_i 用一套函数基组 ϕ_j 展开，即可将微分方程转化为代数方程。注意到 $H_{KS} = -\nabla^2 + V_{KS}[\rho(r)]$，其中 $-\nabla^2$ 效应在 H_{ij} 矩阵中都是对角元，非对角元来源于电子、离子相互作用项。由于原子的内层电子比较紧密地束缚在原子核周围，其数量多、动量大、定域性强、与离子实相互作用强、对化学性质不敏感；原子的外层电子由于内层电子的屏蔽作用，受到的原子核吸引力较小，有一定的离域性，主导化学性质，称为价电子。因此可以将电子、离子相互作用项的近似处理来自于对这两种电子的区分。总的来说，根据离子势场近似方法和基函数选取的不同，在密度泛函理论框架下可以有多种不同的计算方法，如：由于研究对象的差异以及计算的复杂性，大量的计算方法，如原子轨道线性组合法（LCAO）、正交平面波法（OPW）、平面波赝势法（PW-PP）、线性缀加平面波法（LAPW）、格林函数法（KKR）和线性 Muffin-tin 轨道法（LMTO）等，其优劣还需要进一步验证。

密度泛函理论的基本物理量是体系基态电荷密度，它可以唯一决定体系所受外场、体系哈密顿量，进而决定体系波函数，得到关于体系的所有信息。目前密度泛函计算软件可以计算的物理化学性质一般包括以下几个方面：

① 电子密度分布、体系总能以及电子能带、态密度、费米面等；
② Hellman-Feynman 力、原胞应力、体系结构优化；
③ 基态 Born-Oppenheimer 曲面的分子动力学；
④ 自旋极化、磁性计算（铁磁性和反铁磁性结构）、自旋-轨道耦合、有限电场计算；
⑤ 实空间的原子间力常数、一般波矢的声子频率和本征矢；
⑥ 有效电荷与介电张量、金属的电-声相互作用、材料的光学特性；
⑦ X 射线结构因子、X 射线发射和吸收谱、电子能量损失谱等其它方面。

根据上面的研究步骤，可以知道在计算机进行计算前，首先需要写好相关部分的脚本，即所谓的输入文件，一般包括三个部分内容：晶体结构参数及材料类型、参数设置、任务设置。尽管基于 Windows 和 Linux 平台的第一性原理的软件很多，但是脚本文件的内容框架基本相似。有几种方法可以适当减少计算时间：①可以调整收敛精度，减少优化循环的次数；②适当选择波函数展开基矢及其截断参数，优化哈密顿矩阵，使其接近于对角化形状便于求解本征值；③哈密顿矩阵与倒空间 k 点相关，减少 k 点数量可以线性减小计算量；④根据体系复杂程度，选择更好的优化算法并尽量并行化，以充分利用现代计算机能力。

10.3.3　基于密度泛函理论计算软件包 CASTEP 和 SIESTA 软件

随着计算机能力的提高和密度泛函理论的发展，国内外很多研究小组开发了各种基于密度泛函理论的计算软件包。借助于这些逐渐成熟的计算软件包，可以将更多精力关注于材料设计中的科学问题，这样我们就可以站在巨人的肩膀上面，更快地切入科学研究前沿，从事具体设计研究工作。根据前面提到的不同计算方案分类，目前流行的基于密度泛函理论的计算软件包主要分为以下几类。见表 10-1。

表 10-1　当前流行计算软件

项目	PW-PP	LAPW	LMTO	O（N）	LCAO
代表软件	CASTEP Pwscf Abinit VASP	Wien2K FLEUR	TB-LMTO Lmart	OpenMx SIESTA	Gaussian SIESTA
近似 波函数 展开基组	赝势	Muffin-tin	Muffin-tin	分区 DFT 计算	原子轨道 叠加
	平面波	球函数 +平面波	MT 轨道	原子轨道	
优点	计算速度快，应用 广泛，易于实现， 容易扩展	精度高 磁性计算	过渡金属	能够处理 $10^3 \sim 10^4$ 原子大体系	量子化学

基于 CASTEP 软件的研究步骤可以概括为三步：首先建立目标物质的几何结构；其次对建立的结构进行优化或者过渡态搜索，这包括体系电子能量的最小化和几何结构稳定化等；最后是计算要求的物理化学性质，包括电子密度分布、能带结构、状态密度分布、声子能谱、声子状态密度分布、轨道群分布以及光学性质等。该软件的研究步骤如图 10-5 所示。

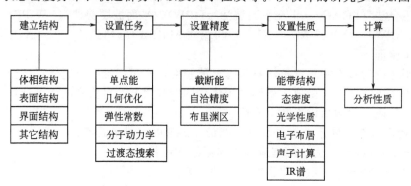

图 10-5 CASTEP 理论研究一般步骤方框图

在本书的计算中采用了 CASTEP 和 SIESTA 软件。CASTEP（Cambridge sequential total energy package）是由剑桥大学凝聚态理论研究组开发的一套先进的量子力学程序，使用的是总能量平面波赝势方法。该软件模型的建立基于超晶胞结构（supercell）的方法，并且使用周期性边界条件。由于周期边界条件的使用，晶体的表面用一个有限长度的模型（slab）就可以建立起来。周期性边界条件与 Bloch 原理联系在一起，即在一个周期性结构中，每个电子波函数都可以表示成与单胞中的波函数类似的形式，$\Psi_n(\bar{r}) = e^{i\bar{k}\cdot\bar{R}}\Psi_n(\bar{r})$，而 $\Psi_n(\bar{r}) = \sum_n C_{n,G} e^{i\bar{G}\cdot\bar{R}}$，这样每个电子波函数都可以写成平面波叠加的形式，即 $\exp[i(\bar{k}+\bar{G})\cdot R]$。在材料的数学模型中，离子势被赝势所替代。交换相关能泛函包括：局域密度近似（LDA）和广义梯度近似（GGA），其中 GGA 包括 PBE、RPBE、PW91 等形式。

SIESTA（Spanish initiative for electronic simulations with thousands of atoms）是一种实现电子结构计算和第一性原理分子动力学模拟的程序。其目标是用线性标度的算法做数千原子的电子结构模拟。该软件主要由剑桥大学地球科学系 Emilin 教授、西班牙马德里 Autonoma 大学 Soler 与其它大学研究人员共同开发。SIESTA 使用标准的 Kohn-Sham 自恰密度泛函方法，结合局域密度近似（LDA-LSD）或广义梯度近似（GGA）。计算使用完全非局域形式（Kleinman-Bylander）的模守恒赝势。基组是数值原子轨道的线性组合（LCAO）。它允许任意个角动量，多个 zeta、极化和截断轨道。计算中把电子波函和密度投影到实空间网格中，以计算 Hartree 和 XC 势及其矩阵元素。除了标准的 Rayleigh-Ritz 本征态方法以外，程序还允许使用占据轨道的局域化线性组合。使得计算时间和内存随原子数线性标度，因而可以在一般的工作站上模拟几百个原子的体系。程序用 Fortran 90 编写，可以动态分配内存，因此当要计算的问题尺寸发生改变时，无需重新编译。程序可以编译为串行和并行模式。软件目前有以下功能：能够计算总能量和部分能量、原子力和应力张量、电偶极矩，可以进行 Mulliken 原子、轨道和键分析，以及计算电子密度、几何弛豫、固定或者可变的晶胞结构优化，也可以进行常温分子动力学、可变晶胞动力学（Parrinello-Rahman）计算，自旋极化计算（共线或者非共线），BZ 区的 k-取样，轨道投影和局域态密度，能带结构计算；目前新增加的功能：通过过滤或移到原子格点的方法平滑"蛋箱效应"，HF 和混合泛函，用多格点方法对溶剂中的分子计算 Poisson-Boltzman 方程以及其它线性标度方法等。

10.4　氧化物半导体光催化材料的能带计算

氧化物半导体的光催化活性的起源比较复杂。通过第一性原理可以计算半导体材料的几何结构和电子结构,进而分析出为什么部分半导体材料具有光催化性能,而其它半导体材料却没有这方面的特性。

10.4.1　d^0 氧化物

以 Ti^{4+}、Zr^{4+}、Nb^{5+}、Ta^{5+}、W^{6+} 等为中心离子的氧化物为 d^0 氧化物。例如 TiO_2、$BaTi_4O_9$　$Na_2Ti_6O_{13}$、ZrO_2、WO_3。其中 TiO_2 由于具有性能稳定、价格低廉、光催化活性好等优点成为光催化领域的热点材料。

10.4.1.1　TiO_2

TiO_2 在自然界中存在三种常见晶体结构:金红石型、锐钛矿型和板钛矿型,前两种晶型显示出了光催化活性(图 10-6)。三种晶型结构均由相同的 [TiO_6] 八面体结构单元构成,但八面体的排列方式、连接方式和晶格畸变的程度不同。连接方式包括共边和共顶点两种情况。锐钛矿型 TiO_2 为四方晶系,每个八面体与周围 8 个八面体相连接(4 个共边,4 个共顶角),4 个 TiO_2 分子组成一个晶胞。金红石型 TiO_2 也为四方晶系,晶格中心为 Ti 原子,八面体棱角上为 6 个氧原子,每个八面体与周围 10 个八面体相连(2 个共边,8 个共顶角),2 个 TiO_2 分子组成一个晶胞,其八面体畸变程度较锐钛矿型要小,对称性高于锐钛矿相,其 Ti—Ti 键长较锐钛矿型小,而 Ti—O 键长较锐钛矿型大。

两种晶型在结构上存在差异致使两者的质量密度和电子能带结构有所不同。锐钛矿型 TiO_2 的密度为 3.894g·cm^{-3},小于金红石型 TiO_2 的密度(4.250g·cm^{-3})。金红石型 TiO_2 禁带宽度为 3.0eV(相当于 410nm),导带电位为 -0.3 V(vs NHE),而 O_2/O_2^- 的标准氧化还原电位为 -0.33 V(vs NHE),因此导带电子不可能通过 TiO_2 表面的 O_2 捕获,从而加速导带电子与价带空穴·OH 的复合以至于降低催化活性。而锐钛矿型 TiO_2 禁带宽度为 3.2eV,导带电位为 -0.52 V(vs NHE),O_2 很容易得到导带电子而成为超氧负离子(O_2^-),水分子歧化为过氧化氢(H_2O_2),并使导带电子和价带空穴有效分离从而提高催化活性。而且光致空穴的氧化性极高,其电位达到 +2.53eV,还可以与水形成比臭氧还要正的羟基自由基(·OH)。金红石

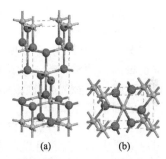

图 10-6　TiO_2 两种晶型结构
(a)锐钛矿型;(b)金红石型

型 TiO_2 对 O_2 的吸附能力较差,比表面积较小,因而光生电子和空穴容易复合,催化活性受到一定影响。至于其它的半导体材料,人们同样发现晶型结构对于它们的催化活性有很大的影响。

对比局域密度近似(LDA)和梯度近似(GGA)两种方法,用 LDA 计算的晶格常数与实验值相比偏小,而 GGA 计算的结果却偏大。相对而言,用 GGA 计算能带结构更合理,为此在计算中均采用 GGA 近似。沿布里渊区高对称点方向的 TiO_2 能带结构以及导带和价带附近的态密度(DOS)如图 10-7 所示,这里费米能级位置设置为能量零点。计算出锐钛矿型 TiO_2 的最小带隙为 2.15eV,比实验值(3.23eV)小 1.08eV,这是由于广义梯度近似所产生的较小带隙引起的。最小的带隙从 M 点右边附近的价带顶到导带底 G 点,属间接带隙半导体。但由于位于价带顶的 G 点位置能量仅比最高价带顶低 0.086eV,所以也有文献将锐钛矿型 TiO_2 视为直接带隙半导体。价带越宽,表明 Ti 和 O 间的轨道杂化作用越强。

可见具有高对称性的萤石型 TiO_2，是 Ti 和 O 间的强轨道杂化作用使之有低带隙的原因。

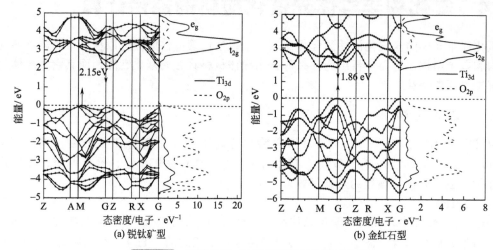

图 10-7　两种 TiO_2 晶型的能带结构和态密度

通过导带底或者价带顶附近 $E(k)$ 和 k 的关系以及二次函数拟合的曲线，获得锐钛矿型、金红石型 TiO_2 的二次项常系数 a。价带顶附近用二次函数方程去拟合得到二次项常系数 a 为 -42.41，而导带底附近拟合常系数 a 为 115.47。从式 $(10-8)$ 中可以看出，$|a|$ 越大，有效质量 m^* 越小。在外场的作用下，导带底和价带顶的电子和空穴有更大的加速度。因此可以通过 $|a|$ 的相对大小，反映电子和空穴的运动规律。从表 10-2 中可以看出，锐钛矿型和金红石型 TiO_2 在导带底拟合得到二次项常系数 a 很大，这意味着导带底上的电子有很低的有效质量，意味着电子受外场的影响较大，参与导电的电子电导率很高；而锐钛矿型和金红石型 TiO_2 价带顶拟合得到二次项常系数 a 较大，意味着价带顶附近的空穴的电导率也较高。两种 TiO_2 晶型发热空穴电导率相近，而金红石型 TiO_2 中电子的电导率要高于锐钛矿型。而在光催化实验中，锐钛矿型的催化活性高于金红石型，说明有其它影响光催化活性的因素起重要作用。

图 10-7 还显示了两种 TiO_2 晶型的态密度。可以看出这些晶型在费米能级附近的价带（VB）主要由 O_{2p} 轨道组成，导带（CB）主要由 Ti_{3d} 轨道组成。对于锐钛矿型和金红石型 TiO_2，属于四方晶系，由于一个 Ti^{4+} 被六个 O^{2-} 包围，构成 TiO_6 八面体，其点群为 D_{2h}。根据晶体场理论，Ti_{3d} 的轨道分裂成三重低能态 t_{2g}（d_{xy}，d_{xz}，d_{yz}）和二重高能态 e_g（d_{z^2}，$d_{x^2-y^2}$）两部分。这使得 TiO_2 费米能附近的导带被分裂成上、下两部分，其中，上部分导带（由 O_{2p} 和 Ti_{e_g} 轨道构成）宽度为 $1.08eV$，下部分导带（由 O_{2p} 和 $Ti_{t_{2g}}$ 态组成）宽度为 $1.78eV$。对于价带，其宽度为 $4.87eV$，通过 Milliken 布居分析发现计算的 O 原子净布居数为 $-0.65e$，而 Ti 原子的净布居数为 $1.33e$。两种 Ti—O 键长分别为 $0.1930nm$ 和 $0.2001nm$，对应的键布居数分别为 0.70 和 0.29，这说明了 Ti—O 键呈现较强共价键特征。

表 10-2　各种晶型带隙、价带宽度以及导带底部和价带顶部用二次函数方程拟合的二次项常系数 a

晶型	带隙/eV	最小能量跃迁	价带宽度/eV	a（导带底）	a（价带顶）
锐钛矿型	2.15	$M' \rightarrow G$	4.60	115.47	-42.41
金红石型	1.86	$G \rightarrow G$	5.61	143.40	-41.48

10.4.1.2　$BaTi_4O_9$

具有斜方结构的 $BaTi_4O_9$ 有一个类似双键的 Ti—O，表明了 TiO_6 八面体有较大的畸变。

图 10-8 （a）显示了 BaTi$_4$O$_9$ 由两个较大的畸变的 TiO$_6$ 八面体构成[8,9]，其中 Ti^{4+} 分别从 6 个 O 原子的重心位移了 0.03nm 和 0.021nm。Ti^{4+} 的偏移分别产生了 5.7 D 和 4.1 D（Debye）的电偶极矩。一般认为，电偶极矩引起的内局域极化电场能促进光生电子和空穴的分离。因此 BaTi$_4$O$_9$ 的光催化活性与畸变的 TiO$_6$ 八面体的几何效应有关。通过能带计算，发现价带由纯的 O$_{2p}$ 轨道组成，而导带由 Ti$_{3d}$ 轨道组成。Ti$_{3d}$ 与 O$_{2p}$ 轨道重叠非常小，表明了导带和价带中的杂化作用很弱，以至于导带实现了很窄的分布。这表明光生电子的迁移率非常低，从而可以进一步说明畸变的 TiO$_6$ 八面体的几何效应在 BaTi$_4$O$_9$ 光催化中扮演非常重要的角色。具有光催化活性的 Na$_2$Ti$_6$O$_{13}$ 也具有畸变的 TiO$_6$ 八面体，其电偶极矩分别为 6.7 D、5.8 D、5.3 D。可以看出畸变的 TiO$_6$ 八面体与光催化活性有密切关系。

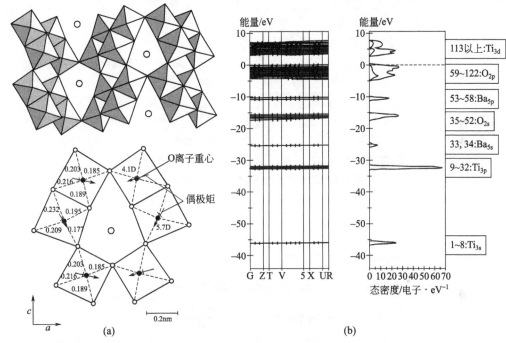

图 10-8 BaTi$_4$O$_9$ 的结构和 TiO$_6$ 八面体的电偶极矩（a）[8,9] 和电子结构（b）[10]

10.4.2　d^{10} 氧化物

从前面的 d^0 氧化物光催化剂，自然可以联想到由 d 轨道完全填充的 d^{10} 离子构成的氧化物也具有光催化性能。这些 d 轨道完全填充的 d^{10} 离子包括 In^{3+}、Ga^{3+}、Ge^{4+}、Sn^{4+}、Sb^{5+} 等，这里也将从局域的几何结构和能带结构两个方面入手分析它们的光催化性能。以 Ga 基氧化物为例分析其几何结构和能带结构与光催化性能的关系。

选取具有代表性的 MGa$_2$O$_4$（M＝Mg、Ba、Sr）和 ZnGa$_2$O$_4$ 来进行研究。实验已经发现 RuO$_2$ 负载的 MgGa$_2$O$_4$ 在紫外光照射下，其产氢能力很弱。而 RuO$_2$ 负载的 SrGa$_2$O$_4$ 和 BaGa$_2$O$_4$ 却显示了很强的产氢和产氧能力。MGa$_2$O$_4$（M＝Mg、Ba、Sr）光吸收边分别为 290nm（M＝Mg）、270nm（M＝Sr）、260nm（M＝Ba）。图 10-9 显示了 MGa$_2$O$_4$（M＝Mg、Ba、Sr）的晶体结构[11~13]。MgGa$_2$O$_4$ 为立方晶体结构，由 GaO$_6$ 八面体组成，发现 GaO$_6$ 八面体没有畸变，其电偶极矩接近于 0。SrGa$_2$O$_4$ 为单斜晶体结构，由三种 GaO$_4$ 四面体构成，其电偶极矩分别为 0.8 D、1.2 D 和 1.2 D。BaGa$_2$O$_4$ 为六方晶体结构，由三种 GaO$_4$ 四面体构成，其电偶极矩为 1.70 D、1.11 D 和 2.58 D。图 10-10 显示了光催化活性与

电偶极矩的关系[14]。很明显，具有电偶极矩的 MGa_2O_4（M＝Ba、Sr）具有光催化活性，而无电偶极矩的 $MgGa_2O_4$ 几乎没有光催化活性。可以看出畸变的 GaO_4 四面体与光催化活性有密切关系。为什么具有电偶极矩的结构单元在光催化中起重要作用？或许是短的或者长的金属-氧键影响了光激发，也可能非对称的四面体或八面体配位环境导致孤立的轨道形成，从而出现不同的光激发效率。又一个解释是畸变的结构中的电偶极矩形成了局域内电场，该电场被认为有利于光激发电子和空穴的分离。

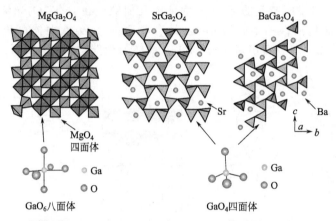

图 10-9 MGa_2O_4（M＝Mg、Ba、Sr）的晶体结构和八面体 GaO_6 和四面体 GaO_4 几何构型[11~13]

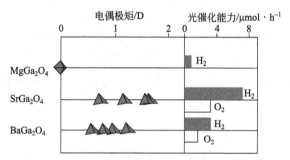

图 10-10 MGa_2O_4（M＝Mg、Ba、Sr）的晶体结构中的电偶极矩与光催化能力之间的关系[14]

在 $ZnGa_2O_4$ 中，Ga^{3+} 是 6 配位，而 Zn^{2+} 为 4 配位。与 $MgGa_2O_4$ 不同，$ZnGa_2O_4$ 由无畸变的 GaO_6 八面体组成，它却显示了一定的光催化性能。$ZnGa_2O_4$ 吸收边大约在 300nm，陡然增加到 280nm，在 250nm 达到最强的光吸收。与 MGa_2O_4（M＝Mg、Ba、Sr）比较，$ZnGa_2O_4$ 的光吸收向长波方向移动了大约 50nm。这表明了在能带结构上 Zn^{2+} 与碱土金属离子的作用是不同的。$ZnGa_2O_4$ 的光催化活性与电子结构有关。图 10-11 显示了 $ZnGa_2O_4$ 的能带结构和态密度[15]。可以看出价带（HOMO）的低能部分由 Ga_{4s} 和 Ga_{4p}、O_{2p}，Zn_{3d} 组成，价带的中间能级部分由 O_{2p}、Zn_{3d} 组成，这归因于 Zn-O 键的形成。价带的高能部分由 O_{2p} 组成，从电子密度分布图来看，Zn 和 O 原子之间存在一定的共价键作用，Ga 和 O 之间也存在少量的共价键作用。导带（LUMO）由 Zn_{4s4p} 和 Ga_{4s4p} 组成，在 K 空间里显示了较大分散性的特征。这种导带（LUMO）的非局域的分散性能在导带中产生大迁移率的光生电子，有利于它的高催化活性。这主要归因于 Zn-O 和 Zn-Ga 之间强的相互作用，与价带中 Zn_{3d} 和 O_{2p} 轨道的排斥和导带（LUMO）中 Zn_{4s4p} 和 Ga_{4s4p} 的杂化作用有关。

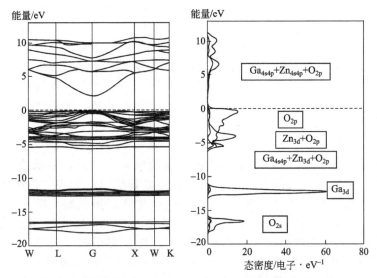

图 10-11 ZnGa$_2$O$_4$的能带结构和态密度图[15]

MgGa$_2$O$_4$的价带由 O$_{2p}$组成，而导带由 Ga$_{4s4p}$组成，Mg 原子轨道对价带和导带均没有任何贡献。SrGa$_2$O$_4$的价带主要由 O$_{2p}$组成，而导带由 Ga$_{4s4p}$轨道和 O$_{2p}$轨道混合组成，导带的高能区域存在 Sr$_{4d}$轨道贡献。理论计算带隙为 2.97eV。比较 ZnGa$_2$O$_4$和 SrGa$_2$O$_4$的光吸收特性，发现前者比后者能吸收更长的紫外光。有人认为这是由 Zn$_{3d}$和 O$_{2p}$的杂化作用引起价带顶的上移。而且 Zn$_{4s4p}$和 Ga$_{4s4p}$在导带区域的高度耦合，不仅使导带具有很大的非局域的分散性，而且使带隙窄化。

图 10-12 总结了 d^{0}和 d^{10}氧化物的电子结构特征[16]。在过渡金属氧化物的导带中的 d 轨道随原子序数的增加能被稳定为芯能级，原子序数增加，其原子核的势场增加。而在 d^{10}氧化物中宽的 sp 带形成导带。d^{10}氧化物导带的非局域分散性在光催化中十分有利，因为能生成高迁移率的电子。

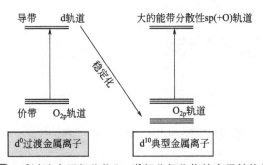

图 10-12 d^{0}过渡金属氧化物和 d^{10}部分氧化物的电子结构模型[16]

10.4.3 其它氧化物

除了上面提到的 d^{0}和 d^{10}金属离子氧化物外，还有其它许多种类的金属离子构成的氧化物，如 d^{10}d^0、d^{10}s^{2}d^0、d^{10}s^{2}d^{10}金属离子氧化物等，例如 ZnWO$_4$为 d^{10}d^{0}氧化物，Bi$_2$WO$_6$为 d^{10}s^{2}d^{0}氧化物。还包括一些特殊的硼酸根和磷酸根化合物等，如 FeBO$_3$、Ag$_3$PO$_4$等。

10.4.3.1 Bi$_2$WO$_6$

Bi$_2$WO$_6$是属于通式为 Bi$_2$A$_{n-1}$B$_n$O$_{3n+3}$（A＝Ca、Sr、Ba、Pb、Bi、Na、K 和 B = Ti、

Nb、Ta、Mo、W、Fe) 系列化合物中 $n=1$、B 为 W 原子的简单化合物。通常 $Bi_2A_{n-1}B_n$ O_{3n+3}（A＝Ca、Sr、Ba、Pb、Bi、Na、K 和 B＝Ti、Nb、Ta、Mo、W、Fe) 系列化合物是一类具有层状结构的化合物，由于其特殊的性能使其在催化、光电转化、离子导体方面具有广泛的应用[17]。Bi_2WO_6 晶体结构则是以 WO_6 八面体层和 Bi_2O_2 层的交替结构组成，具体结构见彩图 4。

半导体能带位置和带隙与其光催化性能密切相关。建立在晶体结构和晶格参数的基础上，利用基于密度泛函数理论（DFT）平面波赝势方法对 Bi_2WO_6 能带结构进行了计算。图 10-13 显示了 Bi_2WO_6 晶体在第一布里渊区的电子结构分布。可以看出 Bi_2WO_6 是一种直接带隙半导体，其带隙约为 1.63eV，明显小于实验测量值 2.7eV，这是由于 DFT 理论计算中采用近似导致的误差所致。Bi_2WO_6 占据态轨道可以分成 4 个轨道；最低能带主要是由 O_{2s}（1～24）轨道单独构成的。占据态轨道中间部分是由 Bi_{6s}、O_{2p} 和 W_{5d} 杂化轨道（25～32）构成的。最高占据态轨道，即价带是由 O_{2p} 和 Bi_{6s} 杂化轨道构成的。半导体的导带底是由 W_{5d} 轨道构成的，并包含少量的 Bi_{6p} 轨道。彩图 5 为 Bi_2WO_6 材料的最高占据态轨道（HOMO）和最低非占据态轨道（LUMO）。HOMO 是 O 原子的 p 轨道和 Bi 原子的 s 和 p 轨道；LUMO 主要是由 W_{5d} 轨道组成的。Bi_2WO_6 带结构理论计算表明：光激发后的电子是从 O_{2p} 和 Bi_{6s} 杂化轨道向 W_{5d} 轨道迁移；Bi_2WO_6 可见光的吸收是由 Bi_{6s} 轨道与 O_{2p} 轨道杂化变窄引起的。Bi_2WO_6 光解污染物的能力可能是由这个杂化轨道产生的空穴贡献的。

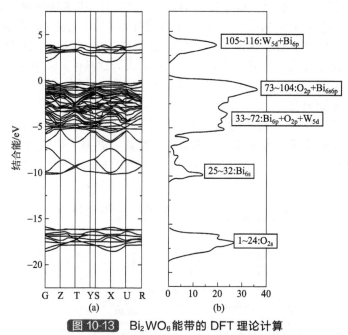

图 10-13 Bi_2WO_6 能带的 DFT 理论计算

10.4.3.2 ZnWO₄

$ZnWO_4$ 占据态轨道可以分成 3 个轨道；最低能带主要是由 O_{2s}（1～8）轨道单独构成的。占据态轨道中间部分是由 Zn_{3d}、O_{2p}、W_{5d} 杂化轨道（9～32）构成的。最高占据态轨道，即价带是由 O_{2p} 轨道构成的（33～42）。半导体的导带底是由 W_{5d} 轨道构成的，并包含少量的 O_{2p} 轨道。$ZnWO_4$ 的部分态轨道如图 10-14 所示[18]。彩图 6 为 $ZnWO_4$ 材料的最高占据态轨道（HOMO）和最低非占据态轨道（LUMO）[18]。HOMO 是 O 原子的 p 轨道，表明半导体的价带是由 O_{2p} 轨道单独构成的；LUMO 主要是由 W_{5d} 轨道组成的。理论计算结果：$BiWO_6$ 带隙约为 2.6eV，明显小于实际测量值，这是 DFT 理论计算的特性。$ZnWO_4$ 带结构理论计算表明：光激发后的电子是从 O_{2p} 轨道向 W_{5d} 轨道迁移的。

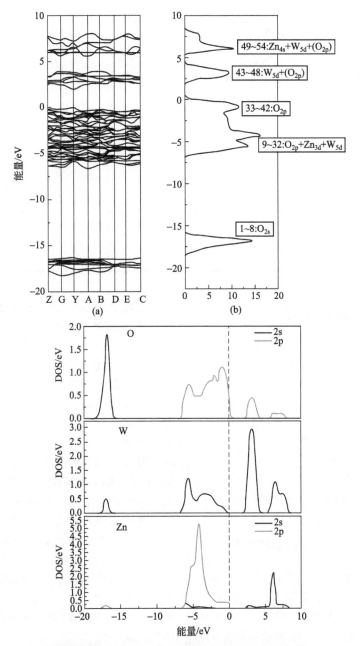

图 10-14 ZnWO₄催化剂的能带结构和态密度 [18]

图中标注:
- 49~54:Zn$_{4s}$+W$_{5d}$+(O$_{2p}$)
- 43~48:W$_{5d}$+(O$_{2p}$)
- 33~42:O$_{2p}$
- 9~32:O$_{2p}$+Zn$_{3d}$+W$_{5d}$
- 1~8:O$_{2s}$

10.4.3.3 Ag₃PO₄

立方 Ag₃PO₄ 的晶体结构是由 PO₄ 构成的体心结构构成，如彩图 7 所示[19]。其中 12 个 Ag 离子对称地分别位于立方结构的 6 个面内，其内坐标为 (0.25，0，0.5)。Ag 原子与周围的 4 个 O 原子配对形成四面体，每个 P 原子也与 4 个 O 原子配对形成四面体。同时每个 O 原子与 3 个 Ag 原子和一个 P 原子配对。分别采用 LDA 和 GGA 近似对 Ag₃PO₄ 的晶体结构进行几何优化，其结果如表 10-3 所示。由此可以看出，理论计算的结果与实验值的误差在 2% 以内。

表 10-3 Ag₃PO₄的晶格常数和原子内坐标，其中 E_g 为带隙[19]

方法	a/Å	E_g/eV	键长/Å		键角/ (°)		坐标			
			P-O	Ag-O	O-P-O	O-Ag-O	原子	x	y	z
Expt.①	6.004	2.36	1.539	2.345	109.470	93.660	Ag	0.231	0	0.500
			1.539	2.403			P	0	0	0
							O	0.148	0.148	0.148
GGA-PBE	6.113	0.30	1.549	2.364	109.307	92.994	Ag	0.231	0	0.501
			1.557	2.400			P	0	0	0
							O	0.146	0.146	0.146
LDA-CAPZ	5.890	0.46	1.529	2.314	109.471	93.688	Ag	0.250	0	0.500
			1.529	2.414			P	0	0	0
							O	0.150	0.150	0.150

① Reference 20。

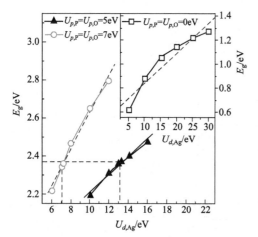

图 10-15 带隙 E_g 与 $U_{d,Ag}$ 之间的关系

由于理论计算过程中采用了各种近似，导致计算的理论带隙远小于实验带隙。为此，在理论计算中常常在原子轨道上电子间的相互作用添加一个库仑相互作用，即在计算中考虑 Hubbard 参数 U。通过调整 U 参数的大小，可以获得与实验一致的带隙。以往的半导体能带结构计算中，对半导体带隙的修正往往仅考虑对过渡金属中未占满的 d 轨道加 U 参数。最近发现，部分半导体的能带计算中仅对未占满的 d 轨道加 U 参数并不能将带隙调整到实验值。对 Ag₃PO₄ 半导体的能带计算中发现，仅仅对 Ag₄d 轨道上添加 U 参数，能调整到的最大带隙超过 1.5eV，无法达到实验带隙 2.36eV，如图 10-15 所示。为此，在计算中考虑了在 O₂p 和

P₃p 轨道上加 U 参数，即采用 LDA+U_d+U_p 方法。参考其它氧化物中 O₂p 轨道上 U 参数的添加数值一般在 5～7eV 范围，选取了 $U_{p,P}=U_{p,O}=5$eV 和 $U_{p,P}=U_{p,O}=7$eV 两组参数，预测了 Ag₄d 轨道上 U 参数。当 $U_{d,Ag}=13.2$eV 和 $U_{d,Ag}=7.2$eV 时候，Ag₃PO₄ 的带隙均为 2.36eV。由此可见，通过 U 参数调带隙的方法并不是唯一的。

通过能带结构分析发现，Ag₃PO₄ 为间接带隙半导体。未加 U 参数时，采用 LDA 近似计算的从 Q 到 G 点间的间接带隙为 0.3eV，而在 G 点的直接带隙为 0.38eV。采用 LDA+U_d+U_p 方法，从 Q 到 G 点间的间接带隙变为 2.36eV，而在 G 点的直接带隙为 2.47eV。这里 $\Delta E'$ 大约在 0.8eV，说明 Ag₃PO₄ 的电子弛豫能较低，电子在 k 空间内的迁移容易发生。图 10-16 显示了导带底或者价带顶附近 $E(k)$ 和 k 的关系以及二次函数拟合的曲线，发现拟合的常数系数 a，在导带底或者价带顶分别为 34.04 和 -9.40，远小于 TiO₂ 中相应值。最近的实验发现，Ag₃PO₄ 光催化剂的反应速率是 TiO₂ 的 10 倍以上，这或许与其它因素有关。图 10-17 显示了 Ag₃PO₄ 的总态密度和分态密度。可以看出，通过改变 U 参数，对 O₂p 和 P₃p 轨道影响很小，而 Ag₄d 在价带中的位置改变的影响十分显著。而且 $U_{d,Ag}$ 越大，Ag₄d 的能级位置越低。

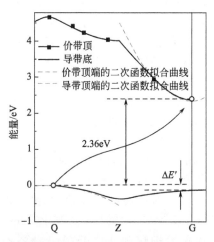

图 10-16 导带底或者价带顶附近 $E(k)$ 和 k 的关系以及二次函数拟合的曲线

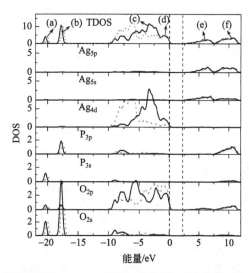

图 10-17 Ag_3PO_4 的总态密度与分态密度分布

为了进一步形象地展示原子间的成键作用，彩图 8 显示了总态密度中 a、b、c、d、e、f 六个峰的电子密度构型图[19]。从这个包含 Ag、P、O 原子的二维平面的电子密度构型图可以看出价带中的 σ 或 π 成键态，以及导带中的 $σ^*$ 或者 $π^*$ 反键态。彩图 8（a）中显示了 P 和 O 原子间的具有明显的方向 σ 成键作用。结合 PDOS 分析，可以看出 σ 成键作用源于 O $p_σ$ 和 P sp^3 间在 $-21.2eV$ 到 $-19.2eV$ 范围内的杂化作用。从几何结构上看，四面体的中心 P 原子与周围 4 个 O 原子间的 sp^3 杂化，形成 4 个 σ 键。同时 $-8.5eV$ 到 $-2.5eV$ 范围内还存在 P sp^3 和 O $p_π$ 之间杂化形成有方向的 π 成键作用（p_x 和 p_y 轨道垂直于 P—O）。彩图 8（b）和（c）中分别显示了 $-18.1eV$ 到 $-17.0eV$ 和 $-6.2eV$ 到 $-0.5eV$ 范围内 O_{2s} 和 Ag_{4d} 电子密度分布。彩图 8（d）中显示了价带顶由 O $2p_π$ 组成，与其它态的杂化作用很弱，为 O $2p_π$ 非键态。从图

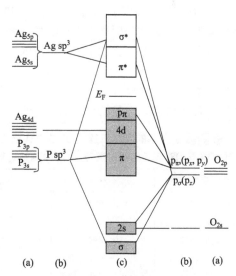

图 10-18 分子轨道成键图

（a）为原子轨道，（b）为杂化轨道，（c）为分子轨道

10-17 中可以看出，导带分成两个区域：低能区域（$<7.7eV$）的 $π^*$ 反键态和高能区域（$>7.7eV$）的 $σ^*$ 反键态。彩图 8（e）很明显，导带低能区域主要由 Ag sp^3 杂化态起支配作用，而其它的 Ag sp^3 与 O_{2p} 存在反键作用。而导带的高能区域由 P sp^3 和 O $2p_σ$ 杂化而成，如彩图 8（f）。上面分析的结果可以总结成图 10-18 中的分子轨道成键图。

10.5 二氧化钛点缺陷结构的理论研究

前面已经谈到，在制备半导体材料中，不同的溅射和退火温度以及氧分压下会产生不同的本征点缺陷，这些缺陷的产生很大程度上影响材料的物理与化学性能。最近有许多实验和

理论研究了 TiO$_2$ 本征缺陷的几何结构和电子结构。O 不足情况下，哪种缺陷起支配作用的问题一直存在争论。Yagi 等报道了在低氧分压下，主要的缺陷是 Ti 间隙，并且出现 Ti 间隙缺陷的施主能级，而 Nowotny 等认为该条件下 O 空位是主要的被电子补偿的本征缺陷。Na-Phattalung 等[20]采用第一性原理研究了不同电荷态下的锐钛矿型 TiO$_2$ 本征点缺陷，发现反位缺陷形成能很高且不稳定。进一步研究发现在富 Ti 条件下，Ti 间隙缺陷有低形成能；而在富 O 条件下，Ti 空位缺陷有低的形成能。由此可见，通过制备条件的控制，可以获得不同浓度的点缺陷。这里采用第一性原理方法，首先定义了理论计算中化学势的概念，并分析了各种误差来源，总结了减小形成能 E_f 误差的方法。然后依此方法计算了 TiO$_2$ 本征点缺陷形成能。

金红石型（空间群 P4$_2$/mnm）和锐钛矿型（I4$_1$/amd）TiO$_2$ 属四方晶系，每个晶胞包含四个 TiO$_2$ 单元。采用实验晶格参数建立晶胞，并优化金红石型和锐钛矿型 TiO$_2$ 几何结构。对于金红石型 TiO$_2$ 的结构参数已经列于表 10-4[21,22]。对锐钛矿型 TiO$_2$ 的晶胞进行优化，其晶胞参数分别为 $a=b=0.3784$nm、$c=0.9712$nm、$V=0.1391$nm，与 Burdett 等用中子衍射实验在 15 K 的低温下获得的结果相比，误差分别仅为 $+0.057\%$、$+2.214\%$、$+2.324\%$。缺陷形成能计算的精确性，直接决定了预测材料物理化学性质的可靠性。为了满足计算的需要，分别建立了金红石型 2×2×2 和锐钛矿型 TiO$_2$ 的 2×2×1 超胞结构，共 48 个原子。分别考虑了 O 空位（V$_O$）和 O 间隙（O$_i$），Ti 空位（V$_{Ti}$）和 Ti 间隙（Ti$_i$）四种缺陷类型。通过分别移去 TiO$_2$ 晶格中 Ti 原子和 O 原子，产生相应空位缺陷，而在 TiO$_6$ 八面体之间的间隙位置放上 Ti 原子和 O 原子，产生相应间隙缺陷。由于 TiO$_2$ 材料具较强的离子性以及 Ti 和 O 离子半径的差异，反位缺陷结构并不可能出现。而且根据前期的研究发现，本征反位缺陷（如 Ti$_O$ 和 O$_{Ti}$）有较高的形成能，因此这里并没有考虑该缺陷模型。这里对几何结构和电子结构的计算结果都是在结构优化后得到的。

表 10-4 计算的金红石型 TiO$_2$ 的晶体结构参数与实验结果和其它理论结构的比较。 括号中百分比表示计算结果相对实验结果的误差， 其中实验结果来自文献 ［21］， 其它工作来自文献 ［22］

项目	a /nm	c /nm	d_{ap}/nm	d_{eq}/nm	B_0/GPa
本书工作	0.4634 （+1.0%）	0.2959 （+0.2%）	0.1998 （+1.1%）	0.1955 （+0.5%）	203±2
实验结果	0.4587	0.2954	0.1976	0.1946	216
其它工作	0.4546（−0.9%） 0.4679（+2.0%）	0.2925（−1.0%） 0.2985（+1.0%）	0.1952（−1.2%） 0.2021（+2.3%）		249 200

10.5.1　几何结构

首先对电中性电荷态下有本征点缺陷的金红石型 TiO$_2$ 几何结构进行分析。对于独立的 O 空位结构，优化后总能量降低 0.6eV，最近邻的 Ti 原子远离 O 空位方向移动 0.01～0.015nm，与邻近的 O 靠近。这主要是因为 O 空位的有效正电荷与邻近的阳离子的排斥作用。当一个 Ti 从晶格位置移去后，周围的氧离子向外弛豫，垂直方向 Ti—O 距离从 0.1998nm 减小到 0.1840nm，面内 Ti—O 键长从 0.1955nm 减小到 0.1799nm，这导致了库仑束缚作用增加。对 Ti 间隙缺陷模型，发现掺杂并没有对原晶格有很大的影响。而 O 间隙缺陷模型，其间隙 O 原子易与周围原晶格中的 O 键连，在 O 位上出现 O$_2$ 分子构型。对中性电荷态下的锐钛矿型 TiO$_2$ 的点缺陷几何结构与金红石相 TiO$_2$ 类似。

点缺陷的不同电荷态对材料的缺陷构型的影响是不同的。事实上，这些带电点缺陷的几何结构与带电缺陷和周围离子间的库仑静电作用有关。对于正电荷态的 O 空位缺陷模型，周围的三个 Ti 离子向外移动约 0.02～0.04nm，大于电中性缺陷态中相应原子移动的距离，而次近邻的 O 向空位方向移动。对于正电荷态 Ti$_i$ 缺陷模型，周围的原子向间隙原子靠近，而周围的 Ti 向远离缺陷位置的方向移动。+4 电荷态 Ti$_i$ 缺陷模型中，间隙 Ti 与周围 O 的距离在 0.18898～0.2332nm，形成了新的 TiO$_6$ 八面体。对于负电荷态的 Ti 空位缺陷模型，周围的 O 原子远离空位中心移动，而 Ti 离子向空位中心移动。

10.5.2　本征缺陷能

为了得到一个 O$_2$（g）的总能量，将两个氧原子置入一个 1nm^3 的立方真空晶胞中，优化后键长为 0.1214nm，其单点能为 −872.04eV，该结果与其它理论计算的结果误差小于 0.2%[23]。计算出 Ti 单晶中原子的单点能为 −1606.6eV。根据式（10-18），计算出金红石型 TiO$_2$ 的形成焓 ΔH_f [TiO$_2$] 为 −9.63eV/TiO$_2$，这与实验结果（9.6±0.8）eV/TiO$_2$ 相当接近。锐钛矿型 TiO$_2$ 分子的形成焓为 μ_{TiO_2} = −10.30eV，比金红石型 TiO$_2$ 的形成焓小 0.67eV。而在计算各种缺陷态下的费米能级处点缺陷形成焓时，考虑了极端富 O 条件（$\mu_O = \mu_{O[O_2]}$）和富 Ti 条件（$\mu_{Ti} = \mu_{Ti[bulk]}$）两种情况。对于金红石型 TiO$_2$，在富 O 条件下 O 的相对化学势 μ_O = 0eV；在富 Ti 条件下 O 的相对化学势 μ_O = −4.814eV。对于锐钛矿型 TiO$_2$，富 O 条件下 O 的相对化学势 μ_O = 0eV；富 Ti 条件下 O 的相对化学势 μ_O = −5.150eV。由于理论计算的带隙比实验值小 ΔE_g，因此要对形成能进行修正。根据 10.2.3 节中式（10-21），金红石型 TiO$_2$ 中的缺陷形成能增加 1.14 m，相应锐钛矿型 TiO$_2$ 缺陷形成能增加 1.08 m（m 为施主能级上电子缺陷填充数）。修正后的金红石型和锐钛矿型 TiO$_2$ 缺陷形成能的结果列于表 10-5 中。

表 10-5　金红石型和锐钛矿型 TiO$_2$ 本征点缺陷形成能（eV）。对于金红石型，富 O 条件下 μ_O = 0eV，富 Ti 条件下 μ_O = −4.814eV。对于锐钛矿型 TiO$_2$，富 O 条件下 μ_O = 0eV，富 Ti 条件下 μ_O = −5.150eV

缺陷类型	电荷态	金红石型		锐钛矿型	
		富 O 条件	富 Ti 条件	富 O 条件	富 Ti 条件
V_O	0	7.427	2.613	5.258	0.108
	+1	4.626	−0.184	3.806	−1.344
	+2	2.018	−2.796	2.147	−3.003
V_{Ti}	0	5.811	15.437	5.463	15.763
	−1	4.126	13.752	4.221	14.521
	−2	2.582	12.208	3.347	13.647
	−3	1.204	10.830	2.006	12.306
	−4	0.143	9.771	0.198	10.498
O_i	0	4.355	9.169	1.130	6.280
	−1	5.480	10.294	3.547	8.697
	−2	6.520	11.333	5.947	11.097
Ti_i	0	13.641	4.015	9.188	−1.111
	+1	9.387	−0.241	7.171	−3.129
	+2	5.344	−4.336	4.916	−5.384
	+3	1.934	−7.692	2.390	−7.910
	+4	−0.357	−9.993	−0.307	−10.607

从表 10-5 中可以看出，与富 Ti 条件相比，在富 O 条件下金红石型和锐钛矿型 TiO$_2$ 中的 V_{Ti} 和 O$_i$ 缺陷的形成能明显要低许多，说明了富 O 条件有利于 V_{Ti} 和 O$_i$ 的形成。在富 Ti

条件下 V_O 和 Ti_i 缺陷的形成能比富 O 条件要低，说明了富 Ti 条件有利于 V_O 和 Ti_2 的形成。值得注意的是不管是在什么生长条件下，锐钛矿型 TiO_2 的各种带电点缺陷形成能大体要比金红石型 TiO_2 相应的点缺陷形成能低，说明了在生长过程中锐钛矿型 TiO_2 的各种点缺陷浓度均比金红石型 TiO_2 高，这些缺陷的产生直接影响了材料的电学特性。

根据 10.2.3 节中的式（10-17）可以推导出 q_1 和 q_2 两个电荷态的缺陷形成能相等时候的费米能级位置，即是两个电荷态热力学转变能级 ε（q_1/q_2）的位置。它反映了电子脱离点缺陷中心的束缚成为导电电子所需要的能量，这个能量也叫缺陷电子电离能。热力学转变能级 ε（q_1/q_2）可以表示为

$$\varepsilon(q_1/q_2) = \frac{E_f(q_1) - E_f(q_2)}{q_2 - q_1} \tag{10-24}$$

其中 E_f（q_1）和 E_f（q_2）分别为电荷态 q_1 和 q_2 的形成能。图 10-19 和图 10-20 分别显示了金红石型和锐钛矿型 TiO_2 在富 O 条件和富 Ti 条件下各种点缺陷的形成能与费米能级的函数关系。实心点表示热力学转变能级 ε（q_1/q_2）的位置。该位置表示电荷态 q_1 和 q_2 有相同形成能时候费米能级的位置。这意味着从理论上可以计算出带电体系从 q_1 电荷态转变成 q_2 电荷态情况的转变位置。

从图 10-19 和图 10-20 可以看到，O_i 缺陷在金红石型和锐钛矿型 TiO_2 的带隙内存在缺陷转变能级 $\varepsilon_{O_i}(0/-2) = E_{CBM} - 1.083\,eV$ 和 $\varepsilon_{O_i}(0/-2) = E_{CBM} - 2.389\,eV$。但是在富 O 条件和富 Ti 条件下 O_i 缺陷的形成能非常高，O_i 缺陷的浓度非常低，对材料性质的影响可以忽略不计。金红石型和锐钛矿型 TiO_2 中 V_{Ti} 本征点缺陷的转变能级均位于价带内，在费米能级中仅仅有稳定的 -4 电荷态。对于金红石型 TiO_2 中 V_O 缺陷存在两个缺陷转变能级，分别在导带下方 0.39eV 和 0.20eV 位置。而在锐钛矿型 TiO_2 中，V_O 缺陷存在一个缺陷转变能级 $\varepsilon_{V_O}(+2/0) = E_{CBM} - 1.64\,eV$，这是一个二重态。金红石型和锐钛矿型 TiO_2 中 Ti_i 的转变能级 $\varepsilon_{Ti_i}(+4/+3)$ 分别位于导带下方 0.709eV 和 0.533eV 处。

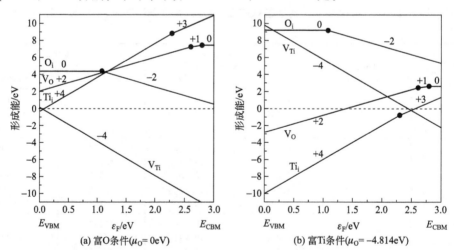

图 10-19 金红石型 TiO_2 各种点缺陷的形成能与费米能级的函数关系

实心点表示热力学转变能级 ε(q_1/q_2)的位置

图 10-19（a）和图 10-20（a）显示，在富 O 气氛下，当费米能级 ε_F 位于价带顶附近时，带电缺陷 Ti_i 和 V_{Ti} 有最低的缺陷形成能，且为负，表明 Ti_i 和 V_{Ti} 的 Frenkel 缺陷对将自发形成；电子的注入使费米能级升高，Ti_i 形成能增大，而 V_{Ti} 缺陷的形成能降低，此时 V_{Ti} 缺陷的浓度很高。图 10-19（b）和图 10-20（b）显示，在富 Ti 条件下，当费米能级 ε_F 位于价带顶附近时，带电点缺陷 Ti_i 和 V_O 形成能均为负，表明这两种点缺陷大量出现，形成 Schottky

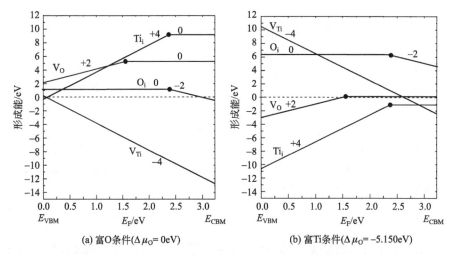

(a) 富O条件($\Delta \mu_O= 0eV$)　　　　　(b) 富Ti条件($\Delta \mu_O=-5.150eV$)

图 10-20　锐钛矿型 TiO_2 各种点缺陷的形成能与费米能级的函数关系
实心点表示热力学转变能级 $\varepsilon(q_1/q_2)$的位置

缺陷。而且 Ti_i缺陷有很低的形成能，表明了它为最高浓度的缺陷类型。当电子注入 TiO_2，电子填充导带，Ti 间隙缺陷的形成能增加，而 Ti 空位缺陷形成能减小。对于金红石型 TiO_2，当 $E_F>2.291eV$ 时，+4 价的电荷态转变为 +3 价。当费米能级高于 2.51eV 时，V_{Ti}缺陷形成能要低于 Ti_i缺陷，这时容易出现 Ti_i 和 V_{Ti} 的 Frenkel 缺陷对。对于锐钛矿型 TiO_2，当 $E_F>2.617eV$ 时，+4 价的电荷态转变为 +3 价。当费米能级高于 2.93eV 时，也容易出现 Ti_i 和 V_{Ti} 的 Frenkel 缺陷对。

TiO_2 中的 Ti_i的施主能级位置相对 SnO_2 中 Sn_i产生的相应能级更深，这是因为 Ti 原子的外部电子比 Sn 原子的外部电子有更强的束缚作用，也表明 TiO_2 有比 SnO_2 更强的共价作用。这些施主能级的出现对提高可见光吸收和光生电子和空穴的复合有重要影响。随着费米能级的上移，受主本征缺陷的形成能降低，如 V_{Ti}和 O_i。电子复合中心将自发形成，它们将补偿光生本征施主缺陷，如 Ti_i 和 V_O缺陷。因为 V_{Ti} 和 O_i的形成能很高，这些缺陷的形成相对困难。V_{Ti} 和 O_i的形成能很高，可以解释为 Ti 为中心的 TiO_6八面体中带负电的 O 离子间大的静电排斥作用。

为了理解为什么在富 Ti 条件下 Ti 间隙缺陷形成能较低，这里对 Ti 间隙缺陷形成后的几何结构进行研究。以金红石型 TiO_2 为例，每个 Ti^{4+} 中心被 6 个 O^{2-} 包围，构成 TiO_6 八面体，而每个 O^{2-} 与 3 个 Ti^{4+} 成键。类似于 TiO_2 晶格中的 Ti 的周围环境，间隙 Ti 原子与周围原子的配位数也为 6，其环境相似。Ti 间隙原子有 +3 和 +4 两个电荷态，小的离子半径使之足够在主晶格的空隙位置形成，并有差不多类似 TiO_6 八面体的环境。另一个原因是 Ti 有两种稳定的氧化态化合物，即 +4 价 TiO_2 氧化态化合物和 +2 价 TiO 氧化态化合物。Ti 离子的引入使 TiO_2 中 O 的配位数类似于 TiO 中 O 的配位数。在 TiO 中，每个 Ti^{4+} 被 8 个 O 包围。因为 Ti 的高对称作用，没有扭曲发生，导致面心 fcc 晶格出现。由于两个 Ti 的两种氧化物均是稳定性构型，因此 Ti_i的形成不会产生大的结构扭曲而容易形成。另外，TiO_2 是一个有较高离子性的 N 型半导体，阴离子和阳离子之间的库仑相互作用强度以及 TiO_6 八面体的排列方式决定着结构的稳定性。Ti^{4+} 周围有 6 个 O^{2-} 最近邻，有 4 个 Ti^{4+} 次近邻。尽管锐钛矿型 TiO_2 结构中的 TiO_6 八面体与金红石结构中的类似，但是其排列方式不同，以至于部分本征缺陷的形成能有明显差异。

10.6　非金属单掺杂 TiO₂ 的电子结构

掺杂型的第二代 TiO₂ 光催化剂成为人们广泛研究的重点。从 2001 年至今，展开的大量理论和实验研究表明，非金属掺杂对 TiO₂ 的光催化性能有很大影响。部分实验研究表明，N、C 等非金属掺杂后，有利于提高光催化性能；也有研究发现非金属掺杂 TiO₂ 后的杂质能级容易成为电子和空穴的复合中心，从而减低光催化。这些光催化剂材料制备方法和条件不同，使材料的成分以及几何结构也有很大不同。实验上直接分析非金属掺杂 TiO₂ 的改性机理十分困难，在许多方面存在很大分歧，因此采用第一性原理研究非金属掺杂 TiO₂ 几何结构的稳定性以及能带结构十分必要。

10.6.1　物理模型

根据 10.4.1.1 中的锐态矿型 TiO₂ 原胞结构，建立了 48 个原子的 2×2×1 超胞，掺杂原子间"镜像"的距离足够大，可忽略掺杂原子之间的这种"镜像"之间的作用。对于非金属掺杂 TiO₂，这里主要考虑 N 和 C 两种杂质分别取代 O、Ti 以及晶格间隙位置三种类型，共建立 6 种模型结构。在考虑 N 和 C 两种杂质的化学势时，分别引入这些杂质的多种化合物形式，探讨掺杂制备条件和结构的稳定性。为了得到一个 N₂（g）、NO（g）和 NO₂（g）的总能量，将气体分子分别置入一个 1nm³ 的立方真空晶胞中，优化后键长分别为 0.1119nm、0.1166nm 和 0.1203nm，该结果与其它理论计算的结果误差均小于 2%。类似的还计算了 CO（g）和 CO₂（g）。对于 C 单质，选取了石墨的层状晶体结构来计算总能。

10.6.2　缺陷形成能

对非金属掺杂 TiO₂ 模型进行几何结构优化后，不同的杂质原子对 TiO₂ 几何结构的影响程度不同，掺杂后体系的稳定性也发生了较大变化。为了比较掺杂模型结构的稳定性以及掺杂浓度高低，首先计算了非金属掺杂 TiO₂ 的缺陷形成能。根据 10.1.4 节中的式 (10-14)，这里形成能可以改写为：

$$E_f = E_T(\text{doped}) - E_T(\text{undoped}) + n_{NM}\mu_{NM} + N_{Ti}\mu_{Ti} + n_O\mu_O + q(E_F + E_{VBM}^q)$$

$$(10-25)$$

其中，n_{NM} 和 μ_{NM} 分别表示掺杂原子的个数和类型。表 10-6 总结了中性电荷缺陷不同反应杂质来源对各种缺陷态形成能的影响。其中 C 杂质反应物种为单质石墨 C，气态的 CO 和 CO₂，其中 C 元素的化合价分别为 0、−2 和 −4；N 杂质反应物种为气态的 N₂、NO、NO₂，其中 N 元素的化合价分别为 0、−2 和 −4。

表 10-6　不同生长气氛条件下，C 和 N 的不同反应物种单掺杂 TiO₂ 可能产生的缺陷形成能大小

单位：eV

缺陷类型	生长气氛	C	CO	CO₂
C_O	富 O 极限	9.02	9.93	13.51
	富 Ti 极限	3.87	−0.37	−1.94
C_Ti	富 O 极限	−1.24	−0.34	3.24
	富 Ti 极限	9.06	4.81	3.24
C_i	富 O 极限	5.58	6.49	10.07
	富 Ti 极限	5.58	1.34	−0.23

缺陷类型	生长气氛	N₂	NO	NO₂
N_O	富 O 极限	5.18	4.83	5.95
	富 Ti 极限	0.03	−5.47	−9.50
N_Ti	富 O 极限	1.89	1.54	2.66
	富 Ti 极限	11.69	6.69	2.66
N_i	富 O 极限	5.72	5.37	6.49
	富 Ti 极限	5.72	0.22	−3.81

从表 10-6 中可以看出，在富 O 条件下 C_{Ti} 缺陷在三种杂质反应物种中均有低的缺陷形成能，其中以单质石墨为掺杂物种的形成能最低，可以达到 −1.24eV。这说明了在富 O 条件下单质石墨为掺杂物种形成的 C_{Ti} 浓度较高。在富 Ti 条件下 C_O 缺陷在三种杂质反应物种中有最低的缺陷形成能，其中以 CO_2 为掺杂物种的形成能最低，可达到 −1.94eV，说明了富 Ti 条件有利于 C 取代晶格中的 O 原子位。对于 N 掺杂 TiO_2 形成的各种缺陷中，富 O 条件下 N_{Ti} 缺陷在三种杂质反应物种中均有低的缺陷形成能，其中以 NO 为掺杂物种的形成能最低，为 1.54eV。但是这个形成能明显高于 C_{Ti} 缺陷情况，这或许与 N 的电负性比 C 更强，N 更接近 O 的电负性有关。富 Ti 条件下 N_O 缺陷形成能在三种杂质反应物种中有最低的缺陷形成能，其中以 NO 和 NO_2 为反应物种的形成能为负。总的来说，在三种掺杂类型的杂质反应物种，在富 Ti 条件下非元素高价态氧化物有利于掺杂；在富 O 条件下元素单质和低价态氧化物有利于掺杂。

事实上，表 10-6 中并没有列出各种带电点缺陷形成能的情况，而精确计算和分析带电缺陷对掺杂缺陷形成能的影响十分重要。根据最近的实验研究发现，退火后，N 和 C 容易替代晶格中的 O 位，这是由于 N 和 C 的电负性与 O 相近。非金属掺杂后，杂质原子与周围的 Ti 原子成键，在价带内或者价带顶上方附近的带隙中形成杂质能级。这里对 N 和 C 取代 O 的缺陷模型在不同电荷态下的形成能进行了计算和分析，如图 10-21 所示。可以看出，C 取代 O 后，在价带顶上方有转变能级 ε_{CO}（+1/−2）= E_{VBM} + 1.08eV，为三重态。这说明了 C 取代 O 后在转变能级位置附近将产生几条较深杂质能级。而 N 取代 O 后，在价带顶上方有转变能级 ε_{NO}（0/−1）= E_{VBM} + 0.26eV，为单态。这说明了 N 取代 O 后在转变能级位置附近将产生较浅的杂质能级。

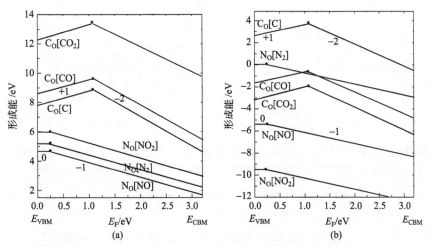

图 10-21 锐钛矿型 TiO_2 各种点缺陷的形成能与费米能级的函数关系

（a）富 O 条件；（b）富 Ti 条件

实心点表示热力学转变能级 $\varepsilon(q_1/q_2)$ 的位置

10.6.3 电子结构

为了进一步分析非金属取代 TiO_2 中 O 晶格位后对材料物理化学性质的影响，计算了它们的电子结构。图 10-22（a）显示了 C 取代 O 后，在带隙中出现了三条缺陷能级，距离原 O_{2p} 态的距离在 $0.8\sim1.7eV$，形成的受主缺陷能级非常深，这全部是由 C_{2p} 态提供的。图中显示当缺陷态为中性时，电子刚好填满中间一条缺陷能级。这种情况下在缺陷局部位置将 TiO_2 的带隙降低了约 $1eV$。这种带隙降低有利于可见光的吸收，扩展太阳光光谱的吸收范围。但是在费米能级上方 $0.7eV$ 处存在空的缺陷能级，这个深能级杂质容易成为光生电子和空穴的复合中心。

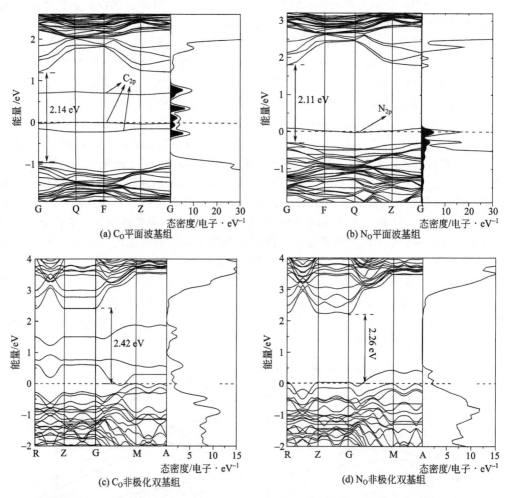

图 10-22 C 和 N 取代锐钛矿型 TiO_2 中 O 原子后，中性缺陷态下的能带结构和态密度

(a)和（b）是用平面波赝势计算的结果，（c）和(d)为非极化双基组赝势计算的结果

从图 10-22（b）的态密度可以看出，N 掺杂后带隙减小为 $2.11eV$。而 Ti_{3d} 能级有少许移动，这与 Ti 周围的晶体场的不对称增强有关，即 TiO_6 八面体发生了扭曲。一方面，N 原子外层电子比 O 少一个电子，N_{2p} 能级电位稍高于 O_{2p} 能级；另一方面，N_{2p} 与 Ti_{3d} 轨道杂化，使 N_{2p} 态发生分裂，一部分下移至价带，与 O_{2p} 态重叠，其中一条能级上移至导带上方 $0.3eV$ 处，即在价带顶上方的带隙中出现了一条缺陷能级。当缺陷态为中性时，该缺陷能级

处于半填充状态，该能级处于半填充状态，容易成为电子和空穴的复合中心。如果能在该半填充状态的缺陷能级上增加一个电子，使该能级上电子填充处于饱和状态，则可以有效避免电子和空穴的复合。为此这里提出了电荷补偿机制，即调整电子在缺陷能级上的填充状态，减小禁带宽度的同时，减少光生电子和空穴的复合。从图 10-22（c）和（d）可以看出，采用非极化双基组赝势计算的能带结构与平面波赝势方法的结果十分相似，而且发现 C 掺杂后的带隙大于 N 掺杂，这种趋势也与平面波赝势方法一致。

从表 10-7 可以看到，C 或 N 与周围三个 Ti 原子间的键布居数都为正值，这说明了杂质原子与三个 Ti 原子所成键的共价作用较强。这种键布居数的差异表明了 c 方向的共价键要弱于其它两个键。由于 N 的电负性大于 C，故 N 与两侧 Ti 原子所成共价键要比掺 C 情形所成键强，但与下方的 Ti 原子所成键要比掺 C 情形所成键弱。

表 10-7 C 与 N 分别取代 O 后，与三个邻近 Ti 原子间的键布居数

键类型	C—Ti$_a$	C—Ti$_b$	C—Ti$_c$	N—Ti$_a$	N—Ti$_b$	N—Ti$_c$
键布居	0.347	0.347	0.248	0.356	0.356	0.229

图 10-23 和图 10-24 分别描绘了 C 和 N 单掺杂锐钛矿型 TiO$_2$ 晶格在<0，1/2，0>面和<1/2，0，0>面上的电子密度分布图。可以判断，C 或者 N 与 Ti 是以共价键的形式结合的。由于 C 和 N 原子最外层电子要比 O 分别少两个和一个电子，以至于 C 和 N 原子周围的电荷密度要比 O 小。O、N 和 C 三种元素的电负性分别为 3.44、3.04、2.55，因此可以解释 C 的掺入更倾向于形成共价键。

(a)　　　　　　　　　　(b)

图 10-23 阴离子 C 掺杂锐钛矿型 TiO$_2$ 截面电子密度分布图

（a）< 0,1/2,0> 面；（b）< 1/2,0,0> 面

(a)　　　　　　　　　　(b)

图 10-24 阴离子 N 掺杂锐钛矿型 TiO$_2$ 截面电子密度分布图

（a）< 0,1/2,0> 面；（b）< 1/2,0,0> 面

10.7　非金属与过渡金属共掺杂 TiO$_2$ 的电子结构

最近几年，部分实验人员开展了共掺杂研究，尤其是非金属和金属共掺杂研究。通过两种杂质原子在 TiO$_2$ 中的不同作用来调整材料的能带结构，以提高光催化活性。目前常见的共掺杂体系有 C/TM 和 N/TM 两个系列。部分实验结果表明，共掺杂 TiO$_2$ 后材料的光吸收和光催化性能得到很大提高。为了寻找最优的共掺杂 TiO$_2$ 体系，计算了多组共掺杂体系的能带结构和态密度，分析了费米能级附近杂质能级的位置，总结了共掺杂对光催化性能的影响。

10.7.1　物理模型

选取前面48个原子的 $2 \times 2 \times 1$ 超胞，建立金属和非金属离子共掺杂的模型，即用过渡金属离子取代 Ti 位和用非金属离子取代 O 位。这里考虑了两个系列的共掺杂：氮与过渡金属共掺杂和碳与过渡金属共掺杂，即 N/V、N/Cr、N/Mn、N/Fe、N/Co、N/Ni、N/Nb、N/Ta 和 C/Cr、C/Mo、C/W。而且这里为了计算两个掺杂离子的缺陷束缚能，金属和非金属同时取代了最近邻的 Ti 位和 O 位。对于最近邻原子的替位，根据两种杂质原子在晶格中的相对位置，可以分为如彩图9所示的两种掺杂方式：横向和纵向掺杂。

10.7.2　共掺杂的束缚能

首先对共掺杂 TiO$_2$ 模型进行几何结构优化，发现金属和非金属共掺杂 TiO$_2$ 对几何结构的影响程度不同，掺杂后体系的稳定性也发生了较大变化。为了比较掺杂后材料结构的稳定性，计算了 TiO$_2$ 中杂质的束缚能。束缚能定义为：

$$E_b = E_T(M_{Ti}) + E_T(N_O) - E_T(M_{Ti} + N_O) - E_T(TiO_2) \tag{10-26}$$

式中，E_T（M_{Ti}）为金属原子取代 Ti 位后体系总能；E_T（N_O）为 N 取代 O 后体系的总能；E_T（$M_{Ti} + N_O$）为金属原子取代 Ti 和 N 取代 O 后体系的总能；E_T（TiO$_2$）为纯 TiO$_2$ 体系的总能。当两个共掺杂缺陷出现在材料中的时候，正的束缚能 E_b 表明缺陷会趋向彼此成键，形成缺陷对。N 和金属共掺杂 TiO$_2$ 后，计算出杂质束缚能如图 10-25 所示。可以看出，在所有考虑的模型中，共掺杂缺陷对的束缚能均为正，这表明了与孤立的缺陷相比，共掺杂缺陷对结构相对更稳定，这主要归因于共掺杂后的杂质离子在库仑作用下有团聚成键的趋势。这也表明了共掺杂有利于提高杂质缺陷的溶解度。

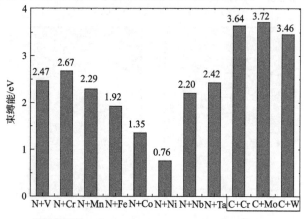

图 10-25　非金属与金属离子共掺杂的束缚能

在 N 与金属共掺杂体系中，N/Cr 有较高的束缚能，达到 2.67eV；而 N/Ni 共掺杂有最低的束缚能，为 0.76eV，这主要是因为 N 离子与金属离子的库仑束缚作用强弱有关。随着金属离子性的增强，N 离子与金属离子的共价作用减弱，而库仑束缚能也降低。在 C 与金属共掺杂体系中，缺陷对的束缚能相对较高，而且明显高于 N 离子与金属离子的束缚能。这主要是因为 C 的电负性低于 N 的电负性，使缺陷对的共价作用更强，形成缺陷对后其库仑束缚能更高。总之，正的束缚能表明了共掺杂的杂质离子会自发团聚形成稳定的缺陷对结构。若只考虑最近邻原子的替位，根据表 10-8 可知，横向掺杂方式得到的收敛后总能要更低，说明横向掺杂方式更有利于掺杂后系统的稳定，所以在本章的最近邻共掺杂模型中都采用横向掺杂方式。

表 10-8 两种掺杂方式系统的总能，以横向掺杂体系为能量参考零点 单位：eV

掺杂方式	平面波赝势		双极化轨道基组	
	V/N	C/Cr	N/Nb	C/Mo
横向掺杂	0	0	0	0
纵向掺杂	0.151	0.124	0.306	0.210

10.7.3 共掺杂的电子结构

图 10-26 为非金属与金属离子共掺杂 TiO_2 体系的能带结构和态密度图。可以看出，共掺杂 TiO_2 与分别单掺杂 TiO_2 的能带图和态密度图明显不同，主要表现在杂质能级在带隙中的位置发生了很大改变。对于 N 与金属共掺杂体系，可以发现 N/V、N/Nb 和 N/Ta 的能带结构非常相似，即在价带顶上方附近出现一条由 N_{2p} 态提供的受主能级，而过渡金属杂质的 3d 能级上移，位于导带内。而 N/Cr 共掺杂仅使导带下方 0.3eV 附近出现 Cr_{3d} 态。对于 N/Mn、N/Fe、N/Co、N/Ni 共掺杂，在带隙中均出现了多条杂质能级。而对于 C 与金属共掺杂体系，可以发现其共同特点是在价带顶上方附近出现主要由 C_{2p} 态提供的三条杂质能级。值得注意的是 C/Cr 共掺杂还会在导带底出现由 Cr_{3d} 提供的杂质能级，而 C/Mo 和 C/W 共掺杂并没有在导带底出现杂质能级。对比图 10-26，这些杂质能级对 TiO_2 光催化性质影响可以总结为：

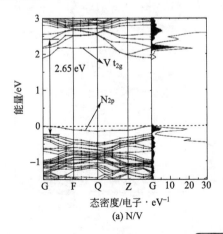

(a) N/V

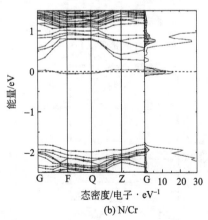

(b) N/Cr

图 10-26

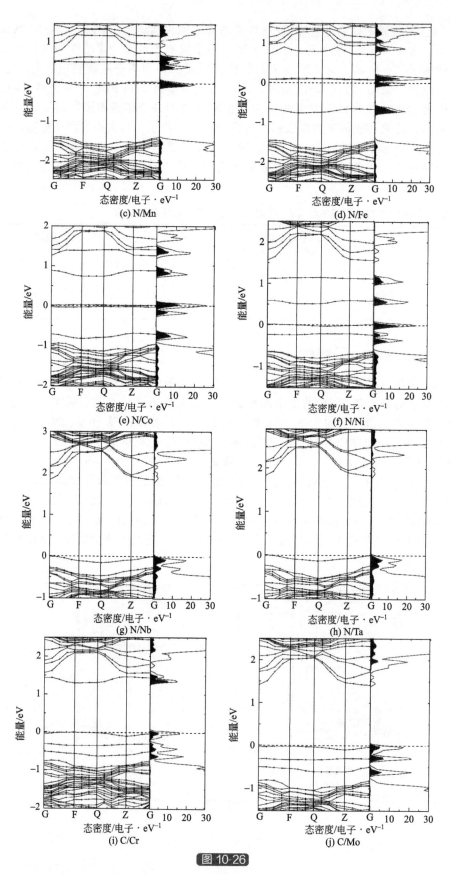

图 10-26

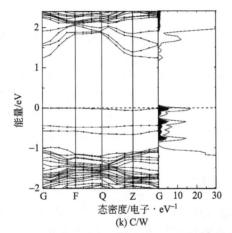

図 10-26　非金属与金属离子共掺杂 TiO$_2$ 体系的能带结构和态密度

（1）在导带底下方和价带顶上方分别出现由金属 3d 和非金属 2p 态提供的杂质能级，如 N/V 和 C/Cr 共掺杂。一方面杂质能级的出现降低了电子跃迁需要的光子能量，使光谱吸收范围红移，而且由于共掺杂后的电子自补偿作用，费米能级刚好位于非金属 2p 杂质能级的上方，该杂质能级处于满填充状态，可以有效减少电子和空穴的复合，有利于量子产率的提高。

（2）仅在导带下方附近出现杂质能级，这主要是由过渡金属的 3d 态提供，如 N/Cr 共掺杂。这种共掺杂体系的能带结构与金属单掺杂时相比，有两点值得注意：①非金属的引入使过渡金属的 3d 态有较大程度的上移；②费米能级刚好穿过最低的杂质能级，说明该能级处于半填充状态，容易成为电子的俘获中心。

（3）仅在价带顶上方附近出现杂质能级，主要由掺杂非金属元素的 2p 态提供，如 N/Nb、N/Ta、C/Mo 和 C/W 共掺杂。这几种共掺杂突出的特点是费米能级刚好处于杂质能级上方，即这些受主杂质能级得到电荷补偿，使杂质能级处于满填充状态，这有利于抑制电子和空穴在杂质能级上的复合。

（4）在带隙中央出现非金属和金属杂质提供的能级，如 N/Mn、N/Fe、N/Co、N/Ni 共掺杂。这些深施主或者深受主杂质能级的出现容易成为电子和空穴的复合中心。

10.8　共掺杂的协同效应研究

根据 10.4.1.1 中共掺杂 TiO$_2$ 的能带结构和态密度，发现非金属和金属共掺杂可以在很大程度上改变 TiO$_2$ 材料在费米能级附近的电子结构。大量的实验研究表明 N 或者 C 掺杂 TiO$_2$ 能够有效提高光谱响应范围，但是难以实现高浓度掺杂，制约了它在光催化领域的发展，而且产生的杂质能级容易成为电子和空穴的复合中心。在 10.4.1.1 中可以预测 N/V、C/Cr 共掺杂体系可能有较强的光催化活性。为了深入探讨两种杂质离子的协同作用，本节对 N/V、C/Cr 共掺杂 TiO$_2$ 体系进行了研究，计算了共掺杂的缺陷形成能，讨论了共掺杂对杂质浓度和电子结构的影响，最后比较了它们的光吸收范围。

10.8.1　物理模型

依据前面 48 个原子的 2×2×1 超胞，建立了 N/V 和 C/Cr 两种掺杂体系。为了进一步证实 10.4.1.1 中掺杂的非金属离子与金属离子团聚在一起的趋势，对 N/V 共掺杂体系考虑了三种模型，即 1 号位的 O 被 N 取代后，附近的 2 号位［最近邻（NN）］、3 号位［次近邻（SN）］和 7 号位［远近邻（TN）］的 Ti 原子用 V 原子取代，可表示为：$(V_{Ti}+N_O)_{NN}$，$(V_{Ti}+N_O)_{SN}$，$(V_{Ti}+N_O)_{TN}$，以研究共掺杂体系稳定构型和掺杂位置对电子结构和光学性质的影响。其结构如彩图 10 所示，其它有关原子位置也用数值标出。因为极高的形成能以及不稳定性，N 和 V 的间隙缺陷模型在本书中均不予考虑。为了计算氮气（N_2）和一氧化氮（NO）的总能量，将两个 N 分子以及一个 N 原子和 O 原子构成的分子分别置于 $1nm^3$ 的立方真空盒子中，优化后键长分别为 0.1119nm 和 0.1166nm，该结果与其它理论计算的结果误差均小于 2%。这里选取的 V 和 Cr 单质的空间群均为 IM-3M，VO_2 和 Cr_2O_3 的空间群为 P21/C 和 R-3C。

10.8.2　共掺杂缺陷形成能

首先对掺杂 TiO_2 模型进行几何结构优化，发现 N/V 和 C/Cr 共掺杂 TiO_2 对几何结构的影响程度不同，掺杂后体系的稳定性也发生了较大变化。为了比较掺杂模型结构的稳定性，计算了非金属和过渡金属共掺杂 TiO_2 的形成能。在仅考虑中性缺陷情况下，根据 10.1.4 中的式（10-14），共掺杂缺陷的形成能定义为

$$E_f = E_T(\text{doped}) - E_T(\text{undoped}) + n_M\mu_M + n_{NM}\mu_{NM} + n_{Ti}\mu_{Ti} + n_O\mu_O \qquad (10\text{-}27)$$

式中，$E_T(\text{doped})$ 为共掺杂后体系总能；$E_T(\text{undoped})$ 为纯 TiO_2 体系总能；μ_M、μ_{NM} 为掺杂元素的化学势；μ_{Ti}、μ_O 为 Ti 和 O 的化学势；n_O、n_{Ti} 分别为移去或增加原子产生取代缺陷的数目。例如 $n_{Ti}=-1$，$n_V=1$，$n_N=-1$，$n_O=1$ 表示一个 V 原子取代了 Ti 的同时，N 原子取代 O。根据 10.2.3 中的式（10-18）可知：$\frac{1}{2}\Delta H_f[TiO_2] \leqslant \Delta\mu_O \leqslant 0$。由于计算出 $\Delta H_f[TiO_2]=-10.3eV$，故有 $-5.15eV \leqslant \Delta\mu_O \leqslant 0$。根据公式（10-17），计算出了不同生长条件下 N/V 和 C/Cr 杂质缺陷形成能随 O 的相对化学势 $\Delta\mu_O$ 变化关系。这里考虑了 bcc 结构的 V 和 Cr 单晶，空间群为 IM-3M，以及 VO_2 和 Cr_2O_3 的空间群为 P21/C 和 R-3C。掺杂物种类型不同，在不同的生长气氛下杂质引入的形成能也将不同。对于 N/V 共掺杂体系，分别考虑了 V 和 N 以元素单质掺杂情况和以氧化物 VO_2 和 NO 形式掺杂情况。对于 C/Cr 共掺杂体系，分别考虑了 C 和 Cr 以元素单质掺杂情况和以氧化物 Cr_2O_3 和 CO 形式掺杂情况。根据公式（10-17）计算出了这些掺杂物种来源的缺陷形成能，其结果如图 10-27 所示。

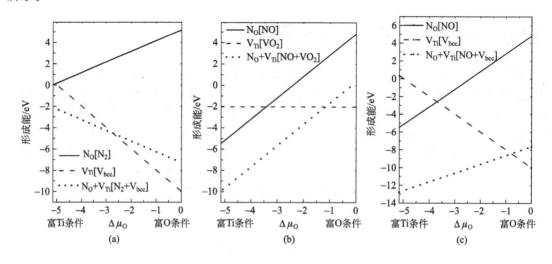

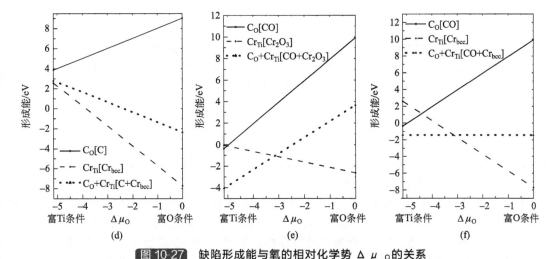

图 10-27 缺陷形成能与氧的相对化学势 Δμ_o 的关系

（a）N 和 V 单质为掺杂物种；（b）氧化物 VO₂ 和 NO 为掺杂物种；（c）V 单质和 NO 为掺杂物种；
（d）C 和 Cr 单质为掺杂物种；（e）氧化物 Cr₂O₃ 和 CO 为掺杂物种；（f）Cr 单质和 CO 为掺杂物种

在热力学平衡条件下，缺陷浓度与形成能之间关系可以用 10.1.4 中的式（10-9）表示。可以知道缺陷形成能越低，该类型缺陷越容易出现，即缺陷浓度越高。图 10-27（a）和（d）显示 N 和 C 以单质形式单掺杂的形成能均为正，且在富 O 条件下很高，这表明 N 和 C 单质的单掺杂相对困难，以至于非金属的掺杂浓度不高。而 V 和 Cr 以单质形式的单掺杂有低形成能，表明了金属的单质掺杂要比非金属单质掺杂容易得多。即使在富 Ti 条件下，V 和 Cr 单质的单掺杂浓度也分别比 N 和 C 单质的单掺杂要高得多。如果非金属和金属均以元素单质共掺杂，其形成能均较非金属单质的单掺杂形成能低许多。根据 10.1.4 中的式（10-9）可知，金属掺杂有效地降低了非金属掺杂 TiO₂ 的高形成能，也就是说金属掺杂有利于 N 和 C 掺入 TiO₂。

与元素单质掺杂相比，以氧化物单掺杂和共掺杂 TiO₂ 的形成能随 O 的化学势变化关系有明显不同，见图 10-27（b）和（e）。主要表现在 NO 或者 CO 单掺杂 TiO₂ 体系的形成能发生下移，使得在富 Ti 条件下的形成能由正变为负，表明了在富 Ti 条件下以氧化物为掺杂反应物种比单质掺杂容易得多。在图 10-27（b）中，以 VO₂ 为掺杂反应物种的形成能几乎不随 O 的化学势而变化，是因为 VO₂ 材料的生长条件与 TiO₂ 几乎相同，以 VO₂ 为掺杂反应物种并不会引起形成能太大的变化。与图 10-27（a）中共掺杂情况相比，以氧化物为掺杂反应物种的共掺杂形成能随 O 的化学势变化关系刚好相反。主要表现在富 Ti 条件下形成能较低，掺杂浓度较高；在富 O 条件下的形成能由负变为正，掺杂浓度相对较低。也就是说，NO 和 VO₂ 为掺杂反应物种的共掺杂 TiO₂，在富 Ti 条件下更利于高浓度掺杂和体系结构的稳定。可以推测如果选择 V 单质和 NO 物种共掺杂可以有效减小掺杂形成能。利用公式（10-17）计算出共掺杂的形成能在富 O 和富 Ti 条件下分别为 −7.620eV 和 −12.765eV。在富 O 条件下其形成能大小与以单质共掺杂的形成能很接近，而在富 Ti 条件下，比其它两组共掺杂的形成能低得多。可以知道，在富 O 条件下 N 以何种形式掺杂对形成能的影响不大，而在富 Ti 气氛下则影响明显。

总的来说，这里提高掺杂浓度的有效办法与掺杂的物种有密切关系。如果是均以单质的形式共掺杂，则富 O 条件更有利于杂质原子的引入；如果均以氧化物的形式共掺杂，则富 Ti 条件更有利于杂质原子的引入；如果选择一种单质和一种氧化物共掺杂，对于 N/V 共掺杂，V 单质和 NO 物种共掺杂有利于杂质的引入，而对于 C/Cr 共掺杂则情况相对复杂。对于 C/Cr 共掺杂，在富 Ti 条件下，以 CO 和 Cr_2O_3 为掺杂物种，有低形成能（$-4.06eV$）；在富 O 条件下，以 C 和 Cr 单质为掺杂物种，有低的形成能（$-2.35eV$）；当 O 的化学势能处于中间位置附近时，以 CO 和 Cr 单质为掺杂物种，有低的形成能（$-1.44eV$）。

同时考虑在晶格中 V 和 N 共掺杂的相对位置，计算出在富 O 气氛下 $(V_{Ti}+N_O)_{NN}$、$(V_{Ti}+N_O)_{SN}$ 和 $(V_{Ti}+N_O)_{TN}$ 三种掺杂构型的形成能为 $-7.263eV$、$-7.113eV$ 和 $-6.533eV$；在富 Ti 气氛下，其形成能分别为 $-2.113eV$、$-1.963eV$ 和 $-1.383eV$。一方面，N/V 共掺杂在富 O 条件下比富 Ti 条件下有更低的形成能，即富 O 条件更有利于实现 N/V 高浓度的共掺杂；另一方面，V 与 N 离子的距离越近，其形成能越低，说明 V 与 N 有团聚成键的趋势，这与采用式（10-16）计算出的束缚能预测的结果一致。

在 N 单掺杂模型中，Ti—N 键长分别为 0.1956nm 和 0.2041nm，比未掺杂时候的稍长。其布居数分别为 0.43 和 0.29。而在 C 单掺杂模型中，Ti—C 键长分别为 0.2011nm 和 0.2204nm，其布居数分别为 0.40 和 0.22。可以看出，键长越短，键布居数越大，较短距离的 Ti—N 键或者 Ti—C 键表现出强的共价键作用。V 或 Cr 取代 Ti 原子对 TiO_2 几何结构的影响也不大，其平均键长稍小于未掺杂时键长。对于 $(V_{Ti}+N_O)_{NN}$ 双掺杂，V—N 键布居数为 0.79，远大于其它原子间的键布居数。也就是说它们之间发生了强烈的共价作用，使 V—N 键长仅仅为 0.1659nm，远小于 VN 化合物中的 V—N 键长 0.2069nm。对于 $(Cr_{Ti}+C_O)_{NN}$ 双掺杂体系，Cr—C 键也表现出类似性质。从原子布居上看，由于 N 的电负性低于 O 的电负性，与远近邻比较，在 $(V_{Ti}+N_O)_{NN}$ 双掺杂体系中 N 的布居数增加了 0.17e，而 V 的布居数减小了 0.11e，显示 V—N 的共价作用大于 V—O。由于 V（或 Cr）向 N（或 C）方向的移动导致组成 TiO_6 八面体的 O 原子位置发生较大改变。由于 V（Cr）原子的引入，使得附近的 TiO_6 八面体发生畸变，导致其重心偏离 Ti^{4+}，因而产生磁偶极矩。Sato 等研究表明，由磁偶极矩产生的局域内建场有利于电子-空穴对的分离，即抑制电子-空穴对的复合，因此能显示更好的光催化性能。

10.8.3 电子结构

由于交换关联能采用广义梯度近似（GGA），使计算出纯 TiO_2 的带隙（2.25eV）小于实验值（3.23eV）。从图 10-22（b）可以看出，N 掺杂 TiO_2 后带隙减小为 2.11eV，而且掺杂导致在价带上方附近出现一条半填充的受主杂质能级，容易成为电子和空穴的复合中心；另一方面，这些在禁带中出现的新杂质能级使电子在带间跃迁需要的光子能量更低，导致掺杂的 TiO_2 的光吸收范围由紫外区域扩展到可见光区域。从图 10-22（a）可以看出，C 单掺杂 TiO_2 后在价带上方出现三条杂质能级，尽管这些杂质能级的出现可以降低电子跃迁所需的光子能量，但是最上一条杂质能级处于半填充状态，容易成为电子和空穴的复合中心。当 V 取代 Ti 后，周围原子配位数没有发生变化，而 V 比 Ti 原子多一个电子，$V_{3d}\,t_{2g}$ 能级电位稍低于 $Ti_{3d}\,t_{2g}$ 能级，由于 $V_{3d}\,t_{2g}$ 与 $Ti_{3d}\,t_{2g}$ 轨道杂化，使 $Ti_{3d}\,t_{2g}$ 能级上移约 0.4eV，以至于在导带下方 0.7eV 处出现了 V 的杂质能级，如彩图 9（a）所示。而且 V 单掺杂后的带隙增大为 2.56eV，并在导带底附近出现了几条连续的杂质能级，其中电位最低的杂质能级处于半填充状态，作为施主能级，容易成为电子和空穴的复合中心。价带顶到 $V_{3d}\,t_{2g}$ 杂质能级需要的光子能量超过 2eV，仅仅比未掺杂 TiO_2 体系的带隙低 0.2eV，高的带隙和浅的施主能级导致了 V 单掺杂对光吸收的影响很有限。

从图 10-26（a）可以看出，V 与 N 成键使带隙增加，V_{3d} 和 N_{2p} 能级分别在导带底和价带顶表现出较强的局域性，即掺杂的扩散态收缩；另一方面，V 与 N 间强的成键作用导致 Ti—O 的成键作用减弱，以至于 O_{2p} 和 Ti_{3d} 能级分裂减弱，能带展宽减小，带隙增加。进一步说明了 V 和 N 双掺杂 TiO_2 时，V 和 N 的相互作用对能带的调制有很大影响。V—N 的共价作用使杂质能级的位置发生了很大变化，主要表现在 V 的杂质能级向上移动，与 Ti_{3d} 能级有更大的重叠，而 N_{2p} 能级出现下移。V — N 键长仅仅为 0.1659nm，它们受到周围 Ti 和 O 的晶体场作用减弱而使能级分裂减弱，最终使能级收缩而出现杂质能级移动。在价带顶和导带底附近均出现了杂质能级不仅可以有效减小电子跃迁所需的光子能量，而且出现 $V_{3d}\ t_{2g}$ 杂质能级上的一个电子转移至 N_{2p} 杂质能级上，使该杂质能级刚好被电子填充满，使费米能级刚好位于 N_{2p} 能级上方。可以理解为导带底下方的施主杂质能级上的一个电子刚好补偿价带顶上方的受主杂质能级上的一个空穴，使掺杂后的 TiO_2 材料表现出显著的半导体特征，这将分别成为电子或者空穴的捕获中心，减少电子和空穴的复合，提高量子产率。图 10-28 总结了 N/V 共掺杂 TiO_2 协同作用。

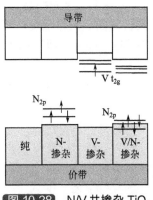

图 10-28　N/V 共掺杂 TiO_2 的协同效应原理图

从图 10-26 (b) 可以看出，C/Cr 共掺杂 TiO_2 也使价带顶和导带底附近出现了杂质能级。与 N/V 共掺杂相比，一方面 C/Cr 共掺杂后带隙要小 0.23eV，约为 2.33eV；另一方面，这些价带顶和导带底附近的杂质能级位置相对较深。由此可见，C/Cr 共掺杂 TiO_2 使电子跃迁所需的光子能量较低，使光吸收谱有较大红移。而且从图中可以看出导带底下方的 Cr 施主杂质能级上的两个电子刚好补偿价带顶上方的 C 受主杂质能级上的两个空穴，使费米能级刚好位于 C_{2p} 最高杂质能级的上方。这种电荷补偿作用将大大减少电子和空穴的复合，有利于光催化反应中量子产率的提高。

10.8.4　光学性质

由于计算电子结构中无论是带间还是带内跃迁频率都远超过声子频率，而且使用的方法是单电子近似方法，故仅考虑电子激发。从量子力学的观点看，带间跃迁光吸收过程是电子在辐射电磁场微扰的作用下从低能占据态到高能未占据态之间的跃迁过程。根据费米黄金定律，介电函数虚部的计算利用电偶极子近似进行，可以从直接跃迁概率的定义推导出介电函数的虚部 ε_2 为

$$\varepsilon_2(\omega) = \frac{2e^2\pi}{\Omega\varepsilon_0} \times \sum_{k,\ V,\ C} |<\psi_K^c\ |\ u\cdot r\ |\ \psi_K^V>|^2 \delta(E_K^C - E_K^V - E) \tag{10-28}$$

式中，u 是入射电场的极化方向量；C、V 分别表示导带和价带；K 为倒格矢；$<\psi_K^c\ |\ u\cdot r\ |\ \psi_K^V>$ 为动量跃迁矩阵；E_K^C、E_K^V 分别为导带和价带上的本征能级。利用 Kramers—Kronig 变换，可利用介电函数的虚部得到其实部。利用吸收系数 η 与复折射率的虚部 k 之间的关系可以得到吸收光谱；$\eta = 2k\omega/c$，其中 c 为真空中的光速。

杂质能级的出现和带隙的改变对 TiO_2 的光吸收有重要影响。为了进一步分析共掺杂对 TiO_2 可见光吸收的影响，计算了 N 和 V 单掺杂和共掺杂以及 C/Cr 单掺杂和共掺杂 TiO_2 后的光学性质。计算采用了多晶模型，获得如图 10-29 所示的吸收光谱。由于仅仅考虑掺杂对吸收带边相对移动的影响，没有对带隙进行修正。从图 10-29 (a) 中可以看出，几种掺杂模型的吸收带边大约在 400nm，这对应于价带顶到导带底（带隙）间电子的跃迁。对于 N 单掺杂 TiO_2 模型，在吸收带边 400nm 之后并没有立即减小到 0，而是有一个很长的缓冲区，这主要对应于电子从 O_{2p} 能级跃迁至 N_{2p} 杂质能级所需的光子能量波长，这个大的吸收范围成为 N 掺杂 TiO_2 吸收光谱的主要特征；由此可见 N 单质掺杂对可见光的吸收有重要影响。V 掺杂对光谱的影响远不如 N 掺杂情况。图 10-29 (a) 还显示共掺杂 TiO_2 体系的光吸收强度和范围好于 V 单掺杂，但是明显弱于 N 的单掺杂体系。换句话说，N/V 共掺杂

TiO₂ 体系中，对光的吸收主要来自 N 杂质的影响。对比分析可知，要提高 TiO₂ 对可见光的吸收范围和吸收强度，可以通过提高 N 的掺杂浓度来实现。由此可以知道，V 掺杂有利于 N 掺入 TiO₂，即有利于 N 杂质浓度的提高。

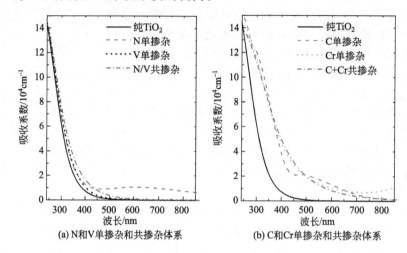

(a) N和V单掺杂和共掺杂体系　　　(b) C和Cr单掺杂和共掺杂体系

图 10-29　掺杂 TiO₂ 的光吸收谱

从图 10-29（b）中可以看出，C 和 Cr 单掺杂和共掺杂 TiO₂ 的吸收边向红外方向扩展了 100～200nm。这主要是由于多条杂质能级的出现，使电子跃迁所需要的能量减小。尽管 C 和 Cr 单掺杂与共掺杂 TiO₂ 的光吸收范围差别不大，但是共掺杂对 TiO₂ 的光催化性能有两点好处。一是共掺杂的电荷补偿作用可以降低电子和空穴的复合率；二是共掺杂作用使它们单掺杂引入过深的杂质能级变浅，减少了电子和空穴在杂质能级上的复合。因此从光催化性能来说，C 和 Cr 共掺杂 TiO₂ 要好于它们单掺杂 TiO₂ 的情形。

参考文献

[1] Gai Y Q，Li J B，Li S S，et al. Phys. Rev. Lett.，2009，102：036402.

[2] Grätzel M. Nature，2001，414：338.

[3] Xu Y，Schoonen M A A. Am. Mineral，2000，85，543.

[4] Thulin L，Guerra. J. Phys. Rev. B，2008，77，195112.

[5] Diebold U. Surf. Sci. Rep.，2003，48（5-8）：53.

[6] Van DeWalle C G，Neugebauer J. J. Appl. Phys.，2004，95：3851.

[7] Matsunaga K，Tanaka T，Yamamoto T，et al. Phys. Rev. B，2003，68：085110.

[8] HofmeisterW，Tillmanns E. Acta Crystallogr C，1984，40：1510.

[9] Templeton D H，Dauben C H. J. Chem. Phys.，1960，32：1515.

[10] Sato J，Kobayashi H，Inoue Y. J. Phys. Chem. B，2003，107：7970.

[11] Arco P D，Silvi B，Roetti C，Orland R. J. Geophys. Res. B，1991，96：6107.

[12] Kahlenbeerg V，Fischer R X，Shaw C S J. J. Solid State Chem.，2000，153：294.

[13] Zhurov V V，Bush A A，Ivanov S A，et al. Sov. Phys. Solid State，1991，33：960.

[14] Inoue Y. Energy Environ. Sci.，2009，2：364.

[15] Ikarashi K，Sato J，Kobayashi H，et al. J. Phys. Chem.，2002，106：9048.

[16] Inoue Y. Energy Environ. Sci., 2009, 2: 364.

[17] Fu H B, Pan C S, YaoW Q, Zhu Y F. J. Phys. Chem. B, 2005, 109: 22432.

[18] Fu H B, Lin J, Zhang LW, Zhu Y F. Applied Catalysis A: General, 2006, 306: 58.

[19] Ma X G, Lu B, Li D, et al. J. Phys. Chem. C, 2011, 115 (11): 4680.

[20] Ng H N, Calvo C, Faggiani R. Acta Crystallogr. B, 1978, 34: 898.

[21] Liang Y C, Zhang B, Zhao J Z. Phys. Rev. B, 2008, 77: 094126.

[22] Lazzeri M, Vittadini A, Selloni A. Phys. Rev. B, 2001, 63: 155409.

[23] Maki-Jaskari M A, Rantala T T. Phys. Rev. B, 2002, 65: 245428.

第 **11** 章
光催化材料的表征方法

材料的成分、微观结构、显微形貌及其基本的物理化学特性决定了材料的电、磁、光、声、热、力等宏观物理性能。因此对于材料微观特性的表征是深入研究材料性能及其应用的基础。本章主要介绍在光催化材料研究中所涉及的各种表征方法。其中包括利用光谱及能谱技术获得材料体相及表面的成分信息,这包括原子光谱技术、无机质谱技术以及与构成材料的原子内层电子结构相关的各种能谱技术（XPS、AES、EDS）。同时还探讨了利用 X 射线衍射和电子衍射技术获得材料晶相结构的表征方法,另一方面拉曼光谱技术也可以获得材料削,州结构相关的信息。在微观形貌分析方法中扫描电子显微镜、透射电子显微镜以及原子力原微镜是目前最为有力的工具。除此之外还介绍了光催化材料研究中常用的光学性能表征方法、颗粒材料的比表面测试技术以及热分析方法等。除简要介绍各种表征方法的基本原理及特点外,本章还给出了这些方法在光催化材料研究中的一些典型的应用实例。

11.1 光催化材料的成分分析方法

在成分分析中,常量与微量分析是就样品中元素含量而言的。常量分析常用 X 射线荧光光谱（XRF）技术,这一技术对于不同元素分析的下限在 0.1% 左右,样品通常为固相。作为微量及痕量成分的分析,通常使用原子光谱技术及无机质谱技术,其分析元素含量的下限可以达到 10^{-9} 甚至 10^{-12} 的含量,但是仪器必须要求液体进样,因此微波消解技术是这些样品前处理方法中比较重要的一种,特别是对于难溶氧化物及有机物样品。

11.1.1 X射线荧光光谱法

用 X 射线照射样品时,样品可以被激发出各种波长的荧光 X 射线,需要把混合的 X 射线按波长分开,分别测量不同波长的 X 射线的强度以进行定性和定量分析。当能量高于原子内层电子结合能的高能 X 射线与原子发生碰撞时,驱逐一个内层电子而出现一个空穴,使整个原子体系处于不稳定的激发态,激发态原子寿命约为 10^{-14}s~10^{-12},然后自发地由能量高的状态跃迁到能量低的状态。

具体原理为:原子中的内层（如 K 层）电子被 X 射线辐射电离后在 K 层产生一个正空穴。外层（L 层）电子填充 K 层空穴时,会释放出一定的能量,当该能量以 X 射线辐射释放出来时就可以发射特征 X 射线荧光。

X 射线荧光光谱研究光催化材料的组成具有如下特点：①分析的元素范围广，从 $_4$Be 到 $_{92}$U 均可测定，适合掺杂成分的分析；②荧光 X 射线谱线简单，相互干扰少；③分析样品不被破坏，分析方法比较简便；④分析浓度范围较宽，从常量到微量都可分析，重元素的检测限可达 10^{-6} 量级，轻元素稍差。另外，对于薄膜光催化剂材料的研究，XRF 可以进行薄膜的厚度测定，其测定范围可以从几个纳米到几十微米，适合一些涂层薄膜光催化剂的厚度分析。但 XRF 进行薄膜厚度测定时，需要有薄膜的密度数据以及薄膜必须具有很好的、完整的层状结构，否则就会有很大的误差。

XRF 广泛应用于固体材料的分析，如矿物成分分析、环境材料分析、陶瓷材料分析、催化剂成分分析、薄膜厚度测定。XRF 应用实例有：电子产品的 Pb、Hg、Cd、Cr 和 Br 的快速精确测定，极地植物可作为全球污染指数稳定指示样品，树年轮 XRF 谱等。

11.1.1.1 X 射线荧光光谱分析法

由于 X 射线具有一定波长，同时又有一定能量，因此 X 射线荧光光谱仪有两种基本类型：波长色散型和能量色散型。能量色散型 XRF 具有如下特点：采用高分辨率的半导体检测器直接测量 X 射线荧光光谱线的能量，结构小，检测灵敏度可以提高 2～3 个数量级，不存在高次衍射谱线的干扰，一次全分析样品中的所有元素，对轻元素的分辨率不够，一般不能分析轻元素。

XRF 分析时，样品可以是固体、粉末、熔融片、液体等。粉末样品需研磨到 300 目左右，进行压片；也可溶解成溶液或用滤纸吸收。无标半定量方法可以对各种样品定性分析，并能给出半定量结果，结果准确度对某些样品可以接近定量水平，且分析时间短。

XRF 在进行薄膜厚度分析时具有以下特点：对金属材料检测深度为几十微米；对高聚物可达 3mm；薄膜元素的荧光 X 射线强度随镀层厚度的增加而增强，而基底元素的荧光 X 射线的强度则随镀层厚度的增加而减弱。可用于膜层厚度为几个纳米到几十微米的微电子、电镀、镀膜钢板以及涂料等材料的薄膜层研究。

俄歇效应与 X 射线荧光发射是两种相互竞争的过程。对于原子序数小于 11 的元素，俄歇电子的产率高。但随着原子序数的增加，发射 X 射线荧光的产率逐渐增加。重元素主要以发射 X 射线荧光为主。X 射线荧光光谱仪能分析原子序数 4～92 的所有元素，选择性高，分析微量组分时受基体的影响小，重现性好，测量速度快，灵敏度高。

荧光 X 射线的强度与分析元素的质量分数成正比，这是 X 射线荧光光谱的定量分析基础。元素的荧光 X 射线强度 I_i 与试样中该元素的含量 W_i 成正比：

$$I_i = I_s W_i$$

式中 I_s 为 $W_i=100\%$ 时，该元素的荧光 X 射线的强度。根据上式，可以采用标准曲线法、增量法、内标法等进行定量分析。但是这些方法都要使标准样品的组成与试样的组成尽可能相同或相似，否则试样的基体效应或共存元素的影响，会给测定结果造成很大的偏差。所谓基体效应是指样品的基本化学组成和物理化学状态的变化对 X 射线荧光强度所造成的影响。化学组成的变化，会影响样品对一次 X 射线和 X 射线荧光的吸收，也会改变荧光增强效应。

常建平等[1]对玻璃基片上 C+TiO$_2$ 薄膜的组成和厚度进行了研究。

图 11-1 是不同溅射时间制备薄膜的厚度测

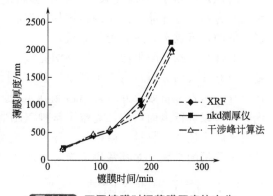

图 11-1 不同镀膜时间薄膜厚度的变化

试值，由图可见不同方法测定的薄膜厚度均与沉积时间成正比关系，这种趋势与薄膜沉积规律相吻合。

表 11-1 统计了不同方法测定的薄膜厚度，其中 C＋TiO_2 成分是 XRF 测量结果，XRF 方法测定薄膜厚度的相对误差平均值为 5.57％，略高于 nkd 测厚仪法（5.25％），优于干涉峰计算的 8.27％。

表 11-1 XRF 成分分析结果及不同方法测试薄膜厚度对比

样品编号	成分分析结果（XRF）		薄膜厚度/nm			误差/%		
	TiO_2/%	C/%	nkd 仪器	XRF	干涉峰计算法	nkd 仪器	XRF	干涉峰计算法
11	88.16	11.84	1043	967	973	4.89	2.75	2.15
12	93.7	6.3	1099	950	1484	6.68	19.33	26.01
13	94.46	5.54	1268	1360	1499	7.83	1.14	8.96
14	94.42	5.58	3004	3465	2866	3.46	11.36	7.89
15	90.85	9.15	1036	983	1238	4.57	9.46	14.03
16	89.07	10.93	976	1018	1227	9.09	5.18	14.28
17	91.15	8.85	781	843	851	5.33	2.18	3.15
18	87.13	12.87	892	923	985	4.43	1.11	5.54
19	90.47	9.53	772	843	779	3.26	5.64	2.38
20	85.12	14.88	571	551	577	0.82	2.71	1.88
21	92.00	18.00	740	833	856	8.60	2.88	5.72
22	85.77	14.23	341	338	304	4.069	3.15	7.22
误差平均值						5.25	5.57	8.27

11.1.1.2 全反射 X 射线荧光光谱分析

由于常规 X 射线荧光光谱的入射光束一般采用大于 40°的入射角，不仅样品会产生二次 X 射线，载体材料也会受到激发从而在记录谱上产生峰，对测量形成干扰。

全反射 X 射线荧光（total reflection X-ray fluorescence，TXRF）分析技术是在能量色散 X 射线荧光（energy dispersion X-ray fluorescence，EDXRF）分析技术的基础上发展起来的，是利用原级 X 射线束能在样品表面产生全反射激发进行 X 射线荧光分析的装置和方法。它是一种极微量样品（纳克级）的超痕量多元素表面分析技术。

与 AAS、ICP-OES 比较，TXRF 分析的特点为：可以有效地测定薄膜的厚度和组成；快速和容易制备样品；无需外标样品，仅需一个内标元素；同时多元素分析，包括非金属元素；低的运行成本，适合野外分析。

TXRF 的探测限很低，可达到纳克级，可以检测表面几个原子层的厚度，主要应用于微量和痕量元素的分析。由于采用全反射 X 射线激发，散射本底极低，检出限可低至 $10^{-7} \sim 10^{-12}$g，定量分析效果好，可以检测到 10^8 原子·cm^{-2}。由于其具有取样量小、检出限低的优势，可以进行表面扫描，克服了常规 XRF 取样量大、灵敏度低这些最明显的缺陷，因而常用来解决地学、材料、微电子、环境、生物医学、刑侦和考古等学科中超微量样品的超痕量元素分析的难题，尤其常用于微电子芯片材料的表面金属污染的检测。

11.1.2 原子吸收光谱法

原子吸收是一个受激吸收跃迁的过程。当有辐射通过自由原子蒸气，且入射辐射的频率等于原子中外层电子由基态跃迁到较高能态所需能量的频率时，原子就产生共振吸收。原子吸收分光光度法就是根据物质产生的原子蒸气对特定波长光的吸收作用来进行定量分析的。当光源发射的某一特征波长的辐射通过原子蒸气时，被原子中的外层电子选择性的吸收，使透过原子蒸气的入射辐射强度减弱，其减弱程度与蒸气相中该元素的原子浓度成正比[2]。

AAS 的检测极限很低，可以达到 ng·cm^{-3}，检测优点在于试样原子化效率高，样品用量少（$10^{-10} \sim 10^{-14}$ g），测量准确度高；并且选择性好，不需要进行分离检测，对于某些样品可以直接固体进样；并可以根据元素的原子化温度不同，选择控制温度；分析元素范围广，可达 70 多种，且价格便宜。然而，在难熔性元素、稀土元素和非金属元素的检测，同时多元素分析，分析过程复杂性等方面存在一定的局限。原子吸收光谱仪由光源、原子化器、分光器、检测器等部件组成。在原子吸收光谱分析中，试样中被测元素的原子化是整个分析过程的关键环节。实现原子化的方法最常用的有两种：火焰原子化法与非火焰原子化法（石墨炉）。前者简单、快速，对大多数元素有较高的灵敏度和检测极限，火焰法的不足包括：火焰气体高度稀释样品；高温气体膨胀效应，使样品浓度降低；原子化效率低，雾化效率低，样品量大，不能做固体分析；火焰化学干扰。而非火焰原子化法比火焰原子化法有更高的原子化效率和灵敏度以及更低的检测极限。

其中应用最广的是石墨炉电热原子化法。石墨炉电热原子化法的优点是：试样样品原子化效率高，不被稀释，原子在吸收区域平均停留时间长，灵敏度比火焰法高；绝对灵敏度高达 1000 倍；取样量少，$1 \sim 50 \mu L$；测量元素范围广；石墨炉的温度可调，如有低温蒸发干扰元素，可以在原子化温度前分馏除去；样品用量少，并且可以直接固体进样；原子化温度可以自由调节，因此可以根据元素的原子化温度不同，选择控制温度。

石墨炉电热原子化法的缺点是：装置复杂，定量效果差；石墨炉加热后，由于有大量碳存在，还原气氛强；样品基体蒸发时，可能造成较大的分子吸收，石墨管本身的氧化也会产生分子吸收，石墨管等固体粒子还会使光散射，背景吸收大，要使用背景校正器校正；管壁能辐射较强的连续光，噪声大；因为石墨管本身的温度不均匀，所以要严格控制加入样品的位置，否则测定重现性不好，精度差。

原子吸收分析可用于单晶硅表面金属污染分析、葡萄酒中 Pb 的浓度分布、废水中铅的定量和高温镍基合金中 Se 和 Sn 测定等。

11.1.3　等离子体质谱法

电感耦合等离子体质谱（ICP-MS）是利用电感耦合等离子体作为离子源的一种元素质谱分析方法，仪器的基本构造由离子源、接口装置和质谱仪三部分组成。样品进样量大约为 1mL·min^{-1}，样品溶液是靠蠕动泵送入雾化器的。该离子源产生的样品离子经质谱的质量分析器和检测器后得到质谱数据。

此方法主要是利用 ICP 技术把待测元素进行电离形成离子，然后通过质谱对离子的质荷比进行测定。不仅可以很容易地鉴别元素成分，还可以获得很好的定量分析结果。

ICP-MS 可同时分析样品中的所有元素，分析精度达到 1‰，检测限可以达到皮克量级。为了减少空气中成分的干扰一般要避免采集 N_2、O_2、Ar 等离子。进行定量分析时质谱扫描要挑选没有其它元素及氧化物干扰的质量。仪器的检测限是 1×10^{-5}(Pt) $\sim$ 159(Cl) ng·mL^{-1}；分析速度＞ 20 样品·h^{-1}；精度 RSD ＜ 5%；可测定同位素的比率。

ICP-MS 与其它原子光谱相比特点如下：检出限低（多数元素检出限为 $10^{-9} \sim 10^{-12}$ 量级）；线性范围宽（可达 7 个数量级）；分析速度快（1min 可获得 70 种元素的结果）；谱图干扰少（原子量相差 1 可以分离）；能进行同位素分析。

ICP-MS 可用于岩矿超痕量镧系和锕系元素的分析以及枪击残留物分析等。

11.1.4　电子探针分析法

电子探针显微分析（electron probe micro-analysis，EPMA）简称电子探针分析，是一种电子探针 X 射线初级发射光谱方法，是利用高能电子束作用于物质，使其产生特征 X 射线而进行的一种表面、微区分析方法[3]。

EPMA 是材料微区化学成分分析的重要手段。EPMA 利用样品受电子束轰击时发出的 X 射线的波长和强度，来分析微区（$1\sim30\mu m^3$）中的化学组成。

当高能电子轰击固体样品时，可以把原子中的内层电子激发产生激发态离子，在退激发过程中，可以促进次外层电子的填充，并伴随能量的释放，以 X 射线形式释放称为荧光 X 射线，也可以激发次外层的电子发射，称为俄歇发射。俄歇效应和荧光效应是互补的，俄歇产率与荧光产率之和为 1。对于轻元素，其俄歇效应的产率较大；对于重元素，X 射线荧光发射的产率较大。

当表面结构影响比较严重时，要求样品表面必须平滑，而且光洁度要高。在最后进行抛光时应注意避免使用如氧化铝、碳化硅、氧化铈等研磨料和涂铅或锡的抛光轮，以防止表面的污染。还应避免使用腐蚀和电抛光，因为这样处理可能改变样品的表面组成，并产生表面崎岖等形貌的变化。

定量分析时，把试样的 X 射线强度与成分已知的标样的谱线强度进行比较。测得的强度要根据测量系统的特性作某些仪器修正和背景修正，背景的主要来源是 X 射线连续谱。对已修正的强度进行"基质校正"即可算出分标点上的成分，"基质校正"考虑了影响 X 射线强度与成分之间关系的各种因素。

电子通常具有 10^{-30} keV 的动能，它对试样的穿透深度为 $1\mu m$ 数量级，与横向散布距离大致相同，这就决定了被分析面积的下限。靠降低电子能量进一步改善空间分辨率往往行不通，因为电子必须有足够能量以便有效地激发 X 射线。因此在大多数情况下分辨率限制在 $1\mu m$ 左右。

EPMA 主要由电子光学系统（电子枪和聚焦透镜）、样品室（超高真空）、电子图像系统（扫描图像）、检测系统（X 射线波长分析）、数据记录和分析系统等组成。

EPMA 具有如下特点：微区分析能力，$1\mu m$ 量级；分析准确度高，优于 2%；分析灵敏度高，达到 10^{-15} g；样品的无损性；多元素同时检测性；可以进行选区分析；然而电子探针分析对轻元素很不利；EPMA 样品仅限于固体材料；样品不应该放出气体，才能保证真空度；需要样品有良好的接地；可以蒸镀 Al 和 C，厚度在 $20\sim40$nm，作为导电层。

电子探针定性分析的理论依据是 Moseley 定律和 Bragg 定律，可通过计算机自动标识，针对干扰线需人工标识，还需要考虑谱线干扰和化学环境影响等。

在用 EPMA 进行定量分析时，依据荧光 X 射线强度与元素浓度的线性关系，可以对电子探针进行定量分析。一般采用标准纯物质作为基准样品，获得其强度数据，并利用该数据计算出所测元素的浓度。可以利用灵敏度因子的方法进行计算，需要进行荧光修正和吸收修正。

EPMA 可用于成分分布和线扫描分析、薄膜分析、成分分析（不需要进行荧光修正和吸收修正）和厚度分析（对于有基底的薄膜样品，通过对薄膜元素以及基底元素信号强度的计算，不仅可以获得薄膜的成分，还可以获得薄膜的厚度）。

电子探针分析可应用于材料局部区域的成分分析、摩擦材料的元素分布、陶瓷材料的偏析和颗粒催化剂的成分分布等的表征。

11.2　光催化材料的物相结构的表征

晶型对于催化剂的催化性能有着重要的影响。以 TiO_2 为例，TiO_2 有金红石、锐钛矿和板钛矿三种晶型。板钛矿是自然存在相，合成非常困难，而金红石和锐钛矿则容易合成。一般而言，用作光催化材料的 TiO_2 主要有两种晶型——锐钛矿型和金红石型，其中锐钛矿型的光催化活性较高。就光催化活性而言，材料的结构对于其催化活性起着重要的作用。

结构分析的目的是解析物质的体相结构，表面相结构、原子排列、物相等。结构分析的种类主要有 XRD、ED、LRS，还包括中子衍射、低能电子衍射（LEED）、高能电子衍射（HEED）。利用结构分析能获得材料的晶体结构和表面结构等信息。结构分析常用于材料物相、晶粒大小、应力、缺陷结构、表面吸附反应等应用。

目前，常用的结构分析手段主要有 X 射线晶体衍射（XRD）、电子衍射分析和拉曼光谱分析（LRS）等方法。

11.2.1　X 射线晶体衍射

XRD（X-ray diffraction）物相分析是基于多晶样品对 X 射线的衍射效应，对样品中各组分的存在形态进行分析测定的方法。

X 射线管由阳极靶和阴极灯丝组成，两者之间有高电压，并置于玻璃金属管壳内。阴极是电子发射装置，受热后激发出热电子；阳极是产生 X 射线的部位，当高速运动的热电子碰撞到阳极靶上，动能突然消失时，电子动能将转化成 X 射线。阳极靶的材料一般为 Gr、Fe、Co、Ni、Cu、Mo、Zr 等。阴极电压为几十千伏；管电流为几十毫安；功率一般为4kW，利用转靶技术可以达到 12kW。

在 X 射线多晶衍射工作中，主要利用 K 系辐射，它相当于一束单色 X 射线。但由于随着管电压增大，在特征谱强度增大的同时，连续谱强度也在增大，这对 X 射线研究分析是不利的（希望特征谱线强度与连续谱背底强度相差越大越好）。

X 射线将被物质吸收，吸收的实质是发生能量转换。这种能量转换主要包括光电效应和俄歇效应。除此之外，X 射线穿透物质时还有热效应，产生热能。

在晶格参数测定、物相鉴定、晶粒度测定、薄膜厚度测定、介孔结构测定、残余应力分析和定量分析等方面，XRD 具有广泛的应用。

XRD 测定的内容包括各组分的结晶情况、所属的晶相、晶体的结构参数、各种元素在晶体中的价态、成键状态等。此外，对 XRD 信息还可进行深入分析获得晶粒大小、介孔结构以及结构缺陷等信息，是研究光催化剂微观结构的重要手段。物相分析与一般的元素分析有所不同，它在测定了各种元素在样品中的含量的基础上，还要进一步确定各种晶态组分的结构和含量。

11.2.1.1　样品的制备

正确的制备试样是获得准确衍射信息（衍射峰的角度、峰形和强度）的先决条件。在样品的制备过程中，应该注意的问题包括：晶粒大小、试样的大小和厚度、择优取向、加工应变、表面平整度等。

需要特别注意：多晶 X 射线衍射仪只能用于粉末压制成的样品或块状多晶体样品的测试，而不能用于单晶体的测试（原因是对于固定波长的入射线，若样品为单晶体，则一个布拉格角只能有一个晶面参与衍射，这样衍射强度将会很小，以至于无法检测出来）。衍射仪的实验参数主要有以下几个：狭缝宽度、扫描速度、时间常数。

（1）粉体样品的制备

由于样品的颗粒度对 X 射线的衍射强度以及重现性有很大的影响，因此制样方式对物相的定量也存在较大的影响。一般样品的颗粒越大，则参与衍射的晶粒数就越少，并还会产生初级消光效应，使得强度的重现性较差。为了达到样品重现性的要求，一般要求粉体样品的颗粒度大小在 $0.1 \sim 10 \mu m$ 范围。此外，吸收系数大的样品，参加衍射的晶粒数减少，也会使重现性变差。因此在选择参比物质时，尽可能选择结晶完好，晶粒小于 $5 \mu m$，吸收系数小的样品，如 MgO、Al_2O_3、SiO_2 等。一般可以采用压片、胶带粘以及石蜡分散的方法进行制样。由于 X 射线的吸收与其质量密度有关，因此要求样品制备均匀，否则会严重影响定量结果的重现性。

（2）薄膜样品的制备

对于薄膜样品，需要注意的是薄膜的厚度。由于 XRD 分析的穿透能力很强，一般适合比较厚的薄膜样品的分析。通过一些特殊手段也可以获得薄膜层的信息，因此，在薄膜样品制备时，要求样品具有比较大的面积，薄膜比较平整以及表面粗糙度要小，这样获得的结果才具有代表性。

（3）特殊样品的制备

对于样品量比较少的粉体样品，一般可采用分散在胶带纸上黏结或分散在石蜡油中形成石蜡糊的方法进行分析。要求尽可能分散均匀以及每次分散量控制相同，这样才能保证测量结果的重复性。

11.2.1.2 催化剂的物相结构确定

材料的成分和组织结构是决定其性能的基本因素，元素成分分析能给出材料的基本成分，而 X 射线衍射分析可得出材料中物相的结构及元素的存在状态。物相分析包括定性分析和定量分析两部分。

利用 XRD 的物相定量分析可以对纳米催化剂的分散状态以及分散量进行研究。在催化剂的制备过程中，经常需要把活性组分分散到载体表面，部分活性组分可以单层地分散在载体表面，而部分会在载体表面聚集形成纳米晶粒。XRD 虽然不能检测到分散状态的活性组分，但可以通过对那些聚集态纳米晶粒的测定，来研究其分散状态和测定分散量。

定性分析鉴别出待测样品是由哪些"物相"所组成。每种物质都有特定的晶格类型和晶胞尺寸，而这些又都与衍射角和衍射强度有着对应关系，所以可以像根据指纹来鉴别人一样用衍射图像来鉴别晶体物质，即将未知物相的衍射花样与已知物相的衍射花样相比较。

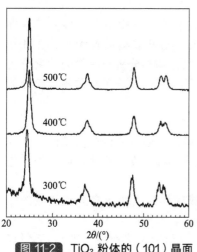

图 11-2　TiO₂ 粉体的（101）晶面衍射峰的示意图

定量分析的依据是：各相衍射线的强度随该相含量的增加而增加（即物相的相对含量越高，则 X 衍射线的相对强度也越高）。具体定量测试方法有单线条法、内标法和直接比较法。

对薄膜分析，通常的要求是入射角必须高度精确。通常来说薄膜的衍射信息很弱，因此需采用一些先进的 X 射线光学组件和探测器技术，如采用薄膜掠射分析进行薄膜相分析。

11.2.1.3 晶粒大小测定

根据晶粒大小还可以计算出晶胞的堆垛层数和纳米粉体的比表面积。对于 TiO_2 纳米粉体材料，其主要衍射峰 2θ 为 $21.5°$，可指标化为（101）晶面。当采用 CuK_α 作为 X 射线源时，X 射线波长为 $0.154nm$，如图 11-2 所示测量所得衍射角的 2θ 为 $25.30°$。

由图可知，对于在 500℃ 条件下煅烧得到的 TiO_2 纳米粉体，测量获得的半高宽为 $0.375°$，一般情况下取 Scherrer 常数为 0.89，根据 Scherrer 公式，可以计算获得晶粒的尺寸：$D_{101} = K\lambda / (B_{1/2}\cos\theta) = 21.5nm$。此外，根据晶粒大小还可以计算出晶胞的堆垛层数。根据 $Nd_{101} = D_{101}$，d_{101} 为 (101) 面的晶面间距，由此可以获得 TiO_2 晶粒在垂直于 (101) 晶面方向上晶胞的堆垛层数 $N = D_{101}/d_{101} = 21.5/0.352 = 61$。由此可以获得 TiO_2 纳米晶粒在垂直于 (101) 晶面方向上平均由 61 个晶面组成。此外，根据晶粒大小，还可以计算纳米粉体的比表面积。当已知纳米材料的晶体密度 ρ 和晶粒大小，就可以利用公式 $s = 6/(\rho D)$ 进行比表面计算。

11.2.1.4　介孔结构研究

对于纳米介孔材料的介孔结构可以用小角度的 X 射线衍射峰来研究。介孔材料的规整孔可以看作周期性结构，样品在小角区的衍射峰反映了孔洞周期的大小。这是目前测定纳米介孔材料结构最有效的方法之一。例如，当使用 CuK_α 辐射作为入射辐射时，测定样品在 2θ 为 $1.5°\sim10°$ 区域内的衍射谱图，反映了约为 $1\sim6nm$ 的周期性结构。当然样品中具有长周期结构并不一定具有大孔结构，因为在一个周期中包括了孔壁和孔洞，只有当孔壁足够薄时，才可能具有大孔。或者说，在小角度区域出现衍射峰只是具有规整的介孔结构的必要条件，而非充分条件。另外，对于孔排列不规整的介孔材料，此方法不能获得其孔径周期的信息。

对于介孔 TiO_2 粉体，利用低分子量的聚乙二醇作为结构定向剂，结合溶胶-凝胶法可以制备具有一定介孔结构的 TiO_2 纳米材料。经 60℃ 烘干 48h 的干胶样品的小角度 XRD 分析结果见图 11-3 (a)。

由图可见，以 5° 为中心有一峰包，其中心角度对应孔径为 1.7nm 左右，估计在前驱体粉末中有微孔结构存在，且孔径分布较宽，规整性也较差。干胶样品经 400℃ 热处理 1h 后形成锐钛矿型 TiO_2 物相，其小角度 XRD 分析结果见图 11-3 (b)。表明样品经热处理后，在 XRD 小角衍射谱上未发现峰信号，估计在升温过程中，骨架结构塌陷，使得孔结构消失。

11.2.1.5　掺杂状态研究

TiO_2 薄膜是具有重要应用前景的一种光催化剂，通过对 TiO_2 薄膜的掺杂可以大幅度提高光催化剂的活性。而掺杂物质的存在状态，对其性能具有重要影响。在单晶硅基片上制备了 TiO_2 薄膜并进行了 Pd 和 Pt 的掺杂研究，其 XRD 衍射结果如图 11-4 所示。对照锐钛

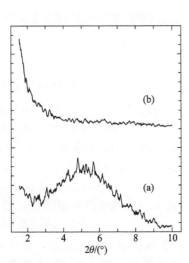

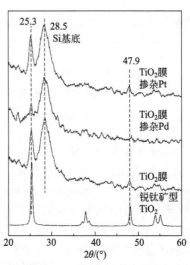

图 11-3　PEG 法制备 TiO_2 介孔粉体 XRD 谱

（a）为煅烧前，（b）为 400℃ 下煅烧 1h

图 11-4　TiO_2 薄膜/Si 的 XRD 衍射谱

矿型 TiO_2 标准图,在 25.3° 和 47.9° 出现的两个峰可归属于锐钛矿型 TiO_2 的特征峰,28.5°的宽峰则是基底 Si 的信号。此结果表明,在 TiO_2 薄膜/Si 中,TiO_2 均以锐钛矿型晶相结构存在。当用 Pt 和 Pd 对 TiO_2 薄膜进行掺杂后,XRD 结果无明显变化,说明掺杂剂并不影响 TiO_2 薄膜的锐钛矿型结构。另外,XRD 中未检测到掺杂剂的信号,说明掺杂剂在薄膜中以高分散态存在。

11.2.1.6　X 射线衍射在光催化剂研究中的应用

(1) 介孔 TiO_2 粉体研究[5]

通过十八胺法作为模板剂制备了介孔纳米 TiO_2 粉体,分别用小角 XRD 衍射研究了不同制备条件对介孔结构的影响。从图 11-5 可以看到,二者在小角度区域均有峰信号,其中常温常压下陈化样品峰形较钝,中心为 2.88°,对应孔径 3.07nm;而加温加压下陈化样品峰形较尖锐,中心为 2.62°,对应孔径 3.37nm。但总的来说,二者均不够尖锐,估计受陈化时间、洗涤程序及掺杂模板剂比例的影响,相比之下,常温常压下样品的信号较强。对制备样品还进行了 TEM 分析,由于尚未煅烧,样品中的颗粒均聚集为片状,其中隐约可见排列整齐的蜂窝状孔结构,排列周期约为 3nm。可以确认,在前驱体中的确有规整的孔结构存在。

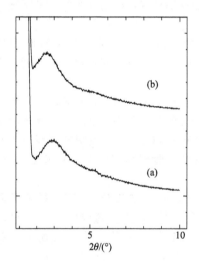

图 11-5 钛酸酯-十八胺法制备介孔粉体前驱体 XRD 谱
(a)为常温常压下沉化,(b)为加温加压下沉化

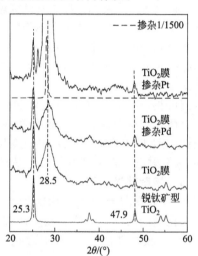

图 11-6 掺杂薄膜加氢还原后的 XRD 谱

(2) 光催化剂薄膜分析[6~8]

图 11-6 是掺杂薄膜在加氢还原后的 XRD 谱图。与图 11-4 相比较可以发现,谱图上的峰仍对应于 TiO_2 和 Si,但加氢还原后峰形变得更尖锐且强度提高,表明在加氢还原后,晶粒有明显的长大。掺 Pd 的 TiO_2 薄膜在还原 2h 后与未掺杂的薄膜的 XRD 结果相似,谱图中未出现 Pd 的特征峰,说明 TiO_2 薄膜中的金属 Pd 粒度极小,且高度分散,XRD 无法检测到,此结论与 XPS 的结果相一致。而掺 Pt 的 TiO_2 薄膜在加氢还原 2h 后,XRD 的结果有明显变化,在 28.3° 出现一个极强的峰,在 26.6° 还出现了一个弱峰,这两个峰对应于金属 Pt 粒子。将强峰缩小 500 倍后如虚线所示。可以看出,此峰极强且很尖锐,说明 TiO_2 薄膜中 Pt 粒子很大,表明在还原过程中 Pt 发生聚集,同样此结果与 XPS 的结果相一致。

在纳米薄膜材料的煅烧过程中经常可以发生各种界面扩散和界面反应,这些界面反应对薄膜材料的结构和性能具有重要影响。对于作为光催化剂材料的 TiO_2 薄膜来说,需要研究煅烧过程中发生的各种界面扩散和界面反应对光催化剂质量的影响。图 11-7 是 TiO_2/铝合金样品在 350~550℃ 下煅烧 1h 的 XRD 结果。从图上可以看到,煅烧 1h 后,在 22.1° 出现一个峰，这个峰属于基底氧化物的信号。这个峰在所有 TiO_2/铝合金样品中都出现，说明在所有薄膜中都发生了界面氧化反应。同时，在 25.5°也出现了一个特征峰，对应于锐钛矿型 TiO_2。因此，XRD 结果证实了锐钛矿型 TiO_2 的生成，说明这一制备过程并未受到界面扩散反应的影响。

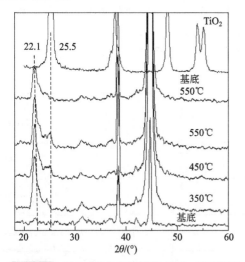

图 11-7　TiO_2/铝合金样品在 350～550℃下煅烧 1h 的 XRD 图

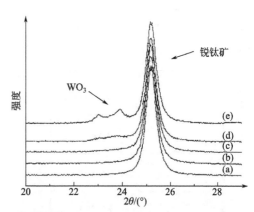

图 11-8　TiO_2 载体表面负载不同含量 WO_3 纳米催化剂的 XRD 谱

(a) 19.7mg/g TiO_2, (b) 40.1 mg/g TiO_2, (c) 69.7 mg/g TiO_2, (d) 100.6 mg/g TiO_2, (e) 171.3 mg/g TiO_2

（3）XRD 物相定量分析研究催化剂的单层分散[9]

利用 XRD 的物相定量分析可以对纳米催化剂的分散状态以及分散量进行研究。在催化剂的制备过程中，经常需要把活性组分分散到载体表面，部分活性组分可以单层地分散在载体表面，而部分会在载体表面聚集形成纳米晶粒。XRD 虽然不能检测到分散状态的活性组分，但可以通过对那些聚集态纳米晶粒的测定，来研究其分散状态和测定分散量。图 11-8 是在 TiO_2 载体表面负载不同含量 WO_3 纳米催化剂的 XRD 谱，而图 11-9 是 XPS 测定 WO_3 在 TiO_2 载体表面的单层分散阈值图。当 WO_3 的负载量较少时，从 XRD 图上只能看到锐钛矿 TiO_2 的衍射峰，没有

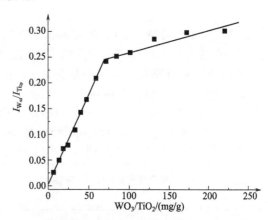

图 11-9　XPS 测定 WO_3 在 TiO_2 载体表面的单层分散阈值

对应于晶态 WO_3 的衍射峰出现 ［图 11-8（a）、（b）］。当 WO_3 的负载量达到一定值后，开始出现晶相峰，随着 WO_3 负载量的增加，XRD 峰逐渐增强。这一结果说明当负载量比较低时，WO_3 在载体上高度分散；当负载量超过一定限度，占据整个表面之后，WO_3 才开始在载体表面聚集成为晶态 ［图 11-8（d）、（e）］。从图 11-9 可见，WO_3 在 TiO_2 载体上的单层分散量大约为 69mg/g，与 XRD 的测定结果一致。

（4）通过 XRD 对类石墨分子修饰的 TiO_2 晶体结构进行表征

通过 XRD 对类石墨分子修饰的 TiO_2 晶体结构进行表征。图 11-10 和图 11-11 分别给出

了不同温度煅烧及不同葡萄糖用量制备的样品的 XRD 图谱[10]。从图 11-10 可知，即使在 800℃的高温煅烧下，TiO_2 仍没有发生相转变。由众多文献研究可知[11]，在 600℃煅烧下，TiO_2 就会发生从锐钛矿到金红石的相转变。由此可见，碳的存在有效地抑制了 TiO_2 的相转变。可以推断，在高温煅烧过程中，热量主要被表面的碳所吸收，而里面的 TiO_2 晶核得到有效保护。TiO_2 作为光催化剂来说，锐钛矿相才具有较高的光催化活性，因此，在高温煅烧过程中可以维持原本的锐钛矿晶相是十分重要的。当前所用的方法，既可以在 TiO_2 表面原位获得石墨化的碳层，也可以保护 TiO_2 的锐钛矿晶相不受高温的影响，这样，就可以获得表面石墨碳修饰的 TiO_2 光催化剂。

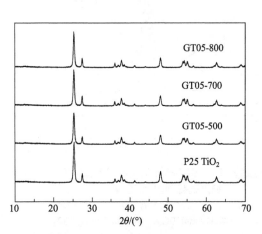

图 11-10　不同温度煅烧制备的 GT05 样品的 XRD 图谱

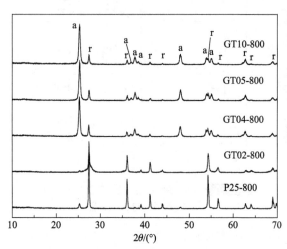

图 11-11　不同葡萄糖用量制备的 GT 样品的 XRD 图谱
a—锐钛矿相；r—金红石相

由图 11-11[10]可见，TiO_2 表面不包覆碳的情况下，在 800℃高温煅烧后，几乎全部的锐钛矿结构将转变为金红石相，对应的 XRD 图谱为 P25-800。当葡萄糖的用量较少时，如样品 GT02-800，在此样品中，碳含量为 3%，在高温煅烧后，同样，几乎所有的锐钛矿结构将转变为金红石相。当葡萄糖用量提高到 0.4g 时，即样品 GT04-800 时，基本上所有的锐钛矿结构都被保留下来，P25 TiO_2 的晶体结构基本上不发生变化，碳含量更高时，也是同样的结果。表 11-2 给出了各样品中的晶相组成情况。

表 11-2　P25 TiO_2 及不同碳含量 GT 样品的物理结构性质

样品	葡萄糖用量/TiO_2（质量）/%	碳层厚度/nm	石墨化程度（I_{Dband}/I_{Gband}）	S_{BET}/$m^2 \cdot g^{-1}$	晶相组成
P25 TiO_2	0	0	—	45.2	A 80%，R 20%
P25-800	0	0	—	—	R
GT01-800	20	0~1	0.87	36.1	R
GT03-800	43	0~1	0.84	46.4	A 70%，R 30%
GT05-800	55	1~2	0.94	51.2	A 80%，R 20%
GT07-800	64	3	—	52.2	A 80%，R 20%
GT08-800	66	3~4	1.01	67.6	A 80%，R 20%
GT010-800	72	5	1.18	75.8	A 80%，R 20%

注：表中"A"代表锐钛矿相，"R"代表金红石相。

晶相组成情况可以通过各晶相所产生的衍射峰的强度来确定某一晶相在样品中的含量，

锐钛矿型与金红石型的相对含量可以采用下式计算：

$$X_A = \cfrac{1}{1 + \cfrac{I_R}{I_A K}}$$ (11-1)

式中，X_A为锐钛矿相的含量；I_R、I_A分别为XRD图中金红石相、锐钛矿相的峰高；K为常数，取0.79。

通过（101）处的衍射峰之半峰宽，利用Debye-Scherrer公式，来计算各样品中TiO$_2$的晶粒尺寸。

$$Dc = K\lambda / (\beta cos\theta)$$ (11-2)

公式中的Dc为平均晶粒度，K为Scherrer常数0.89，λ为X射线的波长，在实验过程中由于采用的是CuKα光源，因此为0.1542nm，β为由于晶粒大小不同而引起的衍射线条变宽时衍射峰的半峰宽（FWHM）。可以发现，对于那些与P25几乎相同的晶相结构及组成的样品，同样也有十分接近的晶粒尺寸，这与TEM结果是吻合的，可以得出相同的结论，TiO$_2$表面修饰的碳层可以抑制高温煅烧过程中晶体的进一步生长，提高TiO$_2$纳米颗粒的热稳定性。可见，碳的表面修饰不仅可以抑制高温煅烧过程中的晶相从锐钛矿相向金红石相的转变，同样也可以抑制高温下TiO$_2$纳米晶粒的生长。

11.2.2　电子衍射分析

电子衍射分析（ED）技术是透射电镜附带的一种重要功能，通过电子衍射来确定晶体的结构，通过晶格振动与晶体结构的关系来确定晶相结构，可以提供样品特定微区的物相结构信息，与XRD相比是两种互补的技术，对纳米光催化材料物相结构的研究尤其重要。

电子衍射主要研究金属、非金属以及有机固体的内部结构和表面结构，所用的电子束能量在$10^2 \sim 10^6$eV范围内。电子衍射与X射线一样，也遵循布拉格方程。电子束衍射的角度小，测量精度差。因此，主要用于确定物相以及它们与基体的取向关系以及材料中的结构缺陷等。

11.2.2.1　电子物相分析原理和特点

当波长为λ的单色平面电子波以入射角θ照射到晶面间距为d的平行晶面组时，各个晶面的散射波干涉加强的条件是满足布拉格关系：$2d sin\theta = n\lambda$。入射电子束照射到晶体上，一部分透射出去，一部分使晶面间距为d的晶面发生衍射，产生衍射束。当一电子束照射在单晶体薄膜上时，透射束穿过薄膜到达感光相纸上形成中间亮斑；衍射束则偏离透射束形成有规则的衍射斑点，对于多晶体而言，由于晶粒数目极大且晶面位向在空间任意分布，多晶体的倒易点阵将变成倒易球。倒易球与爱瓦尔德球相交后在相纸上的投影将成为一个个同心圆。

电子衍射结果实际上是得到了被测晶体的倒易点阵花样，对它们进行倒易反变换从理论上讲就可知道其正点阵的情况——电子衍射花样的标定。

11.2.2.2　电子衍射能提供的信息

透射电镜可得到电子衍射图，图中每一斑点都分别代表一个晶面族，不同的电子衍射谱图又反映出不同的物质结构。电子衍射原理与X射线衍射原理是一样的，也遵循布拉格方程，但较之还有以下特点：电子束衍射的角度小，测量精度差。测量晶体结构不如XRD；电子束很细，适合做微区分析；因此，主要用于确定物相以及它们与基体的取向关系以及材料中的结构缺陷等。

电子衍射可与物像的形貌观察结合起来，使人们能在高倍下选择微区进行晶体结构分析，弄清微区的物相组成；电子波长短，使单晶电子衍射斑点大都分布在一二维倒易截面内，这对分析晶体结构和位相关系带来很大方便；电子衍射强度大，所需曝光时间短，摄取衍射花样时仅需几秒钟。

11.2.3 拉曼光谱分析

激光拉曼光谱（LRS）属于分子振动光谱。LRS 能提供物相、固体键、晶粒大小、介孔结构等信息。LRS 可用于生物分子、高聚物、半导体、陶瓷、药物等分析，尤其是纳米材料分析。

11.2.3.1 LRS 进行固体材料分析的原理和特点

当一束激发光的光子与作为散射中心的分子发生相互作用时，大部分光子仅是改变了方向，发生散射，而光的频率仍与激发光源一致，这种散射称为瑞利散射。但也存在很微量的光子不仅改变了光的传播方向，而且也改变了光波的频率，这种散射称为拉曼散射。其散射光的强度约占总散射光强度的 $10^{-6} \sim 10^{-10}$。拉曼散射的产生原因是光子与分子之间发生了能量交换，改变了光子的能量。

拉曼位移取决于分子振动能级的变化，不同的化学键或基态有不同的振动方式，决定了其能级间的能量变化，因此，与之对应的拉曼位移是特征的。拉曼位移也与晶格振动有关，可以研究晶体材料的结构特征。这是拉曼光谱进行分子结构定性分析和晶体结构分析的理论依据。

并不是所有的分子结构都具有拉曼活性。分子振动是否出现拉曼活性主要取决于分子在运动过程中某一固定方向上极化率的变化。对于分子振动和转动来说，拉曼活性都是根据极化率是否改变来判断的。对于全对称振动模式的分子，在激发光子的作用下，肯定会发生分子极化，产生拉曼活性，而且活性很强；而对于离子键的化合物，由于没有分子变形发生，不能产生拉曼活性。

例如，在研究 TiO_2/Carbon 光催化剂的晶体结构工作中，所合成样品命名原则如下：以在水热过程合成 TiO_2/Carbon 核壳结构所用葡萄糖量为标准命名，GT 代表表面修饰有类石墨碳的 TiO_2 样品。如 GT01、GT02、GT03、GT04、GT05、GT06、GT07、GT08、GT10 分别代表在合成过程中所加入的葡萄糖质量为 0.1g、0.2g、0.3g、0.4g、0.5g、0.6g、0.7g、0.8g、1.0g[10]。

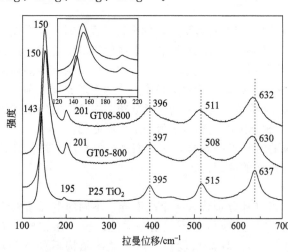

图11-12 P25TiO$_2$ 及 GT 样品的拉曼光谱

图 11-12 中的插图是 $100 \sim 250cm^{-1}$ 范围的放大，研究了石墨对 P25-TiO$_2$ 光催化剂进行表面包覆的激光拉曼光谱。0.4g TiO$_2$ 与不同量的葡萄糖反应后，在 N$_2$ 保护下，于 800℃ 煅烧 3h 即可得到不同厚度碳层包覆的 TiO$_2$。图 11-12 显示了 GT 样品和 P25 TiO$_2$ 的拉曼光谱结果。根据对称性分析，锐钛矿型的 TiO$_2$ 共有 15 个光学活性振动模式[12,13]，其简正振动模式表示为 $1A_{1g} + 1A_{2u} + 2B_{1g} + 1B_{2u} + 3E_g + 2E_u$。其中具有拉曼活性的振动模式为：$A_{1g}$（$519cm^{-1}$），$B_{1g}$（$399cm^{-1}$ 和 $519cm^{-1}$）和 E_g（$144cm^{-1}$、$197cm^{-1}$、和 $639cm^{-1}$）。对具有金红石型结构的

TiO$_2$ 来说[14,15]，A_{1g}（$612cm^{-1}$），B_{1g}（$143cm^{-1}$），B_{2g}（$826cm^{-1}$）和 E_g（$447cm^{-1}$）四个对称性的振动模式具有拉曼活性。表面修饰有石墨化碳层的 TiO$_2$ 的拉曼光谱与体相的锐钛矿的结构非常类似。相对于 TiO$_2$，只是 $143cm^{-1}$ 和 $195cm^{-1}$ 处的拉曼峰加强了，这表明石墨化的 TiO$_2$ 的结晶度增强了。在 800℃ 时，石墨化碳修饰的 TiO$_2$ 的拉曼光谱中仍没有出现

金红石相的特征峰。一般条件下，只要温度高于 600℃，TiO_2 就会发生物相转变，从锐钛矿相转化为金红石相。上述拉曼分析得出，石墨化抑制了 P25-TiO_2 的物相转变，抑制了金红石相的形成，这与 XRD 的研究结果是一致的。据报道，锐钛矿 TiO_2 纳米颗粒的低频率处的拉曼峰 $144cm^{-1}$ 与量子尺寸限制效应密切相关[16]。几个课题组已经应用声子限制模式和化学计量学研究了 E_g 振动模式 $144cm^{-1}$ 处的拉曼峰的位移和宽度与结晶粒子尺寸之间的联系。据报道，E_g 振动模式的蓝移就意味着锐钛矿型 TiO_2 的颗粒尺寸增加了[17,18]。很明显，石墨包覆的 TiO_2 相对于 P25 的拉曼光谱中的 E_g 振动峰明显发生了红移。可见，石墨包覆的 TiO_2 相对于 P25 的拉曼光谱中的 E_g 振动峰的移动并不是由于高温石墨化过程中颗粒尺寸的变化所引起的，而是因为表面碳原子与 TiO_2 之间的电子相互作用所引起的移动。同样对于石墨包覆的 TiO_2，$195cm^{-1}$ 处的拉曼峰也向波数高的方向移动了，但 $395cm^{-1}$、$515cm^{-1}$、$637cm^{-1}$ 处的拉曼峰却向低波数处移动了。这些拉曼峰的位移表明石墨 C 原子与 TiO_2 之间可能存在强的相互作用。

11.2.3.2　LRS 在光催化研究上的实例

LRS 能提供物相、固体键、晶粒大小、介孔结构分析等信息。

Raman 散射法可测量纳米材料的平均粒径，粒径由下式计算：

$$D = 2\pi (B/\Delta\omega)^{1/2} \qquad (11\text{-}3)$$

式中，B 为一常数；$\Delta\omega$ 为纳米晶拉曼谱中某一晶峰的峰位相对于同样材料的常规晶粒的对应晶峰峰位的偏移量。因此只要分别测量出纳米晶粒和大块晶粒的拉曼位移，利用二者的差值，即可计算出纳米晶粒的大小。

沸石型分子筛和分子筛型无机微孔材料等介孔结构材料在催化、吸附和离子交换等领域中有广泛的应用。Angel 等于 1973 年第一次将拉曼光谱用于分子筛骨架研究。分子筛拉曼光谱的最强峰一般出现在 $300\sim600cm^{-1}$，该峰被归属于氧原子在面内垂直于 T-O-T 键（T 指 Si 或 Al）的运动。人们通过对各种不同分子筛的研究，总结出了 $\nu_{\text{T-O-T}}$ 的频率与分子筛的结构单元，如环大小、平均 T-O-T 键角和 Si/Al 之间的对应关系。一般来说，较小的环对应于较高的 $\nu_{\text{T-O-T}}$ 频率，只含有偶数环的分子筛，该谱峰出现在 $500cm^{-1}$ 处，含有五元环的分子筛 $\nu_{\text{T-O-T}}$ 的谱峰出现在 $390\sim469cm^{-1}$，具体位置取决于分子筛的环种类。因而通过拉曼光谱可以判断所合成的纳米介孔材料的结构。

朱永法等[19]利用 Raman 光谱研究了不锈钢金属丝网上 TiO_2 薄膜的粒径。前驱体溶胶中加入 10% 的 PEG400，用不锈钢金属丝网三次提拉成膜后在 400℃ 下灼烧形成薄膜 TiO_2 光催化剂，对此薄膜进行 Raman 分析，如图 11-13 所示。TiO_2 的峰形会随着 TiO_2 的粒径大小发生一定的偏移和位置变化。当 TiO_2 的粒径变小时，峰会不对称加宽同时蓝移，信号变弱。体相锐钛矿的 TiO_2 的 Raman 峰位置为 $142cm^{-1}$，而当 TiO_2 的粒径变小时，$142cm^{-1}$ 峰位置会发生偏移，半峰宽加宽，其偏移值、加宽值和粒径的关系有如下经验公式：

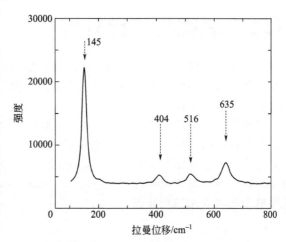

图 11-13　TiO_2 薄膜的 Raman 光谱图

$$\Delta\omega = k_1(1/L^a) \qquad (11\text{-}4)$$

$$\Gamma = k_2(1/L^a) + \Gamma_0 \qquad (11\text{-}5)$$

式中，L 代表粒径大小 nm；Γ 代表 142cm^{-1} 这一 Raman 峰的半峰宽，cm^{-1}；$\Delta\omega$ 代表 142cm^{-1} 这一 Raman 峰的 Raman 峰位移值，cm^{-1}；Γ_0' 表示体相锐钛矿型 TiO$_2$ 的 142cm^{-1} 这一 Raman 峰的半峰宽；α 的值近似为 1.55，k_1、k_2 为常数。其中文献指出 k_1 近似值为 119.91。

从图 11-13 中可以看出，溶胶中的 PEG 的加入使得制备的薄膜 TiO$_2$ 的粒径发生变化，导致 142cm^{-1} 的 Raman 峰向 145cm^{-1} 偏移。根据偏移值，运用上述公式计算得到粒径大小约为 10.7nm。同时，将此薄膜刮下来进行 TEM 分析，发现薄膜 TiO$_2$ 的粒径约为 8～12nm，二者结果一致。

朱永法等人[20]采用 Raman 光谱研究了 ZnWO$_4$ 薄膜光催化剂的结晶情况，详细研究了煅烧温度及时间等因素对 ZnWO$_4$ 薄膜结构的影响。见图 11-14，经 450℃ 煅烧的样品，没有明显的拉曼峰，可知此时 ZnWO$_4$ 仍是非晶态的，当煅烧温度提高到 500℃ 后，ZnWO$_4$ 开始结晶，并且随着温度的升高拉曼峰增强。通过对经不同时间煅烧的 ZnWO$_4$ 薄膜的 Raman 光谱研究可知，经过短暂时间的煅烧即可形成 ZnWO$_4$ 晶相，更长时间的煅烧并未对 ZnWO$_4$ 薄膜的晶体结构产生较大影响。500℃ 下煅烧不同时间的 ZnWO$_4$ 薄膜的 Raman 光谱图如图 11-15 所示。

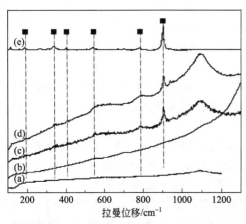

图 11-14　不同温度煅烧的 ZnWO$_4$ 薄膜的 Raman 光谱图

(a)ITO 基底，(b)450℃，(c) 500℃（膜厚 25nm），
(d)550℃，(e)500℃（膜厚 75nm）

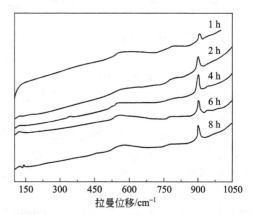

图 11-15　500℃ 下煅烧不同时间的 ZnWO$_4$ 薄膜的 Raman 光谱图

11.3　表面与价键分析

材料性质不仅与元素、结构、价态等因素有关，还与其价键状态有关。价键分析主要分析其基团以及化学键性质，与分子结构有关。价键分析主要研究键的振动转动状态，以红外光谱为主要表征手段。

光催化过程与其它热催化反应一样，也主要是在催化剂的表面进行的，因此催化剂的表面以及界面结构对催化材料的性能具有重要影响。此外，在催化材料中，各元素的化学状态尤其是掺杂元素的化学状态，直接影响到光催化材料的整体性能。因此，对光催化材料进行表面与界面分析具有重要的意义。表面分析中主要介绍常用的 X 射线光电子能谱（XPS）和俄歇电子能谱（AES）分析。

11.3.1　红外光谱分析

11.3.1.1　简介

红外光谱（IR）法是鉴别化合物和确定物质分子结构的常用手段之一。红外光谱属于分子振动和转动光谱，主要涉及到分子结构的有关信息。红外光谱的吸收频率、吸收峰的数目以及强度均与分子结构有关，因此可以用来鉴定未知物质的分子结构和化学基团。在材料科学研究中，红外光谱法还与晶体的振动和转动有关。

能产生偶极矩变化的分子均可以产生红外吸收；除单原子分子以及同核分子以外的有机分子均可以具有特征吸收。

红外光谱法的广泛应用是因其具有很多优点：任何气态、液态、固态样品均可进行红外光谱的测定；但气体、液体或固体样品的制备中，都要求样品中不含游离水，要求样品的浓度和测试层的厚度选择适当，透射比在 10%～80%。各种有机化合物和许多无机化合物在红外区域都产生特征峰，因此红外光谱法已经广泛用于这些物质的定性和定量分析。

11.3.1.2 表面价键的表征原理

在分子内部具有振动和转动能级，当物质被一束红外光线辐照时，只要红外光的能量与能级跃迁的能级合适，在分子内部就可以产生振动或转动跃迁，产生红外吸收。因此其吸收的能量是量子化的，由跃迁的两个能级所决定。

红外吸收光谱的强度主要取决于分子振动时的偶极矩变化，而偶极矩的变化又与分子的振动方式有关。振动的对称性越高，振动分子中的偶极矩的变化越小，谱带强度越弱。一般来说，极性越强的基团，其吸收强度越强；极性较弱的基团其振动吸收也较弱。

在红外光谱中，每种官能团均具有特征的结构，因此也具有特定的吸收频率。红外光谱的吸收频率、吸收峰的数目以及强度均与分子结构有关，因此可以用来鉴定未知物质的分子结构和化学基团。

在中红外区，把 $4000～1300cm^{-1}$ 称为基团频率区，把 $1800～600cm^{-1}$ 称为指纹频率区。影响基团频率的因素包括内部因素（电子效应、氢键的影响、振动耦合以及 Fermi 共振）和外部因素（氢键作用、浓度效应、温度效应、样品状态、制样方式以及溶剂极性等）。

根据特征频率就可以对有机物的基团进行鉴别。这也是红外光谱分析有机物结构的依据。

11.3.1.3 实例分析

红外光谱分析可用于纸样分析、笔迹鉴别、防伪鉴别、考古鉴别、材料研究等多种用途。特别地，可用红外光谱研究光催化剂的结构缺陷、表面修饰基团、真假人民币的鉴别、枪击残留物的显微红外研究等。

朱永法等人[21]利用 IR 研究了 PANI/TiO$_2$ 杂化光催化剂。通过分析 C—H 弯曲振动、醌环振动和苯环振动，证明形成单层杂化结构，单层覆盖量1%，PANI 的振动峰红移，化学键被削弱，PANI 与光催化剂形成了化学键作用。

图 11-16 是不同 PANI 负载量的 PANI-TiO$_2$ 杂化光催化剂的 FT-IR 光谱。由图可见，$1380cm^{-1}$ 处的峰可归属为羟基变形振动峰；

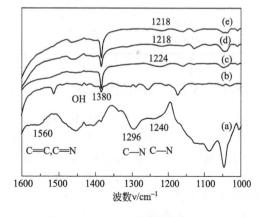

图 11-16 杂化光催化剂的 FT-IR 光谱。其中 $1240cm^{-1}$ 处的特征振动峰随着 PANI 负载量的变化分别移动到 $1224cm^{-1}$、$1218cm^{-1}$、$1218cm^{-1}$
（a）PANI，（b）TiO$_2$，（c）PANI-TiO$_2$（1.0%），（d）PANI-TiO$_2$（3.0%），（e）PANI-TiO$_2$（5.0%）

$1560cm^{-1}$ 的峰是由 PANI 的 C=C、C=N 所产生的伸缩振动峰；$1296cm^{-1}$ 和 $1240cm^{-1}$ 的峰是 C—N 伸缩振动峰[22,23]。当 PANI 通过在 TiO$_2$ 上吸附产生杂化作用后，其 $1560cm^{-1}$ 的伸缩振动峰强度减弱并红移，说明 C=C、C=N 键强度在杂化后减弱了；而 $1240cm^{-1}$ 的峰（PANI 苯环上的 C—N 伸缩振动峰）红移更明显，分别红移到 $1224cm^{-1}$、$1218cm^{-1}$ 和 $1218cm^{-1}$。这些特征峰的红移，说明了聚苯胺原有的共轭大 π 键体系和 TiO$_2$ 发生了相互作用，在 PANI 和 TiO_2 间形成了较强的化学键作用。当 PANI 负载量大于 3.0％ 时，聚苯胺的负载量大于其单层分散阈值，过量的 PANI 与 TiO_2 间以物理吸附的形式结合，PANI 上的 π 电子体系和 TiO_2 没有化学键的作用，其特征吸收峰不再红移。说明过量的 PANI 并不能参与杂化作用，对性能的改善不会起作用。

11.3.1.4 红外光谱和拉曼光谱的对比

拉曼光谱是分子对激发光的散射，而红外光谱则是分子对红外光的吸收，两者均是研究分子振动的重要手段，同属分子光谱。

分子的非对称性振动和极性基团的振动，都会引起分子偶极矩的变化，因而这类振动是红外活性的；而分子对称性振动和非极性基团振动，会使分子变形，极化率随之变化，具有拉曼活性。

拉曼光谱适合同原子的非极性键的振动。如 C—C、S—S、N—N 键等，对称性骨架振动，均可从拉曼光谱中获得丰富的信息。而不同原子的极性键，如 C=O、C—H、N—H 和 O—H 等，在红外光谱上有反映。相反，分子对称骨架振动在红外光谱上几乎看不到。拉曼光谱和红外光谱是相互补充的，两者对比如表 11-3 所示。

表 11-3 红外光谱和拉曼光谱的对比

名称	中红外光谱	拉曼光谱
共性	分子结构测定，同属振动光谱	
对象	生物、有机材料为主	无机、有机、生物材料
极性敏感性	对极性键敏感	对非极性键敏感
制样	需简单制样	无需制样
光谱范围	$400 \sim 4000 cm^{-1}$	$50 \sim 3500 cm^{-1}$
局限	含水样品	有荧光样品

11.3.2 X 射线光电子能谱

X 射线光电子能谱（XPS）也被称为化学分析用电子能谱（ESCA）。XPS 已从刚开始主要用来对化学元素的定性分析，业已发展为固体材料表面元素定性、半定量分析及元素化学价态分析的重要手段。XPS 的研究领域也不再局限于传统的化学分析，而扩展到现代迅猛发展的材料学科。目前该分析方法在日常表面分析工作中的份额已达到 50％，是一种最主要的表面分析工具。

11.3.2.1 基本原理

XPS 仪器一般由超高真空系统、X 射线源、能量分析器、离子枪和电子控制系统等结构组成。

X 射线光电子能谱基于光电离作用，当一束光子辐照到样品表面时，光子可以被样品中某一元素的原子轨道上的电子所吸收，使得该电子脱离原子核的束缚，以一定的动能从原子内部发射出来，变成自由的光电子，而原子本身则变成一个激发态的离子。这种现象就叫做光电离作用。用 X 射线照射固体时，由于光电效应，原子的某一能级的电子被击出物体之外，此电子称为光电子。

当固定激发源能量时，其光电子的能量仅与元素的种类和所电离激发的原子轨道有关。因此，我们可以根据光电子的结合能定性分析物质的元素种类。

在光电离过程中，如果 X 射线光子的能量为 $h\nu$，电子在该能级上的结合能为 E_b，射出

固体后的动能为 E_k，则固体物质的结合能可以用下面的方程表示：

$$E_k = h\nu - E_b - \phi_s \tag{11-6}$$

这里，E_k 为出射的光电子的动能，$h\nu$ 为 X 射线源光子的能量，E_b 为特定原子轨道上的结合能，ϕ_s 为谱仪的功函数，它表示固体中的束缚电子除克服各别原子核对它的吸引外，还必须克服整个晶体对它的吸引才能逸出样品表面，即电子逸出表面所做的功。谱仪的功函数主要由谱仪材料决定，对同一台谱仪基本是一个常数，与样品无关，其平均值为 $3\sim4eV$。可见，当入射 X 射线能量一定后，若测出功函数和电子的动能，即可求出电子的结合能。由于只有表面处的光电子才能从固体中逸出，因而测得的电子结合能必然反映了表面化学成分的情况。这正是光电子能谱仪的基本测试原理。

在 XPS 分析中，由于采用的 X 射线激发源的能量较高，不仅可以激发出原子价轨道中的价电子，还可以激发出芯能级上的内层轨道电子，其出射光电子的能量仅与入射光子的能量及原子轨道结合能有关。因此，对于特定的单色激发源和特定的原子轨道，其光电子的能量是特征的。

11.3.2.2 XPS 的分析方法

XPS 能提供以下信息：利用结合能进行定性分析；利用化学位移进行价态分析；利用强度信息进行定量分析；利用表面敏感性进行深度分布分析；利用指纹峰分析元素的电子结构；角分辨 XPS 方式；Tougaard 方式；结合离子枪进行深度分布分析；利用小面积 XPS 可进行元素成像分析。

（1）表面成分定性分析

这是一种最常规的分析方法，一般利用 XPS 谱仪的宽扫描程序。为了提高定性分析的灵敏度，一般应加大通能，提高信噪比。图 11-17 是典型的 XPS 定性分析图。通常 XPS 谱图的横坐标为结合能，纵坐标为光电子的计数率。在分析谱图时，首先必须考虑的是消除荷电位移。对于金属和半导体样品几乎不会荷电，因此不用校准。但对于绝缘样品，则必须进行校准。因为，当荷电较大时，会导致结合能位置有较大的偏移，导致错误判断。在使用计算机自动标峰时，同样会产生这种情况。另外，还必须注意携上峰、卫星峰、俄歇峰等这些伴峰对元素鉴定的影

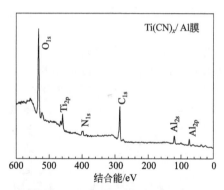

图 11-17 高纯 Al 基片上沉积的 Ti(CN)$_x$ 薄膜的 XPS 谱图（激发源为 MgK$_\alpha$）

响。一般来说，只要该元素存在，其所有的强峰都应存在，否则应考虑是否为其它元素的干扰峰。一般激发出来的光电子依据激发轨道的名称进行标记。如从 C 原子的 1s 轨道激发出来的光电子可以用 C_{1s} 标记。由于 X 射线激发源的光子能量较高，可以同时激发出多个原子轨道的光电子，因此在 XPS 谱图上会出现多组谱峰。由于大部分元素都可以激发出多组光电子峰，因此可以利用这些峰排除能量相近峰的干扰，非常有利于元素的定性标定。此外，由于相近原子序数的元素激发出来的光电子的结合能有较大的差异，因此相邻元素间的干扰作用很小。

从图 11-17 可见，在薄膜表面主要有 Ti、N、C、O 和 Al 元素存在。Ti、N 的信号较弱，而 O 的信号很强。这结果表明形成的薄膜主要是氧化物，氧的存在会影响 Ti（CN）$_x$ 薄膜的形成。

由于光电子激发过程的复杂性，在 XPS 谱图上不仅存在各原子轨道的光电子峰，同时还存在部分轨道的自旋裂分峰，$K_{\alpha1,2}$ 产生的卫星峰以及 X 射线激发的俄歇峰等。因此，在

定性分析时必须注意。现在，定性标记的工作可由计算机进行，但经常会发生标记错误，应加以注意。此外，对于不导电样品，由于荷电效应，经常会使结合能发生变化，导致定性分析得出不正确的结果。因此应该首先进行荷电校准。

（2）表面元素半定量分析

由 XPS 提供的定量数据是以原子分数表示的，而不是平常所使用的质量分数，它给出的仅是一种半定量的分析结果，即相对含量而不是绝对含量。在定量分析中必须注意的是 XPS 给出的相对含量也与谱仪的状况有关。因为不仅各元素的灵敏度因子是不同的，XPS 谱仪对不同能量的光电子的传输效率也是不同的，并会随谱仪受污染程度而改变。另外，XPS 仅提供表面 3～5nm 厚的表面信息，其组成不能反映体相成分。此外，样品表面的 C、O 污染以及吸附物的存在也会大大影响其定量分析的可靠性。

（3）化学价态分析

表面元素化学价态分析是 XPS 最重要的一种分析功能，也是 XPS 谱图解析最难，比较容易发生错误的部分。在进行元素化学价态分析前，首先必须对结合能进行正确的校准。因为结合能随化学环境的变化较小，而当荷电校准误差较大时，很容易标错元素的化学价态。此外，一些化合物的标准数据依据不同的作者和仪器状态存在很大的差异，在这种情况下这些标准数据仅能作为参考，最好是自己制备标准样，这样才能获得正确的结果。此外，还有一些化合物的元素不存在标准数据，要判断其价态，必须用自制的标样进行对比。还有一些元素的化学位移很小，用 XPS 的结合能不能有效地进行化学价态分析。在这种情况下，可以从线形及伴峰结构进行分析，同样也可以获得化学价态的信息。

由于原子周围化学环境的变化所引起的分子中某原子谱线的结合能的变化称为化学位移。虽然出射的光电子的结合能主要由元素的种类和激发轨道所决定，但由于原子内部外层电子的屏蔽效应，芯能级轨道上的电子的结合能在不同的化学环境中是不一样的，有一些微小的差异。这种结合能上的微小差异就是元素的化学位移，它取决于元素在样品中所处的化学环境。一般，元素获得额外电子时，化学价态为负，该元素的结合能降低。反之，当该元素失去电子时，化学价为正，XPS 的结合能增加。利用这种化学位移可以分析元素在该物种中的化学价态和存在形式。元素的化学价态分析是 XPS 分析最重要的应用之一。

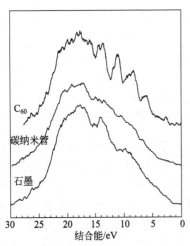

图 11-18 几种纳米碳材料的 XPS 价带谱

（4）价带结构分析图

XPS 价带谱反映了固体价带结构的信息，由于 XPS 价带谱与固体的能带结构有关，因此可以提供固体材料的电子结构信息。但由于 XPS 价带谱不能直接反映能带结构，还必须经过复杂的理论处理和计算。因此，在 XPS 价带谱的研究中，一般采用 XPS 价带谱结构的比较进行研究，而理论分析相应较少。

图 11-18 是几种碳材料的 XPS 价带谱。从图上可见，在石墨、碳纳米管和 C_{60} 分子的价带谱上都有三个基本峰。这三个峰均是由共轭 π 键所产生的。在 C_{60} 分子中，由于 π 键的共轭度较小，其三个分裂峰的强度较强。而在碳纳米管和石墨中由于共轭度较大，特征结构不明显。

同时，从图 11-18 还可见，在 C_{60} 分子的价带谱上还存在其它三个分裂峰，这些是由 C_{60} 分子中的σ键所形成的。由此可见，从价带谱上也可以获得材料电子结构的信息。

掺杂作为提高光催化效率的有效手段成为近年来光催化研究的热点，其中包括非金属元素（如 N、S、F、B 等）的掺杂和金属元素的掺杂。对于这些掺杂体系，掺杂元素的化学状态、掺杂浓度等信息的获取是十分重要的。

图 11-19 对应的是不同 N 掺杂量的 TiO₂ 的 XPS 谱图。由图可知，体系中只有 Ti、O、N 三种元素存在，O_{1s}、Ti_{2s}、Ti_{2p} 和 C_{1s} 对应的结合能分别为 533.2eV、576.3eV、473.5eV 和 285.0eV。在 N 掺杂的体系中，396eV 处的新峰一般被认为是 Ti—N 键存在的证据，随着 N 含量的增加，峰强变大，由峰的积分面积可确定 N 的含量。一般情况下，在 N₂ 氛围中，煅烧 TiO₂ 的 XPS 谱中并没有 396.0eV 的峰，而在 400.0eV 处会出现新峰，此峰一般是由 N₂、NH₃ 或含氮有机物在催化剂表面吸附所形成的。

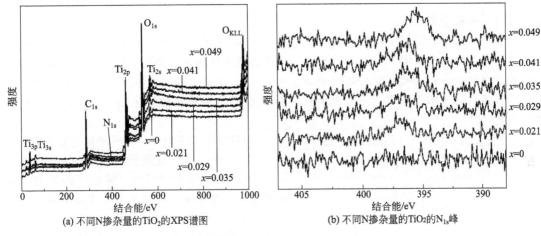

(a) 不同N掺杂量的TiO₂的XPS谱图   (b) 不同N掺杂量的TiO₂的N₁ₛ峰

图 11-19　TiO₂₋ₓNₓ 的 XPS 谱

贵金属的负载可以提高光催化剂的光学活性，XPS 是研究催化剂表面负载金属形态的一个重要手段。图 11-20 是 Pd 负载的 TiO₂ 薄膜光催化剂还原前后的 XPS 谱。薄膜光催化剂经 400℃煅烧后，Pd 3d₅/₂ 的结合能为 336.4eV，是 PdO 中 Pd 的形态。而在 H₂ 氛围中煅烧后，Pd 3d₅/₂ 峰变强而且更尖锐，其结合能从 336.4eV 降至 335.5eV，说明经还原后 PdO 被还原为金属态 Pd。值得说明的是在这里 Pd 3d₅/₂ 335.5eV 的结合能略高于纯金属 Pd 对应的结合能，这是由于金属态 Pd 在薄膜中高度分散造成的。

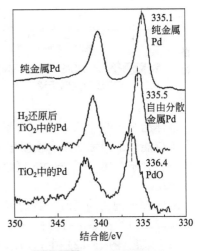

图 11-20　Pd 负载的 TiO₂ 膜的 XPS 研究

（5）深度分析

XPS 可以通过多种方法实现元素沿深度方向分布的分析，最常用的两种方法是 Ar 离子剥离深度分析和变角 XPS 深度分析。

Ar 离子剥离深度分析方法是一种使用最广泛的深度剖析方法，但它同时是一种破坏性的分析方法，会引起样品表面晶格的损伤、择优溅射和表面原子混合等现象。其优点是可以分析表面层较厚的体系，深度分析的速度较快。其分析原理为利用 Ar 离子束与样品表面的相互作用，把表面一定厚度的元素溅射掉，然后再用 XPS 分析剥离后的表面元素含量，这样就可以获得元素沿样品深度方向的分布。由于普通的 X 射线枪的束斑面积较大，离子束的束斑面积也相应较大，因此其剥离速度很慢，其深度分辨率也不是很好，其深度分析功能一般很少使用。此外，由于离子束剥离作用时间较长，样品元素的离子束溅射还原也会相当严重。为了避免离子束的溅射坑效应，一般离子束的面积应比 X 射线枪束斑面积大 4 倍以上。对于新一代的 XPS 谱仪，由于采用了小束斑 X 光源（微米量级），XPS 深度分析变得较为现实和常用。

变角 XPS 深度分析是一种非破坏性的深度分析技术，但只适用于表面层非常薄（1～5nm）的体系。其原理是利用 XPS 的采样深度与样品表面出射的光电子的接收角的正弦关系，可以获得元素浓度与深度的关系。在运用变角深度分析技术时，必须注意下面因素的影响：① 单晶表面的点阵衍射效应；② 表面粗糙度的影响；③ 表面层厚度应小于 10nm。

11.3.2.3 实例分析

XPS 是当代谱学领域中最活跃的分支之一，虽然只有十几年的历史，但其发展速度很快，在电子工业、化学化工、能源、冶金、生物医学和环境学中得到了广泛应用。除了可以根据测得的电子结合能确定样品的化学成分外，XPS 最重要的应用在于确定元素的化合状态。XPS 被广泛应用于微电子、材料科学、催化研究、纳米材料、生物/生命和能源/环境等领域的研究。

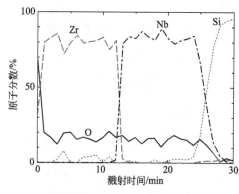

图 11-21 Zr/Nb/Si 薄膜样品的
XPS 深度剖析谱

我们利用 XPS 的 Ar 离子束溅射法，对 Zr/Nb/Si 样品进行了深度剖析分析。由图 11-21 可知，样品有清晰的层状结构。样品的 Zr 层在表面有部分氧化物存在，在膜层中有少量氧存在。表面氧物种可能是 Zr 表面的自然氧化层，膜层中的氧可能以化学吸附状态和氧化物状态存在。在 Zr 层和 Si 基底之间是 Nb 薄膜层，同样，在 Nb 层中也有氧的存在。金属 Zr 层和 Nb 层都具有一定含量的氧，这是由镀膜过程中反应腔中的残留氧气导致的。氧在膜层中不仅可以以氧化物的形式存在，还可以以化学吸附的形式存在。由于薄膜沉积过程中的成晶能力较差、在结构中存在较多的缺陷，使得吸附氧的浓度相对较高。

该样品 Zr/Nb 和 Nb/Si 的界面宽度分别为 30nm 和 60nm，这表明利用磁控溅射法镀膜会由于荷能粒子的溅射效应使膜层间发生界面扩散作用。此外，Nb 层与 Si 衬底之间的界面宽度明显大于金属 Zr 层与 Nb 层之间的界面宽度，说明在两界面处进行了不同程度的界面扩散作用。

XPS 深度剖析的同时，我们可以通过 Zr/Nb/Si 样品不同深度处的 XPS 线形谱，对各元素沿深度方向的价态进行分析（图 11-22）。

在 Zr 层（图 11-22）中，Zr_{3d} 的结合能为 178.7eV，可以归属为金属锆物种。在样品表面，其结合能是 182.4eV，可以归属为 ZrO_2 物种。该结果表明 Zr 薄膜表面形成自然氧化层，在膜层内部仍然以金属状态存在，膜层中的氧可能是以化学吸附状态存在。同样，通过 Nb_{3d} 峰的结合能数据［图 11-22（b）］可知，整个 Nb 薄膜层的结合能都是相同的（202.4eV），可归属为金属态物种，说明膜层以金属态存在。膜层中的氧很可能也是以吸附态存在的。同时，O_{1s} 的结合能结果［图 11-22（c）］也表明在表面的氧是以氧化物存在，而膜层中的氧与表面状态不同。

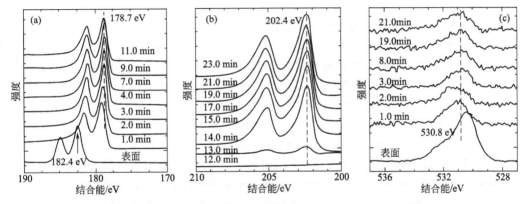

图 11-22 Zr/Nb/Si 薄膜样品各元素不同深度的 XPS 分析结果

（a）Zr_{3d} 窄扫描谱；（b）Nb_{3d} 窄扫描谱；（c）O_{1s} 窄扫描谱

11.3.3 俄歇电子能谱

俄歇电子能谱（Auger electron spectroscopy，AES）是一种被广泛使用的分析方法，其优点是：在表面以下 0.5～2nm 范围内化学分析的灵敏度高；数据分析速度快；俄歇电子能谱可以分析除氢、氦以外的所有元素。俄歇电子能谱法现已发展成为表面元素定性、半定量分析、元素深度分布分析和微区分析的重要手段。新型的俄歇电子能谱仪具有很强的微区分析能力和三维分析能力。其微区分析直径可以小到 6nm，大大提高了在微电子技术及纳米技术方面的微分析能力。相对于 XPS，AES 检测极限约为 10^{-3} 原子单层，其采样深度为 1～2nm，比 XPS 还要浅，更适合于表面元素定性和定量分析。配合离子束剥离技术，AES 还具有很强的深度分析和界面分析能力，常用来进行薄膜材料的深度剖析和界面分析。且由于 AES 采用电子束，束斑非常小，因此进行微区分析时具有很高的空间分辨率，可以进行扫描并在微区上进行元素的选点分析、线扫描分析和面分布分析。此外，俄歇电子能谱仪还具有很强的化学价态分析能力，不仅可以进行元素化学成分分析，还可以进行元素化学价态分析。俄歇电子能谱分析是目前最重要和最常用的表面分析和界面分析方法之一。由于具有很高的空间分辨能力（6nm）以及表面分析能力（0.5～2nm），因此，俄歇电子能谱尤其适合于纳米材料的表面和界面分析，在纳米材料尤其是纳米器件的研究上具有广阔的应用前景。

11.3.3.1 俄歇电子能谱原理

当具有足够能量的粒子（光子、电子或离子）与一个原子碰撞时，原子内层轨道上的电子被激发出后，在原子的内层轨道上产生一个空穴，形成了激发态正离子。这种激发态正离子是不稳定的，必须通过退激发而回到稳定态。在此激发态离子的退激发过程中，外层轨道的电子可以向该空穴跃迁并释放出能量，而该释放出的能量又可以激发同一轨道层或更外层轨道的电子使之电离而逃离样品表面，这种出射电子就是俄歇电子。从上述过程可以看出，至少有两个能级和三个电子参与俄歇过程，所以氢原子和氦原子不能产生俄歇电子。同样孤立的锂原子因为最外层只有一个电子，也不能产生俄歇电子。但是在固体中价电子是共用的，所以在各种含锂化合物中也可以看到从锂发生的俄歇电子。

俄歇电子能谱的原理比较复杂，涉及到原子轨道上三个电子的跃迁过程。当一定能量的电子碰撞原子，使原子内层电子电离，这样在原子内层轨道上出现一个空穴，形成了激发态正离子。在激发态离子的退激发过程中，外层轨道的电子可以向该空穴跃迁并释放出能量，该能量又可以激发同一轨道层或更外层轨道的电子使之电离，这种电子就是俄歇电子。一般用 WiXpYq 表示任意一个俄歇跃迁。

俄歇电子的跃迁过程可用图 11-23 来描述，其跃迁过程的能级图见图 11-24。从图上可见，首先，外来的激发源与原子发生相互作用，把内层轨道（W 轨道）上的一个电子激发出去，形成一个空穴。外层（X 轨道）的一个电子填充到内层空穴上，产生一个能量释放，促使次外层（Y 轨道）的电子激发发射出来而变成自由的俄歇电子。

俄歇电子的特点如下。① 俄歇电子的能量是靶物质所特有的，与入射电子束的能量无关。对于 $Z = 3 \sim 14$ 的元素，最突出的俄歇效应是由 KLL 跃迁形成的，对 $Z = 14 \sim 40$ 的元素是 LMM 跃迁，对 $Z = 40 \sim 79$ 的元素是 MNN 跃迁。大多数元素和一些化合物的俄歇电子能量可以从手册中查到。② 俄歇电子只能从 20Å 以内的表层深度中逃逸出来，因而带有表层物质的信息，即对表面成分非常敏感。正因如此，俄歇电子特别适用于做表面化学成分分析。

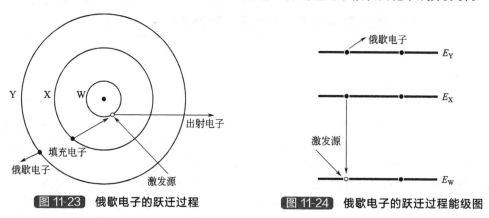

图 11-23　俄歇电子的跃迁过程　　图 11-24　俄歇电子的跃迁过程能级图

从俄歇电子跃迁过程可知，俄歇电子的动能只与元素激发过程中涉及的原子轨道的能量有关，而与激发源的种类和能量无关，是元素的固有特征。俄歇电子的能量可以从跃迁过程涉及的原子轨道能级的结合能来计算。根据形成初始空穴壳层、随后弛豫及出射俄歇电子壳层的不同，在元素周期表中从锂到铀元素形成了 KLL、LMM、MNN 三大主跃迁系列，依据每个元素俄歇跃迁谱主峰所对应的动能大小就可以标识出元素的种类，用于元素的定性分析；根据样品中所检测到的各元素谱峰的相对强度，再经过适当的校正，便可获得样品中各元素的相对含量，进行定量分析。

俄歇电子的强度是俄歇电子能谱进行元素定量分析的基础。但由于俄歇电子在固体中激发过程的复杂性，到目前为止还难以用俄歇电子能谱来进行绝对的定量分析。俄歇电子的强度除与元素的存在量有关外，还与原子的电离截面、俄歇产率以及逃逸深度等因素有关。

11.3.3.2　俄歇电子能谱分析方法

（1）俄歇电子能谱的定性分析

定性分析主要是利用俄歇电子的特征能量值来确定固体表面的元素组成。能量的确定在积分谱中是指扣除背底后谱峰的最大值，在微分谱中通常规定负峰对应的能量值。习惯上用微分谱进行定性分析。元素周期表中由 Li 到 U 的绝大多数元素和一些典型化合物的俄歇积分谱和微分谱已汇编成标准 AES 手册。因此由测得的俄歇谱来鉴定探测体积内的元素组成是比较方便的。在与标准谱进行对照时，除重叠现象外还需注意如下情况：①由于化学效应或物理因素引起峰位移或谱线形状变化引起的差异；②由于与大气接触或在测量过程中试样表面被沾污而引起的沾污元素的峰。

由于俄歇电子的能量仅与原子本身的轨道能级有关，与入射电子的能量无关，也就是说与激发源无关。对于特定的元素及特定的俄歇跃迁过程，其俄歇电子的能量是特征的。由此，我们可以根据俄歇电子的动能来定性分析样品表面物质的元素种类。该定性分析方法可以适用于除氢、氦以外的所有元素，且由于每个元素会有多个俄歇峰，定性分析的准确度很高。因此，AES 技术是适用于对所有元素进行一次全分析的有效定性分析方法，这对于未知样品的定性鉴定是非常有效的。

在分析俄歇电子能谱图时，有时还必须考虑样品的荷电位移问题。一般来说，金属和半导体样品几乎不会荷电，因此不用校准。但对于绝缘体薄膜样品，有时必须进行校准，通常以 C_{KLL} 峰的俄歇动能为 278.0eV 作为基准。在离子溅射的样品中，也可以用 Ar_{KLL} 峰的俄歇动能 214.0eV 来校准。在判断元素是否存在时，应用其所有的次强峰进行佐证，否则应考虑是否为其它元素的干扰峰。图 11-25 是金刚石表面的 Ti 纳米薄膜的俄歇定性分析谱（微分

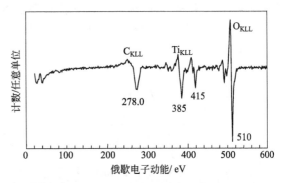

图 11-25 金刚石表面 Ti 薄膜的俄歇定性分析谱

谱），电子枪的加速电压为 3 kV。从图上可见，AES 谱图的横坐标为俄歇电子动能，纵坐标为俄歇电子计数的一次微分。激发出来的俄歇电子由其俄歇过程所涉及的轨道的名称标记。由于俄歇跃迁过程涉及到多个能级，可以同时激发出多种俄歇电子，因此在 AES 谱图上可以发现 Ti_{LMM} 俄歇跃迁有两个峰。由于大部分元素都可以激发出多组光电子峰，因此非常有利于元素的定性标定，排除能量相近峰的干扰。如 N_{KLL} 俄歇峰的动能为 379eV，与 Ti_{LMM} 俄歇峰的动能很接近，但 N_{KLL} 仅有一个峰，而 Ti_{LMM} 有两个峰，因此俄歇电子能谱可以很容易地区分 N 元素和 Ti 元素。由于相近原子序数元素激发出的俄歇电子的动能有较大的差异，因此相邻元素间的干扰作用很小。

（2）表面元素的半定量分析

从样品表面出射的俄歇电子强度与样品中该原子的浓度有线性关系，因此可以利用这一特征进行元素的半定量分析。AES 定量分析的依据是俄歇谱线强度。表示强度的方法有：在微分谱中一般指正、负两峰间距离，称峰到峰高度，也有人主张用负峰尖和背底间距离表示强度。俄歇电子的强度不仅与原子的多少有关，还与俄歇电子的逃逸深度、样品的表面光洁度、元素存在的化学状态以及仪器的状态有关。因此，AES 技术一般不能给出所分析元素的绝对含量，仅能提供元素的相对含量。且因为元素的灵敏度因子不仅与元素种类有关，还与元素在样品中的存在状态及仪器的状态有关，即使是相对含量，不经校准也存在很大的误差。此外，还必须注意的是，虽然 AES 的绝对检测灵敏度很高，可以达到 10^{-3} 原子单层，但它是一种表面灵敏的分析方法，对于体相检测灵敏度仅为 0.1% 左右。其表面采样深度为 1～3nm，提供的是表面上的元素含量，与体相成分会有很大的差别。最后，还应注意 AES 的采样深度与材料性质和激发电子的能量有关，也与样品表面与分析器的角度有关。事实上，在俄歇电子能谱分析中几乎不用绝对含量这一概念。所以应当明确，AES 不是一种很好的定量分析方法。它给出的仅是一种半定量的分析结果，即相对含量而不是绝对含量。

（3）表面元素的化学价态分析

对元素的结合状态的分析称为状态分析。AES 的状态分析是利用俄歇峰的化学位移、谱线变化（包括峰的出现或消失）、谱线宽度和特征强度变化等信息。根据这些变化可以推知被测原子的化学结合状态。一般而言，由 AES 解释元素的化学状态比 XPS 更困难。实践中往往需要对多种测试方法的结果进行综合分析后才能作出正确的判断。

虽然俄歇电子的动能主要由元素的种类和跃迁轨道所决定，但由于原子内部外层电子的屏蔽效应，芯能级轨道和次外层轨道上的电子的结合能在不同的化学环境中是不一样的，有一些微小的差异。这种轨道结合能上的微小差异可以导致俄歇电子能量的变化，这种变化就称为元素的俄歇化学位移，它取决于元素在样品中所处的化学环境。一般来说，由于俄歇电子涉及到 3 个原子轨道能级，其化学位移要比 XPS 的化学位移大得多。利用这种俄歇化学位移可以分析元素在该物种中的化学价态和存在形式。图 11-26 与图 11-27 分别是不同价态的镍氧化物的 Ni_{MVV}、Ni_{LMM} 俄歇谱。

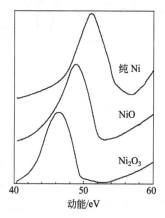

图 11-26　不同价态镍氧化物的 MVV 俄歇谱

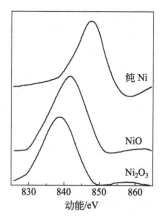

图 11-27　不同价态镍氧化物的 LMM 俄歇谱

　　对于相同化学价态的原子，俄歇化学位移的差别主要与原子间的电负性差有关。电负性差越大，原子得失的电荷也越大，因此俄歇化学位移也越大。对于电负性大的元素，可以获得部分电子荷负电。因此俄歇化学位移为正，俄歇电子的能量比纯态要高。相反，对于电负性小的元素，可以失去部分电子荷正电。因此俄歇化学位移为负，俄歇电子的能量比纯元素状态时要低。图 11-28 和图 11-29 是化合价相同但电负性差不同的含硅化合物的 Si_{LVV} 和 Si_{KLL} 俄歇谱。从图 11-28 可知，Si_3N_4 的 Si_{LVV} 俄歇动能为 80.1eV，俄歇化学位移为 $-8.7eV$。而 SiO_2 的 Si_{LVV} 的俄歇动能为 72.5eV，俄歇化学位移为 $-16.3eV$。Si_{KLL} 俄歇谱图同样显示出这两种化合物中 Si 俄歇化学位移的差别。Si_3N_4 的俄歇动能为 1610.0eV，俄歇化学位移为 $-5.6eV$。SiO_2 的俄歇动能为 1605.0eV，俄歇化学位移 $-10.5eV$。

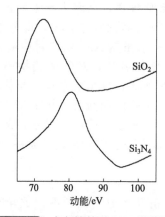

图 11-28　电负性差对 Si_{LVV} 谱的影响

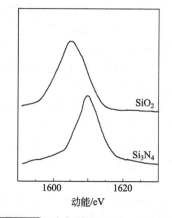

图 11-29　电负性差对 Si_{KLL} 谱的影响

　　由这些结果可见，Si_{LVV} 的俄歇化学位移比 Si_{KLL} 的要大。这清楚地表明价轨道比内层轨道对化学环境更为敏感，不论是 Si_3N_4 还是 SiO_2，其中在 SiO_2 和 Si_3N_4 中，Si 都是以正四价存在，但 Si_3N_4 的 Si—N 键的电负性差为 $-1.2eV$，俄歇化学位移为 $-8.7eV$。而在 SiO_2 中，Si—O 键的电负性差为 $-1.7eV$，俄歇化学位移则为 $-16.3eV$。通过计算可知 SiO_2 中 Si 的有效电荷为 $+2.06\,e$，而 Si_3N_4 中 Si 的有效电荷为 $+1.21e$。根据电荷势模型，化合物中元素的电负性差越大，元素的有效电荷越大，其俄歇化学位移也越大。即对于同一化合价的元素，随着相邻元素电负性差的增加，俄歇化学位移的数值也增加，电负性正负的方向决定了俄歇化学位移的方向。以上的实验结果表明，对于这类化合物电荷势模型可以合理地解释化学价态和元素电负性差对俄歇化学位移的影响。

（4）元素深度分布分析

利用 AES 可以得到元素在原子尺度上的深度方向的分布。为此通常采用惰性气体离子溅射的深度剖面法。由于溅射速率取决于被分析的元素、离子束的种类、入射角、能量和束流密度等多种因素，溅射速率数值很难确定，一般经常用溅射时间表示深度变化。

其分析原理是先用 Ar 离子把表面一定厚度的表面层溅射掉，然后再用 AES 分析剥离后的表面元素含量，这样就可以获得元素在样品中沿深度方向的分布。由于俄歇电子能谱的采样深度较浅，因此俄歇电子能谱的深度分析比 XPS 的深度分析具有更好的深度分辨率。由于离子束与样品表面的作用时间较长时，样品表面会产生各种效应，为了获得较好的深度分析结果，应当选用交替式溅射方式，并尽可能地降低每次溅射间隔的时间。此外，为了避免离子束溅射的坑效应，离子束/电子束的直径比应大于 100 倍以上，这样离子束的溅射坑效应基本可以不予考虑。

离子束与固体表面发生相互作用，从而引起表面粒子的发射，即离子溅射。对于常规的俄歇深度剖析，一般采用能量为 500eV 到 5keV 的离子束作为溅射源。溅射产额与离子束的能量、种类、入射方向、被溅射固体材料的性质以及元素种类有关。多组分材料由于其中各元素的溅射产额不同，使得溅射产率高的元素被大量溅射掉，而溅射产率低的元素在表面富集，使得测量的成分变化，该现象称为"择优溅射"。在实际的俄歇深度分析中，如果采用较短的溅射时间以及较高的溅射速率，"择优溅射"效应可以大大降低。

（5）微区分析

微区分析也是俄歇电子能谱分析的一个重要功能，可以分为选点分析、线扫描分析和面扫描分析三个方面。这种功能是俄歇电子能谱在微电子器件研究中最常用的方法，也是材料研究的主要手段。

俄歇电子能谱由于采用电子束作为激发源，其束斑面积可以聚焦到非常小。从理论上讲，俄歇电子能谱选点分析的空间分别率可以达到束斑面积大小。因此，利用俄歇电子能谱可以在很微小的区域内进行选点分析，当然也可以在一个大面积的宏观空间范围内进行选点分析。微区范围内的选点分析可以通过计算机控制电子束的扫描，在样品表面的吸收电流像图或二次电子像图上锁定待分析点。对于在大范围内的选点分析，一般采取移动样品的方法，使待分析区和电子束重叠。这种方法的优点是可以在很大的空间范围内对样品点进行分析，选点范围取决于样品架的可移动程度。利用计算机软件选点，可以同时对多点进行表面定性分析、表面成分分析、化学价态分析和深度分析。这是一种非常有效的微探针分析方法。

在研究工作中，不仅需要了解元素在不同位置的存在状况，有时还需要了解一些元素沿某一方向的分布情况，俄歇线扫描分析能很好地解决这一问题，线扫描分析可以在微观和宏观的范围内进行（$1\sim6000\mu m$）。俄歇电子能谱的线扫描分析常应用于表面扩散研究、界面分析研究等方面。

俄歇电子能谱的面分布分析也可称为俄歇电子能谱的元素分布的图像分析。它可以把某个元素在某一区域内的分布以图像的方式表示出来，就像电镜照片一样。只不过电镜照片提供的是样品表面的形貌像，而俄歇电子能谱提供的是元素的分布像。结合俄歇化学位移分析，还可以获得特定化学价态元素的化学分布像。俄歇电子能谱的面分布分析适合于微型材料和技术的研究，也适合表面扩散等领域的研究。在常规分析中，由于该分析方法耗时非常长，一般很少使用。当我们把面扫描与俄歇化学效应相结合时，还可以获得元素的化学价态分布图。

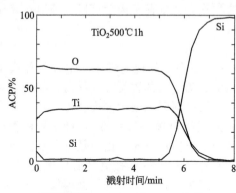

图 11-30 AES 测定 TiO_2 薄膜
光催化剂的厚度

11.3.3.3 在光催化研究中的应用实例

通过俄歇电子能谱的深度剖析，可以获得多层膜的厚度。由于溅射速率与材料的性质有关，这种方法获得的薄膜厚度一般是一种相对厚度。但在实际过程中，大部分物质的溅射速率相差不大，或者通过基准物质的校准，可以获得薄膜层的厚度。这种方法对于薄膜以及多层膜比较有效。对于厚度较厚的薄膜可以通过横截面的线扫描或通过扫描电镜测量获得。图 11-30 是在单晶 Si 基底上制备的 TiO_2 薄膜光催化剂的俄歇深度剖析谱。

从图上可见，TiO_2 薄膜层的溅射时间约为 6min，由离子枪的溅射速率（30nm·min^{-1}），可以获得 TiO_2 薄膜光催化剂的厚度约为 180nm。该结果与 X 射线荧光分析的结果非常吻合（182nn）。

11.3.3.4 表面与界面元素分析比较

目前，由于使用高加速电压、细电子束和薄样品测试的发展，对区域仅为百埃甚至更小的超微区进行化学分析的技术也正在成熟。常用的表面和界面分析方法有：X 射线光电子能谱（XPS），俄歇电子能谱（AES），二次离子质谱（SIMS）和离子散射谱（ISS）。在表面和界面分析时，应当注意其表面性的特点，即材料的表面仅占体相的很小一部分（约 10^{-10}），表面上存在大量的悬挂化学键，其化学状态可能与体相不同。另外，表面单分子层具有很小的电离截面，因此要求仪器要有较高的灵敏度。表 11-4 是三种表面分析方法的比较。

表 11-4 表面分析方法比较

技术		XPS	AES	SIMS	
				静态	动态
测量类型		能量	能量	质量	质量
信息	主要	元素、化学键	元素	元素、同位素	元素、同位素
	辅助	深度分布、价带结构、shake-up	成像、化学键、Plasmon 结构、深度分布	化合物	成像、化合物
	深度分辨率	1～3nm	1～3nm	0.6nm	10nm
	空间分辨率	<3μm	<10nm	1mm	0.5～0.05μm
灵敏度（原子分数）		10^{-3}～10^{-2}	10^{-3}～10^{-2}	10^{-5}	10^{-5}
不能检测元素		H、He	H、He	—	—

11.4 分散度及形貌分析

光催化剂材料的形貌结构也是影响光催化剂性能的重要因素之一，材料的很多重要物理化学性能是由其形貌特征所决定的。对于光催化剂，其性能不仅与材料颗粒大小还与材料的形貌有重要关系。如颗粒状纳米材料与纳米线和纳米管的物理化学性能有很大的差异。形貌分析的主要内容是分析材料的几何形貌，材料的颗粒度，颗粒度的分布以及形貌微区的成分和物相结构等方面。

常用的形貌分析方法主要有：扫描电子显微镜、透射电子显微镜、扫描隧道显微镜和原子力显微镜。扫描电镜和透射电镜形貌分析不仅可以分析纳米粉体材料，还可以分析块体材料的形貌。其提供的信息主要有材料的几何形貌、粉体的分散状态、纳米颗粒大小及分布以及特定形貌区域的元素组成和物相结构。扫描电镜对样品的要求比较低，无论是粉体样品还是大块样品，均可以直接进行形貌观察。透射电镜具有很高的空间分辨能力，特别适合纳米粉体材料的分析。但颗粒大小应小于 300nm，否则电子束就不能透过。

11.4.1 扫描电镜

扫描电子显微镜（SEM）是一种大型分析仪器，具有如下特点：①有较高的放大倍数，20～20 万倍之间连续可调；②有很大的景深，视野大，成像富有立体感，可直接观察各种试样凹凸不平表面的细微结构；③试样制备简单。此外，一般的扫描电镜都配有 X 射线能谱仪装置，这样可以同时进行显微组织形貌的观察和微区成分分析，因此，在光催化材料研究方面也具有重要的应用价值。

11.4.1.1 工作原理

当高速电子照射到固体样品表面时，就可以发生相互作用，产生一次电子的弹性散射、二次电子、背散射电子、吸收电子、X 射线、俄歇电子等信息。这些信息与样品表面的几何形状以及化学成分等有很大的关系。通过扫描电子束扫描样品上的不同位置，收集这些信息后经过放大送到成像系统。样品表面扫描过程任意点发射的信息均可以记录下来，获得图像的信息。通过信息和样品位置的对应关系就可以获得样品表面形貌的分布。其成像原理见图 11-31。由样品表面上电子束扫描幅度和显像管上电子束扫描幅度决定图像的放大倍数。

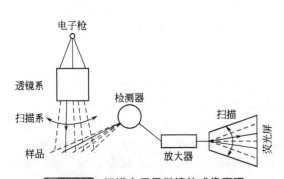

图 11-31 扫描电子显微镜的成像原理

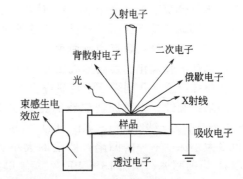

图 11-32 电子束和固体样品表面作用时的物理现象

11.4.1.2 扫描电子显微镜的图像信息

高能电子束与固体样品的原子核及核外电子发生作用后，可产生多种物理信号：如二次电子、背散射电子、吸收电子、俄歇电子、特征 X 射线等。见图 11-32。

（1）二次电子像

在扫描电镜中主要利用二次电子的信息观察样品的表面形貌。二次电子的能量一般在 50eV 以下，并从样品表面 5~10nm 左右的深度范围内产生，向样品表面的各个方向发射出去。利用附加电压集电器就可以收集从样品表面发射出来的所有二次电子。被收集的二次电子经过加速，可以获得 10keV 左右的能量。可以通过闪烁器把电子激发为光子，最后再通过光电倍增管产生电信号，进行放大处理，获得与原始二次电子信号成正比的电流信号。

在扫描电镜中形貌像的信息主要来自二次电子像。一般来说，二次电子像的信息来自于样品表面下 5~10nm 的深度范围。产生区域大小则是由辐照电子束的直径以及二次电子能发射到表面深度下电离化区域大小所决定的。

（2）背射电子像

高能入射电子在样品表面受到弹性散射后可以被反射出来，该电子的能量保持不变，但方向发生了改变，该类电子称为反射电子。入射电子数与反射电子数的比称为反射率。

反射电子像中包含有元素的化学成分和表面形貌的信息。反射电子像与样品材料的原子序数有很大关系。由于重元素的反射率大，图像的亮度也高，反之轻元素的反射率小，图像也就暗。此外，反射电子像也与样品表面的形状有很大关系。突起的部分就亮，凹下去的部分则由于反射电子的数量少，呈暗影。原则上反射电子源的强度越大，则反射电子像的分辨率将降低。

用背反射信号进行形貌分析时，其分辨率远比二次电子低。因为背反射电子是来自一个较大的作用体积。此外，背反射电子能量较高，它们以直线轨迹逸出样品表面，对于背向检测器的样品表面，因检测器无法收集到背反射电子呈现一片阴影，因此在图像上会显示出较强的衬度，而掩盖了许多有用的细节。

（3）X 射线分析

当电子束辐照到样品表面时，可以产生荧光 X 射线，可以使用能谱分析和波谱分析来获得样品微区的化学成分信息。X 射线的信息深度是 $0.5~5\mu m$。

由于不同元素发射出的荧光 X 射线的能量是不一样的，也就是说特定的元素会发射出波长确定的特征 X 射线。通过将 X 射线按能量分开就可以获得不同元素的特征 X 射线谱，这就是能谱分析的基本原理。在扫描电镜中，主要利用半导体硅探测器来检测特征 X 射线，通过多道分析器获得 X 射线能谱图，从中可以对元素的成分进行定性和定量分析。

因为电子激发产生的荧光 X 射线也是一种波，因此可以通过晶体分光的方法把 X 射线按波长分离开，从而可以获得不同波长的特征 X 射线谱。通过正比计数器进行检测。其优点是光谱的分辨率高（高于 5eV），信噪比大，并能分析原子序数为 5 以上的元素，其定量效果好。其缺点是不能同时分析，需要逐个元素进行分析，分析速度慢。

11.4.1.3　在光催化研究中应用实例

玻璃珠薄膜催化剂表面形貌研究[24]

玻璃珠薄膜催化剂表面形貌研究见图 11-33[25]。未处理的玻璃珠表面平整光滑几乎没有什么凹陷或裂纹，为增加玻璃珠的比表面积以及提高其成膜性能，把玻璃珠浸渍于 4% 的 HF 溶液中，超声振荡 2h。如图（a）所示，经过 HF 预处理后的玻璃珠表面变粗糙，出现了很多大小深度不一的凹陷，凹陷的大小和深度一般都在微米量级以上。图（b）是以 Ti (OBu)$_4$ 为前驱体，添加 15% PEG400 制得的 TiO$_2$ 薄膜。由图可见，膜层表面平整，无裂纹，表面的碎屑也较少，形成了结合良好的薄膜。当添加剂 PEG400 的浓度提高至 30% 时，煅烧所得的 TiO$_2$ 薄膜出现了一些裂纹，并有少量碎屑附着在表面。事实上，当添加剂浓度提高时，前驱体黏度增大，在浸渍-甩膜过程中黏附在玻璃珠表面的剩余溶胶相对较多，这些剩余溶胶在煅烧过程中便成为表面碎屑附着在玻璃珠表面。

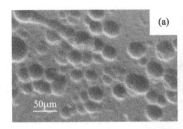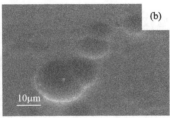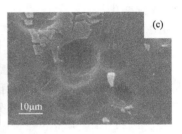

图 11-33 玻璃珠负载光催化剂表面的 SEM 图

（a）经 HF 处理后；（b）负载 TiO$_2$ 薄膜后的（添加 15% PEG400）；（c）负载 TiO$_2$ 薄膜（添加 30% PEG400）

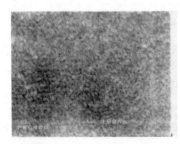

图 11-34 中孔 TiO$_2$ 薄膜 SEM 照片

中孔材料是指孔径在 2～50nm 的材料，由于具有高比表面积、结构规整、良好的化学选择性等优点而在催化、电子、生物等诸多领域有光明的应用前景。以 PEG 为造孔剂，可以制备出结构较为规整的中孔 TiO$_2$ 薄膜，采用 SEM 可对其形貌进行表征。

图 11-34 显示了添加 PEG400 的 TiO$_2$ 薄膜的 SEM 结果。从图中可以清楚地看到排列整齐的孔结构，其直径在十几个纳米左右。这是首次利用添加 PEG 的方法成功获得中孔 TiO$_2$ 薄膜的研究，说明以 PEG 特别是以中低分子量 PEG 为模板剂，可以制备出结构规整的中孔 TiO$_2$ 薄膜。

11.4.2 透射电镜

透射电子显微镜（TEM）是以波长很短的电子束做照明源，用电磁透镜聚焦成像的一种具有高分辨本领，高放大倍数的电子光学仪器。其主要特点是可以获得非常高的放大倍数，在纳米尺度观察样品的形貌结构。因此，对纳米光催化材料的研究具有重要价值。

11.4.2.1 工作原理

阿贝光学显微镜衍射成像原理同样适合于透射电子显微镜。不仅可以在物镜的像平面获得放大的电子像，还可以在物镜的后焦面处获得晶体的电子衍射谱，其成像原理见图 11-35。

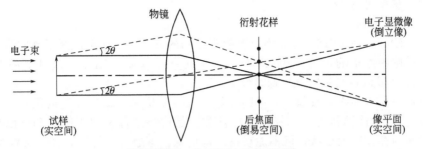

图 11-35 电子衍射成像原理图

透射电子显微镜中，物镜、中间镜、透镜是以积木方式成像，即上一透镜的像就是下一透镜成像时的物，也就是说，上一透镜的像平面就是下一透镜的物平面，这样才能保证经过连续放大的最终像是一个清晰的像。在这种成像方式中，如果电子显微镜是三级成像，那么总的放大倍数就是各个透镜倍率的乘积。

$$M = M_0 \times M_i \times M_p \tag{11-7}$$

式中，M_0 为物镜放大倍率，数值在 50～100 范围；M_i 为中间镜放大倍率，数值在 0～20 范围；M_p 为投影镜放大倍率，数值在 100～150 范围，总的放大倍率 M 在 1000～200000

倍内连续变化。

11.4.2.2 透射电子显微镜的实验技术

（1）透射电镜信息分析

由透射电镜给出的图像信息，可进行材料的形貌结构分析、颗粒大小及分散性分析。另外，通过透射电镜电子衍射谱可得到材料的晶体结构信息；透射电镜与附件 X 射线能谱仪（EDS）联用可进行纳米微区成分分析；利用高分辨 TEM 还可以获得晶胞排列的信息，还可以确定晶胞中原子的位置。

（2）透射电镜电子衍射谱

透射电镜电子衍射谱的分析和标定是测定微区晶体点阵结构的重要方法，电子衍射谱的图像既可以由装备在透射电镜上的 CCD 元件直接获取，也可以通过扫描仪扫描衍射谱照片得到，前者是电子衍射谱实现实时分析的必要环节，但硬件要求较高。在光催化研究中经常遇到测定微米级以下的微相和微区以及轻元素原子有序的晶体点阵问题，这些测定必须借助于透射电镜电子衍射，电子衍射谱传达了材料结构的重要信息。

它具有以下特点[26]：

① 晶体结构信息与组织图像可以一一对应；

② 由于电子散射强度比 X 射线高一万倍，采集电子衍射谱的时间只需几秒，操作方便；

③ 适于分析微区和微相的晶体结构；

④ 电子衍射谱本身是晶体倒易点阵的二维截面图像，简明直观，易于观察；

⑤ 电子衍射谱的形状能直接反映晶体形状、塑变、缺陷和应变场的特征。

以上特点是电子衍射谱受到重视并且得到广泛应用的原因。

（3）电子能量损失谱

透射电镜同能谱仪联用，为材料的元素分析提供了方便。对原子序数高的元素分析，可以做到定性和半定量分析；对轻元素分析，如碳，多数为定性分析。从电子能量损失谱（EELS）不但可以得到样品的化学成分、电子结构、化学成键等信息，还可以对 EELS 的各部位选择成像，不仅明显提高电子显微像与衍射图的衬度和分辨率，而且可提供样品中的元素分布图。元素分布图是表征材料的纳米或亚纳米尺度的组织结构特征，如细小的掺杂物、析出物和界面的探测及元素分布信息、定量的相鉴别及化学成键图等快速且有效的分析方法，其空间分辨率可达 1nm。

（4）高分辨 TEM

高分辨 TEM（HRTEM）是观察材料微观结构的方法。不仅可以获得晶胞排列的信息，还可以确定晶胞中原子的位置。200kV 的 TEM 点分辨率为 0.2nm，1000kV 的 TEM 点分辨率为 0.1nm。可以直接观察原子像。

高分辨像主要有晶格条纹像，一维结构像，二维晶格像（单胞尺度的像），二维结构像（原子尺度的像、晶体结构像）和特殊像等种类。晶格条纹像常用于微晶和析出物的观察，可以揭示微晶的存在以及形状，但不能获得结构信息，可通过衍射环的直径和晶格条纹间距来获得。一维结构像含有晶体结构的信息，将观察像与模拟像对照，就可以获得像的衬度与原子排列的对应关系。在二维像中，能观察到显示单胞的二维晶格像，该像含有单胞尺度的信息，但不含原子尺度的信息，称为晶格像。在分辨率允许的范围内，尽可能多用衍射波成像，就可以使获得的像中含有单胞内原子排列的信息。

11.4.2.3 光催化研究应用实例

Zhang C 等人[27]采用水热方法成功地合成了 Bi_2WO_6 纳米片，在可见光下观察到了较高的降解有机物的能力。通过控制反应温度及时间，结合 TEM 分析，研究了 Bi_2WO_6 由无规则形状转变为规则的纳米薄片的过程。在不同温度下水热反应 12h，得到的 Bi_2WO_6 的形貌通过透射电镜观察如下，可以看到基本呈方形的薄片状，并且随着温度的提高，薄片结构更加明显，薄片的尺寸也有所增长，与前驱体的无规则形貌相去甚远。

当水热条件固定在160℃时，通过不同时间产物的观察，可以看到整个纳米薄片生长的过程，此生长机理符合过饱和溶液体系重结晶优势生长过程。从图11-36中可以看到结晶体由无规则形状转变为规则的纳米薄片的过程。

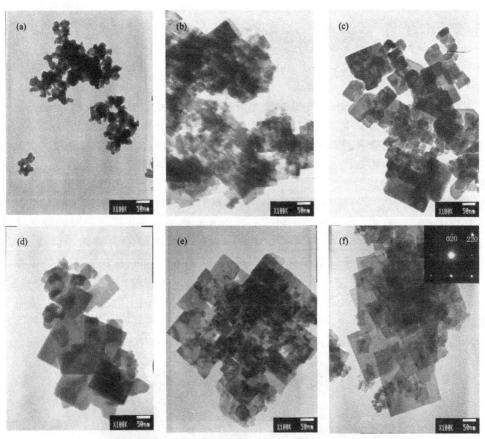

图 11-36　不同水热温度制备的 Bi_2WO_6 纳米片形貌
（a）前驱体；（b）120℃；（c）140℃；（d）160℃；（e）180℃；（f）200℃

为了深入了解 Bi_2WO_6 纳米片的生成机理，高分辨的研究是必要的，高分辨 TEM 可以观察材料微观结构，不仅可以获得晶胞排列的信息，还可以确定晶胞中原子的位置，直接观察原子像。图11-37 是 Bi_2WO_6 纳米片的高分辨图像。

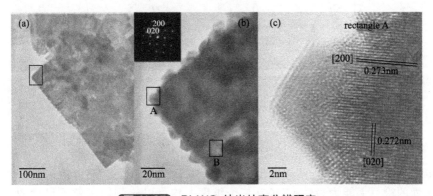

图 11-37　Bi_2WO_6 纳米片高分辨研究

11.4.3　原子力显微镜

1986 年由 Binnig 和 Quate 发明了原子力显微镜（AFM），与所有的扫描探针显微镜一样，AFM 使用一个极细的探针在样品表面进行扫描，探针位于一悬臂的末端顶部，该悬臂可对针尖和样品间的作用力作出反应。AFM 提供一种使锐利的针尖直接接触样品表面而成像的方法。绝缘的样品和有机样品均可以成像。可以获得原子分辨率的图像。AFM 的应用范围比 STM 更为广阔，AFM 实验可以在大气、超高真空、溶液以及反应性气氛等各种环境中进行，除了可以对各种材料的表面结构进行研究外，还可以研究材料的硬度、弹性、塑性等力学性能以及表面微区摩擦性质；也可以用于操纵分子、原子进行纳米尺度的结构加工和超高密度信息存储。

二极管激光器（laser diode）发出的激光束经过光学系统聚焦在微悬臂（cantilever）背面，并从微悬臂背面反射到由光电二极管构成的光斑位置检测器（PSD）。在样品扫描时，由于样品表面的原子与微悬臂探针尖端的原子间的相互作用力，微悬臂将随样品表面形貌而弯曲起伏，反射光束也将随之偏移，因而，通过光电二极管检测光斑位置的变化，就能获得被测样品表面形貌的信息。

AFM 对层状材料、离子晶体、有机分子膜等材料的成像可以达到原子级的分辨率，人们已经获得了云母、石墨、LiF 晶体、PbS 晶体以及有机分子 LB 膜等材料的原子或分子分辨图像。但是由于原子尺度上的反差机理还难以解决，所以原子分辨图像的获得很困难。Giessibl 等[28]利用自制的频率调制 AFM 获得了 Si（111）-7×7 表面的原子分辨图像，见图 11-38。在成像过程中由于针尖和样品之间共价键的形成，二者的相互作用力主要是近程力，在快扫描方向的截面分析表明每一个原子上都有两个峰，这是由于 Si 针尖上尖端原子的两个悬挂键与 Si 原子表面的两个悬挂键形成了两个共价键。这种频率调制的 AFM 的力检测方式大大降低噪声并提了了灵敏度，信噪比的增加使得图像分辨率和反差都大大提高。

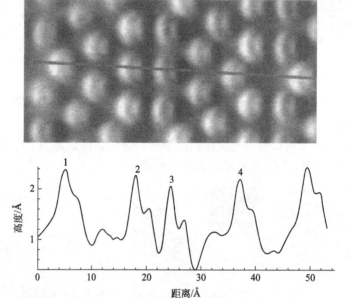

图 11-38　Si（111）-7×7 表面的频率调制高分辨 AFM 图像

透射电子显微镜（TEM）只能在横向尺度上测量纳米粒子、纳米结构的尺寸，而对纵深方向上尺寸的检测无能为力。AFM 在三个维度上均可以检测纳米粒子尺寸的大小，纵向分辨率可以达到 0.01nm。在横向分辨上由于针尖放大效应常常造成检测尺寸偏大，一般可以结合 TEM 和 AFM 或 STM 对纳米结构进行研究。

朱永法等[29]采用水热法合成了单分子层的 $Ba_5Ta_4O_{15}$ 纳米片，$Ba_5Ta_4O_{15}$ 作为一种新型的光催化剂表现出较好的光学活性，其对所合成的纳米片进行了 AFM 研究，见图 11-39。AFM 研究结果表明，在横向尺度上，$Ba_5Ta_4O_{15}$ 纳米片的尺寸与 TEM 研究结果相同；纵向尺度研究发现 $Ba_5Ta_4O_{15}$ 纳米片的厚度为 1.08nm±0.05nm，而 $Ba_5Ta_4O_{15}$ 晶胞参数 c = 1.1nm，与所制备纳米片厚度几近相等，可见所合成样品为单层分子片。

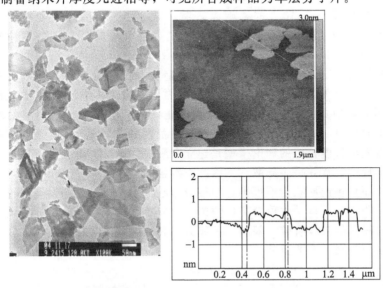

图 11-39　$Ba_5Ta_4O_{15}$ 纳米片 AFM 研究

11.4.4　粒度分析仪

激光是一种电磁波，它可绕过障碍物，并形成新的光场分布，称为衍射现象。例如平行激光束照在直径为 d 的球形颗粒上，在颗粒后可得到一个圆斑，称为 Airy 斑。Airy 斑直径 $D = 2.44\lambda f/d$，λ 为激光波长，f 为透镜焦距。由此式可计算颗粒大小 d。

激光粒度测量仪的工作原理基于夫朗和费（Fraunhofer）衍射和米氏（Mie）散射理论相结合。物理光学推论，颗粒对于入射光的散射服从经典的米氏理论。米氏散射理论是麦克斯韦电磁波方程组的严格数学解。米氏散射理论认为颗粒不仅是激光传播中的障碍物而且对激光有吸收部分透射和辐射作用，由此计算得到的光场分布称为米氏散射。米氏散射适用任何大小颗粒，如图 11-40 所示为三种大小不同颗粒的散射示意图，示意图中矢径长度表示颗粒在该方向的散射强度。由图可见：米氏散射对大颗粒的计算结果与夫朗和费衍射基本一致。

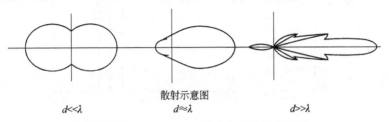

散射示意图

$d \ll \lambda$　　　　$d \approx \lambda$　　　　$d \gg \lambda$

图 11-40　三种大小不同颗粒的散射示意图

激光粒度仪是利用激光所特有的单色性、直进性、聚光性及容易引起衍射现象的光学性质制造而成的。当分散在液体中的颗粒受到激光的照射时，就产生衍射现象，该衍射光通过付氏透镜后，在焦平面上形成"靶芯"状的衍射光环，衍射光环的半径与颗粒的大小有关，衍射光环光的强度与相关粒径颗粒的多少有关。

激光粒度分析技术目前主要采用夫朗和费原理进行粒度及粒度分布分析。针对不同被测体系粒度范围，又可具体划分为激光衍射式和激光动态光散射式两种粒度分析仪。从原理上讲，衍射式粒度仪对粒度在 $5\mu m$ 以上的样品分析较准确，而动态光散射粒度仪则对粒度在 $5\mu m$ 以下的纳米、亚微米颗粒样品分析准确。原因如下，当一束波长为 λ 的激光照射在一定粒度球形小颗粒上时，会发生衍射和散射两种现象，通常当颗粒粒径不小于 10λ 时，以衍射现象为主；当粒径小于 10λ 时，则以散射现象为主。目前的激光粒度仪多以 $500\sim 700nm$ 波长的激光作为光源。因此，衍射式粒度仪对粒径在 $5\mu m$ 以上的颗粒分析结果非常准确，而对于粒径小于 $5\mu m$ 的颗粒则采用了一种数学上的米氏修正。因此，它对亚微米和纳米级颗粒的测量有一定的误差，甚至难以准确测量。而对于散射式激光粒度仪，则直接对采集的散射光信息进行处理，因此，它能够准确测定亚微米、纳米级颗粒，而对粒径大于 $5\mu m$ 的颗粒来说，散射式激光粒度仪则无法得出正确的测量结果。在利用激光粒度仪对微纳体系进行粒度分析时，必须对被分析体系的粒度范围事先有所了解，否则分析结果将不会准确。另外，激光法粒度分析的理论模型是建立在颗粒为球形、单分散条件上的，而实际上被测颗粒多为不规则形状并呈多分散性。因此，颗粒的形状、粒径分布特性对最终粒度分析结果影响较大，而且颗粒形状越不规则，粒径分布越宽，分析结果的误差就越大。激光粒度分析法具有样品用量少、自动化程度高、快速、重复性好并可在线分析等优点。缺点是这种粒度分析方法对样品的浓度有较大限制，不能分析高浓度体系的粒度及粒度分布，分析过程中需要稀释，从而带来一定的误差。

在纳米材料的制备过程中，尤其是利用溶胶-凝胶法制备纳米材料，均存在一次粒子的聚集问题。如何表征纳米材料的颗粒度以及分布对于纳米材料就很重要。图 11-41 给出了 P25（工业 TiO_2 纳米粉）的粒度分布图。从图可见，P25 纳米 TiO_2 的大部分粒子分布在 $1000\sim 3000nm$，主要集中在 $2000nm$。即使最小的颗粒也达到 $184nm$。通过对 P25 进行酸化分散处理后，即可以获得纳米溶胶。图 11-42 是在不同 pH 值下处理后的颗粒分布图。从图上可见，随着 pH 值的降低，颗粒分布变窄，且颗粒直径也大幅度下降。当 pH 值为 0.91（T-1）时，其最可几小粒径为 $40nm$。

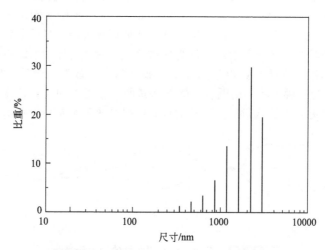

图 11-41 P25 纳米 TiO_2 粉体处理后的粒度分布

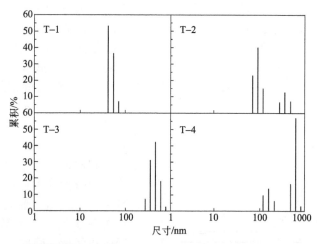

图 11-42 P25 纳米 TiO₂ 粉体处理前后的粒度分布

11.5 光吸收性能研究

光催化材料的催化性能与材料的光学性质有密切的关系，常用的光学性能研究包括紫外-可见漫反射吸收光谱以及荧光光谱。紫外-可见漫反射吸收光谱（UV-Vis DRS）是表征光催化剂固体光吸收性能的一种常用方法。利用紫外-可见吸收光谱不仅可以研究光催化材料的吸光性能，探讨其材料的电子结构，还可以计算获得半导体材料的能带间隙。利用荧光光谱可以研究光催化材料内部的电子-空穴对的复合，并与光催化活性相关联。

分子的紫外-可见吸收光谱法是基于分子内电子跃迁产生的吸收光谱进行分析测定的一种仪器分析方法，波长范围为 200～800nm。紫外-可见吸收光谱不能广泛用于有机化合物的鉴定，但是对于含有生色基团和共轭体系的有机化合物的鉴定仍是非常有用的。它可以用于物质的常量、微量和痕量分析；能用于元素周期表中几乎所有金属元素的测定，亦能用于非金属元素分析，在有机化合物定性鉴定中，也是一种重要的辅助手段。紫外-可见吸收光谱法在测定之前，先将光谱分光，然后测定其吸光度，因此也称为分光光度法，所用仪器即称为分光光度计。

分子的紫外-可见光谱法是基于分子内电子跃迁产生的吸收光谱进行分析测定的一种仪器分析方法，波长范围为 200～800nm。由于分子中除了电子运动之外，还有组成分子的各原子间的振动，以及分子的整体转动，这三种状态都对应一定的能级，即电子能级、振动能级和转动能级。当分子吸收外来的辐射后，发生电子能级间的跃迁时，产生电子光谱。电子光谱位于紫外和可见区，称为紫外-可见光谱。各种化合物的紫外-可见吸收光谱的特征也就是分子中电子在各种能级间跃迁的内在规律的体现，据此，可以对许多化合物进行定量分析。

在光催化的研究中，固体紫外光谱是研究光催化剂光学性质的一个重要手段。物质受光照射时，通常发生两种不同的反射现象，即镜面发射和漫反射。对于粒径较小的纳米粉体，主要发生的是漫反射。漫反射满足 Kubelka-Munk 方程式：

$$F(R) = (1 - R_\infty)^2 / (2R_\infty) = K/S \tag{11-8}$$

式中，K 为吸收系数，与吸收光谱中的吸收系数的意义相同；S 为散射系数；R_∞ 为无限厚样品的反射系数 R 的极限值。

事实上，反射系数 R 通常采用与一已知的高反射系数（$R_\infty \approx 1$）标准物质（如 BaSO₄

和 $MgSO_4$）比较来测量。如果同一系列样品的散射系数 S 基本相同，则 $F(R)$ 与吸收系数成正比；因而可用 $F(R)$ 作为纵坐标，表示该化合物的吸收带。又因为 $F(R)$ 是利用积分球的方法测量样品的反射系数得到的，所以 $F(R)$ 又称为漫反射吸收系数。

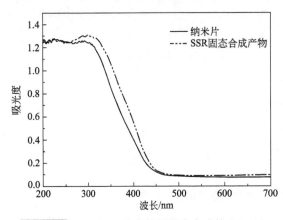

图 11-43 给出 Bi_2WO_6 纳米片与固态合成的 Bi_2WO_6 样品的紫外-可见漫反射吸收光谱。由图可见，样品都有明显的吸收带边，其吸收带边位置可以由吸收带边上升的拐点来确定，而拐点则通过其导数谱来确定，相应地可以计算出其光吸收阈值的大小。禁带宽度可以通过样品的透过率光谱推导得出。当入射光的光子能量高于半导体的带宽时，将导致本征跃迁。通常，在吸收边附近，吸收系数 a 同入射光子能量 E 的关系为：

$$a = a_0 (E - E_g)^n \qquad (11\text{-}9)$$

图 11-43 Bi_2WO_6 纳米片与固态合成的 Bi_2WO_6 样品的紫外-可见漫反射吸收光谱

式中，指数 n 为 2 时，表示为间接跃迁形式，指数为 1/2 时，表示为直接跃迁形式。Bi_2WO_6 纳米片的吸收边要小于固态合成 Bi_2WO_6 的吸收边，这种蓝移趋势可以从量子尺寸效应加以解释。一般认为当纳米材料的粒径小于 10nm 时才表现出显著的量子尺寸效应，且粒径越小，其带隙越宽，量子尺寸效应越明显。

11.6　光催化材料的热分析方法

热重法（thermogravimetry analysis，TGA）所用的仪器是热天平；差热分析（differential thermal analysis，DTA）是在程序控制温度下，测量样品与参比物（一种在测量温度范围内不发生任何热效应的物质）之间的温度差与温度关系的一种技术。

热重法的基本原理是，样品重量变化所引起的天平位移量转化成电磁量，这个微小的电量经过放大器放大后，送入记录仪记录；而电量的大小正比于样品的重量变化量。当被测物质在加热过程中有升华、气化、分解出气体或失去结晶水时，被测的物质重量就会发生变化。这时热重曲线就不是直线而是有所下降。通过分析热重曲线，就可以知道被测物质在多少度时产生变化，并且根据失重量，可以计算失去了多少物质（如 $CuSO_4 \cdot 5H_2O$ 中的结晶水）。从热重曲线上就可以知道 $CuSO_4 \cdot 5H_2O$ 中的五个结晶水是分三步脱去的。TGA 可以得到样品的热变化所产生的热物性方面的信息。

差热分析法的基本原理是，许多物质在加热或冷却过程中会发生熔化、凝固、晶型转变、分解、化合、吸附、脱附等物理化学变化。这些变化必将伴随体系焓的改变，因而产生热效应。其表现为该物质与外界环境之间有温度差。选择一种对热稳定的物质作为参比物，将其与样品一起置于可按设定速率升温的电炉中。分别记录参比物的温度以及样品与参比物间的温度差。以温差对温度作图就可以得到一条差热分析曲线，或称差热谱图。如果参比物和被测物质的热容大致相同，而被测物质又无热效应，两者的温度基本相同，此时测到的是一条平滑的直线，该直线称为基线。被测物质发生变化产生热效应，在差热分析曲线上就会有峰出现。热效应越大，峰的面积也就越大。在差热分析中通常还规定，峰顶向上的峰为放热峰，它表示被测物质的焓变小于零，其温度将高于参比物。相反，峰顶向下的峰为吸收峰，则表示样品的温度低于参比物。一般来说，物质的脱水、脱气、蒸发、升华、分解、还原、相的转变等表现为吸热，而物质的氧化、聚合、结晶和化学吸附等表现为放热。

对由 Ti（SO₄）₂、CO（NH₂）₂ 及 PEG 水热法制备的 TiO₂ 多孔颗粒进行了热重分析，测试结果如图 11-44 所示。

DTA 曲线是倾斜的，但没有吸收峰或放热峰，说明样品在加热至 900℃ 过程中，没有明显的放热或吸热现象。TGA 曲线中在室温到 120℃ 范围内有一失重峰，是由吸附水及 —OH 的去除造成的。从 120℃ 至 500℃ 逐渐失重说明在这段升温过程中，残余的 PEG 发生了热分解。

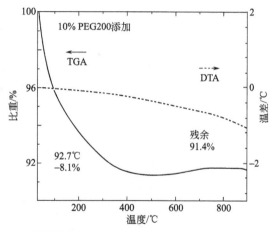

图 11-44　添加 10% 的 PEG 200 合成的 TiO₂ 多孔颗粒 TGA-DTA 曲线

11.7　比表面和孔分布研究

纳米颗粒的比表面积测试一般是将样品放入吸附气体中，其物质表面（颗粒外部和内部通孔的表面）在低温下将发生物理吸附。当吸附气体达到平衡时，测量平衡吸附压力和吸附的气体量，根据 BET 方程式，可求出样品单分子层吸附量，从而计算出样品的比表面积。一般采用氮气作为吸附气体，但比表面积极小的样品可选用氪气。在测量之前，必须对样品进行脱气处理，这一点对于纳米材料尤为重要。

孔体积或吸附量在不同孔径范围内（或孔组）的分布，称为孔分布。对孔分布的分析，主要是根据热力学的气-液平衡理论研究吸附等温线的特征，采用不同的适宜孔形模型进行孔分布计算。

对于一般多相催化反应，在反应物充足和催化剂表面活性中心密度一定的条件下，表面积越大，活性越高。对于光催化反应，它是由光生电子与空穴引起的氧化还原反应，催化剂表面不存在固定的活性中心。因此，表面积是决定反应基质吸附量的重要因素，在晶格缺陷等其它因素相同时，表面积大则吸附量大，有利于光催化反应在表面上进行，表现出更高的活性。

常用 BET 氮吸附容量法测定光催化剂的比表面积。BET 理论认为，气-固物理吸附是由固体表面通过 van derWaals 力吸附气体分子 N₂，气相中的分子亦可通过 van derWaals 力被已吸附于固体表面的分子吸附，即吸附是多层的，第二层吸附层起吸附分子以液态存在，在一般情况下，吸附层趋于无穷时，得 BET 二常数公式：

$$V = V_m / \{p_0 + p[1 + (C-1)p/p_0]\} \tag{11-10}$$

式中，C 为常数；p_0 为饱和蒸气压；V_m 为单分子层分子全部覆盖固体表面所需体积；p 为实际压力。

在应用 BET 法时，特别强调 BET 曲线的直线范围，并且 C 值要和完整的单分子覆盖层中吸附质分子的面积所取的值相一致。在处理 BET 面积的实验数据时应当谨慎，特别在氮的 C 值超出 80～120 范围之外时就更应该注意。

在许多光催化剂研究中，催化剂单粒（例如催化剂小球或片）都是多孔的，显然孔结构和总表面积是有关联的。总表面积和孔径分布二者都可以由物理吸附来测定。大多数物理吸

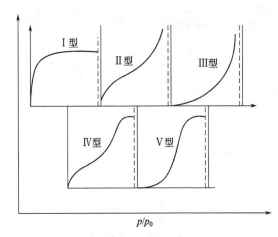

图 11-45 物理吸附等温线

附等温线可以分为如图 11-45 所示的五种类型。Ⅰ型等温线是微孔固体的特征（孔宽度≤2nm）。微孔固体的孔径和吸附质分子的大小属同一数量级，故对能形成的吸附层的数目给予极严格的限制。Ⅱ型和Ⅲ型等温线适用于在自由表面或大孔固体（孔宽度＞50nm）的准自由表面上多分子层的物理吸附。Ⅳ型和Ⅴ型等温线适用于在中孔固体（孔宽度为 2～50nm）上吸附：在其孔中发生毛细凝聚，所以Ⅳ型和Ⅴ型等温线总伴随着滞后环的出现。

测量孔大小分布两个重要的方法为：物理吸附滞后现象分析法和汞孔率计法。X 射线小角散射也可给出某些有用的信息，由光学或电子显微镜还可得到更多的数据。基于物理吸附滞后现象的方法对于大约 2～20nm 范围内的孔最有用，而泵孔率计法适用的范围是 10～50nm 的孔。因此，有一个适当的重叠区域。X 射线小角散射（当可能应用时）可给出有关 1～100nm 孔的信息。

电子显微镜法以直接观察和测量孔的大小作为依据。这些方法比较直截了当，并且能直接求得微分孔径分布曲线。但在大多数的情况下，由于孔的形状有着极大的可变性，在进行有意义的孔大小测量时经常遇到困难，因而很难获得准确的数据。一般来讲，为了得到有关孔结构的定性估价，以及催化剂形貌和纹理等方面特征，电子显微镜法是非常重要的。这将在本书的其它章节中讨论。

图 11-46 为水热法合成的 Bi_2WO_6 氮吸附等温线及孔分布图。其吸附等温线在整个范围内都是向下凹的，并且没有拐点，属于第Ⅲ型等温线。水热法合成的 Bi_2WO_6 具有较宽（145nm）的孔分布，可见，样品分散性较好。采用传统的烧结法合成的 Bi_2WO_6 的比表面积仅为 $0.69m^2 \cdot g^{-1}$，远小于水热法合成的 Bi_2WO_6 比表面积（$43.2m^2 \cdot g^{-1}$），这也解释了为什么后者的光催化活性要远好于前者。

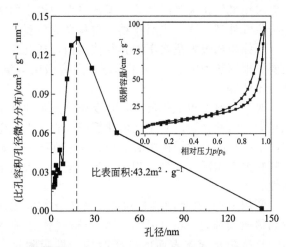

比表面积:43.2m² · g⁻¹

图 11-46 水热法合成的 Bi_2WO_6 的 BET 研究

参考文献

[1] 常建平，谢毅，陶光仪. 科学技术与工程，2006，18（6）：1671.
[2] 邓勃. 原子吸收光谱分析的原理、技术和应用. 北京：清华大学出版社，2004.
[3] 周剑雄，毛永和. 电子探针分析. 北京：地质出版社，1988.
[4] 朱永法，宗瑞隆，姚文清等. 材料分析化学，北京：化学工业出版社，2009.
[5] 刘从华，高雄厚，马燕青等. 石油学报（石油加工），(1997) 13（2）：80.
[6] Zhu Y F, Zhang L, Yao W Q, Cao L L. 2000, 158 (1-2)：32.

［7］ Zhu Y F，Zhang L，et al. J Materials Chemistry，2001，11（7）：1864.

［8］ Zhu Y F，Zhang L，Wang L，Tan R Q，Cao L L. Surface and Interface Analysis，2001，32：218.

［9］ Zhu Y F，Wang H，Tan R Q，Cao L L. Catalytic Letters，2002，82（3-4）：199.

［10］ Zhang LW，Fu H B，Zhu Y F. Adv. Funct. Mater.，2008，18：2180.

［11］ Inagaki M，Hirose Y，Matsunaga T，Tsumura T，Toyoda M. Carbon，2003，41：2619.

［12］ Oksaka T，Izumi F，Fujiki Y. J. Raman Spectro.，1978，7：321.

［13］ Berger H，Tang H，Kevy F. J. Cryst. Growth，1993，130：108.

［14］ Porto S P S，Fleury P A，Damen T C. Phys Rev，1967，154（2）：522.

［15］ Hara Y，Nicol M. Phys Status Solidi B，1979，94（1）：317.

［16］ ZhangW F，He Y L，Zhang M S，Chen Q. J Phys D：Appl Phys，2000，33：912.

［17］ Parker J C，Sieger RW. Appl Phys Lett，1990，57：943.

［18］ Parker J C，Sieger RW. J Mater Res，1990，5：1246.

［19］ 李巍. 金属丝网上薄膜 TiO_2 光催化剂的研究. 清华大学，2002.

［20］ Zhao X，YaoW Q，Wu Y，et al. J. Solid State Chem.，2006，179：2562.

［21］ Zhang H，Zong R L，Zhu Y F. J. Phys. Chem. C，2009，113：4605.

［22］ Li X，Wang G，Li X，et al. Appl. Surf. Sci.，2004，229（1-4）：395.

［23］ Ashis D，De S，De A，et al. Nanotechnology，2004，15（9）：1277.

［24］ Inoue Y，Niiyama T，Asai Y，Sato K，J. Chem. Soc. Chem. Commun，1992：579.

［25］ 何俣，朱永法，喻方. 无机材料学报，2004，19（2）：385.

［26］ 刘文西. 材料结构和电子显微分析. 天津：天津大学出版社，1989.

［27］ Zhang C，Zhu Y F. Chem. Mater.，2005，17（13）：3537-3545.

［28］ Giessibl F J，Science，1995，267：68.

［29］ Xu T G，Zhang C，Shao X，Wu K，Zhu Y F. Adv. Funct. Mater.，2006，16（12）：1599.

第12章
光催化性能评价研究方法

  本章重点介绍在光催化机理、降解产物分析和性能评价研究中所涉及到的各种表征方法。光催化机理是物理化学研究所关注的领域，在本章中重点介绍了各种光电化学测量手段在光催化机理研究中的应用，除此之外也介绍了光生载流子寿命以及活性物种的研究方法；对于光催化降解产物的研究一直是环境化学所关注的重要问题，在这里介绍了不同分析方法（色谱、质谱、色质联用等）在中间产物分析中的应用；光催化材料性能的表征是评价光催化材料及其制备工艺优劣的关键，不仅在理论研究中获得广泛的关注，而且随着光催化技术的迅速发展和广泛的工业化应用，光催化性能标准测试方法的建立在实际应用中也受到越来越多的重视，它是实现不同光催化材料及其制备工艺得到合理评价的基础。

12.1 光催化机理研究

  光催化污染物的降解是一个复杂的物理化学过程，涉及到光能吸收、光生电荷分离和界面反应等环节，只有当光激发载流子（电子和空穴）被俘获并与电子给体/受体发生作用才能有效地降解污染物。在研究光生电荷产生、迁移及复合相关的机理时，需要多种测试手段的相互辅助。这些检测技术如果按照检测参数可以分为：①光生电荷产生：吸收光谱法；②电荷密度与传输过程特性：电子自旋共振（ESR）、光谱电化学法、电化学（电流-电压）法、阻抗谱、表面光伏/光电流技术；③寿命与复合，产生辐射、声子或者能量传递给其它载流子：载流子辐射度测量、荧光光谱技术、光声/光热测量、表面能谱技术等。光催化机理的研究是深入认识光催化材料性能及光催化过程的基础，但由于所涉及到的技术手段较多，不同技术涉及到的机理及表征方法各不相同，故在本章中仅介绍文献中常用的技术方法。

12.1.1 紫外-可见漫反射光谱法

  在光催化研究中，半导体光催化材料高效宽谱的光吸收性能是保证光催化活性的一个必要条件，因此对光催化材料吸收光谱的表征是必不可少的。半导体的能带结构一般由低能价带和高能导带构成，价带和导带之间存在禁带。当半导体颗粒吸收足够的光子能量，价带电子被激发越过禁带进入空的导带，而在价带中留下一个空穴，形成电子-空穴对。这种由于电子在带间的跃迁所形成的吸收称为半导体的本征吸收。要发生本征吸收，光子能量必须等于或大于禁带宽度 E_g，即

$$h\nu \geqslant h\nu_0 = E_g \tag{12-1}$$

其中，$h\nu_0$ 是能够引起本征吸收的最低限度光子能量，即当频率低于 ν_0，或波长大于 λ_0 时，不可能产生本征吸收，吸收系数迅速下降。这种吸收系数显著下降的特征波长 λ_0（或特征频率 ν_0）称为半导体材料的本征吸收限。

在半导体材料吸收光谱中，吸光度曲线短波端陡峻地上升标志着材料本征吸收的开始，本征波长与禁带 E_g 的关系可以用下式表示：

$$\lambda_0 = \frac{1240}{E_g} \tag{12-2}$$

因此，根据半导体材料的禁带宽度可以计算出相应的本征吸收波长。

由于固体样品存在大量的散射，所以不能直接测定样品的吸收，通常使用固体紫外-可见漫反射光谱测得漫反射谱（UV-Vis diffuse reflectance spectra，DRS），然后转化为吸收光谱。利用紫外-可见漫反射光谱法可以方便地获得半导体光催化剂的带边位置，所以是光催化材料研究中的基本表征方法。

12.1.1.1 紫外-可见漫反射光谱原理

物质受光照射时，通常发生两种不同的反射现象，即镜面发射和漫反射。对于粒径较小的纳米粉体，主要发生的是漫反射。漫反射满足 Kubelka-Munk 方程式：

$$F(R_\infty) = (1 - R_\infty)^2 / (2R_\infty) = K/S \tag{12-3}$$

式中，K 为吸收系数，与吸收光谱中的吸收系数的意义相同；S 为散射系数；R_∞ 为无限厚样品的反射系数 R 的极限值；$F(R_\infty)$ 称为减免函数或 Kubelka-Munk 函数。

事实上，反射系数 R 通常采用与已知的高反射系数（$R_\infty \approx 1$）标准物质（如 $BaSO_4$ 和 $MgSO_4$）比较来测量。如果同一系列样品的散射系数 S 基本相同，则 $F(R)$ 与吸收系数成正比；因而可用 $F(R)$ 作为纵坐标，表示该化合物的吸收带。又因为 $F(R)$ 是利用积分球的方法测量样品的反射系数得到的，所以 $F(R)$ 又称为漫反射吸收系数。

利用紫外-可见漫反射光谱法（UV-Vis DRS）可以方便地获得粉末或薄膜半导体材料的能带间隙。紫外-可见光谱的积分球附件原理如图 12-1 所示，积分球是一个中空的完整球壳，其内壁涂白色 $BaSO_4$ 漫反射层，且球内壁各点漫射均匀。入射光照射在样品表面，反射光反射到积分球壁上，光线经积分球内壁反射至积分球中心的检测器，可以获得反射后的光强，从而可以计算获得样品在不同波长的吸收。

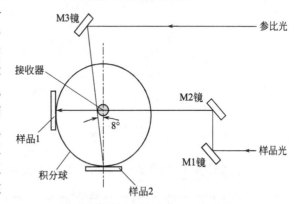

图 12-1 漫反射积分球结构示意图

根据材料的紫外-可见漫反射光谱可以计算获得半导体材料的吸收带边或禁带宽度。具体求法是先对紫外-可见漫反射光谱图求导，找到一阶导数最低点，通过这个点作切线，切线与吸光度为零时所对应的横轴交点的波长即为材料的吸收带边，同时也就得到了半导体的禁带宽度。

也可以根据吸收谱中的吸收系数，作出以光子能量 $h\nu$ 为横轴，$(\alpha h\nu)^2$（直接半导体）或 $(\alpha h\nu)^{1/2}$（间接半导体）为纵轴的曲线（其中 $h\nu = h \cdot c/\lambda$，$h = 6.626 \times 10^{-34}$ J·s 为普朗

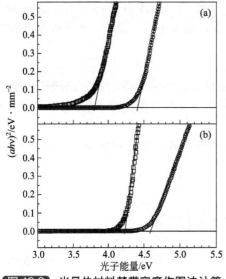

图 12-2 半导体材料禁带宽度作图法计算

克常数，$c = 3 \times 10^8$ m/s 为光速，λ 为相对应的波长，α 为半导体的吸光系数，与 A 成正比），然后拟合光吸收边所得直线在横轴上的截距即为带隙能量 E_g。最后把能量转化为以电子伏特为单位（$1\mathrm{eV} = 1.602 \times 10^{-19}$ J）。直接半导体禁带宽度的作图法如图 12-2 所示。

12.1.1.2 紫外-可见漫反射光谱法在光催化材料研究中的应用

通过紫外-可见漫反射光谱可以方便地获得半导体材料的吸收带边，而材料制备工艺对其吸收带边有明显的影响。水热合成的 Bi_2WO_6 纳米片与固态合成的 Bi_2WO_6 样品的紫外-可见漫反射吸收光谱如图 12-3 所示[1]。由图可见，样品都有明显的吸收带边，其吸收带边位置可以由吸收带边上升的拐点来确定，而拐点则通过其导数谱来确定，相应地可以计算出其光吸收阈值的大小，从而也可以确定其禁带宽度。当入射光的光子能量高于半导体的带宽时，将导致本征跃迁。通常在吸收边附近，吸收系数 α 同入射光子能量 E 的关系为：

$$\alpha = \alpha_0 (E - E_g)^n \tag{12-4}$$

式中，指数 n 为 2 时，表示为间接跃迁形式；指数为 1/2 时，表示为直接跃迁形式。Bi_2WO_6 纳米片的吸收边要小于固态合成 Bi_2WO_6 的吸收边，这种蓝移趋势可以从量子尺寸效应加以解释。一般认为当纳米材料的粒径小于 10nm 时才表现出显著的量子尺寸效应，且粒径越小，其带隙越宽，量子尺寸效应越明显。

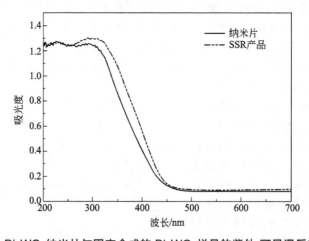

图 12-3 Bi_2WO_6 纳米片与固态合成的 Bi_2WO_6 样品的紫外-可见漫反射吸收光谱

图 12-4 给出了不同 C_{60} 修饰量的 ZnO/C_{60} 的紫外-可见漫反射光谱。对 ZnO 粉体来说，只在 400nm 以下出现吸收峰，这与 ZnO 的带隙宽度是一致的。对 C_{60} 修饰后的 ZnO 样品，则从 200nm 至 750nm 均有吸收。从图中可以看出，C_{60} 吸附在 ZnO 表面后，催化剂在 400~750nm 范围内出现了宽的吸收带。随着 C_{60} 负载量的增加，400~750nm 范围内的吸收逐渐增强，在 C_{60} 负载量为 2% 时最大，2.5% 时吸收值有所下降，如图 12-4 插图所示。负载量从 0 到 2% 吸光度的线性增加表明 C_{60} 在 TiO_2 表面可能形成了单分子层化学吸附；当负载量超过 2%，单层吸附达到饱和，C_{60} 趋向于在 TiO_2 表面聚集成簇，此时的吸光度有所下降。C_{60}

的分子直径是 0.71nm，ZnO 的比表面积是 $57.3m^2 \cdot g^{-1}$，理论计算表明当 C_{60} 的负载量约为 11% 时，在 ZnO 粒子表面能形成致密的单分子层覆盖，考虑到 C_{60} 仅能占据 ZnO 表面的活性位点以及 C_{60} 分子间斥力，认为形成致密单分子层所需的 C_{60} 的量要远小于 11%。综合紫外-可见漫反射结果，当负载量为 2% 时，C_{60} 在 ZnO 颗粒表面形成了相对致密的单分子层，负载量为 2.5% 时，可能由于 C_{60} 分子间发生聚集导致吸光度下降，C_{60} 的修饰并没有影响到 ZnO 在紫外区的吸收。因此，ZnO/C_{60} 的紫外区吸收由 ZnO 造成，可见光区的吸收由 C_{60} 导致。在可见光区域有吸收，使该催化剂利用可见光成为可能。催化活性表征表明负载 C_{60} 量为 1.5% 的 ZnO 的活性最高，C_{60} 负载量的进一步增加反而降低了负载 ZnO 的光催化活性[2]。

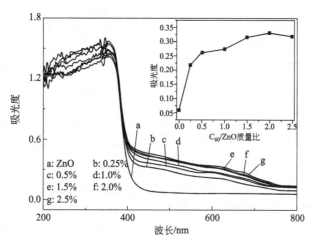

图 12-4　经不同含量 C_{60} 修饰后 ZnO/C_{60} 催化剂的紫外-可见漫反射光谱

12.1.2　荧光光谱：缺陷结构与寿命

晶体的主要特征是其中原子的规则排列，但实际晶体中原子的排列总是或多或少地偏离严格的周期性。晶体中的原子作微振动时破坏了周期性，因而在晶体中传播的电子波或光电波会受到散射，这就意味着晶体的电学性质或光学性质发生了变化。在热起伏过程中，晶体的某些原子振动剧烈，脱离了格点而跑到表面上，在内部留下了空格点，即空位；或者脱离格点的原子进入了晶格中的间隙位置，形成间隙原子。另一方面，外来的杂质原子进入晶体后，可以处在间隙位置上，成为间隙式的杂质，也可以占据空位而成为取代原子。这些在一个或几个晶格常数的线度范围内引起晶格周期性的破坏，统称为晶体中的点缺陷。晶体中的缺陷影响着晶体的力学、电学、热学、光学等方面的性质。荧光光谱（photoluminescence spectroscopy）是研究半导体纳米材料的电子结构和光学性能的有效方法，特别是对于一些缺陷的判断，并且能获得光生载流子的迁移、捕获和复合等信息[3]。

12.1.2.1　稳态荧光光谱及时间分辨荧光光谱仪

稳态荧光光谱仪一般由激发光源、单色器、试样池、光检测器及读数装置等部件组成。荧光光谱仪的光源主要有弧光灯、固态发光二极管光源以及激光光源。弧光灯通常具有较宽的连续输出波长范围，在稳态荧光光谱仪上的应用最多，通常对于分子荧光检测以及光致发光材料的检测都具有较好的信号。但是对于荧光信号较弱的半导体固体材料，由于弧光灯光源经单色器分光后，其光强较弱，相应的发射谱信号也较弱，这时很难探测到微弱的荧光信号。利用激光光源强度大、单色性好的特点，可以大大提高荧光测定的灵敏度和检测限，以激光为光源的荧光检测技术被称为激光诱导荧光谱（laser-induced fluorescence spectroscopy，LIF）。但是由于激光光源波长单一，因此实际测试中需选取合适的激发波长进行相应的检测。

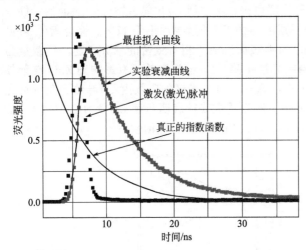

在光催化及光伏材料研究中，对于光诱导电荷分离及其迁移过程的深入认识是一个非常关键的科学问题。半导体光催化材料的荧光衰减动力学信息，对于理解纳米尺度电荷及能量的传输过程异常重要。通过时间分辨荧光光谱（time-resolved fluorescence spectroscopy）的测量，能够直接获得荧光衰减曲线（荧光强度-时间曲线），从而获得瞬态相关的物理机制，如图 12-5 所示。通过对原始衰变数据的合理拟合，可以定性判断在光激发过程中特定的物理机制。

为了获得荧光寿命，除了测量荧光衰减曲线以外，还必须测量仪器响应函数（即激发脉冲）。因为灯或激光脉冲的时间宽度是有限的，这会使样品本征的荧光曲线产生畸变。在典型的实验中，要测量两条曲线：仪器响应函数和荧光衰减曲线。将仪器响应函数与模型函数（单指数函数或双指数函数）卷积，卷积结果与实验测定的荧光衰减结果比较，直到卷积结果与实验衰减曲线一致。

图 12-5 实验激光曲线、实验衰减曲线（点状函数）和最佳拟合曲线。真正的指数函数代表衰减模型

12.1.2.2 荧光光谱法在光催化材料研究中的应用

（1）半导体光催化剂缺陷能级的研究

在掺杂态 TiO_2 材料中，通过研究其荧光光谱可以获得其中的缺陷结构及相应的缺陷能级。例如在 N、F 共掺的 TiO_2 材料中，经不同热处理温度获得的荧光光谱如图 12-6（a）所示。实验中，以 He-Cd 激光器（325nm）为激发光源。每个 N、F 共掺样品存在一个由五个峰形成的宽带的荧光发射[4]。图 12-6（b）为 900℃处理后样品荧光光谱分峰拟合后的光谱。

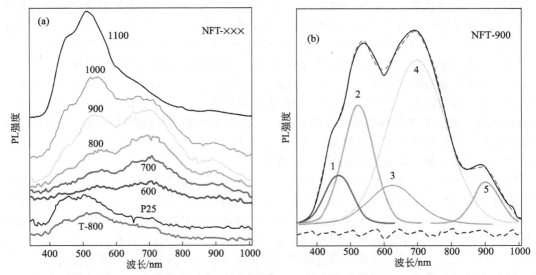

图 12-6 N、F 共掺的 TiO_2 材料的荧光光谱图

（a）不同热处理温度；（b）900℃处理后样品的荧光光谱分峰拟合光谱

其中，在 465nm 的峰 1 为带有两个捕获电子的氧空位，例如 F 心。在 525nm 处的峰 2 归因于带有一个捕获电子的氧空位，例如 F⁺ 心。根据 Franck-Condon 理论，在 627nm 处的峰 3 是空位附近离子晶格极化造成的，其发射中心对应于 Ti³⁺。峰 4 归因于掺杂的 N 原子，因为原始 P25 及 800℃ 处理后的样品不存在这个峰。

在深入探讨相关结果的基础上，可以建立 N-F 共掺 TiO₂ 材料其价带和导带间存在的相关能级结构模型，如图 12-7 所示。在图中给出了不同荧光峰对应的激发电子转化途径。由以上分析结果可知，通过对荧光光谱的分析，可以获得材料内缺陷态信息及其相应的能级状态。

通常当荧光的发射光谱对应材料的本征带间跃迁时，发射峰越强，表明能量损耗的复合作用越强，光催化活性越低。但很多时候，发射峰还对应复杂的表面态能级和激子复合，因此对于发射光谱与光催化活性的关系，需要综合发射峰的产生机理进行分析。在对掺杂 Zn²⁺ 的 TiO₂ 纳米颗粒的研究中发现，样品光催化活性与其荧光信

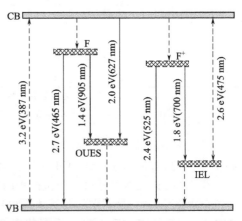

图 12-7 N-F 共掺 TiO₂ 材料的能级结构模型

号强度顺序一致，即荧光信号越强，活性越高，文献认为这是由于光致发光信号主要源于表面氧空位，而在光催化反应中，表面氧空位有利于氧化反应的进行[5]。

（2）电荷分离及迁移的动力学过程研究

当所有被激发分子处于相同的化学环境中时，荧光衰减的动力学过程通常遵循荧光衰减定律，即荧光强度随时间以单指数形式衰减。但是实际上，大多数情况下激发分子所处的环境并不相同，可能被各种参数影响，例如荧光的淬灭、能量的传输过程等。因此，在多数情况下，衰减方程是以多指数甚至是非指数形式出现的。

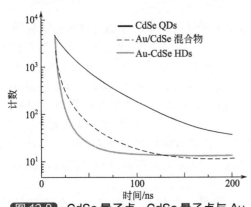

图 12-8 CdSe 量子点、CdSe 量子点与 Au 纳米颗粒混合体系以及 CdSe 量子点与 Au 纳米颗粒杂化体系的时间分辨荧光光谱图

在 CdSe 量子点与 Au 纳米颗粒杂化体系中，通过比较 CdSe 量子点、CdSe 量子点与 Au 纳米颗粒混合体系以及 CdSe 量子点与 Au 纳米颗粒杂化体系时间分辨荧光光谱（图 12-8），发现体系中存在三种不同的衰减通道，其中最快速过程对应于电子由 CdSe 量子点向金纳米颗粒的迁移。且在这一过程中 CdSe 表面形成的空穴被溶液带走，然而在 Au 纳米颗粒表面的电子则非常缓慢地释放到溶液中，因此可以在氧化-还原反应中充当还原剂。基于亚甲基蓝的光催化反应模型，发现在 Au 纳米颗粒上的电子可以保持 100min 以上[6]。

此外，CdSe 量子点、CdSe 量子点与 Au 纳米颗粒混合体系以及 CdSe 量子点与 Au 纳米颗粒杂化体系的荧光寿命也可以通过时间分辨荧光光谱曲线的拟合而得到。拟合公式如下：

$$I_{pl}(t) = A + \sum B_i \exp(-t/\tau_i) \tag{12-5}$$

式中，τ_i 是寿命项；B_i 为指前放大系数；A 为附加的背景参数。典型的拟合结果如表 12-1 所示。

表 12-1 荧光寿命 τ，淬灭效率 Qq 和淬灭速度常数 k_{Au}

项目	τ_1/ns; $C_1$①	τ_2/ns; C_2	τ_3/ns; C_3	τ②/ns	Q_q	k_{Au}/ns^{-1}
CdSe	33.5 (2) 53%	9.6 (1) 47%			28.6	
CdSe、Au 机械混合 Au/CdSe	23.3 (2) 17%	4.1 (1) 83%		14.6	49%	0.034
Au/CdSe NH	16.5 (7) 2%	3.75 (8) 28%	0.76 (2) 70%	5.1	82%	0.161

① $C_i = (B_i / \sum\limits_{i=1,2,3} B_i) \times 100\%$，$C_i$ 是单独衰减部分的相对浓度。

② $\tau = \sum\limits_{i=1,2,3} B_i \tau_i^2 / \sum\limits_{i=1,2,3} B_i \tau_i$，$\tau$ 是每个样品的平均寿命。

从以上结果可以看出，CdSe 量子点与 Au 纳米颗粒杂化结构其平均寿命为 5.1ns，远小于 CdSe 量子点的 28.6ns 的和 Au/CdSe 混合物的 14.6ns。CdSe 量子点表现为双指数衰减特征，33.5ns 和 9.6ns 的衰减寿命可能与包括表面态及内核激发发射通道在内的物理通道有关。这两种荧光寿命会受 CdSe 量子点的表面缺陷和其附近的 Au 纳米颗粒影响。对于机械混合的 Au 纳米颗粒/CdSe 量子点体系，两种状态的寿命分别变为 23.3ns 和 4.1ns；但对 Au 纳米颗粒与 CdSe 量子点紧密结合形成杂化结构时，其荧光寿命进一步缩短，变为 16.5ns 和 3.8ns。

12.1.3 表面光电压谱

许多半导体材料的特性都与半导体的表面性质有着密切的关系。在某些情况下，往往不是半导体的体相效应，而是其表面与界面效应支配着半导体材料的特性。研究半导体表面现象，利用各种技术研究表面光生电荷在构成其材料中的传输特性，这在半导体材料性能研究中具有极其重要的意义。特别是，光生电荷的研究与光催化机理解释具有密切的相关性，是理解光催化过程及其机理的重要手段[7]。

12.1.3.1 表面光电压原理

表面光电压是固体表面的光生伏特效应，是光致电子跃迁的结果。表面光电压的研究始于 20 世纪 40 年代末诺贝尔奖获得者 Brattain 和 Bardeen 的工作，之后这一效应作为光谱检测技术应用于半导体材料的特征参数和表面特性研究上，这种光谱技术被称为表面光电压技术（surface photovoltaic technique，SPV）或表面光电压谱（surface photovoltage spectroscopy，SPS）[8,9]。表面光电压技术是一种研究半导体特征参数的极佳途径，这种方法是通过对材料光致表面电压的改变进行分析来获得相关信息的。1973 年，表面光电压研究获得重大突破，美国麻省理工学院 Gatos 教授领导的研究小组在用低于禁带宽度能量的光照射 CdS 表面时，历史性地第一次获得入射光波长与表面光电压的谱图，并以此来确定表面态的能级，从而形成了表面光电压谱这一新的研究测试手段[10,11]。

SPS 作为一种光谱技术具有许多优点[7]：第一，它是一种作用光谱，可以在不污染样品、不破坏样品形貌的条件下直接进行测试，也可测定那些在透射光谱仪上难以测试的光学不透明样品；第二，SPS 所检测的信息主要反映的是样品表层（一般是几十纳米）的性质，因此受基底的影响较弱，这一点对于光敏材料表面的性质及界面电子过程研究显然很重要；第三，由于 SPS 的原理是基于检测由入射光诱导的表面电荷的变化，因而其具有较高的灵敏度，大约是 $10^8 q \cdot cm^{-2}$（或者说每 10^7 个表面原子或离子有一个单位电荷），高于 XPS 或 Auger 电子能谱等标准光谱或能谱几个数量级。表面光电压谱可以给出诸如表面能带弯曲、表面和体相电子与空穴复合、表面态分布等信息，是在光辅助下对电子与空穴分离及传输行为研究的有力手段，是评价光催化材料活性的一个十分有效的方法。

那表面光电压是如何产生的呢？当两个具有不同功函数的材料接触时，由于它们的化学势不同，在界面附近会发生相互作用，电子会从费米能级高的物体向费米能级低的物体转移。N型半导体的费米能级比金属的费米能级高，因此当二者接触时，半导体中的电子向金属运动，直至达到平衡状态，从而在半导体表面形成电子耗尽层，使得表面能带向上弯曲。相反的，P型半导体的费米能级比金属的费米能级低，当二者接触时，金属中的电子向半导体运动，半导体表面形成空穴耗尽层，使得表面能带向下弯曲。在光照条件下，半导体将在其表面附近产生非平衡的载流子（电子或空穴），非平衡载流子在表面和体相内重新分布，并中和部分表面电荷，从而使半导体表面静电荷发生变化。为了保持体系呈电中性，表面空间电荷区的电荷会发生重新分布，相应的表面势发生改变。这个表面势垒的改变量即为表面光电压，它的数值取决于被测样品表面静电荷的变化。

能够产生表面光电压的光致电子跃迁主要有三种[12]：带-带跃迁、亚带隙跃迁及表面吸附质向半导体的光致电荷注入。当入射光的能量大于或等于半导体的禁带宽度时，半导体吸收光子，电子从半导体价带向导带跃迁产生电子-空穴对，在表面势的作用下，电子-空穴对发生分离，空间电荷重新分布，最终结果使得表面电荷减少，能带弯曲变小，产生表面光电压。而当入射光能量小于半导体禁带宽度时，将产生电子从价带向表面态的跃迁或从表面态向导带的跃迁，这种跃迁也会使表面电荷发生改变，引起表面能带弯曲的变化，也可以产生表面光电压。另外一种表面光电压的产生过程与表面吸附质有关，由于吸附在半导体表面的物质能够吸收光子并与半导体进行直接或间接电荷交换，也能引起半导体空间电荷层电荷的变化，从而引起表面势垒的变化，即产生表面光电压。

12.1.3.2 表面光电压谱的测量原理及方法

表面光电压谱与普通的透射或漫反射光谱不同，它是作用光谱，是利用调制光激发而产生光伏信号。因此，所检测的信号包括两个方面信息：一个是常见的光电压强度谱，它正比于样品的吸收光谱；另一个是相位角谱。SPV信号的实质是对样品施加在强度信号上正弦调制的光脉冲，将会导致一个相同频率调制的，而且是正弦波的表面电势的变化。影响表面电势值的是少数载流子平均扩散距离内的光生电子或空穴，即 V_{SPV} 在比少数载流子平均寿命更长的时间后才出现极值。因此，在入射光脉冲和 V_{SPV} 的极值之间有一个时间延迟，也即相位差。可以通过研究样品的SPV响应相位角来判断固体材料的导电类型、表面态得失电子性质和固体表面的酸碱性质。

表面光电压检测装置主要由光源、单色器、斩波器与锁相放大器、光电压池以及信号采集软件构成，如图12-9所示。一般采用氙灯作为光源，其在紫外及可见光谱范围光强都比较强。氙灯发射的光经透镜系统处理获得平行出射光，并进入光栅单色仪。经由光栅单色仪可以获得具有较高分辨率的单色光，并经过外部光路引入光电压池。

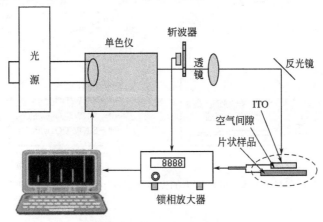

图12-9 表面光电压检测装置

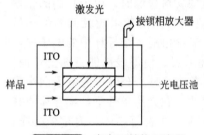

图 12-10 光电压结构示意图

光电压池是光电转换器件，它的结构对光电响应及信噪比有较大影响。为了获得更好的信噪比，必须采用较好的电磁屏蔽，实验中可以采用铜质的屏蔽箱。光电压池结构如图 12-10 所示，为三明治（ITO/样品/ITO）构造。所用的 ITO 电极在 300～330nm 有明显的吸收。

由于表面光电压信号非常微弱，并且十分容易受到外界电磁信号干扰，因此表面光电压通常基于锁相放大器进行测量。利用斩波器对入射光信号进行调制，通过锁相放大器获得与斩波器具有相同频率的微弱光电压信号。因此，只要输入待采集信号的频率值，就可以通过斩波器和锁相放大器采集到微弱的信号，即使在噪声信号比有用信号大很多的情况下，也能通过锁相放大器准确地测量出这个信号的幅值。

除此之外，电场诱导的表面光电压谱（electron-field-introduced SPS，EFISPS）也可以用于研究材料的表面光生电荷的传输特性。它是在 SPS 的基础上，通过研究外加电场对表面光电压谱的影响来研究纳米粒子表面光生电子和空穴的迁移及空间电荷层变化的一种作用光谱，也具有广泛的应用。

12.1.3.3　表面光电压谱在光催化材料研究中的应用

在半导体的表征中，表面光电压谱是一种非常有用的技术，它主要给出在光照条件下载流子的分离和传输行为。表面光电压的信号越强就表明光生载流子的分离速度越快。因此，材料的光催化性能可以通过表面光电压谱进行预测。

在 Si 片及 Si 纳米线阵列表面生长获得不同厚度的 TiO_2 层，其表面光电压谱如图 12-11 (a)所示。对于 Si 纳米线阵列结构上生长的 TiO_2，其光电压谱中存在两个峰，380nm 附近的峰对应于 TiO_2 的带边吸收，在可见光区域的峰对应于 P 型 Si 纳米线的吸收。随着 TiO_2 膜厚度的增加，可以看到其紫外光区域的峰增高，而其可见光区的光电压信号强度降低。TiO_2 层厚度的增加会引起紫外光区光吸收能力的增强，从而使紫外光区光电压信号增强。而表面增多的 TiO_2 颗粒会反射可见光，造成可见光区光电压信号的降低。而对于 P 型硅/TiO_2 复合材料，只有当 TiO_2 层最薄时才表现出可见光区的光电压信号，当 TiO_2 层厚度增加时存在一个最佳的 TiO_2 层厚度，这时在紫外光区可以获得最大的光电压信号，这说明最佳的 TiO_2 层厚度是由载流子扩散长度所决定的。从光催化活性来看 [图 12-11（b）]，P 型 Si 纳米线阵列/TiO_2 的活性要远大于 P 型 Si/TiO_2 的活性[13]。

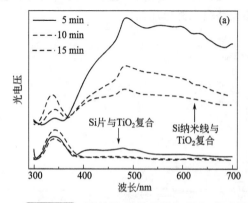
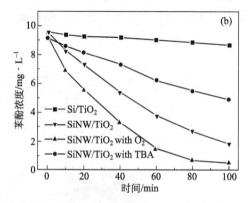

图 12-11 Si 片及 Si 纳米线与 TiO_2 复合的光电压谱图(a)和降解苯酚的光催化活性（b）

12.1.4 表面光电流

表面光电压谱技术虽然能够获得光催化剂重要的物理及化学性能，但是这种方法所得到的信息同光催化剂在反应中的具体行为之间仍然具有一定的差异，有可能没有完全真实地反映光催化剂在降解污染物过程中所表现出的催化性能。因此，需要一种能直接针对光催化反应体系进行动态测量的手段。但对于悬浮体系很难实现反应过程的动态测量，而对于催化剂电极体系则可以实现反应过程的动态检测，从而为光电催化甚至光催化的动力学及其机理提供有用的信息。

光照射半导体电极时，会在电路中产生电流，这是由于光电效应的原因，这个电流是由电极发射出来的电子产生的，所以叫做光电流。当入射光的能量大于半导体的禁带宽度时，电子由价带向导带跃迁，产生空穴-电子对，光生电子沿导线向另一电极迁移产生电流，并且光电流的强度与入射光的强度成正比。可见，产生的光电流强度与入射光的强度及半导体本身性质紧密相关，可用光电流谱研究光诱导下光催化剂中电子与空穴的分离和迁移过程。

目前，常用的方法是首先将光催化剂做成多孔膜电极，以 Pt 电极作为对电极，组成原电池，在单色光照射下，检测产生的光电流。在光催化剂薄膜上的光诱导电子与空穴的分离过程如图 12-12 所示。图中所示利用光催化剂溶胶制作的薄膜，颗粒之间是紧密结合在一起的，并且具有多晶半导体膜的光电化学特性。在有紫外光照射的条件下，光致空穴向颗粒/溶液界面上移动，而光致电子则移向对电极[14]。

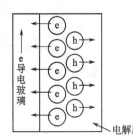

图 12-12 光诱导电子与空穴的分离过程图

下面以 TiO_2 为例简单介绍光电流谱在光催化研究中的应用。紫外光的照射是 TiO_2 产生光电流的基本条件，在没有紫外光，只有偏电压的情况下，电子的迁移速度很慢，或者基本不迁移。Vinodgopal 等人认为在无光照时有微弱的电流是因为电子在这些粒子上的聚集而表现出来的阴极电流[15]。因此可以认为只有在紫外光照的条件下，TiO_2 颗粒薄膜上才能产生较多的光致电子，并得到有效引导，产生较强的光电流。

在实验中，使用 ITO/TiO_2 薄膜电极作为阳极，输入的阳极偏电压可以加速光催化中产生的光生电子通过外电路流向导电玻璃阴极，将空穴转移到催化剂表面。这样就可以大大降低电子与空穴的复合概率，从而提高量子效率，也就是说，在 ITO/TiO_2 电极上施加偏电压是在原有光电压的基础上在薄膜上又提供了一个电势差，从而进一步使电子和空穴有效分离，减弱电子和空穴的复合，使之向不同的方向移动。如果使用 ITO/TiO_2 薄膜电极作为阴极，那么外加偏电压不但不能促进光催化的进行，反而会使光降解的效率降低[16]。

Wang Y. Q. 等[17]将自己合成的二氧化钛镀在一片透明的导电 FTO 玻璃（掺有氟的 SnO_2，50 $\Omega \cdot sq^{-1}$）上，做成一支电极，以饱和甘汞电极为参比电极，以铂电极为对电极构成一个带有石英窗的三电极系统，电解液为 0.1mol $\cdot$ L^{-1} 的 SCN^-（pH 4.0）。以 200W 氙灯激发电极，并记录二氧化钛被激发时所产生的电流信号，得到光电流谱。发现掺杂 5% 的 Eu、La、Pr、Sm，0.5%Nd 的光电流均比纯二氧化钛高，这说明掺杂提高了光生电子与空穴的分离效率，对罗丹明 B 的降解实验也说明掺杂提高了二氧化钛的光催化活性。

采用光电流测试可以了解对 ZnO 进行改性修饰后，光催化体系中载流子的复合及分离，从而深入研究光催化剂的改性。ITO/ZnO 和 $ITO/ZnO/C_{60}$ 薄膜的表面光电流谱如图 12-13 所示，随着偏压的增加两种膜的光电流也明显增加，在相同的偏压下，C_{60} 修饰的 ZnO 的光电流要比未修饰时大。C_{60} 修饰 ZnO 薄膜光电流的增加意味着较高的光诱导电荷分离效率，这与 C_{60} 分子与 ZnO 的相互作用相关，这一点在光催化活性表征实验中得到了证明，C_{60} 的修饰可以明显提高 TiO$_2$ 的光催化活性。当 ITO/ZnO 膜在紫外光照射条件下长时间照射，如图 12-13 所示，随着照射时间的延长，其光电流明显降低；而对于经 C$_{60}$ 修饰后的薄膜体系，在紫外光长期照射后其光电流并没有明显的降低。这是由于 C$_{60}$ 单分子层修饰起到了稳定 ZnO 纳米结构的作用，从而抑制了 ZnO 的光腐蚀[2]。

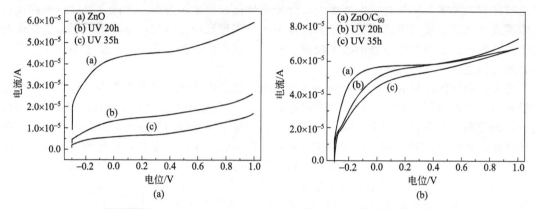

图 12-13 ITO/ZnO/C$_{60}$ 膜在紫外光照射前后的光电流响应曲线

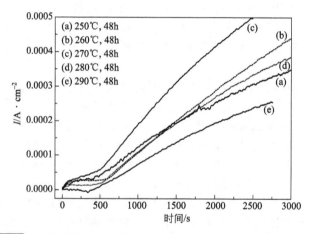

图 12-14 不同水热反应温度 BaTa$_2$O$_6$ 纳米棒紫外光条件下的光电流

在光催化过程中，电子在光催化剂中的迁移是决定光催化效率的关键因素，通过测量光电流大小就可以了解光催化过程中电子的转移情况。图 12-14 给出了不同水热反应温度条件下制备的 BaTa$_2$O$_6$ 纳米棒在紫外条件下溶液中光催化剂产生的光电流大小比较。可以发现 270℃时制备的 BaTa$_2$O$_6$ 纳米棒在溶液中产生的光电流最大，而 290℃的 BaTa$_2$O$_6$ 纳米棒光电流值最小，只有 270℃样品的 1/3。还发现产生光电流的大小顺序和光催化活性的大小顺序一致，这就说明光电流的大小与光催化活性成正相关，因此在相同实验条件下测得的光电流大小能够直接反映催化剂的活性高低。光致电子和空穴的产生是光催化反应的决速步骤，它们在溶液中的速率决定了光催化活性。由上面的分析可知，水热反应温度为 270℃时获得的产物具有较高光生载流子的分离效率，其具有较为丰富的表面态和较低的表面缺陷、氧空位含量。这有利于光生电子分离，并传递给吸附在催化剂表面的 O$_2$，生成·O$_2^-$自由基，从而加速有机物的分解[18]。

由于 Bi$_2$WO$_6$ 多孔薄膜是直接制备于 ITO 导电玻璃上，因此可以直接进行光电流测试来研究 Bi$_2$WO$_6$ 多孔薄膜在光电转换方面的优势。光电流的测试是在三电极体系中完成，分别以甘汞电极、铂丝为参比电极及对电极。电解质采用 $0.5mol \cdot L^{-1}$ Na_2SO_4 溶液。图 12-15 是 Bi_2WO_6 多孔薄膜和 Bi_2WO_6 无孔薄膜电极的电流-电压响应曲线。可以看到，随着光源的开关，两个电极都表现出很快的光电流响应。可以看到，当偏压超过两个电极的开路电压（$V_{op} = -0.1V$）时，可以产生阳极电流，并且阳极电流随着偏压的增大而平稳增加。可以明显看到在整个电压范围内，Bi_2WO_6 多孔薄膜的光电流响应值要远大于 Bi_2WO_6 无孔薄膜的光电流。需要特别指出的是，对于两个薄膜电极，都可以看到在电压 $-0.1V$ 到 $0.1V$ 范围内，光电流随偏压的增大呈现近似线性

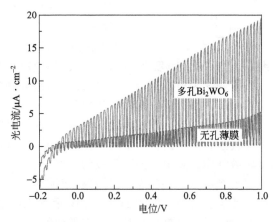

图 12-15 Bi_2WO_6 多孔薄膜及无孔薄膜电流-电压曲线

的增加。可以计算出在这一区域光电流增加的斜率，发现 Bi_2WO_6 多孔薄膜的光电流增大斜率是无孔薄膜的 5 倍。实际上，这个斜率值对应于工作电极材料与电解质之间的接触电阻的倒数，斜率越大则说明工作电极与电解质之间的接触电阻越小。可见，Bi_2WO_6 多孔薄膜与电解质溶液之间的接触电阻是无孔薄膜的 1/5。多孔结构降低了薄膜与电解质之间的接触电阻。光电流增加的斜率值是与薄膜材料本身的织构密切相关的。在多孔薄膜中，有更多区域直接与电解质接触，因此，结构中更多区域将受到半导体与电解质界面的肖特基结的影响，导致在多孔结构中光生载流子在肖特基空间电荷层的漂移成为决定因素[19]。

另一方面，由于在多孔结构中，光生电荷从产生的地方迁移到半导体电解质界面被有效利用的距离更近，因此相对于无孔薄膜，光生电荷的传输效率更高，这将提高光生电荷的分离，有效降低了光生载流子的复合。

12.1.5 交流阻抗谱[20]

12.1.5.1 交流阻抗谱的原理

交流阻抗谱方法是一种以小振幅的正弦波电位（或电流）为扰动信号的电化学测量方法。由于当一个电极系统的电位或流经电极系统的电流变化时，对应流过电极系统的电流或电极系统的电位也相应变化，这种情况正如一个电路受到电压或电流扰动信号作用时有相应的电流或电压响应一样。当用角频率为 ω 的振幅足够小的正弦波信号对一个稳定的电极系统进行扰动时，相应的电极电位就作出角频率为 ω 的电压信号，此时电极系统的频率函数，就是电化学阻抗。在一系列不同角频率下测得的一组这种与频率相应的函数值就是电极系统的电化学阻抗谱。

电化学阻抗谱（electrochemical impedance spectroscopy，EIS）也可以称为交流阻抗谱（AC impedance），是一种常用的电化学测试技术，是研究电极过程动力学、电极表面现象以及测定固体电解质电导率的重要工具。在电化学阻抗谱测试中以小振幅的电信号对体系进行扰动，一方面可避免对体系产生大的影响，另一方面也使得扰动与体系的响应之间近似呈线性关系，这就使得测量结果的数学处理变得简单。同时它又是一种频率域的测量方法，通过在很宽的频率范围内测量阻抗来研究电极系统，因而得到比其它常规的电化学方法更多的动力学信息及电极界面结构的信息，例如可以从阻抗谱中含有的时间常数个数及其数值大小推测影响电极过程的状态变量的情况，也可以从阻抗谱观察电极中有无传质过程的影响等。

电化学阻抗图谱的分析与处理最常用的有两种方法：一种是直观分析图谱的各种形式，以获得电极过程中的一些初步信息，是一种粗浅的分析方法；另一种方法是运用软件进行数

图 12-16 Nyquist 图谱
对应的等效电路

据处理，并得到等效电路，这是最常用的方法。交流阻抗谱图有五种表示形式：Nyquist 图，复数导纳图，复数电容图，Bode 图和 Warburg 图。其中，在光催化研究中最常用到的是 Nyquist 图，电极的等效电路如图 12-16 所示。

等效电路法处理阻抗图谱的优点在于对阻抗图谱更为深入和全面的分析。采用阻抗图谱分析软件 Zsimpwin 处理数据主要有两方面的功能，既可进行图谱分解获得相对应的等效电路，又可进行数据拟合。等效电路的确定有助于认识电极过程中的反应机理；而电路模型中元件则代表质量和电荷传输过程中的各宏观步骤，电极过程的动力学参数都隐含其中，因而可以为电极过程中动力学的研究提供依据。

根据经典双电层理论，半导体/溶液界面大致划分为三个剩余电荷区：半导体表面下的空间电荷层、溶液一侧的 Helmholtz 紧密双电层和液相中的 Gouy 分散层。理想半导体/溶液界面上的电极电势由这三个层中的电势差串联而成，由于表面性质的不同，在固体电极表面的双电层以与频率相关的阻抗而不是纯电容形式存在。当电荷传输是决速步骤时，Nyquist 曲线是一个半圆；当扩散是决速步骤时，Nyquist 曲线是一条 45° 的直线[21]。当 Nyquist 曲线为半圆时，根据阻抗表达式可知，Nyquist 图为一半径为 $R_{ct}/2$ 的半圆，由 Nyquist 图圆的直径可以求反应电阻 R_{ct}。而对于光催化研究来说，Nyquist 图上圆弧半径的相对大小对应着电荷转移电阻的大小和光生电子-空穴对的分离效率。阻抗谱圆弧半径越小，电子-空穴的分离效果越好，光催化反应越快。

12.1.5.2 交流阻抗谱的测量原理及方法

光电化学性能的测试在自制的带石英窗的三电极电解池中完成，光电化学池装置如图 12-17 所示。对于工作电极来说，如果样品为薄膜样品，例如阳极氧化 TiO_2 纳米管阵列，那么样品可以直接作为工作电极使用；如果样品为粉末状，那么需要利用薄膜制备方法在导电玻璃表面形成稳定的薄膜，然后再进行相应的测试。一般要求对电极化学性能稳定，因此通常利用贵金属 Pt 作为对电极，参比电极则可以使用饱和甘汞电极（SCE）或 Ag/AgCl 电极，电解液为 $0.1 mol \cdot L^{-1}$ Na_2SO_4 溶液。

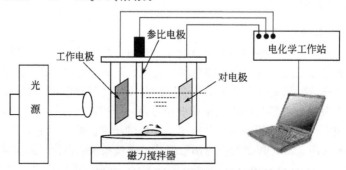

图 12-17 电化学阻抗谱测量装置示意图

根据研究需要选取不同光源，对于紫外光催化剂可以选用低压汞灯作为光源，对于可见光区的光电化学研究则可以选用氙灯结合滤光片的结构，也可以利用氙灯和单色器获得具有不同波长的单色光。在光照下具有光催化活性的半导体电极表面会发生显著的变化，界面反应电阻减小，从而在交流阻抗谱中表现出来。

12.1.5.3 交流阻抗谱在光催化研究中的应用

图 12-18 是 P25 TiO_2 及类石墨分子修饰 TiO_2（graphere modified TiO_2，GT）电极在紫外光照射前后的交流阻抗[22]。从图中可以看出 P25 TiO_2 及 GT 电极的交流阻抗谱均表现为半圆形式，因此表面电荷传输是反应的决速步骤。在光照的状态下，P25 TiO_2 及 GT 电极的交流阻抗谱

的半圆明显减小，因为在光照的状态下，电极的开路电位与初始状态不同。同时也表明在光照下电极表面发生了显著的变化，界面反应电阻减小，光催化反应速率加快。在紫外光照情况下，由于光生电子-空穴的产生，载流子浓度增加数倍，样品空间电荷层电阻整体比暗场条件下明显减小。从图 12-18 还可以看到，经过类石墨分子层修饰的 TiO_2 的空间电荷层电阻也小于未修饰样品，这进一步证明了类石墨层的存在可以改变样品内部的空间电荷分布。类石墨分子层的电子传导特性加速了 Helmholtz 层的电

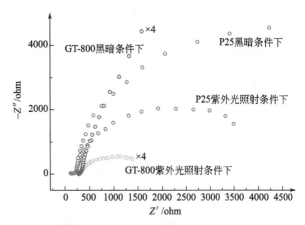

图 12-18　P25 TiO_2 及 GT 电极交流阻抗谱

荷分离过程，改变了耗尽层的电荷分布，从而影响 TiO_2 电极的阻抗，降低了电化学体系中的界面电荷传输电阻，有效促进了 TiO_2 电极中光生载流子的传输及分离。

12.1.6　平带电位

平带电位（flat band potential）是半导体/电解液体系的重要特征，是确定半导体能带位置的重要物理量，而半导体的能带位置将直接影响半导体光催化过程中的氧化还原行为。当体相的半导体与电解质体系相互接触时，若半导体的费米能级与电解质中氧化还原电对电位（相对于标准氢电极）不同，半导体一侧将会形成空间电荷层，而电解质溶液一侧则会出现赫姆霍兹（Helmholtz）层，从而半导体的能带在表面发生弯曲。如果对半导体的电极施加某一电位进行极化，通过改变半导体的费米能级使之处在平带状态，则这一电位称为该半导体的平带电位。平带电位是影响光解水制氢材料性能的一个关键参数，平带电位的大小影响到光生电子-空穴的复合概率[15]。

不同于半导体单晶电极，粉末物质的平带电位测量比较困难。目前已经报道了百余种新型半导体材料，但是极少提供其平带电位参数。通常对于平带电位的测量方法主要有光电化学方法、光谱电化学方法、电化学方法和悬浮液光电压方法。

利用经典的 Mott-Schottky 作图法可以非常方便地计算出半导体材料的平带电位，下面给出 Mott-Schottky 作图法确定平带电位的方法。

平带电位是通过测量半导体空间电荷层电容的变化得到的[23,24]。在半导体同电解液接触的体系中，电容（C）由空间电荷层电容（C_{sc}）与溶液的 Helmholtz 层电容（C_H）串联而成。通常电解液中的 C_H 与 C_{sc} 相比可以忽略不计，因此，$C = C_{sc}$。改变半导体的极化电位（V）可以改变半导体空间电荷层电容。根据 Mott-Schottky 方程，两者之间的关系为：

$$\left(\frac{1}{C_{sc}^2}\right) = 2\left(\frac{\Delta\Phi_{sc} - RT/F}{q\varepsilon_0\varepsilon N}\right) \tag{12-6}$$

式中，$\Delta\Phi_{sc} = V - V_{fb}$，是空间电荷层的电位降；$R$ 是气体常数；F 是法拉第常数；ε 是半导体的介电常数；ε_0 是真空的介电常数；q 为电荷电量；N 是掺杂浓度。

如果以 $(1/C_{sc})^2$ 为纵坐标对 V 作直线，直线在横坐标上的截距为：

$$V_0 = V_{fb} + \frac{RT}{F} \tag{12-7}$$

直线的斜率为：

$$k = \frac{2}{q\varepsilon_0\varepsilon N} \tag{12-8}$$

从式（12-7）及式（12-8）可以计算出 V_{fb} 和 N。测得平带电位后，就可以得知半导体在平带状态下的费米能级（$V_{fb}=E_f$）。然后，利用费米能级和导带位置 E_c 的关系式便可以得到导带位置，再通过关系式 $E_g=E_c-E_v$ 可以得到价带位置。

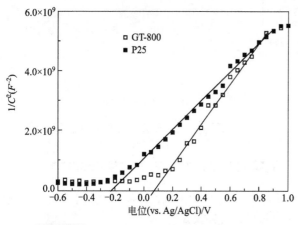

图 12-19　P25 TiO_2 及 GT 电极平带电位测定

图 12-19 是 P25 TiO_2 及类石墨分子修饰（GT）电极的 Mott-Schottky 曲线[22]。P25 TiO_2 及 GT 电极 Mott-Schottky 曲线均呈现出倒 S 形状的曲线，这是典型 N 型半导体特征。P25 TiO_2 电极 Mott-Schottky 曲线直线部分与 x 轴交点在 $-0.22V$（vs. Ag/AgCl），而 GT 电极 Mott-Schottky 曲线直线部分与 x 轴交点在 $-0.08V$（vs. Ag/AgCl）。由式（12-7）可知，GT 电极相对于 P25 TiO_2 电极平带电位发生了 $0.14V$ 的阳极移动。可见，P25 TiO_2 表面修饰类石墨分子后平带电位发生了阳极移动。同时，还可以看到，P25 TiO_2 电极 Mott-Schottky 曲线的斜率也要明显小于 GT 电极，由式（12-8）可知，P25 TiO_2 电极体系中的掺杂密度也较 GT 电极高。

12.1.7　自由基与空穴捕获研究

半导体光催化剂在光子的激发下产生电子及空穴，当光生电子-空穴对迁移到催化剂粒子表面后，存在两个可能的光催化反应过程：① 空穴直接氧化光催化剂表面吸附的反应底物；② 光生空穴与表面羟基或 H_2O 反应，生成羟基自由基，羟基自由基进一步与底物反应。在光催化反应中，判断光催化反应是通过直接空穴氧化还是通过自由基起反应是确定光催化机理的关键。

在光催化机理研究中可以通过在反应体系中加入空穴捕获剂或自由基捕获剂，确定降解过程中的主要活性物种，间接推出光催化机理；而对于自由基又可以直接利用电子顺磁共振（ESR）捕捉技术来检测光照过程中体系的自由基产生情况。

12.1.7.1　羟基自由基及空穴捕获研究

在光催化反应中，判断光催化反应是通过直接空穴氧化还是通过羟基自由基起反应可以采用活性氧化物种的捕捉实验来检测。叔丁醇 t-BuOH 常常作为羟基自由基捕获剂被引入反应体系中，而 EDTA-2Na 通常作为光生空穴的捕获剂而参与检测。这里采用 t-BuOH（5mmol·L^{-1}）和 EDTA-2Na（5mmol·L^{-1}）来考察聚苯胺（PANI）-TiO_2 杂化光催化剂样品在光催化反应过程中的活性氧化物种。对 PANI-TiO_2 体系，紫外光辐照下，在反应体系中加入 t-BuOH 后未见明显抑制杂化光催化剂光降解亚甲基蓝（MB），而加入 EDTA-2Na 后则明显抑制杂化光催化剂光降解 MB，如图 12-20 所示。这说明在该体系中，羟基自由基不是主要的活性氧化物种，光生空穴才是主要的活性氧化物种。

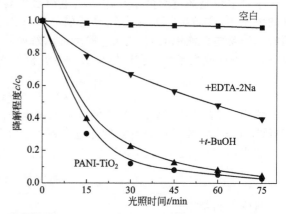

图 12-20　紫外光辐照下，活性物种捕捉对光催化剂 PANI-TiO_2（3.0%）光催化降解 MB 速率的影响

紫外光催化活性的提高主要来自PANI 与 TiO$_2$ 的杂化作用，可能的机理为（图 12-21）：当杂化光催化剂受紫外光激发后，在 TiO$_2$ 导带和价带中分别产生光生电子和空穴，PANI 的最高占据分子轨道（HOMO）能级与 TiO$_2$ 的价带相匹配，PANI 的 HOMO 能级比TiO$_2$ 的价带高，是光生空穴的受体，TiO$_2$ 价带上的光生空穴可以传输到

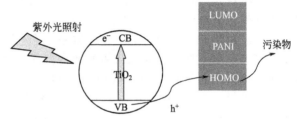

图 12-21　PANI-TiO$_2$ 体系紫外光光催化机理示意图

PANI 的 HOMO 轨道。由于 PANI 是良好的空穴传输材料，有利于光生空穴传输到杂化光催化剂的表面，实现电子和空穴的有效分离。传输到杂化光催化剂表面的空穴可以直接氧化有机污染物，使污染物降解，最终提高杂化光催化剂的紫外光光催化活性。以上的实验结果说明，在紫外光下，PANI-TiO$_2$ 杂化光催化剂体系中，主要通过光生空穴直接氧化起作用，而非羟基自由基氧化和空穴氧化共同起作用。

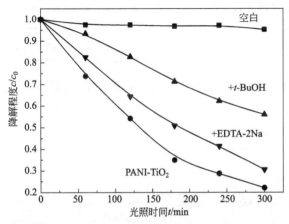

图 12-22　可见光（λ> 450nm）辐照下，活性物种捕捉对光催化剂 PANI-TiO$_2$(3.0%)光催化降解 MB 速率的影响

在可见光（λ>450nm）辐照下，通过往催化剂/染料体系中加入自由基捕获剂和空穴捕获剂来研究光催化过程（如图 12-22 所示）。羟基自由基捕获剂 t-BuOH（5mmol·L^{-1}）的添加使光催化降解 MB 得到明显的抑制，而空穴捕获剂 EDTA-2Na（5mmol·L^{-1}）的加入虽然也能使光催化活性降低，但程度远不及 t-BuOH 的作用。说明在该体系中，羟基自由基是主要的活性物种，它可以与表面吸附的有机污染物发生反应使其降解。

12.1.7.2　ESR 研究自由基中间体

电子顺磁共振（electron paramagnetic resonance，EPR）亦称"电子自旋共振"（electron spin resonance，ESR）。由于电子自旋可产生一个小磁场，其磁矩 μ 与自旋角动量（S）呈如下关系：$\mu = g_e \mu_b S$，其中 g_e 称为 g 因子，自由电子的 g 因子为 $g_e = 2.0023$；μ_b 是玻尔（Bohr）磁子，为常数。当电子处于磁场强度为 B 的磁场中时，对应于自旋状态 $m_s = \pm 1/2$ 的能级将会发生分裂，产生能级差 $\Delta E = g_e \mu_b B$，若以对应于此能级差的辐射（通常在微波区）照射此体系时，电子会吸收这一辐射而在两个能级间产生翻转，即产生共振现象，称之为电子自旋共振。通过改变外加磁场或辐射频率则可获得受不同环境影响的电子自旋共振分布信息，即得到电子自旋共振波谱。含有多个电子的原子、分子或离子体系中，自旋角动量 S 可产生磁矩 μ，对 S 不为零的含有不成对电子的原子、自由基及顺磁性金属离子都可以进行 ESR 观察。前苏联科学家扎沃斯基（E. Zaviosky）在 1945 年最先观察到 ESR 现象，由于 g_e 与电子所处的微环境直接相关，本方法已成为化学、材料物理学、生命科学等研究领域中获得电子及相应分子信息的重要手段之一。

ESR/5,5-二甲基-1-吡咯啉-N-氧化物（DMPO）自旋捕捉实验可以用来研究光催化反应过程中的活性物种，从而研究光催化机理并推测光催化反应的可能路径。自旋捕捉实验采用电子顺磁共振波谱仪进行表征，实验中使用的是 Brucker 公司生产的 ESR 300E 型仪器，并采用 Quanta-Ray Nd：YAG 脉冲激光器作为激发源，激发波长为 532nm。实验过程中采

用室温，将粉末样品溶解后装入样品管中进行测量，紫外光下的自旋捕捉实验，溶剂为水；可见光下的自旋捕捉实验，溶剂为无水甲醇。

在上面给出的 PANI-TiO$_2$ 杂化体系的例子中，采用电子顺磁共振捕捉技术 ESR/DMPO 检测光照过程中体系的自由基产生情况（图 12-23）。羟基自由基的捕捉实验可以在水溶液中检测，由于超氧自由基极易跟水分子反应而淬灭，所以超氧自由基的检测通常在非水溶剂中进行。本实验中，采用无水甲醇作为溶剂，对可见光下产生的超氧自由基进行捕捉检测。图 12-23（a）中，在水溶剂里，光照前未检测到羟基自由基的特征峰。光照后，可以明显地发现 4 个强度比为 1：2：2：1 的羟基自由基的特征峰[25,26]，并且随着光照时间的延长，羟基自由基的特征峰强度逐渐增强。这是体系中存在大量羟基自由基的直接证据。图 12-23（b）中，在甲醇溶剂里，光照前，未检测到超氧自由基。光照后，可以检测到超氧自由基的特征峰[27]。自由基和空穴捕获剂添加实验与 ESR/DMPO 实验的结果表明，在 PANI-TiO$_2$ 杂化光催化过程中，自由基是主导光催化反应的活性物质，而非光生空穴的直接氧化降解作用。在可见光下，PANI-TiO$_2$（3.0%）杂化光催化剂受激发后可以产生光生电子，光生电子可以跟 PANI-TiO$_2$（3.0%）杂化光催化剂表面吸附的活性氧和水分子发生一系列反应，生成羟基自由基和过氧羟基自由基 阴离子。

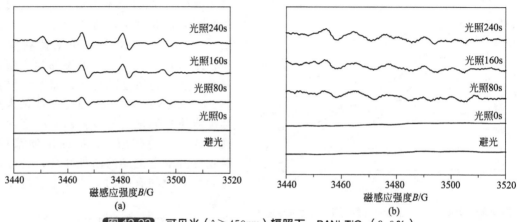

图 12-23 可见光（λ＞450nm）辐照下，PANI-TiO$_2$（3.0%）光催化剂体系的 ESR/DMPO 自旋捕捉实验谱图
（a）水溶液中；（b）无水甲醇溶液中

可见光催化活性产生的可能机理如下（图 12-24）：首先是 PANI 吸收可见光，并产生激发态。由于 PANI 的共轭 π 键可以和 TiO$_2$ 的 d 轨道产生 d-π 相互作用，因此，PANI 的共轭 π 键上的激发态电子就可以注入到 TiO$_2$ 的导带中，并与表面吸附的氧和 H$_2$O 结合，经一系列变化，产生超氧自由基和羟基自由基，产生氧化作用，导致活性提高，可以降解有机污染物。PANI 结构中苯式和醌式共存，具有多种氧化还原态。电子的移出可能使得 PANI 的结构中苯式向醌式转换，氧化态比例增多，但整体结构并未被破坏，可以稳定存在。

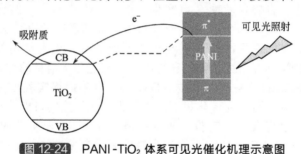

图 12-24 PANI-TiO$_2$ 体系可见光催化机理示意图

12.1.8 时间分辨光电导谱 （ TRPC ） [28]

瞬态光电导谱是指用脉冲光照射半导体，可以直接观察到非平衡载流子随时间衰减的规律。通过对指数衰减曲线拟合可以确定非平衡载流子的寿命。光电导衰减可以视为具有不同载流子寿命的几个指数项的叠加。在半导体光催化反应中，光生载流子经历以下四个重组过程[29]：

（1）载流子的产生

$$TiO_2 + h\nu \longrightarrow e_{cb}^- + h_{vb}^+ \tag{12-9}$$

（2）直接或间接的载流子捕获

$$e_{cb}^- + T_{e-} \longrightarrow e_T^- \tag{12-10}$$

$$h_{vb}^+ + T_{h+} \longrightarrow h_T^+ \tag{12-11}$$

（3）载流子复合

$$e_{cb}^- + h_{vb}^+ \longrightarrow TiO_2 \tag{12-12}$$

$$e_{cb}^- + h_T^+ \longrightarrow TiO_2 + T_{h+} \tag{12-13}$$

$$h_{vb}^+ + e_T^- \longrightarrow TiO_2 + T_{e-} \tag{12-14}$$

（4）界面电荷迁移

$$e_{cb}^- + O \longrightarrow O^- \tag{12-15}$$

$$e_T^- + O \longrightarrow O^- + T_{e-} \tag{12-16}$$

$$h_{vb}^+ + R \longrightarrow R^+ \tag{12-17}$$

$$h_T^+ + R \longrightarrow R^+ + T_{h+} \tag{12-18}$$

其中，e_T^- 为被捕获的电子；h_{T+} 为被捕获的空穴；T_{e-} 为空的电子陷阱；T_{h+} 为空的空穴陷阱；O 为电子受主（氧化剂）；R 为电子供主（还原剂）。目前普遍认为电子是被表面的 Ti^{III} 所捕获，空穴则是被表面羟基基团所捕获。

在 TiO_2 中，光电导的衰减来源于两个途径：①电子复合；②电子被表面上吸附的受主所接受而发生的界面电荷迁移。其中，复合过程在 $t \gg 10ns$ 已经完成，这是因为所有的空穴在这个时间段内已经迅速离开半导体颗粒，因此，光电导的衰减仅由界面的电子迁移所决定。由于 TiO_2 属于低迁移率的半导体（$10^{-5} \sim 10^{-4} m^2 \cdot V^{-1} \cdot s^{-1}$），这样样品的表面和体相存在不均一性，因此存在大量的缺陷。而这种陷阱浅捕获的迁移率与有机物中的跳跃电子的迁移率相当（$10^{-4} \sim 10^{-3} m^2 \cdot V^{-1} \cdot s^{-1}$）。由此看来，$TiO_2$ 半导体中自由电子的跃迁与浅捕获电子的迁移率相差无几[30]。

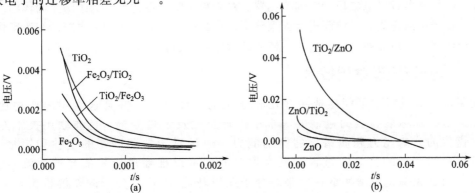

图 12-25 Fe_2O_3, TiO_2, Fe_2O_3/TiO_2, TiO_2/Fe_2O_3（a）及 ZnO, ZnO/TiO_2, TiO_2/ZnO（b）的瞬态光电导谱

林熙等人[31]测定了 Fe_2O_3，TiO_2，Fe_2O_3/TiO_2，TiO_2/Fe_2O_3 及 ZnO，ZnO/TiO_2，TiO_2/ZnO 的瞬态光电导谱，见图 12-25。采用双指数衰减曲线拟合数据得到两种少子（少数载流子）衰减寿命 τ_b 和 τ_s，分别对应于以上样品的体相少子寿命及表面少子寿命。其中各样品 τ_s 的变化情况如下：相对纯的 TiO_2 膜样品的少子寿命，异质结构膜 TiO_2/Fe_2O_3 的少子寿命缩短，TiO_2/ZnO 的少子寿命增长；相对于 Fe_2O_3 膜的少子寿命，Fe_2O_3/TiO_2 的少子寿命增长；相对于 ZnO 膜的少子寿命，ZnO/TiO_2 的少子寿命无明显变化。发现 Fe_2O_3/TiO_2 复合膜光致亲水性的显著提高（出现光致超亲水性），原因在于异质结势垒电场提高了光生电子-空穴的分离效率，延长了少数载流子的寿命，增大了膜表面的光生空穴浓度。而 Fe_2O_3/TiO_2 复合膜光催化降解亚甲基蓝活性的提高则可能归因于表面光生空穴和羟基自由基浓度的增大。

12.2　光催化反应过程中的产物分析

光催化环境污染物降解的最终目的是使目标有机污染物最终完全转变为 CO_2 和 H_2O。通常把有机物转变为 CO_2、H_2O 以及其它无机离子的过程称为矿化过程。在光催化反应过程中，一些有机物的完全矿化需要较长的时间，其间生成了一些比较稳定的中间产物，中间产物的类型及其转变的动力学过程也是光催化研究的一个重要部分。如果降解对象是高沸点、难挥发和热不稳定的化合物或离子型化合物，就需要用到高效液相色谱（HPLC），甚至是液相色谱/质谱（LC/MS）联用仪器；如果降解对象是易挥发或易气化而不分解或能够衍生化的物质，就常用到气相色谱，甚至气相色谱/质谱（GC/MS）联用装置。对于最终产物的分析则需使用总有机碳分析仪（TOC）进行反应后溶液中总有机碳的分析，以确定溶液中剩余有机物的总量；而对于无机离子，则需使用离子色谱方法来进行表征。

12.2.1　高效液相色谱方法

随着现代高效色谱柱技术和高灵敏度色谱检测技术的发展，分离与检测相结合，色谱法已经成为高效、高灵敏、应用最广的分离分析方法。高效液相色谱设备主要由高压泵、色谱柱、检测器和数据处理系统等部分组成。一般采用反相色谱法，流动相极性大于固定相极性，极性大的组分先流出色谱柱，极性小的组分后流出色谱柱。光催化反应中，使用的流动相常为乙腈或甲醇与水的混合物，使用前用超声波脱气，色谱柱常为 C18 柱，检测器常采用紫外光度检测器或光电二极管阵列检测器。对于粉末状光催化剂，为了防止固体粉末堵塞色谱柱，要采用高速离心或滤膜进行固液分离。在具体测试时，还需要根据已知浓度标准物建立工作曲线，然后才能对未知反应后样品进行定量分析。

12.2.2　色谱/质谱联用技术

光催化反应过程中可能生成一些比较稳定的中间产物，并且这些中间产物比较复杂，仅通过外加标准物质的色谱方法很难进行定性及定量分析。色质联用技术充分利用了色谱仪的分离能力和质谱仪的鉴别能力，通过对于中间产物的定性和定量表征，可以获得中间产物的动力学过程，更为重要的是可以推断反应物的光催化降解途径。下面将介绍在光催化中常用的探针染料分子亚甲基蓝（MB）分子的降解机制及其中间产物分析[32]。

为了考察样品光电协同降解 MB 的过程，选取了 C_{60} 沉积电量 0.123 mC 时的 TiO_2 纳米管阵列样品为工作电极，在紫外光照射的情况下，施加 1.0 V 偏压，三电极体系光电协同降解 MB（50μg·g⁻¹），选取不同反应时间的样品进行高效液相色谱（HPLC）的检测，分析 MB 的降解中间产物。

如图 12-26 所示，在 MB 水溶液液相色谱中存在两个峰，保留时间为 4.5min 的峰（MB

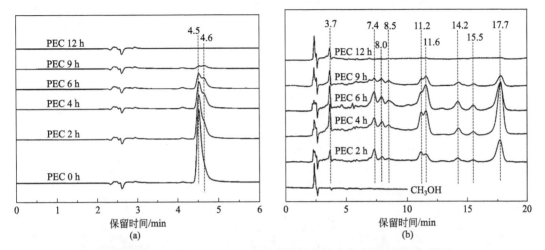

图 12-26 MB（50μg·g⁻¹）在光电降解过程中产物的液相色谱图
(a)原始产物溶液，流动相为甲醇-缓冲液（55：45 体积比）；
(b) 萃取浓缩 140 倍的中间产物，流动相为甲醇-水（60：40 体积比）。 内附标尺说明对应峰强

图 12-27 MB I 和 MB II 的结构

Ⅱ）和 4.6min 的峰（MB Ⅰ），图 12-27 给出了 MB 的两种结构。将水相在液相色谱的峰进行分峰，计算峰面积 S，可以得到亚甲基蓝两种形式 MB（Ⅰ）和 MB（Ⅱ）在光电催化过程中的降解情况，如图 12-28 所示。可以明显看出，随着反应时间的延长，MB（Ⅱ）降解速率明显快于 MB（Ⅰ），也就是说在紫外光电催化反应中，亚甲基蓝在 C_{60} 修饰 TiO_2 纳米管表面首先发生的是 N 原子位的氧化，MB（Ⅱ）为初始反应物。

由于液相产物中只有 MB 的两种形态被检测出来，为了进一步研究降解过程，将有机中间产物浓缩 140 倍再进行测量，并使用液质联用进行结构分析，所得结果列于表 12-2中。

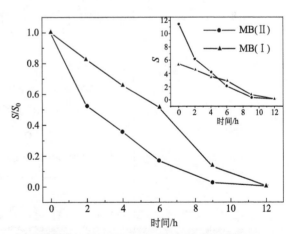

图 12-28 MB 两种形式在紫外光电降解过程中的峰面积比值 S/S_0，插图为原始峰面积计算值

表 12-2 液质联用（LC/MS） 测量 MB 光电降解中间产物的可能结构

保留时间（t_R）	结构式	分子量
3.7		174
		235
		202
		128
7.4		340
8.0		369
8.5		337
11.2		256
11.6		274
14.2		294
14.6		376
17.7		306

从图 12-26（b）中可以看出，保留时间为 11.2min、11.6min 和 17.7min 的有机中间产物在光电降解过程中有一定量的富集。对照 LC/MS 数据推测的产物结构，三者的共同点是都具有环己基-2,5-二烯酮单元，这是 MB（Ⅱ）二甲基氨基位一步氧化的结果，因此可以得出结论：MB（Ⅱ）是 MB 在 TiO_2 表面氧化的初始反应物。保留时间为 8.0min 和 8.5min 的产物证明 MB 结构的初始氧化发生在 S 原子上，这与 MB 光催化氧化过程的中间产物相一致。这两种中间产物的存在，说明部分 MB 分子在光电催化的过程中以光催化过程进行氧化。由于所有有机中间产物的浓度都很低，所以 MB 在 TiO_2 表面的氧化是一个快速过程。保留时间 3.7min 的小分子在整个反应过程中也没有明显富集，也说明 MB 在 TiO_2 表面被完全矿化。

12.2.3 离子色谱

如果光催化的反应物分子中带有 N、P、S、Cl 等原子，则经光催化反应后的终产物中很可能有 NO_3^-、PO_4^{3-}、SO_4^{2-}、Cl^- 等。这时，也可以检测这些无机离子随时间的变化而获得反应的动力学信息。最常用的方法就是离子色谱法（ion-chromatography，IC）。

IC 法是在离子交换色谱法（ion-exchange chromatography，IEC）的基础上发展起来的。1975 年淋洗离子抑制技术的出现，使电导检测成功应用，建立了离子色谱技术。两者之间的区别在于：离子色谱的分离柱之后加了一个抑制柱。由于抑制柱的作用，一方面使流动相中的酸生成 H_2O，使流动相电导率大大降低；另一方面使样品阳离子从原来的盐转变成相应的碱，由于 OH^- 的淌度比 Cl^- 大，因此提高了组分电导检测的灵敏度。

光催化研究中，根据 IC 结果，可以推断生成无机离子的官能团的氧化去除率。例如在农药丁草胺的光催化降解过程中，利用 IC 色谱检测反应过程中羧酸离子及无机阴离子的浓度可以判断丁草胺的降解过程及其矿化程度。丁草胺的化学结构式如图 12-29 所示，除了 C、H、O 原子，其分子中还含有 Cl 及 N 原子。

![图 12-29 丁草胺的化学结构式]

由于光催化反应的复杂性，当苯环 254nm 特征吸收消失后，目标反应物转化为链状有机酸，最终进一步降解为无害的气态 CO_2；N、Cl 原子则转化为无机阴离子，如 NO_3^- 和 Cl^-，在图 12-30 中给出了有机酸和无机阴离子浓度随时间的变化。

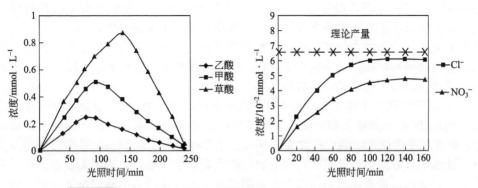

图 12-30 有机酸（a）和无机阴离子（b）浓度随时间的变化曲线

随着目标产物的分解，链状有机酸的浓度逐渐增大，当苯环完全被分解后，这些中间产物进一步被分解为无害的二氧化碳；同时，随着光催化反应的进行，无机阴离子的浓度逐渐增大，Cl^-浓度与理论计算的浓度接近，而NO_3^-由于有部分 N 原子可能转化为 N_2 或 NH_3，故明显低于理论计算值。

由上面的例子可以看出，完全可以利用 IC 分析技术研究某些目标污染物的降解过程及其矿化程度。

12.2.4　总有机碳分析

总有机碳（total organic carbon，TOC）是指溶解于水中的有机物总量折合成碳计算的量。水中有机物的种类很多，目前还不能全部进行分离鉴定，因此常以碳的数量表示水中所含有机物的总量。总有机碳普遍采用专门的 TOC 分析仪来完成。TOC 分析仪首先利用氧化法把有机物完全转化为 CO_2，再把所生成的 CO_2 引入非色散红外（non-dispersive infrare，NDIR）检测器，根据红外线的吸收确定 CO_2 量，从而获得溶液中的 TOC 量。催化燃烧法和湿法氧化是两种主要的有机物氧化方式。燃烧氧化方法利用高效催化剂在高温下使有机物能够彻底分解为 CO_2 气体，不仅对低分子量、易分解的有机物，而且对于具有不溶解性或高分子难分解有机物也可以高效率氧化。由于催化氧化燃烧效率较高，因此可以处理污染非常严重的废水，而且随着仪器灵敏度的提高，其应用范围已经扩展到超纯水的测定，其检测限已经可以接近 10^{-9}。湿法氧化通常利用在试样中加入化学氧化剂（过硫酸盐），同时辅以紫外（UV）光照射，使试样中的有机碳转化为 CO_2，再将此 CO_2 与载气一起通入除湿器以及检测样品池，从而也可以获得 CO_2 的量。湿法氧化法具有更高的灵敏度，因此其检测限可以达到 10^{-12} 数量级，因此非常适合 TOC 含量较低的超纯水检测。

由于 TOC 分析仪能将有机物全部氧化，因此它比生化需氧量（BOD）或化学需氧量（COD）更能直接反映有机物的总量，通常作为评价水体有机物污染程度的重要依据。随着微电子及自动化技术的发展，TOC 分析仪的自动化程度越来越高，出现了多样品的自动进样器以及在线检测方法，同时还可以给出总碳、无机碳和总氮数据，且其测定流程简单、重现性好，因此 TOC 分析在光催化环境污染物降解研究方面越来越受到重视。

TOC 是以碳的含量表示溶液中有机物总量的综合指标，但由于它不能反映水中有机物的种类和组成，因而只能给出最终有机物的降解，而不能反映出中间产物及其降解机制的变化。有时在性能测试时，从光谱或色谱分析的结果看目标产物降解速率较高，而 TOC 的去除速率却很慢，这是因为光催化反应过程中可能产生比较多的中间产物，这些中间产物在光谱和色谱中却没有被分辨，而这些中间产物可能不易被矿化，因此产生了这种数据上的矛盾。因此必须综合考虑多种检测方法结果，才能获得更为可靠的数据。

虽然对光催化污染物中间产物的研究有利于光催化机理的研究，但光催化的最终目的是污染物的完全降解和矿化，完全转化为 CO_2 和水，而不是转化为其它中间产物。因此，在研究中必须重视污染物的矿化，也就是 TOC 的测量。

Kassinos 等[33]研究了在 UVA 条件下，红霉素在不同商用 TiO_2 催化剂粉末悬浮溶液中的降解，利用 TOC 参数作为研究红霉素降解过程的指标，发现 P25 的光催化性能最好（图12-31）。但在抗生素活性检测中却发现，$30mg \cdot L^{-1}$ 样品在反应 15min 后即已经完全失去了抗菌性。这说明红霉素的有效基团在很短的时间内即发生了变化，虽然远没有矿化，但是已失去了其药物活性。需要注意的是对于其中间产物及其转化过程的研究是复杂的，而且谁又能肯定其中间产物对环境没有更大的危害呢？必须获得其中间产物的确切知识，或者使其完全矿化。

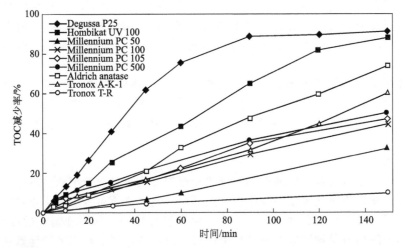

图 12-31　不同 TiO₂ 粉体（250mg·L⁻¹）对 10mg·L⁻¹红霉素矿化的相对活性

12.3　光源与光催化反应器[32,33]

12.3.1　光源与光谱器件

12.3.1.1　光源

　　只有被材料吸收的光才能引起光化学反应，因此在光化学研究中需根据不同的光化学反应体系选择适用的光源。在光催化研究中一般很少使用自然光源，对于人造光源可以依照其发光原理或根据光源辐射波长进行分类。根据光源发射波长，可以把光源划分为近紫外辐射光源、可见光光源和模拟太阳光光源。

　　在紫外光催化反应中最常应用 254nm 和 365nm 两种波长的紫外光源。其中低压汞灯（汞蒸气 0.1 Pa）发射 185nm 和 254nm 两种波长的紫外光，其辐射能主要集中在 254nm；其中 254nm 紫外光对有机物有比较强的光化学分解作用，因此多相光催化作用和光分解作用容易混在一起，不容易分清光催化的作用。高压汞灯的主要发射波长在 365nm，特别是 365nm 的近紫外荧光灯（黑光灯），因为光分解作用较小，因此是比较理想的光催化研究用光源。

　　高压氙灯是一种高强度照明光源，它的发射光谱比较稳定，在紫外-可见光范围内的发射光谱都是比较平滑的连续曲线，常被用来作为模拟太阳光的光源。白炽灯、卤钨灯的光谱能量主要集中在可见光范围，高压氙灯经过适当的滤光也可以用来作为可见光光催化研究的光源。光源对光催化反应的影响主要取决于其光强和波长。一般，光催化反应速率在低光强时与光强成正比，在高光强时与光强的平方根成正比。

12.3.1.2　光谱范围选择器件

　　光催化氧化反应中所使用光源的发射光谱一般为带状光谱或连续光谱，在进行理论研究或定量研究时，往往要根据研究体系的需要来进行光谱范围的选择。目前有多种技术都可以获得截止型或窄带型谱线。

　　（1）光学滤光片技术

　　光学滤光片可分为截止滤光片（透射滤光片）和通带滤光片（干涉滤光片）。截止滤光片可以透过可见光，对紫外光是截止的，可以根据实际使用的要求选择具有不同截止波长的滤光片。大多数截止滤光片是不耐热的，当温度较高时容易破裂，因此在离光源较近使用时，需要进行风冷或水冷。截止滤光片在强光下使用时，其透射性能有可能发生变化，因此，每使用一段时间（100h）需要测量滤光片的透射曲线，当性能退化严重时需要更换新的滤光片。

通带滤光片是由两层反射率较高，但能部分透射的银膜构成，在两层银膜间用不吸光的、厚度为特定波长的半波长或半波长整数倍的膜材料构成，从而实现对于特定波长的干涉透过。干涉滤光片的特性通常由通带峰值波长、峰值透射率以及半峰宽三个参数来进行描述。

（2）单色仪

使用单色仪可以从光源辐射的连续或带状光谱中分离出具有极窄谱线的单色光。单色仪具有操作简单、获得单色光纯度高等优点，是理论研究中必不可少的光学器件。根据分离出单色光的原理可以把单色仪分为两种类型：一种为利用光的折射原理制成的棱镜型单色仪；另一种为利用光的衍射原理制成的光栅型单色仪。目前在市场上可以方便地购买到以上两种单色仪。

12.3.2 光催化反应器

12.3.2.1 光窗材料

在光催化性能及相关理论研究中，为使体系接收到光源的辐射，需要选用具有不同透射特性的材料作为光催化反应池或光窗口材料。光催化反应器材料的选择主要需要考虑到光催化反应所需光的波长范围，要求对于所需波长的光具有较高的透射率。对于紫外光催化反应一般都使用对于紫外光具有较高透射率的高纯石英玻璃，而不能使用普通的玻璃器皿；但这也不是绝对的，同时还要看光催化反应器的具体设计。

12.3.2.2 光催化反应器的设计

光催化氧化反应器的设计远比传统的化学反应器复杂，除了涉及质量传递与混合、反应物与催化剂的接触、流动方式、反应动力学、催化剂的安装、温度控制等问题外，还必须考虑光辐射这一重要因素。目前已有多种形式的光催化氧化反应器应用于光降解的研究及实际废水的处理，并取得了一些成果，但同时也暴露出许多问题，为此研究人员从不同的角度对如何提高光催化氧化反应器的效能及实用性开展了大量的工作。

光反应器的种类按催化剂的存在状态可以分为 3 种：①悬浮式光反应器；②镀膜催化剂反应器（如将二氧化钛光催化剂涂抹在反应器的内外壁、光纤材料和灯管壁等上面）；③填充床式光催化反应器（在反应器内填充二氧化钛颗粒或者上面覆盖有二氧化钛膜的硅胶、氧化铝、石英砂、玻璃珠等）。

悬浮式光反应器通常是将光催化剂粉末加到所要处理的溶液中。它的优点是，在反应中污染物容易和光催化剂接触，不存在质量传输的限制，但也存在不足，处理效率不高，当提高催化剂的浓度时会造成悬浮液浑浊，影响光的穿透，降低光效率，而且催化剂与液体分离困难，处理成本昂贵。镀膜催化剂反应器的催化剂主要是以膜的形式存在，如将二氧化钛光催化剂涂抹在反应器的内外壁、灯管壁、不锈钢片、发泡镍、玻璃或玻璃布、光导纤维材料等上面，催化剂膜在紫外光的照射下，将吸附在膜表面的污染物降解、矿化。它最大的特点就是不需要对催化剂进行分离，但是反应容易受到传质的限制。填充床式光催化反应器通常是反应器内填充二氧化钛颗粒或者表面涂有二氧化钛膜的硅胶、石英砂和玻璃珠等。这些载体通常是具有二维表面的，结构紧密且具有多孔的颗粒。颗粒直径在 $100\mu m$ 左右的半透明材料，由于它能有效地让光通过并且有较高的比表面积，适用于用在具有较高传质能力的反应系统中。这类反应器不需要分离催化剂，反应可不受传质的限制，但不足是颗粒之间的碰撞可能会造成膜的脱落。

为了设计出一种能够进行大规模工业应用的反应器，就需要在反应器的设计中，既要像悬浮式反应器那样具有良好的传质，又要有镀膜式反应器不需要进行催化剂分离的优点，同时也要兼顾良好的光照射分布，减少光的传递损失，在此基础上能够提高单位体积催化剂比表面积，只有通过大量的研究，将这些因素最优化地组合在一起，才能设计出好的反应器。目前，在多相光催化反应的研究中，大多数集中在光催化反应的机理方面，在反应器的设计与研究方面相对较少。要设计出好的反应器，需要有大量的描述反应器运作的动力学参数和反应器模型。只有很好的掌握各种反应器的动力学参数，将这些反应器放大，才有使之走上工业化应用的可能。

光催化反应器主要有两种模式：浸入式和外辐照式。在浸入式光催化反应器中，光源直接浸入反应器中，反应器无需设置光窗口，其优点是光能利用率高；缺点是灯的外壁直接与反应物接触，容易产生沉淀物，影响透光，必须定期清洗。外辐照式是光源安置在反应器外，这时根据反应池的设计及光源与反应池的位置关系，必须采用具有较高透射率的光窗口材料加工反应器，而且由于光程的增长往往造成光利用效率低，其优点是冷却方式灵活、简便、可靠、光源使用寿命长。从上面的论述不难看出，这两种设计各有优缺点，通常浸入式主要用于光催化应用研究，充分利用光源能量，加快光催化反应速率；外辐照式则主要用于光催化性能及理论研究。

在进行光催化理论研究时，还应考虑到反应池内光通量密度和光化学反应速率在空间分布的不均匀性，从而保证相同的反应条件，获得可靠的数据。为了减小反应速率的不均匀性需注意以下原则。

① 尽量减小反应介质的厚度，例如使用降膜式反应器；

② 强化反应介质的搅拌强度，改善吸光反应物和由反应物生成的中间产物在反应空间的分布；

③ 增大反应器与光源的距离，有利于减小反应速率空间分布的不均匀性，但这显然降低了对光能的利用率；

④ 降低吸光反应物的浓度，在不失去实际实验研究价值的前提下，尽可能降低吸光反应物浓度也是减小反应速率空间分布不均匀性的重要方法；

⑤ 加强测试方法的标准化，为了加强实验的可比性和一致性，建立测试方法标准，对于使用的光源、反应器、光源反应器位置、光源辐照强度、反应物体积与浓度、搅拌强度等都需进行标准化。

12.4　光催化材料性能评价

随着社会的进步和科技的发展，对于绿色、环保的渴望也逐渐高涨。光催化技术作为最新的健康环保技术，得到了广泛的关注，并迅速走向市场化。光催化材料测试和评价方法标准的建立，不仅有利于科学研究中不同催化材料性能的比较，更为重要的是，随着光催化环境净化材料及制品的陆续面世，性能测试标准的建立有利于光催化环境净化材料及其制品质量的监督。光催化材料性能的表征是评价光催化材料及其制备工艺优劣的关键，随着光催化领域的迅速发展，建立标准化的测试方法的需求日益高涨，它是实现不同光催化材料性能得到合理评价和相互比较的基础。目前国内已经建立了与光催化材料评价相关的四个国家标准，分别是：关于环境污染物光催化净化相关的气相和液相光催化污染物降解评价方法、光催化材料自清洁表面的性能评价和光催化杀菌材料及其制品的评价方法。

12.4.1 液相光催化活性评价方法

12.4.1.1 光催化反应动力学研究

实验表明，光催化反应动力学遵循 Langmuir-Hinshewood 准一级动力学方程。用 Langmuir-Hinshewood 方程式处理多相界面反应过程中，反应物的光解速率可表达为

$$R = -\frac{dc}{dt} = -\frac{kKc}{1+Kc} \tag{12-19}$$

式中，R 为反应底物初始降解速率（$mol \cdot L^{-1} \cdot min^{-1}$）；$c$ 为反应底物的初始浓度（$mol \cdot L^{-1}$）；k 为反应体系物理常数，即溶质分子吸附在 TiO_2 表面速率常数（$mol \cdot min^{-1}$）；K 为反应底物的光解速率常数（mol^{-1}）。

① 低浓度时，$Kc \ll 1$，则

$$R = kKc = K'c \tag{12-20}$$

即反应速率与溶质浓度成正比。

② 式（12-20）中 K' 为一级反应的表观速率常数，结合式（12-19）及式（12-20）可得：

$$\ln\frac{c_0}{c_t} = K't \tag{12-21}$$

式（12-21）中 c_0 是反应物的初始浓度，c_t 是反应物 t 时刻的浓度，其可以通过化学方法测定，作 t 和 $\ln(c_0/c_t)$ 的直线关系图，可求解表观速率常数。

12.4.1.2 紫外液相光催化评价装置

液相光催化反应评价根据使用光源要求不同，主要分为紫外光催化反应评价和可见光催化反应评价两种，由于光催化剂在紫外条件下吸光强度大，催化活性较好，故采用功率较低的低压紫外灯作为光源，功率一般在几瓦到几十瓦之间。而对于可见光催化反应，由于目前在可见光照射下尚无非常高效的催化剂，并且可见光催化剂一般是吸收可见光中一部分光波，所以需要波谱范围宽、光强大的光源。实验室条件下一般采用 $300 \sim 500W$ 高压氙灯，通常还应配备相应的滤波片，滤掉光源中的紫外光，得到可利用的可见光进行催化反应。

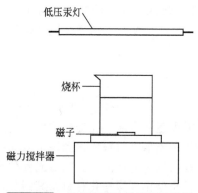

低压汞灯

烧杯

磁子

磁力搅拌器

图 12-32 液相光催化性能评价装置

紫外液相光催化反应评价装置相对较为简单，装置如图 12-32 所示，以亚甲基蓝（MB）作为目标降解物为例。配制约 $10mg \cdot L^{-1}$ 的 MB 溶液 100mL，放入 250mL 的烧杯，加入催化剂粉体，搅拌使之混合均匀，在烧杯上方 1.5cm 处放置一只 12W 的紫外杀菌灯（主波长 λ 为 254nm）作为光源，在光照过程中，MB 逐渐被分解，颜色渐渐褪去。使用紫外可见分光光度计间隔一定时间测试溶液的吸光度，来确定溶液中目标污染物的剩余浓度。在测试前，溶液需要离心除去悬浮的催化剂颗粒。

12.4.1.3 测试方法

许多染料都可作为液相光催化反应中的探针分子，但在选择时需要考虑染料分子本身在紫外光下的稳定性，如果染料分子自身在紫外光照射下便很不稳定，那么就可能影响到光催化测试结果。而在实际的应用中则会根据具体处理的污染物来进行目标探针分子的选择。

亚甲基蓝（MB）是一种阳离子型水溶性染料，广泛应用于生物染色。MB 的结构中含

有对生物呈强抑制性作用的苯环，并且为高共轭分子体系，一般方法很难将其降解成无机小分子。选用亚甲基蓝为目标污染物主要有以下几个原因：

① 亚甲基蓝是一种常见的染料，其降解效果易用分光光度技术跟踪测定；

② 不同浓度的亚甲基蓝溶液在 664nm 有最大的吸光度，容易测量其脱色率和降解率，并且浓度可以用吸光度表征；

③ 在染料废水处理中，亚甲基蓝是较难处理的化合物，选其为模型更有研究和实际应用意义；

④ 在光催化降解染料的研究中，许多研究者选用亚甲基蓝作为模型污染物，易于与他人结果比较。

实际测试以 MB 为例，应首先建立工作曲线。利用纯的亚甲基蓝试剂，配制成浓度分别为 $1mg \cdot L^{-1}$、$2mg \cdot L^{-1}$、$4mg \cdot L^{-1}$、$6mg \cdot L^{-1}$、$8mg \cdot L^{-1}$、$10mg \cdot L^{-1}$ 和 $12mg \cdot L^{-1}$ 的标准水溶液 25mL。用紫外可见光谱仪对上述溶液进行吸收光谱的测试，扫描波长为 $400 \sim 750nm$ 范围，以 664nm 峰进行吸光度计算，测定出浓度-吸光度标准工作曲线。

考虑到探针分子本身在紫外光照射下的降解，首先要进行光化学降解空白实验的测定，即在不加入光催化剂的条件下，在与实际光催化反应相同的条件下进行光化学反应，记录不同取样时间探针分子的浓度，获得光化学反应空白实验曲线。由于催化剂材料对于染料分子具有一定的吸附作用，因此即便在没有光源的条件下，由于催化剂材料的吸附作用，染料浓度也会降低，因此要测试暗反应吸附曲线，在实际的光催化反应中要减去空白实验中 MB 的降解量和吸附过程中 MB 的减少量。

取浓度为 $10mg \cdot L^{-1}$ 亚甲基蓝水溶液 100mL，在磁力搅拌下，把 100 mg 粉体光催化剂加入到反应溶液中。搅拌分散后，开启紫外灯并检测液面高度位置的光密度，根据催化反应进行情况选择合适的取样间隔，取出一定量反应液，离心分离去除催化剂颗粒，用紫外可见分光光度计测定上清液的吸收光谱和最强吸收峰的吸光度值。通过标定的工作曲线，获得亚甲基蓝溶液经光催化降解后的浓度。以取样时间为横轴，以上清液探针分子浓度为纵轴作图，即可获得液相光催化反应动力学曲线，从而获得光催化反应动力学常数。

光催化污染物降解的评价装置并不复杂，但为了保证实验的可比性，必须注意控制环境条件和实验参数的一致性。

可见光光催化反应装置相对复杂一些，需要把烧杯放在闭光的环境里，并且在反应器上加盖一定截止波长的滤波片保证只有可见光部分可以通过。其反应装置如图 12-33 所示。在反应器上方一定高度放置氙灯光源，反应器周围用铝箔包覆防止杂散光影响。另一方面，由于氙灯光源功率较大，需要对光源鼓风冷却，同时为了保证反应器中液体温度的稳定，需要冷却反应器。一般反应器用石英制备成夹层结构，在夹层中通入冷却水进行溶液的冷却。与紫外光催化评价相同，使用紫外可见分光光度计间隔一定时间测试溶液的吸光度，来确定溶液中目标污染物的剩余浓度，但应注意取样后应使用

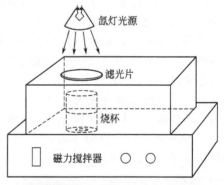

图 12-33 可见光催化反应装置图

铝箔包覆取样管，避免外界可见光的影响，同时尽快进行离心和测试。

可见光催化评价方法与紫外光催化评价方法是相同的，完全可以参照紫外光催化评价方法来实施。

12.4.2 气相光催化活性评价方法

12.4.2.1 评价装置

气相光催化性能评价装置如图 12-34 所示。两路干燥清洁的气体，经质量流量计控制流速，其中一路通过装有甲醛水溶液的密闭气罐，带出甲醛饱和蒸气。再与另一路气体通过一定比例混合后就得到了一定流速、一定甲醛含量的混合气。该混合气通过反应器后，甲醛被降解，只需要测定反应前后混合气中甲醛含量的变化，就可以知道在光催化反应中有多少甲醛被降解，从而可以知道光催化剂的活性如何。在检测部分以气相色谱法进行反应气体含量的测定。

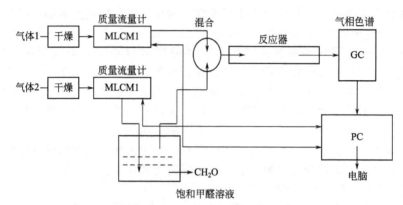

图 12-34 气相光催化性能评价装置

在气相性能评价装置中，光催化反应器是一个关键部件。光催化反应器是一个密闭的方形反应器，其内部装有可调节高度的支撑块，测试样品放置在支撑块上。支撑块上方有一个与之平行的光路窗口，反应器外部的光线通过此窗口照射到样品的表面。通过调节支撑块的高度使得样品表面与窗口之间的距离大于 5.0mm。反应气只能在样品表面和窗口之间通过。光路窗口材料可选用石英玻璃或硼玻璃。光源根据光催化材料测试要求而定。对于紫外光催化表征可以使用低压汞灯（254nm）或黑光灯（365nm）；对于可见光表征可以使用主波长在 400～700nm 的管状荧光灯，而当需要较大功率的可见光源时可以使用 300W 氙灯，并在光路中加入需要波长的截止滤光片。光在试样表面各点的照度的测量用适合波长范围的光照度计测量。测试时，标示出样品表面的两条对角线，测试每条对角线上相等间隔的 5 个点的光照强度，每点光照强度的平均值应为 $1.0mW \cdot cm^{-2} \pm 0.1mW \cdot cm^{-2}$，同时表征灯与样品最小距离不小于 5mm。

分析系统利用带有氢火焰离子检测器（FID）的气相色谱仪（所用氢气纯度 99.99%），在线分析反应器出口处的各种物质的浓度。分析时也可通过气体注射器进行离线分析。气相色谱工作条件为：直径为 3mm 的 Porapak Q 型（或 Porapak R 型）填充柱，柱温 100℃，进样口温度 150℃，FID 检测器温度为 150℃，载气为 99.999%高纯氮气（也可为高纯氦气），流速 30～70mL · min^{-1}。

测试样品可以是片状材料或是颗粒状材料。片状材料通常尺寸为长 200mm±2mm，宽 100mm±2mm，样品厚度尽量不大于 10mm；粉末状样品要堆实在样品盘上，其堆放尺寸与片状材料相同，但厚度应尽可能薄，并应测量得样品的堆体积。

12.4.2.2 催化活性表征步骤

（1）样品的预处理

样品的预处理是为了得到干净的、高催化活性的表面，去除样品中的水分及表面吸附的有机物质。首先样品需进行干燥处理，干燥条件一般为 120℃ 恒温 2h 以上，也可以用其它方式干燥，前提是不破坏材料本身的外观。而后样品置于紫外光下照射 16h 以上，确保其吸附的有机物质被分解。样品的预处理尽量在测试前进行，处理好后应立即评价。如果不能立即评价，样品必须保持在干净的、无污染性气体的气密性容器中。

（2）反应条件的调节

反应温度应控制在恒定温度条件下，对于低功率的紫外光源和可见光源只需打开光源使反应系统稳定一定时间即可；而对于大功率氙灯系统来说，光源距离反应器要足够远，并且需对反应器进行风冷处理，并在反应前平衡足够长的时间。调节反应气体和载气流量，混合后反应气体的流量为 $100mL \cdot min^{-1}$。利用色谱仪分析反应气体中的反应物浓度，直至连续三次测试值的偏差小于 2%，此时取三次的平均值作为进气中甲醛的浓度。

（3）样品的安装

将预处理过的样品平放在光反应器中的支撑块上，并测试每条对角线上 5 个点的光照强度，调节支撑块高度使样品表面每点强度的平均值在 $1.0mW \cdot cm^{-2} \pm 0.1mW \cdot cm^{-2}$。

（4）暗吸附过程

在光催化反应过程中，在光能作用下反应物在催化剂表面被分解为 CO_2，因此在利用色谱法进行检测时，光催化材料的活性可以用 CO_2 的生成量表示，也可以用反应物浓度去除量表示。在暗反应条件下，将反应气体通入反应器中，定期测量出口处的 CO_2 浓度，直至出口处 CO_2 浓度稳定且小于 $1.0mL \cdot m^{-3}$。此时光催化材料的活性可以用 CO_2 生成量表示。若 CO_2 含量在一段时间内（不超过 90min）无法去除至小于 $1.0mL \cdot m^{-3}$，此时说明该样品材料吸附 CO_2 的能力很强，无法用 CO_2 生成量表示，而只能用反应物的去除量或去除率来表示。同样在暗反应条件下，每隔 15min 测试出口处的反应气体浓度，当出口的反应气体浓度等于进气中的反应气体浓度，此时间可作为此光催化剂的暗吸附时间。若 30min 后反应气体的浓度低于进气浓度的 90%，则继续在暗条件下通入反应气，以出口浓度达到进气浓度的 90% 所需时间为暗吸附时间。此反应气出口浓度为光照前的反应气体初始浓度。若通入反应气 90min 后，其出口浓度仍低于进气浓度的 90%，停止通气。此时样品吸附反应气性能太强，此方法不适合测其光催化活性。

（5）光催化去除量的测试

对于符合此方法测试的样品，暗吸附结束后，继续稳定地通入反应气，打开紫外灯。每隔 15min 测试出口气体中反应气和 CO_2 的浓度。反应至少进行 3h，直至反应气体浓度稳定。取反应最后 1h 的平均值（3 个点以上的平均）为反应气的出口浓度。此值用于计算去除量和去除率。

停止光照，继续通气 30min。在此期间测量出口气中的反应气体浓度，取平均值，确保反应气体浓度等于进气浓度。对于利用 CO_2 生成量衡量光催化性能的样品，同时测量出口气体中的 CO_2 浓度，该值与光照前的 CO_2 浓度大小差异应小于 $1.0mL \cdot m^{-3}$。

当按照上述条件测得样品的光催化去除率较低时（去除率小于 5.0%），可通过降低反应气的流量而提高去除率。反应气流量的改变通常按倍数减小。例如，可由原先的 $100mL \cdot min^{-1}$ 降至 $50mL \cdot min^{-1}$。若得出的去除率还是较低，可将反应气流量继续减半至 $25mL \cdot min^{-1}$，以此类推。

12.4.3　光解水制氢性能评价

氢是一种无污染、易储运的新能源；而太阳能则是取之不尽、用之不竭、无处不在的天然能源。直接利用太阳能分解水制氢，使太阳能的利用与氢能的开发结合起来，其前途是十分诱人的。

自 1972 年日本东京大学 Fijishima 和 Honda 等在 N 型半导体二氧化钛电极上发现水的光分解现象：在太阳能光伏电池中，用波长低于 415nm 的光照射 TiO_2 电极，发现 TiO_2 电极上有 O_2 产生，Pt 电极上有 H_2 产生。太阳能可以转化成洁净能源 H_2 这一重大发现，为解决当时的能源危机提供了可能，引起了科学界的广泛关注。

在光催化分解水制氢研究中，通常用反应产氢速率的大小作为催化剂活性的评价标准。在研究中建立的活性评价系统主要包含光源系统、反应系统、磁控气体循环控制系统、真空系统、在线取样系统、色谱检测系统（气相色谱），目前国内市场上已有成套商用设备出售。

通常催化反应是在一个密闭的循环系统中进行，催化剂粉末分散在纯水中，反应溶液需用磁力搅拌器进行搅拌。反应管为 U 形，石英外壁，中间加入冷凝水，从而保证溶液温度的恒定。光源采用管状 300W 高压汞灯。在实验中溶液的 pH 值利用 NaOH 和 H_2SO_4 进行调节，牺牲剂根据实验需要加入。在测试时使用高纯氮将催化获得的 H_2 带入色谱仪进样，管道中的混合气体经过冰水浴装置，水蒸气冷凝下来，然后混合气体通过六通阀等待进样。

采用 GC-950 型气相色谱仪的热导检测器（TCD）对产氢速率进行在线检测，色谱柱填料为 SA 分子筛，柱长 1.5 m，用氮气做载气，柱压 0.1MPa。反应前，通氢气，开气相色谱直至基线走平。通氮气（流速为 20mL·min^{-1}）半小时排除管路中的空气及其它杂质气体。放置冰块到冰浴装置中，通冷凝水，开高压汞灯，开始计时。前一小时，每隔 30min 测试产氢速率，此后每 10min 测试一次。用产氢速率的大小对催化剂的活性进行评价。

12.4.4　光催化自清洁性能评价方法

TiO_2 薄膜在紫外光照射下其亲水性能获得极大的提高，即当受到紫外光照射后接触角会从初始的数十度迅速变小，最后达到或接近零度，呈现超亲水性能。研究认为，TiO_2 表面的超亲水性起因于其表面结构变化。在紫外光照射下，TiO_2 价带电子被激发到导带，电子和空穴向表面迁移，电子与 Ti^{4+} 反应，空穴则与表面的氧离子反应，分别形成 Ti^{3+} 和氧空位。这时，空气中的水解离吸附在氧空位中，成为化学吸附水，化学吸附水可进一步吸附空气中的水分，形成物理吸附层，即在 Ti^{3+} 缺陷周围形成了高度亲水的微区，而表面剩余区域仍保持了疏水性，这样就在 TiO_2 表面构成了具有均匀分布纳米尺寸分离的亲水和亲油区域，类似于二维毛细管现象。由于水或油滴的尺寸远大于亲水或亲油区面积，滴下的水或油分别被亲水微区或亲油微区所吸附，从而浸润表面。

建筑物外墙表面、玻璃窗表面等暴露的表面很容易吸附大气中的灰尘，这是因为大气中的灰尘都是以有机物和无机物的混合体浮游在空气中，其中的有机物会起到吸附黏结剂的作用，而在下雨时污染物借助雨滴吸附在材料表面时就更容易固定下来，并逐渐积聚从而形成严重的污渍。光催化材料薄膜会对污染产生表面自清洁作用。其可能的作用机理如下：①在太阳光中一定能量的光照射下，催化剂材料薄膜表面会慢慢并连续地产生分解有机物的作用，由于灰尘中的有机物的分解会降低其吸附作用，因此其黏结作用会受到抑制；②由于太阳光中紫外光的照射作用，使得薄膜表面形成超亲水特性；③当表面被雨冲刷时，由于超亲水性，雨水浸润整个表面，同时可以容易地进入吸附较弱的灰尘和表面之间，从而在冲刷的作用下带走灰尘颗粒，同时由于表面超亲水性不会形成吸附的水滴，从而保持了表面的清洁。

对于实际应用的自清洁材料制品，当然只有在实践中才能最终表现出其优异的性能，但在研究的过程中却需要快速、直接的评价方法，为材料和工艺的优化提供有力的支持。从自清洁功能原理可知，其性能的关键与光致表面亲水性直接相关，因此其性能可以通过测试样品的最小接触角来评价光催化材料的自清洁性能。通过在样品表面负载有机物，获得一个比较大的接触角，然后使用一定波长的紫外光进行照射，然后测定这一过程中的接触角变化，表征样品自清洁的性质。

12.4.4.1　实验装置

光源采用主波长为365nm的黑光灯（UVA），要求紫外灯和样品的距离可以进行调节，从而调节照射到样品上的光密度；还需要一台紫外照度计，要求传感器在UVA段，测定范围$0.1\mu W \cdot cm^{-2} \sim 199\ mW \cdot cm^{-2}$；接触角测定仪测定范围在$0° \sim 180°$，测定读数$0.1°$，测定精度$\pm 1°$。

12.4.4.2　样品的制备

从制品或材料上选取平整的部分，按标准尺寸为（100mm±2mm）×（100mm±2mm）进行裁切，数量为5个。在对样品裁切过程中，需要注意防止油等有机物的污染，以及试样之间的交叉污染。若样品不能切割成标准尺寸时，若能选取不同的5个点测接触角，也可以使用其它尺寸与形状的样品。

12.4.4.3　分析步骤

（1）试样的前处理

前处理的目的是获得一个具有较大接触角的样品表面。为了保证样品的一致性和避免之前吸附或污染有机物的影响，首先把样品在紫外光下照射24h以去除表面原有的有机物，要求样品表面的照度达到$2.0mW \cdot cm^{-2}$。然后在样品表面进行油酸的涂覆，可以使用手工涂覆方法：在催化剂表面中央滴下$200\mu L$的油酸后，用无纺布以放射状涂覆法将油酸均匀铺展开。擦去多余的油酸，把涂覆好的样品放在天平上称量，调节油酸的涂覆量在每$100cm^2$为$2.0mg \pm 0.2mg$。还可以用提拉法来进行涂覆：将样品浸在油酸正庚烷溶液中，以$60cm \cdot min^{-1}$的速度提拉，在70℃下干燥15min。对于前处理困难的试样，若紫外光照射前的初期接触角在20°以上，可以不实施前处理，直接进行水接触角的测量。

（2）水接触角的测定

经过前处理后的每个样品，使用接触角测定仪分别测定5个点的接触角。水滴接触试样后移动到试样上形成液滴，应在3~5s内快速测定。取其算术平均值作为各样品的"初始接触角"。

紫外灯照射要求黑光灯开启稳定15min后调节光强，对于手工涂覆样品，表面光强为$2.0mW \cdot cm^{-2} \pm 0.1mW \cdot cm^{-2}$；对于提拉法的样品，使到达样品表面的光强为$1.0mW \cdot cm^{-2} \pm 0.1mW \cdot cm^{-2}$。样品在紫外光照射开始后，选择适当的时间间隔，对每个样品分别选定5个点进行接触角的测定，取其算术平均值，作为各个样品的"紫外光照射n（n代表一定时间）时间后的接触角"。

当连续3次的"紫外光照射n时间后的接触角"的算术平均值≤5%时，则该值作为该样品的"最小接触角"。若所测接触角变变异系数≤10%时，则取算术平均值为该试样的"最小接触角"。若紫外光照射n时间后的接触角达到5°以下时，可结束测量，这时的接触角测定值为该样品的"最小接触角"。

12.4.5　光催化抗菌性能测试

随着社会的发展和科技的进步，光催化材料和制品的应用日渐广泛。建立光催化在抗菌方面的标准评价体系，对于保证光催化抗菌产业的健康发展、规范生产企业相关产品质量、规范市场准入及增强国际竞争力都具有重要的意义。

首先澄清几个关键的概念。抑菌是指抑制微生物生长繁殖的作用；杀菌是指具有杀死微生物营养体和繁殖体的作用；抗菌是抑菌和杀菌的统称。

12.4.5.1　实验装置

所用实验装置如下。黑光灯（UVA）：主波长为365nm；紫外照度计：传感器在UVA

段，测定范围 $0.1\mu W \cdot cm^{-2} \sim 199mW \cdot cm^{-2}$；恒温培养箱和压力蒸汽灭菌器。

12.4.5.2 药品及培养基处理

首先配制磷酸盐缓冲生理盐水洗脱液（PBS，$0.06mol \cdot L^{-1}$）：称取 2.7g 磷酸二氢钾，7.0g 磷酸氢二钾，8.5g 氯化钠，加一定量蒸馏水溶解，稀释至 1000mL。为便于细菌洗脱，可加入少量表面活性剂（如吐温 80）。置于压力蒸汽灭菌器中，于 121℃下高压湿热灭菌 15min。灭菌后的洗脱液应于 5～10℃下保存。保存期为 30 天。

培养基为营养肉汤（NB）或营养琼脂。营养肉汤：称取 3.0g 牛肉膏，10g 蛋白胨，5.0g 氯化钠，加入 1000mL 蒸馏水溶解，室温下用 $0.1 mol \cdot L^{-1}$ 的氢氧化钠或 $0.1mol \cdot L^{-1}$ 的盐酸调节 pH 值为 7.0～7.2；置于压力蒸汽灭菌器中，于 121℃下高压湿热灭菌 15min。营养琼脂：称取 5.0g 牛肉膏，10g 蛋白胨，5.0g 氯化钠，15g 琼脂，加入 1000mL 蒸馏水溶解，室温下用 $0.1mol \cdot L^{-1}$ 氢氧化钠或 $0.1mol \cdot L^{-1}$ 的盐酸溶液调节 pH 值为 7.0～7.2；置于压力蒸汽灭菌器中，于 121℃下高压湿热灭菌 15min。两种灭菌后的营养基都应保存在 5～10℃下，保存期为 30 天。平板计数琼脂：称取 2.5g 酵母粉，5.0g 胰蛋白胨，1.0g 葡萄糖，15.0g 琼脂，加 1000mL 蒸馏水溶解，室温下用 $0.1mol \cdot L^{-1}$ 的氢氧化钠或 $0.1mol \cdot L^{-1}$ 的盐酸调节 pH 值为 7.0～7.2；置于压力蒸汽灭菌器中，于 121℃下高压湿热灭菌 15min。灭菌后的平板计数琼脂应于 5～10℃下保存，保存期 30 天。

12.4.5.3 菌种培养

首先将标准菌种用接种环接种在营养琼脂斜面培养基或其它适合的培养基上，置于恒温培养箱中，在 37℃±1℃下培养 24～48h，然后于冰箱中在 5～10℃下保藏。一个月内将其接种到新的斜面（以此类推），但接种次数从菌种中心得到的细菌算起不应超过 14 代。如保存时间达到或超过一个月，不可进行继代培养。然后将斜面保藏转接到营养琼脂平板或斜面培养基上，置于恒温培养箱中，在 37℃±1℃下培养 24h±1h，每天转接一次，连续转接不超过 2 周。试验时应采用连续转接 2 次后（第 3～14 代）的 24h 内转接的新鲜细菌培养物。接种菌液的制备：用于大肠杆菌悬浮液配制的 NB 为 500 倍水稀释液（即 0.2% NB），用于金黄色葡萄球菌悬浮液配制的 NB 为 100 倍水稀释液（即 1% NB）。室温下用 $0.1mol \cdot L^{-1}$ 的氢氧化钠或 $0.1mol \cdot L^{-1}$ 的盐酸溶液调节 pH 值为 7.0～7.2；为便于细菌分散可加入少量表面活性剂（如吐温 80）。用接种环从活化的新鲜细菌培养物上取少量新鲜细菌，加到上述稀释溶液中，依次 10 倍梯度稀释，选取菌液浓度为 $2.5 \times 10^5 \sim 10 \times 10^5$ cfu $\cdot mL^{-1}$ 的梯度作为试验用菌液。若配好的接种液不能立即使用，则应在 0℃下保存，4h 内使用。

12.4.5.4 样品的制备

采用医用级聚乙烯（PE）制成的试样，标准尺寸为（50mm±2mm）×（50mm±2mm），厚度小于 10mm。准备 9 片，其中 3 片用于 0 接触时间洗脱，3 片用于明条件试验，3 片用于暗条件试验。此 9 片作为标准空白对照样。

从制品或材料上选取平整的部分，按标准尺寸准备 6 片，3 片用于明条件试验，3 片用于暗条件试验。

试验用膜采用医用级聚乙烯（PE）制成，标准尺寸为（40mm±2mm）×（40mm±2mm），厚度 0.02～0.1mm；若样片尺寸较小，可相应减小膜的尺寸，并适当减少接种菌液量，但要保证接种菌液中细菌个数不少于 10^5 cfu。若试样是织物，采用的膜尺寸为（50mm±2mm）×（50mm±2mm），样品尺寸为（40mm±2mm）×（40mm±2mm）。

用脱脂棉蘸酒精擦拭上述样品膜 2～3 次，充分干燥待用。若试样不适合用酒精擦拭，也可采用其它适合的方法清洁（如无菌水擦拭后，置紫外灯下照射）。对于光催化试样，采用不低于 $1.0mW \cdot cm^{-2}$ 的紫外光（UVA）照射 24h 来清洁样品表面。将清洁后的各个试样分别放入洁净的平皿中，试验面朝上。用移液管准确量取 0.4mL 制得的接种液，滴加到每个试样的表面，小心地用薄膜覆盖，调节薄膜使菌液分散均匀。注意不要将菌液溢出洒落，否则试验无效。对于织物试样，将薄膜置于样品下方，然后滴加菌液到样品上。

12.4.5.5 杀菌实验及检测

打开黑光灯（UVA），稳定 0.5h 以上，然后调节黑光灯高度或功率来调节光照强度，采用紫外照度计测量，使明条件中到达试样表面的光照强度为 $0.01\sim0.1\mathrm{mW\cdot cm^{-2}}$。将接种得到的 3 个标准空白对照样、3 个光催化试样置于明条件下，另外 3 个标准空白对照样、3 个光催化试样置于暗条件下。为了保证样品培养过程中的湿度，培养皿中样品下部可以放置一块潮湿纱布，注意不要将菌液沾染到纱布上。明条件和暗条件的培养条件控制在：温度 $35℃\pm1℃$，相对湿度不低于 85%，培养时间为 8~24h。

"0"接触时间试样的洗脱、计数：在 3 个 0 接触时间的标准空白对照样中分别加入 20mL 磷酸盐缓冲生理盐水洗脱液，充分洗脱后对洗脱液进行活菌计数。在培养后也采用与"0"接触时间试样相同的方法进行洗脱、计数。细菌数以 N 计，数值以 cfu 表示，按照下式计算：

$$N = CDV \tag{12-22}$$

式中，C 为菌落数（3 个培养皿的平均值），单位为 cfu；D 为稀释倍数；V 为用于洗脱的洗脱液的体积，单位为毫升（mL）。

对三个试样的活菌数取算术平均值，保留两位有效数字。

对于抗菌实验来说，只有下述 3 个条件全部成立，试验才能被判定有效。反之，则试验无效，须重新进行试验。

① 空白对照样 0 接触时间的活菌数满足如下条件：

$$(L_{最大} - L_{最小})/L_{平均} \leqslant 0.2 \tag{12-23}$$

式中，$L_{最大}$ 为活菌数的最大对数值；$L_{最小}$ 为活菌数的最小对数值；$L_{平均}$ 为三个试样的活菌数对数的平均值。

② 0 接触时间空白对照样的活菌平均值应为 $(1.0\sim4.0)\times10^5$ cfu。

③ 明条件、暗条件的 3 个空白对照样经 8~24h 培养后的活菌数均不能小于 1.0×10^3 cfu。

当满足以上三个条件时，便可进行抗菌率的计算，抗菌率以 $R_{总}$ 计，数值以% 表示，按照下式进行计算：

$$R_{总} = [(C_0 - C_1)/C_0] \times 100 \tag{12-24}$$

式中，C_0 为明条件下对照样片经培养后的活菌计数的数值，单位为 cfu；C_1 为明条件下光催化样片经培养后的活菌计数的数值，单位为 cfu。

光催化材料在 UVA 照射下的抗细菌贡献值以 $R_{光}$ 计，数值以% 计算，按照下式计算：

$$R_{光} = [(B_1 - C_1)/B_1] \times 100 \tag{12-25}$$

式中，B_1 为暗条件下光催化样片经培养后的活菌计数的数值，单位为 cfu。

参考文献

[1] Zhang C, Zhu Y F. Chem. Mater., 2005, 17: 3537.

[2] Fu H B, Xu T G, Zhu S B, Zhu, Y F. Environ. Sci. Technol., 2008, 42: 8064.

[3] Shi J Y, Wang X L, Feng Z C, Chen T, Chen J, Li C. Photoluminescence Spectroscopic Studies on TiO₂ Photocatalyst. In Environmentally Benign Photocatalysts: Applications of Titanium Oxide-Based Materials; New York; Springer, 185.

[4] Li D, Haneda H, Hishita S, Ohashi N. Chem. Mater., 2005, 17: 2596.

[5] 井立强, 辛柏福, 王德军, 袁福龙, 付宏刚, 孙家钟. 高等学校化学学报, 2005, 26: 111.

[6] Gao B, Lin Y, Wei S, Zeng J, Liao Y, Chen, L, Goldfeld D, Wang X, Luo Y, Dong Z, Hou J. Nano. Res., 2012, 5: 88.

[7] 林艳红. ZnO 纳米粒子的制备及其表面光电特性的研究. 吉林大学, 2008.

[8] Brattain W. Phys. Rev., 1947, 72: 345.

[9] Brattain W B. Bell System Technical Journal, 1953, 32: 1.

[10] Gatos H L. J. Vac. Sci. Technol., 1973, 10: 130.

[11] Kronik L S. Surf. Sci. Rep. 1999, 37: 1.

[12] 朱连杰. 功能材料的光伏特性及偶极诱导作用研究, 吉林大学, 2001.

[13] Yu H, Li X, Quan X, Chen S, Zhang Y. Environ. Sci. Technol., 2009, 43: 7849.

[14] 王有乐, 张婷, 张庆芳, 曹晓云, 孔秀琴, 张琼. 甘肃工业大学学报, 2003, 24: 77.

[15] Vinodgopal K, Hotchandani, S, Kamat P V. J. Phys. Chem., 1993, 97: 9040.

[16] Hidaka H, Asai Y, Zhao J C, Nohara K, Pelizzetti E, Serpone N. J. Phys. Chem., 1995, 99: 8244.

[17] Wang Y Q, Cheng H M, Zhang L, Hao Y Z, Ma J M, Xu B, Li W H. J. J. Mol. Catal. A: Chem., 2000, 151: 205.

[18] Xu T G, Zhao X, Zhu Y F. J. Phys. Chem. B, 2006, 110: 25825.

[19] Zhang L W, Wang Y J, Cheng H Y, Yao W Q, Zhu Y F. Adv. Mater., 2009, 21: 1286.

[20] 曹楚南, 张鉴清. 电化学阻抗谱. 北京: 科学出版社, 2002.

[21] Gomes W P, Vanmaekelbergh D. Electrochim. Acta. 1996, 41: 967.

[22] Zhang L W, Fu H B, Zhu Y F, Adv. Funct. Mater., 2008, 18: 2180.

[23] Tse K Y, Nichols B M, Yang W, Butler J E, Russell J N, Hamers R J, J. Phys. Chem. B 2005, 109: 8523.

[24] Fabregat-Santiago F, Garcia-Belmonte G, Bisquert J, Bogdanoff P, Zaban A. J Electrochem Soc, 2003: E293.

[25] Huang Y P, Li J, Ma W, Cheng M M, Zhao J C, Yu J C. J. Phys. Chem. B, 2004, 108: 7263.

[26] Fu H B, Zhang L W, Zhang S C, Zhu Y F. Phys. Chem. B, 2006, 2006: 3061.

[27] Chen C, Zhao W, Lei P, Zhao J, Serpone N. Chem. Eur. J. 2004, 10: 1956.

[28] 林熙. 半导体氧化物膜材料光催化性能及机理研究. 福州: 福州大学, 2004.

[29] Martin S T, Herrmann H, Choi W Y, Hoffmann M R. J. Chem. Soc., Faraday Trans. 1994, 90: 3315.

[30] 张雯. Pt/TiO₂ 光催化降解苯的磁场效应. 福州: 福州大学, 2003.

[31] 林熙, 李旦辰, 吴清萍等. 高等学校化学学报, 2005, 26: 727.

[32] 林洁. 二氧化钛纳米管修饰及钨酸锌纳米材料光电性能研究. 北京: 清华大学, 2009.

[33] Hapeshi E, Achilleos A, Vasquez M I, Michael, C, Xekoukoulotakis N P, Mantzavinos D, Kassinos D. Water Res. 2010, 44: 1737.

[34] 康锡惠，刘梅清. 光化学原理与应用. 天津：天津大学出版社，1995.

[35] 曹怡，张建成. 光化学技术. 北京：化学工业出版社，2004.

[36] 朱永法，宗瑞隆，李新军，何明兴. 光催化材料水溶液体系净化测试方法. GB/T 23762—2009，北京中国标准出版社，2009.

[37] 付贤智，只金芳，刘平，邵宇，戴文新，咸才军，何明兴. 光催化空气净化材料性能测试方法. GB/T 23761-2009，北京：中国标准出版社，2009.

[38] 只金芳，郑苏江，江雷，张玲娟. 光催化自清洁材料性能测试方法. GB/T 23764—2009，北京：中国标准出版社，2009.

[39] 郑苏江，只金芳，高月红. 光催化抗菌材料及制品、抗菌性能的评价. GB/T 23763—2009，北京：中国标准出版社，2009.

第13章
光催化材料的环境净化应用

　　随着经济发展和生活水平的提高，人类社会面临着愈发严峻的环境污染形势。众多人工合成的难降解有毒污染物随着工业和生活废气废水的排放进入环境体系中，干扰并威胁着人类和整个生物圈。由于许多化合物成分复杂、浓度低、难降解，使用常规的减量和去除手段不能达到预期的效果。而光催化技术利用具有高氧化还原电位的活性氧物质，通过其强氧化还原反应可以除去大部分难降解有机污染物。从20世纪80年代开始，随着光催化材料研究和应用的迅速发展，其被广泛地应用于环境净化领域，光催化材料所涉及的产品很快拓展到空气净化、水净化以及建筑材料等领域。

13.1　光催化对有毒有害物的分解反应

13.1.1　挥发性有机化合物

13.1.1.1　挥发性有机化合物的定义、分类及危害

　　近年来国内外研究资料表明，城市居民每天约80％～90％的时间是在室内度过的，即便在农村，人们在室内停留的时间也不少于50％，而老人和儿童等抵抗力弱的人群在室内度过的时间更长，因而室内空气质量的好坏严重影响人体健康[1]。20世纪中期，人们已认识到室内空气污染有时比室外更严重[2]，因为和室外空气相比，室内空气污染物的种类较多，污染源较广泛，影响因素也更复杂，对人体健康造成的危害也是多方面的。室内空气中的主要污染物有：甲醛、苯、甲苯、二甲苯、氡气、二氧化硫、二氧化氮、一氧化碳、二氧化碳、可吸入颗粒物等。在所有室内空气污染物中，由挥发性有机化合物VOCs（volatile organic compounds）所带来的对人体的危害已经受到了越来越多的关注，如从室内装潢家具所释放出来的甲醛和苯对人体有致癌作用。为减少室内空气污染物对人体健康造成的危害，必须对室内空气中的污染物，特别是对VOCs进行处理。

　　挥发性有机化合物（VOCs）是一大类重要的室内空气污染物，它们是指在室温下饱和蒸气压超过1mmHg（1mmHg＝133.3Pa）或沸点小于260℃的有机物。从物质分析的角度讲，它是氢火焰离子检测器所能测出的非甲烷烃类的总称。这类有机污染物可分为四类：

① 高挥发性有机化合物（VVOCs，沸点＜0℃至50～100℃）；

② 挥发性有机化合物（VOCs，沸点50～100℃至240～260℃）；

③半挥发性有机化合物（SVOCs，沸点240～260℃至380～400℃）；

④颗粒性有机化合物（POM，沸点＞380℃）。

室内约有70种常见的有机污染物，主要为芳香烃、卤代烃、脂肪烃、含氧烃、含氮烃、含硫烃等$C_3 \sim C_8$的有机化合物。1989年美国环境保护局检测到900多种存在于室内的VOCs，具体分类及浓度见表13-1。

表 13-1 室内空气中常见 VOCs 的浓度范围 [3]

VOCs	浓度范围/$\mu g \cdot m^{-3}$	VOCs	浓度范围/$\mu g \cdot m^{-3}$
脂肪烃		芳香烃	
环己烷	5～230	苯	10～500
甲基环戊烷	0.1～139	甲苯	50～2300
己烷	100～269	乙苯	5～380
庚烷	50～500	正丙基苯	1～6
辛烷	50～550	1，2，4-三甲基苯	10～400
壬烷	10～400	联苯	0.1～5
癸烷	10～1100	间/对二甲苯	25～300
十一烷	5～950		
十二烷	10～220	萜烃	
2-甲基戊烷	10～200	α-蒎烯	1～605
2-甲基己烷	5～278	莱烯	20～50
醇		卤代烃	
甲醇	0～280	三氯氟甲烷	1～230
乙醇	0～15	二氯甲烷	20～5000
2-丙醇	0～10	氯仿	10～50
		四氯化碳	200～1100
醛		1，1，1-三氯乙烷	10～8300
甲醛	0.02～1.5	三氯乙烯	1～50
乙醛	10～500	四氯乙烷	1～617
己醛	1～10	氯苯	1～500
酮		酯	
2-丙酮	5～50	乙酸乙酯	1～240
2-丁酮	10～600	正醋酸丁酯	2～12

室内空气中 VOCs 的主要来源是建筑材料、清洁剂、油漆、含水涂料、黏合剂、化妆品和洗涤剂等。此外吸烟和烹饪过程中也会产生 VOCs。1984 年世界卫生组织《就对室内空气污染物的关注所达成的共识》报告中列出了室内常见 VOCs，见表 13-2。

表 13-2 常见 VOCs 来源

污染物	来源
甲醛	杀虫剂、压板制成品、硬木地板、黏合剂、油漆、塑料、地毯、酸固化木涂层、木制壁板乙烯基（塑料）地砖、镶木地板
苯	烟草烟雾、溶剂、油漆、染色剂、清漆、图文传真机、接合化合物、乳胶嵌缝剂、木制壁板、地毯、污点/纺织品清洗剂、合成纤维
四氯化碳	溶剂、制冷剂、喷雾剂、灭火剂、油脂溶剂
三氯乙烯	溶剂、经干洗布料、软塑家具套、油墨、油漆、亮漆、清漆、黏合剂、图文传真机、电脑终端机及打印机、打字机改错液、油漆清除剂、污点清除剂

污染物	来源
四氯乙烯	经干洗布料、软塑家具套、污点/纺织品清洗剂、图文传真机、电脑终端及打印机
氯仿	溶剂、染料、除害剂、图文传真机、电脑终端机及打印机、软塑家具垫子、氯仿水
1,2-二氯苯	干洗附加剂、去油污剂、杀虫剂、地毯
1,3-二氯苯	杀虫剂
1,4-二氯苯	除臭剂、防霉剂、空气清新剂/除臭剂、抽水马桶及废物箱除臭剂、除虫丸及除虫片
乙苯	与苯乙烯相关的制成品、合成聚合物、溶剂、图文传真机、电脑终端机及打印机、聚氨酯、家具抛光剂、接合化合物、乳胶及非乳胶嵌缝化合物、地砖黏合剂、地毯黏合剂、亮漆硬木镶木地板
甲苯	溶剂、香水、染料、封边剂、模塑胶带、墙纸、接合化合物、嵌缝化合物、油漆、地毯、压木装饰、地毯黏合剂、油脂溶剂
二甲苯	溶剂、染料、杀虫剂、聚酯纤维、黏合剂、接合化合物、墙纸、嵌缝化合物、清漆、地毯、石膏板、油漆、地毯黏合剂

VOCs 对人体健康的危害主要包括五个方面：①嗅味不舒适；②感觉性刺激；③局部组织炎症反应（尚待进一步确定）；④过敏反应（尚待进一步确定）；⑤神经毒性作用（尚待进一步确定）。室内空气中的 VOCs 对人体健康的危害与 VOCs 浓度有关。表 13-3 给出了丹麦学者 Lars Molhave 等根据控制暴露人体实验的结果和各国的流行病学研究资料所得到的总 VOCs（TVOCs）浓度对人体影响的关系。

表 13-3 TVOCs 浓度对人体健康的影响[1]

TVOCs 浓度/mg·m^{-3}	对人体影响	暴露范围分类
0.2	无刺激和不适	舒适范围
0.2~3.0	其它暴露因素联合作用时可能出现刺激和不适	多因素暴露协同作用范围
3.0~25	出现刺激和不适；其它暴露因素联合作用时，可能头痛	不适范围
>25	除头痛外，可能出现其它神经毒性作用	中毒范围

由表 13-3 可见，TVOCs 浓度小于 0.2mg·m^{-3} 时不会引起刺激反应和不适；而大于 3mg·m^{-3} 时就会出现某些症状；3~25mg·m^{-3} 可导致头痛和其它弱神经毒性作用；大于 25mg·m^{-3} 时呈现毒性作用。

表 13-4 某些 VOCs 对人体健康的影响

VOCs	对健康的影响
苯	致癌、刺激呼吸系统
二甲苯	麻醉、刺激；影响心脏、肝脏、肾和神经系统
甲苯	麻醉、贫血
苯乙烯	麻醉、影响中枢神经系统、致癌
甲苯二异氰酸酯	过敏、致癌
三氯乙烯	致癌、影响中枢神经系统
乙苯	对眼睛、呼吸系统产生严重刺激；影响中枢神经系统

VOCs	对健康的影响
二氯甲烷	麻醉、影响中枢神经系统、致癌
1，4-二氯苯	麻醉、对眼睛和呼吸系统产生严重刺激、影响中枢神经系统
氯苯	刺激或抑制中枢神经系统、影响肝脏和肾脏功能、刺激眼睛和呼吸系统
丁酮	刺激或抑制中枢神经系统
汽油	刺激中枢神经系统、影响肝脏和肾功能

部分 VOCs 对人体健康的影响见表 13-4。表中所列的大部分 VOCs 都对中枢神经系统有麻醉作用，同时也刺激眼睛、皮肤和呼吸系统，引起全身无力、嗜睡、皮肤瘙痒等，有的还会引起内分泌失调。当浓度较高时，可损害肝脏和肾脏功能。在大量使用含有释放 VOCs 的产品（表 13-2）且室内通风条件差的情况下，轻者会感到头晕、头痛、咳嗽、恶心、呕吐，或有酩酊状；严重者会出现肝中毒、昏迷、甚至生命危险。近年研究表明，在已确认的900 多种室内污染物中，20 多种 VOCs 为致癌物或致突变物（所谓致突变物指的是促使细胞发生突变的物质，突变包括核糖核酸和染色体发生异常修复、增殖等特异性改变）。

VOCs 除对人体健康直接造成危害以外，还间接危害人类赖以生存的地球环境。如：在光线照射下，许多 VOCs 容易与一些氧化剂发生光化学反应，生成光化学烟雾；某些卤代烃可能导致臭氧层的破坏，如氯氟碳化物和氯氟烃。

鉴于 VOCs 污染的日益严重[4]和人们对其危害的逐渐认识，各国相继制定了一系列法规，要求削减 VOCs 的排放量。因此，开发不释放 VOCs 的替代产品和有效控制 VOCs 的技术已成为当务之急。

13.1.1.2　VOCs 控制技术

VOCs 一般采用两类控制方法：一类是化学方法，如燃烧和催化燃烧法，将 VOCs 转化成 CO_2 和 H_2O；另一类是物理方法，如活性炭吸附法、冷凝法、膜分离法等将 VOCs 回收。这几种控制方法的使用范围如图 13-1 所示。由图可见，这些传统 VOCs 控制技术不适合净化以低浓度 VOCs 为主要特征的室内空气。

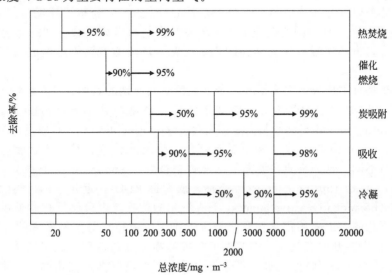

图 13-1　传统控制方法与 VOCs 浓度的关系[5]

光催化氧化法主要是利用催化剂（如 TiO_2）的光催化性能，氧化吸附在催化剂表面上的 VOCs，最终生成 CO_2 和 H_2O，从而将 VOCs 去除的方法。光催化氧化反应较为彻底，副产物少。其反应机理如下：当用光照射半导体光催化剂时，根据半导体的电子结构特点，当催化剂吸收一个能量大于或等于其带隙能（E_g）的光子时，电子会从充满的价带跃迁到空的导带，而在价带留下带正电的空穴（h^+）。光致空穴具有很强的氧化性，可夺取半导体颗粒表面吸附的有机物或溶剂中的电子，使原本不吸收光而无法被光子直接氧化的物质，通过光催化剂被活化氧化。光致电子具有很强的还原性，使得半导体表面的电子受体被还原。VOCs 光催化分解的速率主要受 VOCs 的吸附效率和光催化反应速率的影响，具有较高吸附效率的 VOCs 不一定有较快的光催化分解速率。常见的光催化剂主要是金属氧化物和金属硫化物，如 TiO_2、ZnO、Fe_2O_3、WO_3、ZnS、CdS 和 PbS 等。由于 TiO_2 有较高的化学稳定性和催化活性，且价廉无毒，所以它是目前最常用的光催化剂之一。

13.1.2　内分泌干扰物

环境激素（environmental hormone），又称环境内分泌干扰物（endocrine disrupting chemicals，EDCs），是指一类干扰生物体的正常行为及与生殖、发育相关的正常激素的合成、储存、分泌、体内运输、结合及清除等过程相关的外源性化合物。因此，它是存在于环境中的类激素物质，与存在于人类、动物体内的激素有相似的分子结构，一旦进入人或动物体内，就会与相关变体结合，产生一系列生物反应，诱使人体组织和内脏器官发生不同程度的病变。早在 20 世纪 30 年代，英日已合成出化学雌激素——己烯雌酚，随着工农业生产和科学技术的发展，大量的新的环境激素类物质被合成，并广泛应用于塑料、医药、农药、工业和日常生活用品中。尽管在 20 世纪 70 年代，人们已相继发现一些农药对人类及野生动物的内分泌系统、免疫系统、神经系统和自然生态环境带来了严重不良后果，但是直到 20 世纪 90 年代，环境激素的内分泌干扰效应及对人类的危害，才引起学术界和有关国际组织的极大关注，也引起世界各国政府的高度重视。世界卫生组织、经合组织（OECD）、国际纯化学与应用化学会（IUPAC）、野生动物基金会、联合国协同化学品安全国际规划署（IPCS）以及欧美各国、日本等相继开展了这方面的工作。如美国要求筛选具有雌激素活性或能阻碍雌激素活性的化学物质，英国环境署也将对环境激素类物质的生产和排放加以控制，并且确认此类研究为优先领域。日本环境厅也于 1998 年公布了环境荷尔蒙战略计划。1991 年以来，英、美、日等国均召开了有关环境激素的科学研讨会，1998 年欧洲环境毒理和化学学会年会，将环境激素作为大会的重要主题。环境激素污染迅速成为国际研究的新热点。

环境荷尔蒙是日本横滨市立大学井口泰泉教授等人所创的名词，日文名称为"环境ホルモン"。这类化学物质在国际学术界还有如下称呼：环境内分泌干扰物质（environmental endocrine disrupting chemicals）、内分泌干扰素（endocrine disruptor）以及内分泌干扰物质（endocrine disrupting chemicals）、第三类损害物、环境雌性素、环境干扰物等，依习惯与操作定义而有所不同。这类物质在英文早期文献中被称为 endocrine disruptor，但现今英语国家多以 endocrine disrupting chemicals 统称，或简称 EDCs。近几年，在美国学术界又有荷尔蒙活性物（hormonally active agents，HAAs）的称呼。内分泌干扰物质的范围亦包括部分实验室所刻意制造出来的化学物质或是医学界用以模拟代替生物激素的合成物（20 世纪 50 年代以后医学界开始有越来越多的人工合成药物可以仿造天然激素的功能，如口服避孕药），动物体激素（如畜牧业与水产养殖业为了大幅增高产量所使用的雌激素和生长素），植物型雌性激素（如大豆异黄酮或黄酮类化合物），农药（如 DDT）以及化工制品（如人造树脂、合成树脂、界面活性剂、塑料原料）等化学物质。

13.1.2.1 内分泌干扰物的来源及危害

最初的环境激素物质是人工合成的作为医药品用的雌性激素，随后在工业生产中也得到广泛应用。伴随工业生产的发展，新的环境激素物质不断合成。它在给人类带来便利的同时，也出现了意想不到的负面影响。已知和怀疑是环境激素的主要是人工环境激素类污染物，包括若干新方法研究合成的化学物质，如邻苯二甲酸酯类，全世界年生产量达数百万吨。它在工业上被大量用作塑料改性剂以增大塑料的可塑性和提高塑料的强度，少量用于农药、涂料、香料和化妆品的生产。随着塑料制品的广泛应用，这类污染物已大量进入环境。再如双酚A，作为一种重要的工业原料，是生产环氧树脂、聚碳酸酯和抗腐蚀的不饱和聚苯乙烯树脂的重要原料，这些树脂被大量用作塑料制品如婴儿奶瓶、微波炉饭盒及其它许多食品饮料的包装材料。有资料表明，在生产聚碳酸酯过程中，聚合反应并不完全，以致很大比例的未反应物从这些塑料制品中释放出来。并且以双酚A为原料制成的树脂用作牙齿填充物和包装剂时，双酚A也可从治疗后的牙齿渗漏到唾液内，从而进入人体。另外，在用聚碳酸酯作为衬漆的灌装食物中也检测出了双酚A。由此可见，环境激素的污染几乎无处不在。

环境激素类污染物主要存在于空气、水、食品和土壤中。空气中的环境激素主要有三个来源：① 焚烧垃圾，如燃烧氯乙烯；② 生产过程中的某些泄漏，如某些加工作业过程中的一些化学药品；③ 建筑材料、家具和日用品的挥发物，如墙纸、天花板材料、乙烯基地板材料、洗衣机、除尘器软管、玩具和包装用品等。水中的环境激素主要来自于工厂排放的工业废水、生活污水以及雨水。食品中的环境激素主要来自于农作物种植管理和生产中使用的农药、食品添加剂、保鲜剂、防腐剂、着色剂和其它一些化学物质，其中大部分来源于杀虫剂、除草剂，还有一部分来源于日常生活中使用的塑料制品，如塑料袋、餐具、奶瓶和塑料盆等，这些塑料用具在使用过程中会有激素类有机物质析出而渗入食物中被食用。土壤中的环境激素物质主要来源于工农业活动和人类其它社会活动。另外，医疗及医药品接触也是环境激素类物质侵入人体的一个重要途径。

环境荷尔蒙即环境激素（environmental endocrine）可模拟生物体内的天然荷尔蒙，与荷尔蒙的受体结合，影响身体内荷尔蒙的平衡，使身体产生过度反应；或直接刺激，导致内分泌系统失调，进而阻碍生殖、发育等功能，甚至有引发恶性肿瘤及生物绝种的危险。例如自20世纪70年代以来加拿大和美国的男婴出生率都有明显的下降，科学家认为这可能是杀虫剂等污染物干扰了人类生殖激素的结果。除此之外，男性精子数锐减以及动物雌性化现象的加重都与水体中天然或人工合成雌激素增加相关。这些问题的出现都严重影响到动物界甚至人类的繁衍，被认为是继臭氧层破坏和地球气候变暖之后的第三大环境问题。

13.1.2.2 内分泌干扰物的光催化降解

虽然内分泌干扰素在环境中的含量并不高，但是这些微污染对环境的危害不仅与其含量有关，而且依赖于其它一些因素，例如其在环境中的持久性、生物累积效应、暴露时间以及生物转化和去除机制。某些物质经由环境中的生物转化而产生的代谢产物或副产物甚至表现出比原始物质更大的毒性。在污水处理后的废水中，EDCs的通常浓度可以达到 $1.0ng \cdot L^{-1} \sim 1.0 \mu g \cdot L^{-1}$，这是因为污水的不完全处理造成的。

处理水溶液中有机污染物的技术有很多种，并通常利用多种技术综合进行。根据目标污染物的不同，可以选择不同的污染物去除方法有效除去水中的污染物质，例如：化学氧化、焚烧和降解。而对于非破坏性的方法，如液体的萃取、吸附和膜处理，则需要进行再生工艺。因此必须根据水中污染物的浓度及种类来选择使用何种处理技术。从根本上来说，这些方法的选择依赖于工艺的成本及其它一些因素，例如污染物的含量以及所需处理水体的体积等。对于传统的污水处理方法，很难完全并高效地去除这些微污染物，因此探讨高效、彻底去除 EDCs 污染物的技术具有重要的意义[6~8]。

13.1.3 持久性有机污染物（POPs）

13.1.3.1 有毒生物难降解有机污染物（PTS）

有毒生物难降解有机污染物（persistent toxic substances，PTS）是指一类在自然环境下不易降解的有机化合物。联合国欧洲经济委员会（UN-ECE）将其定义为是一类具有毒性易于在生物体内富集，在环境中能够持久存在，且能通过大气流动在环境中进行长距离迁移，对人类健康和环境造成严重影响的有机化学污染物质[9]。

PTS 大多是含有两个或两个以上的苯环，且苯环上一般都有多个氯取代的芳香族化合物。如图 13-2 列举的四种典型 PTS 污染物。其具有生物毒性及生物难降解特性。如在空气中，六氯化苯（γ-HCH）的半衰期就为 2.2~2.3 年[10]。另外 PTS 易于在环境中累积，由于其具有亲脂疏水特性，可以通过食物链在人体和动物体组织中通过迁移吸收而产生生物累积，具有对免疫系统、内分泌系统、生殖和发育系统等毒性效应（见表 13-5）。PTS 可以通过吸附在大气中的颗粒物上而波及整个大气环境。由于其在环境中难以降解且会随大气全球迁移，对它的研究就显得很重要。

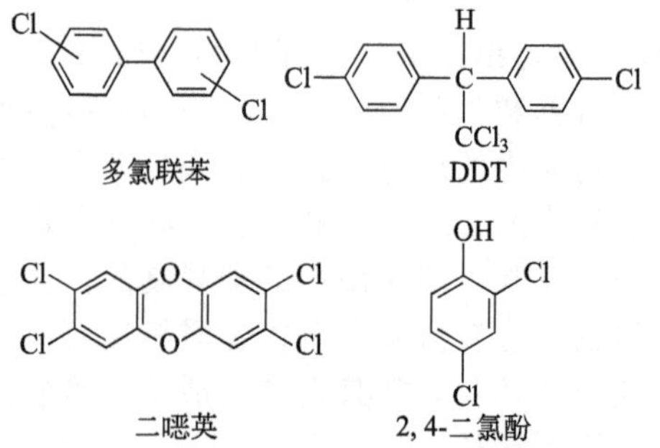

多氯联苯　　DDT　　二噁英　　2,4-二氯酚

图 13-2 几种典型的有毒生物难降解有机污染物

表 13-5 有毒生物难降解有机污染物的危害[11]

难降解有机化合物	危害
多环芳烃类化合物	致癌性强
杂环类化合物	生物富集，且具突变、致癌作用
有机氰化物	剧毒物质
合成洗涤剂	影响生物处理效果且多环芳烃具有增溶作用
多氯联苯	通过食物链进入人体，对人体产生急性中毒和致癌作用
增塑剂	对人体中枢神经具有抑制作用
合成农药	对人体具有毒性及致癌作用
合成染料	有毒性且致癌

从 Fujishima 和 Honda[12]发现半导体金属氧化物 TiO_2 光解水以来，依据光激发半导体产生电荷分离原理分解和矿化 PTS 得到了广泛的研究，有望发展成为直接利用空气中氧和太阳能降解 PTS 的绿色氧化技术[13]。TiO_2 对苯系化合物普遍具有氧化能力[14]。TiO_2 吸收波长为 387nm 的紫外光后，由于电子的跃迁产生电子-空穴对，诱发产生氧化活性基团，电子被激发到导带，产生高活性电子，而在价带上留下空穴，从而形成氧化还原对，其与水以

及溶解氧发生一系列的氧化还原反应，产生高活性的氧化物种，将 PTS 氧化降解。但由于 387nm 的光属于紫外光，而太阳光中的紫外光仅占 3%～5%，因而一定程度上限制了 TiO_2 光催化剂的应用。目前，研究人员感兴趣的是如何在 TiO_2 里掺杂某些金属或非金属，或是通过催化剂的表面负载使 TiO_2 的吸收波长移至可见光区，其相关研究已经取得了一定的进展[15]。在国内，赵进才等[16]在这一方面做了大量的研究工作，利用染料敏化将有机污染物分解为一些小分子化合物甚至矿化，已经成功在可见光下降解了罗丹明 B、曙红等。李芳柏等[17]利用溶胶-凝胶法制备的 Tb_2O_3/TiO_2 复合纳米粒子作为光催化剂成功降解亚甲基蓝等有机染料。

13.1.3.2 杀虫剂

20 世纪 50 年代至 60 年代，由于稳定的化学合成农药推向市场，人们一度对害虫防治的前景表示出非常乐观的态度。然而，随着使用化学农药后一些副作用的出现，人们又提出了许多批评。诚然，使用了半个多世纪的化学杀虫剂如有机氯类、有机磷酸酯类、氨基甲酸酯类及 70 年代后大量应用的拟除虫菊酯类等，在卫生害虫及农业害虫的防治中立下了不可磨灭的功劳，但有机氯类、有机磷酸酯类及氨基甲酸酯类部分品种对高等动物的高毒性，以及害虫对拟除虫菊酯类易产生的抗药性，都对这些传统农药的环境残留标准提出了更加严格的要求。除传统农药外，近年来一些新颖的杀虫剂逐渐趋于成熟并陆续用于生产实践，如氯化烟酰类、吡啶类、吡咯类、苯甲酰苯脲类。

杀虫剂（pesticide）是主要用于防治农业害虫和城市卫生害虫的药品。杀虫剂令农业产量大增，但是，几乎所有的杀虫剂都会严重破坏生态系统，危害人体健康。杀虫剂残留的研究主要集中在微生物降解和光催化降解两方面，微生物降解存在运行不稳定、容易产生二次污染等问题；而光催化技术以其节能、高效、易操作、污染物降解彻底、无选择性、无二次污染等优点，成为目前最具应用前景的环境治理方法之一，引起了国内外学者的普遍关注。其对有机磷类杀虫剂、拟除虫菊酯类杀虫剂、氨基甲酸酯类杀虫剂等各类杀虫剂均有良好的降解效果。

陈士夫等[18]采用 375W 中压汞灯对有机磷含量为 19.8mg·L^{-1} 的农药废水进行降解，4h 后 COD 去除率为 90%，无机磷回收率为 99.8%，有机磷农药几乎完全降解为 PO_4^{3-}；采用 TiO_2 薄层太阳光降解有机磷农药，4h 后可将 $65\mu mol·L^{-1}$ 久效磷、甲拌磷完全降解至 PO_4^{3-}；采用 TiO_2/玻璃珠降解磷酸酯类农药，在 375W 中压汞灯照射 1.5h 后，$400\mu mol·L^{-1}$ 敌敌畏、久效磷的残留量均小于 10%，3.5h 后则完全降解。

此外，陈建秋等[19]研究纳米 TiO_2 光催化降解乐果溶液，结果表明，TiO_2 最佳投加量为 0.6g·L^{-1}，光催化降解率随乐果溶液初始浓度增加而降低，当乐果初始浓度为 $39\mu mol·L^{-1}$ 时，500W 紫外灯照射 60min 后降解率为 83%，当初始浓度为 $196\mu mol·L^{-1}$ 时，500W 紫外灯照射 160min 后降解率高达 99.4%。

徐悦华等[20]研究表明，当甲胺磷浓度为 $100\mu mol·L^{-1}$，TiO_2 用量为 0.4g·L^{-1} 时，光照 2h 后甲胺磷降解率为 77.5%，模拟有机磷农药废水的降解浓度为 $100\mu mol·L^{-1}$ 甲胺磷和水胺硫磷，光照 2h 后降解率分别为 80% 和 60%。

13.1.3.3 酚类

酚类是常见的有机污染物，也是最难降解的污染物之一。苯酚比卤代酚和多酚更难以光降解，而且不会产生链式反应，所以选择苯酚作为模型化合物进行光催化过程的研究。在有机物光催化机理的研究中，氧化反应既可以通过表面键合羟基进行间接氧化，又可经价带空穴进行直接氧化。在苯酚的光催化降解反应中，有多种中间产物，这些中间产物的质量分数变化和稳定性是光催化降解机理研究的重要课题之一。图 13-3 列出苯酚在羟基自由基（·OH），过氧化羟基自由基（HO_2·）以及空穴（h^+）攻击下的反应机理和可能的中间产物。

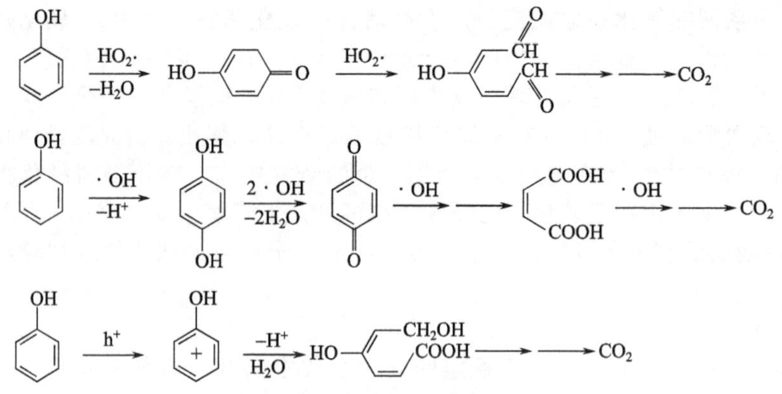

图 13-3　苯酚光催化降解机理

13.1.3.4　多环芳烃

多环芳烃（polycyclic aromatic hydrocarbons，PAHs）是最早发现和研究的，也是数量最多的一类环境致癌物质。在 1000 多种致癌物质中，PAHs 占 1/3 以上。虽然 PAHs 的产生量与常规污染物相比相对较少，但由于它们具有强烈致癌、致畸、致突变（简称三致）作用，并具有生物累积性，因此受到人们的广泛关注。多环芳烃广泛存在于大气中，是石油、煤等燃料及木材、可燃气体在不完全燃烧或在高温处理条件下所产生的。柴油机和汽油机的排气中，煤气厂和沥青加工厂等所排出的废气中，都含有 PAHs。机动车废气是 PAHs 的另一个主要排放源。初步统计，全世界的汽车每年大约要排出 4000 万吨碳氢化合物，其中伴随着大量的 PAHs。此外，PAHs 也是重要的室内污染物。多环芳烃具有一定的反应活性，可与大气环境中的臭氧和氮氧化合物等分子或自由基发生化学反应，生成致癌活性或诱变性更强的大气污染物。这些污染物又通过干、湿清除过程沉降到地面，并在土壤中累积，对地表生态系统产生危害[21]。

陆伟等人[22]研究发现，在水相中，纳米二氧化钛粉体在高压汞灯光照时可使不溶于水的菲迅速降解，降解途径如图 13-4 所示。菲的降解过程中产生的中间产物有辛酸 3-烯丙基-2-甲氧基苯酚、2，6-二异丁基-4-甲基苯酚、邻苯二甲酸二-2-甲基丙基酯、邻苯二甲酸二-2-乙基己基酯、邻苯二甲酸丁基-2-甲基丙基酯、十八醇、十七（烷）醇和 2，2'-联苯二甲醛等。活性基团不仅与反应物菲发生反应，同时与中间产物发生作用，生成了许多与菲结构相差较大的产物，最终菲被完全矿化，最终污染物得到降解。

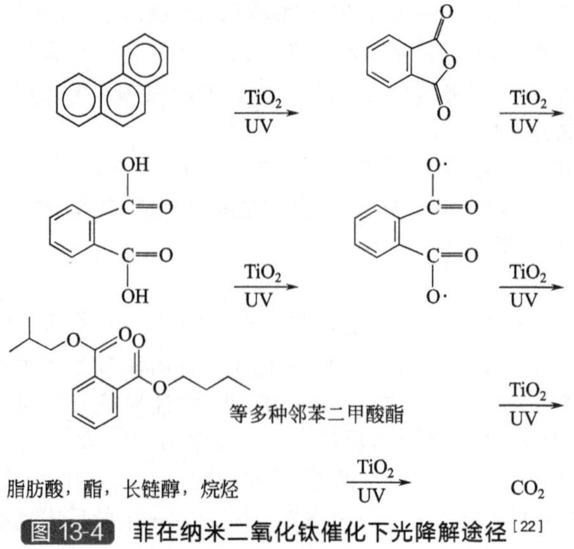

图 13-4　菲在纳米二氧化钛催化下光降解途径[22]

13.1.3.5 抗生素类药物

在环境水体中存在大量作用于不同器官的抗生素药物。该类药物在环境水体中难以被微生物降解，属于持久性污染物，其伴随着环境水体迁移和转化。光催化技术由于其高效、低毒、无选择性等优点，被运用到抗生素的降解中来。然而 Addamo 等[23]研究发现，直接光解对四环素的降解和矿化作用不大，而 Di Paola 等[24]则报道了四环素的光催化降解，研究发现光催化产生的羟基自由基和四环素反应符合准一级动力学。反应 2h 后四环素能完全降解反应 6h TOC 的转化率可以达到 90％以上。Chatzitakis 等[25]则对氯霉素的光催化降解研究进行了报道，光照 4h 氯霉素能完全脱氯，氯霉素的光催化降解同样符合准一级动力学。Addamo 等则报道了林可霉素的光催化降解也符合准一级动力学。而且比较了光催化剂 P25 TiO₂ 和介孔二氧化钛对林可霉素的降解效率，研究发现两种催化剂对其具有相似的降解效果，反应 2h 均能够完全降解林可霉素。An 等[26]则通过运用高能电子束脉冲辐射技术，模拟了光催化过程中产生的多种自由基和环丙沙星的反应动力学常数，并运用 Gaussian 函数对环丙沙星光催化降解过程机理进行了研究，研究发现光生空穴和羟基自由基是其光催化降解的主要途径。而 Boreen 等[27]则报道了磺胺类抗生素和羟基自由基反应符合二级动力学，这是由以激光为光源造成的。利用芬顿试剂产生的羟基自由基和磺胺类药物反应得到其绝对速率常数，结果发现除了在弱酸条件下不稳定的磺胺噁唑外，磺胺噻唑和羟基自由基反应的速率最高，为 $7.1 \times 10^9 \, mol^{-1} \cdot s^{-1}$；而磺胺嘧啶的反应速率最低，为 $3.7 \times 10^9 \, mol^{-1} \cdot s^{-1}$；同时还指出磺胺类药物的降解速率与其所含杂环的类型具有非常重要的关系。

与前面单一抗生素的光催化研究不同，Andreozzi 等[28]则报道了左氧氟沙星和磺胺甲噁唑等六种环境药物的混合物在不同深度氧化技术下的降解效果。与臭氧和 H_2O_2/UV 两种深度氧化技术相比，TiO_2 光催化技术对这些环境药物的毒性去除效率相对较低。在紫外光照射下，臭氧能在 2min 内将混合物的毒性完全去除，H_2O_2 的效果次之，需要 5min 才能将混合物的毒性完全去除，TiO_2 光催化效果最差，其悬浊液在 48h 内仅能去除混合物毒性的 9％，而在相同条件下，TiO_2 镀膜则基本不能去除混合物的毒性。

由图 13-5 可以看出，磺胺类药物有两种降解途径。一种是羟基自由基进攻该化合物形成羟基化产物。另一种则是电子进攻该化合物，使其分子中的 N-S 键的断裂，然后再进一步矿化，最终变成 CO_2 和 H_2O。而随后 Yang 等则对磺胺氯哒嗪、磺胺吡啶、磺胺异噁唑等药物的光催化降解动力学和机理的研究进行了补充，同样也得出了磺胺药物降解的一般规律。而 Abellan 等则在此基础上详细地研究了以紫外光为光源光催化降解磺胺甲基异噁唑的反应机理，运用 LC/MS 对降解的中间产物进行了检测，试验发现磺胺甲基异噁唑的光催化降解以羟基自由基对该物质的攻击为其降解的主要途径。同时指出了噁唑环的开环降解途径，并发现了两分子磺胺甲基异噁唑聚合等含 N 中间体的生成，提出了磺胺甲基异噁唑的可能降解途径。

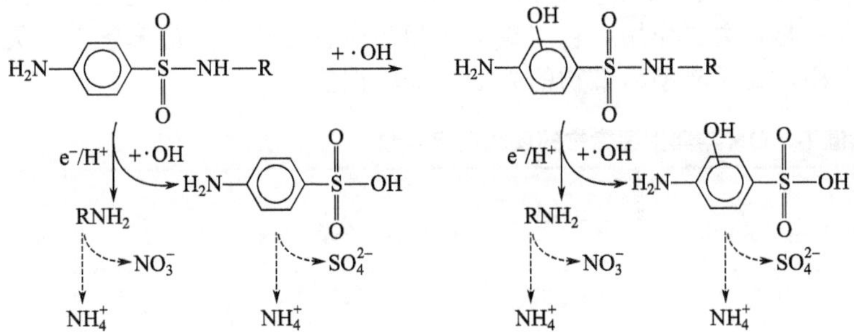

图 13-5 磺胺类药物深度氧化的途径[29]

13.2　光催化在空气净化方面的应用

有害空气污染物即使在低浓度下也能危害人体健康，因此其受到越来越多的关注。这些有害空气污染物常常涉及挥发性有机化合物（volatile organic compounds，VOCs），氮氧化物（NO_x）和悬浮颗粒物（suspended particulate matter，SPM）。处理处置这些空气污染物包括污染源的逸出控制和污染后的环境净化控制，技术途径见图13-6。图13-7为光催化空气净化器内部结构示意图[30]。

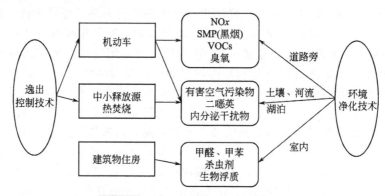

图 13-6　处理空气污染物的技术途径

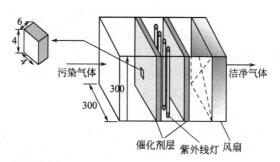

图 13-7　光催化空气净化器内部结构示意图[30]

TiO_2 由于其光生载流子的强氧化能力而被认为是目前处理空气污染物最有潜力的光催化剂。当使用波长小于400nm的光辐照 TiO_2 表面时，TiO_2 会被激发，产生光生电子和空穴。光生电子和空穴与空气中的 O_2、H_2O 或 TiO_2 表面的晶格 O、OH^- 基团反应，产生活性物质如 $\cdot OH$、O^-、O_3^-、O_2^- 等。这些活性物质能氧化空气中的有害有机物为 CO_2 和卤化氢（卤代有机物），氧化 NO_x 和 SO_2 为 HNO_3 和 H_2SO_4。在这些活性物质中，$\cdot OH$ 在气相化学反应中起着主要作用，它与典型气相污染物的化学反应速率常数见表13-6。反应速率常数能用来评估其对典型污染物的光催化降解性能。

表 13-6　常温下 $\cdot OH$ 与典型污染物的反应速率常数

污染物	k /$10^{-13}\,cm^3\cdot mol^{-1}\cdot s^{-1}$	污染物	k /$10^{-13}\,cm^3\cdot mol^{-1}\cdot s^{-1}$	污染物	k /$10^{-13}\,cm^3\cdot mol^{-1}\cdot s^{-1}$
CO	1.3	CH_3OH	7.9	$t\text{-}2\text{-}C_4H_8$	700
NO_2	670	C_2H_5OH	1.6	CH_3CCl_3	0.1

污染物	k /10^{-13} cm^3·mol^{-1}·s^{-1}	污染物	k /10^{-13} cm^3·mol^{-1}·s^{-1}	污染物	k /10^{-13} cm^3·mol^{-1}·s^{-1}
NH$_3$	1.6	CH$_3$COOH	8.0	CHCl=CCl$_2$	21
SO$_2$	20	CH$_4$	0.06	CCl$_2$=CCl$_2$	1.7
CH$_3$SH	330	C$_2$H$_6$	2.5	C$_6$H$_6$	10
H$_2$S	48	C$_3$H$_8$	11	甲苯	61
HCHO	92	C$_2$H$_4$	90	二甲苯	240
CH$_3$CHO	200	C$_3$H$_6$	300	C$_6$H$_5$Cl	6

有研究者建议将光催化大气净化材料应用于建筑物外墙表层，可实现大气净化与建材功能一体化，具有广阔的应用前景。TiO$_2$ 在光催化过程中所产生的羟基自由基会先破坏有机气体分子的化学键，使有机气体成为简单气体分子，加快其分解，并能将空气中的甲醛、苯等各种有机物、氮氧化物、硫氧化物以及氨等氧化。尤其是在解决大气环境恶化、新型建筑材料及家具中的化学物质对室内环境的影响、汽车尾气产生的大气污染等问题时，受到了人们的广泛关注。另外，TiO$_2$ 比臭氧负离子有更强的氧化能力，比活性炭、有更强的吸附力，亦具有活性炭所没有的分解功效（杀菌）。根据欧美国家权威实验室测试，1m^2 的 TiO$_2$ 与 1m^2 的高效能纤维活性炭相比，TiO$_2$ 的脱臭能力为高效能纤维活性炭的 150 倍，相当于 500 个活性炭除臭剂。日本已在高速公路两侧、隧道内设置了涂敷纳米 TiO$_2$ 的光催化板，通过有效除去氮氧化物来防治汽车尾气。日本三重县府津市中央火车站前的 UST TSU 建筑外墙贴着光催化瓷砖，这种瓷砖不易沾灰尘和煤烟，降低了清洁建筑物和瓷砖修缮成本。其还可以净化空气，如净化会导致哮喘的氮氧化合物等。UST TSU 建筑上的这些瓷砖总面积约为 7700 m^2，其空气净化效果据称相当于一个 200 棵杨树的林带。

居室中有机气体污染物主要来自于装饰涂料和家具油漆等，主要污染物为甲醛等小分子烃类化合物。室内这些有毒物质浓度过高会引起一系列疾病。现在市场上已经出现种类繁多的空气净化器，各种净化器的净化原理不同，其中利用光催化剂在紫外灯照射下催化降解有机物的效果最好。

13.2.1 甲醛净化

哈尔滨工业大学李玉华等[31]使用二氧化钛光催化氧化技术处理低浓度甲醛的效率可高达 99%。上海交大杨莉萍等[32]使用真空紫外-光催化（VUV-TiO$_2$/UV）技术降解典型浓度的甲醛，获得了复合效应。鹿院卫、李文彩等[33,34]，对于光催化氧化降解甲醛研究较多，通过动态实验台研究了反应物流速及湿度对甲醛降解的影响。为了提高室内污染物低浓度条件下的催化反应速率，将光催化技术与活性炭吸附技术相结合，利用活性炭的吸附功能可以提高室内污染物光催化反应速率[35]。

钱星等[36]发现以泡沫镍网作为载体，活性炭和纳米掺锑氧化锡（ATO）的加入能明显提高 TiO$_2$ 光催化剂光催化降解甲醛的速率。耿世彬等[37]考察了 TiO$_2$ 质量分数和外界条件（温度、相对湿度和气流速度）对光催化性能的影响并通过实验证明了纳米光催化材料比单纯的活性碳纤维对甲醛的消除性能有一定程度的提高。四川大学侯一宁等[38]使用二氧化钛-活性碳纤维混合材料来净化室内甲醛，发现二者质量比为 1∶0.5 时去除效果最好。孙如宝等模拟了房间情况，比较了活性碳纤维（ACF）、TiO$_2$、UV 单独使用和联合使用的情况，确认了联合使用的优势。申柞飞等对纳米 TiO$_2$ 与 ACF 相互作用增强净化效果进行了理论分析，分析了 TiO_2 表面羟基含量、晶相组成、薄膜的厚度等因素对净化性能的影响。

对于光催化材料应用于内墙涂料进而净化室内空气的研究也多有开展。王晓强等[39]使用不同的纳米 $TiO_{2-x}N_x$ 对于甲醛的分解率都在 80% 以上。肖劲松等[40]研究发现，采用涂有纳米 TiO_2 涂料的玻璃板并将其暴露在紫外光中，对甲醛、NO_2 都有明显的降解效果。国外也有类似研究，据报道[41]，德国 Sto 公司已经开发了能净化室内空气的可见光催化生态漆。

13.2.2 甲苯净化

刘洋、尚静等[42,43]分别以苯、甲苯为目标污染物，研究了污染物初始浓度、氧气、催化剂的用量以及光源强度和波长对光催化效率的影响，确认了氧气的作用。清华大学张彭义等[44]研究了较低浓度的甲苯在较短停留时间（$17\sim83s$）的光催化降解，考察了甲苯初始浓度、停留时间、湿度、光源和催化剂载体等因素的影响。彭丽等[45]证明了掺铁 TiO_2 薄膜催化剂对苯的降解效果优于未掺杂的 TiO_2 薄膜。张前程等[46]在金属网上制备碳化物载体，负载 TiO_2 烧结成规整型催化剂，此催化剂对气相浓度为 $300mg \cdot L^{-1}$ 的苯降解率可达 93% 以上。王贤亲等[47]对影响苯系物降解的主要因素做了详细论述，总结得较为全面。

13.3 光催化在水净化方面的应用

人类的工业生产每年都随水体排出大量的环境污染物，严重影响了人类赖以生存的环境，因此废水处理已成为近年来人们关注的焦点问题。光催化氧化技术作为一种节能、无二次污染的高级氧化技术，能将大多数有机氯化物及多种杀虫剂、表面活性剂、染料等降解为 CO_2 和 H_2O 等无毒产物[23,24]。通过对纳米材料进行表面改性，可改善纳米微粒在水中的分散性，有效抑制光激发产生的电子和空穴的复合，大大提高其光催化活性。对表面活性剂、染料废水和农药废水的光催化降解研究是目前国内外的研究热点。

13.3.1 表面活性剂

Zhang 等[48]研究了 TiO_2 悬浊液和 TiO_2 薄膜电极光催化降解不同浓度的十二烷基苯磺酸钠溶液的效果。其结果表明，光催化降解十二烷基苯磺酸钠的最终产物为 CO_2、SO_4^{2-}、H_2O 等。降解机理如下：

$$TiO_2 + h\gamma \longrightarrow e^- + h^+ \tag{13-1}$$

$$OH^- + h^+ \longrightarrow \cdot OH \tag{13-2}$$

$$H_2O + h^+ \longrightarrow \cdot OH + H^+ \tag{13-3}$$

Iliev 等[49]在 TiO_2 悬浊液中研究了 $0.1mmol \cdot L^{-1}$ 的草酸的光催化氧化过程，其结果表明，在 $\cdot OH$ 及 $HOO\cdot$ 进攻有机物后，可将有机物分解为羟基取代物或过氧化物，进一步被光催化氧化生成醛后，可被氧化为有机酸，最终以 CO_2 和 H_2O 的形式被释放出。

13.3.2 染料废水

含氮染料化合物的光催化降解过程，因其结构氮的降解过程不同而不同[50]。非偶氮结构的氮元素将生成 NH_3，然后继续氧化成 NH_4^+。偶氮结构是存在于化合物内的发光基团，易吸收紫外光。在光的激发下，首先产生电子跃迁，生成激发态电子，从而活化分子的局部结构，使与偶氮相连的碳原子变得不稳定，促进 N—C 键首先开裂，生成 N_2。Satoshi 等[51] 利用纳米 TiO_2 光催化降解溶液中的纺织染料碱性红 18，处理后的废水基本无色，COD 也大幅度降低。Eftaxias 等[52] 将 TiO_2 粉末附着在海砂和玻璃表面对质量浓度为 $10mg \cdot L^{-1}$ 的石碳酸进行光解。其研究结果表明：石碳酸被显著光催化降解，且其反应符合一级动力学反应方程；而附着态 TiO_2 重复使用 15 次（每次 8h）后其催化能力降低 17.9%。申森等[53] 以紫外灯为光源，研究了 TiO_2 光催化降解罗丹明 6G 的反应，最终光催化降解产物主要是 CO_2、NO_3^- 和 H_2O。郑琦等利用自制的纳米 TiO_2 溶胶在日光下对亚甲基蓝进行光催化降解，结果表明：在亚甲基蓝浓度为 $4 \times 10^{-3} mol \cdot L^{-1}$、$TiO_2$ 用量为 $5.0 \times 10^{-2} g \cdot L^{-1}$、加入质量分数为 3% 的 H_2O_2 1mL、日光照射 30min 的条件下，其降解率可达到 80% 以上。

Hashimoto 等人[54] 在 2000 年提出 TiO_2 在 UV 照射下，产生光生电子与空穴。在氧气存在的情况下，电子与氧气反应生成超氧自由基（O_2^-），空穴与吸附在表面的 OH 或 H_2O 反应，生成羟基自由基（·OH），TiO_2 导带和价带上的反应机理见图 13-8，降解有机物的过程见以下公式。从公式 ⓐ 可以看出，羟基自由基可以通过两步反应将氮氧化物氧化成硝酸盐。从公式 ⓑ 表明超氧自由基可以将吸附在催化剂表面的氮氧化物氧化成硝酸盐，加速氮氧化物的降解。表面氢氧根离子与三分子 NO_2 反应，生成两分子硝酸盐和一分子 NO，NO 可以通过式 ⓐ 或式 ⓑ 过程除去，从而提高了反应效率。氮氧化物的降解全过程如图 13-9 所示，可以看出 TiO_2 能有效地将氮氧化物转化成硝酸盐。

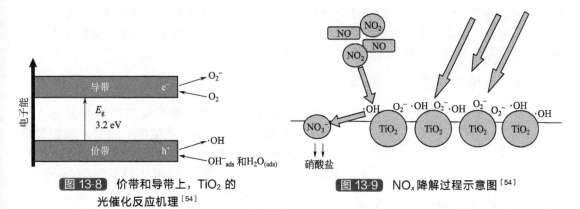

图 13-8　价带和导带上，TiO_2 的光催化反应机理[54]

图 13-9　NO_x 降解过程示意图[54]

① 光催化：

$$TiO_2 + h\nu \longrightarrow TiO_2^* (h_{vb}^+ + e_{cb}^-) \text{光生载流子产生} \tag{13-5}$$

$$OH_{(ads)}^- + h_{vb}^+ \longrightarrow \cdot OH_{(ads)} \text{空穴捕获} \tag{13-6}$$

$$O_{2(ads)} + e_{cb}^- \longrightarrow O_{2(ads)}^- \text{电子捕获} \tag{13-7}$$

ⓐ 羟基自由基的氧化：

$$NO_{(g)} + 2 \cdot OH_{(ads)} \longrightarrow NO_{2(ads)} + H_2O_{(ads)} \tag{13-8}$$

或

$$NO_{2(ads \cdot g)} + \cdot OH_{(ads)} \longrightarrow NO_{3(ads)}^- + H_{(ads)}^+ \tag{13-9}$$

ⓑ "活性氧"的氧化：

$$NO_{x(ads)} \xrightarrow{O_{2(ads)}^{-}} NO_{3(ads)}^{-} \tag{13-10}$$

②c Ti-OH 反应

$$3NO_2 + 2OH^- \longrightarrow 2NO_3^- + NO + H_2O \tag{13-11}$$

③ [HNO₃] 混合物的去除：

$$[HNO_3]_{(ads\ on\ block)} \longrightarrow HNO_{3(aq)} \tag{13-12}$$

13.3.3 农药废水

由于农药在大气、土壤和水体中停留时间较长，且难以分解和去除而备受关注。Burrows 等[55]总结了直接光解法、光敏化降解法、光催化降解法和羟基自由基降解法的反应机理以及各种方法在降解包括氨基甲酸酯、氯酚、有机磷等不同种类农药中的应用。认为光催化法和光敏化法的降解效果最好，可在农药的降解和去除中发挥较大作用。在农药的光催化降解中，初始物质的去除十分迅速，但并非所有污染物最终都能达到完全矿化。在光催化剂投加质量浓度为 $5g \cdot L^{-1}$，溶液 pH=9.0，加入 $8.0mmol \cdot L^{-1}$ H_2O_2，光源高度为 20cm 的条件下，浓度为 $1.2 \times 10^{-2} mol \cdot L^{-1}$ 的农药敌敌畏和对硫磷完全降解所需时间分别为 90min、120min，对硫磷中的含磷基团可被光催化氧化为 PO_4^{3-}。

13.4 光催化降解复合技术

13.4.1 光催化降解净化

对水体有机污染物的光催化降解研究较为深入。根据已有的研究工作，发现卤代脂肪烃、卤代芳烃、有机酸类、硝基芳烃、取代苯胺、多环芳烃、杂环化合物、烃类、酚类、染料、表面活性剂、农药等都能被光催化剂有效降解，最终生成无机小分子物质，消除其对环境的污染以及对人体健康的危害。对于废水中浓度高达每升几千毫克的有机污染物体系，光催化降解均能有效地将污染物降解去除，达到规定的环境标准。

13.4.2 光电协同催化降解净化

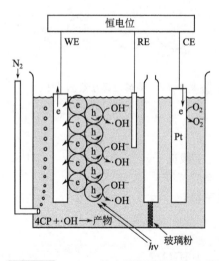

图 13-10　4-CP 的光催化降解的电化学电池示意图[57]

近年来有研究者采用电化学辅助的光催化方法（或称光电催化方法）阻止光生电子和空穴发生简单复合以提高量子效率[56~60]。光电催化起源于 1972 年 Fujishima 和 Honda 等[12]利用外加偏压的单晶 Pt/TiO₂ 半导体光电极分解水的研究。而 Vinodgopal[56] 1993 年首次利用电助光催化法降解 4-氯酚（4-CP），他在工作电极上施加电场促进光生载流子的分离，减少光生空穴与光生电子的复合机会，提高了光量子效率，从而提高了对氯苯酚的降解速率，从此开始了电助光催化降解有机物的研究。图 13-10 为 4-CP 光催化降解的电化学电池示意图[57]。大量实验证明：电助光催化法可显著提高光催化过程的量子效率，同时具有增加半导体表面·OH 的生成效率和取消向系统内鼓入电子俘获剂 O₂ 的两大优点[61~63]。半导体光电催化反应是光催化和电催化反应的特例，同时具有光、电催化的特点。它是在具有不同类型（电子和离子）电导的两个导电体的界面上进行的一种催化过程。光电催化法是近年来日益受到重视的废水处理技术，在光照和很小的外加电场作用下，根据半导体能带理论，催化剂表面被激活，导致电子-空穴对的分离，从而按照一定的反应机理使水中的有害物质降解。它有别于传统的废水处理方法，如气浮/吸附等。传统的废水处理方法是将有害物质从一相转移到另一相，未彻底消灭有害源，而光电催化法所解决的关键问题是要将水中的有害物质全部分解，分解为无毒无害的小分子物质。随着工业的发展，各行各业产生的废水已对人类及生态环境构成了严重危害，因此研究应用光电催化这一新技术处理有害废水，使有害成分变为无害或有用成分是必要的。

13.4.3　臭氧协同光催化降解

O_3 的氧化能力比较强，在酸性和碱性介质中的电位分别为 2.07 V 和 1.27 V。1982 年 Glaze 等人发现，在紫外线照射下用臭氧分解有机物比单独使用臭氧的效果高出很多倍。将光催化（TiO_2/UV）和臭氧（O_3）两种技术相联合，一方面增强了光催化技术的氧化能力，另一方面也降低了臭氧用量，节约了处理成本。同时，二者的联用还扩大了处理有机污染物种类的范围。1988 年 Glaze 等人[64]提出了 UV/O_3 方法的反应机理，即在紫外线照射下，O_3 发生光降解反应生成 H_2O_2，然后经历多步反应生成 $HO_2 \cdot$、$\cdot O_2^-$、$\cdot OH$ 等。反应生成的 H_2O_2 在紫外线作用下也可以产生羟基自由基。一氯乙酸、邻苯二甲酸二乙酯（DEP）、苯酚的效果明显优于 O_3/UV 和 TiO_2/UV 体系，尤其是对 TOC 的去除效果。

研究表明，TiO_2/O_3/UV 氧化技术对污染物的降解具有协同效果的主要原因是 TiO_2/UV 和 O_3 相联合时，O_3 具有很强的亲电性，能捕获 TiO_2/UV 过程中产生的光致电子（e^-），生成更多的强氧化剂羟基自由基（$\cdot OH$），同时又抑制了电子和空穴的简单复合，提高了光量子效率。可以简要地用下述方程式表示：

$$O_3 \longrightarrow TiO_2 （吸附） \tag{13-13}$$

$$TiO_2 + h\nu \longrightarrow h^+ + e^- \tag{13-14}$$

$$O_3 + e^- \longrightarrow O_3^- \tag{13-15}$$

$$H^+ + O_3^- \longrightarrow HO_3 \cdot \tag{13-16}$$

$$HO_3 \cdot \rightarrow O_2 + \cdot OH \tag{13-17}$$

羟基自由基氧化能力很强，仅次于氟，因而能有效地氧化分解生物难降解的有机物。羟基自由基与水中有机物的反应速率常数在 $10^8 \sim 10^{10}$ mol·s^{-1} 范围，而臭氧则为 $10^5 \sim 10^6$ mol·s^{-1}，因此 TiO_2/O_3/UV 方法也大大提高了有机物的氧化分解速率。

13.4.4　双氧水协同光催化降解

双氧水是较强的氧化剂，当受到一定量的紫外线照射时，被激发成羟基自由基。影响双氧水联合光催化降解的反应效率的因素有 H_2O_2 浓度、反应物浓度、紫外线照射强度和波长、体系的 pH、反应温度和反应时间。

13.4.5　Fenton 光催化降解

过氧化氢与催化剂 Fe^{2+} 构成的氧化体系通常称为 Fenton 试剂。Fe^{2+} 催化剂作用下，H_2O_2 能产生一种活泼的羟基自由基，从而引发和传播自由基链反应，加快有机物和还原性物质的氧化。其一般历程为：

$$Fe^{2+} + H_2O_2 \longrightarrow Fe^{3+} + OH^- + \cdot OH \tag{13-18}$$

$$Fe^{3+} + H_2O_2 \longrightarrow Fe^{2+} + H^+ + HO_2 \cdot \tag{13-19}$$

$$RH + \cdot OH \longrightarrow R \cdot + H_2O \tag{13-20}$$

$$R \cdot + H_2O_2 \longrightarrow ROH + \cdot OH \tag{13-21}$$
$$Fe^{2+} + \cdot OH \longrightarrow Fe^{3+} + OH^- \tag{13-22}$$

Fenton 试剂氧化一般在 pH 值 3.5 下进行，在该 pH 值时其自由基生成速率最大。蒋展鹏等采用 Fenton 试剂，在经济合理的投量范围内经 2~4h 反应，萘系磺酸染料中间体 J-酸和吐氏酸萃余液的 COD_{Cr} 去除率达 80% 以上，最终出水 COD_{Cr} 在 200mg·L^{-1} 以下，满足有关工业废水的排放标准。

利用 Fenton 反应可用来进行有机合成、有机物氧化、酶和细胞反应，近年来用于处理环境水污染中的污染物，如苯酚、硝基苯、除草剂、降低城市废水中的化学需氧量（COD）等。Fenton 氧化系统处理废水的巨大吸引力在于：铁无毒，来源丰富；过氧化氢容易处理，是环境友好型的氧化剂。

13.5　光催化降解的应用

13.5.1　生活饮用水的净化

饮用水水源污染，特别是微量有机物的污染，给自来水行业带来了严重的问题。目前水厂的常规工艺不仅无法去除有机物，而且氯化过程还可能产生对人体健康危害极大的有机氯化合物。迄今为止，国内外饮用水去除有机污染物的技术均不能令人满意，尤其是有机氯化合物很稳定，难被一般的处理方法所去除。而应用光催化降解法，此类难去除的化合物均能在短时间内得以降解。

许多自来水都是取自地表水源，经常规净化可除去悬浮物及其它有害物质，对于一些易溶杂质及细菌等，若采用一般的杀菌剂（Ag、Cu 等）虽然能使细胞失去活性，但细菌被杀死后产生的内毒素并不能被消除。内毒素是致命物质，可引起伤寒、霍乱等疾病，使水质降低，影响人们的身体健康。纳米 TiO_2 具有降解有机物和无机物的能力，同时还具有杀死细菌之功效。

日本东京大学工学部的藤道昭教授等人经实验证明，纳米 TiO_2 对脓杆菌、大肠杆菌、金黄色葡萄球菌等有很强的杀死能力。因此，纳米 TiO_2 将是饮用水处理的良好处理剂。1998 年，同济大学李田等人利用固定于玻璃纤维网上的 TiO_2 催化膜，深度净化饮用水，结果显示：自来水中有机物总量去除率在 60% 以上，19 种优先污染物中有 5 种被完全去除，其它 21 种有害有机物中，有 10 种的浓度降至检测限以下。同时，细菌总数也明显降低，全面提高了水质。

杨亚丽等[65]研究了根据 TiO_2 光化学反应原理研制的饮水消毒桶对饮用水中微生物的杀灭效果，结果表明对大肠杆菌和噬菌体的杀灭率达 100%。

13.5.2　低浓度高毒性污水的净化

TiO_2 能有效地将废水中的有机物降解为 H_2O、CO_2、SO_4^{2-}、PO_4^{3-}、NO_3^-、卤素离子等无机小分子，达到完全无机化的目的。目前研究最多的是降解染料废水中的有机物。在染料的生产和应用中，若大量色泽深的染料废水进入水体会造成严重的环境污染，有的甚至还含致癌物质。常用的生物化学法对于水溶性染料的降解效率较低。目前，对于利用半导体光催化降解染料的研究已有许多报道。

赵红花等[66]对 TiO_2 光催化氧化技术在酸性紫红染料溶液中做的研究表明，酸性紫红染料水样在 pH=8 左右脱色效果较好，并且在碱性条件下脱色率比在酸性条件下脱色率高。添加微量 H_2O_2 后，水样脱色率在很短时间内（15min）明显提高，从 31.30% 增至

96.67%，同时添加微量 H_2O_2 与适量 Fe^{3+}，水样脱色率明显高于只加 H_2O_2 或只加 Fe^{3+}。

王九思等[67]进行了负载型 TiO_2 光催化氧化降解甲基橙的实验研究，实验中 TiO_2 光催化降解甲基橙溶液反应过程为：取一定量 $4mg \cdot L^{-1}$ 的甲基橙溶液，100 粒负载 TiO_2 的玻璃珠为光催化氧化剂，溶液深度为 20mm，在 20W 紫外线杀菌灯下照射 1h，光距调为110mm，整个反应器套在铝箔罩内，用分光光度计测其反应前后的吸光度，即可求出脱色率。在此最佳实验条件下甲基橙的脱色率达到 70% 以上，实验结果较理想。

Guettai[68]等对 TiO_2 光催化降解甲基橙时的最佳参数进行了研究，实验表明当 TiO_2 质量浓度为 $0.8g \cdot L^{-1}$、pH＝3、染料浓度较低（≤50mg $\cdot L^{-1}$）时，采用 Degussa P25（一种商业 TiO_2 粉末）为光催化剂时甲基橙的降解速率最快。Guettai 等[69]还对 TiO_2 光催化降解甲基橙的动力学进行了研究，实验采用的是 TiO_2 悬浮系统，pH＝3，催化剂质量浓度为 $0.8g \cdot L^{-1}$，甲基橙初始浓度为 $5\sim75\mu g \cdot g^{-1}$ 实验表明吸附是影响光催化降解染料的基本因素。根据 Langmuir 等温线的线性变换可以确定出：最大吸附数量 $Q_{max}=14.65mg \cdot g^{-1}$，吸附常数 $K_{ads}=7.06\times10^{-2} L \cdot mg^{-1}$。光催化降解甲基橙的动力学分析显示甲基橙的降解符合 Langmuir-Hinshelwood 模型的一级动力学，根据该模型计算得到的吸附常数为 7.79×10^{-2}，该值比根据等温线计算得到的吸附常数要大；实验还发现当甲基橙初始浓度较高时，在降解过程中产生的副产物会降低光催化效率。

董振海等[70]以纳米 TiO_2 为光催化剂，采用自制的间歇式悬浆体系光催化反应器对活性红 K-2Bp 染料模拟废水进行光催化降解试验，考察废水 pH 值、初始浓度等因素对反应的影响。在试验条件下，染料模拟废水的 COD 去除率可达 70% 以上，反应后废水可生化性提高，其光催化降解反应符合 Langmuir-Hinshelwood 模型。

TiO_2 光催化除了可以用于降解印染废水以外，还可以用于含酚废水的降解。赵红花等[71]研究了负载型 TiO_2 对含酚废水的降解情况。他们认为，酚废水水样在 pH＝6 左右降解效果较好，添加微量 H_2O_2 后去除率在短时间内（1h）明显提高，从 37.10% 增至 90%；同时添加微量 H_2O_2 与适量 Fe^{3+} 水样去除率明显高于只加 H_2O_2 或只加 Fe^{3+}；负载于硅胶颗粒表面的 TiO_2 粉末既保留了光催化功能，又克服了粉末状态易流失和难回收的弊端，重复使用 10 次后，酚类污染物去除效果没有明显降低。俞慧芳等通过试验得出结论：用 TiO_2 光催化剂处理含酚废水效果较好，并且可通过增加催化剂的投加量、调节 pH 值、减小初始浓度、选择适当的反应时间、添加金属 Cu 等方法，提高含酚废水的处理效率。

陈广春等[72]采用纳米 TiO_2 光催化降解酸性嫩黄，当进水浓度为 $20mg \cdot L^{-1}$ 时，通过降解效率的比较，得出了反应的最佳条件：TiO_2 的投加量为 $600mg \cdot L^{-1}$，pH 值为原水3.56，宜选择紫外光作为光源。实验还发现，酸性嫩黄的光催化降解动力学符合 Langmuir-Hinshelwood 动力学模型，并求得反应速率常数 $k=0.36mg \cdot L^{-1} \cdot min^{-1}$，表观吸附平衡常数 $k=0.0169mg \cdot L^{-1}$。

田晓梅等[73]在紫外光照射下对白酒进行了光催化降解其中甲醇的研究，试验选择了合理的黏结剂，使 TiO_2 粉固载于玻璃微珠上。试验证明 TiO_2 溶胶具有很好的黏附性，且溶胶浓度、涂层厚度一定时对白酒中甲醇去除效果明显。

光催化降解不仅能用于治理有机污染，而且能还原某些高价的重金属离子，使之对环境的毒性变小。如对含 Cr^{6+} 废水的试验表明，以浓度为 $2g \cdot L^{-1}$ 的 $WO_3/W/Fe_2O_3$ 的复合光敏半导体为催化剂，用太阳光光照 3h，Cr^{6+} 浓度由 $80mg \cdot L^{-1}$ 降至 $0.1mg \cdot L^{-1}$，降解率达 99.9%。对于复杂的污染体系，如含有无机重金属离子和有机污染物的污水体系，光催化降解也能将二者同时催化去除。已有的研究发现，在光照条件下，以 TiO_2 为催化剂，Cr^{6+} 和对氯苯酚这两种污染物能分别发生还原、氧化作用，达到光催化净化的目的。

13.6　光催化在建筑材料方面的应用

　　由于人们认识到环境污染已变成一个亟待解决的严重问题，光催化技术在工业生产中引起了人们越来越多的关注。在各种半导体材料中，TiO_2 由于它巨大的应用潜力而受到格外的关注。TiO_2 已经被广泛地用作光催化净化材料，利用其超强的催化氧化能力去除环境中的有机物质，最终获得清洁的 CO_2 和 H_2O。另外，研究发现当紫外光辐照 TiO_2 表面还能产生强亲水性的表面，并且这种现象即使在弱辐照条件下依然能够观察到。TiO_2 的这种亲水表面具有防雾和自清洁能力。总之，TiO_2 的这些光催化能力和光致亲水性为生产新型高效的自清洁表面材料提供了可能。

13.6.1　自清洁玻璃

　　在普通玻璃表面涂覆一层纳米 TiO_2 薄膜，玻璃表面就具有了自清洁功能。玻璃的自清洁功能，指在紫外线的诱发或在常态下，玻璃具有超亲水性和对有机物的氧化分解性[74]。

　　建筑物窗玻璃尤其是高层建筑物幕墙玻璃，采用自清洁玻璃可以大大降低清洁费用，以及清洁剂对环境的污染。当自洁净玻璃中镀有 TiO_2 薄膜的表面与油污接触时，因为其表面有超亲水性，污物不易在表面附着，即使附着也是同表面的外层水膜结合，附着的污物在水淋冲力等作用下，能自动从 TiO_2 表面剥离下来，阳光中的紫外线足以维持 TiO_2 表面的超亲水特性，从而使得表面长期具有防污自清洁效果，同时 TiO_2 的光催化氧化作用也能降解掉一部分有机物，自清洁玻璃利用 TiO_2 的这两种特性使得油污、灰尘不能和玻璃表面牢固的结合，不易在表面聚集而使玻璃较易清洁。运输工具的窗玻璃、后视镜等物品采用自清洁玻璃后，即使空气中的水分子或者水蒸气凝结，玻璃上的冷凝水也不会形成单个水滴，而是形成水膜均匀的铺在表面，所以表面不会形成光散射的水雾。即使淋上雨水，在表面附着的雨水也会迅速扩散成为均匀的水膜，这样就不会形成分散视线的水滴，使得薄膜表面维持高度的透明性。

　　对自清洁玻璃的研究国际上始于 20 世纪的 70～80 年代，围绕光催化纳米技术在玻璃方面的应用理论及针对多种试验结果分析探讨的专业论文、论著相继发表，对光催化的反应机理、TiO_2 薄膜的实验室制备技术、自洁净玻璃杀菌除菌和防雾效果的研究取得明显进展。近几年，自洁净玻璃的产业化技术开发日臻成熟，市场上已有较大规模的自洁净玻璃供应。

13.6.1.1　自清洁玻璃的主要生产方法

　　目前已有多种技术可用来制备自清洁玻璃，生产上主要采用的方法包括化学气相沉积、反应磁控溅射和溶胶提拉＋高温烧结等。

　　化学气相沉积法是用有机钛化合物或四氯化钛作为原料，先将它们蒸发变成气态，然后随载气输送到镀膜器中，最后蒸气在玻璃表面发生分解、水解或热解反应，形成 TiO_2 薄膜。该方法能够在生产线上直接镀膜，且容易制备纳米膜，产量大，由于是在浮法生产线上直接镀膜生产，节约了大量能源。化学气相沉积法的特点是工艺复杂、较难掌握、设备投资大，但膜层质量好、光催化活性高、产量大，它代表着玻璃镀膜的发展方向。采用这种方法的企业主要有英国 Pilkington 公司、美国 PPG 公司、美国 AFG 公司和日本旭硝子公司、中国耀华公司等。

　　磁控溅射法是利用现有的玻璃生产的磁控溅射镀膜设备，通过将金属钛溅射到玻璃表面，在玻璃表面自然氧化生成 TiO_2 的薄膜，使得玻璃表面具有一定的亲水性，来达到自清洁效果。这种方法的优点包括：溅射速率高；薄膜的成分易于控制，特别适合工业化生产；在良好的真空状态下，不需要很高的基片温度就可以生产出高质量的 TiO_2 薄膜。该方法工艺稳定，能制备出具有较高折射率和高性能的 TiO$_2$ 薄膜，有望在建筑玻璃的规模生产中得到应用。采用该技术的代表厂家有三峡新材公司。

溶胶提拉＋高温烧结技术是将 TiO$_2$ 制成溶胶，再将玻璃放入该溶胶中浸润提拉的方式得到处理过的玻璃，再将该玻璃在高温烧结炉中烧结，完成金红石晶型向锐钛矿晶型的转化。该方法通过高温烧结，成本高，不利于规模化生产，金红石晶型向锐钛矿晶型的转化存在转化效率低的问题，自清洁效果有限。采用该技术的代表厂家有长春新世纪公司。

13.6.1.2　存在的问题

由于 TiO$_2$ 的带隙能较高，需寻找和制备更好的纳米级催化剂来充分利用太阳能进行更有效的有机污染物降解；进一步探讨光催化反应的各种影响因素，确定反应的机理与动力学。尽管对此已进行了大量的研究，取得了重要进展，但总体而言，该技术仍处在实验阶段，存在着一些关键性科学技术难题，使之在工业上的广泛应用受到制约，如：

（1）TiO$_2$ 薄膜的大面积制备

TiO$_2$ 涂覆在玻璃表面制成的自清洁玻璃可广泛应用于建筑物的窗玻璃和汽车挡风玻璃。利用 sol-gel 等湿法通过浸涂或拉涂方式涂覆 TiO$_2$ 时，很难得到均匀的薄膜，玻璃外观不佳；而利用气相沉积等干法沉积的 TiO$_2$ 薄膜，虽有较好的外观，但性能却比较差，而且生产成本很高。

（2）光谱响应范围拓宽到可见光

TiO$_2$ 只在紫外线或太阳光下起作用，光催化对太阳能的利用率不高，光催化量子产率不高，不能在室内弱光环境中应用。如果能制出在可见光下可用的光催化剂膜，制造用于室内抗菌、去异味等的卫生产品，市场前景巨大。

（3）光催化性能的稳定性

环境（包括载体）中的外来离子吸附或扩散到 TiO$_2$ 表面、催化分解产物在其表面积累都会导致光催化活性下降，甚至失活。如何改进制备方法防止其它离子的干扰，如何对催化剂特别是光催化产品进行失活和再生的研究，是在扩展 TiO$_2$ 的应用方面值得研究的问题。

13.6.2　自清洁涂料

自清洁涂料，也称自洁净涂料、光催化剂涂料等，在功能上与自清洁陶瓷或自清洁玻璃一样，利用了光催化材料的超级氧化、分解污物的能力和超亲水性。与自清洁瓷砖或玻璃不同的是，涂料可以在室温下成膜，适用范围更广，制作和运输更方便，价格更低廉。

建筑外墙涂料可以美化环境和居室，但是由于传统涂料耐洗刷性差，时间不长，涂层就会发生色变、脱落，玻璃幕墙或瓷砖贴面又会带来光污染、增加建筑物自重、存在安全隐患等问题，并且随着城市环境污染，尤其是粉尘和气体污染的加剧，建筑外墙特别是高层建筑，受到越来越严重的侵蚀。21 世纪理想的外墙保护和装饰材料应具有优良的防水性、对水蒸气的通透性、防紫外光和自洁功能，能够长期保持洁净、靓丽的外表。如何让建筑外墙效果历久弥新？目前自清洁涂料将为人们创造出更为洁净、健康和靓丽的生存环境。自清洁涂料领域已经拥有成熟的技术实力：仅以上海世博会来说，日本馆外墙与中国航空馆外墙分别采用 ETFE 自洁膜技术和 PVC 自洁膜技术，都很好地展示了自清洁技术的优势。

按国内主要大城市（北京、上海、广州等）市容环境卫生行业协会规定，楼宇外墙为玻璃或氟碳幕墙的，3～6 个月必须清洗一次；是石材或贴面砖的，一年必须清洗一次。有人做过这样的统计和计算：如 10000m^2 的幕墙面积，每年按清洗两次计，约需水 20t。现在仅上海市超过 100m 的高层建筑就有 400 多栋，按公安部定义的 10 层以上为高层建筑，上海市的高层建筑应在 10000 栋以上，若其中的 30％即 3000 栋左右采用纳米自洁涂料，每年节约用水的数量也是惊人的。可以说，仅以建筑用自清洁涂料市场来看，其中的经济效益是不可小觑的。

"自清洁涂料"并不是一个新鲜的名词，早在2000年，德国推出具有"荷叶自清洁"功能的硅树脂外墙涂料，墙面灰尘可通过雨水达到自清洁效果；2001年，日本也推出光催化自清洁外墙涂料，通过分解墙面的油污能够达到自清洁效果。近年来，国内许多科研机构纷纷推出了各具特色的自清洁涂料等产品，不仅使外墙涂料的耐洗刷性由原来的1000多次提高到了10000多次，老化时间延长了两倍多，而且在玻璃和瓷砖表面涂上纳米薄层，制成自洁玻璃和瓷砖，可使附着在表面上的油污、细菌等在光的照射下及在纳米材料催化作用下，变成气体或者容易被擦掉的物质。

自清洁涂料的技术开发基础具有仿生学的原理，其中根据"荷叶自清洁原理"设计的清洁涂料取得了成功。荷叶的自清洁原理，即荷叶表面上有细微且凹凸不平的纳米结构，运用先进技术使涂料在干燥成膜过程中在涂层表面形成类似荷叶的凹凸形貌，有望实现类似荷叶自清洁的效果。近年来，自洁净外墙建筑涂料研发课题已经由复旦大学国家教育部先进涂料工程研究中心研发成功。这种纳米涂层既可以使灰尘颗粒附着在涂层表面呈悬空状态，使水与涂层表面的接触角大大增加，有利于水珠在涂层表面的滚落；同时又根据涂层的自分层原理，将疏水性物质引入丙烯酸乳液中，使涂料在干燥成膜过程中自动分层，从而在涂层表面富集一层疏水层，进一步保证堆积或吸附的污染性微粒在雨水的冲刷下脱离涂层表面，达到自清洁目的。

湖南大学材料学院研制成功的多功能纳米涂料，采用创新的工艺技术路线，对高性能建筑涂料的纳米组分进行优化设计，获得了超强耐洗刷性、耐候性和抗菌自洁功能的建筑涂料，并开发了工业化制备技术。

另外，中科院成都有机化学研究所与攀钢集团攀枝花市钢铁研究院在日前合作完成的纳米TiO_2及其应用技术研究项目中，成功制备了光催化自洁内墙涂料。在内墙乳胶涂料中添加特殊的纳米TiO_2后，可以光催化方式降解甲醛和抗菌，从而赋予涂料自洁功能。

同时，在建筑物上以氟碳涂料为代表的高耐候性产品应用越来越广泛，但建筑物表面污迹附着的问题却一直没有很好的被解决。中远关西涂料化工公司配合市场推出了自清洁FEVE氟碳涂料。这是一种具有亲水表面的自清洁FEVE氟碳涂料。不仅保持了FEVE氟碳涂料原有的超强的耐候性能，更可利用亲水性表面通过雨水冲刷实现自清洁的功能，涂膜耐污染性出众，能长时间保持建筑物外表美观，是新一代的功能性高性能氟碳涂料产品。氟碳漆极少褪色，且寿命最长可达20年，但价格是普通漆的2～3倍。虽然容易在城市高层办公建筑商务楼及高档小区中推广，但在中低端市场的竞争上因为价格因素，一般推广困难。

总体来说，自清洁型涂料耐候性好，耐沾污性优秀，在许多的高层建筑、幕墙、桥梁、巨幅广告牌等户外大型工程应用领域一直有优异的表现。仅就建筑领域来说，它能够使建筑物长期保持整洁、干净的外观、降低清洁维护费用的特性，必将被市场所接受，获得更加广阔的应用前景。

13.7 光催化在抗菌净化方面的应用

在光催化反应过程中产生电子和空穴，与吸附在TiO_2表面的O_2、H_2O反应生成自由基和超氧化物，能使几乎所有的有机物分解，从而起到杀菌作用。TiO_2光催化反应发生的活性羟基具有402.8 $mJ \cdot mol^{-1}$反应能，高于有机物中各类化学键键能，所以能迅速有效地分解构成细菌的有机物，再加上其它活性氧物种（$\cdot O_2^-$、$\cdot OOH$）的协同作用，效果更好。TiO_2光催化剂不仅能杀灭细菌，还能同时降解由细菌释放出的有毒复合物，即TiO_2光催化剂不仅能削弱细菌的生命力，而且能攻击细菌的外层细胞，穿透细胞膜，破坏细菌的内部结构，彻底杀灭细菌。

随着人们生活质量和水平的不断提高，对 TiO_2 光催化杀菌性能进行了不断的开发和利用，并将其广泛应用于日常生活中。根据需要不同，纳米 TiO_2 可制备成粉末或薄膜材料。将纳米 TiO_2 薄膜涂覆于材料表面，可以制备成抗菌材料，如抗菌陶瓷、抗菌玻璃、抗菌不锈钢等；将纳米 TiO_2 粉末掺杂于其他材料中，可制备成抗菌塑料、抗菌涂料、抗菌纤维等[75]。医院手术台和墙壁上经常有细菌，日本已经利用表面涂有 TiO_2 的瓷砖，在室内弱的紫外光照射下，将这些细菌杀死。同时利用这一技术生产的浴缸也已经问世。

13.7.1 抗菌陶瓷

涂覆有 TiO_2 纳米膜的抗菌瓷砖和卫生陶瓷在日本已进行了工业化生产。主要用于医院、食品加工等场所，但抗菌效果受到了光源条件的限制。为了充分利用室内的太阳光和弱光，人们又积极开发了新型的抗菌陶瓷。钱泓[76]制备的 TiO_2 抗菌陶瓷，在普通荧光灯下，对金黄色葡萄球菌的灭菌率可达 85%。

13.7.2 抗菌玻璃

纳米 TiO_2 薄膜涂覆于玻璃（如日用玻璃器皿、平板装饰玻璃等）表面，可制成有杀菌功能的玻璃制品，广泛应用于医院、宾馆等大型公共场所。雷阁盈[77]制备的 TiO_2 微晶膜玻璃，具有广谱高效的杀菌效果。自然光照射 30min 后，对大肠杆菌、金黄色葡萄球菌、白色念珠菌的杀菌率均达到 90%以上。

13.7.3 抗菌不锈钢

纳米 TiO_2 薄膜涂覆于不锈钢表面可制备成具有杀菌性能的不锈钢，在食品工业、医疗卫生乃至一般家庭都有广泛的应用前景。汪铭[78]制备了涂覆有 Ag^+/TiO_2 薄膜的抗菌不锈钢，与普通不锈钢相比，其材料性能基本相同，抗菌性能随着膜层中含银量的增加而提高。当含银量大于 2%时，不锈钢的抗菌率可达到 90%以上。

13.7.4 抗菌塑料

纳米 TiO_2 粉末与树脂高分子材料掺混可以制备成抗菌塑料。徐瑞芬[79]制备的经表面包覆处理过的纳米锐钛矿相 TiO_2 抗菌塑料具有长效广谱的抗菌性能。丁更新[80]用掺杂银离子的纳米二氧化钛与聚乙烯母粒掺混制备的抗菌塑料，吹制成薄膜用于牛奶包装，能起到杀菌保鲜作用，在冷藏条件下，可保存 10 天。

13.7.5 抗菌涂料

将纳米 TiO_2 粉末添加于苯-丙配液（苯乙烯和丙烯酸酯单体经乳液共聚而得到的乳液）中，可制备成抗菌涂料，是值得大力推广的一种绿色环保材料。徐瑞芬[81]自制的纳米 TiO_2 抗菌涂料，杀菌作用彻底持久，而且在室内自然光、日光灯甚至黑暗处微光条件下，也能起到较强的杀菌效果，对大肠杆菌、金黄色葡萄球菌、枯草芽孢的杀菌率均可达到 90%以上。

13.7.6 其它

纳米 TiO_2 粉体还可以掺入天然纤维或聚合物长丝中纺制成抗菌纤维，用于制作医疗用品等。另外，黎霞[82]制备的纳米氧化钛/磷灰石复合材料，既可以用于化妆品材料，又可用于和多种医用高分子材料制备成高性能的纳米抗菌复合材料，其在无光照和有光照培养下，都具有较强的抗菌性能。

参考文献

[1] 裘著革，杨旭，徐东群. 室内空气污染与健康. 北京：化学工业出版社，2003.

[2] Seifert B. Indoor air sciences：past and future, Indoor Air, 1996, 1：3.

[3] 周中平，赵寿堂，朱立等. 室内污染检测与控制. 北京：化学工业出版社，2002.

[4] Moretti, Edward C. Reduce VOC and HAP emissions, CEP, 2002, 6：30.

[5] Kohl A L, Nielsen R B. Gas purification, Houston：Gulf Publishing Co., 1997, 1118.

[6] Santiago Esplugas, Daniele M Bila, Luiz Gustavo T Krause, Marcia Dezotti J. Hazard. Mater., 2007, 149：631.

[7] Nakashima T, Ohko Y, Tryk D A, Fujishima A. J. Photochem. Photobiol., A, 2002, 151：207.

[8] Ohko Y, Ando I, Niwa C, Tatsuma T, Yamamura T, Nakashima T, Kubota Y, Fujishima A. Environ. Sci. Technol., 2001, 35：2365.

[9] Vallack HW, Bakker D J, Brandt I, et al. Environ. Toxicol. Pharmacol, 1998, 6：143.

[10] Shimizu K, Murayama H, Nagai A, et al. Appl. Catal. B：Environ., 2005, 55：141.

[11] 叶倩. 光电一体化处理氯酚废水. 浙江：浙江大学，2004.

[12] Fujishima A, Honda K. Nature, 1972, 238 (5358)：37.

[13] Hoffmann M R, Martin S T, ChoiW, et al. Chem. Rev., 1995, 9：69.

[14] Pichat P. Fundamental and Development of Surfactants Catalyzed by TiO_2, From Standpoint of Antipollution System. 北京国家光化学会议，1985.

[15] Tusnelda E Doll, Fritz H Frimmel. Water Res. 2005, 39：847

[16] Wu T X, Liu G M, Zhao J C, et al. New J. Chem., 2000, 24：93.

[17] 李芳柏，古国榜. 无机化学学报，2001，1：37.

[18] 陈士夫，赵梦月，陶跃武. 工业水处理，1996，16 (1)：17-19.

[19] 陈建秋，王志良，王铎，高从堦. 中国给水排水，2007，23 (19)：98-102.

[20] 徐悦华，古国榜，伍志锋，李芳柏，万洪富. 土壤与环境，2001，10 (3)：173-175.

[21] 屈小辉. 量子化学方法研究典型有毒有机污染物的形成与降解机理. 山东：山东大学，2009.

[22] 陆伟. 纳米二氧化钛光催化降解菲研究. 北京：北京化工大学，2010.

[23] Addamo M, Augugliaro V, Di Paola A, Garcia-Lopez E, Loddo V, Marci G, Palmisano L. J. Appl. Electrochem., 2005, 35 (7-8)：765.

[24] Di Paola A, Addamo M Augugliaro, V Garcia-Lopez, ELoddo, V Marci, G Palmisano, L Fresenius Environ. Bull., 2004, 13 (11B)：1275.

[25] Chatzitakis A, Berberidou C, Paspaltsis I, Kyriakou G, Sklaviadis T, Poulios I. Water Res., 2008, 42 (1-2)：386.

[26] An T C, Yang H, Li G Y, SongW H, CooperW J, Nie X P. Appl. Catal. B：Environ., 2010, 94 (3-4)：288-294.

[27] Boreen A L, ArnoldW A, McNeill K. Environ. Sci. Technol, 2004, 38 (14): 3933.

[28] Andreozzi R, Campanella L, Fraysse B. 4th IWA Specialized Conference on Assessment and Control of Hazardous Substances inWater, 2003 in Aachen, Germany.

[29] Calza P, Medana C, Pazzi M, Baiocchi C, Pelizzetti E. Appl. Catal. B: Environ., 2004, 53 (1): 63-69.

[30] 吴延鹏, 马重芳. 暖通空调, 2006, 36 (3): 29.

[31] 李玉华, 王馄, 赵庆良等. 低浓度甲醛的光催化反应效率研究. 哈尔滨工业大学学报, 2007, 39 (2): 278.

[32] 杨莉萍, 刘震炎, 施建伟等. 室内甲醛的真空紫外-光催化降解实验研究. 化学反应工程与工艺, 2006, 22 (3): 246.

[33] 鹿院卫, 马重芳, 夏国栋等. 室内污染物甲醛的光催化氧化降解研究. 太阳能学报, 2004, 25 (4): 542.

[34] 李文彩, 鹿院卫, 常梦媛等. 太阳能学报, 2007, 28 (1): 43.

[35] 鹿院卫, 李文彩, 盛建平等. 工程热物理学报, 2007, 28 (5): 868.

[36] 钱星, 李梅, 路庆华. 实验室研究与探索, 2004, 23 (12): 12-14.

[37] 耿世彬, 王瑞海, 韩旭等. 暖通空调, 2006, 36 (5): 93-97.

[38] 侯一宁, 王安, 王燕. 四川大学学报 (工程科学版), 2004, 36 (4): 41.

[39] 王晓强, 张剑平, 朱惟德等. 涂料工业, 2006, 36 (8): 1-3.

[40] 肖劲松, 昔学红, 尹雪云等. 暖通空调, 2002, 32 (5): 23-25.

[41] 王小蜀. 中国医院建筑与设备, 2007, (2): 18-21.

[42] 刘洋, 尚静, 王忠. 环境污染治理技术与设备, 2006, 7 (10): 43.

[43] 刘洋, 李岩, 尚静等. 环境科学学报, 2006, 26 (12): 1964.

[44] 张彭义, 梁夫艳, 陈清等. 环境科学, 2003, 24 (6): 54.

[45] 彭丽, 李娟, 吴燕. 资源与人居环境, 2008 (8): 70.

[46] 张前程, 汪万强, 简丽等. 精细化工, 2007, 24 (9): 848.

[47] 王贤亲, 张国亮, 张凤宝等. 化学研究与应用, 2006, 18 (4): 344.

[48] Zhang R B, Gao L, Zhang Q H. Chemosphere, 2004, 54 (3): 405.

[49] Iliev V, Tomova V, Bilyarska L, et al. Appl. Catal. B: Environ., 2005, 63: 261.

[50] Dalton J S, Janes P A, Jones N G, et al. Environ. Pollut., 2002, 120 (2): 415.

[51] Satoshi H, Nick S, Shuji Y, et al. J. Photochem. & Photobiol. A: Chem., 1999, 120 (1): 63.

[52] Eftaxias A, Fonta J, Fortuny A. Appl. Catal. B: Environ., 2001, 33 (2): 175.

[53] 申森, 王振强, 付慧坛, 科技资讯, 2007, 2: 100.

[54] Dalton J S, Janes P A, Jones N G, et al. Environ. Pollut., 2002, 120 (2): 415.

[55] Azenha M G, Burrows H D, Canle L M, Chem. Commun., 2003, 7 (1): 112.

[56] Vinodgopal K, Hotechandani S, Kamat P V. J. Phys. Chem., 1993, 97 (35): 9040.

[57] Vinodgopal K, Satfford U, Gray U K, J. Phys. Chem., 1994, 98 (27): 6797.

[58] Vinodgopal K，Bedja I，Kamat P V. Chem. Mater.，1996，8（8）：2180.

[59] Kim D H，Anderson M A. Environ. Sci. Technol.，1994，28（3）：479.

[60] Kesselman J M，Lewis N S，Hoffmann M R. Environ. Sci. Technol.，1997，31（8）：2298.

[61] Li X Z，Liu H L，Yue P T，Environ. Sci. Technol.，2000，34（20）：4401.

[62] Vinodgopal K，et al. Environ. Sci. Technol. 1995，29（3）：841.

[63] Harper J C，Christensen P A，Egerton T A. J. Appl. Electrochem.，2001，31（3）：267.

[64] Peyton G R，GlazeW H，Environ. Sci. Technol.，1988，22（7）：761.

[65] 杨亚丽，龚家荣，刘步升，刘绍东. 解放军预防医学杂志，1998，16（4）：275.

[66] 赵红花，王九思. 甘肃环境研究与监测，2002，15（4）：238.

[67] 王九思，蒲艳玲，李玉金，王明权. 甘肃科学学报，2006，18（3）：120.

[68] Guettai N Amar，A. European Conference on Desalination and the Environment，2005，185（1-3）：427.

[69] Guettai N，Amar A. European Conference on Desalination and the Environment，2005，185（1-3）：439.

[70] 董振海，胥维昌. 染料与染色，2006，43（4）：48.

[71] 赵红花，马树平. 兰州理工大学学报，2007，33（1）：74.

[72] 陈广春，田园，吴文娟. 净水技术，2006，25（3）：59.

[73] 田晓梅，何翔，陈艳. 武汉科技学院学报，2006，19（8）：69.

[74] 高濂，郑珊，张青红. 纳米氧化钛光催化材料及应用. 北京：化学工业出版社，2002.

[75] 陈娜，程永清. 中国粉体技术，2005，4：43.

[76] 钱泓，范益群，徐南平等. 南京化工大学学报，2001，23（3）：6.

[77] 雷阁盈，张秀成，余历军等. 建筑玻璃与工业玻璃，2003，4：21.

[78] 汪铭，丁更新，曹旭丹等. 材料科学与工程学报，2003，21（3）：379.

[79] 徐瑞芬，许用艳，付国柱等. 塑料，2002，31（3）：26.

[80] 丁更新. 银离子掺杂纳米二氧化钛粉体的制备、性能研究与应用. 浙江：浙江大学，2001.

[81] 徐瑞芬，徐广为，许用艳. 化工进展，2003，22（11）：1193.

[82] 黎霞，魏杰，李玉宝. 功能材料. 2004，35（1）：119.

Chapter 14

第14章
光催化新能源

太阳能，因为它是一种辐射能，不带任何化学物质，是最洁净、最可靠的巨大能源宝库。经测算表明，太阳能释放出相当于 10 万亿千瓦的能量，而辐射到地球表面的能量，虽然只有它二十二亿分之一，但也相当于全世界目前发电总量的八万倍，大约 40min 照射在地球上的太阳能，便足以供全球人类一年能量的消费。可以说，太阳能是真正取之不尽、用之不竭的能源。太阳能发电被誉为是理想的能源。

目前，利用太阳能主要有两种途径：一是通过光降解水制氢气，氢气被认为是清洁的燃料，有着广阔的应用前景，将来可代替石油以支撑社会经济；二是将太阳能直接转化成电能，代替水力、火力发电。要使太阳能发电真正达到实用水平，就要提高太阳能光电转换效率并降低其成本。

14.1 光催化水分解制氢反应

20 世纪 70 年代初，Fujishima 和 Honda[1] 成功地利用 TiO_2 进行光电解水制氢实验，并把光能转换为化学能而被储存起来，该实验成为光电化学发展史上的一个里程碑，并使人们认识到 TiO_2 在光电化学电池领域中是比较重要的半导体材料。由于所使用的单晶 TiO_2 半导体材料在成本、强度及制氢效率上的限制，该种方法在以后的一段时间内并没有得到很大的发展，更谈不上走向实用化。进入 80 年代，化学光电转换研究的重点转向人工模拟光合作用，除了自然界光合作用的模拟实验研究以外，还研究光能—化学能（光解水、光固氮、光固二氧化氮）和光电转换等应用研究，取得了一定的成绩。在太阳光中，波长为 400nm 以下的紫外光和 800nm 以上的红外光占的比例都很小，而波长为 400～800nm 的可见光能量占到整个太阳能的 43％左右。从理论上说，每年照到地球表面的太阳能有 $3 \times 10^{24} J \cdot a^{-1}$，这相当于全世界每年能源消耗总量的一万倍和全世界化石能源总量的 1/10。因此，怎样提高太阳光中的可见光利用率成为这一研究最大的关键点。

14.1.1 光催化分解水制氢基本原理

通常光催化反应分为两大类，上坡反应和下坡反应，如图 14-1 所示。上坡反应

（uphill）必须有光子提供能量才能进行，如光催化分解水和植物的光合作用。下坡反应（downhill）是能量释放的过程，如光催化降解有机物。

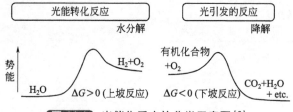

图 14-1 光催化反应的分类示意图[2]

  光降解水制氢气指用光催化分解水制取氢。催化分解水制氢过程可分成光化学电池分解水制氢、半导体微颗粒催化剂的光催化分解水制氢和络合催化法光解水制氢。因为光直接分解水需要高能量的光量子（波长小于 190nm），从太阳辐射到地球表面的光不能直接使水分解，所以只能依赖光催化反应过程。光催化是含有催化剂的反应体系，在光照下，激发催化剂或激发催化剂与反应物形成的络合物从而加速反应进行的一种作用。当催化剂和光不存在时，该反应进行缓慢或不进行。

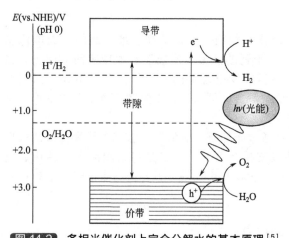

图 14-2 多相光催化剂上完全分解水的基本原理[5]

  光催化剂是光催化制氢反应的基体，一般为半导体化合物。其光催化反应原理可用半导体的能带理论来解释。与金属相比，半导体的能带是不连续的，在价带（VB）和导带（CB）之间存在一个禁带。当它受到光子能量等于或高于该禁带宽度的光辐照时，其价带上的电子（e^-）就会受激发跃迁至导带，同时在价带上产生相应的空穴（h^+），形成了电子-空穴对。产生的电子、空穴在内部电场作用下分离并迁移到粒子表面。光生空穴有很强的得电子能力，具有强氧化性，可夺取半导体颗粒表面被吸附物质或溶剂中的电子，使原本不吸收光的物质被氧化，电子受体则通过接受表面的电子而被还原，完成光催化反应过程，如图 14-2 所示。

14.1.1.1 光催化分解水制氢的过程

  整个光催化分解水的过程如图 14-3 所示[3]：

  ① 半导体光催化剂吸收能量足够大的光子，产生电子-空穴对；

  ② 电子-空穴对分离，向半导体光催化剂表面移动；

  ③ 电子与水反应产生氢气；

  ④ 空穴与水反应产生氧气；

  ⑤ 部分电子与空穴复合，产生热或光。

  即水在电子-空穴对的作用下发生电离，生成氢气和氧气。将 H^+ 还原成氢原子是导带的电子，而将 O^{2-} 氧化成氧原子是价带的空穴。这一过程

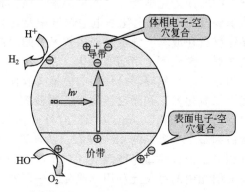

图 14-3 光催化分解水的基本过程模型[3]

可用下述方程式来表示：

$$半导体： \qquad 光催化剂 + 2h\nu \longrightarrow 2e^- + 2h^+ \tag{14-1}$$

$$水中： \qquad H_2O \longrightarrow OH^- + H^+ \tag{14-2}$$

$$氧化还原反应： \qquad 2e^- + 2H^+ \longrightarrow H_2 \tag{14-3}$$

$$2h^+ + OH^- \longrightarrow H^+ + \frac{1}{2}O_2 \tag{14-4}$$

$$总反应： \qquad H_2O + 光催化剂 + 2h\nu \longrightarrow H_2 + \frac{1}{2}O_2 \left(\frac{n_{H_2}}{n_{O_2}} = 2\right) \tag{14-5}$$

导带的电子和价带的空穴可以在很短时间内在光催化剂内部或表面复合，以热或光的形式将能量释放。因此加速电子-空穴对的分离，减少电子与空穴的复合，对提高光催化反应的效率有很大的作用。

14.1.1.2 光催化分解水的热力学

$$H_2O(l) \longrightarrow H_2(g) + \frac{1}{2}O_2(g) \quad \Delta G^\ominus = 237kJ \cdot mol^{-1} \tag{14-6}$$

从化学热力学上讲，水作为一种化合物是十分稳定的。在标准状态下若要把 1mol H_2O 分解为氢气和氧气，需要 237kJ 的能量。这说明光催化分解水的过程是一个 Gibbs 自由能增加的过程（$\Delta G > 0$）。这种反应没有外加能量的消耗是不能自发进行的，是一个耗能的上坡反应，逆反应容易进行[4]。

从理论上分析，分解水的能量转化系统必须满足以下的热力学要求：

① 水作为一种电解质又是不稳定的，$H_2O / \frac{1}{2}O_2$ 的标准氧化还原电位为 +0.81eV，H_2O/H_2 的标准氧化还原电位为 -0.42eV。在电解池中将一分子水电解为氢气和氧气仅需要 1.23eV。因此，光子的能量必须大于或等于从水分子中转移一个电子所需的能量，即 1.23eV。

② 不是所有的半导体都可以实现光催化分解水，其禁带宽度要大于水的电解电压（理论值 1.23eV），而且由于过电势的存在，禁带宽度要大于 1.8eV。对于能够吸收大于 400nm 可见光的半导体，根据其光吸收阈值（λ_g）与其 E_g 的关系式：$\lambda_g = 1240 / E_g$，其禁带宽度还要小于 3.1eV[5]。

③ 光激发产生的电子和空穴还必须具备足够的氧化还原能力，即半导体的导带的位置应比 H_2/H_2O 电位更负，价带位置应比 O_2/H_2O 的电位更正。因此，催化剂必须能同时满足水的氧化半反应电位 $E_{ox} > 1.23$ V（pH=0，NHE）和水的还原半反应电位 $E_{red} < 0$ V（pH=0，NHE），如图 14-4 所示[4,5]。

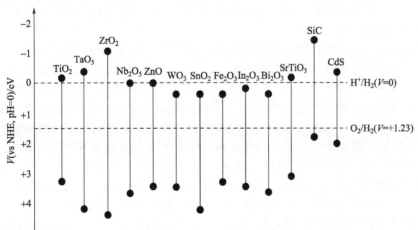

图 14-4 各种半导体化合物的能带结构同水分解电位的对应关系（pH=0）[5]

14.1.1.3 光催化分解水的动力学

在满足了热力学的要求之后，还有来自动力学方面的要求[6]：

① 自然界的光合作用对 H_2O 的氧化途径采用四电子转移机制，即两个 H_2O 分子在酶催化剂上连续释放四个电子一步生成 O_2，波长不大于 680nm 的光子就能诱发释放 O_2 反应，且无能量浪费的中间步骤，这是对太阳能最为合理和经济的利用方式。但当今研究的人工产 O_2 多相催化体系，不管是利用紫外光的 TiO_2、$SrTiO_3$ 或利用可见光的 WO_3、CdS 等，都是采用的单电子或双电子转移机制，因此有很大的能量损失。

② 用光还原 H_2O 生成 H_2 不可能经过 $H·$ 中间体自由基，因为这一步骤的还原电位太负：

$$H^+ + e^- \longrightarrow H· \quad \frac{1}{2}E^{\ominus}(H^+/H·) = -2.1 \text{ V}(pH=7, NHE) \tag{14-7}$$

因此，它只能经过双电子转移机制一步生成 H_2：

$$2H^+ + 2e^- + M \longrightarrow H· \longrightarrow H_2 \quad E^{\ominus}(H^+/H_2) = -0.41 \text{ V}(pH=7, NHE) \tag{14-8}$$

③ 反应（式 14-8）具有较高的超电势，一般要用助催化剂来降低氢的超电势。Pd、Pt、Rh 等为低超电势金属（$0.1\sim0.3$ V），催化活性最高[7~9]。第二类为中超电势金属，如 Fe、Ni、Co，活性次之[10, 11]。

④ 光激发的电子-空穴对会发生复合，这在人工太阳能转化中难以避免。在多相光催化中，当催化剂的颗粒小到一定程度时，体相的电子空穴复合可以忽略，而只考虑在颗粒表面再结合的损失。电子和空穴的表面复合比较复杂，它与固体表面的组成和结构、溶液性质、光照条件等因素都有关系。当前研究的光催化效率一般都较低，只有当表面复合得到了有效的抑制，氧化还原效率才能显著提高。

⑤ 材料稳定性的问题。窄禁带半导体如 CdSe、CdS、Si 等，虽然与太阳光有较好的匹配，但在水溶液中极易受到光腐蚀。还有一些光敏有机络合材料，如 Ru（bpy）$_3^{2+}$ 的稳定性问题更为严重。

14.1.2 提高光催化剂分解水制氢效率的方法

光生电子和空穴在发生有效的光催化反应之前的复合是抑制光催化活性的主要因素，利用太阳能光催化分解水制氢是光催化分解水研究的最终目标。因此要求研究者可以有效抑制光生电子和空穴的复合，提高光催化效率，同时提高宽禁带光催化剂对可见光的响应或者寻找具有高活性的窄禁带光催化剂。常见的方法有对催化剂进行改性如负载助催化剂、过渡金属离子掺杂、非金属离子掺杂、同其它半导体复合以及向反应体系添加牺牲剂等。

14.1.2.1 助催化剂

光催化反应中为了获得较高的光催化效率，首先必须保证电子-空穴对的有效分离，光催化剂表面担载助催化剂是一个重要的手段。助催化剂对光催化水分解有着以下三个方面的重要影响：① 助催化剂能在光催化剂表面上为产氢和产氧提供活性位；② 助催化剂能促进光催化剂体内光生电子和光生空穴的分离，从而提高光催化活性；③ 助催化剂在生成氢气和氧气的同时，也会导致二者在催化剂表面的复合。因此助催化剂的作用需要综合考虑，并通过实验加以证实。通常来说，负载助催化剂有利于改善和提高光催化剂的活性。

氢在金属 Pt 上析出的超电位较低，有利于氢气的析出。其它贵金属修饰也有类似的作用，但以 Pt 为助催化剂的效果较佳。加入电子给体时的析氢反应，一般担载 Pt 作为助催化剂，但有时它会引起氢气和氧气发生逆反应生成水，降低光解水的量子效率。担载 Pt 助催化剂通常采用 H_2PtCl_6 浸渍热处理或光沉积的方法[12]。对 Ru 而言，其单质和氧化物都可以作为助催化剂。通常认为是 RuO_2 能在催化剂表面形成产氧活性位，从而有效分离光生电子和空穴，提升催化剂的活性，但近期的研究表明 RuO_2 可以在 N 型半导体表面形成还原活性位，能显著提高产氢活性。Sato 等[13] 比较负载和不负载 RuO_2 的 $\beta\text{-}Ge_3N_4$ 的光催化分解水的活性，前者的产氢活性是后者的 6 倍以上。

14.1.2.2 半导体的复合

半导体复合已经成为提高光催化反应效率的有效手段。复合半导体光催化活性的提高可归因于不同能级半导体之间光生载流子的输送和分离，通过半导体的复合可以提高系统的电荷分离效果，如果和可见光响应的窄禁带半导体复合还可以扩展其光激发能量范围。从本质上看，半导体复合可看成是一种半导体对另一种半导体的修饰，尽管这种修饰并不是两者机械性的简单叠加，但其基本方法不外乎掺杂、多层结构和异相组合等[14]。所报道的复合体系有 $CdS\text{-}TiO_2$[15]、$SnO_2\text{-}TiO_2$[16]、$CdSe\text{-}TiO_2$[17]、$WO_3\text{-}TiO_2$[18]、$CdS\text{-}ZnO$[19]、$CdS\text{-}HgS$[20]、$ZnO\text{-}ZnS$[21] 等，这些复合半导体几乎都表现出了高于单个半导体的活性。

除了上述窄禁带半导体与宽禁带半导体复合外，半导体复合的另一种方式是，通过选择合适的 N 型和 P 型半导体组成异质结，可以很好地分离电荷。Senevirathna 等[22] 制备了 TiO_2/Cu_2O 复合光催化剂。其中 TiO_2 是 N 型半导体，Cu_2O 是 P 型半导体，其能带位置见图 14-5。TiO_2 上积聚电子是还原位，Cu_2O 是氧化位。粒子间电荷转移抑制了电子和空穴的复合。

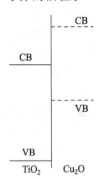

图 14-5 TiO_2 和 Cu_2O 的能带位置示意图

14.1.2.3 过渡金属离子掺杂

在过渡金属离子掺杂中，过渡金属离子主要通过和半导体光催化剂中的光生载流子的作用影响其光催化活性与动力学过程。从化学的观点来看，金属离子掺杂可能在半导体晶格中引入了缺陷位置或改变结晶度等，从而影响电子-空穴对的复合。譬如成为电子或空穴的陷阱而延长其寿命，或成为电子-空穴的复合中心而加快了复合，也就是说过渡金属离子的掺杂，既能阻止电子-空穴再结合，又能促进电子-空穴再结合。这通常和掺杂的离子种类、浓度和掺杂方法有着密切的联系。Gratzel 等[23] 对掺杂 Fe、V、Mo 的 TiO_2 胶体进行 EPR 研究，发现 Ti^{3+} 信号增强，这是由于 Fe^{3+} 抑制了电子-空穴对的复合，V 也有相同的作用。陈慧等[24] 利用溶胶-凝胶法制备了 Fe^{3+} 和 Cr^{3+} 掺杂的 TiO_2 纳米粒子，研究了其对吖啶橙光催化氧化降解的影响，结果表明微量 Fe^{3+} 和 Cr^{3+} 明显提高催化活性。

过渡金属离子掺杂不仅可以影响光生电子空穴的复合还可以使半导体可见光化，可见光化的原理主要是：掺杂的阳离子在半导体的禁带中形成杂质能级，能量较小的光即可激发杂质能级上捕获的电子和空穴，因而扩展了半导体对光的响应范围，使原本只有在紫外光下有活性的催化剂也可以吸收可见光。Borgarello 等[25] 就将 Cr^{5+} 掺入 TiO_2，并发现它可以吸收 $400\sim550nm$ 的可见光制氢。Maruthamuthu 等[26] 将 Cu^{2+} 掺入 WO_3，在电子给体存在下能在可见光下制氢。

14.1.2.4 非金属离子掺杂

利用非金属元素 N 对 TiO_2 进行掺杂，在可见光（$\lambda < 500nm$）的条件下实现了光催化反应是日本学者 Asahi R[27] 等首次实现的。利用掺杂来实现 TiO_2 对可见光的响应必须符合以下三点要求：①掺入的杂质必须能在 TiO_2 的禁带中创造出新的能级，从而实现对可见光的吸收；②掺杂后的催化剂的导带边包括杂质能级都应高于 TiO_2 导带边的能级或者 H_2/H_2O 的电势，以保证具有一定还原水的能力；③新能级必须与 TiO_2 的能级充分重叠使得光生载流子能迁移到催化剂表面的活性位置。

基于以上的要求，可以提出利用非金属而不是金属离子掺杂来实现此目的，采用在 N_2

（40%）/Ar 混合气体中用溅射 TiO_2 的方法制备了 $TiO_{2-x}N_x$ 薄膜，并将锐钛矿 TiO_2 在 NH_3（67%）/Ar 气氛中 600℃热处理 3h 得到 $TiO_{2-x}N_x$ 粉末。光催化结果表明，N 掺杂 TiO_2 的可见光活性是不以损失紫外光激发效率而可独立存在的，这是一项具有开创意义的研究工作。非金属掺杂由于在产生可见光活性的同时并不降低其紫外光下的活性，与金属阳离子掺杂相比，具有不可比拟的优越性，成为目前研究的热点，近年来人们进行其他非金属元素如硫[28,29]、硼[30]、卤族[31]等元素掺杂尝试，取得了相应的有效成果。

14.1.2.5　添加牺牲剂

光催化分解水可以分为水的还原和水的氧化两个反应。通过向体系加入电子给体不可逆地消耗反应产生的空穴，以提高氢气生成反应的效率。通过向体系加入电子受体不可逆地使其与光生电子结合可促进析氧反应的进行。当水中有极易被氧化的还原性电子给体（如甲醇、乙醇或 Na_2S）存在时，光生空穴将不可逆地氧化这些还原剂，而不是氧化水。这使得光生电子富余，氢气生成反应可以得到促进。另一方面，当水中存在电子受体，如 Ag^+ 或 Fe^{3+} 时，导带上的光生电子将被消耗，氧气的放出反应可以得到促进。比如在 TiO_2 光催化分解水体系中加入电子给体 I^-，放氢效率明显提高[32]，而 Fe^{3+} 的加入则特别显著地提高分解水放氧的效率[33]。

Sayama 和 Arakawa 等[34~37]研究了碳酸根离子对光催化分解水的影响，发现碳酸根离子显著提高了光催化效率。Pt/TiO_2 光催化剂上由于 Pt 上存在快速的逆反应，在水溶液中难以分解水，但在高浓度的碳酸钠溶液中能释放出氢气和氧气。表明该体系的逆反应被有效的抑制。Arakawa 等[37]认为，吸附在催化剂上的碳酸根阻止了在 Pt 上的逆反应，同时通过形成过碳酸根促进了氧的释放。

14.1.3　粉体光催化剂分解水制氢

目前，光催化分解水制氢研究的核心是光催化剂的制备。随着物理学、化学和材料学的发展，合成方法的改进，大量先进的表征和检测手段的出现，光催化分解水制氢研究有了新的发展。近年来已经发表的光催化分解水制氢材料几乎涵盖了元素周期表中的 s、p、d 区以及镧系所有元素，形成了数量可观的光催化分解水材料，光催化剂的结构形式十分复杂。成功实现在可见光照射下光解水制氢的关键是构筑合适的光催化剂。除了对宽禁带半导体进行改性之外，一些学者还不断地探索新的窄禁带半导体，经过科学工作者的不懈努力，各种新型的光催化材料不断被研制出来。目前主要包括氮化物、氮氧化物、各种过渡金属氧酸盐以及固溶体等。

14.1.3.1　氮化物和氮氧化物

一般光催化剂的禁带宽度太宽，不能吸收可见光；或者禁带较窄，能够吸收可见光，但活性不高。由于 N 的 2p 轨道的作用，在可见光区有较强吸收能力，可用于光催化分解水。这类催化剂主要以 TaON 和 $LaTiO_2N$ 为代表，它们的禁带宽度分别为 2.5eV 和 2.1eV，对可见光都有很好的吸收。根据密度泛函理论（DFT）对电子能级结构计算的结果，发现此类化合物有以下共同特征[38]：① 过渡金属阳离子为 d^0 构型；② 导带的底层由空的 d 轨道构成；③ 价带的顶层主要由 N_{2p} 与 O_{2p} 组成的杂化轨道构成。

β-TaON[39,40]与单斜晶系的 ZrO_2 具有相同的结构，见图 14-6，元素分析显示其组成为 $TaO_{1.24}N_{0.84}$，说明其晶体结构中存在缺陷。当在其表面沉积 3%（质量分数）Pt 时，在 $420\sim500nm$ 的可见光辐射下，从 CH_3OH 溶液中释放 H_2 的量子产率为 0.2%。$LaTiO_2N$[41]是一种颜色多变的钙钛矿型氧化物，见图 14-7，在 $420\sim600nm$ 的可见光波长范围内都有吸收。表面沉积 3%（质量分数）Pt 的 $LaTiO_2N$ 在 CH_3OH 溶液中，H_2 的量子产率为 0.15%。

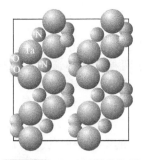

图 14-6 TaON 的结构图

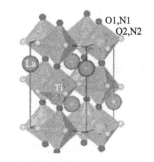

图 14-7 LaTiO$_2$N 的晶体结构图

14.1.3.2 金属氧酸盐

由过渡金属构成的金属氧酸盐中有许多在光催化分解水反应中具有较高的活性。其中，研究比较广泛的有铌酸盐、钽酸盐以及钒酸盐等。

（1）铌酸盐

MIn$_{0.5}$Nb$_{0.5}$O$_3$（M＝Ca，Sr，Ba）是一类 ABO$_3$型钙钛矿结构（如图 14-8 所示）的光催化剂。其中 B 位置在保持电荷平衡的前提下，随机地被 In^{3+}或 Nb^{3+}占据。由于这一类的金属氧化物含有 d^{10}构型的金属离子，因此其能带结构主要由 O$_{2p}$和 In$_{5s}$轨道构成[42]。空的 Nb$_{4d}$轨道是第二导带。

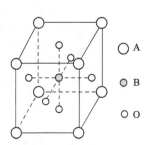

图 14-8 ABO$_3$型钙钛矿结构示意图[43]

MCo$_{1/3}$Nb$_{2/3}$O$_3$（M＝Ca，Sr，Ba）也是一类 ABO$_3$型钙钛矿结构（图 14-8）的光催化剂，B 位置在保持电荷平衡的前提下，随机地被 Co^{2+}或 Nb^{5+}占据。但该类催化剂的电子结构非常特殊，其能带结构[43]由 Co$_{3d}^{2+}$轨道（t$_{2g}$或 e$_g$）和 Nb$_{4d}$轨道构成，如图 14-9 所示。在 CH$_3$OH 溶液中，可见光下，释放 H$_2$ 的速率大小依次为：

Pt/BaCo$_{1/3}$Nb$_{2/3}$O$_3$＞Pt/CaCo$_{1/3}$Nb$_{2/3}$O$_3$＞Pt/SrCo$_{1/3}$Nb$_{2/3}$O$_3$

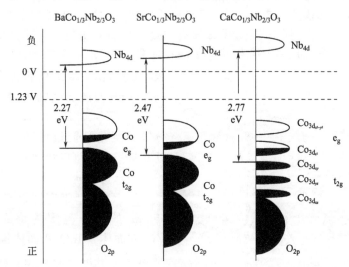

图 14-9 CaCo$_{1/3}$Nb$_{2/3}$O$_3$、SrCo$_{1/3}$Nb$_{2/3}$O$_3$和 BaCo$_{1/3}$Nb$_{2/3}$O$_3$光催化剂的电子结构模型[43]

由此可见，该类物质的光催化活性并不随着 M^{2+}半径的改变呈现周期性变化，这是因

为 $CaCo_{1/3}Nb_{2/3}O_3$ 属单斜晶系,而后两者属立方晶系。

(2) 钽酸盐

$InMO_4$ (M=Nb, Ta) 是一类黑钨矿型、单斜晶系的光催化剂。它们的晶体结构类似,都是由两种八面体构成:InO_6 和 NbO_6 或者 TaO_6。这两种八面体通过共角连接形成层状结构,如图 14-10 所示。虽然它们的晶体结构类似,但是其晶格参数略有不同。研究发现:$InTaO_4$ 中的 InO_6 (13.601) 八面体的体积与 $InNbO_4$ 中的 InO_6 (13.6) 相差无几,但是 TaO_6 (10.7) 却比 NbO_6 (10.6) 大得多[44,45]。在可见光辐射下,$InTaO_4$ 和 $InNbO_4$ 的带隙为 2.6eV 和 2.5eV,它们之间微小的差别是由于导带的不同引起的。$InTaO_4$ 和 $InNbO_4$ 导带分别由 Ta_{5d} 轨道和 Nb_{4d} 轨道构成,见图 14-11。

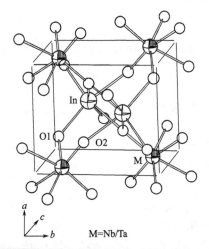

图 14-10 层状钨矿型 $InTaO_4$ 和 $InNbO_4$ 的结构示意图[44]

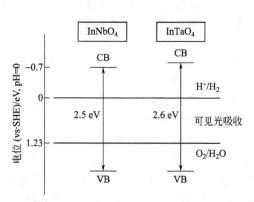

图 14-11 $InTaO_4$ 和 $InNbO_4$ 的能带构成[44]

Kato 等[46]研究发现,$NaTaO_3$ 不负载助催化剂也能将纯水分解成氢气和氧气。$NaTaO_3$ 负载 NiO 后,光催化活性显著增加。在 270nm 处,$NiO/NaTaO_3$ 的量子效率达到了 28%。一般认为,将过渡金属掺杂到诸如 TiO_2 等光催化剂中,会明显降低其光催化活性。但这种抑制作用在将金属 Ni 掺杂到 $InTaO_4$ 中却没有出现,反而会明显提高其光催化活性[47]。其具体原因尚不清楚,可能是因为掺杂后 Ni 的 3d 轨道在 $InTaO_4$ 的禁带中形成了一个新的能级。$In_{0.9}Ni_{0.1}TaO_4$ 的带隙仅为 2.3eV,在 $\lambda<550nm$ 的波长范围内均有响应。在其表面沉积 NiO 或 RuO_2 后,可以直接将纯水分解产生化学剂量比的 H_2 和 O_2,402nm 处其量子产率可以达到 0.66%[48,49]。

(3) 钒酸盐

$InVO_4$ 的禁带宽度仅有 2.0eV,在 $\lambda<650nm$ 的波长范围内都有响应。它是由 VO_4 四面体和 InO_6 八面体构成的,如图 14-12 所示。值得注意的是,InO_6 并不是一个规则的八面体,虽然六个 O 与 In 的距离相同。VO_4 也不是一个规则的四面体。两个 O 与 V 离得较远,两个离得比较近,而且

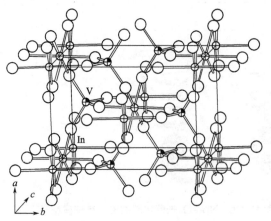

图 14-12 $InVO_4$ 的结构示意图[44]

VO_4四面体彼此之间是相互分离的。在其表面沉积 Pt，可以从 CH_3OH 溶液中释放 H_2，速率为 $7\mu mol \cdot g^{-1} \cdot h^{-1}$，若是沉积 NiO，则可以直接分解纯水，$H_2$ 的释放速率可以达到 $5\mu mol \cdot g^{-1} \cdot h^{-1}$[50,51]。

14.1.3.3 固溶体

Maeda 等[52]发现 $(Ga_{1-x}Zn_x)(N_{1-x}O_x)$ 固溶体在可见光下能有效地将水分解成氢气和氧气。单独的 $(Ga_{1-x}Zn_x)$ $(N_{1-x}O_x)$ 光催化效率很低，但是铑和铬修饰后的 $(Ga_{1-x}Zn_x)(N_{1-x}O_x)$ 固溶体在 $400\sim420nm$ 范围内量子效率达到 2.5%。在大于 400nm 光的照射下，35h 分解纯水产生的氢气和氧气的总量为 16.2mmol（催化剂用量为 3.7mmol）。分散在 $(Ga_{1-x}Zn_x)(N_{1-x}O_x)$ 表面的 $Rh_{2-y}Cr_yO_3$ 纳米粒子充当了有效的氢气逸出位，从而提高了 $(Ga_{1-x}Zn_x)(N_{1-x}O_x)$ 的光催化效率。

Ⅰ-Ⅲ-Ⅵ$_2$ 族三元半导体（Ⅰ＝Cu、Ag，Ⅲ＝Al、Ga、In，Ⅵ$_2$＝S、Se、Te）具有黄铜矿结构，是备受关注的新功能材料。Tsuji 等[53]制备的 Pt（0.5%质量分数）/ $(CuIn)_x$ $Zn_{2(1-x)}S_2$ 固溶体禁带宽度为 2.3eV，具有很高的制氢活性。在 420nm 处的量子效率高达 12.5%。该固溶体对可见光的响应是由于 Ag 和 In 分别对价带和导带的影响。对可见光的吸收是由于禁带的过渡而不是像在金属离子掺杂的 ZnS 里观察到的从杂质能级到 ZnS 导带的过渡。

14.1.4 光电催化分解水制氢

14.1.4.1 光电催化分解水制氢的原理

光电催化制氢体系与光催化制氢体系在原理上是一致的，不同之处在于：在光催化分解水中，氧化反应和还原反应都发生在光催化剂颗粒表面，光催化剂表面的不同位置分别担载相当于阴极和阳极作用的助催化剂，氢气和氧气以混合气体的形式同时析出，然后需要进一步分离；而光电极体系的光电极是金属氧化物半导体材料，一般是将该金属氧化物在 SnO_2 玻璃上制备成薄膜，成为光电极，使分解水时析氢和析氧的位置截然分开，让半导体光催化剂上的空穴与水反应，分解成氢离子和析出氧气，光生电子

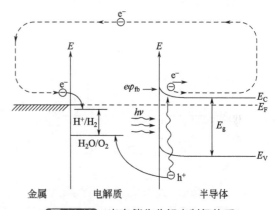

图 14-13　光电催化分解水制氢体系

分离后，通过导线流向金属对电极（如 Pt），还原水中的氢离子成为氢气。通过合理设计分解水光电化学电池的结构，如在水溶液电解质池中间加入膜材料等，将两个电极隔开，可以实现氢气和氧气的完全分开，获得纯净的氢气和氧气。光电极分解水体系所使用的半导体光电极材料在构成光电化学分解水电池后，产生的光电压应大于 1.23eV，而且半导体光电极材料与金属电极的 Fermi 能级要比 H^+/H_2 更负，否则必须加偏压[54]。光电催化制氢体系如图 14-13 所示。

在半导体光催化剂（阳极）上：

$$光催化剂 + h\nu \longrightarrow 光催化剂 + h^+ + e^- \tag{14-9}$$

$$H_2O + 2h^+ \longrightarrow \frac{1}{2}O_2 + 2H^+ \tag{14-10}$$

在金属对电极（阴极）上：
$$2H^+ + 2e^- \longrightarrow H_2 \tag{14-11}$$

总反应为：
$$\text{光催化剂} + 2h\nu + H_2O \longrightarrow \text{光催化剂} + \frac{1}{2}O_2 + H_2 \qquad (14-12)$$

用于光电催化制氢的半导体材料的 E_g 必须满足下式[55]：
$$E_g \geqslant \Delta E_F + e(1.23 + V_b + \eta_c) \qquad (14-13)$$

依此式估算，半导体光阳极材料的 E_g 必须大于 2.5eV 时才能使水分解。

14.1.4.2　光电催化制氢系统的主要影响因素

（1）光阳极

半导体光阳极是影响制氢效率最关键的因素。应该使半导体光吸收限尽可能地移向可见光部分，减少光生载流子之间的复合以及提高载流子的寿命。光阳极材料研究得最多的是 TiO_2。TiO_2 作为光阳极，耐光腐蚀，化学稳定性好。自 1972 年 Fujishima 和 Honda[1] 首次报道了利用光电化学电池制氢以来，TiO_2 几十年来一直是研究者们青睐的材料。而它禁带宽度大，只能吸收波长小于 388nm 的光子。目前主要的解决途径就是掺杂与表面修饰。

研究发现金纳米粒子修饰的 TiO_2/Au 复合薄膜的表观 E_{fb} 比未经修饰的 TiO_2 薄膜的 E_{fb} 负移约 150 mV，使空间电荷层的电势梯度增加，因而更利于空穴向电解液中的氧化还原电对转移，同时增加了电子的稳定性，减少了电子和空穴之间的复合概率，使光电流增加了 3 倍[56]。

（2）电池结构

光电催化制氢主要存在三种结构体系。

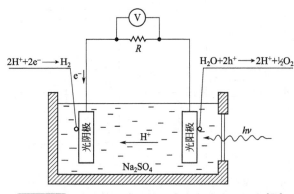

$2H^+ + 2e^- \longrightarrow H_2$　　$H_2O + 2h^+ \longrightarrow 2H^+ + \frac{1}{2}O_2$

图 14-14　半导体-金属体系中光电催化分解水[57]

① 半导体-金属体系[57]　即半导体电极作为光阳极，金属作为光阴极，电导率高的盐作为电解液，光照产生的电子通过外电路而转移到光阴极（见图 14-14）。由于只存在一种电解液，光照时在光阳极处氧化所得产物容易以扩散等方式迁移到光阴极，与光阴极表面的质子还原反应竞争，因而制氢效率较低。

② "光化学双电极"体系[57]　半导体和金属整合为单一电极，两电极之间为欧姆接触，不需外电路将两极相连，形成"三明治"结构。

③ "SC-SEP PEC"体系　"SC-SEP PEC"电极将电解液中含有不同氧化还原电对的两电极室分开，氧化还原电对电位之间的差别成为光照后光生载流子分离的推动力。其中在光阳极室（A 室）和光阴极室（B 室）分别发生光生空穴参与的氧化反应和光生电子参与的还原反应[58]。

Milczarek 等[59] 对 "SC-SEP PEC" 体系光电催化制氢进行了研究。B 室氧化还原电对的电位越正，光阴极上质子的还原反应就越容易进行。很显然，可以通过降低光阴极室溶液 pH 值或析氢反应过电位来促进质子还原反应的进行。研究表明：Pt｜Nafion 膜｜Pt 复合电极作为光阴极能使析氢过电位减小约 140mV，太阳光光电催化制氢的量子效率可达 7%～12%。

（3）电解液

从电解液方面考虑对制氢效率的影响，如果仅是中性水，一方面水导电性不好，内阻比较大，导电分解水所需的电压较高，效率下降。为了降低电解液的电阻，可以选用活性强的碱性离子 K^+ 和 Ba^{2+}，阴离子 Cl^- 和 OH^-。另一方面，研究表明电解液 pH 值的不同，半导体电极材料的能带结构会有所改变，如图 14-15 所示[57]。

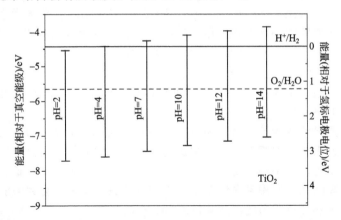

图 14-15 电解液 pH 值对 TiO_2 能带的影响（依据真空度和标准氢电极）[57]

14.2 太阳能光伏电池

  1817 年 Berzelius 发现硒，1822 年制成了硅，到 1873 年 Becquerel 发现了硒的光电效应，与此同时，Moser 在卤化银电极上涂上赫藓红（erythrosine）染料，进一步证实了光电现象，这为光电池的研究奠定了基础。1954 年贝尔实验室制成了实用的硅太阳能电池，揭开了太阳能电池应用的序幕[60]。1958 年，美国的"先锋一号"人造卫星就是用了太阳能电池作为电源，成为世界上第一个用太阳能供电的卫星。我国 1958 年开始进行太阳能电池的研制工作，并于 1971 年将研制的太阳能电池用在了发射的第二颗卫星上。近期，美国一家机构制造的太阳能电池创造了光电转换效率 40.7% 的新记录。这种太阳能电池由美国波音光谱实验室制造，其电池板采用了不同的半导体材料，各种材料的交界面形成了特殊薄层。这样的结构能使电板包容的光谱范围更大。与普通太阳能电池相比，新电池能抓住阳光中更多种波长的光子，从而使光电转换率达到 40.7%。第一代太阳能电池基于硅晶片基础之上，主要采用单晶体硅、多晶体硅等材料，转换效率为 11%～15%。在太阳能电池中，目前发展较为成熟的有：① 单晶硅和多晶硅；② 非晶态硅；③ Cu In Se 合金；④ 镉的碲化物和其它的硫族化物太阳能电池，并已达到实用水平。据报道，单晶硅太阳能电池的光电转化效率已达到 24.7%，多晶硅为 19.8%，非晶硅为 10.1%，CdTe 为 16.5%，CIGS（CuInGaSn）为 18.4%[61]。在这些太阳能电池中，硅电池的转换效率高，对环境没有污染，但其吸收系数低、材料消耗较多；非晶态硅电池能量转换效率不高，稳定性不好，合金电池能量转换效率高，性能稳定，但生产成本高，尚无法大规模生产；其它光电池含有有毒元素如 Cd、Te、Ga、In 或 Se，也不适于大规模的生产。前期研究开发的太阳能电池还有一个共同的缺点，制作工艺复杂，生产成本高。太阳能电池与同期迅速发展起来的晶体管和集成电路相比，其发展速度是相当缓慢的。

14.2.1 染料敏化太阳能电池

  辐射到地球表面的太阳光中，紫外光占 4%，可见光占 43%。而 N 型半导体 TiO_2 的带隙为 3.2eV，这决定了其吸收谱位于紫外光波段，对于可见光吸收较弱，为了增加对太阳光的利用率，人们把染料吸附在 TiO_2 表面，借助染料对可见光的敏感效应，增加了整个染料敏化太阳能电池对太阳光的吸收率。

自 20 世纪 70 年代初到 90 年代的 20 多年来，有机染料敏化宽禁带半导体的研究一直非常活跃，Memming R、Gerischer H、Hauffe、Bard、Tributsch H 等人大量研究了各种有机染料敏化剂与半导体薄膜间的光敏化作用。1991 年，Regan 等人研制出了以过渡金属 Ru 的配合物作为染料的纳米晶膜 TiO_2 太阳能电池，其光电转换效率达到 $7.1\%\sim7.9\%$，光电流密度大于 $12\ mA\cdot cm^{-2}$，引起了世人的广泛关注。目前，染料敏化纳米二氧化钛太阳能电池的光电转换效率已达到了 11.18%[62~65]，染料敏化纳米二氧化钛太阳能电池在世界范围内已经成为了研究的热点。

染料敏化太阳能电池与传统的太阳能电池有各自的优缺点，如表 14-1 所示[66]，最引人瞩目的是染料敏化太阳能电池相对其它太阳能电池具有巨大的价格优势，据估计，染料敏化太阳能电池的价格仅为硅太阳能电池的 $1/5\sim1/10$。一旦染料敏化太阳能电池的光电转化效率进一步提高，封装问题、使用寿命问题得到很好的解决，染料敏化太阳能电池很有可能在不远的将来成为一种具有竞争力的商业化产品。

表 14-1 染料敏化太阳能电池与传统太阳能电池的优缺点对比一览表[66]

太阳能电池类型	优势	缺点
单晶硅太阳能电池	开发最早，技术成熟	高纯度的单晶硅价格昂贵，制造过程能耗高
多晶硅太阳能电池	转化效率高，技术成熟，应用广泛	成本相对较高
非单晶硅太阳能电池	转化效率高，技术成熟，应用广泛	电池效率不稳定，转化效率随光照时间增加而下降
CdTe 薄膜太阳能电池	材料的光吸收效率高，制造工艺简单，能耗低	转化效率不稳定，Cd 造成环境污染
CIGS 太阳能电池染料敏化太阳能电池	转化效率高，电池性能稳定制造工艺简单，成本低	效率较低，封装困难，不稳定

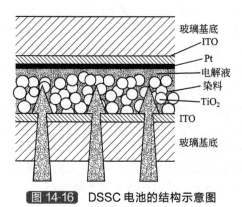

图 14-16 DSSC 电池的结构示意图

染料敏化太阳能电池是由透明导电玻璃、TiO_2 多孔纳米膜、电解质溶液以及镀铂镜对电极构成的"三明治"式结构（图 14-16）。光电转换机理如图 14-17 所示[66]，对应于各标号的物理化学过程如下。① 太阳光（$h\nu$）照射到电池上，基态染料分子（D）吸收太阳光能量被激发，染料分子中的电子受激跃迁到激发态，染料分子因失去电子变成氧化态（D3）。② 激发态的电子快速注入到 TiO_2 导带中。③ 注入到 TiO_2 导带中的电子在 TiO_2 膜中的传输非常迅速，可以瞬间到达膜与导电玻璃的接触面，并在导电基片上富集，通过外电路流向对电极。④ 与此同时，处于氧化态的染料分子（D3），由电解质（I^-/I^{3-}：Red/Ox）溶液中的电子供体（I^-）提供电子而回到基态，染料分子得以再生。⑤ 电解质溶液中的电子供体（I^-）在提供电子以后（I^{3-}），扩散到对电极，得到电子而还原，从而，完成一个光电化学反应循环，也使电池各组分都回到初始状态。但是实际的 DSSC 光伏发电过程中还存在着一些不可避免的暗反应，这主要包括：⑥ 注入到 TiO_2 导带中的电子与氧化态的染料发生复合反应；⑦ 注入到 TiO_2 导带中的电子与电解液中的 I^{3-} 发生复合反应。为了提高 DSSC 的光电转化效率，应尽量避免这些暗反应的发生。

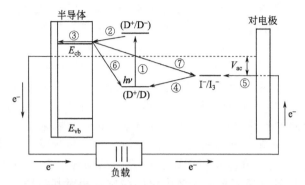

图 14-17 DSSC 电池的工作原理示意图

整体来看，染料敏化太阳能电池与传统的太阳能电池相比，其最大的区别在于光吸收和载流子传输是由不同的物质完成的；其最大的优势在于它是靠多数载流子的传输来实现电荷传导的，这就意味着它不存在传统太阳能电池中少数载流子与电荷传输材料表面复合或载体材料中复合的问题。正是由于这一优越性，使得染料敏化太阳能电池的制备过程不需要那么苛刻的净化环境，该电池的成本也因此相对传统太阳能电池要便宜得多。染料是 DSSC 的核心材料之一，它的主要作用是对太阳光的吸收，并把光电子传输到 TiO_2 的导带上，其性能的优劣对 DSSC 光电转化效率起着决定性的作用[66]。多吡啶钌配合物染料是目前最有效的敏化剂，能敏化得到光转换率较高的纳米晶太阳能电池，如采用四吡啶钌配合物敏化的纳米晶太阳能电池，总转换效率可达 15%[67]，但染料的稳定性相对较差，而且钌元素成本价格很高。虽然，Wang 等[68]报道了转换效率＞7%的染料敏化太阳能电池在 80℃下工作 1000h，转换效率仍能保持在初始值的 90%以上，但这与传统的结晶硅太阳能电池能使用几十年相比，还是相差很远。另外，染料只有直接吸附在半导体纳米晶表面，才能有效地向半导体导带注入电子，如果多层吸附，则外层的染料分子由于受内层染料分子的阻碍作用电荷分离效率低，同时对内层染料分子又有过滤光作用而影响了光吸收。因此，染料价格高、光稳定性差、不能多层吸附成为限制染料敏化纳米晶太阳能电池实用化的主要制约因素。为了克服单层染料的缺点，人们曾试图利用多层染料来克服太阳光吸收的问题，但内层染料分子阻碍了电荷的传输和分离，光电转换效率始终在 1% 以下，远未达到实用水平。随着溶胶-凝胶技术在化学领域内取得的重要发展，以及纳米材料发展，瑞士洛桑高等工业学校（EPFL）Grätzel M 教授领导的研究小组自 20 世纪 80 年代开始，致力于用 TiO_2 颗粒和光电极来研究染料敏化纳米薄膜电池[69~71]，制备出纳米多孔 TiO_2 半导体膜，以过渡金属 Ru 以及 Os 等有机化合物作为染料，并选用适当的氧化还原电解质为主要材料，发展了一种染料敏化纳米薄膜电池，终于在 1991 年取得重大突破，其光电转换效率达 7.1%（AM1.5）[62]，这一突破与其说是在光电化学上取得突破，倒不如说是在太阳能电池上取得了突破，更令人感到欣慰的是它廉价的成本和简单的制作工艺以及稳定的性能，为人类廉价和方便使用太阳能提供了更有效的方法，其制作成本仅为硅太阳电池的 1/5~1/10，而且经过近几年的研究，效率已达到 10%以上[72]。

14.2.1.1 纳米晶 TiO_2 膜

在 DSSC 中，目前用得最多的光阳极材料是纳米 TiO_2。TiO_2 是一种含量丰富、价格便宜、无毒、稳定且抗腐蚀性能良好的半导体材料。TiO_2 晶体基本结构单元都是钛氧八面体

（Ti-O$_6$），由于 Ti-O$_6$ 八面体连接形式不同，构成了正方晶系金红石型（rutile），斜方晶系锐钛矿型（anatase）和正方晶系板钛矿型（brookite）三种晶型，其中金红石型是最稳定的形态，板钛矿和锐钛矿分别在一定的温度与压力下不可逆地转变为金红石型。锐钛矿型的带隙为 3.2eV，金红石型的带隙为 3.0eV。由于禁带越窄越易发生光腐蚀，影响电池的寿命，而且 TiO$_2$ 受光激发后产生的空隙会使染料氧化，引起界面性能的改变，从而导致电池光电效率的降低，所以一般选用禁带宽度较宽的锐钛矿型 TiO$_2$。

在已见报道的基于各种宽带隙半导体材料的太阳能电池的应用中，TiO$_2$ 表现出优于其它半导体材料的光电转换效率，因此，目前为止，以基于 TiO$_2$ 太阳能电池的研究最热，从染料敏化太阳能电池到导电聚合物太阳能电池，再到杂化太阳能电池，均可看到其应用，TiO$_2$ 之于太阳能电池的重要性可略见一斑。在基于 TiO$_2$ 太阳能电池的研究中，为了实现更好的电子传输和敏化剂吸附，相继提出了基于不同 TiO$_2$ 纳米结构的薄膜电极，包括纳米颗粒、纳米线、纳米棒、纳米管以及以上结构的复合结构等。在这些 TiO$_2$ 纳米结构当中，基于 TiO$_2$ 纳米颗粒的纳米晶薄膜是最先被提出的结构，相对其它纳米结构组成的薄膜，纳米晶薄膜的制备相对简单，而且，在相关文献的报道中，TiO$_2$ 纳米晶薄膜作为光电极的太阳能电池的光电转换效率并不亚于、甚至高于其它纳米结构制备的太阳能电池，因此，TiO$_2$ 纳米晶薄膜的应用依然十分广泛。在 DSSC 中，纳米 TiO$_2$ 薄膜是连接染料和导电膜的中间桥梁，起到固定染料，接收染料中光生电子并传递到导电玻璃表面的作用。紧密结合更多的敏化剂，快速输运光生电子是纳米 TiO$_2$ 薄膜必须具备的性能。

作为光阳极的半导体薄膜，在理论上应具备以下性质：

（1）半导体氧化物、染料敏化剂以及电解质三者之间的能级要匹配，从而使电子的转移在热力学上成为可能。

（2）染料分子与半导体氧化物、染料分子与电解质以及半导体氧化物与导电基底之间必须紧密接触，以保证电子转移的动力学过程得以实现。

（3）半导体氧化物表面应尽可能多的吸附染料，以最大程度利用太阳能。在 TiO$_2$ 纳米晶薄膜的制备方法中，主要包括溶胶-凝胶（sol-gel）法、粉末涂敷法、水热法、模板剂法以及电化学沉积法等[73]。

① 粉末涂敷法是将 TiO$_2$ 粉末分散在含有分散剂及表面活性剂等的水溶液中，然后在玛瑙研钵中充分研磨，所得到的黏稠胶体溶液涂敷在导电玻璃表面，经烧结除去有机物后形成多孔薄膜电极。

② 模板剂法是以有机聚合物作为结构导向剂，在黏合 TiO$_2$ 纳米颗粒的同时，完成对 TiO$_2$ 纳米晶薄膜形貌以及微结构的控制，这是目前制备纳米晶薄膜较为常用的方法。常见的模板剂有聚乙二醇 PEG[74~76]、聚乙烯吡咯烷酮 PVP[77]、曲拉通 Triton[78]、聚甲基丙烯酸甲酯 PMMA[79]等，其中，以 PEG 的应用最多。利用 PEG 作为结构导向剂，可制备透明、无裂缝的多孔 TiO$_2$ 纳米晶薄膜。

③ 水热法是把 TiO$_2$ 纳米颗粒加入到钛醇盐溶液中，强力搅拌成黏滞的糊状液体，然后涂敷在导电玻璃上，最后在水蒸气的条件下进行水热处理，完成无定形 TiO$_2$ 纳米颗粒的结晶，进而形成 TiO$_2$ 纳米晶薄膜，TiO$_2$ 纳米颗粒在当中起着类似模板剂的作用。

④ 电化学沉积法包括阳极沉积法和阴极沉积法，这两种方法得到的 TiO$_2$ 纳米晶薄膜的附着力很强。阳极沉积法：将导电玻璃用丙酮、无水乙醇、去离子水清洗后，用新鲜配制的 TiCl$_3$ 为电解液进行恒电位电解，在导电玻璃上得到四价钛的水化薄膜，将膜在红外灯或室温下干燥，然后放入马弗炉，控制温度热处理后得到 TiO$_2$ 纳米晶薄膜。阴极沉积法：直接以 TiOSO$_4$ 为原料，阴极电沉积制备 TiO$_2$ 纳米晶薄膜。

在以上制备纳米晶 TiO$_2$ 薄膜的方法当中，以模板剂法应用最多。模板剂在薄膜的形成过程中起着结构导向的作用，通过不同模板剂的选择及其含量的改变，可对薄膜的微结构进行调控，从而影响光、电子在薄膜中的传输过程。例如，利用 PEG 可制备出空隙尺寸较大的纳米晶薄膜，使薄膜形貌更为粗糙，增强光在薄膜中的散射，有利于光吸收；而利用曲拉通可制备出更为致密的纳米晶薄膜，有利于光生载流子在薄膜中的有效传输，使光电流增大。模板剂作为结构导向剂可实现对薄膜形貌的调节。但是，模板剂的加入需要对薄膜进行高温处理，达到除去模板剂的目的。然而，高温处理将可能引起颗粒的团聚、薄膜的皲裂、导电玻璃上 ITO 的挥发等不利现象，因此，低温下的水热制备薄膜将是避免上述问题出现的一个较好的替代方法。

14.2.1.2　染料敏化剂及其特点

敏化剂是染料敏化光电池中关键的组成部分，由于半导体氧化物的禁带较宽，如锐钛矿 TiO_2 为 3.2eV，只有紫外光才能激发产生电子-空穴对，而紫外光在太阳光中只占很少的一部分。提高太阳能电池的效率就需将激发光拓宽到可见光乃至近红外区，敏化剂的敏化能很好地解决了这一矛盾。如果敏化剂的激发态电势比 TiO_2 导带电势更负，并且能够被可见光激发，则敏化剂可以在可见光激发下，将电子注入 TiO_2 导带，从而使体系的激发波长范围扩展到可见光，即增强了对太阳光中长波长光的吸收。

用于 DSSC 的理想染料敏化剂一般应满足如下要求[80,81]：

① 具有宽的光谱响应范围，即能在尽可能宽的光谱范围内吸收太阳光能，一般认为波长 920nm 以下的太阳光是有效的；

② 可以与纳晶半导体表面牢固结合，并以高的量子效率将光激发电子注入到纳晶半导体的导带中去；

③ 具有高的稳定性，如可经历 10^8 次氧化还原反应，相当于在自然太阳光下稳定 20 年；

④ 具有足够高的氧化还原电势，使其能迅速结合电解质溶液或空穴导体中的电子给体而再生。

目前应用前景最为看好的是多吡啶钌配合物类染料敏化剂。多吡啶钌染料具有非常高的化学稳定性，通过羧基或膦酸基吸附在纳晶 TiO_2 薄膜表面，使得处于激发态的染料能将其电子有效地注入到纳米 TiO_2 导带。多吡啶钌染料按其结构分为羧酸多吡啶钌、膦酸多吡啶钌、多核联吡啶钌三类。其中前两类的区别在于吸附基团的不同，前者吸附基团为羧基，后者为膦酸基，它们与多核联吡啶钌的区别在于它们只有一个金属中心。羧酸多吡啶钌的吸附基团羧基是平面结构，电子可以迅速地注入到 TiO_2 导带。在这类染料中，以 N3、N719 和黑染料为代表，保持着 DSSC 的最高效率。近年来，以 Z907 为代表的两亲型染料和以 K19 为代表的具有高吸光系数的染料敏化剂是当前多吡啶钌类染料研究的热点。

图 14-18 阐述了 N_3 染料［cis-Ru（dcbpy）$_2$（NCS）$_2$］和全黑染料 Ru（tctpy）（NCS）$_3$ 光响应谱线的区别[66]。钌的多联吡啶络合物系列染料使得吸收全波段可见光成为可能，下一步的目标是要在全黑染料的基础上，进一步提高染料在 700～920nm 波长范围内的光电量子效率，使得染料的光响应谱线达到类似 GaAs 的水平。一旦当染料的光响应谱截止波长达到 920nm，即染料能够完全吸收 920nm 波长以内的紫外、可见、近红外光的全部能量，DSSC 的短路电流将由现在最大的

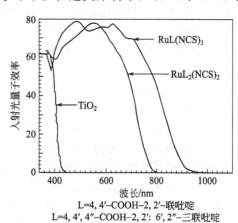

L=4, 4'–COOH–2, 2'–联吡啶
L=4, 4', 4''–COOH–2, 2': 6', 2''–三联吡啶

图 14-18　N_3 染料［$RuL_2(NCS)_2$］和黑色染料［$RuL(NCS)_3$］的光电响应谱线[66]

$20.5~\text{mA} \cdot \text{cm}^{-2}$提高到$28~\text{mA} \cdot \text{cm}^{-2}$，总光电转化效率也将达到$15\%$以上。

多核联吡啶钌染料是通过桥键把不同种类联吡啶钌金属中心连接起来的含有多个金属原子的配合物。它的优点是可以通过选择不同的配体，逐渐改变染料的基态和激发态的性质，从而与太阳的光谱更好的匹配，增加对太阳光的吸收效率。根据理论研究，这种多核配合物的一些配体可以把能量传递给其它配体，具有"能量天线"的作用。Gratzel 等[82]的研究认为，天线效应可以增加染料的吸收系数，可是在单核联吡啶钌染料光吸收效率极低的长波区域，天线效应并不能增加光吸收效率。而且，此类染料由于体积较大，比单核染料更难进入纳米 TiO_2 的孔洞中，从而限制了吸光效率。

14.2.1.3　电解质

在染料敏化光电池中，电解质起到传输电子和空穴的作用，其中的氧化还原电对、有机溶剂、添加剂以及金属离子的种类都对 DSC 的性能有重要的影响。理想的氧化还原电对要满足：在阴极应该具有快速的电子传输动力，较快地与电子发生氧化还原反应，以减少电子在阴极的积累；而在阳极又要表现出较慢的电子传输动力，以减少激发到半导体导带中的光电子与电解质中的电子受体或敏化剂的氧化态反应。目前的 DSC 中，应用的有液态电解质、准固态电解质、固态电解质等。

（1）液态电解质

液态电解质种类繁多，常用的有 I_2/I^-，Br_2/Br^-，Na_2SO_4/Na_2S，$[Fe(CN)_6]^{3-}/[Fe(CN)_6]^{4-}$ 等。目前，最常用的电解质是将 I^-/I^{3-} 溶解在有机溶剂中。广泛应用的电解质溶液中氧化还原电对一般为 I^-/I^{3-}，有机溶剂主要有腈类或碳酸酯类，添加剂一般为 4-叔丁基吡啶或 N-甲基苯并咪唑。I^-/I^{3-} 氧化还原电对具有很好的稳定性和可逆性、高的扩散常数，并且它们对可见光的吸收可以忽略。I^-/I^{3-} 氧化还原电位能够与目前广泛应用的顺式钌络合物敏化剂 N3 和"黑色敏化剂"的氧化还原电位能级匹配，因此成为目前电解质的首选。

使用液态电解质的染料敏化光电池存在以下缺点，使染料敏化光电池的实际应用受到限制[83]：① 有机溶剂的沸点一般比较低，具有高的蒸气压，容易挥发，太阳能电池的长期稳定性受到影响；② 液体电解液的密封工艺复杂，长期放置会造成电解液泄漏，而且，密封剂很容易与电解液发生反应；③ 有机溶剂具有一定的毒性；④ 液体电解质中微量的水可以导致敏化剂脱附；⑤ 太阳能电池的形状设计受到限制。

离子液体是解决上述问题的有效途径之一。室温下的离子液体具有一系列的优点，诸如好的热稳定性及宽的电化学窗口、不易燃性、高的离子传导性、很小的蒸气压、毒性小等。在 DSC 中用离子液体代替液态电解质有利于提高寿命和稳定性，具有广阔的前景。但离子液体的黏度系数相对较大，影响离子的扩散速率，导致 DSC 的光电转换效率不高，这也是今后努力的方向。

（2）准固态电解质

考虑到液体电解质的不足，而它与胶凝剂结合后形成的准固态电解质可有效地防止电解质泄漏，延长电池的使用寿命，从而引起广泛的关注。用于 DSC 的胶凝剂主要有：聚合物[84]、纳米粉末[85]和有机小分子胶凝剂[86]。

聚合物胶凝剂具有网格结构，液体电解质可以填充于其中从而达到固化的目的，然而高分子溶于电解质后，黏度较高，造成电解质的灌注比较困难且会造成电池效率的下降，但其性能稳定，使用寿命较长。纳米粉末胶凝剂易于分散在极性较强的离子液体中，形成稳定的凝胶并且基本上不影响电池的性能，但由于纳米粉末容易发生团聚及沉降，获得的凝胶寿命有限。有机小分子胶凝剂主要是含有酰胺键和长脂肪链的有机小分子，通过酰胺键之间的氢键和长脂肪链之间的范德华力，使液体的电解质固化成准固态[87]。

准固态电解质具有很大的潜力，它克服了液体有机溶剂电解质和离子液体的不足，又能把两者的优点很好地结合起来，如能进一步提高其性能，将会在未来的 DSC 中占有一席之地。

（3）固态电解质

由于液体电解质存在的一些不可避免的缺陷，从实用角度考虑，用 P 型半导体氧化物或固体有机空穴材料[88]或导电聚合物[87]代替液体电解质将是染料敏化光电池发展的一个方向。人们对固态电解质一直以来就很感兴趣，尤其以有机空穴材料研究较为活跃。Gratzel 等利用 2，2，7，7'-四（N，N-二对甲氧基苯基胺)-9，9'-螺双芴（OMeTAD）作为空穴传输材料，单色光的 IPCE 高达 33% 以上。固体空穴材料与敏化的半导体氧化物构成 P-N 异质结，其电荷分离动力学过程为：敏化剂受光激发后，将电子注入到二氧化钛的导带中，氧化态的敏化剂分子随之将空穴注入到 OMeTAD 中，从而获得再生。机理方程式为：

$$Ru(NCS)_2(dcbpy)_2^* \longrightarrow Ru(NCS)_2(dcbpy)_2^+ + e^- (TiO_2) \tag{14-14}$$

$$OMeTAD + Ru(NCS)_2(dcbpy)_2^+ \longrightarrow Ru(NCS)_2(dcbpy)_2 + OMeTAD^+ \tag{14-15}$$

$$OMeTAD^+ + e^- （对电极）\longrightarrow OMeTAD \tag{14-16}$$

敏化剂敏化异质结的优点在于光敏化剂和空穴传输材料可以独立选取，这对于优化电池的性能是非常有利的。而敏化剂敏化异质结这个概念的提出为将来选择廉价固态太阳能电池的研究提供了可行性。Huynh[89]等提出的 P₃HT 与 CdSe 杂化的空穴传输材料，Yanagida[90]也于 2002 年报道了 PEDOT 材料。固体电解质代替液体电解质虽然克服了一些问题，但也存在明显的不足，如在半导体氧化物和空穴传输材料的界面处电子的复合速率比较高、传导率低等，这也是今后努力的方向和研究重点。

14.2.1.4 对电极

对电极也称光阴极，通常是由导电玻璃和附着在其上的铂薄膜构成。在电池中对电极有以下几方面的作用：① 将从外电路获得的电子转移给电解液中氧化还原电对的 I^{3-}；② Pt 作为催化剂，催化还原 I^{3-}；③ 导电玻璃上的铂层可以充当反光镜，将没有被染料吸收的光（特别是红光）反射回去，使染料再次吸收[91]。纳米粒子的光散射结合反光镜的光反射可以使入射光在纳米网络中无规则穿行，使红光区的吸收增加 $4n^2$（n 为染料敏化纳米晶膜在相应长波区域内的折射率），显著改善红光区的光电转化效率[92]。除了铂以外，金、镍、碳、某些导电的聚合物以及无机氧化物也可作为 DSSC 的催化剂使用。

铂对电极的制备方法主要有磁控溅射、电沉积和热分解等。采用真空镀膜法制备的铂对电极对 DSSC 的性能没有改善，反而由于过大的电阻还降低了电池的短路电流。电化学法制备的对电极载铂量偏高，与染料敏化太阳能电池价格低廉的特点不相适应。热分解法则是一种简便、快速制备高效铂修饰对电极的方法，控制适宜的铂离子浓度与合适的膜厚度，寻找合适的涂膜液配方，以此减少有机物的残留，制备具有多孔网状结构、厚度均匀、高比表面积的铂修饰对电极，是今后的一个研究方向。

14.2.2 其它太阳能电池

14.2.2.1 固态电解质太阳能电池

固态电解质太阳能电池的研究是为了解决液态电解质挥发、渗漏和腐蚀电极造成电池短寿命的问题。

固态（准固态）DSSCs 中使用的电解质包括 P 型半导体、离子液体电解质和聚合物电解质。其中，P 型半导体是固态 DSSCs 中广泛使用的一类电解质材料，包括无机 P 型半导体（如 SiC、GaN、CuI、CuBr、CuSCN[93~95]）和有机 P 型半导体两大类。目前研究相对成熟的无机 P 型半导体主要为铜的卤化物和 CuSCN，而其它的无机半导体材料在 DSSCs 中的应用则鲜有报道。2005 年，Bandara 等[96]第一次把无机氧化物半导体 NiO 引入固体 DSSCs，为氧化物半导体在太阳能电池中的应用开辟了新的思路。相对于无机材料，有机 P 型半导体材料来源广泛、制备方便、价格便宜。其首次应用报道于 1998 年：Bach 等[97]报道无定形有机空穴传输材料 2，2′，7，7′-四（N，N-二对甲氧基苯基氨基）-9，9′-螺环二芴 OMeTAD 为电解质的固态效 DSSCs，所获电池的效率为 0.174％，单色光转换效率达 33％。2001 年，Krüger J 等[98]通过掺杂 4-丁基吡啶和 LiN（CF₃SO₂）₂ 控制界面电荷复合，将该类固态 DSSCs 的效率提高至 21.56％。在这些工作的基础上，Krüger J 等[99]用含银离子的染料替代 N₃ 染料，从而将 DSSCs 的效率提高到了 31.2％，这也是目前为止使用有机 P 型半导体的固态 DSSCs 所达到的最高效率。现有研究表明，使用有机 P 型半导体的固态 DSSCs 在没有盐（常用的是锂盐）存在的情况下通常效率都比较低，而由于盐绝大多数都不溶于有机 P 型半导体，因此寻找共溶剂以增加盐在有机 P 型半导体中的溶解度是有机 P 型半导体固态 DSSCs 研究中的重要内容。

而无论对于无机 P 型半导体还有有机 P 型半导体 DSSCs，半导体材料与 TiO₂ 和染料接触不良被普遍认为是导致电池效率较低的最主要因素。因而，提高半导体对 TiO₂ 的孔隙注入率是影响 P 型半导体固态 DSSCs 实用化的关键步骤[100]。

14.2.2.2 聚合物太阳能电池

大多数的聚合物电解质由于结晶而在室温下离子电导率很低，以往主要通过添加增塑剂来抑制聚合物的结晶，但是增塑剂会降低聚电解质的机械强度并可能腐蚀电极。聚合物太阳能电池一般为三明治夹心结构，由 ITO 导电玻璃（正极）、聚合物光活性层和 Al（负极）组成。当光从某一侧照射活性层时，产生光伏效应形成光电流。自从 1992 年 Heeger A J[101] 和 Yoshino K[102] 两小组各自独立发现，从共轭聚合物向富勒烯存在光诱导电子转移和 20 世纪 90 年代建立本体异质结构型以来，聚合物太阳能电池获得了长足的进展，效率达到 5％～7％，具有极大的发展潜力，未来的研究重点是开发新型的聚合物光伏材料。新的研究表明，纳米无机颗粒同聚合物共混复合不仅可以显著提高聚合物电解质的电导率，还可提高聚电解质的机械强度[103]。

聚合物太阳能电池虽然具有许多无机半导体太阳能电池所不可比拟的优点，但毕竟起步较晚，效率也较低，其今后研究方向为：① 深入了解光伏作用原理，对是否能提高聚合物太阳能电池的能量转换效率至关重要；② 增加光子的吸收效率以提高光电转换效率，一是运用能带隙控制工程来调节聚合物的吸收，以达到与太阳光谱的完全匹配，二是增加光富集染料层，另外，光富集染料或者功能基可连接在共轭聚合物上，这样也可提高聚合物的光吸收；③ 研究器件活性层的形态；④ 开发新型的电子受体型聚合物，该类聚合物必须满足好的溶解性及加工性、高的电子亲和能、链结构有序、高的载荷迁移率、分子呈平面构型及吸收要尽量覆盖可见光谱等条件。

14.2.2.3 有机太阳能电池

纯有机电池目前以其简单的制备工艺引起了大家的关注，也成为当前太阳能电池研究的热点。其与 DSSCs 一样可以实现柔性电池的制备，但与 DSSCs 相比，纯有机电池存在以下缺点：

（1）效率低

纯有机电池的效率为 2％～4％[104,105]，而 DSSCs 的高达 8％～11％。这主要是因为纯有机电池的光吸收以及电荷分离在同一个带中，效率很难提高。另外，电子扩散距离 Ln 在 DSSCs 中可为 10～20μm[106]，因而使用微米级的膜，有利于吸附更多的染料。但是在纯有机电池中，Ln 仅为几十个纳米，因此只能使用薄膜，这就导致因光吸收不足而效率降低。

（2）稳定性差

纯有机电池易发生光腐蚀，因此，DSSCs 比纯有机电池具有更大的研究价值和更广阔的应用前景。

有机半导体吸收光子产生电子-空穴对（激子），激子的结合能大约为 0.2～1.0eV，高于相应的无机半导体激发产生的电子-空穴对的结合能，所以电子-空穴对不会自动解离形成自由移动的电子和空穴，需要电场驱动电子-空穴对进行解离。两种具有不同电子亲和能和电离势的材料相接触，接触界面处产生接触电势差，可以驱动电子-空穴对解离。

14.3　二氧化碳的能源利用

随着全球经济的进一步发展，能源的需求日益增长，使得 CO_2 的排放也急剧增加。然而，CO_2 是引发"温室效应"、造成全球变暖的主要气体。如何缓解"温室效应"，减少大气中的 CO_2 是人类面临的最具挑战性的任务之一。然而，CO_2 也能为许多有机产品提供碳源，若将其储存、转化或固定则具有重大的现实意义。众所周知，通常情况下 CO_2 非常稳定，将其还原转化必须添加能量。所以，重新利用并非易事。植物的光合作用虽然也能转化相当数量的 CO_2，但剩余的 CO_2 仍很多。近年来，一些科学家正着手研究降低大气中 CO_2 含量的技术，比如 CO_2 的分离、永久封存、减少或杜绝燃烧产生的 CO_2 等。虽然许多 CO_2 的转化固定方法，如高温非均相、均相催化氢化作用和电化学还原都是可能的，但最主要的问题是：如何在低能耗下获取 CO_2 的转化固定产物并避免 CO_2 的再生。虽然在高温高压下，CO_2 与 NH_3 合成尿素可以实现其回收，但条件苛刻，耗能较大，从经济的角度看并不理想。同样，高温下 CO_2 的非均相甲烷化也难以应用。因此，室温下 CO_2 的电化学还原，在水溶剂中将 CO_2 转化为 CH_4、C_2H_5OH，在非水溶剂中将 CO_2 转化为草酸盐，以及将 CO_2 固定到有机络合物中生成新物质等都是当前研究较多的方法。而光电化学、光催化还原 CO_2 及仿光合作用转移 CO_2 的研究工作也在迅速发展。

14.3.1　还原 CO_2 方法的概述

目前在这方面研究较多的方法有：CO_2 的电化学还原，光电化学还原 CO_2，光催化还原 CO_2 等。其中电化学还原是迄今为止研究最多的方法，但由于该方法在大规模的生产中耗电量很大，经济性比较差，同时反应还需要有机溶剂，其价格一般都较昂贵，且绝大多数都有毒，对身体有害，不符合当今"绿色化学"和"可持续性发展"的发展战略。而光电化学还原研究和使用得非常少，还原条件难以实现。但是，光催化还原具有节能和无污染的特点，并且可以利用太阳能这一无限的绿色能源，完全符合"绿色化学"和"可持续性发展"的宗旨。由于光催化在新能源的开发和利用方面具有巨大的应用潜力，所以光催化研究受到了世界各国尤其是发达国家政府和科学界的高度重视，纷纷在这一领域投入大量的人力、物力，使光催化的基础和应用研究得到快速发展。

14.3.1.1　电化学还原 CO_2

金属作为阴极还原无机盐水溶液中的 CO_2 已经有了很多的报道[107～110]。电化学还原 CO_2 的还原体系如图 14-19 所示。电化学还原 CO_2 的反应装置，主要是一个 H 形电解池，光电化学还原的装置也与其差不多[111,112]。一般认为，影响 CO_2 还原的因素有 CO_2 分压、溶液 pH 值及溶液成分、电极材料、电极电位、溶液的流体动力学等。还原机理如下：

$$CO_2 + e^- \longrightarrow CO_2 \cdot^- \text{（ads）} \tag{14-17}$$
$$CO_2 \cdot^- \text{（ads）} + H_2O \longrightarrow HCO_2 \cdot \text{（ads）} + OH^- \tag{14-18}$$
$$HCO_2 \cdot \text{（ads）} + e^- \longrightarrow HCO_2 \cdot^- \text{（ads）} \tag{14-19}$$

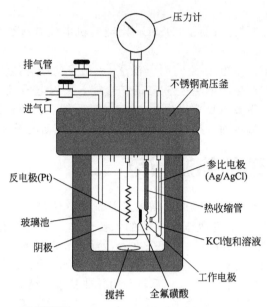

压力计

排气管

进气口

不锈钢高压釜

参比电极
(Ag/AgCl)

反电极(Pt)

热收缩管

玻璃池

阴极

KCl饱和溶液

工作电极

搅拌　全氟磺酸

图 14-19　高压下，电化学还原 CO_2 电解槽

$$CO_2 \cdot^- + BH + e^- \longrightarrow HCO_2 \cdot^- + B^- \tag{14-20}$$

（注：BH 为质子提供体）

其中，电极材料和电极电位是影响 CO_2 电化学还原的产物和反应效率的主要因素。Frese 等[113,114]在 Ru 和 Mo 阴极上，用 CO_2 还原生成 CH_4、CO 和 CH_3OH，而在 Hg、Pb、Sn、In 金属电极上，将之放在四烷基锰盐水溶液中，生成 CH_4、乙二酸和其它羧酸。Frese[115]报道在 22℃时的氧化铜电极上，CO_2 在水溶液中还原生成甲醇。而在无机溶剂中，用 N-GaAs 及 P-GaAs 和 N-LnP 作为电极，Na_2SO_4 为支持电解质，电化学还原 CO_2，显示电流效率很高。在 101.325 kPa 的水溶液中，CO_2 的电化学和电催化还原表明，电极的催化性强烈依赖于所用金属，如 Hg、Pb、In 和 Sn 等对氢气生成有高过电位的金属上优先生成甲酸，Cu 电极上生成甲烷、乙烷、乙醇。Ikeda 等[116]则证实了 Zn、Sn、In、Mo 金属电极在四烷基锰盐水溶液中阴极还原 CO_2 得到 CO，在非水溶液里金属电极上放出 CO、乙二酸和甲酸。在 Au 和 Hg 电极上，CO_2 电化学还原得到 CO。电极电位恒定时，CO 在 Au 电极上的生成率与 CO_2 的分压成正比，并认为反应过程是 CO_2 最初还原生成的 CO_2 吸附在电极表面，如图 14-20 所示。

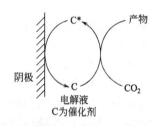

C*

产物

阴极

C

CO_2

电解液
C 为催化剂

图 14-20　二氧化碳电还原体

电化学还原 CO_2 在以后的研究中将会集中在以下几个方面：① 利用气体扩散电极增加 CO_2 压强促进反应；② 利用有机络合物将 CO_2 固定成 C_3 以上的更复杂产物；③ 采用有机溶剂溶解 CO_2 并利用低温技术；④ 采用不同电极并控制反应温度以选择生成物。

14.3.1.2　光电化学还原 CO_2

为了节省电能，人们自然想到光电结合还原 CO_2 的体系。基本原理是，半导体在光照作用下，利用阴极材料在电化学作用下都能产生催化活性的特性，达到光电结合催化还原 CO_2 的目的。Hara 等[117]指出，在半导体电极或非均相光催化剂作用下光电化学或电化学还原 CO_2，得到了 CH_3OH、HCHO、HCOOH、CH_4 及 CO。然而，有人指出 CH_3OH、

HCHO 和 CH₃CHO 也能在半导体被固定的环氧树脂上由光化学还原分解中产生，并报道说，P-Gap 中 CO₂ 光电催化还原只生成 HCOOH。O'Toole 等[118]在固体乙腈中覆一层聚（4-烯基-4'-甲基-2，2-二吡啶）Re（CO₃）Cl 于 Pt 电极上，对 CO₂ 进行电化学还原得到少量草酸。最近的 CO₂ 还原研究中，半导体悬浮液也得到应用，光电化学电池中半导体阴极也广泛用于反应。

14.3.1.3 光催化还原 CO₂

从热力学角度来看 CO₂ 能级非常低，所以它非常稳定甚至是惰性的，很难活化，因此需要苛刻的反应条件及高的能耗，而且化学转化通常存在反应转化率低、产物选择性差的问题。太阳能是地球能量供给的最终源泉，所有的能量形式中除了地热火核能，如化石燃料、生物材料、水利和风能都是从太阳能转化来的。所以，光还原 CO₂ 是非常有意义的，最终目的是实现人工光合成，将 CO₂ 还原为烃类，如甲醇或甲烷等。这样太阳能就被以化学能的形式转化和储存下来，而目前在最好的人工条件下，也只能利用太阳光中的 10%[119]。

CO₂ 光催化还原是利用光催化剂在光能的作用和温和的条件下还原 CO₂，能将 CO₂ 活化为更活泼的状态，比如自由基或激发电子来完成反应。CO₂ 光化学还原是利用光照催化剂形成自由基或激发电子来完成的，反应通式如下（CA 为催化剂）：

$$CA \xrightarrow{h\nu} CA \cdot \tag{14-21}$$

$$CA \xrightarrow{h\nu} e^- + h^+ \tag{14-22}$$

$$CA \cdot + CO_2 \longrightarrow 有机物 \tag{14-23}$$

$$H^+ + H_2O \longrightarrow O_2 + H^+ \tag{14-24}$$

$$H^+ + CO_2 + e^- \longrightarrow 有机物 \tag{14-25}$$

其中，金属络合物催化体系多见于式（14-21），半导体悬浮催化体系多见于式（14-22）。此外，模拟光合作用还原 CO₂ 的酶催化剂体系也多见于报道。这主要是对一些可用于还原 CO₂ 的光催化剂的研究。包括传统纳米 TiO₂ 及其改性的研究，新型光催化剂的研究，光催化剂制备方法的研究。

CO₂ 还原的最简单产物就是 HCHO、HCOOH、CH₃OH、CH₄，在 298 K 下，CO₂ 在 H₂O 中还原的 $\Delta G^\ominus$ 如下：

$$CO_2 + H_2O \longrightarrow HCHO + O_2 \quad \Delta H = 536kJ, \Delta G^\ominus = 521kJ \tag{14-26}$$

$$CO_2 + H_2O \longrightarrow HCOOH + \frac{1}{2}O_2 \quad \Delta H = 270kJ, \Delta G^\ominus = 286kJ \tag{14-27}$$

$$CO_2 + 2H_2O \longrightarrow CH_3OH + \frac{3}{2}O_2 \quad \Delta H = 272kJ, \Delta G^\ominus = 703kJ \tag{14-28}$$

$$CO_2 + 2H_2O \longrightarrow CH_4 + 2O_2 \quad \Delta H = 890kJ, \Delta G^\ominus = 818kJ \tag{14-29}$$

由上式可见，CO₂ 在 H₂O 中要想还原成这些产物，$\Delta G^\ominus$ 均大于零，反应不是自发的，只有在外加能量的基础上才能发生。而在所有的外加能量的实验中，光催化还原是最理想的，因为有可能模拟光合作用实现太阳光下的还原，即实现非生物还原转化 CO₂，是最有发展前景的研究方向。而光催化的关键技术就是光催化剂研究与应用。目前，光催化剂的研究主要集中在纳米半导体光催化剂，例如纳米 TiO₂、TiO₂-Al₂O₃、CdS、ZnS、PbS 等半导体粒子，其中纳米 TiO₂ 半导体粒子对光催化还原的效率最为显著，光催化还原 CO₂ 效率比较高；而且经染料敏化的纳米 TiO₂ 光生载流子的界面电子转移速度加快，具有优异的光吸收和光电转换特性。

14.3.2 光催化还原 CO₂ 的催化体系

目前常见的光催化还原 CO₂ 的催化体系可以归纳为以下九种：半导体悬浮体系、固载半导体催化体系、半导体表面修饰、固相膜、过渡金属配合物催化体系、金属簇化合物催化体系、钙钛矿复合氧化物催化体系、隧道结构化合物催化体系、分子筛催化体系。

14.3.2.1 半导体悬浮体系

半导体悬浮体是半导体催化剂在溶剂中的悬浮液，是由满带、导带和中间禁带构成的。半导体受到光照时，当光量子的能量大于半导体的禁带宽度 E_g 时，处于价带中的电子将跃迁到导带，激发产生电子和空穴。已经研究过的半导体有：P-CdTe、P-GaP、P-GaAs、P-InP、P-Si、P-SiC 等。最常用的是 TiO_2[120,121]、ZnS[122~124]、CdS[125~127]、CdSe 等。

TiO_2 在自然界中存在着金红石型、锐钛矿型及板钛矿型三种结晶形态。用于光催化的主要是锐钛矿型，它具有光催化活性较高、耐腐蚀能力强，稳定、无毒、价格相对较低等优点，是一种常用的光催化剂。已有很多报道证明高分散的 TiO_2 具有光催化还原 CO_2 的能力，其还原产物受实验条件的不同而有很大差别，包括 CO、甲酸、甲醛、甲醇、甲烷等一碳化合物及乙酸、乙烷、乙烯等二碳化合物，有时还有丙酮等三碳化合物，常为其中几种的组合。

14.3.2.2 固载半导体催化体系

将半导体固定在载体上称固载半导体[128]。采用固载半导体一是使得光催化纯水成为可能，二是可以方便地将光催化剂从水中分离出来。如高分散的 TiO_2 可通过吸附或离子交换等方法载在沸石、二氧化硅等亲水性高分散载体上[129]，也可采用 sol-gel 技术直接将它与其它元素一起制成含钛二元氧化物[130]。

14.3.2.3 半导体表面修饰

为了克服还原过程中氢气的产生，提高有机物的产率，人们对半导体悬浮体催化剂表面进行了一些改性探讨。例如在催化剂表面担负某种吸氢物质以抑制氢气的产生，当然较理想的物质应该是既能吸氢又能还原 CO_2。如采用 Pd/TiO_2 催化剂可抑制 H_2 的产生，在可见光照射下能高选择性地生成甲酸盐，其量子收率达 0.0029[131]。

14.3.2.4 固相膜

在固相膜上固定（吸附）有效的光催化剂是光还原 CO_2 中最有效的方法之一。将催化剂分子固定在 Nafion（Nf）膜上有利于它们从反应介质中分离出来[132]。Nf 膜由疏水的碳氟化合物、亲水的 SO_3^- 离子束和由它们形成的过渡区这三个部分组成。将金属卟啉（MP）、金属酞菁（MPc）吸附在 Nf 膜上，Nf 膜上 MP、MPc 周围的疏水环境将使得分子作为促进 CO_2 还原的选择性催化剂[133]。

14.3.2.5 过渡金属配合物催化体系

杂原子大环配合物分子在吸收光后能可逆地氧化或还原其它分子（如 Ru^{2+}、Re^{2+} 的双吡啶化合物），具有稳定、反应活性高、氧化还原电势低和最低激发态有一定的寿命等特性，在光化学还原 CO_2 中也得到了应用。Hori 等人先后用 $[Re(bpy)(co)_3\{p(oEt)_3\}]^{+[134]}$、$[Re(bpy)(co)_3(pph_3)]^{+[134]}$、$[fac\text{-}Re(bpy)(co)_3(4\text{-}xpy)]^{+[135]}$、$[fac\text{-}Re(bpy)(co)_3p(o^ipr)_3]^{+[136]}$、$[fac\text{-}Re(bpy)(co)_3Cl]^{[137]}$ 等作为 CO_2 光还原的催化剂来研究其反应机理。

14.3.2.6 金属簇化合物催化体系

金属原子簇化合物是一类以金属-金属键合或金属-桥基键合，而使相邻的金属原子或含配体的金属中心连接在一起的两个或两个以上金属原子的化合物。近年来，对此种催化体系在 CO_2 光还原中的技术也有一些研究，如具有层状结构的 $(Bi, Pb)_2Sr_2BiFe_2O_{9+y}$ 可作为光催化剂还原 CO_2 为甲酸，其光催化活性随 Pb 量的增多而提高[138]。

14.3.2.7 钙钛矿复合氧化物催化体系

钙钛矿型（ABO_3）复合氧化物是一种具有独特的电、磁性能及光催化活性的新型无机非金属材料。当 A 位、B 位离子被其它离子部分取代（掺杂）时，其钙钛矿结构保持不变[139]。但掺杂使得完整的晶型产生缺陷和畸变，无序性增大，体系能量升高，形成了掺杂能级，从而有利于光的吸收和光生电子对的分离。余灯华等[140]制得了一种含有三价钛、四价钛以及碱土金属元素的通式为 $M_m Ti_n^{III} Ti_n^{IV} O_p$ 的物质。该催化剂对 CO_2 的光还原有极好的活性，在紫外光照射和纯水介质中，其光催化活性是 TiO_2 的数倍，产物主要为甲醇和甲醛。

14.3.2.8 隧道结构化合物催化体系

含钛离子的隧道结构化合物，主要有钛酸碱金属盐（如 $M_2 Ti_6 O_{13}$）和钛酸钡等。$M_2 Ti_6 O_{13}$（M＝Na、K、Rb）具有矩形棱柱隧道结构，$BiTi_4 O_9$ 则具有五边形棱柱隧道结构。研究表明[141~143]，在矩形棱柱结构中，TiO_6 通过钛离子偏离六个氧原子中心产生三种变形的八面体；而在五边形棱柱结构中，TiO_6 通过钛离子偏离六个氧原子中心产生两种变形的八面体。这些变形的八面体产生的偶极矩在光激发下能有效地产生电荷。

14.3.2.9 分子筛催化体系

分子筛光催化剂近年已成研究热点，传统的分子筛一般由 Si、Al 通过氧键连接成的聚多阴离子骨架和维持电中性的阳离子组成，具有丰富规整的微孔和笼结构，化学性质稳定，且可透过大部分的可见及紫外光[144]。特殊的结构使其具备载体、催化剂、吸附剂、分子筛酶[145]等多重功能；同时又有诸如限域效应[146]、轻原子效应[147]、重原子效应[148,149]、酸碱性[150]、电子受体和供体[151]以及离子交换[152]等特殊性质，所以对于光催化还原 CO_2 优点突出。

参考文献

[1] Fujishima A，Honda K. Nature，1972，238：37.

[2] Kudo A，Kato H，Tsuji I. Chem. Lett.，2004，33（12）：1534.

[3] Hagfeldtt A，Gratzel M. Chem. Rev.，1995，95（1）：49.

[4] 刘守新，刘鸿. 光催化及光电催化基础与应用. 北京：化学工业出版社，2006.

[5] 李秋叶，吕功煊. 分子催化，2007，21，6：590.

[6] 金振声，李庆霖. 化学进展，1992，01：130.

[7] Miseki Y，Kato H，Kudo A. Chem. Lett.，2005，34（1）：54.

[8] He Y，Zhu Y，Wu N. J. Solid State Chem.，2004，177（11）：3868.

[9] Zhang Q，Gao L. Langmuir，2004，20（22）：9821.

[10] Zou Z G，Ye J H，Sayama K，et al. J. Photoch. Photobio. A，2002，148（1-3）：65.

[11] Liotta L F，Di Carlo G，Pantaleo G，et al. Catalysis Communications，2005，6 （5）：329.

[12] 张青红，高濂. 化学学报，2005，63（01）：65.

[13] Sakata T，Hashimo to K，Kawai T. J. Phys. Chem.，1984，88：5214.

[14] Takata T，Tanaka A，Hara M，et al. Catal. Today，1998，44（1-4）：17.

[15] Gopidas K R，Bohorguez M，Kamat P V. J. Phys. Chem.，1990，94（16）：6435.

[16] Vinodgopal K，Kamat P V. Envior. Sci. Technol.，1995，29（3）：841.

[17] HoW K，Yu J C. J. Mol. Catal. A：Chem.，2006，247（1-2）：268.

[18] Do Y R，LeeW，Dwight K，et al. J. Sol. State Chem.，1994，108（1）：198.

[19] Spanhel L，Weller H，Henglein A. J. Am. Chem. Soc.，1987，109（22）：6632.

[20] Haesselbarth A，Eychmueller A，Eichberger R，et al. J. Phys. Chem.，1993，97

(20): 5333.

[21] Rabani J. J. Phys. Chem., 1989, 93 (22): 7707.

[22] Senevirathna M K I, Pitigala P K, Tennakone K. J. Photochem. Photobiol. A: Chem., 2005, 171: 257.

[23] Gratzel M, Russell F H J. Phys. Chem., 1990, 94 (6): 2566.

[24] 陈慧, 金星龙, 朱琨. 中国环境科学, 2000, 20 (6): 561.

[25] Borgarello E, Kiwi J, Gratzel M, et al. J. Am. Chem. Soc, 1982, 104 (11): 2992.

[26] Maruthamuthu P, Ashokkumar M, Gurunathan K. Int. J. Hydrogen Energy, 1988, 13 (11): 677.

[27] Asahi R, Morikawa T, Ohwaki T, et al. Science, 2001, 293 (5528): 269.

[28] Umebayashi T, Yamaki T, Yamamoto S, et al., Appl. Phys. Lett., 2002, 81 (3): 454.

[29] Ohno T, Mitsui T, Matsumura M. Chem. Lett., 2003, 32 (4): 364.

[30] Zhao W, Ma W, Chen C, et al. J. Am. Chem. Soc., 2004, 126 (15): 4782.

[31] Nukumizu K, Nunoshige J, Takata T, et al. Chem. Lett., 2003, 32 (2): 196.

[32] Ohno T, Sato S, Fujihara K, et al. Bull. Chem. Soc. Jpn., 1996, 69: 3059.

[33] Ohno T, Haga D, Fujihara K. J. Phys. Chem: B, 1997, 101: 6415.

[34] Sayama K, Yase K, Arakawa H, et al. J. Photochem. Photobiol. A: Chem, 1998, 114: 125.

[35] Sayama K, Arakawa H, Domen K. Catal. Today, 1996, 28: 175.

[36] Sayama K, Arakawa H. J. Chem. Soc., Chem. Commun., 1992, 2: 150.

[37] Sayama K, Arakawa H. J. Photochem. Photobiol. A: Chem, 1994, 77 (2-3): 243.

[38] Kasahara A, Nukumizu K, Domen K, et al. J. Phys. Chem. A, 2002, 106: 6750.

[39] Hitoki G, Takata T, Domen K, et al. Chem. Commun., 2002, 16: 1698.

[40] Chun W J, Ishikawa A, Domen K, et al. J. Phys. Chem. B, 2003, 107: 1798.

[41] Kasahara A, Nukumizu K, Domen K, et al. J. Phys. Chem. B, 2003, 107 (3): 791.

[42] Ye J, Zou Z G, Ye J H. J. Phys. Chem. B, 2003, 107 (1): 61.

[43] Ye J, Zou Z G, Ye J H. J. Phys. Chem. B, 2003, 107 (21): 4936.

[44] Zou Z G, Ye J H, Arakawa H. Mater. Res. Bull., 2001, 36 (7-8): 1185.

[45] Zou Z G, Ye J H, Arakawa H. Inter. J. Hydrogen Energy, 2003, 28: 663.

[46] Kato H, Kudo A. Catal. Lett., 1999, 58: 153.

[47] Zou Z G, Ye J H, Arakawa H. J. Photochem. Photobio. A, 2002, 148 (1-3): 65.

[48] Zou Z G, Ye J H. Nature, 2001, 414 (6848): 625.

[49] Zou Z G, Ye J H, Arakawa H. J. Phys. Chem. B, 2002, 106 (51): 13098.

[50] Ye J H, Zou Z G, Oshikiri M, et al. Chem. Phys. Lett., 2002, 356 (3-4): 221.

[51] Zou Z G, Arakawa H. J. Photochem. Photobiol. A, 2003, 158 (2-3): 145.

[52] Maeda K, Teramura K, Masuda H, et al. J. Phys. Chem. B, 2006, 110: 13107.

[53] Tsuji I, Kato H, Kobayashi H, et al. J. Phys. Chem. B., 2005, 109 (15): 7323.

[54] Aroutiounian V M, Arakelyan V M, Shahnazaryan G E. Solar Energy, 2005, 78 (5): 581.

[55] 查全性等. 电极过程动力学导论. 第3版. 北京: 科学出版社, 2002.

[56] Chandrasekharan N M, Prashant V K. J. Phys. Chem. B, 2000, 104: 10819.

[57] Bak T，Nowotny J，Rekas M，et al. Int. J. Hydrogen Energy，2002，27：991.

[58] Karn R K，Misra M，Srivastava O N. Int. J. Hydrogen Energy，2000，25：407.

[59] Milczarek G，Kasuya A，Mamykin S，et al. Int. J. Hydrogen Energy，2003，28：919.

[60] Chapin D M，Fuller C S，Pearson G L. J. Appl. Phys.，1954，25，676.

[61] Martin A G，Keith E，David L K. Res. Appl. 2004，12：55.

[62] Regan O. Nature，1991，353：737.

[63] Gratzel M. J. Photochem. Photobio. A：Chem.，2004，164：3.

[64] Claudia L，Marco A. J. Braz. Chem. Soc.，2003，14（6）：889.

[65] Kroon J M，Bakker N J，Smit H J P. ECN Zonne-energie，ECN-RX-04-057，2004.

[66] 陈炜，孙晓丹，李恒德，翁端. 世界科技研究与发展，2004，5：27.

[67] Renouard T，Fallahpour R A，Nazeeruddin M K. Inorg. Chem. 2002，41，367.

[68] Wang P，Zakeeruddin S M，Humphry B R. Adv. Mater，2003，15（24）：2101.

[69] Kiwi J，Gratzel M. J. Am. Chem. Soc.，1979，101：7214.

[70] Vlachopouios N，Liska P，Augustynsk J，Gratzel M.，J. Am. Chem. Soc.，1988，110：1216.

[71] Barbe C J，Arendse F，Comte P，Jirousek M，Lenzmann F，Shklover V，Gratzel M. J. Am. Ceram. Soc.，1997，80：3157.

[72] Nazeeruddin M K，Kay A，Rodicio I，et al. J. Am. Chem. Soc.，1993，115：6382.

[73] 李淑梅. 染料敏化纳米晶太阳能电池阳极的制备与共敏化研究. 无机化学，长春理工大学，2007.

[74] Kajihara K，Yao T. J. Sol-Gel. Sci. Technol.，2000，17：173.

[75] Yu J G，Yu J C，et al. J. Sol-Gel. Sci. Technol. 2002，24：229.

[76] Zhang L，Zhu Y，et al. Appl. Catal.，B Environ.，2003，40：287.

[77] Segawa H，Fukuyoshi J，et al. J. Mater. Sci. Lett.，2003，22：687.

[78] Stathatos E，Lianos P. Adv. Mater.，2007，19：3338.

[79] Fan X，Demaree D，et al. Appl. Phys. Lett.，2008，92：193108.

[80] 孔凡太，戴松元，王孔嘉. 化学通报，2005，68（5）：338.

[81] 黄春辉. 光电功能薄膜超薄膜. 北京：北京大学出版社，2001.

[82] Kohle O，Ruile S，Gratzel M. Inorg. Chem.，1996，35：4779.

[83] Horiuchi T，Miura H，Sumioka K，et al. J. Am. Chem. Soc.，2004，126：12218.

[84] Wang P，Zakeeruddin S M，Exnar I，et al. Chem. Commun.，2002，24：2972.

[85] KuhoW，Kitamura T，Hanabusa K，et al. Chem. Commun.，2002，4：374.

[86] Wang P，Zakeeruddin S M，Comte P，et al. J. Am. Chem. Soc.，2003，125：1166.

[87] 史成武，戴松元，王孔嘉等. 化学通报，2005，68：w001.

[88] Bach U，Luppo D，Comte P，et al. Nature，1998，395：583.

[89] HuynhW U，Dittmer J J，Alivisatos A P. Science，2002，295：2425.

[90] Saito Y，Kitamura T，Wada Y，Yanagida S. Synth. Met.，2002，131：185.

[91] Ka A，Gratzel M，Sol. Energy. Mater. Sol. Cells.，1996，44（1）：99.

[92] Wang Z S，Li F Y，Huang C H. Chem. Commun.，2000，20：2063.

[93] Tennakone K，Kumara G，Kumarasinghea R. Semicond. Sci. Technol.，1995，10：1689.

[94] O' Regan B，Schwartz D T. Chem Mat，1998，10：1501.

[95] Kumara G, Konno A, Senadeera G K R. Sol. Energy Mater Sol. Cells, 2001, 69: 195.

[96] Bandara L, Weerasinghe H. Sol. Energy Mater Sol. Cells, 2005, 85: 385.

[97] Bach U, Lupo D, Comte P, Moser J E, Weissörtel F, Salbeck J, Spreitzer H, Grätzel M, Nature, 1998, 395, 583

[98] Krüger J, Plass R, Cevey L, Piccirelli M. Grätzel M. Appl. Phys. Lett., 2001, 79: 2085.

[99] Krüger J, Plass R, Grätzel M. Appl. Phys. Lett., 2002, 81: 367.

[100] 王莉，何向明，蒲薇华，李建军，姜长印，万春荣，王革华. 云南大学学报（自然科学版），2005, S3: 473.

[101] Sariciftci N S, Smilowitz L, Heeger A J. Science, 1992, 258: 1474.

[102] Morita S, Zakhidov A A, Yoshino K. Solid State Commun., 1992, 82: 249,

[103] Stergiopoulos T, Arabatzis I M, Cacheth. J. Photochem. Photoboil. A-Chem., 2003, 155: 163.

[104] Usui H, Matsui H, Tanabe N. J. Photochem. Photobiol. A-Chem, 2004, 164: 97.

[105] Uchida S, Xue J G, Rand B P. Appl. Phys. Lett., 2004, 84: 4218.

[106] Grätzel M. Chem. Lett., 2005, 34: 8.

[107] Rajeshwar K, Ibanez J G, Swain G M. J. Appl. Electrochem., 1994, 24, 1077.

[108] Bockris J, Knan S. Surface electrochemistry, a molecular level approach, New York and London: Plenum Press, 1994.

[109] Marcos M L, Gonzalez-Velasco J, Bolzan A E, et al. J. Electroanal. Chem., 1995, 395: 91.

[110] Yoshitake H, Kikkawa T, Muto G, et al. Electroanal. Chem., 1995, 396: 491.

[111] Naitoh A, Ohta K, Mizuno T, et al. Electro. chim. Acta., 1993, 38 (15): 2177.

[112] Azuma M, Hashinoto K, Hiramoto M, et al. J. Electro. chem. Soc., 1990, 137 (6): 1772.

[113] Frese KW, Leach S. J. Electro. Chem. Soc., 1985, 132: 259.

[114] Summers D P, Leach S, Frese KW, et al. J. Electro. Chem., 1986, 205: 219.

[115] Frese KW. J. Electro. Chem. Soc., 1991, 138 (11): 3338.

[116] Ikeda S, Takagi T, Ito K. Chem. Soc. Jpn., 1987, 60: 2517.

[117] Hara K, Sakata T. J. Electrochem. Soc., 1997, 144 (2): 539.

[118] O' Toole T R, Sullivan B P, Bruce M, et al. J. Electroanal. Chem., 1989, 259: 217.

[119] Laws E A, berning J L. Bioresour, Technol., 1991, 37: 25.

[120] Kaneco S, Kurimoto H, Ohta K, et al. J. Photochem. Photobio. A: Chem., 1997, 109: 59.

[121] Dey G R, Belapurkar A D, Kishore K. J. Photochem. Photobio. A, Chem., 2004, 163: 503.

[122] Brian R Eggins, Peter K J Robertson, John H Stewart, et al. J. Chem. Soc. Chem. Commun., 1993, 44: 349.

[123] Ku Y, LeeW H, WangW Y. J. Mol. Catal. A: Chem., 2004, 212 (1-2): 191.

[124] Kuwabata S, Nishida K, Tsuda R, et al. J. Electrochem. Soc., 1994, 41: 1498.

[125] Brian R Eggins, John T S Irvine, Eileen P Murphy, James Grimshaw. J. Chem. Soc.

Chem. Commun., 1988：1123-1124.

[126] Fujiwara H, Hosokawa H, Murakoshi K, et al. J. Phys. Chem. B, 1997, 101：8270.

[127] Wang L G, Pennycook S J, Pantalides S T. Phys. Rev. Lett., 2002, 89 (7)：1.

[128] Liu B J, Torimoto T, Matsumoto H, et al. J. Photochem. Photobio. A：Chem., 1997, 108：187.

[129] Tryk D A, Fujishima A, Honda K. Electrochim. Acta, 2000, 45 (15-16)：2363.

[130] Tseng I, ChangW C, Wu J C S. Appl. Catal. B：Environ., 2002, 37 (1)：37.

[131] 徐用军, 周定, 罗中贯等. 哈尔滨工程大学学报, 1998, 19：89.

[132] Hirose T, Maeno Y, Himeda Y. J. Mol. Catal. A：Chem., 2003, 193：27.

[133] Yeager H L, Steck A. J. Electrochem. Soc., 1991, 128：1880.

[134] Beydoun D, Amal R. J. Nanopart. Res., 1999, 1：439.

[135] Hori H, Ishihara J, Jiang L J. J. Photochem. Photobiol, A：Chem., 1999, 120：191.

[136] Hori H, Koike K, Suzuki Y, et al. Mol. Catal. A：Chem., 2002, 179 (1)：1.

[137] Hori H, Takano Y, Koike K, et al. Inorg. Chem. Commun., 2003, 6 (3)：300.

[138] Matsumoto Y. J. Solid State Chem., 1996, 126：227.

[139] Pena M A, Fierro J L G. Chem. Rev., 2001, 101：1981.

[140] 余灯华, 廖世军, 江国东. 工业催化, 2003, 11 (6)：48.

[141] Ogura S, Kohno M, Sato K, et al. J. Appl. Surf. Sci., 1997, 121 (122)：521.

[142] Inoue Y, Asai Y, Sato K. J. Chem. Soc., Faraday Trans., 1994, 90：797.

[143] ShangguanW, Yoshida A. Int. J. Hydrogen Energy, 1999, 24：425.

[144] Vasenkov S, Frei H. J. Phys. Chem. B, 1997, 101：4539.

[145] Nowakowska M, Grebosz M, Smoluch M, et al. J. Phys. Chem., 1997：8165.

[146] Turro N J. Acc. Chem. Res., 2000, 33：637.

[147] 张向华, 李文钊, 徐恒泳. 化学进展, 2004, 16 (5)：728.

[148] Ramamurthy V. J. Phochem. Photobiol. C, 2000, 1：145.

[149] Anderson M A, Grissom C B. J. Am. Chem. Soc., 1996, 118：9552.

[150] Scaiano J C, Garcia H. Acc. Chem. Res., 1999, 32, 783.

[151] Garcia H, Roth H D. Chem. Rev., 2002, 102：3947.

[152] Dutta P K, Borja M. J. Chem. Soc., Chem. Commun., 1993, 20：1568.

第15章
光催化可降解塑料研究

15.1 光催化可降解塑料原理

  可降解塑料是指在一定的使用期内具有与其相对应的普通塑料制品一样的功效，而在完成一定功能的服役期后，或在远未达到使用寿命期而被废弃后，在特定环境条件下，其化学结构能发生重大变化，且能迅速自动分解而与自然环境同化的一类聚合物。可降解塑料为人们解决塑料的白色污染问题开辟了新途径。目前，有效的可降解塑料技术主要有光降解塑料、生物降解塑料、光/生物双降解塑料三种方法，其中，光降解塑料是指在太阳光作用下，作为塑料主体的聚合物可有序地进行分子链断裂而导致其破碎和分解的一类材料。

  光降解塑料一般可以分为共聚型和添加型两类。前者是用一氧化碳或含羰基单体与乙烯或其它烯烃单体合成的共聚物组成的塑料。这些共聚物分子由于在聚合物链上含有羰基等发色基团和弱键，因此易于进行光降解。后者是指添加了具有光敏作用添加剂的聚合物材料。通过添加剂的光分解与光化学反应，引起聚合物的光降解。

  共聚型光降解塑料的主要产品有乙烯-一氧化碳共聚物（ECO 共聚物），乙烯-乙烯基酮共聚物，及其它烯烃与一氧化碳或乙烯基酮共聚物。

  乙烯-一氧化碳（ECO）共聚物在紫外光辐射下，羰基会与相邻碳发生均裂，生成自由基，实现链断裂。

  乙烯-乙烯基酮共聚物在紫外光照射下，分子重排引起主链断裂，生成酮和末端双键。

  添加型光降解塑料中使用的光敏剂主要有过渡金属化合物、芳香酮类、二茂铁及其衍生物、有机卤光敏剂、某些染料、芳香胺和多环芳香烃。

  过渡金属化合物光敏剂如硬脂酸铁 $(C_{17}H_{35}COO)_3Fe$，反应中生成 $C_{17}H_{35} \cdot$ 自由基，从而引发链断裂。

  过渡金属化合物光敏剂光敏机理如下：

$$Fe(COCC_{17}H_{35})_3 \xrightarrow{h\nu} Fe(OOCC_{17}H_{35})_2 + C_{17}H_{35}COO \cdot \qquad (15-1)$$

$$C_{17}H_{35}COO \cdot \longrightarrow CO_2 + C_{17}H_{35} \cdot \qquad (15-2)$$

芳香酮类光敏剂光敏机理如下：

$$(C_6H_5)_2CO \xrightarrow{h\nu} [(C_6H_5)_2CO] \cdot \qquad (15\text{-}3)$$

$$[(C_6H_5)_2CO] \cdot \xrightarrow{IC\ 3} [(C_6H_5)_2CO] \cdot \qquad (15\text{-}4)$$

$$[(C_6H_5)_2CO] \cdot + PH \longrightarrow (C_6H_5)_2COH \cdot + P \cdot \qquad (15\text{-}5)$$

式中，P·为聚合物被夺 H 后成为自由基；IC 为系间跃迁。

添加型光降解塑料的特点是可以采用现有的通用塑料，加入各种类型的光敏添加剂，制造技术比较简单。然而，在实际使用时，如何选择具有较高光敏活性、加工工艺性能优良、不易迁移、挥发和成本低廉的光敏添加剂是制造添加型降解塑料的技术关键。

15.2 聚苯乙烯（PS）可降解塑料

利用纳米粉体和纳米薄膜的制备技术，研究聚苯乙烯（PS）塑料在紫外和可见光光催化剂 TiO_2 及 $TiO_2/CuPc$ 薄膜作用下的光催化降解，利用扫描式电子显微镜（SEM）、傅里叶变换红外光谱（FTIR）、X 射线光电子能谱（XPS）、凝胶渗透色谱（GPC）等技术研究塑料在照射前后的形貌、表面结构及分子量的变化；利用气相色谱技术定性、定量跟踪测定反应体系中生成的挥发性有机物和最终产物 CO_2。研究结果表明，光催化反应发生在聚苯乙烯与催化剂的界面处，产生的活性氧物种扩散进聚苯乙烯骨架内使其降解。PS 被引入催化剂后具有光催化完全降解为 CO_2 和 H_2O 的趋势，是彻底氧化过程，使用表面光敏化的 $TiO_2/CuPc$ 为光催化剂，在自然环境中可降解聚苯乙烯塑料，有较强的应用前景。

15.2.1 紫外降解过程和产物分析

测量重量、分子量及表面形貌的变化时，PS 的光降解反应在一个通大气的长方形（40cm×30cm×20cm）容器中进行，温度为室温 298 K，内置四个 8W 紫外灯（主波长为 253.7nm），薄膜样品（面积为 100cm²）放在距离紫外灯 5cm 处，测得该处的光强为 2.5mW·cm⁻²。当测量体系中生成的挥发性有机物和 CO_2 时，采用如图 15-1 所示密封性较好的硬铝材质反应器，光源采用一个内置式的 8W 紫外灯。照射开始后将进气口和出气口密封。体系中生成的挥发性有机小分子用 GC（FID）检测，配 GDX-403 的不锈钢柱，检测时设定一阶段程序升温，初温为 313 K，保持 1min，再以 40 K·min⁻¹ 的速度升到 373 K，保持 5min。用标准薄膜定性分析生成的挥发性有机物。体系中生成的 CO_2 用 GC（TCD）检测，配 GDX-403 不锈钢柱，柱温为 343 K。

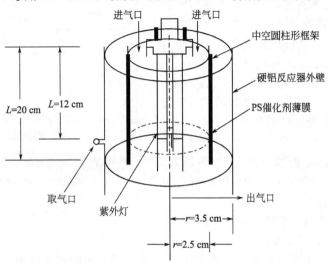

图 15-1 测量挥发性有机物和 CO_2 时采用的硬铝反应器示意图

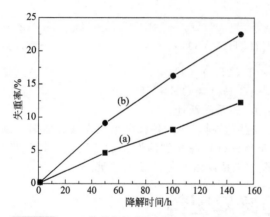

图 15-2 不同薄膜紫外光照射随时间变化的失重率
（a）为 PS 薄膜，（b）为 PS-TiO₂ 薄膜

PS-TiO₂ 和 PS 薄膜在紫外光照射下随时间变化的失重情况，如图 15-2 所示。对于添加 TiO₂ 后的 PS-TiO₂ 复合薄膜而言，在同等照射时间内失重率要大于纯 PS 薄膜。在照射 150h 时，PS-TiO₂ 的重量减少了 22.5%，而 PS 薄膜只减少了 12.0%。

表 15-1 为 PS-TiO₂ 和 PS 薄膜在不同时间段紫外光照射下的分子量对比。由表 15-1 可知，无论对于数均分子量（M_n）还是对于重均分子量（M_w），在相同照射时间内，PS-TiO₂ 复合薄膜均较纯 PS 薄膜分子量减小的幅度大。所以，图 15-2 和表 15-1 均说明添加了 TiO₂ 的 PS 薄膜的光降解速率要大于添加前的。

表 15-1 PS-TiO₂ 和 PS 薄膜在紫外光照射下的数均分子量（M_n）和重均分子量（M_w）

降解时间/h	PS/10^4g·mol^{-1}		PS-TiO₂/10^4g·mol^{-1}	
	M_n	M_w	M_n	M_w
0	8.41	22.6	8.56	25.3
5	4.92	18.7	4.91	19.7
10	4.35	17.1	3.50	15.8
30	4.15	18.1	3.15	14.3
50	3.08	15.1	2.29	10.4
200	2.35	8.65	1.06	3.41

照射后的失重和分子量减小说明在照射过程中发生了降解反应，图 15-3 是新鲜 PS 及经紫外光照射 30h 后的 PS 和 PS-TiO₂ 薄膜的 FTIR 谱图。对于经紫外光照射 30h 后的 PS 和 PS-TiO₂ 薄膜，在波数 2000～600cm^{-1} 范围内其红外谱图基本相同，所以图 15-3 的比较是有意义的。纯 PS 薄膜的红外谱图在 697cm^{-1}、756cm^{-1}、1028cm^{-1}、1450cm^{-1} 和 1492cm^{-1} 波数处呈现出苯环的特征峰。照射后的 PS 和 PS-TiO₂ 薄膜的苯环特征峰峰强较纯 PS 薄膜的小得多，尤其是在 697cm^{-1} 和 756cm^{-1} 波数处，并且复合薄膜 PS-TiO₂ 的减小程度比 PS 的多。PS 和 PS-TiO₂ 薄膜中苯环特征峰峰强的减小可归因于苯环的开裂反应[1,2]，而在 1724cm^{-1} 和 1217cm^{-1} 处的两个新谱峰可分别归属于 C=O[3] 和 C—O[4] 的伸缩振动。

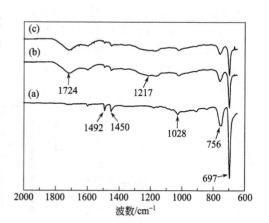

图 15-3 不同条件下紫外光照射后的傅里叶变换红外光谱图
（a）为照射前 PS 薄膜，（b）为照射 30h 的 PS 薄膜，（c）为照射前 PS-TiO₂ 薄膜

利用 XPS 鉴别 PS 薄膜照射前后及 PS-TiO₂ 薄膜照射后的表面物种，见图 15-4。由 C₁ₛ

的分峰结果［图 15-4（a）］可以看出，照射前的 PS 薄膜在 284.8eV（峰 1）和 288.2eV（峰 2）处有两个峰。峰 1 可归属为—C—C—基团；而峰 2 可归属为添加剂中的羧基基团。照射后峰 2 的含量由 16.33%［图 15-4（a）中 a］增加到 31.75%［图 15-4（a）中 b］，说明照射后生成了其它的含有羧基基团的物质。照射后的 PS 和 PS-TiO$_2$ 薄膜在 286.5eV 处出现一新峰（峰 3），可归属为—C—O 基团，说明有醇类或羧酸类物质生成[5]。照射后的 PS-TiO$_2$ 薄膜中峰 3 的含量（46.87%）比照射后的 PS 薄膜（10.99%）的高，说明复合薄膜的降解反应速率比纯薄膜的快。对于照射后的复合薄膜，在 289.6eV 处还有一个峰（峰 4），估计是含有—COO 基团的深度氧化产物，如聚碳酸酯、羧酸或羧酸盐等物质[5,6]。图 15-4（b）为 O$_{1s}$ 的 XPS 分峰结果，照射前的 PS 薄膜在 532.3eV 处的峰（峰 1）为羧基和 OH 中氧的峰[7]，照射后的 PS 和 PS-TiO$_2$ 薄膜在 535.1eV 处出现一新峰（峰 2），可归属于碳酸盐—OCO$_2$—或羧酸中的氧，并且复合薄膜中峰 2 的含量比 PS 薄膜高。由以上讨论可以看出，XPS 与 FTIR 的结果均说明在照射后的 PS-TiO$_2$ 薄膜表面有羰基和羧基基团生成，两者可以相互佐证来初步判断表面吸附的物种。

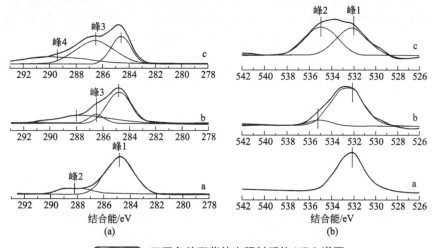

图 15-4　不同条件下紫外光照射后的 XPS 谱图

（a）C$_{1s}$；（b）O$_{1s}$

a 为照射前的 PS 薄膜，b 为照射 130h 后的 PS 薄膜，c 为照射 130h 后的 PS-TiO$_2$ 薄膜

通过 SEM 分别对紫外光照射时间为 0h、5h 和 40h 的 PS 薄膜和 PS-TiO$_2$ 薄膜进行观察，见图 15-5。对于 PS 薄膜，照射 5h 后孔密度大约为 $0.8\mu m^{-2}$，孔直径小于 $1\mu m$，照射 40h 后孔密度变化不大，而孔径变大，最大的直径达到 $3.0\mu m$；而对于 PS-TiO$_2$ 薄膜，照射 5h 后孔密度大约为 $1.1\mu m^{-2}$，孔直径为 $1\sim1.5\mu m$，孔洞的形成可能是在照射过程中挥发性有机小分子从 PS 塑料骨架中逃逸的结果；照射 40h 后孔高度交联形成直径大约 $3.1\mu m$ 的孔。由 SEM 的结果可以推测，PS 的光降解反应是在薄膜表面上进行的。引入 TiO$_2$ 后，PS 的降解始于 PS 与 TiO$_2$ 的交界处，在 TiO$_2$ 表面形成的活性氧物种从表面扩散到 PS 骨架内发生降解反应，从而在 TiO$_2$ 粒子周围形成孔洞。

在紫外光照射下 PS 和 PS-TiO$_2$ 体系中生成了不同浓度的 CO$_2$ 和挥发相有机物。图15-6 为 PS 和 PS-TiO$_2$ 体系中 CO$_2$ 浓度随照射时间的变化关系。在 PS 体系中 CO$_2$ 的来源是塑料中引入的少量添加剂的光解，其浓度在照射初期随照射的进行而增加，但在照射 4h 后达到一个稳定值；而在 PS-TiO$_2$ 体系中，CO$_2$ 不仅来源于少量添加剂的光解，还来源于 PS 的光催化降解，故而其浓度随照射时间持续增长。

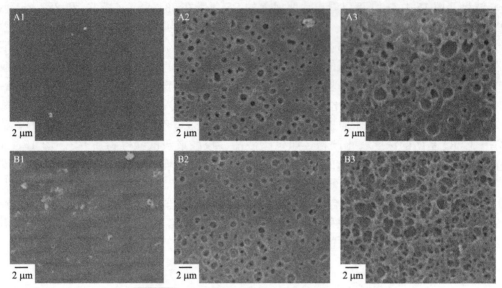

图 15-5 不同条件下紫外光照射后的 SEM 图

A 为 PS 薄膜；B 为 PS-TiO₂ 薄膜

A1 为照射前的 PS 薄膜；A2 为照射 5h 后的 PS 薄膜；A3 为照射 40h 后的 PS 薄膜；
B1 为照射前的 PS-TiO₂ 薄膜；B2 为照射 5h 后的 PS-TiO₂ 薄膜；B3 为照射 40h 后的 PS-TiO₂ 薄膜

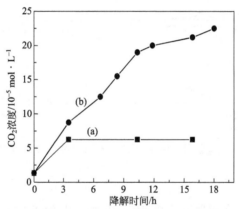

图 15-6 CO₂ 浓度随照射时间的变化关系

（a）为 PS 体系，（b）为 PS-TiO₂ 体系

  图 15-7（a）中，曲线 g 代表体系中检测到的挥发性有机小分子的色谱出峰情况。其中峰 1 为空气峰，峰 2～7 为挥发性有机小分子。曲线 a～f 分别为在同等色谱操作条件下乙烯、乙烷、丁烷、乙醛、甲醛和乙醇标准样品的色谱峰。可见峰 2～7 分别与曲线 a～f 具有相同的保留时间。实验证明在不同柱温情况下两者均有很好的一致性，所以可以认为生成的挥发性有机小分子分别为乙烯、乙烷、丁烷、乙醛、甲醛和乙醇。图 15-7（b）比较了在 PS 和 PS-TiO₂ 体系中生成的这些挥发性有机小分子的总体峰面积随时间的变化关系。可以看到，在 PS-TiO₂ 体系中挥发性有机小分子的总量比 PS 体系中生成得少。在 PS 体系中，由于 PS 塑料本身不能发生深度氧化，所以光解产物积累在表面上；而在 PS-TiO₂ 体系中，生成的挥发性有机小分子例如醛和醇等可进一步发生完全的光催化氧化反应生成 CO_2 和 H_2O[8]，从而使其浓度减小而 CO_2 浓度增加。以上结果进一步说明 PS-TiO₂ 复合样品有彻底降解的趋势，而 PS 样品只是发生它的自身光解反应。

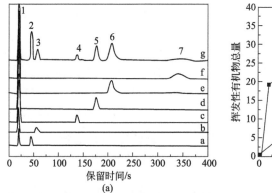
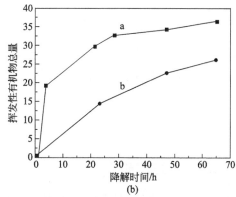

图 15-7 （a）a~f 为乙烯、乙烷、丁烷、乙醛、甲醛和乙醇标准样品的色谱峰，g 为体系中挥发性有机物的色谱峰；（b）挥发性有机物的总量随时间的变化关系，a 为 PS 体系，b 为 PS-TiO₂ 体系

由以上讨论可以看出，PS 和 PS-TiO₂ 薄膜在紫外光照射下均可以发生光降解反应。在紫外光照射下，PS 基态可吸收光子到激发态，再发生键的断裂、接合和氧化反应等[1,2,9~12]。PS-TiO₂ 体系中，不仅可以发生 PS 的光降解反应，还可以在 TiO₂ 的催化下发生 PS 的光催化氧化反应。PS 的光催化氧化反应见下式。当 TiO₂ 受到能量大于其带隙能的光照射时，可产生激发态的电子（e⁻）和空穴（h⁺）对［式（15-6）］，如果表面有适当的捕获体，那么电子和空穴的复合将受到限制，电子和空穴就可以进一步发生氧化还原反应[13]。表面上吸附的氧可捕获光生电子生成 O_2^-、O 和 O^- 等活性氧物种［式（15-7）～式（15-9）］[14]，同时，光生空穴可与表面吸附的羟基或水反应形成羟基自由基·OH［式（15-10）～式（15-11）］，·OH 在光催化反应中起重要作用。另外，O_2^-、O 和 H_2O_{ads} 的相互作用也可生成·OH[8,15]。活性氧物种可进攻相邻的聚合物链从而引发光催化反应［式（15-12）～式（15-13）］，通过活性氧物种的扩散，降解反应延伸到聚合物的骨架内。一旦碳自由基形成，其连续的反应将导致链的分裂，氧被引入生成含有羰基和羧基集团的物质，如 CH_2COPh、$CHOCHPh$、$PhCOOH$ 和 $PhCHCOOH$ 等［式（15-14）～式（15-20）］。苯环也可从聚合物的链中断裂生成挥发性的有机物如醛和醇类，这些中间物种再在活性氧物种的作用下进一步氧化为 CO_2 和 H_2O。

$$TiO_2 \xrightarrow{h\nu} TiO_2\,(e^- + h^+) \tag{15-6}$$

$$O_{2ads} + e^- \longrightarrow O_{2ads}^- \tag{15-7}$$

$$O_{2ads} \longrightarrow 2O_{ads} \tag{15-8}$$

$$O_{ads} + e^- \longrightarrow O_{ads}^- \tag{15-9}$$

$$OH^- + h^+ \longrightarrow \cdot OH \tag{15-10}$$

$$H_2O_{ads} + h^+ \longrightarrow \cdot OH + H^+ \tag{15-11}$$

$$\underset{}{\text{(CH}_2\text{CHPh)}} + \cdot OH \longrightarrow \underset{}{\text{(CH}_2\dot{\text{C}}\text{Ph)}} + H_2O \tag{15-12}$$

$$\underset{}{\text{(CH}_2\text{CHPh)}} + \cdot OH \longrightarrow \underset{}{\text{(}\dot{\text{C}}\text{HCHPh)}} + H_2O \tag{15-13}$$

$$\underset{}{\text{(}\dot{\text{C}}\text{H}_2\text{CHPh)}} + O_2 \longrightarrow \underset{}{\text{(CH}_2\text{C(}\dot{\text{O}}\text{O)Ph)}} \tag{15-14}$$

$$\underset{}{\text{(}\dot{\text{C}}\text{HCHPh)}} + O_2 \longrightarrow \underset{}{\text{(CH(}\dot{\text{O}}\text{O)CHPh)}} \tag{15-15}$$

$$\underset{}{\text{(CH}_2\text{C(}\dot{\text{O}}\text{O)Ph)}} + \underset{}{\text{(CH}_2\text{CHPh)}} \longrightarrow \underset{}{\text{(CH}_2\text{C(OOH)Ph)}} + \underset{}{\text{(CH}_2\dot{\text{C}}\text{Ph)}} \tag{15-16}$$

$$\text{-CH(OO)CHPh-} + \text{-CH}_2\text{CHPh-} \longrightarrow \text{-CH(OOH)CHPh-} + \text{-CH}_2\overset{\bullet}{\text{CPh}}\text{-}$$

$$(15\text{-}17)$$

$$\text{-CH}_2\text{C(OOH)Ph-} \longrightarrow \text{-CH}_2\text{COPh-} + \cdot\text{OH} \qquad (15\text{-}18)$$

$$\text{-CH(OOH)CHPh-} \longrightarrow \text{-CHOCHPh-} + \cdot\text{OH} \qquad (15\text{-}19)$$

$$\text{-CH}_2\text{COPh-} \text{ 或 } \text{-CHOCHPh-} + O_2 \xrightarrow{\text{TiO}_2,\ h\nu} \begin{array}{l} \text{中间产物，如 PhCOOH} \\ \text{PhCHCOOH，醛和乙醇} \end{array}$$

$$\xrightarrow{\text{TiO}_2,\ h\nu} \text{链断裂 CO}_2 \text{逸出} \qquad (15\text{-}20)$$

15.2.2 可见光降解研究

PS-TiO$_2$ 或 PS-（TiO$_2$/CuPc）在荧光灯下的光降解反应在一个长方形（30cm×25cm×15cm）容器中进行，温度为室温 298K，内置三个 8W 荧光灯（波长范围为 310~750nm），薄膜样品（面积为 60cm^2）放在距离荧光灯 7cm 处，测得该处的总体光强为 1.75mW·cm^{-2}，其中紫外光的光强为 0.05mW·cm^{-2}，这只是北京夏天某一下午太阳光下光强（大约 0.65mW·cm^{-2}）的 1/13。当测量体系中生成的挥发性有机物和 CO$_2$ 时，采用如图 15-1 所示密封性较好的硬铝材质反应器，内置一个 8W 的荧光灯。体系中生成的挥发性有机小分子用 GC（FID）检测，配 GDX-403 的不锈钢柱，柱温为恒温 373K，在同等色谱操作条件下用标准样品定性分析生成的挥发性有机物。体系中生成的 CO$_2$ 用 GC（TCD）检测，配 GDX-403 不锈钢柱，柱温为 343 K。

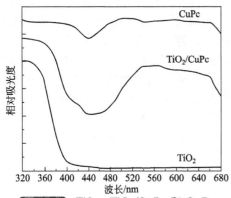

图 15-8　TiO$_2$、TiO$_2$/CuPc 和 CuPc 样品的 UV-Vis 吸收光谱

从图 15-8 TiO$_2$、TiO$_2$/CuPc 和 CuPc 样品的 UV-Vis 吸收光谱中可看出，在波长大于 400nm 的可见光区，锐钛矿型 TiO$_2$ 没有吸收；而 CuPc 在 500~650nm 的可见光区有吸收；相应的 TiO$_2$/CuPc 样品在可见光区范围显示了较好的吸收特性。

TiO$_2$ 可吸收波长小于 387nm 的紫外光产生电子和空穴对，并进一步与表面吸附的氧和水等反应生成 O$_2^-$、O、O$^-$ 和·OH 等活性氧物种 [式（15-6）~式（15-9）]，这些活性氧物种在光催化反应中起重要作用。TiO$_2$/CuPc 样品体现出了较 TiO$_2$ 不同的光吸收特性，如图 15-9 所示。

一方面，TiO$_2$/CuPc 可以被能量小于 TiO$_2$ 的带隙（3.20eV）大于 CuPc 的带隙（1.81eV）的可见光（Vis）所激发，CuPc 单线激发态（S$_1$）的氧化潜势（−0.63 V（vs. NHE，标准氢电极电势））[16] 比 TiO$_2$ 的导带位置（−0.5 V vs. NHE）[79] 更负，所以电子可从 CuPc 的单线态（S$_1$）跃迁到 TiO$_2$ 的导带：

$$\text{CuPc(S}_0\text{)} + h\nu \longrightarrow \text{CuPc}^* \text{(S}_1\text{)} \qquad (15\text{-}21)$$

$$\text{CuPc}^* \text{(S}_1\text{)} + \text{TiO}_2 \longrightarrow \text{CuPc}^+ + \text{TiO}_2\text{(e}^-\text{)} \qquad (15\text{-}22)$$

转移到 TiO$_2$ 上的电子可被吸附在 TiO$_2$ 表面上的 O$_2$ 所捕获，使电子-空穴得以分离。另一方面，TiO$_2$/CuPc 中的 TiO$_2$ 可被能量大于 3.20eV 的紫外光（UV）所激发，TiO$_2$ 价带上的光生空穴可注入到 CuPc 的基态：

$$\text{TiO}_2 + h\nu \longrightarrow \text{TiO}_2\text{(e}^- + \text{h}^+\text{)} \qquad (15\text{-}23)$$

$$\text{CuPc} + \text{TiO}_2\text{(e}^- + \text{h}^+\text{)} \longrightarrow \text{CuPc}^+ + \text{TiO}_2\text{(e}^-\text{)} \qquad (15\text{-}24)$$

因此，无论 CuPc 还是 TiO$_2$ 被激发，电子-空穴在 CuPc 和 TiO$_2$ 界面上能够发生有效的

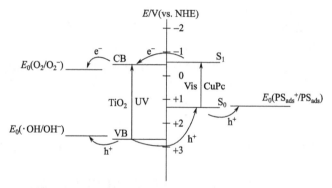

图 15-9 TiO₂/CuPc 样品在紫外和可见光下的电荷转移机制

分离，即在紫外区空穴由 TiO₂ 转移到 CuPc 上，在可见区电子由 CuPc 转移到 TiO₂ 上。这样即使没有表面捕获体的存在，电子和空穴也可分离，复合概率减小，利用率增加，从而使复合光催化剂的效率得到提高。

从 PS-TiO₂ 和 PS-（TiO₂/CuPc）复合薄膜的失重率随照射时间的变化关系可以看到（图15-10），PS-（TiO₂/CuPc）的失重速率比 PS-TiO₂ 的快，在照射 250h 时达到 6.9%，而 PS-TiO₂ 的只有 4.1%。表 15-2 显示了 PS-（TiO₂/CuPc）和 PS-TiO₂ 样品在不同照射时间段的重均（M_w）和数均分子量（M_n）。M_w 和 M_n 随照射的进行其值均减小，PS-（TiO₂/CuPc）体系中 M_w 和 M_n 的减小速率比 PS-TiO₂ 体系中的快。并且在照射初期，M_w 和 M_n 减小迅速，随着反应的进行其减小的速率变慢。

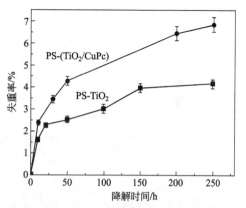

图 15-10 紫外光照射随时间变化的失重率

表 15-2 PS-（TiO₂/CuPc）和 PS-TiO₂ 在不同照射时间段的重均（M_w）和数均（M_n）分子量

降解时间/h	PS-TiO₂ /10^4g·mol^{-1}		PS-（TiO₂/CuPc） /10^4g·mol^{-1}	
	M_w	M_n	M_w	M_n
0	24.8	8.49	25.9	8.56
5	24.3	8.26	24.2	7.59
10	23.9	8.17	23.4	7.26
30	22.8	7.98	21.6	7.08
200	22.5	7.91	21.2	6.92

通过 PS-TiO₂ 和 PS-（TiO₂/CuPc）薄膜照射前后的表面形貌可看出（图 15-11），照射 10h 后 PS-TiO₂ 薄膜的孔密度只呈现出了微小增长，并且在整个照射过程中均没有观察到膜的开裂。因此，可以预测 PS 的降解反应主要是在薄膜的表面发生的。降解反应在表面生成的活性氧物种作用下在 PS 和 TiO₂ 交界处发生，从而在 TiO₂ 粒子周围形成孔洞。随照射的进行孔洞变大，延伸到薄膜内部同时向四周扩展。尽管包覆在薄膜内部的 TiO₂ 也可产生光

生电子和空穴对，但由于薄膜内部缺少适当的电子和空穴捕获体，大部分光生电子和空穴发生复合。因此，包覆在薄膜内部的 TiO_2 粒子在暴露于大气以前不能参与聚合物的光催化降解反应，故而孔密度随照射进行几乎没有增长。由图 15-11B 可以看到，PS-（$TiO_2/CuPc$）薄膜在照射后表面形貌发生了很大变化。照射 5h 后孔密度由 $0.1\mu m^{-2}$ 增加到 $0.3\mu m^{-2}$，平均孔直径增加到 $1.0\mu m$；照射 10h 后孔直径最大的增加到 $6.0\mu m$。另外，与照射后的 PS-TiO_2 薄膜不同，在照射后的 PS-（$TiO_2/CuPc$）薄膜表面出现了裂纹。由此可以推测 PS-（$TiO_2/CuPc$）的光降解反应可在薄膜表面和内部同时发生。在光敏化体系中，不仅 O_2^- 和 $\cdot OH$ 等活性氧物种起作用，在 CuPc 基态上的光生空穴也起作用，它们可以直接氧化 PS 聚合物薄膜：

$$h^+ + \left(\!\!-CH_2CHPh-\!\!\right) \longrightarrow \left(\!\!-CH_2CHPh-\!\!\right)^+ \tag{15-25}$$

$$\left(\!\!-CH_2CHPh-\!\!\right)^+ + O_2^- \longrightarrow \left(\!\!-\overset{\bullet}{C}HCHPh-\!\!\right) + HO_2^- \tag{15-26}$$

$$\left(\!\!-CH_2CHPh-\!\!\right)^+ + O_2^- \longrightarrow \left(\!\!-CH_2\overset{\bullet}{C}Ph-\!\!\right) + HO_2^- \tag{15-27}$$

$$HO_2^- + HO_2^- \longrightarrow H_2O_2 + O_2 \tag{15-28}$$

$$H_2O_2 \overset{h\nu}{\longrightarrow} 2\cdot OH \tag{15-29}$$

因此，包覆的 $TiO_2/CuPc$ 粒子也可产生足够的 $\cdot OH$ 来光降解内部的 PS，于是薄膜中孔密度增长并且薄膜出现裂纹。

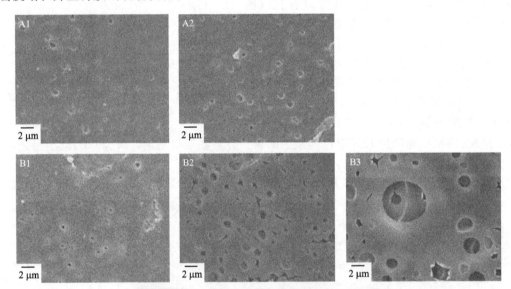

图 15-11 不同条件下紫外光照射后的 SEM 图

A 为 PS-TiO_2 薄膜：A1 为照射前，A2 为照射 10h 后；B 为 PS-($TiO_2/CuPc$) 薄膜：
B1 为照射前，B2 为照射 5h 后，B3 为照射 10h 后

图 15-12（a）中曲线 e 为检测到的挥发性有机物的色谱出峰情况。峰 1 为空气峰，峰 2～5 为挥发性有机物的峰。曲线 a～d 分别是乙烯、乙醛、甲醛和乙醇标准样品的色谱峰。可以看到，峰 2～5 的保留时间与曲线 a～d 符合得非常好，即使在不同柱温条件下，两者仍有很好的一致性。因此，可以认为生成的有机物分别为乙烯、乙醛、甲醛和乙醇。图 15-12（b）为 PS-TiO_2 和 PS-（$TiO_2/CuPc$）体系中生成的挥发性有机物的总量随降解时间的关系。可见，在同等降解时间内，PS-（$TiO_2/CuPc$）体系中生成的挥发性有机物的总量总是比 PS-TiO_2 体系中的少。另外，在照射大约 40h 时，生成的挥发性有机物浓度出现最大值，说明挥发性有机物的生成和其自身的降解反应有一个平衡点。在照射初期，挥发性有机物的

生成占主要地位，随着反应的进行，其降解反应逐渐占主要地位，于是其浓度达到一个最大值，在照射 40h 后，挥发性有机物的浓度开始下降。

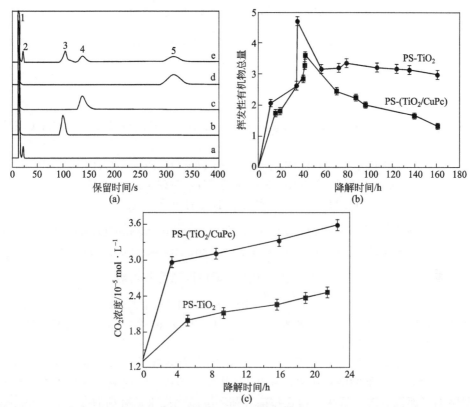

图 15-12 （a）：a~d 为乙烯、乙醛、甲醛和乙醇标准样品的色谱峰，e 为挥发性有机物的色谱峰；
（b）：PS-TiO_2 和 PS-(TiO_2/CuPc)体系中生成的挥发性有机物的总量与降解时间的关系；
（c）：PS-TiO_2 和 PS-(TiO_2/CuPc)体系中生成的 CO_2 浓度与降解时间的关系

图 15-12（c）为生成的 CO_2 浓度随时间的变化关系。可以看到在两个体系中，CO_2 的浓度随降解时间的增加而增加，在 PS-（TiO_2/CuPc）体系中 CO_2 的生成量要大于在 PS-TiO_2 体系中的。在照射初期，CO_2 的生成速率较快，随着反应的进行，其生成速率变慢。这是由于在反应初期生成的活性氧物种与相邻的聚合物反应，在此过程中释放出 CO_2，随着反应的进行，催化剂周围的聚合物被降解，更进一步的氧化依赖于光氧化剂的扩散，所以 CO_2 的生成变慢。

前面已经谈到，在紫外光照射下，PS 基态可吸收光子到激发态，再发生键的断裂、接合和氧化反应等[1,2,5~12]。应该指出的是，在实验条件下，在所采用的含有少量紫外光的 8W 荧光灯照射下，PS 塑料的自身光解反应可以忽略。与在紫外光下光催化降解 PS 塑料相似，在荧光灯催化下的光催化降解反应中，活性氧物种可进攻相邻的聚合物链从而引发光催化反应［式（15-30），式（15-31）］，通过活性氧物种的扩散，降解反应延伸到聚合物的骨架内。一旦碳自由基形成，其连续的反应将导致链的分裂并且产生新的活性自由基［式（15-32）~式（15-37）］。苯环也可从聚合物的链中断裂生成挥发性的有机物如醛和醇类，这些中间物种再在活性氧物种的作用下进一步氧化为 CO_2 和 H_2O［式（15-38）~式（15-40）］。

$$\text{-(CH}_2\text{CHPh)-} + \cdot OH \longrightarrow \text{-(CH}_2\overset{\cdot}{C}\text{Ph)-} + H_2O \tag{15-30}$$

$$\text{⫲CH}_2\text{CHPh⫲} + \cdot\text{OH} \longrightarrow \text{⫲}\overset{\bullet}{\text{C}}\text{HCHPh⫲} + \text{H}_2\text{O} \tag{15-31}$$

$$\text{⫲CH}_2\overset{\bullet}{\text{C}}\text{Ph⫲} + \text{O}_2 \longrightarrow \text{⫲CH}_2\text{C(}\overset{\bullet}{\text{O}}\text{O)Ph⫲} \tag{15-32}$$

$$\text{⫲}\overset{\bullet}{\text{C}}\text{HCHPh⫲} + \text{O}_2 \longrightarrow \text{⫲CH(}\overset{\bullet}{\text{O}}\text{O)CHPh⫲} \tag{15-33}$$

$$\text{⫲CH}_2\text{C(}\overset{\bullet}{\text{O}}\text{O)Ph⫲} + \text{⫲CH}_2\text{CHPh⫲} \longrightarrow \text{⫲CH}_2\text{C(OOH)Ph⫲} + \text{⫲CH}_2\overset{\bullet}{\text{C}}\text{Ph⫲}$$
$$\tag{15-34}$$

$$\text{⫲CH(}\overset{\bullet}{\text{O}}\text{O)CHPh⫲} + \text{⫲CH}_2\text{CHPh⫲} \longrightarrow \text{⫲CH(OOH)CHPh⫲} + \text{⫲CH}_2\overset{\bullet}{\text{C}}\text{Ph⫲}$$
$$\tag{15-35}$$

$$\text{⫲CH}_2\text{C(OOH)Ph⫲} \longrightarrow \text{⫲CH}_2\text{COPh⫲} + \cdot\text{OH} \tag{15-36}$$

$$\text{⫲CH(OOH)CHPh⫲} \longrightarrow \text{⫲CHOCHPh⫲} + \cdot\text{OH} \tag{15-37}$$

$$\text{⫲CH}_2\text{COPh⫲ 或 ⫲CHOCHPh⫲} + \text{O}_2$$
$$\xrightarrow{\text{光照 } h\nu} \text{中间产物如 PhCH}_2\text{CHO，PhCHO 和 PhCOOH} \tag{15-38}$$

$$\text{⫲CH}_2\text{CHPh⫲，PhCH}_2\text{CHO，PhCHO 和 PhCOOH}$$
$$\xrightarrow{\text{光照 } h\nu} \text{苯环裂解生成乙烯甲醛乙醛和乙醇} \tag{15-39}$$

$$\xrightarrow{\text{光照，} h\nu} \text{CO}_2 + \text{H}_2\text{O} \tag{15-40}$$

综上所述，PS-（TiO$_2$/CuPc）薄膜显示出较 PS-TiO$_2$ 薄膜好的光催化降解性能。生成的活性氧物种越多，塑料的光降解反应进行得越快。在 TiO$_2$/CuPc 催化剂中电子和空穴有更高的电荷分离效率，这也导致在薄膜表面和内部有更多的活性氧物种生成，故而 PS 在 TiO$_2$/CuPc 的催化作用下的降解速率比在 TiO$_2$ 作用下的快。本研究展现出了在太阳光下降解废弃塑料的可能性，对于解决"白色污染"和环境净化提供了有利的参考。

15.3 聚乙烯可降解塑料

15.3.1 PE-TiO$_2$ 薄膜在紫外光及日光下的光催化降解研究

15.3.1.1 日光下聚乙烯塑料的光催化降解

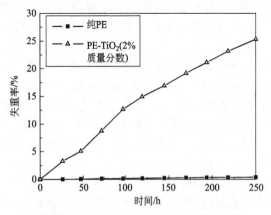

图 15-13 PE 和 PE-TiO$_2$（2%质量分数）薄膜随日光照射时间变化的失重率

PE-TiO$_2$（2%质量分数）和 PE 薄膜在日光照射下失重率如图 15-13 所示。照射时间和薄膜重量减少百分比呈线性关系，而添加 TiO$_2$ 的 PE-TiO$_2$ 复合薄膜，在同等照射时间内失重率要远远大于 PE 薄膜。照射 100h 后 PE-TiO$_2$ 的重量减少了 11.35%，而 PE 薄膜只减少了 0.13%。照射 250h 后 PE-TiO$_2$ 的重量减少了 20.75%，而 PE 薄膜只减少了 0.36%。说明照射对于 PE 薄膜只发生简单的光分解反应，而 PE-TiO$_2$ 复合薄膜除了发生光分解反应外，更重要的是存在明显的光催化降解反应，从而引发高分子键断裂和挥发性小分子物质的生成。

通过 PE 和 PE-TiO₂ 薄膜照射前后的表面形貌可看出（图 15-14），对于 PE-TiO₂ 薄膜，照射 80h 后薄膜的表面上出现一些直径为 2～3μm、1～2μm 深的孔。这种孔洞的产生是由于在照射过程中挥发性有机小分子从 PE 塑料骨架中逃逸的结果。照射 400h 后复合薄膜的表面几乎完全分解，同时体相内的孔洞直径和深度分别增加到 6～8μm 和 10μm。对于 PE 薄膜与图 15-13 的结论一致，表面没有明显的变化和降解的迹象。SEM 图显示光催化降解反应起始于 PE 和表面的 TiO₂ 粒子的界面处，并且以 TiO₂ 粒子为中心产生孔洞。随着照射时间的延长，孔洞逐渐长大并且同时向周围和薄膜内部延伸。薄膜内部的 TiO₂ 随之发生光催化反应，最终引发 PE-TiO₂ 薄膜的完全降解。

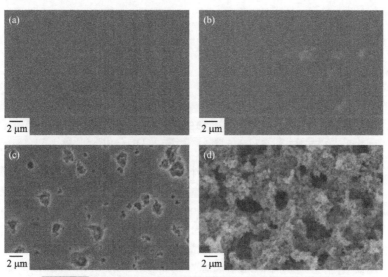

图 15-14 PE 和 PE-TiO₂ 薄膜紫外光照射前后的 SEM 图
(a) 照射前的 PE-TiO₂ 薄膜；(b) 照射 400h 后的 PE 薄膜；
(c) 照射 80h 后的 PE-TiO₂ 薄膜；(d) 照射 400h 后的 PE-TiO₂ 薄膜

15.3.1.2 紫外光下聚乙烯塑料的光催化降解

对于 PE-TiO₂ 薄膜而言，所利用的是日光中的紫外线，因而研究紫外光下薄膜样品的降解对于评价其降解性能和研究反应机理有重要作用。

由 PE-TiO₂ 和 PE 薄膜在紫外光照射下随时间变化的失重率（图 15-15）可见，对于添加 TiO₂ 的 PE-TiO₂ 复合薄膜而言，在同等照射时间内失重率要大于 PE 薄膜。在照射 150h 时，PE-TiO₂（1% 质量分数，下同）的重量减少了 65.5%，而 PE 薄膜只减少了 0.43%。从图中也可看出薄膜中 TiO₂ 的含量越高，薄膜降解速率越大，但是复合薄膜的降解速率并不与 TiO₂ 的掺入量成线性关系。随着 TiO₂ 含量的增加，薄膜降解速率的增长率降低。

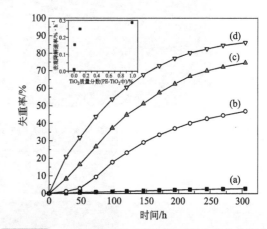

图 15-15 不同薄膜紫外光照射随时间变化的失重率
(a) 为 PE，(b) 为 PE-TiO₂（0.01%，质量分数，下同），(c) 为
PE-TiO₂（0.1%），(d) 为 PE（1%）
插入的图片为薄膜表观降解速率随 TiO₂ 含量的变化

通过 TiO_2 在薄膜中分散状态可看出（图 15-16），在复合薄膜中 TiO_2 纳米粒子是以团聚的状态存在的。在 PE - TiO_2 （0.1%，0.02%，质量分数，下同）薄膜中，TiO_2 的团聚颗粒直径大约为 $0.2\mu m$；而在 PE - TiO_2 （1%）薄膜中 TiO_2 的团聚要更严重，其聚集成直径为 $0.3\sim0.5\mu m$ 的颗粒。

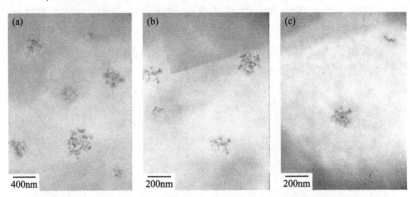

图 15-16 照射前不同 TiO_2 含量的 PE-TiO_2 复合薄膜的 TEM 图
（a）1%（质量分数）；（b）0.1%（质量分数）；（c）0.01%（质量分数）

利用不同 TiO_2 含量的聚乙烯复合薄膜紫外光照射 50h 后的表面形貌图（图 15-17），分析得出，对于 1.0%（质量分数，下同）、0.1%、0.02% 的 PE-TiO_2 薄膜表面产生的孔洞密度分别为 $2\times10^{-2}\mu m^{-2}$、$1\times10^{-2}\mu m^{-2}$、$2\times10^{-3}\mu m^{-2}$。0.1%、0.02% 的 PE-TiO_2 薄膜产生的孔洞数量与 TiO_2 含量成正比，而 PE-TiO_2 （1.0%）薄膜产生的孔洞数量为 PE-TiO_2 （0.1%）薄膜的两倍。SEM 得到的数据与 TEM 相符合，它们表明 PE-TiO_2 （1.0%）薄膜中的 TiO_2 粒子团聚比在另外两种薄膜中的要严重得多。因为只有团聚粒子表面的 TiO_2 对于光催化反应是有效的，团聚减少了光催化剂与聚乙烯的接触面积，对光催化降解效率产生了负的影响。

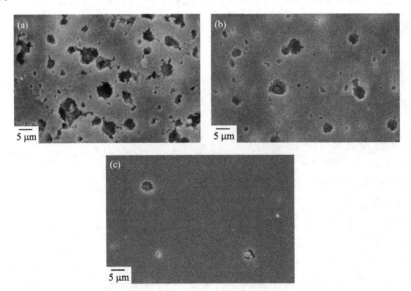

图 15-17 不同 TiO_2 含量的 PE-TiO_2 复合薄膜紫外光照射 50h 后的 SEM 图
（a）1%（质量分数）；（b）0.1%（质量分数）；（c）0.01%（质量分数）

照射后的失重说明在照射过程中发生了降解反应，并且有气体产物产生。图15-18为 PE 和 PE-TiO$_2$ 体系中 CO$_2$ 浓度随照射时间的关系。在 PE 体系中，CO$_2$ 的来源是塑料中添加的少量添加剂光解，其浓度在照射初期随照射时间的增加而增加，但在照射 5h 后达到一个稳定值；而在 PE-TiO$_2$ 体系中，CO$_2$ 不仅来源于少量添加剂的光解，还来源于 PE 的光催化降解，且后者显然重要得多，故而其浓度随照射时间的增加而持续增长。紫外照射 100h 后，根据浓度计算得到产生的 CO$_2$ 中 C 的量占复合塑料薄膜 C 损失的 98%，同时利用 TCD 检测器分析气体产物时没有检测到 VOA 气

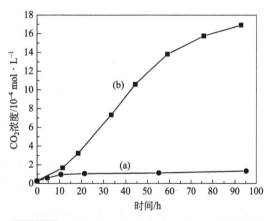

图 15-18　CO$_2$ 浓度随紫外照射时间的变化关系
（a）为 PE 体系，（b）为 PE-TiO$_2$ 体系

体。以上结果证明 CO$_2$ 是 PE-TiO$_2$ 薄膜光催化降解的主要产物，其降解过程是环境友好的。

利用对 VOA 更敏感的 FID 检测器来分析气体产物中 CO$_2$ 以外的气体。图 15-19（a）中，曲线 h 代表体系中检测到的挥发性有机小分子的色谱出峰情况。曲线 a～g 分别为在同等色谱操作条件下甲烷、乙烯、乙烷、丁烷、乙醛、甲醛和丙酮标准样品的色谱峰。可见峰 1～7 分别为曲线 a～g 具有相同的保留时间。实验证明在不同柱温情况下两者均有很好的一致性，所以可以认为生成的挥发性有机小分子分别为甲烷、乙烯、乙烷、丁烷、乙醛、甲醛和丙酮。图 15-19（b）比较了在 PE 和 PE-TiO$_2$ 体系中生成的这些挥发性有机小分子的总体峰面积随时间的变化关系。可以看到，虽然 PE-TiO$_2$ 薄膜降解反应速率要比 PE 薄膜高得多，但是 PE-TiO$_2$ 体系中挥发性有机小分子的总量与 PE 体系中差不多。在 PE 体系中，由于 PE 塑料本省不能发生深度氧化，所以光解产物积累在表面上；而在 PE-TiO$_2$ 体系中，生成的挥发性有机小分子例如醛和醇等可进一步发生完全的光催化氧化反应生成 CO$_2$ 和 H$_2$O[8]，从而使其浓度减小而 CO$_2$ 浓度增加。以上结果进一步说明 PE-TiO$_2$ 复合薄膜有彻底降解的趋势，而 PE 薄膜只是发生它的自身光解反应。

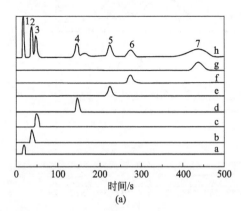
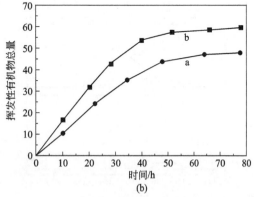

图 15-19　（a）a～g 为甲烷、乙烯、乙烷、丁烷、乙醛、甲醛和丙酮标准样品的色谱峰，h 为体系中挥发性有机物的色谱峰；（b）PE（a）和 PE-TiO$_2$（b）体系中挥发性有机物的总量随紫外照射时间的变化关系

利用 FT-IR 和 XPS 检测 PE 和 PE-TiO$_2$ 薄膜成分变化。图 15-20 是新鲜的 PE 薄膜样品

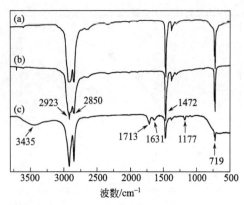

图 15-20 PE 和 PE-TiO₂ 薄膜紫外照射后的 FT-IR 谱图

（a）为照射前的 PE 薄膜，（b）为照射 50h 后的 PE 薄膜，（c）为照射 50h 后的 PE-TiO₂ 薄膜

及紫外照射 50h 后的 PE 和 PE-TiO₂ 薄膜样品的 FT-IR 谱图。谱图中 2923cm⁻¹、2850cm⁻¹、1472cm⁻¹ 和 719cm⁻¹ 波数处的峰对应长链烷基的特征峰。照射后的 PE-TiO₂ 薄膜长链烷基峰减弱，而 PE 薄膜的峰强度几乎没有变化。这是由于 PE-TiO₂ 薄膜紫外光下发生了显著的光催化降解，导致长链烷基断裂并最终生成小分子物质。在图 15-20（c）中，3435cm⁻¹ 波数处的峰是由薄膜中添加的 TiO₂ 所产生的。1713cm⁻¹、1631cm⁻¹、1177cm⁻¹ 波数处出现了新的峰，它们可分别归属于 C=O、C=C 和 C—O 的伸缩振动[17]。新的基团的出现证明了 PE-TiO₂ 体系中氧化反应的发生。

图 15-21 为 PE 薄膜照射前后及照射后的 PE-TiO₂ 薄膜的 C₁ₛ（a）和 O₁ₛ（b）的 XPS 谱图。由 C₁ₛ的分峰结果［图 15-21（a）］可以看出，照射前的 PE 薄膜在 284.6eV（峰 1）和 288.2eV（峰 2）处有两个峰。峰 1 可归属为—C—C—基团；而峰 2 可归属为添加剂中的羧基基团。照射后峰 2 的含量由 16.33%［图 15-21（a）中 a］增加到 27.15%［图 15-21（a）中 b］，说明照射后生成了其它的含有羧基基团的物质。紫外照射 50h 后的 PE 和 PE-TiO₂ 薄膜样品在 286.5eV 处出现一新峰（峰 3），可归属为—C—O 基团，说明有醇类、醚类或羧酸类物质生成[1]。紫外照射后的 PE-TiO₂ 薄膜样品中峰 3 的含量（47.37%）比照射后的 PE 薄膜样品（9.72%）的高，说明复合薄膜的降解反应速率远比纯薄膜的快。对于紫外照射后的 PE-TiO₂ 复合薄膜，在 289.6eV 处还出现了一个新的峰（峰 4），估计是含有—COO 基团的深度氧化产物，如聚碳酸酯、羧酸或羧酸盐等物质[18,19]。图 15-21（b）为 O₁ₛ的 XPS 分峰结果，未照射的 PE 薄膜样品在 532.3eV 处的峰（峰 1）可归为羧基和 OH 中氧的

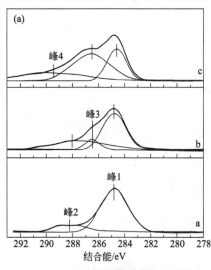
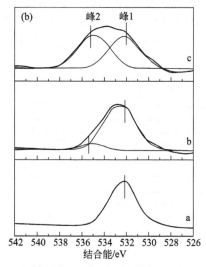

图 15-21 不同条件下紫外照射后的 XPS 谱图

（a）C₁ₛ；（b）O₁ₛ

a 为照射前的 PE 薄膜，b 为照射 50h 后的 PE 薄膜，c 为照射 50h 后的 PE-TiO₂ 薄膜

峰，紫外照射后的 PE 和 PE-TiO$_2$ 薄膜样品在 535.1eV 处出现一新峰（峰 2），可归属于碳酸盐—OCO$_2$—或羧酸—COOH 中的氧。PE-TiO$_2$ 复合薄膜中峰 2 的含量（8.79%）比 PE 薄膜（52.34%）的高，表明这些基团在复合薄膜表面的生成速度要快得多。由以上讨论可以看出，XPS 与 IR 的结果一致，均说明在照射后的 PE-TiO$_2$ 薄膜表面有羰基和羧基基团生成，两者可以相互佐证来初步判断表面吸附的物种。

由以上讨论可以看出，PE 和 PE-TiO$_2$ 薄膜在紫外照射下均可以发生光降解反应。在紫外照射下的 PE 光降解反应已经得到了广泛的研究，PE 基态可吸收光子到激发态，再发生键的断裂、接合和氧化反应等[20~23]。对于 PE-TiO$_2$ 体系，其光降解性能显著增强，这是因为其不仅可以发生 PE 的光降解反应，还可以在 TiO$_2$ 的催化下发生 PE 的光催化氧化反应。PE 的光催化氧化反应机理推测如下。当 TiO$_2$ 受到能量大于其带隙能的光（$\lambda < 387nm$）照射时，可产生激发态的电子（e$^-$）和空穴（h$^+$）对 [式（15-41）]，如果表面有适当的捕获体，那么电子和空穴的复合将受到限制，电子和空穴就可以进一步发生氧化还原反应[24]。表面上吸附的氧可捕获光生电子生成·OH，·O$_2^-$，HO$_2$· 等活性氧物种 [式（15-42）~式（15-45）]，同时，光生空穴可与表面吸附的羟基或水反应形成羟基自由基·OH [式（15-46），式（15-47）]，·OH 在光催化反应中起重要作用。另外，O$_2^-$、O 和 H$_2$O$_{ads}$ 的相互作用也可生成·OH[25]。活性氧物种可进攻相邻的聚合物链从而引发光催化反应 [式（15-48）]，通过活性氧物种的扩散，降解反应延伸到聚合物的骨架内。一旦碳自由基形成，其连续的反应将导致链的断裂，氧被引入生成含有羰基和羧基集团的物质，如—CH$_2$COCH$_2$—、—CHOOCH$_2$—和—CH$_2$COOH 等 [式（15-49）~式（15-52）]。同时聚合物的链也可能从中断裂生成挥发性的有机物如醛和酮类，这些中间物种再在活性氧物种的作用下进一步氧化为最终产物 CO$_2$ 和 H$_2$O。

$$TiO_2 \xrightarrow{h\nu} TiO_2(e^- + h^+) \tag{15-41}$$

$$O_{2(ads)} + e^- \longrightarrow \cdot O_2^- \tag{15-42}$$

$$\cdot O_2^- + H_2O \longrightarrow HO_2\cdot + OH^- \tag{15-43}$$

$$2HO_2\cdot \longrightarrow H_2O_2 + O_2 \tag{15-44}$$

$$H_2O_2 + h\nu \longrightarrow 2\cdot OH \tag{15-45}$$

$$OH^- + h^+ \longrightarrow \cdot OH \tag{15-46}$$

$$H_2O_{ads} + h^+ \longrightarrow \cdot OH + H^+ \tag{15-47}$$

$$\{CH_2 CH_2\} + \cdot OH \longrightarrow \{\dot{C}HCH_2\} + H_2O \tag{15-48}$$

$$\{\dot{C}HCH_2\} + O_2 \longrightarrow \{CH(\dot{O}O)CH_2\} \tag{15-49}$$

$$\{CH(\dot{O}O)CH_2\} + \{CH_2 CH_2\} \longrightarrow \{CH(OOH)CH_2\} + \{CH_2\dot{C}H\} \tag{15-50}$$

$$\{CH(OOH)CH_2\} + h\nu \longrightarrow \{\dot{C}HO CH_2\} + \cdot OH \tag{15-51}$$

$$\{\dot{C}HO CH_2\} \longrightarrow -CHO + \cdot CH_2 CH_2- \tag{15-52}$$

$$\cdot CH_2 CH_2- + O_2 \xrightarrow{Ti_2O,\ h\nu} \text{中间产物如羧酸，羧酸盐，酮和醛} \tag{15-53}$$

$$\xrightarrow{Ti_2O,\ h\nu} \text{链断裂 CO}_2 \text{逸出} \tag{15-54}$$

15.3.2 PE-(TiO₂/CuPc) 薄膜在日光下的光催化降解研究

15.3.2.1 PE-TiO₂ 和 PE-(TiO₂/CuPc) 薄膜的光催化降解

从 PE-TiO₂ 和 PE-(TiO₂/CuPc) 复合薄膜样品的失重率随照射时间的变化关系（图 15-22）可看出，PE 薄膜几乎不发生降解反应，而复合薄膜均有明显的降解现象。PE-(TiO₂/CuPc) 薄膜样品的光降解性能要优于 PE-TiO₂ 薄膜样品，并且 PE-(TiO₂/CuPc) 薄膜的降解速率随着催化剂中 CuPc 的含量不同而变化。当 CuPc/TiO₂≈0.8% （质量分数）时，PE-(TiO₂/CuPc) 薄膜的表观降解速率最大。以 P25 比表面积 $50m^2 \cdot g^{-1}$，CuPc 的单分子截面积 $1.6nm^2$ 计算，此时 CuPc 在 TiO₂ 上的覆盖为 0.3 个单分子层。以上事实表明，对于聚乙烯的光催化降解反应存在互相竞争的因素。而 TiO₂ 对于光的吸收和 TiO₂ 与 CuPc 之间的电荷转移竞争［式（15-23）vs 式（15-24）］应该是最合理的解释。随着 CuPc 在 TiO₂ 上表面覆盖率的增加，电荷分离效率增加，但是由于被 CuPc 所屏蔽，TiO₂ 能吸收到的紫外光减少。这种竞争应该折中于 CuPc 在 TiO₂ 上的覆盖量为某一亚单分子层，并且此时 TiO₂ 和 CuPc 表面所产生的活性基团都能引入高分子链中。

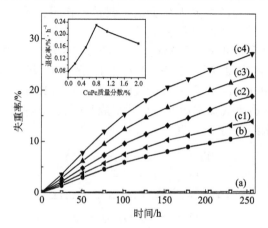

图 15-22 不同聚乙烯薄膜样品日光照射随时间变化的失重率
（a）为 PE 薄膜，（b）为 PE-TiO₂ 薄膜，（c）为不同 CuPc 表面覆盖率的 PE-(TiO₂/CuPc) 薄膜（c1）~（c4）
分别对应于 0.2%、0.4%、0.8% 和 1.1%（均为质量分数）

照射 50h、100h 后 PE、PE-TiO₂ 和 PE-(TiO₂/CuPc) 薄膜的形貌变化（图 15-23）显示，对于纯 PE 薄膜，表观上看不到任何变化。对于 PE-TiO₂ 薄膜，照射后产生了一些直径 $1\sim2\mu m$、深度 $0.5\sim1\mu m$ 的孔洞，并且随着照射时间的延长，孔洞的密度和大小有一定程度的增加。很明显，光催化反应首先发生在 PE 塑料与 TiO₂ 粒子的界面处，并且以 TiO₂ 为中心产生孔洞。对于 PE-(TiO₂/CuPc) 薄膜样品，表面形貌随照射时间的变化要更显著。照射 50h 以后，孔洞的直径和深度分别为 $2\sim3\mu m$、$1\sim2\mu m$；照射 100h 以后，孔洞的直径和深度增加到 $4\mu m$、$3\sim4\mu m$。SEM 的照片也证实了 PE-(TiO₂/CuPc) 薄膜比 PE-TiO₂ 薄膜有增强的光催化降解性能。当孔洞以嵌入的 TiO₂/CuPc 粒子为中心产生后，它们会逐渐长大并同时向周围和薄膜内部延伸。由于光激发的 TiO₂/CuPc 催化剂能产生更多的有反应活性的电子-空穴对，从而导致更多活性氧基团在催化剂表面生成，对高分子侵蚀则更有效。

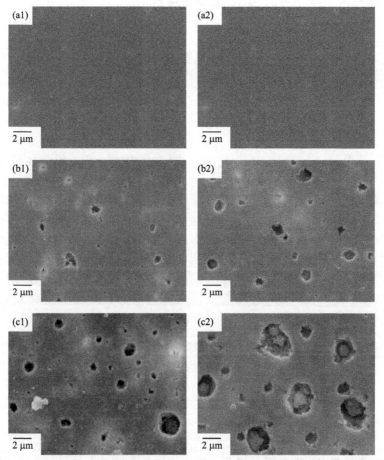

图 15-23 不同照射时间后 PE、PE-TiO₂ 和 PE-(TiO₂/CuPc)薄膜的形貌变化薄膜样品的 SEM 图

PE 薄膜：（a1）日照射 50h；（a2）日照射 100h

PE-TiO₂ 薄膜：（b1）日照射 50h；（b2）日照射 100h

PE-(TiO₂/CuPc)薄膜：（c1）日照射 50h；（c2）日照射 100h

分析表明，$PE-TiO_2$ 薄膜光降解气体主产物为 CO_2。对于 $PE-(TiO_2/CuPc)$ 体系，也采用配备 TCD 检测器的气相色谱（GC）来监测光降解反应中生成的 CO_2 气体。图 15-24 显示了 CO_2 浓度随照射时间的变化情况。$PE-(TiO_2/CuPc)$ 体系中产生的 CO_2 量始终高于 $PE-TiO_2$ 体系。CO_2 来源于薄膜的质量损失，对于 $PE-TiO_2$ 和 $PE-(TiO_2/CuPc)$ 体系，照射 50h 后，根据浓度计算得到产生的 CO_2 中 C 的量分别占复合塑料薄膜 C 损失的 95% 和 90%。以上结果表明，CO_2 也是 $PE-(TiO_2/CuPc)$ 薄膜的光催化降解气体主产物，该薄膜的降解过程是环境友好的。

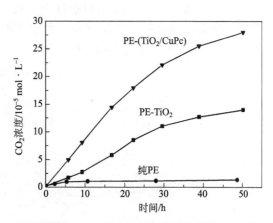

图 15-24 CO₂ 浓度随日照射时间的变化关系

15.3.2.2 PE 薄膜中 TiO₂ 及 TiO₂/CuPc 的光电性质

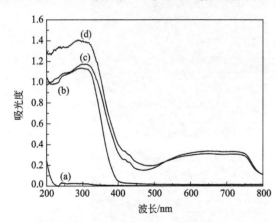

图 15-25 不同薄膜的 UV-Vis 吸收光谱图

（a）为纯 PE 薄膜，（b）为 PE-TiO₂ 薄膜，（c）为
PE-(TiO₂/CuPc)薄膜，（d）为日照射 50h 以后的
PE-(TiO₂/CuPc)薄膜

从不同薄膜的 UV-Vis 吸收光谱图（图 15-25）很明显可以看出，纯 PE 薄膜仅吸收少量紫外光（$\lambda < 240nm$），而 PE-TiO₂ 薄膜在 400nm 以下有很强的吸收。PE-(TiO₂/CuPc) 薄膜相较于 PE-TiO₂ 薄膜则扩展了在 480～800nm 的可见光区的吸收，并且由图 15-25（d）可见，照射后的 CuPc 光谱并没有变化，因而表明 TiO₂/CuPc 催化剂在日照射下是稳定的。

TiO₂ 可吸收波长小于 387nm 的紫外光在导带（CB）和价带（VB）分别产生电子和空穴对［式（15-55）］。表面吸附的氧和水等能捕捉电子和空穴，反应生成 O_2^-、O、O^- 和 ·OH 等活性氧物种［式（15-56）～式（15-60）］，这些活性氧物种在光催化反应中起重要作用。

$$TiO_2 \xrightarrow{h\nu} TiO_2 (e^- + h^+) \tag{15-55}$$

$$O_{2ads} + e^- \longrightarrow 2O_{2ads}^- \tag{15-56}$$

$$O_{2ads} \longrightarrow 2O_{ads} \tag{15-57}$$

$$O_{ads} + e^- \longrightarrow O_{ads}^- \tag{15-58}$$

$$OH^- + h^+ \longrightarrow \cdot OH \tag{15-59}$$

$$H_2O_{ads} + h^+ \longrightarrow \cdot OH + H^+ \tag{15-60}$$

如果这些电子和空穴不能被即时捕获，它们将在几个纳秒内彼此复合，这样就很大程度降低了 TiO₂ 的光催化活性。

15.3.2.1 中的结果显示在日光下 PE 薄膜中的 TiO₂/CuPc 比 TiO₂ 有更强的光催化性能。但是可见光下的降解实验结论表明 PE-(TiO₂/CuPc) 薄膜不具备可见光降解性能，因而证明薄膜中的 TiO₂/CuPc 只能被日光中的 UV 部分激发。图 15-26 为日光下 TiO₂/CuPc 催化剂的电荷转移机制。TiO₂/CuPc 中的 TiO₂ 可被能量大于 3.20eV 的紫外光（UV）所激发，TiO₂ 价带上的光生空穴可注入到 CuPc 的基态：

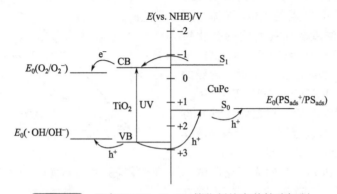

图 15-26 日光下 TiO₂/CuPc 催化剂的电荷转移机制

$$TiO_2 + h\nu \longrightarrow TiO_2 (e^- + h^+) \tag{15-61}$$

$$CuPc + TiO_2 (e^- + h^+) \longrightarrow CuPc^+ + TiO_2 (e^-) \tag{15-62}$$

通过以上的机制，电子和空穴可以在 TiO_2 与 CuPc 的界面处有效分离，复合概率减小，利用率增加，从而使复合光催化剂的效率得到提高。这种电荷转移机理在图 15-27 和图 15-28 中得到很好证明，它们分别是 TiO_2 与 $TiO_2/CuPc$ 光催化剂的表面光电压谱（SPS）和线性扫描伏安法分析。从图 15-27 中可见，从 300nm 到 400nm，$TiO_2/CuPc$ 光催化剂显示了比 TiO_2 更强的光电压强度和更宽的光电响应范围，表明了其有更高的电荷分离效率和更长的激子（电子-空穴对）生存寿命。但是在可见光范围内，$TiO_2/CuPc$ 和 TiO_2 光催化剂均没有光电响应，也就证明可见光不能激发 $TiO_2/CuPc$ 产生电荷转移。

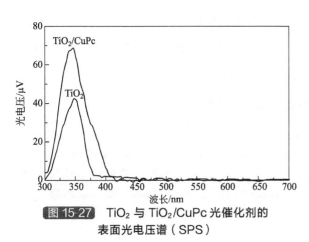

图 15-27　TiO_2 与 $TiO_2/CuPc$ 光催化剂的表面光电压谱（SPS）

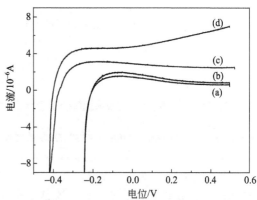

图 15-28　不同催化剂的线性扫描伏安曲线
（a）为无照射下的 $TiO_2/CuPc$，（b）为可见照射下的 $TiO_2/CuPc$，（c）为紫外照射下的 TiO_2，（d）为紫外照射下的 $TiO_2/CuPc$

图 15-28 中，$TiO_2/CuPc$ 光催化剂在可见光下及无照射情况下的线性扫描伏安曲线非常相似，并且它们的开路电压相同，这也就证明了可见光下 $TiO_2/CuPc$ 没有光电流产生。在紫外照射下，$TiO_2/CuPc$ 的开路电压高于 TiO_2。当光电流为正，$TiO_2/CuPc$ 中的光电流值要比在 TiO_2 中的高；光电流为负时则观察到相反的情况。这也证明了在紫外光激发下，TiO_2 与 CuPc 之间存在电子转移。以上结果均证明 PE-($TiO_2/CuPc$) 薄膜相较于 PE-TiO_2 薄膜有增强的光催化降解性能是由于 $TiO_2/CuPc$ 催化剂的电荷转移机理而非染料敏化机理（图 15-9）[7,26]。

关于 PE 薄膜以及 PE-TiO_2 薄膜的光催化降解机理已经在上节中详细讨论了。对于 PE-($TiO_2/CuPc$) 薄膜，不仅 TiO_2 表面生成的 O_2^- 和 ·OH 等活性氧物种 [式（15-56）～式（15-60）] 起作用，在 CuPc 基态上的光生空穴也起作用：

$$h^+ + \left(CH_2 CH_2\right)\!\!\!- \longrightarrow \left(CH_2 CH_2\right)\!\!\!-^+ \tag{15-63}$$

$$\left(CH_2 CH_2\right)\!\!\!-^+ + O_2^- \longrightarrow \overset{\bullet}{C}HCH_2\!\!\!- + HO_2\cdot \tag{15-64}$$

$$HO_2\cdot + HO_2\cdot \longrightarrow H_2O_2 + O_2 \tag{15-65}$$

$$H_2O_2 \xrightarrow{h\nu} 2\cdot OH \tag{15-66}$$

所以嵌入薄膜中的 $TiO_2/CuPc$ 粒子能够产生足够的 ·OH 以引发降解反应。活性氧物种可进攻相邻的聚合物链从而引发光催化反应 [式（15-67）]，通过活性氧物种的扩散，降解反应延伸到聚合物的骨架内。一旦碳自由基形成，其连续的反应将导致链的分裂，氧被引入生成含有羰基和羧基集团的物质，如—CH_2COCH_2—、—$CHOOCH_2$—和—CH_2COOH 等 [式（15-68）～式（15-71）]。同时聚合物的链也可能从中断裂生成挥发性的有机物如醛和酮类，这些中间物种再在活性氧物种的作用下进一步氧化为最终产物 CO_2 和 H_2O。

$$\text{---}CH_2CH_2\text{---} + \cdot OH \longrightarrow \text{---}\overset{\cdot}{C}HCH_2\text{---} + H_2O \tag{15-67}$$

$$\text{---}\overset{\cdot}{C}HCH_2\text{---} + O_2 \longrightarrow \text{---}CH(\overset{\cdot}{O}O)CH_2\text{---} \tag{15-68}$$

$$\text{---}CH(\overset{\cdot}{O}O)CH_2\text{---} + \text{---}CH_2CH_2\text{---} \rightarrow \text{---}CH(OOH)CH_2\text{---} + \text{---}\overset{\cdot}{C}H_2CH\text{---} \tag{15-69}$$

$$\text{---}CH(OOH)CH_2\text{---} + h\nu \longrightarrow \text{---}\overset{\cdot}{C}HOCH_2\text{---} + \cdot OH \tag{15-70}$$

$$\text{---}\overset{\cdot}{C}HOCH_2\text{---} \longrightarrow \text{---}CHO + \cdot CH_2CH_2\text{---} \tag{15-71}$$

$$\cdot CH_2CH_2\text{---} + O_2 \xrightarrow{TiO_2,\ h\nu} \text{中间产物如羧酸，羧酸盐，酮和醛} \tag{15-72}$$

$$\xrightarrow{TiO_2,\ h\nu} \text{链断裂} CO_2 \text{逸出} \tag{15-73}$$

15.3.3 改善聚乙烯薄膜降解性能的其它相关研究

15.3.3.1 PE-(OA/TiO₂) 薄膜的光催化降解

表面修饰 TiO_2 的分散性能改善从图 15-29 的未修饰 TiO_2 纳米粒子和油酸修饰 TiO_2 纳米粒子的 TEM 图看出，如图 15-29（a）所示，未修饰 TiO_2 纳米微粒的颗粒很不清晰，基本上难以区分单个的纳米微粒，这是由于 TiO_2 纳米粒子的表面活性很高，很容易团聚在一起成为带有若干弱连接界面的尺寸较大的团聚体。由图 15-29（b）可见，油酸修饰后的 TiO_2 纳米颗粒分散性能得到了很大的改善。TiO_2 表面包裹了大的非极性基团，使得粒子之间斥力较大，有效降低了纳米颗粒的软团聚现象。

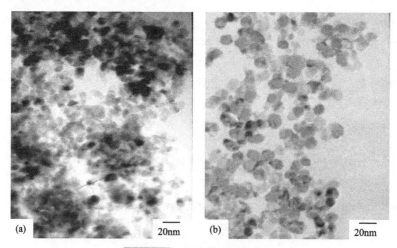

图 15-29 纳米粒子 TEM 图

（a）TiO₂；（b）油酸修饰 TiO₂

图 15-30 为 PE-TiO₂ 和 PE-(OA/TiO₂) 复合薄膜样品在紫外照射下的失重率图（OA/TiO₂ 为油酸表面修饰的 TiO_2 催化剂）。图中可见随着照射时间的增长，薄膜的失重率均逐渐增加，两种薄膜都有良好的光催化降解性能，并且 PE-(OA/TiO₂) 复合薄膜的光降解性能要优于 PE-TiO₂ 薄膜。

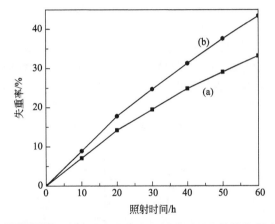

图 15-30 不同薄膜紫外光照射随时间变化的失重率
（a）为 PE-TiO₂ 薄膜，（b）为 PE-(OA/TiO₂)薄膜

从紫外照射 40h 后的薄膜表面形貌图（图 15-31）中可见，在光降解反应的初始阶段，PE-(OA/TiO₂) 薄膜产生的孔洞密度要大于 PE-TiO₂ 薄膜。这是由于油酸修饰后的 TiO₂ 比未修饰的 TiO₂ 有更好的分散性。对于相同催化剂添加量的薄膜，OA/TiO₂ 在薄膜中的团聚粒子更小，分布更均匀，这样催化剂与聚乙烯的有效接触面积更大。由于光催化剂的活性中心位于团聚粒子的表面，并且复合薄膜的光催化降解反应是从催化剂与聚合物的界面处开始，对于 PE-(OA/TiO₂) 薄膜而言，催化剂与聚乙烯有效接触面积的增加导致了照射下更多活性氧的产生和增强的光催化降解性能。

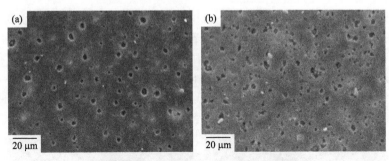

图 15-31 紫外照射 40h 后的 SEM 图
（a）PE-TiO₂ 薄膜；（b）PE-(OA/TiO₂)薄膜

15.3.3.2 PE-(TiO₂/C₆₀) 薄膜的光催化降解

图 15-32 为 TiO₂、TiO₂/C₆₀ 的 UV-Vis 吸收光谱。在波长大于 400nm 的可见光区 TiO₂ 没有吸收，而 TiO₂/C₆₀ 相较于 TiO₂ 则扩展了在 400～800nm 的可见光区的吸收。这是由于 C₆₀ 固体的价带和导带之间存在 1.5～2.3eV 的能隙，可见光即能使它激发，使催化剂的光吸收区域红移。通过本组电化学工作站的线性扫描伏安法分析，在可见照射下，TiO₂/C₆₀ 有光电流产生：

$$C_{60} + h\nu \longrightarrow {}^1C_{60}{}^* \longrightarrow {}^3C_{60}{}^* \tag{15-74}$$

$$C_{60}/TiO_2 + nh\nu \longrightarrow C_{60}^{n+} + TiO_2(e) \tag{15-75}$$

当 C₆₀ 将电子注入 TiO₂ 导带后，活性氧基团即在 TiO₂ 催化剂表面生成：

$$O_{2(ads)} + TiO_2(e) \longrightarrow O_2^- \cdot + TiO_2 \tag{15-76}$$

$$O_2^- \cdot + H_2O \longrightarrow HO_2 \cdot + OH^- \tag{15-77}$$

$$2HO_2 \cdot \longrightarrow H_2O_2 + O_2 \qquad (15-78)$$
$$H_2O_2 + h\nu \longrightarrow 2 \cdot OH \qquad (15-79)$$

由图 15-33 PE-TiO_2 和 PE-(TiO_2/C_{60}) 复合薄膜样品的失重率随可见光照射时间的变化（TiO_2/C_{60} 为 C_{60} 表面修饰的 TiO_2 催化剂）可见，PE-TiO_2 薄膜在可见光下几乎不发生降解反应，这是由于 TiO_2 催化剂和聚乙烯本身都不能利用可见光。PE-(TiO_2/C_{60}) 复合薄膜在可见光的照射下质量减少百分比逐渐增加，说明该薄膜有可见光降解性能，TiO_2/C_{60} 催化剂由于 C_{60} 的光敏化作用，在可见光下即有光催化活性。

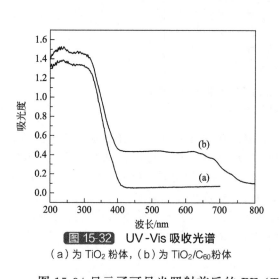

图 15-32 UV-Vis 吸收光谱
（a）为 TiO_2 粉体，（b）为 TiO_2/C_{60} 粉体

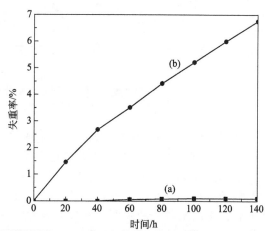

图 15-33 不同薄膜可见光照射随时间变化的失重率
（a）为 PE-TiO_2 薄膜，（b）为 PE-(TiO_2/C_{60}) 薄膜

图 15-34 显示了可见光照射前后的 PE-(TiO_2/C_{60}) 复合薄膜的表面形貌变化。由于 C_{60} 表面修饰后的 TiO_2 分散性能变差，催化剂更容易团聚，因而 SEM 图中的薄膜表面可以看到聚集状态的 TiO_2/C_{60} 纳米粒子。可见光照射 50h 后，薄膜的表面出现了直径 $0.5 \sim 1\mu m$ 的孔洞，并且从图 15-34（c）中可见，孔洞是以 TiO_2/C_{60} 粒子为中心生长的。SEM 的照片同以上两节的结果一致，可见光即可激发 TiO_2/C_{60} 纳米粒子，催化剂表面生成的活性氧基团（$O_2^-\cdot$ 和 $\cdot OH$ 等）进而入侵高分子链段引发降解反应。

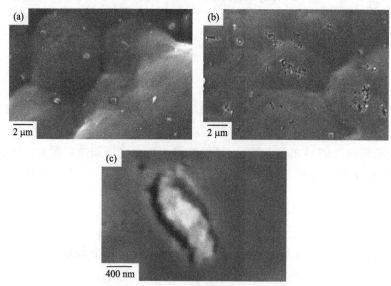

图 15-34 可见光照射 50h 后的 SEM 图
（a）PE-TiO_2 薄膜；（b）、（c）PE-(TiO_2/C_{60})薄膜

15.4 基于光催化的可降解塑料的进展

可降解塑料为人们解决塑料的白色污染问题开辟了新途径。目前的可降解塑料研究主要是针对塑料的组分进行调变，使得塑料在特定环境条件下，其化学结构可以发生重大变化，能迅速分解塑料的组分，形成小分子物质，完成降解过程。它开拓了有效处理废弃塑料的新途径。光降解塑料技术又可分为共聚型和添加型等方法，前者是聚合物与含有羰基等发色基团和弱键的单体共聚，后者则是在现有的通用塑料中加入各种类型的光敏添加剂。现有的光降解塑料技术的主要问题是降解效率低，速度很慢，且不能完全降解，形成的小分子光降解塑料产物可以产生严重的二次污染问题。生物/光双降解塑料同时具有生物降解与光降解的性能，它主要采用添加型技术，同时引入微生物培养基、光敏剂、自氧化剂等功能助剂，实现其降解功能。这类塑料的主要问题是光与生物的有机结合不够理想，同样也难以达到完全降解的目的。可降解塑料技术目前存在的共同问题是：塑料不能完全降解，塑料品质差，具有二次污染，生产工艺复杂，生产成本高。

利用光催化技术和塑料技术相结合，制备光催化可降解塑料是一种新的思路和尝试。有关光催化技术与塑料技术的结合，研究开发基于光催化原理的完全可降解塑料方面的工作还刚刚开始，对其降解机理、降解性能还不很明了，需要进一步从理论和实验的角度进行系统研究。

15.4.1 直接利用纳米 TiO_2 作为光催化剂

15.4.1.1 纳米 TiO_2 光催化降解聚氯乙烯（PVC）塑料

最早的关于纳米 TiO_2 光催化降解 PVC 塑料的报道来自日本的 Hidaka 课题组[27]。先将 20 mg 的 PVC 溶解在四氢呋喃中，加入纳米 TiO_2 粉末并继续超声振荡；然后将此溶液在玻璃板上流延成膜，待溶剂挥发后，即可得到 PVC-TiO_2 复合膜。复合膜的光降解实验是在 100mL 的去离子水中，在 75W 的低压汞灯照射或者直接阳光照射下进行的。同时，纯的 PVC 膜在 TiO_2 悬浮液及去离子水中的降解情况也被表征。结果表明，PVC-TiO_2 复合膜在去离子水中的光降解效率不仅高于纯的 PVC 膜，也高于纯膜在 TiO_2 悬浮液中的降解效率。

Chio 等[28]也报道过 PVC-TiO_2 复合膜的固相光催化降解。选择 200W 的汞灯作为光源，用滤光片滤去波长在 300nm 以下的光，以模拟阳光照射条件，研究了 PVC-TiO_2 复合膜在空气中及氮气氛中的光催化降解情况。随着照射时间的增加，PVC-TiO_2 复合膜的重量降低，在空气中照射 300h 后失重达到 27%。而在相同的条件下纯 PVC 膜只有 10% 的失重。在氮气氛下光照，两种薄膜均只有不到 5% 的失重。这个事实说明氧气在二氧化钛的光催化过程中起着相当重要的作用。在这个实验体系中，纳米 TiO_2 粉末未经任何处理，直接被分散到 PVC 聚合物中，直径约 30nm 的 TiO_2 粉末在聚合物体系中团聚，尺寸增加到几个微米。团聚现象不仅降低了 PVC-TiO_2 的比表面积，还引起了薄膜的迅速白恶化，降低了复合膜的光降解效率。Chio 等在文献的最后做了预测，认为如果直径在 5nm 左右的 TiO_2 颗粒能够处于理想分散状态下，只需 0.02% 的 TiO_2，就足够完成整个复合膜的光降解。

15.4.1.2 纳米 TiO_2 光催化降解聚苯乙烯（PS）塑料

朱永法等[29]报道了用纳米 TiO_2 作为光催化剂，固相光催化降解 PS 塑料。紫外光照射前复合膜和纯膜有几乎相同的分子量，红外光谱也显示，其特征吸收峰基本一致。实验证明二氧化钛粉末与聚苯乙烯之间的相互作用为物理过程，而非化学过程。照射一段时间后，相对于纯膜，PS-TiO_2 复合膜的苯环特征吸收峰有明显的降低，并且分别在 1742cm^{-1} 及 1217cm^{-1} 处出现新的 C=O 和 C—O 伸缩振动峰。用气相色谱检测了复合膜光氧化过程中释放的二氧化碳及挥发性有机气体产物。在相同的条件下，复合膜产生的中间有机气体（例如乙烯、乙烷、丁烷、甲醛、乙醛和乙醇等）总量少于纯膜，大部分更快地转化为 CO_2 气体释放出来。这也说明 PS-TiO_2 复合膜不仅降解效果较好，而且是环境友好的。

15.4.1.3　纳米 TiO_2 固相光催化降解聚乙烯（PE）塑料

昝菱等[30]对 TiO_2 固相光催化降解低密聚乙烯（LDPE）塑料进行了研究。由于 PE 在常温下很难溶解，所以采用混炼吹塑成膜的方法制备出 PE-TiO_2 复合膜。这种制备方法没有使用有机溶剂，更接近于工业生产，有利于复合膜的绿色化生产及推广应用。紫外光照 240h 后，纯的 LDPE 膜的失重只有 4.97%，而 LDPE-TiO_2（TiO_2 含量为 2%）复合膜失重达到 40.99%，失重率几乎是纯膜的 10 倍。阳光光照 250h 后，LDPE-TiO_2（TiO_2 含量为 2%）复合膜的失重为 26.15%，纯膜基本上没有重量变化（如图 15-35 所示）。元素分析的结果表明，光照 400h 后的复合膜残余物中，C 元素的含量为 77.23%，H 元素的含量为 13.09%，O 元素的含量为 9.58%。结合红外光谱（FT-IR）及 X 射线光电子能谱（XPS）表征分析，PE 光催化降解的残余物中含有大量醛类和酮类化合物，这些物质是易于在自然界中被生物降解的。复合膜光照 400h 后，重均分子量由 $9.2 \times 10^4 g \cdot mol^{-1}$ 降低到 $5 \times 10^3 g \cdot mol^{-1}$，降低了 94.56%；数均分子量由 $1.6 \times 10^4 g \cdot mol^{-1}$ 降低到 $1.0 \times 10^3 g \cdot mol^{-1}$，降低了 93.75%。当数均分子量降低到 $800g \cdot mol^{-1}$ 就可在自然界被生物降解[31]。可以预测，复合膜继续光照，残膜有望被生物降解。

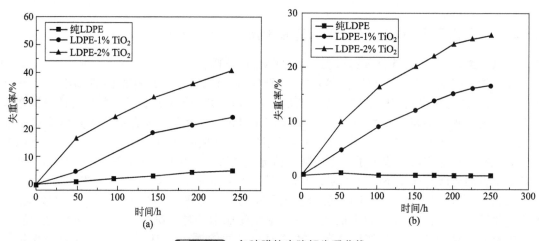

图 15-35　各种膜的光降解失重曲线

（a）紫外光照；（b）阳光光照[30]

15.4.2　改性纳米 TiO_2 作为光催化剂

15.4.2.1　接枝改性的 TiO_2 作为光催化剂提高其在聚合物中的分散性

对纳米 TiO_2 进行有机表面处理，使其在聚合物中得到良好的分散，催化效率将比未处理的 TiO_2 提高数倍。

有报道用一种硅烷偶联剂 WD-70（分子式如图 15-36 所示）对 TiO_2 纳米粉末进行表面有机改性，然后分别用聚合[32]及包埋[33]的方法制备了 PS-g-TiO_2 复合薄膜。接枝改性的 TiO_2 在聚苯乙烯中均匀分散，在复合膜的表面看不到 TiO_2 颗粒，而未改性的 TiO_2 在聚合物中团聚，表面有肉眼可观察到的颗粒（如图 15-37 所示）。光降解失重、UV-Vis 透射光谱、FT-IR 光谱以及 XPS 光谱结果都表明 PS-g-TiO_2 复合薄膜表现出良好的光降解性能。

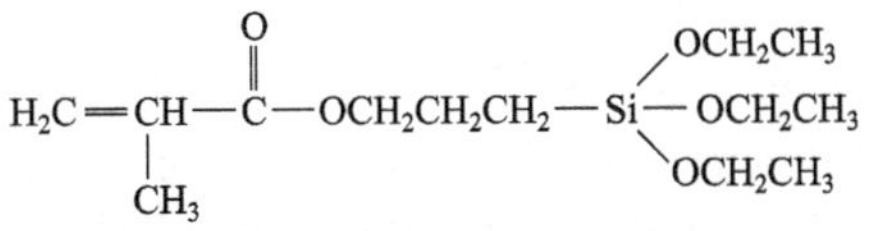

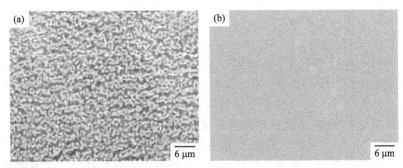

$$H_2C=CH-\overset{\displaystyle O}{\overset{\displaystyle \|}{C}}-OCH_2CH_2CH_2-Si\overset{\displaystyle OCH_2CH_3}{\underset{\displaystyle OCH_2CH_3}{OCH_2CH_3}}$$
$$\underset{\displaystyle CH_3}{|}$$

图 15-36   WD-70 硅烷偶联剂的结构式[33]

图 15-37   PS-TiO$_2$ 膜（a）与 PS-g- TiO$_2$（TiO$_2$1%）膜（b）的形貌对比[33]

钛酸酯偶联剂也被用于改性纳米 TiO$_2$，以提高其在聚合物中的分散性[34]。本课题组制备了一种新型的可光催化降解的纳米 PVC-M-TiO$_2$ 复合薄膜，研究了其在空气中紫外光照条件下的光催化降解情况，并与未改性 TiO$_2$ 作为催化剂的 PVC-TiO$_2$ 复合薄膜的降解效率进行了比较[34]。利用光照失重、FT-IR 光谱和扫描电子显微镜（SEM）等方法对光照前后复合薄膜进行了分析表征，实验结果表明 PVC-M-TiO$_2$（TiO$_2$ 含量为 2%）复合膜在空气中能被有效的降解，连续光照 480h 后降解效率达到 36.9%，明显高于纯膜及未改性的 PVC-TiO$_2$ 复合膜。

Kim 等[35]用自组装的方法制备了超枝化聚己内酯改性二氧化钛（HPCL-TiO$_2$），并包埋在聚氯乙烯（PVC）中，研究了 PVC/HPCL-TiO$_2$ 复合膜的光催化降解性能。改性的 HPCL 为独特的枝状球形结构，带有大量的—COOH 功能端，是一种 PVC 塑料可塑剂的潜在替代物。因此，经过 HPCL 对 TiO$_2$ 的修饰改性，催化剂也带有大量的功能端，容易插入到 PVC 矩阵里。用 JEOL JSM-6700F 带能量分散分光光度计（EDS）的场发射扫描电镜（FESEM）表征了 HPCL-TiO$_2$ 在 PVC 中的分散情况。结果也表明在 PVC/HPCL-TiO$_2$ 复合膜中，TiO$_2$ 均匀地分散在 PVC 中，而在同样 TiO$_2$ 含量的 PVC/TiO$_2$ 膜中，观察到 TiO$_2$ 的团聚。由于 TiO$_2$ 在聚合物中的良好分散，加强了 PVC 的光催化降解效率。UV-Vis 透射光谱、FESEM、GPC 和 PALS 等表征手段都表明 PVC/HPCL-TiO$_2$ 复合膜有更好的光催化降解效率。

15.4.2.2   离子掺杂 TiO$_2$ 作为催化剂提高光降解效率

多种离子掺杂可使宽禁带半导体材料具备可见光响应性能，离子掺杂光催化剂制备工艺多样，成本相对低廉，材料组成易于控制，且有大量用于热反应的离子掺杂催化剂理论和应用成果可供参考和借鉴，因此是获得可见光响应性能的重要方法[36]。关于 TiO$_2$ 离子掺杂的研究也非常多，主要有 V^{5+}、Cr^{6+}、Mn^{3+}、Fe^{3+} 过渡金属阳离子掺杂[37~41]和 C^{4-}、N^{3-} 和 S^{2-} 等阴离子掺杂[42~45]两种类型。目前已报道的用于固相光催化降解反应的为 Fe^{3+}。

李凤仪等[46]以快速溶胶法制备了纳米 TiO$_2$ 光催化剂，并用 Fe^{3+} 对其掺杂改性，在室温条件下，用于聚乙烯（PE）包装薄膜的固相光催化降解研究。结果表明，60W 的紫外光辐射 240h 后，PE 失重为 8.43%，锐钛矿型纳米 TiO$_2$ 光催化剂使 PE 失重 30.66%，用 Fe^{3+} 掺杂后，0.5% Fe_2O_3/TiO$_2$、1.0% Fe_2O_3/TiO$_2$ 和 2.0% Fe_2O_3/TiO$_2$ 的复合催化剂分别使 PE 失重 35.91%、20.72% 和 13.30%。光催化剂加速了 PE 的失重、碳链的断裂和光氧化腐蚀，在薄膜表面形成大量的坑洞，降解产物中小分子量的石蜡含量明显增高。Fe^{3+}掺杂有一个最佳量，Fe_2O_3 的含量为 0.5% 时，复合催化剂光催化降解 PE 的活性最高。随着 Fe_2O_3 含量的增加，其降解效率反而低于没有掺杂的 TiO_2[46]。

稀土掺杂 TiO_2 后能够提高其液相光催化反应的活性[47~50]和光能转换效率[51]，因此李凤仪等[52]尝试将用稀土镧离子改性的 TiO_2 引入聚乙烯薄膜中，并研究了复合膜的固相光催化降解情况。在紫外线辐射 288h 后，0.1% La_2O_3/TiO_2 使薄膜失重 14.5%，产生更多石蜡和 CO_2，SEM 表征表明其对 PE 的光氧化腐蚀能力更强，在薄膜表面形成更大更多的凹坑和空洞。红外光谱表明复合 PE 薄膜中的—CH_2—和支链—CH_3 基团的吸收明显减少，羰基吸收明显增加。La^{3+} 的掺杂使 TiO_2 晶格发生膨胀畸变，表面形成更多的缺陷，降低了光生电子与空穴的复合率，而且使表面的羟基浓度增大，从而表现出较高的光催化活性。

15.4.2.3 染料敏化的 TiO_2 作为催化剂提高复合膜的可见光降解效率

染料敏化修饰 TiO_2 半导体，也是使其吸收可见光的一种重要方法[53~56]。只要这些能够吸收可见光的活性化合物的激发态电势比 TiO_2 半导体的电势更负，就能够使可见光激发产生的电子由敏化剂传输至 TiO_2 的导带，从而实现 TiO_2 的激发波长扩展到可见光范围。常用的光敏剂包括吡啶类络合物、荧光素衍生物、曙红和酞菁类化合物等。然而，在液相光催化体系中，光敏化染料存在着热稳定性差[57,58]、在半导体表面存在吸附-脱附平衡和易从催化剂表面流失[59]等缺点，使其发展受到局限。但是，在固相光催化体系中，这些问题产生的影响很小。

朱永法等[60]报道过用酞菁铜（CuPc）敏化的 TiO_2 作为光催化剂，在荧光灯照射下固相光催化降解聚苯乙烯。相对于 PS-TiO_2 体系，PS-(TiO_2-CuPc) 体系有更高的 PS 失重率、较低的平均分子量、较少的有机气体挥发和更多的 CO_2 释放。当 TiO_2/CuPc 复合物被能量低于 TiO_2 带隙（3.2eV）而高于 CuPc 带隙（1.81eV）的可见光照射时，处于基态（S_0）的 CuPc 被激发，产生处于激发态（S_1）的电子。由于 CuPc（S_1）的氧化还原电势约为 —0.63eV，低于 TiO_2 的导带能级（约—0.5eV），因此在 TiO_2 与 CuPc 的表面可以发生有效的电荷传递［式 (15-21) ~式 (15-24)］[60]。

因此，无论是 CuPc 还是 TiO_2 吸收光，均能产生电子-空穴对，这些电子、空穴在 CuPc 和 TiO_2 的界面被分离，因此扩展了光响应范围。这很好地解释了为什么 PS-(TiO_2/CuPc) 体系在可见光照射下有良好的光降解效率。

15.4.2.4 纳米 TiO_2 的添加对聚合物力学性能的影响

纳米 TiO_2 及其修饰或改性物加入聚合物后，对聚合物的力学性质的影响，将影响复合塑料的实用化进程。因此，纳米粒子添加后对聚合物材料断裂伸长率、拉伸性能、弹性模量等力学性质的影响，也是人们关注的焦点问题。

纳米 TiO_2 未经偶联剂等修饰处理时，复合材料的冲击性能较差。主要是因为未经处理的纳米 TiO_2 在聚合物基体中易团聚，形成大量的缺陷，导致材料的冲击性能下降。当纳米 TiO_2 用钛酸酯偶联剂改性后复合材料的冲击强度在最初阶段随纳米 TiO_2 含量的增加而增加，当含量为 1% 时达到最大值，然后随着含量的增加而下降。

张金柱等考察了经大分子分散剂（TAS）改性后的纳米 TiO_2 添加到高抗冲聚苯乙烯（HIPS）中，对 HIPS 力学性质的影响。纳米 TiO_2 含量为 2% 时，HIPS/TiO_2/TAS 纳米复合材料的缺口抗冲击强度上升到最大，而后随着 TiO_2 含量的增加而下降。在 TiO_2 含量为 1%~4% 时，复合材料的拉伸屈服强度均高于原 HIPS，且在 TiO_2 含量为 2% 时，拉伸屈服强度最高。体系的弹性模量也随纳米 TiO_2 含量增加而上升，达到最大值后开始下降。另外，随纳米 TiO_2 含量增加，复合材料的硬度将随之增加，这对克服 HIPS 制品的表面损伤、刮痕等表面缺陷具有重要的应用价值。纳米 TiO_2 的加入还可提高 HIPS 的耐热性能以及阻燃性能。因此，控制纳米 TiO_2 含量低于 5％，可使纳米复合材料的拉伸强度、冲击韧性、弹性模量和硬度等力学性能均较原聚合物有所提高，表现出增强增韧的效果。

参考文献

[1] Bedja I，Kamat P V. J. Phys. Chem.，1995，99（22）：9182.

[2] Do Y R，LeeW，Dwight K，et al. J. Solid State Chem.，1994，108（1）：198.

[3] Spanhel L，Weller H，Henglein. J. Am. Chem. Soc.，1987，109：6632.

[4] Kutty T R N，Avudaityai M. Chem. Phys. Lett.，1989，163：93.

[5] Haesselbarth A，Eychiiller A，Eichbberger R，et al. J. Phys. Chem.，1993，97：5333.

[6] Rabani J. J. Phys. Chem.，1989，93：7707.

[7] Fahmi A，Minot C，Silvi B，et al. Phys. Rev. B，1993，47，11717.

[8] Fujishima A，Honda K. Nature，1972，238：37.

[9] 李琳. 环境科学进展，1994，2（6）：23.

[10] Vinodgopal K，Wynkoop D E，Kamat P V. Environ. Sci. Technol.，1996，30，1660.

[11] Ollis D，Pelizzetti E，Serpone N. Wiley，N Y，1989，604.

[12] Butterfield I M，Christensen P A，Hamnett A，et al. J. Appl. Electrochem.，1997，27（4）：385.

[13] Goswami D Y，Trivedi D M，Block S S. J. Sol. Energ-T ASME，1997，119（1）：92.

[14] Chen J，RulkensW H and Bruning H. Water Sci. Technol.，1997，35（4）：231.

[15] Sopyan I，Watanabe M，Murasawa S，et al. J. Photoch. Photobio. A，1996，98（1-2）：79.

[16] Chen C C，ZhaoW，Li J Y，et al. Environ. Sci. Techol. 2002，36（16）：3604.

[17] Fally F，Virlet I，Riga J，et al. J. Appl. Poly. Sci.，1996，59（10）：1569.

[18] Zhu Y J，Olson N，Beebe T P. Environ. Sci. Technol.，2001，35（15）：3113.

[19] Chehimi M M，Abel M L，Watts J F，et al. J. Mater. Chem.，2001，11（2）：533.

[20] Pieter G，Guido M，Giacomo V. Polym. Degrad. Stab.，1999，65：433.

[21] Cho Y S，Shim M J，Kim SW. Mater. Sci. Commun.，1998，52：94.

[22] Dilara P A，Briassoulis D. J. Agric. Engng. Res.，2000，76：309.

[23] Hu X Z. Polym. Degrad. Stab.，1997，55：131.

[24] Park D R，Zhang J L，Ikeue K，et al. J. Catal.，1999，185（1）：114.

[25] Augugliaro V，Coluccia S，Loddo V，et al. Appl. Catal. B-Environ.，1999，20（1）：15.

[26] Kim H G，Hwang DW，Kim J，et al. Chem. Commun.，1999，（12）：1077.

[27] Horikoshi S，Serpone N，Hisamatsu Y，et al. Environ. Sci. Technol.，1998，32：4010.

[28] Chio S M，ChoiW Y. J. Photochem. Photobiol. A：Chem.，2001，143：221.

[29] Shang J，Chai M，Zhu Y F. J. Solid State Chem. ，2003，174：104.

[30] Zan L，FaW J，Wang S L. Environ. Sci. Technol. ，2006，40：1681.

[31] Keiko Y O，Hiroshi M，Yuhji K，et al. Polym. Degrad. Stab. ，2001，72：323.

[32] Zan L，Tian L H，Liu Z S，et al. Appl. Catal. A：Gen. ，2004，264：237.

[33] Zan L，Wang S L，FaW J，et al. Polymer，2006，47：8155.

[34] 法文君，昝菱，胡严鹤等. 武汉大学学报（理学版），2005，51（4）：402.

[35] Kim S H，Kwak S Y，Suzuki T. Polymer，2006，47：3005.

[36] 陈崧哲，张彭义，祝万鹏等. 化学进展，2004，16（4）：613.

[37] Dvoranová D，Brezová V，Mazúr M，et al. Appl. Catal. B：Environ. ，2002，37：91.

[38] Umebayashi T，Yamaki T，Itoh H，et al. J . Phys. Chem. Solids，2002，63：1909.

[39] Yamashita H，Harada M，Misaka J，et al. Catal. Today，2003，84：191.

[40] Araì a J，Diaz O G，Rodriguez J M D，et al. Appl. Catal. B：Environ. ，2001，32：49.

[41] Di Paola A，Garcia-Lopez E，Marci G，et al. Appl. Catal. B：Environ. ，2004，48：223.

[42] Khan S U M，Al-Shahry M，InglerW B. Science，2002，297：2243.

[43] Asahi R，Morikawa T，Ohwaki T，et al. Science，2001，293：269.

[44] Umebayashi T，Yamaki T，Ito H，et al. Appl. Phys. Lett. ，2002，81：454.

[45] Ohno T，Akiyoshi M，Umebayashi T，et al. Appl. Catal. A：Gen. ，2004，265：115.

[46] 熊裕华，李凤仪. 物理化学学报，2005，21（6）：607.

[47] Xie Y B，Yuan CW. Appl. Catal. B：Environ. ，2003，46：251.

[48] Lin J，Yu J C. J. Photochem. Photobiol. A：Chem. ，1998，116：63.

[49] Zhang Y H，Zhang H X，Xu Y X，et al. J. Solid State Chem. ，2004，177（10）：3490.

[50] Zhang J P，Wang Y，Qi H X. J. Rare Earths，2003，21（1）：92.

[51] Frindell KL，Bartl M H，Robinson M R，et al. J. Solid State Chem. ，2003，172：81.

[52] 李凤仪，熊裕华. 中国稀土学报，2005，23（4）：445.

[53] Anpo M，Takeuchi M. J. Catal. ，2003，216：505.

[54] Chatterjee D，Mahata A. Appl. Catal. B：Environ. ，2001，33：119.

[55] Chatterjee D，Dasgupta S. J. Photochem. Photobiol. C：Photochem. Rev. ，2005，6：186.

[56] Ranjit K T，Willner I，Bossmann S，et al. J. Phys. Chem. B，1998，102：9397.

[57] 唐剑文，吴平霄，曾少雁等. 现代化工，2005，25（2）：25.

[58] Hoffmann M R，Martin S T，ChoiW，et al. Chem. Rev. ，1995，95（1）：69.

[59] Abe R，Sayama K，Arakawa H. J. Photochem. Photobiol. A：Chem. ，2004，166：115.

[60] Shang J，Chai M，Zhu Y F. Environ. Sci. Technol. ，2003，37（19）：4494.

索　引